Taschenwörterbuch der Biochemie

Deutsch - Englisch
Englisch - Deutsch

Pocket Dictionary of Biochemistry

English - German
German - English

Peter Reuter

Springer Basel AG

Author:

Dr. Peter Reuter, M.D.
12793 Yacht Club Circle
Fort Meyers, FL 33919
USA

Deutsche Bibliothek Cataloging-in-Publication Data

Reuter, Peter:
Taschenwörterbuch der Biochemie : deutsch-englisch/englisch-deutsch =
Pocket dictionary of biochemistry / Peter Reuter.

ISBN 978-3-7643-6197-6 ISBN 978-3-0348-5081-0 (eBook)
DOI 10.1007/978-3-0348-5081-0

© 2000 Springer Basel AG
Originally published by Birkhäuser Verlag, Basel - Boston - Berlin in 2000

Layout & Design: wiskom e.K., Friedrichshafen, Germany
Cover design: Gröflin Grafic Design, Basel (www.groeflin.ch)

ISBN 978-3-7643-6197-6

9 8 7 6 5 4 3 2 1

Für
Kim
Ann
und
Lauren

Table of Contents

Inhaltsverzeichnis

Vorwort

Das 'Taschenwörterbuch der Biochemie' wurde sowohl für Benutzer aus dem Bereich der Biowissenschaften als auch für Übersetzer geplant. Mit mehr als 30.000 Stichwörtern, Untereinträgen und Anwendungsbeispielen deckt das Werk die Kernbereiche der Biochemie und angrenzender Fachgebiete ausreichend ab.
Das Buch gliedert sich in drei Abschnitte. Die ersten beiden bestehen aus dem deutsch-englischen bzw. englisch-deutschen Lexikon. Der Anhang enthält außer Umrechnungstabellen für Gewichte, Maße und Temperaturen eine Tabelle mit wichtigen Abkürzungen. Die Rechtschreibreform wurde bei der Bearbeitung der deutschen Termini besonders berücksichtigt. Damit Benutzer englische Termini finden, unabhängig davon, ob es sich um britisches oder amerikanisches Englisch handelt, wurden beide Varianten in den englisch-deutschen Teil aufgenommen. Als Zielsprache für die Übersetzungen des deutsch-englischen Teils wurde amerikanisches Englisch gewählt.
Mein ganz besonderer Dank gilt Frau Katrin Serries sowie allen anderen an der Umsetzung des Projektes beteiligten Verlagsmitarbeitern.

Preface

The 'Pocket Dictionary of Biochemistry' was compiled for users from the biosciences as well as translators. More than 30,000 entries, subentries, and illustrative phrases cover the main areas of biochemistry and related biosciences.
The book is divided into three parts. The first two parts contain the German-English and the English-German dictionary, respectively. The appendix not only contains conversion tables for weight, measures, and temperature, but also a specifically compiled list of abbreviations. German words have been checked for compliance with the new guidelines on spelling and syllabification. In the English-German part British terms have been included in addition to American terms, thus making it possible to find entries from either language. However, in the German-English part American English was chosen as the working language.
My special thanks go to Mrs. Katrin Serries as well as anybody else involved at Birkhäuser Publishing for their support and effort.

Fort Myers, Florida
March 2000

Peter Reuter

Notes on the Use of this Dictionary

Hinweise zur Benutzung

1. Typeface and Subdivision of Entries

1. Schriftbild und Unterteilung der Stichwortartikel

Five different styles of type are used for different categories of information:

Zur Gliederung der Einträge werden fünf Schriftarten verwendet:

boldface type for the main entry

Halbfett für Hauptstichwörter

lightface type for subentries, illustrative phrases and idiomatic expressions

Auszeichnungsschrift für Untereinträge und Anwendungsbeispiele

plainface type for the translation

Grundschrift für die Übersetzung

italic for restrictive labels, subspecialties, and cross references

Kursiv für erklärende und bestimmende Zusätze, Teilgebietsangaben und Verweise

SMALL CAPITALS for cross references [see also '6. Cross-references']

KAPITÄLCHEN für Verweise [siehe auch '6. Verweise']

Various meanings of an entry are distinguished by use of Arabic numerals. This consecutive numbering is independent of the use of Roman numerals mentioned in '4. Parts of Speech'.
Main entries that are spelled identically but are of different derivation (homographs) are marked with superior numbers.

Verschiedene Bedeutungen eines Eintrags werden durch arabische Ziffern unterschieden. Diese fortlaufende Numerierung ist unabhängig von den in '4. Wortarten' genannten römischen Ziffern.
Hauptstichwörter gleicher Schreibung aber unterschiedlicher Herkunft (Homonyme) werden durch Exponenten gekennzeichnet.

2. Alphabetization of Main Entries

2. Alphabetische Einordnung der Hauptstichwörter

Main entries are alphabetized using a letter-for-letter system. Umlauts are ignored in alphabetization and ä, ö, ü are treated as a, o, u, respectively. Italic and chemical prefixes, numbers, and Greek letters are ignored in alphabetization.

Hauptstichwörter werden auf der Grundlage eines Buchstaben-für-Buchstaben-Systems eingeordnet. Umlaute werden bei der Alphabetisierung nicht besonders berücksichtigt, d.h. ä, ö, ü werden als a, o bzw. u eingeordnet. Kursiv geschriebene und chemische Präfixe, Ziffern und griechische Buchstaben werden bei der alphabetischen Einordnung nicht beachtet.

3. Alphabetization of Subentries

3. Alphabetische Einordnung von Untereinträgen

As a rule multiple-word terms are given as subentries under the appropriate main entry. They are alphabetized letter by letter just like the main entries. Plural forms, prepositions, conjunctions, and articles are always disregarded in alphabetization of subentries.

Mehrworteinträge werden in der Regel als Untereinträge zu einem logischen Überbegriff zugeordnet und dort alphabetisch eingeordnet. Pluralformen, Präpositionen, Konjunktionen und Artikel werden bei der Einordnung nicht berücksichtigt.

4. Parts of Speech

Main entries, apart from compound entries and eponymic terms, are given a part-of-speech label [see also 'List of Abbreviations']. For entry words that are used in more than one grammatical form the various parts of speech are distinguished by Roman numerals. The appropriate part-of-speech label is given immediately after the Roman numeral.

5. Restrictive Labels

Restrictive labels (e.g. subspecialty labels, usage labels) are used to mark entries or part of entries that are limited (in whole or in part) to a particular meaning or level of usage.

6. Cross-references

Cross-references are indicated by S.U., the appropriate entry word is printed in italic.

4. Wortarten

Haupteinträge, mit Ausnahme von Komposita und Eponymen, erhalten eine Wortartangabe [siehe auch 'Abkürzungsverzeichnis']. Hat das Stichwort mehrere grammatische Bedeutungen, werden die einzelnen Wortarten durch römische Ziffern unterschieden. Die Wortartbezeichnung steht unmittelbar hinter der jeweiligen römischen Ziffer.

5. Bestimmende Zusätze

Bestimmende Zusätze (z.B. Sachgebietsangaben, Stilangaben) werden dazu verwendet, Einträge oder Eintragsteile zu kennzeichnen, die in ihrer Gesamtheit oder in Teilbedeutungen Einschränkungen unterliegen.

6. Verweise

Verweise werden durch S.U. gekennzeichnet. Das entsprechende Stichwort erscheint kursiv.

List of Abbreviations

Abkürzungsverzeichnis

also	**a.**	auch
adjective	**adj.**	Adjektiv
anatomy	**anatom.**	Anatomie
biochemistry	**biochemisch**	Biochemie
biology	**biolog.**	Biologie
British English	**Brit.**	britisches Englisch
respectively, or (in German)	**bzw.**	beziehungsweise
chemistry	**chemisch**	Chemie
electricity	**elektrisch**	Elektrizitätslehre
embryology	**embryolog.**	Embryologie
et cetera	**etc.**	et cetera
something (in German)	**etw.**	etwas
feminine	**f**	Femininum; weiblich
figurative(ly)	**figur.**	figurativ, übertragen
genetics	**Genetik**	Genetik
German	**ger.**	deutsch
histology	**histolog.**	Histologie
someone, to someone, someone, of someone (in German)	**jd., jdm., jdn., jds.**	jemand, jemandem, jemanden, jemandes
laboratory medicine, clinical biochemistry	**labor.**	Labormedizin, Klinische Chemie
masculine	**m**	Masculinum; männlich
mathematics	**mathemat.**	Mathematik
noun	**n**	Substantiv, Hauptwort
neuter	**nt**	Neutrum; sächlich
oneself	**o.s.**	sich (in englisch)
optics	**Optik**	Optik
physics	**physikal.**	Physik
physiology	**physiolog.**	Physiologie
plural	**pl**	Plural, Mehrzahl
prefix	**präf.**	Vorsilbe, Präfix
past participle	**ptp**	Partizip Perfekt
oneself (in German)	**s.**	sich
someone	**s.o.**	jemand (in englisch)
somebody	**sb.**	jemand (in englisch)
singular	**sing.**	Singular, Einzahl
statistics	**statist.**	Statistik
something	**sth.**	etwas (in englisch)
see under	**s.u.**	siehe unter
(US) American English	**US**	(US-)amerikanisches Englisch
verb	**v**	Verb
intransitive verb	**vi**	intransitives Verb
reflexive verb	**vr**	reflexives Verb
transitive verb	**vt**	transitives Verb

Taschenwörterbuch der Biochemie

Deutsch - Englisch
German - English

A

Abart *f* variant, variety.
Abbau *m* breakdown, degradation, decomposition, dissimilation, disassimilation, abbau, disintegration.
dissimilatorischer Abbau dissimilatory breakdown.
oxidativer Abbau oxidative degradation.
schrittweiser Abbau sequential degradation.
sequentieller Abbau sequential degradation.
Abbau- *präf.* degradative.
abbaubar *adj.* degradable.
biologisch abbaubar biodegradable.
Abbaubarkeit *f* degradability.
biologische Abbaubarkeit biodegradability.
abbauen I *vt* break down, degrade, decompose, dissimilate, disassimilate, catabolize, disintegrate, digest, clear. II *vr* **sich abbauen** dissimilate, disassimilate, decompose, disintegrate; catabolize.
(sich) biologisch abbauen biodegrade.
Abbauen *nt* degradation.
biologisches Abbauen biodegradation.
Abbauprodukt *nt* abbau, degradative product, decomposition product, catabolic product.
Abbaustoffwechsel *m* catabolism.
Abbauweg *m* degradative pathway.
Abbruch *m* (*Versuch*) discontinuance, discontinuation, termination.
Abbruchkodon *nt* s.u. *Abbruchskodon.*
Abbruchsignal *nt* termination signal.

Abbruchskodon *nt* termination codon, nonsense codon.
abdampfen *vi* evaporate, vaporize, volatilize.
abdestillieren *vt* distil, distill (*aus* from).
Abfall[1] *m*, *pl* **Abfälle** waste, waste materials.
Abfall[2] *m*, *pl* **Abfälle** (*Leistung, Temperatur*) drop, fall, decline.
Abfall- *präf.* waste.
abfallen *vi* 1. fall, fall off, drop off; come off. 2. (*Leistung, Temperatur*) fall, drop, decrease; (*Spannung*) drop. 3. (*abnehmen*) go down, decline, deteriorate.
Abfallprodukt *nt* waste product, by-product.
Abfallstoffe *pl* waste, waste materials.
Abfallwärme *f* waste heat.
abfangen *vt* (*Strahlen*) break, intercept, trap, cushion, absorb.
abfiltern *vt* filtrate, filter off.
Abgabe *f* discharge, emission, output, release.
Abgas *nt* waste gas, emission; (*Motor*) exhaust gas, exhaust fumes.
abgeben *vt* discharge, release, give off, emit; (*Hitze*) send out.
abgeleitet *adj.* derivative, derivant, derived (*von* from).
abgesättigt *adj.* saturated, saturate.
abhandeln *vt* (*Thema*) treat, deal with, discuss (at length).
Abhandlung *f* treatise, dissertation, essay, paper (*über* on, upon).
wissenschaftliche Abhandlung paper, dissertation.
abhängig *adj.* dependent (*von* on,

A

upon); conditional (*von* on, upon), conditioned.

Abhängigkeit *f* dependence, dependancy, dependency (*von* on, upon).

A-Bindungsstelle *f* aminoacyl binding site, aminoacyl site, A binding site.

Abiogenese *f* abiogenesis, spontaneous generation.

Abiose *f* absence of life, abiosis.

abiotisch *adj.* relating to abiosis, abiotic.

Abkömmling *m* **1.** descendant, offspring. **2.** derivative, derivant.

ablagern I *vt* deposit. II *vr* **sich ablagern** deposit, precipitate.

Ablagerung *f* deposit(s), depot, deposition, sullage, sedimentation.

ableiten I *vt* **1.** divert, deviate, bypass; (*Strom*) shunt; (*Flüssigkeit*) drain, drain off, discharge. **2.** derive, deduce, infer (*aus* from). II *vr* **sich ableiten** derive, be derived (*von, aus* from).

Abnahme reduction, decrease; (*Temperatur*) abatement, fall.

abnehmen *vi* reduce, decrease; (*Temperatur*) drop, fall, go down.

Absättigen *nt* saturation.

absättigen *vt* saturate.

absättigend *adj.* saturant.

Absättigung *f* saturation.

abscheidbar *adj.* precipitable.

Abscheider *m* separator.

Abscheidung *f* separation; precipitation, deposit, precipitate; deposition.

Abscisinsäure *f* abscisic acid.

Absetzung *f* precipitation, sedimentation.

absolut *adj.* absolute; total.

Absolutwert *m* absolute value.

Absorbens *nt*, *pl* **Absorbentien**, **Absorbentia** absorbent.

Absorbent *nt* absorbate.

Absorber *m* absorbent.

absorbierbar *adj.* absorbable.

Absorbieren *nt* take-up.

absorbieren *vt* (*Flüssigkeit*) take up, occlude, sorb, absorb.

absorbierend *adj.* absorbefacient, absorbent, absorbing, bibulous, sorbefacient, absorptive.

absorbiert absorbed.

Absorption *f* **1.** absorption, take-up; (*Flüssigkeit*) imbibition. **2.** (*chemisch*) occlusion, sorption; (*physikal.*) absorption, optical density.

Absorptions- *präf.* absorbing, absorption.

Absorptionsbande *f* absorption band.

Absorptionsindex *m* absorbency index.

Absorptionslinien *pl* absorption lines.

Absorptionsmaximum *nt* absorption maximum.

Absorptionsspektrophotometer *nt* absorption spectrophotometer.

Absorptionsspektrum *nt* absorption spectrum, light-absorption spectrum.

Absorptionsstreifen *m* s.u. *Absorptionsbande*.

Absorptionsvermögen *nt* ability to absorb, absorptivity; (*physikal.*) opacity, opaqueness.

absorptiv *adj.* absorptive.

abspalten *vt* split off (*von* from).

abstammen *vi* (*chemisch*) derive (*von, aus* from), be derived (*von, aus* from).

Abstammung *f* (*chemisch*) origin, derivation.

Abstand *m*, *pl* **Abstände** space, distance, gap; (*zeitlich*) interval.

abstrahlen *vt* (*Wärme*) radiate, emit.

abstrahlend *adj.* (*Wärme*) radiatory, radiative.

Abszisse *f* abscissa.

Abwehr *f* **1.** resistance (*gegen* to), defense. **2.** defense, defense system.

humorale Abwehr humoral defense (system).

induzierte Abwehr induced defense.

spezifische Abwehr specific defense (system), specific defensive system.

unspezifische Abwehr unspecific defense (system), nonspecific defensive system.

zelluläre Abwehr cellular defense (system).

Abwehr- *präf.* defensive, defense.

Abwehrapparat *m* defense mechanism, mechanism of defense.

Abwehrmechanismus *m* defense reaction, defense mechanism.

Abwehrmittel *nt* repellent substance, repellent.

Abwehrsystem *nt* defense, defense system, defensive system.

humorales Abwehrsystem humoral defense (system).

zelluläres Abwehrsystem cellular defense (system).

Abweichung *f* 1. deviation, difference, divergence, deflection (*von* from); aberration, variation; (*Nadel*) declination. 2. (*statist.*) (*vom Mittelwert*) deviation; error; skewness, spread, variance.

mittlere Abweichung standard deviation.

mittlere quadratische Abweichung standard deviation.

Acanthamoeba *f* Acanthamoeba.

Acanthocheilonema *f* Acanthocheilonema.

Acaridae *pl* Acaridae.

Acarina *pl* Acarina.

Acarus *m* acarus, Acarus.

Acceleratorglobulin *nt* factor V, accelerator factor, accelerator globulin, proaccelerin, cofactor of thromboplastin, component A of prothrombin, labile factor, plasma labile factor, plasmin prothrombin conversion factor, thrombogene.

Accelerin *nt* accelerin, factor VI.

Acceptor *m* acceptor.

ACC-Oxidase *f* 1-aminocyclopropane-1-carboxylate oxidase.

ACC-Synthase *f* 1-aminocyclopropane-1-carboxylate synthase.

Acetal *nt* acetal.

Acetalbindung *f* acetal bond.

Acetaldehyd *m* acetaldehyde, acetic aldehyde, aldehyde, ethaldehyde, ethanal, ethylaldehyde, ethaldehyde.

Acetalphosphatid *nt* plasmalogen.

Acetat *nt* acetate, acetas.

Acetat-Malonat-Weg *m* acetate-mevalonate pathway.

Acetat-Mevalonat-Weg *m* acetate-mevalonate pathway.

Acetoacetat *nt* acetoacetate.

Acetoacetyl- *präf.* acetoacetyl.

Acetoacetyl-CoA-Reduktase *f* acetoacetyl-CoA reductase.

Acetoacetylcoenzym A *nt* acetoacetyl coenzyme A, acetoacetyl-CoA.

Acetoacetylthiolase *f* acetyl-CoA acetyltransferase, thiolase, α-methylacetoacetyl CoA-β-ketothiolase.

Acetobacteraceae *pl* Acetobacteraceae.

Acetolactat *nt* acetolactate.

Acetolyse *f* acetolysis.

Acetomilchsäure *f* acetolactic acid.

Aceton *nt* dimethylketone, acetone.

Acetonitril *nt* acetonitrile, methyl cyanide.

Acetum *nt* acetum, vinegar.

Acetyl- *präf.* acetyl.

Acetylameisensäure *f* pyruvic acid, α-ketopropionic acid.

Acetylchlorid *nt* acetyl chloride.

Acetylcholin *nt* acetylcholine.

Acetylcholinesterase *f* acetylcholinesterase, true cholinesterase, specific cholinesterase, choline acetyltransferase I, choline esterase I.

Acetyl-CoA *nt* acetyl coenzyme A, acetyl-CoA.

Acetyl-CoA:α-Glukosaminid-N-Acetyltransferase *f* acetyl-CoA:α-glucosaminide-*N*-acetyltransferase, acetyl-CoA:heparan-α-D-glucosaminide-*N*-acetyltransferase, heparan-α-glucosaminide acetyltransferase.

Acetyl-CoA-Acetyltransferase *f* acetyl-CoA acetyltransferase, thiolase, α-methylacetoacetyl CoA-β-ketothiolase.

Acetyl-CoA-Acyltransferase *f* acetoacetyl-CoA acyltransferase, acetoacetyl-CoA thiolase, acetyl-CoA thiolase, acetyl-CoA acyltransferase, 3-ketoacyl-CoA thiolase, 3-ketothiolase.

Acetyl-CoA-Carboxylase *f* acetyl-CoA carboxylase.

Acetyl-CoA-Synthetase *f* acetyl-CoA synthetase.

Acetylcoenzym A *nt* acetyl coenzyme A, acetyl-CoA.

4-Acetylcytidin *nt* 4-acetylcytidine.

N-Acetyl-D-Glukosamin *nt* *N*-acetyl-D-glucosamine.

Acetylen *nt* acetylene.

Acetylgalaktosaminidase *f* α-D-galactosidase B.

α-N-Acetylgalaktosaminidase *f* α-*N*-acetylgalactosaminidase.

β-N-Acetylgalaktosaminidase *f* β-*N*-acetylgalactosaminidase, *N*-acetyl-β-hexosaminidase A, hexosaminidase.

N-Acetylgalaktosamin-4-Sulfatsulfatase *f* *N*-acetylgalactosamine-4-sulfatase.

N-Acetylgalaktosamin-6-Sulfatsulfatase *f* galactosamine-6-sulfate sulfatase, *N*-acetylgalactosamine-6-sulfatase, chondroitin sulfatase.

Acetylgerbsäure *f* acetannin, diacetyltannic acid, acetyltannic acid, acetyltannin.

α-N-Acetylglukosaminidase *f* α-*N*-

acetylglucosaminidase.

N-Acetylglukosamin-6-Sulfatsulfatase *f* N-acetylglucosamine-6-sulfatase, N-acetyl-α-D-glucosaminide-6-sulfatase.

Acetylglutamat *nt* acetylglutamate.

Acetylglutamatkinase *f* acetylglutamate kinase.

N-Acetylglutaminsäure *f* N-acetylglutamic acid.

N-Acetylglycinat *nt* aceturate.

N-Acetyl-β-Hexosaminidase A *f* hexosaminidase, β-N-acetylgalactosaminidase, N-acetyl-β-hexosaminidase A.

acetylieren *vt* acetylate.

Acetylierung *f* acetylation, acetylization.

N-Acetylmannosamin *nt* N-acetylmannosamine.

N-Acetylmannosaminkinase *f* N-acetylmannosamine kinase.

N-Acetylmuraminsäure *f* N-acetylmuramic acid.

N-Acetylneuraminat *nt* N-acetylneuraminate.

N-Acetylneuraminatlyase *f* N-acetylneuraminate lyase.

N-Acetylneuraminat-9-Phosphat-Synthase *f* N-acetylneuraminate-9-phosphate synthase.

N-Acetylneuraminsäure *f* N-acetylneuraminic acid.

N-Acetylneuraminsäure-9-Phosphatase *f* N-acetylneuraminate-9-phosphatase.

N-Acetylornithin *nt* N-acetylornithine.

Acetylornithindeacetylase *f* acetylornithine deacetylase.

Acetylornithintransaminase *f* acetylornithine transaminase.

N-Acetylornithin-Zyklus *m* N-acetylornithine cycle.

Acetylphosphat *nt* acetyl phosphate.

Acetyl-Radikal *nt* acetyl.

O-Acetylserin *nt* O-acetylserine.

O-Acetylserin-L-Serin-Sulfhydrylase *f* O-acetylserine-L-serine sulfhydrylase.

Acetylsulfadiazin *nt* acetylsulfadiazine.

Acetylsulfaguanidin *nt* acetylsulfaguanidine.

Acetylsulfanilamid *nt* acetylsulfanilamide.

Acetylsulfathiazol *nt* acetylsulfathiazole.

Acetyltannin *nt* acetannin, acetyltannin, acetyltannic acid, diacetyltannic acid, tannyl acetate, tannic acid.

Acetyltransferase *f* acetyltransferase, acetylase.

Achromatiaceae *pl* Achromatiaceae.

Achromobacter *m* Achromobacter.

Achsentiere *pl* Chordata.

Acidität *f* acidity, acor.

Acidum *nt* acid, acidum.

Acinetobacter *m* Acinetobacter.

Aconitase *f* aconitase, aconitate hydratase.

Aconitathydratase *f* aconitase, aconitate hydratase.

Aconitin *nt* aconitine.

ACP-Acyltransferase *f* ACP-acyltransferase.

ACP-Apoprotein *nt* ACP apoprotein.

ACP-Malonyltransferase *f* ACP-malonyltransferase.

Acremoniella *pl* Acremoniella.

Acremonium *nt* Acremonium.

Acridin *nt* acridin, acridine.

Acrolein *nt* acrolein, acrylaldehyde, allyl aldehyde.

Acryl- *präf.* acrylic, acryl-.

Acrylaldehyd *m* acrolein, acrylaldehyde, allyl aldehyde.

Acrylamid *nt* acrylamide.

Acrylat *nt* acrylate.

Acrylat- *präf.* acrylic.

Acrylnitril *nt* acrylonitrile.

Acrylsäure *f* acrylic acid.

ACTH-bildende-Zellen *pl* ACTH cells.

ACTH-Zellen *pl* ACTH cells.

Actin *nt* actin.

Actinium *nt* actinium.

Actino- *präf.* actin(o)-.

Actinobacillus *m* Actinobacillus, Malleomyces.

Actinobifida *pl* actinobifida.

Actinomyces *m* actinomycete, actinomyces, Actinomyces.

Actinomycetaceae *pl* Actinomycetaceae.

Actinomycetales *pl* Actinomycetales.

Actomyosin *nt* actomyosin.

Acyl- *präf.* acyl.

Acyladenylat *nt* acyl adenylate.

Acylase *f* acylase.

Acylcarnitin *nt* acyl carnitine.

Acyl-Carrier-Protein *nt* acyl carrier protein.

Acyl-CoA *nt* acyl coenzyme A, Acyl-CoA.

Acyl-CoA-dehydrogenase *f* acyl-CoA dehydrogenase.

Acyl-CoA-desaturase *f* acyl-CoA desaturase.

Acyl-CoA-synthetase (GDP-bildend) *f* acyl-CoA synthetase (GDP forming).

long-chain-Acyl-CoA-synthetase long-chain acyl-CoA synthetase (GDP forming).

medium-chain-Acyl-CoA-synthetase medium-chain acyl-CoA synthetase (GDP forming).

Acyl-CoA-thioester *m* acyl-CoA thioester.

Acylcoenzym A *nt* acyl coenzyme A, Acyl-CoA.

Acylenzym *nt* acyl enzyme.

Acylglucosamin-2-epimerase *f* acylglucosamine-2-epimerase.

Acylglycerin *nt* acylglycerol, glyceride.

Acylglycerinpalmitidyltransferase *f* acylglycerol palmitoyl transferase.

acylieren *vt* acylate.

Acylierung *f* acylation, acidylation.

N-Acylneuraminsäure *f* N-acylneuraminic acid, sialic acid.

Acyl-Radikal *nt* acyl.

N-Acylsphingosin *nt* N-acylsphingosine.

Acylsphingosindeacylase *f* acylsphingosine deacylase, ceramidase.

Acyltransferase *f* acyltransferase, transacetylase, transacylase.

Adaptation *f* adaptation, adaption (*an* to).

metabolische Adaptation metabolic adaptation.

phänotypische Adaptation phenotypic adaptation.

Adapter *m* adapter.

adaptiert *adj.* adapted (*an* to). **nicht adaptiert** unadapted (*an* to).

Adaption *f* adaptation, adaption (*an* to).

adaptiv *adj.* adaptive, adaptative (*an* to).

Additions- *präf.* additive.

Additionseffekt *m* additive effect.

additiv *adj.* additive.

Addukt *nt* adduct.

Adenin *nt* adenine.

Adenindesaminase *f* adenine deaminase, adenase.

Adenindesoxyribosid *nt* deoxyadenosine.

Adeninphosphoribosyltransferase *f* adenine phosphoribosyl transferase.

Adeno- *präf.* aden(o)-.

adenohypophysär *adj.* relating to adenohypophysis, adenohypophysial, adenohypophyseal.

Adenohypophyse *f* adenohypophysis, anterior pituitary, anterior lobe of hypophysis, anterior lobe of pituitary (gland), glandular lobe of hypophysis, glandular lobe of pituitary (gland), glandular part of hypophysis.

Adenohypophysen- *präf.* adenohypophysial, adenohypophyseal.

Adenosatellitovirus *nt* adeno-associated virus, adeno-associated satellite virus, adenosatellite virus.

Adenosin *nt* adenosine.

Adenosindesaminase *f* adenosine deaminase.

Adenosindiphosphat *nt* adenosine(-5'-)diphosphate.

Adenosin-5'-diphosphat *nt* adenosine(-5'-)diphosphate.

Adenosinkinase *f* adenosine kinase.

Adenosinmonophosphat *nt* adenosine monophosphate, adenylic acid.

Adenosin-3'-phosphat *nt* adenosine-3'-phosphate.

Adenosin-5'-phosphat *nt* adenosine-5'-phosphate.

Adenosin-3',5'-phosphat, zyklisches *nt* adenosine 3',5'-cyclic phosphate, cyclic adenosine monophosphate, cyclic AMP.

Adenosin-5'-phosphosulfat *nt* adenosine 5'-phosphosulfate, 5'-adenylylsulfate.

Adenosin-5'-pyrophosphat *nt* adenosine(-5'-)diphosphate.

Adenosintriphosphat *nt* adenosine(-5'-)triphosphate, adenylpyrophosphate.

Adenosin-5'-triphosphat *nt* adenosine(-5'-)triphosphate, adenylpyrophosphate.

Adenosintriphosphatase *f* adenosine triphosphatase, ATPase.

S-Adenosylhomocystein *nt* S-adenosylhomocysteine.

Adenosylhomocysteinase *f* adenosylhomocysteinase.

S-Adenosylmethionin *nt* S-adenosylmethionine.

S-Adenosylmethionindecarboxylase *f* -adenosylmethionine decarboxylase.

Adenovirideae *pl* Adenovirideae.

Adenovirus *nt* adenovirus, adenoidalpharyngeal-conjunctival virus, A-P-C virus.

Adenyl- *präf.* adenyl, adenylyl.

Adenylat *nt* adenylate.

Adenylatcyclase *f* adenylate cyclase, adenyl cyclase, adenylyl cyclase.

Adenylatcyclasesystem *nt* adenylate cyclase system.

Adenylatkinase *f* adenylate kinase, A-kinase, myokinase, AMP kinase.

Adenylatzyklase *f* s.u. *Adenylatcyclase.*

Adenylatzyklasesystem *nt* adenylate cyclase system.

Adenylbernsteinsäure *f* adenylsuccinic acid.

adenylieren *vt* adenylate.

Adenylosuccinat *nt* adenylosuccinate, adenylsuccinate.

Adenylosuccinatlyase *f* adenylosuccinate lyase, adenylosuccinase.

Adenylosuccinatsynthetase *f* adenylosuccinate synthetase.

Adenyl-Radikal *nt* adenyl, adenylyl.

Adenylsäure *f* adenosine monophosphate, adenylic acid.

Adenylsuccinat *nt* adenylosuccinate, adenylsuccinate.

Adenylsuccinatlyase *f* adenylosuccinate lyase, adenylosuccinase.

Adenylsuccinatsynthetase *f* adenylosuccinate synthetase.

Adenylyl- *präf.* adenylyl.

Adenylyl-Radikal *nt* adenylyl.

Adenylylsulfat-Kinase *f* adenylylsulfate kinase, APS kinase.

Adenylyltransferase *f* adenylyltransferase.

Ader *f* vessel; artery, vein.

Äderchen *nt* veinlet, veinule, veinulet.

adhärent *adj.* adherent. **nicht adhärent** nonadherent.

Adhärenz *f* adherence, adhesion (*an* to).

Adhäsion *f* adherence, attachment, adhesion.

Adhäsions- *präf.* adhesive.

Adhäsionsfähigkeit *f* adhesiveness.

adhäsiv *adj.* adhesive.

Adhäsiv- *präf.* adhesive.

adiatherman *adj.* adiathermal, athermanous.

Adip- *präf.* fat, adip(o)-, lip(o)-.

Adipo- *präf.* fat, adip(o)-, lip(o)-.

Adipokinese *f* adipokinesis.

adipokinetisch *adj.* relating to *or* characterized by adipokinesis, adipokinetic.

Adipometer *nt* adipometer.

adipös *adj.* adipic, adipose, fat, obese, fatty.

adipozellulär *adj.* adipocellular.

Adipozyt *m* adipocyte, fat cell, lipocyte.

Adiuretin *nt* vasopressin, β-hypophamine, antidiuretic hormone.

Adiuretinsystem *nt* ADH system, vasopressin system.

ADP-Glucose *f* ADP glucose, adenosinediphosphoglucose.

ADP-Glucose-Pyrophosphorylase *f* glucose-1-phosphate adenylyltransferase.

Adren- *präf.* adren(o)-, adrenic.

adrenal *adj.* relating to the adrenal gland, adrenal, adrenic.

Adrenalin *nt* adrenaline, adrenin, adrenine, epinephrine.

adrenalotrop *adj.* adrenalotropic.

adrenerg *adj.* adrenergic. **nicht adrenerg** non-adrenergic.

adrenergisch *adj.* adrenergic.

Adreno- *präf.* adrenal, adrenic, adren(o)-.

adrenocortical *adj.* s.u. *adrenokortikal.*

Adrenocorticosteroid *nt* adrenocortical steroid.

adrenocorticotrop *adj.* adrenocorticotropic, adrenocorticotrophic.

adrenocorticotroph *adj.* adrenocorticotropic, adrenocorticotrophic.

adrenogen *adj.* adrenogenic, adrenogenous.

adrenokinetisch *adj.* adrenokinetic.

adrenokortikal *adj.* adrenocortical, corticoadrenal, cortiadrenal, adrenalcortical.

adrenokortikotrop *adj.* corticotropic, corticotrophic.

Adrenokortikotropin *nt* adrenocorticotropic hormone, adrenocorticotrophin, adrenocorticotropin, adrenotrophin, adrenotropin, corticotropin, corticotrophin, acortan.

adrenomedullotrop *adj.* adrenomedullotropic.

adrenorezeptiv *adj.* adrenoceptive.

Adrenorezeptor *m* adrenergic receptor, adrenoceptor, adrenoreceptor.

adrenotrop *adj.* adrenotropic, adrenotrophic.

adrenozeptiv *adj.* adrenoceptive.

Adrenozeptor *m* adrenergic receptor, adrenoceptor, adrenoreceptor.

Adsorbat *nt* adsorbate.

Adsorbens *nt*, *pl* **Adsorbenzien, Adsorbentia** adsorbent.

Adsorber *m* adsorbent.

adsorbieren *vt* adsorb, sorb.

adsorbierend *adj.* absorbent, absorptive.

Adsorption *f* adsorption.

Adsorptionschromatographie *f* adsorption chromatography.

Adsorptionskoeffizient *m* adsorption constant.

adsorptiv *adj.* absorptive.

Adsorptiv *nt* adsorbate.

Aecidie *f* aecium.

Aedes *f* Aedes.

Aer- *präf.* aero-, aer-.

Aero- *präf.* aero-, aer-.

aerob *adj.* aerobic, aerophilic, aerophilous.

Aerobacter *nt* Aerobacter.

Aerobier *m* aerobe.

   fakultativer Aerobier facultative aerobe.

   obligater Aerobier obligate aerobe.

Aerobiont *m* aerobe.

Aerobiose *f* aerobiosis, anoxydiosis.

aerobiotisch *adj.* relating to aerobiosis, aerobiotic.

Aerococcus *m* Aerococcus.

Aeromonas *f* Aeromonas.

Aerotaxis *f* aerotaxis.

aerotolerant *adj.* aerotolerant; oxygen-tolerant.

Aerotropismus *m* aerotropism.

Affe *m* simian, ape, monkey.

Affennierenzellkultur *f* monkey kidney cell culture.

Affinität *f* affinity (*zu* for, to).

Affinitätschromatographie *f* affinity chromatography.

Affinitätsmarkierung *f* affinity labeling.

Aflatoxin *nt* aflatoxin.

Agamococcidiida *pl* Agamococcidiida.

Agamofilaria *pl* Agamofilaria.

agamogen *adj.* agamogenetic, reproducing asexually.

Agamogenese *f* asexual reproduction, agamogenesis, agamogony.

agamogenetisch *adj.* agamogenetic, reproducing asexually.

Agamogonie *f* asexual reproduction, agamogenesis, agamogony.

Agar *m/nt* agar, gelose; agar, agar medium, agar culture medium.

Agar-Agar *m/nt* agar-agar, gelose.

Agaricinsäure *f* agaricic acid, agaric acid, agaricinic acid.

Agarnährboden *m* agar medium, agar culture medium.

Agarose *f* agarose.

Agarplatte *f* agar plate, plate.

Agens *nt*, *pl* **Agenzien** agent.

   chemisches Agens chemical agent.

   induzierendes Agens inducing agent.

   kondensierendes Agens condensing agent.

   lytisches Agens lysogen.

   mitogenes Agens mitogenic agent.

Agglomerat *nt* agglomerate.

Agglomeration *f* agglomeration, aggregation.

agglomerieren *vt*, *vi* agglomerate.

agglomeriert *adj.* agglomerate, agglomerated.

Agglomerin *nt* agglomerin.

agglutinabel *adj.* agglutinable.

Agglutination *f* agglutination, clumping.

agglutinierbar *adj.* agglutinable.

agglutinieren **I** *vt* agglutinate. **II** *vi* agglutinate, clump.

agglutinierend *adj.* agglutinating, agglutinative, agglutinophilic.

   nicht agglutinierend non-agglutinating.

agglutiniert *adj.* agglutinate, clumpy.

Aggregat *nt* aggregate, aggregation.

Aggregation *f* aggregation.

Aggregatzustand *m* state of aggregation, aggregate state, state.

   fester Aggregatzustand solid state.

   flüssiger Aggregatzustand liquid state.

   gasförmiger Aggregatzustand gaseous state.

aggregieren *vt* aggregate.

aggregiert *adj.* aggregate.

Aglykon *nt* aglycon, aglycone, aglucon.

aminopurine.

β-Alanin *nt* 3-aminopropionic acid, β-aminopropionic acid.

β-Alaninaminotransaminase *f* aminobutyrate aminotransferase, β-alanine transaminase, β-alanine α-ketoglutarate transaminase, β-alanine-oxoglutarate aminotransferase.

Alaninaminotransferase *f* alanine aminotransferase, glutamic-pyruvic transaminase, serum glutamic pyruvate transaminase, alanine transaminase.

β-Alanin-L-Histidin *nt* ignotine, carnosine.

Alaninracemase *f* alanine racemase.

Alanintransaminase *f* s.u. *Alaninaminotransferase.*

Alanyl- *präf.* alanyl.

Alanyl-Radikal *nt* alanyl.

Alanyl-tRNA-Synthetase *f* alanyl-tRNA synthetase.

Alastrimvirus *nt* alastrim virus.

Alaun *nt* alum, alumen.

Albumen *nt* white of the egg, egg white, egg albumin, albumen, ovalbumin.

Albumin *nt* albumin, albumen.

albuminähnlich *adj.* resembling albumin, albuminoid, albumoid.

albuminartig *adj.* resembling albumin, albuminoid, albumoid.

Albuminat *nt* albuminate.

albuminhaltig *adj.* albuminous.

Albuminoid *nt* albuminoid.

albuminoid *adj.* albuminoid.

Albuminspaltung *f* albuminolysis.

Alcaligenes *m* Alcaligenes, Alkaligenes.

Alcohol *m* alcohol.

Alcoholus *m* alcohol.

Alcoholus absolutus absolute alcohol, dehydrated alcohol.

Aldarsäure *f* aldaric acid, saccharic acid.

Aldehyd *m* aldehyde.

Aldehyd- *präf.* aldehydic.

Aldehyddehydrogenase *f* aldehyde dehydrogenase (NAD⁺), acetaldehyde dehydrogenase.

aldehydisch *adj.* aldehydic.

Aldehydlyase *f* aldehyde lyase, aldolase.

Aldehydoxidase *f* aldehyde oxidase.

Aldehydzucker *m* aldose.

Aldimin *nt* aldimine.

Aldobionsäure *f* aldobionic acid.

Aldoheptose *f* aldoheptose.

Aldohexose *f* aldohexose.

Aldolase *f* fructose diphosphate aldolase, fructose bisphosphate aldolase, aldehyde lyase, aldolase, phosphofructoaldolase.

Aldolkondensation *f* aldol condensation.

Aldonsäure *f* aldonic acid.

Aldooctose *f* aldooctose.

Aldopentose *f* aldopentose.

Aldose *f* aldose.

Aldose-1-epimerase *f* aldose 1-epimerase, mutarotase, aldose mutarotase.

Aldosereduktase *f* aldose reductase.

Aldosid *nt* aldoside.

Aldosteron *nt* aldosterone.

Aldotetrose *f* aldotetrose.

Aldotriose *f* aldotriose.

Aldoxim *nt* aldoxime.

Aleurain *nt* aleuraine.

Aleurie *f* aleuriospore.

Aleuronkörner *pl* aleuron, aeurone; aleuroplast.

Aleuronvakuolen *pl* aleuron, aleurone; aleuroplast.

Aleurospore *f* aleuriospore.

alezithal *adj.* without yolk, alecithal.

Alga *f*, *pl* **Algae** alga.

Alge *f* alga.

Algen- *präf.* algal.

Algenpilze *pl* algal fungi, Phycomycetes, Phycomycetae.

Algin *nt* algin, sodium alginate.

Alginat *nt* alginate.

Alginsäure *f* alginic acid.

alimentär *adj.* relating to nutrition *or* food, alimentary.

aliphatisch *adj.* aliphatic; acyclic.

alipogen *adj.* not lipogenic, alipogenic.

alipoid *adj.* alipoidic.

alipotrop *adj.* alipotropic.

Alizarin *nt* alizarin.

alizyklisch *adj.* alicyclic.

alkaleszent *adj.* slightly alkaline, alkalescent.

Alkaleszenz *f* slight alkalinity, alkalescence.

Alkali *nt*, *pl* **Alkalien** alkali.

Alkali- *präf.* alkaline, alkali.

alkaliähnlich *adj.* alkaloid.

alkali-bildend *adj.* alkaligenous.

alkaligen *adj.* alkaligenous.

Agmatin *nt* agmatine, 1-amino-4-guanidibutane.

Agonist *m* agonist.

Agonisten- *präf.* agonistic.

agonistisch *adj.* agonistic.

agranulär *adj.* agranular.

Agranulozyt *m* agranulocyte, agranular leukocyte.

Aids-Virus *nt* human immunodeficiency virus, AIDS virus, Aids-associated virus, type III human T-cell leukemia/lymphoma/lymphotropic virus, lymphadenopathy-associated virus, AIDS-associated retrovirus.

AIR-Synthase *f* AIR synthase.

Ajmalicin *nt* ajmalicine.

Ajugose *f* ajuose.

Akabori-Reaktion *f* Akabori reaction, Akabori procedure.

Akanthamöbe *f* Acanthamoeba.

A-Kette *f* (*Insulin*) A chain, glycyl chain.

A-Kinase *f* adenylate kinase, A-kinase, AMP kinase.

Akkumulation *f* accumulation, accretion.

akkumulieren I *vt* accumulate, pile up. II *vr* **sich akkumulieren** accumulate, pile up.

akkumulierend *adj.* accumulative.

Akro- *präf.* acroteric, acro-.

Akrolein *nt* acrolein, acrylaldehyde, allyl aldehyde.

Akrylamid *nt* acrylamide.

Akrylat *nt* acrylate.

Aktin *nt* actin.

   fibrilläres Aktin F-actin, fibrous actin.

   globuläres Aktin G-actin, globular actin.

Aktinfilament *nt* actin filament, thin myofilament.

Aktinin *nt* actinin.

aktinisch *adj.* actinic.

Aktinium *nt* actinium.

Aktino- *präf.* actin(o)-.

Aktinobazillus *m* Actinobacillus.

Aktinomyzet *m* actinomyces, actinomycete.

Aktinophage *m* actinophage.

Aktinstrang *m* actin strand.

Aktionspotential *nt* action potential.

Aktionsspektrum *nt* action spectrum.

aktiv *adj.* **1.** active, energetic, energetical, enthusiastic, vigorous, live. **2.**

(*physikal.*) active; (*chemisch*) activated.

Aktivator *m* activator; promoter.

Aktivator-RNA *f* activator RNA, activator ribonucleic acid.

Aktivator-RNS *f* s.u. *Aktivator-RNA*.

aktivieren *vt* activate.

aktiviert *adj.* activated.

Aktivierung *f* activation.

   alternative Aktivierung (*Komplement*) alternative pathway, alternative complement pathway, properdin pathway.

   klassische Aktivierung (*Komplement*) classic pathway, classic complement pathway.

   kovalente Aktivierung covalent activation.

Aktivierungsanalyse *f* activation analysis.

Aktivierungsenergie *f* activation energy.

Aktivierungsphase *f* activation stage.

Aktivierungssystem *nt* activation system.

Aktivität *f* activity.

   molare Aktivität molar activity, molecular activity.

   molekulare Aktivität molar activity, molecular activity.

   optische Aktivität optical activity.

   spezifische Aktivität specific activity.

Aktivkohle *f* activated charcoal.

Aktivkohle-Hefeextrakt-Agar *m/nt* charcoal yeast extract agar, CYE agar.

Aktomyosin *nt* actomyosin.

Akzeleration *f* acceleration.

Akzelerator *m* accelerant, accelerator; catalyst, catalyzator, catalyzer.

Akzeleratorglobulin *nt* factor V, accelerator factor, accelerator globulin, proaccelerin, cofactor of thromboplastin, component A of prothrombin, labile factor, plasma labile factor, plasmin prothrombin conversion factor, thrombogene.

akzelerieren *vt, vi* accelerate.

akzelerierend *adj.* accelerant.

Akzelerin *nt* accelerin, factor VI.

Akzeptor *m* acceptor.

Akzeptorkontrolle *f* acceptor control.

Akzeptormolekül *nt* acceptor molecule.

Alanin *nt* alanine, 2-aminopropionic acid, α-aminopropionic acid, 6-

Alkalimetall *nt* alkali metal, alkaline metal.

Alkalimeter *nt* alkalimeter, kalimeter.

Alkalimetrie *f* alkalimetry.

alkalimetrisch *adj.* relating to alkalimetry, alkalimetric.

Alkalireserve *f* alkali reserve.

alkalisch *adj.* alkaline, alkali, basic.

Alkalisieren *nt* alkalization, alkalinization.

alkalisieren I *vt* alkalify, alkalinize, alkalize, make alkaline. II *vt* alkalify.

Alkalisierung *f* alkalization, alkalinization.

Alkalität *f* alkalinity, basicity.

Alkaloid *nt* vegetable base, alkaloid.

alkaloid *adj.* alkaloid.

Alkaloidvesikel *pl* alkaloid vesicles.

Alkalometrie *f* alkalometry.

Alkan *nt* alkane, paraffin.

Alkapton *nt* alkapton.

Alkaptonkörper *pl* alkapton bodies.

Alken *nt* olefine, olefin, alkene.

Alkin *nt* alkyne, alkine.

Alkohol *m* alcohol; ethanol, ethyl alcohol.

absoluter Alkohol dehydrated alcohol, absolute alcohol.

aromatischer Alkohol aromatic alcohol.

denaturierter Alkohol denatured alcohol, methylated alcohol.

dreiwertiger Alkohol trihydric alcohol.

einwertiger Alkohol monohydric alcohol.

primärer Alkohol primary alcohol.

sekundärer Alkohol secondary alcohol.

tertiärer Alkohol tertiary alcohol.

vergällter Alkohol s.u. *denaturierter Alkohol.*

zweiwertiger Alkohol dihydric alcohol.

Alkohol- *präf.* alcoholic.

Alkoholdehydrogenase *f* alcohol dehydrogenase, acetaldehyde reductase.

Alkoholentfernung *f* dealcoholization.

Alkoholentzug *m* dealcoholization.

Alkoholgehalt *m* alcoholicity, alcoholic strength.

alkoholhaltig *adj.* containing alcohol, alcoholic, spirituous.

alkoholisch *adj.* relating to alcohol, containing alcohol, spirituous, alcoholic.

Alkoholisieren *nt* alcoholization.

alkoholisieren *vt* alcoholize.

Alkoholisierung *f* alcoholization.

Alkoholthermometer *nt* alcohol thermometer.

Alkoholyse *f* alcoholysis.

Alkosol *nt* alcosol.

Alkyl- *präf.* alkylic, alkyl.

alkylieren *vt* alkylate.

Alkylierung *f* alkylation.

Alkyl-Radikal *nt* alkyl.

All- *präf.* all(o)-, pant(o)-.

Allantoin *nt* allantoin, 5-ureidohydantoin.

Allantoinase *f* allantoinase.

Allantoinsäure *f* allantoic acid.

allel *adj.* relating to an allele, allelomorphic, allelic.

Allel *nt* allele, allel, allelomorph; allelic gene.

multiple Allele *pl* multiple alleles.

Allelen- *präf.* allelic.

Allelo- *präf.* allelic.

Allelomorph *nt* allele, allel, allelomorph.

allelomorph *adj.* relating to an allele, allelomorphic, allelic.

Allescheria *f* Allescheria.

Allo- *präf.* all(o)-.

Alloalbumin *nt* alloalbumin.

Allobar *nt* allobar.

allo-Form *f* diastereomer, diastereoisomer, allo form.

Alloisomerie *f* alloisomerism.

Allokolloid *nt* allocolloid.

Allomerie *f* allomerism.

Allomerisation *f* allomerization.

allomerisieren *vt* allomerize.

Allomerismus *m* allomerism.

allomorph *adj.* allomorphic; allotropic.

Allomorphie *f* allomorphism.

Allophanamid *nt* biuret, allophanamide, carbamoylurea.

Allophanat *nt* allophanate.

Allophansäure *f* allophanic acid, urea carbonic acid, *N*-carboxyurea, carbamoylcarbamic acid.

Allophycocyanin *nt* allophycocyanin.

Allose *f* allose.

Allosom *nt* allosome, gonosome, heterochromosome, heterosome.

Allosterie *f* allosterism, allostery.

allosterisch *adj.* relating to allosterism, allosteric.

allotherm *adj.* cold-blooded, allotherm, poikilotherm.

Allotrop *nt* allotrope.

allotrop *adj.* allotropic.

Allotropie *f* allotropism, allotropy.

all-trans-Retinal *nt* all-trans retinal, xanthopsin, visual yellow.

Allyl- *präf.* allyl.

Allylaldehyd *m* acrolein, acrylaldehyde, allyl aldehyde.

Allyldiphosphat *nt* allyldiphosphate.

Allyl-Radikal *nt* allyl.

alpha-Globulin *nt* α-globulin, alpha globulin.

Alphahämolyse *f* α-hemolysis, alphahemolysis.

alphahämolytisch *adj.* α-hemolytic, alpha-hemolytic.

Alphaherpesviren *pl* Alphaherpesvirinae.

Alphaherpesvirinae *pl* Alphaherpesvirinae.

alpha-Oxidation *f* alpha-oxidation.

Alpharezeptor *m* alpha receptor, α-receptor, α-adrenergic receptor.

Alphastrahlen *pl* alpha rays, α rays, ionic rays.

Alphastrahlung *f* alpha radiation, α radiation, ionic rays.

alpha-Teilchen *nt* alpha particle; alpha particle, α-particle.

Alphavirus *nt* alphavirus.

alpha-Zerfall *m* alpha decay.

Alprostadil *nt* alprostadil, prostaglandin E_1.

alternativ *adj.* alternative.

Alternativ- *präf.* alternative.

Alternative *f* alternative (*zu* to), choice.

Alternativhypothese *f* alternative hypothesis.

alternieren *vi* alternate (*mit* with).

alternierend *adj.* alternate, alternating, springing.

Altmünder *pl* Prostomia.

Altrose *f* altrose.

Alumen *nt* alum, alumen.

Aluminium *nt* aluminum, aluminium.

Aluminiumacetat *nt* aluminium acetate, eston.

Aluminiumchlorid *nt* aluminium chloride.

Aluminiumhydroxid *nt* aluminium hydroxide, aluminium hydrate.

Aluminiumoxid *nt* aluminium oxide, alumina.

Aluminiumphosphat *nt* aluminium phosphate.

Aluminiumsulfat *nt* aluminium sulfate.

Aluminiumtannat *nt* tannal.

Ambi- *präf.* ambi-, amb-.

Amblyomma *f* Amblyomma.

Ambrein *nt* ambrin, ambrain, ambrein.

Ambrin *nt* ambrin, ambrain, ambrein.

Ameiose *f* ameiosis.

Ameisensäure *f* formic acid.

Ameisensäurealdehyd *m* formaldehyde, methyl aldehyde.

Americium *nt* americium.

Amid *nt* amide.

Amidase *f* amidase.

Amidbindung *f* amide bond, amide linkage.

Amidbrücke *f* s.u. *Amidbindung*.

Amidinotransferase *f* amidinotransferase.

Amido- *präf.* amido-.

Amidohydrolase *f* amidohydrolase, deamidase.

Amidoligase *f* amido-ligase.

Amidsynthetase *f* amide synthetase.

Amin *nt* amine.

  biogenes Amin bioamine, biogenic amine.

  primäres Amin primary amine.

  sekundäres Amin secondary amine.

  tertiäres Amin tertiary amine.

  vasoaktives Amin vasoactive amine.

aminieren *vt* aminate.

Amino- *präf.* amino.

Aminoacyl- *präf.* aminoacyl.

Aminoacyladenylat *nt* aminoacyl adenylate.

Aminoacyladenylsäure *f* aminoacyl adenylic acid.

Aminoacylase *f* aminoacylase, hippuricase, dehydropeptidase.

Aminoacylbindungsstelle *f* aminoacyl binding site, aminoacyl site, A binding site.

Aminoacylhistidindipeptidase *f* aminoacyl histidine dipeptidase, carnosinase.

Aminoacylhistidinpeptidase *f* aminoacyl histidine dipeptidase, carnosinase.

Aminoacyl-Radikal *nt* aminoacyl.

Aminoacyl-Stelle *f* s.u. *Aminoacylbindungsstelle*.

Aminoacyltransferase *f* aminoacyltransferase.

Aminoacyl-tRNA-Synthetase *f* aminoacyl-tRNA synthetase.

Aminoadipat *nt* aminoadipate.
Aminoadipatsemialdehyd *m* aminoadipate semialdehyde.
Aminoadipatsemialdehyddehydrogenase *f* aminoadipate semialdehyde dehydrogenase.
Aminoadipattransaminase *f* aminoadipate transaminase.
Aminoadipinsäure *f* aminoadipic acid.
Aminoadipinsäuresemialdehyd *m* aminoadipic acid semialdehyde.
Aminoadipinsäuresemialdehyddehydrogenase *f* aminoadipic acid semialdehyde dehydrogenase.
Aminoadipinsäuretransaminase *f* aminoadipic acid transaminase.
Aminoalkohol *m* amino alcohol.
o-Aminobenzoesäure *f* o-aminobenzoic acid, anthranilic acid.
p-Aminobenzoesäure *f* p-aminobenzoic acid, para-aminobenzoic acid, sulfonamide antagonist, chromotrichial factor.
p-Aminobenzoesulfonamid *nt* sulfanilamide.
Aminobenzol *nt* aniline, amidobenzene, aminobenzene.
p-Aminobenzolsulfonsäure *f* p-aminobenzenesulfonic acid, sulfanilic acid.
α-Aminobernsteinsäure *f* aspartic acid.
Aminobuttersäureaminotransferase *f* aminobutyrate aminotransferase, β-alanine transaminase, β-alanine α-ketoglutarate transaminase, β-alanine-oxoglutarate aminotransferase.
γ-Aminobutyrat *nt* γ-aminobutyrate.
ε-Aminocapronsäure *f* ε-aminocaproic acid, epsilon-aminocaproic acid.
7-Amino-cephalosporansäure *f* 7-amino-cephalosporanic acid.
1-Aminocyclopropan-1-carboxylat *nt* 1-aminocyclopropane-1-carboxylate.
Aminocyclopropan-1-carboxylatoxidase *f* 1-aminocyclopropane-1-carboxylate oxidase.
Aminocyclopropan-1-carboxylatsynthase *f* 1-aminocyclopropane-1-carboxylate synthase.
Aminoessigsäure *f* aminoacetic acid, glycine, glycocine, glycocoll, collagen sugar, gelatine sugar.

Aminoglukose *f* glucosamine, chitosamine.
α-Aminoglutarsäure *f* glutamic acid.
Aminoglykosid *nt* aminoglycoside.
Aminogramm *nt* aminogram.
aminoheterozyklisch *adj.* aminoheterocyclic.
Aminohippurat *nt* aminohippurate.
p-Aminohippursäure *f* p-aminohippuric acid, para-aminohippuric acid.
Aminohydrolase *f* aminohydrolase, deaminase.
5-Amino-imidazol-4-carboxamidribonucleotid *nt* 5-amino-4-imidazolcarboxamide ribonucleotide.
5-Amino-imidazol-ribonucleotid *nt* 5-aminoimidazole ribonucleotide.
β-Aminoisobuttersäure *f* beta-aminoisobutyric acid, β-aminoisobutyric acid.
α-Aminoisocapronsäure *f* leucine.
α-Aminoisovaleriansäure *f* isopropyl-aminacetic acid, valine, 2-aminoisovaleric acid.
Aminolävulinat *nt* aminolevulinate.
δ-Aminolävulinatsynthase *f* (5-)aminolevulinate synthase.
5-Aminolävulinatsynthase *f* (5-)aminolevulinate synthase.
δ-Aminolävulinsäure *f* δ-aminolevulinic acid.
Aminolipid *nt* aminolipid, aminolipin.
2-Aminomuconsäure *f* 2-aminomuconic acid.
2-Aminomuconsäuresemialdehyd *m* 2-aminomuconic acid semialdehyde.
2-Aminomuconsäuresemialdehyddehydrogenase *f* 2-aminomuconic acid semialdehyde dehydrogenase.
γ-Amino-n-Buttersäure *f* gamma-aminobutyric acid, γ-aminobutyric acid.
α-Amino-n-capronsäure *f* norleucine, 2-aminohexanoic acid.
Aminonitril *nt* aminonitrile.
6-Aminopenicillansäure *f* 6-aminopenicillanic acid.
Aminopeptidase *f* aminopeptidase.
Aminopropionsäure *f* alanine, aminopropionic acid, 6-aminopurine.
Aminopropyltransferase *f* aminopropyltransferase.
2-Aminopurin *nt* 2-aminopurine.
6-Aminopurin *nt* adenine.

Aminosaccharid *nt* aminosaccharide.
Aminosäure *f* amino acid.
  basische Aminosäure basic amino acid.
  essentielle Aminosäure essential amino acid, nutritionally indispensable amino acid.
  glukogene Aminosäure glucogenic amino acid.
  ketogene Aminosäure ketogenic amino acid.
  ketoplastische Aminosäure ketoplastic amino acid.
  nicht-essentielle Aminosäure nonessential amino acid, dispensable amino acid, nutritionally dispensable amino acid.
  proteinogene Aminosäure proteinogenic amino acid, proteogenic amino acid.
  saure Aminosäure acidic amino acid.
  seltene Aminosäure rare amino acid.
  verzweigtkettige Aminosäure branched chain amino acid.
Aminosäureabbau *m* amino acid degradation.
  oxidativer Aminosäureabbau amino acid oxidation.
Aminosäureaktivierung *f* amino acid activation.
Aminosäureanalysator *m* amino acid analyzer.
Aminosäurearm *m* amino acid arm.
Aminosäurecode *m* amino acid code.
Aminosäuredehydrogenase *f* amino acid dehydrogenase.
Aminosäuremetabolismus *m* amino acid metabolism.
Aminosäureoxidase *f* amino acid oxidase.
Aminosäureoxidation *f* amino acid oxidation.
Aminosäurepool *m* amino acid pool.
Aminosäurerest *m* amino acid residue.
Aminosäurerezeptor *m* amino-acid receptor.
Aminosäuresequenz *f* amino acid sequence.
Aminosäurestoffwechsel *m* amino acid metabolism.
Aminosäuresynthese *f* amino acid synthesis.
Aminosurie *f* aminosuria, aminuria.
aminoterminal *adj.* amino-terminal,
NH$_2$-terminal, N-terminal.
Aminoterminus *m* amino terminus, amino terminal, N terminus.
Aminotransferase *f* aminotransferase, aminopherase, transaminase.
Aminozucker *m* glycosamine, aminosaccharide, amino sugar.
Ammenphänomen *nt* satellite phenomenon, satellitism.
Ammenwachstum *nt* satellite phenomenon, satellitism.
Ammoniak *nt* ammonia, volatile alkali.
Ammoniak- *präf.* ammoniacal, ammoniac.
ammoniakalisch *adj.* relating to ammonia, ammoniacal, ammoniac.
Ammoniaklösung, wässrige *f* ammonia solution.
Ammoniumbase *f* ammonium base.
  quartäre Ammoniumbase quaternary ammonium base.
Ammoniumbromid *nt* ammonium bromide.
Ammoniumchlorid *nt* ammonium chloride, salmiac.
Ammoniumion *nt* ammonium.
Ammoniumkarbonat *nt* ammonium carbonate, volatile alkali.
Ammoniumnitrat *nt* ammonium nitrate.
Ammoniumoxalat *nt* ammonium oxalate.
Ammoniumphosphat *nt* ammonium phosphate.
Ammoniumradikal *nt* ammonium.
Ammoniumsalze *pl* ammonium salts.
Ammonolyse *f* ammonolysis.
ammonotelisch *adj.* ammonotelic.
Amniontiere *pl* Amniota.
Amniot *m* amniote.
Amnioten *pl* Amniota *pl.*
Amöbe *f* ameba, amoeba, Amoeba.
amöbenähnlich *adj.* resembling an ameba, ameboid, amebiform, amoebiform, amoeboid.
amöbenartig *adj.* resembling an ameba, ameboid, amebiform, amoebiform, amoeboid.
Amöboflagellat *m* ameboflagellate.
amöboid *adj.* resembling an ameba, ameboid, amebiform, amoebiform, amoeboid.
Amoeba *f* Amoeba, ameba, amoeba.
Amoebida *pl* Amoebida.
amorph *adj.* amorphous.
AMP-Desaminase *f* AMP deamina-

se, adenylate deaminase, adenylic acid deaminase.

Ampere *nt* ampere.

Amperemeter *nt* ammeter.

amphi- *präf.* amph(i)-.

Amphibia *pl* Amphibia.

amphibisch *adj.* amphibious.

amphiblastisch *adj.* amphiblastic.

Amphigonie *f* amphigony, sexual reproduction.

amphipathisch *adj.* amphipathic, amphiphilic, amphiphobic.

Amphistoma *nt* amphistoma; amphistome.

Amphitän *nt* amphitene, zygotene.

amphitrich *adj.* amphitrichous, amphitrichate.

amphogen *adj.* amphogenic.

Ampholyt *m* ampholyte, amphoteric electrolyte.

ampholytisch *adj.* ampholytic.

amphoter *adj.* amphoteric, amphoterous, ampholytic.

amphoterisch *adj.* s.u. *amphoter.*

Amphoterismus *m* amphoterism, amphotericity.

AMP-Kinase *f* adenylate kinase, A-kinase, myokinase, AMP kinase.

Amplifikation *f* amplification.

amplifizieren *vt* amplify.

Amplitude *f* (*physikal.*) amplitude; amplitude of vibration.

Amplitudenabnahme *f* decrement.

Amplitudendifferenz *f* amplitude difference.

Amyl- *präf.* amyl, amyl(o)-.

Amylalkohol *m* amyl alcohol, amylene hydrate.

Amylase *f* amylase.

α-**Amylase** alpha-amylase, endo-amylase, diastase, glycogenase, ptyalin.

β-**Amylase** beta-amylase, exo-amylase, diastase, glycogenase, saccharogen amylase.

γ-**Amylase** gamma-amylase, glucan-1,4-α-glucosidase.

Amylen *nt* amylene, pentene.

Amylo- *präf.* amyl, amyl(o)-.

amylogen *adj.* producing starch, forming starch, amylogenic, amyloplastic.

Amyloglukosidase *f* gamma-amylase, glucan-1,4-α-glucosidase.

Amylo-1,6-Glukosidase *f* amylo-1,6-glucosidase, debrancher enzyme, debranching enzyme (glycogen), dextrin-1,6-glucosidase.

Amylohydrolyse *f* amylohydrolysis, amylolysis, hydrolysis of starch.

amylohydrolytisch *adj.* relating to amylolysis, amylolytic.

amyloid *adj.* resembling starch, amyloid, amyloidal.

Amyloid *nt* amyloid.

Amylokoagulase *f* amylocoagulase.

Amylolyse *f* amylohydrolysis, amylolysis, hydrolysis of starch.

amylolytisch *adj.* relating to amylolysis, amylolytic.

Amylopektin *nt* amylopectin, amylin.

Amyloplast *m* amyloplast.

amyloplastisch *adj.* producing starch, forming starch, amylogenic, amyloplastic.

Amylose *f* amylose, amylogen, amylocellulose, amidin.

Amylosynthese *f* amylosynthesis.

Amyl-Radikal *nt* amyl.

Amylum *nt* amylum, starch.

Anabiose *f* anabiosis.

anabiotisch *adj.* anabiotic.

anabol *adj.* anabolic, constructive.

Anabolikum *nt* anabolic agent, anabolic.

anabolisch *adj.* anabolic, constructive.

Anabolismus *m* anabolism.

Anabolit *m* anabolite.

anaerob *adj.* anaerobic, anaerobian, anaerobiotic.

Anaerobier *m* anaerobe, anaerobian.

fakultativer Anaerobier facultative anaerobe.

obligater Anaerobier obligate anaerobe.

Anaerobiont *m* anaerobe, anaerobian.

anaerogen *adj.* anaerogenic.

Analog *nt* analogue, analog.

analog *adj.* analog, analogous (*mit* to, with).

Analogon *nt, pl* **Analoga** analogue, analog.

Analysator *m* analyzer, analysor.

Analyse *f* analysis, test, assay. **eine Analyse vornehmen/durchführen** make an analysis, carry out an analysis.

gravimetrische Analyse gravimetric analysis, gravimetry.

qualitative Analyse qualitative analysis, qualitive analysis, qualitative test.

quantitative Analyse quantative

analysis, quantitive analysis, quantitative test.

Analysen- *präf.* analytic, analytical.

analysieren *vt* analyze, make an analysis, assay; test (*auf* for).

Analytik *f* analytic(al) chemistry.

analytisch *adj.* relating to analysis, analytic, analytical.

Anamnier *m* anamniote.

Anamniot *m* anamniote.

anaplerotisch *adj.* anaplerotic.

Anatabin *nt* anatabine.

Anatomie *f* anatomy.

anatomisch *adj.* relating to anatomy, anatomical, anatomic; structural.

Ancylostoma *nt* ancylostome, Ankylostoma, Ancylostoma, Ancylostomum.

Ancylostomidae *pl* Ancylostomidae.

Änderungsgeschwindigkeit *f* rate of change.

Andockstelle *f* docking site.

Andro- *präf.* andr(o)-.

Androgen *nt* androgen, androgenic hormone, testoid.

androgen *adj.* relating to an androgen, androgenic, testoid.

Androsteron *nt* androsterone.

Anfangs- *präf.* initial, incipient, rudimentary, rudimental, primary.

Anfangsstadium *nt* initial stage, incipience, beginnings.

angeboren *adj.* hereditary, congenital; inherent; innate (in), connatal, connate, inborn, inbred; native (*jemandem* to someone); natural (to).

angebrütet *adj.* embryonated, embryonate.

angeregt *adj.* excited, activated.

angereichert *adj.* enriched.

angewandt *adj.* applied, practical.

Angio- *präf.* angi-, angio-, vasculo-.

Angiostrongylus *m* Angiostrongylus.

Angiotensin *nt* angiotensin, angiotonin.

Angiotensinase *f* angiotensinase, angiotonase.

Angiotensin-Converting-Enzym *nt* angiotensin converting enzyme, kininase II, dipeptidyl carboxypeptidase.

Angiotensinogen *nt* angiotensinogen, angiotensin precursor.

Angström *nt* Angström, Angström unit, angstrom.

Angström-Regel *f* Angström's law.

Angström-Einheit *f* s.u. *Angström.*

Angström-Gesetz *nt* Angström's law.

Anguillula *f* Anguillula.

Anhalamin *nt* anhalamine.

anhäufen **I** *vt* congest, conglomerate, cumulate, mass, amass, cumulate, accumulate, agglomerate, aggregate. **II** *vr* **sich anhäufen** conglomerate, cumulate, collect, mass, aggregate, agglomerate, accumulate.

Anhäufung *f* accumulation, accretion, conglomeration, congestion, glomeration, agglomeration, aggregation, amassment, cumulation, cumulus, condensation.

Anhydrid *nt* anhydride.

Anhydridbindung *f* anhydride bond.

anhydriert *adj.* anhydrous.

Anilid *nt* anilide, anilid.

Anilin *nt* aniline, amidobenzene, aminobenzene, phenylamine, benzeneamine.

Anion *nt* anion.

Anionen- *präf.* anionic, anion.

Anionenaustauscher *m* s.u. *Anionenaustauscherharz.*

Anionenaustauscherharz *nt* anion exchange resin.

anionisch *adj.* relating to an anion, anionic.

anisogam *adj.* heterogamous, oogamous.

Anisogamet *m* heterogamete, anisogamete.

anisogametisch *adj.* anisogametic.

Anisogamie *f* anisogamy, heterogamy.

anisomer *adj.* anisomeric.

Ankylostoma *nt* Ancylostoma, Ancylostomum, ancylostome, Ankylostoma.

Annelid *m* annelid.

Annelida *pl* Annelida.

Anocentor *m* Anocentor, Otocentor.

Anode *f* anode, positive pole, positive electrode.

Anoden- *präf.* anodic, anodal.

Anodenstrom *m* anodal current.

anodisch *adj.* relating to an anode, anodic, anodal, electropositive.

Anomer *nt* anomer.

Anomere *nt* anomer.

Anopheles *f* Anopheles, Cellia.

Anophelien *pl* Anophelini.

Anoplura *pl* sucking lice, Anoplura.

Anordnung *f* constitution.

räumliche **Anordnung** configuration, conformation.

supramolekulare Anordnung supramolecular assembly.
anorganisch *adj.* nonorganic, inorganic, mineral; unorganized.
Anoxybiont *m* anaerobe, anaerobian.
Anoxybiose *f* anaerobiosis.
anregbar *adj.* excitable.
anregen *vt* excite, activate.
Anregungsenergie *f* excitation energy.
anreichern I *vt* (*Lösung*) concentrate. II *vr* **sich anreichern** concentrate.
Anreicherung *f* **1.** cumulation. **2.** (*mit Luft oder Gas*) aeration; (*chemisch*) concentration.
Anresin *nt* anion exchange resin.
ansäuerbar *adj.* acidifiable.
Ansäuern *nt* acidification.
ansäuern *vt* acidify.
Ansäuerung *f* acidification.
Ant- *präf.* anti-.
Antagonismus *m* antagonism (*against, to*).
  metabolischer Antagonismus metabolic antagonism.
Antagonist *m* antagonist (*against, to*).
  kompetitiver Antagonist competitive antagonist.
  metabolischer Antagonist metabolic antagonist.
Antagonistenhemmung *f* antagonist inhibition.
antagonistisch *adj.* antergic, antagonistic, antagonistical (*gegen* to).
Antennenkomplex *m* antenna complex.
Anthocyan *nt* anthocyanin.
Anthocyanidin *nt* anthocyanidin.
Anthocyanidin-acyltransferase *f* anthocyanidin acyltransferase.
Anthocyanidin-methyltransferase *f* anthocyanidin methyltransferase.
Anthocyanidin-rhamnose-transferase *f* anthocyanidin transferase.
Anthoxanthin *nt* anthoxanthine.
Anthracen *nt* anthracene.
Anthranilat *nt* anthranilate, 2-aminobenzoate.
Anthranilatsynthase *f* anthranilate synthase.
Anthranilsäure *f* anthranilic acid.
Anthrax *m* anthrax, splenic fever, milzbrand.
Anthraxerreger *m* Bacillus anthracis.
Anthrazen *nt* anthracene.
anthropoid *adj.* resembling man, anthropoid.
Anthropoiden *pl* anthropoid apes, anthropoids.
Anthropologie *f* anthropology.
anthropologisch *adj.* relating to anthropology, anthropologic, anthropological.
Anti- *präf.* anti-.
Antielektron *nt* positron, positive electron.
Antienzym *nt* antienzyme, antizyme, enzyme antagonist, antiferment.
antienzymatisch *adj.* antizymotic.
Antiesterase *f* antiesterase.
Antiferment *nt* s.u. *Antienzym.*
Anti-Frier-Protein *nt* antifreeze protein.
Anti-Frost-Protein *nt* antifreeze protein.
Antihämophiliefaktor *m* factor VIII, antihemophilic factor (A), antihemophilic globulin, plasma thromboplastin factor, platelet cofactor, plasmokinin, thromboplastic plasma component, thromboplastinogen.
Antikodon *nt* anticodon.
Antikodonarm *m* anticodon arm.
Antikodontriplett *nt* anticodon triplet.
Antikörper *m* antibody, sensitizer; immune body, immune protein, antisubstance.
Antimetabolit *m* antimetabolite, competitive antagonist.
Antimon *nt* antimony, antimonium, stibium.
Antimon-III- *präf.* antimonious.
Antimon-V- *präf.* antimonic.
Antimonchlorid *nt* antimony chloride.
Anti-Müller-Hormon *nt* anti-Müller-hormone; müllerian inhibiting substance, müllerian duct-inhibiting factor, müllerian regression factor.
Antiport *m* antiport, countertransport, exchange transport.
Antiportsystem *nt* antiport system.
Antithrombin *nt* antithrombin.
Antithrombin III *nt* antithrombin III.
Antithrombinzeit *f* thrombin time, thrombin clotting time.
Antizym *nt* antizyme, antienzyme.
Antricola *f* Antricola.
anukleär *adj.* without nucleus, anuclear, anucleate, non-nucleated.
Anziehung *f* cohesion, attraction.
  chemische Anziehung chemical

attraction, chemical affinity, attraction of affinity.

elektrische Anziehung electric attraction.

elektrostatische Anziehung electrostatic attraction.

magnetische Anziehung magnetic attraction.

Anziehungskraft *f* attractive force, attractive power; attraction of gravity, avidity, cohesion, weight, gravitational pull, pull.

AOX-Protein *nt* AOX protein.

Apatit *nt* apatite.

Apegenin *nt* apegenine.

aperiodisch *adj.* aperiodic.

Apfelsäure *f* malic acid.

Äpfelsäure *f* malic acid.

Aphthovirus *nt* aphthovirus.

Apicocomplexa *pl* Apicocomplexa.

Apiose *f* apiose.

Apoenzym *nt* apoenzyme.

apokrin *adj.* apocrine.

apolar *adj.* having no poles, apolar, nonpolar.

Apolipoprotein *nt* apolipoprotein.

Apophytochrom *nt* apophytochrome.

Apoplast *m* apoplast.

Apoprotein *nt* apoprotein.

aprotisch *adj.* aprotic.

APS-Kinase *f* adenylylsulfate kinase, APS kinase.

APS-Sulfotransferase *f* APS sulfotransferase.

APUD-System *nt* APUD-system.

APUD-Zelle *f* APUD cell, Apud cell, amine precursor uptake and decarboxylation cell.

Apurinsäure *f* apurinic acid.

Apyrimidinsäure *f* apyrimidimic acid.

Aqua *nt/f* water, aqua.

    Aqua chlorata chlorine water.

    Aqua destillata distilled water.

Aquacobalamin *nt* s.u. *Aquocobalamin.*

Aquaporin *nt* aquaporin.

äquikalorisch *adj.* equicaloric, isocaloric.

Äquilibrieren *nt* equilibration.

äquilibrieren *vt* equilibrate.

Äquilibrium *nt* equilibrium, equilibration.

äquimolar *adj.* equimolar.

äquimolekular *adj.* equimolecular.

äquipotential *adj.* equipotential.

Äquipotentiallinie *f* equipotential line.

äquipotentiell *adj.* equipotential.

Äquipotenz *f* equipotentiality.

äquipotenzial *adj.* s.u. *äquipotential.*

Äquipotenziallinie *f* s.u. *Äquipotentiallinie.*

äquipotenziell *adj.* s.u. *äquipotentiell.*

äquivalent *adj.* equivalent (to).

Äquivalent *nt* equivalent (*für* of).

    elektrochemisches Äquivalent electrochemical equivalent.

    kalorisches Äquivalent energy equivalent, caloric equivalent.

Äquivalenz *f* equivalence, equivalency.

Aquocobalamin *nt* Vitamin B_{12b}, hydroxocobalamin, aquacobalamin, aquocobalamin.

Arabin *nt* arabin, arabic acid.

Arabinan *nt* arabinan.

L-Arabino-D-Galaktan *nt* L-arabino-D-galactan.

Arabinofuranosyl-Rest *m* arabinofuranosyl-.

Arabinogalaktan *nt* arabinogalactan.

    Arabinogalaktan Typ I type I arabinogalactan.

    Arabinogalaktan Typ II type II arabinogalactan.

Arabinogalaktan-Proteine *pl* arabinogalactan proteins.

Arabinose *f* arabinose, arabopyranose, arapyranose, gum sugar, pectin sugar.

β-Arabinosidase *f* β-arabinosidase.

Arabinosyltransferase *f* arabinosyltransferase.

Arabinulose *f* arabinulose.

Arabit *nt* arabitol.

Arabitol *nt* arabitol.

Arachidat *nt* arachidate, eicosanoate.

Arachidonat *nt* arachidonate.

Arachidonsäure *f* arachidonic acid.

Arachidonsäurederivate *pl* arachidonic acid derivatives, eicosanoids.

Arachidonsäure-5-Lipoxygenase *f* arachidonate-5-lipoxygenase.

Arachidonsäure-12-Lipoxygenase *f* arachidonate-12-lipoxygenase.

Arachinsäure *f* arachidic acid, arachic acid, icosanoic acid, *n*-eicosanoic acid.

Arachisöl *nt* arachis oil.

Aräometer *nt* areometer, hydrometer.

Aräometrie *f* areometry, hydrometry.

aräometrisch *adj.* relating to hydrometry, areometric, hydrometric.
Arbeit *f* work.
  biologische Arbeit biological work.
  biosynthetische Arbeit biosynthetic work.
  chemische Arbeit chemical work.
  Arbeit gegen ein Konzentrationsgefälle concentration work.
  Arbeit gegen einen Konzentrationsgradienten concentration work.
  körperliche Arbeit physical work.
  mechanische Arbeit mechanical work.
  osmotische Arbeit osmotic work.
  physische Arbeit physical work.
ARBO-Virus *nt* arbovirus, arbor virus, arthropod-borne virus.
Archäbakterien *pl* Archaeobacteria, Archebacteria.
Archaebacteria *pl* Archaeobacteria, Archebacteria.
Archäobakterien *pl* Archaeobacteria, Archebacteria.
Archegonium *nt* archegonium.
Archespor *nt* archespore, archesporium, archispore.
Archesporium *nt* archespore, archesporium, archispore.
Archimyzeten *pl* archimycetes.
Arenaviren *pl* Arenaviridae.
Arenaviridae *pl* Arenaviridae.
Arenavirus *nt* arenavirus.
A-Rezeptor *m* A receptor.
Argas *f* Argas.
Argasidae *pl* soft-bodied ticks, soft ticks, Argasidae.
Argentum *nt* silver, argentum.
Arginase *f* arginase.
Arginin *nt* arginine, 2-amino-5-guanidinovaleric acid.
Argininbernsteinsäure *f* argininosuccinic acid.
Arginindecarboxylase *f* arginine decarboxylase.
Argininkinase *f* arginine kinase.
Argininophosphat *nt* phosphoarginine, arginine phosphate.
Argininosuccinase *f* argininosuccinate lyase, argininosuccinase.
Argininosuccinat *nt* argininosuccinate.
Argininosuccinatlyase *f* argininosuccinate lyase, argininosuccinase.
Argininosuccinatsynthetase *f* argininosuccinate synthetase.

Argininphosphat *nt* phosphoarginine, arginine phosphate.
Argininsuccinase *f* argininosuccinate lyase, argininosuccinase.
Argininsuccinat *nt* argininosuccinate.
Argininsuccinatlyase *f* argininosuccinate lyase, argininosuccinase.
Argininsuccinatsynthetase *f* argininosuccinate synthetase.
Arginin-Vasopressin *nt* arginine vasopressin, argipressin.
Arginyl-Radikal *nt* arginyl.
Argipressin *nt* arginine vasopressin, argipressin.
Argon *nt* argon.
arid *adj.* arid; dry.
Arm *m* arm, upper extremity.
arm *adj.* poor (*an* in), lacking (*an* in), deficient (*an* in).
Arogenat *nt* arogenate, pretyrosine.
Arogensäure *f* arogenic acid.
Aromat *m* aromatic.
aromatisch *adj.* aromatic. **nicht aromatisch** nonaromatic.
Aromatisieren *nt* aromatization.
aromatisieren *vt* aromatize.
Aromatisierung *f* aromatization.
Arrhenius-Gleichung *f* Arrhenius' equation.
Arrhenius-Theorie *f* Arrhenius' theory, Arrhenius' doctrine.
Arsen *nt* arsenic, arsenium.
Arsen- *präf.* arsenic, arsenical, arsen(o)-.
Arsenat *nt* arsenate.
Arsenid *nt* arsenide.
Arsenik *nt* arsenic, arsenicum, butter of arsenic.
Arsenik- *präf.* s.u. *Arsen-*.
Arsenikum *nt* arsenic, arsenicum, butter of arsenic.
Arsensauerstoffsäure *f* arsenic acid.
Arsensäure *f* arsenic acid.
Arsentrioxid *nt* arsenic, arsenicum, butter of arsenic.
Arsentrisulfid *nt* auripigment.
Arsenwasserstoff *m* s.u. *Arsin*.
Arsin *nt* arsenous hydride, arsine.
Arsinsäure *f* arsinic acid.
Arsonsäure *f* arsonic acid.
Arten- *präf.* species.
Arthrobacter *f* Arthrobacter.
Arthrobacterium *nt* arthrobacterium.
Arthropoden *pl* Arthropoda.
Artmerkmal *nt* specific character.

artspezifisch *adj.* species-specific; specific.
Artspezifität *f* species specificity.
artverwandt *adj.* congenerous, congeneric (to, with).
Aryl- *präf.* aryl-.
Arylamidase *f* arylamidase, aryl acylamidase.
Arylamin *nt* arylamine.
Arylaminoacetylase *f* arylamine acetyltransferase.
Arylaminoacetyltransferase *f* arylamine acetyltransferase.
Arylaminopeptidase *f* arylaminopeptidase, cytosol aminopeptidase.
Arylesterase *f* arylesterase, aryl-ester hydrolase.
Arylesterhydrolase *f* s.u. *Arylesterase*.
Arylformamidase *f* arylformamidase, formylkynurenine hydrolase, formamidase, formylase.
Aryl-4-hydroxylase *f* aryl-4-hydroxylase, flavin monooxygenase, unspecific monooxygenase.
Arylsulfatase *f* sulfatidase, arylsulfatase, phenol sulfatase.
Ascarid *m* ascarid.
Ascaridia *f* Ascaridia.
Ascaridoidea *pl* Ascaridoidea.
Ascaris *f* Ascaris, ascaris, maw worm.
Aschelminth *m* aschelminth, nemathelminth.
Ascherson-Membran *f* Ascherson's membrane.
Ascherson-Tröpfchen *nt* Ascherson's vesicle.
Ascherson-Vesikel *m* Ascherson's vesicle.
Ascokarp *nt* ascocarp.
Ascomycetes *pl* Ascomycetes, Ascomycetae, Ascomycotina, sac fungi.
Ascorbat *nt* ascorbate.
L-Ascorbat-Oxidase *f* L-ascorbate oxidase.
Ascorbinsäure *f* ascorbic acid, vitamin C, antiscorbutic factor, antiscorbutic vitamin, cevitamic acid.
Äsculetin *nt* esculetin, 6,7-dihydroxycoumarin.
Äsculin *nt* esculin, bicolorin, enallochrome, esculoside.
Askaris *f* Ascaris, ascaris, maw worm.
Askomyzeten *pl* sac fungi, ascomycetes, Ascomycetes, Ascomycetae, Ascomycotina.

Askorbat *nt* ascorbate.
Askorbinämie *f* ascorbemia.
Askorbinsäure *f* ascorbic acid, vitamin C, antiscorbutic factor, antiscorbutic vitamin, cevitamic acid.
Askus *m* ascus.
Asparagin *nt* asparagine.
Asparaginamidase *f* asparaginase.
Asparaginase *f* asparaginase.
Asparaginsäure *f* aspartic acid, asparaginic acid, α-aminosuccinic acid.
Asparaginsäurephosphat *nt* aspartyl phosphate.
Asparaginsynthetase *f* asparagine synthetase.
Asparaginyl-Radikal *nt* asparaginyl.
Aspartam *nt* aspartame.
Aspartase *f* aspartate ammonia-lyase, aspartase.
Aspartat *nt* aspartate.
Aspartataminotransferase *f* aspartate aminotransferase, aspartate transaminase, glutamic-oxaloacetic transaminase, serum glutamic oxaloacetic transaminase.
Aspartatammoniaklyase *f* s.u. *Aspartase*.
Aspartatcarbamyltransferase *f* aspartate transcarbamoylase, aspartate carbamoyl transferase.
Aspartat-Familie *f* aspartate family.
Aspartat-Glutamat-Carrier *m* aspartate-glutamate carrier.
Aspartatkinase *f* aspartate kinase.
Aspartatsemialdehyd *m* aspartate semialdehyde.
Aspartatsemialdehyddehydrogenase *f* aspartate semialdehyde dehydrogenase.
Aspartattransaminase *f* s.u. *Aspartataminotransferase*.
Aspartattranscarbamylase *f* s.u. *Aspartatcarbamyltransferase*.
Asparthion *nt* asparthione.
Aspartyl- *präf.* aspartyl.
β-Aspartyl-N-acetylglucosaminidase *f* s.u. *Aspartylglykosaminidase*.
Aspartylglykosaminidase *f* β-aspartyl-*N*-acetylglucosaminidase, aspartylglycosaminidase.
Aspartylphosphat *nt* aspartyl phosphate.
Aspartyl-Radikal *nt* aspartyl.
Aspartyl-tRNA-Synthetase *f* aspartyl-tRNA-synthetase.

Aspergillus *m* aspergillus, Aspergillus, Sterigmatocystis, Sterigmocystis.
Assay *m* assay, test, analysis, trial.
Assimilat *nt* assimilatory product.
Assimilation *f* assimilation.
Assimilations- *präf.* assimilatory, assimilation.
Assimilationsprodukt *nt* assimilatory product.
assimilatorisch *adj.* assimilatory.
assimilierbar *adj.* assimilable, assimilatory. **nicht assimilationsfähig** inassimilable, unassimilable.
assimilieren *vt* assimilate.
Assimilierung *f* assimilation.
Assoziation *f* association.
Asssimilationsstärke *f* assimilatory starch.
Astatin *nt* astatine.
A-Stelle *f* aminoacyl binding site, aminoacyl site, A binding site.
A-Streptokokken *pl* group A streptococci, Streptococcus pyogenes, Streptococcus erysipelatis, Streptococcus hemolyticus, Streptococcus scarlatinae.
ATCase *f* aspartate transcarbamoylase, aspartate carbamoyl transferase.
Äthan *nt* ethane, methylmethane.
Äthanal *nt* acetaldehyde, acetic aldehyde, aldehyde, ethaldehyde, ethanal, ethylaldehyde, ethaldehyde.
Äthandisulfonat *nt* edisylate, 1,2-ethanedisulfonate.
Äthanol *nt* ethanol, ethyl alcohol, spirit, alcohol.
Äthanolamin *nt* colamine, 2-aminoethanol, ethanolamine, olamine, monoethanolamine.
Äthanolaminkinase *f* ethanolamine kinase.
Äthanolaminphosphoglycerid *nt* ethanolamine phosphoglyceride, phosphatidylethanolamine.
Äthanolaminsulfonsäure *f* ethanolaminesulfonic acid, taurine.
Äthansäure *f* acetic acid, ethanoic acid.
Äthen *nt* ethylene, ethene.
Äther *m* ether; ethyl ether; diethyl ether; ether.
Äther- *präf.* ethereal, ethereous, etherial, etheric.
Ätherbindung *f* ether bond.
ätherhaltig *adj.* containing ether, ethereal, ethereous, etherial, etheric.

ätherisch *adj.* ethereal, ethereous, etherial, etheric, essential, volatile, aerial.
ätherisieren *vt* etherealize.
atherman *adj.* adiathermal, athermanous.
Athermanität *f* adiathermancy, adiathermance, athermancy.
äthern *vt* etherealize.
Äthin *nt* acetylene.
Äthinyl- *präf.* ethynyl, ethinyl.
Äthinyl-Radikal *nt* ethynyl, ethinyl.
Äthyl- *präf.* ethyl.
Äthylacetat *nt* ethyl acetate.
Äthylalkohol *m* ethanol, ethyl alcohol; alcohol, spirit.
Äthylamin *nt* ethylamine.
Äthylat *nt* ethylate.
Äthylcellulose *f* ethylcellulose.
Äthylchlorid *nt* ethyl chloride, chloroethane, chlorethyl.
Äthylcyanid *nt* ethyl cyanide, propionitril.
Äthylen *nt* ethylene, ethene.
Äthylendiamin *nt* ethanediamine, ethylenediamine.
Äthylendiamintetraacetat *nt* ethylenediaminetetraacetate.
Äthylendiamintetraessigsäure *f* ethylenediaminetetraacetic acid, edetic acid, edethamil.
Äthylendichlorid *nt* ethylene dichloride.
Äthylenimin *nt* ethylenimine.
Äthylenoxid *nt* ethylene oxide.
Äthylentetrachlorid *nt* tetrachloroethylene, perchloroethylene.
Äthylentrichlorid *nt* trichloroethylene.
Äthylierung *f* ethylation.
Äthylnitrit *nt* ethyl nitrite, nitrous ether.
Äthyl-Radikal *nt* ethyl.
Ätiocholanolon *nt* etiocholanolone.
Atmosphäre *f* **1.** atmosphere. **2.** (*Druck*) atmosphere.
Atmosphären- *präf.* atmospheric, atmospherical.
Atmosphärendruck *m* atmospheric pressure, barometric pressure.
atmosphärisch *adj.* relating to the atmosphere, atmospheric, atmospherical.
Atmung *f* respiration, breathing, breath, external respiration, pulmonary respiration.

äußere Atmung respiration, external respiration, pulmonary respiration.

innere Atmung respiration, cell respiration, internal respiration, tissue respiration.

Atmungs- *präf.* respiratory, breath, breathing, pneum(o)-, pneuma-, pneumato-, pneumono-.

Atmungsantrieb *m* respiratory drive.

Atmungsarbeit *f* breathing work.

Atmungskette *f* cytochrome system, respiratory chain.

Atmungskettenphosphorylierung *f* respiratory-chain phosphorylation, oxidative phosphorylation.

Atmungskettensubstrat *nt* respiratory substrate.

Atmungsorgane *pl* respiratory system, respiratory apparatus, respiratory organs.

Atmungspigment *nt* respiratory pigment.

Atmungsstoffwechsel *m* respiratory metabolism.

Atmungssubstrat *nt* respiratory substrate.

atmungsunabhängig *adj.* respiration-independent.

Atom *nt* atom.

   angeregtes Atom activated atom, excited atom.

   einwertiges Atom monad.

   ionisiertes Atom ionized atom.

   radioaktives Atom labeled atom, radioactive atom, tagged atom.

   radioaktiv-markiertes Atom labeled atom, radioactive atom, tagged atom.

Atom- *präf.* atomic, atomical.

atomar *adj.* relating to an atom, atomic, atomical.

Atombindung *f* covalent bond.

Atomgewicht *nt* atomic mass, atomic weight.

Atomgramm *nt* gram atom, gram-atomic weight.

atomisieren *vt* atomize.

Atomkern *m* atomic core, nucleus, atomic nucleus.

Atommasse *f* atomic mass.

   relative Atommasse relative atomic mass.

Atommasseneinheit *f* atomic mass unit, atomic weight unit, dalton.

Atomtafel *f* periodic table.

Atomtheorie *f* atom theory.

Atomvolumen *nt* atomic volume.

ATP-abhängig *adj.* ATP-dependent, ATP-linked.

ATP-ADP-Carrier *m* ATP-ADP carrier.

ATPase *f* adenosine triphosphatase, ATPase.

ATPase-Aktivität *f* ATPase activity.

ATP-bildend *adj.* ATP-generating.

ATP-Citrat-Lyase *f* ATP-citrate lyase, citrate cleavage enzyme.

ATP-gebunden *adj.* ATP-linked.

ATP-getrieben *adj.* ATP-driven.

ATP-Phosphoribosyltransferase *f* ATP-phosphoribosyltransferase.

ATPS-Bedingungen *pl* ATPS conditions.

ATP-Sulfat-adenylyltransferase *f* ATP-sulfate adenylyltransferase, ATP sulfurylase.

ATP-Sulfurylase *f* ATP-sulfate adenylyltransferase, ATP sulfurylase.

ATP-verbrauchend *adj.* ATP-utilizing.

ATP-Zyklus *m* ATP cycle, ATP-ADP cycle.

Atriopeptid *nt* atrial natriuretic factor, atrial natriuretic peptide, atrial natriuretic hormone, atriopeptide, atriopeptin, cardionatrin.

Atriopeptigen *nt* atriopeptigen.

Atriopeptin *nt* s.u. *Atriopeptid.*

Attraktant *m* attractive agent, attractant, attractive substance, chemical attractant.

ätzen *vt* corrode, bite, erode.

ätzend *adj.* corrosive, caustic, mordant, erosive, erodent, pyrotic.

Ätzkali *nt* caustic potash, potassium hydroxide.

Ätzkraft *f* causticity, corrosive power.

Ätzmittel *nt* caustic, cauterant, caustic substance, cautery, escharotic; corrosive, caustic substance, caustic.

Ätznatron *nt* caustic soda, soda, sodium hydroxide.

Ätzung *f* corroding, corrosion, erosion.

Aufbaustoffwechsel *m* anabolism.

aufbereiten *vt* purify (*von* of, from).

Aufbereitung *f* processing, purification.

Auffüllungsreaktion *f* anaplerotic reaction, anaplerosis.

Aufgusstierchen *nt* infusorian, infusorium, Infusoria (*pl*).

auflösen **I** *vt* **1.** dissolutive, melt, disperse. **2.** (*in Bestandteile*) resolve (*in* into), disintegrate, break up; (*zer-*

setzen) decompose; (*chemisch*) break down, digest; lyse, lyze. **3.** (*physikal.*) dissolve, resolve (*in* into). **II** *vr* **sich auflösen 4.** dissolve, melt, disperse. **5.** (*in Bestandteile*) disintegrate, break up; (*sich zersetzen*) decompose (*in* into); disintegrate, decay, lyse, lyze, autolyse. **6.** (*physikal.*) be resolved.

Auflösen *nt* solution, dissolution.

Auflösung *f* **1.** dissolution, dispersion. **2.** (*in Bestandteile*) resolution (*in* into), disintegration, breaking up; (*Zersetzung*) decomposition, decay; (*chemisch*) digestion, dissolution; (*biochemisch*) lysis, breakup, breakdown. **3.** (*physikal.*) dissolution, resolution (*in* into); (*Optik*) optical resolution, resolution.

Auflösungsmittel *nt* dissolvent, solvent.

Auflösungsvermögen *nt* **1.** (*physikal.*) resolving power, resolution. **2.** (*chemisch*) solvent power.

Aufnahme *f* absorption, resorption, reabsorption, resorbence, assimilation, uptake; (*Nahrung*) intake, ingestion; assimilation (*in* to).

Aufnahmefähigkeit *f* capacity; absorbing power, absorption power.

Aufsättigung *f* saturation.

aufsaugen *vt* (*Feuchtigkeit etc.*) absorb, take up, resorb, reabsorb.

aufschließen *vt* (*Nahrung*) macerate, digest, break down, break up.

Aufschwemmung *f* suspension, slurry.

aufspalten **I** *vt* **1.** digest, split, break down. **2.** disintegrate, dichotomize, split, cleave. **II** *vr* **sich aufspalten** disintegrate, split (up); break down.

Aufspaltung *f* decomposition, breakdown.

Auroxylradikal *nt* auroxyl-.

Aurum *nt* gold, aurum.

Ausbeute *f* yield, gain.

ausdestillieren *vt* distill off/out.

ausfällbar *adj.* precipitable.

Ausfällbarkeit *f* precipitability.

ausfallen *vi* precipitate; (*radioaktiv*) fall out.

ausfällen *vt, vi* precipitate.

Ausfällung *f* precipitation.

　　fraktionierte Ausfällung fractional precipitation.

　　isoelektrische Ausfällung isoelectric precipitation.

Ausfällungsagens *nt* precipitant, precipitator.

ausflockbar *adj.* flocculable.

Ausflocken *nt* flocculation, flocculence.

ausflocken *vt, vi* flocculate.

Ausflockung *f* flocculation, flocculence, precipitation.

Ausflockungsmittel *nt* flocculant.

Ausgangs- *präf.* initial, base, starting.

auskristallisieren *vi* effloresce, crystallize (out).

Auslaugen *nt* washing out, leaching, lixiviation.

auslaugen *vt* wash out, leach, leach out, lixiviate.

Auslaugung *f* lixiviation, leaching.

Auslese *f* selection.

　　natürliche Auslese natural selection.

Auslesefaktor *m* selective factor.

Ausleseprozess *m* process of selection.

Aussalzen *nt* salting-out.

aussalzen *vt* salt out.

ausscheiden *vt* **1.** (*physiolog.*) discharge, secrete, egest. **2.** (*chemisch*) precipitate, extract.

Ausscheidung *f* **1.** (*physiolog.*) excrement(s *pl*), excreta, discharge. **2.** (*chemisch*) precipitation.

Ausscheidungs- *präf.* excretory, excurrent, waste.

Ausscheidungsorgan *nt* excretory organ.

Ausschlemmen *nt* elutriation, elution.

ausschlemmen *vt* elutriate.

Ausschlusschromatographie *f* exclusion chromatography.

　　molekulare Ausschlusschromatographie gel filtration, molecular-exclusion chromatography, molecular-sieve chromatography.

ausstrahlen **I** *vt* (*Licht, Wärme etc.*) radiate, emit, emanate, give off, send forth/out, irradiate. **II** *vi* radiate, be emitted; emanate (*von* from).

Aussüßen *nt* solvent fractionation.

Austauschdiffusion *f* exchange diffusion.

Austauscher *m* interchanger, exchanger.

Austauschfläche *f* exchange surface/area.

Austauschquotient, respiratorischer *m* respiratory coefficient, respiratory exchange ratio, respiratory quotient, expiratory exchange ratio.

Austauschreaktion f exchange reaction.

Austauschtransport m exchange transport; countertransport, antiport.

Auswaschen nt elution.

auswaschen vt elute.

Auswaschkurve f elution curve.

Auswaschmethode f washout method.

Auszug m (*Vorgang*) extraction, eduction, distillation; (*Produkt*) extract, educt, extractive (*aus* from).

Auto- *präf.* self-, aut(o)-.

Autoaktivierung f autoactivation.

Autoanalysator m s.u. *Autoanalyzer*.

Autoanalyse f autoanalysis.

Autoanalyzer m analyzer, analysor, autoanalyzer.

Autodigestion f self-digestion, self-fermentation, isophagy, autodigestion, autolysis, autoproteolysis.

autodigestiv *adj.* relating to *or* causing autolysis, autodigestive, autolytic, autocytolytic.

Autokatalysator m autocatalyst.

Autokatalyse f autocatalysis.

autokatalytisch *adj.* relating to autocatalysis, autocatalytic.

Autoklav m autoclave.

autoklavieren vt autoclave.

Autolysat nt autolysate.

Autolyse f autolysis, autoproteolysis, autocytolysis, isophagy, self-fermentation.

autolytisch *adj.* relating to *or* causing autolysis, autolytic, autocytolytic.

Autoregulation f autoregulation, self-regulation.

   metabolische Autoregulation metabolic autoregulation.

autoregulativ *adj.* autoregulatory.

autoregulatorisch *adj.* autoregulatory.

Autoreplikation f self-replication.

autoreplizierend *adj.* self-replicating.

Autosom nt euchromosome, homologous chromosome, autosome.

autosomal *adj.* relating to an autosome, autosomal.

Autosomen- *präf.* autosomal, autosome.

Autothrombin I nt autoprothrombin I, proconvertin, convertin, cothromboplastin, cofactor V, serum prothrom-

bin conversion accelerator, factor VII, prothrombin conversion factor, prothrombin converting factor, stable factor, prothrombokinase.

Autothrombin II nt plasma thromboplastin component, platelet cofactor, autoprothrombin II, factor IX, antihemophilic factor B, plasma thromboplastin factor B, Christmas factor, PTC factor.

Autothrombin III nt autoprothrombin C, factor X, Prower factor, Stuart factor, Stuart-Prower factor.

Autotroph m autotroph.

autotroph *adj.* relating to an autotroph, autotrophic; self-sustaining.

Autotrophie f autotrophy.

autoxidierbar *adj.* autoxidizable, auto-oxidizable.

Autoxydation f autoxidation, autooxidation.

autözisch *adj.* autoecious, autecious.

Auxin nt auxin; indole-3-acetic acid.

auxotroph *adj.* relating to an auxotroph, auxotrophic.

Auxotroph m auxotroph, auxotrophic organism, auxotrophic cell.

Avenothionin nt avenothionin.

Aviadenovirus nt avian adenovirus, Aviadenovirus.

avian leukemia virus nt avian leukemia virus.

avian sarcoma virus nt avian sarcoma virus.

Avirulenz f lack of virulence, avirulence.

Avogadro-Gesetz nt s.u. *Avogadro-Gasgesetz*.

Avogadro-Zahl f Avogadro's constant, Avogadro's number.

Avogadro-Gasgesetz nt Avogadro's hypothesis, Avogadro's law.

Axolemm nt axolemma, axilemma, Mauthner's membrane, Mauthner's sheath.

Axon nt axon, axone, axis cylinder, axial fiber, nerve fibril, neuraxon, neuraxis, neurite.

axonal *adj.* relating to an axon, axonal, axonic.

Axonscheide f axon sheath.

Axoplasma nt axoplasm, axioplasm.

axoplasmatisch *adj.* relating to the axoplasm, axoplasmic.

Axopodium nt axopodium, axiopodium.

azeotrop *adj.* azeotropic.
Azeotropie *f* azeotropy.
Azetal *nt* acetal.
Azetalbindung *f* acetal linkage.
Azetaldehyd *m* acetaldehyde, acetic aldehyde, aldehyde, ethaldehyde, ethanal, ethylaldehyde, ethaldehyde.
Azetamid *nt* acetamide, acetic acid amide, acetic amide.
Azetanhydrid *nt* acetic acid anhydride, acetic anhydride.
Azetanilid *nt* acetanilide, acetanilid, acetaniline, antifebrin, acetylaminobenzene.
Azetat *nt* acetate, acetas.
Azetatkinase *f* acetate kinase, acetokinase.
Azetat-Malonat-Weg *m* acetatemevalonate pathway.
Azetat-Mevalonat-Weg *m* acetatemevalonate pathway.
Azetessigsäure *f* diacetic acid, betaketobutyric acid, acetoacetic acid, β-ketobutyric acid.
Azetoazetat *nt* acetoacetate.
Azetoazetyl- *präf.* acetoacetyl.
Azetoazetyl-CoA *nt* acetoacetyl coenzyme A, acetoacetyl-CoA.
Azetoazetyl-CoA-Reduktase *f* acetoacetyl-CoA reductase.
Azetoazetylcoenzym A *nt* acetoacetyl coenzyme A, acetoacetyl-CoA.
Azetolaktat *nt* acetolactate.
Azetolaktatmutase *f* acetolactate mutase.
Azetolaktatsynthase *f* acetolactate synthase.
Azetolyse *f* acetolysis.
Azetomilchsäure *f* acetolactic acid.
Azeton *nt* acetone, dimethylketone.
Azetonämie *f* acetonemia, ketosis.
azetonämisch *adj.* relating to acetonemia, acetonemic.
Azetonitril *nt* acetonitrile, methyl cyanide.
Azetyl- *präf.* acetyl.
Azetylchlorid *nt* acetyl chloride.
Azetylcholin *nt* acetylcholine.
azetylcholinerg *adj.* acetylcholinergic.
Azetylcholinesterase *f* acetylcholinesterase, true cholinesterase, specific cholinesterase, choline acetyltransferase I, choline esterase I.
Azetylcoenzym A *nt* acetyl coenzyme A, acetyl-CoA.
Azetylen *nt* acetylene.
Azetylglutamat *nt* acetylglutamate.
azetylieren *vt* acetylate.
Azetylierung *f* acetylation, acetylization.
Azetylphosphat *nt* acetyl phosphate, acetic phosphoric anhydride.
Azetyl-Radikal *nt* acetyl.
Azetyltannin *nt* acetannin, acetyltannin, acetyltannic acid, diacetyltannic acid, tannyl acetate, tannic acid.
Azetyltransferase *f* acetyltransferase, acetylase.
Azetylzystein *nt* acetylcysteine.
Azidimetrie *f* acidimetry.
Azidität *f* acidity, acor.
azidogen *adj.* acidogenic.
Azidometrie *f* acidimetry.
Azo- *präf.* azo-.
Azobenzol *nt* azobenzene.
Azoferredoxin *nt* azoferredoxin, protein II.
Azotometer *nt* azotometer.
Azoverbindung *f* azo compound.
azyklisch *adj.* (*chemisch*) not cyclic, acyclic; (*physiolog.*) not cyclic, acyclic.
Azyl- *präf.* acyl.
azylieren *vt* acylate.
Azylierung *f* acylation, acidylation.
Azyl-Radikal *nt* acyl.

B

Babesia *f* Babesia, Babesiella.
Bacillaceae *pl* Bacillaceae *pl.*
Bacillus *m* Bacillus, bacillus.
  Bacillus anthracis anthrax bacillus, Bacillus anthracis.
  Bacillus Calmette-Guérin Bacillus Calmette-Guérin, Calmette-Guérin bacillus.
Backhefe *f* bakers' yeast, brewers' yeast, Saccharomyces cerevisiae.
Bacterio-Opsin *nt* bacterio-opsin.
Bacterium *nt, pl* **Bacteria** Bacterium, bacterium, bacillus.
Bacteroid *nt* bacteroid.
Bacteroidaceae *pl* Bacteroidaceae.
Bacteroides *f* Bacteroides, bacteroides.
Baculoviridae *pl* granulosis viruses, Baculoviridae.
Bahn *f* path, pathway; orbit, orbital.
Bakterien *pl, sing* **Bacterium** *nt*, **Bakterie** *f* bacteria.
  autotrophe Bakterien autotrophic bacteria.
  chemoautotrophe Bakterien chemoautotrophic bacteria.
  chemoheterotrophe Bakterien chemoheterotrophic bacteria.
  chemolithotrophe Bakterien chemolithotrophic bacteria.
  chemoorganotrophe Bakterien chemoorganotrophic bacteria.
  chemosynthetische Bakterien chemosynthetic bacteria.
  chemotrophe Bakterien chemotrophic bacteria.
  chromogene Bakterien chromo bacteria, chromogenic bacteria.
  coliforme Bakterien coliform bacte-

ria, coliform bacilli, coliforms.
  coryneforme Bakterien corynebacteria, coryneform bacteria, diphteroids.
  echte Bakterien eubacteria.
  eiterbildende Bakterien pyogenic bacteria.
  endotoxinbildende Bakterien endotoxic bacteria.
  exotoxinbildende Bakterien exotoxic bacteria.
  gasbildende Bakterien aerogens.
  gram-negative Bakterien gram-negative bacteria.
  gram-positive Bakterien gram-positive bacteria.
  grüne Bakterien green bacteria, green sulfur bacteria.
  hämophile Bakterien hemophilic bacteria.
  heterotrophe Bakterien heterotrophic bacteria.
  kälteliebende Bakterien s.u. *psychrophile Bakterien.*
  koryneforme Bakterien corynebacteria, coryneform bacteria, diphteroids.
  krankheitserregende Bakterien s.u. *pathogene Bakterien.*
  luftbildende Bakterien aerogens.
  lysogene Bakterien lysogenic bacteria.
  lysogenierte Bakterien lysogens.
  mesophile Bakterien mesophilic bacteria.
  methanbildende Bakterien methanogenic bacteria, methane-producing bacteria.
  milchsäurebildende Bakterien lac-

B

tic acid-forming bacteria, lactic acid bacteria.

nitrifizierende Bakterien nitrifying bacteria.

parasitäre Bakterien parasitic bacteria.

pathogene Bakterien pathogenic bacteria.

photoautotrophe Bakterien photoautotrophic bacteria.

photoheterotrophe Bakterien photoheterotrophic bacteria.

photosynthetisch-aktive Bakterien photosynthetic bacteria.

pigmentbildende Bakterien chromo bacteria, chromogenic bacteria.

psychrophile Bakterien psychrophilic bacteria.

pyogene Bakterien pyogenic bacteria.

saprophytäre Bakterien saprophytic bacteria.

säurefeste Bakterien acid-fast bacteria.

schraubenförmige Bakterien spirochetes.

stäbchenförmige Bakterien rod-shaped bacteria, rod bacteria; bacilli.

stickstoffbindende Bakterien nitrogen-fixing bacteria.

stickstoffixierende Bakterien nitrogen-fixing bacteria.

thermophile Bakterien thermophilic bacteria.

toxinbildende Bakterien toxigenic bacteria, toxicogenic bacteria.

Bakterienchromosom *nt* bacterial chromosome, chromatinic body, chromosome.

Bakterien-DNA *f* bacterial DNA, bacterial deoxyribonucleic acid.

Bakteriochlorophyll *nt* bacteriochlorophyll.

Bakteriochlorophyll a *nt* bacteriochlorophyll a.

Bakteriochlorophyll b *nt* bacteriochlorophyll b.

Bakteriochlorophyll c *nt* bacteriochlorophyll c.

Bakteriochlorophyll d *nt* bacteriochlorophyll d.

Bakteriopheophytin *nt* bacteriopheophytin; *Brit.* bacteriophaeophytin.

Bakteriophytom *nt* bacteriophytoma.

Bakteriorhodopsin *nt* bacteriorhodopsin.

Bancroft-Filarie *f* Bancroft's filaria, Filaria nocturna, Filaria bancrofti, Filaria sanguinis-hominis, Wuchereria bancrofti.

Banding *nt* banding.

Bandwürmer *pl* tapeworms, cestodes, Encestoda, Eucestoda, Cestoda.

Bandwurmglied *nt* proglottid, proglottis.

Bandwurmkopf *m* scolex.

Bar *nt* bar.

Bar- *präf.* pressure, presso-, bar(o)-.

Barium *nt* barium.

Bariumchlorid *nt* barium chloride.

Bariumoxid *nt* barium oxide.

Bariumsulfat *nt* barium sulfate.

Barn *nt* barn.

Baro- *präf.* pressure, presso-, bar(o)-.

barophil *adj.* barophilic.

Barorezeptor *m* baroreceptor, baroceptor, barosensor, pressoreceptor.

Barotaxis *f* barotaxis.

Barr-Körper *m* sex chromatin, Barr body.

Bartonella *f* Bartonella.

Bartonellaceae *pl* Bartonellaceae.

Basalkörperchen *nt* basal corpuscle, basal granule, basal body, blepharoplast, blepharoblast; kinetosome.

Basalmembran *f* basal membrane, basal lamina, basement membrane, basement layer, basilar membrane, basilemma, subepithelial membrane.

Basalsekretion *f* (*Magen*) basal acid output.

Basalumsatz *m* basal metabolic rate.

Base *f* base.

heterozyklische Base heterocyclic base.

konjugierte Base conjugate base.

seltene Base minor base, rare base.

stickstoffhaltige Base nitrogenous base.

Baseität *f* basicity.

Basenanhydrid *nt* base anhydride.

Basenäquivalenz *f* base equivalence.

basenbildend *adj.* basigenous.

Basendefizit *nt* base deficit.

Basenexzess *m* base excess.

Basenfrequenzanalyse *f* base-frequency analysis.

Basenkatalyse *f* base catalysis.

allgemeine Basenkatalyse general base catalysis.

spezifische Basenkatalyse specific

base catalysis.

Basennachweis *m* alkaline reaction.

Basenpaar *nt* base pair, nucleoside pair, nucleotide pair.

Basenpaarung *f* base pairing.

Basensequenz *f* base sequence.

Basenstärke *f* avidity.

Basensubstitution *f* base substitution.

Basentriplett *nt* base triplet.

Basenüberschuss *m* base excess.

negativer **Basenüberschuss** base deficit.

Basenzusammensetzung *f* base composition.

Basidie *f* basidium.

Basidiobolus *nt* Basidiobolus.

Basidiospore *f* basidiospore.

Basidium *nt* basidium.

basisch *adj.* basic, alkaline, alkali.

Basiseinheit *f* fundamental, base unit.

Basizität *f* basicity.

Baufett *nt* structural fat.

Bausteinmolekül *nt* building block molecule.

Baustoff *m* nutrient, nutritive substance.

bazillär *adj.* relating to bacilli, bacillary, bacillar, bacilliform.

bazilliform *adj.* rod-shaped, bacillary, bacillar, bacilliform.

Bazillus *m*, *pl* **Bazillen** bacillus; *inf.* bug, germ.

b/c₁-Komplex *m* b/c$_1$-complex.

Bebrüten *nt* incubation.

bebrüten *vt* incubate.

bebrütet *adj.* embryonated, embryonate.

Becher *m* beaker, goblet, cup; chalice.

Becherglas *nt* beaker, glass beaker.

Behälter *m* container, box, case; (*Flüssigkeit*) tank, basin, reservoir; (*Gas*) holder; (*labor*) receiver, receptacle.

beimengen *vt* add (*mit* to).

Beimengung *f* addition.

beimischen *vt* mix into, add to.

Beimischung *f* intermixture, alloy, addition.

Beizen *nt* bite, etch.

beizen *vt* bite, etch.

Belag *m* cover, covering, coat, coating; (*fein*) film; (*Schicht*) layer; (*Verkleidung*) lining; (*Ablagerung*) deposit.

Belegzelle *f* (*Magen*) parietal cell,

border cells, oxyntic cell, acid cell.

Benzaldehyd *m* benzaldehyde, benzoic aldehyde.

Benzen *nt* s.u. *Benzol*.

Benzidin *nt* benzidine, p-diaminodiphenyl.

Benzin *nt* benzine, benzin, petroleum benzin.

3,4-Benzoapyren *nt* 3,4-benzpyrene, benzoapyrene, benzopyrene.

Benzoat *nt* benzoate.

Benzochinon *nt* benzoquinone.

Benzochinonring *m* benzoquinone ring.

Benzoe *nt* benzoin, gum benzoin, gum benjamin.

Benzoesäure *f* benzoic acid.

Benzofuran *nt* benzofuran.

Benzol *nt* benzene, benzol, cyclohexatriene.

Benzolglykokoll *nt* s.u. *Benzoylaminoessigsäure*.

Benzolhexachlorid *nt* benzene hexachloride, gamma-benzene hexachloride, lindane, hexachlorocyclohexane.

Benzolrest *m* phenyl.

Benzolring *m* benzene ring.

Benzolsulfonat *nt* besylate.

Benzophenanthridinalkaloide *pl* benzophenanthridin alkaloids.

3,4-Benzopyren *nt* 3,4-benzpyrene, benzoapyrene, benzopyrene.

2,3-Benzopyrrol *nt* benzpyrrole, indole.

Benzoyl- *präf.* benzoyl.

Benzoylaminoessigsäure *f* hippuric acid, benzoylaminoacetic acid, benzoylglycine, urobenzoic acid.

Benzoylglykokoll *nt* s.u. *Benzoylaminoessigsäure*.

N-Benzoyl-L-tyrosyl-p-aminobenzoesäure *f* N-benzoyl-L-tyrosyl-p-aminobenzoic acid.

Benzoylperoxid *nt* benzoyl peroxide.

Benzoyl-Radikal *nt* benzoyl.

3,4-Benzpyren *nt* s.u. *3,4-Benzopyren*.

Benzyl- *präf.* benzyl.

Benzylalkohol *m* benzyl alcohol, phenylcarbinol, phenylmethanol.

Benzylisochinolinalkaloide *pl* isoquinoline alkaloids.

Berberin *nt* berberine.

Berkelium *nt* berkelium.

Berliner-Blau *nt* ferric ferrocyanide, Prussian blue, Berlin blue.

Bernoulli-Gesetz *nt* s.u. *Bernoulli-Prinzip.*

Bernoulli-Prinzip *nt* Bernoulli's principle, Bernoulli's theorem, Bernoulli law.

Bernoulli-Schwingung *f* Bernoulli oscillation.

Bernoulli-Verteilung *f* Bernoulli distribution.

Bernoulli-Effekt *m* Bernoulli effect.

Bernsteinsäure *f* succinic acid, 1,4-butanedioic acid.

Bertiella *f* Bertiella.

Beryllium *nt* beryllium.

Berylweiß *nt* permanent white.

beschichten *vt* coat (*mit* with).

beschichtet *adj.* coated (*mit* with).

beschleunigen I *vt* quicken, accelerate, speed up; (*physikal.*) accelerate; (*chemisch*). **II** *vr* **sich beschleunigen** accelerate, quicken, speed up.

Beschleuniger *m* accelerant, accelerator; catalyst, catalyzer.

Bestandteil *m* constituent, component, part, component, constituent part, section, element.

bestimmen *vt* (*Blutgruppe, Gentyp*) type; (*labor*) assay, analyze.

Bestimmung *f* **1.** definition, evaluation, classification, identification. **2.** (*Feststellung*) determination, ascertainment. **3.** (*Blutgruppe, Gentyp*) typing; (*labor*) assay, analysis.

qualitative Bestimmung qualitative/qualitive analysis, qualitative test, gravimetric analysis.

quantitative Bestimmung quantitative/quantitive analysis, quantitative assay, quantification.

Betacyan *nt* betacyanin.

Betacyanin *nt* betacyanin.

Beta-Endorphin *nt* beta-endorphin.

Beta-Globulin *nt* beta globulin, β-globulin.

glycinreiches Beta-Globulin factor B, glycine-rich β-glycoprotein.

Betahämolyse *f* β-hemolysis, beta-hemolysis.

beta-hämolytisch *adj.* beta-hemolytic, β-hemolytic.

Betaherpesviren *pl* betaherpesviruses, Betaherpesvirinae.

Betaherpesvirinae *pl* betaherpesviruses, Betaherpesvirinae.

Betain *nt* betaine, lycine, oxyneurine, glycine betaine, glycyl betaine.

Betainaldehyd *m* betaine aldehyde.

Betain-Homocystein-methyltransferase *f* betaine-homocysteine methyltransferase.

beta-Lactamase *f* beta-lactamase, β-lactamase.

Betalain *nt* betalain.

beta-Laktamase *f* beta-lactamase, β-lactamase.

Betalaktose *f* beta-lactose.

Betalipoprotein *nt* β-lipoprotein, low-density lipoprotein, beta-lipoprotein.

beta-Lysin *nt* beta-lysin.

Beta$_2$-Mikroglobulin *nt* beta$_2$-microglobulin, β$_2$-microglobulin.

Betanidin *nt* betanidine, bethanidine.

Betastrahlung *f* beta radiation, β radiation, beta rays *pl*, β rays *pl*.

beta-Teilchen *nt* β-particle, beta particle.

beta-Wellen *pl* beta waves, β waves.

Betaxanthin *nt* betaxanthin.

beta-Zerfall *m* beta decay.

Betriebsstoffwechsel *m* functional metabolism.

Bewegung *f* **1.** movement; motion, movement, kinesis. **in Bewegung** in motion. **2.** (*physiolog.*) locomotion, kinesis; exercise.

Bewegungs- *präf.* moving, motional, motor, motorial, motoric, kinetic, kinesi(o)-, kin(o)-, kine-, kinet(o)-.

Bewegungsenergie *f* kinetic energy, energy of motion.

Bezugselektrode *f* reference electrode.

Bezugslösung *f* standard solution, standardized solution, normal solution.

Bezugspotential *nt* reference potential.

Bezugspotenzial *nt* s.u. *Bezugspotential.*

Bezugssystem *nt* frame of reference.

Bezugswert *m* reference value; (*mathemat.*) relative value.

B-Hordein *nt* hordein B, B hordein.

bi- *präf.* bi-, bis-, di-.

Bicarbonat *nt* bicarbonate, supercarbonate, dicarbonate.

Bicarbonatpuffer *m* bicarbonate buffer.

Bicarbonatpuffersystem *nt* bicarbonate buffer system.

Bichlorid *nt* bichloride, dichloride,

deutochloride.

Bierhefe *f* bakers' yeast, brewers' yeast, Saccharomyces cerevisiae.

Bifidobacterium *nt* bifidobacterium, Bifidobacterium.

Bifidus-Bakterium *nt* Bifidobacterium bifidum, Lactobacillus bifidus.

Bifurkation *f* bifurcation, forking.

Bikarbonat *nt* dicarbonate, bicarbonate, supercarbonate.

Bikarbonatpuffer *m* bicarbonate buffer.

Bikarbonatpuffersystem *nt* bicarbonate buffer system.

bikonkav *adj.* biconcave, convavoconcave.

Bikonkavität *f* biconcavity.

bikonvex *adj.* lenticular, biconvex, convexoconvex.

Bikonvexität *f* biconvexity.

Bilan *nt* bilane.

bilateral *adj.* relating to both sides, having two sides, bilateral.

Bilayer *m* bilayer.

Bilayerstruktur *f* bilayer structure.

Bilayersystem *nt* bilayer system.

Bildungsgeschwindigkeit *f* rate of formation.

Bildungsgewebe *nt* meristematic tissue, meristem.

Bilharzia *f* blood fluke, bilharzia worm, schistosome, Schistosoma, Schistosomum, Bilharzia.

    Bilharzia haematobia vesicular blood fluke.

Bili- *präf.* bile, bili(o)-.

biliär *adj.* relating to bile, biliary, bilious.

Biliflavin *nt* biliflavin.

Bilifuscin *nt* s.u. *Bilifuszin.*

Bilifuszin *nt* bilifuscin.

biligen *adj.* bile-producing, biligenic, biligenetic.

Biligenese *f* bile production, biligenesis.

Bilin *nt* bilin, biline.

Bilineurin *nt* sinkaline, choline.

Bilinsäure *f* bilinic acid.

Bilio- *präf.* bili(o)-.

biliodigestiv *adj.* relating to both gallbladder and digestive tract, bilidigestive, biliary-enteric, biliary-intestinal.

bilioenterisch *adj.* s.u. *biliodigestiv.*

biliointestinal *adj.* s.u. *biliodigestiv.*

biliös *adj.* s.u. *biliär.*

Bilirubin *nt* bilirubin.

direktes Bilirubin conjugated/direct bilirubin.

freies Bilirubin s.u. *indirektes Bilirubin.*

gepaartes Bilirubin s.u. *direktes Bilirubin.*

indirektes Bilirubin free/indirect/unconjugated bilirubin.

konjugiertes Bilirubin s.u. *direktes Bilirubin.*

unkonjugiertes Bilirubin s.u. *indirektes Bilirubin.*

Bilirubin- *präf.* bilirubinic.

Bilirubinat *nt* bilirubinate, salt of bilirubin.

Bilirubindiglukuronid *nt* bilirubin diglucuronide.

Bilirubinsalz *nt* bilirubinate, salt of bilirubin.

Bilirubinsulfat *nt* bilirubin sulfate.

Biliverdin *nt* biliverdin, biliverdinic acid, verdine, dehydrobilirubin, choleverdin, biliverdine, uteroverdine.

Biliverdinat *nt* salt of bilverdin, biliverdinate.

Biliverdinsalz *nt* s.u. *Biliverdinat.*

Bilixanthin *nt* choletelin, bilixanthin, bilixanthine.

Bilizyanin *nt* cholecyanin, cholocyanin, bilicyanin.

bimolekular *adj.* bimolecular.

binär *adj.* binary.

Binär- *präf.* binary.

Bindegewebe *nt* connective tissue, tela, phoroplast.

Bindekraft *f* cohesion, cohesiveness, cohesive force.

Bindemittel *nt* binder, binding, bonding agent, cohesive agent, adhesive, agglutinant, cement, bond.

binden I *vt* bind, adsorb, bond. **II** *vi* bind, bond.

Bindung *f* bond; linkage (*an* to).

    äquatoriale Bindung equatorial bond.

    axiale Bindung axial bond.

    chemische Bindung chemical bond.

    elektrovalente Bindung s.u. *ionogene Bindung.*

    energiereiche Bindung high-energy bond, energy-rich bond, energy-rich linkage, high-energy linkage.

    glykosidische Bindung glycosidic bond, glycosidic linkage.

    heteropolare Bindung s.u. *ionogene*

B

Bindung.
hydrophobe Bindung hydrophobic bond.
ionogene Bindung ionic bond, ionic linkage.
kooperative Bindung cooperative bond.
kovalente Bindung covalent bond.
ungesättigte Bindung unsaturated bond.
Bindungs- *präf.* binding.
Bindungsassay *m* binding assay.
kompetitiver Bindungsassay saturation analysis, competitive binding assay, displacement analysis.
Bindungsenergie *f* binding energy, bond energy.
Bindungsgleichgewicht *nt* binding equilibrium.
Bindungskapazität *f* capacity, binding capacity.
Bindungskurve *f* dissociation curve.
Bindungslänge *f* bond length.
Bindungsprotein *nt* binding protein.
Bindungsstelle *f* binding site, binding locus.
Bindungsstruktur *f* bond structure, bonding structure.
Bindungstest *m* binding assay.
kompetitiver Bindungstest saturation analysis, competitive binding assay, displacement analysis.
Bindungswinkel *m* bond angle.
Binnenparasit *m* internal parasite, endoparasite, endosite, entoparasite, entorganism.
binominal *adj.* binomial, binominal.
bio- *präf.* bi(o)-.
bioaktiv *adj.* bioactive.
Bioaktivität *f* bioactivity.
Bioamin *nt* bioamine, biogenic amine.
bioaminerg *adj.* bioaminergic.
bioäquivalent *adj.* bioequivalent.
Bioäquivalenz *f* bioequivalence.
Bioassay *m* bioassay, biological assay.
Bioblast *m* bioblast.
Biochemie *f* biochemistry, physiochemistry, chemophysiology, biological chemistry, metabolic chemistry, physiological chemistry.
biochemisch *adj.* relating to biochemistry, biochemical, biochemic, physiochemical, chemicobiological.
Biochemomorphologie *f* biochemorphology.
Biocytin *nt* biocytin, biotinyllysine.

Biodynamik *f* biodynamics *pl.*
biodynamisch *adj.* relating to biodynamics, biodynamic, biodynamical, organic.
bioelektrisch *adj.* relating to bioelectricity, bioelectric, bioelectrical.
Bioelektrizität *f* bioelectricity.
Bioelektronik *f* bioelectronics.
bioelektronisch *adj.* relating to bioelectronics, bioelectronic.
Bioelement *nt* bioelement.
Bioenergetik *f* bioenergetics *pl.*
Bioengineering *nt* bioengineering, biological engineering.
Biofeedback *nt* biofeedback.
Bioflavonoid *nt* bioflavonoid.
biogen *adj.* biogenic, biogenous.
Biogenese *f* biogenesis, biogeny.
Biogenese- *präf.* biogenetic, biogenetical.
biogenetisch *adj.* relating to biogenesis, biogenetic, biogenetical.
Biokinetik *f* biokinetics *pl.*
biokinetisch *adj.* relating to biokinetics, biokinetic.
Biokolloid *nt* biocolloid.
Biologie *f* biology.
biologisch *adj.* relating to biology, biological, biologic.
Biolumineszenz *f* bioluminescence, cold light.
Biolyse *f* biolysis.
Biolyse- *präf.* biolytic.
biolytisch *adj.* relating to biolysis, biolytic.
Biomasse *f* biomass.
Biomassenkonzentration *f* biomass concentration.
Biomembran *f* biomembrane.
biomembranös *adj.* relating to a biomembrane, biomembranous.
Biomikroskop *nt* biomicroscope.
Biomikroskopie *f* biomicroscopy.
Biomolekül *nt* biomolecule, primordial biomolecule.
nicht-informatives Biomolekül noninformational biomolecule.
Bioökologie *f* bioecology.
bioökologisch *adj.* relating to bioecology, bioecologic, bioecological.
Bioosmose *f* biosmosis.
bioosmotisch *adj.* bio-osmotic.
Biophotometer *nt* biophotometer.
Biophysik *f* biophysics *pl.*
biophysikalisch *adj.* relating to biophysics, biophysical.

Biopolymer *nt* biopolymer.
Biosynthese *f* biosynthesis.
Biosyntheseweg *m* biosynthetic pathway.
biosynthetisch *adj.* relating to biosynthesis, biosynthetic.
Biosystem *nt* biological system.
Biotin *nt* biotin, bios, vitamin H, antiegg white factor, coenzyme R, factor S, factor h, factor W.
Biotincarboxylase *f* biotin carboxylase.
Biotin-Carboxyl-Carrier-Protein *nt* biotin carboxyl-carrier protein.
Biotop *m/nt* biotope.
Biotoxin *nt* biotoxin.
Biotransformation *f* biotransformation, biodegradation.
Biowissenschaft *f* bioscience, life science.
Biozönose *f* biocenosis, biocoenosis.
Biphenyl *nt* biphenyl, diphenyl.
  polychloriertes Biphenyl polychlorinated biphenyl.
Bisindolalkaloide dimeric indolealkaloids, bisindolyl alkaloids.
Bismutum *nt* bismuth.
Bisulfat *nt* bisulfate, acid sulfate.
Bisulfid *nt* bisulfide.
Bisulfit *nt* bisulfite.
Bittersalz *nt* magnesium sulfate, Epsom salt.
Bitumen *nt* bitumen.
Biurat *nt* biurate.
Biuret *nt* biuret, allophanamide, carbamoylurea.
Biuretreaktion *f* biuret test, biuret reaction.
bivalent *adj.* bivalent, divalent.
Bivalent *m* bivalent.
Bivalenz *f* bivalence.
B-Kette *f* (*Insulin*) B chain, phenylalanyl chain.
Blast *m* blast, blast cell.
Blastomyces *m* blastomycete, blastomyces, yeast fungus, yeast-like fungus, Blastomyces.
Blattaria *pl* Blattaria.
Blattzelle *f* leaf cell.
Blausäure *f* cyanhydric acid, hydrogen cyanide, hydrocyanic acid, prussic acid.
Blei *nt* lead; plumbum.
Blei- *präf.* saturnine, leady, leaden, plumbic, lead.
Bleiazetat *nt* lead acetate, sugar of lead.

Bleichen *nt* bleach, bleaching, blanching, dealbation, decoloration, decolorization, whitening.
bleichen I *vt* blanch, bleach, decolorize, decolor, discolor, whiten. **II** *vi* bleach.
Bleichlorid *nt* lead chloride.
Bleichmittel *nt* bleach, bleaching agent, decolorant, blancher.
Bleichpulver *nt* bleaching powder.
Bleichromat *nt* lead chromate, chrome yellow.
bleihaltig *adj.* lead-containing, leaden, leady, plumbic, plumbiferous.
Bleioxid *nt* lead oxide, lead monoxide, litharge, massicot.
  rotes Bleioxid red lead, lead tetroxide, red oxide of lead.
Bleitetroxid *nt* lead tetroxide, red lead, red oxide of lead.
Blepharoplast *m* basal corpuscle, basal granule, basal body, blepharoplast, blepharoblast; kinetosome.
Block *m* block, blockade.
blocken *vt, vi* block.
Blocker *m* blocker, blocking agent, blocking drug.
Blockierungsreagenz *nt* blocking reagent, protecting reagent.
Blut *nt* blood.
  antikoaguliertes Blut anticoagulated blood.
  arterielles Blut arterial blood, oxygenated blood.
  defibriniertes Blut defibrinated blood.
  fibrinfreies Blut defibrinated blood.
  gemischtes Blut mixed blood.
  hämolysiertes Blut laky blood.
  konserviertes Blut banked blood.
  sauerstoffarmes Blut s.u. *venöses Blut.*
  sauerstoffreiches Blut s.u. *arterielles Blut.*
  venöses Blut venous blood, deoxygenated blood.
Blut- *präf.* blood, bloody, sanguineous, sanguinous, hemal, hematal, hematic, hemic, hemat(o)-, haemat(o)-, hemo-, hema-, haem-, haema-, haemo-, sangui-.
Blutader *f* blood vessel; vein.
Blutagar *m/nt* blood agar.
Blutamylase *f* blood amylase, hemodiastase.

B

Blutanalyse *f* analysis of (the) blood, hemanalysis.

Blutbildung *f* blood formation, hemopoiesis, hemapoiesis, hematogenesis, hematopoiesis.

Blüte *f* flower; **Blüten** *pl* flores.

Blutegel *m* leech; Hirudinea *pl*, leeches.

Blutfarbstoff *m* blood pigment, hemoglobin, hematoglobin, hematoglobulin, hematocrystallin, hemachrome.

Blutflagellat *m* blood flagellate, hemoflagellate.

blutfressend *adj.* sanguivorous.

Blutgefäß *nt* blood vessel.

Blutgerinnung *f* blood coagulation, blood clotting, clotting, coagulation.

Blutgerinnungsfaktor *m* blood clotting factor, clotting factor, coagulation factor.

Blutgerinnungszeit *f* clotting time, coagulation time.

Blutglukose *f* blood glucose; blood sugar.

Blutgruppe *f* blood group, blood type.

Blutgruppenprotein *nt* blood group protein.

Blutharnstoffstickstoff *m* blood urea nitrogen.

Blutkörperchen *pl*, *sing* **Blutkörperchen** *nt* blood cells, blood corpuscles.

rote Blutkörperchen red blood cells, red cells, red blood corpuscles, red corpuscles, colored corpuscles, erythrocytes.

weiße Blutkörperchen white blood cells, white cells, white blood corpuscles, white corpuscles, colorless corpuscles, leukocytes, leucocytes.

blutliebend *adj.* hemophil, hemophile, hemophilic.

Blutparasit *m* hemozoon, hematozoan, hematozoon; hemosite.

Blut-pH *m* blood pH.

Blut-pH-Wert *m* blood pH.

Blutpigment *nt* blood pigment.

Blutplasma *nt* plasma, plasm, blood plasma.

Blutplättchen *nt*, *pl* **Blutplättchen** platelet, blood platelet, blood disk, thrombocyte, thromboplastid, Bizzozero's cell, Bizzozero's corpuscle, Zimmermann's elementary particle, Zimmermann's granule, Deetjen's body, elementary body.

Blutserum *nt* serum, blood serum.

Blutspiegel *m* blood level, blood concentration.

Blutzelle *f* hemocyte, hemacyte, hematocyte, blood cell, blood corpuscle.

rote Blutzellen *pl* red blood cells, red cells, red blood corpuscles, red corpuscles, colored corpuscles, erythrocytes.

weiße Blutzellen *pl* white blood cells, white cells, white blood corpuscles, white corpuscles, colorless corpuscles, leukocytes, leucocytes.

Blutzucker *m* blood glucose, blood sugar.

Blutzuckerspiegel *m* glucose value, glucose level, blood glucose value, blood glucose level.

B-lymphotropes-Virus, humanes *nt* human herpesvirus C, human B-lymphotropic virus.

Bodansky-Einheit *f* Bodansky unit.

Bohne *f* bean.

Bohr-Atommodell *nt* Bohr atom.

Bohr-Effekt *m* Bohr effect.

Bohr-Formel *f* Bohr equation.

Bohr-Atom *nt* Bohr atom.

Boophilus *nt* Boophilus.

Bor *nt* boron.

Borat *nt* borate.

Borax *nt* borax, sodium borate.

Bordetella *pl* Bordetella.

Bordetella pertussis Bordet-Gengou bacillus, Bordetella pertussis, Haemophilus pertussis.

Bordet-Gengou-Bakterium *nt* Bordetella pertussis, Bordet-Gengou bacillus, Haemophilus pertussis.

Bordet-Gengou-Phänomen *nt* Bordet-Gengou phenomenon, Bordet-Gengou reaction.

Bordet-Gengou-Reaktion *f* Bordet-Gengou phenomenon, Bordet-Gengou reaction.

Borrelia *f* borrelia, Borrelia.

Borrelia recurrentis Obermeier's spirillum, Borrelia recurrentis, Borrelia berbera, Borrelia carteri, Borrelia novii, Borrelia obermeieri.

Borsäure *f* boric acid, boracic acid.

Bote *m* carrier, messenger.

chemischer Bote chemotransmitter, chemical messenger.

intrazellulärer Bote intracellular messenger.

sekundärer Bote second messenger.

Boten- *präf.* messenger.
Boten-RNA *f* messenger ribonucleic acid, informational ribonucleic acid, template ribonucleic acid, messenger RNA.
Boten-RNS *f* s.u. *Boten-RNA.*
Botenstoff *m* messenger substance.
Botensubstanz *f* messenger substance.
  chemische Botensubstanz chemotransmitter, chemical messenger.
  intrazelluläre Botensubstanz intracellular messenger.
  sekundäre Botensubstanz second messenger.
Bothridium *nt* bothridium.
Bothriocephalus *m* Diphyllobothrium, Dibothriocephalus, Bothriocephalus.
  Bothriocephalus latus fish tapeworm, broad tapeworm, broad fish tapeworm, Swiss tapeworm, Diphyllobothrium latum, Diphyllobothrium taenioides, Taenia lata.
Bothrium *nt* bothrium.
Botulinusbazillus *m* Bacillus botulinus, Clostridium botulinum.
Bougainvillein *nt* bougainvillein.
Boxen *pl* boxes, cis-active sequence elements.
branched-chain-Aminosäuretransaminase *f* branched-chain amino acid transaminase.
branched-chain-2-Ketosäuredehydrogenase *f* branched-chain 2-keto acid dehydrogenase, branched-chain α-keto acid decarboxylase.
Branchingenzym *nt* branching enzyme, brancher enzyme, branching factor, 1,4-α-glucan branching enzyme, α-glucan-branching glycosyltransferase, amylo-1:4,1:6-transglucosidase, α-glucan glycosyl 4:6-transferase.
Branhamella *f* Branhamella.
Brassinolid *nt* brassinolide.
Brassinosteroid *nt* brassinosteroid.
Brechung *f* (*Licht, Wellen*) refraction.
Brechungs- *präf.* (*Licht, Wellen*) refracting, refractive, refringent.
brennbar *adj.* burnable, combustible; (*entzündlich*) flammable, inflammable.
  nicht brennbar nonflammable, noninflammable.
Brennstoffmolekül *nt* fuel molecule.
Brennwert *m* fuel value, caloric value.

Brenzkatechin *nt* pyrocatechol, pyrocatechin, catechol.
Brenzkatechinamin *nt* catecholamine.
Brenztraubensäure *f* pyruvic acid, α-ketopropionic acid, 2-oxopropanoic acid, acetylformic acid, pyroacemic acid.
Brevibacterium *nt* Brevibacterium.
Brom *nt* bromine, bromum.
Bromat *nt* bromate.
Brombenzol *nt* bromobenzene.
Bromcyan *nt* cyanogen bromide.
Bromid *nt* bromide, bromuret.
Bromosulfalein *nt* s.u. *Bromosulfophthalein.*
Bromosulfophthalein *nt* sulfobromophthalein, bromsulphalein, bromosulfophthalein, bromsulfophthalein.
Bromosulphthalein *nt* s.u. *Bromosulfophthalein.*
5-Bromuracil *nt* 5-bromouracil.
Bromwasserstoff *m* hydrogen bromide.
Brönstedt-Lowry-Konzept *nt* Brönstedt-Lowry concept.
Brönstedt-Theorie *f* Brönsted's theory.
Brucella *f* Brucella, brucella.
  Brucella abortus Bang's bacillus, Brucella abortus, abortus bacillus.
Brucellaceae *pl* Brucellaceae.
Brucin *nt* brucine, 2,3-dimethoxy-strychnidin-10-one.
Brugia *f* Brugia.
Brunft *f* (*weiblich*) heat; (*männlich*) rut.
Brutschrank *m* incubator.
Bündelscheide *f* bundle sheath.
Bündelscheidenzellen *pl* bundle sheath cells.
Bunsenbrenner *m* Bunsen burner.
Bunsen-Löslichkeitskoeffizient *m* Bunsen coefficient, solubility coefficient.
Bunyaviren *pl* Bunyaviridae.
Bunyaviridae *pl* Bunyaviridae.
Bunyavirus *nt* Bunyavirus.
Bürette *f* buret, burette.
Butan *nt* butane.
Butanol *nt* butanol, butyl alcohol.
Butansäure *f* butyric acid, butanoic acid.
Butein *nt* butein.
Buten *nt* butylene.
Buttersäure *f* butyric acid, butanoic acid.

B

Butyl- *präf.* butyl.
Butylalkohol *m* butyl alcohol.
Butylen *nt* butylene.
Butylessigsäure *f* hexanoic acid, caproic acid.
Butylmercaptan *nt* butylmercaptan.
Butyl-Radikal *nt* butyl.
Butyrat *nt* butyrate.
Butyratkinase *f* butyrate kinase.
Butyrylcholinesterase *f* butyrocho-

linesterase, butyrylcholine esterase, cholinesterase, nonspecific cholinesterase, pseudocholinesterase, acylcholine acylhydrolase, benzoylcholinesterase, serum cholinesterase, unspecific cholinesterase.
B-Zellen *pl* (*Blut*) B cells, B-lymphocytes, thymus-independent lymphocytes.

C

CAAT-Box *f* CAAT box, CAT box.
Ca-ATPase *f* calcium-ATPase, calcium-ATPase system.
Ca-Carrier *m* Ca-carrier.
Cachectin *nt* tumor necrosis factor, cachectin.
Cadmium *nt* cadmium.
Caeruloplasmin *nt* ferroxidase, ceruloplasmin.
Caesium *nt* caesium, cesium.
5-O-Caffeoylchinat *nt* chlorogenic acid.
Cahn-Ingold-Prelog-System *nt* RS system, Cahn-Ingold-Prelog convention/system.
Ca-Kanal *m* calcium channel, Ca-channel.
Calcaria chlorata chlorinated lime.
Calcidiol *nt* 25-hydroxycholecalciferol, calcidiol, calcifediol.
Calciferol *nt* calciferol, vitamin D, antirachitic factor.
Calcitonin *nt* thyrocalcitonin, calcitonin.
Calcitriol *nt* calcitriol, 1,25-dihydroxycholecalciferol.
Calcium *nt* calcium.
Calcium-ATPase *f* s.u. *Calcium-ATPase-System.*
Calcium-ATPase-System *nt* calcium-ATPase, calcium-ATPase system.
Calcium-Carrier *m* Ca-carrier.
Calciumcyanamid *nt* cyanamide, calciumcyanamide.
Calciumoxalat *nt* calciumoxalate.
Calciumoxalatdihydrat *nt* weddellite.
Calciumoxalatmonohydrat *nt* whe-

wellite.
Calciumoxid *nt* lime, calciumoxide.
Calciumpyrophosphatdihydrat *nt* calcium pyrophosphate dihydrate.
Calciumsulfat *nt* **1.** calciumsulfate. **2.** plaster of Paris, plaster.
Caliciviren *pl* caliciviruses.
Caliciviridae *pl* caliciviruses.
Calicivirus *nt* Calicivirus.
Californium *nt* californium.
Calliphora *f* Calliphora.
Calliphoridae *pl* Calliphoridae.
Calomel *nt* calomel, mercurous chloride, mercury monochloride.
Calorigen *nt* calorigen.
Calsequestrin *nt* calsequestrin.
Calvin-Zyklus *m* Calvin cycle.
Calymmatobacterium *nt* Calymmatobacterium.
CAM-Pflanzen *pl* CAM plants.
Campylobacter *m* Campylobacter.
Canadin *nt* canadine, tetrahydroberberine.
8-Canadinoxidase *f* 8-canadine oxidase.
Canavalin *nt* canavalin.
Candida *f* Candida, Monilia, Pseudomonilia.
  Candida albicans thrush fungus, Saccharomyces albicans, Saccharomyces anginae, Zymonema albicans, Candida albicans.
Cannizzaro-Reaktion *f* Cannizzaro's reaction.
Capillaria *f* Capillaria, Hepaticola, Trichosoma.
Capnocytophaga *f* Capnocytophaga.
Caprat *nt* caprate.
Caprin *nt* caprin, decanoin, glyceryl

tricaprate, tridecanoylglycerol.
Caproat *nt* caproate.
Capronsäure *f* hexanoic acid, caproic acid.
Caproyl- *präf.* caproyl.
Caprylat *nt* caprylate.
Caprylsäure *f* octanoic acid, caprylic acid.
Capsaicin *nt* capsaicin.
Capsaicinoid *nt* capsaicinoid.
Capsid *nt* capsid.
Carbamid *nt* carbamide, urea.
Carbamidsäure *f* carbamic acid.
Carbaminsäure *f* carbamic acid.
Carbaminsäureäthylester *m* urethan, urethane, ethyl carbamate.
Carbaminsäurenitril *nt* cyanamide.
Carbamoyl- *präf.* carbamoyl, carbamyl.
Carbamoylcholinchlorid *nt* carbachol, carbamylcholine chloride, carbocholine.
Carbamoylputrescin *nt* carbamoylputrescine.
Carbamoyl-Radikal *nt* carbamoyl, carbamyl.
Carbamoyltransferase *f* transcarbamoylase, carbamoyltransferase.
Carbamyl- *präf.* carbamoyl, carbamyl.
N-Carbamylaspartat *nt* *N*-carbamoylaspartate.
Carbamylcholin *nt* carbamylcholine.
Carbamylphosphat *nt* carbamoyl phosphate.
Carbamylphosphatsynthetase (Ammoniak) *f* carbamoyl-phosphate synthetase (ammonia).
Carbamylphosphatsynthetase (Glutamin) *f* carbamoyl-phosphate synthetase (glutamine).
Carbamylphosphorsäure *f* carbamoyl phosphoric acid.
Carbamyl-Radikal *nt* carbamoyl, carbamyl.
Carbamyltransferase *f* transcarbamoylase, carbamoyltransferase.
Carbanion *nt* carbanion.
Carbaryl *nt* carbaryl, carbaril.
Carbo *m* charcoal, carbo.
   Carbo activatus activated charcoal.
Carboanhydrase *f* carbonic anhydrase, carbonate dehydratase.
Carbodiimid *nt* carbodiimide.
Carbohydrase *f* carbohydrase.
Carbonat *nt* carbonate.
Carbonathärte *f* temporary hardness.

Carboneum *nt* carbon.
Carbonsäure *f* carboxylic acid.
Carbonyl- *präf.* carbonyl.
Carbonyl-Radikal *nt* carbonyl.
Carboxilase *f* carboxylase.
Carboxybiotin *nt* carboxybiotin.
Carboxydismutase *f* carboxydismutase.
Carboxyesterase *f* carboxyesterase, carboxylic ester hydrolase.
γ-Carboxyglutamat *nt* γ-carboxyglutamate.
Carboxyhämoglobin *nt* carboxyhemoglobin, carbon monoxide hemoglobin.
Carboxyl- *präf.* carboxyl.
Carboxylase *f* carboxylase.
Carboxylat *nt* carboxylate.
Carboxylesterase *f* carboxylesterase.
Carboxylierung *f* carboxylation.
Carboxyl-Radikal *nt* carboxyl.
Carboxyltransferase *f* transcarboxylase, carboxyltransferase.
Carboxylyase *f* carboxy-lyase.
Carboxymethylcellulose *f* CM-cellulose, carboxymethylcellulose.
Carboxypeptidase *f* carboxypeptidase, carboxypolypeptidase.
   Carboxypeptidase A carboxypeptidase A, carboxypolypeptidase.
   Carboxypeptidase B carboxypeptidase B, protaminase.
   Carboxypeptidase N carboxypeptidase N, arginine carboxypeptidase, kininase I.
Carboxysom *nt* carboxysome.
carboxyterminal *adj.* carboxy-terminal, C-terminal.
Carboxyterminus carboxy terminus, C terminus, carboxyl terminus, carboxyl terminal, C terminal.
6-Carboxyuracil *nt* 6-carboxyuracil, orotic acid.
Cardenolid *nt* cardenolide.
Cardiobacterium *nt* Cardiobacterium.
Cardiolipin *nt* cardiolipin, diphosphatidylglycerol, acetone-insoluble antigen, heart antigen.
Carnegin *nt* carnegin.
Carnitin *nt* carnitine.
Carnitinacyltransferase *f* carnitine acyltransferase.
Carnitinpalmitoyltransferase *f* carnitine palmitoyl transferase.
Carnivora *pl* Carnivora.
Carnosin *nt* carnosine, ignotine, inhi-

bitine.

Carnosinase *f* aminoacyl histidine dipeptidase, carnosinase.

Carotin *nt* carotene, carotin.

α-Carotin *nt* α-carotene, alpha-carotene.

β-Carotin *nt* β-carotene, beta-carotene.

γ-Carotin *nt* γ-carotene, gamma-carotene.

δ-Carotin *nt* δ-carotene, delta-carotene.

ζ-Carotin *nt* ζ-carotene.

Carotinoid *nt* carotenoid.

Carrier *m* carrier; vector, carrier.

Carrierlipid *nt* carrier lipid.

Carriermolekül *nt* carrier molecule.

Carrierprotein *nt* carrier protein.

Carvon *nt* carvone.

Caryophyllen *nt* caryophyllen.

Caryophyllensynthase *f* caryophyllen synthase.

Cäsium *nt* caesium, cesium.

Cäsiumchlorid *nt* cesium chloride.

Catabolit-Gen-Aktivatorprotein *nt* cyclic AMP receptor protein.

Catechin *nt* catechin, catechuic acid, catechol.

Catechol *nt* s.u. *Catechin*.

Catecholamin-O-methyltransferase *f* catecholamine-*O*-methyltransferase.

Catechol-5-methyltransferase *f* catecholamine-5-methyltransferase.

Catecholoxidase *f* catechol oxidase, polyphenoloxidase, diphenol oxidase.

Catena-Dimer *nt* catenated dimer.

Catuvirus *nt* Catu virus.

C-CHF-Virus *nt* Crimean hemorrhagic fever virus.

C-Curarin *nt* C-curarine.

C₄-Dicarbonsäure *f* C_4 dicarboxylic acid.

C₄-Dicarbonsäure-Zyklus *m* C_4 dicarboxylic acid cycle, dicarboxylic acid cycle, C_4 photosynthesis, C_4-cycle, C_4-pathway, Hatch-Slack cycle, Hatch-Slack pathway.

CDP-Ethanolamin *nt* CDPethanolamine, cytidine diphosphoethanolamine.

CEE-Virus *nt* CEE virus, Central European encephalitis virus.

Cellula *f*, *pl* **Cellulae** cellula, cellule, cell.

Cellobiose *f* cellobiose, cellose.

Cellobiuronsäure *f* cellobiuronic acid, 4-β-glucuronosidglucose.

Cellohexose *f* cellohexose.

Celloidin *nt* celloidin.

Cellose *f* cellobiose, cellose.

Cellotetrose *f* cellotetrose.

Cellotriose *f* cellotriose.

Cellulase *f* cellulase, endo-1,4-β-glucase.

Cellulose *f* cellulose, cellulin.

Celluloseglykosyltransferase *f* cellulose synthase.

Cellulosesynthase *f* cellulose synthase.

CELO-Virus *nt* celovirus, CELO virus.

Celsius-Thermometer *nt* Celsius thermometer, centigrade thermometer.

Celsius-Skala *f* Celsius scale, centigrade scale.

Cephalin *nt* kephalin, cephalin.

Cephalosporium *nt* Cephalosporium.

Ceramid *nt* ceramide, *N*-acylsphingosine.

Ceramidase *f* acylsphingosine deacylase, ceramidase.

Ceramidcholinphosphotransferase *f* ceramide choline phosphotransferase.

Ceramidtrihexosidase *f* ceramide trihexosidase, α-D-galactosidase A, trihexosylceramide galactosylhydrolase.

Cerasin *nt* cerasin.

Ceratopogonidae *pl* Ceratopogonidae.

Cercaria *f* cercaria.

Cercomonas *f* Cercomonas.

Cercospora *f* Cercospora.

cerebellar *adj.* relating to the cerebellum, cerebellar.

Cerebello- *präf.* cerebellar, cerebell(o)-.

Cerebellum *nt* cerebellum.

cerebral *adj.* relating to the cerebrum, cerebral.

Cerebro- *präf.* cerebr(o)-.

Cerebrogalaktose *f* cerebrogalactose.

Cerebrogalaktosid *nt* cerebrogalactoside, cerebroside.

Cerebron *nt* phrenosin, cerebron.

Cerebronsäure *f* phrenosinic acid, cerebronic acid.

Cerebrose *f* brain sugar, cerebrose, D-galactose.

Cerebrosid *nt* cerebroside, cerebrogalactoside, galactocerebroside, glucocerebroside; galactolipid, galacto-lipin.

Cerebrosidose f cerebrosidosis.

Cerebrosidsulfatase f cerebroside sulfatase.

cerebrospinal adj. relating to both cerebrum and spinal cord, cerebro-spinal, cerebromedullary, cerebro-rachidian, encephalorachidian, en-cephalospinal.

Cerebrum nt cerebrum, brain.

Cerium nt cerium.

Cerylalkohol m ceryl alcohol, cerotin.

Cestoda pl true tapeworms, tape-worms, Encestoda, Eucestoda, Cesto-da.

Cestoidea pl tapeworms, Cestoidea.

Cetylalkohol m cetanol, ethal, cetyl alcohol, palmityl alcohol, 1-hexa-decanol.

CF₁/CF₀-Komplex m CF_1/CF_0-com-plex.

Chagres-Virus nt Chagres virus.

Chalkon nt chalcone.

Chalkon-flavanon-isomerase f chalcone-flavanone isomerase.

Chalkonsynthase f chalcone syn-thase.

Chalon nt chalone.

Chaperone pl chaperones.

Chaperon-gebunden adj. chape-rone-bound.

Chaperonin nt chaperonin.

Chelat nt chelate.

Chelatbildner m chelating agent, metal complexing agent.

Chelatbildung f chelation.

Chelation f chelation.

Chelatkomplex m chelate complex.

Chemie f chemistry.
 analytische Chemie analytic chemis-try, analytical chemistry.
 anorganische Chemie inorganic chemistry, mineral chemistry.
 organische Chemie organic chemistry.
 physikalische Chemie physical chemistry.

Chemie- präf. chemical, chem-, chemi-, chemico-, chemic-, chemo-.

Chemilumineszenz f chemilumines-cence, chemoluminescence.

Chemiosmose f chemiosmosis, che-mosmosis.

chemiosmotisch adj. relating to che-mosmosis, chemiosmotic, chemos-motic.

chemisch adj. relating to chemistry, chemical.

chemisch-physikalisch adj. relating to both chemistry and physics or phy-sical chemistry, chemicophysical.

Chemo- präf. chemical, chem-, chemi-, chemico-, chemic-, chemo-.

Chemoarchitektonik f chemical architectonics, chemoarchitectonics.

chemoautotroph adj. chemoauto-trophic.

Chemoautotroph m chemoautotroph.

chemoheterotroph adj. chemoheter-otrophic.

Chemoheterotroph m chemoheter-otroph.

Chemokinese f chemokinesis.

chemokinetisch adj. relating to che-mokinesis, chemokinetic.

chemolithotroph adj. chemolitho-trophic.

Chemolithotroph m chemolitho-troph.

Chemolumineszenz f chemilumi-nescence, chemoluminescence.

chemoorganotroph adj. chemo-organotrophic.

Chemoorganotroph m chemo-orga-notroph.

Chemorezeption f chemoreception.

chemorezeptiv adj. chemoreceptive.

Chemorezeptor m chemoreceptor, chemoceptor.

Chemorezeptorreflex m chemo-receptor reflex.

chemosensibel adj. chemosensitive.

Chemosensibilität f chemosensi-tivity.

chemosensitiv adj. chemosensitive.

Chemosensor m chemosensor.

chemosensorisch adj. chemosen-sory.

Chemosmose f chemiosmosis, che-mosmosis.

chemosmotisch adj. relating to che-mosmosis, chemiosmotic, chemos-motic.

Chemosorption f chemisorption, chemosorption.

Chemostat m chemostat.

Chemosynthese f chemosynthesis.

chemosynthetisch adj. relating to chemosynthesis, chemosynthetic.

Chemotaktin nt chemotactin, chemo-taxin, chemoattractant, chemotactic factor.

chemotaktisch *adj.* relating to chemotaxis, chemotactic.

Chemotaxis *f* chemiotaxis, chemotaxis.

Chemotransmitter *m* chemotransmitter.

chemotrop *adj.* chemotropic.

chemotroph *adj.* chemotrophic.

Chemotropismus *m* chemotropism.

Chemotyp *m* chemotype, chemovar.

Chemovar *m* chemotype, chemovar.

Chemozeptor *m* chemoreceptor, chemoceptor.

Chenodesoxycholat *nt* chenodeoxycholate.

Chenodesoxycholsäure *f* chenodeoxycholic acid, chenic acid, chenodiol.

Chenuda-Virus *nt* Chenuda virus.

Chilesalpeter *m* Chile saltpeter, sodium nitrate.

Chilomastix *f* Chilomastix.

Chilopoda *pl* Chilopoda.

Chimylalkohol *m* chimyl alcohol.

Chinasäure *f* chinic acid, quinic acid.

Chinat *nt* quinate.

Chinolinsäure *f* quinolinic acid.

Chinolizidin *nt* quinolizidine.

Chinolizidinalkaloide *pl* quinolizidine alkaloids, quinolizidines.

chiral *adj.* chiral.

Chiralität *f* chirality.

Chitin *nt* chitin.

Chitinase *f* chitinase, chitodextrinase.

Chlamydia *f* chlamydia, Chlamydia, Chlamydozoon, Miyagawanella.

Chlamydiaceae *pl* Chlamydiaceae, Chlamydozoaceae.

Chlamydiales *pl* Chlamydiales.

Chlamydospore *f* chlamydospore.

Chlor *nt* chlorine, chlorum.

Chlor- *präf.* chlor(o)-, chloric.

Chloral *nt* chloral, trichloroacetaldehyde.

Chloralhydrat *nt* chloral hydrate, chloral.

Chloralum hydratum chloral hydrate, chloral.

Chlorat *nt* chlorate.

Chloressigsäure *f* chloroacetic acid, chloracetic acid.

Chlorfixierung *f* chloropexia.

Chlorid *nt* chloride.

Chloridimeter *nt* chloridimeter, chloridometer.

Chloridimetrie *f* chloridimetry.

Chloridkanal *m* Cl^- channel, chloride channel.

Chloridometer *nt* chloridimeter, chloridometer.

Chloridometrie *f* chloridimetry.

Chloridverschiebung *f* chloride shift, secondary buffering, Hamburger's interchange, Hamburger phenomenon, Hamburger's shift.

chlorig *adj.* chlorous.

Chlorit *nt* chlorite.

Chlorkalk *m* chlorinated lime, bleaching powder.

Chlormethan *nt* chlormethyl, methyl chloride, chloromethane.

Chlormethin *nt* mechlorethamine, nitrogen mustard.

Chloro- *präf.* chlor(o)-.

Chlorobacteriaceae *pl* Chlorobacteriaceae, Chlorobiaceae *pl.*

Chloroform *nt* chloroform, trichloromethane, methylene trichloride.

Chlorogensäure *f* chlorogenic acid.

Chloropexie *f* chloropexia.

p-Chlorophenol *nt* p-chlorophenol, parachlorophenol.

Chlorophyll *nt* chlorophyll, chlorophyl.

Chlorophyll a *nt* chlorophyll a.

Chlorophyll b *nt* chlorophyll b.

Chlorophyll c *nt* chlorophyll c.

Chlorophyll d *nt* chlorophyll d.

Chlorophyllabbau *m* chlorophyll breakdown.

Chlorophyllase *f* chlorophyllase, chlorophyll esterase.

Chlorophyllbiosynthese *f* chlorophyll biosynthesis.

Chlorophyllid *nt* chlorophyllide.

Chlorophyllid a *nt* chlorophyllide a.

Chlorophyllin *nt* chlorophyllin.

Chlorophyll-Protein-Komplex *m* chlorophyll-protein complex.

Chlorophyllsynthase *f* chlorophyll synthase.

Chloroplast *m* chloroplast.

Chlorosom *nt* chlorosome.

p-Chlorphenol *nt* p-chlorophenol, parachlorophenol.

Chlorsulfuron *nt* chlorsulfurone.

Chlorwasser *nt* chlorine water.

Chlorwasserstoff *m* hydrogen chloride.

Choanozyt *m* collar cell, choanocyte.

Chol- *präf.* bile, cholalic, choleic, chol(o)-.

Cholansäure f cholanic acid.
Cholat nt cholate.
Cholatsynthetase f cholate synthetase, cholate thiokinase, chololyl-CoA synthetase.
Chole- präf. bile, cholalic, choleic, chole-, chol(o)-.
Cholebilirubin nt cholebilirubin.
Cholecalciferol nt cholecalciferol, vitamin D₃, calciol.
Choleglobin nt choleglobin, verdohemoglobin, green hemoglobin, bile pigment hemoglobin, biliverdoglobin.
Cholekalziferol nt s.u. *Cholecalciferol.*
Cholepoese f formation of bile, cholepoiesis, cholopoiesis.
cholepoetisch adj. relating to cholepoiesis, cholepoietic, chologenic, chologenetic.
Choleprasin nt choleprasin.
Choleraphage m choleraphage.
Cholestan nt cholestane.
Cholestanol nt cholestanol, dihydrocholesterol.
β-Cholestanol nt beta-cholestanol.
Cholesterase f cholesterol esterase, cholesterolase.
Cholesterin nt cholesterol, cholesterin.
Cholesterinacyltransferase f cholesterol acyltransferase.
Cholesterinase f cholesterol esterase, cholesterolase.
Cholesterinbildung f cholesterogenesis; (Leber) cholesterolopoiesis.
Cholesterinester m cholesterol ester.
Cholesterinesterase f cholesterol esterase, cholesterolase.
Cholesterinesterhydrolase f cholesterol esterase, cholesterolase.
Cholesterinsynthese f cholesterogenesis.
Cholesterol nt cholesterol, cholesterin.
Choletelin nt choletelin, bilixanthin, bilixanthine.
Cholezyanin nt bilicyanin, cholecyanin, cholocyanin.
Cholin nt choline, sinkaline.
Cholinacetylase f choline acetyltransferase, choline acetylase.
Cholinacetyltransferase f s.u. *Cholinacetylase.*
cholinerg adj. cholinergic.
Cholinester m cholinester.

Cholinesterase f cholinesterase, choline esterase II, benzoylcholinesterase, butyrocholinesterase, butyrylcholine esterase, pseudocholinesterase, nonspecific cholinesterase, acylcholine acylhydrolase, serum cholinesterase, unspecific cholinesterase.
echte Cholinesterase acetylcholinesterase, true cholinesterase, specific cholinesterase, choline acetyltransferase I, choline esterase I.
unechte Cholinesterase s.u. *Cholinesterase.*
unspezifische Cholinesterase s.u. *Cholinesterase.*
β-Cholinesterase f s.u. *Cholinesterase.*
Cholinkinase f choline kinase, choline phosphokinase.
cholinorezeptiv adj. cholinoceptive.
Cholinorezeptor m cholinoceptor, cholinergic receptor, cholinoreceptor.
Cholinphosphotransferase f cholinephosphotransferase.
Cholo- präf. chol-, cholo-.
Cholsäure f cholic acid.
chondral adj. relating to cartilage, cartilaginous, chondral, chondric.
Chondrin nt chondrin.
Chondro- präf. chondral, chondric, cartilaginous, chondr(o)-.
Chondrogen nt chondrogen, chondrigen, cartilagin.
Chondroglycoprotein nt chondromucoprotein.
Chondroid nt chondroid, cartilage ground substance.
Chondroitinsulfat nt chondroitin sulfate.
Chondroitinsulfat A chondroitin sulfate A, chondroitin 4-sulfate.
Chondroitinsulfat B chondroitin sulfate B, dermatan sulfate.
Chondroitinsulfat C chondroitin sulfate C, chondroitin 6-sulfate.
Chondroitin-4-Sulfat chondroitin sulfate A, chondroitin-4-sulfate.
Chondroitin-6-Sulfat chondroitin sulfate C, chondroitin-6-sulfate.
Chondroitinsulfatsulfatase f chondroitin sulfatase, galactosamine-6-sulfate sulfatase, N-acetylgalactosamine-6-sulfatase.
Chondromucoprotein nt chondromucoprotein.
Chondromukoid nt chondromucoid,

chondromucin.
Chondroprotein *nt* chondroprotein, chondroproteid.
Chondrosamin *nt* chondrosamine, galactosamine.
Chondrosin *nt* chondrosin, chondrosine.
Chordata *pl* Chordata.
C-Hordein *nt* hordein C, C hordein.
Choriongonadotropin *nt* choriogonadotropin, chorionic gonadotropin, anterior pituitary-like substance.
humanes **Choriongonadotropin** human chorionic gonadotropin.
Chorionsomatotropin *nt* human placental lactogen, choriomammotropin, chorionic somatomammotropin, placental growth hormone, galactagogin, somatomammotropine, placenta protein, purified placental protein.
Chorismat *nt* chorismate.
Chorismatmutase *f* chorismate mutase.
Chorisminsäure *f* chorismic acid.
Chorisminsäuremutase *f* chorismate mutase.
Chorisminsäuresynthase *f* chorismate synthase.
Christmas-Faktor *m* Christmas factor, factor IX, antihemophilic factor B, plasma thromboplastin factor B, PTC factor, autoprothrombin II, plasma thromboplastin component, platelet cofactor.
Chrom *nt* chromium, chrome.
Chrom- *präf.* chromic, chrom(o)-.
Chroman *nt* chroman, chromane.
Chromat *nt* chromate.
Chromat- *präf.* chromat(o)-.
Chromatid *nt* chromatid.
Chromatide *f* chromatid.
Chromatin *nt* chromatin, chromoplasm, karyotin.
Chromatin- *präf.* chromatinic, chromatic.
chromatinnegativ *adj.* chromatin-negative.
Chromatograf *m* s.u. *Chromatograph.*
Chromatografie *f* s.u. *Chromatographie.*
chromatografieren *vt* s.u. *chromatographieren.*
chromatografisch *adj.* s.u. *chromatographisch.*
Chromatogramm *nt* chromatogram.

Chromatograph *m* chromatograph.
Chromatographie *f* chromatographic analysis, chromatography, stratographic analysis.
zweidimensionale **Chromatographie** two-dimensional chromatography.
chromatographieren *vt* chromatograph.
chromatographisch *adj.* relating to chromatography, chromatographic.
Chromatophor *nt* chromatophore, chromophore.
Chromo- *präf.* chrom(o)-.
Chromobacterium *nt* Chromobacterium.
Chromogen *nt* chromogen.
Chromoisomerie *f* chromoisomerism.
Chromometer *nt* chromometer, chromatometer.
chromophor *adj.* chromophoric, chromophorous.
Chromophor *nt* color radical, chromophore, chromatophore.
Chromoplast *m* chromoplast.
Chromoplastid *m* chromoplastid.
Chromoproteid *nt* chromoprotein.
Chromoprotein *nt* chromoprotein.
Chromoprotein- *präf.* chromoproteinuric.
Chromosaccharid *nt* chromosaccharide.
Chromosom *nt* chromosome.
chromosomal *adj.* relating to chromosomes, chromosomal.
Chromosomen- *präf.* chromosomal, chromosome.
Chromosomenverschmelzung *f* fusion.
Chromsäure *f* chromic acid, chromic anhydride.
Chrysomia *f* Chrysomyia.
Chrysomyia *f* Chrysomyia.
Chrysops *f* Chrysops.
Chrysosporium *nt* Chrysosporium.
Chyl- *präf.* chylous, chyl-, chylo-.
Chylo- *präf.* chylous, chyl-, chylo-.
Chylomikron *nt* chylomicron, lipomicron.
Chylopoese *f* chylopoiesis, chylification, chylifaction, primary assimilation.
chylopoetisch *adj.* relating to chylopoiesis, chylopoietic, chylifactive, chylifacient.
chylös *adj.* resembling chyle, chyli-

form, chyloid, chylous.
Chylus *m* chyle, chylus.
chylusbildend *adj.* chylifacient, chylifactive, chyliferous, chylopoietic.
Chylusbildung *f* chylifaction, chylification, chylopoiesis, primary assimilation.
Chyluströpfchen *nt* chylomicron, lipomicron.
Chymase *f* chymase.
Chymifikation *f* chymification, chymopoiesis.
chymochrom *adj.* chymochromic.
Chymopoese *f* chymopoiesis, chymification.
chymös *adj.* relating to chyme, chymous.
Chymosin *nt* chymosin, rennin, rennet, pexin.
Chymotrypsin *nt* chymotrypsin.
Chymotrypsinogen *nt* chymotrypsinogen.
Chymus *m* chyme, chymus.
chymusartig *adj.* chymous.
Chymusbildung *f* chymification, chymopoiesis.
Ciliat *m* ciliate, infusorian, infusorium.
Ciliata *pl* Ciliata, Infusoria.
Ciliophora *pl* Ciliophora.
Cimex *m* cimex, Cimex.
Cimicidae *pl* Cimicidae.
Cinnamoyl-CoA-ligase *f* cinnamoyl-CoA ligase.
Cinnamoyl-CoA-reduktase *f* cinnamoyl-CoA reductase.
circadian *adj.* relating to a cycle of 24 hours, circadian.
cis-Geraniol *nt* cis-geraniol.
cis-Konfiguration *f* cis configuration.
11-cis-Retinal *nt* 11-cis retinal.
cis-trans-Isomer *nt* cis-trans isomer.
cis-trans-Isomerie *f* geometrical isomerism, cis-trans isomerism.
cis-Zisterne *f* cis cisterna.
Citral *nt* citral.
Citrat *nt* citrate.
Citrataldolase *f* s.u. *Citratlyase.*
Citratlyase *f* citrate lyase, citrate aldolase, citridesmolase, citratase, citrase.
Citrat-Pyruvat-Zyklus *m* citrate-pyruvate cycle.
Citratzyklus *m* citric acid cycle, Krebs cycle, tricarboxylic acid cycle.
Citrobacter *f* Citrobacter.

Citronellal *nt* citronellal.
Citronellol *nt* citronellol.
Citrovorum-Faktor *m* citrovorum factor, leucovorin, folinic acid.
Citrullin *nt* citrulline.
Citrullinureidase *f* citrulline ureidase.
Cladosporium *nt* Cladosporium.
Clathrin *nt* clathrin.
Clavicipitaceae *pl* Clavicipitaceae.
Clavicipitales *pl* Clavicipitales.
Clavulansäure *f* clavulanic acid.
Clearance *f* clearance.
    osmolale **Clearance** osmolal clearance.
Clitellum *nt, pl* **Clitella** clitellum.
Cl⁻-Kanal *m* Cl^- channel, chloride channel.
Clostridium *nt* clostridium, Clostridium.
    Clostridium botulinum Clostridium botulinum, Bacillus botulinus.
    Clostridium difficile Clostridium difficile.
    Clostridium tetani Nicolaier's bacillus, tetanus bacillus, Clostridium tetani, Bacillus tetani.
CM-Cellulose *f* CM-cellulose, carboxymethylcellulose.
Coagulase *f* coagulase.
CO₂-Akzeptor *m* CO_2 acceptor.
CO₂-Antwort *f* CO_2 response.
CoA-Transferase *f* CoA-transferase.
Cobalamin *nt* cobalamin, extrinsic factor.
Cobalt *nt* cobalt n.
Cobamid *nt* cobamide.
Cobamsäure *f* cobamic acid.
Cobinamid *nt* cobinamide.
Cobinsäure *f* cobinic acid.
Cobyrinsäure *f* cobyrinic acid.
Cobyrsäure *f* cobyric acid, cobyrinic hexa-amide, cobyrinamide.
Cocain *nt* cocain, cocaine, benzoylmethylecgonine.
Cocarboxylase *f* thiamine pyrophosphate, thiamine diphosphate, diphosphothiamin, cocarboxylase.
Coccidia *pl* Coccidia.
Coccidioides *f* Coccidioides.
Coccidium *nt* coccidium, coccidian.
Coccobacillus ducreyi Ducrey's bacillus, Haemophilus ducreyi.
Coccus *m, pl* **Cocci** coccus.
Code *m* code.
    genetischer **Code** genetic code.

Codecarboxylase *f* pyridoxal phosphate, codecarboxylase.

Codeeinheit *f* coding unit.

Codein *nt* codeine, methylmorphine, monomethylmorphine.

Codesequenz *f* coding sequence.

Codon *m/nt* codon.

synonymer **Codon** synonym codon.

Codon-Anticodon-Komplex *m* codon-anticodon complex.

Codonspezifität *f* codon specifity.

Codontriplett *nt* codon triplet.

Coenzym *nt* coferment, coenzyme; cofactor.

Coenzym I nicotinamide-adenine dinucleotide, cozymase.

Coenzym II nicotinamide-adenine dinucleotide phosphate, triphosphopyridine nucleotide, Warburg's coenzyme.

Coenzym A coenzyme A.

Coenzym B12 coenzyme B12, 5'-deoxyadenosylcobalamin.

Coenzym Q ubiquinone, coenzyme Q.

Coenzym A-Transferase *f* CoA-transferase.

Coeruloplasmin *nt* ceruloplasmin, ferroxidase.

Cofaktor *m* cofactor.

Coffein *nt* methyltheobromine, trimethylxanthine, caffeine, caffein, guaranine.

Cohydrase I *f* nicotinamide-adenine dinucleotide, cozymase.

Cohydrase II *f* triphosphopyridine nucleotide, nicotinamide-adenine dinucleotide phosphate, Warburg's coenzyme.

Colchicein *nt* colchiceine.

Colchicin *nt* colchicine.

Colibakterien *pl* coliform bacteria, coliform, coliform bacilli.

Colibakterium *nt* colon bacillus, colibacillus, coli bacillus, Escherich's bacillus, Shigella alkalescens, Shigella dispar, Shigella madampensis, Escherichia coli, Bacillus coli, Bacterium coli.

coliform *adj.* coliform.

Coliphage *m* coliphage.

Colitoxin *nt* colitoxin.

Compound B Kendall *nt* Kendall's compound B, corticosterone, compound B, Compound B Kendall, Reichstein's substance H.

Concavalin A *nt* concanavalin A.

Conessin *nt* conessine.

Conglutin *nt* conglutin.

β-Conglycinin *nt* β-conglycine.

Conidium *nt*, *pl* **Conidia** conidium.

Coniferin *nt* coniferin.

Coniferylalkohol *m* coniferyl alcohol.

Coniferylalkohol-4-β-glucosid *nt* coniferin.

Coniin *nt* coniine, cicutine.

Connexon *nt* connexon.

Convertase *f* convertase.

Converting-Enzym *nt* angiotensin converting enzyme, kininase II, dipeptidyl carboxypeptidase.

Copalyldiphosphat *nt* copalyl diposphate.

CO_2-Partialdruck *m* carbon dioxide partial pressure, pCO_2 partial pressure.

Copolymer *nt* copolymer.

Copolymerase *f* copolymerase.

Coppet-Regel *f* Coppet's law.

Coracidium *nt* coracidium.

Coreduktant *m* coreductant.

Core-Komplex *m* core complex.

Core-mt-DNA *f* core-mt-DNA.

Corepressor *m* corepressor.

Coreprotein *nt* core protein.

Corestäbchen *pl* core particles.

Cori-Zyklus *m* Cori cycle, glucose-lactate cycle.

Cori-Ester *m* Cori's ester, glucose-1-phosphate.

Coronaviridae *pl* Coronaviridae.

Coronavirus *nt* coronavirus, Coronavirus.

humanes **Coronavirus** human coronavirus.

humanes enterisches **Coronavirus** human enteric coronavirus.

Corpus-luteum-Hormon *nt* luteohormone, corpus luteum hormone, progestational hormone, progesterone.

Corrin *nt* corrin.

Corrinoid *nt* corroid.

Corroid *nt* corroid.

Cortexon *nt* 11-deoxycorticosterone, desoxycorticosterone, desoxycortone, cortexone, Reichstein's substance Q.

Cortico- *präf.* cortical, cortico-.

Corticoid *nt* corticoid.

Corticoliberin *nt* corticoliberin, corticotropin releasing hormone, corticotropin releasing factor, adrenocorticotropic hormone releasing factor.

Corticosteroid *nt* corticosteroid.

Corticosteron *nt* corticosterone, Kendall's compound B, compound B, Reichstein's substance H.

corticotrop *adj.* s.u. *corticotroph.*

corticotroph *adj.* adrenocorticotropic, adrenocorticotrophic.

Corticotrophin *nt* corticotropin, corticotrophin, acortan.

Corticotropin *nt* corticotropin, adrenocorticotropic hormone.

Corticotropin-relasing-Faktor *m* s.u. *Corticoliberin.*

Corticotropin-relasing-Hormon *nt* s.u. *Corticoliberin.*

Cortisol *nt* cortisol, hydrocortisone, 17-hydroxycorticosterone, compound F, Kendall's compound F, Reichstein's substance M.

Cortisoldehydrogenase *f* cortisol dehydrogenase.

Cortison *nt* cortisone, Kendall's compound E, compound E, Reichstein's substance Fa, Wintersteiner's F compound.

Corynebacteriaceae *pl* Corynebacteriaceae.

Corynebacterium *nt* corynebacterium, Corynebacterium.

Corynebacterium diphtheriae diphtheria bacillus, Klebs-Löffler bacillus, Löffler's bacillus, Corynebacterium diphtheriae.

Cosubstrat *nt* cosubstrate.

Cotinin *nt* cotinine.

Cotransduktion *f* cotransduction.

Cotransmitter *m* cotransmitter.

Cotransport *m* cotransport, symport, coupled transport.

Cotransportsystem *nt* symport system.

Cotton-Effekt *m* Cotton effect.

Cot-Wert *m* cot value.

Coulomb *nt* coulomb.

Countertransport *m* antiport, countertransport, exchange transport.

Coxiella *f* Coxiella.

Coxsackievirus *nt* Coxsackie virus, coxsackievirus, C virus.

Coxsackievirus A21 Coe virus.

C-Peptid *nt* C peptide.

C_3-Pflanzen *pl* C_3 plants.

C_4-Pflanzen *pl* C_4 plants.

C_4-Photosynthese *f* C_4 dicarboxylic acid cycle, dicarboxylic acid cycle, C_4 photosynthesis, C_4-cycle, C_4-pathway, Hatch-Slack cycle, Hatch-Slack pathway.

C3-Proaktivator *m* factor B, C3 proactivator, cobra venom cofactor, glycine-rich β-glycoprotein.

C3-Proaktivatorkonvertase *f* factor D, C3PA convertase, C3 proactivator convertase.

C-Protein *nt* C-protein.

Crambin *nt* crambin.

Crassulaceen-Säurestoffwechsel *m* Crassulacean acid metabolism.

Creatin *nt* creatine, kreatin, N-methylguanidinoacetic acid.

Creatinin *nt* creatinine.

Creatininclearance *f* creatinine clearance.

Creatinkinase *f* creatine kinase, creatine phosphokinase, creatine phosphotransferase.

Creatinphosphat *nt* creatine phosphate, phosphocreatine, phosphagen.

Creatinphosphokinase *f* s.u. *Creatinkinase.*

C-Region *f* constant region, C region.

Crithidia *pl* Crithidia.

Crotonöl *nt* croton oil.

Crotonsäure *f* crotonic acid.

Cruciferin *nt* cruciferin.

Cryptococcaceae *pl* Cryptococcaceae.

Cryptococcus *m* Cryptococcus, Torula.

Cryptomonas *f* Cryptomonas.

Cryptosporidium *nt* Cryptosporidium.

C-19-Steroide *pl* 19-carbon steroids.

Ctenocephalides *pl* Ctenocephalides.

C-terminal *adj.* carboxy-terminal, C-terminal.

Cucurbitacin *nt* cucurbitacin.

Culex *m* Culex.

Culicidae *pl* Culicidae.

Culicinae *pl* true mosquitoes, Culicinae.

Culicini *pl* Culicini.

Culicoides *pl* Culicoides.

Culiseta *f* Culiseta.

4-Cumarsäure *f* 4-hydrocinnamic acid.

Cupri- *präf.* cupric.

Cupro- *präf.* cuprous.

Cuprum *nt* copper, cuprum.

Curare *nt* curare, curari.

Curie *nt* curie.

Curium *nt* curium.

Cuticula *f* cuticle, pellis.

Cuticularschicht *f* cuticular layer.

Cutin *nt* cutin.

Cutinase *f* cutinase.
C₅-Weg *m* C_5 cycle.
Cyan- *präf.* cyan(o)-.
Cyanalkohol *m* cyanohydrin, cyanalcohol, cyanoalcohol.
Cyanamid *nt* cyanamide.
Cyanat *nt* cyanate.
Cyanelle *f* cyanelle.
Cyanid *nt* cyanide, cyanid, prussiate.
Cyanidin *nt* cyanidin.
Cyankali *nt* potassium cyanide.
Cyanmethämoglobin *nt* cyanide methemoglobin, cyanmethemoglobin.
Cyanmetmyoglobin *nt* cyanmetmyoglobin.
Cyano- *präf.* cyan(o)-.
Cyanoacetylen *nt* cyanoacetylene.
β-Cyanoalanin *nt* β-cyanoalanine.
β-Cyanoalaninsynthase *f* β-cyanoalanine synthase.
Cyanoalkohol *m* s.u. *Cyanalkohol.*
Cyanobacteria *pl* Cyanobacteria, Cyanophyceae, blue-green bacteria.
Cyanobakterien *pl* Cyanobacteria, Cyanophyceae, blue-green algae.
Cyanocobalamin *nt* cyanocobalamin, vitamin B_{12}, antianemic factor, anti-pernicious anemia factor, Castle's factor, extrinsic factor, LLD factor.
Cyanoguanidin *nt* cyanoguanidin.
Cyanophyceae *pl* Cyanobacteria, Cyanophyceae, blue-green algae.
Cyansäure *f* cyanic acid.
Cyanursäure *f* cyanuric acid.
Cyanursäureamid *nt* melamine.
Cyanwasserstoff *m* hydrogen cyanide, hydrocyanic acid, prussic acid.
Cycl- *präf.* cycl(o)-.
Cyclamat *nt* cyclamate.
Cyclamin *nt* cyclamin.
Cyclase *f* cyclase.
cyclisieren *vt* cyclize.
Cyclo- *präf.* cycl(o)-.
Cyclo-AMP *nt* adenosine 3',5'-cyclic phosphate, cyclic adenosine monophosphate, cyclic AMP.
Cyclo-AMP-Rezeptorprotein *nt* cyclic AMP receptor protein, catabolite gene-activator protein.
Cycloartenol *nt* cycloarterenol.
L-Cyclo-DOPA *nt* L-cyclo-DOPA.
Cyclo-GMP *nt* cyclic guanosine monophosphate, guanosine 3',5'-cyclic phosphate, cyclic GMP.
Cyclohexancarbonsäure *f* cyclo-

hexanecarboxylic acid.
Cyclohexanol *nt* cyclohexanol.
Cyclohexansulfaminsäure *f* cyclamic acid, cyclohexanesulfamic acid, cyclohexylsulfamic acid.
Cyclohexen *nt* cyclohexene.
Cycloheximid *nt* cycloheximide, actidione.
N-Cyclohexylsulfaninsäure *f* s.u. *Cyclohexansulfaminsäure.*
Cycloisomerase *f* cycloisomerase.
Cycloligase *f* cycloligase.
Cyclooxigenase *f* cyclooxygenase.
Cyclopentan *nt* cyclopentane, pentamethylene.
Cyclopentanon *nt* cyclopentanone.
Cyclopentanophenanthren *nt* cyclopentanophenanthrene.
Cyclophyllidea *pl* Cyclophyllidea.
Cyclopropan *nt* cyclopropane, trimethylene.
Cymarin *nt* cymarin, k-strophanthin-α.
D-Cymarose *f* D-cymarose.
Cystathionase *f* s.u. *Cystathionin-γ-lyase.*
Cystathionin *nt* cystathionine.
Cystathionin-β-lyase *f* cystathionine β-lyase, β-cystathionase, cystine lyase.
Cystathionin-γ-lyase *f* cystathionine γ-lyase, cystathionase, γ-cystathionase, cystine desulfhydrase, homoserine deaminase, homoserine dehydratase.
Cystathionin-β-Synthase *f* cystathionine β-synthase, β-thionase, serine sulfhydrase, cysteine synthase.
Cysteamin *nt* cysteamine.
Cystein *nt* cysteine, thioaminopropionic acid, 2-amino-3-mercaptopropionic acid.
Cysteinaminotransaminase *f* cysteine aminotransferase, cysteine transaminase.
Cysteinaminotransferase *f* cysteine aminotransferase, cysteine transaminase.
Cysteindeoxigenase *f* cysteine dioxigenase.
Cysteinenzym *nt* cysteine enzyme.
Cysteinreduktase (NADH) *f* cysteine reductase (NADH).
Cysteinsäure *f* cysteic acid, 3-sulfoalanine.
Cysteinsulfinsäure *f* cysteine sulfinic acid.
Cysteinsynthase *f* s.u. *Cystathio-*

nine-β-synthase.

Cysticercoid *nt* cysticercoid, cercocystis.

Cystin *nt* cystine, dicysteine.

Cyt- *präf.* cellular, cyt(o)-, kyt(o)-.

Cyt b_6/f-Komplex *m* Cyt b_6/f complex, cytochrome b_6 complex.

Cytidin *nt* cytidine, cytosine ribonucleoside.

Cytidindesaminase *f* cytidine deaminase.

Cytidindiphosphat *nt* cytidine(-5'-)diphosphate.

Cytidin-5'-diphosphat *nt* cytidine-(-5'-)diphosphate.

Cytidindiphosphatcholin *nt* cytidine diphosphate choline, cytidinediphosphocholine.

Cytidinmonophosphat *nt* cytidine monophosphate, cytidylic acid.

Cytidintriphosphat *nt* cytidine-(-5'-)triphosphate.

Cytidin-5'-triphosphat *nt* cytidine(-5'-)triphosphate.

Cytidylat *nt* cytidylate.

Cytidylsäure *f* s.u. *Cytidinmonophosphat.*

Cytisin *nt* cytisine, ulexine, laburinine, sophorine.

Cyto- *präf.* cellular, cyt(o)-, kyt(o)-.

Cytochrom *nt* cytochrome.

Cytochrom a_3 *nt* s.u. *Cytochrom c-oxidase.*

Cytochrom b_6 *nt* cytochrome b_6.

Cytochrom b_6/Cytochrom f-Kom- **plex** *m* Cyt b_6/f complex, cytochrome b_6 complex.

Cytochrom b_5-Reduktase *f* cytochrome b_5 reductase, NADH cytochrome b_5-reductase.

Cytochrom c_1 *nt* cytochrome c_1.

Cytochrom c-oxidase *f* respiratory enzyme, ferrocytochrome c-oxygen oxyreductase, cytochrome oxidase, cytochrome c oxidase, cytochrome a_3, cytochrome aa_5, indophenolase, indophenol oxidase.

Cytochrom f *nt* cytochrome f.

Cytochromoxidase *f* s.u. *Cytochrom c-oxidase.*

Cytochrom-P_{450}-Reduktase *f* cytochrome P_{450} reductase, NADPH-cytochrome reductase, NADPH-ferrihemoprotein reductase.

Cytokinin *nt* cytokinin.

Cytosin *nt* cytosine.

Cytosindesaminase *f* cytosine deaminase.

cytosolisch *adj.* cytosolic.

C_3-Zucker *m* triose.

C_4-Zucker *m* tetrose.

C_5-Zucker *m* pentose.

C_6-Zucker *m* hexose.

C_7-Zucker *m* heptose.

C_8-Zucker *m* octose.

C_4-Zyklus *m* C_4 dicarboxylic acid cycle, dicarboxylic acid cycle, C_4 photosynthesis, C_4-cycle, C_4-pathway, Hatch-Slack cycle, Hatch-Slack pathway.

D

Daidzein *nt* genistein, 4,5,7-trihydroxyisoflavone.
Dalton *nt* dalton.
Dalton-Gesetz der Partialdrücke *nt* Dalton's law.
Dalton-Henry-Absorptionsgesetz *nt* Dalton-Henry law.
Dampf *m*, *pl* **Dämpfe** steam; (*Nebel*) vapor, mist; (*chemisch*) fume(s), smoke.
Dampfdruck *m* vapor tension, vapor pressure.
Dampfdruckerniedrigung *f* vapor pressure depression.
Dansylchlorid *nt* dansyl chloride.
Darm *m* gut(s *pl*), bowel(s *pl*), intestine(s *pl*).
Darm- *präf.* enteral, enteric, intestinal, bowel, intestin(o)-, enter(o)-.
Darmdrüsen *pl* Lieberkühn's glands, intestinal follicles, intestinal glands.
Darmflora *f* intestinal flora, bowel flora.
Darmkanal *m* intestinal canal, gut.
Darmparasit *m* intestinal parasite.
Darmpärchenegel *m* Schistosoma intercalatum.
Darmschleimhaut *f* intestinal mucosa.
Darmverdauung *f* intestinal digestion.
Darmwand *f* intestinal wall, bowel wall.
Darmzotten *pl* intestinal villi, villi of small intestine.
Darwin-Evolution *f* darwinian evolution, biological evolution.
Dasselfliege *f* warble botfly, skin botfly, human botfly, Dermatobia hominis.

dauerwarm *adj.* homeothermic, hemathermal, hemathermous, hematothermal, homeothermal, homoiothermal, homothermal, homothermic.
Davies-Roberts-Hypothese *f* Davies-Roberts hypothesis.
Deacylase *f* deacylase.
deacylieren *vt* deacylate.
Deacylierung *f* deacylation.
deadenylieren *vt* deadenylate.
Dealkoholisierung *f* dealcoholization.
Dealkylierung *f* dealkylation.
Debaryomyces *m* Debaryomyces.
Debneyol *nt* debneyol.
Deca- *präf.* deca-, deka-.
Decan *nt* decane.
Decapeptid *nt* decapeptide.
Decarboxylase *f* decarboxylase.
decarboxylieren *vt* decarboxylate.
Decarboxylierung *f* decarboxylation.
   nicht-oxidative Decarboxylierung nonoxidative decarboxylation.
   oxidative Decarboxylierung oxidative decarboxylation.
dechiffrieren *vt* decode.
Dechloridation *f* dechloridation, dechlorination, dechloruration.
Dechlorination *f* s.u. *Dechloridation.*
Deformylase *f* deformylase.
Degradation *f* degradation.
   metabolische Degradation metabolic degradation.
Degradierung *f* degradation.
Dehalogenase *f* dehalogenase.
Dehydratase *f* dehydratase, anhydrase, hydro-lyase.
dehydrieren I *vt* 1. dehydrate. 2.

anhydrate, dehydrogenate, dehydrogenize. **II** *vi* dehydrate.
Dehydrierung *f* dehydration, dehydrogenation, deaquation.
Dehydroascorbinsäure *f* dehydroascorbic acid.
5-Dehydrochinasäure *f* 5-dehydroquinic acid.
Dehydrochinasäuredehydratase *f* (5-)dehydroquinate dehydratase.
Dehydrochinasäuresynthase *f* (5-) dehydroquinate synthase.
5-Dehydrochinat *nt* 5-dehydroquinate.
Dehydrochinatdehydratase *f* (5-) dehydroquinate dehydratase.
Dehydrochinatsynthase *f* (5-)dehydroquinate synthase.
Dehydrocholat *nt* dehydrocholate.
7-Dehydrocholesterin *nt* 7-dehydrocholesterol, provitamin D_3.
Dehydrocholsäure *f* dehydrocholic acid.
11-Dehydrocorticosteron *nt* 11-dehydrocorticosterone, Kendall's compound A, compound A.
Dehydroepiandrosteron *nt* dehydroepiandrosterone, dehydroisoandrosterone, androstenolone.
Dehydroepiandrosteronsulfat *nt* dehydroepiandrosterone sulfate, DHEA sulfate.
Dehydrogenase *f* dehydrogenase.
externe Dehydrogenase external dehydrogenase.
flavinabhängige Dehydrogenase *s.u. flavingebundene Dehydrogenase.*
flavingebundene Dehydrogenase flavin-linked dehydrogenase.
NAD-abhängige Dehydrogenase NAD-linked dehydrogenase.
pyridinabhängige Dehydrogenase pyridine-linked dehydrogenase.
dehydrogenieren *vt* dehydrogenate, dehydrogenize.
Dehydrogenierung *f* dehydrogenation.
Dehydroisoandrosteron *nt* s.u. *Dehydroepiandrosteron.*
Dehydroretinal *nt* dehydroretinal, retinal₂.
Dehydroretinol *nt* retinol₂, vitamin A₂, (3-)dehydroretinol.
3-Dehydroretinol *nt* s.u. *Dehydroretinol.*
5-Dehydroshikimat *nt* 5-dehydro-

shikimate.
3-Dehydrosphingamin *nt* 3-dehydrosphingamine.
Dehydroxylierung *f* dehydroxylation.
Deionisierung *f* deionization.
Dejodase *f* deiodase.
Dejodierung *f* deiodination.
Dejodinase *f* deiodase.
Dejodinierung *f* deiodination.
Deka- *präf.* deca-, deka-.
dekalzifizieren *vt* decalcify.
Dekan *nt* decane.
Dekapeptid *nt* decapeptide.
Dekarboxylase *f* decarboxylase.
dekarboxylieren *vt* decarboxylate.
Dekarboxylierung *f* decarboxylation.
Dekrepitation *f* decrepitation.
dekrepitieren *vi* decrepitate.
Delphinidin *nt* delphinidin.
delta-Staphylolysin *nt* delta staphylolysin.
Demethylierung *f* demethylation.
demineralisieren *vt* demineralize.
Denaturieren *nt* denaturation.
denaturieren *vt* denature; (*Alkohol*) denature, methylate.
denaturiert *adj.* denatured; (*Alkohol*) denatured, adulterated; methylated.
Denaturierung *f* denaturation.
Denaturierungsmittel *nt* denaturant.
Dengue-Virus *nt* dengue virus.
denitrieren *vt* denitrify.
Denitrierung *f* denitrification, denitration.
Denitrifikation *f* denitrification, denitration.
denitrifizieren *vt* denitrify.
Denitrifizierung *f* denitrification, denitration.
Denitrogenisation *f* denitrogenation.
Denitrogenisierung *f* denitrogenation.
De-novo-Synthese *f* de novo synthesis.
3-Deoxy-D-arabino-heptulosonat-7-phosphat *nt* 3-deoxy-D-arabino-heptulosonate 7-phosphate.
Dependoviren *pl* dependoviruses.
Dependovirus *nt* Dependovirus.
Dephosphoglykogensynthase *f* dephospho-glycogen synthase.
Dephosphophosphorylasekinase *f* dephospho-phosphorylase kinase.
dephosphorylieren *vt* dephosphorylate.
Dephosphorylierung *f* dephospho-

rylation.
Depolarisation f depolarization.
depolarisieren vt depolarize.
Depolarisierung f depolarization.
Depolymerase f depolymerase.
Depolymerisation f depolymerization.
Depolymerisieren nt depolymerization.
depolymerisieren vt, vi depolymerize.
Depot nt depot.
Depotfett nt depot fat, storage fat, depot lipid, storage lipid.
Depressor m depressor.
Depressorsubstanz f depressor.
deproteinieren vt deproteinize.
Deproteinierung f deproteinization.
Derepression f derepression.
Derivat nt derivative, derivant.
Dermacentor m Dermacentor.
Dermanyssidae pl Dermanyssidae.
Dermatansulfat nt dermatan sulfate, chondroitin sulfate B.
Dermatophagoides m dermatophagoides.
Dermatophilus m Dermatophilus.
Desalination f desalination, desalinization.
Desamidase f deamidase, amidohydrolase.
Desamidierung f deamidization, deamidation.
Desaminase f deaminase, deaminating enzyme; aminohydrolase.
Desaminierung f deamination, deaminization.
  oxidative **Desaminierung** oxidative deamination.
Desaturierung f desaturation.
Desaturierungsreaktion f desaturation reaction.
Deserpidin nt deserpidine, desmethoxyreserpine.
Desikkans nt desiccant, desiccator; exsiccant.
Desikkator m desiccator.
Desmaresten nt desmarestene.
Desmoenzym nt desmoenzyme.
Desmolase f desmolase.
Desmosin nt desmosine.
Desmosterin nt desmosterol, 24-dehydrocholesterol.
Desoxidation f deoxidation, disoxidation.
desoxidieren vt deoxidize.
Desoxy- präf. deoxy-, desoxy-.

Desoxyadenosin nt deoxyadenosine, 2'-deoxyribosyladenine.
Desoxyadenosindiphosphat nt deoxyadenosine diphosphate.
Desoxyadenosinmonophosphat nt deoxyadenosine monophosphate, deoxyadenylic acid.
Desoxyadenosintriphosphat nt deoxyadenosine triphosphate.
5'-Desoxyadenosylcobalamin nt coenzyme B_{12}, 5'-deoxyadenosylcobalamin.
Desoxyadenylat nt deoxyadenylate.
Desoxyadenylsäure f s.u. *Desoxyadenosinmonophosphat.*
Desoxycholat nt deoxycholate.
Desoxycholsäure f deoxycholic acid.
Desoxycorticosteron nt 11-deoxycorticosterone, desoxycorticosterone, desoxycortone, cortexone, deoxycortone, 21-hydroxyprogesterone, Reichstein's substance Q.
Desoxycorticosteronacetat nt deoxycorticosterone acetate, desoxycorticosterone acetate.
11-Desoxycortisol nt 11-deoxycortisol, Reichstein's substance S.
Desoxycytidin nt deoxycytidine, 2'-deoxyribosylcytosine.
Desoxycytidindiphosphat nt deoxycytidine diphosphate.
Desoxycytidinmonophosphat nt deoxycytidine monophosphate, deoxycytidylic acid.
Desoxycytidintriphosphat nt deoxycytidine triphosphate.
Desoxycytidylat nt deoxycytidylate.
Desoxycytidylsäure f s.u. *Desoxycytidinmonophosphat.*
Desoxygenation f deoxygenation.
desoxygenieren vt deoxygenate.
Desoxygenierung f deoxygenation.
Desoxyguanosin nt deoxyguanosine, 2'-deoxyribosylguanine.
Desoxyguanosindiphosphat nt deoxyguanosine diphosphate.
Desoxyguanosinmonophosphat nt deoxyguanosine monophosphate, deoxyguanylic acid.
Desoxyguanosintriphosphat nt deoxyguanosine triphosphate.
Desoxyguanylat nt deoxyguanylate.
Desoxyguanylsäure f s.u. *Desoxyguanosinmonophosphat.*
Desoxyhämoglobin nt deoxyhe-

D

moglobin, reduced hemoglobin, deoxygenated hemoglobin.

Desoxykortikosteron *nt* s.u. *Desoxycorticosteron*.

Desoxymyoglobin *nt* deoxymyoglobin.

Desoxynukleotidyltransferase, terminale *f* deoxynucleotidyl transferase (terminal), DNA nucleotidylexotransferase, terminal deoxynucleotidyl transferase, terminal deoxyribonucleotidyl transferase, terminal addition enzyme.

Desoxyribonuclease *f* deoxyribonuclease, desoxyribonuclease, DNAse, DNase.

Desoxyribonuclease I deoxyribonuclease I, pancreatic deoxyribonuclease, thymonuclease.

Desoxyribonuclease II deoxyribonuclease II, acid deoxyribonuclease.

neutrale Desoxyribonuclease s.u. *Desoxyribonuclease I*.

saure Desoxyribonuclease s.u. *Desoxyribonuclease II*.

virale Desoxyribonuclease viral deoxyribonuclease.

Desoxyribonucleinsäure *f* s.u. *Desoxyribonukleinsäure*.

Desoxyribonucleosid *nt* deoxyribonucleoside.

Desoxyribonucleosiddiphosphat *nt* deoxyribonucleoside diphosphate.

Desoxyribonucleosidmonophosphat *nt* deoxyribonucleoside monophosphate.

Desoxyribonucleosidtriphosphat *nt* deoxyribonucleoside triphosphate.

Desoxyribonucleotid *nt* deoxyribonucleotide.

Desoxyribonuklease *f* s.u. *Desoxyribonuclease*.

Desoxyribonukleinsäure *f* deoxyribonucleic acid, deoxypentosenucleic acid, desoxyribonucleic acid, chromonucleic acid.

Desoxyribonukleoprotein *nt* deoxyribonucleoprotein.

Desoxyribonukleosid *nt* deoxyribonucleoside.

Desoxyribonukleotid *nt* deoxyribonucleotide.

Desoxyribose *f* deoxyribose, desoxyribose.

Desoxyribosid *nt* deoxyribonucleoside.

Desoxythymidin *nt* deoxythymidine, thymidine.

Desoxythymidindiphosphat *nt* deoxythymidine diphosphate.

Desoxythymidinmonophosphat *nt* deoxythymidine monophosphate, deoxythymidylic acid.

Desoxythymidintriphosphat *nt* deoxythymidine triphosphate.

Desoxythymidylat *nt* deoxythymidylate.

Desoxythymidylsäure *f* s.u. *Desoxythymidinmonophosphat*.

Desoxyzucker *m* desoxy-sugar, deoxy-sugar.

Destillat *nt* spirit, distillate (*aus* from).

Destillation *f* distillation.

fraktionierte Destillation fractional distillation.

trockene Destillation dry distillation.

Destillationsapparat *m* distiller.

Destillationsgut *nt* distilland.

Destillierapparat *m* distiller.

destillierbar *adj.* distillable.

Destillieren *nt* distillation.

destillieren *vt* distill (*aus* from).

destilliert *adj.* distilled.

Desulfhydrase *f* desulfhydrase, desulfurase.

Desulfurase *f* desulfhydrase, desulfurase.

Desulfuration *f* desulfuration.

desynchronisiert *adj.* desynchronized.

Detergens *nt*, *pl* **Detergentia, Detergenzien** detergent; surface-active agent, surfactant.

Detoxikation *f* detoxification, detoxication.

deuter- *präf.* deuter(o)-, deut(o)-.

Deuterium *nt* heavy hydrogen, deuterium.

Deuteriumkern *m* deuteron, deuterion, deuton, diplon.

Deuteriumoxid *nt* deuterium oxide, heavy water.

Deuteromycetes *pl* imperfect fungi, Deuteromycetes, Deuteromyces, Deuteromycetae, Deuteromycotina.

Deuterostomia *pl* Deuterostomia.

dexter *adj.* dextral, dexter.

Dexteralität *f* s.u. *Dextralität*.

dextr- *präf.* dextr(o)-.

Dextralität *f* right-handedness, dextrality, dexterity.

Dextran *nt* dextran, dextrane.

niedermolekulares Dextran low-molecular-weight dextran.
Dextranase *f* dextranase.
Dextrin *nt* dextrin, starch sugar, starch gum, British gum.
Dextrinase *f* dextrinase.
α-Dextrinase *f* α-dextrinase, oligo-1,6-α-glucosidase, pullulanase, limit dextrinase, isomaltase, α-dextrin endo-1,6-α-glucosidase.
Dextrin-1,6-Glukosidase *f* dextrin-1,6-glucosidase, amylo-1,6-glucosidase, debrancher enzyme, debranching enzyme (glycogen).
dextro- *präf.* dextr(o)-.
dextrogyral *adj.* dextrorotatory, dextro, dextrogyral, dextrorotary.
Dextrorotation *f* dextrorotation, dextrogyration.
dextrorotatorisch *adj.* dextrorotatory, dextrogyral, dextrorotary.
Dextrose *f* dextrose, dextroglucose, D-glucose, glucosum, grape sugar.
Dezibel *nt* decibel.
Dezigramm *nt* decigram.
dezimal *adj.* decimal.
Dezimal- *präf.* decimal.
DHU-Arm *m* DHU arm.
Dhurrin *nt* dhurin.
di- *präf.* di-.
Diacetat *nt* diacetate.
Diacetyl *nt* diacetyl, 2,3-butanedione.
Diacylglycerin *nt* diacylglycerine, diacylglycerol, diglyceride.
Diacylglycerinacyltransferase *f* diacylglycerol acyltransferase.
Diagramm *nt* diagram, graph, plot, figure, chart, profile.
Dialdehyd *m* dialdehyde.
Dialurat *nt* dialurate.
Dialursäure *f* dialuric acid.
dialysabel *adj.* dialyzable.
Dialysance *f* dialysance.
Dialysat *nt* dialysate, dialyzate, diffusate.
Dialysator *m* dialyzer.
Dialyse *f* 1. dialysis, diffusion. 2. renal dialysis.
Dialyseflüssigkeit *f* dialysis fluid.
dialysierbar *adj.* dialyzable.
dialysieren *vt* dialyze.
Dialysierfähigkeit *f* dialysance.
Dialysierflüssigkeit *f* dialysis fluid.
dialytisch *adj.* dialytic.
Diamid *nt* hydrazine, diamide.
Diamin *nt* diamine.

Diaminoacridin *nt* diaminoacridine, proflavine.
1,4-Diaminobutan *nt* putrescine, tetramethylenediamine.
Diaminooxidase *f* diamine oxidase.
1,5-Diaminopentan *nt* cadaverine, pentamethylenediamine.
Diaminopimelat *nt* diaminopimelate.
Diaminopimelatdecarboxylase *f* diaminopimelate decarboxylase.
Diaminopimelatepimerase *f* diaminopimelate epimerase.
Diaminopimelinsäure *f* diaminopimelic acid.
4,5-Diaminovalerat *nt* 4,5-diamino valerate.
Diaminurie *f* diaminuria.
diamniotisch *adj.* diamniotic.
Diapedese *f* diapedesis, diapiresis, emigration, migration.
Diapedese- *präf.* diapedetic.
Diastase *f* diastase.
diastereoisomer *adj.* diastereoisomeric, diastereomeric.
Diastereoisomer *nt* diastereomer, diastereoisomer, allo form.
Diastereoisomerie *f* diastereoisomerism.
diastereomer *adj.* s.u. *diastereoisomer.*
Diastereomer *nt* s.u. *Diastereoisomer.*
Diastereomerie *f* s.u. *Diastereoisomerie.*
Diastomer *nt* s.u. *Diastereoisomer.*
Diastomerie *f* s.u. *Diastereoisomerie.*
Diäthanolamin *nt* diethanolamine, diolamine, diethylolamine.
diatherman *adj.* diathermanous, transcalent.
Diäthylamin *nt* diethylamine.
Diäthylaminoäthylcellulose *f* diethylaminoethylcellulose, DEAE-cellulose.
Diäthyläther *m* diethyl ether, ether, ethyl ether, anesthetic ether, sulfuric ether, ethyl oxide.
Diäthylendioxid *nt* dioxane, diethylene dioxide.
diatomar *adj.* diatomic.
Diatomeenerde *f* diatomaceous earth.
Diazetat *nt* diacetate.
Diazetyl *nt* diacetyl, 2,3-butanedione.
Diazo- *präf.* diazo-, disazo-.
Diazobenzol *nt* diazobenzene.
Diazobenzolsulfonsäure *f* diazobenzenesulfonic acid.

diazotieren *vt* diazotize.
Diazotierung *f* diazotization.
Diazoverbindung *f* diazo compound.
Dibothriocephalus *m* Bothriocephalus, Diphyllobothrium, Dibothriocephalus.
Dicarbonsäure *f* dicarboxylic acid.
Dicarbonsäurezyklus *m* C_4 dicarboxylic acid cycle, dicarboxylic acid cycle, C_4 photosynthesis.
Dicarboxylatcarrier *m* dicarboxylate carrier.
Dichlordiäthylsulfid *nt* dichlorodiethyl sulfide, yellow cross, yperite.
Dichlordifluormethan *nt* dichlorodifluoromethane.
Dichlordiphenyltrichloräthan *nt* dichlorodiphenyltrichloroethane, chlorophenothane, dicophane.
Dichlorid *nt* dichloride, bichloride.
Dichlortetrafluoräthan *nt* dichlorotetrafluoroethane.
Dichromat *nt* dichromate, bichromate.
Dichte *f* (*physikal.*) density, denseness.
relative **Dichte** relative density.
Dichtebestimmung *f* densimetric analysis, densitometry.
Dichtegradient *m* density gradient.
Dichtegradientenzentrifugation *f* zonal centrifugation, density-gradient centrifugation.
Dichtemesser *m* densimeter, densitometer.
Dichtemessung *f* densimetric analysis, densitometry.
Dichteverteilung *f* density distribution.
Dichtheit *f* denseness, density, compactness, thickness.
Dickdarm *m* large bowel, large intestine, colon.
Dickdarm- *präf.* coloenteric, colonic.
Dicrocoelium *nt* Dicrocoelium.
Dictyoten *nt* dictyotene.
Dicystein *nt* dicysteine, cystine.
Dielektrikum *nt, pl* **Dielektrika** dielectric.
dielektrisch *adj.* dielectric.
Dielektrizitätskonstante *f* dielectric constant, permittivity.
Dielektrizitätszahl *f* permittivity.
Dielektrolyse *f* dielectrolysis.
Dientamoeba *f* Dientamoeba.
Diethylether *m* diethyl ether, ether, ethyl ether.
Diethylstilbestrol *nt* diethylstilbestrol, estrostilben.

Diethyltryptamin *nt* diethyltryptamine.
Differential- *präf.* differential.
Differentialzentrifugation *f* differential centrifugation.
Differenz *f* difference.
arteriovenöse **Differenz** arteriovenous difference.
Differenzial- *präf.* s.u. *Differential-*.
Differenzspektrum *nt* difference spectrum.
diffundieren *vt, vi* diffuse.
Diffusion *f* diffusion.
erleichterte **Diffusion** facilitated diffusion.
freie **Diffusion** free diffusion.
katalysierte **Diffusion** s.u. *erleichterte Diffusion*.
passive **Diffusion** passive diffusion.
vermittelte **Diffusion** s.u. *erleichterte Diffusion*.
Diffusions- *präf.* diffusive.
Diffusionsatmung *f* apneic oxygenation, diffusion respiration.
Diffusionsbarriere *f* diffusion barrier.
Diffusionsdruck *m* diffusion pressure.
diffusionsfähig *adj.* diffusible.
Diffusionsfähigkeit *f* diffusiveness.
Diffusionsgleichgewicht *nt* diffusion equilibrium.
Diffusionsgleichung *f* diffusion equation.
Diffusionskapazität *f* diffusing capacity.
Diffusionskoeffizient *m* diffusivity, diffusion constant, diffusion coefficient.
Diffusionsleitfähigkeit *f* diffusion conductivity.
Diffusionspotential *nt* diffusion potential.
Diffusionspotenzial *nt* s.u. *Diffusionspotential*.
Diffusionsstrecke *f* diffusion path.
Diffusionsvermögen *nt* diffusiveness, diffusibility.
Diffusionswiderstand *m* diffusion resistance.
Digalaktosyldiacylglycerin *nt* digalactosyl diacylglycerol.
digen *adj.* digenetic, heteroxenous.
Digenese *f* digenesis.
Digenesis *f* digenesis.
digerieren I *vt* digest. II *vi* digest.
digestierbar *adj.* digestible.
Digestion *f* digestion.

Digestions- *präf.* digestive.

Digestionssystem *nt* digestive apparatus, digestive system, alimentary apparatus, alimentary system.

digestiv *adj.* relating to digestion, digestive.

D-Digitalose *f* D-digitalose.

Digitogenin *nt* digitogenin.

Digitoxin *nt* digitoxin, crystalline digitalin.

D-Digitoxose *f* D-digitoxose.

Diglycerid *nt* diacylglycerine, diacylglycerol, diglyceride.

Digoxin *nt* digoxin.

Dihydrat *nt* dihydrate.

Dihydrobiopterin *nt* dihydrobiopterin.

Dihydrobiopterinsynthetase *f* dihydrobiopterin synthetase.

Dihydrocalciferol *nt* vitamin D_4, dihydrocalciferol.

Dihydrocholesterin *nt* dihydrocholesterol, cholestanol, beta-cholestanol.

Dihydrodipicolinat *nt* dihydrodipicolinate.

Dihydrodipicolinatsynthase *f* dihydrodipicolinate synthase.

Dihydrodipicolinsäure *f* dihydrodipicolinic acid.

Dihydroflavonol *nt* dihydroflavonol.

Dihydroflavonol-4-reduktase *f* dihydroflavonol 4-reductase.

Dihydrofolatreduktase *f* dihydrofolate reductase, dihydrofolic acid reductase, tetrahydrofolate dehydrogenase.

Dihydrofolsäure *f* dihydrofolic acid.

Dihydrogeranylgeraniol *nt* dihrydogeranylgeraniol.

Dihydrolipoat *nt* dihydrolipoate.

Dihydrolipolsäure *f* dihydrolipoic acid.

Dihydroliponamid *nt* dihydrolipoamide.

Dihydrolipoyldehydrogenase *f* lipoamide dehydrogenase, dihydrolipoamide dehydrogenase, dihydrolipoyl dehydrogenase, diaphorase, coenzyme factor.

Dihydrolipoylsuccinyltransferase *f* dihydrolipoamide succinyltransferase, transsuccinylase.

Dihydrolipoyltransacetylase *f* dihydrolipoamide acetyltransferase, dihydrolipoyltransacetylase, lipoate

acetyltransferase, lipoyl transacetylase.

Dihydromyricetin *nt* dihydromyricetin.

Dihydroorotase *f* dihydroorotase, carbamoylaspartate dehydrase.

Dihydroorotsäure *f* dihydroorotic acid.

Dihydropteridinreduktase *f* dihydropteridine reductase.

Dihydroquercetin *nt* dihydroquercetin.

Dihydroretinal *nt* dihydroretinal.

Dihydroretinol *nt* dihydroretinol.

Dihydrotoxiferin *nt* dihydrotoxiferin.

Dihydrouracildehydrogenase *f* dihydrouracil dehydrogenase.

Dihydrouridin *nt* dihydrouridine.

Dihydrouridinarm *m* DHU arm.

Dihydroxyaceton *nt* dihydroxyacetone, glycerone, glyceroketone, glycerulose.

Dihydroxyacetonphosphat *nt* glycerone phosphate, dihydroxyacetone phosphate.

Dihydroxyacetonphosphatacyltransferase *f* dihydroxyacetone phosphate acyltransferase.

Dihydroxybenzoesäure *f* 2,5-dihydroxybenzoic acid, gentisic acid.

m-Dihydroxybenzol *nt* resorcinol, resorcin, resorcinum, 1,3-benzenediol.

1,25-Dihydroxycholecalciferol *nt* (1,25-)dihydroxycholecalciferol, calcitriol.

3,4-Dihydroxyphenylalanin *nt* dopa, 3,4-dihydroxyphenylalanine.

2,5-Dihydroxyphenylessigsäure *f* homogentisic acid, 2,5-dihydroxyphenylacetic acid, glycosuric acid.

2,6-Dihydroxypurin *nt* 2,6-dihydroxypurine, xanthine.

Dihydroxysäuredehydratase *f* dihydroxyacid dehydratase.

Dihydroxyzimtsäure *f* dihydroxycinnamic acid.

Diiodid *nt* deutiodide, deutoiodide, diiodide.

Diisopropylfluorphosphat *nt* diisopropyl fluorophosphate, isofluorophate.

Dijodid *nt* deutiodide, deutoiodide, diiodide.

3,5-Dijodthyronin *nt* 3,5-diiodothyronine.

3,5-Dijodtyrosin *nt* 3,5-diiodotyro-
sine, iodogorgoric acid.
Dikarbonsäure *f* dicarboxylic acid.
Dikaryont *m* dikaryote.
Dikaryot *m* dikaryote.
Diketon *nt* diketone.
Diketopiperazin *nt* diketopiperazine.
Diluens *nt* diluent.
Diluent *m* diluent.
diluieren *vt* water down, thin down,
weaken, dilute.
Dilution *f* dilution.
dimer *adj.* dimeric.
Dimer *nt* dimer.
Dimerisierung *f* dimerization.
Dimethylacetamid *nt* dimethylacetamide.
Dimethylamin *nt* dimethylamine.
p-Dimethylaminoazobenzol *nt* *p*-
dimethylaminoazobenzene, butter
yellow.
p-Dimethylaminobenzaldehyd *m*
paradimethylaminobenzaldehyde.
**5-Dimethylamino-1-naphthalinsul-
fonsäure** *f* 5-dimethylamino-1-
naphthalenesulfonic acid.
1,3-Dimethylamylamin *nt* 1,3-di-
methylamylamine, methylhexanea-
mine, methylhexamine.
7,12-Dimethylbenzanthrazen *nt*
7,12-dimethylbenz(a)anthracene.
5,6-Dimethylbenzimidazol *nt* 5,6-
dimethylbenzimidazole.
Dimethylbenzol *nt* xylene, xylol,
dimethylbenzene.
Dimethylgelb *nt* butter yellow, *p*-
dimethylaminoazobenzene.
Dimethylglycin *nt* dimethylglycin.
N²,N²-Dimethylguanin *nt* N^2,N^2-
dimethylguanine.
Dimethylketon *nt* dimethylketone,
acetone.
3,4-Dimethyloxyphenylessigsäure
f 3,4-dimethoxyphenylethylamine.
Dimethylphthalat *nt* dimethyl phthalate.
Dimethylsulfat *nt* dimethyl sulfate.
Dimethylsulfoxid *nt* dimethyl sulfoxide, methyl sulfoxide.
Dimethylthetin *nt* dimethylthetin.
**Dimethylthetin-Homocystein-Me-
thyltransferase** *f* dimethylthetin
homocysteine methyltransferase.
1,3-Dimethylxanthin *nt* 1,3-dimeth-
ylxanthine.
1,7-Dimethylxanthin *nt* 1,7-dimeth-

ylxanthine.
Dinitrat *nt* dinitrate.
Dinitroaminophenol *nt* dinitroaminophenol, aminodinitrophenol, pic-
ramic acid.
Dinitrobenzol *nt* dinitrobenzene.
2,4-Dinitrochlorbenzol *nt* (2,4-)di-
nitrochlorobenzene.
2,4-Dinitrofluorbenzol *nt* (2,4-)di-
nitrofluorobenzene, Sanger reagent.
Dinitrogen *nt* dinitrogen, molecular
nitrogen.
Dinitrogenase *f* dinitrogenase.
Dinitrogenasereduktase *f* azoferre-
doxin, protein II.
Dinitro-o-Kresol *nt* dinitro-*o*-cresol,
dinitrocresol, 2-methyl-4,6-dinitro-
phenol.
Dinitrophenol *nt* dinitrophenol.
Dinitrozellulose *f* dinitrocellulose,
pyroxylin.
Dinoflagellat *m* dinoflagellate.
Dinoflagellata *pl* Dinoflagellata,
Dinoflagellida.
Dinoprost *nt* dinoprost, prostaglandin
$F_2\alpha$.
Dinoproston *nt* dinoprostone, prosta-
glandin E_2.
Dinukleotid *nt* dinucleotide.
Diose *f* diose, glycolic aldehyde, gly-
colaldehyde.
Diosgenin *nt* diosgenin.
1,4-Dioxan *nt* dioxane, 1,4-dioxane,
diethylene dioxide.
Dioxid *nt* dioxide.
Dioxin *nt* dioxin.
4,5-Dioxivalerat *nt* 4,5-dioxyvalerate.
Dioxygenase *f* dioxygenase, oxygen
transferase.
diözisch *adj.* diecious, dioecious.
Dipeptid *nt* dipeptide.
Dipeptidase *f* dipeptidase.
o-Diphenoloxidase *f* diphenol oxidase, catechol oxidase, polyphenoloxidase, *o*-diphenolase.
Diphenyl *nt* diphenyl, biphenyl.
Diphenylamin *nt* diphenylamine.
Diphenylethylen *nt* diphenylethylene.
Diphosgen *nt* diphosgene, perchlor-
methylformate, trichlormethyl chloro-
formate.
Diphosphatidylglycerin *nt* diphosphatidylglycerol, cardiolipin.
1,3-Diphosphoglycerat *nt* 1,3-di-
phosphoglycerate.

2,3-Diphosphoglycerat *nt* 2,3-diphosphoglycerate, 2,3-bisphosphoglycerate.

Diphosphoglyceratmutase *f* bisphosphoglycerate mutase, bisphosphoglyceromutase, diphosphoglycerate mutase.

Diphosphoglyceratphosphatase *f* diphosphoglycerate phosphatase, bisphosphoglycerate phosphatase.

Diphosphopyridinnucleotid *nt* nicotinamide-adenine dinucleotide, cozymase.

Diphosphotransferase *f* diphosphotransferase, pyrophosphokinase, pyrophosphotransferase.

Diphtheriebazillus *m* diphtheria bacillus, Klebs-Löffler bacillus, Löffler's bacillus, Corynebacterium diphtheriae.

Diphyllobothriidae *pl* Diphyllobothriidae.

Diphyllobothrium *nt* Diphyllobothrium, Dibothriocephalus, Bothriocephalus.

Diphyllobothrium latum fish tapeworm, broad tapeworm, broad fish tapeworm, Swiss tapeworm, Diphyllobothrium latum, Diphyllobothrium taenioides, Taenia lata.

Dipicolinsäure *f* dipicolinic acid.

Dipicolinsäuresynthetase *f* dipicolinic acid synthetase.

Dipipanon *nt* dipipanone, phenylpiperone.

Diplobakterium *nt* diplobacillus, diplobacterium.

Diplococcus *m* diplococcus, Diplococcus.

Diplococcus pneumoniae pneumococcus, pneumonococcus, Diplococcus pneumoniae, Diplococcus lanceolatus, Streptococcus pneumoniae.

Diplogonoporus *m* Diplogonoporus.

Diplomonade *f* diplomonad.

Diplomonadida *pl* Diplomonadida.

Diplomonadina *pl* Diplomonadina.

Dipol *m* dipole.

dipolar *adj.* dipolar.

Dipolmoment *nt* dipole moment.

Dipolvektor *m* dipole vector.

Diptera *pl* Diptera.

Dipylidium *nt* Dipylidium.

Dirofilaria *nt* Dirofilaria.

Disaccharid *nt* disaccharide, disaccharose, biose, bioside.

Disaccharidase *f* Disaccharidase.

Disk- *präf.* disc(o)-, disk(o)-.

Diskelektrophorese *f* disc electrophoresis, disk electrophoresis.

Dismutase *f* dismutase.

Dismutation *f* dismutation.

Dispergator *m* dispersant.

Dispergens *nt* dispersion medium, external medium, disperse medium, dispersive medium, external phase, continous phase, dispersion phase, dispersant.

dispergieren *vt* disperse; dissipate, scatter, dilute.

dispergierend *adj.* dispersive.

Dispergiermittel *nt* s.u. *Dispergens*.

Dispersion *f* dispersion, dispersion system, disperse system.

Dispersions- *präf.* dispersive.

Dispersionskolloid *nt* dispersion colloid, dispersoid, molecular dispersed solution.

Dispersionsmedium *nt* s.u. *Dispergens*.

Dispersionsmittel *nt* s.u. *Dispergens*.

Dispersum *nt* disperse phase, dispersed phase, discontinuous phase, internal phase.

Dissimilation *f* dissimilation, disassimilation.

    aerobe Dissimilation aerobic catabolism.

    anaerobe Dissimilation anaerobic dissimilation.

dissimilatorisch *adj.* dissimilatory.

Dissolvens *nt* dissolvent, solvent, solvent medium.

Dissoziation *f* dissociation.

    elektrolytische Dissoziation electrolytic dissociation.

    thermische Dissoziation thermolysis.

Dissoziationsgrad *m* degree of dissociation.

Dissoziationskonstante *f* dissociation constant.

    apparente Dissoziationskonstante apparent dissociation constant, concentration dissociation constant.

    basische Dissoziationskonstante basic dissociation constant.

    thermodynamische Dissoziationskonstante thermodynamic dissociation constant.

    wahre Dissoziationskonstante true dissociation constant.

Dissoziationskurve *f* dissociation curve.
dissoziativ *adj.* dissociative.
dissoziierbar *adj.* dissociable.
dissoziieren *vt* dissociate.
dissoziiert *adj.* dissociated.
Distickstoffmonoxid *nt* nitrous oxide, nitrogen monoxide, dinitrogen monoxide, laughing gas, gas.
Distickstoffoxid *nt* s.u. *Distickstoffmonoxid.*
Distoma *nt* Distoma, Distomum.
Distomum *nt* Distoma, Distomum.
Disulfat *nt* disulfate.
Disulfid *nt* disulfide, bisulfide.
Disulfidbindung *f* disulfide bond.
Disulfidbrücke *f* disulfide bridge.
Diterpen *nt* diterpene.
Diterpenalkaloide *pl* diterpene alkaloids.
Diurese *f* excretion of urine, diuresis.
  osmotische Diurese osmotic diuresis.
diuretisch *adj.* diuretic, urinative.
divalent *adj.* divalent, bivalent.
divergent *adj.* divergent; radiating.
Divergenz *f* divergence, divergency.
Divinyl *nt* divinyl.
dizyklisch *adj.* dicyclic.
Djenkolsäure *f* djenkolic acid.
DNA *f* deoxyribonucleic acid, deoxypentosenucleic acid, desoxyribonucleic acid.
  bakterielle DNA bacterial deoxyribonucleic acid.
  chromosomale DNA chromosomal deoxyribonucleic acid.
  extrachromosomale DNA extrachromosomal deoxyribonucleic acid.
  extranukleäre DNA extranuclear deoxyribonucleic acid.
  komplementäre DNA complementary deoxyribonucleic acid, complementary DNA, copy DNA.
  mitochondriale DNA mitochondrial deoxyribonucleic acid, mt deoxyribonucleic acid, mitochondrial DNA.
  virale DNA viral deoxyribonucleic acid, viral DNA.
DNAase *f* s.u. *DNase.*
DNA-Gyrase *f* DNA gyrase.
DNA-Ligase *f* DNA ligase, polydeoxyribonucleotide synthase (ATP), polydeoxyribonucleotide ligase, polynucleotide ligase.
DNA-Matrize *f* DNA template.
DNA-Nukleotidylexotransferase *f*

DNA nucleotidylexotransferase, terminal deoxynucleotidyl transferase, terminal deoxyribonucleotidyl transferase, terminal addition enzyme, deoxynucleotidyl transferase (terminal).
DNA-Nukleotidyltransferase *f* pol I, DNA-directed DNA polymerase, DNA nucleotidyltransferase, DNA polymerase I.
DNA-Polymerase *f* DNA polymerase.
  DNA-abhängige DNA-Polymerase DNA-directed DNA polymerase, DNA nucleotidyltransferase, DNA polymerase I, pol I.
  RNA-abhängige DNA-Polymerase RNA-directed DNA polymerase, reverse transcriptase, pol II, DNA polymerase II.
DNase *f* deoxyribonuclease, desoxyribonuclease.
  DNase I deoxyribonuclease I.
  DNase II deoxyribonuclease II.
  virale DNase viral deoxyribonuclease.
DNA-spezifisch *adj.* DNA-specific.
DNA-Viren *pl* DNA viruses, DNA-containing viruses, deoxyvirus.
DNSase *f* s.u. *DNase.*
DNS-Gyrase *f* DNA gyrase.
DNS-Ligase *f* s.u. *DNA-Ligase.*
DNS-Nukleotidylexotransferase *f* s.u. *DNA-Nukleotidylexotransferase.*
DNS-Nukleotidyltransferase *f* s.u. *DNA-Nukleotidyltransferase.*
DNS-Polymerase *f* s.u. *DNA-Polymerase.*
Docosahexensäure *f* docosahexaenoic acid.
Dodecansäure *f* lauric acid, dodecanoic acid.
Dolichol *nt* dolichol.
Dolicholphosphat *nt* phosphoryldolichol.
Dolichylphosphat *nt* dolichyl phosphate.
Domäne *f* domain.
  Carboxy-terminale Domäne carboxy-terminal domain, carboxyl-terminal domain.
  katalytische Domäne catalytic domain.
dominant *adj.* dominant.
Dominante *f* dominant.
Dominanz *f* dominance.
  unvollständige Dominanz semidominance, incomplete dominance,

partial dominance.

Donator *m* donor, donator.

Donnan-Gleichgewicht *nt* Donnan's equilibrium, Gibbs-Donnan equilibrium.

Donor *m* donor, donator.

Dopachinon *nt* dopa quinone.

Dopadecarboxylase *f* dopa decarboxylase.

Dopamin *nt* dopamine, 3-hydroxytyramine, decarboxylated dopa.

dopaminerg *adj.* dopaminergic.

Dopamin-β-hydroxylase *f* s.u. *Dopamin-β-monooxygenase.*

Dopamin-β-monooxygenase *f* dopamine β-monooxygenase, dopamine β-hydroxylase.

Doppelbindung *f* double bond.

Doppelbindungscharakter *m* double-bond character.

doppelbrechend *adj.* anisotropic, anisotropal, anisotropous, birefringent, birefractive.

Doppelbrechung *f* birefringence, anisotropy, anisotropism.

Doppelhelix *f* double helix, twin helix, Watson-Crick helix, Watson-Crick model, DNA helix.

Doppelhelix-DNA *f* double-stranded deoxyribonucleic acid, duplex DNA, double-stranded DNA, double-helical deoxyribonucleic acid, duplex deoxyribonucleic acid.

Doppelhelix-DNS *f* s.u. *Doppelhelix-DNA.*

Doppelhelixstruktur *f* duplex structure.

Doppelsalz *nt* double salt.

Doppelstrang- *präf.* double-stranded.

Doppelstrangbruch *m* double-strand break.

Doppelstrang-DNA *f* double-stranded DNA, double-helical DNA, double-stranded deoxyriboneucleic acid, double-helical deoxyribonucleic acid, duplex deoxyribonucleic acid, duplex DNA.

Doppelstrang-DNS *f* s.u. *Doppelstrang-DNA.*

doppelsträngig *adj.* double-stranded.

Doppelstrang-RNA *f* double-stranded RNA, double-stranded ribonucleic acid.

Doppelstrang-RNS *f* s.u. *Doppelstrang-RNA.*

Dornase *f* dornase.

Dotter *m* vitellus, yolk.

D1-Protein *nt* D1 protein.

D2-Protein *nt* D2 protein.

Dreh- *präf.* torsional, rotary, rotatory, rotational.

Drehung *f* rotation, turning, torsion, gyration; torsion, revolution.

 optische Drehung optical radiation, optical rotation.

 spezifische Drehung specific rotation.

dreiatomig *adj.* triatomic.

dreibasisch *adj.* tribasic.

dreidimensional *adj.* three-dimensional.

Dreiding-Modell *nt* Dreiding model.

dreifach *adj.* triple, triplex, three-fold, treble; *(chemisch)* ternary.

Dreifachbindung *f* triple bond.

Dreifachzucker *m* trisaccharide.

dreigliedrig *adj.* ternary.

dreiphasisch *adj.* triphasic, three-phase.

dreischichtig *adj.* three-layered, trilaminar, trilaminate.

dreiwertig *adj.* trivalent.

Dreiwertigkeit *f* trivalence.

Drosophila *f* Drosophila.

 Drosophila melanogaster Drosophila melanogaster.

Druck- *präf.* atmospheric, atmospherical, compressive, pressure, bar(o)-.

Druck *m, pl* **Drücke** pressure; *(physikal.)* pressure, compression.

 atmosphärischer Druck atmospheric pressure, barometric pressure.

 dynamischer Druck dynamic pressure.

 effektiver osmotischer Druck effective osmotic pressure.

 hydraulischer Druck fluid pressure.

 hydrostatischer Druck hydrostatic pressure.

 kolloidosmotischer Druck oncotic pressure, colloid osmotic pressure, colloid osmotic pressure.

 kristalloidosmotischer Druck crystalloid osmotic pressure.

 mittlerer Druck mean pressure.

 onkotischer Druck s.u. *kolloidosmotischer Druck.*

 osmotischer Druck osmotic pressure.

 totaler osmotischer Druck total osmotic pressure.

Druckflüssigkeitschromatografie
f S.U. *Druckflüssigkeitschromatographie.*
Druckflüssigkeitschromatographie *f* high-pressure liquid chromatography, high-performance liquid chromatography.
Druckgefälle *nt* pressure gradient.
Druckgefäß *nt* pressure tank.
Druckgradient *m* pressure gradient.
Druckmesser *m* tonometer, tenonometer, manometer, pressometer, air-pressure gauge.
Drüse *f* gland, glandule.
Drüsen- *präf.* glandular, adenic, aden(o)-.
Duftdrüse *f* scent gland.
Dunkel- *präf.* scot(o)-, scotopic, dark.
Dunkelenzym *nt* dark reactions enzyme.
Dunkelfeld- *präf.* dark-field.
Dunkelfeldkondensor *m* dark-field condenser.
Dunkelfeldmikroskop *nt* dark-field microscope.
Dunkelfeldmikroskopie *f* dark-field microscopy.
Dunkelphase *f* dark phase, dark reac-

tions.
Dünndarm *m* small bowel, small intestine, enteron.
Dünndarm- *adj.* enteric.
Dünndarmschleimhaut *f* mucosa of small intestine, mucous membrane of small intestine.
Dünnschicht- *präf.* thin-layer.
Dünnschichtchromatografie *f* S.U. *Dünnschichtchromatographie.*
Dünnschichtchromatographie *f* thin-layer chromatography.
Dünnschichtelektrophorese *f* thin-layer electrophoresis.
Duodenal- *präf.* duodenal, duoden(o)-.
Duplex-DNA *f* double-helical deoxyribonucleic acid, double-stranded deoxyribonucleic acid, duplex deoxyribonucleic acid, duplex DNA, double-stranded DNA.
Duplex-DNS *f* S.U. *Duplex-DNA.*
Duplexstruktur *f* duplex structure.
dynamisch *adj.* dynamic, dynamical.
dynamogen *adj.* dynamogenic, dynamogenous.
Dynamogenese *f* dynamogenesis, dynamogeny.
Dysprosium *nt* dysprosium.

E

Eadie-Hofstee-Darstellung *f* Eadie-Hofstee plot.

Ebola-Virus *nt* Ebola virus.

ECAO-Virus *nt* ECAO virus, ecaovirus.

ECBO-Virus *nt* ECBO virus, ecbovirus.

ECCO-Virus *nt* ECCO virus, eccovirus.

ECDO-Virus *nt* ECDO virus, ecdovirus.

Ecdyson *nt* ecdysone.

Ecgonin *nt* ecgonine.

Echidnophaga *pl* Echidnophaga.

Echinococcus *m* caseworm, Echinococcus.

Echinococcus granulosus hydatid tapeworm, dog tapeworm, Echinococcus granulosus, Taenia echinococcus.

Echinorhynchus *m* Echinorhynchus.

Echinostoma *nt* Echinostoma.

ECHO-Virus *nt* ECHO virus, echovirus.

ECMO-Virus *nt* ECMO virus, ecmovirus.

ECPO-Virus *nt* ECPO virus, ecpovirus.

ECSO-Virus *nt* ECSO virus, ecsovirus.

Ectocarpen *nt* ectocarpene.

Edelgas *nt* inert gas, noble gas, rare gas.

Edetat *nt* edetate, edathamil, ethylenediaminetetraacetate.

Edetinsäure *f* edetic acid, ethylenediaminetetraacetic acid.

Editierung *f* editing.

Edman-Methode *f* Edman method.

Edman-Reagenz *nt* Edman's reagent, phenylisothiocyanate.

Edman-Abbau *m* Edman degradation.

EDTA-Salz *nt* edetate, edathamil.

Edukt *nt* educt, eduction.

Edwardsiella *f* Edwardsiella.

EEE-Virus *nt* Eastern equine encephalomyelitis virus, Eastern equine encephalitis virus, EEE virus.

Effekt *m* effect; (*Wirksamkeit*) efficiency, effectiveness, effectivity; (*Ergebnis*) result.

lichtelektrischer Effekt s.u. *photoelektrischer Effekt.*

photoelektrischer Effekt photoelectrical effect, Hallwachs effect.

spezifisch dynamischer Effekt specific dynamic effect.

effektiv *adj.* effective, effectual, efficacious.

Effektor *m* effector.

Effektorhormon *nt* effector hormone.

Effektorzelle *f* effector cell.

effloreszierend *adj.* efflorescent.

Egel *m* fluke.

Eichen *nt* calibration.

eichen *vt* calibrate, gauge, gage, standardize; adjust (to a standard).

Eichung *f* (*labor*) standardization.

Eicosanoat *nt* arachidate, eicosanoate.

Eicosanoid *nt* eicosanoid, arachidonic acid derivative.

n-Eicosansäure *f* arachidic acid, arachic acid, icosanoic acid, n-eicosanoic acid.

Eicosatriensäure *f* eicosatrienoic acid.

Eigenschaft *f* quality; property; (*Merkmal*) trait, attribute, characteristic, feature.

kolligative Eigenschaften *pl* colligative properties.

optische Eigenschaften *pl* optical properties.

physikalische Eigenschaften *pl* physical properties.

Eiklar *nt* egg white, white of egg, albumen, ovalbumin.

einbasig *adj.* s.u. *einbasisch.*

einbasisch *adj.* monacidic, monoacid, monacid, monoatomic, monatomic, monobasic.

eindimensional *adj.* unidimensional, one-dimensional.

Einfachbindung *f* single bond.

Einfachbindungscharakter *m* single-bond character.

einfachbrechend *adj.* isotropic, isotropous.

einfachungesättigt *adj.* monounsaturated, monoenoic.

Einfachzucker *m* monosaccharide, monosaccharose, monose, simple sugar.

Ein Gen-ein Enzym-Hypothese *f* one gene-one enzyme hypothesis, one gene-one polypeptide chain hypothesis.

Ein Gen-eine Polypeptidkette-Hypothese *f* s.u. *Ein Gen-ein Enzym-Hypothese.*

Ein Gen-ein Polypeptid-Hypothese *f* s.u. *Ein Gen-ein Enzym-Hypothese.*

Einheit *f* unit.

absolute **Einheit** absolute unit.

Einheit der **Enzymaktivität** international unit of enzyme activity.

internationale **Einheit** international unit.

kodierende **Einheit** coding unit.

photosynthetische **Einheit** photosynthetic unit.

plaque-bildende **Einheit** plaque-forming unit.

Einheitsmembran *f* elementary membrane, unit membrane.

Einheitsmembranhypothese *f* unit-membrane hypothesis.

einkettig *adj.* single-chain.

einlagern *vt* deposit, store.

Einlagerung *f* deposit, storage; pexis, pexia.

Einphasen- *präf.* single-phase, monophasic.

einphasig *adj.* single-phase, monophasic.

einphasisch *adj.* s.u. *einphasig.*

einpolig *adj.* unipolar, single-pole.

Einsalzen *nt* salting-in.

einsalzen *vt* salt; salt in.

einschichtig *adj.* single-layered, monolayer, monostratal, monostratified.

Einsteinium *nt* einsteinium.

einstrangig *adj.* single-stranded, single-strand.

Einströmen *nt* inflow, influx, inpour.

einströmen *vi* flow in, pour in, run in, rush in, stream in, leak in.

Ein-Substrat-Reaktion *f* one-substrate reaction.

einwertig *adj.* univalent, monovalent, monohydric.

Einwertigkeit *f* monovalence, univalence.

Einzelkopieregion *f* single copy region.

große **Einzelkopieregion** large single copy region.

kleine **Einzelkopieregion** small single copy region.

Einzelkopiesequenz *f* unique sequence, single-copy sequence.

Einzeller *m* single-celled animal, monad, protist, protozoon.

einzellig *adj.* monocellular, monocelled, unicellular.

Einzelstrang- *präf.* single-stranded, single-strand.

Einzelstrangbruch *m* single-stranded break.

Einzelstrang-DNA *f* single-stranded deoxyribonucleic acid, single-stranded DNA.

Einzelstrang-DNS *f* s.u. *Einzelstrang-DNA.*

Einzelstrang-RNA *f* single-stranded RNA.

Einzelstrang-RNS *f* s.u. *Einzelstrang-RNA.*

Eisen *nt* iron; ferrum.

radioaktives **Eisen** radioiron, radioactive iron.

Eisen- *präf.* siderous, iron, ferruginous, sider(o)-.

Eisen-II- *präf.* ferrous.

Eisen-III- *präf.* ferric.

eisenbeladen *adj.* ferrated.

Eisenbindungskapazität *f* iron-binding capacity.

Eisenclearance *f* plasma iron clearance (half time), iron clearance.

Eisen-III-chlorid *nt* ferric chloride.

Eisen-III-hydroxid *nt* iron hydroxide, ferric hydroxide.

Eisen-II-sulfat *nt* ferrous sulfate, iron sulfate, iron vitriol.

Eisenprotein *nt* iron protein.
Eisensalz *nt* iron salt.
Eisen-Schwefel-Protein *nt* iron-sulfur protein.
Eisen-Schwefel-Zentrum *nt* iron-sulfur center.
Eisenverbindung *f* iron compound.
Eisessig *m* glacial acetic acid.
Eiweiß *nt* **1.** protein, proteid, protide.
2. (*Eiklar*) egg white, white of egg, albumen, ovalbumin.
Eiweiß- *präf.* protein, proteid, protide, proteinaceous, proteinic, prote(o)-.
Eiweißabbau *m* protein breakdown.
eiweißähnlich *adj.* albuminoid.
eiweißartig *adj.* albuminoid, protein, proteid, protide.
Eiweißbilanz *f* protein balance.
Eiweißderivat *nt* derived protein.
eiweißeinlagernd *adj.* proteopexic, proteopectic.
Eiweißentfernung *f* deproteinization.
eiweißfixierend *adj.* proteopexic, proteopectic.
Eiweißfraktion *f* protein fraction.
eiweißhaltig *adj.* containig protein, protein, proteid, protide, albuminous.
Eiweißhaushalt *m* protein balance.
Eiweißmatrix *f* protein matrix.
Eiweißmetabolismus *m* proteometabolism, protein metabolism.
eiweißspaltend *adj.* proteoclastic, proteolytic.
Eiweißspaltung *f* proteolysis, albuminolysis.
Eiweißstoffwechsel *m* s.u. *Eiweißmetabolismus.*
Eiweißsynthese *f* protein synthesis.
eiweißverdauend *adj.* proteopeptic.
Eiweißverdauung *f* proteopepsis.
Ekdyson *nt* ecdysone.
Ekto- *präf.* ecto-, ect-, exo-.
Ektoenzym *nt* ectoenzyme, exoenzyme, extracellular enzyme.
Ektohormon *nt* ectohormone.
Ektoparasit *m* ectoparasite, ectosite, ecoparasite.
Ektosymbiont *m* ectosymbiont.
ektotherm *adj.* ectothermic.
Ektothermie *f* ectothermy.
Ektozoon *nt* ectozoon.
Elaidinsäure *f* elaidic acid.
Elaioplast *m* elaioplast.
Elapidae *pl* Elapidae.
Elapinae *pl* Elapinae.
Elastance *f* elastance.

Elastase *f* elastase, elastinase.
Elastin *nt* elastin, elasticin.
Elastinase *f* s.u. *Elastase.*
elastisch *adj.* elastic, resilient; (*Material*) flexible, flexile.
Elastizität *f* resiliency, resilience, elasticity; (*Material*) flexibility, flexibleness.
Elastogel *nt* elastogel.
Elastoidin *nt* elastoidin.
Elastomer *nt* elastomer.
Elastomucin *nt* elastomucin.
Elastomuzin *nt* elastomucin.
elektrisch *adj.* electric, electrical.
Elektrizität *f* electricity; (*Strom*) electric current, electricity.
Elektrizitäts- *präf.* electric, electrical, electro-.
Elektro- *präf.* electric, electrical, electronic, electro-.
Elektroaffinität *f* electroaffinity.
Elektrobiologie *f* electrobiology.
Elektrochemie *f* electrochemistry.
elektrochemisch *adj.* electrochemical, galvanochemical.
Elektrode *f* electrode.
Elektrodenpotential *nt* electrode potential.
Elektrodenpotenzial *nt* s.u. *Elektrodenpotential.*
Elektrodenspannung *f* electrode potential.
Elektrokatalyse *f* electrocatalysis.
Elektrokinetik *f* electrokinetics *pl.*
Elektrolyse *f* electrolysis.
Elektrolysezelle *f* electrolytic cell.
elektrolysieren *vt* electrolyze.
Elektrolyt *m* electrolyte.
elektrolytisch *adj.* relating to *or* caused by electrolysis, electrolytic, electrolytical.
Elektromagnet *m* electromagnet.
elektromagnetisch *adj.* relating to electromagnetism, electromagnetic.
Elektromagnetismus *m* electromagnetism, electromagnetics *pl.*
Elektrometrie *f* electrometry.
elektromotorisch *adj.* electromotive.
Elektron *nt* electron.
elektronegativ *adj.* electronegative.
Elektronegativität *f* electronegativity.
Elektronen- *präf.* electron, electronic, electro-.
Elektronenaffinität *f* electroaffinity.
Elektronenakzeptor *m* electron acceptor.

E

Elektronenäquivalent *nt* electron equivalent.

Elektronenbahn *f* path of electrons.

Elektronenbewegung *f* electron flow.

nichtzyklische Elektronenbewegung noncyclic electron flow.

zyklische Elektronenbewegung cyclic electron flow.

Elektronendonor *m* electron donor.

Elektronenfluss *m* electron flow.

photosynthetischer Elektronenfluss photosynthetic electron flow.

Elektronenkaskade *f* electron cascade.

Elektronenkonfiguration *f* electronic configuration.

Elektronenmikroskop *nt* electron microscope.

elektronenmikroskopisch *adj.* electron-microscopic, electron-microscopical.

Elektronenpaarakzeptor *m* electron-pair acceptor.

Elektronenpaardonor *m* electron-pair donor.

Elektronenrastermikroskop *nt* scanning electron microscope, scanning microscope.

Elektronenschale *f* electron shell.

Elektronenschwarm *m* cloud of electrons.

Elektronenspin *m* electron spin.

Elektronenspinresonanz *f* electron spin resonance, electron paramagnetic resonance.

Elektronenspinresonanzspektroskopie *f* electron spin resonance spectroscopy, electron paramagnetic resonance spectroscopy, EPR spectroscopy, ESR spectroscopy.

Elektronenstrahl *m* electron beam.

Elektronenträger *m* electron carrier.

Elektronentransport *m* electron transport.

Cyanid-resistenter Elektronentransport cyanide-resisitant respiration.

Elektronentransportkette *f* electron-transport chain.

nichtzyklischer Elektronentransport noncyclic electron flow.

offener Elektronentransport noncyclic electron flow.

photosynthetischer Elektronentransport photosynthetic electron transport.

Elektronentransportsystem *nt* electron-transport system.

Elektronentransportzyklus *m* electron transport cycle.

elektronenübertragend *adj.* electron-carrying, electron-transfering.

Elektronenüberträger *m* electron carrier.

Elektronenvolt *nt* electron volt.

Elektronenwechselwirkung *f* electronic interaction.

Elektronenwertigkeit *f* electrovalence, electrovalency.

Elektronenzahl *f* electronic number.

Elektroneutralität *f* electroneutrality.

elektrophil *adj.* electrophilic, electrophil, electrophile.

Elektrophor *m* electrophorus.

elektropositiv *adj.* electropositive.

Elektropositivität *f* electropositivity.

elektrostatisch *adj.* relating to electrostatics *or* static electricity, electrostatic.

Elektrosynthese *f* electrosynthesis.

Elektrotaxis *f* electrotaxis, galvanotaxis.

Elektrotropismus *m* electrotropism, galvanotropism.

Elektrovalenz *f* electrovalence, electrovalency.

Element *nt* (*chemisch*) element; (*elektrisch*) element, cell, battery.

lichtresponsive Elemente light-responsive elements.

elementar *adj.* (*wesentlich*) elementary, basic, fundamental, primary; (*chemisch*) elementary.

Elementar- *präf.* elementary.

Elementaranalyse *f* organic analysis.

Elementarladung *f* elementary charge.

Elementarmembran *f* elementary membrane, unit membrane.

Elementarteilchen *nt* corpuscle; elementary particle, fundamental particle.

Elicitor *m* elicitor.

Ellman-Reagenz *nt* Ellman's reagent.

Elongationsfaktor *m* elongation factor.

Elongationskomplex *m* elongation complex.

Elongationsphase *f* elongation phase.

Elter *nt/m* parent.

Elternstrang *m* parent strand.

Elternteil *m* parent.

Eluant *m* eluent, eluant.
Eluat *nt* eluate.
Eluieren *nt* elution.
eluieren *vt* elute, elutriate.
Elution *f* elution, elutriation.
Elutionskurve *f* elution curve.
Embden-Meyerhof-Weg *m* Embden-Meyerhoff pathway, Embden-Meyerhoff-Parnas pathway, glycolysis, glucolysis.
Embryo *m* embryo.
Embryo- *präf.* embryonic, embryo, embryonal, embryonary, embryous, embry(o)-.
embryonal *adj.* relating to an embryo, embryonic, embryonal, embryonary, embryous.
Embryonal- *präf.* embryonic, embryo, embryonal, embryonary, embryous, embry(o)-.
embryoniert *adj.* embryonated, embryonate.
embryonisch *adj.* s.u. *embryonal.*
Emerson-Effekt *m* Emerson effect.
Emission *f* emission.
Emissionselektron *nt* emission electron.
Emissionskoeffizient *m* emissivity.
emittieren *vt* emit.
Emmonsia *f* Haplosporangium, Emmonsia.
empyreumatisch *adj.* empyreumatic.
Emulgator *m* emulsifier, emulsifying agent.
emulgierbar *adj.* emulsifiable, emulsible.
emulgieren *vt, vi* emulsify.
Emulgierung *f* emulsification.
Emulsion *f* emulsion, emulsum.
Emulsionskolloid *nt* emulsoid, emulsion colloid.
Emulsoid *nt* emulsoid, emulsion colloid.
enantiomer *adj.* enantiomorphic, enantiomorphous.
Enantiomer *nt* enantiomer, enantiomorph, antimer, optical antipode.
Enantiomerie *f* optical isomerism, enantiomerism, enantiomorphism.
endergon *adj.* endergonic.
endergonisch *adj.* endergonic.
Endgruppenanalyse *f* end-group analysis.
Endgruppenbestimmung *f* end-group analysis.
Endiol *nt* enediol.

Endo- *präf.* inner, end(o)-, ent(o)-.
Endo-(β1→3)-glucanase *f* endo-(β1→3)-glucanase.
Endoamylase *f* alpha-amylase, endoamylase, diastase, glycogenase, ptyalin.
Endodesoxyribonuklease *f* endodesoxyribonuclease.
Endoenzym *nt* endoenzyme, intracellular enzyme.
endoerg *adj.* endoergic.
endoergisch *adj.* endoergic.
endokrin *adj.* endocrinal, endocrine, endocrinic, endocrinous, endosecretory, incretory.
Endokrinium *nt* s.u. *Endokrinum.*
Endokrinum *nt* endocrinium, endocrine system.
Endomyces *m* Endomyces.
Endomycetales *pl* Endomycetales.
endonuklear *adj.* endonuclear.
endonukleär *adj.* endonuclear.
Endonuklease *f* endonuclease.
Endoparasit *m* endoparasite, endosite, entoparasite, internal parasite, entorganism.
Endopeptidase *f* endopeptidase.
Endoperoxid *nt* endoperoxide.
Endoplasma *nt* endoplasm, entoplasm.
endoplasmatisch *adj.* relating to endoplasm, endoplasmic, endoplastic.
Endopolygalakturonase *f* endopolygalacturonase.
Endoreduplikation *f* endoreduplication.
Endoribonuklease *f* endoribonuclease.
Endorphin *nt* endorphin.
endosekretorisch *adj.* endosecretory; endocrine.
Endosymbiont *m* endosymbiont.
Endosymbiose *f* endosymbiosis.
endosymbiotisch *adj.* endosymbiotic.
endotherm *adj.* endothermic, endothermal.
Endoxidation *f* endoxidation.
endozyklisch *adj.* endocyclic.
Endprodukt *nt* end product.
Endprodukthemmung *f* retroinhibition, end-product inhibition.
Endproduktrepression *f* end-product repression.
Endpunkt *m* end point.
endständig *adj.* terminal.
Endwirt *m* definitive host, final host,

E

primary host.
Energie *f* energy.
chemische Energie chemical energy.
elektrische Energie electric energy.
freie Energie free energy.
kinetische Energie kinetic energy, energy of motion.
mechanische Energie mechanical energy.
metabolische Energie metabolic energy.
phosphatgebundene Energie phosphate-bond energy.
potentielle Energie potential energy, latent energy, energy of position.
thermische Energie thermal energy.
Energie- *präf.* caloric, energy, power.
energieabhängig *adj.* energy-dependent.
Energieäquivalent *nt* energy equivalent, caloric equivalent.
energiearm *adj.* energy-poor, low-energy; low-caloric.
Energiebilanz *f* energy balance.
Energiediagramm *nt* energy diagram.
Energieeinheit *f* energy unit.
Energieerhaltung *f* energy conservation.
energiefreisetzend *adj.* exergonic.
Energiegehalt *m* energy charge.
Energiegipfel *m* energy peak.
Energiehaushalt *m* energy balance.
Energieinhalt *m* energy charge.
Energiekopplung *f* energy coupling.
Energiekreislauf *m* energy cycle.
Energieladung *f* energy charge.
energieliefernd *adj.* energy-providing, energy-yielding.
Energieniveau *nt* energy level.
Energiepeak *m* energy peak.
Energiequelle *f* energy source.
energiereich *adj.* energized, energy-rich, high-energy.
Energiespender *m* energizer.
Energiestoffwechsel *m* energy metabolism.
Energietransfer *m* energy transfer.
Energietransformation *f* energy transformation.
Energieübertragung *f* energy transfer.
Energieumformung *f* mutation of energy.
Energieumsatz *m* energy turnover.
Energieumwandlung *f* energy conversion, energy transformation.

energieunabhängig *adj.* energy-independent.
Energieverbrauch *m* energy consumption, power consumption.
energieverbrauchend *adj.* energy-requiring; endergonic.
Energieverlust *m* power loss.
Enhancer *m* enhancer.
Enkelgeneration *f* second filial generation, filial generation 2.
Enkephalin *nt* encephalin, enkephalin.
enkephalinerg *adj.* enkephalinergic.
enkephalinergisch *adj.* enkephalinergic.
Enol *nt* enol.
Enolase *f* enolase.
Enolester *m* enol ester.
Enolform *f* enol form.
3-Enolpyruvylshikimat-5-phosphat *nt* 3-enolpyruvyl-shikimate-5-phosphate.
Enolpyruvyl-shikimatphosphat-synthase *f* enolpyruvyl-shikimate-phosphate synthase.
Enoyl- *präf.* enoyl.
Enoyl-ACP-hydratase *f* enoyl-ACP hydratase.
Enoyl-ACP-reduktase *f* enoyl-ACP reductase, crotonyl-ACP reductase.
Enoyl-ACP-reduktase (NADPH) enoyl-ACP reductase (NADPH), acyl-ACP dehydrogenase, acyl-ACP reductase.
Enoyl-CoA-hydratase *f* enoyl-CoA hydratase, enoyl hydrase.
Enoyl-CoA-Isomerase *f* enoyl-CoA isomerase.
Enoyl-hydrase *f* s.u. *Enoyl-CoA-hydratase.*
Enoyl-hydratase *f* s.u. *Enoyl-CoA-hydratase.*
Enoyl-Radikal *nt* enoyl.
Entamoeba *f* Entamoeba, Paramoeba.
enteral *adj.* enteral.
enterisch *adj.* relating to the (small) intestine, enteric, intestinal.
Entero- *präf.* enteral, intestinal, enteric, enter(o)-, intestin(o)-.
Enterobacter *m* Enterobacter.
Enterobacteriaceae *pl* Enterobacteriaceae.
enterobiliär *adj.* enterobiliary; bili-digestive, biliary-enteric, biliary-intestinal.
Enterobius *m* Enterobius.

Enterococcus *m* enterococcus.
enterogen *adj.* enterogenous.
Enteroglukagon *nt* enteroglucagon, intestinal glucagon, gut glucagon, glicentin, glycentin.
enterohepatisch *adj.* relating to both intestine and liver, enterohepatic.
Enterokinase *f* enterokinase, enteropeptidase.
Enteromonadina *pl* Enteromonadina.
Enteromonas *m* Enteromonas.
Enteropeptidase *f* enterokinase, enteropeptidase.
enterotoxigen *adj.* enterotoxigenic.
Enterovirus *nt* enteric virus, enterovirus.
Enterozoon *nt* enterozoon.
entflammbar *adj.* combustible, inflammable, flammable, ignitable.
  nicht entflammbar nonflammable, noninflammable.
Entflammbarkeit *f* inflammability, flammability.
entgasen *vt* decontaminate, degas.
Entgasung *f* decontamination, degassing.
Enthalpie *f* enthalpy, heat content.
enthemmen *vt* disinhibit.
Enthemmung *f* disinhibition.
entionisieren *vt* deionize.
entionisiert *adj.* deionized.
Entionisierung *f* deionization.
Entkalken *nt* decalcification, deliming, descaling.
entkalken *vt* decalcify, delime, descale.
Entkalkung *f* decalcification, deliming, descaling.
Entkoppler *m* uncoupler.
Entkopplung *f* uncoupling.
  elektromechanische Entkopplung excitation-contraction uncoupling.
entladen I *vt* discharge. **II** *vr* **sich entladen** discharge.
Entladung *f* discharge.
  elektrische Entladung electric discharge.
Entladungsmuster *nt* discharge pattern.
Entladungspotential *nt* discharge potential.
Entladungspotenzial *nt* s.u. *Entladungspotential.*
Entner-Doudoroff-Abbau *m* Entner-Doudoroff pathway, Entner-Doudoroff fermentation.
Entomophthora *f* Entomophthora.

Entomophthoraceae *pl* Entomophthoraceae.
Entomophthorales *pl* Entomophthorales.
Entoparasit *m* endoparasite, endosite, entoparasite, internal parasite, entorganism.
Entozoon *nt* entozoon.
Entropie *f* entropy.
entsalzen *vt* desalinate, desalinize, desalt.
Entsalzung *f* desalination, desalinization.
Entsäuern *nt* deacidification.
entsäuern *vt* deacidify.
Entsäuerung *f* deacidification.
entwässern *vt* dehydrate; dry.
Entwicklung *f* production, development, generation, evolution; evolution, genesis.
entzündbar *adj.* inflammable, flammable, ignitable; (*leicht*) combustible, highly inflammable, highly flammable.
Entzündbarkeit *f* inflammability, flammability, combustibility.
entzünden *vr* **sich entzünden** ignite; catch fire.
entzündlich *adj.* s.u. *entzündbar.*
Enzephalo- *präf.* encephalic, brain, encephal(o)-.
Enzephalon *nt* encephalon, brain.
Enzym *nt* enzyme; biocatalyst, biocatalyzer, zyme, zymin.
  allosterisches Enzym allosteric enzyme.
  extrazelluläres Enzym extracellular enzyme, exoenzyme.
  gewebsschädigendes Enzym tissue-degrading enzyme.
  glykolytisches Enzym glycolytic enzyme.
  heterotropes Enzym heterotropic enzyme.
  homotropes Enzym homotropic enzyme.
  induzierbares Enzym induced enzyme, adaptive enzyme, inducible enzyme.
  intrazelluläres Enzym endoenzyme, intracellular enzyme.
  kataboles Enzym catabolic enzyme.
  katabolisches Enzym catabolic enzyme.
  konstitutives Enzym constitutive enzyme.
  nichtregulatorisches Enzym non-

E

regulatory enzyme.
proteolytisches Enzym proteolytic enzyme, proteolytic.
regulatorisches Enzym regulatory enzyme.
Ubiquitin-aktivierendes Enzym ubiquitin-activating enzyme.
Ubiquitin-konjugierendes Enzym ubiquitin-conjugating enzyme, ubiquitin-protein ligase.
4-2-Enzym *nt* C3 convertase.
D-Enzym *nt* amylo-1,6-glucosidase, debrancher enzyme, debranching enzyme (glycogen), dextrin-1,6-glucosidase.
Enzym- *präf.* enzymatic, enzymic, enzyme, zym(o)-.
Enzymaktivität *f* enzyme activity.
Enzymantagonist *m* enzyme antagonist.
enzymartig *adj.* zymoid.
enzymatisch *adj.* relating to an enzyme, enzymatic, enzymic, fermentative, fermentive.
Enzym-Cofaktor-Komplex *m* enzyme-cofactor complex.
Enzymeinheit *f* enzyme unit, international unit of enzyme activity.
Enzyme-linked-immunosorbent-Assay *m* enzyme-linked immunosorbent assay.
Enzymerkennungsstelle *f* enzyme recognition site.
enzymgebunden *adj.* enzyme-bound.
enzymhemmend *adj.* antizymotic.
Enzymhemmstoff *m* enzyme inhibitor, antienzyme.
Enzymhemmung *f* enzyme inhibition.
Enzymimmunoassay *m* enzyme immunoassay.
Enzyminduktion *f* induction, enzyme induction, enzymatic adaptation.
Enzyminhibitor *m* enzyme inhibitor, antienzyme.
Enzym-Inhibitor-Komplex *m* enzyme-inhibitor complex.
enzymkatalysiert *adj.* enzyme-catalyzed.
Enzymkinetik *f* enzyme kinetics.
Enzymkonformation *f* enzyme conformation.
Enzymmuster *nt* enzyme pattern.
Enzymogen *nt* zymogen.
Enzymprofil *nt* enzyme profile.
Enzymrepression *f* enzyme repression.

Enzym-Substrat-Inhibitor-Komplex *m* enzyme-substrate-inhibitor complex.
Enzym-Substrat-Komplex *m* enzyme-substrate complex.
Enzymvorstufe *f* zymogen, proenzyme, proferment.
Epi- *präf.* epi-.
Epiallopregnanolon *nt* epiallopregnanolone.
Epiandrosteron *nt* epiandrosterone, isoandrosterone.
epicuticulär *adj.* epicuticular.
epikutikulär *adj.* epicuticular.
Epimer *nt* epimer.
Epimerase *f* epimerase.
Epimerisierung *f* epimerization.
Epithel *nt* epithelial tissue, epithelium.
Epithel- *präf.* epithelial, epitheli(o)-.
epithelial *adj.* relating to epithelium, epithelial.
Epithelzelle *f* epithelial cell.
Epoxid *nt* epoxide.
9,10-Epoxi-18-hydroxystearinsäure *f* 9,10-epoxy-18-hydroxystearinic acid.
9,10-Epoxistearinsäure *f* 9,10-epoxystearinic acid.
Epsilon-Aminocapronsäure *f* epsilon-aminocaproic acid, ε-aminocaproic acid.
Erb- *präf.* genetic, genetical, inheritable, inherited, hereditary, heritable, hereditable.
Erbänderung *f* mutation.
Erbeinheit *f* gene.
Erbfaktor *m* factor, gene.
Erbium *nt* erbium.
erblich I *adj.* heritable, hereditable, inheritable, hereditary. II *adv* by inheritance.
Erblichkeit *f* hereditary transmission, heredibility, heredity, heritability.
Erdalkali *nt* alkaline earth.
Erdalkalimetall *nt* alkaline earth metal.
Ergocalciferol *nt* ergocalciferol, irradiated ergosterol, vitamin D_2, viosterol, activated ergosterol, calciferol.
Ergoline *pl* ergolines, ergot alkaloids.
Ergolinalkaloide *pl* ergolines, ergot alkaloids.
Ergometrin *nt* ergometrine, ergobasine, ergonovine, ergostetrine, ergotocine.
Ergotamin *nt* ergotamine.

E

Eriodictyol *nt* eriodyctol.
Erlenmeyer-Kolben *m* Erlenmeyer flask.
Ernährung *f* feeding, nutrition, alimentation; (*Nahrung*) food, diet, nutrition, nourishment.
Ernährungs- *präf.* nutrient, nutritional, nutritive, dietary, dietetic, dietetical, alimentary, troph(o)-.
Ernährungsfaktor *m* nutritional factor, nutritive factor.
Erregung *f* excitement, excitation, stimulation.
Erwinia *f* Erwinia.
Erythro- *präf.* erythrocytic, erythr(o)-.
Erythrodextrin *nt* erythrodextrin.
Erythrophyll *nt* erythrophyll.
Erythropoese *f* erythropoiesis, erythrocytopoiesis.
Erythropoetin *nt* hemopoietin, hematopoietin, erythropoietin, erythropoietic stimulating factor.
erythropoetisch *adj.* erythropoietic.
Erythropoiese *f* erythropoiesis, erythrocytopoiesis.
Erythropoietin *nt* s.u. *Erythropoetin.*
erythropoietisch *adj.* relating to erythropoiesis, erythropoietic.
Erythrose *f* erythrose.
Erythrose-4-phosphat *nt* erythrose 4-phosphate.
Erythrose-4-phosphorsäure *f* erythrose 4-phosphoric acid.
Erythrozyt *m* erythrocyte, normocyte, normoerythrocyte, colored corpuscle, red blood cell, red blood corpuscle.
erythrozytär *adj.* relating to erythrocyte(s), erythrocytic.
Erythrozytenenzyme *pl* erythrocyte enzymes.
Erythrulose *f* erythrulose.
Escherichia *nt* Escherichia.
Escherichia coli Escherich's bacillus, colon bacillus, colibacillus, coli bacillus, Bacillus coli, Bacterium coli, Escherichia coli, Shigella alkalescens, Shigella dispar, Shigella madampensis.
enterohämorrhagisches Escherichia coli enterohemorrhagic Escherichia coli.
enteroinvasives Escherichia coli enteroinvasive Escherichia coli.
enteropathogenes Escherichia coli enteropathogenic Escherichia coli.
enterotoxisches Escherichia coli enterotoxicogenic Escherichia coli.

essentiell *adj.* essential.
Essig *m* vinegar, acetum.
Essigbakterien *pl* vinegar bacteria, Acetobacter *sing.*
Essigsäure *f* acetic acid, ethanoic acid.
Essigsäure- *präf.* acetous.
Essigsäureanhydrid *nt* acetic acid anhydride, acetic anhydride.
essigsäurelöslich *adj.* acetosoluble.
Ester *m* ester.
Esterase *f* esterase.
esterasenegativ *adj.* esterase-negative.
esterasepositiv *adj.* esterase-positive.
Esterbindung *f* ester bond.
esterhydrolisierend *adj.* esterolytic.
Esterhydrolyse *f* esterolysis.
esterspaltend *adj.* esterolytic.
Esterspaltung *f* esterolysis.
Estetrol *nt* estetrol.
Estradiol *nt* estradiol, agofollin, dihydrofolliculin, dihydrotheelin.
Estran *nt* estrane.
Estrapentaen *nt* estrapentaene.
Estrapentaen-Ring *m* estrapentaene.
Estratetraen *nt* estratetraene.
Estratetraen-Ring *m* estratetraene.
Estratrien *nt* estratriene.
Estratrien-Ring *m* estratriene.
Estriol *nt* estriol, trihydroxyesterin.
Estrogen *nt* estrogen, estrin.
Estron *nt* estrone, oestrone, ketohydroxyestrin.
Etacrynat *nt* ethacrynate.
ETFP-Ubichinon-reduktase *f* ETF-ubiquinone reductase.
Ethacrinat *nt* ethacrynate.
Ethan *nt* ethane, methylmethane.
Ethanal *nt* acetaldehyde, acetic aldehyde, ethaldehyde, ethanal, ethylaldehyde, aldehyde.
Ethanol *nt* ethyl alcohol, ethanol, alcohol, spirit.
Ethanolamin *nt* ethanolamine, olamine, monoethanolamine, colamine, 2-aminoethanol.
Ethanolaminkinase *f* ethanolamine kinase.
Ethanolaminphosphoglycerid *nt* ethanolamine phosphoglyceride.
Ethanolaminsulfonsäure *f* ethanolaminesulfonic acid.
Ethansäure *f* acetic acid, ethanoic acid.
Ethen *nt* ethylene, ethene.
Ether *m* ether; diethyl ether.

E

Etherbindung *f* ether bond.
Ethin *nt* acetylene, ethene.
Ethyl- *präf.* ethyl.
Ethylacetat *nt* ethyl acetate.
Ethylamin *nt* ethylamine.
Ethylat *nt* ethylate.
Ethylcellulose *f* ethyl cellulose.
Ethylchlorid *nt* ethyl chloride, chloroethane, chlorethyl.
Ethylcyanid *nt* propionitrile, ethyl cyanide.
Ethylen *nt* ethylene, ethene.
Ethylendiamin *nt* ethanediamine, ethylenediamine.
Ethylendiamintetraacetat *nt* ethylenediaminetetraacetate.
Ethylendiamintetraessigsäure *f* ethylenediaminetetraacetic acid, edetic acid, edethamil.
Ethylendichlorid *nt* ethylene dichloride.
Ethylenoxid *nt* ethylene oxide.
Ethylnitrit *nt* ethyl nitrite.
etioliert *adj.* etiolated.
Etioplast *m* etioplasr.
Eubacteriales *pl* Eubacteriales.
Eubacterium *nt* eubacterium, Eubacterium.
Euchromatin *nt* euchromatin, achromatin, achromin.
euchromatisch *adj.* euchromatic.
Euglobulin *nt* euglobulin.
Eukaryon *nt* eukaryon, eucaryon.
eukaryont *adj.* S.U. *eukaryot.*
Eukaryont *m* S.U. *Eukaryot.*
eukaryontisch *adj.* S.U. *eukaryot.*
eukaryot *adj.* relating to a eukaryote *or* eukaryosis, eukaryotic, eucaryotic.
Eukaryot *m* eukaryon, eukaryote, eucaryote, eucaryon, eukaryotic protist, higher protist.
Eukeratin *nt* eukeratin.
Eukolloid *nt* eucolloid.
Eumycetes *pl* true fungi, proper fungi, Eumycetes, Eumycophyta.
Europium *nt* europium.
eurytherm *adj.* eurythermal, eurythermic.
Eutektikum *nt, pl* **Eutektika** eutectic.
eutektisch *adj.* eutectic.
Euter *nt/m* udder.
Eutrophierung *f* eutrophication.
Evaporation *f* evaporation.
evaporieren *vt, vi* evaporate.
Evaporimeter *nt* evaporimeter, evaporometer.

Evolution *f* evolution.
aufspaltende Evolution divergent evolution.
biologische Evolution darwinian evolution, biological evolution.
chemische Evolution chemical evolution.
divergente Evolution divergent evolution.
konvergente Evolution convergent evolution.
präbiotische Evolution prebiotic evolution.
Evolutions- *präf.* evolutionary.
Evolutionstheorie *f* theory of evolution.
ex- *präf.* ex-, exo-.
Exciton *nt* exciton.
exergonisch *adj.* exergonic.
Exin *nt* exine.
Exkret *nt* excretion.
Exkretion *f* excretion.
Exkretions- *präf.* excretory, excurrent.
Exkretionsprodukt *nt* excretory product.
Exkretionstest *m* excretion test.
exkretorisch *adj.* relating to excretion, excretory, excurrent.
Exo- *präf.* exo-, ecto-, ect-.
Exoamylase *f* beta-amylase, exoamylase, diastase, glycogenase, saccharogen amylase.
Exobiologie *f* exobiology.
Exodesoxyribonuklease *f* exodeoxyribonuclease.
Exoenzym *nt* exoenzyme, ectoenzyme, extracellular enzyme.
exoerg *adj.* exoergic.
exoergisch *adj.* exoergic.
Exogamie *f* exogamy.
exokrin *adj.* exocrine.
Exon *nt* exon.
exonukleär *adj.* ectonuclear.
Exonuklease *f* exonuclease.
Exopeptidase *f* exopeptidase.
Exopigment *nt* exogenous pigment.
Exoribonuklease *f* exoribonuclease.
exotherm *adj.* exothermic, exothermal.
exozyklisch *adj.* exocyclic.
Experiment *nt* experiment, test, tryout, trial.
experimental *adj, adv* S.U. *experimentell.*
Experimental- *präf.* experimental.
experimentell I *adj.* experimental. II

adv experimentally, by experiment.
experimentieren *vi* experimentalize, experiment (*an* on; *mit* with).
Exponent *m* exponent.
Exponential- *präf.* exponential.
exponentiell *adj.* exponential.
expressiv *adj.* expressive.
Exprimieren *nt* expression.
exprimieren *vt* express.
Expulsions- *präf.* expulsive.
expulsiv *adj.* expulsive.
Expulsiv- *präf.* expulsive.
Exsikkans *nt* desiccant, desiccative, exsiccant, exsiccative.
Exsikkation *f* exsiccation, desiccation.
exsikkativ *adj.* desiccant, desiccative.
Exsikkator *m* desiccator; exsiccator.
Extensin *nt* extensin.
Extinktion *f* extinction, absorbance, absorbency.
Extinktionsindex *m* absorbency index.
Extinktionskoeffizient *m* absorptivity, absorption constant, absorption coefficient, absorbency index, extinction coefficient.
molarer **Extinktionskoeffizient** molar absorption, molar absorption coefficient, molar extinction coefficient.

spezifischer **Extinktionskoeffizient** specific absorption, specific absorption coefficient, specific extinction coefficient.
extrachromosomal *adj.* extrachromosomal.
extrahierbar *adj.* extractable, extractible.
extrahieren *vt* extract, educe.
Extrakt *m* extract, extraction, extractive (*aus* from); distillation.
flüssiger **Extrakt** liquid extract, fluidextract, fluidextractum.
Extraktion *f* extraction.
extralysosomal *adj.* extralysosomal.
extramitochondrial *adj.* extramitochondrial.
extranukleär *adj.* extranuclear.
extrazellulär *adj.* extracellular.
Extrazellular- *präf.* extracellular.
Extrazellularflüssigkeit *f* extracellular fluid.
Extrazellularraum *m* extracellular space.
extrinsic *adj.* extrinsic.
extrinsisch *adj.* extrinsic.
Extrusion *f* (*Sekret*) extrusion.
Exzisionsreparatur *f* excision repair.
Exziton *nt* exciton.

E

F

F(ab')₂-Fragment *nt* F(ab')$_2$ fragment.
Fab-Fragment *nt* Fab fragment, antigen-binding fragment.
Fadenpilze *pl* hyphal fungi, hyphomycetes, mycelial fungi, Hyphomycetes.
Fadenwürmer *pl* Nematoda.
Faeces *pl* fecal matter *sing*, feces, bowel movement *sing*, excrement *sing*, ordure, diachorema *sing*, eccrisis *sing*; *Brit.* faeces.
Fahrenheit *nt* Fahrenheit.
Fahrenheit-Thermometer *nt* Fahrenheit thermometer.
Fahrenheit-Skala *f* Fahrenheit scale.
fäkal *adj.* fecal, excrementitious, excremental, stercoral, stercoraceous, stercorous.
Fäkal- *präf.* excrementitious, excremental, fecal, stercoral, stercoraceous, stercorous, copr(o)-, sterc(o)-.
Fäkalien *pl* fecal matter *sing*, feces, bowel movement *sing*, excrement *sing*, ordure *sing*, diachorema *sing*, eccrisis *sing*; *Brit.* faeces.
F-Aktin *nt* F-actin, fibrous actin.
Faktor *m* factor; coefficient.
Faktor I 1. fibrinogen, factor I. **2.** C3b inactivator.
Faktor II factor II, prothrombin, thrombogen, serozyme, plasmozyme.
Faktor IIa thrombin, thrombase, thrombinogen, thrombosin, fibrinogenase.
Faktor III factor III, tissue factor, tissue thromboplastin.
Faktor IV factor IV.
Faktor V factor V, proaccelerin, accelerator factor, accelerator globu-

lin, cofactor of thromboplastin, component A of prothrombin, labile factor, plasma labile factor, thrombogene, plasmin prothrombin conversion factor.
Faktor VI accelerin, factor VI.
Faktor VII autoprothrombin I, proconvertin, convertin, cothromboplastin, cofactor V, serum prothrombin conversion accelerator, factor VII, prothrombin conversion factor, prothrombin converting factor, stable factor, prothrombokinase.
Faktor VIII factor VIII, antihemophilic factor (A), plasma thromboplastin factor, thromboplastic plasma component, thromboplastinogen, platelet cofactor (I), plasmokinin, antihemophilic globulin.
Faktor IX factor IX, Christmas factor, antihemophilic factor B, plasma thromboplastin factor B, autoprothrombin II, plasma thromboplastin component, PTC factor, platelet cofactor (II).
Faktor X factor X, Prower factor, Stuart factor, Stuart-Prower factor, autoprothrombin III.
Faktor XI factor XI, plasma thromboplastin antecedent, antihemophilic factor C, PTA factor.
Faktor XII factor XII, Hageman factor, activation factor, glass factor, contact factor.
Faktor XIII factor XIII, fibrin stabilizing factor, Laki-Lorand factor, fibrinase.
Faktor XIIIa transglutaminase, glutaminyl-peptide γ-glutamyltransfer-

ase, protein-glutamine γ-glutamyl-transferase.

antihämophiler Faktor C S.U. *Faktor IX.*

antinukleärer Faktor antinuclear factor.

atrialer natriuretischer Faktor atrial natriuretic factor, atrial natriuretic peptide, atrial natriuretic hormone, atriopeptin, cardionatrin.

Faktor B factor B, C3 proactivator, cobra venom cofactor, glycine-rich β-glycoprotein.

Basophilen-chemotaktischer Faktor basophil chemotactic factor.

chemotaktischer Faktor chemotactin, chemotaxin, chemotactic factor, chemoattractant.

colicinogener Faktor S.U. *kolizinogener Faktor.*

Faktor D factor D, C3 proactivator convertase, C3PA convertase.

Eosinophilen-chemotaktischer Faktor eosinophil chemotactic factor.

Eosinophilen-chemotaktischer Faktor der Anaphylaxie eosinophil chemotactic factor of anaphylaxis, eosinophil chemotactic factor.

erythropoetischer Faktor hemopoietin, hematopoietin, erythropoietin, erythropoietic stimulating factor.

Exophthalmus-produzierender Faktor exophthalmos-producing substance.

fibrinstabilisierender Faktor S.U. *Faktor XIII.*

Faktor H factor h.

kolizinogener Faktor colicinogenic factor, colicinogen.

kolonie-stimulierender Faktor colony-stimulating factor.

labiler Faktor S.U. *Faktor V.*

Leukozytenmigration-inhibierender Faktor leukocyte inhibitory factor.

Makrophagen-chemotaktischer Faktor macrophage chemotactic factor.

Neutrophilen-chemotaktischer Faktor neutrophil chemotactic factor, high-molecular-weight neutrophil chemotactic factor.

Plättchen-aktivierender Faktor platelet activating factor, platelet aggregating factor.

stabiler Faktor S.U. *Faktor VII.*

trans-aktive Faktoren trans-active factors, transcription factors.

Faktor-VIII-assoziiertes-Antigen *nt* factor VIII-associated antigen, von Willebrand factor, factor VIII: vWF.

Faktorenaustausch *m* crossing-over, crossover.

Faktorenkopplung *f* gene linkage, genetic coupling.

fäkulent *adj.* fecaloid, feculent, fecal, excrementitious.

fällbar *adj.* precipitable.

fällen *vt* precipitate.

Fallenreaktion *f* trapping reaction.

Fällmittel *nt* precipitant, precipitator.

Fällung *f* precipitation.

Fällungsagens *nt* precipitant, precipitator.

Faltblatt *nt* S.U. *Faltblattstruktur.*

Faltblattstruktur *f* pleated sheet, β-pleated sheet, beta pleated sheet, β-sheet, beta sheet, pleated sheets conformation, pleated sheets arrangement, pleated sheets structure.

Familie *f* family; family, systematic family.

farbbildend *adj.* chromatogenous.

Farbe *f* **1.** color; (*Schattierung*) hue, (*helle*) tint, (*dunkle*) shade. **2.** (*Färbemittel*) paint, stain, dye, dyestuff, color, colorant; (*Farbstoff*) pigment.

Färbemittel *nt* colorant, coloring agent, dye, dyer, dyestuff, stain.

färben I *vt* color, dye, dip, tinge, tint, stain, pigment. **II** *vi* stain, dye. **III** *vr* sich färben pigment, color, tinge, stain.

Färben *nt* coloring, dyeing, tinction, staining; coloration.

Farben- *präf.* color, colored, colorific, tinctorial, chromatic, chromat(o)-, chrom(o)-.

Farbenmesser *m* colorimeter.

Farbenspektrum *nt* color spectrum.

farberzeugend *adj.* chromogenic.

farbgebend *adj.* chromophoric, chromophorous, colorific.

Farbmesser *m* colorimeter.

Farbmessung *f* colorimetric analysis, colorimetry.

Farbradikal *nt* chromophore, chromatophore.

Farbreaktion *f* color reaction.

Farbstoff *m* color, colorant, coloring, dye, dyer, dyestuff, stain; pigment.

Farbstoffverdünnungskurve *f* dye-dilution curve, indicator-dilution curve.

Farbstoffverdünnungsmethode *f* dye dilution method, indicator-dilution method, indicator-dilution technique.

Farbstoffverdünnungstechnik *f* s.u. *Farbstoffverdünnungsmethode.*

Farbton *m* cast, hue, tint, tone, shade.

reiner Farbton pure color.

farbtragend *adj.* carrying color, chromophoric, chromophorous.

Färbung *f* 1. color, coloring, coloration; cast; (*leichte*) hue, tint, tone, shade. 2. stain, staining, pigmentation. 3. (*Technik*) staining method, staining technique, stain.

Farnesyldiphosphat *nt* farnesyl diphosphate.

Farnesyldiphosphatsynthase *f* farnesyl-diphosphate synthase.

Fasciolid *m* fasciolid.

Fasciolopsis *f* Fasciolopsis.

Faser *f* fiber, fibre, hair, thread, filament.

α-Fasern *pl* Aα fibers, alpha fibers.

β-Fasern *pl* Aβ fibers, beta fibers.

δ-Fasern *pl* Aδ fibers, delta fibers.

γ-Fasern *pl* Aγ fibers, gamma fibers.

Faser- *präf.* fibrous, fibrose, filiform, filamentous, filariform, fibr(o)-.

Faserprotein *nt* fibrillar protein, fibrous protein.

αβ-Fass *nt* αβ-barrel.

Fasziolid *m* fasciolid.

F₁-ATPase *f* F₁-ATPase.

Fäulnis- *präf.* putrefactive, putrefacient, putrescent, putrid; saprogenic, saprogenous, sapr(o)-.

Fäulnisbakterium *nt* putrefactive bacterium.

Fäulnisbewohner *m* saprobiont, saprobe.

fäulniserregend *adj.* saprogenic, saprogenous, putrefactive, putrefacient.

Fäulniserreger *m* putrefactive bacterium.

Fäulnisgärung *f* putrefactive fermentation.

fäulnisliebend *adj.* saprophile, saprophilous.

Fäulnispflanze *f* saprophytic organism, saprophyte.

Fauna *f* fauna.

Fäzes *pl* feces, fecal matter *sing*, excrement *sing*, bowel movement

sing, ordure *sing*, diachorema *sing*, eccrisis *sing*; *Brit.* faeces.

Fc-Fragment *nt* Fc fragment, crystallizable fragment.

Fc-Rezeptorbindungsstelle *f* Fc-receptor binding site.

Fd-Fragment *nt* Fd fragment.

F-Duktion *f* sexduction, F-duction.

Federkraft *f* elasticity, resilience.

Federwaage *f* spring balance.

Feedback *nt* feedback.

Feedbackhemmung *f* feedback inhibition, feedback mechanism, retroinhibition, end-product inhibition.

Feedbackinhibitor *m* feedback inhibitor.

Feedbacksystem *nt* feedback system.

Feedforwardhemmung *f* feed-forward inhibition.

Fehlendwirt *m* dead-end host.

Fehlwirt *m* accidental host.

Feinbau *m* small-scale structure, fine structure, microscopic structure.

Feld *nt, pl* **Felder** field.

elektrisches Feld electric field, electrical field.

elektromagnetisches Feld electromagnetic field.

magnetisches Feld magnetic field, magnetizing field.

feline leukemia virus feline leukemia virus.

feline sarcoma virus feline sarcoma virus.

Fe-Protein *nt* Fe protein, iron protein.

Ferment *nt* ferment, enzyme.

Fermentation *f* fermentation.

alkoholische Fermentation alcoholic fermentation.

fermentativ *adj.* fermentative, fermentive.

fermentierbar *adj.* fermentable, fermentative, fermentive.

Fermentierung *f* fermentation.

Fermium *nt* fermium.

Ferredoxin *nt* ferredoxin.

Ferredoxin-NADP-oxidoreduktase *f* ferredoxin-NADP oxidoreductase.

Ferredoxin-Nitritreduktase *f* ferredoxine-nitrite reductase.

Ferredoxin-Thioredoxin-Oxidoreduktase *f* ferredoxine-thioredoxine oxidoreductase.

Ferri- *präf.* ferric, ferri-.

Ferriferrocyanid *nt* ferric ferrocyanide, Prussian blue.

F

Ferriferrocyanid-Reaktion *f* Berlin blue reaction, Prussian-blue reaction, Prussian blue stain.

Ferritin *nt* ferritin.

Ferro- *präf.* ferrous, ferro-.

Ferrochelatase *f* ferrochelatase, heme synthetase.

Ferrocytochrom-c-Sauerstoff-Oxidoreduktase *f* ferrocytochrome c-oxygen oxyreductase, cytochrome c-oxidase, cytochrome oxidase, cytochrome a₃, cytochrome aa₃, respiratory enzyme.

Ferrofumarat *nt* ferrous fumarate, iron fumarate.

Ferrogluconat *nt* ferrous gluconate.

Ferrokinetik *f* ferrokinetics *pl.*

ferrokinetisch *adj.* ferrokinetic.

Ferrolactat *nt* ferrous lactate.

Ferroprotein *nt* ferroprotein, iron protein.

Ferrosuccinat *nt* ferrous succinate.

Ferrosulfat *nt* ferrous sulfate, iron sulfate.

Ferrous-wheel-Hypothese *f* ferrous wheel hypothesis.

Ferroxidase I *f* ceruloplasmin, ferroxidase.

Ferrum *nt* ferrum, iron.

Ferulasäure *f* ferulic acid, 4-hydroxy-3-methoxycinnamic acid.

Ferulat-5-hydroxylase *f* ferulat-5-hydroxylase.

Festkörperchemie *f* solid chemistry.

Festphasentechnik *f* solid-phase technique.

Fet *m* fetus, foetus.

fetal *adj.* relating to a fetus, fetal, foetal.

Feto- *präf.* fetal, foetal.

α₁-Fetoprotein *nt* α-fetoprotein, alpha-fetoprotein.

Fett *nt* **1.** fat; lipid; grease. **2.** s.u. *Fettgewebe.*

festes Fett solid fat.

flüssiges Fett liquid fat.

Fett aus gesättigten Fettsäuren saturated fat, saturate.

pflanzliches Fett vegetable fat.

tierisches Fett animal fat.

Fett mit ungesättigten Fettsäuren unsaturated fat.

fett *adj.* fat.

Fett- *präf.* fatty, fat, adipose, adipic, lip(o)-, leip(o)-, adip(o)-, pimel(o)-, pi(o)-.

Fettabbau *m* fat breakdown, lipolysis, lipoclasis, lipodieresis, adipolysis.

fettähnlich *adj.* fatlike, lipoidic, lipoid, lipoidal, lardaceous.

Fettalkohol *m* fatty alcohol, lipidol.

Fettassimilation *f* primary assimilation, chylification, chylifaction.

Fettassimilation, primäre *f* primary assimilation, chylification, chylifaction.

fettbildend *adj.* lipogenic, lipogenetic, adipogenic, adipogenous, steatogenous.

Fettbildung *f* adipogenesis, lipogenesis.

Fettbiosynthese *f* s.u. *Fettbildung.*

Fettdigestion *f* lipid digestion, fat digestion.

Fetteinlagerung *f* fat deposition, lipopexia.

Fettgewebe *nt* fat, adipose tissue, fat tissue, fatty tissue.

fettlöslich *adj.* fat-soluble, liposoluble.

Fettlöslichkeit *f* lipophilia.

Fettmetabolismus *m* fat metabolism, lipid metabolism, lipometabolism.

Fettsäure *f* fatty acid.

einfachungesättigte Fettsäure monoenoic fatty acid, monounsaturated fatty acid.

essentielle Fettsäure essential fatty acid.

freie Fettsäure free fatty acid, unesterified fatty acid, nonesterified fatty acid.

Fettsäure mit gerader Anzahl von C-Atomen even-carbon fatty acid.

gesättigte Fettsäure saturated fatty acid.

kurzkettige Fettsäure short-chain fatty acid.

langkettige Fettsäure long-chain fatty acid.

mehrfachungesättigte Fettsäure polyenoic fatty acid, polyunsaturated fatty acid.

mittelkettige Fettsäure medium-chain fatty acid.

nichtveresterte Fettsäure s.u. *freie Fettsäure.*

Fettsäure mit ungerader Anzahl von C-Atomen odd-carbon fatty acid.

ungesättigte Fettsäure unsaturated fatty acid.

unveresterte Fettsäure s.u. *freie Fettsäure.*

F

Fettsäureabbau *m* fatty acid catabolism.

Fettsäureaktivierung *f* fatty acid activation.

Fettsäureester *m* fatty acid ester.

Fettsäurekatabolismus *m* fatty acid catabolism.

Fettsäurekette *f* fatty acid chain.

Fettsäureoxidation *f* fatty acid oxidation.

Fettsäureperoxidase *f* fatty acid peroxidase.

Fettsäureshuttle *m* fatty acid shuttle.

Fettsäuresynthase *f* s.u. *Fettsäuresynthasekomplex.*

Fettsäuresynthasekomplex *m* fatty acid synthase, fatty acid synthase complex.

Fettsäuresynthese *f* fatty acid synthesis.

Fettsäure-Synthetase-Komplex *m* fatty acid synthetase complex.

Fettsäurezyklooxygenase *f* fattyacid cyclooxygenase.

Fettsäurezyklus *m* fatty acid oxidation cycle.

fettspaltend *adj.* lipolytic.

Fettspaltung *f* lipolysis, lipoclasis, lipodieresis, adipolysis.

Fettspeicherung *f* fat deposition, lipopexia.

Fettspeicherzelle *f* (*Leber*) fat-storing cell, adipose cell, lipocyte, adipocyte.

Fettstoffwechsel *m* fat metabolism, lipid metabolism, lipometabolism.

Fettsynthese *f* lipogenesis, adipogenesis.

Fettverdauung *f* lipid digestion, fat digestion.

Fettzelle *f* adipose cell, fat cell, adipocyte, lipocyte.

Fetus *m*, *pl* **Feten** fetus, foetus.

Fetus- *präf.* fetal, foetal.

feucht *adj.* damp, moist, wet (*von* with).

Feuchte *f* s.u. *Feuchtigkeit.*

Feuchtigkeit *f* damp, dampness, moistness, wetness; (*Klima*) moisture, humidity.

  absolute Feuchtigkeit absolute humidity.

  relative Feuchtigkeit relative humidity.

Feuchtigkeitsmesser *m* hygrometer.

Feuchtigkeitsmessung *m* hygrometry.

Feulgen-Nuklealreaktion *f* Feulgen test, Feulgen's reaction, Feulgen's nuclear reaction, Feulgen stain.

Fibrin *nt* fibrin, antithrombin I.

Fibrin- *präf.* fibrinous, fibrin(o)-.

fibrinähnlich *adj.* resembling fibrin, fibrinoid, fibrinous.

fibrinartig *adj.* s.u. *fibrinähnlich.*

fibrinbildend *adj.* fibrinogenic, fibrinogenous.

Fibrinbildung *f* fibrination, fibrinogenesis.

Fibrindegradationsprodukte *pl* fibrinolytic split products, fibrin degradation products, fibrinogen degradation products.

fibrinfrei *adj.* defibrinated.

fibrinhaltig *adj.* containing fibrin, fibrinous.

Fibrinmonomer *nt* fibrin monomer.

Fibrino- *präf.* fibrino-.

Fibrinogen *nt* fibrinogen, factor I.

  gerinnbares Fibrinogen clottable fibrinogen.

  gerinnungsfähiges Fibrinogen clottable fibrinogen.

  nicht-gerinnbares Fibrinogen nonclottable fibrinogen, dysfibrinogen.

fibrinogen *adj.* fibrinogenic, fibrinogenous.

fibrinogenauflösend *adj.* relating to fibrinogenolysis, fibrinogenolytic.

Fibrinogenauflösung *f* fibrinogenolysis.

Fibrinogendegradationsprodukte *pl* s.u. *Fibrindegradationsprodukte.*

fibrinogeninaktivierend *adj.* fibrinogenolytic.

Fibrinogeninaktivierung *f* fibrinogenolysis.

Fibrinogenolyse *f* fibrinogenolysis.

fibrinogenolytisch *adj.* relating to fibrinogenolysis, fibrinogenolytic.

fibrinogenspaltend *adj.* fibrinogenolytic.

Fibrinogenspaltprodukte *pl* s.u. *Fibrindegradationsprodukte.*

Fibrinogenspaltung *f* fibrinogenolysis.

fibrinoid *adj.* resembling fibrin, fibrinoid.

Fibrinoid *nt* fibrinoid.

Fibrinokinase *f* fibrinokinase.

Fibrinolyse *f* fibrinolysis.

Fibrinolysin *nt* fibrinolysin, fibrinase, plasmin.

Fibrinolytikum *nt* fibrinolytic agent.
fibrinolytisch *adj.* relating to *or* causing fibrinolysis, fibrinolytic.
Fibrinopeptid *nt* fibrinopeptide.
Fibrin-Plättchenthrombus *m* fibrin-platelet thrombus.
fibrinspaltend *adj.* fibrinolytic.
Fibrinspaltprodukte *pl* s.u. *Fibrindegradationsprodukte.*
Fibrinspaltung *f* fibrinolysis.
Fibrinthrombus *m* fibrin thrombus.
Fibrinurie *f* fibrinuria, inosuria.
Fibro- *präf.* fibr(o)-.
Fibroblast *m* fibroblast, desmocyte.
Fibroblasten- *präf.* fibroblastic.
Fibroblasteninterferon *nt* interferon-β.
Fibroin *nt* fibroin.
Fibronectin *nt* s.u. *Fibronektin.*
Fibronektin *nt* fibronectin, large external transformation-sensitive factor.
fibrös *adj.* fibrous, fibrose.
Fibrozyt *m* fibrocyte, phorocyte.
Ficin *nt* ficin.
Fick-Formel *f* Fick's formula.
Fick-Gleichung *f* Fick's formula.
Fick-Prinzip *nt* Fick's method/principle.
Fick-Diffusionsgesetz *nt* Fick's (first) law of diffusion.
Filament *nt* filament, filamentum, fibril, fibrilla.
filamentös *adj.* thread-like, filaceous, filamentous, filar, filiform, filariform, thready.
Filaria *f* filaria, filarial worm, filariid worm, Filaria.
Filarioidea *pl* Filarioidea, Filariicae.
Filial- *präf.* filial.
Filoviridae *pl* Filoviridae.
Filter *nt/m* optical screen; screen; (*chemisch*) filter.
filtern *vt* filtrate, filter, percolate.
Filterpapier *nt* filtering paper, filter paper.
Filtertüte *f* filter bag.
Filtrat *nt* percolate, filtrate.
Filtration *f* filtration, percolation.
Filtrationsdruck *m* filtration pressure.
Filtrationsfraktion *f* filtration fraction.
Filtrationsgeschwindigkeit *f* filtration rate.
Filtrationsgleichgewicht *nt* filtration equilibrium.
Filtrationskoeffizient *m* filtration coefficient.

Filtrationsporen *pl* slit pores (of glomerulus), filtration slits.
Filtrationsrate *f* filtration rate.
Filtrations-Reabsorptionsgleichgewicht *nt* filtration reabsorption equilibrium.
Filtrier- *präf.* filtering.
Filtrierapparat *m* percolator.
filtrierbar *adj.* filterable, filtrable.
Filtrierbarkeit *f* filterability.
Filtrieren *nt* filtering, filtration.
filtrieren *vt* filtrate, filter, drain, percolate.
Filtrierpapier *nt* filtering paper, filter paper.
Fimbrien *pl* fimbriae, pili.
Finne *f* bladder worm, cysticercus.
Fischbandwurm *m* fish tapeworm, broad tapeworm, broad fish tapeworm, Swiss tapeworm, Diphyllobothrium latum, Diphyllobothrium taenioides, Taenia lata.
Fischer-Projektion *f* Fischer projection.
Fischer-Projektionsformeln *pl* Fischer's projection formulas.
Fixieren *nt* fixation, fixing; (*Präparat*) mounting.
fixieren *vt* fix; (*Präparat*) mount; (*Färbung*) set.
Flagellata *pl* Flagellata, Mastigophora.
Flagelle *f* flagellum.
Flagellin *nt* flagellin.
Flagellum *nt* flagellum.
Flamme *f* flame.
Flammfotometer *nt* s.u. *Flammenphotometer.*
Flammenionisationsdetektor *m* flame-ionization detector.
flammenlos *adj.* flameless.
Flammenphotometer *nt* flame photometer.
Flammfotometer *nt* s.u. *Flammphotometer.*
Flammphotometer *nt* flame photometer.
Flavan *nt* flavan, 2-phenylchroman.
Flavan-3,4-diol *nt* flavan-3,4-diol.
Flavan-3-ol *nt* flavan-3-ol.
Flavanon *nt* flavanone.
Flavanon-3-hydroxylase *f* flavanone-3-hydroxylase.
Flavanonol *nt* flavanonol.
Flavin *nt* flavin, riboflavin, lyochrome.
Flavinadenindinukleotid *nt* flavin adenine dinucleotide.

flavinhaltig *adj.* flavin-containing.
Flavinmononukleotid *nt* flavin mononucleotide, riboflavin-5'-phosphate.
Flavinnukleotid *nt* flavin nucleotide.
Flavinpigment *nt* flavin pigment.
Flaviviridae *pl* Flaviviridae.
Flavivirus *nt* flavivirus.
Flavobakterium *nt* Flavobacterium.
Flavoenzym *nt* flavoenzyme.
Flavon *nt* flavone.
Flavonoid *nt* flavonoid, flavanoid.
Flavonoid-3,5-hydroxylase *f* flavonoid-3,5-hydroxylase.
Flavonol *nt* flavonol, 3-hydroxyflavone.
Flavonolglykosid *nt* flavonol glycoside.
Flavonolsynthase *f* flavonol synthase.
Flavoprotein *nt* flavoprotein.
 elektronentransportierendes Flavoprotein electron-transfer flavoprotein, electrone-transferring flavoprotein.
Flavoxanthin *nt* flavoxanthin.
fleischfressend *adj.* sarcophagous, zoophagous, carnivorous.
Fleischfresser I *m* carnivore. **II** *pl* Carnivora.
Fletscher-Faktor *m* kallikreinogen, Fletscher's factor, prekallikrein, prokallikrein.
Fliehkraft *f* centrifugal force.
Fließbett *nt* fluid bed.
Fließen *nt* flux, flow.
fließen *vi* flow, run, flux; (*elektrisch*) flow.
Fließgleichgewicht *nt* dynamic equilibrium, correlated state, steady state.
Fließphase *f* flowing phase, moving phase.
Fließschema *nt* flux map, flow sheet, flow chart.
Fließverfestigung *f* dilatancy.
Fließwiderstand *m* resistance to flow.
flocken *vi* flocculate.
Flockenbildung *f* flocculation, flocculence.
Flockung *f* flocculation, flocculence.
Flockungsmittel *nt* flocculant.
Flockungstest *m* flocculation test.
Floh *m* flea, pulex.
Flora *f* flora.
flüchtig *adj.* (*kurzlebig*) transient, passive, short-lived, ephemeral, evanescent; (*chemisch*) volatile, ethereal; (*Gas*) tenuous.
Flüchtigkeit *f* (*Kurzlebigkeit*) transience, transiency, evanescence; (*chemisch*) volatility; (*Gas*) tenuousness.
Fluid *nt* fluid.
fluid *adj.* fluid, liquid, flowing.
Fluidextrakt *m* liquid extract, fluidextract, fluidextractum.
Fluidisation *f* fluidization.
fluidisieren *vt* fluidize.
Fluidität *f* fluidity, fluidness.
fluid-mosaic-Modell *nt* fluid-mosaic model.
Fluor *nt* fluorine.
Fluorazetat *nt* fluoroacetate.
Fluorchromisierung *f* fluorochrome staining, fluorochroming.
Fluorescein *nt* fluorescein, resorcinolphthalein, dihydroxyfluorane.
Fluorescin *nt* fluorescin.
Fluoreszein *nt* s.u. *Fluorescein*.
Fluoreszeinisothiocyanat *nt* fluorescein isothiocyanate.
Fluoreszenz *f* fluorescence.
Fluoreszenzphotometrie *f* fluorometry, fluorimetry.
Fluoreszenzpolarisation *f* fluorescence polarization.
fluoreszieren *vi* fluoresce.
fluoreszierend *adj.* fluorescent.
Fluoreszin *nt* fluorescin.
Fluoreszyt *m* fluorocyte.
Fluorid *nt* fluoride.
Fluoridierung *f* fluoridation.
Fluorierung *f* fluoridation.
Fluorimetrie *f* fluorometry, fluorimetry.
Fluorochrom *nt* fluorochrome, fluorescent dye.
Fluorometer *nt* fluorometer, fluorimeter.
Fluorometrie *f* fluorometry, fluorimetry.
fluorometrisch *adj.* fluorometric.
Fluorophotometrie *f* fluorophotometry.
Fluorzitrat *nt* fluorocitrate.
Fluostigmin *nt* isoflurophate, diisopropyl fluorophosphate.
Fluss *m* rate of flow, flux, flow.
Flussdichte *f* flux density, flux.
flüssig *adj.* liquid, fluid; running, runny; (*geschmolzen*) molten.
Flüssiggas *nt* liquid gas.
Flüssigkeit *f* 1. liquid, fluid; (*anatom.*) fluid, humor, liquor. 2. (*flüssiger Zustand*) fluidity, fluidness, liquidity.

heterogene Flüssigkeit heterogeneous fluid, non-Newtonian fluid.

homogene Flüssigkeit homogeneous fluid, Newtonian fluid.

interstitielle Flüssigkeit interstitial fluid, tissue fluid.

newtonsche Flüssigkeit s.u. *homogene Flüssigkeit*.

nicht-Newtonsche Flüssigkeit s.u. *heterogene Flüssigkeit*.

transzelluläre Flüssigkeit transcellular fluid, intracellular fluid.

Flüssigkeits- *präf.* liquid, fluidal, fluid.

Flüssigkeitsabgabe *f* fluid output.

Flüssigkeitsaufnahme *f* fluid intake, fluid uptake; resorption, resorbence, reabsorption.

Flüssigkeitsausscheidung *f* fluid elimination, fluid output.

Flüssigkeitschromatographie *f* liquid chromatography.

Flüssigkeits-Flüssigkeitschromatographie *f* liquid-liquid chromatography.

Flüssigkeitsgehalt *m* (*Gewebe*) fluid content.

Flüssigkeitshaushalt *m* fluid balance, fluid equilibrium.

Flüssigkeitsmanometer *nt* fluid manometer.

Flüssigkeitsmenge *f* amount of liquid/fluid.

Flüssigkeitsthermometer *nt* liquid-in-glass thermometer.

Flüssigkeitswaage *f* areometer.

Flüssigkristall *m* liquid crystal.

Flüssigsauerstoff *m* liquid oxygen.

Flussmesser *m* flowmeter, fluxmeter.

Flussmittel *nt* flux.

FMN-Adenyltransferase *f* FMN adenylyltransferase.

fokal *adj.* focal.

Fokal- *präf.* focal.

Fokus *m, pl* **Fokusse** focus, focal point.

Fokussierung *f* focusing.

isoelektrische Fokussierung electrofocusing, isoelectric focusing.

Folacin *nt* s.u. *Folsäure*.

Folat *nt* folate.

Folgesubstrat *nt* second substrate, following substrate.

Folinsäure *f* folinic acid, leucovorin, citrovorum factor.

Folliculin *nt* folliculin, oestrone, estro-

ne, ketohydroxyestrin.

Follikelreifungshormon *nt* follicle-stimulating principle, follitropin, follicle stimulating hormone.

Follikulin *nt* folliculin, ketohydroxyestrin, estrone, oestrone.

Follitropin *nt* follicle-stimulating principle, follitropin, follicle stimulating hormone.

Folsäure *f* folic acid, folacin, pteroylglutamic acid, pteropterin, Day's factor, Lactobacillus casei factor, liver Lactobacillus casei factor, Wills' factor.

Folsäureantagonist *m* folic acid antagonist, antifol, antifolate.

Form *f* form.

allotrope Form allotrope.

geschlossene Form stacked form, closed form.

Form mit minimaler freier Energie minimum free-energy form.

native Form native form.

offene Form open chain, open-chain compound, open form, extended form.

D-Form *f* dependent form, D form.

Formaldehyd *m* formaldehyde, formic aldehyde, methyl aldehyde.

formaldehydbildend *adj.* formaldehydrogenic.

Formaldehyddehydrogenase *f* formaldehyddehydrogenase.

Formaldehydlösung, wässrige *f* s.u. *Formalin*.

Formalin *nt* formaldehyde solution, formol, formalin.

Formalinpigment *nt* formalin pigment.

Formamidase *f* 1. formamidase. 2. s.u. *Formylkynureninhydrolase*.

5-Formamidoimidazol-4-carboxamid-ribonucleotid *nt* 5-formamidoimidazol-4-carboxamide-ribonucleotide.

Formation *f* formation, arrangement.

räumliche Formation spatial arrangement.

Formel *f* formula.

chemische Formel chemical formula.

empirische Formel empirical formula.

perspektivische Formel perspective formula.

stereochemische Formel configurational formula, spatial formula, stere-

ochemical formula.
Formiat *nt* formate.
Formiatdehydrogenase *f* formate dehydrogenase, formate hydrogenlyase.
Formiminoglutamat *nt* formiminoglutamate.
Formiminoglutaminsäure *f* formiminoglutamic acid.
Formimino-Gruppe *f* formimino.
Formyl- *präf.* formyl.
α-N-Formyl-glycinamid-ribonucleotid *nt* α-N-formyl-glycinamide-ribonucleotide.
formylieren *vt* formylate.
Formylkynurenin *nt* formylkynurenine.
Formylkynureninhydrolase *f* arylformamidase, formylkynurenine hydrolase, formamidase, formylase.
Formyl-Radikal *nt* formyl.
Formylsäure *f* formic acid.
N¹⁰-Formyl-Tetrahydrofolsäure *f* leucovorin, citrovorum factor, folinic acid.
Formyltransferase *f* formyltransferase.
forschen *vi* research, do research, carry out research; search, investigate, explore.
Forschung *f* research, research work; investigation (into, of).
angewandte Forschung applied research.
Forschungs- *präf.* investigative, investigatory, research, explorative, exploratory.
Forschungsarbeit *f* research, research work (*über* into, on).
Forschungslabor *nt* research laboratory.
Forschungsprogramm *nt* research program.
fötal *adj.* relating to a fetus, fetal, foetal.
Fötus *m* fetus, foetus.
F-Protein *nt* F protein, fusion protein.
Fragment *nt* fragment.
antigenbindendes Fragment Fab fragment, antigen-binding fragment.
kristallisierbares Fragment Fc fragment, crystallizable fragment.
fragmentär *adj.* fragmentary, fragmental.
Fraktion *f* fraction.
Fraktionieren *nt* fractionation.
fraktionieren *vt* fractionate.

fraktioniert *adj.* fractional.
Fraktionierung *f* fractionation.
Francium *nt* francium.
freisetzen *vt* release, liberate, set free.
Freisetzung *f* release, liberation; discharge.
Freizeitumsatz *m* leisure metabolic rate.
Fremdeiweiß *nt* foreign protein, heterologous protein.
Frequenz *f* frequency.
Fruchtzucker *m* s.u. *Fructose*.
β-Fructofuranosidase *f* invertase, invertin, saccharase, fructosidase, β-fructofuranosidase.
Fructokinase *f* fructokinase, ketohexokinase.
Fructosamin *nt* fructosamine.
Fructosan *nt* fructosan, levan, levulan, levulosan, polyfructose.
Fructose *f* fructose, fruit sugar, fructopyranose, laevulose, levulose.
Fructosebisphosphataldolase *f* fructose diphosphate aldolase, fructose bisphosphate aldolase, phosphofructoaldolase, aldolase.
Fructose-1,6-diphosphat *nt* fructose-1,6-diphosphate, fructose-1,6-bisphosphate, Harden-Young ester.
Fructose-2,6-diphosphat *nt* fructose-2,6-diphosphate, fructose-2,6-bisphosphate.
Fructosediphosphataldolase *f* s.u. *Fructosebisphosphataldolase*.
Fructose-1,6-diphosphatase *f* fructose-1,6-bisphosphatase, fructose-1,6-diphosphatase, hexose diphosphatase.
Fructose-2,6-diphosphatase *f* fructose-2,6-bisphosphatase, fructose-2,6-diphosphatase.
Fructose-1-phosphat *nt* fructose-1-phosphate.
Fructose-6-phosphat *nt* fructose-6-phosphate, Neuberg ester.
Fructosyltransferase *f* transfructosylase, fructosyltransferase.
Frühprotein *nt* (*Virus*) early protein.
Fruktan *nt* fructan.
Fruktofuranose *f* fructofuranose.
β-Fruktofuranosidase *f* invertase, invertin, saccharase, fructosidase, β-fructofuranosidase.
Fruktokinase *f* fructokinase, ketohexokinase.
Fruktosan *nt* fructosan, levan, levulan, levulosan, polyfructose.

Fruktose *f* fructose, fruit sugar, fructo-pyranose, laevulose, levulose.

Fruktosyltransferase *f* transfructosylase, fructosyltransferase.

Fucosyltransferase *f* fucosyl transferase.

Fucoxanthin *nt* fucoxanthine.

Fumarase *f* fumarate hydratase, fumarase.

Fumarat *nt* fumarate.

Fumarathydratase *f* s.u. *Fumarase*.

Fumaratweg *m* fumarate pathway.

Fumarsäure *f* fumaric acid.

4-Fumarylacetessigsäure *f* 4-fumarylacetoacetic acid.

Fumarylacetoacetase *f* fumarylacetoacetase, fumaroylacetoacetate hydrolase.

4-Fumarylacetoacetat *nt* 4-fumarylacetoacetate.

fünfatomig *adj.* pentatomic.

fünfbasisch *adj.* pentabasic, pentatomic.

fünfwertig *adj.* quinquevalent, quinquivalent, pentavalent.

Fungi *pl* fungi, mycetes, mycota, Mycophyta, Fungi.

Fungi imperfecti imperfect fungi, Deuteromycetes, Deuteromyces, Deuteromycetae, Deuteromycotina.

Funktions- *präf.* functional.

Funktionsstoffwechsel *m* functional metabolism.

Furan *nt* furan, furane, furfuran.

Furanose *f* furanose.

Furanoseform *f* furanose form.

Furanosering *m* furanose ring.

Furanring *m* furan ring.

Furfural *nt* furfurol, furfural.

Furfuran *nt* furan, furane, furfuran.

Furfurol *nt* s.u. *Furfural*.

Fusarium *nt* Fusarium.

Fuselöl *nt* fusel oil.

Fusion *f* fusion.

Fusions- *präf.* fusional.

Fusionswärme *f* heat of fusion, latent heat of fusion.

Fusobacterium *nt* fusiform bacillus, Fusobacterium.

F

G

GABAerg *adj.* GABAergic.
Gadolinium *nt* gadolinium.
G-Aktin *nt* G-actin, globular actin.
Galact- *präf.* s.u. *Galakto-*.
Galactan *nt* galactan.
Galactid *nt* dulcite, dulcitol, dulcose, galactitol.
Galacto- *präf.* s.u. *Galakto-*.
Galactokinase *f* galactokinase.
Galactose *f* galactose.
Galactosid *nt* galactoside.
Galacturonsäure *f* galacturonic acid, pectic acid.
Galakt- *präf.* s.u. *Galakto-*.
Galaktan *nt* galactan.
Galaktit *nt* dulcite, dulcitol, dulcose, galactitol.
Galakto- *präf.* milk, lactic, galactic, galact(o)-, lact(o)-.
Galaktocerebrosid *nt* galactocerebroside, galactosylceramide.
Galaktocerebrosid-β-galaktosidase *f* lactosyl ceramidase I, galactosylceramidase, galactocerebroside β-galactosidase, galactosylceramide β-galactosidase, galactosylceramide β-galactosyl-hydrolase, cerebroside β-galactosidase.
Galaktogen *nt* galactogen.
Galaktoglucomannan *nt* galactoglucomannan.
Galaktokinase *f* galactokinase.
Galaktolipid *nt* galactolipid, galactolipin, galactolipine.
Galaktomannan *nt* galactomannan.
Galaktometer *m* galactometer, lactometer, lactodensimeter.
Galaktopoese *f* milk production, galactopoiesis.

galaktopoetisch *adj.* relating to galactopoiesis, galactopoietic.
Galaktopyra *f* milk fever, galactopyra.
Galaktopyranose *f* galactopyranose.
Galaktosamin *nt* galactosamine, chondrosamine.
Galaktosan *nt* galactosan.
Galaktose *f* galactose.
 aktive Galaktose UDPgalactose, uridine diphosphate D-galactose.
Galaktosebindung *f* galactopexy.
D-Galaktose-D-Glucomannan *nt* D-galactose-D-glucomannan.
Galaktosefixierung *f* galactopexy.
Galaktose-1-phosphat *nt* galactose-1-phosphate.
Galaktose-1-phosphat-uridyltransferase *f* galactose-1-phosphate uridyltransferase, hexose-1-phosphate uridylyltransferase, UDPglucose-hexose-1-phosphate uridylyltransferase, UDPglucose pyrophosphorylase.
Galaktosid *nt* galactoside.
α-D-Galaktosidase *f* α-D-galactosidase, melibiase.
 α-D-Galaktosidase A α-D-galactosidase A, ceramide trihexosidase, trihexosylceramide galactosylhydrolase.
 α-D-Galaktosidase B α-D-galactosidase B.
β-Galaktosidase *f* β-galactosidase, lactase, lactosyl ceramidase II.
Galaktosidpermease *f* galactoside permease.
Galaktosylceramidase *f* galactosylceramidase, lactosyl ceramidase I,

cerebroside β-galactosidase, galacto-cerebroside β-galactosidase, galacto-sylceramide β-galactosidase, galacto-sylceramide β-galactosyl-hydrolase.

Galaktowaldenase *f* galactowaldenase, UDPglucose-4-epimerase, UDPgalactose-4-epimerase, uridine diphosphogalactose-4-epimerase, galactose epimerase.

Galakturonan *nt* galacturonan.

Galakturonsäure *f* galacturonic acid, pectic acid.

α-D-Galakturonsäure *f* α-D-galacturonic acid.

Gallat *nt* gallate.

Galle *f* **1.** bile, gall, bilis, fel. **2.** s.u. *Gallenblase.*

Galle- *präf.* s.u. *Gallen-.*

gallebildend *adj.* bile-forming, biligenic, biligenetic, cholepoietic, chologenic, chologenetic.

Gallebildung *f* s.u. *Gallenbildung.*

Gallen- *präf.* cholalic, choleic, bilious, biliary, bile, chol(o)-, bili-.

Gallenausscheidung *f* biliary excretion.

Gallenbildung *f* bile formation, cholanopoiesis, cholepoiesis, cholopoiesis, biligenesis.

Gallenblase *f* gall bladder, gallbladder, bile cystcholecyst, cholecystis.

Gallenblasen- *präf.* cholecystic, cystic.

Gallengang *m* bile duct, biliary duct, gall duct.

Gallenkanälchen *pl* bile canaliculi, biliary canaliculi.

Gallenkapillaren *pl* bile capillaries, bile canaliculi, biliary canaliculi, biliferous tubules.

Gallenpigment *nt* bile pigment, cholechrome, cholochrome.

Gallenpigmentbildung *f* cholechromopoiesis.

Gallenpigmentsynthese *f* cholechromopoiesis.

Gallenproduktion *f* bile production, biligenesis, cholepoiesis, cholopoiesis.

Gallensalze *pl* bile salts.

Gallensäuren *pl* bile acids.

Gallensäurenbildung *f* cholanopoiesis.

Gallensäurepool *m* bile acid pool.

Gallensekretion *f* secretion of bile, biliation, choleresis.

Gallensystem *nt* biliary system.

Gallenwege *pl* bile ducts.

extrahepatische Gallenwege extrahepatic bile ducts, extrahepatic ducts.

intrahepatische Gallenwege intrahepatic bile ducts, intrahepatic ducts.

galleproduzierend *adj.* producing bile, biligenic, biligenetic, cholepoietic, chologenic, chologenetic.

Gallium *nt* gallium.

Gallotannin *nt* gallotannin, hydrolyzable tannin.

Gallsäure *f* gallic acid.

Gallussäure *f* gallic acid.

galvanisch *adj.* relating to galvanism, voltaic, galvanic.

Galvanismus *m* galvanism, voltaism.

galvanochemisch *adj.* galvanochemical.

Galvanokontraktilität *f* galvanocontractility.

Galvanometer *nt* galvanometer, rheometer.

galvanometrisch *adj.* galvanometric.

galvanomuskulär *adj.* galvanomuscular.

Gamasidae *pl* Gamasidae.

Gamasides *pl* Gamasides.

Gammaaminobuttersäure *f* γ-aminobutyric acid, gamma-aminobutyric acid.

gamma-Aminobutyrat *nt* γ-aminobutyrate, gamma-aminobutyrate.

Gammaglobulin *nt* gamma globulin, γ globulin.

Gammahämolyse *f* γ-hemolysis, gamma hemolysis.

gamma-hämolytisch *adj.* γ-hemolytic, gamma-hemolytic, nonhemolytic.

Gammastrahlen *pl* gamma rays, γ rays.

Gammastrahlung *f* gamma radiation, γ radiation.

Gangliosid *nt* ganglioside, acidic glycosphingolipid.

Gär- *präf.* fermentative, fermentive.

Gardnerella *f* Gardnerella.

gären *vt, vi* ferment.

gärend *adj.* fermentative, fermentive.

gärfähig *adj.* fermentable, fermentative, fermentive.

GAR-Synthetase *f* glycineamide ribonucleotide synthetase.

GAR-Transformylase *f* glycineamide ribonucleotide transformylase.

G

Gärung *f* fermentation.

alkoholische Gärung alcoholic fermentation.

anaerobe Gärung anaerobic fermentation.

Gärungs- *präf.* fermentative, fermentive, zymogenic, zymogenous, zymogic.

gärungsfähig *adj.* fermentative, fermentive; fermentable.

Gärungsfähigkeit *f* fermentability.

Gärungsprodukt *nt* fermentation product.

Gärungsprozess *m* fermentation process, fermentation.

Gärungsröhrchen *nt* fermentation tube.

Gas *nt* gas; (*physiolog.*) gas, air; vapor.

Gas- *präf.* gas, aero-, aer-, physo-, pneum(o)-, pneuma-, pneumato-, pneumono-.

Gas-Adsorptionschromatographie *f* gas-solid chromatography.

gasartig *adj.* gaseous, gasiform, gassy.

Gasaustausch *m* gas exchange.

respiratorischer Gasaustausch respiratory exchange.

Gasbehälter *m* gas tank, gas container.

gasbildend *adj.* producing gas, gasogenic, aerogenic, aerogenous.

Gasbildung *f* gas production, aerogenesis.

Gasbläschen *nt* bubble.

Gasblase *f* bubble.

Gasbrenner *m* gas burner, gas jet, gaslight.

Gaschromatographie *f* gas chromatography.

Gasdiffusion *f* gaseous diffusion.

Gasdruck *m* gas pressure.

Gasflasche *f* gas bottle, gas cylinder.

Gas-Flüssigkeitschromatographie *f* gas-liquid chromatography.

gasförmig *adj.* gaseous, gasiform, aeriform.

Gasförmigkeit *f* gaseousness.

Gasgemisch *nt* gas mixture, vapor.

Gasgesetze *pl* gas laws.

Gasgleichung, allgemeine *f* general gas equation.

Gashahn *m* gas cock, cock, gas tap.

gashaltig *adj.* gas-containing, gassy.

gasig *adj.* gaseous, gasiform.

Gaskonstante, allgemeine *f* gas constant.

Gasmaske *f* gas mask, mask.

Gasphase *f* gas phase.

gasproduzierend *adj.* producing gas, gasogenic.

Gasterophilidae *pl* Gasterophilidae, Gastrophilidae.

Gasterophilus *m* Gasterophilus, Gastrophilus.

Gasthermometer *nt* gas thermometer.

Gastrin *nt* gastrin.

Gastrizin *nt* gastricsin, pepsin C.

Gastrodiscoides *f* Gastrodiscoides, Gastrodiscus.

Gastron *nt* gastrone.

Gastrophilus *m* Gasterophilus, Gastrophilus.

Gastropoda *pl* Gastropoda.

Gate-Control-Theorie *f* gate-control hypothesis, gate hypothesis, gate-control theory, gate theory.

Gattung *f* genus, species, art; race.

Gattungs- *präf.* generic, generical, genesial, genesic.

Gattungsname *m* genus name, generic name.

gattungsverwandt *adj.* congenerous, congeneric (to, with).

Gattungsverwandte *m, f* congener.

Gay-Lussac-Gesetz *nt* Gay-Lussac's law, Charles' law.

GC-Box *f* GC box.

Gefäß *nt* **1.** vessel, vas. **2.** vessel, container, receiver, receptacle; flask, bottle; pot, jar, bowl, basin.

gefrierbar *adj.* freezable, congealable.

gefrieren freeze, ice, congeal.

Gefrierpunkt *m* point of congelation, freezing point; (*Temperatur*) zero.

Gefrierpunkterniedrigung *f* freezing-point depression.

gefriertrocknen *vt* freeze-dry, lyophilize.

Gefriertrocknung *f* freeze-drying, lyophilization.

Gegenstrom *m* countercurrent.

Gegenstromaustausch *m* countercurrent exchange.

Gegenstromdiffusion *f* countercurrent diffusion.

Gegenstromelektrophorese *f* s.u. *Gegenstromimmunoelektrophorese.*

Gegenstromimmunoelektrophorese *f* counterimmunoelectrophoresis, counterelectrophoresis, countercurrent immunoelectrophoresis.

Gegenstromprinzip *nt* countercurrent principle, countercurrent mechanism.

Gegenstromsystem *nt* countercurrent system.

Gegenströmung *f* countercurrent.

Gegenstromverteilung *f* countercurrent distribution.

Gegentransport *m* exchange transport, countertransport, antiport.

Gehalt *m* content, proportion, value, level, concentration, percentage, (*an* of).

Gehirn *nt* brain, encephalon.

Gehirn- *präf.* brain, cerebral, cerebr(o)-, encephalic, encephal(o)-.

Geißel *f* flagellum.

geißelförmig *adj.* flagellate, flagellated, flagelliform.

Geißelinfusorien *pl* Flagellata, Mastigophora.

Geißeltierchen I *nt* flagellate, mastigophoran, mastigote. **II** *pl* Mastigophora, Flagellata.

geißeltragend *adj.* flagellate, flagellated.

gekreuzt *adj.* crossbred.

Gel *nt* gel; jelly.

gelartig *adj.* jelly-like, tremelloid, tremellose, gelatinous, gelatinoid.

Gelatinase *f* gelatinase.

Gelatine *f* gelatin, gelatine.

Gelbkörperhormon *nt* luteohormone, corpus luteum hormone, progestational hormone, progesterone.

Gelchromatographie *f* gel-filtration chromatography, gel-permeation chromatography.

Geldiffusionstest *m* gel diffusion test.

Gelelektrophorese *f* gel electrophoresis.

Gelfiltration *f* exclusion chromatography, gel filtration.

Gelfiltrationschromatographie *f* gel-filtration chromatography, gel-permeation chromatography.

gelieren *vi* gel, gelate, jell, jelly.

Gen *nt* gene; factor.
   plastidäre Gene plastid genes.
   redundante Gene redundant genes.
   Rubisco-codierende Gene Rubisco-coding genes.

Gen- *präf.* gene, genic.

Genaktivierung *f* gene activation.
   differentielle Genaktivierung differential gene activation.

Genaktivität *f* gene activity.

Genausprägung *f* gene expression.

Genaustausch *m* genetic exchange, gene exchange.

Genbalance *f* gene balance, genic balance.

Genbestand *m* genetic complement.

Gendrift *f* genetic drift, random genetic drift.

Genduplikation *f* gene duplication.

Generationsdauer *f* generation time.

Generationsindex *m* generation index.

Generationsintervall *nt* generation interval.

Generationswechsel *m* alternation of generations, alternate generation, digenesis.

Generationszeit *f* generation time.

generisch *adj.* generic, generical, genesic, genesial.

Genese *f* genesis.

Genetic engineering *nt* genetic engineering, biogenetics *pl*.

Genetik *f* genetics *pl*.
   klassische Genetik classical genetics.
   molekulare Genetik molecular genetics.

genetisch *adj.* relating to genetics, genetic, genetical.

Genexpression *f* gene expression.
   differentielle Genexpression differential gene expression.

Gen-flow *m* gene flow.

Genfluss *m* gene flow.

Genfrequenz *f* gene frequency.

Genfunktion *f* gene function.

Genhäufigkeit *f* gene frequency.

Genin *nt* aglycon, aglucon, aglucone, aglycone.

Genistein *nt* genistein, 4,5,7-trihydroxyisoflavone.

Genkarte *f* genetic map, gene map.

Genkartierung *f* gene mapping.

Genkombination *f* gene combination.

Genkomplex *m* gene complex.

Genkonversion *f* gene conversion.

Genkopplung *f* gene linkage, genetic coupling.

Genlocus *m* locus.

Genmanifestation *f* gene expression.

Genmanipulation *f* genetic engineering, biogenetics *pl*.

Genmaterial *nt* genetic material.

Genmutation *f* gene mutation.

Genom *nt* genome, genom.

Genom- *präf.* genomic.

G

genomschädigend *adj.* genotoxic; damaging to DNA.

Genort *m* locus.

Genotyp *m* genotype.

genotypisch *adj.* relating to genotype, genotypic, genotypical.

Genpool *m* gene pool.

Genreduplikation *f* gene reduplication.

Genregulation *f* gene regulation.

Genrekombination *f* gene recombination.

Genrepression *f* gene repression, repression.

Genrepressor *m* gene repressor.

Genschaden *m* genetic damage.

genschädigend *adj.* genotoxic; damaging to DNA.

Genschädigung *f* genetic damage.

Gensonde *f* probe.

Gentianin *nt* gentisin, gentianic acid, gentianin.

Gentianose *f* gentianose.

Gentinisat *nt* gentisate.

Gentisat *nt* gentisate.

Gentisinsäure *f* gentisic acid, 2,5-dihydroxybenzoic acid.

Gentransfer *m* gene transfer.

Genübertragung *f* gene transfer.

Genus *nt, pl* **Genera** genus.

Genverdoppelung *f* gene reduplication, gene duplication.

Genwechselwirkung *f* gene interaction.

Genwirkung *f* gene action, genic action.

geophil *adj.* soil-seeking, soil-preferring, geophilic, geophilous.

geotaktisch *adj.* relating to geotaxis, geotactic.

Geotaxis *f* geotaxis.

Geotrichum *nt* Geotrichum.

Geotropismus *m* geotropism.

gepaart *adj.* coupled, paired; conjugate, jugate, didymous, geminate, geminous.

gepuffert *adj.* buffered.

Geranial *nt* citral.

Geraniol-10-hydroxylase *f* geraniol-10-hydroxylase, monoterpene hydroxylase.

Geranyldiphosphatsynthase *f* geranyl-diphosphate synthase.

Geranylgeranyldiphosphat *nt* geranylgeranyl pyrophosphate.

Gerbsäure *f* tannin, tannic acid, gallotannic acid, digallic acid.

Gerbstoff *m* tan, tanning agent.

gereinigt *adj.* purified.

gerinnbar *adj.* coagulable, clottable, congealable.

Gerinnbarkeit *f* coagulability.

Gerinnen *nt* (*Blut*) coagulating, clotting; (*durch Kälte*) freezing, congealment, congelation.

gerinnen *vi* (*Blut*) clot, coagulate; (*durch Kälte*) congeal, freeze; (*chemisch*) clot, coagulate.

Gerinnsel *nt* clot, coagulum, crassamentum, coagulation.

Gerinnung *f* 1. (*Blut*) clotting, coagulation. 2. (*chemisch*) clotting, coagulation. 3. (*durch Kälte*) congelation, freezing.

gerinnungsfähig *adj.* clottable, coagulable, congealable.

Gerinnungsfaktoren *pl* blood clotting factors, clotting factors, coagulation factors.

Gerinnungskaskade *f* coagulation cascade.

Germanium *nt* germanium.

Gerüsteiweiß *nt* scleroprotein, albuminoid.

gesättigt *adj.* saturated, saturate.

Geschlecht *nt* 1. sex, gender. 2. (*Gattung*) genus, species, race.

Geschlechts- *präf.* sexual, sex, venereal, genitalic, genital.

Geschlechtsbestimmung *f* sex determination, sexual determination, sex test.

Geschlechtschromatin *nt* sex chromatin, Barr body.

Geschlechtschromosom *nt* idiochromosome, sex chromosome, gonosome; heterologous chromosome, heterochromosome, heterosome.

Geschlechtshormon *nt* sex hormone.

Geschlechtsorgane *pl* genitalia, genitals, genital organs, generative organs, reproductive organs; sex organs.

Geschwindigkeit *f* speed; (*physikal.*) velocity, speed.

geschwindigkeitsbegrenzend *adj.* rate-limiting.

geschwindigkeitsbestimmend *adj.* rate-limiting.

Geschwindigkeitskoeffizient *m* coefficient of velocity.

Geschwindigkeitskonstante f rate constant.

Gesetz nt law, principle.

Gesetz von der Erhaltung der Energie law of conservation of energy.

Gesetz von der Erhaltung der Materie law of conservation of matter.

Gesetz der konstanten Proportionen law of definite proportions, Proust's law.

Gesetz der multiplen Proportionen law of multiple proportions, law of reciprocal proportions, Walton's law.

gestagen $adj.$ gestagenic.

Gestagen nt gestagen, gestagenic hormone.

Gestation f gestation, pregnancy.

Gestations- $präf.$ gestational, pregnancy.

Gewebe nt tissue; tela..

Gewebe- $präf.$ histic, histionic, textural, histi(o)-, histo-.

Gewebeatmung f respiration, cell respiration, internal respiration, tissue respiration.

gewebespezifisch $adj.$ tissue-specific.

Gewebezelle f tissue cell.

Gewebshormon nt tissue hormone.

Gewebskallikrein nt tissue kallikrein.

Gewebsoxidation f tissue oxidation.

Gewebsplasminogenaktivator m tissue plasminogen activator.

Gewebsthromboplastin nt factor III, tissue factor, tissue thromboplastin.

Gewicht nt weight.

spezifisches Gewicht weight per volume, weight density, specific gravity, specific weight.

Gewicht pro Volumeneinheit weight per volume.

Gewichtsanalyse f gravimetry, quantitative analysis, quantitive analysis.

Gewichtseinheit f weight, unit of weight, unitary weight, standard weight.

Giardia f Lamblia, Giardia.

Gibb-Phasenregel f phase rule.

Gibberellin nt gibberellin.

Gibberellin A$_{12}$-Aldehyd m gibberellin A$_{12}$ aldehyde.

Gibberellin-20-oxidase f gibberellin-20-Oxidase.

Gibberellinsäure f gibberellic acid.

Gibbs-Donnan-Gleichgewicht nt Donnan's equilibrium, Gibbs-Donnan equilibrium.

Gießkannenschimmel m aspergillus, Aspergillus.

Gift nt poison; $(chemisch)$ toxicant, toxin.

Gift- $präf.$ poison, poisonous, toxic, toxicant, toxic(o)-, toxi-, tox(o)-.

Giftdrüse f venom gland.

giftig $adj.$ poisonous; $(chemisch)$ toxic, toxicant.

Ginsenoid nt ginsenoid.

Gitoxin nt gitoxin.

Gitter nt lattice, grate, grating, grid.

Gitteranordnung f lattice.

Gitterspektrum nt grating spectrum.

Glas nt, pl **Gläser** glass.

Glaselektrode f glass electrode.

Glaskapillare f glass capillary.

Glaskapillarelektrode f glass-capillary electrode.

Gleichgewicht nt equilibrium, balance. **aus dem Gleichgewicht** off balance. **im Gleichgewicht** in equilibrium $(mit$ with), well-balanced.

biologisches Gleichgewicht biological balance.

dynamisches Gleichgewicht dynamic equilibrium, correlated state.

gestörtes Gleichgewicht disequilibrium, imbalance.

stabiles Gleichgewicht stable equilibrium.

thermodynamisches Gleichgewicht thermodynamic equilibrium.

Gleichgewichtskonstante f equilibrium constant.

Gleichgewichtsprozess m equilibrium process.

Gleichgewichtsreaktion f equilibrium reaction.

Gleichgewichtsthermodynamik f classical thermodynamics, equilibrium thermodynamics $pl.$

Gleichgewichtszustand m state of equilibrium.

Gleichstrom m direct current.

konstanter Gleichstrom constant current, continuous current, galvanic current, galvanic electricity, galvanism.

Gleichung f equation.

chemische Gleichung chemical equation.

Gleichungsformel f equation formula.

gleichwertig $adj.$ equivalent.

Gleichwertigkeit f equivalence, equi-

G

valency.

Gleit-Filament-Theorie *f* (*Muskel*) sliding-filament hypothesis, sliding-filament theory.

Gliadin *nt* gliadin.

Globin *nt* globin, hematohiston.

Globoid *nt* globoid.

Globosid *nt* globoside.

Globulin *nt* globulin.

antihämophiles Globulin antihemophilic globulin, factor VIII, thromboplastic plasma component, thromboplastinogen, antihemophilic factor (A), plasma thromboplastin factor, platelet cofactor, plasmokinin.

Bilirubin-bindendes Globulin bilirubin-binding globulin.

Cortisol-bindendes Globulin cortisol-binding globulin, corticosteroid-binding globulin, corticosteroid-binding protein, transcortin.

Sexualhormon-bindendes Globulin sex-hormone-binding globulin.

Testosteron-bindendes Globulin testosterone-estradiol-binding globulin.

Thyroxin-bindendes Globulin thyroxine-binding globulin, thyroxine-binding protein.

Vitamin-B$_{12}$-bindendes Globulin transcobalamin.

α-Globulin *nt* alpha globulin, α-globulin.

Thyroxin-bindendes α-Globulin thyroxine-binding globulin TBG, thyroxine-binding protein.

β-Globulin *nt* beta globulin, β-globulin.

γ-Globulin *nt* gamma globulin, γ globulin.

Glucagon *nt* glucagon, HG factor, hyperglycemic-glycogenolytic factor.

Glucagonom *nt* glucagonoma, A cell tumor, alpha cell tumor.

Glucan *nt* glucan.

1,4-α-Glucan-branching-Enzym *nt* brancher enzyme, branching enzyme, branching factor, amylo-1:4,1:6-transglucosidase, 1,4-α-glucan branching enzyme, α-glucan-branching glycosyltransferase, α-glucan glycosyl 4:6-transferase.

Glucankette *f* glucan chain.

Glucanotransferase *f* amylo-1,6-glucosidase, debrancher enzyme, debranching enzyme (glycogen), dextrin-1,6-glucosidase.

D-Glucarsäure *f* D-glucaric acid, glucosaccharic acid.

Glucit *nt* sorbitol, sorbite, glucitol.

Glucitol *nt* sorbitol, sorbite, glucitol.

Gluco- *präf.* glucose, gluc(o)-.

Glucocerebrosid *nt* s.u. *Glukozerebrosid.*

Glucocerebrosidase *f* s.u. *Glukozerebrosidase.*

Glucocorticoid *nt* glucocorticoid hormone, glucocorticoid.

D-Gluco-D-Mannan *nt* D-gluco-D-mannan.

Glucofuranose *f* glucofuranose.

glucogen *adj.* glucogenic.

Glucogenese *f* glucogenesis.

Glucoiridoid *nt* glucoiridoid.

Glucokinase *f* glucokinase.

Glucolipid *nt* glucolipid.

Glucomannan *nt* glucomannan.

Gluconat *nt* gluconate.

Gluconeogenese *f* gluconeogenesis, glyconeogenesis, neoglycogenesis.

Gluconsäure *f* gluconic acid.

Glucoprotein *nt* glucoprotein.

Glucopyranose *f* glucopyranose.

Glucorezeptor *m* glucoreceptor.

Glucose *f* s.u. *Glukose.*

D-Glucose *f* s.u. *Glukose.*

Glucose-1-phosphat-adenylyltransferase *f* glucose-1-phosphate adenylyltransferase.

Glucosephosphatisomerase *f* phosphohexoisomerase, phosphoglucose isomerase, glucose-6-phosphate isomerase, hexosephosphate isomerase.

Glucose-Transporter *m* glucose transporter.

Glucosid *nt* glucoside.

Glucosidase *f* glucosidase.

α-D-Glucosidase *f* maltase, α-glucosidase.

β-Glucosidase *f* β-glucosidase.

Glucosinolat *nt* glucosinolate, sinigrin.

Glucuronat *nt* glucuronate.

Glucuronid *nt* glucuronoside, glucuronide.

β-Glucuronidase *f* β-glucuronidase.

Glucurono-arabino-xylan *nt* glucurono-arabino-xylan.

Glucuronolacton *nt* glucurolactone, glucuronolactone.

Glucuronsäure *f* glucuronic acid.

aktive Glucuronsäure UDP-D-glucuronic acid.

Glukagon *nt* HG factor, hyperglycemic-glycogenolytic factor, glucagon.

intestinales Glukagon intestinal glucagon, enteroglucagon, gut glucagon, glicentin, glycentin.

Glukan *nt* glucan.

Glukan-1,4-α-Glukosidase *f* glucan-1,4-α-glucosidase, lysosomal α-glucosidase.

α(1→4)-Glukanphosphorylase *f* α(1→4)glucan phosphorylase.

Glukoamylase *f* gamma-amylase, glucan-1,4-α-glucosidase.

Glukocerebrosid *nt* glucocerebroside, ceramide glucoside, glucosylceramide.

Glukocerebrosidase *f* glucocerebrosidase, glucosylceramidase, glycosylceramidase, cerebroside β-glucosidase.

Glukofuranose *f* glucofuranose.

glukogen *adj.* glucogenic.

Glukogenese *f* glucogenesis.

Glukokinase *f* glucokinase.

glukokinetisch *adj.* glucokinetic.

Glukokortikoid *nt* glucocorticoid, glucocorticoid hormone.

Glukolipid *nt* glucolipid.

Glukolyse *f* glycolysis, glucolysis.

Glukonat *nt* gluconate.

Glukoneogenese *f* gluconeogenesis, glyconeogenesis, neoglycogenesis.

glukoneogenetisch *adj.* relating to gluconeogenesis, gluconeogenetic.

Glukonsäure *f* gluconic acid.

Glukoprotein *nt* glucoprotein.

Glukopyranose *f* glucopyranose.

Glukorezeptor *m* glucoreceptor.

Glukosamin *nt* glucosamine, chitosamine.

Glukosan *nt* glucan.

Glukose *f* glucose, D-glucose, grape sugar, blood sugar, dextrose, dextroglucose.

aktive Glukose UDPglucose, uridine diphosphate glucose.

Glukose- *präf.* glucose, gluc(o)-.

Glukose-Alanin-Zyklus *m* glucose-alanine cycle.

Glukosebildung *f* 1. s.u. *Glukogenese.* 2. s.u. *Glukoneogenese.*

Glukosecarrier *m* glucose carrier.

Glukose-1,6-diphosphat *nt* glucose-1,6-diphosphate.

Glukosekatabolismus *m* glucose catabolism.

Glukoseoxidase *f* glucose oxidase.

Glukose-1-phosphat *nt* glucose-1-phosphate, Cori's ester.

Glukose-6-phosphat *nt* glucose-6-phosphate, Robison ester.

Glukose-1-phosphat-adenylyltransferase *f* glucose-1-phosphate adenylyltransferase.

Glukose-6-phosphatase *f* glucose-6-phosphatase.

Glukose-6-phosphatdehydrogenase *f* Robison ester dehydrogenase, glucose-6-phosphate dehydrogenase, zwischenferment.

Glukosephosphatisomerase *f* phosphohexoisomerase, phosphoglucose isomerase, glucose-6-phosphate isomerase, hexosephosphate isomerase.

Glukose-6-phosphatisomerase *f* s.u. *Glukosephosphatisomerase.*

Glukose-1-phosphat-uridylyltransferase *f* glucose-1-phosphate uridylyltransferase.

Glukosespiegel *m* glucose level, glucose value, blood glucose level, blood glucose value.

Glukosestoffwechsel *m* glucose metabolism.

Glukosewert *m* s.u. *Glukosespiegel.*

Glukosid *nt* glucoside.

α-Glukosidase *f* maltase, α-glucosidase.

lysosomale α-Glukosidase glucan-1,4-α-glucosidase, lysosomal α-glucosidase.

β-Glukosidase *f* amygdalase, cellobiase, β-glucosidase.

Glukosidase *f* glucosidase.

Glukosteroid *nt* glucocorticoid, glucocorticoid hormone.

Glukozerebrosid *nt* glucocerebroside, ceramide glucoside, glucosylceramide.

Glukozerebrosidase *f* glucocerebrosidase, glucosylceramidase, glycosylceramide lipidosis, glycosylceramidase, cerebroside β-glucosidase.

Glukuronat *nt* glucuronate.

Glukuronatreduktase *f* glucuronate reductase.

Glukuronid *nt* glucuronoside, glucuronide.

Glukuronosid *nt* glucuronoside, glucuronide.
Glukuronsäure *f* glucuronic acid.
Glukuronyltransferase *f* glucuronosyltransferase, bilirubin UDP-
glucuronyltransferase, glucuronide
transferase, glucuronolactone, UDP-
bilirubin glucuronosyltransferase,
UDPglucuronate-bilirubin-glucuronosyltransferase.
Glutamat *nt* glutamate.
Glutamatacetyltransferase *f* glutamate acetyltransferase.
Glutamatdecarboxylase *f* glutamate
decarboxylase.
Glutamatdehydrogenase *f* glutamate dehydrogenase.
Glutamat-Familie *f* glutamate family.
Glutamatformiminotransferase *f*
glutamate formiminotransferase, glutamic acid formiminotransferase,
formiminotransferase.
Glutamatkinase *f* glutamate kinase.
Glutamatoxalacetattransaminase
f aspartate aminotransferase, glutamic-oxaloacetic transaminase, aspartate transaminase.
Glutamatpyruvattransaminase *f*
alanine aminotransferase, glutamic-
pyruvic transaminase, alanine transaminase.
Glutamat-1-semialdehyd *m* glutamate 1-semialdehyde, glutamic α-
semialdehyde.
**Glutamat-1-semialdehyd-amino-
mutase** *f* glutamate 1-semialdehyde
2,1-aminomutase, glutamate 1-semi-
aldehyde aminotransferase.
Glutamatsynapse *f* glutamate synapse.
Glutamatsynthase *f* glutamate synthase.
Glutamin *nt* glutamine.
Glutaminamidotransferase *f* glutamine amidotransferase.
Glutaminase *f* glutaminase.
**Glutamin:2-oxoglutarat-amino-
transferase** *f* glutamine:2-oxoglu-
tarate.
Glutaminsäure *f* glutamic acid.
Glutaminsäuredehydrogenase *f*
glutamate dehydrogenase.
**Glutaminsäure-glycin-transami-
nase** *f* glycine aminotransferase.
Glutaminsäuresemialdehyd *m* glu-
tamic acid semialdehyde.

γ-Glutaminsäurezyklus *m* γ-glutamyl cycle.
Glutaminsynthetase *f* glutamine
synthetase.
Glutaminyl-Radikal *nt* glutaminyl.
Glutamyl- *präf.* glutamyl.
γ-Glutamylaminosäure *f* γ-glutamyl
amino acid.
γ-Glutamylcarboxylase *f* γ-glutamyl
carboxylase.
γ-Glutamylcyclotransferase *f* γ-
glutamylcyclotransferase.
γ-Glutamylcystein *nt* γ-glutamylcysteine.
γ-Glutamylcysteinglycin *nt* γ-gluta-
myl-cysteine-glycine, glutathione.
γ-Glutamylcysteinsynthetase *f* γ-
glutamylcysteine synthethase.
γ-Glutamylphosphat *nt* γ-glutamyl
phosphate.
Glutamyl-Radikal *nt* glutamyl.
γ-Glutamyltransferase *f* γ-glutamyltransferase, (γ-)glutamyl transpeptidase.
γ-Glutamyltranspeptidase *f* s.u. *γ-
Glutamyltransferase*.
Glutaraldehyd *m* glutaraldehyde, glutaral.
Glutarsäure *f* glutaric acid.
Glutarsäuredialdehyd *m* glutaraldehyde, glutaral.
Glutathion *nt* γ-glutamyl-cysteine-
glycine, glutathione.
oxidiertes Glutathion oxidized glu-
tathione.
reduziertes Glutathion reduced glu-
tathione.
Glutathionperoxidase *f* glutathione
peroxidase.
Glutathionreductase (NAD(P)H) *f*
glutathione reductase (NAD(P)H).
Glutathionsynthetase *f* glutathione
synthethase.
Glutelin *nt* glutelin.
Gluten *nt* gluten, wheat gum.
Glutenin *nt* glutenin.
Glutenmehl *nt* gluten flour.
Glyc- *präf.* glyco-.
Glycan *nt* glycan, polysaccharide.
Glyceollin *nt* glyceolllin.
Glyceraldehyd *m* glyceraldehyde,
glyceric aldehyde, glycerin aldehyde.
Glycerat *nt* glycerate.
Glycerid *nt* acylglycerol, glyceride.
Glycerin *nt* glycerol, glycerin, glyc-
erinum.

Glycerinaldehyd *m* S.U. *Glyceraldehyd.*

Glycerinsäure *f* glyceric acid.

Glycerinteichonsäure *f* glycerol teichoic acid.

Glycerintriacetat *nt* glyceryl triacetate, triacetin.

Glycerol *nt* S.U. *Glycerin.*

Glyceroltriacetat *nt* glyceryl triacetate, triacetin.

Glyceroltrinitrat *nt* glyceryl trinitrate, trinitroglycerin, trinitrin, trinitroglycerol, nitroglycerin.

Glyceron *nt* dihydroxyacetone, glycerone, glyceroketone, glycerulose.

Glycerophosphatase *f* glycerophosphatase.

Glycerophosphatid *nt* glycerol phosphatide, phosphoglyceride, phospholipid, phospholipin, phosphatide.

Glycerose *f* glycerose.

Glyceryl-Radikal *nt* glyceryl.

Glycin *nt* glycine, glycocine, glycocoll, aminoacetic acid, gelatine sugar.

Glycinamidinotransferase *f* glycine amidinotransferase.

Glycinamidribonucleotid *nt* glycineamide ribonucleotide, 5-phosphoribosyl 1-glycinamine.

Glycinamidribonucleotidsynthetase *f* synthetase.

Glycinaminotransferase *f* glycine aminotransferase.

Glycinantagonist *m* glycine antagonist.

Glycinat *nt* glycinate.

Glycin-Betain *nt* glycine-betaine.

Glycindecarboxylase *f* glycine decarboxylase.

Glycindesoxycholat *nt* deoxycholylglycine.

glycinerg *adj.* glycinergic.

Glycinin *nt* glycinin.

Glycinlithocholat *nt* lithocholylglycine.

Glycinsynthase *f* glycine synthase.

Glyco- *präf.* glyc(o)-.

Glycogenin *nt* glycogenin, glycogenin glucosyltransferase.

Glycokalix *f* glycocalix, glycocalyx.

Glycophagus *m* Glycyphagus, Glyciphagus, Glycophagus.

Glycoprotein *nt* glycoprotein, glucoprotein.

Glycosid *nt* glycoside.

Glycyl-Radikal *nt* glycyl.

Glycyl-tRNA-synthetase *f* glycyl-tRNA synthetase.

Glycyrrhizin *nt* glycyrrhizin, glycyrrhizic acid.

Glykan *nt* glycan, polysaccharide.

Glyko- *präf.* glyc(o)-.

Glykochenodesoxycholat *nt* glycochenodeoxycholate.

Glykochenodesoxycholsäure *f* glycochenodeoxycholic acid, chenodeoxycholylglycine.

Glykocholat *nt* glycocholate.

Glykocholsäure *f* glycocholic acid, cholylglycine.

Glykogen *nt* glycogen, hepatin, tissue dextrin, animal starch.

Glykogen- *präf.* glyc(o)-.

Glykogenabbau *m* glycogenolysis.

glykogenabbauend *adj.* glycogenolytic.

Glykogenase *f* glycogenase.

Glykogenbildung *f* S.U. *Glykogenese.*

Glykogenbindung *f* glycopexis.

Glykogenese *f* glycogenesis, glucogenesis.

glykogenetisch *adj.* relating to glycogenesis, glycogenic, glycogenetic, glycogenous.

Glykogenolyse *f* glycogenolysis.

glykogenolytisch *adj.* relating to glycogenolysis, glycogenolytic.

Glykogenphosphorylase *f* glycogen phosphorylase, phosphorylase.

glykogenspaltend *adj.* glycogenolytic.

Glykogenspeichernd *adj.* glycopexic.

Glykogenspeicherung *f* glycopexis.

Glykogensynthase *f* S.U. *Glykogensynthetase.*

Glykogensynthetase *f* glycogen synthase, glycogen synthetase.

   Glykogensynthetase a S.U. *aktive Glykogensynthetase.*

   Glykogensynthetase b S.U. *inaktive Glykogensynthetase.*

   aktive Glykogensynthetase glycogen synthase a, glycogen synthase I.

   inaktive Glykogensynthetase glycogen synthase b, glycogen synthase D.

Glykokalix *f* glycocalix, glycocalyx.

Glykokoll *nt* glycine, glycocine, glycocoll, aminoacetic acid, collagen sugar, gelatine sugar.

Glykokollbetain *nt* oxyneurine, lycine, glycine betaine, betaine.

Glykol *nt* glycol.
Glykolaldehyd *m* glycolaldehyde, biose, diose.
Glykolat *nt* glycolate.
Glykolatoxidase *f* glycolate oxidase.
Glykolipid *nt* glycolipid.
Glykolsäure *f* glycolic acid, hydroxyacetic acid.
Glykolylharnstoff *m* hydantoin.
Glykolyse *f* glycolysis, glucolysis.
  aerobe Glykolyse aerobic glycolysis.
glykolytisch *adj.* relating to glycolysis, glycolytic, glucolytic, glycoclastic.
Glykoneogenese *f* gluconeogenesis, glyconeogenesis, neoglycogenesis.
Glykonukleoprotein *nt* glyconucleoprotein.
Glykopeptid *nt* glycopeptide.
Glykophosphoglycerid *nt* glycophosphoglyceride, phosphatidyl sugar.
glykopriv *adj.* glycoprival.
Glykoproteid *nt* s.u. *Glykoprotein*.
  Histidin-Hydroxyprolin-reiches Glykoproteid histidine-hydroxyproline-rich glycoprotein.
  Hydroxyprolin-reiche Glykoproteide hydroxyproline-rich glycoproteids.
  Threonin-Hydroxyprolin-reiches Glykoproteid threonine-hydroxyproline-rich glycoproteid.
Glykoprotein *nt* glycoprotein, glucoprotein.
  α_1-saures Glykoprotein α_1-acid glycoprotein, alpha$_1$-acid glycoprotein, plasma orosomucoid, orosomucoid.
Glykosamin *nt* glycosamine.
Glykosaminglykan *nt* glycosaminoglycan; mucopolysaccharide.
Glykosaminolipid *nt* glycosaminolipid.
Glykose *f* s.u. *Glukose*.
Glykosid *nt* glycoside.
O-Glykosid *nt* O-Glycoside.
5-O-Glykosid *nt* 5-O-glycoside.
6-O-Glykosid *nt* 6-O-glycoside.
Glykosidase *f* glycosidase.
N-Glykoside *pl* N-glycosides.
Glykosidhydrolase *f* glycosidase.
glykosidisch *adj.* glycosidic.
Glykosphingolipid *nt* glycosphingolipid.
  saures Glykosphingolipid acidic glycosphingolipid.
Glykosyl- *präf.* glucosyl.
Glykosylacylglycerin *nt* glycosyl-

acylglycerol.
Glykosyldiacylglycerin *nt* glycosyl diacylglycerol.
glykosyliert *adj.* glycosylated.
Glykosylierung *f* glycosylation.
Glykosyl-1-phosphatnucleotidyltransferase *f* glycosyl-1-phosphate nucleotidyltransferase, pyrophosphorylase.
Glykosyl-1-phosphatnukleotidyltransferase *f* s.u. *Glykosyl-1-phosphatnucleotidyltransferase*.
Glykosyl-Radikal *nt* glycosyl.
Glykosylsphingosin *nt* glycosylsphingosine.
Glykosyltransferase *f* glycosyltransferase, glucosyltransferase, transglucosylase, transglycosylase.
  Glucan-verzweigende Glykosyltransferase brancher enzyme, branching enzyme, branching factor, α-glucan-branching glycosyltransferase, α-glucan glycosyl 4:6-transferase, 1,4-α-glucan branching enzyme, amylo-1:4,1:6-transglucosidase.
glykotrop *adj.* glycotropic, glycotrophic.
Glykuronid *nt* glycuronide.
Glykuronsäure *f* glycuronic acid.
Glyoxal *nt* glyoxal, oxalaldehyde, biformyl, ethanedial.
Glyoxalase *f* glyoxalase.
  Glyoxalase I methylglyoxalase, glyoxalase I, lactoylglutathione lyase.
  Glyoxalase II glyoxalase II, hydroxyacylglutathione hydrolase.
Glyoxalat *nt* glyoxylate.
Glyoxalatzyklus *m* glyoxylate cycle.
Glyoxalin *nt* imidazole, iminazole, glyoxaline.
Glyoxalsäure *f* glyoxylic acid, ethanal acid.
Glyoxydat *nt* glyoxylate.
Glyoxylat *nt* glyoxylate.
Glyoxylsäure *f* glyoxylic acid, ethanal acid.
Glyoxylsäurediureid *nt* glyoxyldiureide, allantoin.
Glyoxysom *nt* glyoxosome, glyoxisome.
Glyphosat *nt* glyphosate, N-(phosphonomethyl)glycine.
Glyzerat *nt* glycerate.
Glyzerid *nt* acylglycerol, glyceride.
Glyzerin *nt* glycerol, glycerin, glycerinum.

Glyzerinaldehyd *m* glyceraldehyde, glyceric aldehyde, glycerin aldehyde.

Glyzerinaldehyd-3-phosphat *nt* glyceraldehyde-3-phosphate, 3-phosphoglyceraldehyde.

Glyzerinaldehyd(-3-)phosphatdehydrogenase *f* 3-phosphoglyceraldehyde dehydrogenase, glyceraldehyde-3-phosphate dehydrogenase, triosephosphate dehydrogenase.

Glyzerinaldehyd-3-phosphatdehydrogenase *f* 3-phosphoglyceraldehyde dehydrogenase, glyceraldehyde-3-phosphate dehydrogenase, triosephosphate dehydrogenase.

Glyzerinfett *nt* glycerol lipid, glycerol lipid.

glyzerinhaltig *adj.* glycerinated.

Glyzerinkinase *f* glycerol kinase, glycerokinase.

Glyzerinlipid *nt* glycerol lipid, glycerol lipid.

Glyzerin-3-phosphat *nt* glycerol-3-phosphate.

Glyzerinphosphatacyltransferase *f* glycerol phosphate acyltransferase.

Glyzerin-3-phosphatdehydrogenase *f* glycerol-3-phosphate dehydrogenase.

zytoplasmatische **Glyzerin-3-phosphatdehydrogenase** glycerol-3-phosphate dehydrogenase (NAD$^+$), cytosol glycerol-3-phosphate dehydrogenase.

Glyzerinphosphatdehydrogenase (NAD$^+$) *f* glycerol-3-phosphate dehydrogenase (NAD$^+$), cytosol glycerol-3-phosphate dehydrogenase.

Glyzerinphosphatshuttle *m* glycerol phosphate shuttle.

Glyzerin-3-phosphorylcholin *nt* glycerol-3-phosphorylcholine.

Glyzerinsäure *f* glyceric acid.

Glyzeron *nt* dihydroxyacetone, glycerone, glyceroketone, glycerulose.

glyzerophil *adj.* glycerophilic.

Glyzerose *f* glycerose.

Glyzeryl-Radikal *nt* glyceryl.

Glyzin *nt* glycine, glycocine, glycocoll, aminoacetic acid, collagen sugar, gelatine sugar.

Glyzinat *nt* glycinate.

Glyzyl-Radikal *nt* glycyl.

GMP-Synthetase *f* GMP synthetase, guanylic acid synthetase.

Gnathostoma *nt* Gnathostoma, Gnathostomum.

Gold *nt* gold; (*chemisch*) aurum.

Gold- *präf.* auric, gold, chrys(o)-, auro-.

Goldberg-Enzym *nt* ferrochelatase, heme synthetase.

Goldman-Gleichung *f* Goldman equation, Goldman-Hodgkin-Katz equation, GHK equation, constant field equation.

Goldman-Hodgkin-Katz-Gleichung *f* s.u. *Goldman-Gleichung.*

Golgi-Komplex *m* s.u. *Golgi-Apparat.*

Golgi-Apparat *m* Golgi complex, Golgi body, Golgi apparatus.

Golgiokinese *f* golgiokinesis, dictyokinesis.

Gonad- *präf.* gonad(o)-, gonadal, gonadial.

gonadal *adj.* relating to a gonad, gonadal, gonadial.

Gonade *f* gonad.

Gonado- *präf.* gonadal, gonadial, gonad(o)-.

Gonadoliberin *nt* gonadoliberin, gonadotropin releasing hormone, gonadotropin releasing factor, follicle stimulating hormone releasing hormone, follicle stimulating hormone releasing factor.

gonadotrop *adj.* gonadotropic, gonadotrophic.

Gonadotropin *nt* gonadotropin, gonadotrophin, gonadotropic hormone.

Gonadotropin-releasing-Faktor *m* s.u. *Gonadoliberin.*

Gonadotropin-releasing-Hormon *nt* s.u. *Gonadoliberin.*

Gonococcus *m* gonococcus, Neisser's coccus, diplococcus of Neisser, Neisseria gonorrhoeae, Diplococcus gonorrhoeae.

Gonokokkus *m, pl* **Gonokokken** gonococcus, diplococcus of Neisser, Neisser's coccus, Neisseria gonorrhoeae, Diplococcus gonorrhoeae.

Gonosom *nt* idiochromosome, sex chromosome, gonosome; heterologous chromosome, heterochromosome, heterosome.

G$_1$-Phase *f* Gap$_1$ period, G$_1$ period, G$_1$ phase.

G$_2$-Phase *f* Gap$_2$ period, G$_2$ period, G$_2$ phase.

Gradient *m* gradient.

elektrischer **Gradient** electrical gra-

G

dient.

elektrochemischer Gradient electrochemical gradient.

osmotischer Gradient osmotic gradient.

protonentreibender Gradient proton-motive gradient.

Gradientenelution *f* gradient elution.

gradieren *vt* graduate.

Gradierung *f* graduation.

Gradstrich graduation.

Gram-Färbung *f* Gram's method, Gram's stain.

Gramm *nt* gram, gramme.

Grammäquivalent *nt* gram-equivalent, equivalent.

Grammatom *nt* gram atom, gram-atomic weight.

Grammatomgewicht *nt* s.u. *Grammatom.*

Grammion *nt* gram-ion, gram ion.

Gramm-Kalorie *f* gram calorie, small calorie, standard calorie, calory, calorie.

Grammmol *nt* mole, gram-molecular weight, gram molecule, grammole.

Grammmolekül *nt* s.u. *Grammmol.*

Grammmolekulargewicht *nt* s.u. *Grammmol.*

gramnegativ *adj.* s.u. *Gram-negativ.*

Gram-negativ *adj.* gram-negative, Gram-negative.

grampositiv *adj.* s.u. *Gram-positiv.*

Gram-positiv *adj.* gram-positive, Gram-positive.

Granathylakoid *nt* grana thylakoid.

Granulozyt *m* granulocyte, granular leukocyte, polynuclear leukocyte.

granulozytär *adj.* relating to *or* characterized by granulocytes, granulocytic.

Granulozyten- *präf.* granulocytic.

Granulum *nt, pl* **Granula** granule, grain, granulation.

elektronendichte Granula *pl* electron-dense granules.

zytoplasmatische Granula *pl* cytoplasmic granules, albumious granules.

Graph *m* graph.

graphisch *adj.* graphic, graphical.

Graphit *m* graphite, plumbago, black lead.

Gravimeter *nt* gravimeter.

Gravimetrie *f* gravimetry, quantitative analysis, quantitive analysis.

gravimetrisch *adj.* relating to weight,

determined by weight, gravimetric, gravimetrical.

Gravitation *f* gravitation.

Gravitations- *präf.* gravitational, gravitative.

Gravitationsbeschleunigung *f* gravitational acceleration.

Gravitationsfeld *nt* gravitational field.

Gravitationskonstante *f* gravitational constant, constant of gravitation, newtonian constant of gravitation.

Gravitationskraft *f* attraction of gravity, gravitational force, gravity.

Greenwald-Ester *m* 2,3-diphosphoglycerate.

Grenz- *präf.* liminal, limiting, terminal, marginal, ultimate, border, threshold.

Grenzdextrin *nt* limit dextrin.

Grenzfläche *f* interface.

Großhirn *nt* cerebrum, upper brain.

Grubengas *nt* methane, marsh gas, methyl hydride, chokedamp.

Grubenkopfbandwurm *m* fish tapeworm, broad tapeworm, broad fish tapeworm, Swiss tapeworm, Diphyllobothrium latum, Diphyllobothrium taenioides, Taenia lata.

Grubenwurm *m* Old World hookworm, hookworm, Uncinaria duodenalis, Ancylostoma duodenale.

Grundeinheit *f* unit.

Grundgerüst *nt* backbone, framework.

Grundstoffwechsel *m* basal metabolism.

Grundsubstanz *f* matrix, ground substance, intercellular substance, interstitial substance.

Grundumsatz *m* basal metabolic rate, basal metabolism.

Gruppe *f* group; (*chemisch*) group, radical.

elektrophile Gruppe electrophile.

funktionelle Gruppe functional group.

hypsochrome Gruppe hypsochrome.

prosthetische Gruppe prosthetic group.

Gruppentransfer *m* group-transfer.

Gruppentranslokation *f* group translocation.

gruppenübertragend *adj.* group-transferring.

Gruppenübertragung *f* group-transfer.

GS-GOCAT-Zyklus *m* GS-GOCAT cycle.

GTP-cyclohydrolase *f* GTP cyclohydrolase.

Guajak *nt* guaiac, guaiac gum.

Guama-Virus *nt* Guama virus.

Guanase *f* guanine deaminase, guanase, guanine aminase.

Guanidase *f* guanidase.

Guanidin *nt* iminourea, guanidine.

Guanidinoessigsäure *f* glycocyamine, guanidinoacetic acid, guanidine-acetic acid, guanido-acetic acid.

Guanidinphosphat *nt* guanidine phosphate, phosphoguanidine.

Guanidoharnstoff *m* guanidourea.

Guanidylat *nt* guanidylate.

Guanidylatcyclase *f* guanidylate cyclase.

Guanidylatkinase *f* guanidylate kinase.

Guanin *nt* guanine, 2-amino-6-oxypurine.

Guanindesaminase *f* s.u. *Guanase.*

Guanosin *nt* guanosine.

Guanosindiphosphat *nt* guanosine (-5'-)diphosphate.

Guanosin-5'-diphosphat *nt* guanosine (-5'-)diphosphate.

Guanosin-5'-monophosphat *nt* guanosine monophosphate, guanosine-5-phosphate, guanylic acid.

Guanosin-3',5'-Phosphat, zyklisches *nt* guanosine 3',5'-cyclic phosphate, cGMP, cyclic GMP, cyclic guanosine monophosphate.

Guanosintriphosphat *nt* guanosine (-5'-)triphosphate.

Guanosin-5'-triphosphat *nt* guanosine (-5'-)triphosphate.

Guanylsäure *f* s.u. *Guanosin-5'-monophosphat.*

Guanylsäuresynthetase *f* GMP synthetase, guanylic acid synthetase.

L-Gulonolacton *nt* L-gulonolactone, dihydroascorbic acid.

Gulonsäure *f* gulonic acid.

Gulose *f* gulose.

Gummiharz *nt* gum, gum resin.

Gyrase *f* gyrase.

Gyrasehemmer *m* gyrase inhibitor.

H

Haarnadel *f* loop stem.
Habitat *nt* habitat.
Haemadipsa *nt* Haemadipsa.
Haemaphysalis *f* Haemaphysalis.
Haematobia *f* Haematobia.
Haematosiphon *nt* Haematosiphon.
Haementeria *f* Haementeria, Hementeria.
Haemobartonella *f* Haemobartonella.
Haemodipsus *m* Haemodipsus.
Haemogregarina *f* Haemogregarina.
Haemonchus *m* Haemonchus.
Haemophilus *m* Haemophilus, Hemophilus.
 Haemophilus aegypti(c)us Koch-Week's bacillus, Weeks' bacillus, Haemophilus aegyptius.
 Haemophilus conjunctivitidis s.u. *Haemophilus aegypti(c)us.*
 Haemophilus ducreyi Ducrey's bacillus, Haemophilus ducreyi.
 Haemophilus influenzae Pfeiffer's bacillus, influenza bacillus, Haemophilus influenzae.
Haemosporidia *pl* blood sporozoans, Haemosporidia.
Hafnium *nt* hafnium.
Hageman-Faktor *m* factor XII, activation factor, glass factor, contact factor, Hageman factor.
Hagen-Poiseuille-Gesetz *nt* Hagen-Poiseuille law, Poiseuille's law.
Hahnium *nt* hahnium.
Hakenwürmer *pl* Ancylostomidae.
Halb- *präf.* hemi-, demi-, semi-.
Halbacetal *nt* hemiacetal.
halbflüssig *adj.* semifluid, semiliquid.
Halbketal *nt* hemiketal.

Halbleiter *m* semiconductor.
Halbmetall *nt* metalloid, semimetal.
Halbparasit *m* semiparasite, hemiparasite.
Halbsättigungsdruck *m* half-saturation pressure.
halbsynthetisch *adj.* semisynthetic.
Halbwertszeit *f* s.u. *Halbwertzeit.*
Halbwertzeit *f* half-time.
Halid *nt* halide.
Halobacterium *nt* Halobacterium.
 Halobacterium halobium Halobacterium halobium.
Halobakterien *pl* halobacteria.
Halogen *nt* halogen.
Halogenation *f* halogenation.
Halogenid *nt* halide.
halogeniert *adj.* halogenated.
Halogenierung *f* halogenation.
Halogenwasserstoff *m* hydrohalogen acid, haloid acid.
Halogenwasserstoffsäure *f* hydrohalogen acid, haloid acid.
haloid *adj.* halide, haloid.
Haloid *nt* halide.
halophil *adj.* halophilic, halophil, halophile, halophilous.
Halorhodopsin *nt* halorhodopsin.
Häm *nt* reduced hematin, heme, haem, ferroprotoporphyrin, protoheme.
Häma- *präf.* blood, hemal, hematal, hematic, hemic, hemat(o)-, haemat(o)-, hem(o)-, hema-, haem-, haema-, haemo-, sangui-.
Hämagglutinin-Neuraminidase-protein *nt* hemagglutinin neuraminidase protein, HN protein.
Hamamelose *f* hamamelose.
Hämat- *präf.* s.u. *Häma-.*

Hämatein *nt* hematein.
Hämatin *nt* hematin, hematosin, hydroxyhemin, oxyheme, oxyhemochromogen, metheme, phenodin.
Hämato- *präf.* S.U. *Häma-*.
Hämatohyaloid *nt* hematohyaloid, hematogenous hyalin.
Hämatopoese *f* blood formation, hemopoiesis, hemapoiesis, hematogenesis, hematopoiesis, hematosis, hemocytopoiesis, hemogenesis, sanguification.
Hämatopoetin *nt* S.U. *Hämatopoietin*.
Hämatopoiese *f* S.U. *Hämatopoese*.
Hämatopoietin *nt* hemopoietin, hematopoietin, erythropoietin, erythropoietic stimulating factor.
Hämatoporphyrin *nt* hemoporphyrin, hematoporphyrin.
Hämenzym *nt* heme enzyme.
Hämo- *präf.* S.U. *Häma-*.
Hämochrom *nt* hemochrome, hemochromogen.
Hämochromogen *nt* hemochrome, hemochromogen.
Hämocuprein *nt* hemocuprein, hepatocuprein, erythrocuprein, superoxide dismutase, cytocuprein.
Hämocyanin *nt* hemocyanin, hematocyanin.
Hämoglobin *nt* blood pigment, hemoglobin, hematoglobin, hematoglobulin, hematocrystallin.
Hämoglobin A hemoglobin A.
Hämoglobin A_{1c} hemoglobin A_{1c}.
Hämoglobin A_2 hemoglobin A_2.
Hämoglobin C hemoglobin C.
Hämoglobin D hemoglobin D.
desoxygeniertes Hämoglobin deoxyhemoglobin, reduced hemoglobin, deoxygenated hemoglobin.
Hämoglobin E hemoglobin E.
Hämoglobin F fetal hemoglobin, hemoglobin F.
fetales Hämoglobin S.U. *Hämoglobin F*.
glykosyliertes Hämoglobin glycohemoglobin, glycosylated hemoglobin.
oxygeniertes Hämoglobin oxyhemoglobin, oxidized hemoglobin, oxygenated hemoglobin.
reduziertes Hämoglobin S.U. *desoxygeniertes Hämoglobin*.
Hämoglobin S hemoglobin S, sicklecell hemoglobin.
Hämoglobincyanid *nt* cyanhemoglobin.

Hämoglobineisen *nt* hemoferrum.
hämoglobinhaltig *adj.* containing hemoglobin, hemoglobinated, hemoglobinous.
Hämolyse *f* hemolysis.
α-Hämolyse *f* α-hemolysis, alpha-hemolysis.
β-Hämolyse *f* β-hemolysis, beta-hemolysis.
γ-Hämolyse *f* γ-hemolysis, gamma-hemolysis.
Hämolysin *nt* hemolysin.
α-Hämolysin *nt* alpha hemolysin.
β-Hämolysin *nt* beta hemolysin.
hämolytisch *adj.* hemolytic, hematolytic.
nicht hämolytisch anhemolytic, nonhemolytic, gamma-hemolytic, γ-hemolytic.
α-hämolytisch *adj.* alpha-hemolytic, α-hemolytic.
β-hämolytisch *adj.* beta-hemolytic, β-hemolytic.
γ-hämolytisch *adj.* anhemolytic, nonhemolytic, gamma-hemolytic, γ-hemolytic.
Hämopexin *nt* hemopexin.
Hämopoese *f* blood formation, hemopoiesis, hemapoiesis, hematogenesis, hematopoiesis, hematosis, hemocytopoiesis, hemogenesis, sanguification.
Hämopoetin *nt* S.U. *Hämopoietin*.
hämopoetisch *adj.* relating to blood formation/hemopoiesis, hematogenic, hemogenic, hemopoietic, hemafacient, hemapoietic, hematopoietic, hemopoiesic, sanguinopoietic, sanguifacient.
Hämopoiese *f* S.U. *Hämopoese*.
Hämopoietin *nt* hemopoietin, hematopoietin, erythropoietic stimulating factor, erythropoietin.
Hämoprotein *nt* hemoprotein, heme protein.
Hämosiderin *nt* hemosiderin.
Hämosiderose *f* hemosiderosis.
Hämostase *f* hemostasis, hemostasia.
hämostatisch *adj.* arresting hemorrhage, hematostatic, hemostatic, hemostyptic, antihemorrhagic, anthemorrhagic.
hämostyptisch *adj.* S.U. *hämostatisch*.
Hämsynthetase *f* heme synthetase.
Händigkeit *f* (*chemisch*) chirality.

Haptoglobin *nt* haptoglobin.
Harden-Young-Ester *m* Harden-Young ester, fructose-1,6-diphosphate.
Harn *m* urine.
Harn- *präf.* urinous, urinary, urin(o)-, uron(o)-.
Harnausscheidung *f* excretion of urine, diuresis; urinary output.
Harnorgane *pl* urinary tract *sing*, urinary system *sing*, uropoietic system *sing*, urinary organs.
Harnproduktion *f* production of urine, uropoiesis.
Harnsäure *f* triketopurine, trioxypurine, lithic acid, uric acid.
Harnsäure- *präf.* uric acid, uric(o)-.
Harnsäurebildung *f* uricopoiesis.
Harnsäurespaltung *f* uricolysis.
Harnstoff *m* urea, carbamide, carbonyldiamide.
Harnstoff- *präf.* ureal, ure(o)-, urea-.
harnstoffbildend *adj.* ureagenetic.
Harnstoffbildung *f* ureapoiesis, urea formation.
Harnstoffclearence *f* urea clearence.
harnstoffspaltend *adj.* ureolytic.
Harnstoffspaltung *f* ureolysis.
Harnstoffstickstoff *m* urea nitrogen.
Harnstoffsynthese *f* urea synthesis.
Harnstoffzyklus *m* ornithine cycle, Krebs cycle, Krebs-Henseleit cycle, Krebs ornithine cycle, Krebs urea cycle, urea cycle.
Harnwege, ableitende *pl* lower urinary tract.
untere Harnwege s.u. *ableitende Harnwege.*
Härte *f* hardness, firmness; (*Festigkeit*) solidity, solidness, compactness; (*Wasser*) hardness.
bleibende Härte permanent hardness.
transitorische Härte temporary hardness.
Härtegrad *m* (*Wasser*) degree/grade of hardness.
Härtemittel *nt* curing agent, hardener.
Härten *nt* curing, hardening.
härten **I** *vt* harden, indurate, bake; (*Metall*) temper; (*Öl, Fett*) hydrogenate, hydrogenize. **II** *vi, vr* harden, grow hard, become hard, solidify; set.
Härter *m* curing agent, hardener.
Harz *nt* resin.
Harzsäure *f* gum acid.

Hatch-Slack-Zyklus *m* Hatch-Slack pathway, Hatch-Slack cycle, C_4-cycle, C_4-pathway.
H+-ATPase *f* H+-ATPase.
Hauptalkaloid *nt* major alkaloid.
Hauptgenom *nt* master circle.
Hauptperiodizität *f* major periodicity.
Hauptring *m* master circle.
Hauptstrang *m* leading strand.
Haworth-Projektionsformel *f* Haworth formula.
Haworth-Projektion *f* Haworth projection.
Hefe *f* yeast.
echte Hefe perfect yeast.
imperfekte Hefe imperfect yeast.
perfekte Hefe s.u. *echte Hefe.*
unechte Hefe s.u. *imperfekte Hefe.*
Hefepilz *m* yeast fungus, yeast-like fungus, blastomycete, blastomyces.
Helfervirus *nt* helper virus.
Helicella *f* Helicella.
Helicellidae Helicellidae.
helikal *adj.* relating to a helix, helical, helicine.
Heliobakterien *pl* heliobacteria.
Heliotaxis *f* phototaxis, heliotaxis.
heliotrop *adj.* phototropic.
heliotropisch *adj.* phototropic.
Heliotropismus *m* phototropism, heliotropism.
Helium *nt* helium, helion.
Helix *f* helix.
transmembrane Helix transmembrane helix.
α-Helix *f* alpha helix, α-helix, Pauling-Corey helix.
Helminthen *pl* parasitic worms, helminths.
Helpervirus *nt* helper virus.
Hemi- *präf.* half, hemi-, semi-, demi-.
Hemiacetal *nt* hemiacetal.
Hemicellulose *f* hemicellulose, cellulosan.
Hemiketal *nt* hemiketal.
Hemiparasit *m* hemiparasite, semiparasite.
Hemizellulose *f* hemicellulose, cellulosan.
hemmend *ad* inhibitory.
Hemmer *m* inhibitor, suppressant, suppressor.
Hemmstoff *m* s.u. *Hemmer.*
Hemmung *f* inhibition; (*Verlangsamung*) delay.
absteigende Hemmung descending

inhibition.
allosterische Hemmung allosteric inhibition.
autogene Hemmung autogenic inhibition, self-inhibition.
irreversible Hemmung irreversible inhibition.
kompetitive Hemmung selective inhibition, competitive inhibition.
konzertierte Hemmung concerted inhibition.
kumulative Hemmung cumulative inhibition.
laterale Hemmung lateral inhibition.
nicht-kompetitive Hemmung noncompetitive inhibition.
reversible Hemmung reversible inhibition.
unkompetitive Hemmung uncompetitive inhibition.
Henderson-Hasselbalch-Gleichung *f* Henderson-Hasselbalch equation.
Henle-Schleife *f* Henle's loop, Henle's canal, nephronic loop.
Henle-Schleife, absteigender Schenkel descending limb of Henle's loop.
Henle-Schleife, aufsteigender Schenkel ascending limb of Henle's loop.
Henle-Schleife, dünnes Segment thin limb of Henle's loop.
Henry *nt* henry.
Henry-Absorptionsgesetz *nt* Henry's law.
Henry-Dalton-Absorptionsgesetz *nt* Dalton-Henry law.
Heparansulfat *nt* heparan sulfate, heparitin sulfate.
Heparan-N-sulfatase *f* heparan N-sulfatase, heparan sulfate sulfamidase, heparan sulfate sulfatase.
Heparin *nt* heparin, heparinic acid.
Heparinase *f* heparinase, heparin eliminase, heparin lyase.
Heparinat *nt* heparinate.
Heparinlyase *f* heparinase, heparin eliminase, heparin lyase.
Heparinoid *nt* heparinoid.
Hepato- *präf.* liver, hepatic, hepat(o)-, hepat-.
hepatobiliär *adj.* relating to both liver and bile (ducts), hepatobiliary, hepatocystic.
hepatoenteral *adj.* relating to both liver and intestine, hepatoenteric.

hepatoenterisch *adj.* s.u. *hepatoenteral.*
hepatointestinal *adj.* s.u. *hepatoenteral.*
hepatolienal *adj.* relating to both liver and spleen, hepatolienal.
hepatopankreatisch *adj.* hepatopancreatic, hepaticopancreatic.
hepatoportal *adj.* relating to the portal system of the liver, hepatoportal.
hepatozellulär *adj.* relating to *or* affecting the liver cells, hepatocellular.
Hepatozyt *m* liver cell, hepatic cell, hepatocyte.
Heptaen *nt* heptaene.
Heptan *nt* heptane.
Heptapeptid *nt* heptapeptide.
heptavalent *adj.* heptavalent, heptatomic.
Heptose *f* heptose.
Heptulose *f* heptulose, ketoheptose.
herauslösen *vt* extract (*aus* from).
Herausspülen *nt* elution.
herausspülen *vt* elute.
Herbivore *m* herbivore.
hereditär *adj.* hereditary; innate; heritable, hereditable.
Heredität *f* hereditary transmission, heredity.
Herpesviren *pl* Herpesviridae.
Herpesviridae *pl* Herpesviridae.
Herpetoviridae Herpetoviridae.
Herpetovirus *nt* herpetovirus.
Hertz *nt* hertz.
Herzglykosid *nt* digitalis glycoside, cardiac glycoside.
Hesperetin-7-β-rutinosid *nt* hesperetin-7-β-rutinoside, hesperidin.
Hesperidin *nt* hesperetin-7-β-rutinoside, hesperidin.
Hetero- *präf.* hetero-.
Heteroalbumin *nt* heteroalbumose.
Heteroalbumose *f* heteroalbumose.
Heteroatom *nt* heteroatom.
Heteroauxin *nt* heteroauxin.
heterochrom *adj.* heterochromous.
Heterochromatin *nt* heterochromatin, chromatin, chromoplasm.
heterochromatisch *adj.* heterochromous; heterochromatic.
Heterochromosom *nt* sex chromosome, heterologous chromosome, heterochromosome, heterosome, gonosome.
Heterodimer *nt* heterodimer.

heteroezisch *adj.* heteroecious, heterecious.

Heterofermentation *f* heterofermentation.

heterofermentativ *adj.* heterolactic.

heterogen *adj.* heterogenic, heterogeneic, heterogeneous, heterogenous.

Heteroglykan *nt* heteroglycan.

Heterogonie *f* alternation of generations, heterogenesis, heterogony, xenogenesis.

Heterohexosan *nt* heterohexosan.

heterokrin *adj.* allocrine, heterocrine.

heterolaktisch *adj.* heterolactic.

Heterolipid *nt* heterolipid, compound lipid.

Heterolysosom *nt* heterolysosome.

Heteropentosan *nt* heteropentosan.

Heterophyes *f* Heterophyes.

heteropolymer *adj.* heteropolymeric.

Heteropolymer *nt* heteropolymer.

Heteropolysaccharid *nt* heteropolysaccharide.

Heteroprotein *nt* heteroprotein.

Heteroptera *pl* Heteroptera.

Heteropteren *pl* Heteroptera.

Heterosaccharid *nt* heterosaccharide.

Heterosom *nt* heterochromosome, heterosome, sex chromosome, heterologous chromosome, idiochromosome, gonosome.

Heterothallie *f* heterothallism, heterothally.

heterothallisch *adj.* heterothallic.

heterotherm *adj.* cold-blooded, heterothermic.

Heterothermie *f* heterothermy.

heterotroph *adj.* heterotrophic.

Heterotrophie *f* heterotrophy, heterotrophia.

heteroxen *adj.* heteroxenous.

Heterözie *f* heterecism.

heterözisch *adj.* heteroecious, heterecious, metoxenous.

heterozyklisch *adj.* heterocyclic.

Hevein *nt* hevein.

Hex(a)- *präf.* six, hex(a)-.

Hexachlorbenzol *nt* hexachlorobenzene.

Hexachlorcyclohexan *nt* hexachlorocyclohexane, lindane, benzene hexachloride, gamma-benzene hexachloride.

Hexacosan *nt* hexacosane, cerane.

Hexade *f* hexad.

Hexadecanoat *nt* hexadecanoate.

n-Hexadecansäure *f* hexadecanoic acid, palmitic acid.

2,4-Hexadiensäure *f* 2,4-hexadienoic acid, sorbic acid.

Hexaen *nt* hexaene.

hexagonal *adj.* hexagonal.

Hexamer *nt* hexamer.

Hexamethylendiamin *nt* hexamethylenediamine.

Hexamethylentetramin *nt* hexamine, hexamethylenamine, hexamethylentetramine, methenamine, aminoform.

hexamethyliert *adj.* hexamethylated.

Hexamin *nt* s.u. *Hexamethylentetramin.*

Hexan *nt* hexane.

Hexansäure *f* hexanoic acid, caproic acid.

Hexapoda Hexapoda, Insecta.

hexavalent *adj.* sexavalent, sexivalent, hexavalent.

Hexit *nt* hexitol.

Hexitol *nt* hexitol.

Hexokinase *f* hexokinase.

   glukosespezifische Hexokinase glucokinase.

Hexon *nt* (*Virus*) hexon.

Hexonbasen *pl* hexone bases, histone bases.

Hexonsäure *f* hexonic acid.

Hexosamin *nt* hexosamine.

Hexosaminidase *f* hexosaminidase.

Hexosan *nt* hexosan.

Hexose *f* hexose.

Hexosediphosphat *nt* hexose diphosphate.

Hexosediphosphatase *f* hexose diphosphatase, fructose-1,6-bisphosphatase, fructose-1,6-diphosphatase.

Hexosemonophosphat *nt* hexose monophosphate.

Hexosephosphat *nt* hexosephosphate.

Hexosephosphatase *f* hexosephosphatase.

Hexosephosphorsäure *f* hexosephosphate.

Hexosyltransferase *f* hexosyltransferase.

Hexulose *f* hexulose.

Hexuronsäure *f* hexuronic acid.

Hexyl- *präf.* caproyl, hexyl.

n-Hexylamin *nt* caproylamine, n-hexylamine.

Hexyl-Radikal *nt* caproyl, hexyl.

Hibernation *f* winter sleep, hibernation.

high-density-Lipoprotein *nt* high-density lipoprotein, α-lipoprotein, alpha-lipoprotein.

Hilfsenzym *nt* auxiliary enzyme.

Hilfspigmente der Photosynthese *pl* accessory pigments of photosynthesis.

Hilfswirt *m* transport host, transfer host, paratenic host.

Hill-Reaktion *f* Hill reaction.

Hinterlappen *m* (*Hypophyse*) posterior pituitary, neurohypophysis, cerebral part of hypophysis, posterior lobe of hypophysis, neural lobe of hypophysis, neural lobe of pituitary, posterior lobe of pituitary (gland), infundibular body.

Hinterlappenhormon *nt* posterior pituitary hormone, neurohypophysial hormone.

Hippurat *nt* hippurate.

Hippurikase *f* hippuricase, aminoacylase, aminoacylase, dehydropeptidase.

Hippursäure *f* benzoylaminoacetic acid, benzoylglycine, hippuric acid, urobenzoic acid.

Hirn *nt* brain, encephalon; cerebrum.

Hirn- *präf.* encephalic, brain, cerebral, cerebr(o)-.

Hirschhornsalz *nt* ammonium carbonate.

Hirudinaria *f* Hirudinaria.

Hirudinea *f* leeches, Hirudinea.

Hirudo *f* Hirudo.

Histamin *nt* histamine; imidazolylethylamine.

Histaminase *f* histaminase, diamine oxidase.

histaminerg *adj.* histaminergic.

Histamin-Releasing-Faktor *m* histamine releasing factor.

Histaminrezeptor *m* histamine receptor, H receptor.

Histamin-1-Rezeptor *m* H_1 receptor, histamine 1 receptor.

Histamin-2-Rezeptor *m* H_2 receptor, histamine 2 receptor.

Histidase *f* s.u. *Histidinase*.

Histidin *nt* histidine.

Histidinammoniaklyase *f* s.u. *Histidinase*.

Histidinase *f* histidine ammonialyase, histidase, histidinase.

Histidindecarboxylase *f* histidine decarboxylase.

Histidinenzym *nt* histidine enzyme.

Histidinol *nt* histidinol.

Histidinoldehydrogenase *f* histidinol dehydrogenase.

Histidinolphosphat *nt* histidinol phosphate.

Histidinolphosphataminotransferase *f* histidinol phosphate transaminase.

Histidinolphosphatase *f* histidinol phosphatase.

Histidinolphosphattransaminase *f* histidinol phosphate transaminase.

Histio- *präf.* tissue, histionic, histic, histi(o)-, histo-.

Histioblast *m* histioblast, histoblast.

Histiozyt *m* histiocyte, histocyte, tissue macrophage, resting wandering cell.

histiozytär *adj.* histiocytic.

histiozytisch *adj.* s.u. *histiozytär*.

Histo- *präf.* tissue-, histionic, histic, histi(o)-, histo-.

Histochemie *f* histochemistry.

histochemisch *adj.* relating to histochemistry, histochemical.

Histologie *f* histology, microanatomy, microscopic anatomy, histologic anatomy, minute anatomy.

histologisch *adj.* relating to histology, histological, histologic.

Histon *nt* histone.

histophag *adj.* histophagous.

Histoplasma *nt* Histoplasma.

Histopochemie *f* histochemistry, cytochemistry.

Hitze *f* heat.

   feuchte Hitze steam heat.

   trockene Hitze dry heat.

Hitze- *präf.* heat, thermic, therm(o)-.

hitzebeständig *adj.* heatproof, heat-resistant, heat-resisting, heat-stable; thermoresistant, thermostable.

Hitzebeständigkeit *f* heat resistance, resistance to heat; thermoresistance, thermostability.

hitzeempfindlich *adj.* heat-sensitive.

Hitzeempfindung *f* heat sensation.

Hitzeinaktivierung *f* thermoinactivation.

hitzelabil *adj.* heat-labile.

Hitzeschockelement heat-shock regulatory element, heat-shock response element.

Hitzeschockfaktor heat-shock factor.
Hitzeschockgranula heat-shock granula.
Hitzeschockproteine *pl* heat-shock proteins.
niedermolekulare Hitzeschockproteine low-molecular-weight heat shock proteins.
hitzeunbeständig *adj.* thermolabile.
Hitzeunbeständigkeit *f* thermolability, thermal instability, thermoinstability.
H-Kette *f* H chain, heavy chain, minor chain.
HLA-Antigene *pl* human leukocyte antigens, HLA complex, transplantation antigens, major histocompatibility antigens, MHC antigens, histocompatibility complex, major histocompatibility complex.
HLA-System *nt* HLA system.
H-Meromyosin *nt* heavy meromyosin, H meromyosin.
HMG-CoA-lyase *f* β-hydroxy-β-methylglutaryl-CoA lyase.
HMG-CoA-reduktase *f* β-hydroxy-β-methylglutaryl-CoA reductase.
HMG-CoA-synthase *f* β-hydroxy-β-methylglutaryl-CoA synthase.
HMG-Protein high-mobility-group protein, HMG protein.
HMW-Kininogen *nt* high-molecular-weight kininogen, HMW kininogen.
HN-Protein *nt* hemagglutinin neuraminidase protein, HN protein.
Hochdruck- *präf.* high-pressure.
Hochdruckflüssigkeitschromatographie *f* high-pressure liquid chromatography, high-performance liquid chromatography.
hochfrequent *adj.* high-frequency, altofrequent.
hochmolekular *adj.* high-molecular, high-molecular-weight, macromolecular.
Holmium *nt* holmium.
Holo- *präf.* holo-.
Holo-ACP-Synthase *f* holo-ACP synthase.
holoendemisch *adj.* holoendemic.
Holoenzym *nt* holoenzyme, enzyme-cofactor complex.
holokrin *adj.* holocrine.
Holophytochrom *nt* holophytochrome.
Holoprotein *nt* holoprotein.

Holosaccharid *nt* holosaccharide.
Holzgummi *nt/m* xylan.
Holzzucker *m* xylose, wood sugar.
Hominid *m* hominid.
hominid *adj.* hominid.
Hominidae *pl* Hominidae.
Hominide *m* hominid.
Hominiden *pl* Hominidae.
Hominoid *m* hominoid.
Hominoide *m* hominoid.
Hominoidea *pl* Hominoidea.
Hominoiden *pl* Hominoidea.
Homo *m* homo, Homo.
homo- *präf.* hom(o)-; hom(o)-.
Homobiotin *nt* homobiotin.
Homocarnosin *nt* homocarnosine.
Homocarnosinase *f* homocarnosinase.
Homocitrat *nt* homocitrate.
Homocitratsynthase *f* homocitrate synthase.
Homocitronensäure *f* homocitric acid.
Homocystein *nt* homocysteine.
Homocystein-methyltransferase *f* homocysteine methyltransferase.
Homocystein-tetrahydrofolat-methyltransferase *f* homocysteine: tetrahydrofolate methyltransferase, 5-methyltetrahydrofolate-homocysteine methyltransferase, methionine synthase.
Homocystin *nt* homocystine.
Homofermentation *f* homofermentation.
homofermentativ *adj.* homolactic.
Homogalakturonan *nt* homogalacturonan.
homogen *adj.* homogeneous; homogenous, undifferentiated, indiscrete.
Homogenat *nt* homogenate.
Homogenisat *nt* homogenate.
Homogenisation *f* homogenization, homogeneization.
homogenisieren *vt* homogenize.
homogenisiert *adj.* homogenized.
Homogenisierung *f* homogenization, homogeneization.
Homogenität *f* homogeneity, homogeneousness, homogenicity.
Homogenitäts- *präf.* homogeneity.
Homogentisat *nt* homogentisate.
Homogentisinat *nt* homogentisate.
Homogentisinatoxidase *f* homogentisic acid 1,2-dioxygenase, homogentisate 1,2-dioxygenase, homo-

gentisate oxidase, homogentisic acid oxidase, homogentisicase.

Homogentisinoxygenase *f* s.u. *Homogentisinatoxidase.*

Homogentisinsäure *f* homogentisic acid, glycosuric acid, alcapton, alkapton, glycosuric acid, 2,5-dihydroxyphenylacetic acid.

Homogentisinsäuredioxygenase *f* s.u. *Homogentisinatoxidase.*

Homogentisinsäure-1,2-dioxygenase *f* s.u. *Homogentisinatoxidase.*

Homogentisinsäureoxygenase *f* s.u. *Homogentisinatoxidase.*

Homoglykan *nt* homopolysaccharide, homoglycan.

homoiotherm *adj.* warm-blooded, homeothermic, hemathermal, hemathermous, hematothermal, homeothermal, homoiothermal, homothermal, homothermic.

Homoiothermie *f* homeothermy, homeothermism.

Homoisozitronensäure *f* homoisocitric acid.

Homokarnosin *nt* homocarnosine.

Homokarnosinase *f* homocarnosinase.

homolaktisch *adj.* homolactic.

Homolipid *nt* homolipid, simple lipid.

homolog *adj.* (*chemisch*) homogenous, homologous, homological.

Homöostase *f* homeostasis, homoiostasis.

Homöostasis *f* s.u. *Homöostase.*

homöostatisch *adj.* relating to homeostasis, homeostatic.

homöotherm *adj.* s.u. *homoiotherm.*

Homöothermie *f* homeothermy, homeothermism.

Homopolymer *nt* homopolymer.

Homopolypeptid *nt* homopolypeptide.

Homopolysaccharid *nt* homopolysaccharide, homoglycan.

Homoprolin *nt* homoproline, pipecolic acid, pipecolinic acid.

Homoserin *nt* homoserine.

Homoserinacyltransferase *f* homoserine acyltransferase.

Homoserindehydrogenase *f* homoserine dehydrogenase.

Homoserinkinase *f* homoserine kinase.

Homoserinphosphat *nt* homoserine phosphate.

Homoserinphosphorsäure *f* homoserine phosphoric acid.

Homospermidin *nt* homospermidine.

Homothallie *f* homothallism.

homothallisch *adj.* relating to homothallism, homothallic.

Homovanillinsäure *f* homovanillic acid.

Homozitrat *nt* homocitrate.

Homozitronensäure *f* homocitric acid.

homozoisch *adj.* homozoic.

homozyklisch *adj.* homocyclic, isocyclic.

Homozystein *nt* homocysteine.

Homozystin *nt* homocystine.

Hordein *nt* hordein.

Hordothionin *nt* hordothionine.

Hormogen *nt* hormonogen, hormone preprotein.

Hormon *nt* hormone.

Hormon der Adenohypophyse anterior pituitary hormone, adenohypophysial hormone.

adreno-corticotropes Hormon adrenocorticotropic hormone, adrenocorticotrophin, adrenocorticotropin, adrenotrophin, adrenotropin, corticotropin, corticotrophin, acortan.

androgenes Hormon androgenic hormone.

antidiuretisches Hormon antidiuretic hormone, β-hypophamine, vasopressin.

corticotropes Hormon s.u. *adrenocorticotropes Hormon.*

ergotropes Hormon ergotropic hormone.

follikelstimulierendes Hormon follicle-stimulating principle, follitropin, follicle stimulating hormone.

gastrointestinales Hormon gastrointestinal hormone.

gestagenes Hormon gestagenic hormone, gestagen.

glandotropes Hormon glandotropic hormone.

gonadotropes Hormon gonadotropic hormone, gonadotropin, gonadotrophin.

hypophysiotropes Hormon hypophysiotropic hormone.

interstitialzellenstimulierendes Hormon s.u. *luteinisierendes Hormon.*

laktogenes Hormon lactotrophin, lactotropin, lactogen, lactation hormone, lactogenic factor, lactogenic hormone, luteotropic lactogenic hormone, galactopoietic factor, galactopoietic hormone, prolactin.

lipolytisches Hormon adipokinin, lipolytic hormone, adipokinetic hormone, fat-mobilizing hormone, ketogenic hormone.

luteinisierendes Hormon luteinizing hormone, Aschheim-Zondek hormone, interstitial cell stimulating hormone, luteinizing principle.

luteotropes Hormon luteotropic hormone, luteotropin, luteotrophin.

mammogenes Hormon mammogenic hormone.

melanotropes Hormon s.u. *melanozytenstimulierendes Hormon.*

melanozytenstimulierendes Hormon melanocyte stimulating hormone, melanophore stimulating hormone, intermedin.

nicht-glandotropes Hormon nonglandotropic hormone.

östrogene Hormone pl estrogenic hormones.

somatotropes Hormon growth hormone, chondrotropic hormone, human growth hormone, somatotrophic hormone, somatotropic hormone, somatotropin, somatotrophin, somatropin.

thyreotropes Hormon thyrotropin, thyrotrophin, thyroid-stimulating hormone, thyrotropic hormone.

tropes Hormon tropic hormone.

Hormon- *präf.* hormonal, hormonic.

Hormonabbau *m* hormone breakdown.

Hormonabgabe *f* hormone release.

hormonabhängig *adj.* hormone-dependent, hormonally-dependent.

hormonähnlich *adj.* hormone-like.

hormonal *adj.* s.u. *hormonell.*

Hormonantagonist *m* antihormone, hormone blocker.

Hormonausschüttung *f* hormone release.

hormonbildend *adj.* hormonogenic, hormonopoietic.

Hormonbildung *f* hormonogenesis, hormonopoiesis.

hormonell *adj.* relating to hormones, hormonal, hormonic.

hormonogen *adj.* hormonogenic, hormonopoietic.

Hormonogen *nt* hormonogen, hormone preprotein.

Hormonogenese *f* hormonogenesis, hormonopoiesis.

Hormonrezeptor *m* hormone receptor.

Hormon-Rezeptor-Komplex *m* hormone-receptor complex.

hormonsensitiv *adj.* hormone-sensitive.

Hormonsynthese *f* hormonogenesis, hormonopoiesis.

Horn *nt* (*chemisch*) horn.

Hornstoff *m* keratin, ceratin.

Hornzelle *f* keratinocyte, malpighian cell.

H-Rezeptor *m* histamin receptor, H receptor.

H$_1$-Rezeptor *m* histamine 1 receptor, H$_1$ receptor.

H$_2$-Rezeptor *m* histamine 2 receptor, H$_2$ receptor.

HSP-Gene *pl* HSP genes.

Hüllprotein *nt* coat protein, sheath protein.

Hülsenfrucht *f* cod, pod, legume.

Hülsenfrüchtler *pl* leguminous plants, legumes.

human *adj.* **1.** human. **2.** (*menschlich*) human, humane.

Human- *präf.* human, hominal.

human enteric coronavirus *nt* human enteric coronavirus.

human immunodeficiency virus *nt* human immunodeficiency virus, AIDS virus, Aids-associated virus, lymphadenopathy-associated virus, AIDS-associated retrovirus, type III human T-cell leukemia/lymphoma/-lymphotropic virus.

Humaninterferon-β$_2$ *nt* B-cell differentiation factor BSF-2, hybridoma growth factor.

human leukocyte antigens *pl* human leukocyte antigens, transplantation antigens, major histocompatibility antigens, MHC antigens, major histocompatibility complex, HLA complex.

Humanparasit *m* human parasite.

humoral *adj.* relating to a humor, humoral.

Humulen *nt* humulin.

Humulensynthase *f* humulin synthase.

Humus *m* humus.

Hunds- *präf.* dog, canine.

HVL- *präf.* adenohypophysial, adeno-hypophyseal, anterior pituitary.

HVL-Hormon *nt* anterior pituitary hormone, adenohypophysial hormone.

hyalin *adj.* glassy, vitreous, hyaline, hyaloid.

Hyalin- *präf.* hyaline, hyalo-, hyal-.

Hyalobiuronsäure *f* hyalobiuronic acid.

Hyalogen *nt* hyalogen.

hyaloid *adj.* s.u. *hyalin.*

Hyaloidin *nt* hyaloidin.

Hyalomma *f* Hyalomma.

Hyalomukoid *nt* hyalomucoid.

Hyaluronat *nt* hyaluronate, hyalurate.

Hyaluronatlyase *f* hyaluronate lyase, hyaluronic lyase.

Hyaluronglucuronidase *f* hyaluronoglucuronidase.

Hyaluronglukosaminidase *f* hyaluronoglucosaminidase.

Hyaluronidase *f* diffusion factor, spreading factor, hyaluronidase, Duran-Reynals factor, Duran-Reynals permeability factor, Duran-Reynals spreading factor, invasion factor, invasin.

Hyaluronoglucuronidase *f* hyaluronoglucuronidase.

Hyaluronoglukosaminidase *f* hyaluronoglucosaminidase.

Hyaluronsäure *f* hyaluronic acid.

Hyaluronsäureester *m* hyaluronate, hyalurate.

Hyaluronsäuresalz *nt* hyaluronate, hyalurate.

hybrid *adj.* crossbred, hybrid, bastard.

Hybride *m/f* crossbred, crossbreed, hybrid, half-breed, half-blood, half-caste, bastard.

hybridisieren *vt* hybridize, crossbreed, bastardize.

Hybridisierung *f* 1. (*Genetik*) hybridization, crossbreeding, bastardization. 2. (*chemisch*) hybridization.

Hybridisierungstechnik *f* hybridization.

Hybridität *f* hybridism, hybridity.

Hydantoin *nt* hydantoin.

Hydantoinat *nt* hydantoinate.

Hydantoinsäure *f* hydantoic acid, uraminoacetic acid, glycoluric acid.

Hydr- *präf.* water; hydrogen, hydric; hydr(o)-.

Hydramin *nt* hydramine.

Hydrargyrum *nt* mercury, hydrargyrum, quicksilver.

Hydrat *nt* hydrate.

Hydratase *f* hydratase, hydrase, hydro-lyase, anhydrase, dehydratase.

Hydratation *f* hydration.

Hydratations- *präf.* hydrational.

Hydratationshülle *f* hydrational shell.

Hydratbildung *f* hydration.

Hydration *f* hydration.

Hydrations- *präf.* hydrational.

Hydrationshülle *f* hydrational shell.

hydratisieren *vt* hydrate.

hydratisiert *adj.* hydrated, hydrous.

Hydrazid *nt* hydrazid, hydrazide.

Hydrazin *nt* hydrazine, diamide.

Hydrazinolyse *f* hydrazinolysis.

Hydrazon *nt* hydrazone.

Hydrid *nt* hydride.

hydrieren *vt* hydrogenate, hydrogenize.

Hydrierung *f* hydrogenation.

Hydrindan *nt* hydrindan.

Hydrobromat *nt* hydrobromate.

Hydrobromid *nt* hydrobromide.

Hydrochlorid *nt* hydrochloride.

Hydrocholesterin *nt* hydrocholesterol.

Hydrocholesterol *nt* hydrocholesterol.

Hydrocortison *nt* compound F, hydrocortisone, cortisol, Kendall's compound F, 17-hydroxycorticosterone, Reichstein's substance M.

Hydrogel *nt* hydrogel.

Hydrogenase *f* hydrogenase, hydrogenlyase.

Hydrogencarbonat *nt* bicarbonate, supercarbonate, dicarbonate.

Hydrogenium *nt* hydrogen.

Hydrogenlyase *f* hydrogenlyase.

Hydrogensulfit *nt* bisulfite.

Hydrokolloid *nt* hydrocolloid.

Hydrokultur *f* hydroponics *pl.*

hydrolabil *adj.* hydrolabile.

Hydrolase *f* hydrolytic enzyme, hydrolase.

ω-Hydrolase *f* ω-hydrolase.

Hydrolyase *f* hydro-lyase.

Hydrolysat *nt* hydrolysate, hydrolyzate.

Hydrolysator *m* hydrolyst.

Hydrolyse *f* hydrolysis.

　basische Hydrolyse basic hydrolysis.

　enzymatische Hydrolyse enzymatic hydrolysis.

saure Hydrolyse acid hydrolysis.
hydrolysierbar *adj.* hydrolyzable.
Hydrolyt *m* hydrolyte.
hydrolytisch *adj.* relating to *or* causing hydrolysis, hydrolytic.
Hydroniumion *nt* hydronium, hydronium ion.
Hydroperoxyeicosatetraensäure *f* hydroperoxyeicosatetraenoic acid.
13-Hydroperoxylinolensäure *f* 13-hydroperoxylinilenic acid.
hydrophil *adj.* hydrophilic, hydrophil, hydrophile, hydrophilous.
Hydrophilie *f* hydrophilia, hydrophilism.
hydrophob *adj.* hydrophobic, hydrophobous.
Hydrophobie *f* hydrophobia, hydrophobism.
Hydrosol *nt* hydrosol.
hydrostabil *adj.* hydrostabile.
Hydrotropie *f* hydrotropism.
Hydroxiapatit *nt* hydroxyapatite, hydroxylapatite.
Hydroxid *nt* hydroxide.
Hydroxidion *nt* hydroxide ion.
Hydroxilapatit *nt* hydroxyapatite, hydroxylapatite.
Hydroxocobalamin *nt* hydroxocobalamin, hydroxcobalamin, hydroxocobemine, Vitamin B_{12b}.
Hydroxoniumion *nt* hydronium, hydronium ion.
Hydroxy- *präf.* hydroxy-.
3-Hydroxyacyl-CoA *nt* 3-hydroxyacyl-CoA.
3-Hydroxyacyl-CoA-dehydrogenase *f* 3-hydroxyacyl-CoA dehydrogenase, β-keto-reductase.
3-Hydroxyacyl-CoA-epimerase *f* 3-hydroxyacyl-CoA epimerase.
Hydroxyacylglutathionhydrolase *f* hydroxyacylglutathione hydrolase, glyoxalase II.
3-Hydroxyanthranilsäure *f* 3-hydroxyanthranilic acid.
3-Hydroxyanthranilsäure-3,4-dioxygenase *f* 3-hydroxyanthranilic acid 3,4-dioxygenase.
Hydroxyapatit *nt* hydroxyapatite, hydroxylapatite.
Hydroxyapatitkristall *m* hydroxyapatite crystal.
Hydroxyäthylstärke *f* hydroxyethyl starch.
o-Hydroxybenzoesäure *f* salicylic

acid, hydroxybenzoic acid.
2-α-Hydroxybenzyl-Benzimidazol *nt* 2-α-hydroxybencyl-benzimidazole, 2-benzimidazole.
β-Hydroxybuttersäure *f* β-hydroxybutyric acid, beta-oxybutyric acid.
Hydroxybuttersäure *f* hydroxybutyric acid.
β-Hydroxybutyrat *nt* β-hydroxybutyrate.
α-Hydroxybutyratdehydrogenase *f* α-hydroxybutyrate dehydrogenase.
β-Hydroxybutyratdehydrogenase *f* β-hydroxybutyrate dehydrogenase, β-hydroxybutyric dehydrogenase.
3-Hydroxybutyratdehydrogenase *f* β-hydroxybutyrate dehydrogenase, β-hydroxybutyric dehydrogenase.
25-Hydroxycholecalciferol *nt* calcidiol, calcifediol, 25-hydroxycholecalciferol.
17-Hydroxycorticosteroid *nt* 17-hydroxycorticosteroid.
18-Hydroxycorticosteron *nt* 18-hydroxycorticosterone.
Hydroxyeicosatetraensäure *f* hydroxyeicosatetraenoic acid.
25-Hydroxyergocalciferol *nt* 25-hydroxyergocalciferol.
Hydroxyessigsäure *f* hydroxyacetic acid, glycolic acid.
Hydroxyferulasäure *f* hydroxyferulic acid.
α-Hydroxyfettsäure α-hydroxy fatty acid.
γ-Hydroxyglutaminsäure *f* γ-hydroxyglutamic acid.
Hydroxyhämin *nt* hematin, hematosin, hydroxyhemin, metheme.
Hydroxyharnstoff *m* hydroxyurea, hydroxycarbamide.
Hydroxyheptadecatriensäure *f* hydroxyheptadecatrienoic acid.
5-Hydroxyindolessigsäure *f* 5-hydroxyindoleacetic acid.
β-Hydroxyisobuttersäure *f* β-hydroxyisobutyric acid.
β-Hydroxyisobuttersäuredehydrogenase *f* β-hydroxyisobutyric acid dehydrogenase.
β-Hydroxyisobutyryl-CoA-hydrolase *f* β-hydroxyisobutyryl-CoA hydrolase.
2-Hydroxyisoflavanon *nt* 2-hydroxyisoflavonone.
Hydroxyl- *präf.* hydroxyl.

Hydroxylapatit *nt* hydroxyapatite, hydroxylapatite.

Hydroxylase *f* hydroxylase.

11β-Hydroxylase 11β-hydroxylase, steroid 11β-monooxygenase.

17α-Hydroxylase 17α-hydroxylase, steroid 17α-monooxygenase.

21-Hydroxylase 21-hydroxylase, steroid 21-monooxygenase.

ω-Hydroxylierung *f* ω-hydroxylation.

Hydroxyl-Radikal *nt* hydroxyl.

Hydroxylysin *nt* hydroxylysine.

Hydroxymethylbilan *nt* hydroxymethylbilane.

5-Hydroxymethylcytosin *nt* 5-hydroxymethylcytosine.

5-Hydroxymethylfurfural *nt* 5-hydroxymethylfurfural.

3-Hydroxy-3-methylglutarsäure *f* 3-hydroxy-3-methylglutaric acid.

β-Hydroxy-β-methylglutaryl-CoA *nt* β-hydroxy-β-methylglutaryl-CoA.

β-Hydroxy-β-methylglutaryl-CoA-lyase *f* β-hydroxy-β-methylglutaryl-CoA lyase.

β-Hydroxy-β-methylglutaryl-CoA-reduktase *f* β-hydroxy-β-methylglutaryl-CoA reductase.

β-Hydroxy-β-methylglutaryl-CoA-synthase *f* β-hydroxy-β-methylglutaryl-CoA synthase.

Hydroxymethyltransferase *f* hydroxymethyltransferase.

5-Hydroxymethyluracil *nt* 5-hydroxymethyluracil.

5-Hydroxy-1,4-naphthochinon 5-hydroxy-1,4-naphthoquinone.

Hydroxynervon *nt* hydroxynervone, oxynervone.

4-Hydroxyphenylbrenztraubensäure *f* 4-hydroxyphenylpyruvic acid.

4-Hydroxyphenylpyruvat *nt* 4-hydroxyphenylpyruvate.

p-Hydroxyphenylpyruvat *nt* 4-hydroxyphenylpyruvate.

4-Hydroxyphenylpyruvatdioxygenase *f* 4-hydroxyphenylpyruvate dioxygenase, *p*-hydroxyphenylpyruvate oxidase.

4-Hydroxyphenylpyruvatoxidase *f* 4-hydroxyphenylpyruvate dioxygenase, *p*-hydroxyphenylpyruvate oxidase.

17α-Hydroxypregnenolon *nt* 17α-hydroxypregnenolone.

Hydroxyprolin *nt* hydroxyproline.

Hydroxyprolinoxidase *f* hydroxyproline oxidase.

α-Hydroxypropionsäure *f* lactic acid.

6-Hydroxypurin *nt* hypoxanthine, 6-hydroxypurine.

Hydroxypyruvat *nt* hydroxypyruvate.

Hydroxysäure *f* hydroxy acid.

4-Hydroxysphinganin *nt* phytosphingosine.

17-Hydroxysteroid *nt* 17-hydroxysteroid.

Hydroxysteroiddehydrogenase *f* hydroxysteroid dehydrogenase.

11β-Hydroxysteroiddehydroxygenase *f* cortisol dehydrogenase.

Hydroxytropan *nt* tropine, 3α-tropanol, 3α-hydroxytropane.

5-Hydroxytryptamin *nt* 5-hydroxytryptamine, thrombocytin, thrombotonin, serotonin, enteramine.

5-Hydroxytryptophan *nt* 5-hydroxytryptophan.

Hydroxytyramin *nt* hydroxytyramine, dopamine, decarboxylated dopa.

Hydroxyvalin *nt* hydroxyvaline.

Hydroxyzimtsäure *f* hydrocinnamic acid.

Hygro- *präf.* hygric, hygr(o)-.

Hygrometer *nt* hygrometer.

Hygrometrie *f* hygrometry.

hygrometrisch *adj.* relating to hygrometry, hygrometric.

hygroskopisch *adj.* hygroscopic.

Hymenolepididae *pl* Hymenolepididae.

Hymenolepis *f* Hymenolepis.

Hymenoptera *pl* Hymenoptera.

L-Hyoscyamin *nt* L-hyoscyamine.

Hyp- *präf.* hyp-, hypo-.

Hyper- *präf.* super-, hyper-.

hyperbar *adj.* hyperbaric.

Hyperoxid *nt* hyperoxide, superoxide.

Hyperoxidation *f* hyperoxidation.

Hyperoxiddismutase *f* superoxide dismutase, cytocuprein, hemocuprein, hepatocuprein, erythrocuprein.

Hyperoxidradikal *nt* superoxide radical.

hyperton *adj.* hypertonic, hyperisotonic.

hypertonisch *adj.* hypertonic, hyperisotonic.

hypervariabel *adj.* hypervariable.

Hyphe *f* hypha, fungal filament.

Hyphen- *präf.* hyphal.

Hyphomycetes *pl* mycelial fungi,

hyphal fungi, hyphomycetes, Hyphomycetes.
Hypo- *präf.* hyp(o)-, hyp-.
hypobar *adj.* (*Flüssigkeit*) hypobaric.
Hypobromit *nt* hypobromite.
Hypochlorit *nt* hypochlorite.
hypophysär *adj.* relating to the hypophysis (cerebri), hypophysial, hypophyseal, pituitary.
Hypophyse *f* pituitary body, pituitary gland, pituitary, pituitarium, hypophysis.
Hypophysen- *präf.* pituitary, hypophysial, hypophyseal.
Hypophysenhinterlappen *m* posterior pituitary, posterior lobe of hypophysis, neural lobe of hypophysis, neural lobe of pituitary, posterior lobe of pituitary (gland), neurohypophysis, cerebral part of hypophysis, infundibular body.
Hypophysenhinterlappenhormon *nt* posterior pituitary hormone, neurohypophysial hormone.
Hypophysenhormone *pl* pituitary hormones.
Hypophysenvorderlappen *m* adenohypophysis, anterior pituitary, anterior lobe of hypophysis, anterior lobe of pituitary (gland), glandular lobe of hypophysis, glandular lobe of pituitary (gland), glandular part of hypophysis.
Hypophysenvorderlappen- *präf.* adenohypophysial, adenohypophyseal, anterior pituitary.
Hypophysenvorderlappenhormon *nt* anterior pituitary hormone, adenohypophysial hormone.
Hypophysenvorderlappensystem *nt* anterior pituitary system.
Hypophysenzwischenhirnsystem *nt* hypothalamic-pituitary system.
hypophyseotrop *adj.* hypophysiotropic, hypophyseotropic.
hypophysiotrop *adj.* hypophysiotropic, hypophyseotropic.
hypothalamisch *adj.* relating to the hypothalamus, hypothalamic.
hypothalamisch-hypophysär *adj.*

hypothalamicohypophysial, hypothalamic-pituitary, hypothalamohypophysial.
hypothalamisch-neurohypophysär *adj.* hypothalamic-posterior pituitary.
hypothalamo-hypophysär *adj.* hypothalamicohypophysial, hypothalamic-pituitary, hypothalamohypophysial.
hypothalamo-thalamisch *adj.* hypothalamothalamic.
Hypothalamus *m* hypothalamus.
Hypothalamus-Hypophysen-System *nt* hypothalamic-pituitary system.
Hypothalamus-Neurohypophysen-System *nt* hypothalamic-posterior pituitary system.
Hypothese *f* hypothesis; theory.
Hypothese des Anionenaustausches anion exchange hypothesis.
chemiosmotische Hypothese chemiosmotic hypothesis, chemiosmotic-coupling hypothesis.
Hypothese der chemiosmotischen Kopplung s.u. *chemiosmotische Hypothese.*
Hypothese der chemischen Kopplung chemical coupling hypothesis.
Hypothese der Konformationskopplung conformational coupling hypothesis.
Hypothese der Kopplung über Konformationsänderung conformational coupling hypothesis.
hypothetisch *adj.* relating to a hypothesis, hypothetical, hypothetic.
hypoton *adj.* hypotonic, hypoisotonic, hypisotonic.
hypotonisch *adj.* hypotonic, hypoisotonic, hypisotonic.
Hypoxanthin *nt* hypoxanthine, 6-hydroxypurine.
Hypoxanthin-Guanin-phosphoribosyltransferase *f* hypoxanthine guanine phosphoribosyltransferase, hypoxanthine phosphoribosyltransferase.
Hypoxanthin-phosphoribosyltransferase *f* s.u. *Hypoxanthin-Guanin-phosphoribosyltransferase.*

Idi(o)- *präf.* idi(o)-.

Idiochromatin *nt* idiochromatin.

Idioplasma *nt* germ plasma, idioplasm.

Iditdehydrogenase *f* L-iditol dehydrogenase, sorbitol dehydrogenase.

Iditol *nt* iditol.

L-Iditoldehydrogenase *f* L-iditol dehydrogenase, sorbitol dehydrogenase.

Idose *f* idose.

Iduronat-2-sulfatase *f* iduronate-2-sulfatase, iduronic sulfatase.

Iduronatsulfat-sulfatase *f* iduronate-2-sulfatase, iduronic sulfatase, sulfoiduronate sulfatase.

α-L-Iduronidase *f* α-L-iduronidase.

Iduronsäure *f* iduronic acid.

I-Form *f* I form, independent form.

IgA₁-Protease *f* IgA₁ protease.

IgE-Antikörper *m* IgE class antibody, reaginic antibody, reagin, atopic reagin.

Ikosaeder-Viren *pl* icosahedral viruses.

Imbibition *f* imbibition.

Imid *nt* imide.

Imidazol *nt* imidazole, iminazole, glyoxaline.

Imidazolacetolphosphat *nt* imidazole acetol phosphate.

Imidazolglyzerinphosphat *nt* imidazole glycerol phosphate.

Imidazolglyzerinphosphat-dehydratase *f* imidazole glycerol phosphate dehydratase.

Imido- *präf.* imido-.

Imino- *präf.* imino-.

Iminodiessigsäure *f* iminodiacetic acid.

α-Iminoglutarat *nt* α-iminoglutarate.

α-Iminoglutarsäure *f* α-iminoglutaric acid.

Iminoharnstoff *m* iminourea, guanidine.

Iminosäure *f* imino acid.

immun *adj.* immune (*vor, gegen* against, to), insusceptible, resistant (*gegen* to).

Immun- *präf.* immunological, immunologic, immune, immun(o)-.

Immunbiologie *f* immunobiology.

Immunglobulin *nt* immunoglobulin, immune globulin, γ-globulin, gamma globulin.

Immunglobulin A immunoglobulin A.

Immunglobulin D immunoglobulin D.

Immunglobulin E immunoglobulin E, anaphylaxin.

Immunglobulin G immunoglobulin G.

Immunglobulin M immunoglobulin M.

membrangebundenes Immunglobulin membrane-bound immunoglobulin.

monoklonales Immunglobulin monoclonal immunoglobulin.

Thyroidea-stimulierendes Immunglobulin thyroid-stimulating immunoglobulin, long-acting thyroid stimulator, thyroid-binding inhibitory immunoglobulin, human thyroid adenylate cyclase stimulator.

Immunität *f* immunity (*gegen* from, against, to).

humorale Immunität humoral immunity.

zelluläre Immunität cellular immunity, cell-mediated immunity, T cell-mediated immunity.

zellvermittelte Immunität cellular immunity, cell-mediated immunity, T cell-mediated immunity.

Immuno- *präf.* immunological, immunologic, immune, immun(o)-.

Immunologie *f* immunology.

immunologisch *adj.* relating to immunology, immunological, immunologic.

Immunsystem *nt* immune system.

IMP-Cyclohydrolase *f* IMP cyclohydrolase, inosinic acid cyclohydrolase.

IMP-Dehydrogenase *f* IMP dehydrogenase, inosinic acid dehydrogenase.

IMViC-Eigenschaften *pl* IMViC character.

IMViC-Testkombination *f* IMViC reactions, IMViC test.

inaktiv *adj.* inactive.

Inaktivator *m* inactivator.

Inaktivieren *nt* inactivation, inactivity, deactivation.

inaktivieren *vt* inactivate, deactivate.

Inaktivierung *f* inactivation, inactivity, deactivation.

Inaktivität *f* inactivity.

indifferent *adj.* indifferent, neutral (*gegenüber* to).

Indifferenz *f* indifference.

Indikan *nt* indican, metabolic indican, uroxanthin.

Indikator *m* (*chemisch*) indicator; (*physikal.*) tracer.

Indikatorverdünnungskurve *f* dye-dilution curve, indicator-dilution curve.

Indikatorverdünnungsmethode *f* indicator-dilution technique, indicator-dilution method.

Indikatorverdünnungstechnik *f* s.u. *Indikatorverdünnungsmethode.*

indirekt *adj.* indirect, mediate; collateral.

Indirubin *nt* indirubin.

Indium *nt* indium.

Indol *nt* indole, benzpyrrole.

Indol-3-acetonitril *nt* indoleacetonitrile.

Indolalkaloid *nt* indole alkaloid.

dimere **Indolalkaloide** dimeric indole alkaloids, bisindolyl alkaloids.

Indolamin *nt* indolamine.

Indolessigsäure *f* indoleacetic acid, heteroauxin.

Indol-3-essigsäure *f* indole-3-acetic acid; auxin.

Indol-3-glycerinphosphat *nt* indole-3-glycerol-phosphate.

Indol-3-glycerinphosphat-synthase *f* indole-3-glycerol-phosphate synthase.

indol-produzierend *adj.* producing indole, indologenous.

β-Indolylessigsäure indole-3-acetic acid; auxin.

Indolylessigsäure *f* s.u. *Indolessigsäure.*

Indophenol *nt* indophenol.

Indophenolblau *nt* indophenol blue.

Indophenoloxidase *f* indophenolase, indophenol oxidase, respiratory enzyme, ferrocytochrome c-oxygen oxyreductase, cytochrome oxidase, cytochrome c oxidase, cytochrome a_3, cytochrome aa_5.

Indoxyl *nt* indoxyl.

Induced-fit-Hypothese *f* induced-fit hypothesis.

Inducer *m* inducer.

Induktanz *f* inductance.

Induktion *f* induction.

koordinierte **Induktion** coordinated induction.

Induktions- *präf.* inductive, induced.

induktiv *adj.* inductive.

Induktor *m* inducer.

Indulin *nt* indulin.

induzierbar *adj.* inducible.

induzieren *vt* induce.

inert *adj.* inert.

Influenzavirus *nt* influenza virus, influenzal virus, Influenzavirus.

Infrarot *adj.* ultrared, infrared.

Infrarot *nt* infrared, infrared light, ultrared, ultrared light.

Infrarotlicht *nt* infrared, infrared light, ultrared, ultrared light.

Infrarotstrahlen *pl* infrared rays, heat rays.

Infrarotwellen *pl* infrared waves.

Infraschall *m* infrasonic sound, infrasonic waves.

Infraschall- *präf.* infrasonic, subsonic.

Infusorien *pl, sing* **Infusorium** Infusoria, Ciliophora.

inhibieren *vt* inhibit.

Inhibin *nt* inhibin.

Inhibiting- *präf.* inhibiting.

Inhibitingfaktor *m* inhibiting factor, release inhibiting factor.

Inhibitinghormon *nt* inhibiting hormone, release inhibiting hormone.
Inhibition *f* inhibition.
Inhibitor *m* inhibitor; paralyzer, paralysor.
DNA-spezifischer Inhibitor DNA-specific inhibitor.
inhibitorisch *adj.* inhibitory, inhibitive, restraining, arresting, catastaltic, kolytic.
Inhibitorkonstante *f* inhibitor constant.
inhomogen *adj.* inhomogeneous.
Inhomogenität *f* inhomogeneity.
Initial- *präf.* initial.
Initialfaktor *m* initiation factor.
Initialgeschwindigkeit *f* initial velocity.
Initialkodon *nt* initiation codon, chain-initiation codon.
Initialkomplex *m* initiation complex.
Initialreaktion *f* priming reaction, initial pain.
Initialwärme *f* initial heat.
Initiationsfaktor initiation factor.
Initiationskodon *nt* initiation codon, chain-initiation codon.
Initiationskomplex *m* initiation complex.
Initiationsphase *f* initiation.
Initiationspunkt *m* initiation point.
Initiator *m* initiator.
Initiatorprotein *nt* initiator protein.
Initiator-tRNA *f* initiator tRNA, initiator t-ribonucleic acid, initiator transfer-RNA.
initiieren *vt* initiate.
Inkret *nt* incretion.
Inkretion *f* incretion, internal secretion.
inkretorisch *adj.* incretory.
Innenkern *m* (*Virus*) core.
Innenparasit *m* internal parasite, endoparasite, endosite, entoparasite, entorganism.
Innenskelett *nt* neuroskeleton, endoskeleton.
innermolekular *adj.* intramolecular.
Inosin *nt* inosine.
Inosinat *nt* inosinate.
Inosinmonophosphat *nt* inosine monophosphate, inosinic acid.
Inosinsäure *f* s.u. *Inosinmonophosphat.*
Inosinsäurecyclohydrolase *f* IMP cyclohydrolase, inosinic acid cyclohydrolase.

Inosinsäuredehydrogenase *f* IMP dehydrogenase, inosinic acid dehydrogenase.
Inosintriphosphat *nt* inosine triphosphate.
Inosit *nt* inositol, inose, inosite, mouse antialopecia factor, muscle sugar, lipositol, heart sugar, cyclohexanehexol, bios, antialopecia factor.
Inositol *nt* s.u. *Inosit.*
Inositolnicotinat *nt* inositol niacinate.
Inosittriphosphat *nt* inositol triphosphate, phosphoinositol.
Insecta *pl* Insecta, Hexapoda.
Insertionspore *f* insertion pore.
instabil *adj.* instable, evanescent, unstable.
Instabilität *f* instability.
Insulin *nt* insulin.
insulinähnlich *adj.* s.u. *insulinartig.*
insulinartig *adj.* insulin-like, insulinoid.
Insulinase *f* insulinase.
insulinbildend *adj.* insulinogenic, insulogenic.
Insulinbildung *f* insulinogenesis.
Insulin-Glukagon-System *nt* insulin-glucagon system.
Insulinrezeptor *m* insulin receptor.
Inter- *präf.* between, among, inter-.
interatomar *adj.* interatomic.
intercistronisch *adj.* intercistronic.
Interferenz *f* interference.
Interferon *nt* interferon.
α-Interferon *nt* interferon-α, leukocyte interferon.
β-Interferon *nt* epithelial interferon, fibroblast interferon, fibroepithelial interferon, interferon-β.
γ-Interferon *nt* interferon-γ, immune interferon.
interionisch *adj.* interionic.
Interkinese *f* interkinesis.
Interkonversion interconversion.
Interleukin *nt* interleukin.
Interleukin-1 interleukin-1.
Interleukin-2 interleukin-2, T-cell growth factor.
Interleukin-3 interleukin-3, mast cell growth factor.
intermediär *adj.* intermediary, intermediate, interposed, intervening.
Intermediär- *präf.* intermediary, intermediate.
Intermediärmetabolismus *m* intermediary metabolism.

Intermediärstoffwechsel *m* intermediary metabolism.
Intermediärsubstanz *f* intermediate.
intermediate-density-Lipoprotein *nt* intermediate-density lipoprotein.
Intermembranraum perimitochondrial space.
intermolekular *adj.* intermolecular.
Interphase *f* interphase, karyostasis.
Interphasekern *m* interphase nucleus.
interstitial *adj.* s.u. *interstitiell.*
Interstitial- *präf.* interstice, interstitial.
interstitial cell stimulating hormone *nt* interstitial cell stimulating hormone, luteinizing hormone, Aschheim-Zondek hormone, luteinizing principle.
Interstitialgewebe *nt* interstitial tissue, interstitium.
Interstitialzellen *pl* interstitial glands, interstitial cells.
interstitiell *adj.* relating to interstic(es), interstitial.
Interstitium *nt* interstice, interstitium, interstitial space.
interzellular *adj.* intercellular.
interzellulär *adj.* intercellular.
Interzellular- *präf.* intercellular.
Interzellularraum *m* intercellular space.
Interzellulärspalt *m* intercellular cleft.
Interzellularsubstanz *f* ground substance, intercellular substance, interstitial substance, amorphous ground substance.
intestinal *adj.* relating to the intestine, enteral, intestinal.
intra- *präf.* end(o)-, intra-.
intraatomar *adj.* intra-atomic.
intraerythrozytär *adj.* intraerythrocytic, endoglobular, endoglobar, intraglobular.
intraglobulär *adj.* s.u. *intraerythrozytär.*
intrahepatisch *adj.* intrahepatic.
intramitochondrial *adj.* intramitochondrial.
intramolekular *adj.* intramolecular, inner.
intranukleär *adj.* endonuclear, intranuclear.
Intrathylakoidraum *m* intrathylakoid space.
intravital *adj.* intra vitam, intravital, in vivo, during life.

intrazellular *adj.* s.u. *intrazellulär.*
intrazellulär *adj.* intracellular, endocellular.
Intrazellularflüssigkeit *f* intracellular fluid.
Intrazellularraum *m* intracellular space.
intrazytoplasmatisch *adj.* intracytoplasmic.
Intrinsic-Faktor *m* intrinsic factor, gastric intrinsic factor, gastric antipernicious anemia factor, Castle's factor.
Intrinsic-System *nt* intrinsic system, intrinsic pathway.
intrinsisch *adj.* intrinsic, intrinsical, inherent; endogenous.
Intro- *präf.* intro-.
Intron *nt* intron, intervening sequence.
Inulase *f* inulase, inulinase.
Inulin *nt* inulin, synanthrin, alantin, dahlin.
Inulinase *f* inulase, inulinase.
Inulin-Typ *m* inulin type.
Invertase *f* invertase, β-fructofuranosidase, fructosidase.
Invertebrat I *m* invertebrate. **II Invertebraten** *pl* Invertebrata.
invertieren *vt* invert.
invertiert *adj.* inverted.
Invertzucker *m* invertose, invert sugar.
in vitro in vitro.
in vivo within the living body, in vivo.
Iod *nt* iodine, iodum.
  proteingebundenes Iod protein-bound iodine.
Iod- *präf.* iodic, iod(o)-.
Iodacetat *nt* iodoacetate.
Iodat *nt* iodate.
Iodessigsäure *f* iodoacetic acid.
Iodid *nt* iodide.
Iodidperoxidase *f* iodide peroxidase, iodinase.
iodieren *vt* iodinate, iodize.
Iodierung *f* iodination, iodization.
Iodometrie *f* iodometry.
Iodopsin *nt* iodopsin, visual violet.
Iodsäure *f* iodic acid.
Ion *nt* ion, ionized atom.
Ionen- *präf.* ionic, ion.
Ionenaustausch *m* ion exchange.
Ionenaustauschchromatographie *f* ion-exchange chromatography.
Ionenaustauscher *m* resin, ion-exchanger.
Ionenaustauscherchromatographie

f ion-exchange chromatography.

Ionenaustauscherharz *nt* resin, ion-exchange resin.

Ionenbindung *f* ionic bond, ionic linkage, electrovalence, electrovalency.

Ionenfluss *m* ion flow.

Ionengefälle *nt* ion gradient.

Ionengitter *nt* ionic lattice.

Ionengradient *m* ion gradient.

Ionenkanal *m* ion channel.

Ionenkonzentration *f* ion concentration, ionic concentration.

Ionenkristall *m* crystalline salt.

Ionenleitfähigkeit *f* ionic conductivity.

Ionenprodukt *nt* ion product.

Ionenselektivität *f* ion selectivity.

Ionenstärke *f* ionic strength.

Ionenstrom *m* ion flow.

Ionenwanderung *f* ionic migration.

Ionisation *f* ionization.

Ionisationsprodukt *nt* ionization product.

Ionisationszustand *m* ionization state.

ionisch *adj.* relating to an ion, ionic.

ionisierbar *adj.* ionizable.

ionisieren *vt* separate into ions, ionize.

ionisierend *adj.* ionizing.

Ionisierung *f* ionization.

Ionisierungszustand *m* ionization state.

Ionium *nt* ionium.

ionogen *adj.* ionogenic.

Ionophor *nt* ionophore.

IPD-Biosynthese *f* IPD biosynthesis.

Iridium *nt* iridium.

Iridoviridae *pl* Iridoviridae.

Iridovirus *nt* Iridovirus.

irreversibel *adj.* irreversible; permanent.

Irreversibilität *f* irreversibility.

Iso- *präf.* is(o)-.

isobar *adj.* isobaric.

Isobar *nt* isobar.

Isobutanol *m* isobutanol, isobutyl alcohol.

Isobuttersäure *f* isobutyric acid.

Isobutylalkohol *m* isobutanol, isobutyl alcohol.

Isobutylen *nt* isobutylene.

Isochinolin *nt* isoquinoline.

Isochinolinalkaloide *pl* isoquinoline alkaloids.

Isocitrat *nt* isocitrate.

Isocitratdehydrogenase *f* isocitrate dehydrogenase, isocitric acid dehydrogenase.

NADP-spezifische Isocitratdehydrogenase isocitrate dehydrogenase ($NADP^+$), NADP-specific isocitrate dehydrogenase.

NAD-spezifische Isocitratdehydrogenase isocitrate dehydrogenase (NAD^+), NAD-specific isocitrate dehydrogenase.

Isocitratlyase *f* isocitrate lyase, isocitrase, isocitratase, isocitritase.

Isocitronensäure *f* isocitric acid.

Isocyanid *nt* isocyanide, isonitril.

Isocyansäure *f* isocyanic acid.

Isodesmosin *nt* isodesmosine.

Isodityrosin *nt* isodityrosine.

Isodulcit *nt* isodulcite, (L-)rhamnose, 6-deoxy-L-mannose.

isoelektrisch *adj.* isoelectric, isopotential.

isoenergetisch *adj.* isoenergetic.

Isoenzym *nt* isoenzyme, isozyme.

Isoflavon *nt* isoflavone.

Isoflavonol *nt* isoflavonol.

Isoflavonsynthase *f* isoflavone synthase.

Isoglutamin *nt* isoglutamine.

Isoglutaminsäure *f* isoglutamic acid.

isoionisch *adj.* isoionic.

isokalorisch *adj.* isocaloric, equicaloric.

Isokolloid *nt* isocolloid, isodispersoid.

Isoleucin *nt* isoleucine.

isolezithal *adj.* isolecithal.

Isomaltose *f* isomaltose, dextrinose, brachiose.

isomer *adj.* relating to *or* marked by isomerism, isomeric, isomerous.
    nicht isomer anisomeric.

Isomer *nt* isomer, isomeride.
    optisches Isomer optical isomer, enantiomer, enantiomorph.

Isomerase *f* isomerase.

Isomerenbildung *f* isomerization.

Isomerie *f* isomerism.
    cis-trans Isomerie s.u. *geometrische Isomerie.*
    geometrische Isomerie geometrical isomerism, cis-trans isomerism.
    optische Isomerie optical isomerism, enantiomerism, enantiomorphism.

Isomerisation *f* isomerization.

isomerisieren *vt* isomerize.

Isonicotinsäure *f* isonicotinic acid.

Isonikotinsäure *f* isonicotinic acid.

Isonitril *nt* isocyanide, isonitril.

isonkotisch *adj.* iso-oncotic, isoncotic.

isoonkotisch *adj.* iso-oncotic, isoncotic.

Isopentenyldiphosphat *nt* isopentenyl diphosphate, isopentenyl pyrophosphate.

Isopentenylpyrophosphat *nt* isopentenyl pyrophosphate, isopentenyl diphosphate.

Isopentenylpyrophosphatisomerase *f* isopentenyl pyrophosphate isomerase, isopentenyl-diphosphate δ-isomerase.

3-Isopentenylpyrophosphorsäure *f* 3-isopentenyl pyrophosphoric acid.

Isopiperitenon *nt* isopiperitenon.

Isopotential- *präf.* isopotential.

Isopotentiallinie *f* isopotential line.

Isopren *nt* isoprene, 2-methyl-1,3-butadien.

aktives **Isopren** isopentenyl pyrophosphate.

Isopreneinheit *f* isoprene unit.

Isoprenoid *nt* isoprenoid.

Isoprenoidalkohol *m* isoprenol, isoprenoid alcohol.

Isoprenol *nt* isoprenol, isoprenoid alcohol.

Isoprenyltransferase *f* isoprenyltransferase.

Isopropanol *nt* isopropanol, isopropyl alcohol, isopropylcarbinol, avantin, dimethylcarbinol.

Isopropylalkohol *m* s.u. *Isopropanol.*

Isopropyläpfelsäure *f* isopropyl malic acid.

2-Isopropylmalat *nt* 2-isopropylmalate.

Isopropylmalat *nt* isopropyl malate.

α-Isopropylmalatdehydratase *f* α-isopropyl malate dehydratase.

α-Isopropylmalatdehydrogenase *f* α-isopropyl malate dehydrogenase.

3-Isopropylmalat-dehydrogenase/decarboxylase *f* 3-isopropylmalate dehydrogenase/decarboxylase.

Isopropylmalatisomerase *f* isopropylmalate isomerase.

α-Isopropylmalatsynthase *f* α-isopropyl malate synthase.

2-Isopropylmalatsynthase *f* 2-isopropylmalate synthase.

Isopropylthiogalaktosid *nt* isopropyl thiogalactoside.

Isoserin *nt* isoserine.

Isospora *pl* Isospora.

Isostere *nt* isostere.

Isothiocyanat *nt* isothiocyanate.

Isothiozyansäure *f* isothiocyanic acid.

Isoton *adj.* isotonic.

Isotonie *f* isotonia, isotonicity.

isotonisch *adj.* s.u. *isoton.*

isotop *adj.* isotopic.

Isotop *nt* isotope.

radioaktives **Isotop** radioisotope, radioactive isotope.

stabiles **Isotop** stable isotope.

Isotopen- *präf.* isotopic.

Isotopenindikator *m* tracer.

Isotopenmarkierung *f* isotopic labeling.

Isotopenzahl *f* isotopic number.

Isotopie *f* isotopy.

Isotron *nt* isotron.

isotrop *adj.* isotropic, isotropous.

Isotropie *f* isotropy.

Isovaleriansäure *f* isovaleric acid.

Isovaleryl-CoA-dehydrogenase *f* isovaleryl-CoA dehydrogenase, isovaleric acid-CoA dehydrogenase.

Isovincosid *nt* isovincoside.

isozellulär *adj.* isocellular.

Isozitrat *nt* isocitrate.

Isozitratdehydrogenase *f* isocitrate dehydrogenase, isocitric acid dehydrogenase.

Isozitratlyase *f* isocitrate lyase, isocitrase, isocitratase, isocitritase.

Isozitronensäure *f* isocitric acid.

Isozyanat *nt* isocyanate.

isozyklisch *adj.* isocyclic.

Isozym *nt* isozyme, isoenzyme.

Ixodes *m* Ixodes.

Ixodidae *pl* hard ticks, hard-bodied ticks, Ixodidae.

Ixodides *pl* Ixodides.

Ixodiphagus *m* Ixodiphagus.

Ixodoidea Ixodoidea.

J

Jacob-Monod-Modell *nt* Jacob-Monod model, Jacob-Monod hypothesis.

Jacob-Monod-Hypothese *f* S.U. *Jacob-Monod-Modell.*

Jod *nt* iodine, iodum.

  Butanol-extrahierbares Jod butanol-extractable iodine.

  proteingebundenes Jod protein-bound iodine.

Jod- *präf.* iodous, iodic.

Jodacetat *nt* iodoacetate.

Jodamoeba *f* Iodamoeba.

Jodat *nt* iodate.

Jodessigsäure *f* iodoacetic acid.

jodhaltig *adj.* iodic, iodous.

Jodid *nt* iodide.

Jodidperoxidase *f* iodide peroxidase, iodinase, thyroid peroxidase.

jodieren *vt* iodinate, iodize.

Jodierung *f* iodination, iodization.

Jodimetrie *f* iodimetry.

Jodinase *f* iodide peroxidase, iodinase, thyroid peroxidase.

Jodination *f* iodination, iodization.

Jodoform *nt* triiodomethane, iodoform, iodoformum.

Jodometrie *f* iodometry.

jodometrisch *adj.* relating to iodometry, iodometric.

Jodopsin *nt* iodopsin, visual violet.

Jodphenol *nt* iodophenol.

Jodsäure *f* iodic acid.

Jodthyronin *nt* iodothyronine.

Jodtransferase *f* I-transferase.

Jodtyrosin *nt* iodotyrosine.

Jodtyrosindejododinase *f* iodotyrosine deiododinase, iodotyrosine dehalogenase.

Jodzahl *f* iodine number, iodine value.

Joule *nt* joule.

Juglon *nt* 5-hydroxy-1,4-naphthoquinone.

Juvenilhormon *nt* juvenile hormone.

K

Kadmium *nt* cadmium.
Käfer *m* beetle, bug.
Kaffeesäure *f* caffeic acid.
Kakerlake *f* cockroach, Blatta orientalis.
Kalb *nt* calf.
Kalibrieren *nt* calibration.
kalibrieren *vt* calibrate, gauge, gage.
Kalisalpeter *m* s.u. *Kaliumnitrat.*
Kalium *nt* potassium, kalium.
Kalium- *präf.* potassic, potassium.
Kalium-Aluminium-Sulfat *nt* aluminum potassium sulfate, alum, alumen.
Kaliumchlorid *nt* potassium chloride.
Kaliumcyanid *nt* potassium cyanide.
Kaliumdichromat *nt* potassium dichromate, chrome.
Kaliumgymnemat *nt* potassium gymnemate.
Kaliumhaushalt *m* potassium balance.
Kaliumhydroxid *nt* potassium hydroxide, caustic potash.
Kaliumiodid *nt* potassium iodide.
Kaliumjodid *nt* potassium iodide.
Kaliumkanal *m* K channel, potassium channel.
Kaliumkarbonat *nt* potash, potassium carbonate, kali.
Kaliumkontraktur *f* potassium contracture.
Kaliumnitrat *nt* potassium nitrate, niter, nitre, saltpeter.
Kaliumoxalat *nt* potassium oxalate.
Kaliumpermanganat *nt* potassium permanganate.
Kaliumtellurit *nt* potassium tellurite.
Kaliumthiocyanat *nt* potassium thiocyanate.
Kaliumzitrat *nt* potassium citrate,

Rivière's salt.
Kalk *m* lime, calx.
Kalklösung *f* limewater.
Kalkmilch *f* milk of lime, lime milk, limewater.
Kalkstein *m* chalk, limestone.
Kallase *f* endo-(β1->3)-glucanase.
Kallidin *nt* lysyl-bradykinin, kallidin, kallidin II, kallidin 10, bradykininogen.
Kallikrein *nt* callicrein, kallikrein.
Kallikrein-Kinin-System *nt* kallikrein system, kinin system, kallikrein-kinin system.
Kallikreinogen *nt* kallikreinogen.
Kallose *f* callose.
Kallosesynthase *f* callose synthase.
Kalmodulin *nt* calmodulin.
Kalomel *nt* calomel, mercurous chloride.
Kalomelelektrode *f* calomel electrode.
Kalori- *präf.* calorific.
Kalorie *f* calorie, calory.
  kleine **Kalorie** gram calorie, small calorie, standard calorie.
  große **Kalorie** large calorie, kilogram calorie, kilocalorie.
Kalorienwert *m* caloric value.
Kalorimeter *nt* calorimeter.
Kalorimetrie *f* calorimetry.
kalorimetrisch *adj.* relating to calorimetry, calorimetric, calorimetrical.
kalorisch *adj.* relating to heat *or* to calories, caloric.
Kalottenmodell *nt* space-filling model.
Kälte- *präf.* cold, freezing, refrigeratory, refrigerative, cry(o)-, crym(o)-,

psychr(o)-.
kälteempfindlich *adj.* sensitive to cold; frigolabile.
kälteinstabil *adj.* frigolabile.
kältelabil *adj.* frigolabile.
kälteliebend *adj.* preferring cold, cryophilic, crymophilic, psychrophilic.
Kälteprotein *nt* cryoprotein.
kälteresistent *adj.* resistant to cold, cryophylactic, crymophylactic.
kältestabil *adj.* frigostable, frigostabile.
kältetolerant *adj.* cryotolerant.
kälteunempfindlich *adj.* cryotolerant.
kältewiderstandsfähig *adj.* cryotolerant.
Kalzination *f* calcination.
kalzinieren *vt* calcine.
Kalzinierung *f* calcination.
Kalzitonin *nt* calcitonin, thyrocalcitonin.
Kalzium *nt* calcium.
Kalzium- *präf.* calcic, calcium, calcareous.
Kalzium-ATPase-System *nt* calcium-ATPase system.
Kalziumblocker *m* calcium antagonist, calcium-blocking agent, calcium channel blocker, Ca anatagonist.
Kalziumbromid *nt* calcium bromide.
Kalziumchlorid *nt* calcium chloride.
Kalziumcitrat *nt* calcium citrate.
Kalziumfluorid *nt* calcium fluoride.
Kalziumfolinat *nt* calcium folinate.
Kalziumgluconat *nt* calcium gluconate.
Kalziumhaushalt *m* calcium balance.
Kalziumkanal *m* calcium channel, Ca-channel.
Kalziumkarbonat *nt* calcium carbonate, chalk.
Kalziumlaktat *nt* calcium lactate.
Kalziumoxalat *nt* calcium oxalate.
Kalziumoxid *nt* calcium oxide, calx, lime, quicklime.
Kalziumphosphat *nt* calcium phosphate.
Kalziumpumpe *f* calcium pump.
Kalziumsulfat *nt* calcium sulfate.
Kalziumurat *nt* calcium urate.
Kalziumverbindungen *pl* calcium compounds.
Kanal *m, pl* **Kanäle 1.** canal, channel. **2.** (*physikal.*) channel.
Kanalprotein *nt* channel protein.
Kaolin *nt* kaoline, kaolin, argilla, bolus alba, China clay.

Kapazitanz *f* capacitance, capacitive reactance.
Kapazität *f* **1.** capacity. **2.** capacitance, capacity, electrical capacitance.
kapillar *adj.* relating to a capillary vessel, capillary.
Kapillar- *präf.* capillary.
Kapillare *f* capillary, capillary vessel.
kapnophil *adj.* capnophilic.
kappa-Kette *f* kappa chain, κ chain.
Kaprat *nt* caprate.
Kaproat *nt* caproate.
Kapronsäure *f* caproic acid, hexanoic acid.
Kaprylat *nt* caprylate.
Kaprylsäure *f* caprylic acid.
Kapselpolysaccharid *nt* capsule polysaccharide.
Kapsid *nt* capsid.
Kapsidprotein *nt* capsid protein.
Kapsomer *nt* capsomer, capsomere.
Karbamid *nt* urea, carbamide.
Karbid *nt* carbide.
Karbohydrase *f* carbohydrase.
Karbolfuchsinfärbung *f* carbolfuchsin stain.
Karbolgentianaviolettfärbung *f* carbol-gentian violet stain.
Karbolsäure *f* carbolic acid, phenic acid, phenol, phenylic acid, hydroxybenzene, oxybenzene, phenylic alcohol.
Karbonatdehydratase *f* carbonic anhydrase, carbonate dehydratase.
Karbonisation *f* carbonization.
Karbonisieren *nt* carbonization.
karbonisieren *vt* carbonate, carbonize.
Karbonsäure *f* carboxylic acid.
Karbonurie *f* carbonuria.
Karbonyl- *präf.* carbonyl.
Karbonyl-Radikal *nt* carbonyl.
Karboxydismutase *f* carboxydismutase.
Karboxyl- *präf.* carboxyl.
Karboxylat *nt* carboxylate.
Karboxylierung *f* carboxylation.
Karboxyl-Radikal *nt* carboxyl.
karbozyklisch *adj.* carbocyclic.
Karnitin *nt* carnitine.
karnivor *adj.* carnivorous, zoophagous.
Karnivor *m* carnivore.
Karnivore *m* carnivore.
Karnivoren *pl* Carnivora.
Karnosin *nt* carnosine, inhibitine, ignotine.

K

Karnosinase *f* aminoacyl histidine dipeptidase, carnosinase.

Karotin *nt* carotene, carotin.

α-Karotin *nt* α-carotene, alpha-carotene.

β-Karotin *nt* β-carotene, beta-carotene.

γ-Karotin *nt* γ-carotene, gamma-carotene.

Karotinase *f* carotenase, carotinase, β-carotene-15,15'-dioxygenase.

Karotinoid *nt* carotenoid, carotinoid.

karotinoid *adj.* carotenoid, carotinoid.

Karotinoidpigment *nt* carotenoid pigment.

Kary(o)- *präf.* nucleus, kary(o)-, cary(o)-.

Karyokinese *f* karyokinesis, mitosis, mitoschisis.

Karyolymphe *f* karyolymph, karyochylema, karyenchyma, nucleochyme, nucleochylema, nucleolymph, nuclear hyaloplasma, paralinin.

Karyon *nt* nucleus, karyon, karyoplast.

Karyoplasma *nt* karyoplasm, nucleoplasm.

karyoplasmatisch *adj.* relating to karyoplasm, karyoplasmic, karyoplasmatic.

Karyosom *nt* karyosome, chromatin nucleolus, false nucleolus, chromatin reservoir, chromocenter, net knot, pseudonucleolus.

Kasein *nt* casein.

katabol *adj.* relating to catabolism, catabolic, catastatic.

Katabolie *f* catabolism.

katabolisch *adj.* s.u. *katabol*.

katabolisieren *vt, vi* catabolize.

Katabolismus *m* catabolism; dissimilation, disassimilation.

Katabolit *m* catabolite, catabolin, catastate.

Katabolitenrepression *f* catabolite repression.

Katabolit-Gen-Aktivatorprotein *nt* catabolite gene-activator protein, cyclic AMP receptor protein.

Katal *nt* katal.

Katalase *f* catalase.

Katalysator *m* catalyst, catalyzator, catalyzer, accelerator.

Katalyse *f* catalysis.

elektrische Katalyse electrocatalysis.

heterogene Katalyse heterogeneous catalysis, contact catalysis.

kovalente Katalyse covalent catalysis.

Katalyse- *präf.* catalytic.

katalysieren *vt* catalyze.

katalysiert *adj.* catalyzed.

katalytisch *adj.* catalytic.

Katechin *nt* catechin, catechuic acid, catechol.

Katechinamin *nt* catecholamine.

Katechol *nt* catechin, catechuic acid, catechol.

Katecholamin *nt* catecholamine.

katecholaminerg *adj.* catecholaminergic.

katecholaminergisch *adj.* catecholaminergic.

Kathepsin *nt* cathepsin.

Kathode *f* cathode, negative electrode.

Kathoden- *präf.* cathodal, cathodic.

kathodisch *adj.* relating to *or* emanating from a cathode, cathodal, cathodic.

Katholyt *m* catholyte.

Kation *nt* cation, kation.

Kationen- *präf.* cationic.

Kationenaustausch *m* cation exchange.

Kationenaustauscher *m* cation exchanger.

Kationenaustauscherharz *nt* cation exchange resin.

kationisch *adj.* relating to a cation, cationic.

Katode *f* s.u. *Kathode*.

Katoden- *präf.* s.u. *Kathoden-*.

Katresin *nt* cation exchange resin.

Katze *f* cat.

Katzen-Leukämie-Virus *nt* feline leukemia virus.

Katzen-Sarkom-Virus *nt* feline sarcoma virus.

Kautschuk *m* caoutchouc, gum, rubber, elastica, gum elastic.

Kavain *nt* kavaine, methysticine.

Keim *m* bud, germ.

Keimblatt *nt* germ layer.

Keimgewebe *nt* blastema, germ tissue.

Keimplasma *nt* idioplasm, germ plasma.

Keimscheibe *f* embryonic area, embryonic disk, germ disk, germinal disk, embryonic shield, blastodisk, blastodisc, blastoderm.

dreiblättrige Keimscheibe trilaminar blastodisk, trilaminar blastoderm, trilaminar germ disk.

zweiblättrige Keimscheibe bilaminar blastodisk, bilaminar germ disk.

Keimzelle *f* germ cell, germinocyte.
  männliche Keimzelle spermatozoon, sperm cell, sperm, seed, spermatosome, spermatozoid, spermium, zoosperm, androcyte.
  reife Keimzelle generative cell, mature germ cell, gamete.
  weibliche Keimzelle ovum, egg, egg cell.
Kelvin *nt* kelvin.
Kelvin-Thermometer *nt* Kelvin thermometer.
Kelvin-Skala *f* absolute scale, absolute temperature scale, Kelvin scale.
K-Enzym *nt* K enzyme.
Kephalin *nt* kephalin, cephalin.
Kerasin *nt* kerasin, cerasin.
Keratansulfat *nt* keratan sulfate, keratosulfate.
Keratin *nt* keratin, ceratin, horn.
Keratin- *präf.* keratic, keratin(o)-.
Keratinase *f* keratinase.
Keratinisation *f* keratinization, keratogenesis, cornification, hornification.
Keratinozyt *m* keratinocyte, malpighian cell.
Kerato- *präf.* keratic, kerat(o)-.
Kerbtiere *pl* Insecta, Hexapoda.
Kerfe *pl, sing* **Kerf** Hexapoda, Insecta.
Kern *m* **1.** (*histolog.*) nucleus, karyon. **2.** (*anatom.*) nucleus; nidus. **3.** (*physikal.*) nucleus; (*elektrisch*) core.
Kern- *präf.* nucleonic, nuclear, nucle(o)-, cary(o)-, kary(o)-.
Kernäquivalent *nt* nuclear zone.
Kernchemie *f* nuclear chemistry.
Kern-DNA *f* nuclear deoxyribonucleic acid, nuclear DNA.
Kern-DNS *f* nuclear deoxyribonucleic acid, nuclear DNA.
Kernelektron *nt* nuclear electron.
Kerngehäuse *nt* core.
Kerngenom *nt* nuclear genome.
Kern-Komplex *m* core complex.
Kernladung *f* nuclear charge.
Kernladungszahl *f* charge number, atomic number.
kernlos *adj.* non-nucleated, anuclear, anucleate; denucleated.
Kernmembran *f* nuclear envelope, nuclear membrane, karyotheca.
Kern-mt-DNA *f* core-mt-DNA.
Kernpolymerie *f* nuclear polymerism.
Kernpolysaccharid *nt* core polysaccharide.
Kernprotoplasma *nt* nucleoplasm,

karyoplasm.
Kernresonanz *f* nuclear magnetic resonance.
Kernresonanzspektroskopie *f* nuclear magnetic resonance spectroscopy, NMR spectroscopy.
Kern-RNA *f* nuclear ribonucleic acid, nuclear RNA.
  heterogene Kern-RNA heterogeneous nuclear RNA, heterogenous nuclear ribonucleic acid.
Kern-RNS *f* nuclear ribonucleic acid, nuclear RNA.
  heterogene Kern-RNS heterogeneous nuclear RNA, heterogenous nuclear ribonucleic acid.
Kernruhe *f* karyostasis; interphase.
Kernsaft *m* karyolymph, karyochylema, karyenchyma, nuclear hyaloplasma, nucleochylema, nucleochyme, nucleolymph, paralinin.
Kernspinresonanz *f* nuclear magnetic resonance.
Kernspinresonanzspektroskopie *f* nuclear magnetic resonance spectroscopy, NMR spectroscopy.
Kernstäbchen *pl* core particles.
Kernteilung *f* nuclear division.
  indirekte Kernteilung karyomitosis, karyokinesis, mitosis, mitoschisis.
  mitotische Kernteilung karyomitosis, karyokinesis, mitosis, mitoschisis.
Kernwand *f* nuclear envelope, nuclear membrane.
Kerosin *nt* kerosine, kerosene.
1-Kestose *f* 1-kestose.
6-Kestose *f* 6-kestose, kestose.
Ketal *nt* ketal.
Ketalbindung *f* ketal bond, ketal linkage.
Ketimin *nt* ketimine.
Keto- *präf.* ketonic, keto-, oxo-.
β-Ketoacyl-ACP-reduktase *f* β-ketoacyl-ACP reductase.
β-Ketoacyl-ACP-synthase *f* β-ketoacyl-ACP synthase.
α-Ketoadipinsäure *f* α-ketoadipic acid.
α-Keto-ε-aminocapronsäure *f* α-keto-ε-amino caproic acid.
α-Ketobuttersäure *f* α-ketobutyric acid.
β-Ketobuttersäure *f* β-ketobutyric acid, acetoacetic acid, diacetic acid, beta-ketobutyric acid.
2-Keto-3-desoxyoctansäure *f* 2-

K

keto-3-deoxy-octanic acid.
Keto-Enol-Tautomerie *f* keto-enol tautomerism, enol-keto tautomerism.
Ketoform *f* keto form.
ketogen *adj.* ketogenic, ketogenetic, ketoplastic.
Ketogenese *f* ketogenesis.
α-Ketoglutarat *nt* α-ketoglutarate.
α-Ketoglutaratdehydrogenase *f* α-ketoglutarate dehydrogenase, oxoglutarate dehydrogenase.
α-Ketoglutarat-Malat-Carrier *m* α-ketoglutarate-malate carrier.
α-Ketoglutaratweg *m* α-ketoglutarate pathway.
α-Ketoglutarsäure *f* α-ketoglutaric acid, 2-oxoglutaric acid.
Ketoheptose *f* heptulose, ketoheptose.
Ketohexokinase *f* ketohexokinase.
Ketohexose *f* ketohexose, hexulose.
α-Ketoisocaproat *nt* α-ketoisocaproate.
α-Ketoisocapronsäure *f* α-ketoisocaproic acid.
α-Ketoisocapronsäuredehydrogenase *f* α-ketoisocaproic acid dehydrogenase.
α-Ketoisovalerat *nt* α-ketoisovalerate.
α-Ketoisovaleratdehydrogenase *f* α-ketoisovalerate dehydrogenase, 2-oxoisovalerate dehydrogenase (lipoamide).
α-Ketoisovaleriansäure *f* α-ketoisovaleric acid.
α-Ketoisovaleriansäuredehydrogenase *f* α-ketoisovaleric acid dehydrogenase.
Ketokinase *f* ketohexokinase.
Ketokörperbildung *f* s.u. *Ketonkörperbildung*.
Ketol *nt* ketol.
Ketolisomerase *f* ketol-isomerase.
Ketolyse *f* ketolysis.
ketolytisch *adj.* relating to *or* marked by ketolysis, ketolytic.
2-Keto-4-methylthiobutyrat *nt* 2-keto 4-methylthiobutyrate.
α-Keto-β-methylvalerat *nt* α-keto-β-methylvalerate.
α-Keto-β-methylvaleriansäure *f* α-keto-β-methylvaleric acid.
Keton *nt* ketone.
Keton- *präf.* ketonic, keto-.
Ketonkörperbildung *f* ketogenesis, ketoplasia.

Ketonsäure *f* keto acid.
Ketonzucker *m* ketose.
Ketooctose *f* keto-octose.
Ketopentose *f* ketopentose.
ketoplastisch *adj.* ketogenic, ketogenetic, ketoplastic.
α-Ketopropionsäure *f* α-ketopropionic acid, pyruvic acid.
Ketosäure *f* keto acid.
3-Ketosäure-CoA-transferase *f* 3-keto acid-CoA transferase.
Ketosäuredecarboxylase, verzweigtkettige *f* branched-chain α-keto acid dehydrogenase, keto acid decarboxylase.
α-Ketosäuredehydrogenase *f* α-keto acid dehydrogenase.
verzweigtkettige α-Ketosäuredehydrogenase branched-chain α-keto acid dehydrogenase, keto acid decarboxylase.
Ketosäuredehydrogenase *f* s.u. α-*Ketosäuredehydrogenase*.
Ketose *f* ketose.
17-Ketosteroid *nt* 17-ketosteroid.
Ketotetrose *f* ketotetrose.
Ketotriose *f* ketotriose.
Ketoxim *nt* ketoxime.
Ketozucker *m* ketose.
Ketozuckersäure *f* keto sugar acid.
Kette *f* chain.
  elektronenübertragende Kette electron-transport chain.
  endlose Kette endless chain.
  geschlossene Kette closed chain, ring.
  kontinuierliche Kette s.u. *geschlossene Kette*.
  leichte Kette light chain, L chain.
  offene Kette open chain, open-chain compound, acyclic compound, fatty compound.
  schwere Kette H chain, heavy chain, minor chain.
  verzweigte Kette branched chain.
α-Kette *f* α chain.
β-Kette *f* β chain.
γ-Kette *f* γ chain.
κ-Kette *f* κ chain, kappa chain.
λ-Kette *f* λ chain, lambda chain.
μ-Kette *f* μ chain.
Kettenabbruch *m* chain termination.
Kettenabbruchskodon *nt* nonsense codon, termination codon.
Kettenisomerie *f* chain isomerism.
Kettenverlängerung *f* chain elongation.

Kettenwachstum *nt* chain growth.
Kieselgel *nt* silica gel.
Kieselgur *nt* infusorial earth, diatomaceous earth, kieselguhr.
Kieselsäure *f* silicic acid.
Kilo- *präf.* kilo-.
Kilobase *f* kilobase.
Kilobasenpaare *pl* kilobase pairs.
Kilocurie *nt* kilocurie.
Kiloelektronenvolt *nt* kilo electron volt.
Kilogramm *nt* kilogram.
Kilohertz *nt* kilohertz.
Kilokalorie *f* kilocalorie, large calorie.
Kiloliter *m/nt* kiloliter.
Kilovolt *nt* kilovolt.
Kilowatt *nt* kilowatt.
Kilowattstunde *f* kilowatt-hour.
Kin- *präf.* kin(o)-, kine-.
Kinase *f* kinase.
Kinasehemmer *m* antikinase.
Kinetin *nt* kinetin.
kinetisch *adj.* relating to *or* producing movement *or* motion, kinetic.
Kinetonukleus *m* kinetoplast, kinetonucleus.
Kinetoplast *m* kinetoplast, kinetonucleus.
Kinetoplastida *pl* Kinetoplastida, Protomastigida, Protomonadina.
Kinetosom *nt* kinetosome, basal body, basal corpuscle.
Kinin *nt* kinin.
Kininase *f* kininase.
Kininogen *nt* kininogen.
 hochmolekulares Kininogen high-molecular-weight kininogen, HMW kininogen.
 niedermolekulares Kininogen low-molecular-weight kininogen, LMW kininogen.
K⁺-Kanal *m* K channel, potassium channel.
Klären *nt* clarification, purification, filtration.
klären *vt* clear, clarify, purify (*von* of, from); refine.
Klärmittel *nt* clarificant, clarifier, clearer, clearing agent.
Klärsubstanz *f* clarificant, clarifier, clearer, clearing agent.
Klärung *nt* clarification, purification; refinement; filtration.
Klärungsmittel *nt* clarificant, clarifier.
Klathrat *nt* clathrate, occlusion compound, clathrate compound.

Klebereiweiß *nt* gluten.
Klebsiella *f* Klebsiella.
 Klebsiella pneumoniae Friedländer's bacillus, Friedländer's pneumobacillus, pneumobacillus, Bacillus pneumoniae, Klebsiella friedländeri, Klebsiella pneumoniae.
Kleeblattformation *f* cloverleaf arrangement.
Kleesäure *f* ethanedioic acid, oxalic acid.
Kleinhirn *nt* cerebellum.
Klon *m* clone.
Klon- *präf.* clonal.
klonal *adj.* relating to a clone, clonal.
Klon-Selektionshypothese *f* clonal-selection hypothesis.
Klon-Selektionstheorie *f* clonal-selection theory.
Knochen- *präf.* bone, bony, osseous, osteal, oste(o)-, ost(e)-.
Knochenbildung *f* bone formation, osteogenesis, osteogeny, ostosis, ossification.
Knochengewebe *nt* bone tissue.
Knochengrundsubstanz *f* bone ground substance, bone matrix, osteoid tissue.
Knochenmark *nt* bone marrow, medulla of bone, medullary substance of bone.
Knochenmatrix *f* bone matrix.
Knochenzelle *f* bone cell, bone corpuscle, osseous cell, osteocyt.
Knorpel *m* cartilaginous tissue, cartilage, cartilago, gristle, chondrus.
Knorpel- *präf.* cartilage, cartilaginous, chondr(o)-.
Knorpelgewebe *nt* cartilage, cartilaginous tissue.
Knorpelzelle *f* chondrocyte, cartilage corpuscle, cartilage cell.
Koagel *nt* clot, curd, coagulum, coagulation.
koagulabel *adj.* coagulable.
Koagulabilität *f* coagulability.
Koagulase *f* coagulase.
koagulasenegativ *adj.* coagulase-negative.
koagulasepositiv *adj.* coagulase-positive.
Koagulasetest *m* coagulase test.
Koagulation *f* blood clotting, clotting, coagulation.
Koagulationsfaktor *m* blood clotting factor.

K

koagulationsfördernd *adj.* coagulant, coagulative.

Koagulationskaskade *f* coagulation cascade.

koagulierbar *adj.* coagulable.

Koagulierbarkeit *f* coagulability.

koagulieren *vi* (*Blut*) clot, coagulate, curdle.

Koazervat *nt* coacervate.

Kobalamin *nt* cobalamin.

Kobalt *nt* cobalt.

Kobalt-II-chlorid *nt* cobaltous chloride.

kochfest *adj.* coctostabile, coctostable.

kochlabil *adj.* coctolabile.

Kochsalz *nt* salt, common salt, table salt, sodium chloride.

Kochsalzlösung *f* salt solution, sodium chloride irrigation, sodium chloride solution, NaCl solution.

kochstabil *adj.* coctostabile, coctostable.

kochunbeständig *adj.* coctolabile.

Kode *m* code.

genetischer Kode genetic code.

kodieren *vt* code, encode.

kodominant *adj.* codominant.

Kodominanz *f* codominance.

Kodon *nt* codon, triplet.

Koeffizient *m* coefficient.

Koenzym *nt* coenzyme, coferment.

Kofaktor *m* cofactor.

Koffein *nt* caffeine, caffein, methyltheobromine, trimethylxanthine, guaranine.

Kohle *f* coal; (*chemisch*) carbo.

Kohlehydrat *nt* s.u. *Kohlenhydrat*.

Kohlen- *präf.* carbonic.

Kohlendioxid *nt* carbonic anhydride, carbon dioxide.

gefrorenes Kohlendioxid dry ice, carbon dioxide snow.

Kohlendioxidfixierung *f* carbon dioxide fixation.

kohlendioxidliebend *adj.* capnophilic.

Kohlendioxidpartialdruck *m* carbon dioxide partial pressure, pCO_2 partial pressure.

Kohlendioxidschnee *m* dry ice, carbon dioxide snow.

Kohlendioxidspannung *f* carbon dioxide tension.

Kohlenhydrat *nt* carbohydrate, saccharide.

Kohlenhydratabbau *m* carbohydrate breakdown.

Kohlenhydratkatabolismus *m* carbohydrate catabolism.

Kohlenhydratmetabolismus *m* carbohydrate metabolism.

Kohlenhydratstoffwechsel *m* carbohydrate metabolism.

Kohlenhydratsynthese *f* carbohydrate synthesis.

Kohlenmonoxid *nt* carbon monoxide, sweet gas.

Kohlenoxid *nt* s.u. *Kohlenmonoxid*.

Kohlensäure *f* carbonic acid.

Kohlensäureanhydrase *f* carbonic anhydrase, carbonate dehydratase.

Kohlensäureanhydrid *nt* s.u. *Kohlendioxid*.

kohlensäurehaltig *adj.* carbonated, gassy.

Kohlenstoff *m* carbon.

kohlenstoffartig *adj.* carbonaceous.

Kohlenstoffatom *nt* carbon atom.

anomeres Kohlenstoffatom anomeric carbon.

asymmetrisches Kohlenstoffatom asymmetric carbon atom.

Kohlenstoffgerüst *nt* carbon skeleton.

kohlenstoffhaltig *adj.* carbonaceous, carboniferous.

Kohlenstoff-Kohlenstoff-Bindung *f* carbon-carbon bond.

Kohlenstoffkreislauf *m* carbon cycle, carbon dioxide cycle.

Kohlenstofflichtbogen *m* carbon arc.

Kohlenstofftetrachlorid *nt* carbon tetrachloride, perchlormethane, seretin.

Kohlenstoffverbindung *f* carbon compound.

Kohlenwasserstoff *m* hydrocarbon.

aliphatischer Kohlenwasserstoff aliphatic hydrocarbon.

alizyklischer Kohlenwasserstoff alicyclic hydrocarbon.

aromatischer Kohlenwasserstoff aromatic hydrocarbon.

gesättigter Kohlenwasserstoff saturated hydrocarbon.

halogenierter Kohlenwasserstoff halogenated hydrocarbon.

ringförmiger Kohlenwasserstoff cyclic hydrocarbon.

ungesättigter Kohlenwasserstoff unsaturated hydrocarbon.

zyklischer Kohlenwasserstoff s.u. *ringförmiger Kohlenwasserstoff*.

Kohlenwasserstoff- *präf.* hydrocarbon.

Kohlenwasserstoffkette *f* hydrocar-

bon chain, hydrocarbon tail.
Kohlenwasserstoffphase *f* hydrocarbon phase.
Kojisäure *f* kojic acid.
Kokke *f* coccus.
kokkenähnlich *adj.* resembling a coccus, coccal, coccoid.
kokkenförmig *adj.* coccal.
kokkoid *adj.* coccoid.
Kokkus *m* coccus.
Kokultivation *f* cocultivation.
Kokultivierung *f* cocultivation.
Kolben *m* (*Thermometer*) bulb; flask, retort.
Kolbenschimmel *m* aspergillus, Aspergillus.
koliähnlich *adj.* coliform.
Kolibakterien *pl* coliform bacteria, coliforms.
Kolibazillus *m* Escherich's bacillus, colon bacillus, colibacillus, coli bacillus, Shigella alkalescens, Shigella dispar, Shigella madampensis, Escherichia coli.
Kolinearität *f* colinearity.
Koliphage *m* coliphage.
Kolitose *f* colitose.
Kolizin *nt* colicin.
Kolizinogen *nt* colicinogen, colicinogenic factor.
Kolizinogenie *f* colicinogeny.
Kollagen *nt* collagen, ossein, osseine, ostein, osteine.
Kollagen- *präf.* collagenous, collagenic.
Kollagenabbau *m* collagenolysis.
kollagenabbauend *adj.* collagenolytic.
Kollagenase *f* collagenase.
kollagenauflösend *adj.* collagenolytic.
Kollagenauflösung *f* collagenolysis.
Kollagenbildung *f* collagenization, collagenation.
Kollagenolyse *f* collagenolysis.
kollagenolytisch *adj.* collagenolytic.
Kollagensynthese *f* collagenization, collagenation.
kolligativ *adj.* colligative.
Kolloid *nt* colloid.
  hydrophiles Kolloid hydrophilic colloid, hydrophil colloid, lyotropic colloid, lyophilic colloid, emulsion colloid, emulsoid.
  hydrophobes Kolloid hydrophobic colloid.

instabiles Kolloid unstable colloid, irreversible colloid.
irreversibles Kolloid s.u. *instabiles Kolloid.*
lyophiles Kolloid s.u. *hydrophiles Kolloid.*
lyotropes Kolloid s.u. *hydrophiles Kolloid.*
stabiles Kolloid reversible colloid, stable colloid.
kolloid *adj.* colloidal, colloid.
kolloidal *adj.* colloidal, colloid.
Kolloidchemie *f* collochemistry, colloid chemistry.
Kolloidlösung *f* colloidal solution, colloid solution, colloid.
Kolonie *f* colony.
Kolonisierung *f* colonization, innidation.
Kolorimeter *nt* chromatometer, chromometer, colorimeter.
Kolorimetrie *f* colorimetric analysis, colorimetry.
kolorimetrisch *adj.* relating to colorimetry, colorimetrical, colorimetric.
Komma-Bazillus *m* Koch's bacillus, cholera bacillus, comma bacillus, cholera vibrio, Vibrio cholerae, Vibrio comma.
kommensal *adj.* commensal.
Kommensale *m* commensal.
Kommensalismus *m* commensalism.
Kompartiment *nt* compartment.
  cytosolisches Kompartiment cytosolic compartment.
  plastidäres Kompartiment plastid compartment.
  zytoplasmatisches Kompartiment cytoplasmic compartment.
Kompetenzfaktor *m* competence factor.
kompetitiv *adj.* competitive.
Komplement *nt* complement.
Komplementaktivierung *f* complement activation.
komplementär *adj.* complementary, complemental, completing.
Komplementär- *präf.* complementary, complemental, completing.
Komplementärbase *f* complementary base.
Komplementärgene *pl* reciprocal genes, complementary genes.
Komplementärstrang *m* complementary strand.
Komplementation *f* complementa-

K

tion.

Komplementfaktoren *pl* complement factors, complement components, components of complement.

Komplementierungstest *m* complementation test.

Komplementsystem *nt* complement system.

Komplex *m* complex, group.

binärer Komplex binary complex.

supramolekularer Komplex supramolecular complex.

ternärer Komplex central complex, ternary complex.

zentraler Komplex s.u. *ternärer Komplex.*

Komplexbildner *m* chelating agent, complexing agent.

Komponente *f* component, constituent, constituent part.

Komposition *f* composition.

komprimieren *vt* compress, condense.

komprimiert *adj.* compressed, condensed.

Kondensat *nt* condensate, condensation.

Kondensation *f* condensation.

Kondensationsprodukt *nt* condensation, condensate.

kondensieren I *vt* condense. I *vi* condense.

Kondensierungsreagenz *nt* condensing agent.

Kondensierungsreaktion *f* condensation reaction.

Kondensor *m* condenser, condensing lens.

Kondensorblende *f* condenser diaphragm.

Kondensorlinse *f* condenser, condensing lens.

Konfiguration *f* form, configuration.

Konformation *f* conformation.

ekliptische Konformation eclipsed conformation.

gestaffelte Konformation staggered conformation.

Konformation mit minimaler freier Energie minimum free-energy form.

native Konformation native conformation.

Konformations- *präf.* conformational.

Konformationsformel *f* conformational formula.

Konformationsisomer *nt* conformer.

Konformationsisomerie *f* conformational isomerism.

Konformationskopplung *f* conformational coupling.

Konglomerat *nt* conglomerate.

Konglomerat- *präf.* conglomeratic, conglomeritic.

konglomeratisch *adj.* conglomeratic, conglomeritic.

Königswasser *nt* nitrohydrochloric acid.

Konjugant *m* conjugant.

Konjugat *nt* conjugate.

Konjugation *f* conjugation.

konjugiert *adj.* conjugate, conjugated.

konkav *adj.* concave.

Konkav- *präf.* concave.

Konkavität *f* concavity.

Konkavlinse *f* concave lens, diverging lens, minus lens.

konnatal *adj.* connatal, connate.

Konsensussequenz *f* consensus sequence.

konstant *adj.* constant; changeless, consistent, steady, stabile, stable.

Konstante *f* constant.

Kontaktelektrizität *f* contact electricity.

Kontakthemmung *f* contact inhibition, density inhibition.

Kontaktkatalyse *f* heterogeneous catalysis, contact catalysis.

Kontaktsäure *f* contact acid.

kontinuierlich *adj.* continued, continuous, uninterupted, steady.

Kontinuität *f* continuity.

genetische Kontinuität genetic continuity.

Kontra- *präf.* against, contra-.

kontraktil *adj.* contractile, contractible.

Kontraktilität *f* contractility, contractibility.

Kontraktion *f* contraction.

Konvektion *f* convection.

Konvektionswärme *f* convective heat.

konvergent *adj.* convergent, converging.

Konvergenz *f* convergence, convergency (*an* to, towards).

konvergierend *adj.* convergent, converging.

Konversion *f* conversion, change, transmutation.

konvex *adj.* convex; gibbous.
Konvexität *f* convexity.
konvex-konkav *adj.* convexo-concave.
Konvexlinse *f* convex lens, converging lens, plus lens, positive lens.
konvexokonkav *adj.* convexo-concave.
konvexokonvex *adj.* convexo-convex, biconvex.
Konzentrat *nt* concentrate.
Konzentration *f* concentration; (*Spiegel*) level.
konzentriert *adj.* concentrate, concentrated, condensed.
Kooperativität *f* cooperativity.
Koordination *f* coordination.
Koordinationsbindung *f* coordination bond.
Koordinationsstelle *f* coordination position.
Köpfchenschimmel *m* Mucor.
Kopolymer *nt* copolymer.
Kopplung *f* coupling.
   chemiosmotische Kopplung chemiosmotic coupling.
   chemische Kopplung chemical coupling.
   elektromechanische Kopplung excitation-contraction coupling.
   elektrotonische Kopplung electrotonic coupling.
Kopplungsfaktor *m* coupling factor.
Kopro- *präf.* feces, fecal, copr(o)-, sterc(o)-.
Koproporphyrin *nt* coproporphyrin.
Koproporphyrinogen *nt* coproporphyrinogen.
Koproporphyrinogenoxidase *f* coproporphyrinogen oxidase.
Koprosterin *nt* coprostanol, coprosterin, coprosterol, koprosterin, stercorin.
koprozoisch *adj.* coprozoic.
Koreduktant *m* coreductant.
Korepressor *m* corepressor.
Kornberg-Enzym *nt* DNA-directed DNA polymerase, DNA nucleotidyltransferase, DNA polymerase I, pol I.
Körnchen *nt* granule.
Körper *m* body; (*anatom.*) body, corpus; trunk; soma; (*histolog.*) corpuscle.
Körperchen *nt* corpuscle, (small) body; particle.
Körperflüssigkeit *f* body fluid, humor.

körperlich *adj.* physical, bodily, somatic.
Körperzelle *f* body cell, somatic cell.
Korpuskel *nt* 1. (*anatom.*) corpuscle, corpusculum, body. 2. (*physikal.*) corpuscle.
korpuskular *adj.* relating to corpuscle(s), corpuscular.
Korpuskular- *präf.* corpuscular.
Korrelation *f* correlation.
Korrelationskoeffizient *m* coefficient of correlation, correlation coefficient.
korrodieren *vt, vi* corrode.
Korrosion *f* corrosion.
Korrosionsmittel *nt* corrosive.
Kortiko- *präf.* cortex, cortical, cortic(o)-; corticocerebral; corticomedullary.
Kortikoid *nt* corticoid.
Kortikoliberin *nt* corticotropin releasing factor, adrenocorticotropic hormone releasing factor, corticoliberin, corticotropin releasing hormone.
Kortikosteroid *nt* corticosteroid.
Kortikosteron *nt* corticosterone, Kendall's compound B, Reichstein's substance H, compound B.
kortikotrop *adj.* corticotropic, corticotrophic.
Kortikotrophin *nt* s.u. *Kortikotropin.*
Kortikotropin *nt* adrenocorticotropic hormone, adrenocorticotrophin, adrenocorticotropin, adrenotrophin, adrenotropin, corticotropin, corticotrophin, acortan.
   β-24-Kortikotropin cosyntropin, tetracosactide, tetracosactin, β-24-corticotropin.
Kortisol *nt* 17-hydroxycorticosterone, hydrocortisone, cortisol, Kendall's compound F, Reichstein's substance M, compound F.
Kortison *nt* cortisone, Kendall's compound E, compound E, Reichstein's substance Fa, Wintersteiner's F compound.
Kostimulator *m* costimulator.
Kosubstrat *nt* cosubstrate.
Kosyntropin *nt* cosyntropin, tetracosactide, tetracosactin, β-24-corticotropin.
Kot *m* bowel movement, feces, fecal matter, excrement, stool, dejection, eccrisis, ordure, diachorema, stercus; *Brit.* faeces.

K

Kot- *präf.* excrementitious, excremental, fecal, stercoraceous, stercoral, stercorous, copr(o)-, sterc(o)-; *Brit.* faecal.
Kotransduktion *f* cotransduction.
Kotransmitter *m* cotransmitter.
Kotransport *m* cotransport.
kovalent *adj.* covalent.
Kovalenz *f* covalence, covalency.
Kraft *f*, *pl* **Kräfte** strength, force, power; (*Energie*) energy; (*physikal.*) power, force.
elektromotorische Kraft electromotive force, electric tension.
elektrostatische Kraft electrostatic force.
protonenentreibende Kraft protonmotive force.
Kreatin *nt* creatine, kreatin, *N*-methylguanidinoacetic acid.
Kreatinin *nt* creatinine.
Kreatininclearance *f* creatinine clearance.
Kreatinkinase *f* creatine kinase, creatine phosphokinase, creatine phosphotransferase.
Kreatinphosphat *nt* creatine phosphate, phosphocreatine, phosphagen.
Kreatinphosphokinase *f* s.u. *Kreatinkinase.*
Krebs-Henseleit-Zyklus *m* Krebs cycle, Krebs-Henseleit cycle, Krebs ornithine cycle, Krebs urea cycle, urea cycle, ornithine cycle.
Krebs-Zyklus *m* Krebs cycle, citric acid cycle, tricarboxylic acid cycle.
Kreide *f* chalk.
Kreis- *präf.* rotary, rotatory, circular, circulatoy, circulative, cycl(o)-.
Kreislauf *m* circulation, circulatory system.
enterohepatischer Kreislauf (*Gallensäuren*) biliary cycle, Schiff's biliary cycle; enterohepatic circulation.
Kreislauf- *präf.* cyclic, cyclical; circulatory, circulative, cardiovascular.
Kreosol *nt* creosol.
Kreosot *nt* creosote, creasote.
Kresol *nt* cresol, cresylic acid, tricresol, kresol, methyl phenol.
m-Kresol *nt* metacresol, *m*-cresol.
o-Kresol *nt* orthocresol, *o*-cresol.
p-Kresol *nt* paracresol, *p*-cresol.
Kristall *m* crystal.
Kristall- *präf.* crystalline, crystal.
Kristallgitter *nt* lattice, crystal lattice.

kristallin *adj.* crystalline, crystal.
Kristallin *nt* crystallin.
kristallinisch *adj.* crystalline, crystal.
Kristallisation *f* crystallization.
Kristallisieren *nt* crystallization.
kristalloid *adj.* crystalloid.
Kristalloid *nt* crystalloid.
Kristallwasser *nt* water of crystallization.
Krotin *nt* crotin.
Krotonsäure *f* crotonic acid.
Kryo- *präf.* cold, cry(o)-, crym(o), psychr(o)-.
Kryoprotein *nt* cryoprotein.
Krypton *nt* krypton.
Kryptoxanthin *nt* cryptoxanthin.
Kubik- *präf.* cubic, cubical.
kubisch *adj.* cubic, cubical.
Kuboid *nt* cuboid.
kuboid *adj.* cuboid, cuboidal.
Kultur *f* culture.
hydroponische Kultur hypdropnics, hydroponic culture.
Kulturfiltrat *nt* culture filtrate.
Kulturflüssigkeit *f* culture fluid.
Kulturgefäß *nt* culture flask, culture vessel.
Kulturmedium *nt* culture medium.
Kulturplatte *f* culture plate.
Kulturröhrchen *nt* culture tube.
Kultursubstrat *nt* medium, culture medium.
Kumulation *f* cumulation, accumulation.
kumulativ *adj.* cumulative.
kumulieren **I** *vt* cumulate, accumulate. **II** *vi* cumulate, accumulate.
kumuliert *adj.* cumulate.
Kunststoff *m* plastic material, plastic, synthetic, synthetic material, plastics *pl.*
Kupfer *nt* copper; (*chemisch*) cuprum.
Kupfer- *präf.* copper.
Kupfer (I)- *präf.* cuprous.
Kupfer (II)- *präf.* cupric.
Kupfersulfat *nt* copper sulfate, cupric sulfate, blue vitriol.
Kupplung *f* coupling.
Kurve *f* graph, curve.
Küvette *f* cuvette, cuvet.
Kynurenin *nt* kynurenine, kynurenin.
Kynureninase *f* kynureninase.
Kynurenin-3-monooxygenase *f* kynurenine-3-monooxygenase, kynurenine-3-hydroxylase.
Kynurensäure *f* kynurenic acid.

K

L

Labferment *nt* chymosin, rennin, rennet, pexin.
labil *adj.* labile, unstable, unsteady; (*physikal.*) labile.
Labor *nt* laboratory, lab.
Laborant *m* laboratory assistant.
Laborantin *f* laboratory assistant.
Laboratorium *nt* laboratory, lab.
Laborkultur *f* laboratory culture.
Labormedium *nt* laboratory medium.
Labornährboden *m* laboratory medium.
Laborpopulation *f* laboratory population.
Labortest *m* laboratory experiment, laboratory test.
Laborversuch *m* s.u. *Labortest.*
Laborwert *m* laboratory value.
Laccase *f* Laccase.
Lackmus *nt* litmus, lacmus, tournesol, turnsol.
Lackmuspapier *nt* litmus paper.
Lact- *präf.* s.u. *Lacto-.*
Lactalbumin *nt* lactalbumin.
Lactam *nt* lactam.
β-Lactamase *f* β-lactamase, beta-lactamase.
Lactamform *f* lactam form.
Lactamid *nt* lactamide.
β-Lactamring *m* β-lactam ring.
Lactase *f* lactosyl ceramidase II, lactase, β-galactosidase.
Lactat *nt* lactate.
Lactim *nt* lactim.
Lacto- *präf.* milk, lactic, lacteal, lacteous, galactic, galact(o)-, lact(o)-.
Lactobacillaceae *pl* Lactobacillaceae.
Lactobacillus *m* Lactobacillus.
Lactoferrin *nt* lactoferrin.

Lactoflavin *nt* lactoflavin, riboflavin, riboflavine, flavin, vitamin B_2.
Lactoglobulin *nt* lactoglobulin.
Lacton *nt* lactone.
Lactonase *f* lactonase.
Lactoprotein *nt* lactoprotein.
Lactosazon *nt* lactosazone.
Lactose *f* lactose, milk sugar, lactin, lactosum, galactosylglucose.
Lactosid *nt* lactoside.
Lactosyl-N-acylsphingosin *nt* s.u. *Lactosylceramid.*
Lactosylceramid *nt* lactosyl-*N*-acylsphingosine, lactosylceramide, cytolipin H, ceramide lactoside.
Lactosylceramidase *f* lactosyl ceramidase, lactosylceramide galactosyl hydrolase.
Lactosylcerebrosidase *f* lactosyl cerebrosidase.
Lactotransferrin *nt* lactoferrin.
Lactoylglutathionlyase *f* methylglyoxalase, lactoylglutathione lyase, glyoxalase I.
Ladung *f* charge.
  elektrische Ladung electrical charge.
  negative Ladung negative charge.
  positive Ladung positive charge.
Ladungsgradient *m* charge gradient.
Laevulan *nt* fructosan, levan, levulan, levulosan, polyfructose.
Laevulose *f* fructose, fruit sugar, fructopyranose, laevulose, levulose.
Lagphase *f* lag period, lag phase.
Laki-Lorand-Faktor *m* factor XIII, fibrin stabilizing factor, Laki-Lorand factor, fibrinase.
Lakt- *präf.* s.u. *Lakto-*

Laktalbumin *nt* lactalbumin.
Laktam *nt* lactam.
β-Laktamase *f* β-lactamase, beta-lactamase.
Laktamform *f* lactam form.
Laktamid *nt* lactamide.
β-Laktamring *m* β-lactam ring.
Laktase *f* lactosyl ceramidase II, lactase, β-galactosidase.
Laktat *nt* lactate.
Laktatdehydrogenase *f* lactate dehydrogenase, lactic acid dehydrogenase.
Laktation *f* lactation.
Laktations- *präf.* lactational.
laktieren *vi* lactate.
Laktim *nt* lactim.
Lakto- *präf.* milk, lactic, lacteal, lacteous, galactic, galact(o)-, lact(o)-.
Laktobiose *f* lactose, milk sugar, lactin, lactosum, galactosylglucose.
Laktoferrin *nt* lactoferrin.
Laktoflavin *nt* lactoflavin, riboflavin, riboflavine, flavin, vitamin B_2, vitamin G.
Laktoglobulin *nt* lactoglobulin.
Lakton *nt* lactone.
Laktonamin *nt* lactam.
Laktonase *f* lactonase.
Laktonimin *nt* lactim.
Laktoprotein *nt* lactoprotein.
Laktose *f* lactose, milk sugar, lactin, lactosum, galactosylglucose.
β-Laktose *f* beta-lactose.
Laktosesynthase *f* lactose synthase.
Laktosesynthetase *f* lactose synthase.
Laktosid *nt* lactoside.
Laktotransferrin *nt* lactoferrin.
lambda-Kette *f* lambda chain, λ chain.
Lambert-Beer-Gesetz *nt* Lambert-Beer law, Beer's law.
Lamblia *f* Lamblia.
lamellar *adj.* s.u. *lamellär.*
lamellär *adj.* lamellar, lamellate, lamellated, lamellose, laminated, laminate, laminous, scaly.
Lamelle *f* leaf, lamella, plate.
laminar *adj.* laminar, laminal, laminary, laminate, laminous.
Laminarströmung *f* laminar flow.
Lampenbürstenchromosom *nt* lampbrush chromosome.
Lanatosid *nt* lanatoside.
Längeneinheit *f* length unit, unit of length.

Längenmaß *nt* long measure, measure of length, linear measure, lineal measure.
langkettig *adj.* long-chain.
Langzeit- *präf.* long-term, long-time.
Lanolin *nt* lanolin, lanoline, lanum, wool fat, wool grease.
Lanosterin *nt* lanosterol, isocholesterin, isocholesterol.
Lanthan *nt* lanthanum.
Lanthaniden *pl* lanthanides.
Larve *f* larva.
Laser *m* laser, optical maser.
Laser-Scan-Mikroskop *nt* laser microscope.
Laserstrahl *m* laser beam.
latent *adj.* latent, potential.
Latex *m* latex.
Lauge *f* lye, alkaline solution; caustic, caustic solution.
laugenneutralisierend *adj.* antalkaline.
Laurinsäure *f* dodecanoic acid, lauric acid.
Laus *f, pl* **Läuse** louse, pediculus.
Lävan-Typ *m* levan type.
Lävo- *präf.* left, lev(o)-, laev(o)-.
Lävorotation *f* levorotation, levogyration, sinistrotorsion, sinistrogyration.
lävorotatorisch *adj.* left-handed, levorotatory, levogyral, levogyrous, levorotar.
Lävulose *f* fructose, fruit sugar, fructopyranose, laevulose, levulose.
Lawrencium *nt* lawrencium.
Lawson *nt* lawsone, 2-hydroxy-1,4-naphthoquinone.
LDL-Rezeptor *m* LDL receptor, low-density lipoprotein receptor.
LEA-Protein *nt* LEA protein.
leben I *vt* live. II *vi* live, be alive; live, exist (*von* on, upon); (*wohnen*) live, dwell (*bei* with).
Leben *nt* life; (*Spanne*) lifetime, life span, life.
lebendig *adj.* living, live, alive.
lebensfähig *adj.* viable.
nicht lebensfähig nonviable.
lebensnotwendig *adj.* indispensable to life, vital, essential, teleorganic.
Lebensraum *m* habitat, biotope.
Leber *f* liver; (*anatom.*) hepar.
Leberzelle *f* parenchymal liver cell, hepatocyte.
Lecithalbumin *nt* lecithalbumin.
Lecithin *nt* lecithin, choline phos-

phatidyl, choline phosphoglyceride, phosphatidylcholine.

Lecithinämie *f* lecithinemia.

Lecithinase *f* lecithinase, phospholipase.

Lecithinase A phospholipase A_1, phospholipase A_2, lecithinase A.

Lecithinase B phospholipase B, lecithinase B, lysophospholipase.

Lecithinase C phospholipase C, lecithinase C.

Lecithinase D phospholipase D, choline phosphatase, lecithinase D.

Lecithin-Cholesterin-Acyltransferase *f* lecithin-cholesterol acyltransferase, lecithin acyltransferase, phosphatidylcholine-cholesterol acyltransferase, phosphatidylcholine-sterol acyltransferase.

Lecithoprotein *nt* lecithoprotein.

Lectin *nt* lectin, adhesin.

Lederzecken *pl* soft-bodied ticks, soft ticks, Argasidae.

Leerlauf-Zyklus *m* futile cycle.

Leghämoglobine *pl* leghemoglobins.

Legionella *f* legionella, Legionella.

Legionellaceae Legionellaceae.

Legumin *nt* legumin, avenin.

Leib *m* body.

leiblich *adj.* corporeal, corporal, bodily, physical, somatic.

leichtflüchtig *adj.* highly volatile.

leichtflüssig *adj.* mobile.

Leichtkette *f* light chain, L-chain.

Leichtmetall *nt* light metal.

Leinölsäure *f* linoleic acid, linolic acid.

Leishmania *f* leishmania, Leishmania.

leitfähig *adj.* conductible, conducting, conductive.

Leitfähigkeit *f* conductivity, conductibility.

   elektrische Leitfähigkeit electrical conductivity, conductance.

Leitgeschwindigkeit *f* conduction velocity.

Leitisotop *nt* tracer.

Leitvermögen *nt* conduction, conductivity, conductibility.

Leitwert *m* conductance.

Lektin *nt* adhesin, lectin.

Lentiviren *pl* Lentivirinae.

Lentivirinae *pl* Lentivirinae.

Lentivirus *nt* lentivirus.

Leptomonas *f* leptomonas, leptomonad, Leptomonas.

Leptospira *f* leptospira, leptospire, Leptospira.

Leptospiraceae Leptospiraceae.

Leptothrix *f* leptothrix, Leptothrix.

Leptotrichia *f* Leptotrichia.

Leserahmen *m* reading frame.

   nichtidentifizierter Leserahmen unidentified reading frame.

   offener Leserahmen open reading frame.

letal *adj.* lethal, deadly, thanatophoric, fatal.

Letal- *präf.* lethal.

Letalfaktor *m* lethal gene, lethal, lethal mutation, lethal factor.

Letalgen *nt* s.u. *Letalfaktor*.

Letalität *f* lethality.

Letalsynthese *f* lethal synthesis.

Leucin *nt* leucine.

Leucinaminopeptidase *f* leucine aminopeptidase, leucine arylamidase, aminopeptidase (cytosol), aminopolypeptidase.

Leucinaminotransferase *f* leucine aminotransferase, leucine transaminase.

Leucinarylamidase *f* s.u. *Leucinaminopeptidase*.

Leucin-Enkephalin *nt* leucine enkephalin, leu-enkephalin.

Leucintransaminase *f* leucine aminotransferase, leucine transaminase.

Leucin-Zipper-Struktur *f* leucine zipper.

Leuco- *präf.* leuk(o)-, leuc(o)-.

Leucoanthocyanidin *nt* leukoanthocyanidin.

Leucocyanidin *nt* leukocyanidin.

Leucodelphinidin *nt* leukodelphinidin.

Leucodopachrom *nt* L-cyclo-Dopa.

Leucopelargonidin *nt* leukopelargonidin.

Leucovorin *nt* leucovorin, citrovorum factor, folinic acid.

Leu-Enkephalin *nt* leucine enkephalin, leu-enkephalin.

Leuk- *präf.* leuk(o)-, leuc(o)-.

Leukin *nt* leukin, leucin.

Leuko- *präf.* leuk(o)-, leuc(o)-.

Leukocidin *nt* leukocidin.

Leukomain *nt* leukomaine.

Leukophyl *nt* leukophyl, leukophyll.

Leukoplast *m* leukoplast, leukoplastid.

Leukopoese *f* leukopoiesis, leukocytopoiesis.

leukopoetisch *adj.* relating to leukopoiesis, producing leukocytes, leukopoietic.

Leukoprotease *f* leukoprotease.

Leukoproteasehemmer *m* antileukoprotease.

Leukopsin *nt* leukopsin, visual white.

Leukopterin *nt* leucopterin.

Leukotaxin *nt* leukotaxine, leukotaxin.

Leukotrien *nt* leukotriene.

Leukourobilin *nt* leukourobilin.

Leukovorin *nt* leucovorin, citrovorum factor, folinic acid.

Leukozidin *nt* leukocidin.

Leukozyt *m* leukocyte, leucocyte, colorless corpuscle, white blood cell, white blood corpuscle.

agranulärer Leukozyt agranular leukocyte, nongranular leukocyte, lymphoid leukocyte, agranulocyte.

basophiler Leukozyt basophil, basophile, basophilic granulocyte, basophilic leukocyte, basophilocyte, polymorphonuclear basophil leukocyte, blood mast cell.

eosinophiler Leukozyt eosinophilic leukocyte, eosinophil, eosinophile, eosinophilic granulocyte, eosinocyte, polymorphonuclear eosinophil leukocyte.

granulärer Leukozyt granulocyte, granular leukocyte, polynuclear leukocyte.

lymphoider Leukozyt s.u. *agranulärer Leukozyt.*

neutrophiler Leukozyt neutrocyte, neutrophil, neutrophile, neutrophilic leukocyte, neutrophilic granulocyte, neutrophilic cell, polynuclear neutrophilic leukocyte, polymorphonuclear neutrophil leukocyte.

polymorphkerniger Leukozyt polymorph, polymorphonuclear, polymorphonuclear leukocyte, polymorphonuclear granulocyte, polynuclear leukocyte.

leukozytär *adj.* relating to leukocytes, leukocytic, leukocytal.

Leukozyten- *präf.* leukocytic, leukocytal.

Leukozytenantigene *pl* leukocyte antigens.

humane Leukozytenantigene human leukocyte antigens, major histocompatibility antigens, major histocompatibility complex, HLA complex.

Leukozyteninterferon *nt* interferon-α, leukocyte interferon.

Leukozytenphosphatase, alkalische *f* leukocyte alkaline phosphatase.

Leukozyto- *präf.* leukocytic, leukocytal.

Leuzin *nt* leucine.

Levan *nt* fructosan, levan, levulan, levulosan, polyfructose.

Levarterenol *nt* levarterenol, norepinephrine, noradrenalin, noradrenaline, arterenol.

Levo- *präf.* left, lev(o)-, laev(o)-.

Levulan *nt* fructosan, levan, levulan, levulosan, polyfructose.

Levulose *f* fructose, fruit sugar, fructopyranose, laevulose, levulose.

Lewis-Säure *f* Lewis acid.

Lewis-Base *f* Lewis base.

lezithal *adj.* lecithal.

Lezithalbumin *nt* lecithalbumin.

Lezithin *nt* lecithin, choline phosphatidyl, choline phosphoglyceride, phosphatidylcholine.

Lezithinase *f* lecithinase, phospholipase.

Lezithinase A phospholipase A_1, phospholipase A_2, lecithinase A.

Lezithinase B phospholipase B, lecithinase B, lysophospholipase.

Lezithinase C phospholipase C, lecithinase C.

Lezithinase D phospholipase D, choline phosphatase, lecithinase D.

LHC IIa-Komplex *m* LHC IIa complex.

LHC II-Apoprotein *nt* LHC II apoprotein.

LHC IIb-Komplex *m* LHC IIb complex.

LHC IIc'-Komplex *m* LHC IIc' complex.

LHC IIc-Komplex *m* LHC IIc complex.

LHC IId-Komplex *m* LHC IId complex.

LHC IIe-Komplex *m* LHC IIe complex.

LHC II-Kinase *f* LHC II kinase.

LHC II-Komplex *m* LHC II complex.

LHC II-Monomer *nt* LHC II monomer.

LHC II-Trimer *nt* LHC II trimer.

LH-releasing-Faktor *m* s.u. *LH-releasing-Hormon.*

LH-releasing-Hormon *nt* luteinizing hormone releasing hormone, luteinizing hormone releasing factor, luliberin, lutiliberin.

Licht *nt* light.

farbloses Licht white light.
linear polarisiertes Licht plane-polarized light.
monochromatisches Licht monochromatic radiation, monochromatic light.
polarisiertes Licht polarized light.
sichtbares Licht visual light.
weißes Licht white light.
Licht- *präf.* light, photic, phot(o)-.
lichtabhängig *adj.* light-dependent.
lichtabsorbierend *adj.* light-absorbing.
Lichtabsorption *f* light absorption.
Lichtabsorptionsspektrum *nt* light-absorption spectrum.
Lichtaktivierung *f* light activation.
Lichtatmung *f* photorespiration.
Lichtbogen *m* arc, electric arc.
lichtbrechend *adj.* refracting, refractive, dioptric, dioptrical.
Lichtenergie *f* light energy, luminous energy.
Lichtenzym *f* light enzyme.
lichterzeugend *adj.* producing light, luminiferous; photogenic.
Lichthemmung *f* light inhibition, photoinhibition.
Lichtkatalyse *f* photocatalysis.
Lichtphase *f* light reactions.
Lichtreaktionen *f* light reactions of photosynthesis, light phase of photosynthesis.
  1. Lichtreaktion 1. light reaction.
  2. Lichtreaktion 2. light reaction.
Lichtsammlersystem *nt* light harvesting complex.
lichtsensibel *adj.* photosensory.
lichtstabil *adj.* photostable.
Lichtstärke *f* luminosity, luminousness, intensity, intenseness.
Lichtstrahl *m* shaft of light, ray of light, bar of light, beam of light.
Lichtstreuung *f* light scattering.
Lichtwellen *pl* light waves.
Ligand *m* ligand.
Ligandenspezifität *f* ligand specifity.
Ligase *f* ligase, synthetase.
Lignan *nt* lignan.
Lignin *nt* xylogen, lignin.
Lignocerinsäure *f* lignoceric acid, tetracosanoic acid.
Ligroin *nt* ligroin, ligroine.
Limonen *nt* limonene, *p*-mentha-1,8-diene.
Limonen-6-hydroxylase *f* limonene 6-hydroxylase.
Limonensynthase *f* limonene synthase.
Lindan *nt* hexachlorocyclohexane, lindane, benzene hexachloride, gamma-benzene hexachloride.
linear *adj.* linear, straight-line.
  nicht linear nonlinear.
Linear- *präf.* linear.
Lineweaver-Burk-Gleichung *f* Lineweaver-Burk equation.
Lineweaver-Burk-Darstellung *f* Lineweaver-Burk plot.
Linguatula *f* tongue worms, Linguatula.
Linguatulidae *pl* Pentastomida, Linguatulidae.
Linin *nt* linin.
Linker *m/nt* linker.
Linker-Polypeptid *nt* linker polypeptide.
linksdrehend *adj.* left-handed, levorotatory, levorotary, levogyral, levogyrous.
Linksdrehung *f* levorotation, levogyration, sinistrotorsion, sinistrogyration.
Linognathus *m* Linognathus.
Linoleat *nt* linoleate.
Linolensäure *f* linolenic acid.
Linolsäure *f* linoleic acid, linolic acid.
Linoyl-phosphatidylcholin-desaturase *f* linoyl-phosphatidylcholine desaturase.
Linse *f* (*physikal.*) lens, glass.
Linsensystem *nt* lens system.
Lip- *präf.* s.u. *Lipo-*.
Lipamid *nt* lipoamide.
Lipamiddehydrogenase *f* lipoamide dehydrogenase.
Lipase *f* lipase, lipidase, fat-splitting enzyme, glyceridase.
  hormonsensitive Lipase hormone-sensitive lipase.
Lipid *nt* lipid, lipide; lipin, lipoid, fat.
  Lipid A lipid A.
  amphipatisches Lipid polar lipid, amphipathic lipid.
  einfaches Lipid nonsaponifiable lipid.
  Lipid aus gesättigten Fettsäuren saturated lipid.
  kompliziertes Lipid complex lipid, saponifiable lipid.
  Lipid mit mehrfach ungesättigten Fettsäuren polyunsaturated lipid.
  nicht-verseifbares Lipid nonsaponi-

L

fiable lipid.
polares Lipid polar lipid, amphipathic lipid.
Lipid mit ungesättigten Fettsäuren unsaturated lipid.
verseifbares Lipid complex lipid, saponifiable lipid.
Lipid- *präf.* lipidic.
Lipidalkohol *m* lipidol.
lipidhaltig *adj.* lipid-containing.
Lipidhormon *nt* lipid hormone.
Lipidkörper *m* lipid body, oleosome, spherosome.
lipidlöslich *adj.* lipid-soluble.
Lipidmembran *f* lipid membrane.
Lipidmetabolismus *m* lipid metabolism.
Lipidolyse *f* lipidolysis.
lipidolytisch *adj.* relating to *or* causing lipidolysis, lipidolytic, lipoidolytic.
Lipidpolymer *nt* lipid polymer.
Lipidspaltung *f* lipidolysis.
Lipidstoffwechsel *m* lipid metabolism.
Lipidtransferprotein *nt* lipid transfer protein.
Lipo- *präf.* fat, lipid, fatty, lipidic, lip(o)-, leip(o)-, adip(o)-, pimel(o)-, pi(o)-.
Lipoamid *nt* lipoamide.
Lipoamiddehydrogenase *f* lipoamide dehydrogenase, dihydrolipoamide dehydrogenase, dihydrolipoyl dehydrogenase, diaphorase.
Lipoaminsäure *f* lipoamino acid.
Lipoatacetyltransferase *f* lipoate acetyltransferase, lipoyl transacetylase.
Lipochrom *nt* **1.** lipochrome, lipofuscin, lipochrome pigment, chromolipoid. **2. Lipochrome** *pl* wear and tear pigments.
Lipochromogen *nt* lipochromogen.
Lipofuszin *nt* lipofuscin, wear and tear pigment.
lipogen *adj.* relating to lipogenesis, caused by *or* producing fat, lipogenic, lipogenetic, adipogenic, adipogenous, steatogenous.
Lipogenese *f* adipogensis, lipogenesis.
lipoid *adj.* lipoid, lipoidal, liparoid, lipoidic, adipoid.
Lipoid *nt* lipoid, adipoid.
Lipoidpigment *nt* lipochrome, lipofuscin, chromolipoid, lipochrome pig-

ment.
lipokatabol *adj.* lipocatabolic.
lipokatabolisch *adj.* lipocatabolic.
Lipolyse *f* lipolysis, lipoclasis, lipodieresis, adipolysis.
lipolytisch *adj.* relating to *or* causing lipolysis, adipolytic, lipolytic, lipodieretic, lipoclastic, lipasic.
lipometabolisch *adj.* lipometabolic.
Lipomikron *nt* lipomicron, chylomicron.
Liponsäure *f* lipoic acid, thioctic acid, acetate replacement factor, acetate replacing factor, pyruvate oxidation factor.
Liponukleoprotein *nt* liponucleoprotein.
lipopektisch *adj.* relating to *or* marked by lipopexia, lipopectic, lipopexic.
Lipopeptid *nt* lipopeptid.
Lipopexie *f* lipopexia.
Lipophage *m* lipophage.
Lipophagie *f* lipophagy, lipophagia.
lipophil *adj.* lipophilic, lipophile.
Lipophilie *f* lipophilia.
Lipophosphodiesterase I *f* lecithinase C, phospholipase C.
Lipopolysaccharid *nt* lipopolysaccharide.
Lipoprotein *nt* lipoprotein.
Lipoprotein mit geringer Dichte β-lipoprotein, beta-lipoprotein, low-density lipoprotein.
Lipoprotein mit hoher Dichte α-lipoprotein, alpha-lipoprotein, high-density lipoprotein.
Lipoprotein mit mittlerer Dichte intermediate-density lipoprotein.
Lipoprotein mit sehr geringer Dichte prebeta-lipoprotein, very low-density lipoprotein.
Lipoprotein X lipoprotein-X.
α-Lipoprotein *nt* α-lipoprotein, alpha-lipoprotein, high-density lipoprotein.
β-Lipoprotein *nt* β-lipoprotein, beta-lipoprotein, low-density lipoprotein.
Lipoproteinelektrophorese *f* lipoprotein electrophoresis.
Lipoproteinlipase *f* lipoprotein lipase, diacylglycerol lipase, diglyceride lipase.
Liposom *nt* liposome.
Lipoteichonsäure *f* lipoteichoic acid, membrane teichoic acid.
lipotrop *adj.* lipotropic.

lipotroph *adj.* lipotrophic.
Lipotrophie *f* lipotrophy.
lipotrophisch *adj.* lipotrophic.
Lipotropie *f* lipotropism, lipotropy.
β-Lipotropin *nt* β-lipotropin.
Lipoxygenase *f* lipoxygenase, lipoxidase.
Lipoxygenaseweg *m* lipoxygenase pathway.
Lipozyt *m* lipocyte, fat cell, adipocyte.
Liquefaktion *f* liquefaction.
liqueszieren *vt, vi* liquefy, liquesce, liquify.
liquid *adj.* liquid, flowing, fluid.
Listeria *f* Listeria, Listerella.
Liter *nt/m* liter.
Lithium *nt* lithium.
Lithiumborhydrid *nt* lithium borohydride.
Litho- *präf.* stone, calculus, lith(o)-.
Lithocholat *nt* lithocholate.
Lithocholsäure *f* lithocholic acid.
lithotroph *adj.* lithotroph.
L-Kette *f* L chain, light chain.
L-Kettenkrankheit *f* L-chain disease, L-chain myeloma, Bence-Jones myeloma.
L-Meromyosin *nt* light meromyosin, L-meromyosin.
Loa *f* Loa.
Lockstoff *m* attractant, attractive agent, attractive substance.
Loculus *m* intrathylakoid space.
Lohmann-Reaktion *f* Lohmann reaction.
L-Organismus *m* L-phase variant, L-form, wall-defective microbial form.
lösbar *adj.* soluble, solvable.
Loschmidt-Zahl *f* Loschmidt's number.
löslich *adj.* soluble, solvable.
Löslichkeit *f* solubility.
Löslichkeitsprodukt *nt* solubility product.
Lösung *f* solution, irrigation.
   alkoholische Lösung alhocolic solution.
   gesättigte Lösung saturated solution.
   hypertone Lösung hypertonic solution.
   hypotone Lösung hypotonic solution.
   ionische Lösung ionic solution.
   kolloidale Lösung colloidal solution, colloid, colloid solution.
   physikalische Lösung physical solution.

   verdünnte Lösung dilution.
   wässrige Lösung aqueous solution.
Lösungseigenschaft *f* solvent property.
Lösungsmittel *nt* solvent, resolvent, dissolvent, menstruum.
Lösungswärme *f* heat of solution.
low-density lipoprotein *nt* β-lipoprotein, beta-lipoprotein, low-density lipoprotein.
L-Phase *f* L-form, wall-defective microbial form, L-phase variant.
LTR-Sequenz *f* long terminal repeat.
Lucidin *nt* lucidine.
Luciferase *f* luciferase.
Luciferin *nt* luciferin.
Lucilia *pl* bluebottle flies, greenbottle flies, Lucilia.
Luft *f* air; (*Atem*) breath.
   flüssige Luft liquid air.
Luftdruck *m* air pressure, atmospheric pressure, barometric pressure.
lufthaltig *adj.* aerated.
Lufttemperatur *f* air temperature.
Luftthermometer *nt* air thermometer.
Luliberin *nt* luliberin, lutiliberin, luteinizing hormone releasing hormone, luteinizing hormone releasing factor.
luliberinerg *adj.* lutiliberinergic, luliberinergic.
Lumen *nt* lumen.
lumineszent *adj.* luminescent.
Lumineszenz *f* luminescence.
lumineszierend *adj.* luminescent.
Lunge *f* lung.
Lupe *f* loupe, lens, magnifier, magnifying glass, magnifying loupe; hand lens, hand glass; reading glass.
Lupinenalkaloide *pl* quinolizidine alkaloids, quinolizidines.
Lupinin *nt* lupinine.
luteal *adj.* relating to the corpus luteum, luteal, luteinic.
Luteal- *präf.* luteal, luteinic.
Lutein *nt* lutein.
Luteinisierungshormon *nt* luteinizing hormone, interstitial cell stimulating hormone, luteinizing principle, Aschheim-Zondek hormone.
Luteinizing-hormone-releasing-Faktor *m* s.u. *Lutiliberin.*
Luteinizing-hormone-releasing-Hormon *nt* s.u. *Lutiliberin.*
Luteolin *nt* luteolin.
Luteotropin *nt* luteotropin, luteotrophin.

L

Lutetium *nt* lutetium, lutecium.
Lutiliberin *nt* luteinizing hormone releasing hormone, luliberin, lutiliberin, luteinizing hormone releasing factor.
lutiliberinerg *adj.* lutiliberinergic, luliberinergic.
Lux *nt* lux, meter-candle, candle-meter.
Lyase *f* lyase.
Lykopin *nt* lycopene.
Lymph- *präf.* lymphoid, lymphatic, lymphous, lymph(o)-.
lymphartig *adj.* resembling lymph, lymphoid.
lymphatisch *adj.* lymphatic, lymphoid.
Lymphdrüse *f* s.u. *Lymphknoten.*
Lymphe *f* lymph, lympha.
Lymphfollikel *m* lymph follicle, lymphatic follicle, lymphoid follicle, lymphonodulus.
Lymphgefäß *nt* lymphoduct, lymphangion, lymphatic, lymph vessel, lymphatic vessel.
Lymphkapillare *f* lymph vessel, lymphatic vessel, lymphocapillary vessel, capillary, lymph capillary, lymphatic capillary; *(Darm)* lacteal, lacteal vessel, chyliferous vessel.
Lymphknötchen *nt* lymph follicle, lymphatic follicle, lymphoid follicle, lymphonodulus.
Lymphknoten *m* lymph node, lymph gland, lymphatic gland, lymphonodus, lymphaden, lymphoglandula.
Lympho- *präf.* lymph, lymphatic, lympho-.
Lymphopoese *f* lymphocytopoiesis, lymphopoiesis.
lymphopoetisch *adj.* relating to *or* characterized by lymphopoiesis, lymphopoietic, lymphocytopoietic.
Lymphopoiese *f* lymphopoiesis, lymphocytopoiesis.
Lymphozyt *m* lymph cell, lymphoid cell, lymphocyte, lympholeukocyte.
thymusabhängiger Lymphozyt thymus-dependent lymphocyte, T lymphocyte, T cell.
lymphozytär *adj.* relating to *or* characterized by lymphocytes, lymphocytic.
Lymphozyten- *präf.* lymphocytic.
Lymphzelle *f* s.u. *Lymphozyt.*
Lyogel *nt* lyogel.

lyophil *adj.* lyophilic, lyophile.
Lyophilisation *f* freeze-drying, lyophilization.
lyophilisieren *vt* lyophilize.
Lyophilisierung *f* freeze-drying, lyophilization.
lyophob *adj.* lyophobic, lyophobe.
Lyosol *nt* lyosol.
Lyosorption *f* lyosorption.
lyotrop *adj.* lyotropic.
Lys- *präf.* lys(o)-.
Lysat *nt* lysate.
Lyse *f* lysis.
Lyse- *präf.* lytic.
Lyseprodukt *nt* lysate.
Lysergsäure *f* lysergic acid.
Lysergsäurediethylamid *nt* lysergic acid diethylamide, lysergide.
Lysin *nt* lysine.
β-Lysin *nt* beta-lysin.
Lysindehydrogenase *f* lysine dehydrogenase, L-lysine:NAD oxidoreductase.
Lysinenzym *nt* lysine enzyme.
Lyso- *präf.* lys(o)-.
Lysocephalin *nt* lysocephalin.
Lysokephalin *nt* lysocephalin.
Lysokinase *f* lysokinase.
Lysolecithin *nt* lysolecithin.
Lysolezithin *nt* lysolecithin.
Lysophosphatid *nt* lysophosphatide.
Lysophosphatidsäure *f* lysophosphatidic acid.
Lysophosphatidyl-acyltransferase *f* lysophosphatidyl acyltransferase.
Lysophosphatidylcholin *nt* lysolecithin.
Lysophosphoglyzerid *nt* lysophosphoglyceride.
Lysophospholipase *f* lysophospholipase, lecithinase B, phospholipase B.
Lysosom *nt* lysosome.
lysosomal *adj.* relating to a lysosome, lysosomal.
Lysosomenmembran *f* lysosome membrane.
Lysozym *nt* lysozyme, muramidase.
Lysyl-Bradykinin *nt* lysyl-bradykinin, kallidin, kallidin II, kallidin 10, bradykininogen.
Lysyloxidase *f* lysyl oxidase.
Lysyl-Radikal *nt* lysyl.
lytisch *adj.* lytic.
Lyxose *f* lyxose.

M

Macro- *präf.* large, long, macr(o)-.

Magen *m* stomach, belly, tummy; gaster, ventricle, ventriculus.

Magen-Darm- *präf.* gastrointestinal, gastroenteric.

Magen-Darm-Trakt *m* gastrointestinal tract; digestive tract.

Magendrüsen *pl* gastric glands, gastric follicles, acid glands, fundic glands, fundus glands, Wasmann's glands, peptic glands.

Magensaft *m* gastric juice, stomach secrete.

Magensaft-pH *m* gastric pH.

Magensäure *f* gastric acid.

Magensekret *nt* gastric secretion, gastric secrete, stomach secrete.

Magensekretion *f* gastric secretion.

Magenspeichel *m* gastric juice.

Magenzyklus *m* gastric cycle.

Magnesia *nt* magnesia, magnesia calcinata, magnesium oxide.

Magnesium *nt* magnesium.

Magnesium-Ammonium-phosphat *nt* magnesium ammonium phosphate.

Magnesiumchelatase *f* magnesium chelatase, Mg chelatase.

Magnesiumchlorid *nt* magnesium chloride.

Magnesiumhydroxid *nt* magnesium hydroxide.

Magnesiumkarbonat *nt* magnesium carbonate, magnesia alba.

Magnesiumoxid *nt* s.u. *Magnesia*.

Magnesiumperhydrol *nt* magnesium peroxide.

Magnesiumperoxid *nt* magnesium peroxide.

Magnesiumphosphat *nt* magnesium phosphate.

Magnesiumsulfat *nt* magnesium sulfate, Epsom salt.

Magnesiumsuperoxid *nt* magnesium peroxide.

Magnet *m* magnet.

Magnet- *präf.* magnetic.

Magnetfeld *nt* magnetic field.

Magnetfluss *m* magnetic flux.

Magnetik *f* magnetics *pl.*

magnetisch *adj.* relating to a magnet, having the property of magnetism, magnetic.

Magnetismus *m* magnetism.

Magnetkern *m* magnetic core.

Makro- *präf.* large, long, macr(o)-; megal(o)-, mega-.

Makroaggregat *nt* macroaggregate.

Makroalbuminaggregat *nt* macroaggregated albumin.

Makroamylase *f* macroamylase.

Makroanalyse *f* macroanalysis.

Makrobakterium *nt* macrobacterium, megabacterium.

Makrochemie *f* macrochemistry.

makrochemisch *adj.* relating to macrochemistry, macrochemical.

Makrochylomikron *nt* macrochylomicron.

Makroelement *nt* macroelement.

Makrofauna *f* macrofauna.

Makroflora *f* macroflora.

Makroglobulin *nt* macroglobulin.
α_2-**Makroglobulin** alpha$_2$-macroglobulin, α_2-macroglobulin.

Makromere *f* macromere.

Makromolekül *nt* macromolecule.

makromolekular *adj.* macromolecular.

Makroparasit *m* macroparasite.
Makrophagenaktivierungsfaktor *m* macrophage-activating factor.
Makrophagensystem *nt* macrophage system.
Makrophagenwachstumsfaktor *m* macrophage growth factor.
Makroprotein *nt* macroprotein.
Malassezia *f* Malassezia.
Malat *nt* malate.
Malat-Aspartat-Shuttle *m* malate-aspartate shuttle.
Malatdehydrogenase (NAD⁺) *f* malate dehydrogenase, malate-NAD dehydrogenase, malic acid dehydrogenase.
Malatdehydrogenase (NADP⁺) *f* malate dehydrogenase (NADP⁺), malate-NADPH dehydrogenase, malic enzyme.
Malatenzym *nt* malate dehydrogenase (NADP⁺), malate-NADPH dehydrogenase, malic enzyme.
Malatsynthase *f* malate synthase.
Maleat *nt* maleate.
Maleinat *nt* maleate.
Maleinsäure *f* maleic acid.
4-Maleylacetessigsäure *f* 4-maleylacetoacetic acid.
Maleylacetoacetat *nt* maleylacetoacetate.
Maleylacetoacetatisomerase *f* maleylacetoacetate isomerase, maleylacetoacetic acid isomerase.
Malleomyces *m* Malleomyces.
Mallophaga *pl* biting lice, Mallophaga.
Malonat *nt* malonate.
Malonsäure *f* malonic acid.
Malonyl- *präf.* malonyl.
Malonyl-CoA *nt* malonyl coenzyme A, malonyl-CoA.
Malonyl-Coenzym A *nt* malonyl coenzyme A, malonyl-CoA.
Maltase *f* maltase.
  saure **Maltase** acid maltase, gamma-amylase, glucan-1,4-α-glucosidase.
Maltodextrin *nt* maltodextrin.
Maltose *f* malt sugar, maltobiose, maltose, ptyalose.
Maltosephosphorylase *f* maltose phosphorylase.
Maltosid *nt* maltoside.
Maltotriose *f* maltotriose.
Malzzucker *m* s.u. *Maltose*.
Mammalia *pl* mammals, Mammalia.
Mandelat *nt* mandelate.

Mandelsäure *f* amygdalic acid, mandelic acid, phenylglycolic acid.
Mangan *nt* manganese, manganum.
Mangan- *präf.* manganic.
Mangan-II- *präf.* manganous.
Mangan-III- *präf.* manganic.
manganhaltig *adj.* manganic.
Mangansäure *f* manganic acid.
Mannan *nt* mannan, mannosan.
Mannich-Kondensation *f* Mannich reaction.
Mannit *nt* mannitol, mannite.
D-Mannosamin *nt* D-mannosamine.
Mannose *f* mannose, mannitose, seminose.
Mannose-1-Phosphat *nt* mannose-1-phosphate.
Mannose-6-Phosphat *nt* mannose-6-phosphate.
Mannose-6-phosphatisomerase *f* phosphomannose isomerase, mannose-6-phosphate isomerase.
Mannosid *nt* mannoside.
α-Mannosidase *f* α-mannosidase.
Mannuronsäure *f* mannuronic acid.
Manometer *nt* manometer, pressometer, pressure gage, pressure gauge.
Manometrie *f* manometry.
manometrisch *adj.* relating to a manometer, manometric, manometrical.
Mansonella *f* Mansonella.
Mansonia *f* Mansonia.
Mansonioides *pl* Mansonioides.
Markierungsreagenz *nt* labeling reagent.
Marsupialier *pl* marsupials, Marsupialia.
Marsupium *nt* marsupial pouch, marsupium.
Masse *f* mass, substance; (*physikal.*) mass; (*elektrisch*) ground, earth.
Massen- *präf.* mass.
Massenanziehung *f* gravitation, mass attraction, gravitational attraction.
Massenanziehungskraft *f* s.u. *Massenanziehung*.
Massengradient *m* mass gradient.
Massenkonzentration *f* mass concentration.
Massenwirkungsgesetz *nt* mass law, law of mass action, Guldberg and Waage's law.
Massenwirkungskonstante *f* mass-action constant.
Massenzahl *f* mass number.

Masseteilchen *nt* mass particle, corpuscle.

Mastadenovirus *nt* mammalian adenovirus, Mastadenovirus.

Master-Ring *m* master circle.

Mastigophora *pl* flagellates, Mastigophora, Flagellata.

Maßanalyse *f* metric method of analysis, volumetric analysis, titrimetry.

Maßeinheit *f* unit of measure, unit, standard measure.

Material *nt* material, materials *pl*, substance; matter.

Material- *präf.* material.

Matrix *f*, *pl* **Matrizen, Matrizes** matrix.

zytoplasmatische Matrix hyaloplasm, hyalomitome, hyaloplasma, hyalotome, paramitome, paraplasm, cytohyaloplasm, cytolymph, interfilar substance, interfibrillar substance of Flemming.

Matrix- *präf.* matrical, matricial.

Matrixprotein *nt* matrix protein.

Matrixraum *m* matrix space, mitochondrial lumen.

Matrize *f* matrix, template, templet, template system.

Matrizen-RNA *f* messenger ribonucleic acid, informational ribonucleic acid, template ribonucleic acid, messenger RNA.

Matrizen-RNS *f* s.u. *Matrizen-RNA*.

matrizenspezifisch *adj.* template-specific.

Matrizenspezifität *f* template specificity.

Matrizenstrang *m* template strand.

Matrizensystem *nt* template system.

Maturation *f* maturation.

Maturationsprozeß *m* maturation process.

Maus *f*, *pl* **Mäuse** mouse, Mus.

Mäuse-Leukämie-Virus *nt* murine leukemia virus.

Mäuse-Mamma-Tumorvirus *nt* mouse mammary tumor virus, mouse mammary tumor factor, milk agent, milk factor, mammary tumor agent, Bittner's milk factor, Bittner virus, Bittner agent, mammary cancer virus of mice, mammary tumor virus of mice.

Mäuse-Sarkom-Virus *nt* murine sarcoma virus.

maximal *adj.* maximal, maximum.

Maximal- *präf.* maximal, maximum, capacity.

Maximalgeschwindigkeit *f* maximum velocity.

Mechanochemie *f* mechanochemistry.

mechanochemisch *adj.* mechanochemical.

medial-Zisterne *f* medial cisterna.

Mediator *m* mediator.

Mediatorsubstanz *f* mediator.

Medium *nt* medium; culture medium, medium.

Meerrettichperoxidase *f* horseradish peroxidase.

Meerschweinchen *nt* guinea pig.

Mega- *präf.* large, megal(o)-, meg(a)-; macr(o)-.

Megabakterium *nt* megabacterium, macrobacterium.

Megahertz *nt* megahertz.

Megalo- *präf.* large, mega-, megal(o)-; macr(o)-.

Megavolt *nt* megavolt.

Mehr- *präf.* multi-, poly-, pleo-, pleio-, pluri-.

mehrbasisch *adj.* polybasic.

mehrdimensional *adj.* multidimensional, polydimensional.

mehrionisch *adj.* polyionic.

mehrkernig *adj.* plurinuclear, plurinucleated, multinuclear, multinucleate, multinucleated.

mehrwertig *adj.* multivalent, polyvalent.

Mehrwertigkeit *f* polyvalence, multivalence.

Meiose *f* meiotic cell division, meiosis, meiotic division, miosis, maturation division, reduction, reduction division, reduction cell division.

meiotisch *adj.* relating to meiosis, meiotic, miotic.

Melamin *nt* melamine.

Melaminharz *nt* melamine resin.

Melanin *nt* melanotic pigment, melanin.

melanoid *adj.* melanoid.

Melanoliberin *nt* melanocyte stimulating hormone releasing factor.

Melanotropin *nt* intermedin, melanocyte stimulating hormone, melanophore stimulating hormone.

Melanotropin-inhibiting-Faktor *m* melanocyte stimulating hormone inhibiting factor, MSH inhibiting factor, intermediate lobe inhibiting factor.

Melanotropin-releasing-Faktor *m*

M

melanocyte stimulating hormone releasing factor.

Melanozyt *m* pigmented cell of the skin, melanocyte, melanodendrocyte.

melanozytär *adj.* relating to melanocytes, melanocytic.

melanozytisch *adj.* S.U. *melanozytär.*

Melatonin *nt* melatonin.

Melezitose *f* melezitose, melicitose, melizitose.

Melibiose *f* melibiose.

Melitose *f* melitose, melitriose, raffinose.

Melitriose *f* melitose, melitriose, raffinose.

Melittin *nt* melittin.

Membran *f* **1.** (*anatom.*) membrane, layer, lamina. **2.** (*physikal.*) membrane, diaphragm, film.

undulierende Membran undulating membrane.

Membran- *präf.* membranous, membranaceous, hymenoid.

membranartig *adj.* hymenoid, membranate, membraniform, membranoid, membranous, membraneous, membranaceous.

Membrane *f* S.U. *Membran.*

Membranelle *f* membranelle.

membrangebunden *adj.* membranebound.

Membrankanal *m* membrane channel.

Membrankomponente *f* membrane component.

Membranladung *f* membrane charge.

Membranlipid *nt* membrane lipid.

membranös *adj.* relating to a membrane, membranate, membranous, membraneous, membranaceous, hymenoid.

Membranprotein *nt* membrane protein.

äußeres Membranprotein extrinsic membrane protein, extrinsic protein, peripheral membrane protein, outer membrane protein.

inneres Membranprotein intrinsic membrane protein, integral membrane protein, integral protein, intrinsic protein.

integrales Membranprotein S.U. *inneres Membranprotein.*

peripheres Membranprotein S.U. *äußeres Membranprotein.*

Membranpumpe *f* membrane pump.

membranständig *adj.* membranebound.

Membranstrom *m* membrane current.

Membransystem *nt* membrane system.

Membrantransportsystem *nt* membrane transport system.

Membrantunnel *m* membrane channel.

Membranvesikulation *f* membrane vesiculation.

Menachinon *nt* menaquinone, vitamin K_2, farnoquinone.

Menadiol *nt* menadiol, vitamin K_4.

Menadion *nt* menadione, menaphthone, vitamin K_3.

Mendel-Gesetze *pl* mendelian theory, Mendel's laws, mendelian laws.

Mendel-Regeln *pl* S.U. *Mendel-Gesetze.*

Mendelejew-Regel *f* Mendeléeff law, Mendeleev's law, periodic law.

Mendelevium *nt* mendelevium.

Mendel-Genetik *f* mendelian genetics *pl.*

Mengen- *präf.* quantity, quantitative, quantitive.

Mengenbestimmung *f* quantitative analysis.

Mengeneinheit *f* unit of quantity.

mengenmäßig *adj.* quantitative, quantitive.

Mengenverhältnis *nt* quantitative ratio, relative proportions *pl.*

Meningococcus *m* meningococcus, Weichselbaum's coccus, Weichselbaum's diplococcus, Diplococcus intracellularis, Neisseria meningitidis.

menopausal *adj.* relating to the menopause, menopausal.

Menopause *f* menopause, change of life, turn of life.

Menopausengonadotropin, humanes *nt* S.U. *Menotropin.*

Menotropin *nt* menotropin, human follicle-stimulating hormone, human menopausal gonadotropin.

Mensch *m* man, homo; (*einzelner Mensch*) man, human being, human; (*Person*) person, individual.

Menschen- *präf.* hominal, humane, human.

Menschenaffe *f* ape, anthropoid, anthropoid ape, simian.

menschenähnlich *adj.* man-like, anthropoid, hominid.

Menschenähnliche *pl* Hominoidea.

Menschenfloh *m* human flea, common flea, Pulex irritans, Pulex dugesi.

Menschenlaus I *f* human louse, Pediculus humanus. II *pl* **Menschenläuse** Pediculidae.

menschlich *adj.* human; (*human*) humane, humanitarian. **der menschliche Körper** the human body. **das menschliche Leben** the human life.

Menschwerdung *f* hominization.

menstrual *adj.* relating to the menses, menstrual, emmenic, catamenial.

Menstrualblutung *f* menstrual bleeding.

Menstrualzyklus *m* s.u. *Menstruationszyklus*.

Menstruation *f* period, flow, course, menses, menstrual flow, menstrual phase, menstrual stage, menstruation, emmenia, catamenia.

Menstruations- *präf.* catamenial, menstrual, menstruous, emmenic, men(o)-.

Menstruationszyklus *m* menstrual cycle, genital cycle, sex cycle, sexual cycle, rhythm.

mensual *adj.* mensual, monthly.

p-Menthadienonreduktase *f* menthol dehydrogenase, *p*-menthadienone reductase.

Menthenoldehydrogenase *f* menthol dehydrogenase, *p*-menthadienone reductase.

Menthenonisomerase *f* menthenone isomerase.

M-Enzym *nt* M enzyme.

Mercaptan *nt* mercaptan, thioalcohol.

Mercaptid *nt* mercaptide.

Mercaptoäthanol *nt* mercaptoethanol.

Mercaptobrenztraubensäure *f* mercaptopyruvic acid.

Mercaptoethanol *nt* mercaptoethanol.

Mercaptol *nt* mercaptol, mercaptole.

6-Mercaptopurin *nt* 6-mercaptopurine.

3-Mercaptopyruvatsulfurtransferase *f* 3-mercaptopyruvate sulfurtransferase.

Mercuri- *präf.* mercuric.

Mercuro- *präf.* mercurous.

Merkaptan *nt* mercaptan, thiol, thioalcohol.

Merkaptid *nt* mercaptide.

Merkaptoäthanol *nt* mercaptoethanol.

Merkaptobrenztraubensäure *f* mercaptopyruvic acid.

Merkaptoethanol *nt* mercaptoethanol.

Merkaptol *nt* mercaptol, mercaptole.

6-Merkaptopurin *nt* 6-mercaptopurine.

3-Merkaptopyruvatsulfurtransferase *f* 3-mercaptopyruvate sulfurtransferase.

Merkuri- *präf.* mercuric.

Merkuro- *präf.* mercurous.

Meromyosin *nt* meromyosin. **leichtes Meromyosin** light meromyosin, L-meromyosin. **schweres Meromyosin** heavy meromyosin, H meromyosin.

Merrifield-Technik *f* Merrifield technique.

Mesenchym *nt* mesenchymal tissue, mesenchyma, mesenchyme, desmohemoblast.

mesenchymal *adj.* relating to the mesenchymal tissue, mesenchymal.

Mesenchymzelle *f* mesenchymal cell.

Meso- *präf.* middle, mean, mes-, meso-

Mesobilin *nt* mesobilin.

Mesobilirubin *nt* mesobilirubin.

Mesobilirubinogen *nt* mesobilirubinogen.

Mesobiliviolin *nt* mesobiliviolin.

Mesocestoides *pl* Mesocestoides.

Mesocestoididae *pl* Mesocestoididae.

Mesoderm *nt* mesoblast, mesoderm; mesodermal germ layer.

mesodermal *adj.* relating to the mesoderm, mesoblastic, mesodermal, mesodermic.

meso-Form *f* meso form, internally compensated isomer.

Meso-Inosit *nt* s.u. *Meso-Inositol*.

Meso-Inositol *nt* meso-inositol, myoinositol, inositol, inose, inosite, bios.

mesomer *adj.* mesomeric.

Mesomerie *f* mesomerism.

mesophil *adj.* mesophilic, mesophile, mesophilous.

Mesophyll *nt* mesophyll.

Mesophyllzellen *pl* mesophyll cells.

Mesoporphyrin *nt* mesoporphyrin.

Mesosom *nt* mesosome.

Mesothel *nt* mesothelium, mesepithelium, celarium, celothel, celothelium, coelothel.

mesothelial *adj.* relating to the mesothelium, mesothelial.

Mesothorium *nt* mesothorium.

Mesoxalylharnstoff *m* alloxan.

M

messbar *adj.* measurable, mensurable, quantifiable.
Messbereich *m* range, measuring range, measuring scale.
Messdaten *pl* data, measured data.
Messelektrode *f* measurement electrode, recording electrode.
Messen *nt* measuring, measure, measurement.
messen *vt* measure; gage, gauge, meter; (*labor*) assay; (*Zeit*) time.
Messenger-RNA *f* messenger RNA.
Messenger-RNS *f* messenger RNA.
messen *vt* measure; assay; (*Zeit*) time.
Messgerät *nt* measuring instrument, instrument, measure; (*Meter*) meter; gauge, gage.
Messglas *nt* measuring glass.
Messing *nt* brass.
Messinstrument *nt* s.u. *Messgerät.*
Messmethode *f* measurement method, method of measuring, measurement technique, measuring technique/method.
Messpipette *f* graduated pipette.
Messtechnik *f* s.u. *Messmethode.*
Messung *f* 1. (*Messen*) measuring. 2. (*Ergebnis*) measurement; reading.
Messverfahren *nt* s.u. *Messmethode.*
Messzylinder *m* graduated cylinder, measuring glass.
Meta- *präf.* met(a)-.
metabolisch *adj.* relating to metabolism, metabolic.
metabolisierbar *adj.* metabolizable.
metabolisieren *vt, vi* metabolize.
Metabolismus *m* metabolism, metabolic activity, tissue change.
Metabolit *m* metabolite, metabolin.
Metabolitentransport *m* metabolite transport.
Metabolitregulation *f* metabolite regulation.
Metalbumin *nt* pseudomucin, metalbumin.
Metaldehyd *m* metaldehyde.
Metall *nt* metal.
Metall- *präf.* metal, metallic.
metallähnlich *adj.* metalloid, metalloidal.
Metallcyanid *nt* metallocyanide.
Metallenzym *nt* metalloenzyme.
Metallflavoprotein *nt* metalloflavoprotein.
metallisch *adj.* metallic.
nicht metallisch nonmetallic.

Metallkatalysator *m* metal catalyst.
Metalllegierung *f* alloy.
Metallo- *präf.* metallic.
Metallocyanid *nt* metallocyanide.
Metalloenzym *nt* metalloenzyme.
Metalloflavoprotein *nt* metalloflavoprotein.
metalloid *adj.* metalloid, metalloidal.
Metalloid *nt* metalloid.
metallophil *adj.* metallophilic.
Metalloporphyrin *nt* metalloporphyrin, porphyran.
Metalloprotein *nt* metalloprotein.
metallorganisch *adj.* organometallic.
Metallothionein *nt* metallothionein.
Metalloxyd *nt* metallic oxide.
Metallporphyrin *nt* metalloporphyrin.
Metallprotein *nt* metalloprotein.
Metallüberzug *m* metal coat, metal coating, metal cover.
Metanukleus *m* metanucleus.
Metaphosphorsäure *f* metaphosphoric acid, glacial phosphoric acid.
Metaplasma *nt* metaplasm.
metaplasmatisch *adj.* formed by metaplasm, metaplastic.
Metarhodopsin *nt* metarhodopsin.
metastabil *adj.* metastable.
Metastrongylidae *pl* Metastrongylidae.
Metastrongylus *m* Metastrongylus.
Met-Enkephalin *nt* met-enkephalin, methionine enkephalin.
Meter I *nt* meter. II *nt, m* meter.
Methacrylat *nt* methacrylate.
Methacrylsäure *f* methacrylic acid.
Methämoglobin *nt* methemoglobin, metahemoglobin, ferrihemoglobin.
Methämoglobinreduktase *f* methemoglobin reductase.
   NADH-abhängige Methämoglobinreduktase NADH-methemoglobin reductase, methemoglobin reductase (NADH).
   NADPH-abhängige Methämoglobinreduktase NADPH-methemoglobin reductase, methemoglobin reductase (NADPH).
Methämoglobinreduktase (NADH) *f* NADH-methemoglobin reductase, methemoglobin reductase (NADH).
Methämoglobinreduktase (NADPH) *f* NADPH-methemoglobin reductase, methemoglobin reductase (NADPH).
Methämoglobinzyanid *nt* cyanide methemoglobin, cyanmethemoglobin.

Methan *nt* methane, marsh gas, methyl hydride.

Methanal *nt* methyl aldehyde, formaldehyde.

methanbildend *adj.* methanogenic.

Methanbildner *pl* methanogenic bacteria, methane-producing bacteria, methanogens.

Methanol *nt* methanol, methyl alcohol, carbinol.

Methansulfonsäure *f* methanesulfonic acid.

Methen *nt* methylene, methene.

Methinbrücke *f* methene bridge.

Methin-Radikal *nt* methylidyne, methine.

Methiolat-Formalin-Fixierlösung *f* methiolate-formaline fixative, MF fixative.

Methiolat-Iod-Formalin-Fixierlösung *f* methiolate-iodine-formaline fixative, MIF fixative.

Methionin *nt* methionine.

Methioninadenosyltransferase *f* methionine adenosyltransferase.

Methioninaminopeptidase *f* methionine aminopeptidase.

Methionin-Enkephalin *nt* met-enkephalin, methionine enkephalin.

Methionyl-Radikal *nt* methionyl.

Methionyl-tRNA-synthetase *f* methionyl-tRNA synthetase.

Methode *f* method, system, technique, technic.

methodisch *adj.* methodic, methodical, systematic.

Methoxychlor *nt* methoxychlor.

Methyl- *präf.* methylic, methyl.

Methylacetal *nt* methyl acetal.

Methyladenin *nt* methyl adenine.

Methylalkohol *m* methanol, methyl alcohol, carbinol.

Methylamin *nt* methylamine.

Methylat *nt* methylate.

Methyläther *m* methyl ether.

Methylbenzol *nt* methyl benzene, methylbenzol, toluene, toluol.

Methylblau *nt* methyl blue.

2-Methyl-1,3-butadien *nt* 2-methyl-1,3-butadien, isoprene.

Methylcellulose *f* methyl cellulose.

Methylcobalamin *nt* methylcobalamine.

β-Methylcrotonoyl-CoA-carboxylase *f* β-methylcrotonoyl-CoA carboxylase.

Methylcytosin *nt* methylcytosine.

Methylen *nt* methylene, methene.

Methylenblau *nt* methylene blue, methylthionine chloride.

Methylenblaufärbung *f* methylene blue stain.

Methylenchlorid *nt* methylene chloride, methylene dichloride.

Methylendioxy-Brücke *f* methylenedioxy brigde.

methylenophil *adj.* methylenophil, methylenophile, methylenophilic, methylenophilous.

5,10-Methylentetrahydrofolat *nt* 5,10-methylenetetrahydrofolate.

5,10-Methylentetrahydrofolatreduktase (FADH$_2$) *f* 5,10-methylenetetrahydrofolate reductase (FADH$_2$).

5,10-Methylentetrahydrofolsäure *f* 5,10-methylenetetrahydrofolic acid.

Methylether *m* methyl ether.

Methylglycin *nt* methylglycine, sarcosine.

Methylglykokoll *nt* methylglycine, sarcosine.

Methylglykosid *nt* methyl glycoside.

Methylguanidin *nt* methylguanidine, methyluramine.

α-Methylguanidinoessigsäure *f* methyl-guanidinoacetic acid, kreatin, creatinine.

Methylguanin *nt* methylguanine.

Methylhistidin *nt* methylhistidine.

Methylhydantoin *nt* methylhydantoin.

methylieren *vt* methylate.

methyliert *adj.* methylated.

Methylierung *f* methylation.

Methyllysin *nt* methyllysine.

Methylmalonsäure *f* methylmalonic acid.

Methylmalonyl-CoA-epimerase *f* methylmalonyl-CoA epimerase, methylmalonyl-CoA racemase.

Methylmalonyl-CoA-mutase *f* methylmalonyl-CoA mutase.

Methylmalonyl-CoA-racemase *f* methylmalonyl-CoA epimerase, methylmalonyl-CoA racemase.

Methylmercaptan *nt* methylmercaptan.

Methylmethacrylat *nt* methyl methacrylate.

Methylorange *nt* methyl orange, helianthine, helianthin, Poirier's orange.

Methylphenylhydrazin *nt* methyl-

phenylhydrazine.
6-Methylpterin *nt* 6-methylpterin.
Methylpurin *nt* methylpurine.
N-Methylputrescin *nt* N-methylputrescine.
Methyl-Radikal *nt* methyl.
Methylrot *nt* methyl red.
Methyltetrahydrofolat *nt* methyltetrahydrofolate.
5-Methyltetrahydrofolat-homocystein-methyltransferase *f* homocysteine:tetrahydrofolate methyltransferase, 5-methyltetrahydrofolate-homocysteine methyltransferase, methionine synthase.
Methyltetrahydrofolsäure *f* methyltetrahydrofolic acid.
5'-Methylthioadenosin *nt* 5'-methylthioadenosine.
5'-Methylthioribose *f* 5'-methylthioribose.
5'-Methylthioribose-1-phosphat *nt* 5'-methylthioribose 1-phosphate.
Methyltransferase *f* methyltransferase, transmethylase.
4'-O-Methyltransferase *f* 4'-O-methyltransferase.
9'-O-Methyltransferase *f* 9'-O-methyltransferase.
Methyluracil *nt* methyluracil, thymine.
5-Methyluracil *nt* 5-methyluracil.
Methylviolett *nt* methyl violet.
Methylxanthin *nt* methylxanthine, monomethylxanthine.
Metmyoglobin *nt* metmyoglobin.
Mevalonat *nt* mevalonate.
Mevalonatkinase *f* mevalonate kinase.
Mevalonsäure *f* mevalonic acid.
Mg-ATP-Komplex Mg-ATP complex.
Mg-Chelatase *f* magnesium chelatase, Mg chelatase.
Mg-3-vinylphytoporphyrin-13²-methylcarboxylat *nt* protochlorophyllide.
MHC-Antigene *pl* major histocompatibility antigens.
MHC-Molekül *nt* MHC molecule.
MHC-Protein *nt* MHC protein.
MHC-Restriktion *f* MHC restriction.
Micelle *f* micelle, micella.
Michaelis-Menten-Konstante *f* s.u. *Michaelis-Konstante.*
Michaelis-Konstante *f* Michaelis constant, Michaelis-Menten constant.

Michaelis-Menten-Gleichung *f* Michaelis-Menten equation.
Michael-Reaktion *f* Michael reaction.
Micro- *präf.* micr(o)-.
Microbody *m* microbody, peroxisome.
Micrococcaceae *pl* Micrococcaceae.
Micrococcus *m* micrococcus, Micrococcus.
Microfilaria *f* Microfilaria.
Micromonospora *f* Micromonospora.
Micromonosporaceae *pl* Micromonosporaceae.
Microsporum *nt* Microsporum, Microsporon, Sabouraudites.
Migration *f* migration.
Migrationsinhibitionsfaktor *m* migration inhibiting factor, macrophage inhibitory factor.
Migrationsinhibitionsfaktortest *m* migration inhibiting factor test, MIF test.
migratorisch *adj.* relating to migration, migratory.
mikroaerophil *adj.* microaerophil, microaerophile, microaerophilic, microaerophilous.
Mikroampere *nt* microampere.
Mikroamperemeter *nt* microammeter.
Mikroanalyse *f* microanalysis.
mikroanalytisch *adj.* relating to microanalysis, microanalytic, microanalytical.
Mikroanatomie *f* microanatomy, micranatomy, microscopic anatomy, microscopical anatomy, histologic anatomy, minute anatomy.
Mikrobakterium *nt* microbacterium, Microbacterium.
Mikrobe *f* microbe.
Mikrobengenetik *f* microbial genetics *pl.*
Mikrobenphysiologie *f* microbial physiology.
mikrobiell *adj.* relating to a microbe or microbes, microbial, microbian, microbic, microbiotic.
Mikrobion *nt* microbe.
Mikrochemie *f* microchemistry.
mikrochemisch *adj.* relating to microchemistry, microchemical.
Mikroevolution *f* microevolution.
Mikrofauna *f* microfauna.
Mikrofilarie *f* microfilaria.
Mikroflora *f* microflora.

β₂-Mikroglobulin *nt* β₂-microglobulin, beta₂-microglobulin.

Mikrogramm *nt* microgram.

Mikrokokkus *m* micrococcus, Micrococcus.

Mikrokolonie *f* microcolony.

Mikrokristall *m* microcrystal.

mikrokristallin *adj.* microcrystalline.

Mikrokultur *f* microculture.

Mikrolement *nt* microelement, trace element.

Mikroliter *m* microliter.

Mikrometer I *m/nt* micrometer. **II** *nt* (*Gerät*) micrometer.

Mikromilieu *nt* microenvironment, micromilieu.

mikromolar *adj.* micromolar.

mikromolekular *adj.* micromolecular.

Mikronukleus *m* micronucleus.

Mikroökosystem *nt* microecosystem.

mikroorganisch *adj.* microorganic.

Mikroorganismus *m* microorganism. **pathogener Mikroorganismus** pathogen, pathogenic agent, pathogenic microorganism.

Mikroparasit *m* microparasite.

Mikropipette *f* micropipet.

Mikrosekunde *f* microsecond.

Mikroskop *nt* microscope.

Mikroskop- *präf.* microscopic, microscopical.

Mikroskopie *f* microscopy.

mikroskopisch *adj.* relating to microscopy *or* a microscope, of very small size, microscopic, microscopical.

Mikrosom *nt* microsome.

mikrosomal *adj.* relating to microsomes, microsomal.

Mikroumwelt *f* microenvironment, micromilieu.

Mikrovolt *nt* microvolt.

Mikrowatt *nt* microwatt.

Mikrozoen *pl* microzoa.

Milbe *f* mite, acarus; acarid, acaridan.

Milch *f* milk; milk; milk, juice.

Milch- *präf.* milk, milky, galactic, lactic, lacteal, lacteous, galact(o)-, lact(o)-, lakt(o)-.

Milchsäure *f* lactic acid.

Milchsäurebakterien *pl* lactic bacteria, Lactobacillaceae.

Milchsäuregärung *f* lactic acid fermentation.

Milchsäurestäbchen *nt* Lactobacillus.

Milchsekretion *f* lactation.

Milieu *nt* environment, milieu, medium; ambient.

Milliampere *nt* milliampere.

Milliamperemeter *nt* milliammeter, milammeter.

Milliäquivalent *nt* milliequivalent.

Millibar *nt* millibar.

Milligramm *nt* milligram.

Milliliter *nt/m* milliliter.

Millimeter *nt/m* millimeter.

Millimol *nt* millimole.

millimolar *adj.* millimolar.

Milliosmol *nt* milliosmol, milliosmole.

Millisekunde *f* millisecond.

Millivolt *nt* millivolt.

Milz *f* spleen, lien.

Milz- *präf.* splenic, splenetic, splenical, lienal, lien(o)-, splen(o)-.

Milzbrandbazillus *m* anthrax bacillus, Bacillus anthracis.

Mineral *nt* mineral, mineral salt.

Mineralbildung *f* mineralization.

Mineralisation *f* mineralization.

mineralisch *adj.* mineral.

mineralisieren *vt* mineralize.

Mineralokortikoid *nt* mineralocorticoid, mineralocoid.

Mineralokortikoidsystem *nt* mineralocorticoid system.

Mineralsalz *nt* mineral salt.

Mineralsäure *f* inorganic acid, mineral acid.

Minimal-Initiationskomplex *m* minimal initiation complex.

Minivirus, nacktes *nt* viroid.

minor *adj.* minor, smaller, lesser.

Minus- *präf.* minus.

Minus-Strang-RNA *f* negative-sense RNA, negative-strand RNA.

Minus-Strang-RNA-Viren *pl* negative-sense RNA viruses.

Miopapovavirus *nt* miopapovavirus, polyoma virus, Polyomavirus.

Miracidium *nt* miracidium.

Mischkultur *f* mixed culture.

Mischung *f* mixture, mix (*aus* of); (*chemisch*) mixture, compound; (*Metall*) alloy; blend.

mitochondrial *adj.* relating to mitochondria, mitochondrial.

Mitochondrie *f* mitochondrion, chondriosome, chondrosome, plasmosome, bioblast.

Mitochondrie vom Crista-Typ crista type mitochondrium.

Mitochondrie vom Tubulustyp tubule type mitochondrion.

M

Mitochondrien- *präf.* mitochondrial.
Mitochondrienchromosom *nt* mitochondrial chromosome.
Mitochondrien-DNA *f* mitochondrial deoxyribonucleic acid, mt deoxyribonucleic acid, mitochondrial DNA.
Mitochondrien-DNS *f* mitochondrial deoxyribonucleic acid, mt deoxyribonucleic acid, mitochondrial DNA.
Mitochondriengenom *nt* mitochondrial genome.
Mitochondrienmatrix *f* mitochondrial matrix.
Mitochondrienmembran *f* mitochondrial membrane.
   äußere Mitochondrienmembran mitochondrial outer membrane.
   innere Mitochondrienmembran mitochondrial inner membrane.
Mitochondrienmutante *f* mitochondrial mutant.
Mitochondrion *nt* S.U. *Mitochondrie.*
Mitochondrium *nt* S.U. *Mitochondrie.*
mitogen *adj.* inducing *or* causing mitosis, mitogenic.
Mitogen *nt* mitogen, mitogenic agent.
Mitogenese *f* mitogenesis, mitogenesia.
mitogenetisch *adj.* relating to *or* inducing mitogenesis, mitogenetic.
Mitose *f* mitosis, mitoschisis, mitotic cell division, mitotic nuclear division, karyokinesis, karyomitosis.
Mitose- *präf.* mitotic.
Mitoserate *f* mitotic rate.
mitotisch *adj.* relating to *or* characterized by mitosis, mitotic, karyokinetic.
Mittel *nt* agent; medium, agent; (*Durchschnitt*) average, mean. **im Mittel** on average.
mittelkettig *adj.* medium-chain.
Mittelwert *m* mean, average, median.
Mizelle *f* micelle, micella.
Mizellen- *präf.* micellar.
mizellenartig *adj.* micellar.
Mizellenbildung *f* micellarization.
Mizellenkonzentration, kritische *f* critical micelle concentration.
M-Linien-Protein *nt* M-line protein.
MNs-Blutgruppensystem *nt* S.U. *MNSs-Blutgruppe.*
MNSs-Blutgruppe *f* MN blood group system, MNSs blood group system, MN blood group, MNSs blood group.
MNSs-Blutgruppensystem *nt* S.U.

MNSs-Blutgruppe.
Moderator *m* moderator.
Modifikation *f* modification.
   kovalente Modifikation covalent modification.
Modifikationsenzym *nt* modification enzyme.
Modifikationsmethylase *f* modification methylase.
Modifikationsreaktion *f* modification reaction.
modifizieren *vt* modify.
Modulator *m* modulator.
   allosterischer Modulator allosteric modulator.
   fördernder Modulator S.U. *positiver Modulator.*
   hemmender Modulator inhibitory modulator, negative modulator.
   negativer Modulator S.U. *hemmender Modulator.*
   positiver Modulator positive modulator.
   stimulierender Modulator S.U. *positiver Modulator.*
modulatorisch *adj.* relating to modulation, modulatory.
modulieren *vt* modulate.
MoFe-Protein *nt* MoFe protein, molybdenum-iron protein.
Mol *nt* mole, gram-molecular weight, gram molecule, grammole.
Mol- *präf.* molar.
molal *adj.* molal.
Molalität *f* molality.
molar *adj.* molar.
Molar- *präf.* molar.
Molargewicht *nt* molar weight.
Molarität *f* molarity.
Molekül *nt* molecule.
   dipolares Molekül dipole.
   geladenes Molekül charged molecule.
   polares Molekül polar molecule.
   prochirales Molekül prochiral molecule.
   ungeladenes Molekül uncharged molecule.
molekular *adj.* relating to molecules, molecular.
Molekular- *präf.* molecular.
Molekularbiologie *f* molecular biology.
Molekulargenetik *f* molecular genetics.
Molekulargewicht *nt* molecular weight.

Molekularsieb *nt* molecular sieve.
Molekularsiebchromatographie *f* molecular-exclusion chromatography, molecular-sieve chromatography.
Molekularsiebfiltration *f* molecular-exclusion chromatography, molecular-sieve chromatography, gel filtration.
Molekülmasse f molecular mass.
  aktuelle **Molekülmasse** actual molecular mass.
  apparente **Molekülmasse** apparent molecular mass.
Molgewicht *nt* molar weight.
Molybdän *nt* molybdenum.
Molybdän-Eisen-Protein *nt* MoFe protein, molybdenum-iron protein.
Molybdän-Faktor *m* molybdopterin.
Molybdat *nt* molybdate.
Molybdopterin *nt* molybdopterin.
Molzahl *f* molar number.
Monatsblutung *f* period, flow, course, menses, menstrual flow, menstrual phase, menstrual stage, menstruation, emmenia, catamenia.
Monatszyklus *m* rhythm, menstrual cycle, genital cycle, sex cycle, sexual cycle.
Monera *pl* Monera.
Monilia *f* Monilia, Candida, Pseudomonilia.
Moniliaceae *pl* Moniliaceae.
Moniliales *pl* Moniliales.
Moniliformis *m* Moniliformis.
Mono- *präf.* single, mon(o)-, uni-.
Monoacylglycerin *nt* monoacylglycerol, monoglyceride.
Monoamid *nt* monoamide, monamide.
Monoamin *nt* monoamine, monamine.
monoaminerg *adj.* monoaminergic, monaminergic.
Monoaminodiphosphatid *nt* monoaminodiphosphatide.
Monoaminomonophosphatid *nt* monoaminomonophosphatide.
Monoaminooxidase *f* monoamine oxidase, tyramine oxidase, amine oxidase (flavin-containing).
Monoaminoxidase *f* s.u. *Monoaminooxidase.*
Monoäthanolamin *nt* s.u. *Monoethanolamin.*
Monobrachie *f* monobrachia.
Monobrachius *m* monobrachius.
Monochloräthan *nt* ethyl chloride, chloroethane.
Monochlorethan *nt* ethyl chloride, chloroethane.
Monochlorid *nt* monochloride.
Monochlormethan *nt* chlormethyl, methyl chloride.
Monocrotalin *nt* monocrotaline.
monoenergetisch *adj.* monoenergetic.
Monoenfettsäure *f* monoenoic fatty acid, monounsaturated fatty acid.
Monoensäure *f* monoenoic fatty acid, monounsaturated fatty acid.
Monoethanolamin *nt* ethanolamine, 2-aminoethanol, olamine, colamine.
Monofructosylsaccharose *f* monofructosyl saccharose.
Monogalaktosyldiacylglycerin *nt* monogalactosyl diacylglycerol.
Monoglycerid *nt* monoacylglycerol, monoglyceride.
Monohydrat *nt* monohydrate.
monohydriert *adj.* monohydrated.
Monohydroxybenzol *nt* oxybenzene, hydroxybenzene, phenylic alcohol, phenol, carbolic acid, phenic acid, phenylic acid.
Monoiodtyrosin *nt* monoiodotyrosine.
Monojodtyrosin *nt* monoiodotyrosine.
monoklonal *adj.* monoclonal.
Monolayer *m* monolayer.
monomer *adj.* monomeric.
Monomer *nt* monomer.
ε-N-Monomethyllysin *nt* ε-N-monomethyllysine.
monomolekular *adj.* monomolecular, unimolecular.
Mononucleotid *nt* mononucleotide.
mononukleär *adj.* mononuclear, mononucleate, uninuclear, uninucleated.
Mononukleotid *nt* mononucleotide.
Monooxygenase *f* monooxygenase, monoxygenase.
  unspezifische **Monooxygenase** aryl-4-hydroxylase, unspecific monooxygenase, flavin monooxygenase.
Monophenolmonooxygenase *f* monophenol monooxygenase, monophenyl oxidase, dopa-oxydase, dopase.
Monophenyloxidase *f* monophenol monooxygenase, monophenyl oxidase, dopa-oxydase, dopase.
Monophosphat *nt* monophosphate.
monopolar *adj.* unipolar.
Monosaccharid *nt* simple sugar,

M

monosaccharide, monosaccharose, monose.
Monoterpen *nt* monoterpene.
Monoterpenalkaloide *pl* monoterpene alkaloids.
Monoterpenhydroxylase *f* geraniol-10-hydroxylase, monoterpene hydroxylase.
Monoterpenindolalkaloide *pl* monoterpene-indole alkaloids.
Monotremata *pl* monotremes, Monotremata.
monovalent *adj.* monovalent, univalent.
Monovalenz *f* monovalency, univalency, monovalence, univalence.
Monoxid *nt* monoxide.
Monoxygenase *f* s.u. *Monooxygenase.*
monozyklisch *adj.* monocyclic; mononuclear.
Moos *nt* moss.
Moraxella *f* Moraxella.
Morphin *nt* morphine, morphia, morphinium, morphium.
Morphinalkaloide *pl* morphine alkaloids.
Morpho- *präf.* form, shape, structure, morph(o)-.
Mosaikstruktur *f* mosaic structure.
Motilin *nt* motilin.
M-Phase *f* mitotic period, M period.
M-Protein *nt* M protein.
MSH-bildende-Zellen *pl* MSH cells.
MSH-inhibiting-Faktor *m* melanocyte stimulating hormone inhibiting factor, MSH inhibiting factor, intermediate lobe inhibiting factor.
MSH-releasing-Faktor *m* melanocyte stimulating hormone releasing factor.
MSH-Zellen *pl* MSH cells.
mt-Protein *nt* mt-protein.
Muci- *präf.* mucus, mucous, myx(o)-, muci-, muc(o)-.
Mucinase *f* mucinase, mucopolysaccharidase.
Muco- *präf.* mucus, mucous, muci-, muc(o)-, myx(o)-.
Mucoid *nt* mucoid, mucinoid.
Mucolipid *nt* mucolipid.
Mucopeptid *nt* mucopeptide.
Mucopolysaccharid *nt* mucopolysaccharide.
  saure Mucopolysaccharide *pl* acid mucopolysaccharides.

Mucoproteid *nt* mucoprotein.
Mucoprotein *nt* mucoprotein.
Mucor *m* Mucor.
Mucoraceae *pl* Mucoraceae.
Mucorales *pl* Mucorales.
Mucorin *nt* mucorin.
Muko- *präf.* mucus, mucous, muci-, muc(o)-, myx(o)-.
Mukoglobulin *nt* mucoglobulin.
mukoid *adj.* mucous, muciform, mucinoid, mucinous, mucoid, blennoid.
Mukoid *nt* mucoid, mucinoid.
Mukoitinschwefelsäure *f* mucoitin sulfuric acid.
Mukoitinsulfat *nt* mucoitin sulfate.
Mukolipid *nt* mucolipid.
mukolytisch *adj.* mucolytic.
Mukopeptid *nt* mucopeptide, murein, peptidoglycan.
Mukopolysaccharid *nt* mucopolysaccharide.
Mukopolysaccharidase *f* mucinase, mucopolysaccharidase.
Mukoproteid *nt* mucoprotein.
Mukoprotein *nt* mucoprotein.
  submaxilläres Mukoprotein submaxillary mucoprotein.
Mukosa *f* mucous coat, mucous tunic, mucosa.
Mukus *m* mucus.
Multi- *präf.* multi-, pluri-, poly-.
Multienzymkomplex *m* multienzyme complex.
Multienzymsystem *nt* multienzyme system.
  dissoziiertes Multienzymsystem dissociated multienzyme system, soluble multienzyme system.
  lösliches Multienzymsystem s.u. *dissoziiertes Multienzymsystem.*
multifaktoriell *adj.* multifactorial.
multivalent *adj.* polyvalent, multivalent.
Multivalenz *f* multivalence.
Mund *m* mouth; (*anatom.*) orifice, opening, os.
Muraminsäure *f* muramic acid.
Murein *nt* murein, peptidoglycan, mucopeptide.
Murexid *nt* murexide.
murin *adj.* murine.
murine leukemia virus *nt* murine leukemia virus.
murine sarcoma virus *nt* murine sarcoma virus.
Musca *f* musca, Musca.

Muscarin *nt* s.u. *Muskarin.*
Muscidae Muscidae.
Muskarin *nt* oxycholine, muscarine.
muskarinartig *adj.* muscarinic.
Muskarinrezeptor *m* muscarinic receptor.
Muskel *m* muscle, musculus.
glatte **Muskeln** *pl* nonstriated muscles.
quergestreifte Muskeln *pl* striated muscles, striped muscles, voluntary muscles.
unwillkürliche **Muskeln** *pl* nonstriated muscles.
willkürliche **Muskeln** *pl* striated muscles, striped muscles, voluntary muscles.
Muskel- *präf.* muscular, sarcous, musculo-, my(o)-.
Muskeladenylatdesaminase *f* myoadenylate deaminase, muscle adenylate deaminase.
Muskelfaser *f* muscle fibril, muscular fibril, muscle cell, muscle fiber, myofibril, myofibrilla.
Muskelgewebe *nt* muscle tissue, muscular tissue, muscle.
Muskelglykogen *nt* muscle glycogen.
Muskelkontraktion *f* muscle contraction, contraction.
Muskelmetabolismus *m* muscle metabolism.
Muskelphosphofruktokinase *f* muscle phosphofructokinase.
Muskelphosphorylase *f* myophosphorylase, muscle phosphorylase.
Muskelprotein *nt* myoprotein.
Muskelstoffwechsel *m* muscle metabolism.
Muskelzelle *f* muscle cell, myocyte; muscle fiber.
muskulär *adj.* relating to muscle(s), muscular.
Muskulatur *f* muscular system, muscles *pl*, musculature.
glatte **Muskulatur** smooth musculature, nonstriated muscles *pl*.
quergestreifte Muskulatur skeletal muscles *pl*, striated muscles *pl*, striped muscles *pl*, voluntary muscles *pl*.
unwillkürliche **Muskulatur** involuntary muscles *pl*.
willkürliche **Muskulatur** s.u. *quergestreifte Muskulatur.*
Mustersequenz *f* consensus sequence.

mutabel *adj.* mutable.
Mutabilität *f* mutability.
mutagen *adj.* mutagenic.
Mutagen *nt* mutagen, mutagenic agent.
chemisches Mutagen chemical mutagen.
physikalisches Mutagen physical mutagen.
Mutagenese *f* mutagenesis.
Mutagenität *f* mutagenicity.
mutant *adj.* mutant.
Mutante *f* mutant.
Mutarotase *f* mutarotase, aldose 1-epimerase.
Mutarotation *f* mutarotation, multirotation, birotation.
Mutase *f* mutase.
Mutation *f* mutation.
Mutations- *präf.* mutational.
mutationsfähig *adj.* mutable.
Mutationsfähigkeit *f* mutability; mutagenicity.
Mutationsrate *f* mutation rate.
Mutterkornalkaloide *pl* ergot alkaloids, secale alkaloids.
Muzi- *präf.* mucus, mucous, myx(o)-, muci-, muc(o)-.
muzilaginös *adj.* mucilaginous, mucid.
Muzin *nt* mucin.
submaxilläres Muzin submaxillary mucin.
muzinähnlich *adj.* mucinoid, mucinous.
muzinartig *adj.* mucinoid, mucinous.
Muzinase *f* mucinase, mucopolysaccharidase.
muzinogen *adj.* blennogenic, blennogenous, muciparous, muciferous, mucigenous, mucilaginous.
Muzinogen *nt* mucinogen.
muzinös *adj.* mucinous, mucoid.
My- *präf.* s.u. *Myo-.*
Mycetes *pl* mycetes, mycota, fungi, Mycophyta, Fungi.
Mycobacteriaceae Mycobacteriaceae.
Mycobacterium *nt* mycobacterium, Mycobacterium.
Mycobacterium leprae lepra bacillus, leprosy bacillus, Hansen's bacillus, Bacillus leprae, Mycobacterium leprae.
Mycobacterium paratuberculosis Johne's bacillus, Mycobacterium paratuberculosis.
Mycobacterium tuberculosis tuber-

M

cle bacillus, Koch's bacillus, Myco-
bacterium tuberculosis, Mycobacteri-
um tuberculosis var. hominis.
Mycolsäure *f* mycolic acid, mykol.
Mycophyta *pl* mycetes, mycota, fungi,
Mycophyta, Fungi.
Mycoplasma *nt* mycoplasma, Myco-
plasma.
Mycoplasma pneumoniae Eaton
agent, Mycoplasma pneumoniae.
Mycoplasmataceae *pl* Mycoplas-
mataceae.
Mycoplasmatales Mycoplasmatales,
Mycoplasmas.
Mycosterol *nt* mycosterol.
Mycota *pl* mycetes, mycota, fungi,
Fungi, Mycophyta.
Myelin *nt* myelin.
Myelin- *präf.* myelinic.
Myelo- *präf.* marrow, myel(o)-, medul-
lo-; bone marrow.
Myeloperoxidase *f* myeloperoxidase,
verdoperoxidase.
Mykobakterien *pl* mycobacteria.
atypische Mykobakterien mycobacteria other than tubercle bacilli,
anonymous mycobacteria, atypical
mycobacteria.
**Mykobakterien der Runyon-Grup-
pe I** group I mycobacteria, Runyon
group I, photochromogens.
**Mykobakterien der Runyon-Grup-
pe II** group II mycobacteria, Runyon
group II, scotochromogens.
**Mykobakterien der Runyon-Grup-
pe III** group III mycobateria, Runyon
group III, nonphotochromogens,
nonchromogens.
**Mykobakterien der Runyon-Grup-
pe IV** group IV mycobateria, Runyon
group IV, rapidly growing mycobacteria.
nicht-chromogene Mykobakterien
s.u. *Mykobakterien der Runyon-
Gruppe III.*
nicht-tuberkulöse Mykobakterien
s.u. *atypische Mykobakterien.*
photochrome Mykobakterien s.u.
Mykobakterien der Runyon-Gruppe I.
photochromogene Mykobakterien
s.u. *Mykobakterien der Runyon-
Gruppe I.*
**schnellwachsende (atypische) My-
kobakterien** s.u. *Mykobakterien der
Runyon-Gruppe IV.*
skotochromogene Mykobakterien

s.u. *Mykobakterien der Runyon-
Gruppe II.*
Mykolsäure *f* mycolic acid, mykol.
Mykoplasma *nt* mycoplasma.
Mykose *f* mycose, trehalose.
Myo- *präf.* muscle, muscular, my(o)-.
Myoadenylatdesaminase *f* myo-
adenylate deaminase, muscle adeny-
late deaminase.
Myoalbumin *nt* myoalbumin.
myofibrillär *adj.* myofibrillar.
Myofibrille *f* muscle fibril, muscular
fibril, myofibril, myofibrilla.
Myofilament *nt* myofilament.
myogen *adj.* myogenic, myogenous.
Myogen *nt* myosinogen, myogen.
Myoglobin *nt* myoglobin, myohema-
tin, myohemoglobin, muscle hemo-
globin.
Myoglobulin *nt* myoglobulin.
myoid *adj.* myoid.
Myo-Inositol *nt* myo-inositol, meso-
inositol, inositol, inose, inosite, bios.
Myokinase *f* myokinase, adenylate ki-
nase, A-kinase, AMP kinase.
Myokinese *f* myokinesis.
Myokinin *nt* myokinin.
Myophosphorylase *f* myophospho-
rylase, muscle phosphorylase.
Myoplasma *nt* myoplasm.
Myoprotein *nt* myoprotein.
Myorezeptor *m* myoreceptor.
Myosan *nt* myosan.
Myosin *nt* myosin.
Myosin-ATPase *f* myosin ATPase.
Myosin-ATPase-Reaktion *f* myosin
adenosine triphosphatase reaction,
myosin ATPase reaction.
Myosinfilament *nt* thick myofila-
ment, myosin filament.
Myosinköpfchen *nt* myosin head.
Myozyt *m* myocyte, muscle cell.
Myristat *nt* myristate.
Myristicin *nt* myristicene.
Myristinsäure *f* myristic acid, tetra-
decanoic acid.
Myrosinase *f* myrosinase, thiogluco-
sidase.
Myx- *präf.* mucus, mucous, myx(o)-,
muci-, muc(o)-.
Myxo- *präf.* mucus, mucous, myx(o)-,
muci-, muc(o)-.
Myxobakterien *pl* myxobacteria.
Myxomyzeten *pl* slime fungi, slime
molds, Myxomycetes.
Myxovirus *nt* myxovirus.

Myzel *nt*, *pl* **Myzels, Myzelien** mycelium.

Myzeten *pl* mycetes, mycota, fungi,
  Mycophyta, Fungi.

N

NAD:dihydroliponamid-dehydrogenase *f* NAD:dihydroliponamidedehydrogenase.
NADH-Dehydrogenase *f* NADH dehydrogenase.
NADH-Ferredoxin-reduktase *f* NADH-ferredoxin reductase.
NADH-Methämoglobinreduktase *f* NADH-methemoglobin reductase.
NADH-Oxidase *f* NADH oxidase.
NADH-Shuttle *m* NADH shuttle.
NADH-Ubichinon-reduktase *f* NADH dehydrogenase (ubiquinone), ubiquinone reductase.
NADPH-Cytochromreduktase *f* cytochrome P_{450} reductase, NADPH-cytochrome reductase, NADPH-ferrihemoprotein reductase.
NADPH-Oxidase *f* NADPH oxidase.
NAD(P)$^+$-Transhydrogenase *f* pyridine nucleotide transhydrogenase, NAD(P)$^+$-transhydrogenase.
Na$^+$-Glucose-Cotransporter *m* Na$^+$-glucose cotransporter.
Nährboden *m* medium, nutrient medium, nutritive medium, culture medium.
Nährmedium *nt* nutrient medium, nutritive medium, medium.
Nährplasma *nt* trophoplasm, nutritive plasma.
Nährstoff *m* 1. nutrient, nutriment, nutrition, nutritive substance. 2. Nährstoffe *pl* foodstuff, food.
Nährstoffkreislauf *m* nutrient circulation.
Nährstoffmolekül *nt* nutrient molecule.
Nährstoffverbrauch *m* nutrient consumption.
Nährstoffvorrat *m* reserve food.
Nährsubstrat *nt* nutritive substrate, nutrient base.
Nahrung *f* food, nutriment, nutrition, nourishment, pabulum, aliment; (*Kost*) diet.
Nahrungs- *präf.* food, alimentary, alimental, sit(o)-, troph(o)-.
Nahrungsfaktor *m* nutritional factor, nutritive factor.
Nahrungskette *f* food chain.
Nahrungsmittel *nt* food, foodstuff, aliment, esculent, nutriment, nutrition, edibles *pl*, eatables *pl*, comestibles *pl*.
Na$^+$-Kanal *m* sodium channel, Na channel.
Na$^+$-K$^+$-ATPase *f* Na$^+$-K$^+$-ATPase, sodium-potassium-ATPase, sodium-potassium adenosinetriphosphatase.
Na$^+$-K$^+$-Pumpe *f* Na$^+$-K$^+$-pump, sodium-potassium pump.
Nanogramm *nt* nanogram.
Nanokatal *nt* nanokatal.
Nanometer *nt/m* nanometer.
Nanosekunde *f* nanosecond.
Naphtha *nt* naphtha, petroleum benzin.
Naphthalin *nt* naphthalene, naphtalin.
β-Naphthalinsulfonat *nt* 2-naphthalene sulfonate.
2-Naphthalinsulfonat *nt* 2-naphthalene sulfonate.
β-Naphthalinsulfonsäure *f* 2-naphthalene sulfonic acid.
2-Naphthalinsulfonsäure *f* 2-naphthalene sulfonic acid.
Naphthochinon *nt* naphthoquinone.
1,4-Naphthochinon *nt* 1,4-naphto-

quinone.

Naphthochinonring *nt* naphthoquinone ring.

Naphthol *nt* naphthol, naphtol.

β-Naphthol *nt* isonaphthol, β-naphthol, 2-naphthol.

Naphthyl- *präf.* naphthyl.

Naphthylamin *nt* naphthylamine.

Naphthyl-Radikal *nt* naphthyl.

Na⁺-Pumpe *f* sodium pump.

Narcotin Noscapin.

Naringenin *nt* naringenin, 4',5,7-trihydroxyflavanone.

Naringenin-Chalkon *nt* naringenin-chalcone.

Naringenin-7-β-neohesperidosid *nt* naringin, neringenin-7-rhamnoglucoside.

Naringin *nt* naringin, neringenin-7-rhamnoglucoside.

naszierend *adj.* nascent.

nativ *adj.* natural; (*chemisch*) native.

Natrium *nt* sodium, natrium, natrum.

Natriumacetat *nt* sodium acetate.

Natriumaskorbat *nt* sodium ascorbate.

Natriumazid *nt* sodium azide.

Natriumbikarbonat *nt* sodium bicarbonate, baking soda, bicarbonate soda.

Natriumbilanz *f* sodium balance.

Natriumbiphosphat *nt* sodium biphosphate.

Natriumchlorid *nt* sodium chloride, salt, table salt, common salt.

Natriumcitrat *nt* sodium citrate.

Natriumfluorid *nt* sodium fluoride.

Natriumhaushalt *m* sodium balance.

Natriumhydrogencarbonat *nt* s.u. *Natriumbikarbonat.*

Natriumhydroxid *nt* sodium hydroxide, sodium hydrate, soda, caustic soda.

Natriumhypochloritlösung *f* sodium hypochlorite solution.

Natriumhypojodit *nt* sodium hypoiodite.

Natriumiodid *nt* sodium iodide.

Natrium-Ion *nt* sodium ion.

Natrium-Kalium-ATPase *f* Na⁺-K⁺-ATPase, sodium-potassium-ATPase, sodium-potassium adenosinetriphosphatase.

Natrium-Kalium-Pumpe *f* sodium-potassium pump, Na⁺-K⁺-pump.

Natriumkanal *m* Na channel, sodium channel.

Natriumkarbonat *nt* sodium carbonate, soda, washing soda, natron, carbonate of soda.

Natriumlaurylsulfat *nt* sodium dodecyl sulfate, sodium lauryl sulfate.

Natriumnitrat *nt* sodium nitrate, Chile saltpeter.

Natriumoleat *nt* sodium oleate.

Natriumoxalat *nt* sodium oxalate.

Natriumphosphat *nt* sodium phosphate.

Natriumpumpe *f* sodium pump, Na⁺ pump.

Natriumschleuse *f* sodium gate, Na⁺ gate.

Natriumstearat *nt* sodium stearate.

Natriumsulfat *nt* sodium sulfate, Glauber's salt.

Natriumtetraborat *nt* sodium borate, borax.

Natriumthiosulfat *nt* sodium thiosulfate.

Natriumurat *nt* sodium urate, monosodium urate.

Natur *f* nature.

Natur- *präf.* natural, nature.

Naturgesetz *nt* law of nature, natural law.

Naturkautschuk *m* natural rubber, rubber, caoutchouc, Indian rubber.

Naturkunde *f* natural history.

naturkundlich *adj.* relating to natural history, natural-history.

Naturwissenschaft *f* (*meist* **Naturwissenschaften** *pl*) science, natural science, physical science.

naturwissenschaftlich *adj.* scientific.

NDP-Kinase *f* nucleoside diphosphate kinase, NDP kinase.

NDP-Zucker *m* nucleoside diphosphate sugar, NDP sugar.

Nebenalkaloid *nt* minor alkaloid.

Nebennierenmark- *präf.* medulloadrenal, medulliadrenal, adrenomedullary.

Nebennierenmarkhormon *nt* adrenomedullary hormone, AM hormone.

Nebennierenrinden- *präf.* corticoadrenal, cortiadrenal, adrenocortical, adrenal-cortical.

Nebennierenrindenhormon *nt* adrenocortical hormone, cortical hormone.

Nebennierenrindensystem *nt* adrenal cortex system.

Nebenprodukt *nt* residual product, by-product.

negativ *adj.* negativ.
 dreifach negativ trinegative.
 zweifach negativ binegative.
Negativ *nt* negative.
Negelein-Ester *m* 1,3-diphospho-glycerate, 3-phosphoglyceroyl phosphate.
Neisseria *f* neisseria, Neisseria.
 Neisseria gonorrhoeae Neisser's coccus, diplococcus of Neisser, gonococcus, Neisseria gonorrhoeae, Diplococcus gonorrhoeae.
 Neisseria meningitidis meningococcus, Weichselbaum's coccus, Weichselbaum's diplococcus, Neisseria meningitidis, Diplococcus intracellularis.
Neisseriaceae *pl* Neisseriaceae.
nekrogen *adj.* necrogenic, necrogenous.
nekrophag *adj.* necrophagous.
Nemathelminthes *pl* Nemathelminthes, Aschelminthes.
Nematodes *pl* roundworms, Nematoda.
Nematomorpha *pl* Nematomorpha.
Neohesperidose *f* neohesperidose.
Neohesperidosid *nt* neohesperidoside.
neo-Kestose *f* neokestose.
Neomenthol *nt* neomenthol.
Neon *nt* neon.
Neptunium *nt* neptunium.
Nerv *m*, *pl* **Nerven** nerve.
Nerven- *präf.* nervous, neural, neur(o)-.
Nervengewebe *nt* nerve tissue, nervous tissue.
Nervensystem *nt* nervous system.
Nervenwachstumsfaktor *m* nerve growth factor.
Nervenzelle *f* neurocyte, neuron, neurone, nerve cell.
Nervon *nt* nervone, nervon.
Nervonsäure *f* nervonic acid.
Nessel *f* nettle.
Netzmittel *nt* wetting agent; detergent.
Neuberg-Ester *m* Neuberg ester, fructose-6-phosphate.
Neur- *präf.* s.u. *Neuro-*.
Neuraminidase *f* neuraminidase, sialidase.
Neuraminsäure *f* neuraminic acid.
Neuraxon *nt* nerve fibril, neurite, axon, axone, axis cylinder, axial fiber, neuraxon, neuraxis.
Neurit *m* s.u. *Neuraxon*.

Neuro- *präf.* neuronic, nerve, neur(o)-.
Neurochemie *f* neurochemistry.
neurochemisch *adj.* relating to both neurochemistry, neurochemical.
Neuroeffektor *m* neuroeffector.
neuroendokrin *adj.* neuroendocrine, neurocrine.
Neuroendokrinium *nt* neuroendocrine system.
Neuroepithel *nt* neuroepithelial cells, neuroepithelium, neurepithelium.
neuroepithelial *adj.* relating to the neuroepithelium, neuroepithelial, neurepithelial.
neurogen *adj.* neurogenic, neurogenous.
Neurogen *nt* neurogen.
neuroglandulär *adj.* neuroglandular.
Neurohormon *nt* neurohormone.
neurohormonal *adj.* neurohormonal.
neurohumoral *adj.* neurohumoral.
neurohypophysär *adj.* relating to the neurohypophysis, neurohypophyseal, neurohypophysial.
Neurohypophyse *f* neurohypophysis, posterior pituitary, cerebral part of hypophysis, posterior lobe of hypophysis, neural lobe of hypophysis, neural lobe of pituitary, posterior lobe of pituitary (gland), infundibular body.
Neurohypophysenhormon *nt* posterior pituitary hormone, neurohypophysial hormone.
Neurokeratin *nt* neurokeratin, neuroceratin, neurochitin.
neurokrin *adj.* neuroendocrine, neurocrine.
Neuron *nt* neuron, neurone, nerve cell, neurocyte; brain cell.
Neuron- *präf.* neuronic, neuronal, neuron(o)-.
neuronal *adj.* relating to neuron(s), neuronal.
Neuronen- *präf.* neuronal, neuronic, neuron(o)-.
Neuronin *nt* neuronin.
Neuropeptid *nt* neuropeptide.
Neurophysin *nt* neurophysin.
Neurophysiologie *f* neurophysiology.
neurophysiologisch *adj.* relating to neurophysiology, neurophysiologic, neurophysiological.
Neurosekret *nt* neurosecretion.
Neurosekretion *f* neurosecretion.
neurosekretorisch *adj.* relating to

neurosecretion, neurosecretory.
Neurotransmitter *m* neurotransmitter.
neurotrop *adj.* neurotropic, neurophilic.
neurotroph *adj.* relating to neurotrophy, neurotrophic.
Neurotrophie *f* neurotrophy.
neurotrophisch *adj.* s.u. *neurotroph.*
Neurotropie *f* neurotropism, neurotropy, neutropism.
Neurozyt *m* neuron, neurone, nerve cell, neurocyte.
neutral *adj.* neutral; (*chemisch*) neutral, indifferent.
Neutralfett *nt* acylglycerol, neutral fat.
Neutralisation *f* neutralization.
neutralisieren *vt* neutralize, render neutral; (*Säure*) deacidify, disacidify.
neutralisierend *adj.* neutralizing.
Neutralisierung *f* neutralization; (*Säure*) deacidification.
Neutralsalz neutral salt, normal salt.
Neutron *nt* neutron.
Neutronenzahl *f* neutron number.
NH$_4^+$-Assimilation *f* NH$_4^+$ assimilation.
Niacin *nt* nicotinic acid, niacin, P.-P. factor, pellagramin, antipellagra, antipellagra factor, anti-black-tongue factor, antipellagra vitamin, pellagra-preventing factor.
nicht-adrenerg *adj.* non-adrenergic.
nicht-agglutinierend *adj.* non-agglutinating.
nicht-aromatisch *adj.* nonaromatic.
nicht-benetzbar *adj.* unwettable, non-wettable.
nichtbrennbar *adj.* noncombustible.
nicht-cholinerg *adj.* non-cholinergic.
3'-Nichtcodierungssequenz *f* 3'-noncoding sequence.
5'-Nichtcodierungssequenz *f* 5'-noncoding sequence.
nicht-essentiell *adj.* nonessential.
Nicht-Extensin *nt* non-extensin.
nichtflüchtig *adj.* nonvolatile.
nicht-gerinnbar *adj.* nonclottable.
nicht-glandotrop *adj.* non-glandotropic.
nicht-hämolytisch *adj.* γ-hemolytic, gamma-hemolytic, anhemolytic, non-hemolytic.
Nicht-Histon-Protein *nt* nonhistone protein.
nichthomogen *adj.* inhomogeneous.
nicht-informativ *adj.* noninformational.

nicht-ionisch *adj.* nonionic.
nicht-isomer *adj.* anisomeric.
nicht-komprimierbar *adj.* incompressible.
nicht-kovalent *adj.* noncovalent.
nicht-kristallin *adj.* amorphous.
nichtleitend *adj.* nonconducting; dielectric.
Nichtleiter *m* nonconductor; insulator.
nicht-lipidhaltig *adj.* nonlipid-containing.
Nichtmetall *nt* nonmetal; metalloid.
nicht-metallisch *adj.* nonmetallic.
nicht-mischbar *adj.* immiscible.
nicht-oxidativ *adj.* nonoxidative.
nicht-permissiv *adj.* nonpermissive; nonpermissive.
nicht-photosynthetisch *adj.* nonphotosynthetic.
nicht-polar *adj.* nonpolar; apolar.
nicht-proteingebunden *adj.* nonprotein.
nicht-repetitiv *adj.* nonrepetitive.
nicht-stickstoffhaltig *adj.* anitrogenous.
nicht-toxinbildend *adj.* atoxigenic.
nicht-verseifbar *adj.* nonsaponifiable.
nicht-virulent *adj.* avirulent.
nicht-vital *adj.* nonvital.
nicht-wässrig *adj.* nonaqueous.
nicht-zellulär *adj.* noncellular.
nichtzyklisch *adj.* noncyclic, acyclic.
nicht-zytopathogen *adj.* noncytopathogenic.
Nickel *nt* nickel, niccolum.
Nicotianaalkaloide *pl* tobacco alkaloids.
Nicotin *nt* nicotine.
Nicotinamid *nt* nicotinamide, niacinamide.
Nicotinamid-adenin-dinucleotid *nt* nicotinamide-adenine dinucleotide, cozymase, nadide.
   reduziertes Nicotinamid-adenin-dinucleotid reduced nicotinamide-adenine dinucleotide.
Nicotinamid-adenin-dinucleotid-phosphat *nt* Warburg's coenzyme, nicotinamide-adenine dinucleotide phosphate, triphosphopyridine nucleotide.
   oxidiertes Nicotinamid-adenin-dinucleotid-phosphat oxidized nicotinamide-adenine dinucleotide phosphate.
   reduziertes Nicotinamid-adenin-

N

dinucleotid-phosphat reduced nicotinamide-adenine dinucleotide phosphate.

Nicotinamid-mononucleotid *nt* nicotinamide mononucleotide.

nicotinerg *adj.* nicotinic.

Nicotinsäure *f* niacin, nicotinic acid, pellagramin, anti-black-tongue factor, antipellagra, antipellagra factor, antipellagra vitamin, pellagra-preventing factor, P.-P. factor.

Nicotinsäureamid *nt* nicotinamide, niacinamide.

Nicotinsäuremononucleotid *nt* nicotinic acid mononucleotide.

Nicotinsynthase *f* nicotine synthase.

niedermolekular *adj.* low-molecular-weight.

Niederschlag *m* sediment, deposit, precipitate.

niederschlagen I *vt* **1.** (*chemisch*) precipitate, deposit; (*physikal.*) condense. **II** *vr* **sich niederschlagen** (*chemisch*) precipitate, deposit; (*physikal.*) condense.

Niere *f* kidney.

Nieren- *präf.* kidney, renal, nephric, nephritic, nephr(o)-, ren(o)-.

Nikotin *nt* s.u. *Nicotin.*

Nikotinsäure *f* niacin, nicotinic acid, pellagramin, anti-black-tongue factor, antipellagra, antipellagra factor, antipellagra vitamin, pellagra-preventing factor, P.-P. factor.

Ninhydrin *nt* ninhydrin, triketohydrindene hydrate.

Niob *nt* niobium.

Nitrat *nt* nitrate.

Nitratatmung *f* nitrate respiration.

Nitratcarrier *m* nitrate carrier, nitrate transporter.

Nitratreduktase *f* nitrate reductase, nitratase.

Nitratreduktion *f* nitrate reduction.

assimilatorische Nitratreduktion assimilatory nitrate reduction.

dissimilatorische Nitratreduktion dissimilatory nitrate reduction.

Nitratreduktionstest *m* nitrate reduction test.

Nitrattransporter *m* nitrate carrier, nitrate transporter.

Nitrid *nt* nitride.

Nitrierung *f* nitration.

nitrifizierend *adj.* nitrifying.

Nitrifizierung *f* nitrification.

Nitril *nt* nitrile.

Nitrilase *f* nitrilase.

Nitrit *nt* nitrite.

Nitritreduktase *f* nitrite reductase.

Nitritreduktion *f* nitrite reduction.

Nitro- *präf.* nitro-.

Nitrobenzol *nt* nitrobenzene, nitrobenzol.

Nitrogen *nt* s.u. *Nitrogenium.*

Nitrogenase *f* nitrogenase.

Nitrogenasesystem nitrogenase system.

Nitrogenium *nt* nitrogen, azote.

Nitromethan *nt* nitromethane.

Nitrophenol *nt* nitrophenol.

nitros *adj.* nitrous.

Nitrosamin *nt* nitrosamine.

Nitroso- *präf.* nitroso-.

Nitrosoharnstoff *m* nitrosourea.

Nitrosoharnstoffverbindung *f* nitrosourea.

Nitrosyl-Radikal *nt* nitrosyl.

Nitrozellulose *f* nitrocellulose, dinitrocellulose, guncotton, colloxylin, pyroxylin.

Nitrozucker *pl* nitrosugars.

NMP-Kinase *f* nucleoside monophosphate kinase, NMP kinase.

NMR-Spektroskopie *f* nuclear magnetic resonance spectroscopy, NMR spectroscopy.

NNM-Hormon *nt* adrenomedullary hormone, AM hormone.

NNR-Hormon *nt* adrenocortical hormone, cortical hormone.

NNR-System *nt* adrenal cortex system.

Nobelium *nt* nobelium.

Nocardia *f* Nocardia.

Nocardiaceae *pl* Nocardiaceae.

Nodulin *nt* nodulin.

Nonapeptid *nt* nonapeptide.

Nonose *f* nonose.

Nonyl-Radikal *nt* nonyl.

Nor- *präf.* nor-.

Noradrenalin *nt* norepinephrine, noradrenalin, noradrenaline, levarterenol, arterenol.

noradrenerg *adj.* noradrenergic.

Norepinephrin *nt* s.u. *Noradrenalin.*

Norleucin *nt* norleucine, 2-aminohexanoic acid.

normal *adj.* **1.** (*chemisch*) normal. **2.** (*physiolog.*) normal, physiologic, physiological.

Normal- *präf.* normal, standard, norm(o)-.

Normalbereich *m* normal range, range of normal.

Normallösung *f* normal solution, standard solution, standardized solution.

Normalwert *m* **1.** (*physiolog.*) normal value, normal. **2.** (*labor*) standard, standard value.

Noscapin Noscapin.

N-Streptokokken *pl* lactic streptococci, group N streptococci.

N-terminal *adj.* NH_2-terminal, aminoterminal, N-terminal.

Nucleus *m* nucleus, cell nucleus, karyon, karyoplast.

Nuclease *f* nuclease.

Nucleinsäure *f* nucleic acid, nucleinic acid.

Nucleo- *präf.* nucleus, nuclear, nucle(o)-, kary(o)-, cary(o)-.

Nucleohiston *nt* nucleohistone.

Nucleoid *nt* nucleoid.

Nucleokeratin *nt* nucleokeratin.

Nucleolus *m* nucleolus, micronucleus, plasmosome.

Nucleolus-Organisator-Region *f* nucleolus organizer region.

Nucleoprotein *nt* nucleoprotein.

Nucleosid *nt* nucleoside.

Nucleosidase *f* nucleosidase.

Nucleosiddiphosphat *nt* nucleoside(-5'-)diphosphate.

Nucleosid-5'-diphosphat *nt* nucleoside(-5'-)diphosphate.

Nucleosiddiphosphatkinase *f* nucleoside diphosphate kinase, NDP kinase.

Nucleosiddiphosphatzucker *m* NDP sugar, nucleoside diphosphate sugar.

Nucleosidmonophosphat *nt* nucleoside(-5'-)monophosphate.

Nucleosid-5'-monophosphat *nt* nucleoside(-5'-)monophosphate.

Nucleosidmonophosphatkinase *f* nucleoside monophosphate kinase, NMP kinase.

Nucleosidphosphorylase *f* nucleoside phosphorylase.

Nucleosidtriphosphat *nt* nucleoside(-5'-)triphosphate.

Nucleosid-5'-triphosphat *nt* nucleoside(-5'-)triphosphate.

Nucleotid *nt* nucleotide, mononucleotide.

Nucleotidase *f* nucleotidase, phos-phonuclease, nucleophosphatase.

3'-Nucleotidase *f* 3'-nucleotidase.

5'-Nucleotidase *f* purine-5'-nucleotidase, 5'-nucleotidase, nucleophosphatase.

nuklear *adj.* relating to a (atomic) nucleus, nuclear.

nukleär *adj.* relating to a (cellular) nucleus, nuclear.

Nuklear- *präf.* nuclear.

Nuklease *f* nuclease.

Nukleid *nt* nucleide.

Nuklein *nt* nuclein.

Nukleinsäure *f* nucleic acid, nucleinic acid.

Nukleo- *präf.* s.u. *Nucleo-*.

Nukleoglukoprotein *nt* nucleoglucoprotein.

Nukleohiston *nt* nucleohistone.

nukleoid *adj.* nucleoid, nucleiform.

Nukleokapsid *nt* nucleocapsid.

Nukleokeratin *nt* nucleokeratin.

Nukleolen- *adj.* nucleolar.

Nukleolus *m* nucleolus, micronucleus; plasmosome.

Nukleon *nt* nucleon.

nukleophil *adj.* nucleophilic, nucleophil, nucleophile.

Nukleoplasma *nt* nucleoplasm, karyoplasm.

nukleoplasmatisch *adj.* relating to nucleoplasm/karyoplasm, karyoplasmic, karyoplasmatic.

Nukleoprotein *nt* nucleoprotein.

Nukleosid *nt* nucleoside.

seltenes Nukleosid minor nucleoside.

Nukleosidanaloga *pl* nucleoside analogues.

Nukleosidase *f* nucleosidase.

Nukleosiddiphosphatzucker *m* nucleoside diphosphate sugar, NDP sugar.

Nukleosidkinase *f* nucleoside kinase.

Nukleosom *nt* nucleosome.

Nukleotid *nt* nucleotide, mononucleotide.

5-Nukleotidase *f* purine-5'-nucleotidase, 5'-nucleotidase, nucleophosphatase.

Nukleotidase *f* nucleotidase, phosphonuclease, nucleophosphatase.

Nukleotidcoenzym *nt* nucleotide coenzyme.

Nukleotidcyclase *f* s.u. *Nukleotidylzyklase*.

Nukleotidpolymerase *f* nucleotide

polymerase.
Nukleotidsequenz *f* nucleotide sequence.
Nukleotidyl- *präf.* nucleotidyl.
Nukleotidylcyclase *f* s.u. *Nukleotidylzyklase.*
Nukleotidylrest *m* nucleotidyl.
Nukleotidyltransferase *f* nucleotidyltransferase.
Nukleotidylzyklase *f* nucleotide cyclase, nucleotidyl cyclase.
Nukleotidzyklase *f* s.u. *Nukleotidylzyklase.*
Nukleus *m* nucleus; cell nucleus, karyon, karyoplast.

Nuklid *nt* nuclide.
  radioaktives Nuklid radionuclide, radioactive nuclide.
Nuklidgenerator *m* radionuclide generator.
Nullpunkt *m* zero, zero point.
  absoluter Nullpunkt absolute zero.
nullwertig *adj.* nonvalent.
Nutriment *nt* food, nutritious material, nourishment, nutriment, nutrition.
Nutrition *f* nutrition, alimentation.
nutritiv *adj.* relating to nutrition, nutritive, nutritious, nutrimental.
Nykt- *präf.* s.u. *Nykto-.*
Nykto- *präf.* night, nocturnal, nyct(o)-

N

O

O₂-Antwort *f* O_2-response.
Oberfläche *f* surface; outer surface; (*Fläche*) area, surface.
   benetzbare Oberfläche wettable surface.
   nicht-benetzbare Oberfläche unwettable surface.
Oberflächen- *präf.* surface, superficial.
Oberflächenkatalyse *f* surface catalysis.
Oberflächenladung *f* surface charge.
Oberflächenprotein *nt* surface protein.
oberflächlich *adj.* superficial, external, surface.
Objektglas *nt* (*Mikroskop*) object slide.
objektiv *adj.* objective; factual, clinic; actual.
Objektiv *nt* object glass, objective lens, object lens, objective, lens, optic.
Objektivlinse *f* object glass, objective lens, object lens, objective.
Objekttisch *m* (*Mikroskop*) microscope stage, stage.
Objektträger *m* (*Mikroskop*) slide, object slide, mount, microslide, microscopic slide, object plate.
obligat *adj.* obligate, indispensable.
n-Octadecansäure *f* octadecanoic acid.
Octan *nt* octane.
Octose *f* octose.
Oestrus *m* Oestrus.
offenkettig *adj.* aliphatic, acyclic.
Ohm *nt* ohm.
Ohm-Widerstand *m* ohmic resis-

tance.
Ohm-Gesetz *nt* Ohm's law.
Ohmmeter *nt* ohmmeter.
Okazaki-Fragmente *pl* Okazaki fragments.
Okazaki-Stückchen *pl* Okazaki fragments.
Okklusion *f* occlusion.
Ökochemie *f* ecochemistry.
ökochemisch *adj.* ecochemical.
Oktan *nt* octane.
Oktansäure *f* octanoic acid, caprylic acid.
Oktapeptid *nt* octapeptide.
oktavalent *adj.* octavalent, octad.
Oktett *nt* octet, octette.
Oktose *f* octose.
Öl *nt* oil; (*chemisch*) oleum.
   ätherisches Öl distilled oil, essential oil, ethereal oil, volatile oil.
   pflanzliches Öl vegetable oil.
   tierisches Öl animal oil.
Öl- *präf.* oil, oily, oleaginous, ole(o)-, ele(o)-.
ölartig *adj.* oily, greasy, oleaginous, unctous.
Ole- *präf.* s.u. *Oleo-*.
L-Oleandrose *f* L-Oleandrose.
Oleat *nt* oleate.
Olefin *nt* olefine, olefin.
Olein *nt* olein, glycerotrioleate.
Oleo- *präf.* oil, oily, oleaginous, ole(o)-, ele(o)-.
Oleopalmitat *nt* oleopalmitate.
Oleoresin *nt* oleoresin.
Oleosin *nt* oleosin.
Oleosom *nt* lipid body, oleosome, spherosome.
Oleostearat *nt* oleostearate.

Oleum *nt, pl* oil, oleum.
Oleyl-phosphatidylcholin-desaturase *f* oleyl-phosphatidylcholine desaturase.
Oleyl-Radikal *nt* oleyl.
ölig *adj.* oleaginous, oily, unctious, unctuous.
Oligo- *präf.* few, little, olig(o)-.
Oligo-1,6-α-glukosidase *f* oligo-1,6-α-glucosidase, α-dextrinase, isomaltase, limit dextrinase.
oligomer *adj.* oligomeric.
Oligomer *nt* oligomer.
Oligonukleotid *nt* oligonucleotide.
Oligopeptid *nt* oligopeptide.
Oligosaccharid *nt* oligosaccharide.
Ölphase *f* oil phase.
Ölsäure *f* oleic acid.
omega-Oxidation *f* omega oxidation.
Ommochrom *nt* ommochrome.
omnivor *adj.* omnivorous.
Omnivore *m* omnivore.
Oncodnavirus *nt* oncodnavirus.
Oncornavirus *nt* oncornavirus.
Oncoviren *pl* Oncovirinae.
Oncovirinae *pl* Oncovirinae.
Oncovirus *nt* oncovirus.
Oniumion *nt* onium ion.
onkofetal *adj.* oncofetal.
onkofötal *adj.* oncofetal.
Onkogen *nt* oncogene, transforming gene.
  virales Onkogen viral oncogene.
  zelluläres Onkogen cellular oncogene.
onkotisch *adj.* oncotic.
Onkovirus *nt* oncovirus.
Oomycetes *pl* Oomycetes.
Oozyte *f* oocyte, ovocyte, egg cell, egg.
O₂-Partialdruck *m* oxygen partial pressure, O_2 partial pressure.
Operon *nt* operon.
Operonmodell *nt* operon model.
Opiumalkaloide *pl* opium alkaloids.
Opsin *nt* opsin.
Opsinogen *nt* opsogen, opsinogen.
Opsonin *nt* opsonin, tropin.
opsonisch *adj.* relating to opsonins, opsonic.
optisch *adj.* relating to optics *or* vision, optical, optic.
oral *adj.* relating to the mouth, oral.
Orbital *nt* orbital, orbit.
Orbivirus *nt* Orbivirus.
Orcein *nt* orcein.
Orcinol *nt* 5-methylresorcinol, orcinol,

orcin.
Ordnungszahl *f* charge number, atomic number.
Organ *nt* organ.
  blutbildende Organe blood-forming organs.
  exkretorisches Organ excretory organ.
  harnproduzierende Organe urinary organs, uropoietic system.
  innere Organe internals, internal organs; viscera.
Organ- *präf.* organ, organ(o)-.
Organelle *f* organelle, organella, organoid.
organisch *adj.* organic.
Organismus *m* organism.
Organogel *nt* organogel.
Organophosphat *nt* organophosphate.
Organosol *nt* organosol.
organspezifisch *adj.* tissue-specific, organ-specific.
Organspezifität *f* organ specifity.
Organsystem *nt* system, apparatus.
Ornithin *nt* ornithine.
Ornithinaminotransaminase *f* s.u. *Ornithinaminotransferase.*
Ornithinaminotransferase *f* ornithine transaminase, ornithine aminotransferase, ornithine-keto-acid aminotransferase, ornithine-oxo-acid aminotransferase.
Ornithincarbamyltransferase *f* s.u. *Ornithintranscarbamylase.*
Ornithindecarboxylase *f* ornithine decarboxylase.
Ornithinketosäureaminotransferase *f* s.u. *Ornithinaminotransferase.*
Ornithintranscarbamylase *f* ornithine carbamoyltransferase, ornithine transcarbamoylase.
Ornithinzyklus *m* Krebs cycle, Krebs-Henseleit cycle, Krebs ornithine cycle, Krebs urea cycle, ornithine cycle, urea cycle.
Orosomukoid *nt* orosomucoid, plasma orosomucoid.
Orotat *nt* orotate.
Orotidinmonophosphat *nt* orotidine-5'-phosphate, orotidylic acid.
Orotidin-5'-Phosphat *nt* orotidylic acid, orotidine-5'-phosphate.
Orotidylsäure *f* orotidylic acid, orotidine-5'-phosphate.
Orotidylsäuredecarboxylase *f* orotidylic acid decarboxylase, orotidi-

ne-5'-phosphate decarboxylase, oroti-dylate decarboxylase.

Orotsäure f orotic acid, 6-car-boxyuracil.

Orotsäuredehydrogenase f orotate dehydrogenase.

Orotsäurephosphoribosyltransfe rase f orotate phosphoribosyltrans-ferase, orotidine-5'-phosphate pyro-phosphorylase.

ortho- präf. ortho-.

ortho-Kresol nt orthocresol, o-cresol.

Orthomyxoviren pl Orthomyxoviri-dae.

Orthomyxoviridae pl Orthomyxovi-ridae.

Orthomyxovirus nt orthomyxovirus.

Orthophosphat nt orthophosphate.

Orthophosphatspaltung f ortho-phosphate cleavage.

Orthophosphorsäure f orthophos-phoric acid, phosphoric acid.

Orthopoxvirus nt Orthopoxvirus, orthopoxvirus.

Orthoptera pl Orthoptera.

Orthosäure f orthoacid.

Orycenin nt oryzenin.

Osamin nt osamine.

Osazon nt osazone.

Osmat nt osmate.

Osmium nt osmium.

osmiumhaltig adj. osmic.

Osmiumsäure f osmic acid.

Osmiumtetroxid nt osmium tetrox-ide, perosmic anhydride.

Osmo- präf. **1.** osmosis, osmotic, osm(o)-. **2.** smell, osmotic, osm(o)-; osphresi(o)-.

Osmol nt osmole, osmol.

Osmolalität f osmolality.

osmolar adj. osmolar.

Osmolarität f osmolarity.

Osmoregulation f osmoregulation.

osmoregulatorisch adj. relating to osmoregulation, osmoregulatory.

Osmorezeptor m **1.** (Geruch) osmo-receptor, osmoceptor, osmoreceptive sensor. **2.** (Druck) osmoreceptor, osmoceptor, osmoreceptive sensor.

Osmose f osmosis.

osmotisch adj. relating to osmosis, osmotic.

ösophageal adj. relating to the eso-phagus, esophageal.

Ösophagus m esophagus, gullet.

Osseoalbumoid nt osseoalbumoid,

ostealbumoid, osteoalbuminoid.

Osseomucin nt osseomucin.

Osseomukoid nt osseomucoid.

Osseomuzin nt osseomucin.

Osteo- präf. bone, oste(o)-, ost(e)-.

osteogen adj. s.u. osteogenetisch.

Osteogenese f osteogenesis, osteo-geny, ostosis, osteosis, ossification.

osteogenetisch adj. relating to os-teogenesis, osteogenetic, osteogenic, osteogenous, osteoplastic.

osteoid adj. resembling bone, osteoid, ossiform.

Osteoid nt osteoid, osteoid tissue, bone matrix.

Osteoplast m Gegenbaur's cell, oste-oblast, osteoplast.

Osteozyt m osseous cell, bone cell, bone corpuscle, osteocyte.

Östetrol nt estetrol.

Östradiol nt estradiol, agofollin, dihy-drofolliculin, dihydrotheelin.

Östradiol-6β-monooxygenase f estradiol 6β-monooxygenase, estra-diol 6β-hydroxylase.

Östran nt estrane.

Östriol nt estriol, trihydroxyesterin.

östrogen adj. estrogenic, estrogenous.

Östrogen nt estrogen, estrin.

östrogenartig adj. estrogenic, es-trogenous.

Östrogenrezeptor m estrogen recep-tor.

Östrogenrezeptorprotein nt estro-gen-receptor protein.

Östron nt estrone, oestrone, ketohy-droxyestrin.

Östrus m heat, estrus, estruation, estrum, oestrus.

Oszillation f oscillation, vibration.

Oszillator m oscillator.

oszillieren vi oscillate; vibrate (von with).

oszillierend adj. oscillating, oscil-latory, vibratile.

Oszillo- präf. oscillo-.

Oszillograph m oscillograph.

Oszillometer nt oscillometer.

Oszillometrie f oscillometry.

Ovalbumin nt ovalbumin, egg albu-min.

Ovar nt ovary, oarium, ovarium, oophoron, ootheca, female gonad.

ovarial adj. relating to an ovary or ova-ries, ovarian.

ovariell adj. s.u. ovarial.

Ovo- *präf.* egg, ovum, ov(i)-, ov(o)-, oo-.

Ovoglobulin *nt* ovoglobulin.

Ovomucin *nt* ovomucin.

Ovomukoid *nt* ovomucoid.

Ovomuzin *nt* ovomucin.

Ovoplasma *nt* ovoplasm, ooplasm.

Ovozyt *m* egg cell, oocyte, ovocyte, egg.

Ovulation *f* ovulation, follicular rupture.

Ovulations- *präf.* ovulatory.

ovulatorisch *adj.* relating to ovulation, ovulatory.

Ovum *nt, pl* **Ova** ovum, female sex cell, egg, egg cell.

Oxalacetat *nt* oxaloacetate.

Oxalacetatweg *m* oxaloacetate pathway.

Oxalaldehyd *m* biformyl, ethanedial, oxalaldehyde, glyoxal.

Oxalat *nt* oxalate.

Oxalbernsteinsäure *f* oxalosuccinic acid, oxalourea.

Oxalessigsäure *f* oxaloacetic acid, ketosuccinic acid.

Oxalglutarsäure *f* oxaloglutaric acid.

Oxalsäure *f* oxalic acid, ethanedioic acid.

Oxalsuccinat *nt* oxalosuccinate.

Oxalsukzinat *nt* oxalosuccinate.

Oxamid *nt* oxamide.

Oxibiose *f* aerobiosis, anoxydiosis.

Oxid *nt* oxide, oxid.

Oxidans *nt* oxidant, oxidizer, oxidizing agent.

Oxidase *f* oxidase.

　alternative Oxidase alternative oxidase.

　flavinabhängige Oxidase flavin-linked oxidase.

oxidasenegativ *adj.* oxidase-negative.

oxidasepositiv *adj.* oxidase-positive.

Oxidasereaktion *f* oxidase test, oxidase reaction.

Oxidasetest *m* oxidase test, oxidase reaction.

Oxidation *f* oxidation, oxidization; combustion.

　aerobe Oxidation aerobic oxidation.

　biologische Oxidation biological oxidation.

α-Oxidation *f* alpha-oxidation, α-oxidation.

β-Oxidation *f* beta-oxidation, β-oxidation.

ω-Oxidation *f* omega oxidation, ω-oxidation.

Oxidation-Reduktion *f* redox, oxidation-reduction, oxidoreduction.

Oxidationsmittel *nt* oxidant, oxidizer, oxidizing agent.

Oxidations-Reduktionsreaktion *f* redox reaction, oxidation-reduction reaction, oxidoreduction, oxidation-reduction.

Oxidations-Reduktions-System *nt* redox system, oxidation-reduction system.

Oxidationswasser *nt* water of metabolism, water of oxidation.

Oxidationszahl *f* oxidation number, oxidation state.

oxidativ *adj.* oxidative.

oxidierbar *adj.* oxidizable.

Oxidieren *nt* oxidation.

oxidieren *vt, vi* oxidize, oxidate.

oxidierend *adj.* oxidative.

oxidiert *adj.* oxidized.

Oxidoreduktase *f* oxidoreductase, oxydoreductase, redox enzyme, oxidation-reduction enzyme.

Oxigenase *f* oxygenase, primary oxidase, direct oxidase.

Oxim *nt* oxime, oxim.

Oxo- *präf.* oxygen, keto-, oxo-.

Oxocarbonsäure *f* oxocarboxylic acid.

2-Oxoisocapronat *nt* 2-oxoisocapronate.

5-Oxoprolin *nt* pyroglutamate, pyroglutamic acid, 5-oxoproline.

5-Oxoprolinase *f* pyroglutamase, pyroglutamate hydrolase, 5-oxoprolinase.

Oxosäure *f* oxacid, oxo acid, oxyacid.

Oxospartein *nt* oxosparteine.

Oxosparteinsynthase *f* oxosparteine synthase.

17-Oxosteroid *nt* 17-oxosteroid, 17-ketosteroid.

Oxy- *präf.* acid; oxygen, keto-, oxo-, oxy-.

Oxybiont *m* aerobe.

Oxyesterbindung *f* oxyester bond.

Oxygenase *f* oxygenase, direct oxidase, primary oxidase.

　mischfunktionelle Oxygenase mixed-function oxygenase.

Oxygenation *f* oxygenation.

Oxygenieren *nt* oxygenation.

oxygenieren *vt* oxygenate.

Oxygenierung *f* oxygenation.
Oxygenisation *f* oxygenation.
Oxygenium *nt* oxygen.
Oxyhämin *nt* oxyheme, oxyhemochromogen, phenodin.
Oxyhämoglobin *nt* oxyhemoglobin, oxidized hemoglobin, oxygenated hemoglobin.
Oxymyoglobin *nt* oxymyoglobin.
Oxynervonsäure *f* hydroxynervone, oxynervone.
Oxypurin *nt* oxypurine.

Oxysäure *f* oxacid, oxo acid, oxyacid.
Oxythiamin *nt* oxythiamine.
Oxytocin *nt* oxytocin, ocytocin, α-hypophamine.
Oxytozin *nt* s.u. *Oxytocin.*
Oxyurid *m* oxyurid, oxyuroid.
Oxyuridae *pl* Oxyuridae.
Oxyuris *f* Oxyuris.
Oxyuroidea *pl* Oxyuroidea.
Ozon *nt* ozone.
Ozonisierung *f* ozonization.

O

P

Paar *nt* pair; pair, couple, match.
paarig *adj.* paired, in pairs, conjugate, jugate.
Paeonidin *nt* peonidin, *Brit.* paeonidin.
Palatin *nt* palatin.
Palladium *nt* palladium.
Palmitat *nt* palmitate, hexadecanoate.
Palmitin *nt* palmitin, glycerol tripalmitate.
Palmitinsäure *f* palmitic acid, hexadecanoic acid.
1-Palmitodistearin *nt* 1-palmitodistearin, 1-palmitoyldistearoyl glycerol.
Palmitoleinsäure *f* palmitoleic acid.
Palmitoleyl- *präf.* palmitoleyl.
Palmityl- *präf.* palmitoyl, palmityl.
Palmitylalkohol *m* palmityl alcohol, cetyl alcohol.
1-Palmityldistearylglycerin *nt* 1-palmitodistearin, 1-palmitoyldistearoyl glycerol.
Pan- *präf.* all, pan-, holo-.
Pankreas *nt* pancreas, salivary gland of the abdomen.
Pankreas- *präf.* pancreatic, pancreatic(o)-, pancreat(o)-.
Pankreasdornase *f* pancreatic dornase.
Pankreaselastase *f* elastase, elastinase.
Pankreashormone *pl* pancreatic hormones.
Pankreasinseln *pl* endocrine part of pancreas, islets *pl* of Langerhans, islands *pl* of Langerhans, islet tissue, pancreatic islands *pl*, pancreatic islets *pl*.

Pankreaslipase *f* pancreatic lipase.
Pankreasproteasen *pl* pancreatic proteases.
Pankreasribonuclease *f* pancreatic ribonuclease, ribonuclease.
Pankreasribonuklease *f* s.u. *Pankreasribonuclease.*
Pankreassaft *m* pancreatic juice.
Pankreassekret *nt* pancreatic secretion.
Pankreassekretion *f* pancreatic secretion.
Pankreasspeichel *m* pancreatic juice.
Pankreatiko- *präf.* pancreatic, pancreatic(o)-, pancreat(o)-.
pankreatisch *adj.* relating to the pancreas, pancreatic.
Pankreato- *präf.* pancreatic, pancreatic(o)-, pancreat(o)-.
pankreatogen *adj.* of pancreatic origin, pancreatogenous, pancreatogenic.
pankreatotrop *adj.* pancreatotropic, pancreatropic, pancreotropic.
Pankreopeptidase E *f* elastase, elastinase.
pankreopriv *adj.* pancreoprivic.
pankreotrop *adj.* pancreatotropic, pancreatropic, pancreotropic.
Pankreozymin *nt* pancreozymin, cholecystokinin.
Pantethein *nt* pantetheine.
Panto- *präf.* all, pant(o)-.
Pantoffeltierchen *nt* Paramecium.
Pantoinsäure *f* pantoic acid.
pantophag *adj.* omnivorous.
Pantophage *m* omnivore.
Pantothenat *nt* pantothenate.
Pantothenatkinase *f* pantothenate

kinase.
Pantothenol *nt* panthenol, pantothenol, pantothenyl alcohol.
Pantothensäure *f* pantothenic acid, pantothen, yeast filtrate factor, antiachromotrichia factor.
Pantoyltaurin *nt* pantoyltaurine, thiopanic acid.
Papain *nt* papain, papayotin, caricin.
Papaveralkaloide *pl* papaver alkaloids, poppy alkaloids.
Papaverin *nt* papaverine.
Papierchromatographie *f* paper chromatography, filter-paper chromatography.
Papierfilter *m* paper filter, filter.
Papillomavirus *nt* papilloma virus, Papillomavirus.
   humanes **Papillomavirus** human papillomavirus.
Papovaviren *pl* Papovaviridae.
Papovaviridae *pl* Papovaviridae.
Papovavirus *nt* papovavirus.
PAPS-Sulfotransferase *f* PAPS sulfotransferase.
Para- *präf.* para-, par-.
Paraaminobenzoesäure *f* *p*-aminobenzoic acid, para-aminobenzoic acid, sulfonamide antagonist, chromotrichial factor.
Paraaminohippursäure *f* *p*-aminohippuric acid, para-aminohippuric acid.
Parabansäure *f* parabanic acid, oxalylurea.
Paracasein *nt* paracasein.
Paraffin *nt* alkane, paraffin, paraffine.
Paraformaldehyd *m* paraformaldehyde.
Parahormon *nt* parahormone.
Parahydroxybenzol *nt* hydroquinone, 1,4-benzenediol.
Parakasein *nt* paracasein.
para-Kresol *nt* paracresol, *p*-cresol.
parakrin *adj.* paracrine.
Parakristalle *pl* paracrystals.
Paralbumin *nt* paralbumin.
Paraldehyd *m* paraldehyde, paracetaldehyde.
Paralleltextur *f* prallel texture.
Paramecium *nt* Paramecium.
Paramphistomum *nt* rumen fluke, Paramphistomum.
Paramuzin *nt* paramucin.
Paramyelin *nt* paramyelin.
Paramyosin *nt* paramyosin, tropomyosin A.
Paramyosinogen *nt* paramyosinogen.
Paramyosinstrang *m* paramyosin strand.
Paramyxoviridae *pl* Paramyxoviridae.
paranasal *adj.* paranasal.
Paraphage *m* commensal.
Paraphenylendiamin *nt* paraphenylenediamine.
paraphysär *adj.* relating to the paraphysis, paraphyseal, paraphysial.
Paraphyse *f* paraphyseal body, paraphysis.
Parapoxvirus *nt* parapoxvirus, Parapoxvirus.
Paraprotein *nt* paraprotein.
Paraquat *nt* paraquat.
parasitär *adj.* parasitic, parasital, parasitary, parasitical.
Parasitenwirt *m* parasitifer.
Parasitismus *m* parasitism.
paratenisch *adj.* paratenic.
Parathion *nt* parathion, diethyl-*p*-nitrophenyl thiophosphate.
Parathormon *nt* parathyrin, parathormone, parathyroid hormone.
parazellulär *adj.* paracellular.
Parazellulose *f* paracellulose.
Pärchenegel *m* bilharzia worm, blood fluke, schistosome, Schistosoma, Schistosomum, Bilharzia.
Parenchym *nt* parenchymatous tissue, parenchyma; pulp, pulpa.
Parenchym- *präf.* parenchymal, parenchymatous.
parenchymatös *adj.* relating to the parenchyma, parenchymal, parenchymatous.
Parotisspeichel *m* parotid saliva.
Partial- *präf.* partial.
Partialdruck *m* partial pressure, tension.
Partialhydrolyse *f* partial hydrolysis.
Partialladung *f* partial charge.
partiell *adj.* partial.
Partikel *nt* particle.
Partikelgewicht *nt* particle weight.
Partikelstrahlung corpuscular radiation.
Parvoviridae *pl* Parvoviridae.
Pascal *nt* pascal.
passiv *adj.* passive, not active; (*physikal.*) passive.
Passivität *f* passiveness, passivity.
Pasteur-Effekt *m* Pasteur reaction, Pasteur effect.

Pasteurella *f* Pasteurella.
　Pasteurella pestis plague bacillus, Kitasato's bacillus, Pasteurella pestis, Yersinia pestis, Bacterium pestis.
Pasteurellaceae *pl* Pasteurellaceae.
P-Bindungsstelle *f* peptidyl site, P site.
P-700-Chlorophyll a-Protein *nt* P 700-chlorophyll a protein.
Pediculidae *pl* Pediculidae.
Pektin *nt* pectin.
Pektinase *f* pectinase, polygalacturonase.
Pektinmethylesterase *f* pectinesterase, pectin methylesterase, pectin methoxylase.
Pelargonidin *nt* pelargonidin.
Penicillium *nt* Penicillium.
Penicillus *m* penicillus.
Pentade *f* pentad.
Pentaen *nt* pentaene.
Pentagastrin *nt* pentagastrin.
Pentaglycin *nt* pentaglycine.
Pentahydroxyflavanon *nt* pentahydroxyflavanone.
Pentamer *nt* pentamer.
Pentamethylendiamin *nt* pentamethylenediamine, cadaverine.
Pentan *nt* pentane.
Pentapeptid *nt* pentapeptide.
Pentasaccharid *nt* pentasaccharide.
Pentasomie *f* pentasomy.
Pentastomida *pl* tongue worms, Pentastomida.
Pentastomum *nt* Pentastoma.
Pentatrichomonas *f* Pentatrichomonas.
pentavalent *adj.* pentavalent, quinquevalent.
pentazyklisch *adj.* pentacyclic.
Penten *nt* pentene.
Penton *nt* penton.
Pentosan *nt* pentosan.
Pentosazon *nt* pentosazon.
Pentose *f* pentose.
Pentosephosphat *nt* pentose phosphate.
Pentosephosphatzyklus *m* pentose phosphate pathway, phosphogluconate pathway, hexose monophosphate shunt, pentose shunt, Warburg-Lipmann-Dickens shunt, Dickens shunt.
　oxidativer Pentosephosphatzyklus oxidative pentose phosphate pathway, Warburg-Dickens pathway, Warburg-

Dickens-Horecker pathway.
Pentosid *nt* pentoside.
Pentosyl-Radikal *nt* pentosyl.
Pentoxid *nt* pentoxide.
PEP-Carboxylase *f* PEP carboxylase, phosphoenolpyruvate carboxylase.
Peplomer *nt* peplomer.
Peplos *nt* peplos.
Pepsin *nt* pepsin, pepsase.
　Pepsin A pepsin A.
　Pepsin B pepsin B.
　Pepsin C pepsin C, gastricsin.
Pepsinogen *nt* pepsinogen, propepsin, prepepsin.
Peptid *nt* peptide, peptid.
　gastrointestinales Peptid gastrointestinal peptide.
　vasoaktives intestinales Peptid vasoactive intestinal peptide, vasoactive intestinal polypeptide.
Peptidalkaloid *nt* peptide alkaloid.
Peptidase *f* peptidase, peptide hydrolase, polypeptidase.
　mitochondriale prozessierende Peptidase mitochondrial processing peptidase.
　signalprozessierende Peptidase signal peptidase.
Peptidbindung *f* peptide bond.
peptiderg *adj.* peptidergic.
Peptidhormon *nt* peptide hormone.
Peptidhydrolase *f* s.u. *Peptidase.*
Peptidkette *f* peptide chain.
Peptidmuster *nt* peptide map.
Peptidoglykan *nt* mucopeptide, murein, peptidoglycan.
Peptidtransmitter *m* peptide transmitter.
Peptidylbindungsstelle *f* peptidyl site, P site.
Peptidylstelle *f* peptidyl site, P site.
Peptidyltransferase *f* peptidyl transferase.
Peptidyl-tRNA *f* peptidyl-tRNA.
Peptidyl-tRNS *f* peptidyl-tRNA.
Peptisation *f* peptization.
peptisch *adj.* relating to pepsin *or* to digestion, peptic, pepsic.
peptisieren *vt* peptize.
Peptococcaceae *pl* Peptococcaceae.
Peptococcus *m* Peptococcus.
peptogen *adj.* peptogenic, peptogenous.
Peptolyse *f* peptolysis.
peptolytisch *adj.* relating to peptolysis, peptolytic.

Pepton *nt* peptone.
Pepton- *präf.* peptonic.
peptonbildend *adj.* peptogenic, peptogenous.
Peptonhydrolyse *f* peptolysis.
Peptonwasser *nt* peptone water.
Peptostreptococcus *m* Peptostreptococcus.
Per- *präf.* per-.
Perameisensäure *f* performic acid.
Percentile *f* percentile.
Perchlorat *nt* perchlorate.
Perchloräthylen *nt* perchloroethylene, tetrachloroethylene.
Perchlorbenzol *nt* hexachlorobenzene.
Perchlorethylen *nt* tetrachloroethylene.
Perchlorid *nt* perchloride.
Perchlornaphthalin *nt* perna, perchloronaphthalin.
Perchlorsäure *f* perchloric acid.
perennierend *adj.* perennial.
perfundieren *vt* perfuse, pour through.
Perfusat *nt* perfusate.
Perfusion *f* perfusion; flow, blood flow.
Peri- *präf.* around, about, peri-.
Periodat *nt* periodate.
Periode *f* **1.** period, phase, stage; cycle; (*chemisch*) period. **2.** period, menstruation, menses, menstrual flow, menstrual phase, menstrual stage, flow, emmenia, course.
Periodenregel *f* Mendeléeff law, Mendeleev's law, periodic law.
Periodensystem der Elemente *nt* periodic system, periodic table, Mendeléeff table, Mendeleev's table.
Periodik *f* periodicity.
periodisch I *adj.* periodic, periodical, cyclic, cyclical, circular, intermittent, recurrent. **II** *adv* periodically, at regular intervals, in cycles.
Periodizität *f* periodicity.
Periodizitätsanalyse *f* periodicity analysis.
Periodsäure *f* periodic acid.
Periplasma *nt* periplasm.
periplasmatisch *adj.* periplasmic.
Peristaltik *f* peristaltic movement, peristalsis, enterocinesia, enterokinesia, vermicular movement.
peristaltisch *adj.* relating to peristalsis, peristaltic, enterokinetic, peristatic.

Perithecium *nt* perithecium.
Perjodat *nt* periodate.
perjodsauer *adj.* periodic.
Perjodsäure *f* periodic acid.
Perkolat *nt* percolate.
Perkolation *f* percolation.
Perkolator *m* percolator.
Perkolieren *nt* percolation.
perkolieren *vt* percolate.
Permanganat *nt* permanganate.
Permangansäure *f* permanganic acid.
permeabel *adj.* permeable, pervious (*für* to).
Permeabilität *f* permeability.
Permeabilitätsbarriere *f* permeability barrier.
Permeabilitätsschranke *f* permeability barrier.
Permease *f* permease.
Permeasesystem *nt* permease.
Permeat *nt* permeate.
permissiv *adj.* permissive.
   nicht permissiv nonpermissive.
Peroxi- *präf.* peroxi-, peroxy-.
Peroxiacetat *nt* peracetate.
Peroxid *nt* peroxide; superoxide, hyperoxide.
Peroxidase *f* indirect oxidase, peroxidase.
peroxidieren *vt*, *vi* peroxidize.
Peroxiessigsäure *f* peroxyacetic acid, peracetic acid.
Peroxisäure *f* peracid.
Peroxisom *nt* peroxisome, microbody.
Peroxy- *präf.* peroxi-, peroxy-.
Peroxyacetat *nt* peracetate.
Peroxyessigsäure *f* s.u. *Peroxiessigsäure*.
Peroxysäure *f* peracid.
Peroxyschwefelsäure *f* persulfuric acid.
Persäure *f* peracid.
Persulfat *nt* persulfate.
Persulfid *nt* persulfide.
Petroleum *nt* coal oil, rock oil, crude oil, mineral oil, petroleum.
Petroselinoyl-ACP *nt* petroselinoyl-ACP.
Petroselinoyl-ACP-Hydrolase *f* petroselinoyl-ACP hydrolase.
Petroselinoyl-ACP-Thioesterase *f* petroselinoyl-ACP thioesterase.
Petroselinsäure *f* petroselenic acid.
Petunidin *nt* petunidin.
Pfeifferella *f* Pfeifferella.
Pflanze *f* plant.

etiolierte **Pflanzen** etiolated plants.
homoiohydre **Pflanze** homoiohydric
plant.
poikilohydre **Pflanze** poikilohydric
plant.
pflanzenähnlich *adj.* phytoid.
Pflanzencytochrom *nt* plant cytochrome.
Pflanzenfett *nt* vegetable fat.
pflanzenfressend *adj.* herbivorous,
phytophagous.
Pflanzenfresser *m* herbivore.
Pflanzenhormon *nt* plant hormone,
phytohormone.
Pflanzenmilch *f* milk, sap.
Pflanzenmitochondrien *pl* plant
mitochondria.
Pflanzenpigment *nt* plant pigment.
Pflanzensaft *m* sap.
Pflanzenviren *pl* plant viruses.
Pflanzenwachs *nt* wax.
Pflanzenzelle *f* plant cell.
pflanzlich *adj.* vegetable, vegetal,
plant.
Pfortader *f* portal vein (of liver), portal.
Pfortader- *präf.* pylic, portal, pyle-.
Pfortaderkreislauf *m* s.u. *Pfortader-*
system.
Pfortadersystem *nt* portal circulation, portal system.
hypophysäres **Pfortadersystem**
hypophysioportal system, hypophyseoportal system, pituitary portal system, hypophyseoportal circulation,
hypophysioportal circulation.
pH *m* pH.
pH-Abhängigkeit *f* pH-dependence.
Phage *m* bacteriophage, bacterial
virus, phage, lysogenic factor.
defekter **Phage** defective bacteriophage, defective phage.
reifer **Phage** mature phage.
transduzierender **Phage** transducing
phage.
Phagolysosom *nt* phagolysosome.
Phagosom *nt* phagosome, phagocytotic vesicle.
Phagovar *m* phagovar, phagotype;
lysotype, phage type.
Phagozyt *m* phagocyte, carrier cell.
mononukleärer **Phagozyt** blood macrophage, monocyte.
Phagozyt- *präf.* phagocytic.
phagozytär *adj.* relating to phago-
cytes *or* phagocytosis, phagocytic.
Phagozytose *f* phagocytosis.

pH-Antwort *f* pH response.
Phase *f* phase, stadium, stage; phase,
period; (*physikal.*) phase.
äußere **Phase** external phase, continous phase, dispersion phase, dispersion medium, external medium.
bewegliche **Phase** flowing phase,
moving phase.
dispergierende **Phase** s.u. *äußere*
Phase.
disperse **Phase** disperse phase, discontinuous phase, dispersed phase,
internal phase.
feste **Phase** solid phase.
flüssige **Phase** liquid phase.
hydrophobe **Phase** hydrophobic
phase.
innere **Phase** s.u. *disperse Phase.*
stationäre **Phase** stationary phase,
stationary period.
wässrige **Phase** aqueous phase.
Phasen- *präf.* phasic.
Phaseolin *nt* phaseolin, phaseollin.
Phaseollin *nt* phaseolin, phaseollin.
Phenanthren *nt* phenanthrene.
o-Phenanthrolin *nt* phenanthrolene,
orthophenanthroline.
Phenol *nt* **1.** phenol, phenylic acid,
phenylic alcohol, phenic acid, oxybenzene, hydroxybenzene, carbolic
acid. **2.** phenol, aromatic alcohol.
Phenol- *präf.* phenolic.
Phenolase *f* s.u. *Phenoloxidase.*
Phenolat *nt* phenolate, phenate, phe-
noxide, carbolate.
Phenolcarbonsäure *f* phenolcar-
boxylic acid.
Phenolglucuronosid *nt* phenol glu-
curonoside.
phenolisch *adj.* relating to phenol,
phenolic.
Phenoloxidase *f* phenolase, phenol
oxidase, monophenol monooxygenase.
Phenolphthalein *nt* phenolphthalein.
Phenolrot *nt* s.u. *Phenolsulfophthalein.*
Phenolsulfonphthalein *nt* s.u.
Phenolsulfophthalein.
Phenolsulfophthalein *nt* phenolsul-
fonephthalein, phenol red.
Phenoxy- *präf.* phenoxy-.
Phenyl- *präf.* phenyl, phenylic.
Phenylalanin *nt* phenylalanine.
Phenylalanin-ammonium-lyase *f*
phenylalanine ammonia-lyase.
Phenylalaninase *f* phenylalaninase,
phenylalanine-4-hydroxylase, phenyl-

alanine-4-monooxygenase.
Phenylalanin-4-hydroxylase *f* s.u. *Phenylalaninase.*
Phenylalanin-4-monooxygenase *f* s.u. *Phenylalaninase.*
Phenylalanyl-Radikal *nt* phenylalanyl.
Phenylamin *nt* aniline, amidobenzene, aminobenzene.
Phenyläthanolamin-N-methyltransferase *f* phenylethanolamine-*N*-methyltransferase.
Phenylbrenztraubensäure *f* phenylpyruvic acid.
Phenylcarbinol *nt* phenylcarbinol, phenylmethanol.
Phenylessigsäure *f* phenylacetic acid.
Phenylethylisochinolinalkaloide *pl* phenylethylisoquinoline alkaloids.
Phenylhydrazin *nt* phenylhydrazine.
phenylisch *adj.* phenylic.
Phenylisothiocyanat *nt* phenylisothiocyanate, Edman's reagent.
Phenylmilchsäure *f* phenyllactic acid.
Phenylosazon *nt* phenylosazone.
Phenylpropanderivat *nt* phenylpropane derivative, phenylpropanoid.
Phenylpyruvat *nt* phenylpyruvate.
Phenyl-Radikal *nt* phenyl.
Phenylthiocarbamid *nt* phenylthiourea, phenylthiocarbamide.
Phenylthiocarbamid-Peptid *nt* phenylthiocarbamoyl peptide, PTC peptide.
Phenylthioharnstoff *m* phenylthiourea, phenylthiocarbamide.
Pheophorbid *nt* pheophorbide, *Brit.* phaeophorbide.
Pheophytin *nt* pheophytine, *Brit.* phaeophytine.
Pheophytin a *nt* pheophytine a, *Brit.* phaeophytine a.
Pheromon *nt* pheromone.
Phialophora *nt* Phialophora.
Phlein-Typ *m* levan type.
Phloem *nt* phloem.
Phloroglucin *nt* phloroglucin, phloroglucinol, 1,3,5-trihydroxybenzene.
pH-Optimum *nt* optimum pH.
Phosgen *nt* phosgene.
Phosphagen *nt* phosphagen.
Phosphat *nt* phosphate; orthophosphate.
　alkalisches Phosphat alkaline phosphate.
　anorganisches Phosphat inorganic phosphate.

organisches Phosphat organic phosphate.
primäres Phosphat primary phosphate, monobasic phosphate.
saures Phosphat acid phosphate.
sekundäres Phosphat dibasic phosphate, secondary phosphate.
tertiäres Phosphat tribasic phosphate, tertiary phosphate.
Phosphat- *präf.* phosphatic.
Phosphatacyltransferase *f* phosphate acyltransferase.
Phosphatase *f* phosphatase.
　alkalische Phosphatase phosphomonoesterase, alkaline phosphatase.
　saure Phosphatase phosphomonoesterase, acid phosphatase, acid phosphomonoesterase.
Phosphat-ATP-Austausch *m* phosphate-ATP-exchange.
phosphatbildend *adj.* phosphate-producing, phosphagenic.
Phosphatbildner *m* phosphagen.
Phosphatbinder *m* phosphate binder.
Phosphatbindung *f* phosphate bond.
　energiereiche Phosphatbindung high-energy phosphate bond.
Phosphatbindungsenergie *f* phosphate-bond energy.
Phosphatcarrier *m* phosphate carrier.
Phosphatdonor *m* phosphate donor.
Phosphatester *m* phosphate ester.
Phosphatgruppe *f* phosphate group.
Phosphatgruppenübertragungspotential *nt* phosphate-group transfer potential.
Phosphatgruppenübertragungspotenzial *nt* s.u. *Phosphatgruppenübertragungspotential.*
phosphathaltig *adj.* phosphated, phosphatic.
Phosphathaushalt *m* phosphate balance.
Phosphatid *nt* phosphoglyceride, phospholipid, phospholipin, phosphatide, glycerol phosphatide.
Phosphatidase *f* phosphatidase, phosphatidolipase.
Phosphatidsäure *f* phosphatidic acid.
Phosphatidsäurephosphatase *f* phosphatidate phosphatase.
Phosphatidyläthanolamin *nt* phosphatidylethanolamine, ethanolamine phosphoglyceride.
Phosphatidylcholin *nt* phosphati-

P

dylcholine, choline phosphoglyceride, lecithin, choline phosphatidyl.

Phosphatidylcholin-Cholesterin-Acyltransferase *f* phosphatidylcholine-sterol acyltransferase, phosphatidylcholine-cholesterol acyltransferase.

Phosphatidylethanolamin *nt* s.u. *Phosphatidyläthanolamin.*

Phosphatidylglycerin *nt* phosphatidylglycerol.

Phosphatidylinosindiphosphat *nt* phosphatidylinosine diphosphate, phosphatidylinositol diphosphate.

Phosphatidylinosit *nt* phosphatidylinositol.

Phosphatidylinositol *nt* phosphatidylinositol.

Phosphatidylserin *nt* phosphatidylserine.

Phosphatpuffer *m* phosphate buffer.

Phosphat-Translokator *m* phosphate translocator.

Phosphat-Wasser-Austausch *m* phosphate-water-exchange.

Phosphatzucker *m* phosphosugar.

Phosphid *nt* phosphide.

Phosphin *nt* phosphine.

Phosphit *nt* phosphite.

Phosphoamid *nt* phosphoamide.

Phosphoamidase *f* phosphoamidase.

Phosphoamidbindung *f* phosphoamide bond.

Phosphoäthanolamin *nt* phosphoethanolamine.

Phosphoäthanolamincytidyltrans ferase *f* phosphoethanolamine cytidylyltransferase.

Phosphoäthanolamincytidylyltransferase *f* phosphoethanolamine cytidylyltransferase.

Phosphoäthanolamintransferase *f* phosphoethanolamine transferase.

Phosphocholin *nt* phosphocholine.

Phosphocholincytidyltransferase *f* phosphocholine cytidylyltransferase.

Phosphocholincytidylyltransferase *f* phosphocholine cytidylyltransferase.

Phosphocholintransferase *f* phosphocholine transferase.

Phosphodiesterase *f* phosphodiesterase.

Phosphodiesterbrücke *f* phosphodiester bridge.

Phosphodihydroxyaceton *nt* dihydroxyacetone phosphate.

Phosphoenolbrenztraubensäure *f* phosphoenolpyruvic acid.

Phosphoenolpyruvat *nt* phosphoenolpyruvate.

Phosphoenolpyruvatcarboxykinase (GTP) *f* phosphoenolpyruvate carboxykinase (GTP), phosphopyruvate carboxykinase, phosphopyruvate carboxylase.

Phosphoenolpyruvatcarboxylase *f* PEP carboxylase, phosphoenolpyruvate carboxylase.

Phosphoenzym *nt* phosphoenzyme.

6-Phosphofruktokinase *f* 6-phosphofructokinase, phosphohexokinase.

6-Phosphofrukto-2-kinase *f* 6-phosphofructo-2-kinase.

Phosphoglobulin *nt* phosphoglobulin.

Phosphoglucokinase *f* phosphoglucokinase, glucose-1-phosphate kinase.

Phosphoglucomutase *f* phosphoglucomutase.

6-Phosphogluconat *nt* 6-phosphogluconate.

6-Phosphogluconatdehydrogenase *f* 6-phosphogluconate dehydrogenase.

Phosphogluconatweg *m* pentose phosphate pathway, phosphogluconate pathway, hexose monophosphate shunt, pentose shunt, Warburg-Lipmann-Dickens shunt, Dickens shunt.

6-Phosphogluconolacton *nt* 6-phosphogluconolactone.

Phosphoglucoseisomerase *f* phosphoglucose isomerase, glucose-6-phosphate isomerase, phosphohexoisomerase, hexosephosphate isomerase.

Phosphoglukokinase *f* glucose-1-phosphate kinase, phosphoglucokinase.

Phosphoglukomutase *f* s.u. *Phosphoglucomutase.*

Phosphoglycerat *nt* phosphoglycerate.

Phosphoglyceratdehydrogenase *f* phosphoglycerate dehydrogenase.

Phosphoglyceratkinase *f* phosphoglycerate kinase.

Phosphoglyceratmutase *f* s.u. *Phosphoglyceromutase.*

Phosphoglyceratphosphomutase

f phosphoglycerate mutase, phospho-glyceromutase.

Phosphoglycerid *nt* phosphoglyc-eride, phospholipid, phospholipin, phosphatide, glycerol phosphatide.

Phosphoglycerinsäure *f* phospho-glyceric acid.

Phosphoglyceromutase *f* phospho-glycerate mutase, phosphoglyceromu-tase.

3-Phosphoglyceroylphosphat *nt* 3-phosphoglyceroyl phosphate, 1,3-diphosphoglycerate.

Phosphoglykogensynthase *f* phos-pho-glycogen synthase.

Phosphoglykolat *nt* phosphoglyco-late.

Phosphoglykolsäure *f* phosphogly-colic acid.

Phosphoglykoprotein *nt* phospho-glucoprotein.

3-Phosphoglyzerinaldehyd *m* 3-phosphoglyceraldehyde, glyceralde-hyde-3-phosphate.

3-Phosphoglyzerinaldehyddehy-drogenase *f* 3-phosphoglyceralde-hyde dehydrogenase, glyceraldehyde-3-phosphate dehydrogenase, triose-phosphate dehydrogenase.

Phosphoguanidin *nt* guanidine phosphate, phosphoguanidine.

Phosphohexoseisomerase *f* phos-phoglucose isomerase, phosphohexo-isomerase, hexosephosphate iso-merase, glucose-6-phosphate iso-merase.

Phosphoinositol *nt* phosphoinositol, inositol triphosphate.

Phosphoketolase *f* phosphoketolase.

Phosphokreatin *nt* phosphocreatine, phosphagen, creatine phosphate.

Phospholipase *f* phospholipase, leci-thinase.

Phospholipase A₁ phospholipase A_1, lecithinase A.

Phospholipase A₂ phosphatidase, phosphatidolipase, phospholipase A_2, lecithinase A.

Phospholipase B phospholipase B, lecithinase B, lysophospholipase.

Phospholipase C phospholipase C, lecithinase C.

Phospholipase D phospholipase D, lecithinase D, choline phosphatase.

Phospholipid *nt* glycerol phos-phatide; phosphoglyceride, phospho-lipid, phospholipin, phosphatide.

Phospholipoprotein *nt* phospholipo-protein.

Phosphomevalonat *nt* phospho-mevalonate.

Phosphomevalonatkinase *f* phos-phomevalonate kinase.

Phosphomevalonsäure *f* phospho-mevalonic acid.

Phosphomutase *f* phosphomutase.

Phospho-Phosphorylasekinase *f* phospho-phosphorylase kinase.

Phosphoprotein *nt* phosphoprotein.

Phosphoproteinphosphatase *f* phosphoprotein phosphatase.

Phosphopyruvatcarboxykinase *f* phosphoenolpyruvate carboxykinase (GTP), phosphopyruvate carboxyki-nase, phosphopyruvate carboxylase.

Phosphopyruvatcarboxylase *f* phosphopyruvate carboxylase.

Phosphor *m* phosphorus.

Phosphoreszenz *f* phosphorescence.

phosphoreszierend *adj.* phospho-rescent.

phosphorhaltig *adj.* phosphorated, phosphureted, phosphorized, phos-phorous.

Phosphoriboisomerase *f* phospho-riboisomerase, ribose(-5-)phosphate isomerase.

5-Phosphoribosylamin *nt* (5-)phos-phoribosylamine.

Phosphoribosyl-AMP-cyclohydro-lase *f* phosphoribosyl-AMP-cyclohy-drolase.

5-Phosphoribosyl-1-diphosphat *nt* 5-phosphoribosyl 1-diphosphate.

5-Phosphoribosyl-N-formylglycin-amid *nt* α-*N*-formyl-glycinamide-ri-bonucleotide.

5-Phosphoribosyl-1-glycinamid *nt* glycineamide ribonucleotide, 5-phos-phoribosyl 1-glycinamine.

Phosphoribosylpyrophosphat *nt* phosphoribosylpyrophosphate.

Phosphoribosylpyrophosphat-synthetase *f* ribose-phosphate pyro-phosphokinase, phosphoribosylpyro-phosphate synthetase, pyrophosphate ribose-P-synthase.

Phosphoribosyltransferase *f* phos-phoribosyltransferase.

Phosphoribulokinase *f* phospho-ribulokinase.

phosphorisieren *vt* phosphorate,

P

phosphoretted, phosphorize.

Phosphorolyse *f* phosphorolysis, phosphoroclastic cleavage, phosphorylysis.

phosphorolytisch *adj.* phosphorolytic.

Phosphorsäure *f* orthophosphoric acid, phosphoric acid.

Phosphorwasserstoff *m* phosphine.

Phosphorylase *f* phosphorylase, transphosphorylase.

Phosphorylase a α-phosphorylase, phosphorylase a.

Phosphorylase b β-phosphorylase, phosphorylase b.

Phosphorylasekinase *f* glycogen phosphorylase kinase, phosphorylase (B) kinase.

Phosphorylasekinase-kinase *f* phosphorylase kinase kinase.

Phosphorylasephosphatase *f* phosphorylase phosphatase, phosphorylase rupturing enzyme, PR enzyme.

Phosphorylase-Reaktion *f* phosphorylase reaction.

phosphorylieren *vt* phosphorylate.

Phosphorylierung *f* phosphorylation.

oxidative **Phosphorylierung** oxidative phosphorylation, respiratory-chain phosphorylation.

reversible **Phosphorylierung** reversible phosphorylation.

Phosphorylierungspotential *nt* phosphorylation potential.

Phosphorylierungspotenzial *nt* s.u. *Phosphorylierungspotential.*

Phosphoryl-Radikal *nt* phosphoryl.

Phosphoserin *nt* phosphoserine.

Phosphoserinphosphatase *f* phosphoserine phosphatase.

Phosphoserintransaminase *f* phosphoserine transaminase.

Phosphotransferase *f* phosphotransferase, transphosphorylase.

Phosphotransferasesystem *nt* phosphotransferase system.

Photo- *präf.* photic, phot(o)-; photographic.

photoaktiv *adj.* photoactive.

photoautotroph *adj.* photoautotrophic.

Photoautotroph *m* photoautotroph.

Photobacterium *nt* Photobacterium.

Photobakterien *pl* photobacteria, photosynthetic bacteria, phototrophic bacteria.

Photobiologie *f* photobiology.

photobiologisch *adj.* relating to photobiology, photobiologic, photobiological.

Photochemie *f* photochemistry, actinochemistry.

photochemisch *adj.* relating to photochemistry, photochemical.

photochromogen *adj.* photochromogenic.

Photoeffekt *m* photoelectrical effect, Hallwachs effect.

photoelektrisch *adj.* photoelectric, photoelectrical.

Photoelektrizität *f* photoelectricity.

Photoelektron *nt* photoelectron.

Photoelement *nt* photoelement.

photogen *adj.* light-producing, photogenic, photogenous; phosphorescent.

Photo-Gen 32-Protein *nt* D1 protein.

photoheterotroph *adj.* photoheterotrophic.

Photoinaktivierung *f* photoinactivation.

Photoinhibition *f* light inhibition, photoinhibition.

Photokatalysator *m* photocatalyst, photocatalyzer.

Photokatalyse *f* photocatalysis.

photokatalytisch *adj.* relating to photocatalysis, stimulated by light, photocatalytic.

Photokinese *f* photokinesis.

photokinetisch *adj.* relating to photokinesis, photokinetic.

photolithotroph *adj.* photolithotrophic.

Photolithotroph *m* photolithotroph.

Photolumineszenz *f* photoluminescence.

Photolyse *f* photolysis.

photolytisch *adj.* relating to photolysis, photolytic.

Photon *nt* photon, quantum, light quantum.

photoorganotroph *adj.* photoorganotrophic.

Photoorganotroph *m* photoorganotroph.

photooxidativ *adj.* photooxidative.

photophil *adj.* photophilic.

Photophosphorylierung *f* photophosphorylation, photosynthetic phosphorylation.

Photopsin *nt* photopsin.

Photoreaktion *f* photoreaction, photochemical reaction.
Photoreaktivierung *f* photoreactivation, photoreversal.
Photoreduktion *f* photoreduction.
Photorespiration *f* photorespiration.
photorespiratorisch *adj.* photorespiratory.
Photorezeption *f* photoreception.
photorezeptiv *adj.* photoreceptive.
Photorezeptor *m* photoreceptor, photoceptor.
Photorezeptorzelle *f* photoreceptor cell, visual cell.
photosensibel *adj.* photosensory.
Photosynthese *f* photosynthesis.
Photosynthesepigment *nt* photosynthetic pigment.
   akzessorische Photosynthesepigmente accessory pigments.
   primäre Photosynthesepigmente primary pigments.
photosynthetisch *adj.* relating to photosynthesis, photosynthetic.
Photosystem *nt* photosystem.
Photosystem I *nt* photosystem I.
Photosystem II *nt* photosystem II.
Phototaxis *f* phototaxis.
phototrop *adj.* phototropic.
phototroph *adj.* phototrophic.
phototropisch *adj.* phototropic.
Phototropismus *m* phototropism.
Photozelle *f* photocell, photoelectric cell, electrical eye.
Phrenosin *nt* phrenosin, cerebron.
pH-Skala *f* pH scale, Sörensen scale.
Phthalat *nt* phthalate.
Phthalein *nt* phthalein.
Phthalsäure *f* phthalic acid.
Phthionsäure *f* phthioic acid.
pH-Wert *m* pH, pH value.
pH-Wert-Abhängigkeit *f* pH-dependence.
Phycobilin *nt* phycobilin.
Phycobilinlyase *f* phycobilin lyase.
Phycobilinpigment *nt* phycobilin pigment.
Phycobiliproteid *nt* phycobilin proteid.
Phycobilisom *nt* phycobilisome.
Phycocyanin *nt* phycocyanin.
Phycocyanobilin *nt* phycocyanobilin.
Phycocyanogen *nt* phycocyanogen.
Phycoerythrin *nt* phycoerythrin.
Phycoerythrobilin *nt* phycoerythrobilin.

Phycoerythrocyanin *nt* phycoerythrocyanin.
Phykobilin *nt* phycobilin.
Phykoerythrin *nt* phycoerythrin.
Phykoerythrobilin *nt* phycoerythrobilin.
Phykomyzeten *pl* algal fungi, Phycomycetes, Phycomycetae.
Phykozyanin *nt* phycocyanin.
Phykozyanogen *nt* phycocyanogen.
Phylum *nt, pl* **Phyla** phylum.
Physik *f* physics *pl.*
physikalisch *adj.* relating to the physical sciences *or* physics, physical.
physikochemisch *adj.* relating to both physics and chemistry, physicochemical, chemicophysical.
Physio- *präf.* physical, physio-.
Physiologie *f* physiology.
physiologisch *adj.* relating to physiology, physiologic, physiological.
physiologisch-anatomisch *adj.* relating to both physiology and anatomy, physiologicoanatomical, anatomicophysiological.
physisch *adj.* relating to the body, physical, bodily, body, corporeal, material, natural.
Phyt- *präf.* plant, phyt(o)-.
Phytansäure *f* phytanic acid.
Phytansäure-α-hydroxylase *f* phytanic acid α-hydroxylase.
Phytansäureoxidase *f* phytanic acid α-hydroxylase.
Phytase *f* phytase.
Phytinsäure *f* phytic acid.
Phyto- *präf.* plant, phyt(o)-.
Phytoalexin *nt* phytoalexin.
Phytochelatin *nt* phytochelatin.
Phytochemie *f* phytochemistry.
Phytochrom *nt* phytochrome.
Phytochromobilin *nt* phytochromobilin.
15-cis-Phytoen *nt* 15-cis phytoene.
Phytoendesaturase *f* phytoene desaturase.
Phytoensynthase *f* phytoene synthase.
15-cis-Phytofluen *nt* 15-cis phytofluene.
Phytohormon *nt* phytohormone, plant hormone.
phytoid *adj.* phytoid.
Phytol *nt* phytol.
Phytomastigophorea *pl* Phyto-

mastigophorea, Phytomastigophora.

Phytomenadion *nt* phytonadione, phytomenadione, phylloquinone, vitamin K_1.

Phytomitogen *nt* phytomitogen.

Phytonadion *nt* phytonadione, phytomenadione, phylloquinone.

Phytoparasit *m* phytoparasite, plant parasite.

Phytoplankton *nt* phytoplankton.

Phytosphingosin *nt* phytosphingosine.

Phytosterin *nt* phytosterol, phytocholesterol, phytosterin.

Phytosterol *nt* s.u. *Phytosterin.*

Phytyldiphosphat *nt* phytyl diphosphate.

2-Phytyl-1,4-naphthochinol *nt* 2-phytyl-1,4-naphthoquinol.

Phytyltransferase *f* phytyl transferase.

Picogramm *nt* picogram.

Picokatal *nt* picokatal.

Picolinsäure *f* picolinic acid.

Picornaviren *pl* Picornaviridae.

Picornaviridae *pl* Picornaviridae.

Picornavirus *nt* picornavirus.

Piedraia *f* Piedraia.

Piedraiaceae *pl* Piedraiaceae.

Pigment *nt* pigment.

akzessorische Pigmente accessory pigments.

endogenes Pigment endogenous pigment.

exogenes Pigment exogenous pigment.

primäre Pigmente primary pigments.

Pigment- *präf.* pigmentary, pigmental.

Pigment 680 *nt* pigment 680, P680.

Pigment 700 *nt* pigment 700, P700.

pigmentär *adj.* relating to a pigment, pigmentary, pigmental.

Pigmentation *f* pigmentation, coloration, chromatosis.

Pigmentgranula *pl* pigment granules.

pigmentieren I *vt* pigment; color. **II** *vr* **sich pigmentieren** become pigmented.

pigmentiert *adj.* pigmented; colored.

Pigmentierung *f* pigmentation, chromatosis, coloration.

Pigment-Protein-Komplex *m* pigment-protein complex.

Pikraminsäure *f* dinitroaminophenol, aminodinitrophenol.

Pikrat *nt* carbazotate, picrate.

Pikrinsäure *f* picric acid, trinitrophenol, nitroxanthic acid.

Pilusprotein *nt* pilin, pilin protein.

Pilzfaden *m* hypha, fungal filament.

Pilzgeflecht *nt* mycelium.

Pilzphage *m* mycophage.

Pilzzelle *f* fungus cell.

Pimelinsäure *f* pimelic acid, hexanedioic acid.

Pimelo- *präf.* fat, fatty, pimel(o)-.

Pinea *f* pineal body, cerebral apophysis, pineal, pinus.

Pinealdrüse *f* s.u. *Pinea.*

Ping-Pong-Mechanismus *m* ping-pong reaction, ping-pong mechanism, double displacement reaction, double displacement mechanism.

Pinselschimmel *m* Penicillium.

Pion *nt* pion.

Pipecolinsäure *f* pipecolic acid, pipecolinic acid, homoproline.

pituitär *adj.* relating to the pituitary body, pituitary, hypophysial, hypophyseal.

Pituitaria *f* pituitary body, pituitary gland, pituitary, pituitarium, hypophysis.

Pix *f* pitch, pix.

pK *m* pK.

pK-Wert *m* pK, pK value.

Placentalia *f* placental mammals, Placentalia.

plankonkav *adj.* planoconcave.

plankonvex *adj.* planoconvex.

Plankton *nt* plankton.

planktonisch *adj.* plankton-like, planktonic.

planokonkav *adj.* planoconcave.

planokonvex *adj.* planoconvex.

Plasma *nt, pl* **Plasmas, Plasmen 1.** plasma, plasm; protoplasm. **2.** blood plasma, plasma. **3.** (*physikal.*) plasma, plasm.

Plasma- *präf.* plasmatic, plasmic, plasm(o)-, plasma-.

Plasmaalbumin *nt* plasma albumin.

Plasmabikarbonat *nt* plasma bicarbonate, blood bicarbonate.

Plasmaelektrolyt *m* plasma electrolyte.

Plasmaglobuline *pl* plasma globulines.

Plasmakallikrein *nt* plasma kallikrein.

Plasmalemm *nt* cell membrane, plasma membrane, cytoplasmic membrane, plasmalemma, plasmolemma, cytomembrane, ectoplast.

Plasmalemma *nt* s.u. *Plasmalemm.*

Plasmalipoproteine *pl* plasma lipoproteins.

Plasmalogen *nt* plasmalogen.

Plasmaorosomukoid *nt* orosomucoid, plasma orosomucoid.

Plasmaosmolalität *f* plasma osmolality.

Plasmaprotein *nt* plasma protein.

Plasmathromboplastinantecedent *m* plasma thromboplastin antecedent, factor XI, antihemophilic factor C, PTA factor.

plasmatisch *adj.* relating to plasma, plasmatic, plasmic.

Plasmazelle *f* plasma cell, plasmocyte, plasmacyte.

plasmazellulär *adj.* relating to a plasma cell, plasmacellular, plasmacytic.

Plasmid *nt* plasmid; extrachromosomal element.

Plasmin *nt* plasmin, fibrinolysin, fibrinase.

Plasminaktivator *m* plasminogen activator.

α_2**-Plasmininhibitor** *m* α_2-plasmin inhibitor.

Plasminogen *nt* plasminogen, proplasmin, profibrinolysin.

Plasminogenproaktivator *m* plasminogen proactivator.

Plasmo- *präf.* plasmatic, plasmic, plasm(o)-, plasma-.

Plasmozyt *m* plasmocyte, plasmacyte, plasma cell.

plastidär *adj.* plastid.

Plastiden-DNA *f* plastid DNA.

Plastiden-Genom *nt* plastid genome.

Plastifikator *m* plasticizer.

plastisch *adj.* plastic.

Plastochinol *nt* plastoquinol.

Plastochinol-9 *nt* plastoquinol 9.

Plastochinol/Plastocyanin-Reduktase *f* plastoquinol/plastocyanin reductase.

Plastochinon *nt* plastoquinone.

Plastochinon-9 *nt* plastoquinone 9.

Plastochinon Q_A *nt* plastoquinone Q_A.

Plastochinon Q_B *nt* plastoquinone Q_B.

Plastocyanin *nt* plastocyanin.

Plastocyanin-Ferredoxin-Reduktase *f* plastocyanin-ferredoxine reductase.

Plastogel *nt* plastogel.

Plastoglobuli *pl* plastoglobuli.

Plastohydrochinon *nt* plastoquinol.

Plastosemichinon *nt* plastosemiquinone.

Platin *nt* platinum.

Platinelektrode *f* platinum electrode, Pt electrode.

Plättchen *nt* platelet, blood platelet, blood disk, thrombocyte.

Plättchen- *präf.* platelet, thromb(o)-.

Plättchenadhäsion *f* platelet adhesion.

Plättchenagglutination *f* platelet agglutination.

Plättchenaggregat *nt* platelet aggregate.

Plättchenaggregation *f* platelet aggregation.

Plättchenfaktor *m* platelet factor.

Plättchenfaktor 1 platelet factor 1.

Plättchenfaktor 2 platelet factor 2.

Plättchenfaktor 3 platelet factor 3.

Plättchenfaktor 4 platelet factor 4, antiheparin.

Plättchenwachstumsfaktor *m* platelet-derived growth factor.

Plazentalaktogen, humanes *nt* placental growth hormone, placenta protein, galactagogin, choriomammotropin, purified placental protein, human placental lactogen, chorionic somatomammotropin, somatomammotropine.

Plazentalier *pl* placental mammals, Placentalia.

pleomorph *adj.* pleomorphic, pleomorphous, polymorphic, polymorphous.

Pleomorphismus *m* pleomorphism, polymorphism.

Plumbum *nt* plumbum, lead.

Pluri- *präf.* pluri-, multi-, poly-.

Pluspol *m* positive pole.

Plus-Strang-RNA *f* positive-sense RNA.

Plus-Strang-RNA-Viren *pl* positive-sense RNA viruses.

Plus-Strang-RNS *f* positive-sense RNA.

Plutonium *nt* plutonium.

Pneumocystis *f* Pneumocystis.

Pneumokokkus *m*, *pl* **Pneumokokken** pneumococcus, pneumonococcus, Diplococcus pneumoniae, Diplococcus lanceolatus, Streptococcus pneumoniae.

P

pOH *m* pOH.
pOH-Wert *m* pOH, pOH value.
Poikilosmose *f* poikilosmosis.
poikilosmotisch *adj.* poikilosmotic.
poikilotherm *adj.* cold-blooded, poikilothermic, poikilothermal, hematocryal.
Poikilothermie *f* poikilothermy, poikilothermism.
Poise *nt* poise.
Pol *m* pole; (*anatom.*) pole, extremity.
  negativer Pol negative pole, cathode.
  positiver Pol positive pole, anode.
polar *adj.* relating to a pole, having poles, polar.
  nicht polar nonpolar.
Polar- *präf.* polar, polari-.
Polarimeter *nt* polarimeter.
Polarimetrie *f* polarimetry.
polarimetrisch *adj.* relating to polarimetry *or* a polarimeter, polarimetric.
Polarisation *f* polarization.
Polarisations- *präf.* polarizing.
Polarisationsmikroskop *nt* polarizing microscope.
polarisiert *adj.* polarized.
  linear polarisiert plane-polarized.
Polarität *f* polarity.
Polarogramm *nt* polarogram.
Polarographie *f* polarography.
polarographisch *adj.* relating to polarography, polarographic.
Polonium *nt* polonium.
Poloxamer *nt* poloxamer.
Poly- *präf.* poly-, pleo-, pleio-, pluri-, multi-.
Polyacrylamid *nt* polyacrylamide.
Polyadenylat *nt* polyadenylate.
Polyamid *nt* polyamide.
Polyamin *nt* polyamine.
Polyaminosäure *f* polyamino acid.
Poly-A-Schwanz *m* poly A tail, polyadenylate tail, poly(A) tail.
Polyäthylen *nt* polyethylene, polythene.
polyauxotroph *adj.* polyauxotrophic.
Polydesoxyribonukleotid *nt* polydeoxyribonucleotide.
Polydesoxyribonukleotidsynthase (ATP) *f* polydeoxyribonucleotide synthase (ATP), polydeoxyribonucleotide ligase, polynucleotide ligase, DNA ligase.
Polyen *nt* polyene.
Polyenfettsäure *f* polyenoic fatty

acid, polyunsaturated fatty acid.
Polyensäure *f* polyenoic fatty acid, polyunsaturated fatty acid.
Polyester *m* polyester.
Polyfruktose *f* fructosan, levan, levulan, levulosan, polyfructose.
Polygalakturonsäure *f* polygalacturonic acid.
Polyglykol *nt* polyglycol.
Polyglykolsäure *f* polyglycolic acid.
Polyhexose *f* polyhexose.
Polyhydroxyacetal *nt* polyhydroxy acetal.
Polyhydroxyaldehyd *m* polyhydroxy aldehyde.
Polyhydroxyketal *nt* polyhydroxy ketal.
Polyhydroxyketon *nt* polyhydroxy ketone.
polyklonal *adj.* polyclonal.
Polylysin *nt* polylysine.
Polymastigida *pl* Polymastigida.
polymer *adj.* polymeric.
Polymer *nt* polymer, polymerid.
Polymerase *f* polymerase.
Polymerie *f* polymeria.
Polymerisation *f* polymerization.
Polymerisieren *nt* polymerism.
polymerisieren *vt, vi* polymerize.
Polymerisierung *f* polymerism.
Polymetaphosphat *nt* polymetaphosphate.
Polymethylmethacrylat *nt* polymethyl methacrylate.
polymorph *adj.* polymorphic, polymorphous, pleomorphic, pleomorphous, multiform.
Polymorphismus *m* pleomorphism, polymorphism.
Polynucleotid *nt* polynucleotide.
polynukleär *adj.* multinuclear, multinucleate, plurinuclear, polynuclear, polynucleate, polynucleated.
Polynukleotid *nt* polynucleotide.
Polynukleotidadenylyltransferase *f* polynucleotide adenylyltransferase, polyadenylate nucleotidyltransferase.
Polynukleotidkette *f* polynucleotide chain.
Polynukleotidligase *f* DNA ligase, polydeoxyribonucleotide synthase (ATP), polydeoxyribonucleotide ligase, polynucleotide ligase.
Polynukleotidphosphatase *f* polynucleotide phosphatase, polynucleotidase.

Polynukleotidphosphorylase *f* polyribonucleotide nucleotidyltransferase, polynucleotide phosphorylase.

Polyomavirus *nt* polyomavirus, miopapovavirus, Polyoma virus.

Polypeptid *nt* polypeptide.

gastrisches inhibitorisches Polypeptid glucose dependent insulinotropic peptide, gastric inhibitory polypeptide.

pankreatisches Polypeptid pancreatic polypeptide.

vasoaktives intestinales Polypeptid vasoactive intestinal polypeptide, vasoactive intestinal peptide.

Polypeptidhormon *nt* polypeptide hormone, proteohormone.

Polypeptidkette *f* polypeptide chain.

Polypeptid PS II-I *nt* polypeptide PS II-I.

Polyphenoloxidase *f* polyphenoloxidase, catechol oxidase, diphenol oxidase.

Polyphosphat *nt* polyphosphate, polymetaphosphate.

Polyphosphorsäure *f* polyphosphoric acid.

Polyprenylchinon *nt* polyprenyl quinone.

Polyprenyldiphosphat *nt* polyprenyl diphosphate.

Polypropylen *nt* polypropylene.

Polyribonukleotid *nt* polyribonucleotide.

Polyribonukleotidnukleotidyltransferase *f* polyribonucleotide nucleotidyltransferase, polynucleotide phosphorylase.

Polyribonukleotidstrang *m* polyribonucleotide strand.

Polyribosom *nt* polyribosome, polysome, ergosome.

Polysaccharid *nt* polysaccharide, polysaccharose, glycan.

Polysom *nt* polyribosome, polysome, ergosome.

Polystyrol *nt* polystyrene, polyvinyl benzene.

Polyterpen *nt* polyterpene.

Polyubiquitin *nt* polyubiquitin.

polyvalent *adj.* polyvalent, multivalent.

Polyvalenz *f* polyvalence.

Polyvinylalkohol *m* polyvinyl alcohol.

Polyvinylazetat *nt* polyvinyl acetat.

Polyvinylchlorid *nt* polyvinyl chloride.

polyzyklisch *adj.* polycyclic.

P/O-Quotient *m* P/O ratio, P/O quotient.

Pore *f* pore, porosity, porousness.

porig *adj.* s.u. *porös.*

Porin *nt* porin, pore protein, pore-forming protein.

porös *adj.* porous; spongy, spongelike, spongioid, spongiose.

Porosität *f* porosity, porousness, sponginess.

Porphin *nt* porphin, porphine.

Porphobilinogen *nt* porphobilinogen.

Porphobilinogendesaminase *f* porphobilinogen deaminase, uroporphyrinogen I synthase.

Porphobilinogensynthase *f* porphobilinogen synthase, aminolevulinate dehydratase.

Porphyrin *nt* porphyrin.

Porphyrinogen *nt* porphyrinogen.

Porphyrinring *m* porphyrin ring.

portal *adj.* relating to a porta *or* the porta hepatis, portal.

Portal- *präf.* portal.

Portalgefäße *pl* portal vessels.

Portalkreislauf *m* s.u. *Portalsystem.*

Portalsystem *nt* portal circulation, portal system.

hypophysärer Portalsystem hypophyseoportal circulation, hypophyseoportal system, hypophysioportal circulation, hypophysioportal system, pituitary portal system.

positiv *adj.* positive.

dreifach positiv tripositive.

zweifach positiv bipositive.

Positivität *f* positivity.

Positron *nt* positive electron, positron.

Post- *präf.* after, behind, posterior, post-.

postabsorptiv *adj.* postabsorptive.

posthepatisch *adj.* posthepatic.

postresorptiv *adj.* postabsorptive.

posttranskriptional *adj.* posttranscriptional.

posttranslational *adj.* posttranslational.

Potential *nt* potential.

bioelektrisches Potential bioelectric potential.

elektrochemisches Potential electrochemical potential.

Potential- *präf.* potential.

potentialabhängig *adj.* potentialdependent.

P

Potentialdifferenz *f* potential difference.

Potentialgleichung *f* potential equation.

Potentialströmung *f* potential flow.

Potenzial *nt* s.u. *Potential.*

Pottasche *f* potash, potassium carbonate, kali.

Poxviridae *pl* pox viruses, Poxviridae.

Prä- *präf.* before, anterior, pre-, prae-.

Präalbumin *nt* prealbumin.

thyroxinbindendes Präalbumin thyroxine-binding prealbumin.

Präbetalipoprotein *nt* prebeta-lipoprotein, very low-density lipoprotein.

prähepatisch *adj.* prehepatic.

Präkallikrein *nt* prekallikrein, prokallikrein, kallikreinogen, Fletscher's factor.

Präkursor *m* precursor.

prä-β-Lipoprotein *nt* very low-density lipoprotein, prebeta-lipoprotein.

Prä-messenger-RNA *f* pre-messenger RNA.

Prämuzin *nt* premucin.

Präprohormon *nt* preprohormone.

Präproprotein *nt* preproprotein.

Präprotein *nt* preprotein.

Praseodym *nt* praseodymium.

Präsequenz *f* presequence.

Präsqualenpyrophosphat *nt* presqualene pyrophosphate.

Präsqualensynthase *f* presqualene synthase.

Präzipitat *nt* precipitate.

Präzipitation *f* precipitation.

fraktionierte Präzipitation fractional precipitation.

isoelektrische Präzipitation isoelectric precipitation.

Präzipitationsfähigkeit *f* precipitability.

präzipitierbar *adj.* precipitable.

Präzipitieren *nt* precipitation.

präzipitieren *vt* precipitate.

Prenylchinon *nt* prenyl quinone.

Prephenat *nt* prephenate.

Prephensäure *f* prephenic acid.

Prephensäuredehydratase *f* prephenate dehydratase.

Prephensäuredehydrogenase *f* prephenate dehydrogenase.

primär *adj.* primary, first; main, principal.

Primär- *präf.* primary.

Primärakzeptor *m* primary acceptor.

Primärcarotinoid *nt* primary carotinoid.

Primärkultur *f* primary culture.

Primärprozess *m* primary process.

Primärstoffwechsel *m* primary metabolism.

Primärstruktur *f* primary structure, covalent structure.

Primärtranskript *nt* primary transcript.

Primärwand *f* primary cell wall.

Primer *m* primer.

priming-RNA *f* priming RNA, priming ribonucleic acid.

Primitiv- *präf.* primitive.

primordial *adj.* relating to a primordium, primordial; primitive, primal.

Primordium *nt* primordium, anlage.

Prion *nt* prion.

Proaccelerin *nt* proaccelerin, factor V, labile factor, accelerator globulin, plasma labile factor, plasmin prothrombin conversion factor, thrombogene, accelerator factor, cofactor of thromboplastin, component A of prothrombin.

Proaktivator *m* proactivator.

Proakzelerin *nt* s.u. *Proaccelerin.*

Procarboxypeptidase *f* procarboxypeptidase.

Procaryotae *pl* Procaryotae, Prokaryotae.

Processing *nt* processing.

posttranskriptionales Processing posttranscriptional processing.

prochiral *adj.* prochiral.

Prochiralität *f* prochirality.

Prochymosin *nt* prochymosin, chymosinogen.

Proconvertin *nt* proconvertin, factor VII, prothrombin conversion factor, prothrombin converting factor, stable factor, serum prothrombin conversion accelerator, prothrombokinase, cofactor V, convertin, cothromboplastin, autoprothrombin I.

Produkt *nt* product.

Proelastin *nt* proelastin.

Proenzym *nt* proenzyme, proferment, zymogen.

Progastrin *nt* progastrin.

Progesteron *nt* progestational hormone, progesterone, corpus luteum hormone, luteohormone.

Progesteronrezeptor *m* progesterone receptor.

Progestogen *nt* progestogen, progestagen.

Proglukagon *nt* proglucagon.

Prohormon *nt* prohormone, hormonogen, hormone preprotein.

Proinsulin *nt* proinsulin.

Projektionsformel *m* projection formula.

Prokapsid *nt* procapsid.

Prokaryont *m* **1.** prokaryote, procaryote, prokaryotic protist, lower protist. **2. Prokaryonten** *pl* Procaryotae, Prokaryotae.

prokaryontisch *adj.* relating to prokaryote, prokaryotic, procaryotic.

Prokaryot *m* S.U. *Prokaryont.*

Prokollagen *nt* procollagen.

Prokollagenase *f* procollagenase.

Prokollagenfilament *nt* procollagen filament.

Prokollagenpeptidase *f* procollagen peptidase, procollagen protease, procollagen *N*-proteinase.

Prokollagenprotease *f* S.U. *Prokollagenpeptidase.*

Prokonvertin *nt* proconvertin, factor VII, prothrombin conversion factor, prothrombin converting factor, stable factor, serum prothrombin conversion accelerator, prothrombokinase, cofactor V, convertin, cothromboplastin, autoprothrombin I.

Prolactin *nt* prolactin, galactopoietic factor, galactopoietic hormone, lactation hormone, lactogenic factor, lactogenic hormone, luteotropic lactogenic hormone, lactogen, lactotrophin, lactotropin.

Prolactin-inhibiting-Faktor *m* prolactin inhibiting hormone, prolactin inhibiting factor, prolactostatin.

Prolactin-inhibiting-Hormon *nt* S.U. *Prolactin-inhibiting-Faktor.*

Prolactinoma *nt* prolactinoma, prolactin-producing tumor.

Prolactin-releasing-Faktor *m* prolactin releasing hormone, prolactin-releasing factor.

Prolactin-releasing-Hormon *nt* S.U. *Prolactin-releasing-Faktor.*

Prolaktin *nt* S.U. *Prolactin.*

Prolamellarkörper *m* prolamellar body.

Prolamin *nt* prolamin, prolamine.

Prolidase *f* proline dipetidase, prolidase, imidodipeptidase.

Prolin *nt* proline.

Prolinase *f* prolyl dipeptidase, prolinase.

Prolindehydrogenase *f* S.U. *Prolin-5-oxidase.*

Prolindipeptidase *f* S.U. *Prolidase.*

Prolinhydroxylase *f* prolyl hydroxylase, proline hydroxylase, procollagen-proline, 2-oxoglutarate 4-dioxygenase.

Prolin-4-monooxygenase *f* proline-4-monooxygenase.

Prolin-5-oxidase *f* proline dehydrogenase, proline(-5-)oxidase.

Prolyl- *präf.* prolyl.

Prolyldipeptidase *f* S.U. *Prolinase.*

Prolylhydroxylase *f* S.U. *Prolinhydroxylase.*

Promethium *nt* promethium.

Promotor *m* promoter.

Pronase *f* pronase.

Proopiomelanocortin *nt* proopiomelanocortin.

Propan *nt* propane.

Propansäure *f* propionic acid, propanoic acid.

Propan-1,2,3-triol *nt* glycerol, glycerin.

Propen *nt* propylene, propene.

Properdin *nt* properdin, factor P.

Prophase *f* prophase.

Propionat *nt* propionate.

Propionibacteriaceae *pl* Propionibacteriaceae.

Propionibacterium *nt* Propionibacterium.

Propionitril *nt* propionitrile, ethyl cyanide.

Propionsäure *f* propionic acid, propanoic acid.

Propionyl- *präf.* propionyl.

Propionyl-CoA-carboxylase *f* propionyl-CoA carboxylase, propionate carboxylase.

Proplast *m* proplast.

Proplastid *m* proplastid.

Proplastide *f* proplastid.

Proprotein *nt* proprotein.

Propylen *nt* propylene, propene.

Propyl-Radikal *nt* propyl.

Prorennin *nt* prorennin, prochymosin, chymosinogen.

Prosekretin *nt* prosecretin, presecretin.

Prostaglandin *nt* prostaglandin, eproprostenol.

P

Prostaglandin D$_2$ prostaglandin D$_2$.
Prostaglandin E$_1$ prostaglandin PGE$_1$, alprostadil.
Prostaglandin E$_2$ prostaglandin E$_2$, dinoprostone.
Prostaglandin F$_2\alpha$ prostaglandin F$_2\alpha$, dinoprost.
Prostaglandin H$_2$ prostaglandin H$_2$.
Prostaglandin I$_2$ prostacyclin, prostaglandin I$_2$, epoprostenol.
Prostaglandinendoperoxidsynthase *f* S.U. *Prostaglandinsynthase.*
Prostaglandinsynthase *f* prostaglandin endoperoxide synthase, prostaglandin synthase.
Prostansäure *f* prostanoic acid.
Prostazyklin *nt* prostacyclin, prostaglandin I$_2$, epoprostenol.
Prostazyklinsynthetase *f* prostacyclin synthetase.
Protactinium *nt* protactinium, proactinium.
Protamin *nt* protamine.
Protease *f* protease, proteolytic, proteolytic enzyme.
Proteasom *nt* proteasome.
Protein *nt* protein, proteid, protide.
  Protein A protein A.
  Aktin-bindendes Protein actin-binding protein.
  allosterisches Protein allosteric protein.
  androgenbindendes Protein androgen-binding protein.
  Protein C protein C.
  C-reaktives Protein C-reactive protein.
  denaturiertes Protein denatured protein.
  eisenhaltiges Protein iron protein.
  elektronenübertragendes Protein electron-transferring protein.
  globuläres Protein globular protein, simple protein.
  Glycin-reiches Protein glycine-rich protein.
  hämhaltiges Protein heme protein.
  koaguliertes Protein coagulated protein.
  kontraktiles Protein contractile protein.
  natives Protein native protein.
  oligomeres Protein oligomeric protein.
  Pathogenese-relevante Proteine pathogenesis-related proteins, PR

proteins.
  periplasmatisches Protein periplasmic protein.
  porenbildendes Protein pore protein, pore-forming protein, porin.
  Prolin-reiches Protein proline-rich protein.
  sulfatbindendes Protein sulfate-binding protein.
  Threonin-reiches Protein threonine-rich protein.
  Tonoplasten-intrinsisches Protein tonoplast-intrinsic protein.
  zusammengesetztes Protein compound protein, conjugated protein.
Protein- *präf.* protein, proteinaceous, proteinic, proteidic, prote(o)-.
proteinartig *adj.* protein, proteinaceous.
Proteinase *f* proteinase, endopeptidase.
Proteinaseinhibitor *m* proteinase inhibitor.
Proteinatpuffer *m* S.U. *Proteinpuffer.*
Proteinatpuffersystem *nt* S.U. *Proteinpuffer.*
Proteinbilanz *f* protein balance.
Proteinbiosynthese *f* protein biosynthesis.
Proteinderivat *nt* derived protein, protein derivative.
Proteinelektrophorese *f* protein electrophoresis.
Proteinfraktion *f* protein fraction.
Proteinhaushalt *m* protein balance.
Proteinhormon *nt* protein hormone.
Proteinhülle *f* protein coat, protein-shell.
Proteinkinase *f* phosphorylase kinase kinase, protein kinase.
Proteinmatrix *f* protein matrix.
Proteinmetabolismus *m* proteometabolism, protein metabolism.
Proteinochrom *nt* proteinochrome.
proteinogen *adj.* proteinogenous.
Proteinoid *nt* proteinoid.
Proteinpolysaccharid *nt* proteinpolysaccharide.
Proteinpuffer *m* proteinate buffer, proteinate buffer system, protein buffer, protein buffer system.
Proteinpuffersystem *nt* S.U. *Proteinpuffer.*
Proteinspaltung *f* *m* S.U. *Proteolyse.*
Proteinspeichervakuolen *pl* aleuron, aeurone; aleuroplast.
Proteinstoffwechsel *m* proteome-

tabolism, protein metabolism.
Proteinstruktur *f* protein structure.
Proteinsynthese *f* protein synthesis.
Proteo- *präf.* protein, proteinaceous, proteinic, proteidic, prote(o)-.
Proteoglykan *nt* proteoglycan.
Proteohormon *nt* polypeptide hormone, proteohormone.
proteoklastisch *adj.* proteoclastic.
Proteolipid *nt* proteolipid, proteolipin.
Proteolyse *f* protein hydrolysis, proteolysis, albuminolysis.
proteolytisch *adj.* relating to *or* promoting proteolysis, proteolytic.
proteopeptisch *adj.* proteopeptic.
Proteose *f* proteose.
Proteus *m* proteus, Proteus.
Prothrombin *nt* prothrombin, plasmozyme, factor II, thrombogen, serozyme.
Prothrombinaktivator *m* thrombokinase, thromboplastin, thrombozyme, platelet tissue factor.
Prothrombinasekomplex *m* prothrombinase complex.
Protist *m* protist; single-celled organism.
Protista *pl* Protista.
Protium *nt* protium, protinium, protohydrogen, ordinary hydrogen, light hydrogen.
Proto- *präf.* prot(o)-.
Protochlorophyll *nt* protochlorophyll.
Protochlorophyllid *nt* protochlorophyllide.
Protochlorophyllid-oxidoreduktase *f* protochlorophyllide oxidoreductase.
Protohäm *nt* protoheme, heme, haem, reduced hematin, ferroprotoporphyrin.
Proton *nt* proton.
Protonenaffinität *f* proton affinity.
Protonenakzeptor *m* proton acceptor.
Protonendissoziationskonstante *f* proton dissociation constant.
Protonendonor *m* proton donor.
Protonengradient *m* proton gradient.
transmembraner Protonengradient transmembrane proton gradient.
Protonenkanal *m* proton channel, proton pore.
protonenliefernd *adj.* proton-yielding.
Protonenpumpe *f* proton pump.
Protonenspender *m* proton donor.
Protonenübertragung *f* proton transfer.

Protonenzahl *f* proton number.
protoniert *adj.* protonated.
Protonierung *f* protonation.
Protoplasma *nt* plasma, protoplasm, plasmogen, bioplasm, cytoplasm.
Protoplasma- *präf.* protoplasmic, protoplasmal, protoplasmatic.
protoplasmatisch *adj.* relating to protoplasm, protoplasmic, protoplasmal, protoplasmatic, bioplasmic.
Protoporphyrin *nt* protoporphyrin.
Protoporphyrinogenoxidase *f* protoporphyrinogen oxidase, proporphyrinogen oxidase.
Protostomier *pl* Prostomia.
prototroph *adj.* prototrophic.
Protoveratrin *nt* protoveratrine.
Protozelle *f* protocell.
Protozoa *pl* Protozoa.
Protozoon *nt* protozoon, protozoa, protozoan.
Proust-Gesetz *nt* law of definite proportions, Proust's law.
proviral *adj.* proviral.
Provirus *nt* provirus.
Provitamin *nt* provitamin.
Prozess *m* process; action.
PR-Proteine *pl* pathogenesis-related proteins, PR proteins.
Pseudoalkaloide *pl* pseudolakaloids.
Pseudocholinesterase *f* pseudocholinesterase, nonspecific cholinesterase, cholinesterase, choline esterase II, unspecific cholinesterase, serum cholinesterase, benzoylcholinesterase, butyrocholinesterase, butyrylcholine esterase, acylcholine acylhydrolase.
Pseudokeratin *nt* pseudokeratin.
Pseudokolloid *nt* pseudocolloid.
Pseudouridylsäure *f* pseudouridylsäure, pseudoridylic acid.
Pseudovitamin *nt* pseudovitamin.
Pseudovitamin B$_{12}$ pseudovitamin B$_{12}$.
Psicose *f* psicose.
Psilocin *nt* psilocin.
Psylocybin *nt* psylobicin.
PTC-Peptid *nt* phenylthiocarbamoyl peptide, PTC peptide.
Pteridin *nt* pteridine.
Pterin *nt* pterin.
Pteroinsäure *f* pteroic acid.
Pteroylglutaminsäure *f* pteroylglutamic acid, folic acid, folacin,

Wills' factor, Day's factor, Lactobacillus casei factor, liver Lactobacillus casei factor.

Pteroyltriglutaminsäure *f* pteroyltriglutamic acid, pteropterin.

Ptyalin *nt* ptyalin, alpha-amylase, α-amylase, endo-amylase.

puberal *adj.* s.u. *pubertär.*

pubertär *adj.* relating to puberty, puberal, pubertal, hebetic.

Pubertät *f* puberty, pubertas.

Puff *m* puff, chromosome puff.

Puffer *m* buffer.

physiologischer Puffer physiological buffer.

Pufferbase *f* buffer base.

Pufferbereich *m* buffer range.

Pufferkapazität *f* buffer capacity, buffering capacity, buffering power.

Pufferlösung *f* buffer, buffer solution.

puffern *vt* buffer.

Pufferpaar *nt* buffer pair.

Puffersystem *nt* buffer system.

Puffervermögen *nt* s.u. *Pufferkapazität.*

Pufferwirkung *f* buffer action.

Pulex *m* flea, pulex, Pulex.

Pulex irritans human flea, common flea, Pulex irritans, Pulex dugesi.

Pulicidae *pl* Pulicidae.

Punkt *m* point.

isoelektrischer Punkt isoelectric point.

isoionischer Punkt isoionic point.

Punktanalyse *f* point analysis.

Pupa *f* pupa.

pur *adj.* pure; (*Radioisotop*) carrier-free; (*chemisch*) fine, unadulterated, unblended, undiluted, unmixed.

Purin *nt* purine.

Purinabbau *m* purine degradation.

Purinalkaloide *pl* purine alkaloids.

Purinantagonist *m* purine antagonist.

Purinbase *f* purine base, purine body, alloxuric base, nucleic base, nuclein base, xanthine base, xanthine body.

Purinderivat *nt* purine derivate.

Purinnukleosidphosphorylase *f* purine-nucleoside phosphorylase, inosine phosphorylase.

Purinnukleotidzyklus *m* purine nucleotide cycle.

Purinribonukleotid *nt* purine ribonucleotide.

Purothionin *nt* purothionin.

Purpurbakterien *pl* purple bacteria.

Purpurincarboxylsäure *f* purpurincarboxylic acid.

Putrescin putreszin.

Putrescin-N-methyltransferase *f* putrescin *N*-methyltransferase.

Pyemotes *m* louse mite, straw mite, Pyemotes.

Pyocin *nt* pyocin.

Pyogenin *nt* pyogenin.

Pyokokkus *m* pyococcus.

Pyomelanin *nt* pyomelanin.

Pyorubin *nt* pyorubin.

Pyosin *f* pyosin.

Pyoverdin *nt* pyoverdin.

Pyoxanthin *nt* pyoxanthin.

Pyozin *nt* pyocin.

Pyozyaneus *m* blue pus bacillus, Pseudomonas aeruginosa, Pseudomonas polycolor, Pseudomonas pyocyanea, Bacillus pyocyaneus, Bacterium aeruginosum.

Pyozyanin *nt* pyocyanin.

Pyran *nt* pyran.

Pyranose *f* pyranose.

Pyranoseform *f* pyranose form.

Pyranosering *m* pyranose ring.

Pyranring *m* pyran ring, pyanring.

Pyrazin *nt* pyracin, pyrazine.

Pyridin *nt* pyridine.

Pyridincoenzym *nt* pyridine coenzyme.

Pyridinnukleotid *nt* pyridine nucelotide.

Pyridinnukleotiddehydrogenase *f* pyridine nucleotide dehydrogenase.

Pyridinnukleotidreduktase *f* pyridine nucleotide reductase.

photosynthetische Pyridinnukleotidreduktase photosynthetic pyridine nucleotide reductase.

Pyridinnukleotidtranshydrogenase *f* pyridine nucleotide transhydrogenase, NAD(P)$^+$-transhydrogenase.

Pyridinring *m* pyridine ring.

Pyridoxal *nt* pyridoxal.

Pyridoxalphosphat *nt* pyridoxal phosphate, codecarboxylase.

Pyridoxamin *nt* pyridoxamine.

Pyridoxaminphosphat *nt* pyridoxamine phosphate.

Pyridoxin *nt* pyridoxine, yeast eluate factor, eluate factor, antiacrodynia factor, adermine.

Pyridoxincoenzym *nt* pyridoxine coenzyme.

Pyridoxinsäure *f* pyridoxic acid.

Pyrimidin *nt* pyrimidine.
Pyrimidinabbau *m* pyrimidine degradation.
Pyrimidinantagonist *m* pyrimidine antagonist.
Pyrimidinbase *f* pyrimidine base.
Pyrimidinderivat *nt* pyrimidine derivate.
Pyrimidinnukleotid *nt* pyrimidine nucleotide.
Pyrithiamin *nt* pyrithiamine.
Pyro- *präf.* pyr(o)-.
Pyroglutaminsäure *f* pyroglutamate, pyroglutamic acid, 5-oxoproline.
Pyrolyse *f* pyrolysis.
Pyrophosphat *nt* pyrophosphate.
Pyrophosphatase *f* pyrophosphatase.
    anorganische Pyrophosphatase inorganic pyrophosphatase.
Pyrophosphatbindung *f* pyrophosphate bond.
Pyrophosphokinase *f* pyrophosphokinase, pyrophosphotransferase, diphosphotransferase.
Pyrophosphomevalonat *nt* pyrophosphomevalonate.
Pyrophosphomevalonatdecarboxylase *f* pyrophosphomevalonate decarboxylase.
5-Pyrophosphomevalonsäure *f* 5-pyrohosphomevalonic acid.
Pyrophosphorolyse *f* pyrophosphorolysis.
Pyrophosphorsäure *f* pyrophosphoric acid.
Pyrophosphorylase *f* pyrophosphorylase, glycosyl-1-phosphate nucleotidyltransferase.
Pyrophosphotransferase *f* S.U. *Pyrophosphokinase.*
Pyrrol *nt* pyrrole.

Pyrrolidin *nt* pyrrolidine.
Pyrrolin *nt* pyrroline.
Pyrrolin-2-carbonsäurereduktase *f* pyrroline-2-carboxylic acid reductase.
Δ^1-Pyrrolin-5-carboxylat *nt* Δ^1-pyrroline-5-carboxylate.
Δ^1-Pyrrolin-5-carboxylat-dehydrogenase *f* Δ^1-pyrroline-5-carboxylate dehydrogenase.
Pyrrolin-5-carboxylat-reduktase *f* pyrroline-5-carboxylate reductase.
Pyrrolizidin *nt* pyrrolicidine.
Pyrrolizidinalkaloide *pl* pyrrolicidine alkaloids.
Pyrrolring *m* pyrrole ring.
Pyruvat *nt* pyruvate.
Pyruvatabbau *m* pyruvate breakdown.
Pyruvatcarboxylase *f* pyruvate carboxylase.
Pyruvatdecarboxylase *f* pyruvate decarboxylase, α-carboxylase.
Pyruvatdehydrogenase *f* pyruvate dehydrogenase.
Pyruvatdehydrogenasekinase *f* pyruvate dehydrogenase kinase.
Pyruvatdehydrogenasekomplex *m* pyruvate dehydrogenase complex.
Pyruvatdehydrogenasephosphatase *f* pyruvate dehydrogenase phosphatase.
Pyruvat-Familie *f* pyruvate family.
Pyruvat-Ferredoxin-oxidoreduktase *f* pyruvate-ferredoxine oxidoreductase.
Pyruvatkinase *f* pyruvate kinase.
Pyruvatorthophosphatdikinase *f* pyruvate orthophosphate dikinase.
Pyruvatphosphatdikinase *f* pyruvate orthophosphate dikinase.

P

Q

Q-Bande *f* (*Chromosom*) Q band.
Q-Enzym *nt* Q enzyme, branching enzyme.
Qualität *f* quality.
qualitativ I *adj.* qualitative, qualitive. II *adv* qualitatively, in quality.
Quant *nt* light quantum, quantum, photon.
Quanten- *präf.* quantal.
Quantentheorie *f* quantum theory.
quantifizierbar *adj.* quantifiable.
quantifizieren *vt* quantify.
Quantifizierung *f* quantification.
Quantität *f* quantity.
quantitativ I *adj.* quantitative, quantitive. II *adv* quantitatively, in quantity.
Quantum *nt* quantity, quantum, portion, amount, share.
Quartär- *präf.* quaternary.
Quartärstruktur *f* quaternary structure.
quarternär *adj.* quaternary.
Quartil *nt* quartile.
Quarz *m* quartz.
Quecksilber *nt* quicksilver, mercury; (*chemisch*) hydrargyrum.
Quecksilber- *präf.* mercurial.
Quecksilber-I- *präf.* mercurous.
Quecksilber-I-chlorid *nt* mercurous chloride, calomel.

Quecksilber-II- *präf.* mercuric.
Quecksilber-II-chlorid *nt* mercury bichloride, mercuric chloride, mercury perchloride.
Quecksilbersalz *nt* mercurate, mercuriate.
Quercetin *nt* quercetin.
Querschnitts- *präf.* cross-section, cross-sectional, cross.
Querschnittsfläche *f* cross-sectional area.
Quervernetzung *f* cross linkage, cross-link.
Quetelet-Index *m* Quetelet index, body mass index.
Quick *m* S.U. *Quickwert.*
Quickwert *m* Quick's method, Quick's value, Quick's time, Quick test, prothrombin test, prothrombin time, thromboplastin time.
Quickzeit *f* S.U. *Quickwert.*
Quotient *m* quotient, ratio.
    kalorischer Quotient caloric quotient.
    respiratorischer Quotient respiratory quotient, expiratory exchange ratio, respiratory coefficient, respiratory exchange ratio.
Q-Zyklus *m* Q cycle, protonmotive Q cycle.

R

Racemase *f* racemase.
Racemat *nt* racemate, raceme, racemic form, racemic mixture, racemic modification.
racemisch *adj.* racemic.
racemisieren *vt* racemize.
Racemisierung *f* racemization.
Racemisierungsreaktion *f* racemization.
Radikal *nt* radical.
   freies Radikal free radical.
   mesomeres Radikal mesomeric radical.
Radikal- *präf.* radical.
Radikalkette *f* radical chain reaction, radical chain.
Radio- *präf.* radio-.
radioaktiv *adj.* radioactive.
Radioaktivität *f* radioactivity, radioaction, nuclear radiation.
   künstliche Radioaktivität induced radioactivity, artificial radioactivity.
radioaktiv-markiert *adj.* labeled.
Radiobiologie *f* radiobiology, radiation biology.
radiobiologisch *adj.* relating to radiobiology, radiobiologic, radiobiological.
Radiochemie *f* radiochemistry.
radiochemisch *adj.* relating to radiochemistry, radiochemical.
Radioelement *nt* radioelement.
radiogen *adj.* radiogenic.
Radiogen *nt* radiogen.
Radioindikator *m* tracer.
Radioisotop *nt* radioisotope, radioactive isotope.
Radiokarbon *nt* radiocarbon, radioactive carbon.
Radiokarbontest *m* radiocarbon test.
Radiokohlenstoff *m* radiocarbon, radioactive carbon.
Radionatrium *nt* radiosodium.
Radionuklid *nt* radionuclide, radioactive nuclide.
Radium *nt* radium.
Radium- *präf.* radium, radio-.
radiumhaltig *adj.* containing radium, radiferous.
Radius *m* (*mathemat.*) radius.
Radon *nt* radon, niton.
Raffinose *f* raffinose, melitose, melitriose.
Rasterblende *f* grid.
Rasterelektronenmikroskop *nt* scanning electron microscope, scanning microscope.
Rasterverschiebung *f* frame-shift mutation.
Rate *f* rate.
Rationalskala *f* rational scale.
Ratte *f* rat, Rattus.
Rauch *m* smoke; (*chemisch*) fume.
Raum *m*, *pl* **Räume** space, cavity, cavum, cavitation, chamber, compartment.
   apoplastischer Raum apoplastic space.
   dritter Raum third space.
   extrazellulärer Raum extracellular space.
   intrazellulärer Raum intracellular space.
   perimitochondrialer Raum perimitochondrial space.
   periplasmatischer Raum periplasmic space.
   transzellulärer Raum third space.

Raumdichte *f* volumetric density.
Raumdimension *f* spatial dimension.
Raumformel *f* configurational formula, spatial formula, stereochemical formula.
Raumgitter *nt* space lattice.
Raumisomerie *f* configurational isomerism, spatial isomerism, stereochemical isomerism, stereoisomerism.
Raummaß *nt* cubic measure.
Raummeter *m/nt* cubic meter.
Raummodell *nt* space-filling model.
Raumtemperatur *f* room temperature.
rautenförmig *adj.* diamond-shaped, lozenge-shaped, rhomboid, rhombic, rhomboidal.
Rauwolfia *f* Rauwolfia.
Razemase *f* racemase.
Razemat *nt* racemate, raceme, racemic form, racemic mixture, racemic modification.
razemisch *adj.* racemic.
razemisieren *vt* racemize.
Razemisierung *f* racemization.
Razemisierungsreaktion *f* racemization reaction.
R-Bande *f* R-band.
RDP-Reduktase *f* ribonucleoside diphosphate reductase, ribonucleotide reductase.
reabsorbieren *vt* resorb, reabsorb.
Reabsorption *f* resorption, resorbence, reabsorption.
Reabsorptionsdruck *m* reabsorption pressure.
Reabsorptionsrate *f* reabsorption rate.
Reagenz *nt*, *pl* **Reagenzien** reagent; agent.
Reagenzglas *nt* test tube.
Reagenzröhrchen *nt* test tube.
reagieren *vi* respond, react, answer (*auf* to); (*chemisch*) react (*mit* with; *auf* on).
Reaktant *m* reactant.
Reaktanz *f* reactance, inductive resistance.
Reaktion *f* **1.** (*physiolog.*) response, reaction, answer (*auf* to; *gegen* against). **2.** (*labor*) reaction, test.
anaplerotische Reaktion anaplerotic reaction, anaplerosis.
basische Reaktion alkaline reaction.
beschleunigte Reaktion accelerated reaction.

biologisch falsch-positive Reaktion biologic false-positive.
chemische Reaktion chemical reaction.
Reaktion dritter Ordnung third-order reaction.
endergone Reaktion endergonic reaction.
endergonische Reaktion s.u. *endergone Reaktion*.
endotherme Reaktion endothermal reaction, endothermic reaction.
Reaktion erster Ordnung first-order reaction.
exergone Reaktion exergonic reaction.
exotherme Reaktion exothermic reaction, exothermal reaction.
falsch-negative Reaktion false-negative reaction, false-negative.
falsch-positive Reaktion false-positive reaction, false-positive.
gekoppelte Reaktionen *pl* coupled reactions.
gerichtete Reaktion vectorial chemical reaction.
gruppenübertragende Reaktion group-transferring reaction.
hämoklastische Reaktion hemoclastic reaction.
hormonelle Reaktion hormonal response.
hormongesteuerte Reaktion s.u. *hormonelle Reaktion*.
metabolische Reaktion metabolic response.
neuroendokrine Reaktion neuroendocrine response.
neutrale Reaktion neutral reaction.
Reaktion nullter Ordnung zero-order reaction.
photochemische Reaktion photoreaction, photochemical reaction.
pseudomonomolekulare Reaktion apparent first-order reaction, pseudo first-order reaction.
reversible Reaktion reversible reaction.
saure Reaktion acid reaction.
skalare Reaktion scalar chemical reaction.
trimolekulare Reaktion termolecular reaction.
umkehrbare Reaktion reversible reaction.
ungerichtete Reaktion chemical reaction scalar.

R

vektorielle Reaktion vectorial chemical reaction.

Reaktion zweiter Ordnung second-order reaction.

Reaktions- *präf.* reaction, reactive.

reaktionsfähig *adj.* reactive.

Reaktionsfähigkeit *f* reactivity.

Reaktionsgefäß *nt* reactor.

Reaktionsgeschwindigkeit *f* reaction rate, specific reaction rate, reaction velocity.

Reaktionsgeschwindigkeitskonstante *f* specific reaction rate, reaction rate constant.

Reaktionsgleichung *f* chemical equation.

Reaktionskette *f* chain of reactions.

Reaktionskinetik *f* reaction kinetics *pl.*

Reaktionsmechanismus *m* reaction mechanism.

Reaktionsordnung *f* reaction order.

Reaktionspartner *m* reactant.

reaktionsträge *adj.* slow to react, inert; inactive.

Reaktionsträgheit *f* inertia, inertness; inactivity.

Reaktionswärme *f* heat of reaction.

Reaktionsweg *m* reaction pathway.

Reaktionszentrum *nt* reaction center.

Reaktionszyklus *m* response cycle.

reaktiv *adj.* reactive.

reaktivieren *vt* reactivate, make active again.

Reaktivierung *f* reactivation.

Reaktivität *f* reactivity.

Rechts- *präf.* right, rightward, right-hand, dextr(o)-.

rechtsdrehend *adj.* dextrorotatory, dextrogyral, dextrorotary, right-hand, dextrotropic, clockwise.

Rechtsdrehung *f* dextroversion, dextrorotation, dextrogyration, right rotation, clockwise rotation.

Rechtsverschiebung *f* deviation to the right, rightward shift, shift to the right.

Redestillation *f* redistillation; cohobation.

Redox- *präf.* redox, oxidation-reduction.

Redoxenzym *nt* redox enzyme, oxidation-reduction enzyme.

Redoxpaar *nt* redox couple, redox pair.

Redoxpotential *nt* redox potential, oxidation-reduction potential.

Redoxpotenzial *nt* s.u. *Redoxpotential.*

Redoxreaktion *f* redox, redox reaction, oxidation-reduction reaction, oxidation-reduction, oxidoreduction.

Redoxsystem *nt* redox system, oxidation-reduction system, O-R system.

Reduktase *f* reductase, reducing enzyme.

5α-Reduktase *f* 5α-reductase, steroid 5α-reductase.

Reduktion *f* reduction.

Reduktionsäquivalent *nt* reducing equivalent.

Reduktionsmittel *nt* reductant, reducing agent, reductive.

reduktiv *adj.* reductive.

Reduktor *m* s.u. *Reduktionsmittel.*

Redundanz *f* redundancy, redundance.

Reduplikation *f* reduplication, redoubling.

identische Reduplikation auto-reduplication, identical reduplication.

Reduplikations- *präf.* reduplicative.

reduplizieren *vt, vi* reduplicate, double; repeat.

reduplizierend *adj.* reduplicative, doubling.

reduzibel *adj.* reducible.

reduzierbar *adj.* reducible.

reduzieren *vt* reduce.

reduzierend *adj.* reductive, reducing.

Referenzelektrode *f* reference electrode.

Referenzpotential *nt* reference potential.

Referenzpotenzial *nt* s.u. *Referenzpotential.*

Referenzwert *m* reference value.

Referenzzelle *f* reference cell.

Referenzzustand *m* reference state.

refraktär *adj.* refractory.

Refraktärität *f* refractory state, refractoriness.

absolute Refraktärität absolute refractoriness.

relative Refraktärität relative refractoriness.

Refraktärperiode *f* refractory period, refractory state.

absolute Refraktärperiode absolute refractory period.

effektive Refraktärperiode effective refractory period.

funktionelle Refraktärperiode functional refractory period.

R

relative Refraktärperiode relative refractory period.

totale Refraktärperiode total refractory period.

Refraktärphase f s.u. *Refraktärperiode.*

Refraktärstadium nt s.u. *Refraktärperiode.*

Refraktion f (*Licht, Wellen*) refraction.

Refraktions- *präf.* refractive, refringent, refracting.

Refraktionskraft f refringence, refractive power, refractivity.

Refraktionsvermögen nt refringence, refractive power, refractivity.

Refraktionswinkel m angle of refraction.

refraktiv *adj.* relating to refraction, refractive, refringent.

Refraktor m refractor.

Regel f rule, norm, principle, law, code; habit. **in der Regel** usually, as a rule. **gegen die Regel** unorthodox, against the rules.

Regelkreis m regulatory circuit, feedback system.

regelmäßig *adj.* regular, at regular intervals; (*häufig*) frequent; rhythmic, rhythmical; (*wiederkehrend*) periodical, periodic.

Region f region, area, zone, field, space.

hypervariable Region hypervariable region.

konstante Region constant region, C region.

variable Region V region, variable region.

Regulationshormon nt regulatory hormone.

Regulator m regulator.

allosterischer Regulator allosteric modulator.

Regulator- *präf.* regulatory.

Regulator-DNA f regulatory DNA, spacer DNA, regulatory deoxyribonucleic acid.

Regulator-DNS f s.u. *Regulator-DNA.*

Regulatorenzym nt regulatory enzyme.

Regulatorgen nt regulatory gene, regulator gene, repressor gene.

regulatorisch *adj.* regulatory.

Regulatorzelle f regulatory cell.

Reihe f line, row; (*Reihenfolge*) turn. **der Reihe nach** in turns; (*Anzahl*) number, series.

homologe Reihe homologous series.

Reihen- *präf.* serial.

rein *adj.* clean; (*Flüssigkeit*); (*unverdünnt*) undiluted; (*unvermischt*) pure, unadulterated, unblended, unmixed; (*Ton*) clear.

Reinheit f purity.

Reinheitsgrad m purity, degree of purity.

reinigen vt purify (*von* of, from), clarify, depurate; refine.

Reinigung vt purification, depuration; refinement.

Reinigungsapparat m purifier, clearer.

Reizantwort f response (*auf* to).

hormonelle Reizantwort hormonal response.

hormongesteuerte Reizantwort hormonal response.

metabolische Reizantwort metabolic response.

Reizschwelle f absolute threshold, sensitivity threshold, stimulus threshold, stimulus limen.

rekombinant *adj.* recombinant.

Rekombinante f recombinant.

Rekombination f recombination.

homologe Rekombination legitimate recombination, homologous recombination.

interne Rekombinationen internal recombinations.

illegitime Rekombination illegitimate recombination, nonhomologous recombination.

legitime Rekombination s.u. *homologe Rekombination.*

nicht-homologe Rekombination s.u. *illegitime Rekombination.*

virale Rekombination viral recombination.

Rekombinationsgesetz nt law of independent assortement.

Rekombinationsplasmid nt recombinant plasmid, chimeric plasmid.

Rekombinationsreparatur f recombination repair.

rekombinieren vt recombine.

Rektifikation f rectification.

Rektifizierapparat m rectifier.

rektifizieren vt rectify.

relativ *adj.* relative (*zu* to).

Relaxin nt relaxin.

Releasingfaktor m releasing factor.

Releasinghormon *nt* releasing hormone.
renaturieren *vt* renature.
Renaturierung *f* renaturation.
Renin *nt* renin.
Renin-Angiotensin-Aldosteron-System *nt* renin-angiotensin-aldosterone system.
Renin-Angiotensin-System *nt* renin-angiotensin system.
Rennin *nt* rennin, rennet, chymosin, pexin.
Reoviridae *pl* Reoviridae.
Reovirus *nt* Reovirus, reovirus.
Reoxidation *f* reoxidation.
reoxidieren *vt, vi* reoxidize.
Repetition *f* repetition.
　　inverse Repetition inverted repetition.
　　terminale Repetition terminal repetition.
repetitiv *adj.* repetitive.
　　nicht repetitiv nonrepetitive.
rephosphorylieren *vt* rephosphorylate.
Rephosphorylierung *f* rephosphorylation.
Replikationszyklus *m* replicative cycle.
Replicase *f* replicase.
Replicon *nt* replication unit, replicon.
Replikase *f* replicase.
Replikation *f* replication; reproduction.
　　bidirektionale Replikation bidirectional replication.
　　dispersive Replikation dispersive replication.
　　konservative Replikation conservative replication.
　　semikonservative Replikation semiconservative replication.
　　unidirektionale Replikation unidirectional replication.
Replikations- *präf.* replicative, replication.
Replikationseinheit *f* s.u. *Replicon*.
Replikationsform *f* replicative form.
Replikationsprozess *m* replication process.
replikativ *adj.* replicative.
Replikon *nt* s.u. *Replicon*.
replizieren *vt, vi* replicate.
Repolarisation *f* repolarization.
Repression *f* repression, inhibition, suppression; (*Genetik*) repression, gene repression.
Repressionsmechanismus *m* repression mechanism.
repressiv *adj.* repressive; suppressive.
Repressor *m* repressor.
Repressormolekül *nt* repressor molecule.
reprimierbar *adj.* repressible.
reprimieren *vt* repress.
reprimiert *adj.* repressed.
Reproduktion *f* reproduction, procreation, generation.
reproduktiv *adj.* reproductive.
reproduzierbar *adj.* reproducible.
reproduzieren *vt* reproduce.
reproduzierend *adj.* reproductive.
Reptilase *f* reptilase.
Reptilasetest *m* reptilase test.
Reptilasezeit *f* reptilase clotting time.
Reptilien *pl* Reptilia.
Reserpin *nt* reserpine.
Reserve *f* reserve(s *pl*).
Reservekohlenhydrat *nt* reserve carbohydrate, storage carbohydrate.
Reservestärke *f* reserve starch.
Residentflora *f* resident flora.
Resilin *nt* resilin.
Resin *nt* resin, ion-exchange resin.
Resina *f* resin.
resistent *adj.* resistant (*gegen* to).
Resistenz *f* resistance.
　　chromosomale Resistenz chromosomal resistance.
　　extrachromosomale Resistenz extrachromosomal resistance.
Resonanz- *präf.* resonance, resonant.
Resonanzspektroskopie, paramagnetische *f* electron spin resonance spectroscopy, electron paramagnetic resonance spectroscopy, EPR spectroscopy, ESR spectroscopy.
Resonanzstabilisierung *f* resonance stabilization.
Resonanzstabilisierungsenergie *f* resonance stabilization energy.
Resonanzstrahlung *f* resonance radiation.
Resorption *f* resorption, resorbence, reabsorption, absorption.
Resorptionsdruck *m* reabsorption pressure.
Resorptionsgewebe *nt* resorption tissue.
respirabel *adj.* respirable.
Respiration *f* respiration, breathing, external respiration, pulmonary respiration.
respiratorisch *adj.* relating to respira-

R

tion, respiratory; ventilatory.
Restriktion *f* restriction.
Restriktions- *präf.* restrictive, restriction.
Restriktionsendonuklease *f* restriction endonuclease; restriction enzyme, restrictive enzyme.
Restriktionsenzym *nt* restriction enzyme, restrictive enzyme.
Restriktionsfragment *nt* restriction fragment.
restriktiv *adj.* restrictive.
Reststickstoff *m* rest nitrogen, nonprotein nitrogen.
Resynthese *f* resynthesis.
Reticulin *nt* reticulin.
(R)-Reticulin *nt* (R)-reticulin.
(S)-Reticulin *nt* (S)-reticulin.
retikular *adj.* s.u. *retikulär.*
retikulär *adj.* relating to a reticulum, reticular, reticulate, reticulated.
Retikulin *nt* reticulin.
Retikulinfaser *f* reticular fiber, lattice fiber, argentaffin fiber, argentophil fiber, argentophilic fiber, argyrophil fiber.
Retikulo- *präf.* reticular, reticul(o)-.
retikuloendothelial *adj.* relating to reticuloendothelium, reticuloendothelial, retothel.
retikulohistiozytär *adj.* reticulohistiocytic.
Retikulozyt *m* reticulocyte, skein cell.
Retikulum *nt, pl* **Retikula** reticulum, network; reticular tissue.
  agranuläres endoplasmatisches Retikulum s.u. *glattes endoplasmatisches Retikulum.*
  endoplasmatisches Retikulum endoplasmic reticulum.
  glattes endoplasmatisches Retikulum smooth endoplasmic reticulum, agranular reticulum, agranular endoplasmic reticulum, smooth reticulum.
  granuläres endoplasmatisches Retikulum s.u. *raues endoplasmatisches Retikulum.*
  raues endoplasmatisches Retikulum rough endoplasmic reticulum, granular endoplasmic reticulum, ergastoplasm, ergoplasm, chromidial substance.
  sarkoplasmatisches Retikulum sarcoplasmic reticulum.
Retinal *nt* retinal, retinal₁, retinene.

all-trans Retinal visual yellow.
Retinalisomerase *f* retinal isomerase.
Retinalreduktase *f* retinal reductase.
Retinoid *nt* retinoid.
Retinol *nt* retinol, retinol₁, vitamin A₁, vitamin A.
Retinsäure *f* tretinoin, retinoic acid, vitamin A acid.
Retorte *f* retort.
retraktil *adj.* retractable, retractible, retractile.
retro- *präf.* backward, behind, retro-.
retroaktiv *adj.* retroactive.
retrograd *adj.* moving backward, retrograde.
Retroviridae *pl* Retroviridae.
reversibel *adj.* reversible.
Reversibilität *f* reversibility.
Reversion *f* reversion.
  genotypische Reversion genotypic reversion.
  phänotypische Reversion phenotypic reversion.
Revertante *f* revertant.
Revolver *m* (*Mikroskop*) nosepiece.
rezeptiv *adj.* responsive to stimulus, receptive.
Rezeptivität *f* receptivity, receptiveness.
α-Rezeptor *m* alpha receptor, α receptor, α-adrenergic receptor.
β-Rezeptor *m* β receptor, β-adrenergic receptor, beta-adrenergic receptor.
Rezeptor *m* receptor; sensor.
  Komplement-bindender Rezeptor complement receptor.
Rezeptoren- *präf.* receptor, receptive.
rezeptor-gesteuert *adj.* receptor-mediated.
Rezeptormembran *f* receptor membrane.
Rezeptormolekül *nt* receptor molecule.
Rezeptorpotential *nt* receptor potential.
  frühes Rezeptorpotential early receptor potential, primary receptor potential.
  primäres Rezeptorpotential s.u. *frühes Rezeptorpotential.*
  sekundäres Rezeptorpotential s.u. *spätes Rezeptorpotential.*
  spätes Rezeptorpotential late receptor potential, secondary receptor potential.
Rezeptorpotenzial *nt* s.u. *Rezeptor-*

R

potential.
Rezeptorprotein *nt* receptor protein.
Rezeptorspezifität *f* receptor specifity.
Rezeptorstelle *f* receptor site.
rezeptor-vermittelt *adj.* receptor-mediated.
rezessiv *adj.* recessive.
Rezessivität *f* recessiveness.
Rhabdoviren *pl* Rhabdoviridae.
Rhabdoviridae *pl* Rhabdoviridae.
Rhamnogalakturonan *nt* rhamnogalacturonan.
Rhamnosid *nt* rhamnoside.
Rh-Antigen *nt* Rh antigen, rhesus antigen.
Rhenium *nt* Rhenium.
rheotaktisch *adj.* relating to or exhibiting rheotaxis, rheotactic.
Rheotaxis *f* rheotaxis.
Rhesusaffe *m* rhesus monkey, Macaca mulatta.
Rhesus-Antigen *nt* Rh antigen, rhesus antigen.
Rhesus-Blutgruppenunverträglichkeit *f* Rh incompatibility.
Rhesusfaktor *m* rhesus factor, Rh factor.
Rhesus-System *nt* rhesus system, Rh system.
Rhod- *präf.* rhod(o)-.
Rhodamin *nt* rhodamine.
Rhodanat *nt* rhodanate.
Rhodanid *nt* thiocyanate.
Rhodanin *nt* rhodanine, rhodanic acid.
Rhodanwasserstoffsäure *f* thiocyanic acid, sulfocyanic acid.
Rhodium *nt* rhodium.
Rhodophyceae *pl* red algae, Rhodophyceae.
Rhodopsin *nt* rhodopsin, visual purple, erythropsin.
Rhodopsin-Retininzyklus *m* rhodopsin-retinin cycle.
Rh-System *nt* rhesus system, Rh system.
rhythmisch *adj.* rhythmic, rhythmical, regular.
Rhythmus *m, pl* **Rhythmen** rhythm.
biologischer Rhythmus biorhythm, biological rhythm, body rhythm.
tagesperiodischer Rhythmus diurnal rhythm.
tageszyklischer Rhythmus diurnal rhythm.
zirkadianer Rhythmus circadian rhythm.

Ribit *nt* ribitol.
Ribitol *nt* ribitol.
Ribitolteichonsäure *f* ribitol teichoic acid.
Riboflavin *nt* riboflavin, lactochrome, lactoflavin, vitamin B_2, vitamin G.
Riboflavinkinase *f* riboflavin kinase.
Riboflavin-5'-phosphat *nt* riboflavin-5'-phosphate, flavin mononucleotide.
Ribonuclease *f* s.u. *Ribonuklease.*
Ribonucleoproteinpartikel *pl* ribonucleoprotein particles.
kleine nucleäre Ribonucleoproteinpartikel small nuclear ribonucleoprotein particles.
Ribonucleosid *nt* ribonucleoside.
Ribonucleotid *nt* ribonucleotide.
Ribonuklease *f* ribonuclease.
alkalische Ribonuklease pancreatic ribonuclease, ribonuclease.
Ribonukleinsäure *f* ribonucleic acid, ribose nucleic acid, plasmonucleic acid, pentose nucleic acid.
ribosomale Ribonukleinsäure ribosomal ribonucleic acid, ribosomal RNA.
virale Ribonukleinsäure viral ribonucleic acid, viral RNA.
Ribonukleoprotein *nt* ribonucleoprotein.
Ribonukleosid *nt* ribonucleoside.
Ribonukleosiddiphosphatreduktase *f* s.u. *Ribonukleotidreduktase.*
Ribonukleosidmonophosphat *nt* ribonucleoside monophosphate.
Ribonukleosid-2'-phosphat *nt* ribonucleoside-2'-phosphate.
Ribonukleosid-3'-phosphat *nt* ribonucleoside-3'-phosphate.
Ribonukleosid-2',3'-phosphat, zyklisches *nt* ribonucleoside 2',3'-cyclic phosphate.
Ribonukleotid *nt* ribonucleotide.
Ribonukleotidreduktase *f* ribonucleoside diphosphate reductase, ribonucleotide reductase.
Ribopyranose *f* ribopyranose.
Ribose *f* ribose.
Ribose-5-phosphat *nt* ribose-5-phosphate.
Ribosephosphatisomerase *f* ribose(-5-)phosphate isomerase, phosphoriboisomerase.
Ribosephosphatpyrophosphokinase *f* ribose-phosphate pyrophos-

R

phokinase, pyrophosphate ribose-P-synthase, phosphoribosylpyrophosphate synthetase.

Ribosom *nt, pl* **Ribosomen** ribosome, Palade's granule.

mitochondriales Ribosom mitochondrial ribosome.

ribosomal *adj.* relating to a ribosome, ribosomal.

Ribosomen- *präf.* ribosomal.

Ribosomenapparat *m* ribosomal apparatus.

Ribosomen-RNA *f* ribosomal ribonucleic acid, ribosomal RNA.

Ribosomen-RNS *f* s.u. *Ribosomen-RNA.*

Ribosyl-Radikal *nt* ribosyl.

Ribothymidylsäure *f* ribothymidylic acid.

Ribulose *f* ribulose.

D-Ribulose-1,5-bisphosphat *nt* D-ribulose 1,5-bisphosphate.

Ribulosebisphosphat-Carboxylase *f* ribulose-bisphosphate carboxylase, Rubisco.

Ribulosediphosphatcarboxydismutase *f* ribulose diphosphate carboxydismutase.

Ribulosediphosphatcarboxylase *f* ribulose diphosphate carboxylase.

Ribulose-5-phosphat *nt* ribulose-5-phosphate.

Ribulosephosphat-3-epimerase *f* ribulose-phosphate 3-epimerase.

Ricin *nt* ricin.

Rickettsia *f* rickettsia, Rickettsia.

Rickettsiaceae *pl* Rickettsiaceae.

Rickettsiales *pl* Rickettsiales.

Rickettsieae *pl* Rickettsiae, Rickettsieae.

Riech- *präf.* smell, olfactory, osphretic, osmatic, osphresi(o)-, olfacto-.

Riechen *nt* smell, olfaction, osmesis.

riechen I *vt* smell. II *vi* **1.** smell, take a small (*an* at). **2.** smell, have a smell, have a scent (*nach* of).

Riechorgan *nt* olfactory organ.

Riechschleimhaut *f* olfactory mucosa.

Riechspalte *f* olfactory cleft.

Riechzellen *pl* olfactory cells, Schultze's cells.

Riechzentren *pl* olfactory centers.

Riesen- *präf.* giant, gigant(o)-, megal(o), macr(o)-.

Riesenchromosom *nt* giant chromosome, polytene chromosome.

Riesenmolekül *nt* macromolecule.

Rieske-Protein *nt* Rieske protein, plastoquinol-plastocyanin reductase.

Rinderbandwurm *m* beef tapeworm, African tapeworm, unarmed tapeworm, hookless tapeworm, Taenia saginata, Taenia africana, Taenia inermis, Taenia mediocanellata, Taenia philippina, Taeniarhynchus saginata.

Rinderwahnsinn *m* mad cow disease, bovine spongiform encephalopathy.

Ring *m* ring.

aromatischer Ring aromatic ring.

heterozyklischer Ring heterocyclic ring.

homozyklischer Ring homocyclic ring, isocyclic ring.

Ringbildung *f* cyclization.

Ringchromosom *nt* ring chromosome.

ringförmig *adj.* cyclic, cyclical.

Ringstruktur *f* ring, cycle.

aromatische Ringstruktur aromatic ring.

heterozyklische Ringstruktur heterocyclic ring.

homozyklische Ringstruktur homocyclic ring, isocyclic ring.

isozyklische Ringstruktur s.u. *homozyklische Ringstruktur.*

Ringverbindung *f* ring compound, closed-chain compound, cyclic compound.

Rizin *nt* ricin.

Rizinolsäure *f* ricinoleic acid.

Rizinusöl *nt* castor oil.

RNA-Polymerase *f* RNA polymerase.

DNA-abhängige RNA-Polymerase RNA nucleotidyltransferase, transcriptase, DNA-directed RNA polymerase.

plastidäre RNA-Polymerase *f* plastid RNA-polymerase.

RNA-abhängige RNA-Polymerase RNA-directed RNA polymerase, RNA replicase.

RNA-primer *m* RNA primer.

RNA-priming *nt* RNA-priming.

RNA-Starterstrang *m* RNA primer.

RNA-Virus *nt* RNA virus, RNA-containing virus, ribovirus.

RNS-Polymerase *f* s.u. *RNA-Polymerase.*

Robertson-Translokation *f* centric fusion, robertsonian translocation.

Robison-Ester *m* Robison ester, glucose-6-phosphate.

Rodentia *pl* rodents, Rodentia.

Röhrchen *nt* tubule, small tube.

Röhrensystem, transversales *nt* transverse system, T system, triad system, system of transverse tubules.

Rohrzucker *m* cane sugar, sucrose, saccharose, saccharum.

Rohzucker *m* unrefined sugar.

Rosenthal-Faktor *m* factor XI, antihemophilic factor C, PTA factor, plasma thromboplastin antecedent.

Rosettenkomplex *m* rosette complex.

Rost *m* rust.

Rotalgen *pl* red algae, Rhodophyceae.

Rotation *f* rotation.

Rotations- *präf.* rotational, rotary, rotatory.

Rotationsisomerie *f* rotational isomerism.

Rotavirus *nt* duovirus, Rotavirus.

Rous-Sarkom *nt* Rous tumor, Rous sarcoma, avian sarcoma.

Rous-Sarkom-Virus *nt* Rous sarcoma virus.

R-Plasmid *nt* R plasmid, resistance plasmid, resistance factor, R factor.

R-Protein *nt* R protein.

RS-System *nt* RS system, Cahn-Ingold-Prelog convention, Cahn-Ingold-Prelog system.

Rübenzucker *m* saccharose, saccharum, sucrose, beet sugar.

Rubidium *nt* rubidium.

Rubisco *nt* ribulose-bisphosphate carboxylase, Rubisco.

Rubisco-Activase *f* Rubisco ac-tivase.

Rückkopplung *f* feedback.

multiple Rückkopplung multiple feedback.

positive Rückkopplung positive feedback.

Rückkopplungshemmung *f* feedback inhibition; end-product inhibition.

Rückkopplungskreis *m* feedback circuit.

Rückkopplungssystem *nt* feedback system.

Rückmutation *f* reversion.

Rückwärtshemmung *f* feedback inhibition, feedback mechanism.

Ruheaktivität *f* resting activity.

Ruhebedingungen *pl* resting conditions.

Ruhepotential *nt* resting potential.

Ruhepotenzial *nt* s.u. *Ruhepotential.*

Ruheumsatz *m* metabolic rate at rest.

Ruhewert *m* resting level.

rund *adj.* round, rounded, orbicular, spheric, spherical, circular.

Runyon-Einteilung *f* Runyon classification.

Runyon-Gruppe *f* Runyon group.

Ruthenium *nt* ruthenium.

Rutherford-Atommodell *nt* Rutherford atom, nuclear atom.

Rutherford-Atom *nt* s.u. *Rutherford-Atommodell.*

Rutin *nt* rutin, rutoside.

Rutinose *f* rutinose.

Rutosid *nt* s.u. *Rutin.*

S

Sabinol *nt* sabinol.
Saccharase *f* saccharase, β-fructo-furanosidase, fructosidase.
Saccharat *nt* saccharate.
Saccharid *nt* saccharide, carbohy-drate.
Saccharin *nt* saccharin, saccharinol, saccharinum.
Saccharo- *präf.* sugar, sacchar(o)-.
Saccharobiose *f* saccharobiose.
Saccharogen-Amylase *f* beta-amy-lase, exo-amylase, diastase, glyco-genase, saccharogen amylase.
saccharolytisch *adj.* saccharolytic.
Saccharomyces *m* saccharomyces, Saccharomyces.
  Saccharomyces cerevisiae bakers' yeast, brewers' yeast, Saccharomyces cerevisiae.
Saccharomycetaceae *pl* Saccharo-mycetaceae.
Saccharomycete *f* saccharomyces.
Saccharopin *nt* saccharopine.
Saccharopindehydrogenase *f* sac-charopine dehydrogenase.
Saccharose *f* sucrose, cane sugar, saccharose, saccharum.
Saccharosebiosynthese *f* sucrose biosynthesis.
Saccharosecarrier *m* sucrose trans-porter, sucrose carrier.
Saccharose-α-glucosidase *f* su-crose α-glucosidase, sucrase, sucrose α-D-glucohydrolase.
saccharosehaltig *adj.* saccharated; sweetened.
Saccharose-6'-phosphat *nt* sucro-se-6'-phosphate.
Saccharosephosphatsynthase *f*

sucrose phosphate synthase.
Saccharosephosphorylase *f* su-crose phosphorylase.
Saccharose-saccharose-fructosyl-transferase sucrose-sucrose fructo-syltransferase.
Saccharosesynthase *f* sucrose syn-thase.
Saccharosesynthese *f* sucrose syn-thesis.
Saccharose-Transporter *m* sucrose transporter, sucrose carrier.
Salicylaldoxim *nt* salicyl aldoxime.
salinisch *adj.* salt-containing, saline, salty.
Saliva *f* saliva, spittle.
Salmiak *nt* salmiac, ammonium chlo-ride.
Salmiakgeist *m* ammonia solution.
  konzentrierter Salmiakgeist strong ammonia solution, gas liquor.
  verdünnter Salmiakgeist diluted ammonia solution.
Salmonella *f* salmonella, Salmonella.
  Salmonella enteritidis Gärtner's ba-cillus, Salmonella enteritidis, Bacil-lus enteritidis.
  Salmonella typhi Eberth's bacillus, typhoid bacillus, typhoid bacterium, Salmonella typhi, Salmonella typho-sa, Bacillus typhi, Bacillus typhosus.
Salpeter *m* saltpeter, potassium nitrate.
Salpetersäure *f* nitric acid.
salpetrig *adj.* nitrous.
Salurese *f* saluresis.
saluretisch *adj.* relating to *or* pro-moting saluresis, saluretic.
Salz *nt* salt.
  basisches Salz basic salt.

saures Salz acid salt.
Salz- *präf.* saline, salt, hal(o)-.
salzbildend *adj.* saliferous.
Salzgehalt *m* salt content, salinity, saltiness, saltness.
salzhaltig *adj.* salt containing, saline, salty, saliferous, briny.
salzliebend *adj.* halophilic, halophil, halophile, halophilous.
Salzlösung *f* salt solution, saline, saline solution.
isotone Salzlösung isotonic saline, isotonic saline solution.
Samarium *nt* samarium.
Samenprotein *nt* seed protein.
Sanger-Reagenz *nt* Sanger reagent, (2,4-)dinitrofluorobenzene.
Sanger-Reaktion *f* Sanger reaction.
Sanguinarin *nt* sanguinarine.
Sapogenin *nt* sapogenin.
Saponifikation *f* conversion into soap, saponification.
saponifizieren *vt, vi* saponify.
Saponin *nt* saponin.
Saprobiont *m* saprobiont, saprobe.
saprobisch *adj.* relating to a saprobe, saprobic.
saprogen *adj.* saprogenic, saprogenous.
saprophil *adj.* saprophile, saprophilous.
Saprophyt *m* saprophytic organism, saprophyte.
saprophytär *adj.* saprophytic, saprophilous.
saprophytisch *adj.* saprophytic, saprophilous.
saprozoisch *adj.* saprozoic.
Saprozoon *nt* saprozoic organism, saprozoon.
Sarcina *f* sarcina, Sarcina.
Sarko- *präf.* muscle, flesh, sarc(o)-.
Sarkolemm *nt* sarcolemma, myolemma.
sarkolemmal *adj.* relating to the sarcolemma, sarcolemmal, sarcolemmic, sarcolemmous.
Sarkomer *nt* sarcomere.
sarkophag *adj.* sarcophagous.
Sarkoplasma *nt* sarcoplasm.
Sarkoplasmamembran *f* sarcoplasmic membrane.
sarkoplasmatisch *adj.* relating to sarcoplasm, sarcoplasmic.
Sarkoplast *m* sarcoplast, satellite cell.
Sarkosin *nt* sarcosine, methylglycine.
Sarkosindehydrogenase *f* sarcosine dehydrogenase.

Sarkosom *nt* sarcosome.
Sarkotubuli *pl* sarcotubules.
Satellitenchromosom *nt* satellite chromosome, SAT-chromosome.
Satelliten-DNA *f* satellite deoxyribonucleic acid, satellite DNA.
Satelliten-DNS *f* s.u. *Satelliten-DNA.*
Satellitenphänomen *nt* satellite phenomenon, satellitism.
sättigen I *vt* saturate, impregnate. II *vr* **sich sättigen** become/get saturated.
Sättigung *f* saturation, impregnation.
Sättigungsgrad *m* degree of saturation.
Sättigungsindex *m* mean corpuscular hemoglobin concentration.
Sättigungskinetik *f* saturation kinetics *pl.*
Sättigungskurve *f* saturation curve.
Sättigungsniveau *nt* saturation level.
Sättigungspunkt *m* saturation point.
Saturation *f* saturation.
Saturieren *nt* saturation.
saturieren *vt* saturate.
saturiert *adj.* saturated, saturate.
sauer *adj.* acid, acidic; (*Geschmack*) sour, acid, acetic.
säuerlich *adj.* acidulous, acidulent; acescent.
Sauerstoff *m* oxygen. **mit Sauerstoff angereichert/beladen** aerated, oxygen-enriched.
flüssiger Sauerstoff liquid oxygen.
molekularer Sauerstoff molecular oxygen, diatomic oxygen, dioxygen.
Sauerstoff- *präf.* oxy-.
Sauerstoffakzeptor *m* oxygen acceptor.
sauerstoffarm *adj.* poor in oxygen, lacking in oxygen; (*Blut*) anoxemic.
Sauerstoffausnutzung *f* oxygen utilization.
Sauerstoffausnutzungskoeffizient *m* oxygen utilization coefficient.
Sauerstoffbindungskapazität *f* oxygen capacity.
Sauerstoffbindungskurve *f* oxygen dissociation curve, oxygen-hemoglobin dissociation curve, oxyhemoglobin dissociation curve.
Sauerstoffdefizit *nt* oxygen deficit.
Sauerstoffdissoziationskurve *f* s.u. *Sauerstoffbindungskurve.*
Sauerstoffelektrode *f* oxygen electrode.
Sauerstoffentfernung *f* s.u. *Sauer-*

S

stoffentzug.
Sauerstoffentzug *m* deoxidation, disoxidation, deoxygenation.
sauerstofferfordernd *adj.* oxygen-requiring.
sauerstofferzeugend *adj.* oxygen-producing.
Sauerstoffesterbindung *f* oxyester bond.
sauerstofffrei *adj.* anaerobic.
Sauerstoffgehalt *m* oxygen content, oxygen concentration.
sauerstoffhaltig *adj.* oxygen-containing, oxygenic.
Sauerstoff-Kohlendioxid-Austausch *m* oxygen-carbon dioxide-exchange.
Sauerstoffkreislauf *m* oxygen cycle.
Sauerstoffpartialdruck *m* O_2 partial pressure, oxygen partial pressure.
Sauerstoffsättigung *f* oxygen saturation.
Sauerstoffschuld *f* oxygen debt.
Sauerstoffspannung *f* oxygen tension.
Sauerstofftransferase *f* dioxygenase, oxygen transferase.
Sauerstoffutilisation *f* oxygen utilization.
Sauerstoffutilisationskoeffizient *m* oxygen utilization coefficient.
Sauerstoffverbrauch *m* oxygen consumption.
Sauerstoffverbrauch in Ruhe basal oxygen consumption, resting oxygen consumption.
Sauerstoffverbrauchsindex *m* oxygen consumption index.
Sauerstoffzufuhr *f* oxygen supply; aeration.
Säuerung *f* acidification, acidulation.
Säuerungsmittel *nt* acidifier.
Säulenchromatographie *f* column chromatography.
Säure *f* acid, acidum.
  anorganische Säure inorganic acid, mineral acid.
  dreibasische Säure tribasic acid.
  dreiwertige Säure tribasic acid.
  einbasische Säure monobasic acid, monoacid, monacid.
  einwertige Säure s.u. *einbasische Säure.*
  konjugierte Säure conjugate acid.
  mehrbasische Säure polybasic.
  nicht-flüchtige Säure nonvolatile acid.

  organische Säure organic acid.
  schwache Säure weak acid.
  starke Säure strong acid.
  zweibasische Säure diacid, dibasic acid.
  zweiwertige Säure s.u. *zweibasische Säure.*
Säure- *präf.* acid, acidic.
Säureanhydrid *nt* acid anhydride.
Säure-Basen- *präf.* acid-base.
Säure-Basen-Haushalt *m* acid-base balance.
Säure-Basen-Indikator *m* acid-base indicator.
Säure-Basen-Katalyse *f* acid-base catalysis.
Säure-Basen-Paar *nt* acid-base pair.
Säure-Basen-Reaktion *f* acid-base reaction.
Säure-Basen-Status *m* acid-base status.
säurebeständig *adj.* s.u. *säurefest.*
säurebildend *adj.* acid-forming, acidogenic, acidic.
Säurebildung *f* acidification.
säurefest *adj.* acid-fast, acid-proof, acid-resisting.
Säurefestigkeit *f* acid-fastness.
Säuregehalt *m* acid value, acidity, acor.
Säuregrad *m* acidity, acor.
Säurehalogenid *nt* acid halide.
säurehaltig *adj.* containing acid, acid, acidic.
Säurekatalyse *f* acid catalysis.
säurelabil *adj.* acid-labile.
säurelöslich *adj.* acid-soluble.
säurereich *adj.* acidic.
Säuresekretion *f* (*Magen*) acid secretion, acid output.
  basale Säuresekretion basal acid output.
  maximale Säuresekretion maximal acid output.
säurestabil *adj.* acid-stable.
Säurestabilität *f* acid stability.
Säurestärke *f* acid strength, avidity, strength.
Scandium *nt* scandium.
Schardinger-Reaktion *f* Schardinger reaction.
Schardinger-Enzym *nt* xanthine oxidase, Schardinger's enzyme, hypoxanthine oxidase.
Schenkel *m* limb, leg, crus.
  absteigender Schenkel der Henle-

Schleife descending limb of Henle's loop.

aufsteigender Schenkel der Henle-Schleife ascending limb of Henle's loop.

Schicht *f, pl* **Schichten** layer, lamina, coat, stratum; (*dünn*) membrane, film.

bimolekulare Schicht bilayer.

monomolekulare Schicht monofilm, monolayer.

Schicht der Stäbchen und Zapfen layer of rods and cones, bacillary layer, neuroepithelial layer, photosensory layer of retina, Jacob's membrane, neuroepithelial stratum of retina.

Schiff-Reagenz *nt* Schiff's reagent.

Schiff-Base *f* Schiff's base.

Schilddrüse *f* thyroidea, thyroid, thyroid gland.

Schilddrüsenfollikel *pl* thyroid follicles, follicles of thyroid gland.

Schilddrüsenhormon *nt* thyroid hormone.

Schilddrüsenkolloid *nt* thyrocolloid, thyroid colloid.

Schimmel *m* mold; mildew.

Schimmelpilz *m* mold, mold fungus.

Schistosoma *nt, pl* **Schistosomata** blood fluke, schistosome, bilharzia worm, Schistosoma, Schistosomum, Bilharzia.

Schistosoma haematobium vesicular blood fluke, Distoma haematobium, Schistosoma haematobium.

Schistosoma japonicum Japanese blood fluke, oriental blood fluke, Schistosoma japonicum.

Schistosoma mansoni Manson's blood fluke, Schistosoma mansoni.

Schizomycetes *pl* fission fungi, Schizomycetes.

Schlauchpilze *pl* ascomycetes, sac fungi, Ascomycetes, Ascomycetae, Ascomycotina.

Schleim *m* mucus, phlegm.

Schleim- *präf.* mucus, mucous, myx(o)-, muci-, muc(o)-, blenn(o)-.

schleimabsondernd *adj.* mucous, mucigenous, muciparous.

schleimähnlich *adj.* resembling mucus, muciform, mucinoid, mucinous, mucoid, mucous, blennoid, slimy.

Schleimbakterien *pl* myxobacteria.

Schleimdrüse *f* mucous gland, muciparous gland.

Schleimhaut *f* mucous membrane,

mucous tunic, mucous coat, mucosa.

Schleimhaut- *präf.* mucosal, mucomembranous, muc(o)-.

Schleimhautbarriere *f* mucous membrane barrier, mucosal barrier.

schleimig *adj.* mucid, mucinoid, mucinous, mucoid, mucous, muciform, mucilaginous, myxomatous, pituitous, slimy.

Schleimkapsel *f* capsule.

Schleimpilze *pl* slime fungi, slime molds, Myxomycetes.

Schleuder *f* centrifuge.

schleudern *vt* centrifuge, centrifugate, centrifugalize.

schlucken I *vt* swallow, swallow down. **II** *vi* swallow.

Schlucken *nt* deglutition, swallow, swallowing.

Schluckreflex *m* pharyngeal reflex, swallowing reflex, deglutition reflex.

Schluckzentrum *nt* deglutition center, swallowing center.

Schlüssel-Schloss-Beziehung *f* lock-and-key relationship.

Schlüssel-Schloß-Modell *nt* lock-and-key model.

schmarotzen *vi* parasitize, be parasitic.

schmarotzend *adj.* parasitic, parasital, parasitary, parasitical.

Schmarotzer *m* parasite.

schmarotzerhaft *adj.* parasitic, parasital, parasitary, parasitical.

schmecken I *vt* taste. **II** *vi* taste (*nach* of).

Schmecken *nt* taste, degustation, gustation.

Schmeckreiz *m* taste stimulus.

Schmeckstoff *m* tastant, taste substance.

Schmeckzellen *pl* taste cells.

Schmelzen *nt* meltage, melt; fusion.

schmelzen I *vt* melt; fuse; (*verflüssigen*) liquefy, liquesce. **II** *vi* melt; (*verflüssigen*) liquefy, liquesce.

Schmelzpunkt *m* melting point, fusion point.

Schmelztiegel *m* crucible, meltingpot.

Schutzprotein *nt* protective protein.

Schutzreagenz *nt* protecting reagent, blocking reagent.

Schwefel *m* sulfur.

Schwefel- *präf.* sulfur, thi(o)-; sulf(o)-, sulph(o)-.

Schwefelassimilation *f* sulfur as-

S

similation.

Schwefelbakterien *pl* sulfur bacteria.
grüne Schwefelbakterien green bacteria, green sulfur bacteria.
schwefelbindend *adj.* thiopectic, thiopexic.
Schwefelbindung *f* thiopexy.
Schwefelblume *f* flowers *pl* of sulfur.
Schwefeldioxid *nt* sulfur dioxide, sulfurous anhydride, sulfurous oxide.
schwefelfixierend *adj.* thiopectic, thiopexic.
Schwefelfixierung *f* thiopexy.
schwefelhaltig *adj.* containing sulfur, sulfurated, sulfureted.
Schwefelmilch *f* milk of sulfur.
Schwefelsäure *f* sulfuric acid, oil of vitriol.
Schwefelsäure-Rest *m* sulfuric group.
Schwefelwasserstoff *m* sulfhydric acid, hydrogen sulfide, hydrosulfuric acid.
Schweinebandwurm *m* armed tapeworm, pork tapeworm, measly tapeworm, solitary tapeworm, Taenia solium, Taenia armata, Taenia cucurbitina, Taenia dentata.
Schweiß *m* sweat, perspiration, sudor, transpiration. **in Schweiß ausbrechen** come out in a sweat.
Schweißdrüsen- *präf.* sweat gland, hidr(o)-.
Schwelle *f* threshold.
Schwellen- *präf.* threshold, liminal.
Schwellenkonzentration *f* threshold concentration.
Schwellenpotential *nt* threshold potential.
Schwellenpotenzial *nt* s.u. *Schwellenpotential.*
Schwellenreiz *m* threshold stimulus, liminal stimulus.
Schwellensubstanz *f* threshold substance, threshold body.
Schwermetall *nt* heavy metal.
Scillaren *nt* scillaren.
Scolex *m*, *pl* **Scolices** scolex.
L-Scopolamin *nt* L-scopolamine.
Scotopsin *nt* scotopsin.
sechsatomig *adj.* hexatomic.
sechsbasisch *adj.* hexabasic.
sechswertig *adj.* sexavalent, sexivalent, hexavalent.
Sediment *nt* sediment, deposit.
sedimentär *adj.* sedimentary, sedi-

mental.
Sedimentation *f* sedimentation.
Sedimentationsanalyse *f* sedimentation analysis.
Sedimentationsgeschwindigkeit *f* sedimentation velocity.
Sedimentationsgleichgewicht *nt* sedimentation equilibrium.
Sedimentationskoeffizient *m* sedimentation coefficient, sedimentation constant.
Sedimentbildung *f* sedimentation.
Sedimentieren *nt* sedimentation.
Sedoheptulose-1,7-bisphosphat *nt* sedoheptulose 1,7-bisphosphate, sedoheptulose-1,7-diphosphate.
Sedoheptulose-1,7-diphosphat *nt* sedoheptulose-1,7-diphosphate, sedoheptulose 1,7-bisphosphate.
Sedoheptulosebisphosphatase *f* sedoheptulosebisphosphatase.
Sedoheptulose-7-phosphat *nt* sedoheptulose-7-phosphate.
Sehfarbstoff *m* visual pigment.
Sehgelb *nt* xanthopsin, visual yellow, all-trans retinal.
Sehorgan *nt* organ of vision, organ of sight, visual organ.
Sehphysiologie *f* visual physiology.
Sehpigment *nt* visual pigment.
Sehpurpur *nt* visual purple, erythropsin, rhodopsin.
Sehvorgang *m* visual cycle.
Sehweiß *nt* leukopsin, visual white.
Sehzelle *f* photoreceptor cell, visual cell.
Sehzentrum *nt* visual center.
Sehzyklus *m* visual cycle.
Seife *f* soap.
Seifen- *präf.* soap, soapy.
Seignettesalz *nt* Seignette's salt, Rochelle salt, Preston's salt.
Seitenkette *f* lateral chain, side chain.
nicht-polare Seitenkette apolar side chain, nonpolar side chain.
polare Seitenkette polar side chain.
Sekret- *präf.* secretory, secretive.
Sekretgranula *pl* secretory granules.
sekretieren *vt* secrete.
Sekretin *nt* secretin.
Sekretion *f* secretion.
Sekretions- *präf.* secretive, secretory.
sekretomotorisch *adj.* stimulating secretion, secretomotor, secretomotory.
Sekretor *m* secretor.

S

sekretorisch *adj.* relating to secretion, secretive, secretory.
Sekrettröpfchen *nt* secretory droplet.
sekundär *adj.* secondary.
Sekundärcarotinoid *nt* secondary carotinoid.
Sekundärprodukt *nt* by-product.
Sekundärreaktion *f* secondary reaction, secondary immune response, secondary response.
Sekundärstoffwechsel *m* secondary meetabolism.
Sekundärstruktur *f* secondary structure.
Sekundärwand *f* secondary cell wall.
Sekunde *f* second.
Selbstaktivierung *f* autoactivation.
Selbstspleißen *nt* self-splicing.
Selektion *f* selection.
Selektions- *präf.* selection, selective.
Selektionsdruck *m* selection pressure.
Selektionsmechanismus *m* selecting mechanism.
selektiv *adj.* selective.
  nicht selektiv nonselective.
Selektivität *f* selectivity.
  sensorische Selektivität sensory selectivity.
Selen *nt* selenium.
Self-assembly *nt* self-assembly.
semi- *präf.* half, semi-, demi-.
semiarid *adj.* semiarid.
Semiautonomie *f* semiautonomy.
Semichinon *nt* semiquinone.
semikonservativ *adj.* semiconservative.
semipermeabel *adj.* semipermeable.
Semipermeabilität *f* semipermeability.
semiquantitativ *adj.* semiquantitative.
semisolid *adj.* semisolid.
semisolide *adj.* semisolid.
semisynthetisch *adj.* semisynthetic.
Senkwaage *f* areometer, hydrometer.
Sensor *m*, *pl* **Sensoren** sensor, sensory receptor, sensory-physiological receptor, receptor.
sensoriell *adj.* relating to the sensorium, sensorial.
sensorisch *adj.* relating to *or* connected with the senses *or* sensation, sensitive, sensory, sensorial, receptive; impressive.
Sensorium *nt* sensorium, perceptorium.
Septanose *f* septanose.

sequentiell *adj.* ocurring in sequence, sequential.
Sequenz *f* sequence.
  hochrepetitive Sequenz high-repetitive sequence.
  mittelrepetitive Sequenz middle-repetitive sequence.
  topogene Sequenz topogenic sequence.
Sequenz- *präf.* sequential, sequence.
Sequenzanalyse *f* sequence analysis, sequential analysis.
Sequenzelemente, cis-aktive *pl* boxes, cis-active sequence elements.
Sequenzhomologie *f* sequence homology.
sequenziell *adj.* s.u. *sequentiell*.
Sequenzierung *f* sequencing.
Sequenzinversionen, repetitive *pl* inverted repeats, indirect repeats.
Sequenzisomer *nt* sequence isomer.
Sequenzisomerie *f* sequence isomerism.
Sequenzmodell *nt* sequential model.
Serin *nt* serine.
Serinacetyltransferase *f* serine acetyltransferase.
Serincarboxipeptidase *f* serine carboxypeptidase.
Serindehydratase *f* serine dehydratase.
Serinenzym *nt* serine enzyme.
Serin-Familie *f* serine family.
Serin-Glyoxylat-Aminotransferase *f* serine glyoxylate aminotransferase.
Serinhydroxymethyltransferase *f* serine hydroxymethyl transferase.
Serinprotease *f* serine protease.
Serinproteaseinhibitor *m* serine protease inhibitor.
Serinproteinase *f* serine proteinase.
Serin-Pyruvat-Aminotransferase *f* serine-pyruvate-aminotransferase.
Serizin *nt* silk glue, silk gelatin, sericin.
Sero- *präf.* serum, serous, sero-.
seroalbuminös *adj.* seroalbuminous.
serofibrinös *adj.* serofibrinous, seroplastic.
serofibrös *adj.* serofibrous, fibroserous.
Seroglobulin *nt* serum globuline, seroglobulin.
Serolysin *nt* serolysin.
serös *adj.* relating to *or* resembling serum, serous.

S

serotonerg *adj.* s.u. *serotoninerg.*

Serotonin *nt* serotonin, 5-hydroxytryptamine, thrombotonin, thrombocytin, enteramine.

serotoninerg *adj.* serotoninergic, serotonergic.

Serpentin *nt* serpentine.

Serum *nt, pl* **Seren, Sera** 1. *(histolog.)* serum, serous fluid, serosity. 2. *(Blut)* blood serum, serum. 3. immune serum, serum; antiserum; antitoxin.

Serum- *präf.* serum, serous, serumal, sero-.

Serumproteine *pl* serum proteins.

Serum-Prothrombin-Conversion-Accelerator *m* serum prothrombin conversion accelerator, factor VII, prothrombokinase, cofactor V, convertin, cothromboplastin, proconvertin, autoprothrombin I, prothrombin conversion factor, prothrombin converting factor, stable factor.

Sesquioxid *nt* sesquioxide.

Sesquisulfat *nt* sesquisulfate.

Sesquisulfid *nt* sesquisulfide.

Sesquiterpen *nt* sesquiterpene.

Sesquiterpenalkaloide *pl* sesquiterpene alkaloids.

Sesselform *f* chair form.

Sexchromatin *nt* sex chromatin, Barr body.

Sexchromosom *nt* gonosome, sex chromosome, heterologous chromosome, heterochromosome, heterosome, idiochromosome.

Sexualdifferenzierung *f* sexual differentiation.

Sezernieren *nt* secretion.

sezernieren *vt* secrete; excrete.

sezernierend *adj.* secretory; excretory, excurrent.

s-förmig *adj.* sigmoid, S-shaped.

SH-Gruppe *f* thiol.

Shigella *f* shigella, Shigella.

Shigella dysenteriae Shigella dysenteriae, Bacillus dysenteriae, Bacterium dysenteriae.

Shigella flexneri Flexner's bacillus, Strong's bacillus, paradysentery bacillus, Shigella flexneri, Shigella paradysenteriae.

Shikimat *nt* shikimate.

Shikimatdehydrogenase *f* shikimate 5-dehydrogenase.

Shikimat-Familie *f* shikimate family.

Shikimatkinase *f* shikimate kinase.

Shikimat-Weg *m* shikimate pathway.

Shikiminsäure-Weg *m* shikimate pathway.

Shine-Dalgarno-Sequenz *f* Shine-Dalsgarno sequence.

SH-Radikal *nt* sulfhydryl, sulfydryl.

Shunt *m* shunt, bypass.

Shuttle *m* shuttle.

Shuttle-System *nt* shuttle system.

Sial- *präf.* s.u. *Sialo-.*

Sialat *nt* sialate.

Sialidase *f* sialidase, neuraminidase.

Sialinsäure *f* sialic acid, N-acylneuraminic acid.

Sialo- *adj.* sialic, salivary, sialine, ptyal(o)-, sial(o)-.

Sialomucin *nt* sialomucin.

Sialoprotein *nt* sialoprotein.

Sialyloligosaccharid *nt* sialyloligosaccharide.

Sialyltransferase *f* sialyltransferase.

Sidero- *präf.* iron, sider(o)-.

Siderophore *f* siderophore, siderophage.

siebenwertig *adj.* septivalent, septavalent, heptavalent, heptatomic.

Siede- *präf.* boiling.

siedefest *adj.* coctostabile, coctostable.

siedelabil *adj.* coctolabile.

Siedepunkt *m* boiling point.

siedestabil *adj.* coctostabile, coctostable.

siedeunbeständig *adj.* coctolabile.

SI-Einheit *f* SI unit.

Siemens *nt* siemens, mho.

Sievert *nt* sievert.

Signalerkennungspartikel *nt* signal recognition particle.

Signalpeptid *nt* signal peptide, leader peptide.

Signalpeptidase *f* signal peptidase.

Signalsequenz *f* signal sequence.

Silber *nt* silver; *(chemisch)* argentum.

Silber- *präf.* silver.

Silbernitrat *nt* silver nitrate, Credé's antiseptic.

Silencer *m* silencer.

Silicat *nt* silicate.

Silicium *nt* silicon.

Silikat *nt* silicate.

Silikon *nt* silicone.

Silizium *nt* silicon.

Siliziumdioxid *nt* silica, silicic anhydride, silicon dioxide.

siliziumhaltig *adj.* siliceous, silicious.

Simuliidae *pl* Simuliidae.
Sinigrin *nt* glucosinolate, sinigrin.
Sinkalin *nt* sinkaline, choline.
Sinnes- *präf.* sensitive, sensational, sensory, sensual, aesthesi(o)-, esthesi(o)-.
Sinnesphysiologie *f* sensory physiology.
Sinnesqualität *f* sensory quality.
Sinnstrang *m* coding strand, antitemplate strand, codogenic strand, nontranscribing strand, plus strand, sense strand, sense DNA.
Sirohäm *nt* siroheme, *Brit.* sirohaem.
SI-System *nt* International System of Units, SI system.
Skatol *nt* skatole, scatol.
Skatosin *nt* skatosin.
Skleroprotein *nt* scleroprotein, albuminoid, fibrillar protein, fibrous protein.
Sklerotin *nt* sclerotin.
Skolex *m, pl* **Skolizes** scolex.
skotochromogen *adj.* scotochromogenic.
Skotopsin *nt* scotopsin.
Slow-Virus *nt* slow virus.
Sol *nt* sol.
Solanaceae *pl* nightshades, Solanaceae.
solitär *adj.* solitary.
solubel *adj.* soluble, solvable.
Solubilisation *f* solubilization.
Solubilität *f* solubility.
Solvat *nt* solvate.
Solvatation *f* solvation.
Solvation *f* solvation.
Solvens *nt, pl* solvent, menstruum.
Somatoliberin *nt* somatoliberin, somatotropin releasing factor, somatotropin releasing hormone, growth hormone releasing factor, growth hormone releasing hormone.
Somatomammotropin *nt* somatomammotropine.
Somatomedin *nt* somatomedin, sulfation factor.
Somatomedin C *nt* somatomedin C, insulin-like growth factor I.
Somatostatin *nt* somatostatin, somatotropin inhibiting factor, somatotropin release inhibiting factor, somatotropin release inhibiting hormone, growth hormone release inhibiting hormone, growth hormone inhibiting hormone, growth hormone release

inhibiting factor, growth hormone inhibiting factor.
somatotrop *adj.* somatotropic, somatotrophic.
Somatotropin *nt* somatotropin, somatotrophin, somatropin, somatotrophic hormone, somatotropic hormone, growth hormone, chondrotropic hormone, human growth hormone.
Somatotropin-inhibiting-Faktor *m* s.u. *Somatostatin.*
Somatotropin-inhibiting-Hormon *nt* s.u. *Somatostatin.*
Somatotropin-release-inhibiting-Faktor *m* s.u. *Somatostatin.*
Somatotropin-release-inhibiting-Hormon *nt* s.u. *Somatostatin.*
Somatotropin-releasing-Faktor *m* s.u. *Somatoliberin.*
Somatotropin-releasing-Hormon *nt* s.u. *Somatoliberin.*
Somatozeptor *m* somatoceptor.
Sophorose *f* sophorose.
Sorbit *nt* sorbitol, sorbite, glucitol.
Sorbitdehydrogenase *f* sorbitol dehydrogenase, L-iditol dehydrogenase.
Sorbitol *nt* s.u. *Sorbit.*
Sorbose *f* sorbose, sorbin, sorbinose.
Sorption *f* sorption.
Sorptionsmittel *nt* sorbent.
Spacer *m* spacer.
   extern transkribierter Spacer externally-transcribed spacer.
   intergener Spacer intergenic spacer.
   intern transkribierter Spacer internally-transcribed spacer.
   nichttranskribierter Spacer nontranscribed spacer.
Spacer-DNA *f* spacer DNA, regulatory DNA, regulatory deoxyribonucleic acid.
Spaltpilze *pl* schizomycetes, fission fungi, Schizomycetes.
Spaltprodukt *nt* split product, cleavage product, fission product.
Spaltung *f* split, splitting, cleavage, breakup.
   enzymatische Spaltung enzymatic cleavage, enzymatic splitting, enzymolysis.
   phosphorolytische Spaltung phosphorolytic cleavage.
   photochemische Spaltung photochemical breakdown.
   thioklastische Spaltung thioclastic cleavage.

S

thiolytische Spaltung thiolysis, thiolytic cleavage.

Spaltungsprodukt *nt* split product, cleavage product, fission product.

Spannung, elektrische *f* tension, voltage.

Spannungsdifferenz *f* s.u. *Spannungsgradient.*

Spannungsgradient *m* voltage gradient, voltage difference.

Spannungsimpuls *m* voltage pulse.

Spannungsmesser *m* voltmeter.

Spartein *nt* sparteine.

Spätprotein *nt* (*Virus*) late protein.

Species *f* species.

Spectrin *nt* spectrin.

Speichel *m* saliva, spittle.

Speichel- *präf.* salivary, sialine, sialic, sial(o)-, ptyal(o)-.

Speichelamylase *f* salivary amylase.

Speichel-α-Amylase *f* salivary amylase.

speichelbildend *adj.* producing saliva, sialogenous.

Speichelbildung *f* production of saliva, salivation.

Speicheldiastase *f* ptyalin, alpha-amylase, α-amylase, endo-amylase.

Speicheldrüse *f* sialaden, salivary gland.

Speichelsekretion *f* secretion of saliva, salivation.

Speicher *m* depot, storage, store, reservoir.

Speicherdrüse *f* storage gland.

Speicherfett *nt* depot lipid, storage lipid, depot fat, storage fat.

Speicherfollikel *pl* (*Schilddrüse*) thyroid follicles, follicles of thyroid gland.

Speicherform *f* storage form.

Speicherkohlenhydrat *nt* reserve carbohydrate, storage carbohydrate.

Speicherprotein *nt* storage protein.

Speicherzelle *f* storage cell.

spektral *adj.* relating to a spectrum, spectral.

Spektral- *präf.* spectrum, spectral, spectro-.

Spektralanalyse *f* spectral analysis, spectroscopic analysis, spectrum analysis.

spektralanalytisch *adj.* spectroscopic, spectroscopical.

Spektralbereich *m* spectral region.

Spektralfarben *pl* spectral colors, prismatic colors.

Spektrallinie *f* spectral line.

Spektralphotometer *nt* spectrophotometer.

Spektralpolarimeter *nt* spectropolarimeter.

Spektrin *nt* spectrin.

Spektro- *präf.* spectrum, spectral, spectro-.

Spektrofluorometer *nt* spectrofluorometer.

Spektrogramm *nt* spectrogram.

Spektrograph *m* spectrograph.

Spektrographie *f* spectrography.

Spektrokolorimeter *nt* spectrocolorimeter.

Spektrometer *nt* spectrometer.

Spektrometrie *f* spectrometry.

spektrometrisch *adj.* relating to spectrometry *or* the spectrometer, spectrometric.

Spektrophotofluorometer *nt* spectrophotofluorometer.

Spektrophotometer *nt* spectrophotometer.

Spektrophotometrie *f* spectrophotometry, spectrophotometric analysis.

Spektropolarimeter *nt* spectropolarimeter.

Spektroskop *nt* spectrometer, spectroscope.

Spektroskopie *f* spectroscopy.

spektroskopisch *adj.* relating to a spectroscope, spectroscopic, spectroscopical.

Spektrum *nt, pl* **Spektren, Spektra** spectrum.

elektromagnetisches Spektrum electromagnetic spectrum.

kontinuierliches Spektrum continuous spectrum.

photochemisches Spektrum photochemical spectrum.

sichtbares Spektrum color spectrum, chromatic spectrum, visible spectrum.

Spektrum des sichtbaren Lichtes s.u. *sichtbares Spektrum.*

Spektrum des Sonnenlichtes solar spectrum.

Spektrum der Wärmestrahlung thermal spectrum, infrared spectrum.

S-Peptid *nt* S-peptide.

Spermidin *nt* spermidine.

Spermin *nt* spermine, gerontin, gerontine.

Spermio- *präf.* spermat(o)-, sperm(o)-,

spermio-.
Spezies *f* species.
spezifisch *adj.* specific.
Spezifität *f* specificity, specificness.
  optische Spezifität optical specificity.
S-Phase *f* synthesis period, S period.
Sphingamin *nt* sphingamine.
4-Sphingenin *nt* s.u. *Sphingosin.*
Sphingogalaktosid *nt* sphingogalactoside.
Sphingoglykolipid *nt* sphingoglycolipid, glycosphingolipid.
Sphingoin *nt* sphingoin.
Sphingolipid *nt* sphingolipid.
Sphingomyelin *nt* sphingomyelin.
Sphingomyelinase *f* sphingomyelinase, sphingomyelin phosphodiesterase.
Sphingomyelinphosphodiesterase *f* s.u. *Sphingomyelinase.*
Sphingophospholipid *nt* sphingophospholipid.
Sphingosin *nt* sphingosine, 4-sphingenine.
Sphingosinacyltransferase *f* sphingosine acyltransferase.
spiegelbildisomer *adj.* enantiomorphic.
Spiegelbildisomer *nt* enantiomer, enantiomorph.
Spiegelbildisomerie *f* optical isomerism, enantiomerism, enantiomorphism.
Spiegelmikroskop *nt* reflecting microscope.
Spin *m* spin, torque impulse.
spinal *adj.* relating to a spine *or* spinous process, relating to the vertebral column, spinal.
Spindelapparat *m* spindle, achromatic spindle, nuclear spindle, mitotic spindle, spindle apparatus.
Spirilloxanthin *nt* spirilloxanthin.
Spiritus *m* spirit, spiritus.
  Spiritus aetherus ether spirit, Hoffmann's drops.
Spirochaeta *f* Spirochaeta.
Spirostan *nt* spirostan.
Spleißosom *nt* spliceosome.
Spontanaggregation *f* self-assembly.
Spontanaggregationsprozess *m* self-assembly process.
Spontanmutation *f* spontaneous mutation.
Spore *f* spore.
Sporoderm *nt* sporoderm.

Sporozoa *pl* Sporozoa, Sporozoea, Telosporea, Telosporidia, Apicocomplexa.
Sprosspilz *m* yeast, yeast fungus, yeast-like fungus, blastomycete, blastomyces.
S-Protein *nt* S-protein, membrane attack complex inhibitor.
Spulwurm *m* ascaris, maw worm, umbricoid, common roundworm, eelworm, Ascaris lumbricoides.
Spurenelement *nt* trace element.
Spurensubstanz *f* trace substance.
Squalen *nt* squalene.
Squalen-2,3-epoxid *nt* squalene-2,3-epoxide.
Squalenepoxid-Lanosterincyclase *f* squalene epoxide lanosterol-cyclase.
Squalenmonooxigenase *f* squalene monooxygenase.
Squalensynthase *f* squalene synthase.
Stäbchenzellen *pl* (*Auge*) retinal rods, rod cells, rods.
stabil *adj.* stable, stabile, solid; (*konstant*) steady.
Stabilisator *m* stabilizer.
Stachyose *f* stachyose, lupeose.
Stadium *nt*, *pl* **Stadien** phase, stage, period, state, stadium.
Standardabweichung *f* standard deviation.
  Standardabweichung des Mittelwertes standard error (of median).
Standardbedingungen *pl* standard conditions.
Standardbikarbonat *nt* standard bicarbonate.
Standarddruck *m* standard pressure.
Standardfehler *m* standard error (of median).
Standardkalorie *f* gram calorie, small calorie, standard calorie, calorie, calory.
Standardlösung *f* standard, standard solution, standardized solution, normal solution, calibrater, calibrator.
Standardtemperatur *f* standard temperature.
Standardzustand *m* standard state, reference state.
ständig *adj.* constant, continuous, permanent, perpetual.
Stannat *nt* stannate.
Stannum *nt* stannum, tin.
Staphylococcus *m* staphylococcus,

S

Staphylococcus.

Stärke[1] *f* strength, power; (*Säure, Lösung*) strength, concentration; valence, valency.

Stärke[2] *f* starch, amylum, fecula.

animalische Stärke S.U. *tierische Stärke*.

tierische Stärke animal starch, hepatin, tissue dextrin, glycogen.

Stärke- *präf.* starchy, amyl(o)-.

Stärkeabbau *m* starch breakdown.

stärkeabbauend *adj.* amyloclastic.

stärkeähnlich *adj.* amylaceous, amyloid, amyloidal, starchy, farinaceous.

Stärkeaufbau *m* S.U. *Stärkebildung*.

stärkebildend *adj.* amylogenic, amyloplastic.

Stärkebildung *f* amylogenesis, amylosynthesis.

Stärkebiosynthese *f* starch biosynthesis.

Stärkehydrolyse *f* amylohydrolysis, amylolysis.

Stärkemehl *nt* starch, fecula, farina.

stärken *vt* strengthen; (*physiolog.*) tone, invigorate, tonicize.

Stärkephosphorylase *f* starch phosphorylase, phosphorylase.

stärkeproduzierend *adj.* S.U. *stärkebildend*.

stärkespaltend *adj.* amyloclastic, amylolytic.

Stärkesynthase *f* starch synthase, starch synthetase.

granulumgebundene Stärkesynthase granule-bound starch synthase.

Stärkesynthese *f* amylosynthesis.

Stärkesynthetase *f* S.U. *Stärkesynthase*.

Starter *m* primer.

Starter-DNA *f* starter deoxyribonucleic acid, starter DNA.

Starter-DNS *f* S.U. *Starter-DNA*.

Starterkodon *nt* initiation codon, chain-initiation codon.

Starter-Komplex *m* initiation complex.

Starterprotein *nt* initiator protein.

Starterreaktion *f* priming reaction.

Starter-RNA *f* priming ribonucleic acid, priming RNA.

Starter-RNS *f* S.U. *Starter-RNA*.

Starterstrang *m* primer strand.

Starter-tRNA *f* initiator tribonucleic acid, initiator tRNA, initiator transfer-RNA.

Startpunkt *m* initiation point.

Startterminus *m* priming terminus.

Steady-state-System *nt* open system, steady state system.

Steapsin *nt* steapsin.

Stear- *präf.* S.U. *Stearo-*.

Stearat *nt* stearate, octadecanoate.

Stearin *nt* stearin.

Stearinsäure *f* stearic acid, octadecanoic acid.

Stearo- *präf.* fat, stear(o)-, steat(o)-.

Steato- *präf.* S.U. *Stearo-*.

Steatolyse *f* steatolysis.

steatolytisch *adj.* relating to steatolysis, steatolytic.

Steigbügel *m* stirrup bone, stirrup, stapes.

Stereo- *präf.* stereo-.

Stereochemie *f* stereochemistry.

stereochemisch *adj.* relating to stereochemistry, stereochemical.

stereoisomer *adj.* relating to stereoisomerism, stereoisomeric.

Stereoisomer *nt* stereoisomer.

Stereoisomerie *f* stereoisomerism, stereochemical isomerism, chirality, spatial isomerism, configurational isomerism.

Stereoisomerisation *f* stereoisomerization.

stereoisomerisch *adj.* S.U. *stereoisomer*.

stereospezifisch *adj.* stereospecific.

Stereospezifität *f* stereospecificity.

Sterin *nt* sterol.

fäkales Sterin fecal sterol.

Sterin-Carrier-Protein *nt* sterol carrier protein.

sterisch *adj.* steric.

Sterko- *präf.* feces, fecal, sterc(o)-, copr(o)-.

Sterkobilin *nt* stercobilin.

Sterkobilinogen *nt* stercobilinogen.

Sterkoral- *präf.* fecal, stercoraceous, stercoral, stercorous, sterc(o)-.

Steroid *nt* steroid.

Steroid- *präf.* steroid-induced.

Steroidalkaloid *nt* steroid alkaloid.

Steroidbiosynthese *f* steroidogenesis.

Steroidhormon *nt* steroid, steroid hormone.

steroidinduziert *adj.* steroid-induced.

Steroidkern *m* steroid nucleus.

Steroid-11β-monooxygenase *f* steroid 11β-monooxygenase, 11β-hydroxylase.

Steroid-17α-monooxygenase *f* ste-

S

roid 17α-monooxygenase, 17α-hydroxylase.
Steroid-21-monooxygenase *f* steroid 21-monooxygenase, 21-hydroxylase.
steroidogen *adj.* producing steroids, steroidogenic.
Steroid-5α-reduktase *f* steroid 5α-reduktase.
Steroidrezeptor *m* steroid receptor.
Steroidsaponin *nt* steroid saponin.
Steroidsynthese *f* steroidogenesis.
Sterol *nt* sterol.
Steuerhormon *nt* regulatory hormone.
Steuersubstanz *f* control substance.
Stibium *nt* stibium, antimony, antimonium.
Stickoxid *nt* s.u. *Stickstoffmonoxid*.
Stickstoff *m* azote, nitrogen.
  atmosphärischer Stickstoff atmospheric nitrogen.
  molekularer Stickstoff molecular nitrogen.
  nicht-proteingebundener Stickstoff rest nitrogen, nonprotein nitrogen.
Stickstoff- *präf.* nitrogen.
Stickstoffbilanz *f* nitrogen balance, nitrogen equilibrium, nitrogenous equilibrium.
stickstoffbindend *adj.* nitrogen-fixing.
Stickstoffdioxid *nt* nitrogen dioxide.
stickstofffixierend *adj.* nitrogen-fixing.
Stickstofffixierung *f* nitrogen fixation.
stickstoffhaltig *adj.* containing nitrogen, nitrogenous.
Stickstoffkreislauf *m* nitrogen cycle.
Stickstoffmonoxid *nt* nitrogen monoxide, nitric oxide.
Stickstoffzyklus *m* nitrogen cycle.
  photorespiratorischer Stickstoffzyklus photorespiratory nitrogen cycle.
Stigmasterin *nt* stigmasterol.
Stilben *nt* stilbene, toluylene.
Stilbensynthase *f* stilbene synthase.
Stöchiometrie *f* stoichiometry, stechiometry.
stöchiometrisch *adj.* relating to stoichiometry, stoichiometric.
Stoff *m* substance, matter, mass; (*Wirkstoff*) agent.
Stoffspezifität *f* substance specificity.
Stoffwechsel *m* metabolism, metabolic activity, tissue change.

respiratorischer Stoffwechsel respiratory metabolism.
Stoffwechsel- *präf.* metabolic.
Stoffwechselantagonist *m* metabolic antagonist.
stoffwechselbedingt *adj.* metabolic.
Stoffwechselblock *m* metabolic block.
Stoffwechseldegradation *f* metabolic degradation.
Stoffwechselenergie *f* metabolic energy.
Stoffwechselhormon *nt* metabolic hormone.
Stoffwechselkontrolle *f* metabolic regulation.
Stoffwechselprodukt *nt* metabolic product, metabolite.
Stoffwechselreaktion *f* metabolic response.
Stoffwechselregulation *f* metabolic regulation.
Stoffwechselumsatz *m* metabolic turnover, metabolic rate, level of metabolic activity, level of metabolism.
Stoffwechselweg *m* metabolic pathway, pathway.
Stoffwechselzwischenprodukt *nt* metabolite.
Stopp-Transfersequenz *f* stop-transfer sequence.
STPD-Bedingungen *pl* STPD conditions.
Strahl *m* (*Licht*) ray, beam, shaft; (*Wasser*) stream, jet.
Strahlen- *präf.* radio-, actin(o)-, actinic.
Strahlenbiologie *f* radiobiology, radiation biology.
strahlenbiologisch *adj.* relating to radiobiology, radiobiologic, radiobiological.
strahlenbrechend *adj.* refractive.
Strahlenchemie *f* radiochemistry, radiation chemistry.
strahlenchemisch *adj.* relating to radiochemistry, radiochemical.
Strahlung *f* (*anatom.*) radiation; (*physikal.*) radiation, rays *pl*.
  α-Strahlung alpha radiation, α radiation.
  β-Strahlung beta radiation, β radiation.
  γ-Strahlung gamma radiation, γ radiation.
  elektromagnetische Strahlung electromagnetic radiation.

S

ionisierende Strahlung ionizing radiation.

korpuskuläre Strahlung particulate radiation, corpuscular radiation.

materielle Strahlung s.u. *korpuskuläre Strahlung*.

monoenergetische Strahlung monoenergetic radiation.

Strahlungs- *präf.* radiant, radiational, radiatory, radiative, radio-.

Strahlungsenergie *f* radiant energy, radiation energy, luminous energy.

Strahlungsintensität *f* radiant intensity, intensity of radiation, irradiance, irradiancy, irradiation.

Strang *m* strand.

codogener Strang coding strand, antitemplate strand, codogenic strand, nontranscribing strand, plus strand, sense strand, sense DNA.

Streptobacillus *m* streptobacillus, Streptobacillus.

Streptococcus *m* streptococcus, Streptococcus.

Streptococcus erysipelatis s.u. *Streptococcus haemolyticus*.

Streptococcus haemolyticus Streptococcus pyogenes, Streptococcus erysipelatis, Streptococcus hemolyticus, Streptococcus scarlatinae; group A streptococci.

Streptococcus pneumoniae pneumococcus, pneumonococcus, Diplococcus pneumoniae, Diplococcus lanceolatus, Streptococcus pneumoniae.

Streptococcus pyogenes s.u. *Streptococcus haemolyticus*.

Streptococcus viridans Streptococcus viridans, Aerococcus viridans; viridans streptococci.

Streptokokken *pl, sing* **Streptokokkus** streptococci.

α-hämolytische Streptokokken s.u. *alpha-hämolytische Streptokokken*.

alpha-hämolytische Streptokokken alpha streptococci, alpha-hemolytic streptococci, α-hemolytic streptococci.

A-Streptokokken s.u. *Streptokokken der Gruppe A*.

beta-hämolytische Streptokokken beta streptococci, beta-hemolytic streptococci, β-hemolytic streptococci.

β-hämolytische Streptokokken s.u. *beta-hämolytische Streptokokken*.

gamma-hämolytische Streptokokken s.u. *nicht-hämolysierende Strepto-*

kokken.

Streptokokken der Gruppe A group A streptococci, Streptococcus pyogenes, Streptococcus erysipelatis, Streptococcus hemolyticus, Streptococcus scarlatinae.

Streptokokken der Gruppe N lactic streptococci, group N streptococci.

hämolytische Streptokokken hemolytic streptococci.

N-Streptokokken s.u. *Streptokokken der Gruppe N*.

nicht-hämolysierende Streptokokken anhemolytic streptococci, gamma streptococci, gamma-hemolytic streptococci, indifferent streptococci, nonhemolytic streptococci.

nicht-hämolytische Streptokokken s.u. *nicht-hämolysierende Streptokokken*.

vergrünende Streptokokken s.u. *viridans Streptokokken*.

viridans Streptokokken viridans streptococci, Streptococcus viridans, Aerococcus viridans.

Streptomyces *m* streptomycete, streptomyces, Streptomyces.

Stresshormon *nt* stress hormone.

Strom *m* flow, current, stream; current, electric current, electricity, power.

faradischer Strom induced current, faradic current, faradism.

galvanischer Strom galvanic current, galvanic electricity, galvanism.

oszillierender Strom oscillating current.

thermoelektrischer Strom thermoelectric current, thermocurrent.

Stroma-Signal-Sequenz *f* stroma-signal sequence.

Stromathylakoid *nt* stroma thylakoid.

Stromfluss *m* flow.

Stromkreis *m* electric circuit, circuit.

den Stromkreis öffnen/schließen open/close the circuit.

Strommesser *m* fluxmeter; (*elektrisch*) ammeter.

Stromspannung *f* voltage.

Stromspannungskurve *f* current-voltage curve.

Stromstärke *f* amperage.

Stromstärkemesser *m* ammeter.

Strömung *f* current, stream, flow; (*elektrisch*) flux.

Strongyloides *m* threadworm, Strongyloides.

Strontium *nt* strontium.
Strophantin *nt* strophantin.
Struktur *f* structure, configuration, conformation; composition.
zusammengesetzte Struktur mosaic structure.
Struktur- *präf.* structural, textural, constitutional.
Strukturanaloge *nt* structural analogue.
Strukturanomalie *f* structural chromosome abnormality, structural abnormality.
strukturell *adj.* structural.
Strukturfett *nt* structural fat.
Strukturformel *f* rational formula, structural formula, constitutional formula, graphic formula.
Strukturgen *nt* structural gene.
Strukturisomerie *f* structural isomerism, constitutional isomerism.
Strukturprotein *nt* structural protein.
Strukturresonanz *f* mesomerism.
Strukturstoffwechsel *m* structural metabolism.
Strychnanalkaloide *pl* strychnan alkaloids.
Strychnin *nt* strychnine.
ST-Segment *nt* (*EKG*) ST segment.
Stuart-Prower-Faktor *m* Stuart-Prower factor, Prower factor, Stuart factor, autoprothrombin C, factor X.
Stuhl- *adj.* fecal, scat(o)-, scatologic, copr(o)-; *Brit.* faecal.
Stuhlflora *f* fecal flora.
24-Stunden-Rhythmus *m* circadian rhythm.
Styrol *nt* styrene, styrol, styrolene, cinnamene, ethenylbenzene.
sub- *präf.* sub-, infra-.
subazid *adj.* subacid.
Subazidität *f* subacidity, hypoacidity.
Suberin *nt* suberin.
subfraktionieren *vt* subfractionate.
Sublimat *nt* 1. sublimate. 2. sublimate, mercury bichloride, mercuric chloride, mercury perchloride.
Sublimation *f* sublimation.
submikroskopisch *adj.* submicroscopic, submicroscopical, ultramicroscopic, ultravisible, amicroscopic.
submolekular *adj.* submolecular.
Subspezies *f* subspecies; variety, race.
Substanz *f* substance, body.
grenzflächenaktive Substanz s.u. *oberflächenaktive Substanz.*

oberflächenaktive Substanz surface-active agent, surfactant.
Substanz P substance P.
Substanzspezifität *f* substance specificity.
Substituent *m* substituent.
Substituieren *nt* substitution.
substituieren *vt* substitute.
substituiert *adj.* substituted.
Substitution *f* substitution.
Substitutionsprodukt *nt* substitution product.
Substrat *nt* substrate.
erstes Substrat leading substrate.
führendes Substrat leading substrate.
zweites Substrat second substrate, following substrate.
Substratinduktion *f* substrate induction.
Substratkettenphosphorilierung *f* substrate-level phosphorylation.
Substratkonstante *f* substrate constant.
Substratkonzentration *f* substrate concentration.
Substratsättigung *f* substrate saturation.
Substratspezifität *f* substrate specificity.
Substruktur *f* substructure.
Subtilisin *nt* subtilisin.
Succinat *nt* succinate.
Succinatdehydrogenase *f* succinate dehydrogenase.
Succinat-Glycin-Zyklus *m* succinate-glycine cycle.
Succinat-ubichinon-reduktase *f* succinate reductase (ubiquinone).
o-Succinylbenzoat *nt* o-succinyl benzoate.
Succinyl-CoA *nt* s.u. *Succinylcoenzym A.*
Succinyl-CoA-synthetase *f* succinyl-CoA synthetase, succinate-CoA ligase.
Succinylcoenzym A *nt* succinyl-CoA, succinylcoenzyme A.
Succinylphosphat *nt* succinyl phosphate.
Sucrase *f* sucrase, sucrose α-glucosidase, sucrose α-D-glucohydrolase.
Sulfanilat *nt* sulfanilate.
Sulfanilsäure *f* sulfanilic acid, *p*-aminobenzenesulfonic acid.
Sulfat *nt* sulfate.
Sulfatase *f* sulfatase.

S

Sulfatid *nt* sulfatide.
Sulfatidlipidose *f* sulfatidosis, sulfatide lipidosis.
Sulfatpermease *f* sulfate permease.
Sulfatreduktion *f* sulfate reduction.
assimilatorische Sulfatreduktion assimilatory sulfate reduction.
Sulfhydryl-Radikal *nt* sulfhydryl, sulfydryl, thiol.
Sulfid *nt* sulfide, sulfuret.
Sulfinyl-Radikal *nt* sulfinyl.
Sulfit *nt* sulfite.
Sulfitoxidase *f* sulfite oxidase.
Sulfitreduktase *f* sulfite reductase.
Sulfo- *präf.* sulfur, thio, sulf(o)-, sulph(o)-.
Sulfocarbamid *nt* thiourea, thiocarbamide.
Sulfogel *nt* sulfogel.
Sulfolipid *nt* sulfolipid.
Sulfolyse *f* sulfolysis.
Sulfomucin *nt* sulfomucin.
Sulfomuzin *nt* sulfomucin.
Sulfon *nt* sulfone.
Sulfonat *nt* sulfonate.
Sulfon-Gruppe *f* sulfone.
sulfonieren *vt* sulfonate.
sulfoniert *adj.* sulfonated.
Sulfonsäure *f* sulfonic acid, sulfoacid.
Sulfonyl-Radikal *nt* sulfonyl.
Sulfotransferase *f* sulfotransferase.
Sulfoxid *nt* sulfoxide.
Sulfoxid-Radikal *nt* sulfoxide.
Sulfur *nt* sulfur.
sulfurieren *vt* sulfurate, sulfurize.
sulfuriert *adj.* sulfurated, sulfurized.
Sulfuryl-Radikal *nt* sulfuryl.
Summenformel *f* molecular formula.
Sumpfgas *nt* methane, marsh gas, methyl hydride.
Super- *präf.* super-. hyper-.
superazid *adj.* hyperacid, superacid.
Superoxid *nt* superoxide, hyperoxide.
Superoxiddismutase *f* superoxide dismutase, hemocuprein, hepatocuprein, erythrocuprein, cytocuprein.
Superphosphat *nt* superphosphate.
Suppressor *m* suppressant, suppressor.
supprimieren *vt* suppress.
supramolekular *adj.* supramolecular.
suspendierbar *adj.* suspensible.
suspendieren *vt* suspend.
Suspension *f* suspension, coarse dispersion.
Suspensionsmedium *nt* suspending medium, suspension medium.

Suspensoid *nt* suspension colloid, suspensoid.
süß *adj.* sweet, sugary, sugared, saccharine.
Symbiont *m* symbiont, symbion, symbiote.
symbiontisch *adj.* symbionic, symbiotic.
Symbiose *f* symbiosis.
symbiotisch *adj.* symbionic, symbiotic.
Sympathiko- *präf.* sympathetic, sympathic, orthosympathetic, sympath(o)-, sympathetico-, sympathic(o)-.
Sympathikus *m* sympathetic nervous system, sympathicus, thoracolumbar system, thoracicolumbar division of autonomic nervous system, thoracolumbar division of autonomic nervous system.
sympathisch *adj.* relating to the sympathetic nervous system, sympathetic, sympathic, orthosympathetic.
Symport *m* symport, coupled transport, cotransport.
Symportsystem *nt* symport system.
Synapse *f* synapse.
acetylcholinerge Synapse acetylcholinergic synapse.
bioelektrische Synapse electrical synapse, bioelectrical synapse.
chemische Synapse chemical synapse.
elektrische Synapse electrical synapse, bioelectrical synapse.
erregende Synapse s.u. *exzitatorische Synapse.*
exzitatorische Synapse excitatory synapse.
glycinerge Synapse glycinergic synapse.
hemmende Synapse inhibitory synapse.
inhibitorische Synapse inhibitory synapse.
peptiderge Synapse peptidergic synapse.
Synapsen- *präf.* synaptic, synaptical.
Synapsenkolben *m* synaptic bulb.
Synapsenspalt *m* synaptic gap, synaptic cleft.
synaptisch *adj.* relating to synapse, synaptic, synaptical.
Synthase *f* synthase, lyase.
Synthese *f* synthesis.
Synthesehemmer *m* synthesis inhib-

itor.

Synthesehemmstoff *m* synthesis inhibitor.

Synthesephase *f* synthesis phase.

Synthetase *f* synthetase, ligase.

synthetisieren *vt* synthesize.

Syntonin *nt* syntonin.

System *nt* system.

  biologisches System biological system.

  endokrines System endocrine system, endocrinium.

  geschlossenes System closed system.

  kolloiddisperses System colloid.

  offenes System open system, steady state system.

  System der transversalen Tubuli system of transverse tubules, transverse system, T system, triad system.

  zellfreies System cell-free system.

systematisch *adj.* systematic, methodic, methodical; scientific.

Systemin *nt* systemin.

systemisch *adj.* relating to a system, relating to the body as a whole, systemic.

T

Tabakalkaloide *pl* tobacco alkaloids.
Tachykinin *nt* tachykinin.
Tachysterin *nt* tachysterol.
Tachyzoit *m* tachyzoite.
Tagatose *f* tagatose.
Tages- *präf.* daily, diurnal, daytime.
Tageslichtsehen *nt* day vision, daylight vision, photopic vision, photopia.
tagesrhythmisch *adj.* circadian, diurnal.
Tagesrhythmus *m* diurnal rhythm, circadian rhythm.
Tagessehen *nt* s.u. *Tageslichtsehen*.
Tagessehstoff *m* iodopsin, visual violet.
tageszyklisch *adj.* circadian, diurnal.
Talg- *präf.* sebaceous, seb(o)-, sebi-.
talgartig *adj.* sebaceous, suety, oily, fatty.
talgbildend *adj.* sebiparous, sebiagogic, sebiferous.
Talkum *nt* talc, talcum, French chalk.
Talose *f* talose.
Tandemenzym *nt* tandem enzyme.
Tannase *f* tannase, tannin acyl-hydrolase.
Tannat *nt* tannate.
Tannin *nt* tannin, tannic acid, gallotannic acid, digallic acid.
Tantal *nt* tantalum.
Tartrat *nt* tartrate.
TATA-Box *f* TATA box, Hogness box.
Taurin *nt* taurine, ethanolaminesulfonic acid.
Taurinlithocholat *nt* lithocholyltaurine.
Taurochenodesoxycholat *nt* taurochenodeoxycholate, deoxycholyltaurine.

Taurochenodesoxycholsäure *f* taurochenodeoxycholic acid, chenodeoxycholyltaurine.
Taurocholat *nt* taurocholate.
Taurocholsäure *f* taurocholic acid, cholyltaurine, cholaic acid.
Taurocholsäurebildung *f* taurocholanopoiesis.
tautomer *adj.* tautomeric.
Tautomer *nt* tautomer.
Tautomerase *f* tautomerase.
Tautomerie *f* tautomerism, desmotropism.
tautomerisieren *vt* tautomerize.
T-Bande *f* (*Chromosom*) T-band.
Technetium *nt* technetium.
Teichoinsäuren *pl* teichoic acids.
Teichonsäuren *pl* teichoic acids.
Teichonsäuresynthase *f* teichoic acid synthase.
Teichuronsäure *f* teichuronic acid.
Teil *m/nt* **1.** part, portion, division, segment. **2.** (*Bestandteil*) component, component part, constituent, constituent part, element; (*Anteil*) part, share, percentage; (*Teilmenge*) moiety, portion, part.
Teilchen *nt* particle; corpuscle.
   α-**Teilchen** alpha particle, α-particle.
   β-**Teilchen** beta particle, β-particle.
Teilchen- *präf.* corpuscular, particulate.
Teilchenstrahlung *f* corpuscular radiation, particulate radiation.
Teildruck *m* partial pressure.
Tellur *nt* tellurium.
tellurig *adj.* telluric.
tellurisch *adj.* telluric.
Tellurit *nt* tellurite.

Temperatur *f* temperature.
absolute Temperatur absolute temperature.
temperaturabhängig *adj.* temperature-dependent.
temperaturempfindlich *adj.* temperature-sensitive.
Temperaturempfindung *f* temperature sensation.
Temperaturgefälle *nt* temperature gradient.
Temperaturgradient *m* temperature gradient.
Temperaturkoeffizient *m* temperature coefficient.
Temperaturkurve *f* temperature curve.
Temperaturskala *f* temperature scale.
temporär I *adj.* temporal, temporary.
II *adv* temporarily, for the time being.
Terbium *nt* terbium.
terminal *adj.* relating to the end, terminal, final.
Terminationskodon *nt* termination codon, chain-termination codon, nonsense codon.
Terminationsmutante *f* chain-termination mutant.
Terminationssignal *nt* termination signal.
ternär *adj.* ternary.
Terpen *nt* terpene.
Terpenalkaloide *pl* terpene alkaloids.
Terpenalkohol *m* terpenoid alcohol.
terpenoid *adj.* terpenoid.
tertiär *adj.* tertiary, ternary.
Tertiär- *präf.* tertiary, ternary.
Tertiärstruktur *f* tertiary structure.
Test *m* test, testing, examination, trial; (*labor*) test, assay, reaction.
Test- *präf.* test, testing.
testen *vt* test; (*labor*) test (*auf* for), assay.
Testergebnis *nt* test result.
Testosteron *nt* testicular hormone, testis hormone, testosterone.
Testsubstrat *nt* test substrate.
Testversuch *m* experiment, test, trial.
Tetra- *präf.* four, tetra-, quadri-.
Tetraäthylammonium *nt* tetraethylammonium.
Tetraäthylammoniumchlorid *nt* tetraethylammonium chloride.
Tetraäthylblei *nt* tetraethyl lead.
Tetraäthylpyrophosphat *nt* tetraethyl pyrophosphate.

Tetraazetat *nt* tetra-acetate.
Tetraborat *nt* pyroborate.
Tetraborsäure *f* pyroboric acid, tetraboric acid.
Tetrachloräthan *nt* tetrachlorethane, acetylene tretrachloride.
Tetrachlorethan *nt* s.u. *Tetrachloräthan.*
Tetrachlorid *nt* tetrachloride.
Tetrachlorkohlenstoff *m* s.u. *Tetrachlormethan.*
Tetrachlormethan *nt* tetrachlormethane, carbon tetrachloride, perchlormethane, tetrachloromethane, seretin.
Tetraen *nt* tetraene.
Tetraethylammonium *nt* tetraethylammonium.
Tetraethylammoniumchlorid *nt* tetraethylammonium chloride.
Tetraethylpyrophosphat *nt* tetraethyl pyrophosphate.
Tetrahexosid *nt* tetrahexoside.
Tetrahydrobiopterin *nt* tetrahydrobiopterin.
Tetrahydrofolat *nt* tetrahydrofolate.
Tetrahydrofolsäure *f* tetrahydrofolic acid.
Tetrahydrogeraniol *nt* tetrahydrogeraniol.
1,2,3,4-Tetrahydroisochinolin *nt* 1,2,3,4-tetrahydroisoquinolin.
Tetrahydroprotoberberinoxidase *f* tetrahydroprotoberberine oxidase.
Tetrajodthyronin *nt* thyroxine, thyrooxyindole, thyroxin, tetraiodothyronine.
tetramer *adj.* tetrameric.
Tetramer *nt* tetramer.
Tetranukleotid *nt* tetranucleotide.
Tetrapeptid *nt* tetrapeptide.
tetraploid *adj.* tetraploid.
Tetraploidie *f* tetraploidy.
Tetrasaccharid *nt* tetrasaccharide.
Tetraterpen *nt* tetraterpene.
tetravalent *adj.* tetravalent, quadrivalent.
Tetrose *f* tetrose.
Tetroxid *nt* tetroxide.
Thallium *nt* thallium.
Thebain *nt* thebaine, dimethyl morphine.
Theobromin *nt* theobromine.
Theophyllin *nt* theophylline, 1,3-dimethylxanthine.
Therm- *präf.* s.u. *Thermo-.*

T

thermal *adj.* relating to *or* caused by heat, thermic, thermal.

Thermal- *präf.* s.u. *Thermo-*.

thermisch *adj.* relating to heat *or* temperature, thermal, thermic.

Thermo- *präf.* heat, thermic, thermal, therm(o)-.

Thermoanalyse *f* thermal analysis.

Thermochemie *f* thermochemistry.

Thermodiffusion *f* thermal diffusion, thermodiffusion.

Thermodynamik *f* thermodynamics *pl.*

thermodynamisch *adj.* relating to thermodynamics, thermodynamic, thermodynamical.

thermogen *adj.* caused by heat, thermogenic.

Thermogenese *f* thermogenesis.

thermogenetisch *adj.* relating to thermogenesis, thermogenous, thermogenic, thermogenetic.

Thermogenin *nt* thermogenin, brown fat uncoupling protein.

thermolabil *adj.* thermolabile.

Thermolabilität *f* thermolability, thermal instability, thermoinstability.

Thermolyse *f* thermolysis.

thermolysieren *vt* thermolyze.

thermolytisch *adj.* relating to thermolysis, thermolytic.

Thermometer *nt* thermometer.

Thermometer mit Celsius-Skala Celsius thermometer.

elektrisches Thermometer thermelometer.

Thermometer mit Fahrenheit-Skala Fahrenheit thermometer.

Thermometer mit Kelvin-Skala Kelvin thermometer.

Thermometer- *präf.* thermometric, thermometrical.

Thermometerskala *f* thermometer scale.

thermophil *adj.* thermophilic.

Thermophile *m/f* thermophile, thermophil.

Thermoplast *m* thermoplastic.

thermoplastisch *adj.* thermoplastic.

thermoresistent *adj.* thermoresistant.

Thermoresistenz *f* thermoresistance.

thermoresponsiv *adj.* thermoresponsive.

Thermosensibilität *f* thermosensitivity.

thermosensitiv *adj.* thermosensitive.

Thermosensor *m* thermosensor.

thermostabil *adj.* heatproof, heat-resistant, heat-resisting, heat-stable, thermostable, thermostabile.

Thermostabilität *f* thermostability.

thermotaktisch *adj.* relating to thermotaxis, thermotactic, thermotaxic.

thermotolerant *adj.* thermotolerant.

thermotrop *adj.* thermotropic, caloritropic.

Thermotropismus *m* thermotropism.

Thi- *präf.* s.u. *Thio-*.

Thiamin *nt* thiamine, thiamin, vitamin B_1, aneurin, aneurine, antiberiberi, antiberiberi factor, antiberiberi substance, antineuritic factor, antineuritic vitamin, torulin.

Thiaminase *f* thiaminase.

Thiaminpyrophosphat *nt* thiamine pyrophosphate, thiamine diphosphate, phosphorylated thiamin, diphosphothiamin.

Thiazin *nt* thiazin.

Thiazol *nt* thiazole.

Thiazolidinring *m* thiazolidine ring.

Thiazolring *m* thiazole ring.

Thio- *präf.* sulfur, thi(o)-.

Thioalkohol *m* thioalcohol, thiol, mercaptan.

Thioamid *nt* thioamide.

Thioarsenit *nt* thioarsenite.

Thioäther *m* thioether.

Thioätherbrücke *f* thioether bridge.

Thioäthylamin *nt* thioethylamine.

Thiochrom *nt* thiochrome.

Thiocyanat *nt* sulfocyanate, thiocyanate, rhodanate.

Thiocyansäure *f* sulfocyanic acid, thiocyanic acid, rhodanic acid.

Thioester *m* thioester.

Thioesterbindung *f* thioester bond.

Thioether *m* thioether.

Thioflavin *nt* thioflavine.

β-Thiogalaktosidacetyltransferase *f* β-thiogalactoside acetyltransferase.

Thioglykosidase *f* myrosinase, thioglucosidase.

Thiohalbacetalbindung *f* thiohemiacetal bond.

Thiokinase *f* thiokinase.

thioklastisch *adj.* thioclastic.

Thiol *nt* thiol.

Thiolase *f* thiolase, acetyl-CoA acetyltransferase, α-methylacetoacetyl CoA-β-ketothiolase.

Thiolyse *f* thiolysis, thiolytic cleavage.

thiolytisch *adj.* relating to thiolysis,

thiolytic.

Thionin nt thionin, Lauth's violet.

Thiooctansäure f thioctic acid, lipoic acid, acetate replacement factor, acetate replacing factor, pyruvate oxidation factor.

Thiophen nt thiophene, thiophene ring.

Thiophenring m thiophene, thiophene ring.

Thioredoxin nt thioredoxin.

Thioredoxinreduktase f thioredoxin reductase.

Thiosäure f thio-acid, sulfacid.

Thioschwefelsäure f thiosulfuric acid.

Thiosulfat nt thiosulfate, hyposulfite.

Thiosulfonatreduktase f thiosulfonate reductase.

2-Thiouracil nt 2-thiouracil.

2-Thiouridin nt 2-thiouridine.

thixolabil adj. thixolabile.

thixotrop adj. thixotropic.

Thixotropie f thixotropy, thixotropism, reclotting phenomenon.

Thorium nt thorium.

Thoron nt thorium emanation, thoron.

Threonin nt threonine.

Threonindehydratase f threonine dehydratase.

Threonyl-Radikal nt threonyl.

Threose f threose.

Thromb- präf. s.u. Thrombo-.

Thrombin nt thrombin, thrombase, thrombosin, fibrinogenase.

Thrombinzeit f thrombin time, thrombin clotting time.

Thrombo- präf. clot, thrombus, thromb(o)-.

β-Thromboglobulin nt β-thromboglobulin.

Thromboplastin nt thrombokinase, thromboplastin, platelet tissue factor, thrombozyme, prothrombin activator, prothrombinase.

Thromboplastinzeit f prothrombin time, Quick's time, Quick's method, Quick value, Quick test, thromboplastin time, prothrombin test.

partielle Thromboplastinzeit partial thromboplastin time.

Thrombopoese f thrombocytopoiesis, thrombopoiesis.

Thrombopoetin nt thrombopoietin.

thrombopoetisch adj. relating to thrombocytopoiesis, thrombocytopoietic.

Thrombopoietin nt thrombopoietin.

Thromboxan nt thromboxane.

Thromboxansynthetase f thromboxane synthetase.

Thrombozyt m blood platelet, platelet, blood plate, blood disk, thrombocyte, thromboplastid, Bizzozero's corpuscle, Deetjen's body, elementary body, Zimmermann's elementary particle, Zimmermann's granule.

thrombozytär adj. relating to blood platelets, thrombocytic.

Thrombozyten- präf. thrombocytic, thrombocyto-.

Thulium nt thulium.

Thylakoid nt thylakoid.

Thylakoide f thylakoid.

Thylakoidmembran f thylakoid membrane.

Thylakoid-Transfersignal nt thylakoid-transfer signal.

Thymidin nt thymidine.

Thymidinkinase f thymidine kinase.

Thymidinmonophosphat nt thymidine monophosphate, thymidylic acid.

Thymidylat nt thymidylate.

Thymidylatsynthase f thymidylate synthase.

Thymidylsäure f s.u. Thymidinmonophosphat.

Thymin nt thymine, 5-methyluracil.

Thymolphthalein nt thymolphthalein.

Thymus m thymus, thymus gland.

thymusabhängig adj. thymus-dependent.

Thymusfaktor, humoraler m humoral thymic factor.

Thyreo- präf. thyr(o)-, thyre(o)-.

Thyreoglobulin nt thyroglobulin, thyroprotein, iodothyroglobulin.

Thyreoliberin nt s.u. Thyroliberin.

thyreotrop adj. thyrotropic, thyrotrophic.

Thyreotropin nt thyrotropin, thyrotrophin, thyroid-stimulating hormone, thyrotropic hormone.

Thyreotropin-releasing-Faktor m s.u. Thyroliberin.

Thyreotropin-releasing-Hormon nt s.u. Thyroliberin.

Thyro- präf. thyroid, thyr(o)-, thyre(o)-.

Thyroidea f thyroid gland, thyroid body, thyroidea.

Thyroliberin nt thyroliberin, thyrotropin releasing factor, thyrotropin releasing hormone, thyroid-stimulating

hormone releasing factor.
Thyronin *nt* thyronine.
thyrotrop *adj.* thyrotropic, thyrotrophic.
Thyrotropin *nt* s.u. *Thyreotropin.*
Thyrotropin-releasing-Faktor *m*
s.u. *Thyroliberin.*
Thyrotropin-releasing-Hormon *nt*
s.u. *Thyroliberin.*
Thyroxin *nt* thyroxine, thyro-oxy-indole, thyroxin, tetraiodothyronine.
Tiegel *m* crucible, pot, melting pot.
Titan *nt* titanium.
Titer *m* titer.
Titrant *m* titrant.
Titration *f* titration.
Titrationskurve *f* titration curve.
Titrieranalyse *f* volumetric analysis, titration.
titrierbar *adj.* titratable, titrable.
titrieren *vt, vi* titrate.
Titrimetrie *f* titrimetry, volumetric analysis.
titrimetrisch *adj.* relating to titrimetry, titrimetric.
T-Killerzelle *f* T killer cell, cytotoxic T-cell, cytotoxic T-lymphocyte.
T-Lymphozyt *m* T-lymphocyte, T-cell, thymus-dependent lymphocyte, thymic lymphocyte.
zytotoxischer T-Lymphozyt cytotoxic T-cell, cytotoxic T-lymphocyte, T killer cell.
T4+-Lymphozyt *m* CD4 cell, CD4 lymphocyte, T4+ lymphocyte, T4+ cell.
T8+-Lymphozyt *m* CD8 cell, CD8 lymphocyte, T8+ lymphocyte, T8+ cell.
Tochterchromatide *f* daughter chromatid.
Tochterchromosom *nt* daughter chromosome.
Tochtergeneration *f* first filial generation, filial generation 1.
Tochterkolonie *f* daughter colony.
Tochtermolekül *nt* daughter molecule.
Tocopherol *nt* tocopherol.
α-Tocopherol vitamin E, alpha-tocopherol, α-tocopherol.
Togaviridae *pl* Togaviridae.
Toko- *präf.* childbirth, labor, tok(o)-, toc(o)-.
Tokopherol *nt* s.u. *Tocopherol.*
tolerant *adj.* tolerant (*gegen* of).
Toleranz *f* tolerance (*gegen* to); immunologic tolerance, immunological

tolerance, immunotolerance, immune tolerance, tolerance.
Toluidin *nt* toluidine.
Toluol *nt* methyl benzene, methylbenzol, toluene, toluol.
Tomatidin *nt* tomatidin.
Tonoplast *m* tonoplast.
Topochemie *f* topochemistry.
Topoisomerase topoisomerase.
Torr *nt* torr.
toxigen *adj.* producing a toxin, toxigenic, toxicogenic, toxinogenic.
Toxigenität *f* toxigenicity, toxinogenicity.
Toxin *nt* toxin, poison, bane.
erythrogenes Toxin erythrogenic toxin, Dick toxin, Dick test toxin, streptococcal erythrogenic toxin.
toxinbildend *adj.* producing a toxin, toxigenic, toxicogenic, toxinogenic.
nicht toxinbildend atoxigenic.
Toxinbildner *m* toxigenic bacterium, toxicogenic bacterium.
Toxisterin *nt* toxisterol.
Toxoplasma *nt* Toxoplasma.
tp-ATPase *f* tp-ATPase, V-ATPase.
Tracer *m* tracer; radioactive tracer, radiotracer.
Tracheaten *pl* Tracheata.
träge *adj.* inert, inactive, passive.
Träger *m* vehicle, carrier; medium.
Trägerlipid *nt* carrier lipid.
Trägermolekül *nt* carrier molecule.
Trägerprotein *nt* carrier protein.
Trägersubstanz *f* vehicle, carrier, support.
Trägheit *f* inertia, inactivity.
Trägheitsgesetz *nt* law of inertia.
trans- *präf.* through, across, beyond, trans-.
Transacetylase *f* transacetylase, acetyltransferase.
Transacetylierung *f* transacetylation.
Transacylase *f* transacylase, acyltransferase.
Transaldolase *f* transaldolase.
Transaminase *f* transaminase, aminotransferase, aminopherase.
transaminieren *vt* transaminate.
Transaminierung *f* transamination.
Transcarbamoylase *f* s.u. *Transcarbamylase.*
Transcarbamylase *f* transcarbamoylase, carbamoyltransferase.
Transcarboxylase *f* carboxyltransferase, transcarboxylase.

Transcobalamin *nt* transcobalamin, vitamin B$_{12}$-binding globulin.

Transcortin *nt* transcortin, cortisol-binding globulin, corticosteroid-binding globulin, corticosteroid-binding protein.

Transduktionsprozess *m* transduction process.

Transfer *m* **1.** transfer, transference (*auf* to). **2.** (*Genetik*) transformation.

Transferase *f* transferase.

Transferfaktor *m* transfer factor.

Transferpeptid *nt* signal peptide, leader peptide.

Transferpeptidsequenz *f* transfer peptid sequence.

Transferrin *nt* transferrin, siderophilin.

Transfer-RNA *f* soluble-RNA, transfer-RNA, transfer ribonucleic acid, soluble ribonucleic acid.

Transfer-RNS *f* s.u. *Transfer-RNA.*

Transformation *f* transformation.

transgen *adj.* transgenic.

Transglutaminase *f* transglutaminase.

Transglykosylase amylo-1,6-glucosidase, debrancher enzyme, debranching enzyme (glycogen), dextrin-1,6-glucosidase.

trans-Golgi-Netzwerk *nt* trans-Golgi network.

Transhydrogenase *f* transhydrogenase.

Transientflora *f* transient flora.

Transketolase *f* transketolase, ketotransferase.

trans-Konfiguration *f* trans configuration.

transkortikal *adj.* transcortical.

Transkortin *nt* s.u. *Transcortin.*

transkribieren *vt* transcribe.

Transkriptase *f* transcriptase, RNA nucleotidyltransferase, DNA-directed RNA polymerase.

reverse Transkriptase reverse transcriptase, RNA-directed DNA polymerase, DNA polymerase II, pol II.

Transkripteditierung transcript editing.

Transkription *f* transcription.

reverse Transkription reverse transcription.

Transkriptions- *präf.* transcriptional.

Transkriptionsfaktoren *pl* transactive factors, transcription factors.

TATA-bindender Transkriptions- faktor ATA-binding protein.

Transkriptionsgabel *f* transcription fork.

Transkriptionsinitiation *f* transcription initiation.

Transkriptions-Initiationsfaktor *m* transcription initiation factor.

Transkriptionskontrolle *f* transcriptional control.

Transkriptions-Terminationsfaktor *m* transcription termination factor.

Translation *f* translation.

Translationskontrolle *f* translational control.

Translokase *f* translocase.

Translokation *f* translocation, transposition, interchange.

balancierte Translokation balanced translocation.

reziproke Translokation reciprocal translocation.

Translokator *m* trasnlocator, porter.

transmembranös *adj.* through *or* across a membrane, transmembrane.

Transmethylase *f* transmethylase, methyltransferase.

Transmethylierung *f* transmethylation.

Transmigration *f* transmigration.

Transmission *f* **1.** transmission, transfer, passage. **2.** (*physikal.*) transmission, transmittance.

Transmitter *m* transmitter.

erregender Transmitter excitatory transmitter.

exzitatorischer Transmitter excitatory transmitter.

hemmender Transmitter inhibitory transmitter.

inhibitorischer Transmitter inhibitory transmitter.

synaptischer Transmitter synaptic transmitter.

Transmitterorganelle *f* transmitter organelle.

Transmittersubstanz *f* transmitter substance.

Transmutation *f* transmutation, transformation.

transparent *adj.* transparent, clear, pellucid, limpid.

Transparenz *f* transparency, transparence.

Transpeptidase *f* transpeptidase, transpeptidation enzyme.

Transpeptidierung *f* transpeptidation.

Transphosphorylierung *f* transphosphorylation.

Transport *m* transport, transportation, carrying.

aktiver Transport active transport.

cotranslationaler Transport cotranslational transport.

erleichterter Transport facilitated transport, mediated transport.

gekoppelter Transport symport, coupled transport, cotransport.

intrazellulärer Transport intracellular transport.

konvektiver Transport convective transport.

nichtvermittelter Transport nonmediated transport.

parazellulärer Transport paracellular transport.

passiver Transport passive transport.

transzellulärer Transport transcellular transport.

vermittelter Transport s.u. *erleichterter Transport.*

Transportarbeit *f* transport work.

Transportlipoprotein *nt* transport lipoprotein.

Transportmaximum *nt* transport maximum.

Transportmetabolit *m* transpot metabolite.

Transportpotential *nt* transport potential.

Transportpotenzial *nt* s.u. *Transportpotential.*

Transportprotein *nt* transport protein, vehicle.

Transportprozess *m* transport process.

Transportsystem *nt* transport system.

Transportvesikel *nt* transport vesicle.

Transposition *f* (*Genetik*) transposition, translocation; (*chemisch*) transposition.

Transposon *nt* transposon.

transsynaptisch *adj.* transsynaptic.

Transurane *pl* transuranic elements.

Transversaltubulus *m* transverse tubule, T tubule.

Transversion *f* transversion, transversional mutation.

transzellulär *adj.* through *or* across the cell, transcellular.

trans-Zisterne *f* trans cisterna.

Trapping-Reaktion *f* trapping reaction.

Traubenzucker *m* grape sugar, glucose, dextrose, dextroglucose, glucosum.

Trehalose *f* trehalose, mycose.

Trehalose-6,6'-dimykolat *nt* cord factor, trehalose-6,6'-dimycolate.

Treponema *nt* treponeme, treponema, Treponema.

Treponema pallidum Treponema pallidum.

Treponema pertenue Treponema pertenue, Treponema pallidum subspecies pertenue.

Treponema pinta Treponema carateum, Treponema herrejoni.

Tri- *präf.* three, tri-.

Triacetat *nt* triacetate.

Triacylglycerin *nt* triacylglycerol, triglyceride.

Triacylglycerinlipase *f* lipase, triacylglycerol lipase, tributyrinase, steapsin.

Triade *f* triad.

Triamin *nt* triamine.

Triamylose *f* triamylose.

triangulär *adj.* triangular.

Triäthylamin *nt* triethylamine.

triatomar *adj.* triatomic.

Triazetat *nt* triacetate.

tribasisch *adj.* tribasic.

Tribus *f* tribe.

Tricarbonsäure *f* tricarboxylic acid.

Tricarbonsäurezyklus *m* citric acid cycle, Krebs cycle, tricarboxylic acid cycle.

Tricarboxylatcarrier *m* tricarboxylate carrier.

Trichinella *f* trichina, trichina worm, Trichinella, Trichina.

Trichinella spiralis pork worm, trichina worm, Trichinella spiralis.

Trichloracetaldehyd *m* trichloroacetaldehyde, chloral.

Trichloräthylen *nt* trichloroethylene.

Trichloressigsäure *f* trichloroacetic acid.

Trichlorethylen *nt* trichloroethylene.

Trichlorid *nt* trichloride, terchloride.

Trichlorphenoxyessigsäure *f* 2,4,5-trichlorophenoxyacetic acid.

Trichomonas *f, pl* **Trichomonaden** trichomonad, Trichomonas.

Trichomycetes *pl* Trichomycetes.

Trichter *m* funnel.

Trichuris *f* Trichuris, Trichocephalus.

Trichuris trichiura whipworm,

Trichuris trichiura.

Triglycerid *nt* triacylglycerol, triglyceride.

Triglyceridlipase *f* triacylglycerol lipase, tributyrinase, lipase.

Triglyzerid *nt* s.u. *Triglycerid.*

Trigonellin *nt* trigonelline.

Trihexosid *nt* trihexoside.

Trihexosylceramid *nt* ceramide trihexoside, trihexosylceramide.

Trihydroxid *nt* trihydroxide, trihydrate.

Trihydroxyacetophenon *nt* trihydroxyacetophenone.

1,2,3-Trihydroxybenzol *nt* 1,2,3-trihydroxybenzene, pyrogallol, pyrogallic acid.

1,3,5-Trihydroxybenzol *nt* 1,3,5-trihydroxybenzene, phloroglucin, phloroglucinol.

4,5,7-Trihydroxyisoflavon *nt* genistein, 4,5,7-trihydroxyisoflavone.

Trihydroxykoprostan *nt* trihydroxycoprostane.

Trihydroxykoprostansäure *f* trihydroxycoprostanoic acid.

9,10,18-Trihydroxystearinsäure *f* 9,10,18-trihydroxystearic acid.

Triiodid *nt* triiodide.

Triiodthyronin *nt* s.u. *Trijodthyronin.*

Trijodid *nt* triiodide.

Trijodthyronin *nt* triiodothyronine.

   inaktives Trijodthyronin s.u. *reverses Trijodthyronin.*

   reverses Trijodthyronin reverse triiodothyronine, reverse T3.

Triketohydrindenhydrat *nt* triketohydrindene hydrate, ninhydrin.

Trilinolein *nt* trilinolein.

trimer *adj.* trimeric.

Trimer *nt* trimer.

Trimethylacetat *nt* pivalate.

Trimethylamin *nt* trimethylamine.

Trimethylaminoxid *nt* trimethylamine oxide.

Trimethylessigsäure *f* trimethylacetic acid, pivalic acid.

Trimethylglykokoll *nt* betaine, lycine, oxyneurine, glycine betaine, glycyl betaine.

1,3,7-Trimethylxanthin *nt* trimethylxanthine, caffeine, caffein, methyltheobromine, guaranine.

trimolekular *adj.* termolecular.

Trinitrat *nt* trinitrate, trisnitrate, ternitrate.

Trinitrokresol *nt* trinitrocresol.

Trinitrophenol *nt* trinitrophenol, picric acid, nitroxanthic acid.

Trinitrotoluol *nt* trinitrotoluene, triton, trotyl.

Trinukleotid *nt* trinucleotide.

Triolein *nt* triolein, trioleoylglycerol, olein, glycerotrioleate.

Trioleylglycerin *nt* s.u. *Triolein.*

Triose *f* triose.

Triosephosphat *nt* triosephosphate, phosphotriose.

Triosephosphatisomerase *f* triosephosphate isomerase.

Triosephosphat-Phosphat-Translokator *m* triosephosphate-phosphate translocator.

Trioxid *nt* trioxide, teroxide.

Tripalmitin *nt* tripalmitin, tripalmitoylglycerol.

Tripalmitylglycerin *nt* s.u. *Tripalmitin.*

tripel *adj.* triple.

Tripel- *präf.* triple.

Tripelsalz *nt* triple salt.

Tripeptid *nt* tripeptide.

Triphosphat *nt* triphosphate.

Triphosphopyridinnucleotid *nt* triphosphopyridine nucleotide, nicotinamide-adenine dinucleotide phosphate, Warburg's coenzyme.

Triplett *nt* triplet, codon, coding triplet.

Trisaccharid *nt* trisaccharide.

TRIS-Puffer *m* TRIS buffer, tromethamine, trishydroxymethylaminomethane, trismethylaminomethane.

Tristearin *nt* tristearin, tristearoylglycerol.

Tristearylglycerin *nt* s.u. *Tristearin.*

Trisulfat *nt* trisulfate.

Trisulfid *nt* trisulfide, tersulfide.

Triterpen *nt* triterpene.

Triterpenalkaloide *pl* triterpene alkaloids.

Triterpensaponin *nt* triterpene saponin.

Tritin *nt* tritin.

Tritium *nt* tritium, hydrogen-3.

trivalent *adj.* trivalent.

trizyklisch *adj.* tricyclic.

trocken *adj.* dry.

Trocken- *präf.* dry, xer(o)-.

Trockenapparat *m* desiccator, exsiccator.

Trockendestillation *f* dry distillation, destructive distillation.

Trockeneis *nt* dry ice, carbon dioxide

T

snow.

Trockenmittel *nt* drying agent, desiccant, desiccative, exsiccant, exsiccative, siccative.

Trocknung *f* drying, dehydration, desiccation.

trocknungslabil *adj.* siccolabile.

trocknungsstabil *adj.* siccostabile.

trocknungsunbeständig *adj.* siccolabile.

Tromethanol *nt* tromethamine, trishydroxymethylaminomethane, trismethylaminomethane.

Trommelfell *nt* tympanic membrane, eardrum, drumhead, drum membrane, drum, tympanum, myringa, myrinx.

Tropan *nt* tropane.

Tropanalkaloide *pl* tropane alkaloids.

Tropasäure *f* tropic acid, tropaic acid, tropeic acid.

Tropat *nt* tropate.

trophisch *adj.* relating to nutrition, trophic.

Tropho- *präf.* food, nutrition, troph(o)-.

Tropin *nt* tropine.

Tropincarbonsäuremethlyester *m* ecgonine.

Tropoelastin *nt* tropoelastin.

Tropokollagen *nt* tropocollagen.

Tropomyosin *nt* tropomyosin.

Tropomyosin A tropomyosin A, paramyosin.

Trypanosoma *nt* Trypanosoma.

Trypanosomatidae *pl* Trypanosomatidae, Trypanosomatina.

Trypsin *nt* trypsin.

Trypsinogen *nt* trypsinogen, protrypsin.

Tryptamin *nt* tryptamine.

tryptisch *adj.* relating to trypsin, tryptic.

Tryptophan *nt* tryptophan, tryptophane.

Tryptophan-2,3-dioxigenase *f* tryptophanase, tryptophan-2,3-dioxygenase, tryptophan pyrrolase.

Tryptophanoxigenase *f* tryptophan oxygenase.

Tryptophanpyrrolase *f* s.u. *Tryptophan-2,3-dioxigenase.*

Tryptophansynthase *f* tryptophan synthase.

T-System *nt* transverse system, T system, triad system, system of transverse tubules.

T-Tubulus *m* T tubule, transverse tubule.

Tuberkelbazillus *m* Koch's bacillus, tubercle bacillus, Mycobacterium tuberculosis, Mycobacterium tuberculosis var. hominis.

Tuberkuloprotein *nt* tuberculoprotein.

Tubocurare *nt* tubocurare.

Tubulin *nt* tubulin.

Tumorbiologie *f* tumor biology.

Tumorviren *pl* tumor viruses.

Tunnel *m* tunnel; (*Protein*) channel.

Tunnelprotein *nt* channel protein.

Turbidimeter *nt* turbidimeter.

Turbidimetrie *f* turbidimetry.

turbidimetrisch *adj.* relating to turbidimetry, turbidimetric.

Typ-II-Zellwand *f* type II cell wall.

Typ-I-Zellwand *f* type I cell wall.

Tyramin *nt* tyramine, tyrosamine, systogene, hydroxyphenylethylamine, oxyphenylethylamine.

Tyrosin *nt* oxyphenylaminopropionic acid, hydroxyphenylalanine, tyrosine.

Tyrosinaminotransferase *f* tyrosine aminotransferase, tyrosine transaminase.

Tyrosin-ammonium-lyase *f* tyrosine-ammonia lyase.

Tyrosinase *f* tyrosinase, monophenol monooxygenase.

Tyrosintransaminase *f* s.u. *Tyrosinaminotransferase.*

T-Zelle *f* thymic lymphocyte, T-lymphocyte, T cell.

zytotoxische T-Zelle cytotoxic T-cell, cytotoxic T-lymphocyte, T killer cell.

T4⁺-Zelle *f* T4⁺ lymphocyte, T4⁺ cell, CD4 lymphocyte, CD4 cell.

T8⁺-Zelle *f* T8⁺ lymphocyte, T8⁺ cell, CD8 lymphocyte, CD8 cell.

T-Zell-lymphotropes-Virus, humanes *nt* human T-cell leukemia virus, human T-cell lymphoma virus, human T-cell lymphotropic virus.

U

Überbleibsel *nt* residue, residuum.
übersättigen *vt* supersaturate.
übersättigt *adj.* supersaturated (*von* mit).
Übersättigung *f* supersaturation.
Übersäuerung *f* overacidification, hyperacidity.
Überträger *m* transmitter.
Übertragung *f* (*Schall, Licht*) propagation; (*Genetik*) transcription; transmission.
Ubichinon *nt* ubiquinone.
Ubichinon-Cytochrom-c-reduktase *f* ubiquinol-cytochrome c reductase, ubiquinol dehydrogenase.
Ubihydrochinon *nt* ubiquinol, ubihydroquinone.
Ubihydrochinon-Cytochrom-c-reduktase *f* s.u. *Ubichinon-Cytochrom-c-reduktase.*
Ubiquitin *nt* ubiquitin.
UDP-D-Glucuronsäure *f* UDP-D-glucuronic acid.
UDP-D-Xylose *f* UDP-D-xylose.
UDP-Galaktose *f* UDPgalactose.
UDP-Galaktose-4-Epimerase *f* s.u. *UDP-Glukose-4-Epimerase.*
UDPG-dehydrogenase *f* UDPglucose dehydrogenase.
UDP-Glucose *f* s.u. *UDP-Glukose.*
UDP-Glucose-4-Epimerase *f* s.u. *UDP-Glukose-4-Epimerase.*
UDP-glucuronat *nt* UDPglucuronate.
UDP-Glukose *f* UDPglucose.
UDP-Glukose-4-Epimerase *f* UDPglucose epimerase, UDPgalactose-4-epimerase, galactose epimerase, galactowaldenase.
UDPglukose-galaktose-1-phos-
phaturidylyltransferase *f* s.u. *UDPglukose-hexose-1-phosphaturidylyltransferase.*
UDPglukose-hexose-1-phosphaturidylyltransferase *f* galactose-1-phosphate uridyltransferase, UDPglucose-hexose-1-phosphate uridyltransferase, hexose-1-phosphate uridylyltransferase, UDPglucose pyrophosphorylase.
Ultra- *präf.* ultra-.
Ultrafilter *m* ultrafilter.
Ultrafiltrat *nt* ultrafiltrate.
Ultrafiltration *f* ultrafiltration.
Ultramikrochemie *f* ultramicrochemistry.
Ultramikroskop *nt* ultramicroscope.
Ultramikroskopie *f* ultramicroscopy.
ultramikroskopisch *adj.* ultramicroscopic; (*Größe*) ultramicroscopic, ultravisible.
ultrarot *adj.* infrared, ultrared.
Ultrarot *nt* infrared, infrared light, ultrared, ultrared light.
Ultrarotlicht *nt* s.u. *Ultrarot.*
Ultraschall *m* ultrasound.
Ultrastruktur *f* fine structure, ultrastructure.
ultraviolett *adj.* ultraviolet.
Ultraviolett *nt* ultraviolet, ultraviolet light.
Ultraviolett- *präf.* ultraviolet.
Ultraviolettlicht *nt* s.u. *Ultraviolett.*
Ultraviolettmikroskop *nt* ultraviolet microscope.
Ultraviolettstrahlen *pl* ultraviolet rays.
Ultraviolettstrahlung *f* ultraviolet rays *pl*, ultraviolet radiation.

Ultrazentrifugation *f* ultracentrifugation.

Ultrazentrifuge *f* ultracentrifuge.

Umbelliferon *nt* umbelliferone, 7-hydroxycoumarin.

Umgebungs- *präf.* ambient, environmental.

Umgebungstemperatur *f* ambient temperature, environmental temperature.

umkehrbar *adj.* reversible.

nicht umkehrbar irreversible.

Umkehrbarkeit *f* reversibility.

Umkehrpotential *nt* reversal potential.

Umkehrpotenzial *nt* s.u. *Umkehrpotential.*

Umsatz *m* (*biochemisch*) turnover; (*physiolog.*) metabolic rate.

Umsatzgeschwindigkeit *f* reaction rate, specific reaction rate, turnover.

Umsatzrate *f* s.u. *Umsatzgeschwindigkeit.*

umwandelbar *adj.* transformable; transmutable, convertible.

Umwandelbarkeit *f* transformability; convertibility, convertibleness.

umwandeln *vt* convert, transform, change (*in* in, into).

Umwandlung *f* change, conversion, transformation (*in* into).

Umwelt *f* environment.

Umwelt- *präf.* environmental, ambient, eco-.

Umweltbedingungen *pl* environmental conditions.

Umweltfaktor *m* environmental factor.

unbelebt *adj.* inanimate, lifeless.

Unbelebtheit *f* inanimateness, inanimation.

Undecan *nt* undecane.

Undecaprenylphosphat *nt* undecaprenyl phosphate.

Undekan *nt* undecane.

ungebunden *adj.* free; unattached, independent.

ungeladen *adj.* uncharged.

ungereinigt *adj.* unrefined, crude.

ungerinnbar *adj.* incoagulable.

Ungerinnbarkeit *f* incoagulability.

ungesättigt *adj.* unsaturated.

einfach ungesättigt monounsaturated.

mehrfach ungesättigt polyenoic, polyunsaturated.

Ungulat *m* ungulate.

uni- *präf.* single, mono-, uni-.

unifaktoriell *adj.* monofactorial.

unipolar *adj.* unipolar.

Uniport *m* s.u. *Uniportsystem.*

Uniportsystem *nt* uniport, uniport system.

unit-membrane-Hypothese *f* unit-membrane hypothesis.

univalent *adj.* univalent, monovalent.

Univalenz *f* univalence, monovalence.

unkonjugiert *adj.* unconjugated.

unlöslich *adj.* insoluble.

unlöslich in Wasser insoluble in water.

Unlöslichkeit *f* indissolubleness, insolubility.

Unterart *f* subspecies.

Untereinheit *f* moiety, subunit.

katalytische Untereinheit catalytic subunit.

regulatorische Untereinheit regulatory subunit.

Untereinheitenmodell *nt* subunit model, globular model.

Unterfamilie *f* subfamily.

Untergattung *f* subgenus.

Unterklasse *f* subtribe, subclass, division.

Unterordnung *f* suborder.

Unterpopulation *f* subpopulation.

untersuchen *vt* **1.** (*labor*) analyze, assay; test (*auf* for). **2.** (*wissenschaftlich*) examine, study, investigate, explore, research, probe.

Untersuchung *f* **1.** (*labor*) analysis, assay, test. **2.** (*wissenschaftlich*) examination (*einer Sache* of, into something), study (*über* of), investigation (into, of), research (*nach* after, for; *über* into, on), research work (*über* into, on); exploration.

unverdünnt *adj.* unadulterated, undiluted.

unverestert *adj.* unesterified.

unverfälscht *adj.* unadulterated, pure.

Uptake *nt/f* uptake.

Uracil *nt* uracil.

Uraminessigsäure *f* uraminoacetic acid, glycoluric acid, hydantoic acid.

Uran *nt* uranium.

Uranyl- *präf.* uranyl.

Uranylacetat *nt* uranyl acetate.

Uranylrest *m* uranyl.

Urat *nt* urate.

uratisch *adj.* uratic.

Uratoxidase *f* urate oxidase, uricase, urico-oxidase.

Uratsalze *pl* urate salts, urates.

U

Uratspaltung *f* uricolysis.
Urbiomolekül *nt* primordial biomolecule.
Urea *f* urea, carbamide.
Ureaplasma *nt* Ureaplasma, T-strain mycoplasma, T-mycoplasma.
Urease *f* urease.
ureasenegativ *adj.* urease-negative.
ureasepositiv *adj.* urease-positive.
Ureid *nt* ureide.
β-Ureidopropionase *f* β-ureidopropionase.
β-Ureidopropionsäure *f* β-ureidopropionic acid.
Ureo- *präf.* ure(o)-, urea-.
Ureolyse *f* ureolysis.
ureolytisch *adj.* relating to ureolysis, ureolytic.
ureotelisch *adj.* ureotelic.
Urese *f* passing of urin, urinating, urination, uresis, miction, micturition, emiction.
Urethan *nt* urethan, urethane, ethyl carbamate.
Uri- *präf.* urin(o)-, ur(o)-, uron(o)-.
Uricase *f* urate oxidase, uricase, uricooxidase.
uricotelisch *adj.* uricotelic.
Uridin *nt* uridine.
Uridindiphosphat *nt* uridine(-5'-)diphosphate.
Uridin-5'-diphosphat *nt* uridine-(-5'-)diphosphate.
Uridindiphosphat-D-Galaktose *f* UDPgalactose, uridine diphosphate D-galactose.
Uridindiphosphat-D-Glukose *f* UDPglucose, uridine diphosphate glucose.
Uridindiphosphatglucuronsäure *f* UDP-D-glucuronic acid.
Uridindiphosphatglukose-dehydrogenase *f* UDPglucose dehydrogenase.
Uridinmonophosphat *nt* uridine monophosphate, uridylic acid.
Uridintriphosphat *nt* uridine(-5'-)triphosphate.
Uridin-5'-triphosphat *nt* uridine-(-5'-)triphosphate.
Uridylat *nt* uridylate.
Uridylsäure *f* s.u. *Uridinmonophosphat.*
Uridyltransferase *f* uridylyl transferase.
Uridylyltransferase *f* uridylyl trans-

ferase.
Urikase *f* s.u. *Uricase.*
Uriko- *präf.* uric(o)-.
Urikolyse *f* uricolysis.
urikolytisch *adj.* relating to uricolysis, uricolytic.
Urikopoese *f* uricopoiesis.
Urikopoiese *f* uricopoiesis.
Urin *m* urine, urina.
Urin- *präf.* urinary, urin(o)-, ur(o)-, uron(o)-.
Urinanalyse *f* urinalysis, urine analysis.
Urinieren *nt* urination, uresis, miction, micturition.
urinieren *vi* micturate, urinate, pass urine.
Urinkultur *f* urine culture.
urinogen *adj.* producing urine, urogenous, urinogenous.
urinophil *adj.* urinophilous.
urinös *adj.* relating to urine, urinous.
UR-Licht *nt* infrared, infrared light, ultrared, ultrared light.
Urmünder *pl* Prostomia.
Uro- *präf.* urine, ure(o)-, urea-, uric(o)-, urin(o)-, ur(o)-, uron(o)-.
Urobilin *nt* urobilin, urohematoporphyrin, urohematin.
urobilinartig *adj.* urobilinoid.
Urobilinogen *nt* urobilinogen.
urobilinoid *adj.* urobilinoid.
Urocanase *f* urocanate hydratase, urocanase, urocanic acid hydratase.
Urocanat *nt* urocanate.
Urocanathydratase *f* s.u. *Urocanase.*
Urocaninsäure *f* urocanic acid.
Urocansäure *f* urocanic acid.
Urochrom *nt* urochrome, urian.
Urochromogen *nt* urochromogen.
Uroerythrin *nt* uroerythrin, purpurin.
Uroflavin *nt* uroflavin.
Urogastron *nt* uroanthelone, uroenterone, urogastrone.
urogen *adj.* producing urine, urogenous, urinogenous.
Urogenital- *präf.* urogenital, urinogenital, urinosexual, genitourinary.
Urogenitaltrakt *m* urogenital tract, genitourinary tract, genitourinary system, urogenital system, urogenital apparatus, genitourinary apparatus.
Urokinase *f* urokinase, uropepsin, plasminogen activator.
Urolutein *nt* urolutein.
Uromelanin *nt* uromelanin.

U

Uromelus *m* uromelus.
Uronsäure *f* uronic acid.
Uropepsinogen *nt* uropepsinogen.
urophan *adj.* urophanic.
Uropoese *f* uropoiesis.
uropoetisch *adj.* relating to uropoiesis, uropoietic.
Uroporphyrin *nt* uroporphyrin.
Uroporphyrinogen *nt* uroporphyrinogen.
Uroporphyrinogendecarboxylase *f* uroporphyrinogen decarboxylase.
Uroporphyrinogen III-synthase *f* uroporphyrinogen III synthase.
Urorosein *nt* urorrhodin, urorosein, urosacin, urrhodin.
Urorubin *nt* urorubin.
Urorubinogen *nt* urorubinogen.
Urorubrohämatin *nt* urorubrohematin.
Urospektrin *nt* urospectrin.
Uroxanthin *nt* uroxanthin.
Urozyanin *nt* urocyanin, uroglaucin.
Urozyanogen *nt* urocyanogen.
Urpilze *pl* archimycetes.
Ursodesoxycholat *nt* ursodeoxycholate.
Ursodesoxycholsäure *f* ursodeoxycholic acid.
Urzelle *f* protocell.
Urzeugung *f* spontaneous generation.
UTP-Galaktose-1-phosphaturidylyltransferase *f* UTP-galactose-1-phosphate uridylyltransferase.
UTP-Glukose-1-phosphaturidylyltransferase *f* UTP-glucose-1-phosphate uridylyltransferase.
UV-Bestrahlung *f* ultraviolet irradiation, UV irradiation.
UV-empfindlich *adj.* sensitive to ultraviolet rays, uviosensitive.
UV-Lampe *f* ultraviolet lamp.
UV-Licht *nt* ultraviolet, ultraviolet light.
UV-Mikroskop *nt* ultraviolet microscope.
UV-resistent *adj.* uvioresistant, uviofast.
UV-Strahlen *pl* ultraviolet rays.
UV-Strahlenmesser *m* uviometer.
UV-Strahlung *f* ultraviolet radiation.

V

Vaccensäure *f* vaccenic acid.
vakuolär *adj.* vacuolar, vacuolated, vacuolate.
Vakuole *f* vacuole.
Vakuolenmembran *f* tonoplast.
Vakuum *nt, pl* **Vakua, Vakuen** vacuum.
Vakuumdestillation *f* vacuum distillation.
Valenz *f* valence, valency.
Valenzelektron *nt* valence electron.
Valenzwechsel *m* valence change.
Valerat *nt* valerate, valerianate.
Valerianat *nt* valerate, valerianate.
Valerianöl *nt* valerian oil.
Valeriansäure *f* valeric acid, valerianic acid, pentanoic acid.
Valin *nt* valine, isopropyl-aminacetic acid, 2-aminoisovaleric acid.
Valintransaminase *f* valine transaminase.
Valproat *nt* valproate.
Valproinsäure *f* valproic acid, 2-propyl-pentanoic acid.
Valyl-Radikal *nt* valyl.
van der Waals-Bindung *f* van der Waals bond.
van der Waals-Radius *m* van der Waals radius.
van der Waals-Wechselwirkung *f* van der Waals interaction.
Vanadat *nt* vanadate.
Vanadin *nt* vanadium.
Vanadinsäure *f* vanadic acid.
Vanadium *nt* vanadium.
van der Waals-Anziehungskräfte *pl* van der Waals attractions, van der Waals forces.
Vanillinmandelsäure *f* vanillylman-

delic acid.
van't Hoff-Gesetz *nt* van't Hoff's law, van't Hoff's rule.
van't Hoff-Regel *f* van't Hoff's law, van't Hoff's rule.
variabel *adj.* variable.
Variable *f* variable, variate.
variant *adj.* variant.
Variante *f* variant, variation, variety.
Varianz *f* variance.
Varianzanalyse *f* analysis of variance.
Variation *f* variation.
Vasopressin *nt* vasopressin, β-hypophamine, antidiuretic hormone.
vasopressinerg *adj.* vasopressinergic.
Vasopressinsystem *nt* ADH system, vasopressin system.
V-ATPase *f* tp-ATPase, V-ATPase.
vegetarisch *adj.* vegetarian.
Vegetation *f* vegetation.
vegetativ *adj.* vegetative.
vektoriell *adj.* vectorial.
Vene *f* vein, vena.
venös *adj.* relating to a vein *or* veins, venous, veinous, phleboid.
Veraschung *f* incineration.
Verätherung *f* etherification.
Veratmung *f* combustion.
verätzen *vt* burn, corrode, bite, erode.
Verbascose *f* verbascose.
Verbindung *f* compound, agent; combination; *(Bindung)* bond, bonding.
   aliphatische Verbindung aliphatic compound, paraffin compound.
   anorganische Verbindung inorganic compound.
   apolare Verbindung nonpolar compound.
   aromatische Verbindung benzene

compound, aromatic, aromatic compound.
binäre Verbindung binary compound.
chemische Verbindung chemical agent, chemical compound.
energiearme Verbindung low-energy compound.
energiereiche Verbindung energy-rich compound, high-energy compound.
gesättigte Verbindung saturated compound.
heterozyklische Verbindung heterocyclic compound.
homologe Verbindung homologen, homologue.
ionische Verbindung ionic compound.
isozyklische Verbindung isocyclic compound, homocyclic compound.
metallorganische Verbindung organometallic compound.
organische Verbindung organic compound.
polare Verbindung polar compound.
quartäre Verbindung quaternary compound.
quaternäre Verbindung quaternary compound.
ternäre Verbindung ternary compound, tertiary compound.
ungesättigte Verbindung unsaturated compound.
Verbrauch *m* consumption (*an, von* of).
Verbrauchs- *präf.* consumptive.
Verbrauchsgeschwindigkeit *f* rate of consumption.
verbrennen I *vt* burn; (*veraschen*) incinerate; **II** *vi* burn, burn away; (*chemisch*) burn, incinerate.
Verbrennung *f* burning, combustion; (*Veraschung*) incineration.
biologische Verbrennung combustion.
vollständige Verbrennung complete combustion.
Verbrennungswärme *f* heat of combustion.
Verbrennungswasser *nt* metabolic water, water of metabolism, water of oxidation, water of combustion.
verdampfbar *adj.* vaporable, volatilizable.
Verdampfbarkeit *f* volatility.
Verdampfen *nt* volatilization, evaporation.
verdampfen *vt, vi* volatilize, vaporize, vaporate, evaporate, boil away, steam.

Verdampfer *m* volatilizer, evaporator, vaporizer.
Verdampfung *f* volatilization, vaporization, evaporation.
Verdampfungs- *präf.* evaporative.
Verdampfungswärme *f* heat of evaporation, latent heat of evaporation, latent heat of vaporization, heat of vaporization.
verdaubar *adj.* digestible.
Verdauen *nt* s.u. *Verdauung*.
verdauen *vt* digest.
verdaulich *adj.* digestible.
Verdauung *f* digestion.
gastrointestinale Verdauung gastrointestinal digestion.
intestinale Verdauung intestinal digestion.
normale Verdauung eupepsia, eupepsy.
peptische Verdauung gastric digestion, peptic digestion.
primäre Verdauung gastrointestinal digestion.
tryptische Verdauung tryptic digestion.
Verdauungs- *präf.* peptic, pepsic, digestive, alimentary.
Verdauungsapparat *m* digestive apparatus, digestive system, alimentary system, alimentary tract.
Verdauungsenzym *nt* digestive enzyme.
verdauungsfördernd *adj.* peptic, pepsic, digestive.
verdauungshemmend *adj.* colypeptic, kolypeptic.
Verdauungskanal *m* digestive tract, alimentary tract, alimentary canal, digestive canal.
Verdauungsleukozytose *f* digestive leukocytosis.
Verdauungssaft *m* digestive juice.
Verdauungstätigkeit *f* digestion.
Verdauungstrakt *m* s.u. *Verdauungsapparat*.
verdichten I *vt* compress, condense; compact, densify, thicken. **II** *vr* **sich verdichten** condense, densify, thicken.
verdichtet *adj.* compressed, condensed.
Verdichtung *f* compression, condensation; thickening.
Verdiglobin *nt* verdihemoglobin.
Verdoglobin *nt* verdoglobin.
Verdohämoglobin *nt* verdohemoglo-

V

bin, choleglobin, bile pigment hemoglobin, green hemoglobin.

verdoppeln I *vt* reduplicate, replicate. **II** *vr* **sich verdoppeln** reduplicate, replicate.

Verdoppelung *f* reduplication, replication.

Verdopplung *f* s.u. *Verdoppelung*.

Verdrängungsreaktion *f* displacement reaction, displacement mechanism.

verdünnen *vt* dilute, attenuate, water, water down.

verdünnt *adj.* dilute, diluted, attenuate.

Verdünnung *f* dilution.

Verdünnungskoeffizient *m* dilution coefficient.

verdunsten *vi* volatilize, evaporate, vaporize, vapor.

Verdunstung *f* volatilization, evaporation, vaporization.

vererbbar *adj.* inheritable, heritable, hereditable, transmissible, transmittable.

Vererbbarkeit *f* hereditability, heredity.

vererben I *vt* **jemandem etwas vererben** transmit something to someone. **II** *vr* **sich vererben auf** be transmitted to.

vererbt *adj.* inherited, hereditary.

Vererbung *f* hereditary transmission, heredity, inheritance. **durch Vererbung** by inheritance.

autosomale Vererbung autosomal heredity.

extrachromosomale Vererbung extrachromosomal inheritance, mitochondrial inheritance.

extranukleäre Vererbung extranuclear inheritance.

geschlechtsgebundene Vererbung sex-linked inheritance, sex-linked heredity.

gonosomale Vererbung s.u. *geschlechtsgebundene Vererbung*.

holandrische Vererbung s.u. *Y-gebundene Vererbung*.

komplementäre Vererbung complemental inheritance.

monofaktorielle Vererbung monofactorial inheritance.

multifaktorielle Vererbung multifactorial inheritance.

polygene Vererbung quantitative inheritance, polygenic inheritance.

X-chromosomale Vererbung X-linked inheritance.

Y-gebundene Vererbung Y-linked inheritance, holandric inheritance.

zytoplasmatische Vererbung cytoplasmic inheritance, extranuclear inheritance.

Vererbungs- *präf.* genetic, genetical.

Vererbungslehre *f* genetics *pl.*

verestern *vt* esterify.

Veresterung *f* esterification.

Veretherung *f* etherification.

verfaulen *vi* putrefy, decay, fester, rot, rot away.

verflüchtigen I *vt* volatilize. **II** *vr* **sich verflüchtigen** volatilize.

Verflüchtigung *f* volatilization.

verflüssigen I *vt* liquefy, liquesce, liquify, fluidize, fluidify. **II** *vr* **sich verflüssigen** liquefy, liquesce, liquify, fluidify.

verfügbar *adj.* available.

biologisch verfügbar bioavailable.

Verfügbarkeit *f* availability.

biologische Verfügbarkeit bioavailability.

Vergällen *nt* denaturation.

vergällen *vt* denature.

vergällt *adj.* denatured; (*Spiritus*) methylated.

Vergällungsmittel *nt* denaturant.

vergären *vt* ferment.

vergasen *vt* gas, gasify.

Vergasung *f* gasification.

Vergleichs- *präf.* comparative.

Vergleichslösung *f* normal solution, standard solution, standardized solution.

Vergrößerungsglas *nt* magnifier, magnifying glass, magnifying loupe, multiplier, multiplying glass, glass, lens, hand lens, hand glass, loupe, reading glass.

Vergrößerungslinse *f* s.u. *Vergrößerungsglas*.

Verhalten *nt* reaction, behavior.

Verhältnis *nt* proportion, relation, ratio. **im Verhältnis von** at the rate of. **im Verhältnis zu** in proportion to, in relation to, in comparison with.

Verknöcherung *f* ossification.

Verknorpeln *nt* chondrification, cartilaginification.

verkohlen *vt, vi* carbonize, char.

Verkohlung *f* carbonization.

Verlängerungsfaktor *m* elongation factor.

Verschlüsseln nt coding, encoding.
verschlüsseln vt code, encode.
verschwefeln vt sulfurize.
verseifbar adj. saponifiable.
verseifen vt, vi saponify.
Verseifung f saponification.
Verseifungsmittel nt saponifier.
Verseifungszahl f Koettstorfer number, saponification number.
Verstärker m amplifier, booster; intensifier; enhancer.
 biologischer Verstärker biological amplifier.
Verstärkersequenz f enhancer sequence.
Verstärkungsreaktion f booster.
Versuch m experiment, test, testing, trial. **einen Versuch anstellen mit** experiment on, make a test with.
Versuchs- präf. trial, testing, experimental.
Versuchsdaten pl data.
Versuchsobjekt nt test object.
Versuchsreihe f series of experiments, battery of tests.
Versuchsserie f series of experiments, battery of tests.
Versuchsstadium nt experimental stage.
Versuchstier nt subject, experimental animal, test animal.
Versuchswerte pl data.
Vertebrata pl Vertebrata, Craniata.
Verteilung f distribution.
Verteilungschromatographie f liquid-liquid chromatography, partition chromatography.
Verteilungskoeffizient m partition coefficient, distribution coefficient.
Verteilungsvolumen nt distribution volume.
Very-low-density-Lipoprotein nt very low-density lipoprotein, prebetalipoprotein.
verzweigt adj. branched.
Verzweigtkettendecarboxylase f branched-chain 2-keto acid dehydrogenase, branched-chain α-keto acid decarboxylase.
verzweigtkettig adj. branched-chain.
Verzweigungsenzym nt Q enzyme, branching enzyme.
Vesikel nt vesicle.
 synaptisches Vesikel synaptic vesicle.
vesikulär adj. vesicular, vesical, vesiculose, vesiculous, vesiculate, vesiculated.
Vesikulartransport m cytopempsis, cytopemphis.
Vibrio m vibrio, Vibrio.
 Vibrio cholerae Koch's bacillus, cholera bacillus, comma bacillus, cholera vibrio, Vibrio cholerae, Vibrio comma.
 Vibrio El-tor El Tor vibrio, Celebes vibrio, Vibrio cholerae biotype eltor, Vibrio eltor.
 Vibrio metschnikovii spirillum of Finkler and Prior, Vibrio metschnikovii, Vibrio cholerae biotype proteus, Vibrio proteus.
Vicilin nt vicilin.
vielwertig adj. polyvalent, multivalent.
Vielwertigkeit f polyvalence, multivalence.
Vielzeller I m metazoon, metazoan. **II** pl Metazoa.
vier- präf. four, tetra-, quadri-.
vieratomig adj. tetratomic.
vierbasisch adj. tetrabasic, quadribasic.
vierwertig adj. quadrivalent, tetravalent.
Vierwertigkeit f quadrivalence, quadrivalency.
Vinblastin nt vinblastine, vincaleukoblastine.
Vinca f periwinkle, Vinca.
Vincaleukoblastin nt vinblastine, vincaleukoblastine.
Vinca-rosea-Alkaloide pl vinca alkaloids.
Vincristin nt vincristine.
Vindolin nt vindoline.
Vinyl- präf. ethenyl, vinyl.
Vinylacetat nt vinyl acetate.
Vinylbenzol nt ethenylbenzene, cinnamene, styrene, styrol, styrolene.
Vinylchlorid nt chloroethylene, vinyl chloride.
Vinyl-Radikal nt vinyl, ethenyl.
Vinylreduktase f vinyl reductase.
viral adj. relating to or caused by a virus, viral.
Virilität f virility, maleness.
Virion nt virion, virus particle, viral particle.
Viroid nt viroid.
Virus nt, pl **Viren** virus.
 amphotropes Virus amphotropic virus.

bakterienpathogenes Virus phage, lysogenic factor, bacteriophage, bacterial virus.

behülltes Virus enveloped virus.

defektes Virus defective virus.

ektropes Virus ecotropic virus.

Herpes-simplex-Virus Typ I herpes simplex virus type I, human herpesvirus 1.

Herpes-simplex-Virus Typ II herpes simplex virus type II, human herpesvirus 2.

lipidhaltige Viren *pl* lipid-containing viruses.

Lymphadenopathie-assoziiertes Virus human immunodeficiency virus, AIDS virus, Aids-associated virus, AIDS-associated retrovirus, type III human T-cell leukemia/lymphoma/lymphotropic virus, lymphadenopathy-associated virus.

lytisches Virus lytic virus.

mutiertes Virus mutant virus.

nacktes Virus naked virus.

durch Nager übertragene Viren *pl* s.u. *durch Rodentia übertragene Viren.*

neurotropes Virus neurotropic virus.

nicht-lipidhaltige Viren *pl* nonlipid-containing viruses.

onkogene Viren *pl* oncogenic viruses, tumor-inducing viruses.

durch Rodentia übertragene Viren *pl* rodent-borne viruses, roboviruses.

umhülltes Virus enveloped virus.

xenotropes Virus xenotropic virus.

durch Zecken übertragene Viren *pl* tickborne viruses.

zytopathogenes Virus cytopathogenic virus.

Viruschromosom *nt* viral chromosome.

Virus-DNA *f* viral deoxyribonucleic acid, viral DNA.

Virushülle *f* envelope, envelop.

Viruspartikel *nt* virion, viral particle, virus particle.

defekte interferierende Viruspartikel *pl* defective interfering virus particles, DI particles.

Virusprotein *nt* viral protein.

Virus-RNA *f* viral RNA, viral ribonucleic acid.

virusspezifisch *adj.* virus-specific.

Viscotoxin *nt* viscotoxin.

Viskogel *nt* viscogel.

viskos *adj.* s.u. *viskös.*

viskös *adj.* viscid, viscous, viscose.

Viskose *f* viscose.

viskös-elastisch *adj.* viscoelastic.

Viskosität *f* viscosity.

absolute Viskosität dynamic viscosity, absolute viscosity.

dynamische Viskosität s.u. *absolute Viskosität.*

kinematische Viskosität kinematic viscosity.

Viskositätskoeffizient *m* coefficient of viscosity, dynamic coefficient.

visuell *adj.* relating to vision, visual, visile, optic, optical.

vital *adj.* relating to life, vital; vigorous, energetic.

nicht vital nonvital.

Vital- *präf.* vital, intravital.

Vitalfärbung *f* intravital staining, vital staining, vital stain, intravital stain.

Vitalfluorchromisierung *f* vital fluorochrome staining.

Vitalfluorochromisierung *f* vital fluorochrome staining.

Vitamin *nt* vitamin, vitamine, auxohormone.

Vitamin A vitamin A.

Vitamin A$_1$ vitamin A$_1$, vitamin A, retinol, retinol$_1$.

Vitamin A$_2$ vitamin A$_2$, retinol$_2$, dihydroretinol, (3-)dehydroretinol.

Vitamin B$_1$ vitamin B$_1$, thiamine, thiamin, aneurin, aneurine, antiberiberi, antiberiberi factor, antiberiberi substance, antineuritic factor, antineuritic vitamin, torulin.

Vitamin B$_2$ vitamin B$_2$, vitamin G, lactochrome, lactoflavin, riboflavin.

Vitamin B$_3$ pantothenic acid, pantothen, antiachromotrichia factor, yeast filtrate factor.

Vitamin B$_6$ vitamin B$_6$, pyridoxine, adermine, antiacrodynia factor, eluate factor, yeast eluate factor.

Vitamin B$_{12}$ vitamin B$_{12}$, extrinsic factor, antianemic factor, anti-pernicious anemia factor, Castle's factor, LLD factor, cyanocobalamin.

Vitamin B$_{12b}$ Vitamin B$_{12b}$, aquocobalamin, aquacobalamin, hydroxocobalamin, hydroxocobemine.

Vitamin Bc Vitamin Bc, pteroylglutamic acid, pteropterin, folic acid, folacin, Day's factor, Wills' factor, liver Lactobacillus casei factor, Lactobacillus casei factor.

Vitamin C vitamin C, antiscorbutic factor, antiscorbutic vitamin, cevitamic acid, ascorbic acid.

Vitamin D vitamin D, antirachitic factor, calciferol.

Vitamin D₂ vitamin D₂, ergocalciferol, activated ergosterol, calciferol, viosterol, irradiated ergosterol.

Vitamin D₃ vitamin D₃, cholecalciferol.

Vitamin D₄ vitamin D₄, dihydrocalciferol.

Vitamin E vitamin E, alpha-tocopherol.

fettlösliches Vitamin fat-soluble vitamin.

Vitamin H vitamin H, biotin, bios, factor S, factor W, anti-egg white factor, coenzyme R, factor h.

Vitamin K vitamin K, antihemorrhagic factor, antihemorrhagic vitamin.

Vitamin K₁ vitamin K₁, phytonadione, phytomenadione, phylloquinone.

Vitamin K₂ vitamin K₂, farnoquinone, menaquinone.

Vitamin K₃ vitamin K₃, menadione, menaphthone.

Vitamin K₄ vitamin K₄, menadiol.

wasserlösliches Vitamin water-soluble vitamin.

Vitamin A₁-Aldehyd *m* retinal, retinal₁, retinene.

Vitamin-A-Alkohol *m* retinol, retinol₁, vitamin A₁, vitamin A.

Vitaminantagonist *m* vitagonist, antivitamin.

Vitamin A₁-Säure *f* vitamin A acid, retinoic acid, tretinoin.

Vitamin B-Komplex *m* vitamin B complex.

vitaminieren *vt* (*Lebensmittel*) vitaminize.

vitaminisieren *vt* (*Lebensmittel*) vitaminize.

Vitamin K-abhängig *adj.* vitamin K-dependent.

Vitamin K-Antagonist *m* vitamin K antagonist.

Vitaminkonzentrat *nt* vitamin concentrate.

vitaminogen *adj.* vitaminogenic.

vitaminreich *adj.* rich in vitamins.

vitellin *adj.* relating to the yolk, vitelline, vitellary.

Vitellus *m* vitellus, yolk.

Vitriol *f* vitriol, sulfuric acid.

volatil *adj.* volatile.

Voll- *präf.* whole, complete, total, holo-.

Vollazetal *nt* acetal.

Vollparasit *m* holoparasite.

Vollschmarotzer *m* holoparasite.

Volt *nt* volt.

Voltampere *nt* voltampere.

Voltamperemeter *nt* voltammeter.

Voltmeter *nt* voltmeter.

Volumen *nt, pl* **Volumina** volume; (*Inhalt*) content, capacity.

Volumen- *präf.* volume, voluminal.

Volumetrie *f* volumetric analysis.

volumetrisch *adj.* volumetric, volumetrical.

von Willebrand-Faktor *m* von Willebrand factor, factor VIII: vWF, factor VIII-associated antigen.

Vorhoffaktor, natriuretischer *m* atrial natriuretic factor, atrial natriuretic peptide, atrial natriuretic hormone, atriopeptide, atriopeptin, cardionatrin.

Vorstufe *f* precursor, antecedent.

Vorstufenprotein *nt* precursor protein.

V-Region *f* V region, variable region.

VSP-Proteine *pl* vegetative storage proteins.

W

Waage *f* (a pair of) scales *pl*.
Wachs *nt* wax, cera.
wachsartig *adj.* wax-like, waxen, waxy, ceraceous.
wachsen *vi* grow; (*anwachsen*) augment, come on, come upon, grow, increase.
wächsern *adj.* waxen, waxy.
Wachstum *nt* growth; development.
Wachstums- *präf.* growing, growth.
Wachstumsfaktor *m* growth factor, augmentation factor.
  Wachstumsfaktor V growth factor V, factor V.
  viruscodierter Wachstumsfaktor virus-encoded growth factor.
  Wachstumsfaktor X growth factor X, factor X.
Wachstumshormon *nt* growth hormone, human growth hormone, somatotropic hormone, chondrotropic hormone, somatotrophic hormone, somatotropin, somatotrophin, somatropin.
Wackelbase *f* wobble base.
Wackelhypothese *f* wobble hypothesis.
Walden-Inversion *f* Walden's inversion.
Walden-Umkehr *f* Walden's inversion.
Wannenform *f* boat form.
Warburg-Dickens-Horecker-Weg *m* oxidative pentose phosphate pathway, Warburg-Dickens-Horecker pathway, Warburg-Dickens pathway.
Warburg-Hypothese *f* Warburg's hypothesis.
warm *adj.* warm; hot.
Warmblüter *m* homeotherm, hema-

therm, homotherm.
warmblütig *adj.* warm-blooded, homeothermic, hemathermal, hemathermous, hematothermal, homeothermal, homoiothermal, homothermal, homothermic.
Warmblütigkeit *f* homeothermy, homeothermism.
Wärme *f* warmth, warmness; heat.
  initielle Wärme initial heat.
  latente Wärme latent heat.
  spezifische Wärme specific heat, calorific capacity.
Wärme- *präf.* heat, caloric, calorific, thermal, thermic, therm(o)-.
wärmebeständig *adj.* heatproof, heat-resistant, heat-resisting, heat-stable, thermoresistant, thermostable.
Wärmebeständigkeit *f* resistance to heat, thermoresistance, thermostability.
Wärmebilanz *f* heat balance.
wärmebildend *adj.* heat-producing, thermogenic.
Wärmebildung *f* heat production, thermogenesis.
  thermoregulatorische Wärmebildung thermoregulatory thermogenesis.
  zitterfreie Wärmebildung non-shivering thermogenesis.
wärmebindend *adj.* endothermic, endothermal.
Wärmeeinheit *f* heat unit, unit of heat, thermal unit.
wärmeempfindlich *adj.* sensitive to heat, heat-sensitive, thermolabile.
Wärmeenergie *f* thermal energy, heat energy.
wärme-erzeugend *adj.* **1.** (*Nahrung*)

calorifacient. **2.** (*physiolog.*) thermogenic, thermogenetic, thermogenous. **3.** producing heat, calorific.

Wärmehaushalt *m* heat balance, thermal balance.

Wärmeinaktivierung *f* thermoinactivation.

Wärmekapazität *f* heat capacity.

spezifische Wärmekapazität specific heat capacity.

wärmeliebend *adj.* thermophilic.

Wärmemenge *f* quantity of heat, amount of heat.

Wärmestrahlung *f* heat radiation, thermal spectrum.

Wärmeübertragung *f* heat transfer.

wärmeunbeständig *adj.* thermolabile.

Wärmeunbeständigkeit *f* thermal instability, thermolability, thermoinstability.

Wasser *nt* water; aqua. **in Wasser löslich** water-soluble. **in Wasser unlöslich** water-insoluble. **mit Wasser mischbar** water-miscible. **mit Wasser verdünnen** water down.

destilliertes Wasser distilled water.

extrazelluläres Wasser extracellular water.

flüssiges Wasser liquid water.

freies Wasser free water.

gebundenes Wasser bound water.

hartes Wasser hard water.

intrazelluläres Wasser intracellular water.

schweres Wasser heavy water, deuterium oxide.

tritiummarkiertes Wasser tritium-labeled water, tritiated water.

weiches Wasser soft water.

Wasser- *präf.* water, aqueous, hydr(o)-, hygro-.

wasserabstoßend *adj.* water-repellent, hydrophobic, hydrophobous.

wasserabweisend *adj.* s.u. *wasserabstoßend.*

Wasseranlagerung *f* hydration.

Wasseraufnahme *f* hydration.

wasserbeständig *m* stable in water.

Wasserdampf *m* water vapor, steam.

Wasserdampfpartialdruck *m* water-vapor partial pressure.

Wasserdampfsättigung *f* water-vapor saturation.

Wassereinlagerung *f* hydropexis, hydropexia.

Wasserentzug *m* deaquation.

wasserfrei *adj.* free from water, anhydrous.

Wassergas *nt* water gas.

Wasserglas *nt* water glass, sodium silicate, soluble glass.

wasserhaltig *adj.* containing water, hydrous, aqueous.

Wasserhärte *f* hardness.

bleibende Wasserhärte permanent hardness.

transitorische Wasserhärte temporary hardness.

Wasserhaushalt *m* water balance.

Wasserhülle *f* hydrational shell.

Wasserkanal *m* aquaporin.

Wasserlassen *nt* urination, uresis, miction, micturition.

wasserlassen *vi* pass urine, micturate, urinate.

wasserliebend *adj.* hydrophilic, hydrophil, hydrophile, hydrophilous.

wasserlöslich *adj.* water-soluble, hydrosoluble.

wasserscheu *adj.* hydrophobic, hydrophobous.

Wasserscheu *f* hydrophobia.

Wasserstoff *m* hydrogen.

gasförmiger Wasserstoff gaseous hydrogen.

leichter Wasserstoff light hydrogen, ordinary hydrogen, protium, protinium, protohydrogen.

schwerer Wasserstoff deuterium, heavy hydrogen.

Wasserstoff- *präf.* hydrogen, hydric, hydr(o)-.

Wasserstoffabspaltung *f* dehydrogenation.

Wasserstoffatom *nt* hydrogen atom.

Wasserstoffbakterien *pl* hydrogen bacteria.

Wasserstoffbildner *pl* hydrogen bacteria.

Wasserstoffbindungskapazität *f* hydrogen-binding capacity, hydrogen-bonding capacity.

Wasserstoffbrückenbindung *f* hydrogen bond.

Wasserstoffelektrode *f* hydrogen electrode.

Wasserstoffentzug *m* dehydrogenation.

Wasserstoffion *nt* hydrogen ion, hydrion.

Wasserstoffionenkonzentration *f*

W

Wasserstoffperoxid *nt* hydrogen peroxide, hydrogen dioxide, hydroperoxide.

Wasserstoffsuperoxid *nt* S.U. *Wasserstoffperoxid.*

wasserunlöslich *adj.* water-insoluble, insoluble in water.

Wasserverlust *m* water loss.

wässrig *adj.* liquid, aqueous, watery.

Watson-Crick-Modell *nt* Watson-Crick model, Watson-Crick helix, DNA helix, double helix, twin helix.

Watt *nt* watt.

Wattleistung *f* wattage.

Wattmeter *nt* wattmeter.

Wattsekunde *f* watt-second.

Wattstunde *f* watt-hour.

Wechselblüter *m* poikilotherm, allotherm.

Wechselstrom *m* alternating current.

Wechseltierchen *nt* ameba, amoeba.

wechselwarm *adj.* cold-blooded, hematocryal, poikilothermic, poikilothermal.

Wechselwirkung *f* interaction, reciprocal action, reciprocity.

elektromagnetische Wechselwirkung electromagnetic interaction.

hydrophobe Wechselwirkung hydrophobic bond, hydrophobic interaction.

ionische Wechselwirkung ionic interaction.

nicht-genetische Wechselwirkungen nongenetic interactions.

nicht-kovalente Wechselwirkung noncovalent interaction.

schwache Wechselwirkung weak interaction.

starke Wechselwirkung strong interaction.

Wechselzahl *f* molar activity, molecular activity.

Weingeist *m* spirit.

Weinsäure *f* tartaric acid.

Weinstein *m* cream of tartar, tartar.

Weinsteinsäure *f* tartaric acid.

Welle *f* wave.

elektromagnetische Wellen *pl* electromagnetic waves.

Wellenlänge *f* wavelength.

Widerstand *m* resistance (*gegen* to).

elektrischer Widerstand electrical resistance.

Widerstandsthermometer *nt* resistance thermometer.

Willebrand-Faktor *m* von Willebrand factor, factor VIII: vWF, factor VIII-associated antigen.

Wirkstoff *m* agent, principle, active principle, active ingredient.

Wirkung *f* effect, effectiveness, effectivity, action (*auf* on).

spezifisch-dynamische Wirkung specific dynamic action.

Wirkungsspektrum *nt* action spectrum, spectrum of activity, spectrum.

Wirt *m* host. **als Wirt dienen** act as a host.

Wirt-Parasit-Wechselwirkung *f* host-parasite interaction, host-parasite relationship.

Wirtsbakterium *nt* host bacterium.

Wirtsinsekt *nt* insect host.

Wirtspflanze *f* host.

Wirtsresistenz *f* host resistance.

Wirtsspektrum *nt* host range.

wirtsspezifisch *adj.* host-specific.

Wirtsspezifität *f* host specifity.

Wirtstier *nt* host.

Wirtswechsel *m* host alternation, metoxeny.

wirtswechselnd *adj.* metoxenous, heterecious, heteroecious.

Wirtszelle *f* host.

Wismut *nt* bismuth.

Wolfram *nt* tungsten, wolfram.

Wurzelzelle *f* root cell.

X

X-Achse *f* x-axis.
Xanthen *nt* xanthene.
Xanthin *nt* 2,6-dihydroxypurine, xanthine.
Xanthinoxidase *f* xanthine oxidase, Schardinger's enzyme, hypoxanthine oxidase.
Xantho- *präf.* yellow, xanth(o)-.
Xanthophyll *nt* xanthophyll.
Xanthoprotein *nt* xanthoprotein.
Xanthopsin *nt* xanthopsin, visual yellow, all-trans retinal.
Xanthopterin *nt* xanthopterin.
Xanthosin *nt* xanthosine.
Xanthosinmonophosphat *nt* xanthosine monophosphate, xanthylic acid.
Xanthurensäure *f* xanthurenic acid.
Xanthyl-Radikal *nt* xanthyl.
Xanthylsäure *f* s.u. *Xanthosinmonophosphat.*
X-Chromosom *nt* X chromosome.

Xenon *nt* xenon.
X-gebunden *adj.* X-linked.
Xylan *nt* xylan.
Xylem *nt* xylem.
Xylit *nt* xylitol.
Xylitol *nt* xylitol.
Xylo- *präf.* xyl(o)-.
D-Xylo-D-Glucan *nt* D-xylo-D-glucan.
Xyloglucanase *f* xyloglucanase.
Xylol *nt* **1.** xylene, xylol, dimethylbenzene. **2. Xylole** *pl* xylenes.
Xylopyranose *f* xylopyranose.
Xylose *f* xylose, wood sugar, beechwood sugar.
α-D-Xylosidase *f* α-D-xylosidase.
Xylosyltransferase *f* xylosyl transferase.
Xylulose *f* xylulose, xyloketose.
Xylulose-5-Phosphat *nt* xylulose-5-phosphate.
Xylulosereduktase *f* xylulose reductase, xylitol dehydrogenase.

Y

Y-Achse *f* y axis.
Yang-Zyklus *m* ying-yang hypothesis.
Y-Chromosom *nt* Y chromosome.
Yersinia *f* Yersinia.
 Yersinia pestis plague bacillus, Kitasato's bacillus, Yersinia pestis, Bacterium pestis, Pasteurella pestis.
Y-förmig *adj.* ypsiloid, ypsiliform, hypsiloid.
Ytterbium *nt* ytterbium.
Yttrium *nt* yttrium.

Z

Zaeruloplasmin *nt* ceruloplasmin, ferroxidase.
zähflüssig *adj.* viscous, viscid, viscose; sticky, ropy.
Zähflüssigkeit *f* viscosity, viscidity, viscidness.
Zähigkeit *f* viscidity, viscidness, viscosity, tenacity, tenaciousness.
Zapfen *pl (Auge)* retinal cones, cones, cone cells.
Zapfenzellen *pl (Auge)* retinal cones, cones, cone cells.
Zäruloplasmin *nt* ceruloplasmin, ferroxidase.
Z-Chromosom *nt* Z chromosome.
Zeatin *nt* zeatin.
Zeaxanthin *nt* zeaxanthin.
Zeichen *nt* sign, signal, symbol *(für* of).
Zeiger *m (Uhr)* hand, index; *(Waage)* needle; *(Messgerät)* pointer, finger.
Zein *nt* zein.
Zell- *präf.* cellular, cell, cyt(o)-, kyt(o)-.
Zellatmung *f* respiration, cell respiration, internal respiration, tissue respiration.
Zellbiologie *f* cell biology, cytobiology.
Zellbrennstoff *m* cellular fuel.
Zelle *f* cell; *(physikal.)* cell, element.
Zellhormon *nt* cell hormone, cytohormone.
Zellkern *m* nucleus, cell nucleus, karyon, karyoplast.
Zellkern- *präf.* nuclear, kary(o)-, cary(o)-.
Zellkernprotoplasma *nt* karyoplasm, nucleoplasm.
Zellkontakt *m* cell contact, cell attachment, junction.

offener Zellkontakt gap junction, electrotonic junction.
Zellkörper *m* cell body, cytosome, soma.
Zellleib *m* cell body, cytoplasm, soma.
Zellmembran *f* cell membrane, plasma membrane, plasmalemma, plasmolemma, ectoplast, cytoplasmic membrane, cytomembrane, cytolemma.
Zellmetabolismus *m* cell metabolism, cellular metabolism.
Zellorganelle *f* organelle, organella, organoid.
Zellpermeabilität *f* cell permeability.
Zellpigment *nt* cytopigment.
Zellplasma *nt* cell plasma, plasma, plasm, cytoplasm.
Zellprotoplasma *nt* s.u. *Zellplasma.*
Zellsaft *m* cell sap.
Zellsaftvakuole *f* cell sap vacuole.
Zellstoffwechsel *m* cell metabolism, cellular metabolism.
Zellteilung *f* cell division, division, cellular fission, fission.
  differentielle Zellteilung differential cell division.
  direkte Zellteilung direct cell division, amitosis, holoschisis.
  meiotische Zellteilung meiotic cell division, meiosis.
  mitotische Zellteilung mitotic cell division, mitosis, mitoschisis.
zellular *adj.* s.u. *zellulär.*
zellulär *adj.* made up of cells, cellular, cellulous.
Zellulose *f* cellulose.
Zellulosedinitrat *nt* collodion.
Zelluloseglykosyltransferase *f*

cellulose synthase, cellulose glycosyltransferase.

Zellulosenitrat *nt* nitrocellulose.

Zellulosesynthase *f* cellulose synthase, cellulose glycosyltransferase.

Zellwand *f* cell membrane, plasma membrane, plasmalemma, plasmolemma, cytoplasmic membrane, cytomembrane, ectoplast.

Zellwandprotein *nt* cell wall protein.

Zellzyklus *m* cell cycle.

Zentrifuge *f* centrifuge; separator.

Zentrifugieren *nt* centrifugation, centrifugalization.

zentrifugieren *vt* centrifuge, centrifugate, centrifugalize; separate.

Zeramid *nt* ceramide.

Zerasin *nt* cerasin.

zerebellar *adj.* relating to the cerebellum, cerebellar.

Zerebellum *nt* cerebellum.

zerebral *adj.* relating to cerebrum, cerebral.

Zerebron *nt* cerebron, phrenosin.

Zerebrose *f* brain sugar, cerebrose, D-galactose.

Zerebrosid *nt* cerebroside, cerebrogalactoside, galactocerebroside, glucocerebroside; galactolipid, galactolipin.

Zerebrosidsulfatase *f* cerebroside sulfatase.

zerebrospinal *adj.* relating to cerebrum *or* brain and spinal cord, cerebrospinal, cerebromedullary, cerebrorachidian, encephalorachidian, encephalospinal, medulloencephalic, myeloencephalic.

zerebrozerebellär *adj.* relating to both cerebrum and cerebellum, cerebrocerebellar.

Zerebrum *nt* cerebrum; brain.

Zeresin *nt* ceresin.

Zerfall *m* disintegration, decay, fragmentation, breakup; (*chemisch*) decomposition.

radioaktiver Zerfall nuclear decay, nuclear disintegration, radioactive decay, radioactive disintegration.

zerfallen *vi* decay, disintegrate; (*chemisch*) decompose, degrade; dissolve; dissociate.

Zerfallsgeschwindigkeit *f* rate of decomposition.

Zerfallskonstante *f* decay constant, disintegration constant, radioactive constant.

Zerfallsprodukt *nt* disintegration product, decay product.

Zerfallsreihe *f* radioactive series, radioactive chain.

zerlegen *vt* decompose, degrade.

Zerlegung *f* degradation, breakup, decomposition.

Zeroid *nt* ceroid.

zersetzen I *vt* dissolve; decompose, disintegrate. **II** *vr* **sich zersetzen** decay, decompose.

Zersetzung *f* dissolution, decay, decomposition.

zervikal *adj.* relating to a neck *or* cervix, cervical, trachelian.

Zimtaldehyd *m* cinnamic aldehyde.

Zimtsäure *f* cinnamic acid.

Zincum *nt* zinc.

Zink *nt* zinc.

Zinkazetat *nt* zinc acetate.

Zinkchlorid *nt* zinc chloride.

Zinkoxid *nt* zinc oxide.

Zinn *nt* stannum, tin.

Zinn-II- *präf.* stannous.

Zinn-IV- *präf.* stannic.

Zinnsäure *f* stannic acid.

zirkadian *adj.* circadian.

Zirkadianperiodik *f* circadian periodicity.

Zirkonium *nt* zirconium.

Zitrat *nt* citrate.

Zitrataldolase *f* citrate lyase, citridesmolase, citrate aldolase, citratase, citrase.

Zitrat-Pyruvat-Zyklus *m* citrate-pyruvate cycle.

Zitratsynthase *f* citrate synthase, citrate si-synthase, citrogenase, oxaloacetate transacetase.

Zitronensäure *f* citric acid.

Zitronensäurezyklus *m* citric acid cycle, Krebs cycle, tricarboxylic acid cycle.

Zitrullin *nt* citrulline.

Zoeruloplasmin *nt* ceruloplasmin, ferroxidase.

Zooparasit *m* zooparasite, animal parasite.

Zoophyt *m* zoophyte.

Zooplankton *nt* zooplankton.

Zoosterin *nt* zoosterol.

Zoosterol *nt* zoosterol.

Zöruloplasmin *nt* ceruloplasmin, ferroxidase.

zottig *adj.* villous, villose, shaggy.

Z

Zucker *m* sugar, saccharid.
Zucker- *präf.* sugar, saccharine, glyc(o)-, racchar(o)-.
Zuckerabbau *m* sugar breakdown.
Zuckeralkohol *m* sugar alcohol.
Zuckerbildung *f* glycogenesis.
Zuckerbindung *f* glycopexis.
Zucker-Carrier *m* sugar carrier.
Zuckermetabolismus *m* glycometabolism, saccharometabolism.
Zuckerphosphat *nt* sugar phosphate.
Zuckerrohr *nt* sugar cane.
Zuckerrübe *f* sugar beet.
Zuckersäure *f* saccharic acid, sugar acid, aldaric acid, D-glucaric acid, glucosaccharic acid.
zuckerspaltend *adj.* sucroclastic.
zuckerspeichernd *adj.* glycopexic.
Zuckerspeicherung *f* glycopexis.
Zuckerstoffwechsel *m* glycometabolism, saccharometabolism.
Zuckertransport *m* sugar transport.
Zucker-Transporter *m* sugar transporter.
Zusammensetzung *f* composition, make-up, compound; ingredients *pl*, structure; formula.
Zustand *m* condition, state.
fester Zustand solid state.
flüssiger Zustand liquid state, liquidity.
gasförmiger Zustand gaseous state.
zwei- *präf.* dual, di-, bi-, amph(i)-.
zweibasig *adj.* bibasic, doubly basic.
zweibasisch *adj.* doubly basic, bibasic, diacid, dibasic, diatomic.
Zweifachzucker *m* disaccharide, disaccharose.
Zwei Gene-eine Polypeptidketten-Hypothese *f* two gene-one polypeptide chain hypothesis.
zweisinnig *adj.* amphoteric, amphoterous.
Zwei-Substrat-Reaktion *f* two-substrate reaction.
zweiwertig *adj.* divalent, bivalent.
Zweiwertigkeit *f* bivalence, bivalency.
Zwischenprodukt *nt* intermediate, intermediate product.
Zwischenstoffwechsel *m* intermediary metabolism.
Zwischenwirt *m* intermediate host, secondary host.
Zwitterion *nt* dipolar ion, zwitterion.
Zyan- *präf.* cyan(o)-.
Zyanalkohol *m* cyanohydrin, cyanal-

cohol, cyanoalcohol.
Zyanamid *nt* cyanamide.
Zyanat *nt* cyanate.
Zyanhämoglobin *nt* cyanhemoglobin.
Zyanid *nt* cyanide, cyanid, prussiate.
Zyankali *nt* potassium cyanide.
Zyanmethämoglobin *nt* cyanide methemoglobin, cyanmethemoglobin.
Zyanmetmyoglobin *nt* cyanmetmyoglobin.
Zyano- *präf.* cyan(o)-.
Zyanocobalamin *nt* vitamin B_{12}, cyanocobalamin, antianemic factor, anti-pernicious anemia factor, Castle's factor, LLD factor.
Zyanoform *nt* cyanoform.
Zyanogen *nt* cyanogen.
Zyanoguanidin *nt* cyanoguanidin.
zyanophil *adj.* cyanophilous, cyanophil.
Zyanopsin *nt* cyanopsin.
Zyansäure *f* cyanic acid.
Zyanursäure *f* cyanuric acid.
Zyanwasserstoffsäure *f* cyanhydric acid, hydrocyanic acid.
Zygomycetales *pl* Zygomycetes.
Zygomycetes *pl* Zygomycetes.
Zykl- *präf.* cyclic, cyclical, cycl(o)-.
Zyklamat *nt* cyclamate.
Zyklase *f* cyclase.
zyklisch *adj.* cyclic, cyclical.
zyklisieren *vt* cyclize.
Zyklisierung *f* cyclization.
β-Zyklisierung *f* β cyclization.
ε-Zyklisierung *f* ε cyclization.
Zyklo- *präf.* cyclic, cyclical, cycl(o)-.
Zyklo-AMP *nt* cyclic AMP, adenosine 3',5'-cyclic phosphate, cyclic adenosine monophosphate.
Zyklo-GMP *nt* cyclic GMP, guanosine 3',5'-cyclic phosphate, cyclic guanosine monophosphate.
Zyklohexanol *nt* cyclohexanol.
Zyklohexen *nt* cyclohexene.
Zykloisomerase *f* cycloisomerase.
Zykloligase *f* cycloligase.
Zyklooxigenase *f* cyclooxygenase.
Zyklopentan *nt* cyclopentane.
Zyklopropan *nt* cyclopropane, trimethylene.
Zyklus *m* cycle.
Zyklus der Fettsäureoxidation fatty acid oxidation cycle.
isohydrischer Zyklus isohydric cycle.
präerythrozytärer Zyklus preerythrocytic cycle, preerythrocytic phase.

sinnloser **Zyklus** futile cycle.
Zymase *f* zymase.
Zymochemie *f* zymochemistry.
zymogen *adj.* zymogenic, zymoge-
nous, zymogic.
Zymogen *nt* proenzyme, proferment,
zymogen.
zymoid *adj.* zymoid.
Zymoid *nt* zymoid.
Zymosan *nt* zymosan.
Zymosterin *nt* zymosterol, mycosterol.
Zystathionin *nt* cystathionine.
Zystein *nt* cysteine.
Zystin *nt* cystine, dicysteine.
Zytidin *nt* cytidine.
Zytidindesaminase *f* cytidine deam-
inase.
Zytidindiphosphat *nt* cytidine(-5'-)-
diphosphate.
Zytidin-5'-diphosphat *nt* cytidi-
ne(-5'-)diphosphate.
Zytidindiphosphatcholin *nt* cyti-
dine diphosphate choline.
Zytidinmonophosphat *nt* cytidine
monophosphate, cytidylic acid.
Zytidintriphosphat *nt* cytidine(-5'-)tri-
phosphate.
Zytidin-5'-triphosphat *nt* cytidi-
ne(-5'-)triphosphate.
Zytisin *nt* cytisine, ulexine, laburinine,

sophorine.
Zyto- *präf.* cell, cellular, cyt(o)-, kyt(o)-.
Zytochemie *f* cytochemistry.
Zytochrom *nt* cytochrome.
Zytoflavin *nt* cytoflavin.
Zytogenetik *f* cytogenetics *pl.*
zytogenetisch *adj.* relating to cyto-
genetics, cytogenetic, cytogenetical.
Zytohormon *nt* cell hormone,
cytohormone.
Zytokin *nt* cytokine.
Zytokinin *nt* cytokinin.
Zytolemm *nt* cell membrane, plasma
membrane, plasmalemma, plasmo-
lemma, ectoplast, cytoplasmic mem-
brane, cytomembrane, cytolemma.
Zytomembran *f* s.u. *Zytolemm.*
Zytoplasma *nt* cytoplasm, cell plasma, plasma, plasm.
zytoplasmatisch *adj.* relating to
cytoplasm, cytoplasmic.
Zytosin *nt* cytosine.
Zytosol *nt* cell sap, cytosol.
Zytosom *nt* multilamellar body, cytosome.
zytotaktisch *adj.* relating to cytotaxis,
cytotactic.
Zytotaxis *f* cytotaxis.
zytotrop *adj.* cytotropic, cytophilic.

Pocket Dictionary of Biochemistry

English - German
Englisch - Deutsch

A

A antigen Antigen A *nt.*

AA protein AA-Protein *nt*, Amyloid-protein-A *nt.*

abacterial *adj.* frei von Bakterien, bakterienfrei, abakteriell.

A band A-Band *nt*, A-Streifen *m*, A-Zone *f*, anisotrope Bande *f.*

abbau *n* **1.** Abbau *m.* **2.** Abbauprodukt *nt.*

Abbé-Zeiss apparatus (Thoma-)-Zeiss-Zählkammer *f.*

Abbé-Zeiss counting cell s.u. *Abbé-Zeiss apparatus.*

Abbé-Zeiss counting chamber s.u. *Abbé-Zeiss apparatus.*

Abel's bacillus Ozäna-Bakterium *nt*, Klebsiella (pneumoniae) ozaenae, Bacterium ozaenae.

aberration *n* Abweichung *f*, Aberration *f.*

abiogenesis *n* Abiogenese *f.*

abiogenetic *adj.* Abiogenese betreffend, von Abiogenese gekennzeichnet, abiogenetisch.

abiogenous *adj.* s.u. *abiogenetic.*

abiotic *adj.* abiotisch.

abiotrophic *adj.* abiotroph, abiotrophisch.

abnormal *adj.* **1.** abnorm(al), von der Norm abweichend, anormal, ungewöhnlich. **2.** ungewöhnlich hoch *oder* groß, abnorm(al).

ABO antigen ABO-Antigen *nt.*

ABO compatibility ABO-Verträglichkeit *f*, ABO-Kompatibilität *f.*

ABO incompatibility ABO-Unverträglichkeit *f*, ABO-Inkompatibilität *f.*

abscisic acid Abscisinsäure *f.*

abscissa *n*, *pl* **-sas**, **-sae** Abszisse *f.*

Absidia *n* Absidia *f.*

absolute *adj.* **1.** absolut, uneingeschränkt, unumschränkt. **2.** (*chemisch*) rein, unvermischt, absolut. **3.** (*physikal.*) absolut unabhängig, nicht relativ.

absolute alcohol absoluter Alkohol *m*, Alcoholus absolutus.

absolute configuration absolute Konfiguration *f.*

absolute humidity absolute Feuchtigkeit *f.*

absolute scale Kelvin-Skala *f.*

absolute temperature absolute Temperatur *f.*

absolute temperature scale Kelvin-Skala *f.*

absolute threshold Absolutschwelle *f*, Reizschwelle *f*, Reizlimen *nt.*

absolute unit absolute Einheit *f.*

absolute viscosity absolute/dynamische Zähigkeit/Viskosität *f.*

absorb *vt* ab-, resorbieren, ein-, aufsaugen, in sich aufnehmen.

absorbable *adj.* ab-, resorbierbar.

absorbance *n* Extinktion *f.*

absorbate *n* absorbierte Substanz *f*, Absorbent *nt.*

absorbefacient **I** *n* absorptionsförderndes/absorbierendes Mittel *nt.* **II** *adj.* Absorption fördernd, resorbierend, absorbierend.

absorbency *n* s.u. *absorbance.*

absorbency index Extinktionskoeffizient *m.*

absorbent **I** *n* saugfähiger Stoff *m*, absorbierende Struktur/Substanz *f*, Absorber *m*, Absorbens *nt.* **II** *adj.* saugfähig, ein-, aufsaugend, absorbierend, resorbierend.

absorbent system lymphatisches System *nt*, Lymphsystem *nt*.

absorbing *adj.* ab-, resorbierend, Absorptions-, Aufnahme-.

absorbing epithelium resorbierendes Epithel *nt*, Saumzellen *pl*, Enterozyten *pl*.

absorption *n* **1.** Absorption *f*, Resorption *f*, Aufnahme *f*, Einverleibung *f*. **2.** (*physikal.*) Absorption *f*.

absorption band Absorptionsbande *f*, -streifen *m*.

absorption coefficient Extinktionskoeffizient *f*.

molar absorption coefficient molarer Extinktionskoeffizient.

specific absorption coefficient spezifischer Extinktionskoeffizient.

absorption constant s.u. *absorption coefficient*.

absorption lines Absorptionslinien *pl*.

absorption maximum Absorptionsmaximum *nt*.

absorption spectrophotometer Absorptionsspektrophotometer *nt*.

absorption spectrum Absorptionsspektrum *nt*.

absorptive *adj.* Absorption betreffend, ab-, adsorptiv, absorbierend, Absorptions-.

absorptivity *n* Extinktionskoeffizient *m*.

Acanthamoeba *n* Akanthamöbe *f*, Acanthamoeba *f*.

Acanthia lectularia *n* Bettwanze *f*, Cimex lectularius, Acanthia lectularia.

Acanthocephala *pl*, *sing* **-lus** Kratzer *pl*, Kratzwürmer *pl*, Acanthocephala *pl*.

Acanthocheilonema *n* Acanthocheilonema *f*.

acaricide I *n* Akarizid *nt*. II *adj.* milben(ab)tötend, akarizid.

Acaridae *pl* Acaridae *pl*.

acarus *n*, *pl* **-ri** Acarus *m*.

accelerant I *n* s.u. *accelerator* 1. II *adj.* beschleunigend, akzelerierend.

accelerate I *vt* beschleunigen, akzelerieren; (*Entwicklung*) fördern, beschleunigen. II *vi* schneller werden, Geschwindigkeit erhöhen, sich beschleunigen, akzelerieren.

accelerated reaction beschleunigte

Reaktion *f*.

acceleration *n* **1.** Beschleunigung *f*, Geschwindigkeitsänderung *f*, Akzeleration *f*. **2.** Akzeleration *f*, Entwicklungsbeschleunigung *f*.

accelerator *n* **1.** Beschleuniger *m*, Akzelerator *m*. **2.** Katalysator *m*.

accelerator factor Proakzelerin *nt*, Proaccelerin *nt*, Acceleratorglobulin *nt*, labiler Faktor *m*, Faktor V *m*.

accelerator globulin s.u. *accelerator factor*.

accelerin *n* Akzelerin *nt*, Accelerin *nt*, Faktor VI *m*.

acceptor *n* Akzeptor *m*, Acceptor *m*.

acceptor control Akzeptorkontrolle *f*.

acceptor control index Akzeptorkontrollindex *m*, -ratio *f*.

acceptor control ratio Akzeptorkontrollindex *m*, -ratio *f*.

acceptor molecule Akzeptormolekül *nt*.

accessory *adj.* **1.** akzessorisch, zusätzlich, begleitend, ergänzend, Neben-, Bei-, Hilfs-. **2.** untergeordnet, nebensächlich, Neben-.

accessory chromosome überzähliges Chromosom *nt*.

accessory pigments akzessorische Photosynthesepigmente *pl*, akzessorische Pigmente *pl*.

accessory pigments of photosynthesis Hilfspigmente *pl* der Photosynthese.

accidental host Fehlwirt *m*.

accidental parasite Zufallsparasit *m*.

accretion *n* **1.** Anwachsen *nt*, Wachstum *nt*, Zuwachs *m*, Zunahme *f*. **2.** s.u. *accumulation*.

accumulate I *vt* ansammeln, auf-, anhäufen, akkumulieren. II *vi* anwachsen, sich auf- *oder* anhäufen, sich ansammeln *oder* akkumulieren.

accumulation *n* Ansammlung *f*, Auf-, Anhäufung *f*, Akkumulation *f*.

accumulative *adj.* (an-)wachsend, anhäufend, akkumulierend, Häufungs-.

accuracy *n* Genauigkeit *f*, Präzision *f*, Richtigkeit *f*, Exaktheit *f*.

accurate *adj.* genau, exakt, richtig, akurat; (*Person*) sorgfältig; (*Test, Diagnose*) präzise, exakt.

ACE inhibitor Angiotensin-Converting-Enzym-Hemmer *m*, ACE-Hemmer *m*.

acellular *adj.* zellfrei, nicht aus Zellen

bestehend, azellulär.

acentric I *n* s.u. *acentric chromosome.*
II *adj.* nicht im Zentrum, nichtzentral, azentrisch.

acentric chromosome azentrisches Chromosom *nt.*

acetal *n* Azetal *nt*, Acetal *nt*, Vollazetal *nt.*

acetaldehyde *n* Azet-, Acetaldehyd *m*, Äthanal *nt*, Ethanal *nt.*

acetaldehyde dehydrogenase Aldehyddehydrogenase *f.*

acetaldehyde reductase Alkoholdehydrogenase *f.*

acetal linkage Azetalbindung *f.*

acetamide *n* Azetamid *nt.*

acetanilide *n* Acetanilid *nt*, Phenylacetamid *nt.*

acetannin *n* s.u. *acetyltannic acid.*

acetate *n* Azetat *nt*, Acetat *nt.*

acetate kinase Azetatkinase *f.*

acetate-malonate pathway Acetat-Malonat-Weg *m*, Acetat-Mevalonat-Weg *m.*

acetate-mevalonate pathway Acetat-Malonat-Weg *m*, Acetat-Mevalonat-Weg *m.*

acetate replacing factor s.u. *lipoic acid.*

acetazolamide *n* Azetazolamid *nt.*

acetic *adj.* **1.** Essig(säure) betreffend, Essig-. **2.** sauer.

acetic acid Essigsäure *f*, Äthan-, Ethansäure *f.*

 glacial acetic acid Eisessig *m.*

acetic acid anhydride Essigsäure-, Azetanhydrid *nt.*

acetic anhydride s.u. *acetic acid anhydride.*

acetoacetate *n* Azetoazetat *nt*, Acetoacetat *nt.*

acetoacetic acid *n* Azetessigsäure *f*, β-Ketobuttersäure *f.*

acetoacetyl-CoA *n* s.u. *acetoacetyl coenzyme A.*

acetoacetyl-CoA acyltransferase Acetyl-CoA-Acyltransferase *f.*

acetoacetyl-CoA reductase Azetoazetyl-, Acetoacetyl-CoA-Reduktase *f.*

acetoacetyl-CoA thiolase s.u. *acetyl-CoA acetyltransferase.*

acetoacetyl coenzyme A Azetoazetyl-, Acetoacetylcoenzym A *nt*, Azetoazetyl-CoA *nt.*

Acetobacter *n* Essigsäurebakterien

pl, Essigbakterien *pl*, Acetobacter *m.*

Acetobacteraceae *pl* Acetobacteraceae *pl.*

acetohexamide *n* Azetohexamid *nt.*

acetokinase *n* s.u. *acetate kinase.*

acetolactate *n* Azetolaktat *nt*, Acetolactat *nt.*

acetolactate mutase Azetolaktatmutase *f.*

acetolactate synthase Azetolaktatsynthase *f.*

acetolactic acid Azeto-, Acetomilchsäure *f.*

acetolysis *n* Azetolyse *f*, Acetolyse *f.*

acetonaemic *adj. Brit.* azetonämisch, ketonämisch.

acetone *n* Azeton *nt*, Aceton *nt*, Dimethylketon *nt.*

acetone bodies Keto(n)körper *pl.*

acetonemic *adj.* azetonämisch, ketonämisch.

acetosal *n* s.u. *acetylsalicylic acid.*

acetous *adj.* Essigsäure betreffend *oder* bildend, Essigsäure-.

acetum *n*, *pl* **-ta 1.** Essig *m*, Acetum *nt.* **2.** Essig(säure)lösung *f.*

aceturate *n* N-Acetylglycinat *nt.*

acetyl *n* Azetyl-, Acetyl-(Radikal *nt*).

acetylaminobenzene *n* s.u. *acetanilide.*

acetylaminofluorene *n* Acetylaminofluoren *nt.*

acetylase *n* s.u. *acetyltransferase.*

acetylate I *vt* azetylieren, acetylieren.
II *vi* azetyliert werden.

acetylation *n* Azetylierung *f*, Acetylierung *f.*

acetylcarnitine *n* Acetylcarnitin *nt.*

acetyl chloride Azetyl-, Acetylchlorid *nt.*

acetylcholine *n* Azetyl-, Acetylcholin *nt.*

acetylcholine antagonist Azetylcholinantagonist *m.*

acetylcholinergic *adj.* azetylcholinerg.

acetylcholinergic synapse azetylcholinerge Synapse *f.*

acetylcholinesterase *n* Azetyl-, Acetylcholinesterase *f*, echte Cholinesterase *f.*

acetylcholinesterase inhibitor Acetylcholinesterasehemmer *m*, -inhibitor *m.*

acetyl-CoA *n* s.u. *acetyl coenzyme acetyl-CoA.*

acetyl-CoA acetyltransferase Acetyl-CoA-Acetyltransferase *f*, (Acetoacetyl-)Thiolase *f*.

acetyl-CoA acyltransferase Acetyl-CoA-acyltransferase *f*.

acetyl-CoA:α-glucosaminide-N-acetyltransferase Acetyl-CoA:α-Glukosaminid-*N*-Acetyltransferase *f*.

acetyl-CoA carboxylase Acetyl-CoA-Carboxylase *f*.

acetyl-CoA:heparan-α-D-glucosaminide-N-acetyltransferase s.u. *acetyl-CoA:α-glucosaminide-N-acetyltransferase*.

acetyl-CoA synthetase Acetyl-CoA-Synthetase *f*.

acetyl coenzyme A Azetyl-, Acetylcoenzym A *nt*, Acetyl-CoA *nt*.

4-acetylcytidine *n* 4-Acetylcytidin *nt*.

N⁴-acetylcytosine *n* N^4-Acetylcytosin *nt*.

N-acetyl-D-glucosamine *n* *N*-Acetyl-D-Glukosamin *nt*.

N-acetyl-D-glucosamine *n* *N*-Acetyl-D-Glukosamin *nt*.

N-acetyl-α-D-glucosaminide-6-sulfatase *n* *N*-Acetylglukosamin-6-Sulfatsulfatase *f*.

N-acetyl-α-D-glucosaminide-6-sulphatase *n* *Brit.* *N*-Acetylglukosamin-6-Sulfatsulfatase *f*.

acetylene *n* Azetylen *nt*, Acetylen *nt*, Äthin *nt*, Ethin *nt*.

acetylene tretrachloride Tetrachloräthan *nt*, -ethan *nt*.

N-acetylgalactosamine-4-sulfatase *n* *N*-Acetylgalaktosamin-4-Sulfatsulfatase *f*.

N-acetylgalactosamine-6-sulfatase *n* *N*-Acetylgalaktosamin-6-Sulfatsulfatase *f*, Chondroitinsulfatsulfatase *f*.

N-acetylgalactosamine-4-sulphatase *n* *Brit.* *N*-Acetylgalaktosamin-4-Sulfatsulfatase *f*.

N-acetylgalactosamine-6-sulphatase *n* *Brit.* *N*-Acetylgalaktosamin-6-Sulfatsulfatase *f*, Chondroitinsulfatsulfatase *f*.

α-N-acetylgalactosaminidase *n* α-*N*-Acetylgalaktosaminidase *f*.

β-N-acetylgalactosaminidase *n* β-*N*-Acetylgalaktosaminidase *f*, *N*-Acetyl-β-Hexosaminidase A *f*.

N-acetylglucosamine-6-sulfatase *n* *N*-Acetylglukosamin-6-Sulfatsulfatase *f*.

N-acetylglucosamine-6-sulphatase *n* *Brit.* *N*-Acetylglukosamin-6-Sulfatsulfatase *f*.

α-N-acetylglucosaminidase *n* α-*N*-Acetylglukosaminidase *f*.

N-acetyl-α-D-glucosamine-6-sulfatase *n* *N*-Acetylglukosamin-6-Sulfatsulfatase *f*.

N-acetyl-α-D-glucosamine-6-sulphatase *n* *Brit.* *N*-Acetylglukosamin-6-Sulfatsulfatase *f*.

acetylglutamate *n* Azetyl-, Acetylglutamat *nt*.

acetylglutamate kinase Acetylglutamatkinase *f*.

N-acetylglutamic acid *N*-Acetylglutaminsäure *f*.

acetyl glyceryl ether phosphoryl choline Plättchen-aktivierender Faktor *m*, platelet activating factor *m*, platelet aggregating factor *m*.

N-acetyl-β-hexosaminidase A s.u. *β-N-acetylgalactosaminidase*.

acetylization *n* s.u. *acetylation*.

N-acetylmannosamine *n* *N*-Acetylmannosamin *nt*.

N-acetylmannosamine kinase *N*-Acetylmannosaminkinase *f*.

N-acetylmuramic acid *N*-Acetylmuraminsäure *f*.

N-acetylneuraminate *n* *N*-Acetylneuraminat *nt*.

N-acetylneuraminate lyase *N*-Acetylneuraminatlyase *f*.

N-acetylneuraminate-9-phosphatase *n* *N*-Acetylneuraminsäure-9-Phosphatase *f*.

N-acetylneuraminate-9-phosphate synthase *N*-Acetylneuraminat-9-Phosphat-Synthase *f*.

N-acetylneuraminic acid *N*-Acetylneuraminsäure *f*.

N-acetylneuraminic acid-9-phosphate *N*-Acetylneuraminsäure-9-Phosphat *nt*.

N-acetylornithine *n* *N*-Acetylornithin *nt*.

N-acetylornithine cycle *N*-Acetylornithin-Zyklus *m*.

acetylornithine deacetylase Acetylornithindeacetylase *f*.

acetylornithine transaminase Acetylornithintransaminase *f*.

acetyl phosphate Azetyl-, Acetylphosphat *nt*.

acetylsalicylic acid Acetylsalicyl-
säure *f*, Azetylsalizylsäure *f*.
O-acetylserine *n* O-Acetylserin *nt*.
**O-acetylserine-L-serine sulf-
hydrylase** O-Acetylserin-L-Serin-
Sulfhydrylase *f*.
**O-acetylserine-L-serine sulphhy-
drylase** *Brit*. O-Acetylserin-L-Serin-
Sulfhydrylase *f*.
acetylsulfadiazine *n* Azetyl-, Acetylsulfadiazin *nt*.
acetylsulfaguanidine *n* Azetyl-,
Acetylsulfaguanidin *nt*.
acetylsulfanilamide *n* Azetyl-, Acetylsulfanilamid *nt*.
acetylsulfathiazole *n* Azetyl-, Acetylsulfathiazol *nt*.
acetylsulphadiazine *n Brit*. Azetyl-,
Acetylsulfadiazin *nt*.
acetylsulphaguanidine *n Brit*. Aze-
tyl-, Acetylsulfaguanidin *nt*.
acetylsulphanilamide *n Brit*. Aze-
tyl-, Acetylsulfanilamid *nt*.
acetylsulphathiazole *n Brit*. Azetyl-,
Acetylsulfathiazol *nt*.
acetyltannic acid Acetylgerbsäure *f*,
Acetyltannin *nt*.
acetyltannin *n* s.u. *acetyltannic acid*.
acetyltransferase *n* Azetyl-, Acetyltransferase *f*.
A chain (*Insulin*) A-Kette *f*.
Acholeplasma *n* Acholeplasma *nt*.
Acholeplasmataceae *pl* Acholeplasmataceae *pl*.
Achromatiaceae *pl* Achromatiaceae
pl.
achromatic *adj*. **1.** unbunt, achroma-
tisch. **2.** Achromatin enthaltend. **3.**
nicht *oder* schwer anfärbbar.
achromatin *n* Achromatin *nt*, Euchromatin *nt*.
Achromobacter *n* Achromobacter *m*.
acid I *n* Säure *f*. **II** *adj*. sauer, säurehaltig, Säure-.
acid agglutination Säureagglutina-
tion *f*.
acid anhydride Säureanhydrid *nt*.
acid-base balance Säure-Basen-
Haushalt *m*.
acid-base catalysis Säure-Basen-
Katalyse *f*.
acid-base equilibrium s.u. *acid-
base balance*.
acid-base indicator Säure-Basen-
Indikator *m*.
acid-base pair Säure-Basen-Paar *nt*.

acid-base reaction Säure-Basen-Reaktion *f*.
acid-base status Säure-Basen-Status
m.
acid catalysis Säurekatalyse *f*.
acid cell (*Magen*) Belegzelle *f*, Parie-
talzelle *f*.
acid dye saurer/anionischer Farbstoff
m.
acid-fast *adj*. säurefest.
acid-fast bacteria säurefeste Bakterien *pl*.
acid-fastness *n* Säurefestigkeit *f*.
acid-fast stain säurefeste Färbung *f*,
Färbung *f* säurefester Bakterien.
acid glands Magendrüsen *f*, Fundus-
und Korpusdrüsen *pl*, Glandulae
gastricae.
α_1-acid glycoprotein saures α_1-Gly-
koprotein *nt*, α_1-saures Glykoprotein
nt.
acid halide Säurehalogenid *nt*.
acid hydrolase saure Hydrolase *f*.
acid hydrolysis saure Hydrolyse *f*.
acidic *adj*. **1.** säurebildend, -reich, -hal-
tig. **2.** sauer, säurehaltig, Säure-.
acidic dye s.u. *acid dye*.
acidic glycosphingolipid Gangliosid *nt*, saures Glykosphingolipid *nt*.
acidifiable *adj*. ansäuerbar.
acidification *n* **1.** Ansäuern *nt*,
Azidifizierung *f*. **2.** (An-)Säuerung *f*,
Azidifikation *f*.
acidifier *n* ansäuernde Substanz *f*,
Säuerungsmittel *nt*.
acidify I *vt* (an-)säuern, in Säure verwandeln. **II** *vi* sauer werden.
acidimetry *n* **1.** Azidimetrie *f*. **2.**
Azidometrie *f*.
acid-insoluble *adj*. säureunlöslich.
acidity *n* **1.** Säuregrad *m*, -gehalt *m*,
Azidität *f*, Acidität *f*. **2.** Säure *f*,
Schärfe *f*.
acid-labile *adj*. säurelabil.
acid mucopolysaccharides saure
Mucopolysaccharide *pl*.
acidogenic *adj*. säurebildend, azidogen.
acidophil I *n* azidophile Zelle *f*. **II** *adj*.
mit sauren Farbstoffen färbend, azi-
do-, acido-, oxyphil.
acidophil cell s.u. *acidophilic cell*.
acidophile *n, adj*. s.u. *acidophil*.
acidophile cell s.u. *acidophilic cell*.
acidophil granules azidophile Granula *pl*.

acidophilic *adj.* s.u. *acidophil* II.
acidophilic cell (*Adenohypophyse*) azidophile Zelle *f,* α-Zelle *f.*
acidosic *adj.* s.u. *acidotic.*
acidosis *n* Azidose *f,* Acidose *f.*
acidotic *adj.* Azidose betreffend, von Azidose gekennzeichnet, azidotisch, Azidose-.
acid phosphatase saure Phosphatase *f.*
acid phosphatase reaction Saure-Phosphatase-Reaktion *f.*
acid phosphate saures Phosphat *nt.*
acid phosphomonoesterase s.u. *acid phosphatase.*
acid reaction 1. saure Reaktion *f,* saures Verhalten *nt.* **2.** Säurenachweis *m.*
acid salt saures Salz *nt.*
acid-soluble *adj.* säurelöslich.
acid stability Säurestabilität *f.*
acid-stable *adj.* säurestabil.
acid stain saurer Farbstoff *m.*
acidulent *adj.* s.u. *acidulous.*
acidulous *adj.* leicht sauer, säuerlich.
acidum *n, pl* -da Säure *f.*
acid value Säuregehalt *m.*
acidylation *n* s.u. *acylation.*
acinal *adj.* s.u. *acinar.*
acinar *adj.* Azinus betreffend, azinös, azinär.
Acinetobacter *n* Acinetobacter *m.*
acinic *adj.* s.u. *acinar.*
acinose *adj.* s.u. *acinar.*
aconitase *n* Aconitase *f,* Aconitathydratase *f.*
aconitate hydratase s.u. *aconitase.*
aconitic acid Akonitsäure *f.*
aconitine *n* Akonitin *nt,* Aconitin *nt.*
acor *n* **1.** Säuregrad *m,* -gehalt *m,* Azidität *f,* Acidität *f.* **2.** Säure *f,* Schärfe *f.*
acortan *n* Kortikotropin *nt,* -trophin *nt,* Corticotrophin *nt,* (adreno-)corticotropes Hormon *nt,* Adrenokortikotropin *nt.*
ACP-acyltransferase *n* ACP-Acyltransferase *f.*
ACP apoprotein ACP-Apoprotein *nt.*
ACP-malonyltransferase *n* ACP-Malonyltransferase *f.*
acquired *adj.* erworben, sekundär.
Acremoniella *pl* Acremoniella *pl.*
Acremonium *n* Acremonium *nt.*
acrid *adj.* scharf, beißend, reizend.
acridin *n* s.u. *acridine.*
acridine *n* Akridin *nt,* Acridin *nt.*
acridine orange Akridinorange *nt.*

acridine yellow Akridingelb *nt.*
acrocentric *adj.* akrozentrisch.
acrocentric chromosome akrozentrisches Chromosom *nt.*
acrolein *n* Akrolein *nt,* Acrolein *nt,* Acryl-, Allylaldehyd *m.*
acrylamide *n* Akryl-, Acrylamid *nt.*
acrylate *n* Acrylat *nt,* Akrylat *nt.*
acrylic acid Acrylsäure *f.*
ACTH cells ACTH(-bildende)-Zellen *pl.*
actin *n* Aktin *nt,* Actin *nt.*
actin- *präf.* s.u. *actino-.*
actin-binding protein Aktin-bindendes Protein *nt.*
actin filament Aktinfilament *nt.*
actinic *adj.* Strahlen/Strahlung betreffend, durch Strahlen/Strahlung bedingt, aktinisch, Strahlen-.
actinin *n* Aktinin *nt.*
actino- *präf.* Strahl(en)-, Aktino-, Actino-.
Actinobacillus *n* Aktinobazillus *m,* Actinobacillus *m.*
actinobifida *pl* Actinobifida *pl.*
actinochemistry *n* Photochemie *f.*
Actinomadura *n* Actinomadura *f.*
Actinomyces *n* Actinomyces *m.*
actinomyces *n* Aktinomyzet *m,* Actinomyces *m.*
Actinomycetaceae *pl* Actinomycetaceae *pl.*
Actinomycetales *pl* Actinomycetales *pl.*
actin strand Aktinstrang *m.*
action *n* (*physiolog.*) Tätigkeit *f,* Funktion *f;* (*chemisch*) (Ein-)Wirkung *f,* Wirksamkeit *f* (*on* auf).
action current Aktionsstrom *m.*
action potential Aktionspotential *nt.*
action spectrum Aktions-, Wirkungsspektrum *nt.*
activate *vt* (*chemisch*) aktivieren, anregen; (*physikal.*) radioaktiv machen, aktivieren.
activated atom angeregtes Atom *nt.*
activated charcoal Aktivkohle *f,* Carbo activatus.
activated ergosterol Ergocalciferol *nt,* Vitamin D2 *nt.*
activation *n* Aktivierung *f,* Anregung *f.*
activation analysis Aktivierungsanalyse *f.*
activation energy Aktivierungsenergie *f.*
activation factor Faktor XII *m,*

Hageman-Faktor *m*.

activation stage Aktivierungsphase *f*.

activation system Aktivierungssystem *nt*.

activator *n* Aktivator *m*.

activator RNA Aktivator-RNA *f*, Aktivator-RNS *f*.

active *adj*. **1.** aktiv, wirksam, wirkend. be active against wirksam sein/helfen gegen. **2.** aktiv, tätig; rege, lebhaft.

active electrode aktive/differente Elektrode *f*.

active level (**of metabolism**) Tätigkeitsumsatz *m*.

active respiration aktive Atmung *f*, Atmungszustand 3 *nt*.

activity *n* Aktivität *f*, Wirksamkeit *f*.

actomyosin *n* Aktomyosin *nt*, Actomyosin *nt*.

acute-phase protein Akute-Phase-Protein *nt*.

acute-phase reactant Akute-Phase-Protein *nt*.

acyclic *adj*. (*chemisch*) azyklisch, offenkettig; aliphatisch; (*physiolog.*) nicht periodisch, azyklisch.

acyclic compound offene Kette *f*.

acyl *n* Azyl-, Acyl-(Radikal *nt*).

acyl adenylate Acyladenylat *nt*.

acylase *n* Acylase *f*.

acylation *n* Acylierung *f*, Azylierung *f*.

acyl carnitine Acylcarnitin *nt*.

acyl carrier protein Acyl-Carrier-Protein *nt*.

acylcholine acylhydrolase unspezifische/unechte Cholinesterase *f*, Pseudocholinesterase *f*, Typ II-Cholinesterase *f*, β-Cholinesterase *f*, Butyrylcholinesterase *f*.

acyl-CoA *n* s.u. *acyl coenzyme A*.

acyl-CoA dehydrogenase Acyl-CoA-dehydrogenase *f*.

acyl-CoA desaturase Acyl-CoA-desaturase *f*.

acyl-CoA synthetase (**GDP forming**) Acyl-CoA-synthetase *f* (GDP-bildend).

acyl-CoA synthetase (**GDP forming**) Acyl-CoA-synthetase *f* (GDP-bildend).

   long-chain acyl-CoA synthetase (**GDP forming**) long-chain-Acyl-CoA-synthetase.

   medium-chain acyl-CoA synthetase (**GDP forming**) medium-chain-Acyl-

CoA-synthetase.

acyl-CoA thioester Acyl-CoA-thioester *m*.

acyl coenzyme A Acylcoenzym A *nt*, Acyl-CoA *nt*.

acyl enzyme Acylenzym *nt*.

acylglucosamine-2-epimerase *n* Acylglucosamin-2-epimerase *f*.

acylglycerol *n* Acylglycerin *nt*, Glycerid *nt*, Neutralfett *nt*.

acylglycerol palmitoyl transferase Acylglycerinpalmitidyltransferase *f*.

N-acylneuraminic acid Sialinsäure *f*, N-Acylneuraminsäure *f*.

N-acylsphingosine *n* N-Acyl-sphingosin *nt*, Ceramid *nt*.

acylsphingosine deacylase Acyl-sphingosindeacylase *f*, Ceramidase *f*.

acyltransferase *n* Acyltransferase *f*, Transacylase *f*.

adamsite *n* Diphenylaminarsinchlorid *nt*, Adamsit *nt*.

adaptation *n* Anpassung *f*, Gewöhnung *f*, Adaptation *f*, Adaption *f* (*to* an).

adaptative *adj*. s.u. *adaptive*.

adaption *n* s.u. *adaptation*.

adaptive *adj*. anpassungsfähig, adaptiv (*to* an).

adaptive enzyme induzierbares Enzym *nt*.

adaptive immunity erworbene Immunität *f*.

additive I *n* Zusatz *m*, Additiv *nt*. **II** *adj*. zusätzlich, hinzukommend, additiv, Additions-.

additive effect Additions-, Summationseffekt *m*.

aden- *präf*. s.u. *adeno-*.

adenase *n* s.u. *adenine deaminase*.

adenine *n* 6-Aminopurin *nt*, Adenin *nt*.

adenine arabinoside Vidarabin *nt*, Adenin-Arabinosid *nt*.

adenine deaminase Adenindesaminase *f*.

adenine phosphoribosyl transferase Adeninphosphoribosyltransferase *f*.

adeno- *präf*. Drüsen-, Adeno-.

adeno-associated virus adenoassoziiertes Virus *nt*, Adenosatellitovirus *nt*.

adenohypophyseal *adj*. s.u. *adenohypophysial*.

adenohypophysial *adj*. Adenohypophyse betreffend, adenohypophysär,

Adenohypophysen-, Hypophysenvorderlappen-, HVL-.

adenohypophysial hormones Hormone *pl* der Adenohypophyse, (Hypophysen-)Vorderlappenhormone *pl*, HVL-Hormone *pl*.

adenohypophysis *n* Adenohypophyse *f*, Hypophysenvorderlappen *m*.

adenosine *n* Adenosin *nt*.

adenosine 3',5'-cyclic phosphate zyklisches Adenosin-3',5-phosphat *nt*, cylco-AMP *nt*.

adenosine deaminase Adenosindesaminase *f*.

adenosine diphosphate *n* Adenosin(5-)diphosphat *nt*, Adenosin-5-pyrophosphat *nt*.

adenosine-5'-diphosphate *n* Adenosin(5-)diphosphat *nt*, Adenosin-5-pyrophosphat *nt*.

adenosinediphosphoglucose *n* ADP-Glucose *f*.

adenosine kinase Adenosinkinase *f*.

adenosine monophosphate Adenosinmonophosphat *nt*, Adenylsäure *f*.

adenosine-3'-phosphate *n* Adenosin-3-phosphat *nt*.

adenosine-5'-phosphate *n* Adenosin-5-phosphat *nt*.

adenosine 5'-phosphosulfate Adenosin-5'-phosphosulfat *nt*.

adenosine 5'-phosphosulphate *Brit.* Adenosin-5'-phosphosulfat *nt*.

adenosine triphosphatase Adenosintriphosphatase *f*, ATPase *f*.

sodium-potassium adenosine triphosphatase Natrium-Kalium-ATPase *f*, Na$^+$-K$^+$-ATPase *f*.

adenosine triphosphate *n* Adenosin(5-)triphosphat *nt*.

adenosylhomocysteinase *n* Adenosylhomocysteinase *f*.

S-adenosylhomocysteine *n* S-Adenosylhomocystein *nt*.

S-adenosylmethionine *n* S-Adenosylmethionin *nt*.

S-adenosylmethionine decarboxylase S-Adenosylmethionindecarboxylase *f*.

adenyl *n* Adenyl-(Radikal *nt*).

adenylate I *n* Adenylat *nt*. II *vt* adenylieren.

adenylate cyclase Adenylatcyclase *f*.

adenylate deaminase AMP-Desaminase *f*.

adenylate kinase Adenylatkinase *f*,

Myokinase *f*, AMP-Kinase *f*, A-Kinase *f*.

adenyl cyclase s.u. *adenylate cyclase*.

adenylic acid s.u. *adenosine monophosphate*.

adenylic acid deaminase AMP-Desaminase *f*.

adenylosuccinase *n* s.u. *adenylosuccinate lyase*.

adenylosuccinate *n* Adenyl(o)succinat *nt*.

adenylosuccinate lyase Adenyl(o)succinatlyase *f*.

adenylosuccinate synthetase Adenyl(o)succinatsynthetase *f*.

adenylpyrophosphate *n* s.u. *adenosine triphosphate*.

adenylsuccinate *n* s.u. *adenylosuccinate*.

adenylsuccinic acid Adenylbernsteinsäure *f*.

adenylyl *n* **1.** Adenyl-(Radikal *nt*). **2.** Adenylyl-(Radikal *nt*).

adenylyl cyclase s.u. *adenylate cyclase*.

5'-adenylylsulfate Adenosin-5'-phosphosulfat *nt*.

adenylylsulfate kinase Adenylylsulfat-Kinase *f*, APS-Kinase *f*.

5'-adenylylsulphate *Brit.* Adenosin-5'-phosphosulfat *nt*.

adenylylsulphate kinase *Brit.* Adenylylsulfat-Kinase *f*, APS-Kinase *f*.

adenylyltransferase *n* Adenylyltransferase *f*.

adhere I *vt* ver-, ankleben. II *vi* **1.** (an-)kleben, (an-)haften (*to* an). **2.** verkleben; verwachsen sein.

adherence *n* (An-)Kleben *nt*, (An-)Haften *nt*, Adhärenz *f* (*to* an).

adherent *adj.* (an-)klebend, (an-)haftend (*to* an); adhärent, verklebt, verwachsen (*to* mit).

adhesin *n* Lektin *nt*, Lectin *nt*.

adhesion *n* **1.** s.u. *adherence*. **2.** Adhäsion *f*.

adhesive I *n* Klebstoff *m*, Binde-, Haftmittel *nt*. II *adj.* (an-)haftend, klebend, adhäsiv, Adhäsiv-, Adhäsions-, Haft-; Saug-.

ADH system ADH-System *nt*, Adiuretinsystem *nt*, Vasopressinsystem *nt*.

adiabatic *adj.* ohne Wärmeaustausch verlaufend, adiabatisch.

adiathermal *adj.* wärmeundurchlässig, atherman, adiatherman.
adiathermance *n* s.u. *adiathermancy.*
adiathermancy *n* Wärmeundurchlässigkeit *f,* Adiathermanität *f,* Athermanität *f.*
adip- *präf.* s.u. *adipo-.*
adipic *n, adj.* s.u. *adipose.*
adipic acid Adipinsäure *f.*
adipo- *präf.* Fett-, Adip(o)-, Lip(o)-.
adipocele *n* Adipozele *f.*
adipocyte *n* Fett(speicher)zelle *f,* Lipo-, Adipozyt *m.*
adipogenesis *n* Fettbildung *f,* Lipogenese *f.*
adipogenic *adj.* fettbildend, lipogen.
adipogenous *adj.* s.u. *adipogenic.*
adipokinesis *n* Fettmobilisation *f,* Adipokinese *f.*
adipokinetic *adj.* Adipokinese betreffend *oder* fördernd, adipokinetisch.
adipokinetic hormone lipolytisches Hormon *nt.*
adipokinin *n* s.u. *adipokinetic hormone.*
adipolysis *n* Fettspaltung *f,* -abbau *m,* Lipolyse *f.*
adipolytic *adj.* Lipolyse betreffend *oder* verursachend, lipolytisch.
adipose I *n* (Speicher-)Fett *nt.* **II** *adj.* adipös, fetthaltig, fettig, Fett-.
adipose cell Fett(speicher)zelle *f.*
adipose tissue Fettgewebe *nt.*
  brown adipose tissue braunes Fettgewebe.
  white adipose tissue s.u. *yellow adipose tissue.*
  yellow adipose tissue weißes/gelbes Fettgewebe.
A disc *Brit.* A-Band *nt,* A-Streifen *m,* A-Zone *f,* anisotrope Bande *f.*
A disk A-Band *nt,* A-Streifen *m,* A-Zone *f,* anisotrope Bande *f.*
ADP glucose ADP-Glucose *f.*
adren- *präf.* s.u. *adreno-.*
adrenal I *n* Nebenniere *f.* **II** *adj.* Nebenniere betreffend, adrenal, Nebennieren-.
adrenal cortex Nebennierenrinde *f.*
adrenal cortex system Nebennierenrindensystem *nt,* NNR-System *nt.*
adrenal-cortical *adj.* s.u. *adrenocortical.*
adrenal gland Nebenniere *f.*
adrenaline *n* Adrenalin *nt,* Epinephrin *nt.*

adrenalinogenesis *n* Adrenalinbildung *f.*
adrenal marrow Nebennierenmark *nt.*
adrenal medulla s.u. *adrenal marrow.*
adrenalotropic *adj.* auf die Nebenniere einwirkend, adrenalotrop.
adrenergic *adj.* adrenerg(isch).
adrenic *adj.* Nebennieren betreffend, Nebennieren-, Adren(o)-.
adrenin *n* s.u. *adrenaline.*
adrenine *n* s.u. *adrenaline.*
adreno- *präf.* Nebennieren-, Adren(o)-.
adrenoceptive *adj.* adreno(re)zeptiv.
adrenocortical *adj.* Nebennierenrinde betreffend, adrenokortikal, adrenocortical, Nebennierenrinden-, NNR-.
adrenocortical hormone Hormon *nt* der Nebennierenrinde, Nebennierenrindenhormon *nt,* NNR-Hormon *nt.*
adrenocortical steroid Adrenocorticosteroid *nt.*
adrenocorticomimetic *adj.* adrenokortikomimetisch.
adrenocorticotrophic *adj.* s.u. *adrenocorticotropic.*
adrenocorticotrophin *n* s.u. *adrenocorticotropic hormone.*
adrenocorticotropic *adj.* (adreno)-corticotrop, (adreno-)corticotroph.
adrenocorticotropic hormone (adreno)-corticotropes Hormon *nt,* (Adreno-)Kortikotropin *nt.*
adrenocorticotropic hormone releasing factor Kortikoliberin *nt,* Corticoliberin *nt,* corticotropin releasing hormone *nt.*
adrenocorticotropin *n* s.u. *adrenocorticotropic hormone.*
adrenogenic *adj.* durch die Nebenniere(n) verursacht, von ihr ausgelöst *oder* ausgehend, adrenogen.
adrenogenous *adj.* s.u. *adrenogenic.*
adrenokinetic *adj.* die Nebenniere stimulierend, adrenokinetisch.
adrenomedullary hormone Nebennierenmarkhormon *nt,* NNM-Hormon *nt.*
adrenomedullotropic *adj.* das Nebennierenmark stimulierend, adrenomedullotrop.
adrenopause *n* Adrenopause *f.*
adrenoprival *adj.* adrenopriv.

adrenosterone n Adrenosteron nt.
adrenotrophic adj. s.u. adrenotropic.
adrenotrophin n s.u. adrenocorticotropic hormone.
adrenotropic adj. adrenotrop.
adrenotropin n s.u. adrenocorticotropic hormone.
adsorb vt adsorbieren.
adsorbate n Adsorbat nt, Adsorptiv
nt, adsorbierte Substanz f.
adsorbent I n adsorbierende Substanz
f, Adsorbens nt, Adsorber m. II adj.
adsorbierend.
adsorption n Adsorption f.
adsorption chromatography Adsorptionschromatographie f.
adsorption coefficient Adsorptionskoeffizient m.
adsorption constant s.u. adsorption
coefficient.
adsorptive adj. s.u. adsorbent II.
aecium n, pl -cia Äzidium nt, Aecidie
f.
Aedes n Aedes f.
Aedes aegypti Gelbfieberfliege f,
Aedes aegypti.
aerate vt 1. mit Sauerstoff anreichern,
Sauerstoff zuführen. 2. mit Gas/Koh-
lensäure anreichern.
aerated adj. 1. mit Luft beladen. 2.
mit Gas/Kohlendioxid beladen. 3. mit
Sauerstoff beladen, oxygeniert.
aeration n 1. (Be-, Durch-)Lüftung f.
2. Anreicherung f (mit Luft oder Gas).
3. Sauerstoffzufuhr f. 4. Sauerstoff-
Kohlendioxid-Austausch m in der
Lunge.
aerial adj. 1. Luft betreffend, zur Luft
gehörend, luftig, Luft-. 2. aus Luft
bestehend, leicht, flüchtig, ätherisch.
aerial mycelium Luftmyzel nt.
aeriform adj. luft-, gasförmig.
aero- präf. Luft-, Gas-, Aer(o)-.
Aerobacter n Aerobacter nt.
aerobe n aerobe Zelle f, aerober Mikroorganismus m, Aerobier m,
Aerobiont m, Oxybiont m.
aerobic adj. aerob.
aerobic catabolism aerobe Dissimilation f.
aerobic glycolysis aerobe Glykolyse f.
aerobic oxidation aerobe Oxidation f.
aerobic respiration aerobe Atmung f.
aerobiology n Aerobiologie f.
aerobiotic adj. Aerobiose betreffend,

aerobiotisch.
Aerococcus n Aerococcus m.
Aeromonas n Aeromonas f.
aerotolerant adj. aerotolerant.
aerotropism n Aerotropismus m.
aetiocholanolone n Brit. Ätiocholanolon nt.
affinity n, pl -ties (chemisch) Affinität
f, Neigung f (for, to zu).
affinity chromatography Affinitätschromatographie f.
aflatoxin n Aflatoxin nt.
Agamococcidiida pl Agamococcidiida pl.
Agamofilaria pl Agamofilaria pl.
agar n Agar m/nt.
agar-agar n Agar-Agar m/nt.
agaric n Blätterpilz m, -schwamm m.
agaric acid s.u. agaricic acid.
agaricic acid Agaricinsäure f.
agar medium Agarnährboden m.
agarose n Agarose f.
agent n Wirkstoff m, Mittel nt, Agens
nt.
agglomerate I n Anhäufung f, Zusammenballung f, Agglomerat nt. II
adj. zusammengeballt, (an-)gehäuft,
agglomeriert. III vt zusammenballen,
anhäufen, agglomerieren. IV vi sich
zusammenballen, sich anhäufen,
agglomerieren.
agglomerated adj. s.u. agglomerate
II.
agglomeration n Zusammenballung
f, Anhäufung f, Agglomeration f.
agglomerin n Agglomerin nt.
agglutinable adj. agglutinierbar, agglutinabel.
agglutinant I n Klebe-, Bindemittel
nt. II adj. klebend.
agglutinate I adj. zusammengeklebt,
verbunden, agglutiniert. II vt 1. zu-
sammen-, verkleben, zusammenballen, agglutinieren. 2. an-, zusam-
menheilen. III vi zusammenkleben,
sich verbinden, verklumpen, verkleben, agglutinieren.
agglutinating adj. agglutinierend.
agglutination n 1. Zusammen-, Verkleben nt, Zusammenballung f, Verklumpen nt, Agglutination f. 2.
Zusammen-, Verheilen nt.
agglutinative adj. agglutinierend.
agglutinator n 1. agglutinierende
Substanz f. 2. s.u. agglutinin.
agglutinin n Agglutinin nt, Immun-

A

agglutinin *nt*.
agglutinogen *n* Agglutinogen *nt*, agglutinable Substanz *f*.
agglutinogenic *adj*. agglutinin-bildend.
agglutinophilic *adj*. leicht agglutinierend.
agglutogenic *adj*. s.u. *agglutinogenic*.
aggregate I *n* Anhäufung *f*, Ansammlung *f*, Masse *f*, Aggregat *nt*. II *adj*. (an-)gehäuft, vereinigt, gesamt, Gesamt-; aggregiert. III *vt* aggregieren; anhäufen, -sammeln; vereinigen, verbinden. IV *vi* sich (an-)häufen, sich ansammeln.
aggregated follicles Peyer-Plaques *pl*.
aggregated glands s.u. *aggregated follicles*.
aggregated nodules s.u. *aggregated follicles*.
aggregation *n* **1.** (An-)Häufung *f*, Ansammlung *f*, Aggregation *f*, Agglomeration *f*. **2.** (*chemisch*) Aggregation *f*. **3.** Aggregat *nt*.
aglucon *n* Aglukon *nt*, Aglykon *nt*, Genin *nt*.
aglycon *n* Aglukon *nt*, Aglykon *nt*, Genin *nt*.
aglycone *n* Aglukon *nt*, Aglykon *nt*, Genin *nt*.
agmatinase *n* Agmatinase *f*.
agmatine *n* Agmatin *nt*.
agonist *n* Agonist *m*.
agonistic *adj*. Agonist *oder* Agonismus betreffend, agonistisch, Agonisten-.
air I *n* Luft *f*. II *adj*. pneumatisch, Luft-.
AIR synthase AIR-Synthase *f*.
air temperature Lufttemperatur *f*.
ajmalicine *n* Ajmalicin *nt*.
ajugose *n* Ajugose *f*.
Akabori procedure Akabori-Reaktion *f*.
Akabori reaction Akabori-Reaktion *f*.
A-kinase *n* Adenylatkinase *f*, Myokinase *f*, AMP-Kinase *f*, A-Kinase *f*.
alanine *n* Alanin *nt*, Aminopropionsäure *f*.
alanine aminotransferase Alaninaminotransferase *f*, Alanintransaminase *f*, Glutamatpyruvattransaminase *f*.
β-alanine α-ketoglutarate transaminase s.u. *β-alanine transami-*

nase.
β-alanine-oxoglutarate aminotransferase s.u. *β-alanine transaminase.*
alanine racemase Alaninracemase *f*.
alanine transaminase s.u. *alanine aminotransferase.*
β-alanine transaminase Aminobuttersäureaminotransferase *f*, β-Alaninaminotransaminase *f*.
alanyl *n* Alanyl-(Radikal *nt*).
alanyl-tRNA synthetase Alanyl-tRNA-Synthetase *f*.
albumen *n* **1.** Eiweiß *nt*, Albumen *nt*. **2.** s.u. *albumin.*
albumin *n* **1.** Albumin *nt*. **2.** Serumalbumin *nt*.
albuminate *n* Albuminat *nt*.
albumin-globulin ratio Albumin-Globulin-Quotient *m*, Eiweißquotient *m*.
albuminoid I *n* Gerüsteiweiß *nt*, Skleroprotein *nt*, Albuminoid *nt*. II *adj*. eiweißähnlich, -artig, albuminähnlich, -artig, albuminoid.
albuminous *adj*. eiweiß-, albuminhaltig, albuminös.
albuminous cell seröse Drüsenzelle *f*.
Alcaligenes *n* Alcaligenes *m*.
alcapton *n* s.u. *alkapton.*
alcohol *n* **1.** Alkohol *m*, Alcohol *m*. **2.** Äthylalkohol *m*, Äthanol *m*, Ethanol *m*.
alcohol dehydrogenase Alkoholdehydrogenase *f*.
alcoholic *adj*. Alkohol betreffend, alkoholartig *oder* -haltig, alkoholisch, Alkohol-.
alcoholic fermentation alkoholische Gärung/Fermentation *f*.
alcohol-soluble protein Prolamin *nt*.
alcohol thermometer Alkoholthermometer *nt*.
alcuronium chloride Alcuroniumchlorid *nt*.
aldaric acid Aldar-, Zuckersäure *f*.
aldehyde *n* **1.** Aldehyd *m*. **2.** Azet-, Acetaldehyd *m*, Äthanal *nt*, Ethanal *nt*.
aldehyde dehydrogenase (NAD⁺) Aldehyddehydrogenase *f*.
aldehyde lyase s.u. *aldolase* 1.
aldehyde oxidase Aldehydoxidase *f*.
aldobionic acid Aldobionsäure *f*.
aldoheptose *n* Aldoheptose *f*.

aldohexose *n* Aldohexose *f.*
aldolase *n* 1. Aldehydlyase *f*, Aldolase *f*. 2. Fructosediphosphataldolase *f*, -bisphosphataldolase *f*, Aldolase *f*.
aldol condensation Aldolkondensation *f*.
aldonic acid Aldonsäure *f*.
aldonolactonase *n* Aldonolactonase *f*.
aldooctose *n* Aldooctose *f*.
aldopentose *n* Aldopentose *f*.
aldose *n* Aldose *f*, Aldehydzucker *m*.
aldose 1-epimerase Aldose-1-epimerase *f*, Mutarotase *f*.
aldose reductase Aldosereduktase *f*.
aldoside *n* Aldosid *nt*.
aldosterone *n* Aldosteron *nt*.
aldosterone antagonist Aldosteronantagonist *m*.
aldosterone system Aldosteronsystem *nt*.
aldosteronogenesis *n* Aldosteronbildung *f*.
aldotetrose *n* Aldotetrose *f*.
aldotriose *n* Aldotriose *f*.
alecithal *adj*. dotterlos, alezithal.
aleuraine *n* Aleurain *nt*.
aleuriospore *n* Aleurospore *f*, Aleurie *f*.
aleuron *n* Aleuronkörner *pl*, Aleuronvakuolen *pl*, Proteinspeichervakuolen *pl*.
aleurone *n* Aleuronkörner *pl*, Aleuronvakuolen *pl*, Proteinspeichervakuolen *pl*.
aleuroplast *n* Aleuronkörner *pl*, Aleuronvakuolen *pl*, Proteinspeichervakuolen *pl*.
alga *n*, *pl* **-gas, -gae** Alge *f*, Alga *f*.
algal fungi Algenpilze *pl*, niedere Pilze *pl*, Phykomyzeten *pl*, Phykomyzetes *pl*.
algicide *n* Algizid *nt*.
alginate *n* Alginat *nt*.
alginic acid Alginsäure *f*.
alicyclic *adj*. alizyklisch.
alicyclic compound alizyklische Verbindung *f*.
alicyclic hydrocarbon alizyklischer Kohlenwasserstoff *m*.
aliment *n* Nahrung(smittel *nt*) *f*.
alimental *adj*. s.u. *alimentary* 1.
alimentary *adj*. 1. nahrhaft, nährend. 2. Nahrungs-, Ernährungs-; zum Unterhalt dienend, alimentär. 3. Verdauungs-, Speise-.

alimentary canal Verdauungskanal *m*, -trakt *m*.
aliphatic *adj*. aliphatisch, offenkettig.
aliphatic compound aliphatische Verbindung *f*.
aliphatic hydrocarbon aliphatischer Kohlenwasserstoff *m*.
alipogenic *adj*. alipogen.
alipoidic *adj*. alipoid.
alipotropic *adj*. alipotrop.
alive *adj*. lebend, lebendig, am Leben.
alizarin *n* Alizarin *nt*.
alkalescence *n* Alkaleszenz *f*.
alkalescent *adj*. alkaleszent.
alkali I *n*, *pl* **-lies, -lis** Alkali *nt*. II *adj*. s.u. *alkaline*.
alkali metal Alkalimetall *nt*.
alkalimetric *adj*. Alkalimetrie betreffend, alkalimetrisch.
alkalimetry *n* Alkalimetrie *f*.
alkaline *adj*. Alkali(en) enthaltend, alkalisch, basisch, Alkali-.
alkaline earth metal Erdalkalimetall *nt*.
alkaline metal s.u. *alkali metal*.
alkaline phosphatase alkalische Phosphatase *f*.
alkaline phosphate alkalisches Phosphat *nt*.
alkaline reaction 1. basische Reaktion *f*, basisches Verhalten *nt*. 2. Basennachweis *m*.
alkaline reserve Alkalireserve *f*.
alkalinity *n* Alkalität *f*.
alkali reserve Alkalireserve *f*.
alkaloid I *n* Alkaloid *nt*. II *adj*. alkaliähnlich, alkaloid.
alkaloid vesicles Alkaloidvesikel *pl*.
alkalophile *n* alkalophiler Organismus *m*.
alkane *n* Alkan *nt*, Paraffin *nt*.
alkapton *n* Alkapton *nt*.
alkapton bodies Alkaptonkörper *pl*.
alkene *n* Alken *nt*.
alkine *n* s.u. *alkyne*.
alkyl *n* Alkyl-(Radikal *nt*).
alkylation *n* Alkylierung *f*.
alkyne *n* Alkin *nt*.
all- *präf*. s.u. *allo-*.
allantoic acid Allantoinsäure *f*.
allantoin *n* Allantoin *nt*, Glyoxylsäurediureid *nt*.
allantoinase *n* Allantoinase *f*.
allel *n* s.u. *allele*.
allele *n* Allel *nt*, Allelomorph *nt*.
allelic *adj*. Allel(e) betreffend, Allelo-,

Allelen-.

allelism *n* Allelie *f*, Allelomorphismus *m*.

allelomorph *n* s.u. *allele*.

allelomorphic *adj.* allelomorph, allel.

allelomorphism *n* s.u. *allelism*.

allelotaxis *n* Allelotaxis *f*.

allelotaxy *n* s.u. *allelotaxis*.

Allescheria *n* Allescheria *f*.

Allium *n* Allium *nt*.

allo- *präf.* all(o)-, Fremd-, All(o)-.

Allodermanyssus sanguineus Allodermanyssus sanguineus.

allogeneic *adj.* allogenetisch, allogen(isch), homolog.

allogenic *adj.* s.u. *allogeneic*.

alloisomerism *n* Alloisomerie *f*.

allomerism *n* Allomerie *f*, Allomerismus *m*.

allomorphic *adj.* allomorph.

allomorphism *n* Allomorphie *f*.

allophanamide *n* Biuret *nt*, Allophanamid *nt*.

allophanate *n* Allophanat *nt*.

allophanic acid Allophansäure *f*.

allosome *n* Allosom *nt*.

allosteric *adj.* Allosterie betreffend, allosterisch.

allosteric enzyme allosterisches Enzym *nt*.

allosteric inhibition allosterische Hemmung *f*.

allosterism *n* Allosterie *f*.

allostery *n* s.u. *allosterism*.

allotherm *n* **1.** heterothermer Organismus *m*. **2.** wechselwarmes/poikilothermes Lebewesen *nt*, Wechselblüter *m*.

allotropic *adj.* allotrop, allomorph.

allotropism *n* **1.** (*chemisch*) Allotropie *f*. **2.** (*histolog.*) Allotropismus *m*.

allotropy *n* s.u. *allotropism*.

allotype *n* Allotyp *m*.

allotypic *adj.* allotypisch.

allotypic variation allotypische Variation *f*.

alloxuric base Purinbase *f*.

all-trans retinal Sehgelb *nt*, Xanthopsin *nt*, all-trans-Retinal *nt*.

allyl *n* Allyl-(Radikal *nt*).

allyl aldehyde Akrolein *nt*, Acrolein *nt*, Acryl-, Allylaldehyd *m*.

allyldiphosphate *n* Allyldiphosphat *nt*.

Aloe *n* Aloe *f*.

alophycocyanin *n* Allophycocyanin

nt.

alpha *n* Alpha *nt*.

alpha$_1$-acid glycoprotein α_1-saures Glykoprotein *nt*.

alpha$_1$-antitrypsin *n* s.u. α_1-*antitrypsin*.

alpha-carotene *n* α-Carotin *nt*.

alpha-fetoprotein *n* alpha$_1$-Fetoprotein *nt*, α_1-Fetoprotein *nt*.

alpha globulin α-Globulin *nt*.

alpha-haemolysis *n* *Brit.* Alphahämolyse *f*, α-Hämolyse *f*.

alpha-haemolytic *adj.* *Brit.* alphahämolytisch, α-hämolytisch.

alpha-haemolytic streptococci *Brit.* alphahämolytische Streptokokken *pl*.

alpha-hemolysis *n* Alphahämolyse *f*, α-Hämolyse *f*.

alpha-hemolytic *adj.* alphahämolytisch, α-hämolytisch.

alpha-hemolytic streptococci alphahämolytische Streptokokken *pl*.

Alphaherpesvirinae *pl* Alphaherpesviren *pl*, Alphaherpesvirinae *pl*.

alpha-lipoprotein *n* Lipoprotein *nt* mit hoher Dichte, high density lipoprotein *nt*, α-Lipoprotein *nt*.

alpha$_2$-macroglobulin *n* (α_2-)Makroglobulin *nt*.

alpha-oxidation *n* alpha-Oxidation *f*, α-Oxidation *f*.

alpha phase Follikelreifungs-, Proliferationsphase *f*, östrogene Phase *f*.

alpha rays α-Strahlen *pl*, Alphastrahlen *pl*, -strahlung *f*.

alpha-tocopherol *n* α-Tocopherol *nt*, Vitamin E *nt*.

alphavirus *n* Alphavirus *nt*.

alprostadil *n* Alprostadil *nt*, Prostaglandin E$_1$ *nt*.

AL protein AL-Protein *nt*, Amyloidprotein-L *nt*.

alterative *adj.* verändernd, veränderlich, alterativ.

alternate generation Generationswechsel *m*.

alternating *adj.* abwechselnd, alternierend, Wechsel-.

alternating current Wechselstrom *m*.

alternative I *n* Alternative *f* (*to* zu); Wahl *f*, Möglichkeit *f*, Ausweg *m* (*to* für). **II** *adj.* alternativ, Alternativ-, Ausweich-, Ersatz-.

alternative hypothesis Alternativhypothese *f*.

alternative inheritance alternative Vererbung f.

alternative oxidase alternative Oxidase f.

alternative pathway (*Komplement*) alternative Aktivierung f.

alum n **1.** Alumen nt, Kalium-Aluminium-Sulfat nt. **2.** Alaun nt.

alumen n s.u. *alum.*

aluminum n Aluminium nt, Alu nt.

aluminium sulphate *Brit.* Aluminiumsulfat nt.

aluminum n Aluminium nt, Alu nt.

aluminum acetate Aluminiumacetat nt.

aluminum chloride Aluminiumchlorid nt.

aluminum hydrate s.u. *aluminum hydroxide.*

aluminum hydroxide Aluminiumhydroxid nt.

aluminum oxide Aluminiumoxid nt.

aluminum phosphate Aluminiumphosphat nt.

aluminum sulfate Aluminiumsulfat nt.

amalgam n Amalgam nt.

Amanita n Amanita f.

Amanita muscaria Fliegenpilz m, Amanita muscaria.

Amanita phalloides grüner Knollenblätterpilz m, Amanita phalloides.

amantadine hydrochloride Amantadin-Hydrochlorid nt, Amino-Adamantan nt, Adamantanamin nt.

amastigote n amastigote Form f, Leishman-Donovan-Körperchen nt, Leishmania-Form f.

ambi- *präf.* Beid-, Amb(i)-.

ambient I n **1.** Umwelt f, Milieu nt. **2.** Atmosphäre f. II *adj.* umgebend, Umwelt-, Umgebungs-.

ambient temperature Umgebungstemperatur f.

ambilateral *adj.* beide Seiten betreffend, ambilateral.

ameba n, pl **-bas, -bae** Wechseltierchen nt, Amöbe f, Amoeba f.

amebicide n amöbizides Mittel nt, Amöbizid nt.

amebism n **1.** amöboide (Fort-)Bewegung f. **2.** Amöbeninfektion f.

ameboflagellate n Amöboflagellat m.

ameboid *adj.* amöbenartig, amöboid.

ameboid cell amöboide Zelle f.

ameboid trophozoite Amöbentrophozoit m, Magnaform f.

AM hormone Nebennierenmarkhormon nt, NNM-Hormon nt.

amidase n Amidase f.

amide n Amid nt.

amide bond Amidbrücke f, -bindung f.

amide linkage Amidbrücke f, -bindung f.

amide synthetase Amidsynthetase f.

amidinopenicillanic acid Amidinopenicillansäure f.

amidinotransferase n Amidinotransferase f.

amido- *präf.* Amido-.

amidohydrolase n Amidohydrolase f, Desamidase f.

amido-ligase n Amidoligase f.

amiloride n Amilorid nt.

aminate vt aminieren.

amine n Amin nt.

amine oxidase (copper-containing) Diaminooxidase f.

amine oxidase (flavin-containing) Monoamin(o)oxidase f.

amine precursor uptake and decarboxylation cell APUD-, Apud-Zelle f.

amino n Aminogruppe f, Amino-(Radikal n), Amino-.

aminoacetic acid Aminoessigsäure f, Glyzin nt, Glykokoll nt, Glycin nt.

amino acid Aminosäure f.

  acidic amino acid saure Aminosäure.

  basic amino acid basische Aminosäure.

  branched chain amino acid verzweigtkettige Aminosäure.

  dispensable amino acid s.u. *non-essential amino acid.*

  essential amino acid essentielle Aminosäure.

  glucogenic amino acid glukogene Aminosäure.

  ketogenic amino acid ketogene Aminosäure.

  ketoplastic amino acid ketoplastische Aminosäure.

  non-essential amino acid nichtessentielle Aminosäure.

  nutritionally dispensable amino acid s.u. *non-essential amino acid.*

  nutritionally indispensable amino acid s.u. *essential amino acid.*

  proteinogenic amino acid proteinogene Aminosäure.

proteogenic amino acid proteinogene Aminosäure.

rare amino acid seltene Aminosäure.

standard amino acid Standardaminosäure.

amino acid activation Aminosäureaktivierung *f.*

amino acid analyzer Aminosäureanalysator *m.*

amino acid arm Aminosäurearm *m.*

amino acid code Aminosäurecode *m.*

amino acid degradation Aminosäureabbau *m.*

amino acid metabolism Aminosäurestoffwechsel *m,* -metabolismus *m.*

amino acid oxidase Aminosäureoxidase *f.*

amino acid oxidation oxidativer Aminosäureabbau *m,* Aminosäureoxidation *f.*

amino acid pool Aminosäurepool *m.*

amino acid receptor Aminosäurerezeptor *m.*

amino acid residue Aminosäurerest *m.*

amino acid sequence Aminosäuresequenz *f.*

amino acid synthesis Aminosäuresynthese *f.*

aminoacyl *n* Aminoacyl-(Radikal *nt*).

aminoacyl adenylate Aminoacyladenylat *nt.*

aminoacyl adenylic acid Aminoacyladenylsäure *f.*

aminoacylase *n* Aminoacylase *f,* Hippurikase *f.*

aminoacyl binding site A-(Bindungs-)Stelle *f,* Aminoacyl-(Bindungs-)Stelle *f.*

aminoacyl histidine dipeptidase Aminoacylhistidin(di)peptidase *f,* Carnosinase *f.*

aminoacyl site s.u. *aminoacyl binding site.*

aminoacyltransferase *n* Aminoacyltransferase *f.*

aminoacyl-tRNA synthetase Aminoacyl-tRNA-Synthetase *f.*

aminoadipate *n* Aminoadipat *nt.*

aminoadipate semialdehyde Aminoadipatsemialdehyd *m.*

aminoadipate semialdehyde dehydrogenase Aminoadipatsemialdehyddehydrogenase *f.*

aminoadipate transaminase Aminoadipattransaminase *f.*

aminoadipic acid Aminoadipinsäure *f.*

aminoadipic acid semialdehyde dehydrogenase Aminoadipinsäuresemialdehyddehydrogenase *f.*

aminoadipic acid transaminase Aminoadipinsäuretransaminase *f.*

amino alcohol Aminoalkohol *m.*

aminobenzene *n* Anilin *nt,* Aminobenzol *nt,* Phenylamin *nt.*

p-aminobenzenesulfonamide *n* Sulfanilamid *nt,* p-Aminobenzolsulfonamid *nt.*

p-aminobenzenesulfonic acid Sulfanilsäure *f,* p-Aminobenzolsulfonsäure *f.*

p-aminobenzenesulphonamide *n* Brit. Sulfanilamid *nt,* p-Aminobenzolsulfonamid *nt.*

p-aminobenzenesulphonic acid Brit. Sulfanilsäure *f,* p-Aminobenzolsulfonsäure *f.*

2-aminobenzoate *n* Anthranilat *nt.*

p-aminobenzoic acid *p*-Aminobenzoesäure *f,* para-Aminobenzoesäure *f,* Paraaminobenzoesäure *f.*

γ-aminobutyrate *n* γ-Aminobutyrat *nt,* gamma-Aminobutyrat *nt.*

aminobutyrate aminotransferase Aminobuttersäureaminotransferase *f,* β-Alaninaminotransaminase *f.*

γ-aminobutyric acid Gammaaminobuttersäure *f,* γ-Amino-*n*-Buttersäure *f.*

ε-aminocaproic acid ε-Aminocapronsäure *f,* Epsilon-Aminocapronsäure *f.*

7-amino-cephalosporanic acid 7-Amino-cephalosporansäure *f.*

1-aminocyclopropane-1-carboxylate *n* 1-Aminocyclopropan-1-carboxylat *nt.*

1-aminocyclopropane-1-carboxylate oxidase ACC-Oxidase *f,* Aminocyclopropan-1-carboxylat-oxidase *f.*

1-aminocyclopropane-1-carboxylate synthase ACC-Synthase, Aminocyclopropan-1-carboxylat-synthase *f.*

2-aminoethanol *n* Äthanol-, Ethanolamin *nt,* Colamin *nt,* Monoethanolamin *nt.*

aminoglycoside *n* Aminoglykosid *nt.*

aminogram *n* Aminogramm *nt.*

1-amino-4-guanidibutane *n* Agma-

tin *nt.*
aminoheterocyclic *adj.* aminoheterozyklisch.
2-aminohexanoic acid Norleucin *nt*,
α-Amino-*n*-capronsäure *f.*
aminohippurate *n* Aminohippurat *nt.*
p-aminohippurate clearence PAH-
Clearance *f.*
p-aminohippuric acid *p*-Amino-
hippursäure *f*, Paraaminohippursäure
f.
aminohydrolase *n* Desaminase *f*,
Aminohydrolase *f.*
5-amino-4-imidazolcarboxamide
ribonucleotide 5-Amino-imidazol-
4-carboxamid-ribonucleotid *nt.*
5-aminoimidazole ribonucleotide
5-Amino-imidazol-ribonucleotid *nt.*
2-aminoisovaleric acid Valin *nt*, α-
Aminoisovaleriansäure *f.*
aminolaevulinate *n Brit.* Aminolävulinat *nt.*
aminolaevulinate dehydratase
Brit. Porphobilinogensynthase *f.*
(5-)aminolaevulinate synthase
Brit. 5-Aminolävulinatsynthase *f*, δ-
Aminolävulinatsynthase *f.*
δ-aminolaevulinic acid *f Brit.* δ-
Aminolävulinsäure.
aminolevulinate *n* Aminolävulinat
nt.
aminolevulinate dehydratase Porphobilinogensynthase *f.*
(5-)aminolevulinate synthase 5-
Aminolävulinatsynthase *f*, δ-Aminolävulinatsynthase *f.*
δ-aminolevulinic acid δ-Aminolävulinsäure *f.*
aminolipid *n* Aminolipid *nt.*
aminolipin *n* s.u. *aminolipid.*
2-aminomuconic acid 2-Amino-
muconsäure *f.*
2-aminomuconic acid semialde-
hyde dehydrogenase 2-Amino-
muconsäuresemialdehyddehydro-
genase *f.*
6-aminopenicillanic acid 6-Amino-
penicillansäure *f.*
aminopeptidase (cytosol) Leucinaminopeptidase *f*, Leucinarylamidase
f.
aminopeptidase *n* Aminopeptidase *f.*
aminopherase *n* s.u. *aminotrans-*
ferase.
aminopolypeptidase *n* s.u. *amino-*
peptidase.

aminopropionic acid s.u. *alanine.*
aminopropyltransferase *n* Aminopropyltransferase *f.*
2-aminopurine *n* 2-Aminopurin *nt.*
6-aminopurine *n* Alanin *nt*, Aminopropionsäure *f.*
aminosaccharide *n* Aminozucker *m*,
-saccharid *nt.*
aminosalicylate *n* Aminosalizylat *nt.*
p-aminosalicylate *n* Paraamino-
salizylat *nt*, *p*-Aminosalizylat *nt.*
amino sugar Aminozucker *m.*
amino terminal Aminoterminus *m.*
amino-terminal *adj.* aminoterminal,
N-terminal.
amino terminus Aminoterminus *m.*
aminotransferase *n* Aminotransferase *f*, Transaminase *f.*
ammeter *n* Strom(stärke)messer *m*,
Amperemeter *nt.*
ammonia *n* Ammoniak *nt.*
ammoniacal *adj.* Ammoniak enthaltend, ammoniakalisch, Ammoniak-;
(*Urin*) nach Ammoniak riechend.
ammonia solution Salmiakgeist *m*,
wässrige Ammoniaklösung *f.*
ammoniomagnesium phosphate
Ammonium-Magnesiumphosphat *nt.*
ammonium *n* Ammoniumion *nt*, -radi-
kal *nt.*
ammonium base, quaternary quartäre Ammonbiumbase *f.*
ammonium bromide Ammoniumbromid *nt.*
ammonium carbonate Ammoniumkarbonat *nt*, Hirschhornsalz *nt.*
ammonium chloride Ammoniumchlorid *nt*, Salmiak *m.*
ammonium nitrate Ammoniumnitrat
nt.
ammonium oxalate Ammoniumoxalat *nt.*
ammonium phosphate Ammoniumphosphat *nt.*
ammonolysis *n* Ammonolyse *f.*
ammonotelic *adj.* ammonotelisch.
amnesic state Amnesiestadium *nt.*
amni- *präf.* s.u. *amnio-.*
amnio- *präf.* Amnio(n)-.
Amniota *pl* Amniontiere *pl*, Amnioten
pl.
amoeba *n, pl* **-bas, -bae** *Brit.* Wechseltierchen *nt*, Amöbe *f*, Amoeba *f.*
Amoeba *n* Amöbe *f*, Amoeba *f.*
amoebicide *n Brit.* amöbizides Mittel
nt, Amöbizid *nt.*

Amoebida *pl* Amoebida *pl*.
amoebism *n Brit.* **1.** amöboide (Fort-)Bewegung *f.* **2.** Amöbeninfektion *f.*
amoeboflagellate *n Brit.* Amöboflagellat *m*.
amoeboid *adj. Brit.* amöbenartig, amöboid.
amoeboid cell *Brit.* amöboide Zelle *f.*
amoeboid trophozoite *Brit.* Amöbentrophozoit *m*, Magnaform *f.*
amorphous *adj.* amorph, nicht kristallin.
AMP deaminase AMP-Desaminase *f.*
amperage *n* (elektrische) Stromstärke *f.*
ampere *n* Ampere *nt*.
amph(i)- *präf.* zwei(fach)-, doppel-, amph(i)-.
amphipath *n* amphipathische Substanz *f.*
amphipathic *adj.* amphipathisch.
amphistoma *n* Amphistoma *nt*.
amphitene *n* Amphitän *nt*.
amphitrichous *adj.* amphitrich.
amphogenic *adj.* amphogen.
ampholyte *n* Ampholyt *m*.
ampholytic *adj.* **1.** ampholytisch. **2.** amphoter(isch).
amphoteric *adj.* zweisinnig, amphoterisch, amphoter.
amphoteric electrolyte *s.u. ampholyte.*
amphoteric reaction amphotere Reaktion *f.*
amphoterism *n* Amphoterismus *m*.
AMP kinase Adenylatkinase *f*, Myokinase *f*, AMP-Kinase *f*, A-Kinase *f.*
amplification *n* Verstärkung *f*, Vergrößerung *f*; Amplifikation *f.*
amplification cascade Verstärkungskaskade *f.*
amplification factor Verstärkungsfaktor *m*.
amplifier *n* Verstärker *m*.
amplify *vt* verstärken, vergrößern, amplifizieren; erweitern, ausdehnen.
amplitude *n* Amplitude *f*, Schwingungs-, Ausschlagsweite *f.*
amygdalase *n* β-Glukosidase *f.*
amygdalic acid Mandelsäure *f.*
amygdalin *n* Amygdalin *nt*.
amyl *n* Amyl-(Radikal *nt*).
amyl- *präf. s.u. amylo-.*
amylaceous *adj.* stärkeähnlich, stärkehaltig, Stärke-.
amyl alcohol Amylalkohol *m*.

amylase *n* Amylase *f.*
amylene *n* Amylen *nt*, Penten *nt*.
amylene hydrate *s.u. amyl alcohol.*
amylin *n s.u. amylopectin.*
amyl nitrite Amylnitrit *nt*.
amylo- *präf.* Stärke-, Amyl(o)-.
amylocellulose *n s.u. amylose.*
amyloclastic *adj.* stärkespaltend, -abbauend.
amylocoagulase *n* Amylokoagulase *f.*
amylogen *n s.u. amylose.*
amylogenesis *n* Stärkebildung *f.*
amylogenic *adj.* stärkebildend, -produzierend, amylogen.
amylo-1,6-glucosidase *n* Amylo-1,6-Glukosidase *f*, Dextrin-1,6-Glukosidase *f*; D-Enzym *nt*, Glucano-Transferase *f*; Transglykosylase *f.*
amylohydrolysis *n* Stärkehydrolyse *f*, Amylo(hydro)lyse *f.*
amyloid I *n* Amyloid *nt*. II *adj.* stärkeähnlich, amyloid.
amyloidosis *n* Amyloidose *f*, amyloide Degeneration *f.*
amylolysis *n s.u. amylohydrolysis.*
amylolytic *adj.* Amylo(hydro)lyse betreffend, stärkespaltend, -auflösend, amylo(hydro)lytisch.
amylopectin *n* Amylopektin *nt*.
amyloplast *n* Amyloplast *m*.
amyloplastic *adj.* stärkebildend, amyloplastisch.
amylose *n* Amylose *f.*
amylosynthesis *n* Stärkeaufbau *m*, -synthese *f*, Amylosynthese *f.*
amylo-1:4,1:6-transglucosidase Branchingenzym *nt*, Glucan-verzweigende Glykosyltransferase *f*, 1,4-α-Glucan-branching-Enzym *nt*.
amylum *n* Stärke *f*, Amylum *nt*.
anabiotic *adj.* Anabiose betreffend, anabiotisch, scheintod.
anabiotic cell anabiotische Zelle *f.*
anabolic *adj.* Anabolismus betreffend, aufbauend, anabol, anabolisch.
anabolic pathway anabol(isch)er Stoffwechselweg *m*.
anabolism *n* Aufbaustoffwechsel *m*, Anabolismus *m*.
anabolite *n* Anabolit *m*.
anachoresis *n* Anachorese *f.*
anachoretic *adj.* anachoretisch.
anachoretic effect Anachorese *f.*
anacid *adj.* anazid.
anacidity *n* Anazidität *f.*

anaerobe *n* Anaerobier *m*, Anaerobiont *m*, Anoxybiont *m*.
anaerobian I *n* S.U. *anaerobe.* **II** *adj.* S.U. *anaerobic* 1.
anaerobic *adj.* **1.** ohne Sauerstoff lebend, anaerob. **2.** sauerstofffrei, ohne Sauerstoff.
anaerobic dissimilation anaerobe Dissimilation *f.*
anaerobic fermentation anaerobe Gärung *f.*
anaerobic pathway anaerober (Stoffwechsel-)Weg *m.*
anaerobic phase anaerobe (Stoffwechsel-)Phase *f.*
anaerobic respiration anaerobe Atmung *f.*
anaerobic stage S.U. *anaerobic phase.*
anaerobion *n*, *pl* **-bia** S.U. *anaerobe.*
anaerobiotic *adj.* S.U. *anaerobic* 1.
anaerogenic *adj.* anaerogen.
analog I *n* S.U. *analogue.* **II** *adj.* analog.
analogous *adj.* entsprechend, ähnlich, analog (*to, with* mit); ähnlich, gleichartig; vergleichbar (*to, with* mit).
analogue *n* analoge Substanz *f*, Analog *nt*, Analogon *nt.*
analogy *n*, *pl* **-gies** Analogie *f*, Entsprechung *f*, Ähnlichkeit *f*, Übereinstimmung *f.*
analysis *n*, *pl* **-ses** Analyse *f.*
analysis of specimen Probenanalyse.
analyte *n* analysierte Substanz *f.*
analytic *adj.* Analyse betreffend, analytisch, Analysen-.
analytical chemistry S.U. *analytic chemistry.*
analytic chemistry analytische Chemie *f*, Analytik *f.*
analyze *vt* analysieren, zergliedern, zerlegen, auswerten; etwas genau untersuchen.
analyzer *n* **1.** (*physikal.*) Analysator *m.* **2.** (*labor.*) Analysator *m*, Autoanalyzer *m.*
anamniote *n* Anamnier *m*, Anamniot *m.*
anaphase *n* Anaphase *f.*
anaphylactin *n* S.U. *immunoglobulin E.*
anaphylactoid reaction anaphylaktoide Reaktion *f.*
anaphylaxin *n* Immunglobulin E *nt.*
anatabine *n* Anatabin *nt.*

anatomic *adj.* S.U. *anatomical.*
anatomical *adj.* Anatomie betreffend, anatomisch.
anatomy *n*, *pl* **-mies** Anatomie *f.*
Ancylostoma *n* Ankylostoma *nt*, Ancylostoma *nt.*
Ancylostoma americanum Todeswurm *m*, Necator americanus.
Ancylostoma duodenale (europäischer) Hakenwurm *m*, Grubenwurm *m*, Ancylostoma duodenale.
andro- *präf.* Mann-, Männer-, Andr(o)-.
androcyte *n* männliche Geschlechts-/Keimzelle *f*, Androzyt *m.*
androgen *n* männliches Geschlechts-/Keimdrüsenhormon *nt*, Androgen *nt*; androgene Substanz *f.*
androgen binding protein androgenbindendes Protein *nt.*
androgenesis *n* Androgenese *f.*
androgenetic *adj.* androgenetisch.
androgenic *adj.* androgen.
androgenic hormone S.U. *androgen.*
androgenicity *n* Androgenizität *f.*
androgenization *n* Vermännlichung *f*, Androgenisation *f.*
android I *n* Android(e) *m.* **II** *adj.* vermännlicht, android.
androsome *n* Androsom *nt.*
androstane *n* Androstan *nt.*
androstanediol *n* Androstandiol *nt.*
androstanolone *n* Androstanolon *nt.*
androstene *n* Androsten *nt.*
androstenediol *n* Androstendiol *nt.*
androstenedione *n* Androstendion *nt.*
androsterone *n* Androsteron *nt.*
anenzymia *n* Anenzymie *f.*
aneuploid I *n* aneuploide Zelle *f*, aneuploides Individuum *m.* **II** *adj.* aneuploid.
aneurin *n* Thiamin *nt*, Vitamin B$_1$ *nt.*
aneurine *n* S.U. *aneurin.*
angio- *präf.* (Blut-)Gefäß-, Angio-.
Angiostrongylus *n* Angiostrongylus *m.*
angiotensin *n* Angiotensin *nt.*
angiotensinase *n* Angiotensinase *f.*
angiotensin converting enzyme Angiotensin-Converting-Enzym *nt.*
angiotensin converting enzyme inhibitor Angiotensin-Converting-Enzym-Hemmer *m*, ACE-Hemmer *m.*
angiotensinogen *n* Angiotensinogen *nt.*
angiotonase *n* S.U. *angiotensinase.*

Angström unit Angström-Einheit *f*, Angström *nt*.

Anguillula *n* Anguillula *f*.

anhaemolytic *adj. Brit.* nichthämolytisch, nichthämolysierend, γ-hämolytisch, gamma-hämolytisch.

anhaemolytic streptococci *Brit.* gamma-hämolytische/nichthämolysierende Streptokokken *pl*.

anhalamine *n* Anhalamin *nt*.

anhemolytic *adj.* nichthämolytisch, nichthämolysierend, γ-hämolytisch, gamma-hämolytisch.

anhemolytic streptococci gammahämolytische/nichthämolysierende Streptokokken *pl*.

anhydrase *n* Dehydratase *f*, Hydratase *f*.

anhydrate *vt* Wasser entziehen, dehydrieren.

anhydration *n* **1.** Wassermangel *m*, Dehydra(ta)tion *f*, Hypohydratation *f*. **2.** Entwässerung *f*, Dehydratation *f*.

anhydride *n* Anhydrid *nt*.

anhydride bond Anhydridbindung *f*.

anhydrous *adj.* wasserfrei, anhydriert.

anilide *n* Anilid *nt*.

aniline *n* Anilin *nt*, Aminobenzol *nt*, Phenylamin *nt*.

animal I *n* Tier *nt*, tierisches Lebewesen *nt*. **II** *adj.* animalisch, tierisch.

animal cell tierische/animalische Zelle *f*.

animal fat tierisches Fett *nt*.

animal parasite tierischer Parasit *m*, Zooparasit *m*.

animal starch Glykogen *nt*, tierische/animalische Stärke *f*.

anion *n* Anion *nt*, negatives Ion *nt*.

anion exchange resin Anionenaustauscher(harz *nt*) *m*, Anresin *nt*.

anionic *adj.* Anion betreffend, Anione enthaltend, anionisch, Anionen-.

anionic dye anionischer/saurer Farbstoff *m*.

Anisakis *n* Anisakis *m*.

anisate *n* Anisat *nt*.

aniso- *präf.* anis(o)-, Anis(o)-.

anisomeric *adj.* nicht-isomer, anisomer.

anisotropal *adj.* s.u. *anisotropic*.

anisotropic *adj.* doppelbrechend, -refraktär, anisotrop.

anisotropic band A-Band *nt*, A-Streifen *m*, A-Zone *f*, anisotrope

Bande *f*.

anisotropic disc *Brit.* s.u. *anisotropic band*.

anisotropic disk s.u. *anisotropic band*.

anisotropism *n* s.u. *anisotropy*.

anisotropous *adj.* s.u. *anisotropic*.

anisotropous disc *Brit.* s.u. *anisotropic band*.

anisotropous disk s.u. *anisotropic band*.

anisotropy *n* (optische) Doppelbrechung *f*, Anisotropie *f*.

anitrogenous *adj.* nicht-stickstoffhaltig.

annelid *n* Glieder-, Ringelwurm *m*, Annelid *m*.

Annelida *pl* Glieder-, Ringelwürmer *pl*, Anneliden *pl*, Annelida *pl*.

Anocentor *n* Anocentor *m*.

anodal *adj.* s.u. *anodic*.

anode *n* Anode *f*, positive Elektrode *f*, positiver Pol *m*.

anodic *adj.* Anode betreffend, anodisch, aufsteigend, Anoden-.

anomalous *adj.* regel-, normwidrig, anomal, abnorm; ungewöhnlich.

anomaly *n* Anomalie *f*, Abweichung *f* (von der Norm), Unregelmäßigkeit *f*, Ungewöhnlichkeit *f*; Missbildung *f*.

anomer *n* Anomer *nt*.

anomeric carbon anomeres Kohlenstoffatom *nt*.

anonymous mycobacteria nichttuberkulöse/atypische Mykobakterien *pl*.

Anopheles *n, pl* **-les** Malaria-, Gabel-, Fiebermücke *f*, Anopheles *f*.

anophelicide I *n* Anophelizid *nt*. **II** *adj.* Anopheliden abtötend.

Anophelini *pl* Anopheliden *pl*.

Anoplura *pl* Anoplura *pl*.

anserine I *n* Anserin *nt*. **II** *adj.* Gänse-.

antacid I *n* Ant(i)azidum *nt*. **II** *adj.* säure(n)neutralisierend, antazid.

antagonism *n* **1.** Antagonismus *m*, Gegensatz *m* (*to, against*). **2.** Antagonismus *m*, Gegenspiel *nt* (*to, against*).

antagonist *n* **1.** Gegner *m*, Gegenspieler *m*, Widersacher *m*, Antagonist *m* (*to, against*). **2.** Hemmstoff *m*, Antagonist *m* (*to, against*).

antagonistic *adj.* antagonistisch (*to* gegen), gegenwirkend, entgegengesetzt wirkend.

A

antenna complex Antennenkomplex m.

antherozoid n Antherozoid nt.

anthocyanidin n Anthocyanidin nt.

anthocyanidin acyltransferase Anthocyanidin-acyltransferase f.

anthocyanidin methyltransferase Anthocyanidin-methyltransferase f.

anthocyanidin transferase Anthocyanidin-rhamnose-transferase f.

anthocyanin n Anthocyan nt.

anthoxanthine n Anthoxanthin nt.

anthranilate n Anthranilat nt.

anthranilate synthase Anthranilatsynthase f.

anthranilic acid Anthranilsäure f, o-Aminobenzoesäure f.

anthropobiology n Anthropobiologie f, biologische Anthropologie f.

anti- präf. un-, nicht-, Gegen-, Ant(i)-.

antiachromotrichia factor Pantothensäure f, Vitamin B₃ nt.

antiacid n, adj. s.u. antacid.

antiacrodynia factor Pyridoxin nt, Vitamin B₆ nt.

antiadrenergic adj. antiadrenerg, sympatholytisch.

antialopecia factor Inosit nt, Inositol nt.

antiamylase n Antiamylase f.

antianaemic factor Brit. Zyano-, Cyanocobalamin nt, Vitamin B₁₂ nt.

antianemic factor Zyano-, Cyanocobalamin nt, Vitamin B₁₂ nt.

antibacterial I n antibakteriell-wirkende Substanz f. II adj. gegen Bakterien (wirkend), antibakteriell.

antibacterial immunity antibakterielle Immunität f.

antiberiberi n Thiamin nt, Vitamin B₁ nt.

antiberiberi factor s.u. antiberiberi.

antiberiberi substance s.u. antiberiberi.

antibiogram n Antibiogramm nt.

antibiont n Antibiont m.

antibiotic I n Antibiotikum nt. II adj. antibiotisch.

antibiotic-induced adj. durch Antibiotika verursacht oder hervorgerufen, antibiotikainduziert.

antibiotic resistance Antibiotikaresistenz f.

antibiotic-resistant adj. antibiotikaresistent.

antibiotin n Antibiotin nt, Avidin nt.

anti-black-tongue factor Niacin nt, Nikotin-, Nicotinsäure f.

antiblastic adj. antiblastisch.

antibody n, pl -bodies Antikörper m (to).

anticholinesterase n Acetylcholinesterasehemmer m, -inhibitor m.

anticodon n Antikodon nt, -codon nt.

anticodon arm Antikodonarm m.

anticodon triplet Antikodontriplett nt.

anticollagenase n Antikollagenase f.

antidiuretic hormone antidiuretisches Hormon nt, Vasopressin nt.

antidiuretic phase antidiuretische Phase f, antidiuretisches Stadium nt.

antidiuretic substance s.u. antidiuretic hormone.

anti-DNase n Anti-DNase f.

anti-egg white factor Biotin nt, Vitamin H nt.

antienzyme n Antienzym nt, Antiferment nt.

antiesterase n Antiesterase f.

antiferment n s.u. antienzyme.

antifolate n Folsäureantagonist m.

antifreeze n Gefrierschutz-, Frostschutzmittel nt.

antifreeze protein Anti-Frier-Protein nt, Anti-Frost-Protein nt.

antigen n Antigen nt.

antigenic adj. Antigeneigenschaften besitzend, antigen, Antigen-.

antigenic drift Antigendrift f, antigenic drift.

antigen-stimulated adj. antigenstimuliert.

antiglobulin n Antiglobulin nt.

antigonadotropic adj. gonadotrope Hormone hemmend, antigonadotrop.

antihaemophilic adj. Brit. antihämophil.

antihaemophilic factor Brit. s.u. antihaemophilic globulin.

antihaemophilic factor A Brit. s.u. antihaemophilic globulin.

antihaemophilic factor B m Brit. Faktor IX, Christmas-Faktor m, Autothrombin II nt.

antihaemophilic factor C m Brit. Faktor X, Stuart-Prower-Faktor m, Autothrombin III nt.

antihaemophilic globulin m m Brit. antihämophiles Globulin nt, Antihämophiliefaktor, Faktor VIII.

antihaemorrhagic factor Brit.

Phyllochinone *pl*, Vitamin K *nt*.
antihaemorrhagic vitamin *Brit*. S.U.
antihaemorrhagic factor.
antihemophilic *adj*. antihämophil.
antihemophilic factor S.U. *antihemophilic globulin*.
antihemophilic factor A S.U. *antihemophilic globulin*.
antihemophilic factor B Faktor IX *m*, Christmas-Faktor *m*, Autothrombin II *nt*.
antihemophilic factor C Faktor X *m*, Stuart-Prower-Faktor *m*, Autothrombin III *nt*.
antihemophilic globulin antihämophiles Globulin *nt*, Antihämophiliefaktor *m*, Faktor VIII *m*.
antihemorrhagic factor Phyllochinone *pl*, Vitamin K *nt*.
antihemorrhagic vitamin S.U. *antihemorrhagic factor*.
antihormone *n* Hormonblocker *m*, -antagonist *m*, Antihormon *nt*.
antihyaluronidase *n* Antihyaluronidase *f*, Hyaluronidasehemmer *m*, -antagonist *m*.
antihyaluronidase unit Antihyaluronidase-Einheit *f*.
antikinase *n* Kinasehemmer *m*, -antagonist *m*, Antikinase *f*.
antilactase *n* Laktase-, Lactasehemmer *m*, Antilaktase *f*.
antileucoprotease *n* *Brit*. Leukoproteasehemmer *m*, Antileukoprotease *f*.
antileukoprotease *n* Leukoproteasehemmer *m*, Antileukoprotease *f*.
antilymphocyte globulin Antilymphozytenglobulin *nt*.
antimetabolite *n* Antimetabolit *m*.
antimicrobial I *n* antimikrobielles Mittel *nt*; Antibiotikum *nt*. II *adj*. gegen Mikroorganismen wirkend, antimikrobiell.
antimitotic I *n* Mitosehemmer *m*, Antimitotikum *nt*. II *adj*. mitosehemmend, antimitotisch.
antimonial *adj*. Antimon betreffend *oder* enthaltend., antimonhaltig, Antimon-.
antimony *n* Antimon *nt*; Stibium *nt*.
antimony chloride Antimonchlorid *nt*.
antimony sodium gluconate Natrium-Stibogluconat *nt*.
anti-Müller-hormone *n* Anti-Müller-Hormon *nt*.

antimycobacterial I *n* gegen Mykobakterien wirkendes Mittel *nt*. II *adj*. gegen Mykobakterien wirkend.
antineuritic factor Thiamin *nt*, Vitamin B$_1$ *nt*.
antineuritic vitamin Thiamin *nt*, Vitamin B$_1$ *nt*.
antinuclear factor antinukleärer Faktor *m*.
antioxidant *n* Antioxydans *nt*.
antioxidase *n* Oxidasehemmer *m*, Antioxidase *f*.
antioxygen *n* S.U. *antioxidant*.
antiparallel net formation antiparallele Vernetzung *f*.
antipellagra *n* Niacin *nt*, Nikotin-, Nicotinsäure *f*.
antipellagra factor/vitamin S.U. *antipellagra*.
antiplasmin *n* Antiplasmin *nt*, Antifibrinolysin *nt*.
antiplatelet *adj*. gegen Blutplättchen gerichtet, Antithrombozyten-.
antiprotease *n* Antiprotease *f*.
antirachitic factor Calciferol *nt*, Vitamin D *nt*.
antiscorbutic factor/vitamin Askorbinsäure *f*, Ascorbinsäure *f*, Vitamin C *nt*.
antistreptokinase *n* Antistreptokinase *f*.
antitemplate strand codogener Strang *m*, Sinnstrang *m*.
antithrombin *n* Antithrombin *nt*.
antithrombin III Antithrombin III *nt*.
antithrombokinase *n* Antithrombokinase *f*.
antithromboplastin *n* Antithromboplastin *nt*.
antithymocyte globulin Antithymozytenglobulin *nt*.
antitrypsic *adj*. S.U. *antitryptic*.
α$_1$-antitrypsin *n* α$_1$-Antitrypsin *nt*.
antitryptase *n* Antitryptase *f*.
antitryptic *adj*. antitryptisch.
antityrosinase *n* Tyrosinasehemmer *m*, Antityrosinase *f*.
antiviral I *n* antivirale/virustatische/viruzide Substanz *f*. II *adj*. gegen Viren gerichtet, antiviral; virustatisch; viruzid.
antivitamin *n* Antivitamin *nt*, Vitaminantagonist *m*.
antizyme *n* Anti(en)zym *nt*.
antizymotic *adj*. enzymhemmend, antienzymatisch.

A

anuclear *adj.* kernlos, anukleär.
anucleate *adj.* s.u. *anuclear.*
anucleated *adj.* entkernt.
AOX protein AOX-Protein *nt.*
apatite *n* Apatit *nt.*
ape *n* (Menschen-)Affe *f.*
apegenine *n* Apegenin *nt.*
apertural *adj.* Apertur(a) betreffend, Aperturen-.
aperture *n* Apertur *f*, (Blenden-)Öffnung *f.*
aphthous fever (echte) Maul- und Klauenseuche *f*, Febris aphthosa, Stomatitis epidemica, Aphthosis epizootica.
apiose *n* Apiose *f.*
apochromatic *adj.* apochromatisch.
apocrine *adj.* apokrin.
apoenzyme *n* Apoenzym *nt.*
apoferritin *n* Apoferritin *nt.*
apolipoprotein *n* Apolipoprotein *nt.*
apophytochrome *n* Apophytochrom *nt.*
apoplast *n* Apoplast *m.*
apoplastic space apoplastischer Raum *m.*
apoprotein *n* Apoprotein *nt.*
apparatus *n*, *pl* **-tus, tuses** **1.** System *nt*, Trakt *m*, Apparat *m*; Organsystem *nt.* **2.** Apparat *m*, Gerät *nt.*
applied *adj.* angewandt.
applied research angewandte Forschung *f*, Zweckforschung *f.*
aprotic *adj.* frei von Protonen, aprotisch.
aprotinin *n* Aprotinin *nt.*
APS kinase Adenylylsulfat-Kinase *f*, APS-Kinase *f.*
APS sulfotransferase APS-Sulfotransferase *f.*
APS sulphotransferase *Brit.* APS-Sulfotransferase *f.*
APUD cell APUD-, Apud-Zelle *f.*
APUD system Helle-Zellen-System *nt*, APUD-, Apud-System *nt.*
apurinic acid Apurinsäure *f.*
apyrimidinic acid Apyrimidinsäure *f.*
aqua *n*, *pl* **aquae, aquas** Wasser *nt*; Aqua *nt/f*; (wässrige) Lösung *f.*
aquacobalamin *n* Aquo-, Aquacobalamin *nt*, Vitamin B$_{12b}$ *nt.*
aquaporin *n* Aquaporin *nt*, Wasserkanal *m.*
aqueous *adj.* wässerig, wässrig, wasserhaltig, -artig, Wasser-.
aqueous phase wässrige Phase *f.*

aqueous solution wässrige Lösung *f.*
aquocobalamin *n* s.u. *aquacobalamin.*
arabinan *n* Arabinan *nt.*
arabinofuranosyl- *präf.* Arabinofuranosyl-Rest *m.*
arabinogalactan *n* Arabinogalaktan *nt.*
type I **arabinogalactan** Arabinogalaktan Typ I *nt.*
type II **arabinogalactan** Arabinogalaktan Typ II *nt.*
L-**arabino**-D-**galactan** *n* L-Arabino-D-Galaktan *nt.*
arabinogalactan proteins Arabinogalaktan-Proteine *pl.*
β-**arabinosidase** *n* β-Arabinosidase *f.*
arabinosyltransferase *n* Arabinosyltransferase *f.*
arachic acid s.u. *arachidic acid.*
arachidate *n* Arachidat *nt*, Eicosanoat *nt.*
arachidic acid Arachinsäure *f*, *n*-Eicosansäure *f.*
arachidonate *n* Arachidonat *nt.*
arachidonate-5-lipoxygenase *n* Arachidonsäure-5-Lipoxygenase *f.*
arachidonate-12-lipoxygenase *n* Arachidonsäure-12-Lipoxygenase *f.*
arachidonic acid Arachidonsäure *f.*
arachidonic acid derivatives Arachidonsäurederivate *pl*, Eicosanoide *pl.*
Arachnia *n* Arachnia *f.*
Arachnida *pl* Spinnentiere *pl*, Arachnida *pl.*
Araneae *pl* Webspinnen *pl*, Araneae *pl.*
arc *n* **1.** Bogen *m.* **2.** (Kreis-)Bogen *m*, Arcus *m.* **3.** (Licht-)Bogen *m.*
Archaeobacteria *pl* Archä(o)bakterien *pl*, Archaebacteria *pl.*
Archebacteria *pl* s.u. *Archaeobacteria.*
archegonium *n* Archegonium *nt.*
archespore *n* Archespor *nt*, -sporium *nt.*
archimycetes *pl* Urpilze *pl*, Archimyzeten *pl.*
A receptor A-Rezeptor *m.*
Arenaviridae *pl* Arenaviren *pl*, Arenaviridae *pl.*
Argas *n* Argas *f.*
Argasidae *n* Lederzecken *pl*, Argasidae *pl.*
argentaffin *adj.* argentaffin.

argentaffine *adj.* s.u. *argentaffin.*
argentaffinity *n* Argentaffinität *f.*
argentic *adj.* silberhaltig.
argentophil *adj.* s.u. *argentaffin.*
argentophilic *adj.* s.u. *argentaffin.*
argentum *n* Silber *nt*, Argentum *nt.*
arginase *n* Arginase *f.*
arginine *n* Arginin *nt.*
arginine carboxypeptidase Carboxypeptidase N *f.*
arginine decarboxylase Arginindecarboxylase *f.*
arginine kinase Argininkinase *f.*
arginine phosphate Arginin(o)phosphat *nt.*
arginine vasopressin Arginin-Vasopressin *nt*, Argipressin *nt.*
argininosuccinase *n* s.u. *argininosuccinate lyase.*
argininosuccinate *n* Arginin(o)succinat *nt.*
argininosuccinate lyase Arginin(o)succinatlyase *f*, Arginin(o)succinase *f.*
argininosuccinate synthetase Arginin(o)succinatsynthetase *f.*
argininosuccinic acid Argininbernsteinsäure *f.*
argipressin *n* s.u. *arginine vasopressin.*
argon *n* Argon *nt.*
argon laser Argonlaser *m.*
arid *adj.* arid.
Arizona *n* Salmonella arizonae.
armed tapeworm Schweine(finnen)bandwurm *m*, Taenia solium.
arogenate *n* Arogenat *nt.*
arogenic acid Arogensäure *f.*
aromatase *n* Aromatase *f.*
aromatic I *n* Aromat *m*, aromatische Verbindung *f.* II *adj.* aromatisch.
aromatic alcohol aromatischer Alkohol *m*, Phenol *nt.*
aromatic character aromatischer Charakter *m.*
aromatic compound aromatische Verbindung *f.*
aromatic hydrocarbon aromatischer Kohlenwasserstoff *m.*
aromatic ring aromatischer Ring *m*, aromatische Ringstruktur *f.*
aromatization *n* Aromatisierung *f.*
arsambide *n* Carbason *nt*, 4-Carbamidophenylarsinsäure *f.*
arsenate *n* Arsenat *nt.*
arsenic *n* 1. Arsen *nt.* 2. Arsentrioxid

nt, Arsenik *nt.*
arsenic acid arsenige Säure *f*, Arsensäure *f*, Arsensauerstoffsäure *f.*
arsenide *n* Arsenid *nt.*
arsenous acid arsenige Säure *f.*
arsenous hydride Arsenwasserstoff *m.*
arsine *n* 1. Arsenwasserstoff *m*, Arsin *nt.* 2. Arsinderivat *nt.*
arsinic acid Arsinsäure *f.*
arsonic acid Arsonsäure *f.*
arterial *adj.* Arterien betreffend, arteriell, arteriös, Arterien-.
arterial blood arterielles/sauerstoffreiches Blut *nt*, Arterienblut *nt.*
arterial blood gases arterielle Blutgase *pl.*
arterial gases s.u. *arterial blood gases.*
arterialization *n* 1. Arterialisierung *f*, Arterialisation *f.* 2. Grad *m* der Sauerstoffsättigung, Arterialisation *f.*
arteriovenous *adj.* Arterie(n) und Vene(n) betreffend *oder* verbindend, arteriovenös.
arteriovenous difference arteriovenöse Differenz *f.*
artery *n*, *pl* **-ries** Schlagader *f*, Pulsader *f*, Arterie *f.*
Arthrobacter *n* Arthrobacter *f.*
arthrobacterium *n* Arthrobacterium *nt.*
arthropod *n* Arthropode *m.*
Arthropoda *pl* Gliederfüß(l)er *pl*, Arthropoden *pl.*
arthrospore *n* Glied(er)-, Arthrospore *f.*
artificial *adj.* artifiziell, künstlich, Kunst-.
aryl- *präf.* Aryl-.
arylamidase *n* Arylamidase *f.*
arylamine *n* Arylamin *nt.*
arylamine acetyltransferase Arylaminoacetyl(transfer)ase *f.*
arylaminopeptidase *n* Arylaminopeptidase *f.*
arylesterase *n* Arylesterase *f*, Arylesterhydrolase *f.*
aryl-ester hydrolase s.u. *arylesterase.*
arylformamidase *n* Arylformamidase *f*, Formylkynureninhydrolase *f.*
aryl-4-hydroxylase *n* Aryl-4-hydroxylase *f*, unspezifische Monooxygenase *f.*
arylsulfatase *n* Arylsulfatase *f.*

A

arylsulfatase B Arylsulfatase B *f.*
arylsulphatase *n Brit.* Arylsulfatase *f.*
arylsulphatase B *f Brit.* Arylsulfatase B *f.*
ascarid *n, pl* **ascarides** Ascarid *m.*
Ascaridia *n* Ascaridia *f.*
Ascaridoidea *pl* Ascaridoidea *pl.*
Ascaris *n* Askaris *f,* Ascaris *f.*
Ascaris **lumbricoides** Spulwurm *m,* Ascaris lumbricoides.
Ascaris **vermicularis** Madenwurm *m,* Enterobius/Oxyuris vermicularis.
ascaris *n, pl* **ascarides** Spulwurm *m,* Askaris *f,* Ascaris *f.*
aschelminth *n* Schlauch-, Rundwurm *m,* Aschelminth *m,* Nemathelminth *m.*
Aschelminthes *pl* Schlauch-, Rundwürmer *pl,* Nemathelminthes *pl,* Aschelminthes *pl.*
Ascherson's membrane Ascherson-Membran *f.*
Ascherson's vesicle Ascherson-Vesikel *nt,* -Tröpfchen *nt.*
Aschheim-Zondek hormone luteinisierendes Hormon *nt,* Luteinisierungshormon *nt,* Interstitialzellenstimulierendes Hormon *nt,* interstitial cell stimulating hormone *nt.*
ascocarp *n* Askokarp *nt,* Ascokarp *nt.*
ascogonium *n* Askogon *nt.*
ascomycete *n* Schlauchpilz *m,* Askomyzet *m.*
Ascomycetes *pl* Schlauchpilze *pl,* Askomyzeten *pl,* Ascomycetes *pl,* Ascomycotina *pl.*
ascorbate *n* Askorbat *nt,* Ascorbat *nt.*
L-ascorbate oxidase L-Ascorbat-Oxidase *f.*
ascorbic acid Askorbinsäure *f,* Ascorbinsäure *f,* Vitamin C *nt.*
ascospore *n* Askospore *f.*
ascus *n, pl* **asci** (Sporen-)Schlauch *m,* Askus *m.*
asecretory *adj.* asekretorisch.
asepsis *n, pl* **-ses 1.** Keimfreiheit *f,* Asepsis *f.* **2.** Asepsis *f,* Aseptik *f,* Sterilisation *f,* Sterilisierung *f.*
asexual *adj.* geschlechtslos, ungeschlechtlich, asexual, asexuell, nicht geschlechtlich.
asexual cycle asexueller Zyklus *m.*
asexual generation ungeschlechtliche/vegetative Fortpflanzung *f.*
asexuality *n* Asexualität *f.*
asexualization *n* Sterilisation *f;* Kastration *f,* Kastrierung *f.*

asexual reproduction ungeschlechtliche/vegetative Fortpflanzung *f.*
asexual stage ungeschlechtliche/vegetative Phase *f.*
ash *n* **1.** Asche *f.* **2.** Esche *f.*
asparaginase *n* Asparaginase *f,* Asparaginamidase *f.*
asparagine *n* Asparagin *nt.*
asparagine synthetase Asparaginsynthetase *f.*
asparagine synthetase (glutamine-hydrolyzing) Asparaginsynthetase (Glutamin hydrolysierend) *f.*
asparaginyl *n* Asparaginyl-(Radikal *nt*).
aspartame *n* Aspartam *nt.*
aspartase *n* s.u. *aspartate ammonialyase.*
aspartate *n* Aspartat *nt.*
aspartate aminotransferase Aspartataminotransferase *f,* Aspartattransaminase *f,* Glutamatoxalacetattransaminase *f.*
aspartate ammonia-lyase Aspartatammoniaklyase *f,* Aspartase *f.*
aspartate carbamoyl transferase s.u. *aspartate transcarbamoylase.*
aspartate family Aspartat-Familie *f.*
aspartate-glutamate carrier Aspartat-Glutamat-Carrier *m.*
aspartate kinase Aspartatkinase *f.*
aspartate semialdehyde Aspartatsemialdehyd *m.*
aspartate semialdehyde dehydrogenase Aspartatsemialdehyddehydrogenase *f.*
aspartate transaminase s.u. *aspartate aminotransferase.*
aspartate transcarbamoylase Aspartattranscarbamylase *f,* Aspartatcarbamyltransferase *f,* ATCase *f.*
asparthione *n* Asparthion *nt.*
aspartic acid Asparaginsäure *f,* α-Aminobernsteinsäure *f.*
aspartyl *n* Aspartyl-(Radikal *nt*).
β-aspartyl-N-acetylglucosaminidase *n* β-Aspartyl-*N*-acetylglucosaminidase *f,* Aspartylglykosaminidase *f.*
aspartylglycosaminidase *n* s.u. β-*aspartyl-N-acetylglucosaminidase.*
aspartyl phosphate Asparaginsäurephosphat *nt,* Aspartylphosphat *nt.*
aspartyl-tRNA-synthetase *n* Aspartyl-tRNA-Synthetase *f.*
aspergillic acid Aspergill(in)säure *f.*

asperkinase *n* Asperkinase *f.*
asporogenic *adj.* nichtsporenbildend.
asporogenous mutant nichtsporen-
bildende Mutante *f.*
asporous *adj.* sporenlos.
assay I *n* Analyse *f*, Test *m*, Probe *f*,
Nachweisverfahren *nt*, Bestimmung *f*,
Assay *m.* **II** *vt* analysieren, testen,
bestimmen, prüfen, untersuchen, messen.
assimilate I *vt* **1.** umsetzen, assimilieren. **2.** assimilieren, aufnehmen,
einverleiben. **II** *vi* sich anpassen, sich
angleichen.
assimilation *n* **1.** Assimilation *f*,
Assimilierung *f.* **2.** Einverleibung *f*,
Aufnahme *f*, Assimilation *f* (*to* in).
assimilatory *adj.* assimilatorisch.
assimilatory starch Asssimilationsstärke *f.*
association *n* Assoziation *f.*
association constant Assoziationskonstante *f.*
astral *adj.* **1.** Teilungsstern/Aster betreffend, sternförmig, astral. **2.** sternförmig, stellar, Astral-, Stern(en)-.
astrokinetic *adj.* astrokinetisch.
astrostatic *adj.* astrostatisch.
astrovirus *n* Astrovirus *nt.*
asynapsis *n* Asynapsis *f.*
asynchronous culture asynchrone
Kultur *f.*
atavism *n* Atavismus *m.*
ATCase *n* s.u. *aspartate transcarbamoylase.*
atmosphere *n* **1.** Atmosphäre *f*, Luft-
hülle *f*, Gashülle *f*; Luft *f.* **2.** (*Druck*)
Atmosphäre *f.*
atmospheric *adj.* Atmosphäre *oder*
Luft betreffend, atmosphärisch,
Atmosphären-, Luft-, Druck-.
atmospheric nitrogen atmosphärischer Stickstoff *m.*
atmospheric pressure atmosphärischer Druck *m*, Luftdruck *m.*
atom *n* Atom *nt.*
atomic *adj.* Atom betreffend, atomar,
Atom-.
atomic mass Atommasse *f*, -gewicht
nt.
  relative atomic mass relative Atommasse *f.*
atomic mass unit Atommasseneinheit *f.*
atomic number Ordnungszahl *f.*
atomics *pl* Atomphysik *f.*

atomic volume Atomvolumen *nt.*
atomic weight Atomgewicht *nt.*
atomic weight unit s.u. *atomic mass
unit.*
atom theory Atomtheorie *f.*
ATP-ADP carrier ATP-ADP-Carrier
m.
ATP-ADP cycle ATP-Zyklus *m.*
ATPase *n* Adenosintriphosphatase *f*,
ATPase *f.*
ATPase activity ATPase-Aktivität *f.*
ATP-citrate lyase ATP-Citrat-Lyase *f*,
citratspaltendes Enzym *nt.*
ATP cycle ATP-Zyklus *m.*
ATP-dependent *adj.* ATP-abhängig.
ATP-driven *adj.* ATP-getrieben.
ATP-generating *adj.* ATP-bildend.
ATP-linked *adj.* ATP-gebunden, -ab-
hängig.
ATP-phosphoribosyltransferase
ATP-Phosphoribosyltransferase *f.*
ATPS conditions ATPS-Bedingun-
gen *pl.*
ATP-sulfate adenylyltransferase
ATP-Sulfat-adenylyltransferase *f*,
ATP-Sulfurylase *f.*
ATP sulfurylase ATP-Sulfat-adeny-
lyltransferase *f*, ATP-Sulfurylase *f.*
**ATP-sulphate adenylyltransfer-
ase** *Brit.* ATP-Sulfat-adenylyltransferase *f*, ATP-Sulfurylase *f.*
ATP sulphurylase *Brit.* ATP-Sulfat-
adenylyltransferase *f*, ATP-Sulfurylase *f.*
ATP-utilizing *adj.* ATP-verbrauchend.
atractyloside *n* Atractylosid *nt.*
atrial *adj.* Vorhof/Atrium betreffend,
atrial, aurikulär, Vorhof-, Atrio-.
atrial natriuretic factor atrialer
natriuretischer Faktor *m*, Atriopeptid
nt, -peptin *nt.*
atrial natriuretic hormone s.u. *atrial natriuretic factor.*
atrial natriuretic peptide s.u. *atrial
natriuretic factor.*
atrichous *adj.* geißellos, atrich.
atrio- *präf.* Vorhof-, Atrio-.
atriopeptide *n* s.u. *atrial natriuretic
factor.*
atriopeptigen *n* Atriopeptigen *nt.*
atriopeptin *n* s.u. *atrial natriuretic
factor.*
attenuant I *n* Verdünnungsmittel *nt*,
Verdünner *m.* **II** *adj.* verdünnend,
attenuierend.
attenuate I *adj.* verdünnt, vermindert,

(ab-)geschwächt, attenuiert. **II** *vt* verdünnen; dämpfen, herunterregeln, herabsetzen. **III** *vi* dünner *oder* schwächer *oder* milder werden; sich vermindern.

attenuated virus attenuiertes Virus *nt.*

attenuation *n* **1.** Verdünnen *nt,* Abschwächen *nt,* Vermindern *nt.* **2.** Dämpfung *f.*

attraction *n* Anziehung(skraft *f*) *f,* Attraktion *f.*

attraction of affinity chemische Anziehung.

attraction of gravity Gravitations-, Schwer-, Anziehungskraft.

attraction sphere Zentroplasma *nt,* Zentrosphäre *f.*

attractive *adj.* anziehend, Anziehungs-.

attractive force Anziehungskraft *f.*

attractive power s.u. *attractive force.*

atypical mycobacteria atypische/nicht-tuberkulöse Mykobakterien *pl.*

augmentation factor Wachstumsfaktor *m.*

aurum *n* Gold *nt,* Aurum *nt.*

auto- *präf.* Selbst-, Eigen-, Aut(o)-.

autoecious *adj.* wirtstreu, autözisch.

autogamous *adj.* selbstbefruchtend, autogam.

autogamy *n* Selbstbefruchtung *f,* Autogamie *f.*

autogeneic *adj.* s.u. *autogenous.*

autogenesis *n* Selbstentstehung *f,* Autogenese *f.*

autogenetic *adj.* Autogenese betreffend, autogenetisch.

autogenic *adj.* aus dem Körper entstanden, autogen.

autogenous *adj.* **1.** von selbst entstehend, autogen. **2.** im Organismus selbst erzeugt, endogen, autogen, autolog.

autoinoculable *adj.* autoinokulierbar.

autoinoculation *n* Autoinokulation *f.*

autointerference *n* Autointerferenz *f.*

autologous *adj.* s.u. *autogenous.*

autolysate *n* Autolysat *nt.*

autolyse *vt, vi* s.u. *autolyze.*

autolysis *n* Selbstauflösung *f,* Autolyse *f;* Selbstverdauung *f,* Autodigestion *f.*

autolysosome *n* Autolysosom *nt.*

autolytic *adj.* Autolyse betreffend, selbstauflösend, autolytisch; selbst-

verdauend, autodigestiv.

autolyze **I** *vt* eine Autolyse auslösen *oder* verursachen *oder* durchlaufen. **II** *vi* eine Autolyse durchlaufen, sich auflösen.

automatic *adj.* **1.** spontan, unwillkürlich, zwangsläufig, automatisch. **2.** selbsttätig, automatisch, selbstgesteuert, Selbst-.

autophagia *n* Autophagie *f.*

autophagic *adj.* Autophagie betreffend, autophagisch.

autophagic vesicle s.u. *autophagosome.*

autophagosome *n* autophagische Vakuole *f,* Autophagosom *nt.*

autophagy *n* s.u. *autophagia.*

autopolymer *n* Autopolymer *nt.*

autopolymerization *n* Autopolymerisation *f.*

autoproteolysis *n* Selbstverdauung *f,* Autolyse *f,* Autodigestion *f.*

autoprothrombin *n* Autoprothrombin *nt.*

autoprothrombin I Prokonvertin *nt,* -convertin *nt,* Faktor VII *m,* Autothrombin I *nt,* Serum-Prothrombin-Conversion-Accelerator *m,* stabiler Faktor *m.*

autoprothrombin II Faktor IX *m,* Christmas-Faktor *m,* Autothrombin II *nt.*

autoprothrombin C Faktor X *m,* Stuart-Prower-Faktor *m,* Autothrombin III *nt.*

autoreduplication *n* identische Reduplikation *f,* Autoreduplikation *f.*

autoregulation *n* Selbst-, Autoregulation *f,* -regulierung *f,* -regelung *f.*

autoregulatory *adj.* autoregulativ, autoregulatorisch.

autosome *n* **1.** Autosom *nt,* Euchromosom *nt.* **2.** s.u. *autophagosome.*

autotroph *n* autotrophe Zelle *f,* Autotroph *m.*

autotrophic *adj.* autotroph.

autotrophic bacteria autotrophe Bakterien *pl.*

autotrophic cell s.u. *autotroph.*

autotrophic fixation autotrophe Kohlendioxidfixierung *f.*

autotrophy *n* Autotrophie *f.*

auxanogram *n* Auxanogramm *nt.*

auxanographic *adj.* Auxanographie betreffend, auxanographisch.

auxanographic method Auxano-

graphie *f*, Diffusionsmethode *f*.
auxanography *n* Auxanographie *f*.
auxanometer *n* Auxanometer *nt*.
auxiliary enzyme Hilfsenzym *nt*.
auxin *n* Auxin *nt*, Indol-3-essigsäure *f*, β-Indolylessigsäure *f*.
auxohormone *n* Vitamin *nt*.
auxotroph *n* auxotrophe Zelle *f*, Auxotroph *m*.
auxotrophic *adj.* auxotroph.
auxotrophic cell s.u. *auxotroph.*
auxotrophic mutant auxotrophe Mutante *f*.
auxotype *n* Auxotyp *m*.
avenothionin *n* Avenothionin *nt*.
average I *n* Durchschnitt *m*, Mittelwert *m*. **above (the) average** über dem Durchschnitt, überdurchschnittlich. **below (the) average** unter dem Durchschnitt, unterdurchschnittlich. **on (an/the) average** im Durchschnitt, durchschnittlich. **II** *adj.* durchschnittlich, Durchschnitts-.
Aviadenovirus *n* Aviadenovirus *nt*.
avian leukaemia virus *Brit.* Vögel-Leukämie-Virus *nt*, avian leukemia virus.
avian leukemia virus Vögel-Leukämie-Virus *nt*, avian leukemia virus.
avian plague Hühner-, Geflügelpest *f*.
avian sarcoma virus Vögel-Sarkom-Virus *nt*, avian sarcoma virus.
avidity *n* **1.** Anziehungs-, Bindungskraft *f*. **2.** Säure-, Basenstärke *f*. **3.** Avidität *f*.
avirulence *n* Avirulenz *f*.
Avogadro's constant s.u. *Avogadro's number.*
Avogadro's hypothesis s.u. *Avogadro's law.*
Avogadro's law Avogadro-(Gas-)-Gesetz *nt*.
Avogadro's number Avogadro-Zahl *f*.
axenic culture Reinkultur *f*.
axial bond axiale Bindung *f*.
azaserine *n* Azaserin *nt*.
azelaic acid Azelainsäure *f*.
azeotropic *adj.* Azeotropie betreffend, azeotrop.
azeotropy *n* Azeotropie *f*.
azide *n* Azid *nt*.
azo- *präf.* Azo-.
azocarmine *n* Azokarmin *nt*.
azo dyes Azofarbstoffe *pl*.
azoferredoxin *n* Azoferredoxin *nt*, Dinitrogenase-reduktase *f*.
azote *n* Stickstoff *m*, Nitrogen *nt*; Nitrogenium *nt*.
azotometer *n* Azotometer *nt*.
azygospore *n* Azygospore *f*.
azymia *n* Azymie *f*.

A

B

Babesia *n* Babesia *f.*
baccate *adj.* beerenförmig.
Bacillaceae *pl* Bacillaceae *pl.*
Bacillus *n* Bacillus *m.*
    Bacillus aerogenes capsulatus
Welch-Fränkel-(Gasbrand-)Bazillus,
Clostridium perfringens.
    Bacillus anthracis Milzbrandbazillus, -erreger *m,* Bacillus anthracis.
    Bacillus botulinus Botulinusbazillus, Clostridium botulinum.
    Bacillus Calmette-Guérin Bacillus
Calmette-Guérin.
    Bacillus coli Escherich-Bakterium
nt, Coli-Bakterium *nt,* Escherichia/Bacterium coli.
    Bacillus enteritidis Gärtner-Bazillus,
Salmonella enteritidis.
    Bacillus leprae Hansen-Bazillus,
Leprabazillus, -bakterium *nt,* Mycobacterium leprae.
    Bacillus pneumoniae Friedländer-Bakterium *nt,* -Bazillus, Klebsiella
pneumoniae, Bacterium pneumoniae
Friedländer.
    Bacillus subtilis Heubazillus, Bacillus subtilis.
    Bacillus tetani Tetanus-, Wundstarrkrampfbazillus, -erreger *m,* Clostridium/Plectridium tetani.
    Bacillus typhi Typhusbazillus,
-bacillus, Salmonella typhi.
    Bacillus typhosus Typhusbazillus,
-bacillus, Salmonella typhi.
    Bacillus welchii s.u. *Bacillus aerogenes capsulatus.*
bacteria *pl* s.u. *bacterium.*
bacterial *adj.* Bakterien betreffend,
bakteriell, Bakterien-.

bacterial antagonism bakterieller
Antagonismus *m,* Bakterienantagonismus *m.*
bacterial antigen Bakterienantigen
nt.
bacterial capsule Bakterienkapsel *f.*
bacterial cell Bakterienzelle *f.*
bacterial chromosome Bakterienchromosom *nt.*
bacterial colony Bakterienkolonie *f.*
bacterial culture Bakterienkultur *f.*
bacterial dissociation bakterielle
Dissoziation *f.*
bacterial DNA Bakterien-DNA *f,*
Bakterien-DNS *f,* bakterielle DNA *f,*
bakterielle DNS *f.*
bacterial filter Bakterienfilter *m.*
bacterial flagellum Bakteriengeißel
f.
bacterial genetics Bakteriengenetik
f.
bacterial host Bakterienwirt *m.*
bacterial lawn Bakterienrasen *m.*
bacterial physiology Bakterienphysiologie *f.*
bacterial protein Bakterienprotein *nt.*
bacterial satellite Satellitenkolonie *f.*
bacterial spore Bakterienspore *f.*
bacterial strain Bakterienstamm *m.*
bacterial toxin s.u. *bacteriotoxin.*
bacterial transformation Transformation *f.*
bacterial vaccine s.u. *bacterin.*
bacterial virus s.u. *bacteriophage.*
bactericidal *adj.* bakterientötend,
bakterizid.
bactericide *n* Bakterizid *nt,* bakterientötender Stoff *m.*
bactericidin *n* Bakterizidin *nt,* Bac-

tericidin *nt*.
bacterid *n* Bakterid *nt*.
bacteriform *adj.* bakterienähnlich, -förmig.
bacterin *n* Bakterienimpfstoff *m*, -vakzine *f*.
bacterio- *präf.* Bakterien-, Bakterio-.
bacteriochlorophyll *n* Bakteriochlorophyll *nt*.
bacteriochlorophyll a Bakteriochlorophyll a *nt*.
bacteriochlorophyll b Bakteriochlorophyll b *nt*.
bacteriochlorophyll c Bakteriochlorophyll c *nt*.
bacteriochlorophyll d Bakteriochlorophyll d *nt*.
bacteriocidal *adj.* s.u. *bactericidal*.
bacteriocidin *n* s.u. *bactericidin*.
bacteriocin *n* Bakteriozin *nt*, Bacteriocin *nt*.
bacteriocin-type *n* Bakteriozin-Typ *m*, -Var *m*.
bacteriocin-var *n* s.u. *bacteriocin-type*.
bacterioclasis *n* s.u. *bacteriolysis*.
bacteriogenic *adj.* durch Bakterien verursacht, bakteriogen, bakteriell, Bakterien-.
bacteriogenous *adj.* s.u. *bacteriogenic*.
bacterioid I *n* Bakterioid *nt*. II *adj.* bakterienähnlich, -förmig, bakteroid, bakterioid.
bacteriologic *adj.* Bakterien *oder* Bakteriologie betreffend, bakteriologisch, Bakterien-.
bacteriological *adj.* s.u. *bacteriologic*.
bacteriologist *n* Bakteriologe *m*, -login *f*.
bacteriology *n* Bakteriologie *f*, Bakterienkunde *f*.
bacteriolysin *n* Bakteriolysin *nt*.
bacteriolysis *n* Auflösung *f* von Bakterien(zellen), Bakteriolyse *f*.
bacteriolytic *adj.* bakterienauflösend, bakteriolytisch.
bacterio-opsin *n* Bacterio-Opsin *nt*.
bacterio-opsonin *n* s.u. *bacteriopsonin*.
bacteriopexia *n* s.u. *bacteriopexy*.
bacteriopexy *n* Bakteriopexie *f*.
bacteriophaeophytin *n* Brit. Bakteriopheophytin *nt*.
bacteriophage *n* Bakteriophage *m*,

Phage *m*, bakterienpathogenes Virus *nt*.
bacteriophage plaque Plaque *f*.
bacteriophage resistance Phagenresistenz *f*.
bacteriophagia *n* Twort-d'Herelle-Phänomen *nt*, d'Herelle-Phänomen *nt*, Bakteriophagie *f*.
bacteriophagy *n* s.u. *bacteriophagia*.
bacteriopheophytin *n* Bakteriopheophytin *nt*.
bacterioplasmin *n* Bakterioplasmin *nt*.
bacterioprecipitin *n* Bakteriopräzipitin *nt*.
bacterioprotein *n* Bakterien-, Bakterioprotein *nt*.
bacteriopsonin *n* Bakterienopsonin *nt*, Bakteriopsonin *nt*.
bacteriopurpurin *n* Bakterien-, Bakteriopurpurin *nt*.
bacteriorhodopsin *n* Bakterien-, Bakteriorhodopsin *nt*.
bacteriospermia *n* Bakteriospermie *f*.
bacteriostasis *n* Bakteriostase *f*.
bacteriostat *n* bakteriostatisches Mittel *nt*, Bakteriostatikum *nt*.
bacteriostatic I *n* s.u. *bacteriostat*. II *adj.* bakteriostatisch.
bacteriotoxic *adj.* bakterienschädigend, -toxisch, bakteriotoxisch.
bacteriotoxin *n* Bakteriengift *nt*, -toxin *nt*, Bakteriotoxin *nt*.
bacteriotropic *adj.* bakteriotrop.
bacteritic *adj.* durch Bakterien verursacht, bakteriogen, bakteriell.
Bacterium *n* Bacterium *nt*.
  Bacterium coli Escherich-Bakterium, Coli-Bakterium *nt*, Escherichia/Bacterium coli.
  Bacterium pestis Pestbakterium, Yersinia/Pasteurella pestis.
  Bacterium sonnei Kruse-Sonne-Ruhrbakterium, E-Ruhrbakterium, Shigella sonnei.
bacterium *n*, *pl* **-ria** Bakterie *f*, Bakterium *nt*.
bacteroid I *n* Bakteroid *nt*, Bakteroide *f*, Bacteroid *nt*. II *adj.* bakterienähnlich, -förmig, bakter(i)oid.
Bacteroidaceae *pl* Bacteroidaceae *pl*.
bacteroidal *adj.* s.u. *bacteroid* II.
Bacteroides *n* Bacteroides *f*.
bacteroides *n* Bacteroides *f*.
bactoprenol *n* Bactoprenol *nt*, Undecaprenol *nt*.

B

balance I *n* Balance *f*, Gleichgewicht *nt*, (*auch physiolog.*) Haushalt *m*. II *vt* (sich) im Gleichgewicht halten, ins Gleichgewicht bringen, ausbalancieren. III *vi* sich im Gleichgewicht halten, sich ausbalancieren.

balanced *adj.* ausgewogen, ausgeglichen, ausbalanciert, im Gleichgewicht befindlich.

balanced translocation balancierte Translokation *f*.

Balantidium *n* Balantidium *nt*.

ball I *n* Ball *m*; Kugel *f*; Knäuel *m*; Klumpen *m*. II *vt* zusammenballen, zu Kugeln formen. III *vi* sich (zusammen-)ballen.

ball-and-stick model Kugel-Stab-Modell *nt*.

Bang's bacillus Bang-Bazillus *m*, Brucella abortus, Bacterium abortus Bang.

bar *n* Bar *nt*.

barbiturate *n* Barbiturat *nt*.

barium *n* Barium *nt*.

barium chloride Bariumchlorid *nt*.

barium oxide Bariumoxid *nt*.

barium sulfate Bariumsulfat *nt*.

barium sulphate *Brit.* Bariumsulfat *nt*.

barn *n* Barn *nt*.

baro- *präf.* Druck-, Gewicht(s)-, Bar(o)-.

baroceptor *n* s.u. *baroreceptor*.

barometric pressure atmosphärischer Druck *m*, Atmosphärendruck *m*.

barophilic *adj.* barophil.

baroreceptor *n* Barorezeptor *m*.

barosensor *n* Barosensor *m*, -rezeptor *m*.

barotaxis *n* Barotaxis *f*.

barotropism *n* Barotropismus *m*.

Barr body Barr-Körper *m*, Sex-, Geschlechtschromatin *nt*.

αβ-barrel *n* αβ-Fass *nt*.

barrier *n* **1.** Barriere *f*, Schranke *f*, Sperre *f*; Hindernis *nt* (*to für*). **2.** Schwelle *f*.

Bartonella *n* Bartonella *f*.

Bartonellaceae *pl* Bartonellaceae *pl*.

basal *adj.* **1.** an der Basis, Basis betreffend, basal, Basal-, Grund-; fundamental, grundlegend. **2.** den Ausgangswert bezeichnend (*Temperatur etc.*).

basal acid output (*Magen*) basale Säuresekretion *f*, Basalsekretion *f*.

basal body temperature basale Körpertemperatur *f*, Basaltemperatur *f*.

basal granule Basalkörperchen *nt*.

basal metabolic rate Basal-, Grundumsatz *m*.

basal metabolism Grundstoffwechsel *m*, -umsatz *m*.

base I *n* Basis *f*; Grundfläche *f*; (*chemisch*) Base *f*. II *adj.* Grund-, Basis-, Ausgangs-.

base anhydride Basenanhydrid *nt*.

base catalysis Basenkatalyse *f*.

general base catalysis allgemeine Basenkatalyse.

specific base catalysis spezifische Basenkatalyse.

base composition Basenzusammensetzung *f*.

base deficit Basendefizit *nt*, negativer Basenüberschuss *m*.

base equivalence Basenäquivalenz *f*.

base excess Basenüberschuss *m*, Basenexzess *m*.

negative base excess negativer Basenüberschuss, Basendefizit *nt*.

base-frequency analysis Basenfrequenzanalyse *f*.

base pair Basenpaar *nt*.

base pairing Basenpaarung *f*.

base sequence Basensequenz *f*.

base substitution Basensubstitution *f*.

base triplet Basentriplett *nt*.

base units Basiseinheiten *pl*.

basic *adj.* **1.** grundlegend, wesentlich, Grund-. **2.** (*chemisch*) basisch, alkalisch.

basic hydrolysis basische Hydrolyse *f*.

basicity *n* Alkalität *f*, Basizität *f*, Basität *f*.

basic research Grundlagenforschung *f*.

basic salt basisches Salz *nt*.

basic stain **1.** basischer Farbstoff *m*. **2.** basische Färbung *f*.

Basidiobolus *n* Basidiobolus *nt*.

Basidiomycetes *pl* Ständerpilze *pl*, Basidiomyzeten *pl*, -mycetes *pl*.

basidiospore *n* Ständer-, Basidiospore *f*.

basidium *n*, *pl* **-dia** Sporenständer *m*, Basidie *f*, Basidium *nt*.

basigenous *adj.* basenbildend.

basophil I *n* basophiler Leukozyt/Granulozyt *m*, Basophiler *m*. II *adj.*

basophil.

basophil chemotactic factor Basophilen-chemotaktischer Faktor *m*.

basophile *n, adj.* S.U. *basophil.*

basophilic *adj.* S.U. *basophil* II.

basophil substance Nissl-Schollen *pl*, -Substanz *f*, -Granula *pl*, Tigroidschollen *pl*.

bastard I *n* Mischling *m*, Bastard *m*, Hybride *m/f.* **II** *adj.* hybrid, Hybrid-, Bastard-, Mischlings-.

bastardization *n* Bastardidierung *f*, Hybridisierung *f*, Hybridisation *f*.

bat *n* Fledermaus *f*.

bathochrome *n* Bathochrom *nt*.

bathochromy *n* Bathochromie *f*.

Battey's bacillus Mycobacterium avium/intracellulare, Mycobacterium tuberculosis typus gallinaceus.

b/c₁-complex *n* b/c₁-Komplex *m*.

B cell 1. (*Pankreas*) β-Zelle *f*, B-Zelle *f*. **2.** B-Lymphozyt *m*, B-Zelle *f*.

B cell differentiation factor BSF-2 Humaninterferon-β₂ *nt*.

B-cell differentiation factors B-Zellendifferenzierungsfaktoren *pl*.

B-cell growth factors B-Zellenwachstumsfaktoren *pl*.

B-cell system B-Zellsystem *nt*.

B chain (*Insulin*) B-Kette *f*.

beaker *n* Becher *m*; Becherglas *nt*.

beaker cell Becherzelle *f*.

beam *n* **1.** (Licht-)Strahl *m*, Bündel *nt*. **2.** Peil-, Leit-, Richtstrahl *f*.

beam of rays Strahlenbündel.

bean *n* Bohne *f*.

Bedsonia *n* Chlamydie *f*, Chlamydia *f*, PLT-Gruppe *f*.

behaviour *n Brit.* (*chemisch.*) Verhalten *nt*.

behavior *n* (*chemisch.*) Verhalten *nt*.

behenic acid Behensäure *f*.

bel *n* Bel *nt*.

belladonna alkaloids Belladonnaalkaloide *pl*.

bell curve Glockenkurve *f*, Gauss-Kurve *f*.

bemegride *n* Bemegrid *nt*.

bemetizide *n* Bemetizid *nt*.

bendrofluazide *n* S.U. *bendroflumethiazide.*

bendroflumethiazide *n* Bendroflumethiazid *nt*.

benserazide *n* Benserazid *nt*.

bentonite *n* Bentonit *nt*.

benzalkonium chloride Benzalko-

niumchlorid *nt*.

benzene *n* Benzol *nt*, Benzen *nt*.

benzene compound aromatische Verbindung *f*.

1,3-benzenediol *n* Resorcin *nt*, Resorzin *nt*, (*m-*)Dihydroxybenzol *nt*.

1,4-benzenediol *n* Hydrochinon *nt*, Parahydroxybenzol *nt*.

benzene hexachloride Benzolhexachlorid *nt*, Hexachlorcyclohexan *nt*; Lindan *nt*.

benzene ring Benzolring *m*.

benzethonium chloride Benzethoniumchlorid *nt*.

benzhydramine hydrochloride Diphenhydraminhydrochlorid *nt*.

benzoate *n* Benzoat *nt*.

benzofuran *n* Benzofuran *nt*.

benzoic acid Benzoesäure *f*.

benzol *n* S.U. *benzene.*

benzophenanthridin alkaloids Benzophenanthridinalkaloide *pl*.

benzopyrene *n* S.U. 3,4-*benzpyrene.*

benzoquinone *n* Benzochinon *nt*.

benzoquinone ring Benzochinonring *m*.

benzoyl *n* Benzoyl-(Radikal *nt*).

benzoylaminoacetic acid Hippursäure *f*, Benzoylaminoessigsäure *f*, Benzolglykokoll *nt*.

benzoylcholinesterase *n* unspezifische/unechte Cholinesterase *f*, Pseudocholinesterase *f*, β-Cholinesterase *f*, Butyrylcholinesterase *f*, Typ II-Cholinesterase *f*.

benzoylglycine *n* Hippursäure *f*, Benzoylaminoessigsäure *f*, Benzolglykokoll *nt*.

benzoyl peroxide Benzoylperoxid *nt*.

N-benzoyl-L-tyrosyl-p-aminobenzoic acid *N*-Benzoyl-L-tyrosyl-*p*-aminobenzoesäure *f*.

3,4-benzpyrene *n* 3,4-Benzpyren *nt*, 3,4-Benzo(a)pyren *nt*.

benzpyrrole *n* 2,3-Benzopyrrol *nt*, Indol *nt*.

benzquinamide *n* Benzquinamid *nt*.

benzthiazide *n* Benzthiazid *nt*.

benzydroflumethiazide *n* S.U. *bendroflumethiazide.*

bephenium hydroxynaphthoate Bephenium-hydroxy-naphthoat *nt*.

berberine *n* Berberin *nt*.

Berlin blue reaction/test Berliner-Blau-Reaktion *f*, Ferriferrocyanid-Reaktion *f*.

Bertiella n Bertiella f.
beryllium n Beryllium nt.
besylate n Benzolsulfonat nt.
beta-carotene n β-Karotin nt, β-Carotin nt.
beta cell (Pankreas) β-Zelle f, B-Zelle f.
beta-cholestanol n β-Cholestanol nt, Dihydrocholesterin nt.
betacyanin n Betacyan nt, Betacyanin nt.
beta decay β-Zerfall m,beta-Zerfall m.
beta-endorphin n Beta-Endorphin nt.
beta globulin beta-Globulin nt, β-Globulin nt.
beta-haemolysis n Brit. β-Hämolyse f, beta-Hämolyse f, Betahämolyse f.
beta-haemolytic adj. Brit. beta-hämolytisch, β-hämolytisch.
beta-hemolysis n β-Hämolyse f, beta-Hämolyse f, Betahämolyse f.
beta-hemolytic adj. beta-hämolytisch, β-hämolytisch.
Betaherpesvirinae pl Betaherpesvirinae pl.
betaherpesviruses pl Betaherpesviren pl, Betaherpesvirinae pl.
betaine n Betain nt, Trimethylglykokoll nt, Glykokollbetain nt.
betaine aldehyde Betainaldehyd m.
betaine-homocysteine methyltransferase Betain-Homocysteinmethyltransferase f.
beta-ketobutyric acid Azetessigsäure f, β-Ketobuttersäure f.
beta-lactamase n β-Lactamase f, beta-Lactamase f, β-Laktamase f, beta-Laktamase f.
beta-lactose n Betalaktose f, β-Laktose f.
betalain n Betalain nt.
beta-lipoprotein n Lipoprotein nt mit geringer Dichte, β-Lipoprotein nt.
beta₂-microglobulin n β₂-Mikroglobulin nt, Beta₂-Mikroglobulin nt.
betanidine n Betanidin nt.
beta-oxybutyric acid β-Hydroxybuttersäure f.
beta particle β-Teilchen nt, beta-Teilchen nt.
beta pleated sheet Faltblatt nt, Faltblattstruktur f.
beta radiation Betastrahlung f, β-Strahlung f.
beta rays Betastrahlen pl, β-Strahlen pl.

beta sheet Faltblatt nt, Faltblattstruktur f.
betaxanthin n Betaxanthin nt.
betazole hydrochloride Betazolhydrochlorid nt.
bethanidine n Betanidin nt.
B hordein B-Hordein nt.
bi- präf. 1. zwei-, doppel-, Bi(n)-. 2. s.u. bio-.
bibasic adj. zweibasisch, -basig, -wertig.
bicarbonate n Bikarbonat nt, Bicarbonat nt, Hydrogencarbonat nt.
bicarbonate buffer Bicarbonatpuffer m.
bicarbonate buffer system Bicarbonatpuffersystem nt.
bicarbonate soda Natriumbikarbonat nt.
bicellular adj. zweizellig, bizellulär.
bichloride n Bichlorid nt.
bichromate n Dichromat nt.
bicolorin n Äsculin nt.
biconcave adj. bikonkav.
biconvex adj. bikonvex.
Bifidobacterium n Bifidobacterium nt.
Bifidobacterium bifidum Bifidus-Bakterium nt, Lactobacillus bifidus, Bifidobacterium bifidum.
bifidobacterium n, pl **-ria** Bifidobakterium nt, -bacterium nt.
bilane n Bilan nt.
bilateral adj. 1. von zwei Seiten ausgehend, zwei Seiten betreffend, zwei-, beidseitig, bilateral.
bilayer n bimolekulare Schicht f, Bilayer m.
bilayer structure Bilayerstruktur f.
bilayer system Bilayersystem nt.
bile n Galle f, Gallenflüssigkeit f, Fel nt.
bile acid pool Gallensäurepool m.
bile acids Gallensäuren pl.
bile canaliculi Gallenkanälchen pl, -kapillaren pl.
bile pigment 1. Gallenfarbstoff m. **2. bile pigments** pl Gallenfarbstoffe pl.
bile salts Salze pl der Gallensäuren.
Bilharzia n Pärchenegel m, Schistosoma nt, Bilharzia f.
bili- präf. Galle(n)-, Bili(o)-.
biliary adj. gallig, biliär, biliös, Gallen(gangs)-.
biliary canaliculi s.u. bile canaliculi.
biliary cycle (Gallensäuren) entero-

hepatischer Kreislauf *m*.

biliary system Gallensystem *nt*.

bilicyanin *n* Bili-, Cholezyanin *nt*.

bilidigestive *adj*. biliodigestiv.

biliflavin *n* Biliflavin *nt*.

bilifuscin *n* Bilifuszin *nt*, -fuscin *nt*.

biligenesis *n* Galle(n)bildung *f*, -produktion *f*, Biligenese *f*.

biligenetic *adj*. **1.** Biligenese betreffend. **2.** S.U. *biligenic*.

biligenic *adj*. galleproduzierend, gallebildend, biligen.

bilin *n* Bilin *nt*.

bilinic acid Bilinsäure *f*.

bilious *adj*. S.U. *biliary*.

bilirubin *n* Bilirubin *nt*.

bilirubinate *n* Bilirubinsalz *nt*, Bilirubinat *nt*.

bilirubin-binding globulin Bilirubin-bindendes Globulin *nt*.

bilirubin diglucuronide Bilirubindiglukuronid *nt*.

bilirubinic *adj*. Bilirubin betreffend, Bilirubin-.

bilirubin sulfate Bilirubinsulfat *nt*.

bilirubin sulphate *Brit*. Bilirubinsulfat *nt*.

bilirubin UDP-glucuronyltransferase Glukuronyltransferase *f*.

biliverdin *n* Biliverdin *nt*.

biliverdinate *n* Biliverdinsalz *nt*, Biliverdinat *nt*.

biliverdinic acid S.U. *biliverdin*.

bilixanthin *n* Choletelin *nt*, Bilixanthin *nt*.

bimolecular *adj*. aus zwei Molekülen bestehend, bimolekular.

binary *adj*. aus zwei Elementen bestehend, binär, binar(isch), zweifach-, Binär-.

binary compound binäre Verbindung *f*.

bind (bound; bound) I *vt* binden. II *vi* binden.

binder *n* Bindemittel *nt*.

binding I *n* Bindemittel *nt*. II *adj*. bindend, verbindend, Bindungs-.

binding assay Bindungstest *m*, -assay *m*.

binding capacity Bindungskapazität *f*.

binding constant Assoziationskonstante *f*.

binding energy Bindungsenergie *f*.

binding equilibrium Bindungsgleichgewicht *nt*.

binding locus S.U. *binding site*.

binding protein Bindungsprotein *nt*.

binding site Bindungsstelle *f*.

A binding site S.U. *aminoacyl binding site*.

aminoacyl binding site Aminoacylbindungsstelle, A-Bindungsstelle.

antigen binding site Antigenbindungsstelle.

complement binding site Komplementbindungsstelle.

Fc-receptor binding site Fc-Rezeptorbindungsstelle.

binegative *adj*. zweifach negativ.

binocular I *n* (*oft* **binoculars** *pl*) Binokular *nt*, Binokel *nt*; Binokularmikroskop *nt*. II *adj*. binokular, mit zwei Okularen versehen.

binocular microscope binokulares Mikroskop *nt*, Doppelmikroskop *nt*, Binokularmikroskop *nt*.

bio- *präf*. Lebens-, Bi(o)-.

bioactive *adj*. biologisch aktiv, bioaktiv.

bioactivity *n* Bioaktivität *f*.

bioamine *n* biogenes Amin *nt*, Bioamin *nt*.

bioaminergic *adj*. bioaminerg.

bioassay I *n* Bioassay *m*. II *vt* etwas einer Bioassayprüfung unterziehen.

bioavailability *n* biologische Verfügbarkeit *f*, Bioverfügbarkeit *f*.

bioavailable *adj*. biologisch verfügbar.

bioblast *n* Mitochondrie *f*, Mitochondrium *nt*, Chondriosom *nt*.

biocatalyst *n* Enzym *nt*.

biocatalyzer *n* Enzym *nt*.

biochemic *adj*. S.U. *biochemical* II.

biochemical I *n* biochemisches Produkt *nt*. II *adj*. Biochemie betreffend, biochemisch.

biochemical energetics biochemische Energetik *f*.

biochemical mapping biochemisches Kartieren *nt*, biochemische Kartierung *f*.

biochemist *n* Biochemiker(in *f*) *m*.

biochemistry *n* physiologische Chemie *f*, Biochemie *f*.

biochemorphology *n* Biochemomorphologie *f*.

biocidal *adj*. biozid.

biocide *n* Schädlingsbekämpfungsmittel *nt*, Biozid *nt*.

bioclimatics *pl* S.U. *bioclimatology*.

bioclimatological *adj.* bioklimatologisch.

bioclimatology *n* Bioklimatologie *f.*

biocolloid *n* Biokolloid *nt.*

biocompatibility *n* Biokompatibilität *f.*

biocompatible *adj.* nicht gewebs-/zell-/funktionsschädigend, biokompatibel.

biocybernetics *pl* Biokybernetik *f.*

biocycle *n* biologischer Zyklus *m*, Biozyklus *m.*

biocytin *n* Biocytin *nt*, Biotinyllysin *nt.*

biodegradability *n* biologische Abbaubarkeit *f.*

biodegradable *adj.* biologisch abbaubar.

biodegradation *n* biologisches Abbauen *nt.*

biodegrade *vi* (sich) biologisch abbauen.

biodeterioration *n* s.u. *biodegradation.*

biodynamic *adj.* Biodynamik betreffend, biodynamisch.

biodynamical *adj.* s.u. *biodynamic.*

biodynamics *pl* Biodynamik *f.*

bioecologic *adj.* bioökologisch.

bioecological *adj.* s.u. *bioecologic.*

bioecology *n* Bioökologie *f*, Ökologie *f.*

bioelectric *adj.* bioelektrisch.

bioelectrical *adj.* s.u. *bioelectric.*

bioelectrical synapse (bio-)elektrische Synapse *f.*

bioelectricity *n* Bioelektrizität *f.*

bioelectric potential bioelektrisches Potential *nt.*

bioelectronic *adj.* bioelektronisch.

bioelectronics *pl* Bioelektronik *f.*

bioelement *n* Bioelement *nt.*

bioenergetics *pl* Bioenergetik *f.*

bioengineering *n* Biotechnik *f*, Bioengineering *nt.*

bioequivalence *n* Bioäquivalenz *f.*

bioequivalent *adj.* bioäquivalent.

biofeedback *n* Biofeedback *nt.*

bioflavonoid *n* Bioflavonoid *nt.*

biogenesis *n* Biogenese *f.*

biogenetic *adj.* **1.** Biogenese betreffend, biogenetisch. **2.** Genetic Engineering betreffend.

biogenetical *adj.* s.u. *biogenetic.*

biogenetics *pl* Genmanipulation *f*, genetische Manipulation *f*, Genetic

engineering *nt.*

biogenic *adj.* biogen.

biogenic amine s.u. *bioamine.*

biogenous *adj.* aus Lebewesen entstanden, biogen.

biogeny *n* s.u. *biogenesis.*

biokinetics *pl* Biokinetik *f.*

biokinetic zone biokinetische Zone *f.*

biologic *adj.* s.u. *biological* II.

biological I *n* biologisches Präparat *nt* (*Serum, Vakzine etc.*). II *adj.* Biologie betreffend, biologisch.

biological amplifier biologischer Verstärker *m.*

biological assay s.u. *bioassay* I.

biological balance biologisches Gleichgewicht *nt.*

biological chemistry s.u. *biochemistry.*

biological child leibliches Kind *nt.*

biological clock biologische Uhr *f*, innere Uhr *f.*

biological engineering s.u. *bioengineering.*

biological evolution biologische Evolution *f*, Darwin-Evolution *f.*

biological half-life biologische Halbwertszeit *f.*

biological half-life period biologische Halbwertszeit *f.*

biological oxidation biologische Oxydation *f.*

biological rhythm s.u. *biorhythm.*

biological system biologisches System *nt*, Biosystem *nt.*

biological work biologische Arbeit *f.*

biologist *n* Biologe *m*, Biologin *f.*

biology *n* Biologie *f.*

bioluminescence *n* Biolumineszenz *f.*

biolysis *n* Biolyse *f.*

biolytic *adj.* biolytisch.

biomass *n* Biomasse *f.*

biomass concentration Biomassenkonzentration *f.*

biomaterial *n* Biomaterial *nt.*

biome *n* Biom *nt.*

biomechanical *adj.* Biomechanik betreffend, biomechanisch.

biomechanics *pl* Biomechanik *f.*

biomedical *adj.* biologisch-medizinisch, medizinisch-biologisch, biomedizinisch.

biomedicine *n* Biomedizin *f.*

biomembrane *n* Biomembran *f.*

biomembranous *adj.* biomembranös.

biometrics *pl* s.u. *biometry*.
biometry *n* Biometrie *f*, Biometrik *f*.
biomicroscope *n* Biomikroskop *nt*.
biomicroscopy *n* Biomikroskopie *f*.
biomolecule *n* Biomolekül *nt*.
Biomphalaria *n* Biomphalaria *f*.
bion *n* Bion *nt*.
bionics *pl* Bionik *f*.
bionomics *pl* biologische Ökologie *f*, Bionomik *f*.
bionomy *n* Bionomie *f*.
bio-osmotic *adj.* bioosmotisch.
biophage *n* Biophage *m*.
biophagism *n* s.u. *biophagy*.
biophagous *adj.* biophag.
biophagy *n* Biophagie *f*.
biophotometer *n* Biophotometer *nt*.
biophysical *adj.* Biophysik betreffend, biophysikalisch.
biophysics *pl* Biophysik *f*.
biophysiology *n* Biophysiologie *f*.
bioplasm *n* Protoplasma *nt*.
bioplasmic *adj.* protoplasmatisch.
biopolymer *n* Biopolymer *nt*.
biopterin *n* Biopterin *nt*.
bioreversible *adj.* bioreversibel.
biorhythm *n* biologischer Rhythmus *m*, Biorhythmus *m*.
biorhythmic *adj.* biorhythmisch.
bios *n* Inosit *nt*, Inositol *nt*.
bios II s.u. *biotin*.
bioscience *n* Biowissenschaft *f*.
biostatistics *pl* Biostatistik *f*.
biosynthesis *n* Biosynthese *f*.
biosynthetic *adj.* Biosynthese betreffend, biosynthetisch.
biosynthetic pathway Biosyntheseweg *m*, biosynthetischer (Stoffwechsel-)Weg *m*.
biosynthetic work biosynthetische Arbeit *f*.
biotaxis *n* Biotaxis *f*.
biotaxy *n* **1.** s.u. *biotaxis*. **2.** Taxonomie *f*.
biotelemetry *n* Biotelemetrie *f*.
biotic *adj.* Leben *oder* lebende Materie betreffend, biotisch, Lebens-.
biotin *n* Biotin *nt*, Vitamin H *nt*.
biotin carboxylase Biotincarboxylase *f*.
biotin carboxyl-carrier protein Biotin-Carboxyl-Carrier-Protein *nt*.
biotinyllysine *n* s.u. *biocytin*.
biotope *n* Lebensraum *m*, Biotop *m/nt*.
biotoxication *n* Biotoxinintoxikation *f*.
biotoxicology *n* Biotoxikologie *f*.

biotoxin *n* Biotoxin.
biotransformation *n* Biotransformation *f*.
biotype *n* Biotyp *m*, -typus *m*, -var *m*.
biovar *n* s.u. *biotype*.
bipositive *adj.* zweifach positiv.
bisindolyl alkaloids dimere Indolalkaloide *pl*, Bisindolalkaloide *pl*.
bismuth *n* Wismut *nt*, Bismutum *nt*.
bismuth carbonate Wismutkarbonat *nt*.
   basic bismuth carbonate s.u. *bismuth subcarbonate*.
bismuth subcarbonate basisches Wismutkarbonat *nt*, Bismutum subcarbonicum.
bismuth subgallate basisches Wismutgallat *nt*, Bismutum subgallicum.
bismuth subnitrate basisches Wismutnitrat *nt*, Bismutum subnitricum.
bismuth subsalicylate Bismutum subsalicylicum.
bismuth sulfite agar Wilson-Blair-Agar *m/nt*, Wismutsulfitagar *m/nt* nach Wilson u. Blair.
bismuth sulphite agar *Brit.* Wilson-Blair-Agar *m/nt*, Wismutsulfitagar *m/nt* nach Wilson u. Blair.
bismuth white s.u. *bismuth subnitrate*.
2,3-bisphosphoglycerate *n* 2,3-Diphosphoglycerat *nt*.
bisphosphoglycerate mutase Diphosphoglyceratmutase *f*.
bisphosphoglycerate phosphatase Diphosphoglyceratphosphatase *f*.
bisphosphoglyceromutase *n* s.u. *bisphosphoglycerate mutase*.
bisulfate *n* Bisulfat *nt*.
bisulfide *n* Bi-, Disulfid *nt*.
bisulfite *n* Bisulfit *nt*, Hydrogensulfit *nt*.
bisulphate *n* *Brit.* Bisulfat *nt*.
bisulphide *n* *Brit.* Bi-, Disulfid *nt*.
bisulphite *n* *Brit.* Bisulfit *nt*, Hydrogensulfit *nt*.
bitartrate *n* Bitartrat *nt*.
bite (*v: bit; bitten*) **I** *n* **1.** Beißen *nt*; Biß *m*. **2.** Beizen *nt*, Ätzen *nt*. **II** *vt* **3.** beißen. **4.** beizen, ätzen, zerfressen, angreifen.
biurate *n* Biurat *nt*.
bivalence *n* Zweiwertigkeit *f*.
bivalency *n* s.u. *bivalence*.
bivalent I *n* Bivalent *m*, Chromosomenpaar *nt*, Geminus *m*. **II** *adj.* **1.**

zweiwertig, bi-, divalent. **2.** doppel-
chromosomig, bivalent.
Bk virus Bk-Virus *nt*.
black molds Schwärzepilze *pl*.
blancher *n* Bleichmittel *nt*.
blast *n* **1.** Explosion *f*, Detonation *f*;
Druckwelle *f*. **2.** unreife Zellvorstufe
f, Blast *m*.
blastogenesis *n* **1.** Keimentwicklung
f, Blastogenese *f*. **2.** asexuelle Vermehrung *f* durch Knospung, Blastogenese *f*.
blastogenic factor Lymphozytenmitogen *nt*, Lymphozytentransformationsfaktor *m*.
blastogeny *n* Blastogenie *f*.
Blastomyces *n* Blastomyces *m*.
blastospore *n* Sproßkonidie *f*, Blastospore *f*.
blastozooid *n* Blastozooid *nt*.
Blattaria *pl* Schaben *pl*, Blattaria *pl*.
bleach I *n* Bleichen *nt*; Bleichmittel *nt*.
II *vt* bleichen. III *vi* bleichen, bleich
werden.
bleaching *n* Bleichen *nt*, Ausbleichen
nt.
bleaching agent Bleichmittel *nt*.
bleaching powder Bleichpulver *nt*,
Chlorkalk *m*, Calciumhypochlorit *nt*.
bleed (*v:* bled; bled) *vi* bluten.
bleeding *n* Bluten *nt*, Blutung *f*.
bleeding time Blutungszeit *f*.
blenn- *präf.* s.u. *blenno-*.
blenno- *präf.* Schleim-, Blenn(o)-.
blennogenic *adj.* schleimbildend,
-produzierend, muzinogen.
blennogenous *adj.* s.u. *blennogenic*.
blennoid *adj.* schleimähnlich, mukoid.
blocking reagent Schutz-, Blockierungsreagenz *nt*.
blood *n* Blut *nt*.
blood agar plate Blutagarplatte *f*.
blood-air barrier Blut-Gas-Schranke
f.
blood bicarbonate Plasmabikarbonat *nt*.
blood-brain barrier Blut-Hirn-
Schranke *f*.
blood cells Blutkörperchen *pl*, -zellen
pl, Hämozyten *pl*.
packed blood cells Erythrozytenkon-
zentrat *nt*, Erythrozytenkonserve *f*.
red blood cells rote Blutkörperchen/
-zellen, Erythrozyten *pl*.
white blood cells weiße Blutkör-
perchen/-zellen, Leukozyten *pl*.

blood-cerebral barrier s.u. *blood-
brain barrier*.
blood-cerebrospinal fluid barrier
Blut-Liquor-Schranke *f*.
blood clot Blutgerinnsel *nt*, -kuchen
m.
blood clotting Blutgerinnung *f*,
Koagulation *f*.
blood clotting factor (Blut-)Gerin-
nungsfaktor *m*, Koagulationsfaktor *m*.
blood coagulation Blutgerinnung *f*.
blood corpuscles s.u. *blood cells*.
blood count Blutbild *nt*.
complete blood count s.u. *full blood
count*.
differential blood count Differentialblutbild.
full blood count großes Blutbild.
red blood count Erythrozytenzahl *f*.
white blood count weißes Blutbild,
Leukozytenzahl *f*.
blood-CSF barrier s.u. *blood-
cerebrospinal fluid barrier*.
blood culture Blutkultur *f*.
blood disc *Brit.* s.u. *blood platelet*.
blood disk s.u. *blood platelet*.
blood flagellates Blutflagellaten *pl*.
blood flow Blutfluß *m*, Durchblutung
f, Perfusion *f*.
blood fluke Pärchenegel *m*, Schistosoma *nt*, Bilharzia *f*.
Japanese blood fluke japanischer
Pärchenegel, Schistosoma japonicum.
vesicular blood fluke Blasenpärchenegel, Schistosoma haematobium, Bilharzia haematobia.
blood formation Blutbildung *f*, Hä-
matopo(i)ese *f*, Hämopo(i)ese *f*.
blood-forming organs blut(zell)bil-
dende Organe *pl*.
blood-gas barrier s.u. *blood-air barrier*.
blood gases Blutgase *pl*.
arterial blood gases arterielle Blutgase *pl*.
venous blood gases venöse Blutgase.
blood group Blutgruppe *f*.
blood group A Blutgruppe A *f*.
blood group AB Blutgruppe AB *f*.
blood group B Blutgruppe B *f*.
blood grouping Blutgruppenbestim-
mung *f*.
blood group 0 Blutgruppe 0 *f*.
blood group protein Blutgruppenprotein *nt*.
blood pigment 1. hämoglobinogenes

Pigment *nt.* **2.** Blutfarbstoff *m*, Hämoglobin *nt.*

blood plasma Blutplasma *nt*, zellfreie Blutflüssigkeit *f.*

blood plate S.U. *blood platelet.*

blood platelet Blutplättchen *nt*, Thrombozyt *m.*

blood platelet thrombus Plättchen-, Thrombozytenthrombus *m.*

blood plate thrombus S.U. *blood platelet thrombus.*

blood serum (Blut-)Serum *nt.*

blood sporozoans Haemosporidien *pl*, -sporidia *pl.*

bloodsucker *n* Blutsauger *m.*

bloodsucking *adj.* blutsaugend.

blood sugar Blutzucker *m*, Glukose *f.*

blood type S.U. *blood group.*

blood urea nitrogen Blutharnstoffstickstoff *m.*

blood vessel Blutgefäß *nt.*

blood volume Blutvolumen *nt.*

   total blood volume totales Blutvolumen.

blue-green algae Cyanobakterien *pl*, Cyanophyceae *pl.*

blue pus bacillus Pseudomonas aeruginosa, Pyozyanus *m.*

B-lymphocyte *n* B-Lymphozyt *m*, B-Lymphocyt *m*, B-Zelle *f.*

B memory cell B-Gedächtniszelle *f.*

boat form Wannenform *f.*

Bodansky unit Bodansky-Einheit *f.*

body I *n*, *pl* **bodies** Körper *m*; (*chemisch*) Substanz *f*, Stoff *m*; (*physikal.*) Masse *f*, Körper *m*. **II** *adj.* körperlich, physisch, Körper-.

body cell Körper-, Somazelle *f.*

body cell mass Körperzellmasse *f.*

body clock innere Uhr *f.*

body fluid Körperflüssigkeit *f.*

body heat Körperwärme *f*, -temperatur *f.*

body louse Kleiderlaus *f*, Pediculus humanus corporis/humanus/vestimenti.

body mass index Quetelet-Index *m*, Körpermasseindex *m.*

body rhythm biologischer Rhythmus *m*, Biorhythmus *m.*

body surface Körperoberfläche *f.*

body surface area Körperoberfläche *f.*

body temperature Körpertemperatur *f.*
   basal body temperature basale Körpertemperatur, Basaltemperatur.

body weight Körpergewicht *nt.*

Bohr atom Bohr-Atom(modell *nt*) *nt.*

bond I *n* **1.** Verbindung *f*, Band *nt*, Bindung *f.* **2.** (*chemisch*) Bindung *f.* **II** *vt* binden. **III** *vi* binden.

bond angle Bindungswinkel *m.*

bond energy Bindungsenergie *f.*

bond length Bindungslänge *f.*

bond structure Bindungsstruktur *f.*

bone *n* Knochen *m.*

bone cell Knochenzelle *f*, Osteozyt *m.*

bone marrow Knochenmark *nt.*
   fatty bone marrow S.U. *yellow bone marrow.*
   gelatinous bone marrow weißes Knochenmark, Gallertmark.
   primary bone marrow primäres Knochenmark.
   red bone marrow rotes blutbildendes Knochenmark.
   secondary bone marrow sekundäres Knochenmark.
   yellow bone marrow gelbes fetthaltiges Knochenmark, Fettmark.

bone marrow cavity Markhöhle *f.*

bone matrix Knochenmatrix *f*, Osteoid *nt*, organische Knochengewebsgrundsubstanz *f.*

bone tissue Knochengewebe *nt.*

Boophilus *n* Boophilus *nt.*

boracic acid S.U. *boric acid.*

borate *n* Borat *nt.*

Bordetella *pl* Bordetella *pl.*
   Bordetella pertussis Keuchhustenbakterium *nt*, Bordet-Gengou-Bakterium *nt*, Bordetella/Haemophilus pertussis.

boric acid Borsäure *f.*

boron *n* Bor *nt.*

borrelia *n* Borrelia *f.*

Borrelia *n* Borrelia *f.*

bothridium *n*, *pl* **-dia** Bothridium *nt.*

Bothriocephalus *n* Diphyllobothrium *nt*, Bothriocephalus *m*, Dibothriocephalus *m.*

bothrium *n*, *pl* **-riums**, **-ria** Sauggrube *f*, Bothrium *nt.*

bougainvillein *n* Bougainvillein *nt.*

bouillon *n* Nährbrühe *f*, -bouillon *f*, Bouillon *f.*

bound *adj.* gebunden.

bound water gebundenes Wasser *nt.*

bovine I *n* Rind *nt.* **II** *adj.* bovin, Rinder-.

bowel *n* (*meist* **bowels** *pl*) Darm *m*; Eingeweide *pl*, Gedärm *nt.*

boxes *pl* Boxen *pl*, cis-aktive Sequenzelemente *pl*.

Boyle's law Boyle-Mariotte-Gesetz *nt*.

brady- *präf.* brady-, Brady-.

bradykinin *n* Bradykinin *nt*.

bradykininogen *n* Kallidin *nt*, Lysyl-Bradykinin *nt*.

bradyzoite *n* Bradyzoit *m*.

brain *n* Gehirn *nt*.

branch I *n* Ast *m*; Zweig *m*. II *adj.* Zweig-, Neben-.

branched *adj.* verästelt, verzweigt.

branched chain verzweigte Kette *f*.

branched-chain *adj.* verzweigtkettig.

branched-chain amino acid verzweigtkettige Aminosäure *f*.

branched-chain amino acid transaminase branched-chain-Aminosäuretransaminase *f*.

branched-chain α-keto acid decarboxylase s.u. *branched-chain 2-keto acid dehydrogenase*.

branched-chain 2-keto acid dehydrogenase branched-chain-2-Ketosäuredehydrogenase *f*.

brancher enzyme Branchingenzym *nt*, 1,4-α-Glucan-branching-Enzym *nt*, Glucan-verzweigende Glykosyltransferase *f*.

branching I *n* Verzweigung *f*, Verästelung *f*. II *adj.* sich verweigend, sich verästelnd.

branching enzyme Q-Enzym *nt*, Verzweigungsenzym *nt*.

branching factor s.u. *brancher enzyme*.

Branhamella *n* Branhamella *f*, Moraxella *f*.

brassidic acid Brassidinsäure *f*.

brassinolide *n* Brassinolid *nt*.

brassinosteroid *n* Brassinosteroid *nt*.

breakdown *n* Aufspaltung *f*, Auflösung *f*, Abbau *m*.

breakup *n* 1. Auflösung *f*, Aufspaltung *f*. 2. Zerlegung *f*, Spaltung *f*.

breast *n* Brust *f*; Brustdrüse *f*.

breathing *n* 1. Atmen *nt*, Atmung *f*. 2. Atemzug *m*.

breathing cycle Atmungszyklus *m*.

breathing work Atmungsarbeit *f*.

B receptor B-Rezeptor *m*.

Brevibacterium *n* Brevibacterium *nt*.

brewers' yeast Back-, Bierhefe *f*, Saccharomyces cerevisiae.

bridge I *n* (*chemisch*) Brücke *f*. II *vt* überbrücken; eine Brücke bauen über.

Brinell hardness number Brinell-Härte *f*.

brinolase *n* Brinolase *f*.

British thermal unit British thermal unit, britische Wärmeeinheit *f*.

broad fish tapeworm (breiter) Fischbandwurm *m*, Grubenkopfbandwurm *m*, Diphyllobothrium latum, Bothriocephalus latus.

broad-spectrum antibiotic Breitspektrum-, Breitbandantibiotikum *nt*.

bromate *n* Bromat *nt*.

bromated *adj.* s.u. *brominated*.

bromcresol green Bromkresolgrün *nt*.

bromcresol purple Bromkresolpurpur *nt*.

bromic *adj.* fünfwertiges Brom betreffend *oder* enthaltend.

bromide *n* Bromid *nt*.

bromide acne Bromakne *f*.

brominated *adj.* bromhaltig, bromiert.

bromine *n* Brom *nt*.

bromphenol *n* Bromphenol *nt*.

bromphenol blue Bromphenolblau *nt*.

bromsulfophthalein *n* s.u. *bromsulphalein*.

bromsulphalein *n* Bromosulfalein *nt*, Bromosulphthalein *nt*, Bromthalein *nt*, Bromosulfophthalein *nt*.

bromsulphophthalein *n Brit.* s.u. *bromsulphalein*.

bromthymol blue Bromthymolblau *nt*.

bromurated *adj.* Brom *oder* Bromsalze enthaltend; bromiert.

Brönsted's theory Brönstedt-Theorie *f*.

brood body Brutkörper *m*.

broth *n* Nährbrühe *f*, (Nähr-)Bouillon *f*.

brown I *n* Braun *nt*, braune Farbe *f*, brauner Farbstoff *m*. II *adj.* braun.

brown algae Braunalgen *pl*.

brown fat braunes Fettgewebe *nt*.

brown fat uncoupling protein Thermogenin *nt*.

Brucella *n* Brucella *f*.

Brucella abortus Bang-Bazillus *m*, Brucella abortus, Bacterium abortus Bang.

Brucella melitensis Maltafieber-Bakterium *nt*, Brucella/Bacterium melitensis.

Brucellaceae *pl* Brucellaceae *pl.*
brucellin *n* Brucellin *nt.*
brucine *n* Brucin *nt.*
Brugia *n* Brugia *f.*
   Brugia malayi Malayenfilarie *f*, Brugia/Wuchereria malayi.
bucrylate *n* Isobutyl-2-cyan(o)acrylat *nt.*
budding *n* Sprossung *f*, Knospung *f*, Budding *nt.*
bufadienolides *pl* Bufadienolide *pl.*
bufanolide *n* Bufanolid *nt.*
bufatrienolides *pl* Bufatrienolide *pl.*
bufenolides *pl* Bufenolide *pl.*
buffer I *n* Puffer *m*; Pufferlösung *f.* II *vt* puffern, als Puffer wirken gegen.
buffer action Pufferwirkung *f.*
buffer base Pufferbase *f.*
buffer capacity Pufferkapazität *f.*
buffered *adj.* gepuffert.
buffering capacity Pufferkapazität *f.*
buffer pair Pufferpaar *nt.*
buffer range Pufferbereich *m.*
buffer solution Pufferlösung *f.*
buffer system Puffersystem *nt.*
   bicarbonate buffer system Bicarbonatpuffersystem.
   phosphate buffer system Phosphatpuffersystem.
   proteinate buffer system protein(at)puffersystem.
buffy coat Leukozytenmanschette *f*, buffy coat *nt.*
builder *n* Aufbausubstanz *f.*
bulb *n* (Glas-)Ballon *m*, (Glüh-)Birne *f*, (*Thermometer*) Kolben *m.*
bundle sheath Bündelscheide *f.*
bundle sheath cells Bündelscheidenzellen *pl.*
Bunsen burner Bunsenbrenner *m.*
Bunsen coefficient Bunsen-Löslichkeitskoeffizient *m.*
Bunyaviridae *pl* Bunyaviren *pl*,

Bunyaviridae *pl.*
Bunyavirus *n* Bunyavirus *nt.*
buret *n* Bürette *f.*
burn (*v: burnt; burnt*) I *n* Verbrennen *nt.* II *vt* ab-, verbrennen, versengen. III *vi* **3.** (ver-)brennen, anbrennen, versengen. **4.** verbrennen, oxydieren.
burnable I *n* Brennstoff *m*, -material *nt.* II *adj.* brennbar.
burner *n* Brenner *m.*
bursa *n*, *pl* **-sae** Beutel *m*, Tasche *f*, Aussackung *f*, Bursa *f.*
   bursa of Fabricius Bursa Fabricii.
bursa-equivalent *n* Bursa-Äquivalent *nt.*
butamirate *n* Butamirat *nt.*
butane *n* (*n*-)Butan *nt.*
1,4-butanedioic acid Bernsteinsäure *f.*
butanoic acid s.u. *butyric acid.*
butanol *n* Butanol *nt.*
butein *n* Butein *nt.*
buthetamate *n* Butetamat *nt.*
buthiazide *n* Butizid *nt*, Thiabutazid *nt.*
butyl *n* Butyl-(Radikal *nt*).
butylmercaptan *n* Butylmercaptan *nt.*
butyraceous *adj.* butterartig, -haltig.
butyrate *n* Butyrat *nt.*
butyrate kinase Butyratkinase *f.*
butyric acid Buttersäure *f*, Butansäure *f.*
butyrocholinesterase *n* unspezifische/unechte Cholinesterase *f*, Pseudocholinesterase *f*, β-Cholinesterase *f*, Butyrylcholinesterase *f*, Typ II-Cholinesterasse *f.*
butyroid *adj.* butterähnlich.
butyrometer *n* Butyrometer *nt.*
butyrylcholine esterase s.u. *butyrocholinesterase.*

B

C

CAAT box CAAT-Box *f*.
Ca-carrier *n* Ca-Carrier *m*, Calcium-Carrier *m*.
Ca-channel *n* s.u. *calcium channel*.
cachectin *n* Tumor-Nekrose-Faktor *m*, Cachectin *nt*.
cacodylate *n* Kakodylat *nt*.
cacodylic acid Kakodylsäure *f*, Dimethylarsinsäure *f*.
cadmium *n* Kadmium *nt*, Cadmium *nt*.
caesium *n* Brit. Cäsium *nt*, Caesium *nt*.
caesium chloride Brit. Cäsium-chlorid *nt*.
caffeic acid Kaffeesäure *f*.
caffeine *n* Koffein *nt*, Coffein *nt*, Methyltheobromin *nt*.
calcareous *adj.* kalkartig, kalkig, Kalk-.
calcic *adj.* Kalk *oder* Kalzium betreffend *oder* enthaltend, Kalk-, Kalzium-.
calcidiol *n* 25-Hydroxycholecalciferol *nt*, Calcidiol *nt*.
calcifediol *n* s.u. *calcidiol*.
calciferol *n* **1.** Calciferol *nt*, Vitamin D *nt*. **2.** Ergocalciferol *nt*, Vitamin D$_2$ *nt*.
calciferous *adj.* Kalzium(karbonat) enthaltend *oder* bildend, kalkhaltig.
calcific *adj.* kalkbildend.
calcification *n* Kalkbildung *f*.
calcify *vt, vi* verkalken, Kalk(e) ablagern *oder* ausscheiden, kalzifizieren.
calcination *n* Kalzinierung *f*, Kalzination *f*.
calcitonin *n* Kalzitonin *nt*, Calcitonin *nt*, Thyreocalcitonin *nt*.
calcitriol *n* 1,25-Dihydroxychole-

calciferol *nt*, Calcitriol *nt*.
calcium *n* Kalzium *nt*, Calcium *nt*.
calcium-ATPase Calcium-ATPase (-System *nt*) *f*, Ca-ATPase *f*.
calcium-ATPase (system) Calcium-ATPase(-System *nt*) *f*, Ca-ATPase *f*.
calcium balance Kalziumhaushalt *m*.
calcium bromide Kalziumbromid *nt*.
calcium carbonate Kalziumkarbonat *nt*.
calcium channel Kalziumkanal *m*, Ca-Kanal *m*.
calcium chloride Kalziumchlorid *nt*.
calcium citrate Kalziumcitrat *nt*.
calcium fluoride Kalziumfluorid *nt*.
calcium folinate Kalziumfolinat *nt*.
calcium gluconate Kalziumglucona *nt*.
calcium lactate Kalziumlaktat *nt*.
calcium oxalate Kalziumoxalat *nt*.
calcium phosphate Kalziumphosphat *nt*.
calcium pump Kalziumpumpe *f*, Ca-Pumpe *f*.
calcium pyrophosphate dihydrate Calciumpyrophosphatdihydrat *nt*.
calcium sulfate Kalziumsulfat *nt*.
calcium sulphate Brit. Kalziumsulfat *nt*.
calcium urate Kalziumurat *nt*.
caliber *n* (Innen-)Durchmesser *m*, Kaliber *nt*.
calibrate *vt* eichen, kalibrieren, standardisieren.
calibration *n* Eichen *nt*, Kalibrierung *f*, Kalibrieren *nt*.
Calicivirus *n* Calicivirus *nt*.
caliciviruses *pl* Caliciviren *pl*, Cali-

civiridae *pl.*

Calliphora *n* Calliphora *f.*

Calliphoridae *pl* Schmeiß-, Goldfliegen *pl*, Calliphoridae *pl.*

callose *n* Kallose *f.*

callose synthase Kallosesynthase *f.*

calmodulin *n* Kalmodulin *nt*, Calmodulin *nt.*

calomel *n* Kalomel *nt*, Calomel *nt*, Quecksilber-I-Chlorid *nt.*

calomel electrode Kalomelelektrode *f.*

caloric I *n* Wärme *f.* II *adj.* **1.** Wärme betreffend, kalorisch, Wärme-, Energie-. **2.** Kalorie(n) betreffend, kalorisch.

caloric equivalent Energieäquivalent *nt*, kalorisches Äquivalent *nt.*

caloric quotient kalorischer Quotient *m.*

caloric value Kalorienwert *m.*

calorie *n* **1.** (Standard-)Kalorie *f*, (kleine) Kalorie *f*, Gramm-Kalorie *f.* **2.** (große) Kalorie *f*, Kilokalorie *f.*

calorigen *n* Calorigen *nt.*

calorigenic *adj.* Wärme *oder* Energie entwickelnd, Wärme- *oder* Energiebildung fördernd, kalorigen.

calorimeter *n* Kalorimeter *nt.*

calorimetric *adj.* Kalorimetrie betreffend, mittels Kalorimetrie, kalorimetrisch.

calorimetry *n* Wärmemessung *f*, Kalorimetrie *f.*

Calvin cycle Calvin-Zyklus *m.*

calx *n* Kalk *m*, Kalziumoxid *nt.*

Calymmatobacterium *n* Calymmatobacterium *nt.*

CAMP factor CAMP-Faktor *m.*

CAM plants CAM-Pflanzen *pl.*

Campylobacter *n* Campylobacter *m.*

canadine *n* Canadin *nt.*

8-canadine oxidase 8-Canadinoxidase *f.*

canal *n* Gang *m*, Röhre *f*, Kanal *m.*

canavalin *n* Canavalin *nt.*

canavanase *n* s.u. *arginase.*

candela *n* Candela *f.*

Candida *n* Candida *f*, Monilia *f*, Oidium *nt.*

    Candida albicans Candida albicans, Monilia/Oidium albicans.

candle *n* **1.** (Wachs-)Kerze *f.* **2.** s.u. *candela.*

candle-meter *n* Lux *nt.*

candle-metre *n Brit.* Lux *nt.*

cane sugar Rüben-, Rohrzucker *m*, Saccharose *f.*

capacitance *n* **1.** Speichervermögen *nt*, -fähigkeit *f*, Kapazität *f.* **2.** (elektrische) Kapazität *f.*

capacitive *adj.* kapazitiv.

capacitor *n* Kondensator *m.*

capacity I *n*, *pl* **-ties 1.** Kapazität *f*, Fassungsvermögen *nt*, Volumen *nt*, (Raum-)Inhalt *m.* **2.** (*chemisch*) Bindungskapazität *f.* **3.** s.u. *capacitance.* II *adj.* maximal, Höchst-, Maximal-.

Capillaria *n* Capillaria *f.*

capillary I *n*, *pl* **-ries 1.** Haargefäß *nt*, Kapillare *f*, Vas capillare. **2.** Kapillarröhre *f*, -gefäß *nt.* II *adj.* kapillar, kapillär; (*physikal.*) Kapillarität betreffend.

capillary circulation Kapillarkreislauf *m*, -zirkulation *f.*

capillary permeability Kapillardurchlässigkeit *f*, -permeabilität *f.*

capillary pressure Kapillardruck *m.*

capillary system Kapillarbett *nt*, -stromgebiet *nt*, -netz *nt.*

capillitium *n* Kapillitium *nt.*

Capnocytophaga *n* Capnocytophaga *f.*

capnophilic *adj.* kohlendioxidliebend, kapnophil.

caprate *n* Kaprat *nt*, Caprat *nt.*

caprin *n* Caprin *nt.*

caproate *n* Kaproat *nt*, Caproat *nt.*

caproic acid Kapron-, Capronsäure *f*, Butylessigsäure *f*, Hexansäure *f.*

caprylate *n* Kaprylat *nt*, Caprylat *nt.*

caprylic acid Kapryl-, Caprylsäure *f*, Oktansäure *f.*

capsaicin *n* Capsaicin *nt.*

capsaicinoid *n* Capsaicinoid *nt.*

capsid *n* Kapsid *nt.*

capsid protein Kapsidprotein *nt.*

capsomer *n* Kapsomer *nt.*

capsular swelling Neufeld-Reaktion *f*, Kapselquellungsreaktion *f.*

capsule polysaccharide Kapselpolysaccharid *nt.*

capsule stain Kapselfärbung *f.*

capsule swelling reaction Neufeld-Reaktion *f*, Kapselquellungsreaktion *f.*

carbachol *n* Karbachol *nt*, Carbachol *nt*, Carbamoylcholinchlorid *nt.*

carbamate *n* Carbamat *nt.*

carbamic acid Carbaminsäure *f*, Carbamidsäure *f.*

carbamic acid ethyl ester Urethan

nt, Carbaminsäureäthylester *m*.

carbamide *n* Harnstoff *m*, Karbamid *nt*, Carbamid *nt*, Urea *f*.

carbamoate *n* s.u. *carbamate*.

carbamoyl *n* Carbam(o)yl-(Radikal *nt*).

N-carbamoylaspartate *n* N-Carbam(o)ylaspartat *nt*.

carbamoylaspartate dehydrase Dihydroorotase *f*.

carbamoyl phosphate Carbam(o)ylphosphat *nt*.

carbamoyl-phosphate synthetase Carbam(o)ylphosphatsynthetase *f*.

carbamoyl-phosphate synthetase (ammonia) Carbam(o)ylphosphatsynthetase (Ammoniak) *f*.

carbamoyl-phosphate synthetase (glutamine) Carbam(o)ylphosphatsynthetase (Glutamin) *f*.

carbamoyl phosphoric acid Carbam(o)ylphosphorsäure *f*.

carbamoylputrescine *n* Carbamoylputrescin *nt*.

carbamoyltransferase *n* Carbam(o)yltransferase *f*, Transcarbam(o)ylase *f*.

carbamyl *n* s.u. *carbamoyl*.

carbamylcholine *n* Carbamylcholin *nt*.

carbamylcholine chloride s.u. *carbachol*.

carbanion *n* Carbanion *nt*.

carbazotate *n* Pikrat *nt*.

carbide *n* Karbid *nt*.

carbo *n* Kohle *f*, Carbo *m*.

carbocholine *n* s.u. *carbachol*.

carbocyclic *adj*. karbo-, carbozyklisch.

carbodiimide *n* Carbodiimid *nt*.

carbogaseous *adj*. mit Kohlendioxid beladen.

carbogen *n* Carbogen *nt*.

carbohydrase *n* Karbo-, Carbohydrase *f*.

carbohydrate *n* Kohle(n)hydrat *nt*, Saccharid *nt*.

carbohydrate breakdown Kohlenhydratabbau *m*.

carbohydrate broth Kohlenhydrat-(nähr)bouillon *f*.

carbohydrate catabolism Kohlenhydratkatabolismus *m*.

carbohydrate metabolism Kohlenhydratstoffwechsel *m*, -metabolismus *m*.

carbohydrate synthesis Kohlenhydratsynthese *f*.

carbolate *n* Phenolat *nt*.

carbolic acid Phenol *nt*, Karbolsäure *f*, Monohydroxybenzol *nt*.

carbolism *n* Phenolvergiftung *f*, -intoxikation *f*, Karbolismus *m*.

carbon *n* Kohlenstoff *m*; (*chemisch*) Carboneum *nt*.

carbonaceous *adj*. Kohle(nstoff) enthaltend, kohlenstoffhaltig, -artig.

carbon arc Kohlenstofflichtbogen *m*, Bogenentladung *f*/Lichtbogen *m* zwischen Kohlenstoffelektroden.

carbonate I *n* Karbonat *nt*, Carbonat *nt*. II *vt* 1. karbonisieren, mit Kohlensäure *oder* Kohlendioxid versetzen. 2. in Karbonat umwandeln, karbinosieren.

carbonate dehydratase s.u. *carbonic anhydrase*.

carbonated water Sodawasser *nt*.

carbon atom, asymmetric asymmetrisches Kohlenstoffatom *nt*.

carbon-carbon bond Kohlenstoff-Kohlenstoff-Bindung *f*.

carbon compound Kohlenstoffverbindung *f*.

carbon cycle Kohlenstoffkreislauf *m*.

carbon dioxide Kohlendioxid *nt*.

carbon dioxide cycle s.u. *carbon cycle*.

carbon dioxide fixation Kohlendioxidfixierung *f*.

carbon dioxide partial pressure Kohlendioxidpartialdruck *m*, CO_2-Partialdruck *m*.

carbon dioxide snow Trockeneis *nt*, Kohlendioxidschnee *m*, gefrorenes Kohlendioxid *nt*.

carbon dioxide tension Kohlendioxidspannung *f*.

carbon fiber Kohlenstoffaser *f*, C-Faser *f*.

carbon fibre *Brit*. Kohlenstoffaser *f*, C-Faser *f*.

carbonic *adj*. Kohlenstoff *oder* Kohlensäure *oder* Kohlendioxid betreffend, Kohlen-.

carbonic acid Kohlensäure *f*.

carbonic anhydrase Kohlensäureanhydrase *f*, Karbonatdehydratase *f*, Carboanhydrase *f*.

carbonic anhydrase inhibitor Carboanhydrasehemmstoff *m*, -inhibitor *m*.

carbonic anhydride s.u. *carbon dioxide.*

carboniferous *adj.* Kohle(nstoff) enthaltend *oder* erzeugend, kohlenstoffhaltig, kohlehaltig.

carbonization *n* Karbonisation *f*, Karbonisieren *nt*, Verkohlung *f*.

carbon monoxide Kohlenmonoxid *nt*, Kohlenoxid *nt*; Kohlensäureanhydrid *nt*.

carbon monoxide haemoglobin *Brit.* s.u. *carboxyhaemoglobin.*

carbon monoxide hemoglobin s.u. *carboxyhemoglobin.*

carbon monoxide poisoning Kohlenmonoxidvergiftung *f*, CO-Vergiftung *f*.

carbon skeleton Kohlenstoffgerüst *nt*.

19-carbon steroids C-19-Steroide *pl*.

carbon tetrachloride Kohlenstofftetrachlorid *nt*, Tetrachlorkohlenstoff *m*.

carbonyl *n* Karbonyl-, Carbonyl-(Radikal *nt*).

carboxybiotin *n* Carboxybiotin *nt*.

carboxydismutase *n* Karboxy-, Carboxydismutase *f*.

carboxyesterase *n* Carboxyesterase *f*.

γ-carboxyglutamate *n* γ-Carboxyglutamat *nt*.

carboxyhaemoglobin *n* *Brit.* Carboxyhämoglobin *nt*, Kohlenmonoxidhämoglobin *nt*.

carboxyhemoglobin *n* Carboxyhämoglobin *nt*, Kohlenmonoxidhämoglobin *nt*.

carboxyl *n* Karboxyl-, Carboxyl-(Radikal *nt*).

carboxylase *n* Carboxylase *f*, Carboxilase *f*.

carboxylate *n* Karboxylat *nt*, Carboxylat *nt*.

carboxylation *n* Karboxylierung *f*, Carboxylierung *f*.

carboxylesterase *n* Carboxylesterase *f*.

carboxylic acid Karbon-, Carbonsäure *f*.

carboxylic ester hydrolase s.u. *carboxylesterase.*

carboxyl terminal Carboxyterminus *m*.

carboxyl-terminal domain Carboxy-terminale Domäne *f*.

carboxyl terminus Carboxytermi-

nus *m*.

carboxyltransferase *n* Carboxyltransferase *f*, Transcarboxylase *f*.

carboxylyase *n* Carboxylyase *f*.

carboxymethylcellulose *n* Carboxymethylcellulose *f*, CM-Cellulose *f*.

carboxymyoglobin *n* Carboxymyoglobin *nt*.

carboxypeptidase *n* Carboxypeptidase *f*.

carboxypeptidase A Carboxypeptidase A *f*.

carboxypeptidase B Carboxypeptidase B *f*.

carboxypeptidase N Carboxypeptidase N *f*.

carboxypolypeptidase *n* **1.** s.u. *carboxypeptidase.* **2.** s.u. *carboxypeptidase A.*

carboxysome *n* Carboxysom *nt*.

carboxy-terminal *adj.* carboxy-terminal, C-terminal.

carboxy-terminal domain Carboxy-terminale Domäne *f*.

carboxy terminus Carboxyterminus *m*.

6-carboxyuracil *n* Orotsäure *f*, 6-Carboxyuracil *nt*.

carbutamide *n* Carbutamid *nt*.

cardenolide *n* Cardenolid *nt*.

cardiolipin *n* Cardiolipin *nt*, Diphosphatidylglycerin *nt*.

cardionatrin *n* atrialer natriuretischer Faktor *m*, Atriopeptid *nt*, -peptin *nt*.

carminic acid Karminsäure *f*.

carnegin *n* Carnegin *nt*.

carnitine *n* Karnitin *nt*, Carnitin *nt*.

carnitine acyltransferase Carnitinacyltransferase *f*.

carnitine palmitoyl transferase Carnitinpalmitoyltransferase *f*.

Carnivora *pl* Fleischfresser *pl*, Karnivoren *pl*, Carnivora *pl*.

carnivore *n* Fleischfresser *m*, Karnivor(e) *m*, Kreophage *m*.

carnivorous *adj.* fleischfressend, karnivor.

carnosinase *n* Aminoacylhistidin-(di)peptidase *f*, Carnosinase *f*.

carnosine *n* Karnosin *nt*, Carnosin *nt*, β-Alanin-L-Histidin *nt*.

carotenase *n* Karotinase *f*.

carotene *n* Karotin *nt*, Carotin *nt*.

α-carotene *n* α-Carotin *nt*, α-Karotin *nt*.

β-carotene *n* β-Carotin *nt* β-Karotin *nt*.

δ-carotene *n* δ-Carotin *nt*, δ-Karotin *nt*.

γ-carotene *n* γ-Carotin *nt*, γ-Karotin *nt*.

ζ-carotene *n* ζ-Carotin *nt*, ζ-Karotin *nt*.

β-carotene-15,15'-dioxygenase *n* Karotinase *f*.

carotenoid I *n* Karotinoid *nt*, Carotinoid *nt*. II *adj.* karotinoid.

carotenoid pigment Karotinoidpigment *nt*.

carotin *n* s.u. *carotene*.

carpogonium *n* Karpogon *nt*.

carpospore *n* Karpospore *f*.

carrier *n* 1. (*biochemisch*) Träger(substanz *f*) *m*, Carrier *m*. 2. (*Genetik*) Träger *m*.

carrier cell Fresszelle *f*, Phagozyt *m*, Phagocyt *m*.

carrier lipid Träger-, Carrierlipid *nt*.

carrier-mediated transport trägervermittelter/carriervermittelter Transport *m*.

carrier molecule Träger-, Carriermolekül *nt*.

carrier protein Träger-, Carrierprotein *nt*.

carrier state s.u. *carrier* 2.

cartilage *n* Knorpel *m*, Knorpelgewebe *nt*.

cartilage cell Knorpelzelle *f*, Chondrozyt *m*.

cartilage ground substance Knorpelgrundsubstanz *f*, Chondroid *nt*.

cartilage matrix Knorpelmatrix *f*, -grundsubstanz *f*.

cartilagin *n* s.u. *chondrogen*.

cartilagineous *adj.* s.u. *cartilaginous*.

cartilaginous *adj.* aus Knorpel bestehend, knorpelig, verknorpelt, kartilaginär, Knorpel-.

caryophyllen *n* Caryophyllen *nt*.

caryophyllen synthase Caryophyllensynthase *f*.

casein *n* Kasein *nt*, Casein *nt*.

caseinogen *n* Brit. s.u. *casein*.

caseworm *n* Echinokokkus *m*, Echinococcus *m*.

Castle's factor 1. Intrinsic-Faktor *m*, intrinsic factor. 2. Zyano-, Cyanocobalamin *nt*, Vitamin B$_{12}$ *nt*.

catabiotic *adj.* Katabiose betreffend, katabiotisch.

catabolic *adj.* Katabolismus betreffend, katabol(isch).

catabolic enzyme kataboles/katabolisches Enzym *nt*.

catabolic pathway katabolischer Stoffwechselweg *m*.

catabolin *n* s.u. *catabolite*.

catabolism *n* Abbaustoffwechsel *m*, Katabolismus *m*, Katabolie *f*.

catabolite *n* Katabolit *m*.

catabolite gene-activator protein Cyclo-AMP-Rezeptorprotein *nt*, Katabolit-Gen-Aktivatorprotein *nt*.

catabolite repression Katabolitenrepression *f*.

catabolize *vt*, *vi* abbauen, katabolisieren.

catalase *n* Katalase *f*.

catalase-negative *adj.* katalasenegativ.

catalase-positive *adj.* katalasepositiv.

catalysis *n*, *pl* **-ses** Katalyse *f*.

catalyst *n* Katalysator *m*, Akzelerator *m*.

catalytic *adj.* Katalyse betreffend, katalytisch, Katalyse-.

catalytic domain katalytische Domäne *f*.

catalytic subunit katalytische Untereinheit *f*.

catalyze *vt* katalysieren, beschleunigen.

catalyzer *n* s.u. *catalyst*.

catastate *n* s.u. *catabolite*.

CAT box CAAT-Box *f*.

catechin *n* Katechin *nt*, Catechin *nt*, Katechol *nt*, Catechol *nt*.

catechol *n* 1. s.u. *catechin*. 2. Brenzkatechin *nt*, -catechin *nt*.

catecholamine *n* Katecholamin *nt*, (Brenz-)Katechinamin *nt*.

catecholamine-5-methyltransferase *n* Catechol-5-methyltransferase *f*.

catecholamine-O-methyltransferase *n* Catecholamin-O-methyltransferase *f*.

catecholaminergic *adj.* katecholaminerg(isch).

catechol oxidase o-Diphenoloxidase *f*, Catecholoxidase *f*, Polyphenoloxidase *f*.

catechuic acid s.u. *catechin*.

catenated dimer Catena-Dimer *nt*.

catenoid *adj.* kettenförmig, -ähnlich, Ketten-.

cathodal *adj.* Kathode betreffend, kathodisch, katodisch, Kathoden-.

cathode *n* Kathode *f*.

cathodic adj. s.u. cathodal.
cation n Kation nt.
cation exchange Kationenaustausch m.
cationic adj. Kation betreffend oder enthaltend, kationisch, Kationen-.
C band (Chromosom) C-Bande f.
C3 convertase C3-Konvertase f, 4-2-Enzym nt.
C5 convertase C5-Konvertase f.
C-curarine n C-Curarin nt.
C₄-cycle n C₄-Zyklus m, Hatch-Slack-Zyklus m.
C₅ cycle C₅-Weg m.
C₄ dicarboxylic acid C₄-Dicarbonsäure f.
C₄ dicarboxylic acid cycle C₄-Dicarbonsäure-Zyklus m, C₄-Photosynthese f, C₄-Zyklus m, Dicarbonsäurezyklus m.
CDPethanolamine n CDP-Ethanolamin nt.
Cedecea n Cedecea f.
Celebes vibrio Vibrio El-Tor nt, Vibrio cholerae biovar eltor.
cell n **1.** Zelle f. **2.** (Speicher-)Zelle f, Element nt.
cell aggregate s.u. cell aggregation.
cell aggregation Zellaggregation f, -verband m.
cell axis Zellachse f.
cell biology Zell-, Zyto-, Cytobiologie f.
cell blockade Virusinterferenz f.
cell body Zellleib m, -körper m.
cell budding Zellsprossung f, -knospung f.
cell center Zentrosom nt, Zentriol nt, Zentralkörperchen nt.
cell centre Brit. Zentrosom nt, Zentriol nt, Zentralkörperchen nt.
cell clone Zellklon m.
cell coat Zellhülle f.
cell count Zellzählung f.
  red cell count Erythrozytenzahl f.
  white cell count Leukozytenzahl f.
cell culture Zellkultur f.
cell cycle Zellzyklus m.
cell death Zelltod m, -untergang m, Zytonekrose f.
cell differentiation Zelldifferenzierung f.
cell dispersion Zellsuspension f, -dispersion f.
cell division Zellteilung f.
  differential cell division differen-

tielle Zellteilung.
  direct cell division direkte Zellteilung, Amitose f.
  meiotic cell division s.u. reduction cell division 1.
  mitotic cell division mitotische Zellteilung, Mitose f.
  reduction cell division 1. Reduktionsteilung, Meiose f. **2.** erste Reifeteilung.
cell elongation Zellverlängerung f.
cell enlargement Zellvergrößerung f.
cell envelope Zellhülle f, -umhüllung f.
cell extract Zellextrakt m.
cell-free adj. zellfrei.
cell-free system zellfreies System nt.
cell host Wirtszelle f.
Cellia n Malaria-, Gabel-, Fiebermücke f, Anopheles f.
cell inclusion Zelleinschluss m.
cell layer Zellschicht f.
cell-like adj. zellähnlich, -förmig.
cell line Zelllinie f, -reihe f, Zell-Linie f.
  continuous cell line permanente Zelllinie.
  diploid cell line diploide Zelllinie.
cell lysis Zell-, Zytolyse f.
cell matrix Zellmatrix f.
cell-mediated immunity zellvermittelte/zelluläre Immunität f.
cell-mediated lympholysis zellvermittelte Lympho(zyto)lyse f.
cell-mediated lympholysis assay zellvermittelte Lympho(zyto)lyse f.
cell membrane Zellmembran f, -wand f, Plasmalemm nt.
cell metabolism Zellstoffwechsel m, -metabolismus m.
cell migration Zellwanderung f.
cell movement Zellbewegung f.
  ameboid cell movement amöboide Zellbewegung.
celloblase n β-Glukosidase f.
cellobiose n Cellobiose f, Cellose f.
cellobiuronic acid Cellobiuronsäure f.
cellohexose n Cellohexose f.
celloidin n Zelloidin nt, Celloidin nt.
cellose n s.u. cellobiose.
cellotetrose n Cellotetrose f.
cellotriose n Cellotriose f.
cell permeability Zellpermeabilität f.
cell physiology Zell-, Zytophysiologie f.
cell plasma Zell-, Zytoplasma nt.
cell plate Zellplatte f.

cell population Zellpopulation *f*.
cell respiration innere Atmung *f*, Zell-, Gewebeatmung *f*.
cell sap s.u. *cytosol*.
cell sap vacuole Zellsaftvakuole *f*.
cell suspension Zellaufschwemmung *f*, -suspension *f*.
cell tropism Zelltropismus *m*.
cell turgor Zellturgor *m*.
cell turnover Zellmauserung *f*.
cellular *adj.* Zelle betreffend, aus Zellen bestehend, zellular, zellulär, zellig, Zell-, Zyto-, Cyto-.
cellular defence zelluläre Abwehr *f*, zelluläres Abwehrsystem *nt*.
cellular fission Zellteilung *f*, -spaltung *f*.
cellular fuel Zellbrennstoff *m*.
cellular layer Zellschicht *f*.
cellular metabolism Zellstoffwechsel *m*, -metabolismus *m*.
cellulase *n* Cellulase *f*.
cellulosan *n* Hemizellulose *f*, -cellulose *f*.
cellulose *n* Zellulose *f*, Cellulose *f*.
cellulose glycosyltransferase Zelluloseglykosyltransferase *f*, Celluloseglykosyltransferase *f*, Zellulosesynthase *f*.
cellulose synthase Zelluloseglykosyltransferase *f*, Celluloseglykosyltransferase *f*, Zellulosesynthase *f*, Cellulosesynthase *f*.
cellulotoxic *adj.* zellschädigend, zytotoxisch.
cellulous *adj.* aus Zellen bestehend, zellulär.
cell wall Zellwand *f*.
 primary cell wall Primärwand *f*.
 secondary cell wall Sekundärwand *f*.
 type I cell wall Typ-I-Zellwand *f*.
 type II cell wall Typ-II-Zellwand *f*.
cell wall protein Zellwandprotein *nt*.
Celsius scale Celsiusskala *f*.
Celsius thermometer Celsiusthermometer *nt*.
cenobium *n* Schleimkolonie *f*, Zönobium *nt*.
cenocyte *n* Zönozyt *m*, -zyte *f*.
center *n* Zentrum *nt*, Mittelpunkt *m*; (ZNS-)Zentrum *nt*, Centrum *nt*.
centigrade *adj.* hundertgradig, -teilig.
centigrade scale **1.** hundertteilige Skala *f*. **2.** Celsius-Skala *f*.
centigrade thermometer Celsiusthermometer *nt*.

centigram *n* Zentigramm *nt*.
centiliter *n* Zentiliter *m/nt*.
centilitre *n Brit.* Zentiliter *m/nt*.
centimeter *n* Zenti-, Centimeter *m/nt*.
centimetre *n Brit.* Zenti-, Centimeter *m/nt*.
central *adj.* zentrisch, Zentral-, Mittel-, Haupt-.
central complex zentraler/ternärer Komplex *m*.
central nervous system Zentralnervensystem *nt*, Gehirn und Rückenmark *nt*.
centre *n Brit.* Zentrum *nt*, Mittelpunkt *m*; (ZNS-)Zentrum *nt*, Centrum *nt*.
centric *adj.* zentral, zentrisch.
centrifugal **I** *n* Zentrifuge *f*, (Trenn-)Schleuder *f*. **II** *adj.* zentrifugal.
centrifugal force Zentrifugal-, Zentrifugations-, Fliehkraft *f*.
centrifugalization *n* s.u. *centrifugation*.
centrifugalize *vt* s.u. *centrifuge* II.
centrifugate *vt* s.u. *centrifuge* II.
centrifugation *n* Zentrifugierung *f*, Zentrifugieren *nt*.
centrifuge **I** *n* Zentrifuge *f*, (Trenn-)Schleuder *f*. **II** *vt* zentrifugieren, schleudern.
centriole *n* Zentriol *nt*.
centripetal force Zentripetalkraft *f*.
centroblast *n* Germino-, Zentroblast *m*.
centrocyte *n* Germino-, Zentrozyt *m*.
centrodesmose *n* Zentrodesmose *f*.
centromere *n* Zentromer *nt*, Kinetochor *nt*.
centromeric *adj.* Zentromer betreffend, zentromer.
centromeric banding C-Banding *nt*.
centronuclear *adj.* zentronukleär.
centroplasm *n* Zentroplasma *nt*.
centroplast *n* Zentroplast *m*.
centrosome *n* **1.** Zentrosom *nt*, Zentriol *nt*, Zentralkörperchen *nt*. **2.** Mikrozentrum *nt*, Zentrosphäre *f*.
centrosphere *n* **1.** Zentroplasma *nt*, Zentrosphäre *f*. **2.** s.u. *centrosome* 1.
cephalic phase vagale/zephale Phase *f*.
cephalin *n* Kephalin *nt*, Cephalin *nt*.
cephalosporanic acid Cephalosporansäure *f*.
cephalosporinase *n* Cephalosporinase *f*.
Cephalosporium *n* Cephalosporium

nt.

ceramic I *n* 1. Metalloxid *nt.* 2. keramisches Material *nt*, Keramik *f.* **II** *adj.* keramisch.

ceramidase *n* Acylsphingosindeacylase *f*, Ceramidase *f.*

ceramide *n* Zeramid *nt*, Ceramid *nt.*

ceramide cholinephosphotransferase Ceramidcholinphosphotransferase *f.*

ceramide glucoside Gluko-, Glucocerebrosid *nt.*

ceramide lactoside Lactosyl-*N*-acylsphingosin *nt.*

ceramide trihexosidase Ceramidtrihexosidase *f*, α-(D)-Galaktosidase A *f.*

ceramide trihexoside Trihexosylceramid *nt.*

cerasin *n* Zerasin *nt*, Cerasin *nt.*

cerate *n* Wachssalbe *f*, Cerat *nt*, Ceratum *nt.*

ceratin *n* Hornstoff *m*, Keratin *nt.*

Ceratopogonidae *pl* Gnitzen *pl*, Ceratopogonidae *pl.*

cercaria *n, pl* **-cariae** Schwanzlarve *f*, Zerkarie *f*, Cercaria *f.*

cercocystis *n* Zystizerkoid *nt*, Cysticercoid *nt.*

cercoid *n* Zerkoid *nt.*

Cercomonas *n* Cercomonas *f.*

Cercospora *n* Cercospora *f.*

cereal I *n* Getreidepflanze *f*, Kornfrucht *f*, Zerealien *pl*; Getreide *nt.* **II** *adj.* Getreide-.

cerebellar *adj.* zerebellar, cerebellar, Kleinhirn-, Cerebello-.

cerebellum *n, pl* **-lums, -la** Kleinhirn *nt*, Zerebellum *nt*, Cerebellum *nt.*

cerebral *adj.* zerebral, cerebral, (Ge-)Hirn-, Zerebral-, Zerebro-.

cerebral metabolism Hirnstoffwechsel *m*, -metabolismus *m.*

cerebrogalactose *n* Cerebrogalaktose *f.*

cerebrogalactoside *n* Cerebrogalaktosid *nt.*

cerebron *n* Zerebron *nt*, Phrenosin *nt.*

cerebronic acid Cerebronsäure *f.*

cerebrose *n* Zerebrose *f*, D-Galaktose *f.*

cerebroside *n* Zerebrosid *nt*, Cerebrosid *nt.*

cerebroside β-galactosidase Galaktosylceramidase *f*, Galaktocerebrosid-β-galactosidase *f.*

cerebroside β-glucosidase Gluko-

zerebrosidase *f*, Gluko-, Glucocerebrosidase *f.*

cerebroside sulfatase Zerebrosid-, Cerebrosidsulfatase *f.*

cerebroside sulphatase *Brit.* Zerebrosid-, Cerebrosidsulfatase *f.*

cerebrospinal *adj.* zerebrospinal, cerebrospinal.

cerebrospinal fluid Hirnflüssigkeit *f.*

cerebrum *n, pl* **-brums, -bra** Großhirn *nt*, Zerebrum *nt*, Cerebrum *nt.*

ceresin *n* Erdwachs *nt*, Zeresin *nt.*

ceroid *n* Zeroid *nt*, Ceroid *nt.*

ceruloplasmin *n* Zörulo-, Zärulo-, Caeruloplasmin *nt*, Ferroxidase I *f.*

cesium *n* Cäsium *nt*, Caesium *nt.*

cesium chloride Cäsiumchlorid *nt.*

Cestoda *pl* Bandwürmer *pl*, Zestoden *pl*, Cestoda *pl*, Cestodes *pl.*

Cestoidea *pl* Cestoidea *pl.*

cetalkonium chloride Cetalkoniumchlorid *nt.*

cetrimide *n* s.u. *cetrimonium bromide.*

cetrimonium bromide Cetrimoniumbromid *nt.*

cetylpyridinium chloride Cetylpyridiniumchlorid *nt.*

cevitamic acid Askorbinsäure *f*, Ascorbinsäure *f*, Vitamin C *nt.*

CF₁/CF₀-complex *n* CF_1/CF_0-Komplex *m.*

CF₁ ATPase s.u. *chloroplast ATPase.*

CFS-brain barrier Hirn-Liquor-Schranke *f.*

chain I *n* Kette *f*; Kette *f*, Reihe *f.* **II** *vi* eine Kette bilden.

α chain α-Kette *f.*

β chain β-Kette *f.*

γ chain γ-Kette *f.*

chain reaction Kettenreaktion *f.*

chair form Sesselform *f.*

CHAI virus CHAI-Virus *nt.*

chalcone *n* Chalkon *nt.*

chalcone-flavanone isomerase Chalkon-flavanon-isomerase *f.*

chalcone synthase Chalkonsynthase *f.*

chalice *n* Becher *m*, Kelch *m.*

chalice cell Becherzelle *f.*

chalk *n* Kreide *f*, Kalk(stein *m*) *m.*

chalky *adj.* Kreide/Kalk enthaltend, wie Kreide, kreidig, kalkig, kalkhaltig, Kalk-.

channel *n* 1. Kanal *m*, Rinne *f*, Röhre *f*, (röhrenförmiger) Gang *m.* 2. Kanal *m*, Frequenz *f.* 3. (*Protein*) Tunnel *m.*

C

channel protein Kanal-, Tunnelprotein *nt.*
chaperone *n* Chaperon *nt.*
chaperone-bound *adj.* Chaperon-gebunden.
chaperonin *n* Chaperonin *nt.*
charge I *n* Ladung *f.* II *vt* (*Batterie*) (auf-)laden; (*chemisch*) sättigen (*with* mit).
charged *adj.* geladen; (*Batterie*) (auf-)geladen.
charged molecule geladenes Molekül *nt.*
charge number Ordnungszahl *nt.*
chaulmoogric acid Chaulmugrasäure *f.*
chelate I *n* Chelat *nt.* II *vt* ein Chelat bilden.
chelate complex Chelatkomplex *m.*
chelating agent Chelat-, Komplex-bildner *m.*
chelation *n* Chelatbildung *f*, Chelation *f.*
chem- *präf.* s.u. *chemi-.*
chemi- *präf.* Chemie-, Chemo-.
chemic- *präf.* s.u. *chemi-.*
chemical I *n* Chemikalie *f*, chemische Substanz *f.* II *adj.* Chemie betreffend, chemisch, Chemo-.
chemical affinity chemische Anziehung(skraft *f*) *f.*
chemical agent chemisches Agens *nt*, chemische Verbindung *f.*
chemical architectonics Chemo-architektonik *f.*
chemical attractant chemischer Lockstoff *m*, Attraktant *m.*
chemical attraction chemische Anziehung *f.*
chemical bond chemische Bindung *f.*
chemical composition chemische Zusammensetzung *f*; chemisches Präparat *nt.*
chemical compound chemische Verbindung *f.*
chemical coupling chemische Kopplung *f.*
chemical coupling hypothesis Hypothese *f* der chemischen Kopplung.
chemical energy chemische Energie *f.*
chemical equation chemische (Reaktions-)Gleichung *f.*
chemical equivalent chemisches Grammäquivalent *nt.*
chemical evolution chemische Evolution *f.*

chemical formula chemische Formel *f.*
chemical labeling chemische Markierung *f.*
chemical laboratory Chemielabor *nt.*
chemical messenger chemischer Bote *m*, chemische Botensubstanz *f*, Chemotransmitter *m.*
chemical mutagen chemisches Mutagen *nt.*
chemical reaction chemische Reaktion *f.*
  scalar chemical reaction skalare/un-gerichtete (chemische) Reaktion.
  vectorial chemical reaction vek-torielle/gerichtete (klinische) Reaktion.
chemical senses chemische Sinne *pl* (*Geschmacks- u. Geruchssinn*).
chemical stimulus chemischer Reiz *m.*
chemical synapse chemische Synapse *f.*
chemical work chemische Arbeit.
chemico- *präf.* s.u. *chemi-.*
chemicobiological *adj.* Biochemie betreffend, biochemisch.
chemicophysical *adj.* Chemie und Physik betreffend, physikalische Chemie betreffend, physikochemisch, chemisch-physikalisch.
chemicophysiologic *adj.* Chemie und Physiologie betreffend, chemo-physiologisch.
chemiluminescence *n* s.u. *chemo-luminescence.*
chemiosmosis *n* s.u. *chemosmosis.*
chemiosmotic *adj.* s.u. *chemosmotic.*
chemiosmotic coupling chemios-motische Kopplung *f.*
chemiosmotic coupling hypothe-sis Hypothese *f* der chemiosmo-tischen Kopplung, chemiosmotische Hypothese *f.*
chemiosmotic hypothesis Hypo-these *f* der chemiosmotischen Kopp-lung, chemiosmotische Hypothese *f.*
chemiotaxis *n* s.u. *chemotaxis.*
chemism *n* Chemismus *m.*
chemisorption *n* Chemosorption *f.*
chemist *n* **1.** Chemiker(in *f*) *m.* **2.** *Brit.* Apotheker(in *f*) *m*, Drogist(in *f*) *m.*
chemistry *n*, *pl* **-tries 1.** Chemie *f.* **2.** chemische Eigenschaften/Reaktionen *pl.*
chemo- *präf.* s.u. *chemi-.*

chemoarchitectonics *pl* S.U. *chemical architectonics.*

chemoattractant *n* S.U. *chemotactic factor.*

chemoautotroph *n* chemoautotropher Organismus *m*, Chemoautotroph *m*.

chemoautotrophic *adj.* chemoautotroph.

chemoautotrophic bacteria chemoautotrophe Bakterien *pl*.

chemoceptor *n* S.U. *chemoreceptor.*

chemodectoma *n* Chemodektom *nt*, nicht-chromaffines Paragangliom *nt*.

chemodifferentiation *n* Chemodifferenzierung *f*.

chemoheterotroph *n* chemoheterotropher Organismus *m*, Chemoheterotroph *m*.

chemoheterotrophic *adj.* chemoheterotroph.

chemoheterotrophic bacteria chemoheterotrophe Bakterien *pl*.

chemohormonal *adj.* chemohormonal.

chemoimmunology *n* Immun(o)chemie *f*.

chemokinesis *n* Chemokinese *f*.

chemokinetic *adj.* chemokinetisch.

chemolithotroph *n* chemolithotropher Organismus *m*, Chemolithotroph *m*.

chemolithotrophic *adj.* chemolithotroph.

chemolithotrophic bacteria chemolithotrophe Bakterien *pl*.

chemolithotrophic cell chemolithotrophe Zelle *f*.

chemoluminescence *n* Chemi-, Chemolumineszenz *f*.

chemolysis *n* Chemolyse *f*.

chemomechanical *adj.* chemomechanisch.

chemomorphosis *n* Chemomorphose *f*.

chemo-organotroph *n* chemoorganotropher Organismus *m*, Chemoorganotroph *m*.

chemo-organotrophic *adj.* chemoorganotroph.

chemo-organotrophic bacteria chemoorganotrophe Bakterien *pl*.

chemo-organotrophic cell chemoorganotrophe Zelle *f*.

chemophysiology *n* physiologische Chemie *f*, Biochemie *f*.

chemoreception *n* Chemo(re)zeption *f*.

chemoreceptive *adj.* chemorezeptiv.

chemoreceptive cell chemorezeptive Zelle *f*.

chemoreceptor *n* Chemo(re)zeptor *m*.

chemoreceptor reflex Chemorezeptorenreflex *m*.

chemoreflex *n* Chemoreflex *m*.

chemoresistance *n* Chemoresistenz *f*.

chemosensitive *adj.* chemosensitiv, -sensibel.

chemosensitivity *n* Chemosensibilität *f*.

chemosensor *n* Chemosensor *m*.

chemosensory *adj.* chemosensorisch.

chemosmosis *n* Chem(i)osmose *f*.

chemosmotic *adj.* Chem(i)osmose betreffend, chem(i)osmotisch.

chemosorption *n* S.U. *chemisorption.*

chemosphere *n* Chemosphäre *f*.

chemostat *n* Chemostat *m*.

chemosynthesis *n* Chemosynthese *f*.

chemosynthetic *adj.* Chemosynthese betreffend, chemosynthetisch.

chemosynthetic bacteria chemosynthetische Bakterien *pl*.

chemosynthetic cell chemosynthetische Zelle *f*.

chemotactic *adj.* Chemotaxis betreffend, durch Chemotaxis, chemotaktisch.

chemotactic factor Chemotaktin *nt*, chemotaktischer Faktor *m*.

chemotactin *n* S.U. *chemotactic factor.*

chemotaxin *n* S.U. *chemotactic factor.*

chemotaxis *n* Chemotaxis *f*.

chemotransmitter *n* chemischer Bote *m*, chemische Botensubstanz *f*, Chemotransmitter *m*.

chemotroph *n* chemotropher Organismus *m*, Chemotroph *m*.

chemotrophic *adj.* chemotroph.

chemotrophic bacteria chemotrophe Bakterien *pl*.

chemotrophic cell chemotrophe Zellen *pl*.

chemotropic *adj.* Chemotropismus betreffend, chemotrop.

chemotropism *n* Chemotropismus.

chemotype *n* Chemotyp *m*, -var *m*.

chemovar *n* S.U. *chemotype.*

chenic acid S.U. *chenodeoxycholic acid.*

chenodeoxycholate *n* Chenodesoxycholat *nt.*

chenodeoxycholic acid Chenodes-oxycholsäure *f.*

chenodeoxycholylglycine *n* Glyko-chenodesoxycholsäure *f.*

chenodeoxycholyltaurine *n* Tauro-chenodesoxycholsäure *f.*

chick egg Hühnerei *nt.*
embryonated chick egg bebrütetes/angebrütetes/embryoniertes Hühner-ei.

chigger *n* Trombicula-Larve *f*, Chig-ger *m.*

chikungunya virus Chikungunya-Virus *nt.*

Chile saltpeter Chilesalpeter *m*, Na-triumnitrat *nt.*

Chilomastix *n* Chilomastix *f.*

Chilopoda *pl* Chilopoda *pl.*

chimeric plasmid Rekombinations-plasmid *nt.*

chimpanzee coryza agent RS-Virus *nt*, Respiratory-Syncytial-Virus *nt.*

chinic acid Chinasäure *f.*

chiral *adj.* chiral.

chirality *n* Händigkeit *f*, Chiralität *f*; Stereoisomerie *f.*

chi-squared distribution Chi-Quadrat-Verteilung *f*, χ^2-Verteilung *f.*

chi-square distribution s.u. *chi-squared distribution.*

chi-square test Chi-Quadrat-Test *m*, χ^2-Test *m.*

chitin *n* Chitin *nt.*

chitinase *n* Chitinase *f.*

chitinase *n* Chitinase *f*, Chitodex-trinase *f.*

chitin synthase Chitinsynthase *f.*

chitobiose *n* Chitobiose *f.*

chitodextrinase *n* Chitinase *f.*

chitodextrinase *n* s.u. *chitinase.*

Chlamydia *n* Chlamydie *f*, Chlamydia *f*, PLT-Gruppe *f.*

Chlamydiaceae *pl* Chlamydiaceae *pl.*

Chlamydiales *pl* Chlamydiales *pl.*

chlamydospore *n* Chlamydospore *f.*

chlor- *präf.* Chlor(o)-.

chloracetic acid s.u. *chloroacetic acid.*

chlorate *n* Chlorat *nt.*

chlordiazepoxide *n* Chlordiazepoxid *nt.*

chlorguanide *n* Proguanil *nt.*

chlorhydria *n* (Hyper-)Chlorhydrie *f.*

chloric *adj.* Chlor betreffend *oder* ent-haltend, Chlor-.

chloride *n* Chlorid *nt.*

chloride channel Chloridkanal *m*, Cl⁻-Kanal *m.*

chloride shift Hamburger-Phänomen *nt*, Chloridverschiebung *f.*

chlorinated *adj.* chlorhaltig.

chlorinated lime Chlorkalk *m*, Cal-caria chlorata.

chlorine *n* Chlor *nt.*

chlorine water Chlorwasser *nt*, Aqua chlorata.

chlorite *n* Chlorit *nt.*

chloro- *präf.* Chlor(o)-.

chloroacetic acid Chloressigsäure *f.*

Chlorobacteriaceae *pl* Chlorobac-teriaceae *pl.*

Chlorobiaceae *pl* s.u. *Chlorobac-teriaceae.*

chloroform *n* Chloroform *nt*, Trichlor-methan *nt.*

chlorogenic acid 5-*O*-Caffeoylchinat *nt*, Chlorogensäure *f.*

chlorohaemin *n Brit.* Teichmann-Kristalle *pl*, salzsaures Hämin *nt*, Hämin(kristalle *pl*) *nt*, Chlorhämin-(kristalle *pl*) *nt*, Chlorhämatin *nt.*

chlorohemin *n* Teichmann-Kristalle *pl*, salzsaures Hämin *nt*, Hämin-(kristalle *pl*) *nt*, Chlorhämin(kristalle *pl*) *nt*, Chlorhämatin *nt.*

chlorophyll a Chlorophyll a *nt.*

chlorophyllase *n* Chlorophyllase *f.*

chlorophyll b Chlorophyll b *nt.*

chlorophyll biosynthesis Chloro-phyllbiosynthese *f.*

chlorophyll breakdown Chloro-phyllabbau *m.*

chlorophyll c Chlorophyll c *nt.*

chlorophyll d Chlorophyll d *nt.*

chlorophyllide *n* Chlorophyllid *nt.*

chlorophyllide a Chlorophyllid a *nt.*

chlorophyll-protein complex Chlo-rophyll-Protein-Komplex *m.*

chlorophyll synthase Chlorophyll-synthase *f.*

chloroplast *n* Chloroplast *m.*

chloroplast ATPase Chloroplasten-ATPase *f*, CF₁-ATPase *f.*

chlorosome *n* Chlorosom *nt.*

chlorous *adj.* dreiwertiges Chlor ent-haltend, chlorig.

chlorous acid chlorige Säure *f.*

chlorsulfurone *n* Chlorsulfuron *nt.*

chlorsulphurone *n Brit.* Chlorsul-furon *nt.*

choanocyte *n* Choanozyt *m*, -zyte *f.*

chokedamp n Grubengas nt, Kohlendioxyd nt.

chol- präf. S.U. cholo-.

cholaic acid S.U. cholyltaurine.

cholalic adj. Galle betreffend, Gallen-, Chol-.

cholane n Cholan nt.

cholangi- präf. S.U. cholangio-.

cholangio- präf. Gallengangs-, Cholangi(o)-.

cholanic acid Cholansäure f.

cholanopoiesis n Gallen(säuren)bildung f.

cholate n Cholat nt.

cholate synthetase Cholatsynthetase f.

cholate thiokinase S.U. cholate synthetase.

chole- präf. S.U. cholo-.

cholebilirubin n Cholebilirubin nt.

cholecalciferol n Cholecalciferol nt, -kalziferol nt, Colecalciferol nt, Vitamin D_3 nt.

cholechrome n Gallenpigment nt, -farbstoff m.

cholechromopoiesis n Gallenpigmentbildung f, -synthese f.

cholecyanin n Bili-, Cholezyanin nt.

cholecystokinin n Cholezystokinin nt, Pankreozymin nt.

choleglobin n Choleglobin nt, Verdohämoglobin nt.

choleresis n Gallensekretion f, Cholerese f.

cholestane n Cholestan nt.

cholestanol n Cholestanol nt, Dihydrocholesterin nt.

cholesterin n S.U. cholesterol.

cholesterol n Cholesterin nt, Cholesterol nt.

cholesterol acyltransferase Cholesterinacyltransferase f.

cholesterolase n S.U. cholesterol esterase.

cholesterol ester Cholesterinester m.

cholesterol esterase Cholesterinase f, Cholesterinesterase f, Cholesterase f, Cholesterinesterhydrolase f.

cholesterolopoiesis n (Leber) Cholesterinbildung f, -synthese f.

cholesterol sulfatase Sterylsulfatase f.

cholesterol sulphatase Brit. Sterylsulfatase f.

choletelin n Choletelin nt, Bilixanthin nt.

choleverdin n Biliverdin nt.

cholic acid Cholsäure f.

choline n Cholin nt, Bilineurin nt, Sinkalin nt.

choline acetylase S.U. choline acetyltransferase.

choline acetyltransferase Cholinacetyl(transfer)ase f.

choline acetyltransferase I Azetyl-, Acetylcholinesterase f, echte Cholinesterase f.

choline esterase I S.U. choline acetyltransferase I.

choline esterase II S.U. cholinesterase.

choline kinase Cholinkinase f.

choline phosphatase Phospholipase D f, Lecithinase D f.

choline phosphatidyl S.U. choline phosphoglyceride.

choline phosphoglyceride Phosphatidylcholin nt, Cholinphosphoglycerid nt, Lecithin nt, Lezithin nt.

choline phosphokinase S.U. choline kinase.

cholinephosphotransferase n Cholinphosphotransferase f.

cholinergic adj. cholinerg(isch).

choline salicylate Cholinsalicylat nt.

cholinester n Cholinester m.

cholinesterase n unspezifische-/unechte Cholinesterase f, Pseudocholinesterase f, Typ II-Cholinesterase f, β-Cholinesterase f, Butyrylcholinesterase f.

cholinesterase inhibitor Cholinesterasehemmer m, -inhibitor m.

choline theophyllinate Cholintheophyllinat nt.

cholinoceptive adj. cholino(re)zeptiv.

cholinoceptor n Cholino(re)zeptor m, cholinerger Rezeptor m.

cholinoreceptor n S.U. cholinoceptor.

cholo- präf. Galle(n)-, Chole-, Chol(o)-.

cholochrome n Gallenpigment nt.

cholocyanin n Bili-, Cholezyanin nt.

cholocyst n Cisterna chyli.

chololyl-CoA synthetase Cholatsynthetase f.

cholylglycine n Glykocholsäure f.

cholyltaurine n Taurocholsäure f.

chondr- präf. S.U. chondro-.

chondral adj. Knorpel betreffend,

knorp(e)lig, kartilaginär, chondral.
chondric *adj.* s.u. *chondral.*
chondrification *n* Knorpelbildung *f*, Chondrogenese *f*; Verknorpeln *nt.*
chondrigen *n* s.u. *chondrogen.*
chondrin *n* Knorpelleim *m*, Chondrin *nt.*
chondriosome *n* Mitochondrie *f*, -chondrion *nt*, -chondrium *nt*, Chondriosom *nt.*
chondro- *präf.* Knorpel-, Chondr(o)-.
chondroblast *n* knorpelbildende Zelle *f*, Chondroblast *m*, -plast *m.*
chondroclast *n* Knorpelfresszelle *f*, Chondroklast *m.*
chondrogen *n* Chondrogen *nt.*
chondrogenesis *n* Knorpelbildung *f*, Chondrogenese *f.*
chondrogenic *adj.* knorpelbildend, -formend, chondrogen.
chondrogenous *adj.* s.u. *chondrogenic.*
chondrogeny *n* s.u. *chondrogenesis.*
chondroid I *n* Knorpelgrundsubstanz *f*, Chondroid *nt.* II *adj.* knorpelähnlich, -förmig, chondroid.
chondroitic *adj.* Knorpel betreffend, aus Knorpel bestehend, knorpelig, knorpelähnlich, -förmig, chondroid.
chondroitin sulfatase Chondroitinsulfatsulfatase *f*, *N*-Acetylgalaktosamin-6-sulfatsulfatase *f.*
chondroitin sulfate Chondroitinsulfat *nt.*
chondroitin-4-sulfate *n* s.u. *chondroitin sulfate A.*
chondroitin-6-sulfate *n* s.u. *chondroitin sulfate C.*
chondroitin sulfate A Chondroitinsulfat A *nt*, Chondroitin-4-Sulfat *nt.*
chondroitin sulfate B Chondroitinsulfat B *nt*, Dermatansulfat *nt.*
chondroitin sulfate C Chondroitinsulfat C *nt*, Chondroitin-6-Sulfat *nt.*
chondroitin sulphatase *Brit.* Chondroitinsulfatsulfatase *f*, *N*-Acetylgalaktosamin-6-sulfatsulfatase *f.*
chondroitin sulphate *Brit.* Chondroitinsulfat *nt.*
chondroitin-4-sulphate *n Brit.* s.u. *chondroitin sulphate A.*
chondroitin-6-sulphate *n Brit.* s.u. *chondroitin sulphate C.*
chondroitin sulphate A *Brit.* Chondroitinsulfat A *nt*, Chondroitin-4-Sulfat *nt.*

chondroitin sulphate B *Brit.* Chondroitinsulfat B *nt*, Dermatansulfat *nt.*
chondroitin sulphate C *Brit.* Chondroitinsulfat C *nt*, Chondroitin-6-Sulfat *nt.*
chondromucin *n* s.u. *chondromucoid.*
chondromucoid *n* Chondromukoid *nt.*
chondromucoprotein *n* Chondromukoprotein *nt*, Chondroglycoprotein *nt.*
chondroproteid *n* s.u. *chondroprotein.*
chondroprotein *n* Chondroprotein *nt.*
chondrosamine *n* Chondrosamin *nt*, D-Galaktosamin *nt.*
chondrosin *n* Chondrosin *nt.*
chondroskeleton *n* Knorpelskelett *nt.*
chondrotropic hormone Wachstumshormon *nt*, somatotropes Hormon *nt*, Somatotropin *nt.*
Chordata *pl* Achsentiere *pl*, Chordata *pl.*
C hordein C-Hordein *nt.*
chorionic gonadotropin Choriongonadotropin *nt.*
  human chorionic gonadotropin humanes Choriongonadotropin.
chorismate *n* Chorismat *nt.*
chorismate mutase Chorismatmutase *f*, Chorisminsäuremutase *f.*
chorismate synthase Chorisminsäuresynthase *f.*
chorismic acid Chorisminsäure *f.*
Christmas factor Faktor IX *m*, Christmas-Faktor *m*, Autothrombin II *nt.*
chrom- *präf.* s.u. *chromo-.*
chromaffin *adj.* chromaffin, chromaphil, phäochrom.
chromaffin body Paraganglion *nt.*
chromaffine *adj.* s.u. *chromaffin.*
chromaffinity *n* Chromaffinität *f.*
chroman *n* Chroman *nt.*
chromane *n* Chroman *nt.*
chromaphil *adj.* s.u. *chromaffin.*
chromargentaffin *adj.* chromargentaffin.
chromat- *präf.* s.u. *chromato-.*
chromate I *n* Chromat *nt.* II *vt* chromieren, verchromen; mit Chromsalzlösung behandeln.
chromatic *adj.* 1. Farbe betreffend, chromatisch, Farben-. 2. s.u. *chromatinic.*
chromatic granules Nissl-Schollen *pl*, -Substanz *f*, -Granula *pl*, Tigroid-

schollen *pl.*

chromatic spectrum Spektrum *nt* des sichtbaren Lichtes.

chromatid *n* Chromatid *nt*, Chromatide *f.*

chromatid segment Chromatidabschnitt *m.*

chromatin *n* **1.** Chromatin *nt.* **2.** Heterochromatin *nt.*

chromatinic *adj.* Chromatin betreffend, aus Chromatin bestehend, Chromatin-.

chromatinic body Nukleoid *m*, Karyoid *m*, (Bakterien-)Chromosom *nt.*

chromatin-negative *adj.* chromatinnegativ.

chromatin nucleolus Karyosom *nt.*

chromatin-positive *adj.* chromatinpositiv.

chromato- *präf.* Farb-, Chromat(o)-.

chromatogram *n* Chromatogramm *nt.*

chromatograph **I** *n* Chromatograph *m.* **II** *vt* mittels Chromatographie analysieren, chromatographieren.

chromatographic *adj.* Chromatographie betreffend, mittels Chromatographie, chromatographisch.

chromatographic analysis s.u. *chromatography.*

chromatography *n* Chromatographie *f.*

chromatoid **I** *n* Chromatoid *nt.* **II** *adj.* s.u. *chromatoidal.*

chromatoidal *adj.* chromatoid.

chromatometer *n* **1.** Chromometer *nt*, Kolorimeter *nt.* **2.** Chromatoptometer *nt*, Chromptometer *nt.*

chromatophore *n* Chromatophor *nt.*

chromatophorotropic *adj.* chromatophorotrop.

chromatosis *n* Pigmentierung *f.*

chrome **I** *n* **1.** s.u. *chromium.* **2.** Kalium-, Natriumdichromat *nt.* **II** *vt* s.u. *chromate* **II.**

chromic *adj.* Chrom betreffend, Chrom-.

chromic acid Chromsäure *f.*

chromic anhydride s.u. *chromic acid.*

chromidial substance raues/granuläres endoplasmatisches Retikulum *nt.*

chromidium *n*, *pl* **-dia** Chromidium *nt*, Chromidie *f.*

chromium *n* Chrom *nt.*

chromo- *präf.* Farb(en)-, Chrom(o)-.

chromo bacteria pigmentbildende/chromogene Bakterien *pl.*

Chromobacterium *n* Chromobacterium *nt.*

chromogen *n* Chromogen *nt.*

chromogenesis *n* Farbstoffbildung *f*, Chromogenese *f.*

chromogenic *adj.* farbstoffbildend, chromogen.

chromogenic bacteria pigmentbildende/chromogene Bakterien *pl.*

chromoisomerism *n* Chromoisomeric *f.*

chromolipoid *n* Lipochrom *nt*, Lipoidpigment *nt.*

chromonucleic acid Desoxyribonukleinsäure *f.*

chromophil **I** *n* chromophile Zelle *f.* **II** *adj.* chromophil, chromatophil.

chromophile *n*, *adj.* s.u. *chromophil.*

chromophilic *adj.* s.u. *chromophil* **II.**

chromophilous *adj.* s.u. *chromophil* **II.**

chromophilous bodies Nissl-Schollen *pl*, -Substanz *f*, -Granula *pl*, Tigroidschollen *pl.*

chromophil substance s.u. *chromophilous bodies.*

chromophoric *adj.* **1.** farbgebend, chromophor. **2.** farbtragend, chromophor.

chromoplasm *n* s.u. *chromatin.*

chromoplast *n* Chromoplast *m.*

chromoplastid *n* Chromoplastid *m.*

chromoprotein *n* Chromoprotein *nt*, -proteid *nt.*

chromosaccharide *n* Chromosaccharid *nt.*

chromosomal *adj.* Chromosom(en) betreffend, chromosomal, Chromosomen-.

chromosomal resistance chromosomale Resistenz *f.*

chromosome *n* **1.** Chromosom *nt.* **2.** (Bakterien-)Chromosom *nt*, Nukleoid *m*, Karyoid *m.*

chromosome band Chromosomenbande *f.*

chromosome complement Chromosomensatz *m.*

chromosome pairing Chromosomenpaarung *f.*

chromosome puff Puff *m.*

chromotrichial factor *p*-Aminobenzoesäure *f*, para-Aminobenzoesäure *f*, Paraaminobenzoesäure *f.*

chrono- *präf.* Zeit-, Chron(o)-.
chronobiologic *adj.* Chronobiologie betreffend, chronobiologisch.
chronobiological *adj.* S.U. *chronobiologic.*
chronobiology *n* Chronobiologie *f.*
Chrysomyia *pl* Chrysom(y)ia *pl.*
Chrysops *n* Blindbremse *f,* Chrysops *f.*
Chrysosporium *n* Chrysosporium *nt.*
chyle *n* Milchsaft *m,* Chylus *m.*
chylifacient *adj.* chylusbildend.
chylifaction *n* Chylusbildung *f,* primäre Fettassimilation *f.*
chylifactive *adj.* S.U. *chylifacient.*
chyliferous *adj.* 1. S.U. *chylifacient.* 2. chylus(ab)führend.
chylification *n* S.U. *chylifaction.*
chyliform *adj.* chylusähnlich, -artig, chylös.
chyloid *adj.* chylusähnlich, chylös.
chylomicron *n, pl* **-crons, -cra** Chylo-, Lipomikron *nt,* Chyluströpfchen *nt.*
chylopoiesis *n* Chylusbildung *f,* Chylopoese *f.*
chylopoietic *adj.* Chylopoese betreffend, chylusbildend, chylopoetisch.
chylous *adj.* Chylus betreffend, chylusähnlich, -artig, chylös, Chylus-, Chyl(o)-.
chymase *n* Chymase *f.*
chyme *n* Speisebrei *m,* Chymus *m.*
chymification *n* Chymifikation *f,* Chymusbildung *f.*
chymochromic *adj.* chymochrom.
chymopoiesis *n* Chymusbildung *f,* Chymopoese *f.*
chymosin *n* Chymosin *nt,* Labferment *nt,* Rennin *nt.*
chymosinogen *n* Prochymosin *nt,* Prorennin *nt.*
chymotrypsin *n* Chymotrypsin *nt.*
chymotrypsinogen *n* Chymotrypsinogen *nt.*
chymous *adj.* Chymus betreffend, chymusartig, chymös.
chymus *n* S.U. *chyme.*
ciguatera *n* Ciguatera *f.*
ciliate I *n* Wimpertierchen *nt,* Wimperinfusorium *nt,* Ziliat *m,* Ciliat *m.* II *adj.* mit Zilien/Wimpern(haaren) versehen, zilientragend, bewimpert.
ciliated *adj.* S.U. *ciliate* II.
ciliated cell zilientragende Zelle *f.*
ciliated epithelium Flimmerepithel *nt.*
ciliolate *adj.* S.U. *ciliate* II.

Ciliophora *pl* Ciliophora *pl.*
Cimex *n* Bettwanze *f,* Cimex *m.*
Cimicidae *pl* Cimicidae *pl.*
cinnamic acid Zimtsäure *f.*
cinnamic aldehyde Zimtaldehyd *m.*
cinnamoyl-CoA ligase Cinnamoyl-CoA-ligase *f.*
cinnamoyl-CoA reductase Cinnamoyl-CoA-reduktase *f.*
circadian *adj.* tagesrhythmisch, zirkadian, circadian.
circadian periodicity Zirkadianperiodik *f.*
circadian rhythm zirkadianer Rhythmus *m,* 24-Stunden-Rhythmus *m,* Tagesrhythmus *m.*
circle I *n* Kreis *m,* Ring *m,* kreis- *oder* ringförmige Formation *f.* II *vt* umringen, umgeben; um-, einkreisen.
circular *adj.* 1. rund, ring-, kreisförmig, zirkulär, Kreis-, Rund-. 2. zyklisch, periodisch, wiederkehrend.
circular vection Zirkularvektion *f.*
cirrus *n, pl* **-ri** Zirrus *m.*
cis *adj.* diesseits, cis.
cis-active sequence elements Boxen *pl,* cis-aktive Sequenzelemente *pl.*
cis cisterna cis-Zisterne *f.*
cis configuration cis-Konfiguration *f.*
cis-geraniol *n* cis-Geraniol *nt.*
15-cis phytoene 15-cis-Phytoen *nt.*
15-cis phytofluene 15-cis-Phytofluen *nt.*
11-cis retinal 11-cis-Retinal *nt.*
cistern *n* Flüssigkeitsreservoir *nt,* Zisterne *f,* Cisterna *f.*
cis-trans isomer cis-trans-Isomer *nt.*
cis-trans isomerism cis-trans Isomerie *f,* geometrische Isomerie *f.*
cistron *n* Cistron *nt.*
citral *n* Citral *nt,* Geranial *nt.*
citrase *n* S.U. *citrate lyase.*
citratase *n* S.U. *citrate lyase.*
citrate *n* Zitrat *nt,* Citrat *nt.*
citrate agar Zitrat-, Citratagar *m/nt.*
citrate aldolase S.U. *citrate lyase.*
citrate cleavage enzyme ATP-Citrat-Lyase *f,* citratspaltendes Enzym *nt.*
citrated *adj.* zitrathaltig.
citrated plasma Zitrat-, Citratplasma *nt.*
citrate lyase Zitrataldolase *f,* -lyase *f,* Citrataldolase *f,* -lyase *f.*

citrate phosphate dextrose CPD-Stabilisator *m.*

citrate-pyruvate cycle Zitrat-Pyruvat-Zyklus *m,* Citrat-Pyruvat-Zyklus *m.*

citrate (si-)synthase Zitratsynthase *f.*

citrate synthase Zitratsynthase *f.*

citric acid Zitronensäure *f.*

citric acid cycle Krebs-, Zitronensäu-re-, Zitratzyklus *m,* Tricarbonsäure-zyklus *m.*

citridesmolase *n* s.u. *citrate lyase.*

Citrobacter *n* Citrobacter *f.*

citrogenase *n* s.u. *citrate (si-)syn-thase.*

citronellal *n* Citronellal *nt.*

citronellol *n* Citronellol *nt.*

citrovorum factor N^{10}-Formyl-Tetrahydrofolsäure *f,* Citrovorum-Faktor *m,* Leukovorin *nt,* Leucovorin *nt.*

citrulline *n* Zitrullin *nt,* Citrullin *nt.*

citrulline ureidase Citrullinureidase *f.*

Cladosporium *n* Cladosporium *nt.*

clarificant *n* Klärsubstanz *f,* Klär(ungs)mittel *nt.*

clarification *n* (Ab-)Klären *nt,* (Ab-) Klärung *f.*

classical genetics klassische Gene-tik *f.*

classic pathway (*Komplement*) klas-sischer Aktivierungsweg *m.*

clathrate *n* Klathrat *nt.*

clathrate compound s.u. *clathrate.*

clathrin *n* Clathrin *nt.*

clavate *adj.* keulenförmig.

Claviceps purpurea Claviceps pur-purea *f.*

Clavicipitaceae *pl* Clavicipitaceae *pl.*

Clavicipitales *pl* Clavicipitales *pl.*

Cl⁻ channel Chloridkanal *m,* Cl⁻Kanal *m.*

cleavage *n* **1.** (Zell-)Teilung *f,* Furchung(steilung *f*) *f.* **2.** (*chemisch*) Spaltung *f.*

clidinium bromide Clidiniumbromid *nt.*

climate *n* Klima *nt.*

clitellum *n, pl* **-la** Clitellum *nt.*

clonal *adj.* Klon betreffend, klonal, Klon-.

clone I *n* Klon *m,* Clon *m.* II *vt* klonen.

Clonorchis sinensis chinesischer Leberegel *m,* Clonorchis/Opisthorchis sinensis.

closed chain geschlossene Kette *f,* Ringform *f.*

closed-chain compound Ringver-bindung *f.*

closed form geschlossene Form *f.*

closed system geschlossenes System *nt.*

clostridial spores Clostridiensporen *pl.*

clostridiopeptidase A Clostridium-histolyticum-kollagenase *f,* Clostri-diopeptidase A *f.*

clostridiopeptidase B Clostridium-histolyticum-proteinase B *f,* Clostri-diopeptidase B *f,* Clostripain *nt.*

Clostridium *n* Clostridium *nt.*

 Clostridium botulinum Botulinus-bazillus *m,* Clostridium botulinum, Bacterium/Bacillus botulinus.

 Clostridium novyi Clostridium novyi/oedematiens.

 Clostridium perfringens Welch-Fränkel-(Gasbrand-)Bazillus *m,* Clos-tridium perfringens.

 Clostridium septicum Pararausch-brandbazillus *m,* Clostridium septi-cum.

 Clostridium tetani Tetanusbazillus *m,* -erreger *m,* Wundstarrkrampf-bazillus *m,* -erreger *m,* Clostri-dium/Plectridium tetani.

 Clostridium welchii *Brit.* s.u. *Clos-tridium perfringens.*

clot I *n* **1.** Klumpen *m,* Klümpchen *nt.* **2.** (Blut-, Fibrin-)Gerinnsel *nt.* II *vt* zum Gerinnen bringen. III *vi* gerin-nen; (*Blut*) koagulieren.

clothes louse Kleiderlaus *f,* Pediculus humanis corporis/huma-nus/vestimenti.

clottable fibrinogen gerinnbares/ gerinnungsfähiges Fibrinogen *nt.*

clotting *n* (Blut-, Fibrin-)Gerinnung *f,* Koagulation *f;* Klumpenbildung *f.*

clotting factors (Blut-)Gerinnungs-faktoren *pl.*

clotting time (Blut-)Gerinnungszeit *f.*

 reptilase clotting time Reptilasezeit.

 thrombin clotting time (Plasma-) Thrombinzeit, Antithrombinzeit.

cloudy *adj.* (*Flüssigkeit*) wolkig, trübe, unklar.

cloverleaf arrangement Kleeblatt-formation *f.*

club fungi Ständerpilze *pl,* Basidio-myzeten *pl,* -mycetes *pl.*

clumping factor Clumping-Faktor *m.*

CM-cellulose s.u. *carboxymethyl-*

cellulose.

Cnemidocoptes *pl* Knemidokoptes *pl.*

cnida *n, pl* **-dae** Nesselkapsel *f,* Nematozyste *f,* Knide *f.*

cnidoblast *n* Nesselzelle *f.*

cnidocil *n* Knidozil *nt.*

CO₂ acceptor CO₂-Akzeptor *m.*

coacervate *n* Koazervat *nt.*

coagglutination *n* Koagglutination *f.*

coagglutinin *n* Koagglutinin *nt.*

coagulability *n* Gerinnbarkeit *f,* Koagulierbarkeit *f,* Koagulabilität *f.*

coagulable *adj.* gerinnbar, gerinnungsfähig, koagulierbar, koagulabel.

coagulant I *n* gerinnungsförderndes Mittel *nt,* Koagulans *nt.* II *adj.* gerinnungs-, koagulationsfördernd.

coagulase *n* Koagulase *f,* Coagulase *f.*

coagulase-negative *adj.* koagulasenegativ.

coagulase-positive *adj.* koagulasepositiv.

coagulate I *vt* gerinnen *oder* koagulieren lassen. II *vi* gerinnen, koagulieren.

coagulated protein koaguliertes Protein *nt.*

coagulation *n* 1. Gerinnung *f,* Koagulation *f.* 2. Blutgerinnung *f.* 3. S.U. *coagulum.*

coagulation cascade Gerinnungs-, Koagulationskaskade *f.*

coagulation factors (Blut-)Gerinnungsfaktoren *pl.*

coagulation time (Blut-)Gerinnungszeit *f.*

coagulative *adj.* gerinnungsfördernd, koagulationsfördernd.

coagulum *n, pl* **-la** (Blut-)Gerinnsel *nt,* Koagel *nt,* Koagulum *nt.*

coalesce I *vt* verbinden, verschmelzen, vereinigen. II *vi* zusammenwachsen, verschmelzen (*into* in), sich verbinden *oder* vereinigen.

coalescence *n* Verschmelzen *nt,* Vereinigen *nt,* Verschmelzung *f,* Vereinigung *f,* Zusammenwachsen *nt.*

coalescent *adj.* verschmelzend, zusammenwachsend, sich vereinigend.

coat I *n* Haut *f,* Fell *nt,* Hülle *f;* Überzug *m,* Beschichtung *f,* Schicht *f,* Decke *f.* II *vt* beschichten, überziehen; bedecken, umhüllen (*with* mit).

coat protein Hüllprotein *nt.*

CoA-transferase *n* Coenzym A-Transferase *f,* CoA-Transferase *f.*

cobalamin *n* Kobalamin *nt,* Cobalamin *nt.*

cobalt *n* Kobalt *nt,* Cobalt *nt.*

cobaltous chloride Kobalt-II-chlorid *nt.*

cobamic acid Cobamsäure *f.*

cobamide *n* Cobamid *nt.*

cobinamide *n* Cobinamid *nt.*

cobinic acid Cobinsäure *f.*

cobyric acid Cobyrsäure *f.*

cobyrinamide *n* S.U. *cobyric acid.*

cobyrinic acid Cobyrinsäure *f.*

cobyrinic hexa-amide S.U. *cobyric acid.*

coca *n* 1. Koka *f,* Coca *f.* 2. Kokablätter *pl,* Folia cocae.

cocarboxylase *n* S.U. *thiamine pyrophosphate.*

Coccidia *pl* Kokzidien *pl,* Coccidia *pl.*

coccidium *n, pl* **-dia** Kokzidie *f,* Coccidium *nt.*

code I *n* Code *m,* Kode *m.* II *vt* codieren, kodieren.

codeine *n* Kodein *nt,* Codein *nt,* Methylmorphin *nt.*

coding I *n* Verschlüsseln *nt,* Codieren *nt,* Codierung *f.* II *adj.* kodierend.

coding sequence kodierende Sequenz *f,* Codesequenz *f.*

coding strand codogener Strang *m,* Sinnstrang *m.*

coding triplet kodierendes Triplett *nt.*

coding unit kodierende Einheit *f,* Codeeinheit *f.*

codogenic strand codogener Strang *m,* Sinnstrang *m.*

codominance *n* Kodominanz *f.*

codominant *adj.* kodominant.

codominant genes kodominante Gene *pl.*

codominant inheritance kodominante Vererbung *f.*

codon *n* Kodon *nt,* Codon *nt.*

codon triplet Codontriplett *nt.*

coefficient *n* Koeffizient *m.*

coefficient of correlation Korrelationskoeffizient.

coefficient of friction Reibungskoeffizient.

coefficient of variation Variationskoeffizient.

coefficient of velocity Geschwindigkeitskoeffizient.

coefficient of viscosity Viskositätskoeffizient.

coenurus *n, pl* **-ri** Zönurus *m,*

Coenurus *m.*

coenzyme *n* Koenzym *nt*, Coenzym *nt.*

coenzyme I S.U. *nicotinamide-adenine dinucleotide.*

coenzyme II S.U. *nicotinamide-adenine dinucleotide phosphate.*

coenzyme A Coenzym A *nt.*

coenzyme B12 Coenzym B12 *nt*, 5-Desoxyadenosylcobalamin *nt.*

coenzyme Q S.U. *ubiquinone.*

coenzyme R Biotin *nt*, Vitamin H *nt.*

cofactor *n* Ko-, Cofaktor *m.*

cofactor of thromboplastin Proakzelerin *nt*, Proaccelerin *nt*, Acceleratorglobulin *nt*, labiler Faktor *m*, Faktor V *m.*

cofactor V Prokonvertin *nt*, -convertin *nt*, Faktor VII *m*, Autothrombin I *nt*, Serum-Prothrombin-Conversion-Accelerator *m*, stabiler Faktor *m.*

coferment *n* S.U. *coenzyme.*

cohesion *n* **1.** Anziehung(skraft *f*) *f*, Kohäsion *f.* **2.** Zusammenhalt *m*; Bindekraft *f.*

cohesive *adj.* auf Kohäsion beruhend, zusammenhaltend, -hängend, kohäsiv, Binde-, Kohäsions-.

cohesive agent Bindemittel *nt.*

colchiceine *n* Colchicein *nt.*

cold I *n* Kälte *f.* **II** *adj.* kalt, kühl; frierend.

cold-blooded *adj.* wechselwarm, kaltblütig, poikilotherm, heterotherm, allotherm.

coli bacillus Escherich-Bakterium *nt*, Colibakterium *nt*, Colibazillus *m*, Kolibazillus *m*, Escherichia/Bacterium coli.

colicin *n* Kolizin *nt*, Colicin *nt.*

colicinogen *n* Kolizinogen *nt*, Colicinogen *nt*, Col-Faktor *m*, kolizinogener/colicinogener Faktor *m.*

colicinogenic factor S.U. *colicinogen.*

colicinogeny *n* Kolizinogenie *f*, Colicinogenie *f.*

coliform I *n* S.U. *coliform bacteria.* **II** *adj.* koliähnlich, koliform, coliform.

coliform bacilli S.U. *coliform bacteria.*

coliform bacteria coliforme Bakterien *pl*, Koli-, Colibakterien *pl.*

coliphage *n* Koli-, Coliphage *m.*

collagen *n* Kollagen *nt.*

collagenase *n* Kollagenase *f.*

collagenic *adj.* S.U. *collagenous.*

collagenous *adj.* aus Kollagen bestehend, Kollagen formend *oder* produzierend, Kollagen-.

collagen sugar Aminoessigsäure *f*, Glyzin *nt*, Glycin *nt*, Glykokoll *nt.*

collecting phase Sammelphase *f.*

collochemistry *n* Kolloidchemie *f.*

colloid I *n* **1.** (*chemisch*) Kolloid *nt*, kolloiddisperses System *nt.* **2.** S.U. *colloidal solution.* **II** *adj.* S.U. *colloidal.*

colloidal *adj.* kolloidal, kolloid.

colloidal solution Kolloidlösung *f*, kolloidale Lösung *f.*

colloid chemistry Kolloidchemie *f.*

colloid osmotic pressure kolloidosmotischer Druck *m.*

colony *n*, *pl* **-nies** Kolonie *f.*

colony-stimulating factor koloniestimulierender Faktor *m*, Colony-stimulating-Faktor *m.*

color I *n* Farbe *f*, Farbstoff *m.* **II** *vt* färben. **III** *vi* sich (ver-)färben, Farbe annehmen.

colorant *n* Farbe *f*, Farbstoff *m*, Färbemittel *nt.*

colored *adj.* bunt, farbig, Bunt-, Farb-.

colored corpuscles rote Blutzellen *pl*, -körperchen *pl*, Erythrozyten *pl.*

color filter Farbfilter *m.*

colorimeter *n* Farb(en)messer *m*, Kolorimeter *nt*, Chromatometer *nt.*

colorimetric *adj.* S.U. *colorimetrical.*

colorimetrical *adj.* Kolorimetrie betreffend, kolorimetrisch.

colorimetry *n* Farbvergleich *m*, -messung *f*, Kolori-, Colorimetrie *f.*

color index Färbeindex *m*, Hämoglobinquotient *m.*

coloring *n* **1.** (Ein-)Färben *nt.* **2.** Färbemittel *nt*, Farbstoff *m*, Farbe *f.*

colorless corpuscle weiße Blutzelle *f*, weißes Blutkörperchen *nt*, Leukozyt *m.*

color reaction Farbreaktion *f.*

colostrum *n* Vormilch *f*, Kolostrum *nt*, Colostrum *nt.*

colour *Brit.* **I** *n* Farbe *f*, Farbstoff *m.* **II** *vt* färben. **III** *vi* sich (ver-)färben, Farbe annehmen.

colourant *n Brit.* Farbe *f*, Farbstoff *m*, Färbemittel *nt.*

coloured *adj. Brit.* bunt, farbig, Bunt-, Farb-.

coloured corpuscles *Brit.* rote Blut-

zellen *pl*, -körperchen *pl*, Erythrozyten *pl*.
colour filter *Brit*. Farbfilter *m*.
colour index *n Brit*. Färbeindex, Hämoglobinquotient *m*.
colouring *n Brit*. **1.** (Ein-)Färben *nt*.
2. Färbemittel *nt*, Farbstoff *m*, Farbe *f*.
colourless corpuscle *Brit*. weiße
Blutzelle *f*, weißes Blutkörperchen *nt*,
Leukozyt *m*.
colour reaction *Brit*. Farbreaktion *f*.
column *n* Säule *f*, Pfeiler *f*.
column chromatography Säulenchromatographie *f*.
combining site Antigenbindungsstelle *f*.
combustibility *n* Brennbarkeit *f*,
Entzündlichkeit *f*.
combustible I *n* Brennstoff *m*, -mate-
rial *nt*. **II** *adj*. brennbar, entflammbar,
(leicht) entzündbar.
combustion *n* **1.** Verbrennung *f*. **2.**
Veratmung *f*, biologische Verbren-
nung *f*. **3.** Verbrennung *f*, Oxidation *f*.
commensal I *n* Kommensale *m*,
Paraphage *m*. **II** *adj*. kommensal.
commensalism *n* Mitessertum *nt*,
Kommensalismus *m*.
common-intermediate principle
Prinzip *nt* des gemeinsamen
Zwischenprodukts.
common roundworm Spulwurm *m*,
Ascaris lumbricoides.
competence *n* Kompetenz *f*; Immunkompetenz *f*.
competence factor Kompetenzfaktor *m*.
competitive *adj*. kompetitiv.
competitive antagonist kompetitiver Antagonist *m*; Antimetabolit *m*.
competitive inhibition kompetitive
Hemmung *f*.
complement I *n* **1.** Ergänzung *f* (*to*),
Vervollkommnung *f* (*to*). **2.** Kom-
plementär-, Gegenfarbe *f* (*to* zu). **3.**
Komplement *nt*, Complement *nt*. **II** *vt*
ergänzen, vervollkommnen.
complemental *adj*. s.u. *complementary*.
complementary *adj*. ergänzend,
komplementär, Ergänzungs-, Kom-
plementär-.
complementary base Komplementärbase *f*.
complementary color s.u. *complement* 2.

complementary colour *Brit*. s.u.
complement 2.
complementary DNA komplementäre DNA *f*, komplementäre DNS *f*.
complementary genes Komplementärgene *pl*.
complementation *n* Komplementation *f*.
complement components Komple-
mentkomponenten *pl*, -faktoren *pl*.
complement factor Komplementfak-
tor *m*.
complement receptor Komplement-
bindender Rezeptor *m*.
complement system Komplementsystem *nt*.
complement unit Komplementein-
heit *f*.
complete I *adj*. **1.** ganz, vollständig,
komplett, völlig, vollzählig, total,
Gesamt-. **2.** fertig, abgeschlossen,
beendet. **II** *vt* **3.** vervollständigen,
komplettieren. **4.** abschließen, been-
den, zu Ende bringen, fertigstellen.
complex I *n* **1.** Komplex *m*, Gesamtheit *f*, (das) Gesamte. **2.** Komplex *m*.
II *adj*. **3.** zusammengesetzt. **4.** komplex, vielschichtig, kompliziert, differenziert. **III** *vt*, *vi* einen Komplex bilden (*with* mit).
complexing agent Komplexbildner
m.
complicated *adj*. kompliziert, komplex, mit anderen Erkrankungen/Ver-
letzungen assoziiert.
component I *n* Bestandteil *m*, Teil *m*,
Komponente *f*. **II** *adj*. einen (Bestand-)
Teil bildend, zusammensetzend, Teil-.
component A of prothrombin
Proakzelerin *nt*, Proaccelerin *nt*,
Acceleratorglobulin *nt*, labiler Faktor
m, Faktor V *m*.
composite I *n* Zusammensetzung *f*,
Mischung *f*, Kompositum *nt*. **II** *adj*.
zusammengesetzt (*of* aus); gemischt.
compound I *n* **1.** Zusammensetzung
f, Mischung *f*. **2.** (*chemisch*) Verbindung *f*. **II** *adj*. zusammengesetzt, aus
mehreren Komponenten bestehend.
III *vt* zusammensetzen, -stellen, kom-
binieren, verbinden, (ver-)mischen.
compound A 11-Dehydrocortico-
steron *nt*, Kendall-Substanz A *f*.
compound B Kortiko-, Corticosteron
nt, Compound B Kendall.
compound E s.u. *cortisone*.

compound F s.u. *cortisol.*
compound eye Facetten-, Netzauge *nt.*
compound lipid Heterolipid *nt.*
compound protein s.u. *conjugated protein.*
compressed *adj.* komprimiert, verdichtet.
concave *adj.* nach innen gewölbt, vertieft, hohl, konkav, Konkav-, Hohl-.
concavity *n* Konkavität *f,* konkave Beschaffenheit *f.*
concentrate I *n* Konzentrat *nt.* **II** *adj.* konzentriert. **III** *vt* **1.** (*Lösung*) konzentrieren, anreichern. **2.** konzentrieren, sammeln, zusammenballen, -drängen. **IV** *vi* **3.** sich sammeln, sich zusammendrängen, sich zusammenballen. **4.** sich konzentrieren, sich anreichern.
concentrated *adj.* konzentriert.
concentration *n* **1.** Konzentration *f,* Anreicherung *f.* **at/in a high concentration** in hoher Konzentration. **at/in a low concentration** in niedriger Konzentration. **a fall in concentration** Konzentrationsabfall *m.* **a rise in concentration** Konzentrationsanstieg. **2.** Konzentration *f,* Konzentrierung *f,* angespannte Aufmerksamkeit *f,* (geistige) Sammlung *f.* **3.** Zusammenballung *f,* -drängung *f,* (An-)Sammlung *f,* Konzentration *f,* Konzentrierung *f.*
concentration gradient Konzentrationsgradient *m.*
concentration work Arbeit *f* gegen einen Konzentrationsgradienten.
condensate *n* Kondensat *nt,* Kondensationsprodukt *nt.*
condensation *n* **1.** (*chemisch*) Kondensation *f,* Verdichtung *f.* **2.** (*physikal.*) Kondensation *f,* Verflüssigung *f.* **3.** (*physikal.*) Kondensat *nt,* Kondensationsprodukt *nt.*
condensation reaction (*chemisch*) Kondensierungsreaktion *f.*
condense I *vt* **1.** (*chemisch*) kondensieren, komprimieren, verdichten. **2.** (*physikal.*) kondensieren, niederschlagen. **II** *vi* kondensieren, sich niederschlagen, sich verflüssigen, sich verdichten.
condensed *adj.* kondensiert; verdichtet, komprimiert; konzentriert.
condensed state (*Mitochondrien*) kondensierter Zustand *m.*

condenser *n* **1.** Kondensator *m;* Verflüssiger *m;* Verdichter *m.* **2.** Kondensor(linse *f*) *m,* Sammellinse *f.*
condensing agent kondensierendes Agens/Reagenz *nt,* Kondensierungsreagenz *nt.*
condensing enzyme s.u. *citrate (si-) synthase.*
condition *n* **1.** Bedingung *f,* Voraussetzung *f.* **2. conditions** *pl* Verhältnisse *pl,* Bedingungen *pl,* Umstände *pl.*
conditional-lethal mutant konditionell letale Mutante *f.*
conditioned *adj.* **1.** bedingt, abhängig. **2.** in gutem Zustand, in guter Verfassung.
conductivity *n* Leitfähigkeit *f,* Leitvermögen *nt,* Konduktivität *f.*
conductor *n* Leiter *m.*
conessine *n* Conessin *nt.*
configuration *n* Konfiguration *f,* räumliche Anordnung *f.*
configurational *adj.* Konfiguration betreffend, Konfigurations-.
configurational formula Raumformel *f,* stereochemische Formel *f.*
configurative *adj.* s.u. *configurational.*
conformation *n* räumliche Anordnung *f,* Konformation *f.*
conformational *adj.* Konformation betreffend, Konformations-.
conformational coupling Konformationskopplung *f.*
congener *n* Gattungsverwandte(r *m*) *f;* Art-, Stammverwandte(r *m*) *f,* Artgenosse *m.*
congenerous *adj.* **1.** (*Funktion*) gleichartig. **2.** art-, gattungs-, stammverwandt (*to* with).
congenital *adj.* angeboren, kongenital.
conglomerate I *n* Konglomerat *nt.* **II** *adj.* zusammengeballt, geknäuelt. **III** *vt* zusammenballen, anhäufen, ansammeln. **VI** *vi* sich zusammenballen, sich anhäufen *oder* ansammeln.
conglomeratic *adj.* Konglomerat betreffend, konglomeratisch, Konglomerat-.
conglomeration *n* (An-)Häufung *f,* (An-)Sammlung *f,* Gemisch *nt;* (Zusammen-)Ballung *f.*
conglutin *n* Conglutin *nt.*
β-conglycine *n* β-Conglycinin *nt.*

conidial *adj.* Konidien betreffend, konidientragend, Konidien-.

conidiophore *n* Konidienträger *m*, Konidiophor *nt.*

conidiospore *n* Konidiospore *f.*

conidium *n, pl* **-dia** Konidie *f*, Conidium *nt.*

coniferin *n* Coniferin *nt*, Coniferylalkohol-4-β-glucosid *nt.*

coniferyl alcohol Coniferylalkohol *m.*

Coniosporium *n* Coniosporium *nt.*

conjugant *n* Konjugant *m.*

conjugate **I** *n* Konjugat *nt.* **II** *adj.* konjugiert. **III** *vt* konjugieren. **IV** *vi* konjugieren, sich konjugieren lassen.

conjugate acid konjugierte Säure *f.*

conjugate base konjugierte Base *f.*

conjugated *adj.* konjugiert; konjugierte Doppelbindungen enthaltend.

conjugated bilirubin direktes/konjugiertes/gepaartes Bilirubin *nt.*

conjugated protein zusammengesetztes Protein *nt.*

conjugate transfer Konjugationstransfer *m.*

conjugation *n* **1.** Verbindung *f*, Vereinigung *f*, Verschmelzung *f.* **2.** (*Genetik*) Konjugation *f.* **3.** (*chemisch*) Konjugation *f.*

connatal *adj.* angeboren, bei der Geburt vorhanden, konnatal.

connate *adj.* s.u. *connatal.*

connective *adj.* verbindend, Verbindungs-, Binde-.

connective tissue Bindegewebe *nt*, Binde- und Stützgewebe *nt.*

connective tissue cell Bindegewebszelle *f.*

conoid **I** *n* Konoid *nt.* **II** *adj.* kegelförmig.

consensus sequence Konsensussequenz *f*, Mustersequenz *f.*

conservative replication konservative Replikation *f.*

constant **I** *n* Konstante *f*, konstante Größe *f.* **II** *adj.* unveränderlich, konstant, gleichbleibend; (an-)dauernd, ständig, stetig, konstant.

constant of friction Reibungskoeffizient.

constant of gravitation Gravitationskonstante.

constant current konstanter Gleichstrom *m.*

constant field equation Goldman-Gleichung *f*, Goldman-Hodgkin-Katz-Gleichung *f.*

constant region C-Region *f*, konstante Region *f.*

constituent **I** *n* Bestandteil *m*; Komponente *f.* **II** *adj.* einzeln, einen Teil bildend, Teil-.

constitution *n* **1.** Zusammensetzung *f*, (Auf-)Bau *m*, Struktur *f*, Beschaffenheit *f.* **2.** Konstitution *f*, Anordnung *f.*

constitutive *adj.* **1.** einzeln, einen Teil bildend, Teil-. **2.** grundlegend, wesentlich, bestimmend, konstitutiv. **3.** konstitutiv. **4.** gestaltend, aufbauend.

constitutive enzyme konstitutives Enzym *nt.*

contact *n* **1.** Kontakt *m*, Fühlung *f*, Berührung *f*, Verbindung *f.* **2.** (*elektrisch*) Kontakt *m*, Anschluss *m.*

contact acid Kontaktsäure *f.*

contact area Kontaktfläche *f.*

contact electricity Kontakt-, Berührungselektrizität *f.*

contact factor Faktor XII *m*, Hageman-Faktor *m.*

contact receptor Kontaktrezeptor *m.*

contact surface Kontaktfläche *f.*

continuous *adj.* ununterbrochen, fortlaufend, fortwährend, andauernd, stetig, ständig, unaufhörlich, kontinuierlich.

continuous current konstanter Gleichstrom *m.*

continuous phase äußere/dispergierende Phase *f*, Dispergens *nt*, Dispersionsmedium *nt*, -mittel *nt.*

continuous spectrum kontinuierliches Spektrum *nt.*

contra- *präf.* Kontra-, Gegen-, Wider-.

contractibility *n* s.u. *contractility.*

contractible *adj.* s.u. *contractile.*

contractile *adj.* zusammenziehbar, kontraktil, kontraktionsfähig.

contractile element kontraktiles Element *nt.*

contractile force Kontraktionskraft *f.*

contractile protein kontraktiles Protein *nt.*

contractility *n* Fähigkeit *f* zur Kontraktion, Kontraktilität *f.*

contraction *n* Kontraktion *f*, Zusammenziehung *f.*

contraction period Anspannungsphase *f.*

contraction velocity Kontraktions-

geschwindigkeit *f.*
contrast I *n* Kontrast *m*, (starker) Gegensatz *m*, (auffallender) Unterschied *m*. II *vi* kontrastieren (*with* mit); (*Farben*) sich abheben (*with* von).
contrast color Kontrastfarbe *f.*
contrast colour *Brit.* Kontrastfarbe *f.*
control substance Steuer-, Kontrollsubstanz *f.*
convection *n* Konvektion *f.*
convectional *adj.* Konvektions-.
convective *adj.* Konvektion betreffend, mittels Konvektion, konvektiv, Konvektions-.
convergent *adj.* zusammenlaufend, -strebend, sich (einander) nähernd, konvergent, konvergierend.
convergent evolution konvergente Evolution *f.*
converging *adj.* s.u. *convergent.*
conversion *n* 1. Ver-, Umwandlung *f* (*into* in); Umstellung *f* (*to* auf); Konversion *f.* 2. (*chemisch, physikal.*) Umsetzung *f*; (*elektrisch*) Umformung *f*; (*mathemat.*) Umrechnung *f* (*into* in).
convert I *vt* 1. (*chemisch, physiolog.*) um-, verwandeln (*into* in); umstellen (*to* auf); konvertieren. 2. (*elektrisch*) umformen (*into* zu); (*mathemat.*) umrechnen, konvertieren (*into* in). II *vi* sich verwandeln (lassen) (*into* in); umgewandelt werden.
convertase *n* Convertase *f.*
convertibility *n* Umwandelbarkeit *f*, Konvertibilität *f.*
convertin *n* Prokonvertin *nt*, -convertin *nt*, Faktor VII *m*, Autothrombin I *nt*, Serum-Prothrombin-Conversion-Accelerator *m*, stabiler Faktor *m.*
convex *adj.* nach außen gewölbt, konvex.
convexity *n* Konvexität *f*, konvexe Beschaffenheit *f.*
convex lens konvexe Linse *f*, Konvexlinse *f*, Sammellinse *f.*
convoluted *adj.* (ein-)gerollt, gewunden, spiralig, knäuelig, knäuelförmig.
convolution *n* Knäuel *nt*, Konvolut *nt.*
cooperative bond kooperative Bindung *f.*
cooperativity *n* Kooperativität *f.*
coordinated induction koordinierte Induktion *f.*
coordinated regulation koordinierte

Regulation *f.*
coordinate repression koordinierte Repression *f.*
coordination bond Koordinationsbindung *f.*
coordination position Koordinationsstelle *f.*
copalyl diposphate Copalyldiphosphat *nt.*
CO_2 partial pressure Kohlendioxidpartialdruck *m*, CO_2-Partialdruck *m.*
copepod *n* Kopepod *m.*
Copepoda *pl* Ruderfußkrebse *pl*, Kopepoden *pl*, Copepoda *pl.*
copolymerase *n* Copolymerase *f.*
copper *n* Kupfer *nt*, (*chemisch*) Cuprum.
copper sulfate Kupfersulfat *nt*, Kupfervitriol *nt.*
copper sulphate *Brit.* Kupfersulfat *nt*, Kupfervitriol *nt.*
copro- *präf.* Kot-, Fäkal-, Kopro-, Stuhl-, Sterko-.
coprophagous *adj.* sich von Kot ernährend, koprophag.
coprophagy *n* Kotfressen *nt*, Koprophagie *f.*
coprophil *n* koprophiler Organismus *m.*
coprophilic *adj.* in Mist/Dung lebend, koprophil.
coproporphyrinogen oxidase Koproporphyrinogenoxidase *f.*
coprostanol *n* Koprostanol *nt*, -sterin *nt.*
coprosterin *n* s.u. *coprostanol.*
coprosterol *n* s.u. *coprostanol.*
coprozoic *adj.* in Kot lebend, koprozoisch.
copulation *n* Paarung *f*, Begattung *f*, Kopulation *f.*
copy DNA s.u. *complementary DNA.*
coracidium *n*, *pl* **-dia** Wimper-, Flimmerlarve *f*, Korazidium *nt*, Coracidium *nt.*
cord factor Cordfaktor *m*, Trehalose-6,6'-dimykolat *nt.*
core *n* 1. Kern *m*; das Innerste; Mark *nt.* 2. (*Elektromagnet*) Kern *m.*
core complex Core-Komplex *m*, Kern-Komplex *m.*
coremium *n*, *pl* **-mia** Koremium *nt.*
core-mt-DNA *n* Core-mt-DNA *f*, Kern-mt-DNA *f.*
core particles Corestäbchen *pl*, Kernstäbchen *pl.*

core polysaccharide Kernpolysaccharid *nt.*

corepressor *n* Ko-, Corepressor *m.*

core protein Coreprotein *nt.*

CO$_2$ response CO$_2$-Antwort *f.*

corn smut Maisbrand *m,* Ustilago maydis.

Coronaviridae *pl* Coronaviridae *pl.*

Coronavirus *n* Coronavirus *nt.*

corpuscle *n* Masse-, Elementarteilchen *nt,* Korpuskel *nt.*

corpuscular *adj.* Korpuskeln betreffend, korpuskular, Korpuskular-, Teilchen-.

corpuscular radiation Teilchen-, Partikel-, Korpuskelstrahlung *f.*

corpus luteum hormone Gelbkörperhormon *nt,* Corpus-luteum-Hormon *nt,* Progesteron *nt.*

correlation coefficient Korrelationskoeffizient *m.*

cortex *n, pl* **-tices** Rinde *f,* äußerste Schicht *f,* Kortex *m,* Cortex *m.*

cortex of suprarenal gland Nebennierenrinde, Cortex glandulae suprarenalis.

cortexolone *n* Cortexolon *nt.*

cortexone *n* Desoxycorticosteron *nt,* Desoxykortikosteron *nt,* Cortexon *nt.*

cortiadrenal *adj.* s.u. *corticoadrenal.*

cortic- *präf.* s.u. *cortico-.*

cortical *adj.* Rinde/Cortex betreffend, kortikal, Rinden-, Kortiko-, Cortico-.

cortical hormone Nebennierenrindenhormon *nt,* NNR-Hormon *nt.*

cortico- *präf.* Rinden-, Kortex-, Kortik(o)-.

corticoadrenal *adj.* Nebennierenrinde betreffend, adrenokortikal, Nebennierenrinden-, NNR-.

corticoid *n* Kortikoid *nt,* Corticoid *nt.*

corticoliberin *n* s.u. *corticotropin releasing factor.*

corticosteroid *n* Kortiko-, Corticosteroid *nt.*

corticosteroid-binding globulin Transkortin *nt,* -cortin *nt,* Cortisolbindendes Globulin *nt.*

corticosteroid-binding protein s.u. *corticosteroid-binding globulin.*

corticosterone *n* Kortiko-, Corticosteron *nt,* Compound B Kendall.

corticotrope *n* s.u. *corticotroph.*

corticotroph *n* ACTH-produzierende Zelle *f* der Adenohypophyse.

corticotroph cell ACTH-produ-

zierende Zelle *f* der Adenohypophyse.

corticotrophic *adj.* s.u. *corticotropic.*

corticotrophin *n* s.u. *corticotropin.*

corticotroph-lipotroph *n* s.u. *corticotroph.*

corticotroph-lipotroph cell s.u. *corticotroph.*

corticotropic *adj.* auf die Nebennierenrinde einwirkend, kortikotrop, adrenokortikotrop.

corticotropin *n* Kortikotropin *nt,* -trophin *nt,* Corticotrophin(um) *nt,* (adreno-)corticotropes Hormon *nt,* Adrenokortikotropin *nt.*

corticotropin releasing factor Kortikoliberin *nt,* Corticoliberin *nt.*

corticotropin releasing hormone s.u. *corticotropin releasing factor.*

cortisol *n* Kortisol *nt,* Cortisol *nt,* Hydrocortison *nt.*

cortisol-binding globulin Transkortin *nt,* Transcortin *nt,* Cortisol-bindendes Globulin *nt.*

cortisol dehydrogenase Cortisoldehydrogenase *f,* 11-β-Hydroxysteroiddehydroxygenase *f.*

cortisone *n* Kortison *nt,* Cortison *nt.*

Corynebacteriaceae *pl* Corynebacteriaceae *pl.*

corynebacterium *n, pl* **-ria 1.** Korynebakterium *nt,* Corynebacterium *nt.* **2.** koryneformes Bakterium *nt,* Diphtheroid *nt.*

Corynebacterium *n* Corynebacterium *nt.*

Corynebacterium diphtheriae Diphtheriebazillus *m,* -bakterium *nt,* (Klebs-)Löffler-Bazillus *m,* Corynebacterium/Bacterium diphtheriae.

Corynebacterium pseudodiphthericum Löffler-Pseudodiphtheriebazillus *m,* Corynebacterium pseudodiphtheriticum.

Corynebacterium pseudotuberculosis Preisz-Nocard-Bazillus *m,* Corynebacterium pseudotuberculosis.

coryneform *adj.* keulenförmig, koryneform.

coryneform bacterium s.u. *corynebacerium 2.*

costimulator *n* Kostimulator *m.*

cosubstrate *n* Co-, Kosubstrat *nt.*

cothromboplastin *n* Prokonvertin *nt,* -convertin *nt,* Faktor VII *m,* Autothrombin I *nt,* Serum-Prothrombin-Conversion-Accelerator *m,* stabiler

Faktor *m.*

cotransduction *n* Ko-, Cotransduktion *f.*

cotranslational transport cotranslationaler Transport *m.*

cotransmitter *n* Cotransmitter *m.*

cotransport *n* gekoppelter Transport *m,* Cotransport *m,* Symport *m.*

cotyledon *n* Keimblatt *nt,* Cotyledo *f,* Kotyledone *f.*

cotyloid *adj.* schalenförmig.

coulomb *n* Coulomb *nt.*

countercurrent *n* Gegenstrom *m,* -strömung *f.*

countercurrent mechanism Gegenstromprinzip *nt.*

countercurrent principle Gegenstromprinzip *nt.*

countercurrent system Gegenstromsystem *nt.*

counterstain **I** *n* Gegen-, Kontrastfärbung *f.* **II** *vt* gegenfärben.

counting cell s.u. *counting chamber.*

counting chamber Zählkammer *f.*

coupled *adj.* gepaart, verbunden, gekoppelt, verkoppelt (*with* mit).

coupled transport s.u. *cotransport.*

coupling *n* **1.** Verbindung *f,* Vereinigung *f.* **2.** Paarung *f.*

coupling factor Kopplungsfaktor *m.*

covalence *n* Kovalenz *f.*

covalency *n* s.u. *covalence.*

covalent *adj.* kovalent.

covalent activation kovalente Aktivierung *f.*

covalent bond Atombindung *f,* kovalente Bindung *f.*

covalent structure Primärstruktur *f.*

covariance *n* Kovarianz *f.*

coverglass *n* Deckglas *nt.*

coverslip *n* s.u. *coverglass.*

Coxiella *n* Coxiella *f.*

coxsackievirus *n* Coxsackievirus *nt.*

cozymase *n* Nicotinamid-adenin-dinucleotid *nt,* Diphosphopyridin-nucleotid *nt,* Cohydrase I *f,* Coenzym I *nt.*

C3PA convertase s.u. *C3 proactivator convertase.*

C$_4$-pathway *n* Hatch-Slack-Zyklus *m,* C$_4$-Zyklus *m.*

C peptide C-Peptid *nt.*

C$_4$ photosynthesis C$_4$-Dicarbonsäure-Zyklus *m,* C$_4$-Photosynthese *f,* C$_4$-Zyklus *m,* Dicarbonsäurezyklus *m.*

C$_3$ plants C$_3$-Pflanzen *pl.*

C$_4$ plants C$_4$-Pflanzen *pl.*

C3 proactivator C3-Proaktivator *m,* Faktor B *m.*

C3 proactivator convertase C3-Proaktivatorkonvertase *f,* Faktor D *m.*

C-protein *n* C-Protein *nt.*

crambin *n* Crambin *nt.*

Crassulacean acid metabolism Crassulaceen-Säurestoffwechsel *m.*

C-reactive protein C-reaktives Protein *nt.*

creatine *n* Kreatin *nt,* Creatin *nt,* α-Methylguanidinoessigsäure *f.*

creatine kinase Kreatin-, Creatinkinase *f,* Kreatin-, Creatinphosphokinase *f.*

creatine phosphate Kreatin-, Creatinphosphat *nt,* Phosphokreatin *nt.*

creatine phosphokinase s.u. *creatine kinase.*

creatine phosphotransferase s.u. *creatine kinase.*

creatinine *n* Kreatinin *nt,* Creatinin *nt.*

creatinine clearance Kreatinin-, Creatininclearance *f.*

creatinine coefficient Creatinin-, Kreatininkoeffizient *m.*

C region konstante Region *f,* C-Region *f.*

creosol *n* Kreosol *nt,* Creosol *nt.*

cresol *n* Kresol *nt.*

cresylic acid s.u. *cresol.*

Crithidia *pl* Crithidien *pl,* Crithidia *pl.*

crithidial *adj.* crithidial, Crithidien-.

cromoglycate *n* Cromoglykat *nt.*

crossbred **I** *n* Hybride *f/m,* Kreuzung *f,* Mischling *m.* **II** *adj.* gekreuzt, hybrid.

cross-bridge *n* Querbrücke *f.*

cross dialysis parabiotische Dialyse *f.*

cross-fertilization *n* Kreuzbefruchtung *f.*

crossing-over *n* Chiasmabildung *f,* Faktorenaustausch *m,* Crossing-over *nt.*

cross-link *n* s.u. *cross linkage.*

cross linkage Quervernetzung *f,* -verbindung *f.*

cross-linker *n* Vernetzer *m.*

cross-react *vt* kreuzreagieren, eine Kreuzreaktion geben.

cross-reacting *adj.* kreuzreagierend.

cross-reaction *n* Kreuzreaktion *f.*

cross-reactive *adj.* kreuzreaktiv, -reagierend.

cross-reactive protein kreuzreagierendes Protein *nt.*

cross-reactivity *n* Kreuzreaktivität *f.*

cross-resistance *n* Kreuzresistenz *f.*

crotethamide *n* Crotethamid *nt.*

crotonic acid Kroton-, Crotonsäure *f.*

cruciferin *n* Cruciferin *nt.*

cruor *n* Blutgerinnsel *nt,* -klumpen *m,* Kruor *m,* Cruor sanguinis.

cryobiology *n* Kryobiologie *f.*

cryogammaglobulin *n* s.u. *cryoglobulin.*

cryoglobulin *n* Kälte-, Kryoglobulin *nt.*

cryophile *n* kälteliebender/psychrophiler Mikroorganismus *m.*

cryophilic *adj.* kälteliebend, psychrophil.

cryophylactic *adj.* kälteresistent, -beständig.

cryoprecipitate *n* Kryopräzipitat *nt.*

cryoprotective *adj.* vor Kälte(schaden) schützend.

cryoprotein *n* Kälte-, Kryoprotein *nt.*

cryoscopy *n* Kryoskopie *f.*

Cryptococcaceae *pl* Cryptococcaceae *pl.*

Cryptococcus *n* Kryptokokkus *m,* Cryptococcus *m.*

cryptogam *n* Sporenpflanze *f,* Kryptogame *f.*

cryptogamic *adj.* kryptogam, kryptogamisch.

cryptomonad *n* Kryptomonade *f.*

Cryptomonas *n* Cryptomonas *f.*

Cryptosporidium *n* Cryptosporidium *nt.*

crystal I *n* Kristall *m;* Kristall(glas *nt*) *nt.* II *adj.* s.u. *crystalline.* III *vt* kristallisieren.

crystal lattice Kristallgitter *nt.*

crystallin *n* Kristallin *nt.*

crystalline *adj.* kristallartig, kristallinisch, kristallin, kristallen, Kristall-.

crystallizable *adj.* kristallisierbar.

crystallizable fragment kristallisierbares Fragment *nt,* Fc-Fragment *nt.*

crystallization *n* Kristallisierung *f,* Kristallisieren *nt,* Kristallisation *f,* Kristallbildung *f.*

crystallize *vt, vi* (aus-)kristallisieren.

crystallographic model kristallographisches Modell *nt.*

CSF-brain barrier Hirn-Liquor-Schranke *f.*

Ctenocephalides *pl* Ctenocephalides *pl.*

C terminal Carboxyterminus *m.*

C-terminal *adj.* carboxy-terminal, C-terminal.

C terminus Carboxyterminus *m.*

cubic *adj.* **1.** Kubik-, Raum-. **2.** kubisch, würfelförmig, gewürfelt.

cubical *adj.* s.u. *cubic.*

cucurbitacin *n* Cucurbitacin *nt.*

Culex *n,* *pl* **-lices** Kulexmücke *f,* Culex *m.*

culicicide *n* s.u. *culicide.*

Culicidae *pl* Stechmücken *pl,* Moskitos *pl,* Culicidae *pl.*

culicide *n* Stechmücken-abtötendes Mittel *nt.*

Culicinae *pl* Culicinae *pl.*

Culicini *pl* Culicini *pl.*

Culiseta *n* Culiseta *f.*

cultivation *n* Züchtung *f,* Kultivierung *f.*

culturable *adj.* züchtbar, kulturfähig, kultivierbar.

cultural *adj.* Kultur-.

culture filtrate Kulturfiltrat *nt.*

culture medium Kultursubstrat *nt,* (künstlicher) Nährboden *m.*

culture plate Kulturplatte *f.*

cumulate I *adj.* (an-, auf-)gehäuft, kumuliert. II *vt* kumulieren, (an-, auf-)häufen, ansammeln. III *vi* kumulieren, sich (an-, auf-)häufen, sich ansammeln.

cumulation *n* (An-)Häufung *f,* Kumulation *f,* Anreicherung *f.*

cumulative *adj.* sich (an-)häufend, anwachsend, kumulativ; Gesamt-.

cumulative gene Polygen *nt.*

cumulative inhibition kumulative Hemmung *f.*

cupric *adj.* zweiwertiges Kupfer enthaltend, Cupri-, Kupfer-II-.

cupric sulfate s.u. *copper sulfate.*

cupric sulphate *Brit.* s.u. *copper sulphate.*

cuprous *adj.* einwertiges Kupfer enthaltend, Cupro-, Kupfer-I-.

curcuma *n* Gelbwurz *f,* Kurkume *f.*

curie *n* Curie *nt.*

curium *n* Curium *nt.*

current *n* Strom *m,* Strömung *f;* (*elektrisch*) Strom *m.* **against/with the current** gegen den/mit dem Strom.

current pulse Stromstoß *m.*

current state Istwert *m.*

current-voltage curve Stromspannungskurve *f.*

cuticle *n* Cuticula *f.*

cuticular layer Cuticularschicht *f.*
cutin *n* Cutin *nt.*
cutinase *n* Cutinase *f.*
cyan- *präf.* s.u. *cyano-.*
cyanamide *n* **1.** Karbaminsäurenitril *nt,* Carbaminsäurenitril *nt,* Zyanamid *nt,* Cyanamid *nt.* **2.** Calciumcyanamid *nt.*
cyanate *n* Zyanat *nt,* Cyanat *nt.*
cyanelle *n* Cyanelle *f.*
cyanhaemoglobin *n Brit.* Zyan-, Cyanhämoglobin *nt,* Hämoglobincyanid *nt.*
cyanhemoglobin *n* Zyan-, Cyanhämoglobin *nt,* Hämoglobincyanid *nt.*
cyanhydric acid Zyanwasserstoffsäure *f,* Blausäure *f.*
cyanic acid Zyan-, Cyansäure *f.*
cyanide *n* Zyanid *nt,* Cyanid *nt.*
cyanide methaemoglobin *Brit.* s.u. *cyanmethaemoglobin.*
cyanide methemoglobin s.u. *cyanmethemoglobin.*
cyanide poisoning Zyanidvergiftung *f.*
cyanide-resisitant respiration Cyanid-resistenter Elektronentransport *m.*
cyanidin *n* Cyanidin *nt.*
cyanmethaemoglobin *n Brit.* Zyan-, Cyanmethämoglobin *nt,* Methämoglobinzyanid *nt.*
cyanmethemoglobin *n* Zyan-, Cyanmethämoglobin *nt,* Methämoglobinzyanid *nt.*
cyanmetmyoglobin *n* Zyan-, Cyanmetmyoglobin *nt,* Metmyoglobinzyanid *nt.*
cyano- *präf.* Zyan(o)-, Cyan(o)-, Blau-.
cyanoacetylene *n* Cyanoacetylen *nt.*
β-cyanoalanine *n* β-Cyanoalanin *nt.*
β-cyanoalanine synthase β-Cyanoalaninsynthase *f.*
Cyanobacteria *pl* Cyanobakterien *pl,* Cyanophyceae *pl,* blau-grüne Algen *pl,* Cyanobacteria *pl.*
cyanocobalamin *n* Zyano-, Cyanocobalamin *nt,* Vitamin B$_{12}$ *nt.*
cyanogen *n* Zyanogen *nt.*
cyanogen bromide Bromcyan *nt.*
cyanogen chloride Chlorcyan *nt.*
Cyanophyceae *pl* s.u. *Cyanobacteria.*
cycl- *präf.* s.u. *cyclo-.*
cyclamate *n* Zyklamat *nt,* Cyclamat *nt.*
cyclamic acid Cyclohexansulfaminsäure *f,* *N*-Cyclohexylsulfaninsäure *f.*

cyclandelate *n* Cyclandelat *nt.*
cyclase *n* Zyklase *f,* Cyclase *f.*
cycle I *n* **1.** Zyklus *m,* Kreis(lauf *m*) *m;* Periode *f.* **in cycles** periodisch. **2.** (*chemisch*) Ring *m.* II *vt* periodisch wiederholen. III *vi* periodisch wiederkehren.
cyclic *adj.* **1.** zyklisch, periodisch, Kreislauf-. **2.** (*chemisch*) zyklisch, ringförmig, Ring-, Zyklo-.
cyclic adenosine monophosphate s.u. *cyclic AMP.*
cyclical *adj.* s.u. *cyclic.*
cyclic AMP zyklisches Adenosin-3',5-Phosphat *nt,* Zyklo-AMP *nt,* Cyclo-AMP *nt.*
cyclic AMP receptor protein Cyclo-AMP-Rezeptorprotein *nt,* Katabolit-Gen-Aktivatorprotein *nt.*
cyclic compound Ringverbindung *f.*
cyclic endoperoxide zyklisches Endoperoxid *nt.*
cyclic GMP zyklisches Guanosin-3',5-Phosphat *nt,* zyklisches GMP *nt,* Zyklo-GMP *nt,* Cyclo-GMP *nt.*
cyclic guanosine monophosphate s.u. *cyclic GMP.*
cyclic hydrocarbon ringförmiger/zyklischer Kohlenwasserstoff *m.*
cyclic phosphorylation zyklische Phosphorylierung *f.*
cyclization *n* Ringschluss *m,* -bildung *f,* Zyklisierung *f.*
β cyclization *n* β-Zyklisierung *f.*
ε cyclization ε-Zyklisierung *f.*
cyclo- *präf.* **1.** Kreis-, Zykl(o)-, Cycl(o)-. **2.** Ziliarkörper-.
cycloarterenol *n* Cycloartenol *nt.*
L-cyclo-DOPA *n* L-Cyclo-DOPA *nt,* Leucodopachrom *nt.*
cyclohexanecarboxylic acid Cyclohexancarbonsäure *f.*
cyclohexanesulfamic acid s.u. *cyclamic acid.*
cyclohexanesulphamic acid *Brit.* s.u. *cyclamic acid.*
cycloheximide *n* Cycloheximid *nt,* Actidion *nt.*
cyclohexylsulfamic acid s.u. *cyclamic acid.*
cyclohexylsulphamic acid *Brit.* s.u. *cyclamic acid.*
cycloisomerase *n* Zyklo-, Cycloisomerase *f.*
cycloligase *n* Zyklo-, Cycloligase *f.*
cyclooxygenase *n* Zyklo-, Cyclo-

oxigenase *f.*

cyclophosphamide *n* Cyclophosphamid *nt.*

Cyclophyllidea *pl* Cyclophyllidea *pl.*

cyclosis *n, pl* **-ses** Zytoplasmazirkulation *f,* Plasmazirkulation *f,* Zyklosis *f.*

cylinder *n* Zylinder *m;* Walze *f,* Rolle *f.*

cylindric *adj.* walzen-, zylinderförmig, zylindrisch, Zylinder-.

cylindric cell hochprismatische Epithelzelle *f.*

D-cymarose *n* D-Cymarose *f.*

cypionate *n* Zyklopentanpropionat *nt.*

cystathionase *n* S.U. *cystathionine γ-lyase.*

cystathionine *n* Zysta-, Cystathionin *nt.*

cystathionine γ-lyase Cystathionin-γ-Lyase *f,* Cystathionase *f.*

cystathionine β-synthase Cystathionin-β-Synthase *f.*

cysteic acid Cysteinsäure *f.*

cysteine *n* Zystein *nt,* Cystein *nt.*

cysteine aminotransferase Cysteinaminotransferase *f,* -transaminase *f.*

cysteine dioxigenase Cysteindeoxigenase *f.*

cysteine enzyme Cysteinenzym *nt.*

cysteine reductase (NADH) Cysteinreduktase (NADH) *f.*

cysteine sulfinic acid Cysteinsulfinsäure *f.*

cysteine sulphinic acid *Brit.* Cysteinsulfinsäure *f.*

cysteine synthase Cysteinsynthase *f.*

cysteine transaminase S.U. *cysteine aminotransferase.*

cysteinyl *n* Cysteinyl-(Radikal *nt*).

cysticercoid *n* Zystizerkoid *nt,* Cysticercoid *nt.*

cysticercus *n, pl* **-cerci** Blasenwurm *m,* Zystizerkus *m,* Cysticercus *m.*

cystine *n* Zystin *nt,* Cystin *nt,* Dicystein *nt.*

cystine-tellurite agar Cystin-Tellurit-Medium *nt.*

cysto- *präf.* Harnblasen-, Blasen-, Zyst(o)-.

cyt- *präf.* S.U. *cyto-.*

Cyt b₆/f complex Cyt b₆/f-Komplex *m,* Cytochrom b₆/Cytochrom f-Komplex *m.*

cytidine *n* Zytidin *nt,* Cytidin *nt.*

cytidine deaminase Zytidin-, Cytidindesaminase *f.*

cytidine diphosphate *n* Zytidin(-5-)diphosphat *nt,* Cytidin(-5-)diphosphat *nt.*

cytidine-5'-diphosphate *n* Zytidin(-5-)diphosphat *nt,* Cytidin(-5-)diphosphat *nt.*

cytidine diphosphate choline Zytidin-, Cytidindiphosphatcholin *nt.*

cytidine diphosphoethanolamine CDP-Ethanolamin *nt.*

cytidine monophosphate Zytidinmonophosphat *nt,* Cytidinmonophosphat *nt,* Cytidylsäure *f.*

cytidine triphosphate *n* Zytidin(-5-)triphosphat *nt,* Cytidin(-5-)triphosphat *nt.*

cytidine-5'-triphosphate *n* Zytidin(-5-)triphosphat *nt,* Cytidin(-5-)triphosphat *nt.*

cytidylate *n* Cytidylat *nt.*

cytidylic acid S.U. *cytidine monophosphate.*

cytisine *n* Zytisin *nt,* Cytisin *nt.*

cyto- *präf.* Zell-, Zyt(o)-, Cyt(o)-.

cytoarchitectonic *adj.* Zytoarchitektur *oder* -architektonik betreffend, zytoarchitektonisch.

cytoarchitectonics *pl* S.U. *cytoarchitecture.*

cytoarchitecture *n* Zytoarchitektur *f,* -architektonik *f.*

cytobiology *n* Zell-, Zyto-, Cytobiologie *f.*

cytocentrum *n* **1.** Zentrosom *nt,* Zentriol *nt,* Zentralkörperchen *nt.* **2.** Mikrozentrum *nt,* Zentrosphäre *f.*

cytochemism *n* Zytochemismus *m.*

cytochemistry *n* Zytochemie *f,* Histopochemie *f.*

cytochrome *n* Zyto-, Cytochrom *nt.*

cytochrome a₃ S.U. *cytochrome c oxidase.*

cytochrome aa₃ S.U. *cytochrome c oxidase.*

cytochrome b₆ Cytochrom b₆ *nt.*

cytochrome b₆ complex Cytochrom b₆/Cytochrom f-Komplex *m,* Cyt b₆/f-Komplex *m.*

cytochrome b₅ reductase Cytochrom b₅-Reduktase *f.*

cytochrome c₁ Cytochrom c₁ *nt.*

cytochrome c oxidase Cytochrom a₃ *nt,* Cytochrom(c)oxidase *f,* Ferrocytochrom-c-Sauerstoff-Oxidoreduktase *f;* Warburg-Atmungsferment *nt.*

cytochrome *n* Cytochrom *nt.*

cytochrome oxidase s.u. *cytochrome c oxidase.*

cytochrome P₄₅₀ reductase NADPH-Cytochromreduktase *f*, Cytochrom-P₄₅₀-Reduktase *f*.

cytochrome system Atmungskette *f*.

cytocidal *adj.* zellenzerstörend, -abtötend, zytozid.

cytocide *n* zytozides Mittel *nt*.

cytoclasis *n* Zellzerstörung *f*, -fragmentierung *f*, Zytoklasis *f*.

cytoclastic *adj.* zytoklastisch.

cytocuprein *n* Hyperoxid-, Superoxiddismutase *f*, Hämocuprein *nt*, Erythrocuprein *nt*.

cytodendrite *n* Dendrit *m*.

cytodieresis *n* Zellteilung *f*, Zytodiärese *f*.

cytodifferentiation *n* Zell-, Zytodifferenzierung *f*.

cytoflavin *n* Zytoflavin *nt*.

cytogene *n* Zytogen *nt*, Plasmagen *nt*.

cytogenesis *n* Zellbildung *f*, -entwicklung *f*, Zytogenese *f*.

cytogenetic *adj.* Zytogenetik betreffend, mittels Zytogenetik, zytogenetisch.

cytogenetical *adj.* s.u. *cytogenetic.*

cytogenetics *pl* Zell-, Zyto-, Cytogenetik *f*.

cytogenic *adj.* **1.** Zytogenese betreffend, zytogen. **2.** zell(en)bildend, zytogen.

cytogenous *adj.* s.u. *cytogenic* 2.

cytogeny *n* s.u. *cytogenesis.*

cytogony *n* Zytogonie *f*.

cytohistogenesis *n* Zytohistogenese *f*.

cytohistologic *adj.* zytohistologisch.

cytohistology *n* Zytohistologie *f*.

cytohormone *n* Zell-, Zytohormon *nt*.

cytohyaloplasm *n* zytoplasmatische Matrix *f*, Grundzytoplasma *nt*, Hyaloplasma *nt*.

cytoid *adj.* zellähnlich, -artig, -förmig.

cytokine *n* Zytokin *nt*.

cytokinesis *n* Zell(leib)teilung *f*, Zyto-, Cytokinese *f*.

cytokinin *n* Zyto-, Cytokinin *nt*.

cytolemma *n* äußere Zellmembran *f*, Zytolemm *nt*.

cytolipin H Lactosyl-*N*-acylsphingosin *nt*.

cytologic *adj.* Zytologie betreffend, zytologisch.

cytological *adj.* s.u. *cytologic.*

cytologist *n* Zytologe *m*, Zytologin *f*.

cytology *n* Zell(en)lehre *f*, -forschung *f*, Zyto-, Cytologie *f*.

cytolymph *n* zytoplasmatische Matrix *f*, Grundzytoplasma *nt*, Hyaloplasma *nt*.

cytolysate *n* Zytolysat *nt*.

cytolysin *n* Zytolysin *nt*.

cytolysis *n* Zellauflösung *f*, -zerfall *m*, Zytolyse *f*.

cytolysosome *n* **1.** autophagische Vakuole *f*, Autophagosom *nt*. **2.** Zytolysosom *nt*.

cytolytic *adj.* Zytolyse betreffend *oder* auslösend, zytolytisch.

cytomegalovirus immune globulin Zytomegalievirusimmunoglobulin *nt*.

cytomembrane *n* Zell-, Zytomembran *f*, Zellwand *f*, Plasmalemm *nt*.

cytomere *n* Zytomer *nt*.

cytometer *n* Zytometer *nt*.

cytometry *n* Zellmessung *f*, Zytometrie *f*.

cytomorphology *n* Zell-, Zytomorphologie *f*.

cytopathogenic virus zytopathogenes Virus *nt*.

cytopemphis *n* s.u. *cytopempsis.*

cytopempsis *n* Vesikulartransport *m*, Zytopempsis *f*.

cytophagous *adj.* zellfressend, zytophag.

cytophagy *n* Zytophagie *f*.

cytophilic *adj.* zytophil.

cytophysics *pl* Zell-, Zytophysik *f*.

cytophysiology *n* Zell-, Zytophysiologie *f*.

cytopigment *n* Zell-, Zytopigment *nt*.

cytoplasm *n* (Zell-)Protoplasma *nt*, Zyto-, Cytoplasma *nt*.

cytoplasmic *adj.* Zytoplasma betreffend, aus Zytoplasma bestehend, zytoplasmatisch, Zytoplasma-.

cytoplasmic compartment zytoplasmatisches Kompartiment *nt*, zytoplasmatisches Kompartiment *nt*.

cytoplasmic cycle zytoplasmatischer Zyklus *m*.

cytoplasmic granules zytoplasmatische Granula *pl*.

cytoplasmic inheritance zytoplasmatische/extranukleäre Vererbung *f*.

cytoplasmic membrane s.u. *cytomembrane.*

cytoplasmic receptor zytoplasmatischer Rezeptor *m*.

cytopoiesis *n* Zellbildung *f*, Zytopoese *f*.
cytoproct *n* Zellafter *m*, Zytopyge *nt*.
cytorrhexis *n* Zytorrhexis *f*, Zellzerfall *m*.
cytosine *n* Zytosin *nt*, Cytosin *nt*.
cytosine arabinoside Cytarabin *nt*, Zytosin-, Cytosinarabinosid *nt*, Ara-C *nt*.
cytosine deaminase Cytosindesaminase *f*.
cytoskeleton *n* Zell-, Zytoskelett *nt*.
cytosol *n* Zytosol *nt*.
cytosol aminopeptidase Arylaminopeptidase *f*.
cytosolic *adj.* cytosolisch.
cytosolic compartment cytosolisches Kompartiment *nt*.
cytostasis *n* Zytostase *f*.

cytostatic *adj.* zytostatisch.
cytostome *n* Zellmund *m*, Zytostom *nt*.
cytotactic *adj.* Zytotaxis betreffend,
cytotaxis *n* Zytotaxis *f*.
cytotoxic *adj.* zellschädigend, -vergiftend, zytotoxisch.
cytotoxic antibiotic zytotoxisches Antibiotikum *nt*.
cytotoxicity *n* Zytotoxizität *f*.
cytotoxic T-cell zytotoxische T-Zelle *f*, zytotoxischer T-Lymphozyt *m*, T-Killerzelle *f*.
cytotoxic T-lymphocyte s.u. *cytotoxic T-cell*.
cytotoxin *n* Zytotoxin *nt*.
cytotropic *adj.* auf Zellen gerichtet, zytotrop.
cytotropism *n* Zytotropismus *m*.

D

dansyl chloride Dansylchlorid *nt*.
dark I *n* Dunkel *nt*, Dunkelheit *f*; Schatten *m*. **II** *adj*. dunkel.
dark adaptation Dunkeladaptation *f*, -anpassung *f*.
darkfield condenser Dunkelfeldkondensor '*m*.
dark-field microscope Dunkelfeldmikroskop *nt*.
dark-field microscopy Dunkelfeldmikroskopie *f*.
dark phase s.u. *dark reactions*.
dark reactions Dunkelreaktionen *pl*, -phase *f*.
dark reactions enzyme Dunkelenzym *nt*.
darwinian evolution biologische Evolution *f*, Darwin-Evolution *f*.
darwinian theory Darwinismus *m*.
Darwinism *n* Darwinismus *m*.
datura *n* Stechapfel *m*, Datura stramonium.
daughter cell Tochterzelle *f*.
daughter chromatid Tochterchromatide *f*.
daughter chromosome Tochterchromosom *nt*.
daughter molecule Tochtermolekül *nt*.
Davies-Roberts hypothesis Davies-Roberts-Hypothese *f*.
daylight vision s.u. *day vision*.
Day's factor Folsäure *f*, Pteroylglutaminsäure *f*, Vitamin Bc *nt*.
day vision Tages(licht)sehen *nt*, photopisches Sehen *nt*.
D cells D-Zellen *pl*, δ-Zellen *pl*.
DC potential Gleichspannungs-, Bestandspotential *nt*.

deacidification *n* Entsäuern *nt*, Entsäuerung *f*; Neutralisieren *nt*, Neutralisierung *f*.
deactivation *n* Inaktivieren *nt*, Inaktivierung *f*.
deacylase *n* Deacylase *f*.
deacylation *n* Deacylierung *f*.
dead-end host Fehlendwirt *m*.
deadenylate *vt* deadenylieren.
dealcoholization *n* Alkoholentzug *m*, -entfernung *f*, Dealkoholisierung *f*.
dealkylation *n* Dealkylierung *f*.
deamidase *n* Desamidase *f*, Amidohydrolase *f*.
deamidization *n* Desamidierung *f*.
deaminase *n* Desaminase *f*, Aminohydrolase *f*.
deamination *n* Desaminierung *f*.
deaquation *n* Wasserentzug *m*, -entfernung *f*, Dehydrierung *f*.
death cup Grüner Knollenblätterpilz *m*, Amanita phalloides.
Debaryomyces *n* Debaryomyces *m*.
debneyol *n* Debneyol *nt*.
debrancher enzyme Amylo-1,6-Glukosidase *f*, Dextrin-1,6-Glukosidase *f*; D-Enzym *nt*, Glucano-Transferase *f*; Transglykosylase *f*.
debranching enzyme (glycogen) s.u. *debrancher enzyme*.
deca- *präf*. Deka-, Deca-.
decalcify *vt* **1.** dekalzifizieren. **2.** entkalken.
decamethonium *n* Deka-, Decamethonium *nt*.
decamethonium bromide Deka-, Decamethoniumbromid *nt*.
decamethonium iodide Deka-, Decamethoniumjodid *nt*.

decane *n* Dekan *nt*, Decan *nt*.
decapacitation *n* Dekapazitation *f*.
decapacitation factor Dekapazitationsfaktor *m*.
decapeptide *n* Deka-, Decapeptid *nt*.
decarboxylase *n* Dekarboxylase *f*, Decarboxylase *f*.
decarboxylated dopa s.u. *dopamine*.
decarboxylation *n* Dekarboxylierung *f*, Decarboxylierung *f*.
decay constant Zerfallskonstante *f*.
deci- *präf*. Zehntel-, Dezi-, Deci-.
decibel *n* Dezibel *nt*.
decigram *n* Dezigramm *nt*.
deciliter *n* Deziliter *m/nt*.
decilitre *n Brit*. Deziliter *m/nt*.
decimeter *n* Dezimeter *m/nt*.
decimetre *n Brit*. Dezimeter *m/nt*.
decomposition *n* 1. Zerlegung *f*, (Auf-)Spaltung *f*, Zerfall *m*, Abbau *m*. 2. Verwesung *f*, Fäulnis *f*, Zersetzung *f*, Auflösung *f*.
defective bacteriophage defekter Phage *m*.
defective interfering virus particles defekte interferierende Viruspartikel *pl*, DI-Partikel *pl*.
defective phage s.u. *defective bacteriophage*.
defective virus defektes Virus *nt*.
defence *n Brit*. s.u. *defense*.
defense *n* Schutz *m*, Abwehr *f*.
defense mechanism Abwehrapparat *m*, -mechanismus *m*.
defense reaction s.u. *defense mechanism*.
defensive *adj*. schützend, abwehrend, Abwehr-, Schutz-.
defensive function Abwehrtätigkeit *f*, -funktion *f*.
defensive system Abwehrsystem *nt*.
cellular defensive system zelluläre Abwehr *f*, zelluläres Abwehrsystem.
humoral defensive system humorale Abwehr *f*, humorales Abwehrsystem.
nonspecific defensive system unspezifisches Abwehrsystem.
specific defensive system spezifisches Abwehrsystem.
defibrinated *adj*. fibrinfrei, defibriniert.
defibrinated blood defibriniertes/-fibrinfreies Blut *nt*.
definitive host Endwirt *m*.
deformylase *n* Deformylase *f*.

degenerate I *adj*. degeneriert, zurückgebildet, verfallen; entartet. II *vi* degenerieren (*into* zu); sich zurückbilden, verfallen; entarten (*into* zu).
degenerated *adj*. s.u. *degenerate* I.
degeneration *n* Degeneration *f*, Entartung *f*.
degenerative *adj*. degenerierend, degenerativ, Degenerations-; entartend.
degradation *n* 1. (*chemisch*) Abbau *m*, Zerlegung *f*, Degradierung *f*. 2. (*biolog*.) Degeneration *f*, Entartung *f*.
degradative pathway Abbauweg *m*.
degrade I *vt* 1. schwächen, herabsetzen, vermindern. 2. (*chemisch*) zerlegen, abbauen. II *vi* 3. (*chemisch*) zerfallen. 4. (*biolog*.) degenerieren, entarten.
degree *n* Grad *m*. an angle of 45 degrees ein Winkel von 45 Grad. twenty degrees Celsius zwanzig Grad Celsius.
degree of dissociation Dissoziationsgrad.
degrees of freedom Freiheitsgrade *pl*.
degree of purity Reinheitsgrad.
degree of saturation Sättigungsgrad.
degree of specialization Spezialisierungsgrad.
dehalogenase *n* Dehalogenase *f*.
dehydrase *n* 1. s.u. *dehydratase*. 2. s.u. *dehydrogenase*.
dehydratase *n* Dehydratase *f*, Hydratase *f*.
dehydrate I *vt* Wasser entfernen *oder* entziehen, entwässern, dehydrieren; (vollständig) trocknen. II *vi* Wasser verlieren *oder* abgeben, dehydrieren.
dehydrated alcohol absoluter Alkohol *m*, Alcoholus absolutus.
dehydroascorbic acid Dehydroascorbinsäure *f*.
dehydrocholate *n* Dehydrocholat *nt*.
7-dehydrocholesterol *n* 7-Dehydrocholesterin *nt*, Provitamin D_3 *nt*.
dehydrocholic acid Dehydrocholsäure *f*.
11-dehydrocorticosterone *n* 11-Dehydrocorticosteron *nt*, Kendall-Substanz A *f*.
dehydroepiandrosterone sulfate Dehydroepiandrosteronsulfat *nt*.
dehydroepiandrosterone sulphate *Brit*. Dehydroepiandrosteronsulfat *nt*.
dehydrogenase *n* Dehydrogenase *f*,

Dehydrase *f*.

dehydrogenate *vt* Wasserstoff entziehen/abspalten, dehydrogenieren, dehydrieren.

dehydrogenation *n* Wasserstoffentzug *m*, -abspaltung *f*, Dehydrogenierung *f*, Dehydrierung *f*.

dehydropeptidase *n* Aminoacylase *f*, Hippurikase *f*.

5-dehydroquinate *n* 5-Dehydrochinat *nt*.

dehydroquinate dehydratase Dehydrochinatdehydratase *f*, (5-)Dehydrochinasäuredehydratase *f*.

dehydroquinate synthase Dehydrochinatsynthase *f*, Dehydrochinasäuresynthase *f*.

5-dehydroquinic acid 5-Dehydrochinasäure *f*.

dehydroretinal *n* Dehydroretinal *nt*, Retinal₂ *nt*.

dehydroretinol *n* (3-)Dehydroretinol *nt*, Vitamin A₂ *nt*.

5-dehydroshikimate *n* 5-Dehydroshikimat *nt*.

3-dehydrosphingamine *n* 3-Dehydrosphingamin *nt*.

dehydroxylation *n* Dehydroxylierung *f*.

deiodase *n* Dejodase *f*, Dejodinase *f*.

deiodination *n* Dejodierung *f*, Dejodinierung *f*.

deionization *n* Deionisierung *f*, Entionisierung *f*.

deletion *n* Deletion *f*.

deliquescence *n* **1.** Zerfließen *nt*. **2.** Weg-, Zerschmelzen *nt*.

deliquescent *adj.* **1.** zerfließend. **2.** zerschmelzend.

delphinidin *n* Delphinidin *nt*.

delta-carotene *n* δ-Carotin *nt*, δ-Karotin *nt*.

demethylation *n* Demethylierung *f*.

demi- *präf.* Halb-, Demi-, Semi-.

Demodex *n* Demodex *f*.

Demodicidae *pl* Demodicidae *pl*.

denaturation *n* **1.** Denaturierung *f*, Denaturieren *nt*. **2.** Vergällen *nt*, Denaturieren *nt*.

denatured *adj.* **1.** denaturiert. **2.** vergällt, denaturiert.

denatured alcohol vergällter/denaturierter Alkohol *m*.

denatured protein denaturiertes Protein *nt*.

dendrite *n* Dendrit *m*.

denervated *adj.* denerviert.

denitrification *n* Denitrifizierung *f*, Denitrifikation *f*, Denitrierung *f*.

de novo synthesis De-novo-Synthese *f*.

dense *adj.* dicht.

denseness *n* s.u. *density*.

density *n* Dichte *f*.

density inhibition Kontakt-, Dichtehemmung *f*.

denucleated *adj.* entkernt, kernlos, denukleiert.

deoxidation *n* Sauerstoffentfernung *f*, -entzug *m*, Desoxidation *f*.

deoxy- *präf.* Desoxy-.

deoxyadenosine *n* Desoxyadenosin *nt*, Adenindesoxyribosid *nt*.

deoxyadenosine diphosphate Desoxyadenosindiphosphat *nt*.

deoxyadenosine monophosphate Desoxyadenosinmonophosphat *nt*, Desoxyadenylsäure *f*.

deoxyadenosine triphosphate Desoxyadenosintriphosphat *nt*.

5'-deoxyadenosylcobalamin *n* Coenzym B₁₂ *nt*, 5-Desoxyadenosylcobalamin *nt*.

deoxyadenylate *n* Desoxyadenylat *nt*.

deoxyadenylic acid s.u. *deoxyadenosine monophosphate*.

3-deoxy-D-arabino-heptulosonate 7-phosphate 3-Deoxy-D-arabino-heptulosonat-7-phosphat *nt*.

deoxycholate *n* Desoxycholat *nt*.

deoxycholic acid Desoxycholsäure *f*.

deoxycholylglycine *n* Glycindesoxycholat *nt*.

deoxycholyltaurine *n* Taurindesoxycholat *nt*.

11-deoxycorticosterone *n* (11-)Desoxycorticosteron *nt*, Desoxykortikosteron *nt*, Cortexon *nt*.

deoxycorticosterone acetate Desoxycorticosteronazetat *nt*.

11-deoxycortisol *n* 11-Desoxycortisol *nt*.

deoxycytidine *n* Desoxycytidin *nt*, Cytidin *nt*.

deoxycytidine diphosphate Desoxycytidindiphosphat *nt*.

deoxycytidine monophosphate Desoxycytidinmonophosphat *nt*, Desoxycytidylsäure *f*.

deoxycytidine triphosphate Desoxycytidintriphosphat *nt*.

deoxycytidylate *n* Desoxycytidylat
nt.

deoxycytidylic acid S.U. *deoxycytidine monophosphate.*

deoxygenate *vt* Sauerstoff entziehen,
desoxygenieren.

deoxygenated blood venöses/sauer-
stoffarmes Blut *nt.*

deoxygenated haemoglobin *Brit.*
S.U. *deoxyhaemoglobin.*

deoxygenated hemoglobin S.U.
deoxyhemoglobin.

deoxygenation *n* Sauerstoffentzug *m*,
Desoxygenierung *f*, Desoxygenation
f.

deoxyguanosine *n* Desoxyguanosin
nt.

deoxyguanosine diphosphate
Desoxyguanosindiphosphat *nt.*

deoxyguanosine monophosphate
Desoxyguanosinmonophosphat   *nt*,
Desoxyguanylsäure *f.*

deoxyguanosine triphosphate
Desoxyguanosintriphosphat *nt.*

deoxyguanylate *n* Desoxyguanylat
nt.

deoxyguanylic acid S.U. *deoxyguanosine monophosphate.*

deoxyhaemoglobin *n Brit.* reduzier-
tes/desoxygeniertes Hämoglobin *nt*,
Desoxyhämoglobin *nt.*

deoxyhemoglobin *n* reduziertes/des-
oxygeniertes Hämoglobin *nt*, Desoxyhämoglobin *nt.*

deoxymyoglobin *n* Desoxymyoglobin *nt.*

**deoxynucleotidyl transferase (ter-
minal)** S.U. *DNA nucleotidylexotransferase.*

deoxypentosenucleic acid S.U.
deoxyribonucleic acid.

deoxyribonuclease *n* Desoxyribonuclease *f*, DNase *f*, DNSase *f*,
DNAase *f.*

deoxyribonuclease I Desoxyribonuclease I *f*, DNase I *f*, neutrale Desoxyribonuclease *f.*

deoxyribonuclease II Desoxyribonuclease II *f*, DNase II *f*, saure Desoxyribonuclease *f.*

deoxyribonucleic acid Desoxyribonukleinsäure *f.*

bacterial deoxyribonucleic acid
Bakterien-DNA *f*, Bakterien-DNS *f*,
bakterielle DNA *f*, bakterielle DNS *f.*

chromosomal deoxyribonucleic

acid chromosomale DNA *f*, chromo-
somaleDNS *f.*

**double-helical deoxyribonucleic
acid** Doppelhelix-, Duplex-, Doppelstrang-DNA *f*, Doppelhelix-, Duplex-,
Doppelstrang-DNS *f.*

**double-stranded deoxyribonucleic
acid** S.U. *double-helical deoxyribonucleic acid.*

duplex deoxyribonucleic acid S.U.
double-helical deoxyribonucleic acid.

**extrachromosomal deoxyribonucle-
ic acid** extrachromosomale DNA *f*,
extrachromosomale DNS *f.*

extranuclear deoxyribonucleic acid
extranukleäre DNA *f*, extranukleäre
DNS *f.*

**mitochondrial deoxyribonucleic
acid** mitochondriale DNA *f*, mitochondriale DNS *f.*

mt deoxyribonucleic acid S.U. *mitochondrial deoxyribonucleic acid.*

nuclear deoxyribonucleic acid
Kern-DNA *f*, Kern-DNS *f.*

regulatory deoxyribonucleic acid
spacer-DNA *f*, Regulator-DNA *f*,
Regulator-DNS *f.*

satellite deoxyribonucleic acid Satelliten-DNA *f*, Satelliten-DNS *f.*

**single-stranded deoxyribonucleic
acid** Einzelstrang-DNA *f*, Einzelstrang-DNS *f.*

starter deoxyribonucleic acid Starter-DNA *f*, Starter-DNS *f.*

viral deoxyribonucleic acid Virus-
DNA *f*, Virus-DNS *f*, virale DNA *f*,
virale DNS *f.*

deoxyribonucleoprotein *n* Desoxyribonukleoprotein *nt.*

deoxyribonucleoside *n* Desoxyribonukleosid *nt*, -nucleosid *nt*, Desoxyribosid *nt.*

**deoxyribonucleoside diphos-
phate** Desoxyribonucleosiddiphosphat *nt.*

**deoxyribonucleoside monophos-
phate** Desoxyribonucleosidmonophosphat *nt.*

**deoxyribonucleoside triphos-
phate** Desoxyribonucleosidtriphosphat *nt.*

deoxyribonucleotide *n* Desoxyribonukleotid *nt*, -nucleotid *nt.*

deoxyribose *n* Desoxyribose *f.*

deoxy sugar Desoxyzucker *m.*

deoxythymidine *n* Desoxythymidin

nt, Thymidin *nt*.

deoxythymidine diphosphate Desoxythymidindiphosphat *nt*.

deoxythymidine monophosphate Desoxythymidinmonophosphat *nt*, Desoxythymidylsäure *f*.

deoxythymidine triphosphate Desoxythymidintriphosphat *nt*.

deoxythymidylate *n* Desoxythymidylat *nt*.

deoxythymidylic acid s.u. *deoxythymidine monophosphate*.

dependent form D-Form *f*.

dependoviruses *pl* Dependoviren *pl*.

dephospho-glycogen synthase Dephosphoglykogensynthase *f*.

dephospho-phosphorylase kinase Dephosphophosphorylasekinase *f*.

dephosphorylate *vt* dephosphorylieren.

dephosphorylation *n* Dephosphorylierung *f*.

depolarization *n* Depolarisierung *f*, Depolarisation *f*.

depolarization phase Depolarisationsphase *f*.

depolarize *vt* depolarisieren.

depolymerase *n* Depolymerase *f*.

depolymerization *n* Depolymerisieren *nt*, Depolymerisation *f*.

depolymerize *vt*, *vi* depolymerisieren.

depot *n* Depot *nt*, Speicher *m*; Speicherung *f*, Ablagerung *f*.

depot fat Depot-, Speicherfett *nt*.

depot lipid s.u. *depot fat*.

depressor *n* Depressor *m*, Depressorsubstanz *f*.

deproteinization *n* Eiweißentfernung *f*, Deproteinierung *f*.

derepression *n* (*biochemisch*) Derepression *f*.

derivant *n*, *adj*. s.u. *derivative*.

derivative I *n* Abkömmling *m*, Derivat *nt*. II *adj*. 1. abgeleitet (*from* von). 2. sekundär.

derive I *vt* 1. herleiten, übernehmen (*from* von). 2. (*chemisch*) ableiten. II *vi* 3. (ab-, her-)stammen (*from* von, aus); ausgehen (*from* von). 4. sich her- *oder* ableiten (*from* von).

derived protein Eiweiß-, Proteinderivat *nt*.

derm(a)- *präf*. s.u. *dermato-*.

Dermacentor *n* Dermacentor *m*.

Dermanyssidae *pl* Dermanyssidae *pl*.

Dermanyssus *n* Dermanyssus *m*.

dermaskeleton *n* Außen-, Ekto-, Exoskelett *nt*.

dermatan sulfate Dermatansulfat *nt*, Chondroitinsulfat B *nt*.

dermatan sulphate *Brit*. Dermatansulfat *nt*, Chondroitinsulfat B *nt*.

dermato- *präf*. Haut-, Dermat(o)-.

Dermatobia hominis Dasselfliege *f*, Dermatobia hominis.

Dermatophilus *n* Dermatophilus *m*.

dermatoskeleton *n* Außen-, Ekto-, Exoskelett *nt*.

dermo- *präf*. s.u. *dermato-*.

desaturation *n* Einführung *f* einer Mehrfachbindung, Desaturierung *f*.

deserpidine *n* Deserpidin *nt*.

desiccator *n* 1. Exsikkator *m*, Desikkator *m*. 2. Trockenapparat *m*.

desmarestene *n* Desmaresten *nt*.

desmethoxyreserpine *n* Deserpidin *nt*.

desmoenzyme *n* Desmoenzym *nt*.

desmolase *n* Desmolase *f*.

desmotropism *n* Tautomerie *f*.

desorb *vt* desorbieren.

desorption *n* Desorption *f*.

desoxy- *präf*. s.u. *deoxy-*.

desoxycorticosterone *n* s.u. 11-*deoxycorticosterone*.

desoxyribonuclease *n* s.u. *deoxyribonuclease*.

desoxyribonucleic acid s.u. *deoxyribonucleic acid*.

desoxyribose *n* s.u. *deoxyribose*.

desoxy-sugar *n* Desoxyzucker *m*.

destroying angel grüner Knollenblätterpilz *m*, Amanita phalloides.

desulfhydrase *n* Desulfhydrase *f*, Desulfurase *f*.

desulfurase *n* s.u. *desulfhydrase*.

desulfuration *n* Desulfuration *f*.

desulphhydrase *n* *Brit*. Desulfhydrase *f*, Desulfurase *f*.

desulphurase *n* *Brit*. s.u. *desulphhydrase*.

desulphuration *n* *Brit*. Desulfuration *f*.

determinant I *n* Determinante *f*. II *adj*. entscheidend, bestimmend, determinant, determinierend.

determinate *adj*. determiniert, festgelegt, bestimmt, entschieden.

determinate cleavage determinierte Furchung(steilung *f*) *f*.

D

deuterion n s.u. *deuteron*.
deuterium n schwerer Wasserstoff m, Deuterium nt.
deuterium oxide schweres Wasser nt, Deuteriumoxid nt.
deutero- *präf.* Zweite(r, s), Zweit-, Deuter(o)-, Deut(o)-.
deuteromycete n unvollständiger Pilz m, Deuteromyzet m, -mycet m.
Deuteromycetes pl unvollständige Pilze pl, Deuteromyzeten pl, Deuteromycetes pl, Deuteromycotina pl, Fungi imperfecti.
deuteron n Deuteriumkern m, Deuteron nt, Deuton nt.
Deuterostomia pl Zweitmünder pl, Rückenmarkstiere pl, Deuterostomier pl, Deuterostomia pl.
deuterotocia n Deuterotokie f.
deutiodide n Dijodid nt, Diiodid nt.
deuto- *präf.* s.u. *deutero-*.
deutochloride n Bichlorid nt.
deutoiodide n s.u. *deutiodide*.
deutomerite n Deutomerit m.
deuton n s.u. *deuteron*.
develop I vt entwickeln (*into*, *in* zu). II vi sich entwickeln, sich bilden (*from* aus; *into* zu); entstehen, werden.
development n 1. Entwicklung f. 2. Werden nt, Entstehen nt, Wachstum nt, Bildung f.
developmental *adj.* Entwicklungs-.
deviation n 1. Abweichung f, Abweichen nt (*from* von). 2. (*physikal.*) Ablenkung f; Abweichung f.
dexetimide n Dexetimid nt.
dexter *adj.* rechte(r, s), rechts(seitig), dexter.
dextran n Dextran nt.
dextranase n Dextranase f.
dextrane n s.u. *dextran*.
dextrin n Dextrin nt, Dextrinum nt.
dextrinase n Dextrinase f.
α-dextrinase n α-Dextrinase f, Oligo-1,6-α-Glukosidase f.
dextrin-1,6-glucosidase n Amylo-1,6-Glukosidase f, Dextrin-1,6-Glukosidase f, D-Enzym nt, Glucano-Transferase f, Transglykosylase f.
dextrinose n Isomaltose f, Dextrinose f.
dextro- *präf.* Rechts-, Dextr(o)-.
dextrocompound n rechtsdrehende Verbindung f.
dextroglucose n s.u. *dextrose*.

dextrogyral *adj.* s.u. *dextrorotatory*.
dextrogyration n s.u. *dextrorotation*.
dextrorotary *adj.* s.u. *dextrorotatory*.
dextrorotation n Rechtsdrehung f, Dextrorotation f.
dextrorotatory *adj.* rechtsdrehend, dextrorotatorisch, dextrogyral.
dextrose n Traubenzucker m, D-Glucose f, Glukose f, Dextrose f, Glykose f.
dextrotropic *adj.* rechtsdrehend, nach rechts drehend.
D form D-Form f.
DHEA sulfate s.u. *dehydroepiandrosterone sulfate*.
DHEA sulphate *Brit.* s.u. *dehydroepiandrosterone sulphate*.
DHU arm DHU-Arm m, Dihydrouridinarm m.
dhurin n Dhurrin nt.
di- *präf.* Zwei-, Zweifach-, Di-, Bi-.
diacetate n Diazetat nt, Diacetat nt.
diacetic acid Azetessigsäure f, β-Ketobuttersäure f.
diacetyl n Diazetyl nt, Diacetyl nt.
diacetylcholine n Succinylcholinchlorid nt, Suxamethoniumchlorid nt.
diacetyltannic acid Acetylgerbsäure f, Acetyltannin nt.
diacid I n zweibasische Säure f. II *adj.* zweibasisch.
diacylglycerin n Diacylglycerin nt, Diglycerid nt.
diacylglycerol n s.u. *diacylglycerin*.
diacylglycerol acyltransferase Diacylglycerinacyltransferase f.
diacylglycerol lipase Lipoproteinlipase f.
diagram I n Diagramm nt, graphische Darstellung f, Schema nt; Schau-, Kurvenbild nt. II vt graphisch darstellen, in ein Diagramm eintragen.
dialurate n Dialurat nt.
dialysate n Dialysat nt.
dialysis n, pl **-ses** Dialyse f.
dialytic *adj.* dialytisch.
dialyzate n s.u. *dialysate*.
dialyze vt mittels Dialyse trennen, dialysieren.
diamide n 1. Diamid nt. 2. Hydrazin nt, Diamid nt.
diamine n Diamin nt.
diamine oxidase Diaminooxidase f, Histaminase f.
diaminopimelate n Diaminopimelat nt.

diaminopimelate decarboxylase Diaminopimelatdecarboxylase *f.*

diaminopimelate epimerase Diaminopimelatepimerase *f.*

diaminopimelic acid Diaminopimelinsäure *f.*

4,5-diamino valerate 4,5-Diaminovalerat *nt.*

diaphorase *n* Diaphorase *f,* Lipoamiddehydrogenase *f.*

diaphragm *n* (halbdurchlässige) Scheidewand/Membran *f,* Blende *f.*

diastase *n* Diastase *f.*

diaster *n* Diaster *f.*

diastereoisomeric *adj.* diastereomer, diastereoisomer.

diatomic *adj.* **1.** aus zwei Atomen bestehend, diatomar. **2.** zweibasisch.

diauxie *n* zweiphasisches Wachstum *nt,* Diauxie *f.*

diazo- *präf.* Diazo-.

diazobenzenesulfonic acid Diazobenzolsulfonsäure *f.*

diazobenzenesulphonic acid *Brit.* Diazobenzolsulfonsäure *f.*

diazotization *n* Diazotierung *f.*

diazoxide *n* Diazoxid *nt.*

dibasic *adj.* zweibasisch.

dibasic acid zweibasische *oder* zweiwertige Säure *f.*

dibasic phosphate sekundäres Phosphat *nt.*

dibromide *n* Dibromid *nt.*

dibutoline sulfate Dibutolinsulfat *nt.*

dibutoline sulphate *Brit.* Dibutolinsulfat *nt.*

dicarbonate *n* Bikarbonat *nt,* Bicarbonat *nt,* Hydrogencarbonat *nt.*

dicarboxylate carrier Dicarboxylatcarrier *m.*

dicarboxylic acid Dikarbonsäure *f,* Dicarbonsäure *f.*

dicarboxylic acid cycle C_4-Dicarbonsäure-Zyklus *m,* C_4-Photosynthese *f,* C_4-Zyklus *m,* Dicarbonsäurezyklus *m.*

dicentric chromosome dizentrisches Chromosom *nt.*

dichloride *n* Dichlorid *nt.*

dichromate *n* Dichromat *nt.*

Dicrocoelium *n* Dicrocoelium *nt.*

dictyotene *n* Dictyoten *nt.*

dicysteine *n* Zystin *nt,* Cystin *nt,* Dicystein *nt.*

diecious *adj.* diözisch.

dielectric **I** *n* Dielektrikum *nt.* **II** *adj.*

dielektrisch, nichtleitend, isolierend.

dielectric constant Dielektrizitätskonstante *f,* Dielektrizitätszahl *f.*

Dientamoeba *n* Dientamoeba *f.*

Dientamoeba fragilis Dientamoeba fragilis.

diethanolamine *n* Diäthanolamin *nt.*

diethylamine *n* Diäthylamin *nt.*

diethylaminoethylcellulose *n* Diäthylaminoäthylcellulose *f,* DEAE-Cellulose *f.*

diethylene dioxide s.u. *dioxane.*

diethyl ether Äther *m,* Ether *m,* Diäthyläther *m,* Diethylether *m.*

diethyl-p-nitrophenyl thiophosphate Parathion *nt,* E 605 *nt.*

differential **I** *n* Differential *nt.* **II** *adj.* Differential-.

differentiation *n* **1.** Differenzierung *f,* Unterscheidung *f.* **2.** Differenzierung *f,* Differenzieren *nt.*

diffract *vt* beugen, brechen.

diffraction *n* Beugung *f,* Diffraktion *f.*

diffractive *adj.* beugend.

diffusate *n* Dialysat *nt.*

diffuse **I** *adj.* ver-, zerstreut, unscharf, diffus. **II** *vt* zerstreuen, diffundieren. **III** *vi* diffundieren, sich zerstreuen.

diffusibility *n* Diffusionsvermögen *nt.*

diffusing capacity Diffusionskapazität *f.*

diffusion *n* Diffusion *f.*

diffusion barrier Diffusionsbarriere *f.*

diffusion capacity s.u. *diffusing capacity.*

diffusion coefficient Diffusionskoeffizient *m.*

diffusion conductivity Diffusionsleitfähigkeit *f.*

diffusion constant s.u. *diffusion coefficient.*

diffusion equilibrium Diffusionsgleichgewicht *nt.*

diffusion factor Hyaluronidase *f.*

diffusion method Auxanographie *f.*

diffusion potential Diffusionspotential *nt.*

diffusion pressure Diffusionsdruck *m.*

diffusion resistance Diffusionswiderstand *m.*

diffusion respiration Diffusionsatmung *f.*

diffusivity *n* s.u. *diffusion coefficient.*

digalactosyl diacylglycerin Digalaktosyldiacylglycerin *nt.*

digallic acid Gerbsäure *f*, Tannin *nt*, Acidum tannicum.

digenesis *n* Generationswechsel *m*, Digenese *f*, Digenesis *f*.

digenetic *adj.* digen.

digest I *vt* **1.** verdauen, abbauen, digerieren; verdauen helfen. **2.** digerieren, aufspalten, -lösen. **II** *vi* verdauen, digerieren.

digestible *adj.* durch Verdauung abbaubar, verdaulich, -bar, digestierbar.

digestion *n* Verdauung *f*, Digestion *f*; Verdauungstätigkeit *f*.

digestive I *n* Digestionsmittel *nt*, Digestivum *nt*. **II** *adj.* Verdauung betreffend, durch sie bedingt, verdauungsfördernd, digestiv, Verdauungs-, Digestions-.

digestive apparatus Verdauungsapparat *m*, Digestitionssystem *nt*.

digestive enzyme Verdauungsenzym *nt*.

digestive juice Verdauungssaft *m*.

digestive system s.u. *digestive apparatus.*

Digitalis *n* **1.** Fingerhut *m*, Digitalis *f*. **2.** Digitalis purpurea folium.

digitalis glycoside Digitalisglykosid *nt*, Herzglykosid *nt*.

D-digitalose *n* D-Digitalose *f*.

digitate *adj.* **1.** mit Fingern *oder* fingerähnlichen Fortsätzen, gefingert. **2.** fingerähnlich, -förmig.

digitated *adj.* s.u. *digitate.*

D-digitoxose *n* D-Digitoxose *f*.

diglyceride *n* s.u. *diacylglycerin.*

diglyceride lipase Lipoproteinlipase *f*.

diheterozygote *n* Dihybride *m*, Dihybrid *m*.

diheterozygous *adj.* dihybrid.

dihrodygeranylgeraniol *n* Dihydrogeranylgeraniol *n*.

dihybrid I *n* s.u. *diheterozygote.* **II** *adj.* s.u. *diheterozygous.*

dihydrate *n* Dihydrat *nt*.

dihydric alcohol zweiwertiger Alkohol *m*.

dihydrobiopterin *n* Dihydrobiopterin *nt*.

dihydrobiopterin reductase Dihydrobiopterinreduktase *f*.

dihydrobiopterin synthetase Dihydrobiopterinsynthetase *f*.

dihydrocalciferol *n* Dihydrocalciferol *nt*, Vitamin D_4 *nt*.

dihydrocholesterol *n* Cholestanol *nt*, Dihydrocholesterin *nt*.

dihydrodipicolinate *n* Dihydrodipicolinat *nt*.

dihydrodipicolinate synthase Dihydrodipicolinatsynthase *f*.

(2,3-)dihydrodipicolinic acid (2,3-) Dihydrodipicolinsäure *f*.

dihydroflavonol *n* Dihydroflavonol *nt*.

dihydroflavonol 4-reductase Dihydroflavonol-4-reduktase *f*.

dihydrofolate reductase Dihydrofolatreduktase *f*.

dihydrofolic acid Dihydrofolsäure *f*.

dihydrofolic acid reductase s.u. *dihydrofolate reductase.*

dihydrolipoamide *n* Dihydroliponamid *nt*.

dihydrolipoamide acetyltransferase Dihydrolipoyltransacetylase *f*.

dihydrolipoamide dehydrogenase Dihydrolipoyldehydrogenase *f*, Lipoamiddehydrogenase *f*.

dihydrolipoamide succinyltransferase Dihydrolipoylsuccinyltransferase *f*.

dihydrolipoate *n* Dihydrolipoat *nt*.

dihydrolipoic acid Dihydrolipolsäure *f*.

dihydrolipoyl dehydrogenase s.u. *dihydrolipoamide dehydrogenase.*

dihydrolipoyl transacetylase s.u. *dihydrolipoamide acetyltransferase.*

dihydromyricetin *n* Dihydromyricetin *nt*.

dihydroorotase *n* Dihydroorotase *f*.

dihydroorotic acid Dihydroorotsäure *f*.

dihydropteridine reductase Dihydropteridinreduktase *f*.

dihydroquercetin *n* Dihydroquercetin *nt*.

dihydroretinal *n* Dihydroretinal *nt*.

dihydroretinol *n* Dihydroretinol *nt*, Retinol$_2$ *nt*, Vitamin A_2 *nt*.

dihydrotoxiferin *n* Dihydrotoxiferin *nt*.

5,6-dihydrouracil *n* 5,6-Dihydrouracil *nt*.

dihydrouracil dehydrogenase Dihydrouracildehydrogenase *f*.

dihydrouridine *n* Dihydrouridin *nt*.

dihydroxyacetone *n* Dihydroxyazeton *nt*, -aceton *nt*.

dihydroxyacetone phosphate Dihydroxyacetonphosphat *nt*, Phosphodihydroxyaceton *nt*.

dihydroxyacetone phosphate acyltransferase Dihydroxyacetonphosphatacyltransferase *f*.

dihydroxyacid dehydratase Dihydroxysäuredehydratase *f*.

2,5-dihydroxybenzoic acid Gentisinsäure *f*, Dihydroxybenzoesäure *f*.

(1,25-)dihydroxycholecalciferol *n* (1,25-)Dihydroxycholecalciferol *nt*.

dihydroxycinnamic acid Dihydroxyzimtsäure *f*.

6,7-dihydroxycoumarin *n* Äsculetin *nt*.

2,5-dihydroxyphenylacetic acid Homogentisinsäure *f*, 2,5-Dihydroxyphenylessigsäure *f*.

3,4-dihydroxyphenylalanine *n* S.U. *dopa*.

2,6-dihydroxypurine *n* 2,6-Dihydroxypurin *nt*, Xanthin *nt*.

diiodide *n* Dijodid *nt*, Diiodid *nt*.

3,5-diiodothyronine *n* 3,5-Dijodthyronin *nt*.

3,5-diiodotyrosine *n* (3,5-)Dijodtyrosin *nt*.

diisopropyl fluorophosphate Diisopropylfluorphosphat *nt*, Fluostigmin *nt*.

dikaryon *n* Dikaryon *nt*.

dikaryote *n* Dikaryo(n)t *m*.

diketone *n* Diketon *nt*.

dilatancy *n* Fließverfestigung *f*, Dilatanz *f*.

dilatant *adj*. dilatant.

dilatation *n* Dilatation *f*, (Aus-)Dehnung *f*; Erweiterung *f*, Dilatation *f*.

dilate I *vt* dilatieren, (aus-)dehnen, (aus-)weiten, erweitern. II *vi* dilatieren, sich (aus-)dehnen, sich (aus-)weiten, sich erweitern.

diluent I *n* Verdünner *m*, Verdünnungsmittel *nt*, Diluens *nt*, Diluent *m*. II *adj*. verdünnend.

dilute I *adj*. verdünnt. II *vt* verdünnen, verwässern, strecken, diluieren.

dilution *n* Verdünnung *f*; verdünnte Lösung *f*, Dilution *f*.

dilution coefficient Verdünnungskoeffizient *m*.

Dimastigamoeba *n* Naegleria *nt*.

dimer *n* Dimer *nt*, Dimeres *nt*.

dimeric *adj*. zweiteilig, zweigliedrig, dimer.

dimeric indole alkaloids dimere Indolalkaloide *pl*, Bisindolalkaloide *pl*.

dimerous *adj*. zweiteilig, dimer.

2,3-dimethoxystrychnidin-10-one *n* Brucin *nt*.

dimethylacetamide *n* Dimethylacetamid *nt*.

(3,3-)dimethylallylpyrophosphoric acid (3,3-)Dimethylallylpyrophosphorsäure *f*.

dimethylallyltransferase *n* Dimethylallyltransferase *f*.

dimethylamine *n* Dimethylamin *nt*.

5-dimethylamino-1-naphthalenesulfonic acid 5-Dimethylamino-1-naphthalinsulfonsäure *f*.

5-dimethylamino-1-naphthalenesulphonic acid *f Brit*. 5-Dimethylamino-1-naphthalinsulfonsäure.

1,3-dimethylamylamine *n* 1,3-Dimethylamylamin *nt*, Methylhexanamin *nt*.

dimethylarsinic acid Kakodylsäure *f*, Dimethylarsinsäure *f*.

dimethylbenzene *n* Xylol *nt*, Dimethylbenzol *nt*.

dimethylglycine *n* Dimethylglycin *nt*.

dimethylketone *n* Azeton *nt*, Aceton *nt*, Dimethylketon *nt*.

dimethyl phthalate Dimethylphthalat *nt*.

dimethyl sulfate Dimethylsulfat *nt*.

dimethyl sulfoxide Dimethylsulfoxid *nt*.

dimethyl sulphate *Brit*. Dimethylsulfat *nt*.

dimethyl sulphoxide *Brit*. Dimethylsulfoxid *nt*.

dimethylthetin homocysteine methyltransferase Dimethylthetin-Homocystein-Methyltransferase *f*.

1,3-dimethylxanthine *n* 1,3-Dimethylxanthin *nt*.

1,7-dimethylxanthine *n* 1,7-Dimethylxanthin *nt*.

dinitrate *n* Dinitrat *nt*.

dinitroaminophenol *n* Dinitroaminophenol *nt*, Pikraminsäure *f*.

dinitrobenzene *n* Dinitrobenzol *nt*.

(2,4-)dinitrochlorobenzene *n* (2,4-)Dinitrochlorbenzol *nt*.

(2,4-)dinitrofluorobenzene *n* (2,4-)Dinitrofluorbenzol *nt*, Sanger-Reagenz *nt*.

dinitrogen *n* Dinitrogen *nt*.

dinitrogenase *n* Dinitrogenase *f*.
dinitrophenol *n* Dinitrophenol *nt*.
Dinobdella *n* Dinobdella *f*.
dinoflagellate *n* Dinoflagellat *m*.
dinoprost *n* Dinoprost *nt*, Prostaglandin $F_2\alpha$ *nt*.
dinoprostone *n* Dinoproston *nt*, Prostaglandin E_2 *nt*.
dinucleotide *n* Dinukleotid *nt*.
diolamine *n* s.u. *diethanolamine*.
diopter *n* Dioptrie *f*, Brechkrafteinheit *f*.
dioptre *n f Brit.* Dioptrie, Brechkrafteinheit.
dioptric I *n* s.u. *diopter.* **II** *adj.* Dioptrie betreffend, dioptrisch; lichtbrechend.
dioptrical *adj.* s.u. *dioptric* II.
dioptry *n* s.u. *diopter.*
diose *n* Diose *f*, Glykolaldehyd *m*.
diosgenin *n* Diosgenin *nt*.
dioxane *n* (1,4-)Dioxan *nt*, Diäthylendioxid *nt*.
dioxide *n* Dioxid *nt*.
dioxin *n* Dioxin *nt*.
dioxygen *n* molekularer Sauerstoff *m*.
dioxygenase *n* Sauerstofftransferase *f*, Dioxygenase *f*.
4,5-dioxyvalerate *n* 4,5-Dioxivalerat *nt*.
DI particles defekte interferierende Viruspartikel *pl*, DI-Partikel *pl*.
dipeptidase *n* Dipeptidase *f*.
dipeptide *n* Dipeptid *nt*.
dipeptidyl carboxypeptidase Angiotensin-Converting-Enzym *nt*.
Dipetalonema *n* Dipetalonema *f*.
diphase *adj.* zwei-, diphasisch, Zweiphasen-.
diphenhydramine hydrochloride Diphenhydraminhydrochlorid *nt*.
diphenol oxidase *o*-Diphenoloxidase *f*, Catecholoxidase *f*, Polyphenoloxidase *f*.
diphenoxylate *n* Diphenoxylat *nt*.
diphenyl *n* Bi-, Diphenyl *nt*.
diphenylamine *n* Diphenylamin *nt*.
diphenylaminearsine chloride Diphenylaminarsinchlorid *nt*, Adamsit *nt*.
diphenylethylene *n* Diphenylethylen *nt*.
diphosgene *n* Diphosgen *nt*.
diphosphatidylglycerol *n* Diphosphatidylglycerin *nt*, Cardiolipin *nt*.
1,3-diphosphoglycerate *n* 1,3-Diphosphoglycerat *nt*, 3-Phosphoglyceroylphosphat *nt*, Negelein-Ester *m*.
2,3-diphosphoglycerate *n* 2,3-Diphosphoglycerat *nt*, Greenwald-Ester *m*.
diphosphoglycerate mutase Diphosphoglyceratmutase *f*.
diphosphoglycerate phosphatase Diphosphoglyceratphosphatase *f*.
diphosphopyridine nucleotide s.u. *nicotinamide-adenine dinucleotide.*
diphosphothiamin *n* Thiaminpyrophosphat *nt*, Cocarboxylase *f*.
diphosphotransferase *n* Diphosphotransferase *f*, Pyrophosphokinase *f*, Pyrophosphotransferase *f*.
diphtheria bacillus Diphtheriebazillus *m*, -bakterium *nt*, (Klebs-)Löffler-Bazillus *m*, Corynebacterium/Bacterium diphtheriae.
diphtheroid I *n* 1. coryneformes Bakterium *nt*. 2. Pseudodiphtherie *f*, Diphtheroid *nt*. **II** *adj.* diphtherieähnlich, diphtheroid.
Diphyllobothriidae *pl* Diphyllobothriidae *pl*.
Diphyllobothrium *n* Diphyllobothrium *nt*, Bothriocephalus *m*, Dibothriocephalus *m*.
Diphyllobothrium latum (breiter) Fischbandwurm *m*, Grubenkopfbandwurm *m*, Diphyllobothrium latum, Bothriocephalus latus.
Diphyllobothrium taenioides s.u. *Diphyllobothrium latum.*
dipicolinic acid Dipicolinsäure *f*.
dipicolinic acid synthetase Dipicolinsäuresynthetase *f*.
dipl- *präf.* s.u. *diplo-*.
diplo- *präf.* Doppel-, Dipl(o)-.
diplobacillus *n, pl* **-cilli** Diplobazillus *m*, Diplobakterium *nt*.
diplobacterium *n, pl* **-ria** Diplobakterium.
diplococcus *n, pl* **-ci** Diplokokkus *m*, Diplococcus *m*.
diplococcus of Morax-Axenfeld Diplobakterium *nt* Morax-Axenfeld, Moraxella (Moraxella) lacunata.
diplococcus of Neisser Gonokokkus, Neisseria gonorrhoeae.
Diplococcus *n* Diplococcus *m*.
Diplococcus gonorrhoeae Gonokokkus *m*, Gonococcus *m*, Neisseria gonorrhoeae.
Diplococcus intracellularis Menin-

gokokkus *m*, Neisseria meningitidis.
Diplococcus lanceolatus S.U. *Diplococcus pneumoniae.*
Diplococcus pneumoniae Fränkel-Pneumokokkus *m*, Pneumokokkus *m*, Streptococcus/Diplococcus pneumoniae.
Diplogonoporus *n* Diplogonoporus *m.*
diploic *adj.* doppelt, zweifach.
diploid *adj.* mit doppeltem Chromosomensatz, diploid.
diploidy *n* Diploidie *f.*
diplomonad *n* Diplomonade *f.*
Diplomonadida *pl* Diplomonadida *pl.*
Diplomonadina *pl* Diplomonadina *pl.*
diplophase *n* Diplophase *f*, diploide Phase *f.*
diplotene *n* Diplotän *nt.*
dipolar *adj.* zweipolig, dipolar, bipolar.
dipole *n* **1.** Dipol *m.* **2.** dipolares Molekül *nt*, Dipol *m.*
Diptera *pl* Zweiflügler *pl*, Diptera *pl.*
Dipylidium *n* Dipylidium *nt.*
direct **I** *adj.* direkt, gerade. **II** *vt* richten, lenken (*to* an; *towards* auf).
direct bilirubin direktes/konjugiertes/gepaartes Bilirubin *nt.*
direct current Gleichstrom *m.*
direct generation ungeschlechtliche/vegetative Fortpflanzung *f.*
direct oxidase Oxygenase *f.*
Dirofilaria *n* Dirofilaria *nt.*
disaccharidase *n* Disaccharidase *f.*
disaccharide *n* Zweifachzucker *m*, Disaccharid *nt.*
disaccharose *n* S.U. *disaccharide.*
discontinuous phase disperse/innere Phase *f*, Dispersum *nt.*
dismutase *n* Dismutase *f.*
dismutation *n* Dismutation *f.*
disomic *adj.* Disomie betreffend, disom.
disomus *n* Disomus *m.*
disparate *adj.* ungleich(artig), grundverschieden, unvereinbar, dispar, disparat.
dispersed phase S.U. *disperse phase.*
disperse phase disperse/innere Phase *f*, Dispersum *nt.*
dispersion *n* **1.** (Zer-, Ver-)Streuung *f*, Zerlegung *f*, Verteilung *f*, Dispersion *f.* **2.** Dispersion *f*, Suspension *f*, disperses System *nt.*
dispersion phase äußere/dispergie-

rende Phase *f*, Dispergens *nt*, Dispersionsmedium *nt*, -mittel *nt.*
displacement reaction Verdrängungsreaktion *f.*
displacement velocity Verschiebungsgeschwindigkeit *f.*
disproportionate *adj.* **1.** unverhältnismäßig (groß *oder* klein), in keinem Verhältnis stehend, disproportioniert. **2.** unangemessen; übertrieben. **3.** unproportioniert.
dissimilatory *adj.* dissimilatorisch.
dissimilatory breakdown dissimilatorischer Abbau *m.*
dissociable *adj.* dissoziierbar.
dissociation *n* Dissoziation *f.*
dissociation constant Dissoziationskonstante *f.*
apparent dissociation constant apparente Dissoziationskonstante.
basic dissociation constant basische Dissoziationskonstante.
concentration dissociation constant S.U. *apparent dissociation constant.*
proton dissociation constant Protonendissoziationskonstante.
thermodynamic dissociation constant thermodynamische/wahre Dissoziationskonstante.
true dissociation constant thermodynamische/wahre Dissoziationskonstante.
dissociation curve Dissoziations-, Bindungskurve *f.*
dissolution *n* **1.** (Auf-)Lösen *nt.* **2.** Verflüssigen *nt*, Verflüssigung *f.* **3.** Zersetzung *f*; (Auf-)Lösung *f.*
dissolve **I** *vt* **1.** (auf-)lösen; zersetzen. **2.** schmelzen, verflüssigen. **II** *vi* sich auflösen; zerfallen.
dissolvent **I** *n* Lösungsmittel *nt*, Solvens *nt*, Dissolvens *nt.* **II** *adj.* (auf-)lösend; zersetzend.
dissymmetrical *adj.* enantiomorph.
distil *vt*, *vi* S.U. *distill.*
distill **I** *vt* (ab-, heraus-)destillieren (*from* aus). **II** *vi* destillieren; (allmählich) kondensieren.
distill off/out *vt* ausdestillieren.
distillate *n* Destillat *nt* (*from* aus).
distillation *n* **1.** Destillation *f*, Destillieren *nt.* **2.** Destillat *nt.* **3.** Extrakt *m*, Auszug *m.*
distilled *adj.* destilliert.
distilled water destilliertes Wasser *nt*, Aqua destillata.

D

Distoma n Distoma nt, Distomum nt.
distribution n **1.** Verteilung f, Austeilung f. **2.** (physikal.) Verteilung f, Verzweigung f.
distribution coefficient Verteilungskoeffizient m.
disulfate n Disulfat nt.
disulfide n Disulfid nt.
disulfide bond Disulfidbindung f.
disulfide bridge Disulfidbrücke f.
disulphate n Brit. Disulfat nt.
disulphide n Brit. Disulfid nt.
disulphide bond Brit. Disulfidbindung f.
disulphide bridge Brit. Disulfidbrücke f.
diterpene alkaloids Diterpenalkaloide pl.
diuresis n, pl **-ses** Harnausscheidung f, Harnfluss m, Diurese f.
diuretic I n harntreibendes Mittel nt, Diuretikum nt. II adj. Diurese betreffend, harntreibend, diuresefördernd, -anregend, diuretisch.
diurnal adj. am Tage, tagsüber, täglich, Tag(es)-; diurnal, tageszyklisch.
diurnal acid rhythm diurnaler Säurerhythmus m.
diurnal regulation diurnale Regulation f.
diurnal rhythm Tagesrythmus m, tageszyklischer/tagesperiodischer Rhythmus m.
divalent adj. zweiwertig, divalent.
divergent adj. auseinanderstrebend, -laufend, -gehend, divergent, divergierend.
divergent evolution divergente/aufspaltende Evolution f.
dividing nucleus Teilungskern m.
djenkolic acid Djenkolsäure f.
DNA-containing viruses DNA-Viren pl, DNS-Viren pl.
DNA-directed DNA polymerase DNA-abhängige DNA-Polymerase f, DNS-abhängige DNS-Polymerase f, DNS-Nukleotidyltransferase f, DNS-Polymerase f I, Kornberg-Enzym nt.
DNA-directed RNA polymerase DNA-abhängige RNA-Polymerase f, DNS-abhängige RNS-Polymerase f, Transkriptase f.
DNA gyrase DNA-Gyrase f, DNS-Gyrase f.
DNA helix Watson-Crick-Modell nt, Doppelhelix f.

DNA ligase DNA-Ligase f, DNS-Ligase f, Polynukleotidligase f, Polydesoxyribonukleotidsynthase (ATP) f.
DNA nucleotidylexotransferase DNS-Nukleotidylexotransferase f, DNA-Nukleotidylexotransferase f, terminale Desoxynukleotidyltransferase f.
DNA nucleotidyltransferase s.u. DNA-directed DNA polymerase.
DNA polymerase DNS-Polymerase f, DNA-Polymerase f.
DNA polymerase I s.u. DNA-directed DNA polymerase.
DNA polymerase II RNS-abhängige DNS-Polymerase f, RNA-abhängige DNA-Polymerase f, reverse Transkriptase f.
Dnase I-hypersensitive site DNase I-hypersensitive Stelle f.
DNA-specific adj. DNA-spezifisch.
DNA template DNA-Matrize f.
DNA viruses DNA-Viren pl, DNS-Viren pl.
docking site Andockstelle f.
docosahexaenoic acid Docosahexensäure f.
dodecanoic acid Laurinsäure f, n-Dodecansäure f.
dolichyl phosphate Dolichylphosphat nt.
domain n Domäne f.
dominance n Dominanz f.
dominant I n Dominante f. II adj. **1.** dominant, dominierend, (vor-)herrschen; überwiegend. **2.** Dominanz betreffend, (im Erbgang) dominierend, dominant.
dominant gene dominantes Gen nt.
dominant inheritance dominante Vererbung f.
Donnan's equilibrium (Gibbs-) Donnan-Gleichgewicht nt.
Donnan's factor Donnan-Faktor m.
donor n Donor m, Donator m.
dopa n 3,4-Dihydroxyphenylalanin nt, Dopa nt, DOPA nt.
dopa decarboxylase Dopadecarboxylase f, DOPA-decarboxylase f.
dopamine n Dopamin nt, Hydroxytyramin nt.
dopamine β-hydroxylase s.u. dopamine β-monooxygenase.
dopamine β-monooxygenase Dopamin-β-monooxygenase f, Dopamin-β-hydroxylase f.

dopaminergic *adj.* von Dopamin aktiviert *oder* übertragen, durch Dopaminfreisetzung wirkend, dopaminerg.

dopaminergic neuron dopaminerges Neuron *nt*.

dopaminergic system dopaminerges System *nt*.

dopamine system Dopaminsystem *nt*.

dopa-oxydase *n* Monophenolmonooxygenase *f*, Monophenyloxidase *f*.

dopa quinone Dopachinon *nt*.

dopase *n* s.u. *dopa-oxydase*.

dormancy *n* Wachstumsruhe *f*, Dormanz *f*.

dormant *adj.* ruhend, dormant.

dornase *n* Dornase *f*.

double I *n* das Doppelte, das Zweifache; Gegenstück *nt*, Doppel *nt*. II *adj*. **1.** doppelt, zweifach, Doppel-. **2.** doppelseitig. **3.** verdoppelt, Doppelt-. III *vt* **4.** verdoppeln, verzweifachen. IV *vi* sich verdoppeln.

double bond Doppelbindung *f*.

double-bond character Doppelbindungscharakter *m*.

double displacement mechanism doppelte Verdrängungsreaktion *f*, Ping-Pong-Mechanismus *m*, -Reaktion *f*.

double displacement reaction doppelte Verdrängungsreaktion *f*, Ping-Pong-Mechanismus *m*, -Reaktion *f*.

double-helical DNA s.u. *double-stranded DNA*.

double helix Watson-Crick-Modell *nt*, Doppelhelix *f*.

double salt Doppelsalz *nt*.

double-stranded *adj.* doppelsträngig, Doppelstrang-.

double-stranded DNA Doppelhelix-, Duplex-, Doppelstrang-DNA *f*, Doppelhelix-, Duplex-, Doppelstrang-DNS *f*.

double-stranded RNA Doppelstrang-RNA *f*, Doppelstrang-RNS *f*.

doubling time Verdopplungszeit *f*.

D1 protein Photo-Gen 32-Protein *nt*, D1-Protein *nt*.

D2 protein D2-Protein *nt*.

Dracunculoidea *pl* Dracunculoidea *pl*.

Dracunculus *n* Dracunculus *m*.

Dreiding model Dreiding-Modell *nt*.

drinking water Trinkwasser *nt*.

dromotropic *adj.* dromotrop.

dromotropism *n* Dromotropie *f*, dromotrope Wirkung *f*.

Drosophila *n* Drosophila *f*.

Drosophila melanogaster Taufliege *f*, Drosophila melanogaster.

dry *adj.* arid.

dry distillation trockene Destillation *f*, Trockendestillation *f*.

drying agent Trockenmittel *nt*.

duct *n* **1.** Röhre *f*, Kanal *m*, Leitung *f*. **2.** Gang *m*, Kanal *m*, Ductus *m*.

ductal *adj.* Gang/Ductus betreffend, duktal, Gang-.

ductless *adj.* ohne Ausführungsgang.

ductless glands endokrine *oder* unechte Drüsen *pl*.

dulcite *n* Dulcit *nt*, Galactid *nt*.

duodeno- *präf.* Duodeno-, Duodenal-, Duodenum-.

duodenum *n*, *pl* **-nums, -na** Zwölffingerdarm *m*, Duodenum *nt*.

duovirus *n* Rotavirus *nt*.

duplex *adj.* doppelt, zweifach, Doppel-.

duplex DNA s.u. *double-stranded DNA*.

duplicate I *n* Duplikat *nt*, Zweitausfertigung *f*; Kopie *f*. II *adj*. doppelt, zweifach, Doppel-. III *vt* ein Duplikat anfertigen, duplizieren, verdoppeln; kopieren.

duplication *n* **1.** s.u. *duplicate* I. **2.** (*Genetik*) Duplikation *f*. **3.** (*anatom.*) Verdoppelung *f*, Doppelbildung *f*, Duplikatur *f*.

duplicature *n* Verdoppelung *f*, Doppelbildung *f*, Duplikatur *f*.

Duran-Reynals factor Hyaluronidase *f*.

Duran-Reynals permeability factor s.u. *Duran-Reynals factor*.

Duran-Reynals spreading factor s.u. *Duran-Reynals factor*.

dye I *n* **1.** Farbstoff *m*, Färbeflüssigkeit *f*, -mittel *nt*. **2.** Tönung *f*, Färbung *f*, Farbe *f*. II *vt* färben. III *vi* sich färben lassen.

dyer *n* Farbstoff *m*, Färbemittel *nt*.

dyestuff *n* s.u. *dyer*.

dynam- *präf.* s.u. *dynamo-*.

dynamic *adj.* dynamisch.

dynamic coefficient Viskositätskoeffizient *m*.

dynamic equilibrium Fließgleichgewicht *nt*, dynamisches Gleichgewicht *nt*.

dynamic viscosity absolute/dynamische Viskosität *f*.

dynamic work dynamische Arbeit *f*.

dynamo- *präf.* Kraft-, Dynam(o)-.

dysgonic *adj.* dysgonisch.

dyshormonogenesis *n* fehlerhafte Hormonbildung/Hormonsynthese *f*, Dyshormonogenese *f*.

E

early protein (*Virus*) Frühprotein *nt.*
earth *n* **1.** Erde *f,* Erdball *m;* Erde *f,* (Erd-)Boden *m.* **2.** (*chemisch*) Erde *f.* **3.** (*physikal.*) Erde *f,* Erdung *f,* Masse *f.*
ECAO virus ECAO-Virus *nt.*
ECBO virus ECBO-Virus *nt.*
ECCO virus ECCO-Virus *nt.*
eccrine *adj.* nach außen absondernd, ekkrin.
eccrine gland ekkrine Drüse *f.*
eccrisis *n* **1.** Ausscheidung *f* von Abfallprodukten. **2.** Abfall(produkt *nt*) *m.* **3.** s.u. *excrement.*
ECDO virus ECDO-Virus *nt.*
ecgonine *n* Ecgonin *nt,* Tropincarbonsäuremethlyester *m.*
Echidnophaga *pl* Echidnophaga *pl.*
Echinochasmus *n* Echinochasmus *m.*
Echinococcus *n* Echinokokkus *m,* Echinococcus *m.*
  Echinococcus granulosus Blasenbandwurm *m,* Hundebandwurm *m,* Echinococcus granulosus, Taenia echinococcus.
  Echinococcus multilocularis Echinococcus multilocularis.
Echinorhynchus *n* Echinorhynchus *m.*
Echinostoma *n* Echinostoma *nt.*
echinulate *adj.* mit Stacheln versehen, stach(e)lig.
eclipse *n* Eklipse *f.*
eclipsed conformation ekliptische Konformation *f.*
ECMO virus ECMO-Virus *nt.*
eco- *präf.* Umwelt-, Öko-.
ecobiotic *adj.* ökobiotisch.
ecochemical *adj.* ökochemisch.
ecochemistry *n* Ökochemie *f.*

ecocide *n* Umweltzerstörung *f.*
ecoclimate *n* Standort-, Biotop-, Ökoklima *nt.*
ecogenetics *pl* Ökogenetik *f.*
ecological chemistry Ökochemie *f.*
ecoparasite *n* s.u. *ectoparasite.*
ecosystem *n* Ökosystem *nt,* ökologisches System *nt.*
ecotype *n* Ökotypus *m,* Ökotyp *m.*
ECPO virus ECPO-Virus *nt.*
ECSO virus ECSO-Virus *nt.*
ecto- *präf.* Ekt(o)-, Exo-.
ectobiology *n* Ektobiologie *f.*
ectocarpene *n* Ectocarpen *nt.*
ectoenzyme *n* Ekto-, Exoenzym *nt.*
ectogony *n* Ektogonie *f,* Metaxenie *f.*
ectohormone *n* Ektohormon *nt.*
ectolecithal *adj.* ektolezithal.
ectonuclear *adj.* außerhalb des Zellkerns, ekto-, exonukleär.
ectoparasite *n* Außen-, Ektoparasit *m,* Ektosit *m.*
ectophyte *n* Ektophyt *m.*
ectoplasm *n* Ekto-, Exoplasma *nt.*
ectoplasmatic *adj.* Ektoplasma betreffend, ektoplasmatisch.
ectoplasmic *adj.* s.u. *ectoplasmatic.*
ectoplast *n* Zellmembran *f,* -wand *f,* Plasmalemm *nt.*
ectoplastic *adj.* s.u. *ectoplasmatic.*
ectosite *n* s.u. *ectoparasite.*
ectoskeleton *n* Exoskelett *nt.*
ectospore *n* Exo-, Ektospore *f.*
ectosymbiont *n* Ekto-, Exosymbiont *m.*
ectothrix *n* Ektothrix *nt.*
ectotropic virus ektotropes Virus *nt.*
ectozoon *n, pl* **-zoa** tierischer Ektoparasit *m,* Ektozoon *nt.*

edetate *n* EDTA-Salz *nt*, Edetat *nt*.
edetic acid s.u. *ethylenediaminetetraacetic acid*.
edisylate *n* s.u. 1,2-*ethanedisulfonate*.
editing *n* Editierung *f*.
Edman degradation Edman-Abbau
m.
Edman method Edman-Methode *f*.
Edman method, sequential
sequentielle Edman-Methode *f*.
Edman method, subtractive sub-
traktive Edman-Methode *f*.
Edman's reagent Phenylisothiocyanat *nt*, Edman-Reagenz *nt*.
educt *n* Auszug *m*, Edukt *nt*.
eduction *n* **1.** Ausziehen *nt*, Extrahieren *nt*. **2.** s.u. *educt*.
Edwardsiella *n* Edwardsiella *f*.
eelworm *n* Spulwurm *m*, Ascaris lum-
bricoidis.
effect I *n* **1.** Wirkung *f*, Effekt *m*;
Auswirkung *f* (*on*, *upon* auf). **2.** Folge
f, Wirkung *f*, Ergebnis *nt*, Resultat *nt*.
II *vt* be-, erwirken, herbeiführen.
effective *adj*. **1.** wirksam, wirkend,
wirkungsvoll, effektiv. **become effective** wirken, wirksam werden. **be
effective** wirken (*on* auf). **2.** tatsäch-
lich, wirklich, effektiv.
effective half-live effektive Halbwertzeit *f*.
effectiveness *n* Wirksamkeit *f*,
Effektivität *f*; Wirkung *f*, Effekt *m*.
effective temperature Effektivtem-
peratur *f*.
effector *n* Effektor *m*.
effector cell Effektorzelle *f*.
effector hormone Effektorhormon *nt*.
effector organ Effektor-, Erfolgsor-
gan *nt*.
efficiency *n* **1.** (Leistungs-)Fähigkeit
f, Effizienz *f*. **2.** Wirksamkeit *f*,
Effizienz *f*. **3.** Wirkungsgrad *m*,
Nutzleistung *f*, Effizienz *f*.
efficient *adj*. effizient; (leistungs-)
fähig, leistungsstark; wirksam.
efflorescent *adj*. effloreszierend, aus-
blühend.
egg *n* **1.** Ei *nt*, Ovum *nt*. **2.** s.u. *egg
cell*.
egg albumin Ovalbumin *nt*.
egg cell Eizelle *f*, Oozyt *m*, Ovozyt *m*,
Ovum *nt*.
egg white Eiklar *nt*, Eiweiß *nt*.
Ehrlich's side-chain theory Ehrlich-Seitenkettentheorie *f*.

Ehrlichia *n* Ehrlichia *f*.
eicosanoate *n* Eicosanoat *nt*, Arachidat *nt*.
n-eicosanoic acid Arachinsäure *f*, *n*-
Eicosansäure *f*.
eicosanoid *n* Arachidonsäurederivat
nt, Eicosanoid *nt*.
eicosatrienoic acid Eicosatriensäure
f.
Eikenella corrodens Eikenella corrodens *f*.
Eimeria *n* Eimeria *f*.
elaidic acid Elaidinsäure *f*.
elaioplast *n* Elaioplast *m*.
Elapidae *pl* Elapidae *pl*, Elapinae *pl*.
elastance *n* Elastance *f*.
elastase *n* Elastase *f*, Elastinase *f*, Pankreaselastase *f*, Pankreopeptidase E *f*.
elastic I *n* Gummi *nt*, Gummiband *nt*,
-ring *m*. II *adj*. **1.** elastisch, dehnbar,
biegsam, nachgebend, federnd. **2.**
(elastisch) verformbar, ausdehnungs-,
expansionsfähig.
elasticin *n* s.u. *elastin*.
elasticity *n* Dehnbarkeit *f*, Biegsam-
keit *f*, Federkraft *f*, Elastizität *f*.
elastin *n* Gerüsteiweißstoff *m*, Elastin
nt.
elastinase *n* s.u. *elastase*.
elastoidin *n* Elastoidin *nt*.
elastomer *n* Elastomer *nt*.
elastose *n* Elastose *f*.
electric *adj*. elektrisch, Elektro-, Elek-
trizitäts-, Strom-.
electrical *adj*. s.u. *electric*.
electrical axis elektrische Achse *f*.
electrical charge elektrische Ladung *f*.
electrical conductivity elektrische
Leitfähigkeit/Konduktivität *f*.
electrical field elektrisches Feld *nt*.
electrical resistance elektrischer
Widerstand *m*.
electrical synapse elektrische Synapse *f*.
electric current elektrischer Strom *m*.
electricity *n* **1.** Elektrizität *f*; Strom *m*.
2. Elektrizitätslehre *f*.
electro- *präf*. Elektro-, Elektrizitäts-,
Elektronen-.
electroaffinity *n* Elektro(nen)affinität *f*.
electrobiology *n* Elektrobiologie *f*.
electrobioscopy *n* Elektrobioskopie *f*.
electrochemical *adj*. Elektrochemie
betreffend, elektrochemisch.
electrochemical cell elektroche-
mische Zelle *f*.

electrochemical equivalent elektrochemisches Äquivalent *nt.*

electrochemical gradient elektrochemischer Gradient *m.*

electrochemical potential elektrochemisches Potential *nt.*

electrochemistry *n* Elektrochemie *f.*

electrochromatography *n* S.U. *electrophoresis.*

electrode *n* Elektrode *f.*

electrode potential Elektrodenspannung *f*, Elektrodenpotential *nt.*

electroendosmosis *n* Elektroendosmose *f.*

electrogenic *adj.* elektrogen.

electrolysis *n* Elektrolyse *f.*

electrolyte *n* Elektrolyt *m.*

electrolytic *adj.* Elektrolyse betreffend, mittels Elektrolyse, elektrolytisch.

electrolytic dissociation elektrolytische Dissoziation *f.*

electrolyze *vt* mittels Elektrolyse zersetzen, elektrolysieren.

electromagnet *n* Elektromagnet *m.*

electromagnetic *adj.* Elektromagnet(ismus) betreffend, elektromagnetisch.

electromagnetic field elektromagnetisches Feld *nt.*

electromagnetic radiation elektromagnetische Strahlung *f.*

electromagnetics *pl* S.U. *electromagnetism.*

electromagnetic spectrum elektromagnetisches Spektrum *nt.*

electromagnetic waves elektromagnetische Wellen *pl.*

electromagnetism *n* Elektromagnetismus *m.*

electrometry *n* Elektrometrie *f.*

electron I *n* Elektron *nt.* II *adj.* Elektronen-.

electron donor Elektronendonor *m.*

electronegative *adj.* Elektronegativität betreffend, elektronegativ, negativ elektrisch.

electrone-transferring flavoprotein elektronentransportierendes Flavoprotein *nt.*

electron flow Elektronenbewegung *f*, Elektronenfluss *m.*

  cyclic electron flow zyklische Elektronenbewegung.

  noncyclic electron flow nichtzyklische Elektronenbewegung, nicht-

zyklischer Elektronentransport, offener Elektronentransport.

  photosynthetic electron flow photosynthetischer Elektronenfluss.

electronic *adj.* Elektron(en) *oder* Elektronik betreffend, elektronisch, Elektronen-, Elektro-.

electronic number Elektronenzahl *f.*

electron microscope Elektronenmikroskop *nt.*

electron-microscopic *adj.* mit Hilfe eines Elektronenmikroskops (sichtbar), elektronenmikroskopisch.

electron microscopy Elektronenmikroskopie *f.*

electron-pair acceptor Elektronenpaarakzeptor *m.*

electron-pair donor Elektronenpaardonor *m.*

electron shell Elektronenschale *f.*

electron-transfer flavoprotein elektronentransportierendes Flavoprotein *nt.*

electron-transfering *adj.* elektronenübertragend.

electron-transfering protein elektronenübertragendes Protein *nt.*

electron transport Elektronentransport *m.*

  light-induced electron transport lichtinduzierter Elektronentransport.

  microsomal electron transport mikrosomaler Elektronentransport.

  photoinduced electron transport photoinduzierter Elektronentransport.

  photosynthetic electron transport photosynthetischer Elektronentransport.

electron-transport cycle Elektronentransportzyklus *m.*

electron-transport chain Elektronentransportkette *f*, elektronenübertragende Kette *f.*

electron-transport system Elektronentransportsystem *nt.*

electron volt Elektronenvolt *nt.*

electropherogram *n* Elektropherogramm *nt*, Pherogramm *nt.*

electrophile *n* elektrophile Substanz *f oder* Gruppe *f.*

electrophilic *adj.* Elektronen suchend, elektrophil.

electrophoregram *n* S.U. *electropherogram.*

electrophoresis *n* Elektrophorese *f.*

electrophoretic *adj.* Elektrophorese

betreffend, mittels Elektrophorese, elektrophoretisch.

electrophoretic pattern Elektrophoresemuster *nt.*

electrophysiologic *adj.* Elektrophysiologie betreffend, elektrophysiologisch.

electrophysiological *adj.* s.u. *electrophysiologic.*

electrophysiology *n* Elektrophysiologie *f.*

electropositive *adj.* elektropositiv, positiv elektrisch.

electropositivity *n* Elektropositivität *f.*

electrostatic *adj.* Elektrostatik betreffend, elektrostatisch.

electrostatic force elektrostatische Kraft *f.*

electrostatic repulsion elektrostatische Abstoßung *f.*

electrosynthesis *n* Elektrosynthese *f.*

electrotactic *adj.* Elektrotaxis betreffend, elektrotaktisch.

electrotaxis *n* Elektrotaxis *f.*

electrotonus *n* Elektrotonus *m.*

electroultrafiltration *n* Elektroultrafiltration *f.*

electrovalence *n* **1.** Elektronenwertigkeit *f,* Elektrovalenz *f.* **2.** Ionenbindung *f.*

electrovalency *n* s.u. *electrovalence.*

element *n* Element *nt;* (*elektrisch*) Element *nt,* Zelle *f.*

elementary *adj.* elementar, Elementar-.

elementary membrane Einheits-, Elementarmembran *f.*

elementary charge Elementarladung *f.*

elevated *adj.* erhöht; gehoben; hoch, Hoch-.

elicitor *n* Elicitor *m.*

elimination *n* Ausscheidung *f,* Elimination *f.*

elongated *adj.* verlängert; (aus-)gestreckt, länglich.

elongation complex Elongationskomplex *m.*

elongation factor Verlängerungs-, Elongationsfaktor *m.*

elongation phase Elongationsphase *f.*

El Tor vibrio Vibrio El-Tor *nt,* Vibrio cholerae biovar eltor.

eluate *n* Eluat *nt.*

eluate factor Pyridoxin *nt,* Vitamin B_6

nt.

elution *n* Auswaschen *nt,* (Her-)Ausspülen *nt,* Eluieren *nt,* Elution *f.*

elution curve Auswasch-, Elutionskurve *f.*

emaciated *adj.* ausgelaugt.

emaciation *n* Auslaugung *f.*

Embden-Mayerhof pathway Embden-Mayerhof-Weg *m.*

Embden-Mayerhof-Parnas pathway s.u. *Embden-Mayerhof pathway.*

embryo I *n, pl* **-os** Embryo *m.* II *adj.* s.u. *embryonic.*

embryogenesis *n* Embryogenese *f,* Embryogenie *f.*

embryogenetic *adj.* s.u. *embryogenic* 1.

embryogenic *adj.* **1.** Embryogenese betreffend, embryogen. **2.** einen Embryo bilden, embryogen.

embryogeny *n* s.u. *embryogenesis.*

embryoid I *n* Embryoid *nt.* II *adj.* embryoähnlich, embryoid.

embryologic *adj.* s.u. *embryological.*

embryological *adj.* embryologisch.

embryology *n* Embryologie *f.*

embryonal *adj.* s.u. *embryonic.*

embryonal period Embryonalperiode *f.*

embryonary *adj.* s.u. *embryonic.*

embryonate *adj.* s.u. *embryonated.*

embryonated *adj.* **1.** Embryo(nen) enthaltend. **2.** befruchtet. **3.** bebrütet, angebrütet, embryoniert.

embryonated egg embryoniertes/bebrütetes Hühnerei *nt.*

embryonic *adj.* Embryo *oder* Embryonalstadien betreffend, vom Embryonalstadium stammend, embryonal, embryonisch, Embryo-, Embryonal-.

embryonic period Embryonalperiode *f.*

embryoniform *adj.* s.u. *embryoid* II.

embryonoid *adj.* s.u. *embryoid* II.

embryotoxic *adj.* den Embryo schädigend, embryotoxisch.

embryotroph *n* Keimlingsnahrung *f,* Embryothrophe *f.*

embryotrophy *n* Keim-, Embryoernährung *f,* Embryotrophie *f.*

emission *n* Emission *f,* Aussendung *f.*

emissivity *n* Emissionskoeffizient *m.*

Emmonsia *n* Emmonsia *f.*

Emmonsiella capsulata Emmonsiella capsulata *f.*

empirical formula empirische Formel *f*.

empyreumatic *adj.* empyreumatisch.

emulsify *vt, vi* emulgieren.

emulsion *n* Emulsion *f*.

emulsion colloid s.u. *emulsoid*.

emulsoid *n* Emulsionskolloid *nt*, Emulsoid *nt*.

enallochrome *n* Äsculin *nt*.

enantiomer *n* optisches Isomer *nt*, Spiegelbildisomer *nt*, Enantiomer *nt*.

enantiomerism *n* optische Isomerie *f*, Spiegelbildisomerie *f*, Enantiomerie *f*.

Encephalitozoon *n* Encephalitozoon *nt*.

encephalization factor Enzephalisierungs-, Enzephalisationsfaktor *m*.

Encestoda *pl* Bandwürmer *pl*, Zestoden *pl*, Cestoda *pl*, Cestodes *pl*.

endergonic *adj.* energieverbrauchend, endergon(isch).

end-group analysis Endgruppenanalyse *f*, -bestimmung *f*.

endo- *präf.* Intra-, End(o)-.

endo-amylase *n* α-Amylase *f*, Endoamylase *f*.

endobiotic *adj.* endobiotisch.

endocommensal *n* Endokommensale *m*.

endocorpuscular *adj.* endo-, intrakorpuskulär.

endocrinal *adj.* s.u. *endocrine* II.

endocrine I *n* **1.** s.u. *endocrine gland*. **2.** innere Sekretion *f*, Inkretion *f*. **II** *adj.* Endokrinum betreffend, mit innerer Sekretion, endokrin.

endocrine gland Drüse *f* mit innerer Sekretion, endokrine Drüse *f*.

endocrine part of pancreas endokrines Pankreas(teil *nt*) *nt*, Langerhans-Inseln *pl*, Inselorgan *nt*.

endocrine system s.u. *endocrinium*.

endocrinic *adj.* s.u. *endocrine* II.

endocrinium *n* endokrines System *nt*, Endokrin(i)um *nt*.

endocyclic *adj.* endozyklisch.

endocyst *n* Endozyste *f*.

endodeoxyribonuclease *n* Endodesoxyribonuklease *f*.

endoenzyme *n* Endoenzym *nt*, intrazelluläres Enzym *nt*.

endogamous *adj.* endogam.

endogamy *n* Endogamie *f*.

endogenous cycle endogener Zyklus *m*.

endogeny *n* Endogenese *f*, Endogenie *f*.

endoglobar *adj.* s.u. *endoglobular*.

endoglobular *adj.* endo-, intraglobulär; intrakorpuskulär; intraerythrozytär.

endo-(β1→3)-glucanase *n* Endo-(β1→3)-glucanase *f*, Kallase *f*.

Endolimax nana Endolimax nana *f*.

endolysin *n* Endolysin *nt*.

endolysis *n* Endolyse *f*.

Endomyces *n* Endomyces *m*.

Endomycetales *pl* Endomycetales *pl*.

endonuclear *adj.* im Zellkern, endonuklear, -nukleär, intranukleär.

endonuclease *n* Endonuklease *f*, -nuclease *f*.

endoparasite *n* Endo-, Entoparasit *m*, Endosit *m*, Binnen-, Innenparasit *m*.

endopeptidase *n* Endopeptidase *f*, Protei(n)ase *f*.

endoperoxide *n* Endoperoxid *nt*.

endophyte *n* pflanzlicher Endoparasit *m*, Endophyt *m*.

endoplasm *n* Endo(zyto)plasma *nt*, Entoplasma *nt*.

endoplasmic *adj.* Endoplasma betreffend, im Endoplasma, endoplasmatisch.

endoplasmic reticulum endoplasmatisches Retikulum *nt*.

   agranular endoplasmic reticulum s.u. *smooth endoplasmic reticulum*.

   granular endoplasmic reticulum s.u. *rough endoplasmic reticulum*.

   rough endoplasmic reticulum raues/granuläres endoplasmatisches Retikulum, Ergastoplasma *nt*.

   smooth endoplasmic reticulum glattes/agranuläres endoplasmatisches Retikulum.

endoplastic *adj.* s.u. *endoplasmic*.

endopolygalacturonase *n* Endopolygalakturonase *f*.

end-organ *n* motorisches Endorgan *nt*, motorische Endplatte *f*.

endoribonuclease *n* Endoribonuklease *f*, -nuclease *f*.

endorphin *n* Endorphin *nt*, Endomorphin *nt*.

endosarc *n* Protozoenendoplasma *nt*.

endosecretory *adj.* endosekretorisch; endokrin.

endosite *n* s.u. *endoparasite*.

endosperm *n* Endosperm *nt*.

endospore *n* Endospore *f*.

endosporium *n* Endospor *nt*, Endosporium *nt*.

endosymbiont *n* Endosymbiont *m*.

E

endosymbiotic *adj.* endosymbiotisch.

endothelial *adj.* Endothel betreffend, aus Endothel bestehend, endothelial, Endothel-.

endothelium *n, pl* **-lia** Endothel *nt,* Endothelium *nt.*

endothermal reaction endotherme Reaktion *f.*

endothrix *n* Endothrix *nt.*

endotoxic bacterium endotoxinbildendes Bakterium *nt.*

endoxidation *n* Endoxidation *f.*

end-plate *n* Endplatte *f.*

end-plate potential Endplattenpotential *nt.*

end point Endpunkt *m.*

end-product repression Endproduktrepression *f.*

energid *n* Energide *f.*

energized *adj.* energiereich, -geladen.

energy *n* Energie *f,* Kraft *f.*
  energy of motion Bewegungsenergie, kinetische Energie.

energy balance Energiehaushalt *m,* -bilanz *f.*

energy charge Energiegehalt *m,* -inhalt *m,* -ladung *f.*

energy-dependent *adj.* energieabhängig.

energy equivalent Energieäquivalent *nt,* kalorisches Äquivalent *nt.*

energy-independent *adj.* energieunabhängig.

energy level Energieniveau *nt.*

energy metabolism Energiestoffwechsel *m.*

energy peak Energiegipfel *m,* -peak *m.*

energy-providing *adj.* energieliefernd.

energy-requiring *adj.* energieverbrauchend.

energy-rich *adj.* energiereich.

energy-rich bond energiereiche Bindung *f.*

energy-rich compound energiereiche Verbindung *f.*

energy source Energiequelle *f.*

energy transfer Energieübertragung *f,* -transfer *m.*

energy transformation Energieumwandlung *f,* -transformation *f.*

energy turnover Energieumsatz *m.*

energy unit Energieeinheit *f.*

energy-yielding *adj.* energieliefernd.

engulfment *n (Virus)* Penetration *f.*

enhancer *n* Enhancer *m,* Verstärker *m.*

enkephalin *n* Enkephalin *nt.*

enkephalinergic *adj.* enkephalinerg, enkephalinergisch.

enol *n* Enol *nt.*

enolase *n* Enolase *f.*

enol form Enolform *f.*

3-enolpyruvyl-shikimate-5-phosphate *n* 3-Enolpyruvylshikimat-5-phosphat *nt.*

enolpyruvyl-shikimatephosphate synthase Enolpyruvyl-shikimatphosphat-synthase *f.*

enoyl *n* Enoyl-(Radikal *nt*).

enoyl-ACP hydratase Enoyl-ACP-hydratase *f.*

enoyl-ACP reductase (NADPH) Enoyl-ACP-reduktase (NADPH) *f.*

enoyl-CoA hydratase Enoyl-CoA-hydratase *f,* Enoyl-hydra(ta)se *f.*

enoyl-CoA isomerase Enoyl-CoA-isomerase *f.*

enoyl hydrase s.u. *enoyl-CoA hydratase.*

enrichment *n* Anreicherung *f.*

Entamoeba *n* Entamoeba *f.*
  Entamoeba histolytica Ruhramöbe *f,* Entamoeba histolytica/dysenteriae.

enter- *präf.* s.u. *entero-.*

enteral *adj.* Darm betreffend, im Darm, enteral, intestinal, Darm-, Intestinal-, Enter(o)-.

enteric *adj.* (Dünn-)Darm betreffend, enterisch, Dünndarm-, Darm-, Entero-.

enteric bacteria Entero-, Darmbakterien *pl.*

entero- *präf.* Darm-, Eingeweide-, Enter(o)-.

Enterobacter *n* Enterobacter *nt.*

Enterobacteriaceae *pl* Enterobacteriaceae *pl.*

Enterobius *n* Enterobius *m.*
  Enterobius vermicularis Madenwurm *m,* Enterobius/Oxyuris vermicularis.

enterochromaffin *adj.* enterochromaffin.

enterococcus *n, pl* **-ci** Enterokokkus *m,* Enterokokke *f,* Enterococcus *m.*

enterogenous *adj.* im (Dünn-)Darm entstehend *oder* entstanden, enterogen.

enteroglucagon *n* Enteroglukagon *nt,* intestinales Glukagon *nt.*

enterohepatic circulation enterohepatischer Kreislauf *m*.

enterointestinal *adj*. intestino-intestinal.

enterokinase *n* Enterokinase *f*, -peptidase *f*.

enterokinesia *n* Peristaltik *f*.

enterokinetic *adj*. enterokinetisch, peristaltisch.

Enteromonadina *pl* Enteromonadina *pl*.

Enteromonas *n* Enteromonas *m*.

enteron *n* Darm *m*, Enteron *nt*; Dünndarm *m*; Verdauungstrakt *m*.

enteropeptidase *n* s.u. *enterokinase*.

enterovirus *n* Enterovirus *nt*.

enterozoon *n*, *pl* **-zoa** tierischer Darmparasit *m*, Enterozoon *nt*.

Entner-Doudoroff fermentation Entner-Doudoroff-Abbau *m*.

Entner-Doudoroff pathway Entner-Doudoroff-Abbau *m*.

ento- *präf*. End(o)-, Ent(o)-.

entoderm *n* inneres Keimblatt *nt*, Entoderm *nt*.

entodermal *adj*. Entoderm betreffend, vom Entoderm abstammend, entodermal.

entodermic *adj*. s.u. *entodermal*.

Entomophthora *n* Entomophthora *f*.

Entomophthoraceae *pl* Entomophthoraceae *pl*.

Entomophthorales *pl* Entomophthorales *pl*.

entoparasite *n* s.u. *endoparasite*.

entoplasm *n* s.u. *endoplasm*.

entozoon *n*, *pl* **-zoa** tierischer Endoparasit *m*, Entozoon *nt*.

entropy *n* Entropie *f*.

entropy change Entropieänderung *f*.

envelope *n* (Virus-)Hülle *f*, Envelope *nt/m*.

enveloped virus umhülltes/behülltes Virus *nt*.

environment *n* Umgebung *f*; Umwelt *f*; Milieu *nt*.

environmental *adj*. Umgebungs-, Umwelt-, Milieu-.

environmental conditions Umweltbedingungen *pl*.

environmental factor Umweltfaktor *m*, -einfluss *m*.

environmental stimuli Umweltreize *pl*, extero(re)zeptive/äußere Reize *pl*.

enzymatic *adj*. Enzym(e) betreffend, durch Enzyme bewirkt, enzymatisch, Enzym-.

enzymatic adaptation induzierte Enzymsynthese *f*, Enzyminduktion *f*.

enzymatic cleavage enzymatische Spaltung *f*.

enzymatic hydrolysis enzymatische Hydrolyse *f*.

enzymatic splitting enzymatische Spaltung *f*.

enzyme *n* Enzym *nt*, Ferment *nt*.

enzyme activity Enzymaktivität *f*.

enzyme antagonist Enzymantagonist *m*, Antienzym *nt*.

enzyme-bound *adj*. enzymgebunden.

enzyme-catalyzed *adj*. enzymkatalysiert.

enzyme-cofactor complex Enzym-Cofaktor-Komplex *m*, Holoenzym *nt*.

enzyme conformation Enzymkonformation *f*.

enzyme immunoassay Enzymimmunoassay *m*.

enzyme induction Enzyminduktion *f*.

enzyme inhibition Enzymhemmung *f*.

enzyme inhibitor Enzymhemmstoff *m*, -inhibitor *m*.

enzyme-inhibitor complex Enzym-Inhibitor-Komplex *m*.

enzyme kinetics Enzymkinetik *f*.

enzyme-linked immunosorbent assay Enzyme-linked-immunosorbent-Assay *m*.

enzyme-multiplied immunoassay technique Enzyme-multiplied-immunoassay-Technik *f*.

enzyme pattern Enzymmuster *nt*.

enzyme profile Enzymprofil *nt*.

enzyme recognition site Enzymerkennungsstelle.

enzyme repression Enzymrepression *f*.

enzyme-substrate complex Enzym-Substrat-Komplex *m*.

enzyme-substrate-inhibitor complex Enzym-Substrat-Inhibitor-Komplex *m*.

enzyme unit Enzymeinheit *f*.

enzymic *adj*. s.u. *enzymatic*.

enzymolysis *n* enzymatische Spaltung *f*.

enzymopathy *n* Enzymopathie *f*.

eosin *n* Eosin *nt*.

eosinophil I *n* eosinophiler Leukozyt/Granulozyt *m*, Eosinophiler *m*. **II** *adj*. s.u. *eosinophilic*.

eosinophil chemotactic factor 1.

Eosinophilen-chemotaktischer Faktor *m*. **2.** s.u. *eosinophil chemotactic factor of anaphylaxis*.

eosinophil chemotactic factor of anaphylaxis Eosinophilen-chemotaktischer Faktor *m* der Anaphylaxie.

eosinophile I *n* s.u. *eosinophil* I. **II** *adj.* s.u. *eosinophilic*.

eosinophilic *adj.* eosinophil.

ependyma *n* Ependym *nt*.

ependymal *adj.* Ependym betreffend, aus Ependym bestehend, ependymal, Ependym-.

Eperythrozoon *n* Eperythrozoon *nt*.

epi- *präf.* Epi-, Ep-, Eph-.

epibiont *n* Epibiont *m*.

epicuticular *adj.* epicuticulär, epikutikulär.

epidermal *adj.* epidermal, Epidermis-, Epiderm(o)-.

epidermal growth factor epidermaler Wachstumsfaktor *m*.

Epidermophyton *n* Epidermophyton *nt*.

epimastigote *n* epimastigote Form *f*, Crithidia-Form *f*.

epimer *n* Epimer *nt*.

epimerase *n* Epimerase *f*.

epimere *n* Epimer *nt*.

epimerization *n* Epimerisierung *f*.

epiphyseal *adj.* Epiphyse betreffend, zur Epiphyse gehörend, epiphysär, Epiphysen-, Epiphyseo-.

epiphysis *n, pl* **-ses 1.** (Knochen-) Epiphyse *f*, Epiphysis *f*. **2.** Zirbeldrüse *f*.

epithelial *adj.* Epithel betreffend, aus Epithel bestehend, epithelial, Epithel-.

epithelial cell Epithelzelle *f*.

epithelial interferon β-Interferon *nt*.

epithelial tissue s.u. *epithelium*.

epithelio- *präf.* Epithel-, Epithelium-, Epitheli(o)-.

epithelioid *adj.* epithelähnlich, epitheloid.

epithelium *n, pl* **-liums, -la** Deckgewebe *nt*, Epithel-, Epithelialgewebe *nt*, Epithel *nt*, Epithelium *nt*.

epoprostenol *n* Prostazyklin *nt*, -cyclin *nt*, Prostaglandin I$_2$ *f*.

epoxide *n* Epoxid *nt*.

9,10-epoxy-18-hydroxystearinic acid 9,10-Epoxi-18-hydroxystearinsäure *f*.

9,10-epoxystearinic acid 9,10-Epoxistearinsäure *f*.

epsilon-aminocaproic acid ε-Aminocapronsäure *f*, Epsilon-Aminocapronsäure *f*.

epsilon staphylolysin ε-Staphylolysin *nt*.

Epstein-Barr nuclear antigen Epstein-Barr nukleäres Antigen *nt*, Epstein-Barr nuclear antigen.

Epstein-Barr virus Epstein-Barr-Virus *nt*, EB-Virus *nt*.

Epstein-Barr virus antigen Epstein-Barr-Virus-Antigen *nt*, EBV-Antigen *nt*.

equation *n* Gleichung *f*.

equatorial bond äquatoriale Bindung *f*.

equatorial plane Äquatorialebene *f*.

equatorial plate Äquatorialplatte *f*.

equilibrate *vt* ins Gleichgewicht bringen, im Gleichgewicht halten, äquilibrieren.

equilibration *n* **1.** s.u. *equilibrium*. **2.** Äquilibrieren *nt*.

equilibrium *n, pl* **-riums, -ria** Gleichgewicht *nt*, Äquilibrium *nt*, Equilibrium *nt*. **in equilibrium** im Gleichgewicht (*with* mit). **keep** *oder* **maintain one's equilibrium** das Gleichgewicht halten. **lose one's equilibrium** das Gleichgewicht verlieren.

equilibrium constant Gleichgewichtskonstante *f*.

equimolar *adj.* äquimolar.

equimolecular *adj.* äquimolekular.

equivalent I *n* Äquivalent *nt* (*of* für); (*chemisch*) Grammäquivalent *nt*. **II** *adj.* äquivalent.

erectile *adj.* **1.** erigibel, schwellfähig, erektionsfähig, erektil. **2.** aufrichtbar, aufgerichtet.

erectile tissue erektiles Gewebe *nt*.

ergastoplasm *n* raues/granuläres endoplasmatisches Retikulum, Ergastoplasma *nt*.

ergo- *präf.* Arbeits-, Erg(o)-.

ergocalciferol *n* Ergocalciferol *nt*, Vitamin D$_2$ *nt*.

ergolines *pl* Ergoline *pl*, Ergolinalkaloide *pl*.

ergosterin *n* s.u. *ergosterol*.

ergosterol *n* Ergosterol *nt*, Ergosterin *nt*, Provitamin D$_2$ *nt*.

ergot alkaloids Ergoline *pl*, Ergolinalkaloide *pl*.

ergotamine *n* Ergotamin *nt*.

ergotropic *adj.* leistungssteigernd, kraftentfaltend, ergotrop.

ergotropic hormone ergotropes Hormon *nt.*

eriodyctol *n* Eriodictyol *nt.*

Erwinia *n* Erwinia *f.*

Erysipelothrix *n* Erysipelothrix *f.*

Erysipelothrix insidiosa Schweinerotlauf-Bakterium *nt*, Erysipelothrix insidiosa/rhusiopathiae.

Erysipelothrix rhusiopathiae Schweinerotlauf-Bakterium *nt*, Erysipelothrix insidiosa/rhusiopathiae.

erythr- *präf.* s.u. *erythro-.*

erythro- *präf.* Rot-, Erythr(o)-, Erythrozyten-.

erythrocuprein *n* Superoxiddismutase *f*, Hämocuprein *nt*, Erythrocuprein *nt.*

erythrocyte *n* rote Blutzelle *f*, rotes Blutkörperchen *nt*, Erythrozyt *m.*

erythrocyte color coefficient Erythrozytenfärbekoeffizient *m*, Färbekoeffizient *m.*

erythrocyte color index Erythrozytenfärbeindex *m*, Färbeindex *m.*

erythrocyte colour coefficient *Brit.* Erythrozytenfärbekoeffizient *m*, Färbekoeffizient *m.*

erythrocyte colour index *Brit.* Erythrozytenfärbeindex *m*, Färbeindex *m.*

erythrocyte count Erythrozytenzahl *f*, Erythrozytenzählung *f.*

erythrocyte enzymes Erythrozytenenzyme *pl.*

erythrocyte maturation factor s.u. *cyanocobalamin.*

erythrocyte number Erythrozytenzahl *f.*

erythrocytic *adj.* Erythrozyten betreffend, erythrozytär, Erythrozyten-, Erythrozyto-, Erythro-.

erythrocytic cycle erythrozytärer Zyklus *m*, erythrozytäre Phase *f.*

erythrocytopoiesis *n* s.u. *erythropoiesis.*

erythrogenic toxin Scharlachtoxin *nt*, erythrogenes Toxin *nt.*

erythroparasite *n* Erythroparasit *m.*

erythropoiesis *n* Erythro(zyto)genese *f*, Erythrozytenbildung *f*, Erythropo(i)ese *f.*

erythropoietic *adj.* Erythropo(i)ese betreffend *oder* stimulierend, erythropo(i)etisch.

erythropoietic stimulating factor s.u. *erythropoietin.*

erythropoietin *n* Erythropo(i)etin *nt*, erythropoetischer Faktor *m*, Hämato-, Hämopoietin *nt.*

erythrose *n* Erythrose *f.*

erythrose-4-phosphate *n* Erythrose-4-phosphat *nt.*

erythrose-4-phosphoric acid Erythrose-4-phosphorsäure *f.*

Escherichia *n* Escherichia *nt.*

Escherichia coli Escherich-Bakterium *nt*, Colibakterium *nt*, -bazillus *m*, Kolibazillus *m*, Escherichia/Bacterium coli.

Escherichia coli, enterohemorrhagic enterohämorrhagisches Escherichia coli.

Escherichia coli, enteroinvasive enteroinvasives Escherichia coli.

Escherichia coli, enteropathogenic enteropathogenes Escherichia coli.

Escherichia coli, enterotoxicogenic enterotoxisches Escherichia coli.

esculetin *n* Äsculetin *nt.*

esculin *n* Äsculin *nt.*

esculoside *n* Äsculin *nt.*

esophag- *präf.* s.u. *esophago-.*

esophageal *adj.* Speiseröhre/Ösophagus betreffend, ösophageal, oesophageal, ösophagisch, Speiseröhren-, Ösophag(o)-, Ösophagus-.

esophago- *präf.* Speiseröhren-, Ösophag(o)-, Oesophag(o)-, Ösophagus-.

esophagus *n*, *pl* **-gi** Speiseröhre *f*, Ösophagus *m*, Oesophagus *m.*

essential oil ätherisches Öl *nt.*

ester *n* Ester *m.*

esterase *n* Esterase *f.*

esterase inhibitor Esterasehemmer *m*, -hemmstoff *m*, -inhibitor *m.*

esterase-negative *adj.* esterasenegativ.

esterase-positive *adj.* esterasepositiv.

ester bond Esterbindung *f.*

esterification *n* Veresterung *f.*

esterolysis *n* Esterhydrolyse *f*, -spaltung *f.*

estetrol *n* Östetrol *nt*, Estetrol *nt.*

estradiol *n* Estradiol *nt*, Östradiol *nt.*

estradiol benzoate Estradiol-, Östradiolbenzoat *nt.*

estradiol dipropionate Estradiol-, Östradioldipropionat *nt.*

estradiol-6β-hydroxylase *n* s.u.

estradiol-6β-monooxygenase.
estradiol-6β-monooxygenase n Estradiol-6β-monooxygenase f, Östradiol-6β-monooxygenase f.
estradiol ondecylate Estradiol-, Östradiolondecylat nt.
estradiol valerate Estradiol-, Östradiolvalerat nt.
estrane n Östran nt, Estran nt.
estrapentaene n Estrapentaen(-Ring m) nt.
estratetraene n Estratetraen(-Ring m) nt.
estratriene n Estratrien(-Ring m) nt.
estriol n Estriol nt, Östriol nt.
estrogen n Estrogen nt, Östrogen nt.
estrogenic adj. Östrogen betreffend, östrogenartig (wirkend), östrogen.
estrogenic hormones östrogene Hormone pl.
estrogenous adj. s.u. estrogenic.
estrogen-receptor protein Östrogenrezeptorprotein nt.
estrone n Estron nt, Östron nt, Follikulin nt, Folliculin nt.
estrous adj. Östrus betreffend, Östral-, Östrus-.
estrus n Brunst f, Östrus m.
esylate n Äthan-, Ethansulfonat nt.
etamsylate n s.u. ethamsylate.
ETF-ubiquinone reductase ETFP-Ubichinonreduktase f.
ethacrynate n Etacrynat nt, Ethacrinat nt.
ethacrynic acid Etacryn-, Ethacrinsäure f.
ethaldehyde n Acetaldehyd m, Äthanal nt, Ethanal nt.
ethamsylate n Etamsylat nt.
ethanal n s.u. ethaldehyde.
ethanal acid Glyoxalsäure f, Glyoxylsäure f.
ethane n Äthan nt, Ethan nt.
ethanedial n Glyoxal nt, Oxalaldehyd m.
ethanediamine n Äthylen-, Ethylendiamin nt.
ethanedioic acid Oxal-, Kleesäure f.
1,2-ethanedisulfonate n Äthandisulfonat nt.
1,2-ethanedisulphonate n Brit. Äthandisulfonat nt.
ethanoic acid Essigsäure f, Äthan-, Ethansäure f.
ethanol n Äthanol nt, Ethanol nt, Äthylalkohol m; Alkohol m.

ethanolamine n Äthanol-, Ethanolamin nt, Colamin nt, Monoethanolamin nt.
ethanolamine kinase Ethanol-, Äthanolaminkinase f.
ethanolamine phosphoglyceride Ethanol-, Äthanolaminphosphoglycerid nt, Phosphatidyläthanolamin nt, -ethanolamin nt.
ethanolaminesulfonic acid Ethanol-, Äthanolaminsulfonsäure f, Taurin nt.
ethanolaminesulphonic acid Brit. Ethanol-, Äthanolaminsulfonsäure f, Taurin nt.
ethene n s.u. ethylene.
ethenyl n Vinyl-(Radikal nt).
ether n 1. Äther m, Ether m. 2. Diäthyläther m, Diethylether m; Äther m.
ether bond Äther-, Etherbindung f.
ethereal adj. ätherisch, ätherhaltig, flüchtig, Äther-.
ethereal oil ätherisches Öl nt.
ethereous adj. s.u. ethereal.
etherial adj. s.u. ethereal.
etheric adj. s.u. ethereal.
etherification n Verätherung f, Veretherung f.
ethidium bromide Äthidiumbromid nt.
ethnobiology n Ethnobiologie f.
ethyl n Äthyl-, Ethyl-(Radikal nt).
ethyl acetate Äthyl-, Ethylacetat nt.
ethyl alcohol s.u. ethanol.
ethylaldehyde n s.u. ethaldehyde.
ethylamine n Äthyl-, Ethylamin nt.
ethyl aminobenzoate Benzocain nt.
ethylate n Äthylat nt, Ethylat nt.
ethylation n Äthylieren nt, Äthylierung f.
ethyl carbamate Urethan nt, Carbaminsäureäthylester m.
ethyl cellulose Äthyl-, Ethylcellulose f.
ethyl chloride Äthyl-, Ethylchlorid nt, Monochloräthan nt, -ethan nt.
ethyl cyanide Äthylzyanid nt, -cyanid nt, Ethylzyanid nt, -cyanid nt, Propionitril nt.
ethylene n Äthylen nt, Ethylen nt, Äthen nt, Ethen nt.
ethylenediaminetetraacetate n Äthylen-, Ethylendiamintetraacetat nt, Edetat nt.
ethylenediaminetetraacetic acid

Äthylendiamintetraessigsäure *f,* Ethylendiamintetraessigsäure *f,* Edetinsäure *f.*

ethylene dichloride Äthylen-, Ethylendichlorid *nt.*

ethylene oxide Äthylen-, Ethylenoxid *nt.*

ethylenimine *n* Äthylen-, Ethylenimin *nt.*

ethyl nitrite Äthyl-, Ethylnitrit *nt.*

etiocholanolone *n* Ätiocholanolon *nt.*

etiolated *adj.* etioliert.

etiolated plants etiolierte Pflanzen *pl.*

etioplast *n* Etioplast *m.*

Eubacteriales *pl* Eubacteriales *pl.*

Eubacterium *n* Eubacterium *nt.*

eubacterium *n, pl* **-ria 1.** echtes Bakterium *nt,* Eubakterium *nt,* Eubacterium *nt.* **2.** Bakterium *nt* der Ordnung Eubacteriales. **3.** Bakterium *nt* der Ordnung Eubacterium.

eubiotics *pl* Eubiotik *f.*

eucaryon *n* **1.** s.u. *eukaryon.* **2.** s.u. *eukaryon.*

eucaryote *n* s.u. *eukaryote.*

eucaryotic *adj.* s.u. *eukaryotic.*

Eucestoda *pl* Bandwürmer *pl,* Zestoden *pl,* Cestoda *pl,* Cestodes *pl.*

euglobulin *n* Euglobulin *nt.*

eugonic *adj.* üppig wachsend, mit üppigem Wachstum, eugonisch.

eukaryon *n* **1.** Eukaryon *nt.* **2.** s.u. *eukaryote.*

eukaryote *n* Eukaryont *m,* Eukaryot *m.*

eukaryotic *adj.* Eukaryon *oder* Eukaryo(n)t betreffend, eukaryot, eukaryont(isch).

eukaryotic cell eukaryontische Zelle *f.*

eukaryotic protist höherer Protist *m,* Eukaryo(n)t *m.*

Eumycetes *pl* echte Pilze *pl,* Eumyzeten *pl,* Eumycetes *pl,* Eumycophyta *pl.*

euploidy *n* euploide Beschaffenheit *f,* Euploidie *f.*

eurythermal *adj.* eurytherm.

eutectic I *n* Eutektikum *nt.* **II** *adj.* eutektisch.

eutectic point eutektischer Punkt *m.*

eutrophication *n* Eutrophierung *f.*

evolution *n* Entwicklung *f,* Evolution *f.*

evolutionary *adj.* Evolution betreffend, Entwicklungs-, Evolutions-.

Ewingella *n* Ewingella *f.*

ex- *präf.* Aus-, Ent-, Ver-, Ex-.

exchanger *n* Austauscher *m.*

excision repair Exzisionsreparatur *f.*

excitability *n* Erregbarkeit *f,* Reizbarkeit *f,* Exzitabilität *f.*

excitable *adj.* erregbar, reizbar, exzitabel.

excitation *n* **1.** (*physiolog.*) Anregung *f,* Reizung *f*; Reiz *m,* Exzitation *f.* **2.** (*chemisch*) Anregung *f.*

excitatory *adj.* an- *oder* erregend (wirkend), exzitativ, exzitatorisch.

excitatory synapse erregende/exzitatorische Synapse *f.*

excitatory transmitter erregender/exzitatorischer Transmitter *m.*

excited *adj.* angeregt.

excited atom angeregtes Atom *nt.*

excited state angeregter Zustand *m.*

exclusion chromatography Ausschlusschromatographie *f,* Gelfiltration *f.*

exconjugant *n* Exkonjugant *m.*

excrement *n* **1.** Ausscheidung *f,* Exkrement *nt,* Excrementum *nt.* **2.** Stuhl *m,* Kot *m,* Exkremente *pl,* Fäzes *pl,* Faeces *pl.*

excremental *adj.* s.u. *excrementitious.*

excrementitious *adj.* Exkrement *oder* Fäzes betreffend, fäkal, kotig, Kot-, Fäkal-.

excreta *pl* Ausscheidungen *pl,* Exkrete *pl,* Excreta *pl.*

excrete *vt* absondern; ausscheiden; sezernieren.

excretion *n* **1.** Ausscheidung *f,* Absonderung *f,* Exkretion *f*; Ausscheiden *nt.* **2.** Ausscheidung *f,* Exkret *nt,* Excretum *nt.*

excretory *adj.* Exkretion betreffend, exkretorisch, sezernierend, ausscheidend, absondernd, Exkretions-, Ausscheidungs-.

excretory gland exkretorische Drüse *f.*

exergonic *adj.* energiefreisetzend, exergonisch.

exergonic reaction exergonische Reaktion *f.*

exhale I *vt* ausatmen, exhalieren. **II** *vi* ausatmen, exhalieren.

exhaustive methylation erschöpfende Methylierung *f.*

exine *n* Exin *nt.*

exo- *präf.* Außen-, Ex(o)-, Ekto-.

exo-amylase *n* β-Amylase *f,* Exoamylase *f.*

exobiology *n* Exo-, Ektobiologie *f,*

E

extraterrestrische Biologie *f.*

exocellular *adj.* exozellulär.

exocrine I *n* S.U. *exocrine gland.* II *adj.* exokrin.

exocrine gland Drüse *f* mit äußerer Sekretion, exokrine Drüse *f.*

exocrine part of pancreas exokrines Pankreas(teil *nt*) *nt.*

exocyclic *adj.* exozyklisch.

exocytotic *adj.* Exozytose betreffend, mittels Exozytose, exozytotisch, Exozytosen-.

exodeoxyribonuclease *n* Exodesoxyribonuklease *f.*

exoenzyme *n* 1. Exoenzym *nt.* 2. extrazelluläres Enzym *nt*, Ektoenzym *nt.*

exoergic *adj.* Energie freisetzend, exoerg(isch).

exoerythrocytic *adj.* exoerythrozytär.

exogamy *n* Exogamie *f.*

exogenetic *adi* S.U. *exogenous.*

exogenic *adj.* S.U. *exogenous.*

exogenous *adj.* 1. von außen zugeführt *oder* stammend *oder* wirkend, durch äußere Ursachen entstehend, exogen. 2. an der Außenfläche ablaufend, exogen.

exogenous cycle exogener Zyklus *m.*

exogenous retrovirus exogenes Retrovirus *nt.*

exon *n* Exon *nt.*

exonuclease *n* Exonuklease *f*, -nuclease *f.*

exopeptidase *n* Exopeptidase *f.*

exoplasm *n* Ekto-, Exoplasma *nt.*

exoribonuclease *n* Exoribonuklease *f*, -nuclease *f.*

exoskeleton *n* Außen-, Ekto-, Exoskelett *nt.*

exospore *n* Ekto-, Exospore *f.*

exosporium *n* Exospor *nt*, Exosporium *nt.*

exothermal reaction exotherme Reaktion *f.*

exothermic *adj.* Wärme abgebend, exotherm.

exotoxic bacterium exotoxinbildendes Bakterium *nt.*

experiment I *n* Versuch *m*, Experiment *nt.* II *vi* experimentieren, Versuche durchführen *oder* anstellen (*on* an; *with* mit).

experimental *adj.* experimentell, Versuchs-, Experimental-.

expirate *n* ausgeatmete/abgeatmete

Luft *f*, Exspirat *nt.*

expiration *n* Ausatmen *nt*, Ausatmung *f*, Exspiration *f*, Exspirium *nt.*

expiration center Exspirationszentrum *nt.*

expiration centre *Brit.* Exspirationszentrum *nt.*

expiratory *adj.* Exspiration betreffend, exspiratorisch, Ausatmungs-, Exspirations-.

expire I *vt* (*Luft*) ausatmen, exspirieren. II *vi* ausatmen, exspirieren.

exponent *n* Hochzahl *f*, Exponent *m.*

exponential I *n* Exponentialgröße *f.* II *adj.* exponentiell, Exponential-.

exponential curve Exponentialkurve *f.*

exponential equation Exponentialgleichung *f.*

exponential function Exponentialfunktion *f.*

exponential period (*Wachstum*) exponentielle Phase *f*, log-Phase *f.*

exponential phase (*Wachstum*) exponentielle Phase *f*, log-Phase *f.*

extended form offene/gestreckte Form *f.*

extensin *n* Extensin *nt.*

exterior I *n* Äußere(s) *nt*; Außenseite *f*; äußere Erscheinung *f.* II *adj.* 1. äußerlich, äußere(r, s), Außen-. 2. von außen (kommend *oder* einwirkend).

extern *adj.* S.U. *external.*

external *adj.* 1. außen befindlich *oder* gelegen, äußere(r, s), äußerlich, extern, Außen-. 2. von außen kommend *oder* (ein-)wirkend.

external dehydrogenase externe Dehydrogenase *f.*

externally-transcribed spacer extern transkribierter Spacer *m.*

external parasite Außenparasit *m.*

external phase äußere/dispergierende Phase *f*, Dispergens *nt*, Dispersionsmedium *nt*, -mittel *nt.*

external respiration äußere Atmung/Respiration *f*, Lungenatmung *f.*

extinction *n* Abschwächung *f*, Extinktion *f.*

extinction coefficient Extinktionskoeffizient *m.*

molar extinction coefficient molarer Extinktionskoeffizient.

specific extinction coefficient spezifischer Extinktionskoeffizient.

extra- *präf.* Außer-, Extra-.

extracellular *adj.* außerhalb der Zelle, extrazellulär, Extrazellular-.

extracellular enzyme S.U. *exoenzyme*.

extracellular fluid Extrazellularflüssigkeit *f.*

extracellular space extrazellulärer Raum *m*, Extrazellularraum *m*.

extracellular water extrazelluläres Wasser *nt*.

extrachromosomal *adj.* außerhalb eines Chromosoms/der Chromosomen, extrachromosomal.

extrachromosomal resistance extrachromosomale Resistenz *f.*

extracorporal *adj.* S.U. *extracorporeal*.

extracorporeal *adj.* außerhalb des Körpers, extrakorporal.

extrahepatic *adj.* nicht in der Leber, extrahepatisch.

extramitochondrial *adj.* außerhalb der Mitochondrien, extramitochondrial.

extranuclear *adj.* außerhalb des (Zell-)Kerns, extranukleär.

extranuclear inheritance extranukleäre/zytoplasmatische Vererbung *f.*

extravascular *adj.* außerhalb eines Gefäßes, extravasal.

extreme I *n* das Äußerste, Extrem *nt*; äußerstes Ende *nt*. **II** *adj.* äußerste(r, s), weiteste(r, s), höchste(r, s), extrem, maßlos, End-, Extrem-.

extrinsic *adj.* von außen (kommend *oder* wirkend), äußerlich, äußere(r, s), exogen, extrinsisch, extrinsic.

extrinsic factor (Cyano-)Cobalamin *nt*, Vitamin B$_{12}$ *nt*.

extrinsic protein äußeres/peripheres (Membran-)Protein *nt*.

eyepiece *n* Okular *nt*.

F

Fab fragment antigenbindendes Fragment *nt*, Fab-Fragment *nt*.
F(ab')₂ fragment F(ab')₂-Fragment *nt*.
facilitate *vt* erleichtern, fördern, ermöglichen.
facilitated diffusion erleichterte-/katalysierte/vermittelte Diffusion *f*.
facilitated transport vermittelter/erleichterter Transport *m*.
facilitation *n* 1. Bahnung *f*, Facilitation *f*. 2. Förderung *f*, Erleichterung *f*.
F-actin *n* fibrilläres Aktin *nt*, F-Aktin *nt*.
factor *n* 1. Faktor *m*. 2. Erbfaktor *m*. 3. Faktor *m*, (maßgebender) Umstand *m*, bestimmendes Element *nt*.
factor I 1. Fibrogen *nt*, Faktor I *m*. 2. C3b-Inaktivator *m*, Factor I *m*.
factor II Prothrombin *nt*, Faktor II *m*.
factor III Gewebsthromboplastin *nt*, Faktor III *m*.
factor IV Kalcium *nt*, Calzium *nt*, Faktor IV *m*.
factor V Proakzelerin *nt*, Proaccelerin *nt*, Acceleratorglobulin *nt*, labiler Faktor *m*, Faktor V *m*.
factor VI Accelerin *nt*, Akzelerin *nt*, Faktor VI *m*.
factor VII Prokonvertin *nt*, -convertin *nt*, Faktor VII *m*, Autothrombin I *nt*, Serum-Prothrombin-Conversion-Accelerator *m*, stabiler Faktor *m*.
factor VIII antihämophiles Globulin *nt*, Antihämophiliefaktor *m*, Faktor VIII *m*.
factor VIII-associated antigen Faktor VIII-assoziiertes-Antigen *nt*, von Willebrand-Faktor *m*.

factor VIII:vWF S.U. *factor VIII-associated antigen*.
factor IX Faktor IX *m*, Christmas-Faktor *m*, Autothrombin II *nt*.
factor IX complex Faktor IX-Komplex *m*.
factor X Faktor X *m*, Stuart-Prower-Faktor *m*, Autothrombin III *nt*.
factor XI Faktor XI *m*, Plasmathromboplastinantecedent *m*, antihämophiler Faktor C *m*, Rosenthal-Faktor *m*.
factor XII Faktor XII *m*, Hageman-Faktor *m*.
factor XIII Faktor XIII *m*, fibrinstabilisierender Faktor *m*, Laki-Lorand-Faktor *m*.
factor analysis Faktoranalyse *f*.
factor B C3-Proaktivator *m*, Faktor B *m*, glycinreiches Beta-Globulin *nt*.
factor D C3-Proaktivatorkonvertase *f*, Faktor D *m*.
factor h 1. Faktor H *m*. 2. Biotin *nt*, Vitamin H *nt*.
factor P Properdin *nt*.
factor S Biotin *nt*, Vitamin H *nt*.
factor W S.U. *factor S*.
facultative *adj*. 1. fakultativ. 2. freigestellt, wahlweise, fakultativ.
facultative aerobe fakultativer Aerobier *m*.
facultative anaerobe fakultativer Anaerobier *m*.
facultative parasite fakultativer Parasit *m*.
faecal *adj*. *Brit*. Kot/Fäzes betreffend, kotig, fäkal, Fäkal-, Kot-, Stuhl-.
faeces *pl Brit*. Stuhl *m*, Kot *m*, Fäzes *pl*, Faeces *pl*, Fäkalien *pl*.
faecula *n, pl* -**lae** *Brit*. Stärke *f*, Stär-

kemehl *nt*.

faeculence *n Brit*. Kotartigkeit *f*, Fäkulenz *f*.

faeculent *adj. Brit*. kotig, kotartig, fäkulent.

Fahrenheit Fahrenheit *nt*.

Fahrenheit scale Fahrenheit-Skala *f*.

Fahrenheit thermometer Fahrenheit-Thermometer *nt*.

false *adj*. falsch; unwahr; fehlerhaft; unecht, Pseudo-, Schein-.

familial *adj*. familiär, Familien-.

family I *n* 1. Familie *f*. 2. (*biolog*.) Familie *f*. II *adj*. Familien-.

farad *n* Farad *nt*.

Faraday's cage Faraday-Käfig *m*.

Faraday's constant Faraday-Konstante *f*.

Faraday's law Faraday-Gesetz *nt*.

faradic *adj*. faradisch.

faradic current faradischer Strom *m*.

faradization *n* Behandlung *f* mit faradischem Strom, Faradisation *f*, Faradotherapie *f*.

farnesyl diphosphate Farnesyldiphosphat *nt*.

farnesyl-diphosphate synthase Farnesyldiphosphatsynthase *f*.

farnesylpyrophosphoric acid Farnesylpyrophosphorsäure *f*.

farnoquinone *n* Menachinon *nt*, Vitamin K_2 *nt*.

Fasciola *n* Fasciola *f*.

fasciolid *n* Fasziolid *m*, Fasciolid *m*.

Fasciolopsis *n* Fasciolopsis *f*.

fastidious *adj*. anspruchsvoll.

fat I *n* 1. Fett *nt*, Lipid *nt*. 2. Fettgewebe *nt*. II *adj*. fett, fettig, fetthaltig.

fat breakdown Fettabbau *m*.

fat cell Fettzelle *f*, Adipo-, Lipozyt *m*.

fat deposition Fetteinlagerung *f*.

fat digestion Fettverdauung *f*, -digestion *f*.

fat marrow gelbes fetthaltiges Knochenmark *nt*, Fettmark *nt*.

fat metabolism Fettstoffwechsel *m*, -metabolismus *m*.

fat-mobilizing hormone lipolytisches Hormon *nt*.

F_1-ATPase *n* Kopplungsfaktor F_1 *m*, F_1-ATPase *f*.

fat-soluble *adj*. fettlöslich.

fat-soluble vitamin fettlösliches Vitamin *nt*.

fat-splitting enzyme Lipase *f*.

fat stain Fettfärbung *f*.

fat tissue Fettgewebe *nt*.

fatty *adj*. fett, fettig, fetthaltig, adipös, Fett-.

fatty acid Fettsäure *f*.

essential fatty acid essentielle Fettsäure.

even-carbon fatty acid Fettsäure mit gerader Anzahl von C-Atomen.

free fatty acid freie Fettsäure, nichtveresterte Fettsäure, unveresterte Fettsäure.

α-hydroxy fatty acid α-Hydroxyfettsäure.

long-chain fatty acid langkettige Fettsäure.

medium-chain fatty acid mittelkettige Fettsäure.

monoenoic fatty acid einfach ungesättigte Fettsäure, Monoen(fett)säure.

monounsaturated fatty acid s.u. *monoenoic fatty acid*.

nonesterified fatty acid freie Fettsäure, nichtveresterte Fettsäure, unveresterte Fettsäure.

odd-carbon fatty acid Fettsäure mit ungerader Anzahl von C-Atomen.

polyenoic fatty acid mehrfach ungesättigte Fettsäure, Polyen(fett)säure.

polyunsaturated fatty acid s.u. *polyenoic fatty acid*.

saturated fatty acid gesättigte Fettsäure.

short-chain fatty acid kurzkettige Fettsäure.

unesterified fatty acid s.u. *free fatty acid*.

unsaturated fatty acid ungesättigte Fettsäure.

fatty acid activation Fettsäureaktivierung *f*.

fatty-acid binding protein Fettsäure-bindendes Protein *nt*.

fatty acid catabolism Fettsäureabbau *m*, -katabolismus *m*.

fatty acid chain Fettsäurekette *f*.

fatty-acid cyclooxygenase Fettsäurezyklooxygenase *f*.

fatty acid ester Fettsäureester *m*.

fatty acid oxidation Fettsäureoxidation *f*.

fatty acid oxidation cycle Zyklus *m* der Fettsäureoxidation, Fettsäurezyklus *m*.

fatty acid peroxidase Fettsäureperoxidase *f*.

fatty acid shuttle Fettsäureshuttle *m*.

F

fatty acid synthase Fettsäuresynthase(komplex *m*) *f.*

fatty acid synthase complex Fettsäuresynthase(komplex *m*) *f.*

fatty acid synthesis Fettsäuresynthese *f.*

fatty bone marrow s.u. *fat marrow.*

fatty compound offene Kette(nverbindung *f*) *f.*

fatty marrow s.u. *fat marrow.*

fatty tissue s.u. *fat tissue.*

fauna *n, pl* -nas, -nae Fauna *f.*

faveolate *adj.* wabenförmig; alveolär.

Fc fragment kristallisierbares Fragment *nt*, Fc-Fragment *nt.*

Fd fragment Fd-Fragment *nt.*

F-duction *n* Sexduktion *f*, F-Duktion *f.*

fecal *adj.* Kot/Fäzes betreffend, kotig, fäkal, Fäkal-, Kot-, Stuhl-.

feces *pl* Stuhl *m*, Kot *m*, Fäzes *pl*, Faeces *pl*, Fäkalien *pl.*

fecula *n, pl* -lae Stärke *f*, Stärkemehl *nt.*

feculence *n* Kotartigkeit *f*, Fäkulenz *f.*

feculent *adj.* kotig, kotartig, fäkulent.

feedback *n* Rückkopplung *f*, Feedback *nt.*

feedback inhibition Rückkopplungs-, Rückwärts-, Feedbackhemmung *f.*

F element s.u. *F factor.*

female I *n* Frau *f.* II *adj.* **1.** das weibliche Geschlecht betreffend, weiblich. **2.** Frau(en) betreffend, von Frauen, weiblich, Frauen-.

Fe protein Fe-Protein *nt.*

ferment I *n* s.u. *enzyme.* II *vt* zum Gären bringen, vergären. III *vi* gären, in Gärung sein.

fermentation *n* Gärung *f*, Gärungsprozess *m*, Fermentation *f*, Fermentierung *f.*

fermentative *adj.* **1.** Gärung betreffend *oder* bewirkend, gärend, fermentativ, enzymatisch, Gär(ungs)-. **2.** gär(ungs)fähig, fermentierbar.

fermentative pathway glykolytischer/fermentativer Stoffwechselweg *m.*

fermium *n* Fermium *nt.*

ferrated *adj.* eisenbeladen.

ferredoxin *n* Ferredoxin *nt.*

ferredoxin-NADP oxidoreductase Ferredoxin-NADP-oxidoreduktase *f.*

ferredoxin-nitrite reductase Ferredoxin-Nitritreduktase *f.*

ferredoxin-reducing substance ferredoxin-reduzierende Substanz *f.*

ferredoxin-thioredoxine oxidoreductase Ferredoxin-Thioredoxin-Oxidoreduktase *f.*

ferric *adj.* dreiwertiges Eisen enthaltend, Ferri-, Eisen-III-.

ferric chloride Eisen-III-chlorid *nt.*

ferric ferrocyanide Berliner-Blau *nt*, Ferriferrocyanid *nt.*

ferric hydroxide Eisen-III-hydroxid *nt.*

ferricyanide *n* Hexacyanoferrat (III) *nt.*

ferrihaem chloride *Brit.* Teichmann-Kristalle *pl*, salzsaures Hämin *nt*, Hämin(kristalle *pl*) *nt*, Chlorhämin(kristalle *pl*) *nt*, Chlorhämatin *nt.*

ferrihaemoglobin *n Brit.* Methämoglobin *nt*, Hämiglobin *nt.*

ferriheme chloride Teichmann-Kristalle *pl*, salzsaures Hämin *nt*, Hämin(kristalle *pl*) *nt*, Chlorhämin(kristalle *pl*) *nt*, Chlorhämatin *nt.*

ferrihemoglobin *n* Methämoglobin *nt*, Hämiglobin *nt.*

ferrochelatase *n* Ferrochelatase *f*, Goldberg-Enzym *nt.*

ferrocytochrome c-oxygen oxyreductase Cytochrom a_3 *nt*, Warburg-Atmungsferment *nt*, Cytochrom(c)oxidase *f*, Ferrocytochrom c-Sauerstoff-Oxidoreduktase *f.*

ferroprotein *n* Ferroprotein *nt.*

ferrous *adj.* zweiwertiges Eisen enthaltend, Ferro-, Eisen-II-.

ferrous fumarate Ferrofumarat *nt*, Eisen-II-fumarat *nt.*

ferrous gluconate Ferrogluconat *nt*, Eisen-II-gluconat *nt.*

ferrous lactate Ferrolactat *nt*, Eisen-II-laktat *nt.*

ferrous succinate Ferrosuccinat *nt*, Eisen-II-succinat *nt.*

ferrous sulfate Ferrosulfat *nt*, Eisen-II-sulfat *nt.*

ferrous sulphate *Brit.* Ferrosulfat *nt*, Eisen-II-sulfat *nt.*

ferrous wheel hypothesis Ferrous-wheel-Hypothese *f.*

ferroxidase *n* Zörulo-, Zärulo-, Coerulo-, Caeruloplasmin *nt*, Ferroxidase I *f.*

ferrum *n* Eisen *nt*, Ferrum *nt.*

fertility factor Fertilitätsfaktor *m*, F-Faktor *m.*

ferulate-5-hydroxylase Ferulat-5-hydroxylase *f.*

ferulic acid Ferulasäure *f.*

fetal *adj.* Fötus *oder* Fetalperiode betreffend, fötal, fetal, Feto-, Fetus-.

fetal fat braunes Fettgewebe *nt*.

fetal haemoglobin *Brit.* fetales Hämoglobin *nt*.

fetal hemoglobin fetales Hämoglobin *nt*.

fetal life Fötal-, Fetalperiode *f*.

fetal period Fötal-, Fetalperiode *f*.

feticide I *n* Fetusschädigung *f*, -abtötung *f*, Foetizid *m*, Fetizid *m*. **II** *adj.* fetusschädigend, -abtötend, fetizid.

fetopathy *n* **1.** Embryopathie *f*, Embryopathia *f*. **2.** Fetopathie *f*, Fetopathia *f*.

α-fetoprotein *n* α_1-Fetoprotein *nt*, alpha$_1$-Fetoprotein *nt*.

fetus *n, pl* **-tuses** Foetus *m*, Fetus *m*, Foet *m*, Fet *m*.

F factor Fertilitätsfaktor *m*, F-Faktor *m*.

fibrillar *adj.* Fibrille betreffend, aus Fibrillen bestehend, (fein-)faserig, fibrillär, Fibrillen-.

fibrillar protein Faser-, Skleroprotein *nt*.

fibrillary *adj.* s.u. *fibrillar*.

fibrillated *adj.* s.u. *fibrillar*.

fibrin *n* Fibrin *nt*.

fibrinase *n* **1.** Faktor XIII *m*, fibrinstabilisierender Faktor *m*, Laki-Lorand-Faktor *m*. **2.** s.u. *fibrinolysin*.

fibrin degradation products s.u. *fibrinolytic split products*.

fibrino- *präf.* Fibrin-, Fibrino-.

fibrinogen *n* Fibrinogen *nt*, Faktor I *m*.

fibrinogenase *n* Thrombin *nt*, Faktor IIa *m*.

fibrinogen degradation products s.u. *fibrinolytic split products*.

fibrinogenesis *n* Fibrinbildung *f*, Fibrinogenese *f*.

fibrinogenic *adj.* fibrinbildend, fibrinogen.

fibrinogenolysis *n* Fibrinogenauflösung *f*, -spaltung *f*, -inaktivierung *f*, Fibrinogenolyse *f*.

fibrinogenolytic *adj.* Fibrinogenolyse betreffend, fibrinogenauflösend, -spaltend, -inaktivierend, fibrinogenolytisch.

fibrinogenous *adj.* s.u. *fibrinogenic*.

fibrinoid I *n* Fibrinoid *nt*. **II** *adj.* fibrinähnlich, -artig, fibrinoid.

fibrinokinase *n* Fibrinokinase *f*.

fibrinolysin *n* Fibrinolysin *nt*, Plasmin *nt*.

fibrinolysis *n* Fibrinspaltung *f*, Fibrinolyse *f*.

fibrinolysokinase *n* Fibrinolysokinase *f*.

fibrinolytic *adj.* Fibrinolyse betreffend *oder* verursachend, fibrinspaltend, fibrinolytisch.

fibrinolytic split products Fibrinogen-, Fibrinspaltprodukte *pl*, Fibrin-, Fibrinogendegradationsprodukte *pl*.

fibrinopeptide *n* Fibrinopeptid *nt*.

fibrinoplatelet *adj.* aus Fibrin u. Thrombozyten bestehend.

fibrinous *adj.* Fibrin betreffend *oder* enthaltend, fibrinartig, -haltig, fibrinreich, fibrinös, Fibrin-.

fibrin stabilizing factor Faktor XIII *m*, fibrinstabilisierender Faktor *m*, Laki-Lorand-Faktor *m*.

fibrin stain Fibrinfärbung *f*.

fibro- *präf.* Faser-, Fibro-.

fibroblast *n* juvenile Bindegewebszelle *f*, Fibroblast *m*.

fibroblastic *adj.* fibroblastisch, Fibroblasten-.

fibrocyte *n* Bindegewebszelle *f*, Fibrozyt *m*.

fibrogenesis *n* Fasersynthese *f*, -bildung *f*, Fibrogenese *f*.

fibrogenic *adj.* Faserbildung induzierend, fibrogen.

fibrolipomatous *adj.* fibrolipomatös.

fibronectin *n* Fibronektin *nt*, -nectin *nt*.

fibrous *adj.* faserig, fibrös, Faser-.

fibrous actin s.u. *F-actin*.

fibrous protein s.u. *fibrillar protein*.

filaria *n, pl* **-lariae** Filarie *f*, Filaria *f*.

Filaria *n* Filaria *f*.

Filaria dracunculus Medina-, Guineawurm *m*, Dracunculus/Filaria medinensis.

Filaria medinensis s.u. *Filaria dracunculus*.

Filaria volvulus Knäuelfilarie *f*, Onchocerca volvulus.

filaricide *n* Filarienmittel *nt*, Filarizid *nt*.

Filarioidea *pl* Filarioidea *pl*.

filial *adj.* Filial-.

filial generation Filialgeneration *f*.

  first filial generation s.u. *filial generation* 1.

  second filial generation s.u. *filial generation* 2.

filial generation 1 Tochtergeneration *f*, F_1-Generation *f*.

filial generation 2 Enkelgeneration *f*, F_2-Generation *f*.

filiform *adj.* fadenförmig, faserig, faserartig, Fasern-; filiform.

Filoviridae *pl* Filoviridae *pl.*

filter-paper chromatography Papierchromatographie *f.*

filtrate I *n* Filtrat *nt.* II *vt* (ab-)filtern, filtrieren.

filtrate factor S.U. *pantothenic acid.*

filtration *n* Filtration *f,* Filtrierung *f,* Filtrieren *nt.*

filtration coefficient Filtrationskoeffizient *m.*

filtration equilibrium Filtrationsgleichgewicht *nt.*

filtration fraction Filtratrionsfraktion *f.*

filtration pressure Filtrationsdruck *m.*

filtration rate Filtrationsrate *f,* -geschwindigkeit *f.*

filtration reabsorption equilibrium Filtrations-Reabsorptionsgleichgewicht *nt.*

filtration slit Schlitz-, Filtrationspore *f.*

final host Endwirt *m.*

fine structure Feinbau *m,* Ultrastruktur *f.*

first-order reaction Reaktion *f* erster Ordnung.

apparent first-order reaction pseudomonomolekulare Reaktion.

pseudo first-order reaction pseudomonomolekulare Reaktion.

first substrate erstes/führendes Substrat *nt.*

Fischer projection Fischer-Projektion *f.*

Fischer projection formulas Fischer-Projektionsformeln *pl.*

fish tapeworm (breiter) Fischbandwurm *m,* Grubenkopfbandwurm *m,* Diphyllobothrium latum, Bothriocephalus latus.

fission fungi Spaltpilze *pl,* Schizomyzeten *pl,* Schizomycetes *pl.*

fissiparous *adj.* s. durch Teilung vermehrend, fissipar.

flagellar *adj.* Geißel/Flagellum betreffend, Geißel-.

flagellar antigen Geißelantigen *nt,* H-Antigen *nt.*

Flagellata *pl* Geißeltierchen *pl,* -infusorien *pl,* Flagellaten *pl,* Flagellata *pl,* Mastigophoren *pl,* Mastigophora *pl.*

flagelliform *adj.* geißel-, peitschenförmig.

flagellospore *n* Zoospore *f.*

flagellum *n, pl* **-lums, -la** Geißel *f,* Flimmer *m,* Flagelle *f,* Flagellum *nt.*

flame *n* Flamme *f.*

flame photometer Flamm(en)photometer *nt.*

flat worm Plattwurm *m,* Plathelminth *f.*

flavan *n* Flavan *nt.*

flavan-3,4-diol *n* Flavan-3,4-diol *nt.*

flavan-3-ol *n* Flavan-3-ol *nt.*

flavanone *n* Flavanon *nt.*

flavanone-3-hydroxylase *n* Flavanon-3-hydoxylase *f.*

flavanonol *n* Flavanonol *nt.*

flavin *n* Flavin *nt.*

flavin adenine dinucleotide Flavinadenindinukleotid *nt.*

flavin-containing *adj.* flavinhaltig, -enthaltend.

flavin-linked dehydrogenase flavingebundene/flavinabhängige Dehydrogenase *f.*

flavin-linked oxidase flavinabhängige Oxidase *f.*

flavin mononucleotide Flavinmononukleotid *nt,* Riboflavin(-5-)phosphat *nt.*

flavin monooxygenase Aryl-4-hydroxylase *f,* unspezifische Monooxygenase *f.*

flavin nucleotide Flavinnukleotid *nt.*

flavin pigment Flavinpigment *nt.*

Flaviviridae *pl* Flaviviridae *pl.*

flavivirus *n* Flavivirus *nt.*

Flavobacterium *n* Flavobakterium *nt.*

flavoenzyme *n* Flavoenzym *nt.*

flavonoid-3,5-hydroxylase *n* Flavonoid-3,5-hydroxylase *f.*

flavonol *n* Flavonol *nt.*

flavonol glycoside Flavonolglykosid *nt.*

flavonol synthase Flavonolsynthase *f.*

flavoprotein *n* Flavoprotein *nt.*

flea *n* Floh *m.*

Flemming centre *Brit.* Keim-, Reaktionszentrum *nt.*

Flemming center Keim-, Reaktionszentrum *nt.*

flesh *n* Muskelgewebe *nt*; Fleisch *nt.*

Fletscher's factor Präkallikrein *nt,* Fletscher-Faktor *m.*

floccose *adj.* flockig.

flocculable *adj.* ausflockbar.

flocculate *vt, vi* (aus-)flocken.

flocculation *n* (Aus-)Flockung *f,* Ausflocken *nt,* Flockenbildung *f.*

flocculent *adj.* flockig, flockenartig.

flora *n*, *pl* **-ras, -rae 1.** Flora *f*, Pflanzenwelt *f*. **2.** (Bakterien-)Flora *f*.

flow I *n* **1.** Fließen *nt*, Rinnen *nt*, Strömen *nt*. **2.** Fluss *m*, Strom *m*; Flow *m*. **3.** Strom(fluss *m*) *m*. **II** *vi* fließen, rinnen, strömen (*from* aus); zirkulieren.

flower *n* **1.** Blume *f*; Blüte *f*. **2. flowers** *pl* Blüte(n *pl*) *f*, Flores *pl*.
   flowers of sulfur Schwefelblume *f*, -blüte *f*.

flowing phase Fließphase *f*, bewegliche Phase *f*.

fluid I *n* Flüssigkeit *f*; nicht-festes Mittel *nt*, Fluid *nt*. **II** *adj*. flüssig, fließend; fluid.

fluidal *adj*. Flüssigkeits-.

fluid balance Flüssigkeitsbilanz *f*, -haushalt *m*.

fluid bed Fließbett *nt*, Wirbelschicht *f*.

fluid compartment Flüssigkeitsraum *m*, -kompartiment *nt*.

fluid equilibrium s.u. *fluid balance*.

fluidity *n* Flüssigkeit *f*; Fluidität *f*.

fluidization *n* Verflüssigung *f*; Fluidisation *f*.

fluid medium Flüssignährboden *m*, -medium *nt*.

fluid-mosaic model fluid-mosaic-Modell *nt*.

fluke *n* Saugwurm *m*, Egel *m*, Trematode *f*.

fluoresce *vi* fluoreszieren.

fluorescein *n* Fluorescein *nt*, -zein *nt*, Resorcinphthalein *nt*.

fluorescein isothiocyanate Fluoreszeinisothiocyanat *nt*.

fluorescence *n* Fluoreszenz *f*.

fluorescent *adj*. fluoreszierend.

fluoride *n* Fluorid *nt*.

fluorine *n* Fluor *nt*.

fluoroacetate *n* Fluorazetat *nt*, -acetat *nt*.

fluorochrome *n* fluoreszierender Farbstoff *m*, fluoreszierendes Färbemittel *nt*, Fluorochrom *nt*.

fluorocitrate *n* Fluorzitrat *nt*, -citrat *nt*.

flux I *n* Fließen *nt*, Fluss *m*. **II** *vi* (aus-)fließen.

fly *n* Fliege *f*.

fly agaric Fliegenpilz *m*, Amanita muscaria.

FMN adenylyltransferase FMN-Adenyltransferase *f*.

focal *adj*. Brennpunkt/Fokus betreffend, im Brennpunkt (stehend), fokal, focal, Brennpunkt-, Fokal-.

focal depth Schärfentiefe *f*, Tiefenschärfe *f*.

focal distance Brennweite *f*.

focal length Brennweite *f*.

focal plane Brennebene *f*.

focal point Brennpunkt *m*.

focus I *n*, *pl* **-cuses, -ci** Brennpunkt *m*, Fokus *m*. **II** *vt* fokussieren, (scharf) einstellen (*on* auf); im Brennpunkt vereinigen; (*Strahlen*) bündeln.

foetal *adj*. s.u. *fetal*.

foetus *n* s.u. *fetus*.

folacin *n* s.u. *folic acid*.

folate *n* Folat *nt*.

folic acid Folsäure *f*, Folacin *nt*, Pteroylglutaminsäure *f*, Vitamin Bc *nt*.

folic acid antagonist Folsäureantagonist *m*.

folinic acid Folinsäure *f*, N^{10}-Formyl-Tetrahydrofolsäure *f*, Leukovorin *nt*, Leucovorin *nt*, Citrovorum-Faktor *m*.

folium *n*, *pl* **-lia** Blatt *nt*, Folium *nt*.

follicle *n* bläschenförmiges Gebilde *nt*, Follikel *m*, Folliculus *m*.
   follicles of thyroid gland Schilddrüsenfollikel *pl*, Speicherfollikel *pl*.

follicle stimulating hormone follikelstimulierendes Hormon *nt*, Follitropin *nt*, Follikelreifungshormon *nt*.

follicle stimulating hormone releasing factor Gonadotropin-releasing-Faktor *m*, Gonadotropin-releasing-Hormon *nt*.

follicle stimulating hormone releasing hormone s.u. *follicle stimulating hormone releasing factor*.

follicle-stimulating principle s.u. *follicle stimulating hormone*.

follicular *adj*. Follikel betreffend, von einem Follikel (ab-)stammend *oder* ausgehend, aus Follikeln bestehend, follikelähnlich, follikular, follikulär, Follikel-.

folliculate *adj*. s.u. *follicular*.

folliculated *adj*. s.u. *follicular*.

follitropin *n* s.u. *follicle stimulating hormone*.

following substrate zweites Substrat *nt*, Folgesubstrat *nt*.

Fonsecaea *n* Fonsecaea *f*.

food *n* Essen *nt*, Nahrung *f*, Kost *f*.

food chain Nahrungskette *f*.

foodstuff *n* Nahrungs-, Lebensmittel *pl*; Nährstoffe *pl*.

force *n* Kraft *f*, Stärke *f*.

F

foreign protein Fremdeiweiß *nt*, -protein *nt*.

form I *n* **1.** Form *f*, Gestalt *f*. **2.** (*chemisch*) Form *f*, Konfiguration *f*. **II** *vt* formen, bilden, gestalten (*into* zu). **III** *vi* sich formen, sich bilden, sich gestalten, entstehen.

formaldehyde *n* Formaldehyd *m*, Ameisensäurealdehyd *m*, Methanal *nt*.

formaldehyde dehydrogenase Formaldehyddehydrogenase *f*.

formalin *n* Formalin *nt*.

formamidase *n* **1.** Formamidase *f*. **2.** s.u. *formylkynurenine hydrolase*.

5-formamidoimidazol-4-carboxamide-ribonucleotide *n* 5-Formamidoimidazol-4-carboxamid-ribonucleotid *nt*.

formate *n* Formiat *nt*.

formate dehydrogenase Formiatdehydrogenase *f*.

formate hydrogenolyase s.u. *formate dehydrogenase*.

formation *n* Gebilde *nt*, Formation *f*; Struktur *f*, Zusammensetzung *f*.

formative *adj*. **1.** gestaltend, bildend, formend, formativ; Entwicklungs-. **2.** morphogenetisch.

formic acid Ameisensäure *f*, Formylsäure *f*.

formiminoglutamate *n* Formiminoglutamat *nt*.

formiminoglutamic acid Formiminoglutaminsäure *f*.

formiminotransferase *n* Glutamatformiminotransferase *f*.

formol *n* wässrige Formaldehydlösung *f*, Formol *nt*.

formol titration Formoltitration *f*.

formula *n*, *pl* **-las, -lae** Formel *f*.

formyl *n* Formyl-(Radikal *nt*).

formylase *n* s.u. *formylkynurenine hydrolase*.

α-N-formyl-glycinamide-ribonucleotide *n* α-*N*-Formyl-glycinamidribonucleotid *nt*, 5-Phosphoribosyl-*N*-formylglycinamid *nt*.

formylkynurenine *n* Formylkynurenin *nt*.

formylkynurenine hydrolase Arylformamidase *f*, Formylkynureninhydrolase *f*.

formyltransferase *n* Formyltransferase *f*.

foxglove *n* Fingerhut *m*, Digitalis *f*.

F plasmid s.u. *F factor*.

F protein F-Protein *nt*, Fusionsprotein *nt*.

fraction *n* Fraktion *f*.

fractional *adj*. fraktioniert.

fractional distillation fraktionierte Destillation *f*.

fractional precipitation fraktionierte Ausfällung/Präzipitation *f*.

fractionation *n* Fraktionierung *f*, Fraktionieren *nt*.

fragment I *n* Fragment *nt*, Bruchstück *nt*, -teil *m*. **II** *vi* (zer-)brechen, in Stücke brechen.

fragmentation *n* **1.** Fortpflanzung *f* durch Abknospung, Fragmentation *f*. **2.** Fragmentation *f*, Fragmentierung *f*.

framework *n* (Grund-)Gerüst *nt*, Stützwerk *nt*.

framework fiber Gerüstfaser *f*.

framework fibre *Brit*. Gerüstfaser *f*.

Francisella *n* Francisella *f*.

free I *adj*. (*chemisch*) frei, ungebunden. **II** *vt* befreien (*from* aus, von); (auf-)lösen.

free bilirubin freies/indirektes/unkonjugiertes Bilirubin *nt*.

free energy freie Energie *f*.

standard free energy of formation freie Bindungsenergie unter Standardbedingungen.

standard free energy of hydrolyse Standardwert der freien Energie der Hydrolyse, freie Energie der Hydrolyse unter Standardbedingungen.

free-energy change Änderung *f* der freien Energie.

standard free-energy change Änderung der freien Energie unter Standardbedingungen.

free radical freies Radikal *nt*.

free water freies Wasser *nt*.

freezing point Gefrierpunkt *m*.

frequency *n* **1.** Frequenz *f*. **2.** Häufigkeit *f*.

frequent *adj*. häufig (vorkommend), oft wiederkehrend, frequent; regelmäßig.

freshwater *n* Süßwasser *nt*.

Friedländer's bacillus Friedländer-Bakterium *nt*, -Bacillus *m*, Bacterium pneumoniae Friedländer, Klebsiella pneumoniae.

frog *n* Frosch *m*.

fronto- *präf*. Stirn(bein)-, Fronto-.

fructan *n* Fruktan *nt*, Levan *nt*.

fructofuranose *n* Fruktofuranose *f.*

β-fructofuranosidase *n* Saccharase *f*, β-Fructofuranosidase *f*, Invertase *f.*

fructokinase *n* Frukto-, Fructokinase *f.*

fructopyranose *n* s.u. *fructose.*

fructosamine *n* Fructosamin *nt.*

fructosan *n* Fruktosan *nt*, Fructosan *nt*, Levulan *nt.*

fructose *n* Fruchtzucker *m*, (D-)Fruktose *f*, (D-)Fructose *f*, Levulose *f.*

fructose-1,6-bisphosphatase *n* s.u. *fructose-1,6-diphosphatase.*

fructose-2,6-bisphosphatase *n* s.u. *fructose-2,6-diphosphatase.*

fructose-1,6-bisphosphate *n* s.u. *fructose-1,6-diphosphate.*

fructose-2,6-bisphosphate *n* s.u. *fructose-2,6-diphosphate.*

fructose bisphosphate aldolase s.u. *fructose diphosphate aldolase.*

fructose-1,6-diphosphatase *n* Fructose-1,6-diphosphatase *f*, Hexosediphosphatase *f.*

fructose-2,6-diphosphatase *n* Fructose-2,6-diphosphatase *f.*

fructose-1,6-diphosphate *n* Fructose-1,6-diphosphat *nt*, Harden-Young-Ester *m.*

fructose-2,6-diphosphate *n* Fructose-2,6-diphosphat *nt.*

fructose diphosphate aldolase Fructosediphosphataldolase *f*, Fructosebisphosphataldolase *f*, Aldolase *f.*

fructose-1-phosphate *n* Fructose-1-phosphat *nt.*

fructose-6-phosphate *n* Fructose-6-phosphat *nt*, Neuberg-Ester *m.*

fructose-1-phosphate aldolase Isozym B *nt* der Fructosediphosphataldolase.

fructosidase *n* s.u. β-*fructofuranosidase.*

fructosyltransferase *n* Fructosyltransferase *f.*

fruit *n* Frucht *f*; Obst *nt*, Früchte *pl.*

fruiting body Fruchtkörper *m.*

fuchsin *n* Fuchsin *nt.*

α-L-fucosidase *n* α-L-Fucosidase *f.*

fucosyl transferase Fucosyltransferase *f.*

fucoxanthine *n* Fucoxanthin *nt.*

fuel *n* Brennstoff *m.*

fuel molecule Brennstoffmolekül *nt.*

fuel value Brennwert *m.*

fugacity *n* Flüchtigkeit *f*, Fugazität *f.*

fumarase *n* s.u. *fumarate hydratase.*

fumarate *n* Fumarat *nt.*

fumarate hydratase Fumarase *f*, Fumarathydratase *f.*

fumarate pathway Fumaratweg *m.*

fumaric acid Fumarsäure *f.*

fumaroylacetoacetate hydrolase s.u. *fumarylacetoacetase.*

fumarylacetoacetase *n* Fumarylacetoacetase *f.*

4-fumarylacetoacetate *n* 4-Fumarylacetoacetat *nt*, 4-Fumarylazetoazetat *nt.*

4-fumarylacetoacetic acid 4-Fumarylacetessigsäure *f*, 4-Fumarylazetessigsäure *f.*

fume **I** *n* Dampf *m*, Dunst *m*, Rauch *m*, Nebel *m.* **II** *vt* (*Dämpfe*) von sich geben, ausstoßen. **III** *vi* rauchen, dampfen.

functional *adj.* funktionell, Funktions-.

functional metabolism Funktions-, Betriebsstoffwechsel *m.*

functional reserve funktionelle Reserve *f.*

fundamental **I** *n* **1.** Fundament *nt*, Gundlage *f.* **2.** Basis-, Fundamentaleinheit *f.* **II** *adj.* fundamental, grundlegend, wesentlich (*to* für); grundsätzlich, elementar, Grund(lagen)-, Fundamental-.

fundamental particle Elementarteilchen *nt.*

fundamental research Grundlagenforschung *f.*

Fungi *pl* Pilze *pl*, Fungi *pl*, Myzeten *pl*, Mycetes *pl*, Mycophyta *pl*, Mycota *pl.*

fungicide *n* fungizides Mittel *nt*, Fungizid *nt.*

funtional group funktionelle Gruppe *f.*

furan *n* Furan *nt*, Furfuran *nt.*

furanose form Furanoseform *f.*

furanose ring Furanosering *m.*

furan ring Furanring *m.*

Fusarium *n* Fusarium *nt.*

fusel oil Fuselöl *nt.*

fusidate *n* Fusidinat *nt.*

fusiform bacillus s.u. *fusobacterium.*

fusion *n* (Zell-, Chromosomen-)Verschmelzung *f*, Fusion *f*; (Kern-)Fusion *f.*

fusional *adj.* Fusions-.

fusion nucleus Verschmelzungskern *m.*

fusion protein Fusionsprotein *nt*, F-

Protein *nt*.
Fusobacterium *n* Fusobacterium *nt*.

futile cycle Leerlauf-Zyklus *m*.
futile cycle sinnloser/futiler Zyklus *m*.

G

GABAergic *adj.* GABAerg.
GABAergic synapse GABAerge Synapse *f.*
G-actin *n* globuläres Aktin *nt*, G-Aktin *nt.*
galact- *präf.* s.u. *galacto-.*
galactagogin *n* humanes Plazenta-Laktogen *nt*, Chorionsomatotropin *nt.*
galactan *n* Galactan *nt.*
galactic *adj.* Milch betreffend, Milch-, Galakt(o)-, Lakt(o)-.
galactin *n* s.u. *galactopoietic hormone.*
galacto- *präf.* Milch-, Milchzucker-, Galakt(o)-, Lakt(o)-.
galactocerebroside *n* Galaktocerebrosid *nt.*
galactocerebroside β-galactosidase s.u. *galactosylceramidase.*
galactogen *n* Galaktogen *nt.*
galactogenous *adj.* die Milchbildung fördernd, milchbildend, galaktogen.
galactoglucomannan *n* Galaktoglucomannan *nt.*
galactokinase *n* Galakto-, Galactokinase *f.*
galactolipid *n* Galaktolipid *nt.*
galactomannan *n* Galaktomannan *nt.*
galactopexic *adj.* Galaktose bindend *oder* fixierend.
galactopexy *n* Galaktosebindung *f*, -fixierung *f.*
galactophore I *n* Milchgang *m.* **II** *adj.* s.u. *galactophorous.*
galactophorous *adj.* milchführend.
galactophorous ducts Milchgänge *pl.*
galactopoiesis *n* Milchbildung *f*, Galaktopoese *f.*
galactopoietic I *n* galaktopoetische Substanz *f.* **II** *adj.* Milchbildung betreffend *oder* anregend, galaktopoetisch.
galactopoietic factor s.u. *galacopoietic hormone.*
galactopoietic hormone Prolaktin *nt*, Prolactin *nt*, laktogenes Hormon *nt.*
galactosamine *n* Galaktosamin *nt*, Chondrosamin *nt.*
galactosamine-6-sulfate sulfatase *N*-Acetylgalaktosamin-6-Sulfatsulfatase *f*, Chondroitinsulfatsulfatase *f.*
galactosamine-6-sulphate sulphatase *Brit.* *N*-Acetylgalaktosamin-6-Sulfatsulfatase *f*, Chondroitinsulfatsulfatase *f.*
galactose *n* Galaktose *f*, Galactose.
galactose epimerase s.u. *galactowaldenase.*
D-galactose-D-glucomannan *n* D-Galaktose-D-Glucomannan *nt.*
galactose-1-phosphate *n* Galaktose-1-phosphat *nt.*
galactose-1-phosphate uridyltransferase UDPglukose-hexose-1-phosphaturidylyltransferase *f*, UDP-glukose-galactose-1-phosphaturidylyltransferase *f*, Galaktose-1-phosphaturidyltransferase *f.*
α-D-galactosidase *n* α-D-Galaktosidase *f.*
β-galactosidase *n* β-Galaktosidase *f*, Laktase *f.*
β-D-galactosidase *n* β-D-Galaktosidase *f.*
α-D-galactosidase A α-D-Glaktosidase A *f*, Ceramidtrihexosidase *f.*

α-D-galactosidase B α-D-Galakto-sidase B *f*, α-*N*-Acetylgalaktosamini-dase *f*.

galactoside *n* Galaktosid *nt*, Galacto-sid *nt*.

galactoside permease Galaktosid-permease *f*.

galactosis *n*, *pl* **-ses** (*Milchdrüsen*) Milchbildung *f*.

galactosylceramidase *n* Galakto-sylceramidase *f*, Galaktocerebrosid-β-galaktosidase *f*.

galactosylceramide *n* S.U. *galacto-cerebroside*.

galactosylceramide β-galactosid-ase S.U. *galactosylceramidase*.

galactosylceramide β-galactosyl-hydrolase S.U. *galactosylcerami-dase*.

galactosylglucose *n* Milchzucker *m*, Laktose *f*, Lactose *f*, Laktobiose *f*.

galactowaldenase *n* Galaktowal-denase *f*, UDP-Glucose-4-Epimerase *f*, UDP-Galaktose-4-Epimerase *f*.

galacturonan *n* Galakturonan *nt*.

galacturonic acid Galakturon-, Ga-lacturonsäure *f*.

α-D-galacturonic acid *n* α-D-Galak-turonsäure *f*.

gall *n* **1.** Galle *f*, Gallenflüssigkeit *f*, Fel *nt*. **2.** S.U. *gallbladder*.

gallate *n* Gallat *nt*.

gallbladder *n* Gallenblase *f*, Galle *f*, Vesica fellea/biliaris.

gall duct Gallengang *m*.

gallic acid Gall-, Gallussäure *f*.

gallotannic acid Tannin *nt*, Gerbsäu-re *f*.

gallotannin *n* Gallotannin *nt*.

galvanic *adj.* galvanisch.

galvanic current galvanischer Strom *m*, konstanter Gleichstrom *m*.

galvanic electricity galvanischer Strom *m*, konstanter Gleichstrom *m*.

Gamasidae *pl* Gamasidae *pl*.

gamet- *präf.* S.U. *gameto-*.

gamete *n* reife Keimzelle *f*, Ge-schlechtszelle *f*, Gamet *m*, Gamozyt *m*.

gametic *adj.* Gamenten-.

gameto- *präf.* Gamet(o)-.

gametocyte *n* **1.** Gametozyt *m*. **2.** Gamont *m*.

gametogenesis *n* Gametenbildung *f*, -entwicklung *f*, Gametogenese *f*.

gametogenic *adj.* gametogen.

gametogenous *adj.* S.U. *gameto-genic*.

gametogeny *n* S.U. *gametogenesis*.

gametogony *n* **1.** Gamogonie *f*, Ga-metogonie *f*. **2.** geschlechtliche Fort-pflanzung *f*, Gametogonie *f*, Gamo-gonie *f*, Gamogenese *f*.

gamma *n* Gamma *nt*.

gamma-aminobutyric acid γ-Ami-no-*n*-Buttersäure *f*, Gammaamino-buttersäure *f*.

gamma-benzene hexachloride Benzolhexachlorid *nt*, Hexachlor-cyclohexan *nt*; Lindan *nt*.

gamma-carotene *n* γ-Carotin *nt*, γ-Karotin *nt*.

gamma globulin 1. Gammaglobulin *nt*, γ-Globulin *nt*. **2.** Immunglobulin *nt*.

Gammaherpesvirinae *pl* Gamma-herpesviren *pl*, Gammaherpesvirinae *pl*.

gamma radiation Gammastrahlung *f*, γ-Strahlung *f*.

gamma rays Gammastrahlen *pl*, γ-Strahlen *pl*.

gamma streptococci gamma-hämo-lytische/nicht-hämolysierende Strepto-kokken *pl*.

gamogenesis *n* geschlechtliche Fort-pflanzung *f*, Gamogenese *f*, Gamo-genesis *f*, Gamogonie *f*.

gamone *n* Gamon *nt*.

Gap₁ period G_1-Phase *f*.

Gap₂ period G_2-Phase *f*.

Gardnerella *n* Gardnerella *f*.

gas *n*, *pl* **-es, -ses 1.** Gas *nt*. **2.** Lach-gas *nt*, Distickstoffoxid *nt*, Stickoxi-dul *nt*.

gas cell Gaszelle *f*.

gas chromatography Gaschromato-graphie *f*.

gas constant Gaskonstante *f*.

gaseous *adj.* gasförmig, -artig, gasig, Gas-.

gaseous diffusion Gasdiffusion *f*.

gaseous hydrogen gasförmiger Wasserstoff *m*.

gaseousness *n* Gasförmigkeit *f*, Gas-zustand *m*.

gaseous state gasförmiger (Aggre-gat-)Zustand *m*.

gas exchange Gasaustausch *m*.

gasiform *adj.* S.U. *gaseous*.

gas law Gasgesetz *nt*.

gas-liquid chromatography Gas-Flüssigkeitschromatographie *f*.

gas liquor konzentrierter Salmiakgeist *m.*

gas mixture Gasgemisch *nt.*
    alveolar gas mixture alveoläres Gas-
    gemisch, Alveolarluft *f.*
gas phase Gasphase *f.*
gas-solid chromatography Gas-
    Adsorptionschromatographie *f.*
Gasterophilidae *pl* Gasterophilidae *pl.*
Gasterophilus *n* Gastrophilus *m.*
gastr- *präf.* S.U. *gastro-.*
gastramine hydrochloride Betazol-
    hydrochlorid *nt.*
gastric *adj.* Magen betreffend, gas-
    trisch, gastral, Magen-, Gastro-.
gastric acid Magensäure *f.*
gastric digestion Magenverdauung *f,*
    peptische Verdauung *f.*
gastric glands Magendrüsen *f.*
gastric inhibitory polypeptide S.U.
    glucose dependent insulinotropic pep-
    tide.
gastric intrinsic factor Intrinsic-
    Faktor *m,* intrinsic factor.
gastric juice Magensaft *m,* -speichel *m.*
gastric motility Magenmotilität *f.*
gastric mucosal barrier Magen-
    schleimhautbarriere *f.*
gastric pH Magensaft-pH *m.*
gastric phase (*Verdauung*) gastrale
    Phase *f.*
gastric secrete Magensekret *nt.*
gastric secretion 1. Magensekretion
    nt. **2.** Magensekret *nt.*
gastricsin *n* Pepsin C *nt,* Gastrizin *nt.*
gastrin *n* Gastrin *nt.*
gastro- *präf.* Magen-, Gastro-.
Gastrodiscoides *n* Gastrodiscoides *f.*
gastrogenic *adj.* vom Magen aus-
    gehend, aus dem Magen stammend,
    gastrogen.
gastrointestinal *adj.* Magen und
    Darm betreffend, gastrointestinal,
    gastroenteral, Gastroentero-, Gastro-
    intestino-, Magen-Darm-.
gastrointestinal digestion gastro-
    intestinale/primäre Verdauung *f,* Ver-
    dauung *f* im Magen-Darm-Trakt.
gastrointestinal hormone gastro-
    intestinales Hormon *nt.*
gastrointestinal peptide gastroin-
    testinales Peptid *nt.*
gastropod *n* Schnecke *f,* Gastropode *m.*
Gastropoda *pl* Schnecken *pl,* Gastro-
    poden *pl,* Gastropoda *pl.*
gate *n* Tor *nt,* Pforte *f,* Gate *nt,*
    Schranke *f.*

gate-control hypothesis Gate-
    Control-Theorie *f,* Kontrollschran-
    kentheorie *f.*
gate-control theory S.U. *gate-control*
    hypothesis.
gate hypothesis S.U. *gate-control*
    hypothesis.
gate theory S.U. *gate-control hypo-*
    thesis.
gauss *n* Gauß *nt.*
gaussian distribution Gauss-Nor-
    malverteilung *f.*
gaussian curve Glockenkurve *f,*
    Gauss-Kurve *f.*
G band (*Chromosom*) G-Bande *f.*
GC box GC-Box *f.*
G cell 1. (*Pankreas*) G-Zelle *f,* Gas-
    trinzelle *f.* **2.** (*Hypophyse*) G-Zelle *f,*
    Gammazelle *f.*
gel I *n* Gel *nt.* **II** *vi* gelieren, ein Gel
    bilden.
gelate *vi* S.U. *gel* II.
gelatinase *n* Gelatinase *f.*
gelatinous *adj.* **1.** gel-, gallert-, gela-
    tineartig, gelatinös, Gallert-. **2.** Gel
    enthaltend.
gel filtration Gelfiltration *f,* Moleku-
    larsiebfiltration *f,* molekulare Aus-
    schlußchromatographie *f.*
gel-filtration chromatography Gel-
    (filtrations)chromatographie *f.*
gel-permeation chromatography
    Gel(filtrations)chromatographie *f.*
geminate I *adj.* paarweise, gepaart,
    Doppel-. **II** *vt* verdoppeln. **III** *vi* sich
    verdoppeln.
gene *n* Gen *nt,* Erbfaktor *m,* -einheit *f,*
    -anlage *f.*
gene activation Genaktivierung *f.*
    differential gene activation differen-
    tielle Genaktivierung.
gene activity Gentätigkeit *f,* -aktivität *f.*
gene balance genetische Balance *f,*
    Genbalance *f.*
gene combination Genkombination *f.*
gene complex Genkomplex *m.*
gene conversion Genkonversion *f.*
gene duplication Genverdopplung *f,*
    -duplikation *f.*
gene exchange Genaustausch *m.*
gene expression Genausprägung *f,*
    -manifestierung *f,* -manifestation *f,*
    -expression *f.*
    differential gene expression dif-
    ferentielle Genexpression.
gene flow Genfluss *m,* Gen-flow *m.*

G

gene frequency Genhäufigkeit *f*, -frequenz *f*.

gene interaction Genwechselwirkung *f*.

gene linkage Genkopplung *f*, Faktorenkopplung *f*.

gene map Genkarte *f*.

gene mapping Genkartierung *f*.

gene mutation Genmutation *f*.

gene pool Genpool *m*.

general *adj.* allgemein, generell, Allgemein-.

generative *adj.* **1.** Zeugung *oder* Fortpflanzung betreffend, generativ, geschlechtlich, Zeugungs-, Fortpflanzungs-. **2.** fortpflanzungsfähig, fruchtbar.

generative cell reife Keimzelle *f*, Geschlechtszelle *f*, Gamet *m*, Gamozyt *m*.

generativeness *n* Fortpflanzungsfähigkeit *f*, Generativität *f*.

generator *n* **1.** Generator *m*, Stromerzeuger *m* Dynamomaschine *f*. **2.** (*chemisch*) Entwickler *m*.

gene recombination Genrekombination *f*.

gene reduplication Genverdoppelung *f*, -reduplikation *f*.

gene regulation Genregulation *f*.

gene repression Genrepression *f*.

gene repressor Genrepressor *m*.

genetic *adj.* Genetik *oder* Gene betreffend, durch Gene bedingt, genetisch, erbbiologisch, Vererbungs-, Erb-, Entwicklungs-.

genetical *adj.* S.U. *genetic*.

genetic analysis Erbanalyse *f*.

genetic assimilation genetische Assimilation *f*.

genetic code genetischer Kode/Code *m*.

genetic complement Genbestand *m*.

genetic continuity genetische Kontinuität *f*.

genetic coupling Genkopplung *f*, Faktorenkopplung *f*.

genetic drift genetische Drift *f*, Gendrift *f*.

genetic engineering Genmanipulation *f*, genetische Manipulation *f*, Genetic engineering *nt*.

genetic exchange Genaustausch *m*.

genetic immunity angeborene Immunität *f*.

genetic information Erbinformation

f, -substanz *f*.

genetic interactions (*Virus*) genetische Wechselwirkungen *pl*.

genetic map Genkarte *f*.

genetic material genetisches Material *nt*, Genmaterial *nt*.

genetic memory genetisches Gedächtnis *nt*.

genetic mutant genetische Mutante *f*.

genetic polymorphism genetischer Polymorphismus *m*.

genetic rearrangement genetischer Umbau *m*.

genetic reassortment genetisches Reassortment *nt*.

genetics *pl* **1.** Genetik *f*, Erb-, Vererbungslehre *f*. **2.** Erbanlagen *pl*.

genetic sex chromosomales/genetisches Geschlecht *nt*.

genetotrophic *adj.* genetotroph(isch).

gene transfer Genübertragung *f*, -transfer *m*.

genic *adj.* Gen(e) betreffend, durch Gene bedingt, Gen-.

genic action Genwirkung *f*.

genic balance genetische Balance *f*, Genbalance *f*.

genistein *n* Daidzein *nt*, Genistein *nt*, 4,5,7-Trihydroxyisoflavon *nt*.

genital *adj.* **1.** Zeugung *oder* Vermehrung betreffend, genital, Zeugungs-, Fortpflanzungs-. **2.** Geschlechtsorgane/Genitalien betreffend, genital, Geschlechts-, Genital-.

genital gland 1. weibliche Keimdrüse *f*, Eierstock *m*, Ovarium *nt*, Ovar *nt*, Oophoron *nt*. **2.** männliche Keimdrüse *f*, Hode(n) *m*, Testikel *m*, Testis *m*, Orchis *m*.

genitalia *pl* Geschlechts-, Genitalorgane *pl*, Genitalien *pl*, Genitale *pl*.

genital organs S.U. *genitalia*.

genitals *pl* S.U. *genitalia*.

genito- *präf.* Genital-, Genito-.

genitourinary *adj.* Harn- und Geschlechtsorgane betreffend, urogenital, Urogenital-.

genitourinary apparatus Urogenitalsystem *nt*, -trakt *m*, Harn- und Geschlechtsapparat *m*.

genitourinary system S.U. *genitourinary apparatus*.

genocopy *n* Genokopie *f*.

genom *n* S.U. *genome*.

genome *n* Erbinformation *f*, Genom *nt*.

genomic *adj.* Genom betreffend,

Genom-.
genomic mutation Genommutation *f.*
genotype *n* Genotyp(us *m*) *m*, Erbbild *nt.*
genotypic *adj.* Genotyp(us) betreffend, auf ihm beruhend, durch ihn bestimmt, genotypisch.
genotypic reversion genotypische Reversion *f.*
gentianic acid s.u. *gentisin.*
gentianin *n* s.u. *gentisin.*
gentianophil I *n* gentianophile Zelle *f.* **II** *adj.* leicht mit Gentianaviolett färbend, gentianophil.
gentianophilic *adj.* s.u. *gentianophil* II.
gentianophilous *adj.* s.u. *gentianophil* II.
gentian violet Gentianaviolett *nt.*
gentisate *n* Genti(ni)sat *nt.*
gentisic acid Gentisinsäure *f*, Dihydroxybenzoesäure *f.*
gentisin *n* Gentisin *nt*, Gentianin *nt*, Gentiin *nt.*
genus *n, pl* **genera** Gattung *f*, Genus *nt.*
geo- *präf.* Erde-, Geo-.
Geotrichum *n* Geotrichum *nt.*
  Geotrichum candidum Milchschimmel *m*, Geotrichum candidum.
geraniol-10-hydroxylase *n* Geraniol-10-hydroxylase *f*, Monoterpenhydroxylase *f.*
geranyl-diphosphate synthase Geranyldiphosphatsynthase *f.*
geranylgeranyl pyrophosphate Geranylgeranyldiphosphat *nt.*
geranylpyrophosphoric acid Geranylpyrophosphorsäure *f.*
germ *n* Keim *m*, Anlage *f.*
germ cell Germinal-, Keimzelle *f.*
germicide *n* keim(ab)tötendes Mittel *nt*, Germizid *nt.*
germinal *adj.* germinal, germinativ, Keim(zellen)-, Germinal-.
germinative *adj.* **1.** s.u. *germinal.* **2.** Keimung bewirkend *oder* auslösend.
germ plasma Keimplasma *nt*, Erb-, Idioplasma *nt.*
gestagen *n* Gestagen *nt*, gestagenes Hormon *nt.*
gestagenic *adj.* Gestagen betreffend, gestagen.
gestagenic hormone s.u. *gestagen.*
gestagenic phase gestagene Phase *f*, Sekretions-, Lutealphase *f.*

gestation *n* Schwangerschaft *f*, Gravidität *f.*
ghost *n* Ghost *m.*
giant chromosome 1. Riesenchromosom *nt.* **2.** Lampenbürstenchromosom *nt.*
Giardia *n* Giardia *f.*
gibberellic acid Gibberellinsäure *f.*
gibberellin *n* Gibberellin *nt.*
gibberellin A$_{12}$ aldehyde Gibberellin A$_{12}$-Aldehyd *m.*
gibberellin-20-oxidase *n* Gibberellin-20-oxidase *f.*
Giemsa banding (*Chromosom*) Giemsa-G-Banding *nt.*
Giemsa's stain Giemsa-Färbung *f.*
giga- *präf.* Giga-.
giga electron volt Gigaelektronenvolt *nt.*
gill *n* **1.** Kieme *f*, Branchie *f.* **2.** (*Pilz*) Lamelle *f.*
ginsenoid *n* Ginsenoid *nt.*
gitalin *n* Gitalin *nt.*
gitoxin *n* Gitoxin *nt.*
gland *n* Drüse *f*, Glandula *f.*
gland cell Drüsenzelle *f.*
glandotropic *adj.* auf Drüsen einwirkend, glandotrop.
glandotropic hormone glandotropes Hormon *nt.*
glandular *adj.* Drüse betreffend, glandulär, Drüsen-.
glass I *n* **1.** Glas *nt*; Glasscheibe *f*; **2.** Vergrößerungsglas *nt*, Linse *f.* **II** *vt* verglasen.
glass capillary Glaskapillare *f.*
glass-capillary electrode Glaskapillarelektrode *f.*
glass electrode Glaselektrode *f.*
glass factor Faktor XII *m*, Hageman-Faktor *m.*
glassy *adj.* glasähnlich, -artig, gläsern, glasig; hyalin.
gliadin *n* Gliadin *nt.*
globe I *n* Kugel *f.* **II** *vt* zusammenballen, kugelförmig machen. **III** *vi* sich zusammenballen.
globin *n* Globin *nt.*
globoid I *n* Globoid *nt.* **II** *adj.* s.u. *globose.*
globose *adj.* kugelförmig, sphärisch, globulär, globoid, kugelig, Kugel-.
globoside *n* Globosid *nt.*
globular *adj.* **1.** s.u. *globose.* **2.** globulär.
globular actin globuläres Aktin *nt*, G-

G

Aktin *nt*.

globular model globuläres Modell *nt*, Untereinheitenmodell *nt*.

globular protein globuläres Eiweiß/ Protein *nt*.

globule *n* **1.** Kügelchen *nt*. **2.** Tröpfchen *nt*.

globulicide *n* Globulizid *nt*.

globulin *n* Globulin *nt*.

globulous *adj*. s.u. *globular*.

globus *n*, *pl* **-bi** Kugel *f*, Klumpen *m*, Globus *m*.

glomal *adj*. Glomus betreffend, Glomus-.

glomerate *adj*. (zusammen-)geballt, gehäuft, geknäuelt, knäuelig.

glomerular *adj*. glomerulär, Glomerulo-.

glomerular basement membrane (Glomerulum-)Basalmembran *f*.

glomerular filtrate Glomerulumfiltrat *nt*, glomeruläres Filtrat *nt*.

glomerular filtration glomeruläre Filtration *f*.

glomerular filtration rate glomeruläre Filtrationsrate *f*.

glomerular loop Glomerulumschlinge *f*.

glomerular membrane Glomerulum-, Glomerularmembram *f*.

glomerulate *adj*. s.u. *glomerate*.

glomerulus *n*, *pl* **-li 1.** Knäuel *nt/m*, Glomerulus *m*, Glomerulum *nt*. **2.** (Nieren-)Glomerulus *m*.

glomoid *adj*. glomusähnlich, -artig, glomoid.

glomus *n*, *pl* **-mi**, **glomera** Gefäß-, Nervenknäuel *nt/m*, Glomus *nt*.

glomus cell Glomuszelle *f*.

glossa *n*, *pl* **-sae** Zunge *f*, Glossa *f*, Lingua *f*.

glossal *adj*. Zunge/Glossa betreffend, zungenförmig, lingual, Zungen-, Glosso-.

Glossina *n* Zungen-, Tsetsefliege *f*, Glossina *f*.

glosso- *präf*. Zunge/Glossa betreffend, Zungen-, Glosso-.

gluc- *präf*. s.u. *gluco-*.

glucagon *n* Glukagon *nt*, Glucagon *nt*.

glucan *n* Glukan *nt*, Glucan *nt*, Glukosan *nt*.

1,4-α-glucan branching enzyme Branchingenzym *nt*, Glucan-verzweigende Glykosyltransferase *f*, 1,4-α-Glucan-branching-Enzym *nt*.

α-glucan-branching glycosyltransferase s.u. 1,4-α-*glucan branching enzyme*.

glucan chain Glucankette *f*.

glucan-1,4-α-glucosidase *n* Glukan-1,4-α-Glukosidase *f*, lysosomale α-Glukosidase *f*.

α-glucan glycosyl 4:6-transferase s.u. 1,4-α-*glucan branching enzyme*.

α(1→4)glucan phosphorylase α(1→4)Glukanphosphorylase *f*.

glucaric acid D-Glucarsäure *f*, D-Zuckersäure *f*.

glucitol *n* Sorbit *nt*, Sorbitol *nt*, Glucit *nt*, Glucitol *nt*.

gluco- *präf*. Glukose-, Gluko-, Gluco-.

glucocerebrosidase *n* Glukozerebrosidase *f*, Gluko-, Glucocerebrosidase *f*.

glucocerebroside *n* Glukozerebrosid *nt*, Gluko-, Glucocerebrosid *nt*.

glucocorticoid I *n* Glukokortikoid *nt*, Glucocorticoid *nt*, Glukosteroid *nt*. **II** *adj*. Glukokortikoid(e) betreffend, glukokortikoidähnliche Wirkung besitzend, glukokortikoidähnlich.

glucocorticoid hormone s.u. *glucocorticoid* I.

glucogenesis *n* Glukosebildung *f*, Gluko-, Glyko-, Glucogenese *f*.

glucogenic *adj*. glukogen, glucogen.

glucoiridoid *n* Glucoiridoid *nt*.

glucokinase *n* **1.** Gluko-, Glucokinase *f*. **2.** glukosespezifische Hexokinase *f*.

glucokinetic *adj*. Glukose aktivierend, glukokinetisch.

glucolipid *n* Gluko-, Glucolipid *nt*.

glucolysis *n* s.u. *glycolysis*.

glucolytic *adj*. s.u. *glycolytic*.

glucomannan *n* Glucomannan *nt*.

D-gluco-D-mannan *n* D-Gluco-D-Mannan *nt*.

gluconate *n* Glukonat *nt*, Gluconat *nt*.

gluconeogenesis *n* Gluko-, Glyko-, Gluconeogenese *f*.

gluconeogenetic *adj*. Glukoneogenese betreffend, glukoneogenetisch.

gluconic acid Glukon-, Gluconsäure *f*.

glucoprotein *n* **1.** Gluko-, Glucoprotein *nt*. **2.** s.u. *glycoprotein*.

glucoreceptor *n* Gluko-, Glucorezeptor *m*.

glucosaccharic acid s.u. *glucaric acid*.

glucosamine *n* Glukosamin *nt*, Aminoglukose *f*.

glucose *n* Glukose *f*, Traubenzucker *m*, Dextrose *f*, Glucose *f*, α-D-Glucopyranose *f*, Glykose *f*.

glucose carrier Glukosecarrier *m*.

glucose catabolism Glukosekatabolismus *m*.

glucose dependent insulinotropic peptide gastrisches inhibitorisches Polypeptid *nt*.

glucose-1,6-diphosphate *n* Glukose-1,6-diphosphat *nt*.

glucose-lactate cycle Cori-Zyklus *m*.

glucose metabolism Glukosestoffwechsel *m*.

glucose oxidase Glukoseoxidase *f*.

glucose-6-phosphatase *n* Glukose-6-phosphatase *f*.

glucose-1-phosphate *n* Glukose-1-phosphat *nt*, Cori-Ester *m*.

glucose-6-phosphate *n* Glukose-6-phosphat *nt*, Robison-Ester *m*.

glucose-1-phosphate adenylyltransferase *n* ADP-Glucose-Pyrophosphorylase *f*, Glucose-1-phosphatadenylyltransferase *f*, Glukose-1-phosphat-adenylyltransferase *f*.

glucose-6-phosphate dehydrogenase Glukose-6-phosphatdehydrogenase *f*.

glucose-6-phosphate isomerase Glukose(-6-)phosphatisomerase *f*, Phosphohexoseisomerase *f*, Phosphoglucoseisomerase *f*.

glucose-1-phosphate kinase Phosphoglukokinase *f*, -glucokinase *f*.

glucose-1-phosphate uridylyltransferase Glukose-1-phosphaturidylyltransferase *f*.

glucose-repressed *adj.* durch Glukose reprimiert.

glucose-repressible *adj.* durch Glukose reprimierbar.

glucose threshold Glukoseschwelle *f*.

glucose transporter Glucose-Transporter *m*.

glucosidase *n* Gluko-, Glucosidase *f*.

β-glucosidase *n* β-Glucosidase *f*.

glucoside *n* Glukosid *nt*, Glucosid *nt*.

glucosinolate *n* Glucosinolat *nt*, Sinigrin *nt*.

glucosyl *n* Glykosyl-(Radikal *nt*).

glucosylceramidase *n* S.U. *glucocerebrosidase*.

glucosyltransferase *n* Glykosyltransferase *f*.

glucurolactone *n* Glucuro(no)lacton *nt*.

glucuronate *n* Glukuronat *nt*, Glucuronat *nt*.

glucuronate reductase Glukuronatreduktase *f*.

glucuronic acid Glukuron-, Glucuronsäure *f*.

β-glucuronidase *n* β-Glucuronidase *f*.

glucuronide *n* S.U. *glucuronoside*.

glucuronide transferase S.U. *glucuronosyltransferase*.

glucurono-arabino-xylan *n* Glucurono-arabino-xylan *nt*.

glucuronoside *n* Glukuronid *nt*, Glucuronid *nt*, Glukuronosid *nt*.

glucuronosyltransferase *n* Glukuronyltransferase *f*.

glucuronyl transferase S.U. *glucuronosyltransferase*.

glutamate *n* Glutamat *nt*.

glutamate acetyltransferase Glutamatacetyltransferase *f*.

glutamate decarboxylase Glutamatdecarboxylase *f*.

glutamate dehydrogenase Glutamatdehydrogenase *f*, Glutaminsäuredehydrogenase *f*.

glutamate family Glutamat-Familie *f*.

glutamate formiminotransferase Glutamatformiminotransferase *f*.

glutamate kinase Glutamatkinase *f*.

glutamate 1-semialdehyde Glutamat-1-semialdehyd *m*.

glutamate 1-semialdehyde 2,1-aminomutase Glutamat-1-semialdehyd-amino-mutase *f*.

glutamate 1-semialdehyde aminotransferase Glutamat-1-semialdehyd-amino-mutase *f*.

glutamate synapse Glutamatsynapse *f*.

glutamate synthase Glutamatsynthase *f*.

glutamic acid Glutaminsäure *f*, α-Aminoglutarsäure *f*.

glutamic acid formiminotransferase S.U. *glutamate formiminotransferase*.

glutamic-oxaloacetic transaminase Glutamatoxalacetattransaminase *f*, Aspartataminotransferase *f*, Aspartattransaminase *f*.

glutamic-pyruvic transaminase Glutamatpyruvattransaminase *f*, Alaninaminotransferase *f*, Alanintrans-

G

aminase *f.*
glutamic α-semialdehyde Glutamat-1-semialdehyd *m.*
glutaminase *n* Glutaminase *f.*
glutamine *n* Glutamin *nt.*
glutamine amidotransferase Glutaminamidotransferase *f.*
glutamine:2-oxoglutarate *n* Glutamin:2-oxoglutarat-aminotransferase *f.*
glutamine synthetase Glutaminsynthetase *f.*
glutaminyl *n* Glutaminyl(-Radikal *nt*).
glutaminyl-peptide γ-glutamyltransferase Faktor XIIIa *m.*
glutamyl *n* Glutamyl-(Radikal *nt*).
γ-glutamyl amino acid γ-Glutamylaminosäure *f.*
γ-glutamyl carboxylase γ-Glutamylcarboxylase *f.*
γ-glutamylcyclotransferase *n* γ-Glutamylcyclotransferase *f.*
γ-glutamylcysteine synthethase γ-Glutamylcysteinsynthetase *f.*
γ-glutamyl phosphate γ-Glutamylphosphat *nt.*
γ-glutamyltransferase *n* γ-Glutamyltransferase *f,* γ-Glutamyltranspeptidase *f.*
γ-glutamyl transpeptidase s.u. *γ-glutamyltransferase.*
glutaral *n* s.u. *glutaraldehyde.*
glutaraldehyde *n* Glutar(säuredi)aldehyd *m.*
glutaric acid Glutarsäure *f.*
glutathione *n* Glutathion *nt,* γ-Glutamylcysteinglycin *nt.*
  oxidized glutathione oxidiertes Glutathion, Glutathiondisulfid *nt.*
  reduced glutathione reduziertes Glutathion, Glutathionsulfhydryl *nt.*
glutathione peroxidase Glutathionperoxidase *f.*
glutathione reductase (NAD(P)H) Glutathionreductase (NAD(P)H) *f.*
glutathione synthethase Glutathionsynthetase *f.*
gluten *n* Klebereiweiß *nt,* Gluten *nt.*
gluten flour Gluten-, Klebermehl *nt.*
glutethimide *n* Glutethimid *nt.*
glyc- *präf.* s.u. *glyco-.*
glycan *n* Polysaccharid *nt,* Glykan *nt,* Glycan *nt.*
glyceollin *n* Glyceollin *nt.*
glyceraldehyde *n* Glyzerin-, Glycerinaldehyd *m,* Glyceraldehyd *m.*
glyceraldehyde-3-phosphate Glyzerinaldehyd-3-phosphat *nt,* 3-Phosphoglyzerinaldehyd *m.*
glyceraldehyde-3-phosphate dehydrogenase Glyzerinaldehyd(-3-)dehydrogenase *f,* 3-Phosphoglyzerinaldehyddehydrogenase *f.*
glycerate *n* Glyzerat *nt,* Glycerat *nt.*
glyceric acid Glyzerin-, Glycerinsäure *f.*
glyceric aldehyde s.u. *glyceraldehyde.*
glyceridase *n* Lipase *f.*
glyceride *n* Acylglycerin *nt,* Glyzerid *nt,* Glycerid *nt.*
glycerin *n* s.u. *glycerol.*
glycerin aldehyde s.u. *glyceraldehyde.*
glycerinated *adj.* mit Glyzerin behandelt *oder* versetzt, glyzerinhaltig.
glycerol *n* Glyzerin *nt,* Glycerin *nt,* Glycerol *nt,* Propan-1,2,3-triol *nt.*
glycerol kinase Glyzerinkinase *f.*
glycerol lipid Glyzerinfett *nt,* -lipid *nt.*
glycerol-3-phosphate *n* Glyzerin-3-phosphat *nt.*
glycerol phosphate acyltransferase Glyzerinphosphatacyltransferase *f.*
glycerol-3-phosphate dehydrogenase Glyzerin-3-phosphatdehydrogenase *f.*
cytosol glycerol-3-phosphate dehydrogenase s.u. *glycerol-3-phosphate dehydrogenase (NAD⁺).*
glycerol-3-phosphate dehydrogenase (NAD⁺) zytoplasmatische Glyzerin-3-phosphatdehydrogenase *f,* Glyzerinphosphatdehydrogenase (NAD⁺) *f.*
glycerol phosphate shuttle Glyzerinphosphatshuttle *m.*
glycerol phosphatide Phosphoglyzerid *nt,* Glycerophosphatid *nt,* Phospholipid *nt,* Phosphatid *nt.*
glycerol-3-phosphorylcholine *n* Glyzerin-3-phosphorylcholin *nt.*
glycerol teichoic acid Glycerinteichonsäure *f.*
glycerol tripalmitate Palmitin *nt.*
glycerone *n* Glyzeron *nt,* Glyceron *nt,* Dihydroxyaceton *nt.*
glycerone phosphate Dihydroxyacetonphosphat *nt.*
glycerophosphatase *n* Glycerophosphatase *f.*
glycerose *n* Glycerose *f,* Glyzerose *f.*

G

glycerotrioleate n Olein nt, Triolen nt.
glyceryl n Glyzeryl-, Glyceryl-(Radikal nt).
glyceryl guaiacolate Guaifenesin nt, Guajacolglyzerinäther m.
glyceryl triacetate Triacetin nt, Glycerintriacetat nt, Glyceroltriacetat nt.
glyceryl trinitrate Glyceroltrinitrat nt, Nitroglyzerin nt.
glycinate n Glyzinat nt, Glycinat nt.
glycine n Glyzin nt, Glycin nt, Glykokoll nt, Aminoessigsäure f.
glycineamide ribonucleotide Glycinamidribonucleotid nt, 5-Phosphoribosyl-1-glycinamid nt.
glycineamide ribonucleotide synthetase GAR-Synthetase f, Glycinamidribonucleotidsynthetase f.
glycineamide ribonucleotide transformylase GAR-Transformylase f.
glycine amidinotransferase Glycinamidinotransferase f.
glycine aminotransferase Glycinaminotransferase f, Glutaminsäureglycin-transaminase f.
glycine-betaine n Glycin-Betain nt.
glycine decarboxylase Glycindecarboxylase f.
glycinergic adj. glycinerg.
glycinergic synapse glycinerge Synapse f.
glycine-rich β-glycoprotein C3-Proaktivator m, Faktor B m, glycinreiches Beta-Globulin nt.
glycine-rich protein Glycin-reiches Protein nt.
glycine synthase Glycinsynthase f.
glycinin n Glycinin nt.
glyco- präf. Glykogen-, Glyk(o)-, Glyc(o)-, Zucker-, Glyzerin-.
glycocalix n Glyko-, Glycokalix f.
glycochenodeoxycholate n Glykochenodesoxycholat nt.
glycochenodeoxycholic acid Glykochenodesoxycholsäure f.
glycocholate n Glykocholat nt.
glycocholic acid Glykocholsäure f.
glycocoll n s.u. glycine.
glycogen n Glykogen nt, tierische Stärke f.
glycogenase n Glykogenase f; α-Amylase f; β-Amylase f.
glycogenesis n 1. Glykogenbildung f, Glykogenese f. 2. Zuckerbildung f.
glycogenetic adj. s.u. glycogenic.

glycogenic adj. Glykogenese oder Glykogen betreffend, Glykogenese fördernd, glykogenetisch.
glycogenin n Glycogenin nt.
glycogenin glucosyltransferase Glycogenin nt.
glycogenolysis n Glykogenabbau m, Glykogenolyse f.
glycogenolytic adj. Glykogenolyse betreffend oder fördernd, glykogenspaltend, -abbauend, glykogenolytisch.
glycogenous adj. s.u. glycogenic.
glycogen phosphorylase Glykogenphosphorylase f.
glycogen phosphorylase kinase Phosphorylasekinase f.
glycogen synthase Glykogensynthase f, -synthetase f.
glycogen synthase I s.u. glycogen synthase a.
glycogen synthase a aktive Glykogensynthetase f, Glykogensynthetase a f.
glycogen synthase b inaktive Glykogensynthetase f, Glykogensynthetase b f.
glycogen synthase D s.u. glycogen synthase b.
glycogen synthetase s.u. glycogen synthase.
glycohaemoglobin n Brit. glykosyliertes Hämoglobin nt, Glykohämoglobin nt.
glycohemoglobin n glykosyliertes Hämoglobin nt, Glykohämoglobin nt.
glycol n Glykol nt.
glycolate n Glykolat nt.
glycolate oxidase Glykolatoxidase f.
glycolic acid Glykolsäure f, Hydroxyessigsäure f.
glycolipid n Glykolipid nt.
glycoluric acid Hydantoinsäure f, Uraminessigsäure f.
glycolysis n Glyko-, Glycolyse f, Embden-Meyerhof-Weg m.
glycolytic adj. Glykolyse betreffend oder fördernd, glykolytisch.
glycolytic enzyme glykolytisches Enzym nt.
glycometabolic adj. Zuckerstoffwechsel betreffend.
glycometabolism n Zuckerstoffwechsel m, -metabolismus m.
glyconeogenesis n s.u. gluconeogenesis.

glyconucleoprotein n Glykonukleoprotein nt.

glycopeptide n Glykopeptid nt.

glycopexic adj. die Zucker- oder Glykogenspeicherung fördernd, zucker-, glykogenspeichernd.

glycopexis n Zuckerspeicherung f, -bindung f, Glykogenspeicherung f, -bindung f.

glycophosphoglyceride n Glykophosphoglycerid nt.

glycoprotein n Glykoprotein nt, -proteid nt, Glycoprotein nt, -proteid nt.

glycosamine n Glykosamin nt, Aminozucker m.

glycosaminoglycan n Glykosaminoglykan nt.

glycosaminolipid n Glykosaminolipid nt.

glycosidase n Glykosidase f, Glykosidhydrolase f.

glycoside n Glykosid nt, Glycosid nt.

N-glycosides n N-Glykoside pl.

O-Glycoside n O-Glykosid nt.

5-O-glycoside n 5-O-Glykosid nt.

6-O-glycoside n 6-O-Glykosid nt.

glycosidic bond glykosidische Bindung f.

glycosidic linkage glykosidische Bindung f.

glycosphingolipid n Glykosphingolipid nt, Sphingoglykolipid nt.

glycosyl n Glykosyl-(Radikal nt).

glycosylacylglycerol n Glykosylacylglycerin nt.

N-glycosylamine n N-Glycosylamin nt, N-Glykosid nt.

glycosylated adj. glykosyliert.

glycosylated haemoglobin Brit. glykosyliertes Hämoglobin nt.

glycosylated hemoglobin glykosyliertes Hämoglobin nt.

glycosylation n Glykosylierung f.

glycosylceramidase n Glukozerebrosidase f, Gluko-, Glucocerebrosidase f.

glycosyl diacylglycerol Glykosyldiacylglycerin nt.

glycosyl-1-phosphate nucleotidyltransferase Glykosyl-1-phosphatnucleotidyltransferase f, Pyrophosphorylase f.

glycosylsphingosine n Glykosylsphingosin nt.

glycosyltransferase n Glykosyltransferase f.

glycuronic acid Glykuronsäure f.

glycuronide n Glykuronid nt.

glycyl n Glyzyl-, Glycyl-(Radikal nt).

glycyl-tRNA synthetase Glycyl-tRNA-synthetase f.

Glycyphagus n Glycyphagus m.

glyoxal n Glyoxal nt, Oxalaldehyd m.

glyoxalase n Glyoxalase f.

glyoxalase I Glyoxalase I f, Lactoylglutathionlyase f.

glyoxalase II Glyoxalase II f, Hydroxyacylglutathionhydrolase f.

glyoxylate n Glyoxylat nt, Glyoxalat nt.

glyoxylate cycle Glyoxalatzyklus m.

glyoxylic acid Glyoxalsäure f, Glyoxylsäure f.

glyphosate n Glyphosat nt.

GMP synthetase GMP-Synthetase f, Guanylsäuresynthetase f.

Gnathostoma n Gnathostoma nt.

gnotobiology n S.U. gnotobiotics.

gnotobiote n Gnotobio(n)t m.

gnotobiotic adj. gnotobiotisch.

gnotobiotics pl Gnotobiologie f, Gnotobiose f.

goblet n Becher m.

goblet cell Becherzelle f.

gold n Gold nt; Aurum nt.

Golgi's apparatus Golgi-Apparat m, -Komplex m.

Golgi's body S.U. Golgi's apparatus.

Golgi's complex S.U. Golgi's apparatus.

golgiokinesis n Golgiokinese f, Diktyokinese f.

gonad n Keim-, Geschlechtsdrüse f, Gonade f.

gonadal adj. Gonade(n) betreffend, gonadal, Gonad(o)-, Gonaden-.

gonado- präf. Gonaden-, Gonad(o)-.

gonadogenesis n Gonadenentwicklung f, Gonadogenese f.

gonadoliberin n S.U. gonadotropin releasing factor.

gonadorelin n synthetisches Gonadotropin-releasing-Hormon nt.

gonadotrope n S.U. gonadotroph.

gonadotroph n 1. gonadotrope Substanz f. 2. (HVL) gonadotrope Zelle f; β-Zelle f, Beta-Zelle f; D-Zelle f, Delta-Zelle f.

gonadotrophic adj. S.U. gonadotropic.

gonadotrophin n S.U. gonadotropin.

gonadotropic adj. auf die Gonaden wirkend, gonadotrop.

gonadotropic hormone s.u. *gonadotropin.*

gonadotropin *n* gonadotropes Hormon *nt*, Gonadotropin *nt*.

gonadotropin releasing factor Gonadotropin-releasing-Faktor *m*, Gonadotropin-releasing-Hormon *nt*, Gonadoliberin *nt*.

gonadotropin releasing hormone s.u. *gonadotropin releasing factor.*

Gongylonema *n* Gongylonema *nt*.

gonidangium *n* Gonidangium *nt*.

gonidiospore *n* Gonidiospore *f*.

gonidium *n, pl* **-dia** Gonidie *f*, Gonidium *nt*.

gonocide *n, adj.* s.u. *gonococcide.*

gonococcide **I** *n* gonokokkenabtötendes Mittel *nt*. **II** *adj.* gonokokkenabtötend.

gonococcocide *n, adj.* s.u. *gonococcide.*

gonosome *n* Sex-, Hetero-, Geschlechtschromosom *nt*, Gonosom *nt*, Heterosom *nt*, Allosom *nt*.

G_1 period s.u. *G_1 phase.*

G_2 period s.u. *G_2 phase.*

G_1 phase G_1-Phase *f*.

G_2 phase G_2-Phase *f*.

gram *n* Gramm *nt*.

gram atom Grammatom(gewicht *nt*) *nt*, Atomgramm *nt*.

gram-atomic weight s.u. *gram atom.*

gram calorie (Gramm-, Standard-) Kalorie *f*, kleine Kalorie *f*.

gram-equivalent *n* Grammäquivalent *nt*.

gram ion s.u. *gram-ion.*

gram-ion *n* Grammion *nt*.

grammole *n* s.u. *gram-molecular weight.*

gram-molecular weight Grammmolekül *nt*, Mol *nt*, Grammmol *nt*, Grammmolekulargewicht *nt*.

gram molecule s.u. *gram-molecular weight.*

gram-negative bacteria gram-negative Bakterien *pl*.

gram-positive bacteria gram-positive Bakterien *pl*.

grana *pl* Grana *pl*.

grana thylakoid Granathylakoid *nt*.

granulated *adj.* granuliert, gekörnt, körnig.

granule *n* Zell-, Speicherkörnchen *nt*, Granulum *nt*.

granulocyte *n* Granulozyt *m*, granulärer Leukozyt *m*.

granulocytic *adj.* Granulozyt(en) betreffend, granulozytär, Granulozyten-, Granulozyto-.

grape sugar s.u. *glucose.*

graphic formula Strukturformel *f*.

graphite *n* Graphit *m*.

gravid *adj.* schwanger, gravid.

gravidity *n* Schwangerschaft *f*, Gravidität *f*, Graviditas *f*.

gravitation *n* Massenanziehung *f*, Gravitation *f*.

gravitational *adj.* Schwer(e)-, Gravitations-.

gravitational acceleration Erdbeschleunigung *f*, Gravitationsbeschleunigung *f*.

gravitational constant Gravitationskonstante *f*.

gravitational field Schwere-, Gravitationsfeld *nt*.

gravitational force Gravitations-, Schwerkraft *f*.

gravity *n, pl* **-ties** Schwerkraft *f*, Gravitation(skraft *f*) *f*.

green bacteria grüne Bakterien *pl*, grüne Schwefelbakterien *pl*.

green sulfur bacteria grüne Bakterien *pl*, grüne Schwefelbakterien *pl*.

green sulphur bacteria *Brit.* grüne Bakterien *pl*, grüne Schwefelbakterien *pl*.

groove *n* Furche *f*, Rinne *f*.

ground **I** *n* **1.** Grund *m*, Boden *m*. **2.** Grundlage *f*, Basis *f*.

ground state Grundzustand *m*.

ground substance Grund-, Kitt-, Interzellular-, Zwischenzellsubstanz *f*.

group *n* Gruppe *f*, Radikal *nt*.

group-transfer *n* Gruppenübertragung *f*, -transfer *m*.

group-transferring *adj.* gruppenübertragend.

group-transferring reaction gruppenübertragende Reaktion *f*.

group translocation Gruppentranslokation *f*.

grow (**grew; grown**) *vi* wachsen; (*Person*) größer werden, wachsen. **grow together** zusammenwachsen.

growth *n* **1.** Wachsen *nt*, Wachstum *nt*; Wuchs *m*, Größe *f*. **2.** Entwicklung *f*.

growth cycle Wachstumszyklus *m*.

growth factor Wachstumsfaktor *m*.

growth factor V (Wachstums-)Faktor V *m*.

G

growth factor X (Wachstums-)Faktor X *m*.

growth hormone Wachstumshormon *nt*, somatotropes Hormon *nt*, Somatotropin *nt*.

placental growth hormone humanes Plazenta-Laktogen *nt*, Chorionsomatotropin *nt*.

growth hormone inhibiting factor s.u. *growth hormone inhibiting hormone*.

growth hormone inhibiting hormone Somatostatin *nt*, growth hormone release inhibiting hormone *nt*.

growth hormone release inhibiting factor s.u. *growth hormone inhibiting hormone*.

growth hormone release inhibiting hormone s.u. *growth hormone inhibiting hormone*.

growth hormone releasing factor s.u. *growth hormone releasing hormone*.

growth hormone releasing hormone Somatoliberin *nt*, Somatotropin-releasing-Faktor *m*, growth hormone releasing hormone *nt*.

growth parameter Wachstumsparameter *m*, wachstumsbeeinflussender Parameter *m*.

growth phase Wachstumsphase *f*, -periode *f*.

growth rate Wachstumsrate *f*, -geschwindigkeit *f*.

Gruber's reaction Gruber-Widal-Reaktion *f*, -Test *m*, Widal-Reaktion *f*, -Test *m*.

Gruber's test s.u. *Gruber's reaction*.

GS-GOCAT cycle GS-GOCAT-Zyklus *m*.

GTP cyclohydrolase GTP-cyclohydrolase *f*.

guanase *n* s.u. *guanine deaminase*.

guanidase *n* Guanidase *f*.

guanidine *n* Guanidin *nt*, Iminoharnstoff *m*.

guanidine-acetic acid s.u. *guanidinoacetic acid*.

guanidine phosphate Phosphoguanidin *nt*, Guanidinphosphat *nt*.

guanidinoacetic acid Guanidinoessigsäure *f*.

guanido-acetic acid s.u. *guanidinoacetic acid*.

guanidourea *n* Guanidoharnstoff *m*.

guanidylate *n* Guanidylat *nt*.

guanidylate cyclase Guanidylatcyclase *f*.

guanidylate kinase Guanidylatkinase *f*.

guanine *n* Guanin *nt*.

guanine aminase s.u. *guanine deaminase*.

guanine deaminase Guanindesaminase *f*, Guanase *f*.

guanine nucleotide s.u. *guanosine monophosphate*.

guanine ribonucleotide s.u. *guanosine monophosphate*.

guanosine *n* Guanosin *nt*.

guanosine 3′,5′-cyclic phosphate zyklisches Guanosin-3′,5-Phosphat *nt*, zyklisches GMP, Zyklo-GMP *nt*, Cyclo-GMP *nt*.

guanosine diphosphate *n* Guanosin(-5-)diphosphat *nt*.

guanosine-5′-diphosphate *n* Guanosin(-5-)diphosphat *nt*.

guanosine monophosphate Guanosin(-5-)monophosphat *nt*, Guanylsäure *f*.

cyclic guanosine monophosphate s.u. *guanosine 3′,5′-cyclic phosphate*.

guanosine triphosphate *n* Guanosin(-5-)triphosphat *nt*.

guanosine-5′-triphosphate *n* Guanosin(-5-)triphosphat *nt*.

guanylic acid s.u. *guanosine monophosphate*.

guanylic acid synthetase s.u. *GMP synthetase*.

Guinea worm Medina-, Guineawurm *m*, Dracunculus medinensis, Filaria medinensis.

gulonic acid Gulonsäure *f*.

gum acid Harzsäure *f*.

gum ammoniac Ammoniakgummi *nt*.

gustation *n* **1.** Geschmackssinn *m*, -vermögen *nt*. **2.** Schmecken *nt*.

gustative *adj*. s.u. *gustatory*.

gustatory *adj*. Geschmackssinn betreffend, gustatorisch, gustativ, Geschmacks-.

gustatory bud Geschmacksknospe *f*.

gustatory bulb s.u. *gustatory bud*.

gustatory cells Geschmackssinneszellen *pl*, Schmeckzellen *pl*.

gustatory center Geschmackszentrum *nt*.

gustatory centre *Brit.* Geschmackszentrum *nt*.

gustatory fibers Geschmacksfasern *pl*.

gustatory fibres *Brit.* Geschmacksfasern *pl.*

gustatory papillae Zungenpapillen *pl.*

gustatory pore Geschmackspore *f.*

gustatory receptor Geschmacksrezeptor *m.*

gut *n* Darm(kanal *m*) *m*; Gedärme *pl*, Eingeweide *pl.*

gut-associated lymphoid tissue darmassoziiertes lymphatisches System *nt*, gut-associated lymphoid tissue.

gut glucagon Enteroglukagon *nt*, intestinales Glukagon *nt.*

Gymnoascaceae *pl* Gymnoascaceae *pl.*

gymnocarpous *adj.* nacktfrüchtig, gymnokarp.

gyrase *n* Gyrase *f.*

gyrase inhibitor Gyrasehemmer *m.*

gyrose *adj.* gewunden, gewellt.

habitat *n* Habitat *nt*, Lebensraum *m*, -bezirk *m*.
Habronema *n* Habronema *nt*.
haem *n* S.U. *heme*.
haem- *präf. Brit.* S.U. *haemo-*.
haema- *präf. Brit.* S.U. *haemo-*.
haemachrome *n Brit.* **1.** Blutfarbstoff *m*. **2.** sauerstofftransportierendes Blutpigment *nt*.
haemacyte *n Brit.* S.U. *haemocyte*.
Haemadipsa *n* Haemadipsa *nt*.
haemagglutination *n Brit.* Hämagglutination *f*.
haemagglutinative *adj. Brit.* Hämagglutination betreffend *oder* verusachend, hämagglutinativ, hämagglutinierend.
haemagglutinin *n Brit.* Hämagglutinin *nt*.
haemagglutinin neuraminidase protein *Brit.* Hämagglutinin-Neuraminidaseprotein *nt*, HN-Protein *nt*.
haemagglutinogen *n Brit.* Hämagglutinogen *nt*.
haemal *adj. Brit.* **1.** Blut *oder* Blutgefäße betreffend, Blut-, Häma-, Häm(o)-, Blutgefäß-. **2.** hämal.
haemal arch *Brit.* Hämalbogen *m*.
haemalum *n Brit.* Hämalaun *nt*.
haemangiopericyte *n Brit.* Adventitiazelle *f*, Perizyt *m*.
Haemaphysalis *n* Haemaphysalis *f*.
haemapoiesis *n Brit.* S.U. *haemopoiesis*.
haemapoietic *n, adj. Brit.* S.U. *haemopoietic*.
haemat- *präf. Brit.* S.U. *haemato-*.
haematein *n Brit.* Hämatein *nt*.
haematin *n Brit.* Hämatin *nt*, Hy-

droxyhämin *nt*.
haematin chloride *Brit.* Teichmann-Kristalle *pl*, salzsaures Hämin *nt*, Hämin(kristalle *pl*) *nt*, Chlorhämin(kristalle *pl*) *nt*, Chlorhämatin *nt*.
haemato- *präf. Brit.* Blut-, Häma-, Häm(o)-, Hämat(o)-.
Haematobia *n* Haematobia *f*.
haematoblast *n Brit.* S.U. *haemocytoblast*.
haematocrit *n Brit.* **1.** Hämatokrit. **2.** Hämatokritröhrchen *nt*.
haematocryal *adj. Brit.* wechselwarm, poikilotherm.
haematocyte *n Brit.* S.U. *haemocyte*.
haematocytoblast *n Brit.* S.U. *haemocytoblast*.
haematocytolysis *n Brit.* S.U. *haemolysis*.
haematoencephalic barrier *Brit.* Blut-Hirn-Schranke *f*.
haematogenesis *n Brit.* S.U. *haemopoiesis*.
haematogenic *Brit.* **I** *n* S.U. *haemopoietic* I. **II** *adj.* **1.** S.U. *haemopoietic* II. **2.** S.U. *haematogenous*.
haematogenous *adj. Brit.* **1.** im Blut entstanden, aus dem Blut stammend, hämatogen. **2.** durch Blut übertragen, über den Blutweg, hämatogen.
haematoglobin *n Brit.* S.U. *haemoglobin*.
haematoglobulin *n Brit.* S.U. *haemoglobin*.
haematoid *adj. Brit.* blutähnlich, -artig, hämatoid.
haematoidin (crystals) *Brit.* Hämatoidin(kristalle *pl*) *nt*.
haematolysis *n Brit.* S.U. *haemolysis*.

haematolytic *adj. Brit.* s.u. *hae-molytic.*
haematophagia *n Brit.* Hämato-, Hämophagie *f.*
haematophagous *adj. Brit.* blutsaugend, hämatophag.
haematoplastic *adj. Brit.* blutbildend, hämatoplastisch.
haematopoetic system *Brit.* hämopoetisches System *nt.*
haematopoiesis *n Brit.* s.u. *haemopoiesis.*
haematopoietic *n, adj. Brit.* s.u. *haemopoietic.*
haematopoietic tissue *Brit.* hämopoetisches/blutbildendes Gewebe *nt.*
haematopoietin *n Brit.* s.u. *haemopoietin.*
Haematosiphon *n* Haematosiphon *nt.*
haematoxylin *n Brit.* Hämatoxylin *nt.*
haematoxylin-eosin *n Brit.* Hämatoxylin-Eosin.
haem *n Brit.* **1.** Häm *nt*, Protohäm *nt.* **2.** Protohäm IX *nt.*
haem enzyme *Brit.* Hämenzym *nt.*
Haementeria *n* Haementeria *f.*
haemic *adj. Brit.* Blut betreffend, Blut-, Häma-, Hämat(o)-, Häm(o)-.
haemin *n Brit.* **1.** Hämin *nt.* **2.** Teichmann-Kristalle *pl*, salzsaures Hämin *nt*, Hämin(kristalle *pl*) *nt*, Chlorhämin(kristalle *pl*) *nt*, Chlorhämatin *nt.*
haemin chloride *Brit.* s.u. *haemin* 2.
haemin crystals *Brit.* s.u. *haemin* 2.
haemin form *Brit.* Häminform *f.*
haemo- *präf. Brit.* Blut-, Häma-, Hämato-, Häm(o)-.
haemo- *präf. Brit.* s.u. *hemo-.*
haemoagglutination *n Brit.* s.u. *haemagglutination.*
haemoagglutinin *n Brit.* s.u. *haemagglutinin.*
Haemobartonella *n* Haemobartonella *f.*
haemoblast *n Brit.* s.u. *haemocytoblast.*
haemoconcentration *n Brit.* Bluteindickung *f*, Hämokonzentration *f.*
haemocongestion *n Brit.* Blutstauung *f.*
haemoconia *pl Brit.* Blutstäubchen *pl*, Hämokonien *pl*, -konia *pl.*
haemoculture *n Brit.* Blutkultur *f.*
haemocuprein *n f Brit.* Hämocuprein

nt, Erythrocuprein *nt*, Superoxiddismutase.
haemocyte *n Brit.* Blutzelle *f*, Hämozyt *m.*
haemocytoblast *n Brit.* (Blut-)Stammzelle *f*, Hämozytoblast *m.*
haemocytolysis *n Brit.* s.u. *haemolysis.*
haemocytopoiesis *n Brit.* s.u. *haemopoiesis.*
haemodiastase *n Brit.* Blutamylase *f.*
Haemodipsus *n* Haemodipsus *m.*
haemodynamic *adj. Brit.* hämodynamisch.
haemodynamics *pl Brit.* Hämodynamik *f.*
haemoflagellate *n Brit.* Blutflagellat *m.*
haemogenesis *n Brit.* s.u. *haemopoiesis.*
haemogenic *adj. Brit.* **1.** s.u. *haematogenous.* **2.** s.u. *haemopoietic* II.
haemoglobin *n Brit.* Blutfarbstoff *m*, Hämoglobin *nt.*
haemoglobin A *Brit.* Erwachsenenhämoglobin *nt*, Hämoglobin A *nt.*
haemoglobin A_{1c} *Brit.* Hämoglobin A_{1c} *nt.*
haemoglobin A_2 *Brit.* Hämoglobin A_2 *nt.*
haemoglobin C *Brit.* Hämoglobin C *nt.*
haemoglobin D *Brit.* Hämoglobin D *nt.*
haemoglobin E *Brit.* Hämoglobin E *nt.*
haemoglobin F *Brit.* fetales Hämoglobin *nt*, Hämoglobin F *nt.*
haemoglobin H *Brit.* Hämoglobin H *nt.*
haemoglobin I *Brit.* Hämoglobin I *nt.*
haemoglobin M *Brit.* Hämoglobin M.
haemoglobinolysis *n Brit.* Hämoglobinabbau *m*, -spaltung *f*, Hämoglobinolyse *f.*
haemoglobin S *Brit.* Sichelzellhämoglobin *nt*, Hämoglobin S *nt.*
haemogram *n Brit.* Hämogramm *nt*; Differentialblutbild *nt.*
Haemogregarina *n* Haemogregarina *f.*
haemokinesis *n Brit.* Blutfluss *m*, -zirkulation *f*, Hämokinese *f.*
haemokinetic *adj. Brit.* den Blutfluss betreffend *oder* fördernd, hämokinetisch.
haemolymph *n Brit.* Hämolymphe *f.*
haemolysis *n Brit.* Erythrozytenauflösung *f*, -zerstörung *f*, -abbau *m*, Hämolyse *f*, Hämatozytolyse *f.*
haemolytic *adj. Brit.* Hämolyse be-

H

treffend *oder* auslösend, hämolytisch.
Haemonchus *n* Haemonchus *m*.
haemophage *n Brit.* s.u. *haemophagocyte.*
haemophagocyte *n Brit.* Hämophagozyt *m*, Hämophage *m*.
haemophil *Brit.* **I** *n* hämophiler Mikroorganismus *m*. **II** *adj.* blutliebend, hämophil.
haemophilic bacterium *Brit.* hämophiles Bakterium *nt*.
Haemophilus *n* Haemophilus *m*.
  Haemophilus aegyptius Koch-Weeks-Bazillus *m*, Haemophilus aegypti(c)us/conjunctivitidis.
  Haemophilus influenzae Pfeiffer-(Influenza-)Bazillus *m*, Haemophilus influenzae, Bacterium influenzae.
haemopoiesic *n, adj. Brit.* s.u. *haemopoietic.*
haemopoiesis *n Brit.* Blutbildung *f*, Hämatopo(i)ese *f*, Hämopo(i)ese *f*.
haemopoietic *Brit.* **I** *n* hämopoeseförderndes Mittel *nt*. **II** *adj.* die Blut(zell)bildung betreffend *oder* anregend, hämopoetisch.
haemopoietic tissue *Brit.* s.u. *haematopoietic tissue.*
haemopoietin *n Brit.* erythropoetischer Faktor *m*, Erythropo(i)etin *nt*, Hämato-, Hämopo(i)etin *nt*.
haemoprotein *n Brit.* Hämoprotein *nt*.
haemosite *n Brit.* Blutparasit *m*.
Haemosporidia *pl* Haemosporidien *pl*, Haemosporidia *pl*.
haemozoon *n, pl* **-zoa** *Brit.* (ein- *oder* vielzelliger) Blutparasit *m*, Hämozoon *nt*.
haem protein *Brit.* hämhaltiges Protein *nt*, Hämoprotein *nt*.
haem synthetase *Brit.* Hämsynthetase *f*, Goldberg-Enzym *nt*, Ferrochelatase *f*.
Hafnia *n* Hafnia *f*.
Hageman factor Faktor XII *m*, Hageman-Faktor *m*.
H agglutination H-Agglutination *f*.
half **I** *n, pl* **halves** Hälfte *f*. **II** *adj.* halb. **III** *adv* halb, zur Hälfte; fast, nahezu; (*zeitlich*) halb.
half-breed *n* Mischling *m*; Bastard *m*, Hybride *f*.
half-live *n* Halbwert(s)zeit *f*.
  biological half-live biologische Halbwertzeit.
  effective half-live effektive Halbwertzeit.
half-live period s.u. *half-live.*
half-time *n* s.u. *half-live.*
halide **I** *n* Halogenid *nt*, Halid *nt*, Haloid *nt*. **II** *adj.* salzähnlich, haloid.
halo- *präf.* Salz-, Hal(o)-.
halobacteria *n* Halobakterien *pl*.
Halobacterium *n* Halobacterium *nt*.
  Halobacterium halobium Halobacterium halobium.
halogen *n* Salzbildner *m*, Halogen *nt*.
halogenated hydrocarbon halogenierter Kohlenwasserstoff *m*.
haloid *adj.* s.u. *halide* II.
haloid acid Halogenwasserstoff(säure *f*) *m*.
halophile **I** *n* halophiler Mikroorganismus *m*. **II** *adj.* s.u. *halophilic.*
halophilic *adj.* salzliebend, halophil.
halorhodopsin *n* Halorhodopsin *nt*.
Hamburger's interchange s.u. *Hamburger phenomenon.*
Hamburger's law Hamburger-Gesetz *nt*.
Hamburger phenomenon Hamburger-Phänomen *nt*, -Gesetz *nt*, Chloridverschiebung *f*.
Hamburger's shift s.u. *Hamburger phenomenon.*
hanging-block culture Kultur *f* im hängenden Block.
hanging drop hängender Tropfen *m*.
hanging-drop culture Kultur *f* im hängenden Tropfen.
hanging drop technique hängender Tropfen *m*.
H antigen Geißelantigen *nt*, H-Antigen *nt*.
hapl(o)- *präf.* Einzel-, Einfach-, Hapl(o)-.
haploid *adj.* haploid.
haploidy *n* Haploidie *f*.
haplophase *n* Haplophase *f*.
Haplosporangium *n* Emmonsia *f*.
hapten *n* Halbantigen *nt*, Hapten *nt*.
haptene *n* s.u. *hapten.*
haptic *adj.* Tastsinn betreffend, haptisch, taktil.
Harden-Young ester Harden-Young-Ester *m*, Fructose-1,6-diphosphat *nt*.
Hartmanella *n* Hartmanella *f*.
Hatch-Slack cycle/pathway Hatch-Slack-Zyklus *m*, C_4-Zyklus *m*.
H^+-ATPase *n* H^+-ATPase *f*.
H band H-Bande *f*, H-Streifen *m*, H-Zone *f*, helle Zone *f*, Hensen-Zone *f*.

H chain H-Kette *f*, schwere Kette *f*.
H colony H-Form *f*, Hauchform *f*.
head *n* Kopf *m*.
hearing *n* **1.** Gehör(sinn *m*) *nt*, Hörvermögen *nt*. **2.** Hören *nt*.
heat **I** *n* Hitze *f*, (große) Wärme *f*; (*Körper*) Erhitztheit *f*. **II** *vt* erwärmen, erhitzen, heiß *oder* warm machen. **III** *vi* sich erwärmen, sich erhitzen, heiß *oder* warm werden.
heat of combustion Verbrennungswärme.
heat of evaporation Verdampfungswärme.
heat of fusion Fusionswärme.
heat of reaction Reaktionswärme.
heat of solution Lösungswärme.
heat of sublimation Sublimierungswärme.
heat of vaporization S.U. *heat of evaporation*.
heat balance Wärmehaushalt *m*, -bilanz *f*.
heat capacity Wärmekapazität *f*.
specific heat capacity spezifische Wärmekapazität.
heat conduction Wärmeleitung *f*, Konduktion *f*.
heat content Enthalpie *f*.
heat radiation Wärmestrahlung *f*.
heat rays Infrarotstrahlen *pl*.
heat-regulatory center thermoregulatorisches Zentrum *nt*.
heat-regulatory centre *Brit.* thermoregulatorisches Zentrum *nt*.
heat-shock factor Hitzeschockfaktor *m*.
heat-shock granula Hitzeschockgranula *pl*.
heat-shock proteins Hitzeschockproteine *pl*.
low-molecular-weight heat shock proteins niedermolekulare Hitzeschockproteine.
heat-shock regulatory element Hitzeschockelement *nt*.
heat-shock response element Hitzeschockelement *nt*.
heavy chain schwere Kette *f*, H-Kette *f*.
heavy hydrogen schwerer Wasserstoff *m*, Deuterium *nt*.
heavy meromyosin schweres Meromyosin *nt*, H-Meromyosin *nt*.
heavy metal Schwermetall *nt*.
heavy metal stain Schwermetallfärbung *f*.

hecto- *präf.* hekt(o)-, Hekt(o)-.
Heinz-Ehrlich bodies Heinz-Innenkörperchen *pl*, Heinz-Ehrlich-Körperchen *pl*.
heli- *präf.* S.U. *helio-*.
helical *adj.* schrauben-, spiral-, schnecken-, helixförmig, helikal.
Helicella *n* Helicella *f*.
Helicellidae *pl* Helicellidae *pl*.
helicine *adj.* **1.** spiral-, schneckenförmig. **2.** Helix betreffend, helikal.
helicoid *adj.* spiral- *oder* schneckenförmig, spiralig.
helio- *präf.* Sonnen-, Heli(o)-.
heliobacteria *pl* Heliobakterien *pl*.
heliotaxis *n* Heliotaxis *f*.
heliotropism *n* Heliotropismus *m*.
helium *n* Helium *nt*.
helix *n, pl* **-lixes, helices** Helix *f*.
α-helix *n* α-Helix *f*.
helminth *n* parasitischer Wurm *m*, Helminthe *f*.
helminthicide *n* Vermizid *nt*, Vermicidum *nt*.
helper virus Helfer-, Helpervirus *nt*.
Helvella *n* Helvella *f*.
Helvellaceae *pl* Helvellaceae *pl*.
helvellic acid Helvellasäure *f*.
hem- *präf.* S.U. *hemo-*.
hema- *präf.* S.U. *hemo-*.
hemachrome *n* **1.** Blutfarbstoff *m*. **2.** sauerstofftransportierendes Blutpigment *nt*.
hemacyte *n* S.U. *hemocyte*.
hemagglutination *n* Hämagglutination *f*.
hemagglutinative *adj.* Hämagglutination betreffend *oder* verursachend, hämagglutinativ, hämagglutinierend.
hemagglutinin *n* Hämagglutinin *nt*.
hemagglutinin neuraminidase protein Hämagglutinin-Neuraminidaseprotein *nt*, HN-Protein *nt*.
hemagglutinogen *n* Hämagglutinogen *nt*.
hemal *adj.* **1.** Blut *oder* Blutgefäße betreffend, Blut-, Häma-, Häm(o)-, Blutgefäß-. **2.** hämal.
hemal arch Hämalbogen *m*.
hemalum *n* Hämalaun *nt*.
hemangiopericyte *n* Adventitiazelle *f*, Perizyt *m*.
hemapoiesis *n* S.U. *hemopoiesis*.
hemapoietic *n, adj.* S.U. *hemopoietic*.
hemat- *präf.* S.U. *hemato-*.
hematein *n* Hämatein *nt*.

hematin *n* Hämatin *nt*, Hydroxyhämin *nt*.

hematin chloride Teichmann-Kristalle *pl*, salzsaures Hämin *nt*, Hämin(kristalle *pl*) *nt*, Chlorhämin(kristalle *pl*) *nt*, Chlorhämatin *nt*.

hemato- *präf*. Blut-, Häma-, Häm(o)-, Hämat(o)-.

hematoblast *n* s.u. *hemocytoblast*.

hematocrit *n* **1.** Hämatokrit *m*. **2.** Hämatokritröhrchen *nt*.

hematocryal *adj*. wechselwarm, poikilotherm.

hematocyte *n* s.u. *hemocyte*.

hematocytoblast *n* s.u. *hemocytoblast*.

hematocytolysis *n* s.u. *hemolysis*.

hematoencephalic barrier Blut-Hirn-Schranke *f*.

hematogenesis *n* s.u. *hemopoiesis*.

hematogenic **I** *n* s.u. *hemopoietic* I. **II** *adj*. **1.** s.u. *hemopoietic* II. **2.** s.u. *hematogenous*.

hematogenous *adj*. **1.** im Blut entstanden, aus dem Blut stammend, hämatogen. **2.** durch Blut übertragen, über den Blutweg, hämatogen.

hematoglobin *n* s.u. *hemoglobin*.

hematoglobulin *n* s.u. *hemoglobin*.

hematoid *adj*. blutähnlich, -artig, hämatoid.

hematoidin (**crystals**) Hämatoidin(kristalle *pl*) *nt*.

hematolysis *n* s.u. *hemolysis*.

hematolytic *adj*. s.u. *hemolytic*.

hematophagia *n* Hämato-, Hämophagie *f*.

hematophagous *adj*. blutsaugend, hämatophag.

hematoplastic *adj*. blutbildend, hämatoplastisch.

hematopoetic system hämopoetisches System *nt*.

hematopoiesis *n* s.u. *hemopoiesis*.

hematopoietic *n*, *adj*. s.u. *hemopoietic*.

hematopoietic tissue hämopoetisches/blutbildendes Gewebe *nt*.

hematopoietin *n* s.u. *hemopoietin*.

hematoxylin *n* Hämatoxylin *nt*.

hematoxylin-eosin *n* Hämatoxylin-Eosin.

heme *n* **1.** Häm *nt*, Protohäm *nt*. **2.** Protohäm IX *nt*.

heme enzyme Hämenzym *nt*.

heme protein hämhaltiges Protein *nt*, Hämoprotein *nt*.

heme synthetase Hämsynthetase *f*, Goldberg-Enzym *nt*, Ferrochelatase *f*.

hemi- *präf*. Halb-, Hemi-.

hemiacetal *n* Halb-, Hemiacetal *nt*.

hemic *adj*. Blut betreffend, Blut-, Häma-, Hämat(o)-, Häm(o)-.

hemicellulose *n* Hemicellulose *f*.

hemikaryon *n* Hemikaryon *nt*.

hemin *n* **1.** Hämin *nt*. **2.** Teichmann-Kristalle *pl*, salzsaures Hämin *nt*, Hämin(kristalle *pl*) *nt*, Chlorhämin(kristalle *pl*) *nt*, Chlorhämatin *nt*.

hemin chloride s.u. *hemin* 2.

hemin crystals s.u. *hemin* 2.

hemin form Häminform *f*.

hemiparasite *n* Halbschmarotzer *m*, Halbparasit *m*, Hemiparasit *m*.

Hemispora stellata *n* Hemispora stellata.

hemo- *präf*. Blut-, Häma-, Hämato-, Häm(o)-.

hemoagglutination *n* s.u. *hemagglutination*.

hemoagglutinin *n* s.u. *hemagglutinin*.

hemoblast *n* s.u. *hemocytoblast*.

hemoconcentration *n* Bluteindickung *f*, Hämokonzentration *f*.

hemocongestion *n* Blutstauung *f*.

hemoconia *pl* Blutstäubchen *pl*, Hämokonien *pl*, -konia *pl*.

hemoculture *n* Blutkultur *f*.

hemocuprein *n* Hämocuprein *nt*, Erythrocuprein *nt*, Superoxiddismutase *f*.

hemocyte *n* Blutzelle *f*, Hämozyt *m*.

hemocytoblast *n* (Blut-)Stammzelle *f*, Hämozytoblast *m*.

hemocytolysis *n* s.u. *hemolysis*.

hemocytopoiesis *n* s.u. *hemopoiesis*.

hemodiastase *n* Blutamylase *f*.

hemodynamic *adj*. hämodynamisch.

hemodynamics *pl* Hämodynamik *f*.

hemoflagellate *n* Blutflagellat *m*.

hemogenesis *n* s.u. *hemopoiesis*.

hemogenic *adj*. **1.** s.u. *hematogenous*. **2.** s.u. *hemopoietic* II.

hemoglobin *n* Blutfarbstoff *m*, Hämoglobin *nt*.

hemoglobin A Erwachsenenhämoglobin *nt*, Hämoglobin A *nt*.

hemoglobin A_{1c} Hämoglobin A_{1c} *nt*.

hemoglobin A_2 Hämoglobin A_2 *nt*.

hemoglobin C Hämoglobin C *nt*.

hemoglobin D Hämoglobin D *nt*.

hemoglobin E Hämoglobin E *nt.*
hemoglobin F fetales Hämoglobin *nt,* Hämoglobin F *nt.*
hemoglobin H Hämoglobin H *nt.*
hemoglobin I Hämoglobin I *nt.*
hemoglobin M Hämoglobin M.
hemoglobinolysis *n* Hämoglobinabbau *m,* -spaltung *f,* Hämoglobinolyse *f.*
hemoglobin S Sichelzellhämoglobin *nt,* Hämoglobin S *nt.*
hemogram *n* Hämogramm *nt;* Differentialblutbild *nt.*
hemokinesis *n* Blutfluss *m,* -zirkulation *f,* Hämokinese *f.*
hemokinetic *adj.* den Blutfluss betreffend *oder* fördernd, hämokinetisch.
hemolymph *n* Hämolymphe *f.*
hemolysis *n* Erythrozytenauflösung *f,* -zerstörung *f,* -abbau *m,* Hämolyse *f,* Hämatozytolyse *f.*
hemolytic *adj.* Hämolyse betreffend *oder* auslösend, hämolytisch.
hemophage *n* s.u. *hemophagocyte.*
hemophagocyte *n* Hämophagozyt *m,* Hämophage *m.*
hemophil I *n* hämophiler Mikroorganismus *m.* **II** *adj.* blutliebend, hämophil.
hemophilic bacterium hämophiles Bakterium *nt.*
hemopoiesic *n, adj.* s.u. *hemopoietic.*
hemopoiesis *n* Blutbildung *f,* Hämatopo(i)ese *f,* Hämopo(i)ese *f.*
hemopoietic I *n* hämopoeseförderndes Mittel *nt.* **II** *adj.* die Blut(zell)bildung betreffend *oder* anregend, hämopoetisch.
hemopoietic tissue s.u. *hematopoietic tissue.*
hemopoietin *n* erythropoetischer Faktor *m,* Erythropo(i)etin *nt,* Hämato-, Hämopo(i)etin *nt.*
hemoprotein *n* Hämoprotein *nt.*
hemosite *n* Blutparasit *m.*
hemozoon *n, pl* **-zoa** (ein- *oder* vielzelliger) Blutparasit *m,* Hämozoon *nt.*
Henderson-Hasselbalch equation Henderson-Hasselbalch-Gleichung *f.*
heparan-α-glucosaminide acetyltransferase Acetyl-CoA:α-Glukosamid-*N*-Acetyltransferase *f.*
heparan N-sulfatase Heparan-*N*-sulfatase *f.*
heparan sulfate Heparansulfat *nt.*

heparan sulfate sulfamidase s.u. *heparan N-sulfatase.*
heparan sulfate sulfatase s.u. *heparan N-sulfatase.*
heparan N-sulphatase *Brit.* Heparan *N*-sulfatase *f.*
heparan sulphate *Brit.* Heparansulfat *nt.*
heparan sulphate sulphamidase *Brit.* s.u. *heparan N-sulfatase.*
heparan sulphate sulphatase *Brit.* s.u. *heparan N-sulfatase.*
heparin *n* Heparin *nt.*
heparinase *n* Heparinase *f,* Heparinlyase *f.*
heparinate *n* Heparinat *nt.*
heparin eliminase s.u. *heparinase.*
heparinic acid s.u. *heparin.*
heparin lyase s.u. *heparinase.*
heparitin sulfate s.u. *heparan sulfate.*
heparitin sulphate *Brit.* s.u. *heparan sulphate.*
hepat- *präf.* s.u. *hepato-.*
hepatic *adj.* Leber/Hepar betreffend, zur Leber gehörig, hepatisch, Leber-, Hepat(o)-.
hepatic- *präf.* s.u. *hepatico-.*
hepatic cell Leber(epithel)zelle *f,* Hepatozyt *m,* Leberparenchymzelle *f.*
hepatic circulation Leberkreislauf *m.*
hepatico- *präf.* Hepatikus-, Hepaticus-, Hepatiko-.
Hepaticola *n* Capillaria *f.*
hepato- *präf.* Leber-, Hepat(o)-.
hepatobiliary *adj.* Leber und Galle *oder* Gallenblase betreffend, hepatobiliär.
hepatocellular *adj.* Leberzelle(n) betreffend, hepatozellulär, Leberzell(en)-.
hepatocyte *n* Leber(epithel)zelle *f,* Leberparenchymzelle *f,* Hepatozyt *m.*
hepatoenteric *adj.* Leber und Darm betreffend, hepatointestinal, hepatoenteral, hepatoenterisch.
hepatogenic *adj.* **1.** Lebergewebe bildend, hepatogen. **2.** von der Leber ausgehend, in der Leber entstanden, hepatogen.
hepatogenous *adj.* s.u. *hepatogenic.*
hept(a)- *präf.* sieben-, hept(a)-.
heptad *n* siebenwertiges Element *nt.*
heptaene *n* Heptaen *nt.*
heptane *n* Heptan *nt.*
heptapeptide *n* Heptapeptid *nt.*

H

heptavalent *adj.* siebenwertig, heptavalent.

heptose *n* Heptose *f.*

heptulose *n* Ketoheptose *f,* Heptulose *f.*

herb *n* **1.** Kraut *nt.* **2.** (Heil-)Kraut *nt.*

herbicide *n* Pflanzen-, Unkrautvernichtungsmittel *nt,* Herbizid *nt.*

herbivore *n* Pflanzen-, Krautfresser *m,* Herbivore *m.*

herbivorous *adj.* pflanzen-, krautfressend.

hereditability *n* Erblichkeit *f,* Vererbbarkeit *f.*

hereditable *adj.* s.u. *heritable.*

hereditary *adj.* ererbt, vererbt, erblich, erbbedingt, Erb-; angeboren.

hereditary transmission 1. Vererbung *f,* Erbgang *m.* **2.** Erblichkeit *f,* Heredität *f.*

heredity *n, pl* **-ties 1.** Heredität *f,* Erblichkeit *f,* Vererbbarkeit *f.* **2.** Vererbung *f,* Erbgang *m.* **3.** Erbmasse *f,* ererbte Anlagen *pl,* Erbanlagen *pl.*

heredofamilial *adj.* heredofamiliär.

heritability *n* **1.** Erblichkeit *f,* Heritabilität *f.* **2.** Erblichkeitsgrad *m,* Heritabilität *f.*

heritable *adj.* vererbbar, erblich, hereditär, Erb-.

herpesvirus *n* Herpesvirus *nt.*

herpetovirus *n* Herpetovirus *nt.*

hertz *n* Hertz *nt.*

hesperetin-7-β-rutinoside *n* Hesperetin-7-β-rutinosid *nt,* Hesperidin *nt.*

hesperidin *n* Hesperetin-7-β-rutinosid *nt,* Hesperidin *nt.*

heterecious *adj.* wirtswechselnd, heterözisch, heteroezisch.

heterecism *n* Heterözie *f.*

hetero- *präf.* Fremd-, Heter(o)-.

heteroatom *n* Heteroatom *nt.*

Heterobilharzia *n* Heterobilharzia *f.*

heterocellular *adj.* aus verschiedenen Zellen bestehend, heterozellulär.

heterocentric *adj.* heterozentrisch.

heterocentric chromosome heterozentrisches Chromosom *nt.*

heterochromatic *adj.* heterochromatisch.

heterochromatin *n* Heterochromatin *nt.*

heterochromatinization *n* **1.** Heterochromatinbildung *f.* **2.** (*Genetik*) Lyonisierung *f.*

heterochromatization *n* **1.** Heterochromatinbildung *f.* **2.** (*Genetik*)

Lyonisierung *f.*

heterochromosome *n* Sex-, Geschlechts-, Heterochromosom *nt,* Genosom *nt,* Allosom *nt,* Heterosom *nt.*

heterochromous *adj.* verschiedenfarbig, heterochrom, -chromatisch.

heterocrine *adj.* heterokrin.

heterocyclic *adj.* heterozyklisch.

heterocyclic base heterozyklische Base *f.*

heterocyclic compound heterozyklische Verbindung *f.*

heterocyclic ring heterozyklischer Ring *m,* heterozyklische Ringstruktur *f.*

heteroecious *adj.* **1.** wirtswechselnd, heterözisch, heteroezisch. **2.** getrennt geschlechtig, heterözisch, heteroezisch.

heterofermentation *n* Heterofermentation *f.*

heterogeneity *n* Verschiedenartigkeit *f,* Ungleichartigkeit *f,* Heterogenität *f.*

heterogeneous *adj.* uneinheitlich, ungleich-, verschiedenartig, heterogen.

heterogeneous catalysis heterogene Katalyse *f,* Kontaktkatalyse *f.*

heterogeneous fluid heterogene/ nicht-Newtonsche Flüssigkeit *f.*

heterogeneous nuclear ribonucleic acid s.u. *heterogeneous nuclear RNA.*

heterogeneous nuclear RNA heterogene Kern-RNS *f,* heterogene Kern-RNA *f.*

heterogenesis *n* Heterogenese *f,* Heterogonie *f.*

heterogenetic *adj.* **1.** Heterogenese betreffend, heterogenetisch. **2.** von verschiedener Herkunft, von einer anderen Art stammend, heterogenetisch.

heterogenic *adj.* s.u. *heterogenous* 2.

heterogenicity *n* s.u. *heterogeneity.*

heterogenote *n* Heterogenote *f.*

heterogenous *adj.* **1.** s.u. *heterogeneous.* **2.** von verschiedener Herkunft, von einer anderen Art, heterogenetisch, heterogen, xenogen, xenogenetisch.

heterogeny *n* Heterogenie *f.*

heteroglycan *n* Heteroglykan *nt.*

heterolactic fermentation heterolaktische/heterofermentative/gemischte Milchsäuregärung *f.*

heterolipid *n* Heterolipid *nt*.
heterologous *adj.* **1.** abweichend, nicht übereinstimmend, heterolog. **2.** artfremd, heterolog, xenogen.
heterologous chromosome S.U. *heterochromosome.*
heterologous interference heterologe Interferenz *f.*
heterologous protein Fremdeiweiß *nt.*
heterology *n* Heterologie *f.*
heteromastigote *n* Heteromastigote *f.*
heterophagic *adj.* Heterophagie betreffend, heterophagisch.
heterophagic vacuole S.U. *heterophagosome.*
heterophagic vesicle S.U. *heterophagosome.*
heterophagosome *n* heterophagische Vakuole *f*, Heterophagosom *nt.*
heterophagy *n* Heterophagie *f.*
heterophil *adj.* heterophil.
heterophile *adj.* heterophil.
heterophilic *adj.* heterophil.
Heterophyes *n* Heterophyes *f.*
heteroploid *adj.* heteroploid.
heteroploidy *n* Heteroploidie *f.*
heteropolymer *n* Heteropolymer *nt.*
heteropolymeric *adj.* heteropolymer.
heteropolysaccharide *n* Heteropolysaccharid *nt.*
heteroprotein *n* Heteroprotein *nt.*
Heteroptera *pl* Wanzen *pl*, Heteropteren *pl*, Heteroptera *pl.*
heterosaccharide *n* Heterosaccharid *nt.*
heterospore *n* heterosporer Organismus *m.*
heterosporous *adj.* verschiedensporig, heterospor.
heterospory *n* Heterosporie *f.*
heterothallic *adj.* heterothallisch.
heterothallism *n* Heterothallie *f.*
heterotherm *n* heterothermer Organismus *m.*
heterothermic *adj.* heterotherm.
heterothermy *n* Heterothermie *f.*
heterotroph *n* heterotropher Organismus *m.*
heterotrophia *n* S.U. *heterotrophy.*
heterotrophic *adj.* Heterotrophie betreffend, heterotroph.
heterotrophic cell heterotrophe Zelle *f.*
heterotrophy *n* Heterotrophie *f.*
heterotrophic bacteria heterotrophe

Bakterien *pl.*
heterotropic enzyme heterotropes Enzym *nt.*
heteroxenous *adj.* mehrwirtig, heteroxen.
heterozygosis *n* S.U. *heterozygosity.*
heterozygosity *n* Ungleich-, Mischerbigkeit *f*, Heterozygotie *f.*
heterozygote *n* heterozygote Zelle *f*, Heterozygot *m*, Heterozygote *f.*
heterozygous *adj.* Heterozygotie betreffend, ungleicherbig, heterozygot.
hevein *n* Hevein *nt.*
hex(a)- *präf.* sechsfach, sechs-, Hex(a)-.
hexabasic *adj.* sechsbasisch.
hexabiose *n* S.U. *disaccharide.*
hexad *n* sechswertiges Element *nt.*
hexadecanoate *n* Hexadecanoat *nt*, Palmitat *nt.*
hexadecanoic acid Palmitinsäure *f*, *n*-Hexadecansäure *f.*
2,4-hexadienoic acid 2,4-Hexadiensäure *f*, Sorbinsäure *f.*
hexaene *n* Hexaen *nt.*
hexamethylated *adj.* sechsfach methyliert, hexamethyliert.
hexamethylenediamine *n* Hexamethylendiamin *nt.*
hexamethylentetramine *n* S.U. *hexamine.*
hexamethyl violet Gentianaviolett *nt.*
hexamine *n* Hexamin *nt*, Methenamin *nt*, Hexamethylentetramin *nt.*
hexane *n* Hexan *nt.*
hexanedioic acid Pimelinsäure *f.*
hexanoic acid Kapron-, Capronsäure *f*, Butylessigsäure *f*, Hexansäure *f.*
hexaploid *adj.* hexaploid.
hexaploidy *n* Hexaploidie *f.*
Hexapoda *pl* **1.** Sechsfüßler *pl*, Hexapoden *pl*. **2.** Kerbtiere *pl*, Kerfe *pl*, Insekten *pl*, Insecta *pl*, Hexapoden *pl*, Hexapoda *pl.*
hexatomic *adj.* sechsatomig.
hexavalent *adj.* sechswertig, hexavalent.
hexitol *n* Hexitol *nt*, Hexit *nt.*
hexokinase *n* Hexokinase *f.*
hexon *n* (*Virus*) Hexon *nt.*
hexone bases Hexonbasen *pl.*
hexonic acid Hexonsäure *f.*
hexosamine *n* Hexosamin *nt.*
hexosaminidase *n* **1.** Hexosaminidase *f*. **2.** β-*N*-Acetylgalactosaminidase *f*, *N*-Acetyl-β-Hexosaminidase A *f.*

hexosan *n* Hexosan *nt*.
hexose *n* Hexose *f*.
hexose diphosphatase Hexosediphosphatase *f*, Fructose-1,6-diphosphatase *f*.
hexose diphosphate Hexosediphosphat *nt*.
hexose monophosphate Hexosemonophosphat *nt*.
hexose monophosphate shunt Pentosephosphatzyklus *m*, Phosphogluconatweg *m*.
hexosephosphatase *n* Hexosephosphatase *f*.
hexosephosphate *n* Hexosephosphat *nt*, Hexosephosphorsäure *f*.
hexosephosphate isomerase Glukose(-6-)phosphatisomerase *f*, Phosphohexoseisomerase *f*, Phosphoglucoseisomerase *f*.
hexose-1-phosphate uridylyltransferase UDPglukose-hexose-1-phosphaturidylyltransferase *f*, UDPglukose-galaktose-1-phosphaturidylyltransferase *f*, Galaktose-1-phosphat-uridyltransferase *f*.
hexosyltransferase *n* Hexosyltransferase *f*.
hexuronic acid Hexuronsäure *f*.
hidro- *präf*. Schweiß-, Schweißdrüsen-, Hidr(o)-.
hidropoiesis *n* Schweißbildung *f*, Hidropoese *f*.
hidropoietic *adj*. Schweißbildung betreffend *oder* fördernd, hidropoetisch.
high-density lipoprotein Lipoprotein *nt* mit hoher Dichte, α-Lipoprotein *nt*.
high-energy bond energiereiche Bindung *f*.
high-energy compound energiereiche Verbindung *f*.
high-energy linkage s.u. *high-energy bond*.
high-energy phosphate bond energiereiche Phosphatbindung *f*.
higher protist höherer Protist *m*, Eukaryo(n)t *m*.
high frequency Hochfrequenz *f*.
high frequency of recombination high-frequency of recombination.
high-frequency *adj*. hochfrequent, Hochfrequenz-.
high-frequency transduction hochfrequente Transduktion *f*.
high-mobility-group protein HMG-Protein *nt*.
high-molecular-weight *adj*. hochmolekular.
high-molecular-weight kininogen hochmolekulares Kininogen *nt*, HMW-Kininogen *nt*.
high-molecular-weight neutrophil chemotactic factor Neutrophilenchemotaktischer Faktor *m*.
high-pressure *adj*. Hochdruck-.
high-proof *adj*. (*Alkohol*) hochprozentig.
high-repetitive sequence hochrepetitive Sequenz *f*.
hinge region Gelenk-, Scharnierregion *f*.
Hippelates *n* Hippelates *f*.
Hippobosca *n* Hippobosca *f*.
Hippoboscidae *pl* Lausfliegen *pl*, Hippoboscidae *pl*.
hippurate *n* Hippurat *nt*.
hippuricase *n* Aminoacylase *f*, Hippurikase *f*.
Hirudinaria *n* Hirudinaria *f*.
Hirudo *n* Hirudo *f*.
Hirudo medicinalis medizinischer Blutegel *m*, Hirudo medicinalis.
histaminase *n* Histaminase *f*, Diaminoxidase *f*.
histamine *n* Histamin *nt*.
histamine receptor Histaminrezeptor *m*, H-Rezeptor *m*.
histamine 1 receptor Histamin 1-Rezeptor *m*, H1-Rezeptor *m*.
histamine 2 receptor Histamin 2-Rezeptor *m*, H2-Rezeptor *m*.
histamine releasing factor Histamin-Releasing-Faktor *m*.
histaminergic *adj*. histaminerg.
histamine-sensitizing factor Pertussistoxin *nt*.
histi- *präf*. s.u. *histio-*.
histic *adj*. Gewebe betreffend, Gewebe-, Histo-.
histidase *n* s.u. *histidine ammonialyase*.
histidinase *n* s.u. *histidine ammonialyase*.
histidine *n* Histidin *nt*.
histidine ammonia-lyase Histidinammoniaklyase *f*, Histid(in)ase *f*.
histidine decarboxylase Histidindecarboxylase *f*.
histidine enzyme Histidinenzym *nt*.
histidine-hydroxyproline-rich glycoprotein Histidin-Hydroxyprolin-

reiches Glykoproteid *nt*.

histidinol *n* Histidinol *nt*.

histidinol dehydrogenase Histidinoldehydrogenase *f*.

histidinol phosphatase Histidinolphosphatase *f*.

histidinol phosphate Histidinolphosphat *nt*.

histidinol phosphate transaminase Histidinolphosphattransaminase *f*, Histidinolphosphataminotransferase *f*.

histio- *präf.* Gewebe-, Histio-, Histo-.

histioblast *n* Histo-, Histioblast *m*.

histiocyte *n* Gewebsmakrophag *m*, Histiozyt *m*.

histiocytic *adj.* Histiozyte(n) betreffend, histiozytisch, histiozytär.

histiocytosis *n* Histiozytose *f*, Histiocytosis *f*.

histiogenic *adj.* s.u. *histogenous*.

histioid *adj.* s.u. *histoid*.

histionic *adj.* Gewebe betreffend, von einem Gewebe abstammend, Gewebe-, Histo-, Histio-.

histo- *präf.* s.u. *histio-*.

histoblast *n* s.u. *histioblast*.

histochemical *adj.* Histochemie betreffend, histochemisch.

histochemistry *n* Histochemie *f*.

histocompatibility *n* Gewebeverträglichkeit *f*, Histokompatibilität *f*.

histocompatible *adj.* gewebsverträglich, histokompatibel.

histocyte *n* s.u. *histiocyte*.

histocytosis *n* s.u. *histiocytosis*.

histodifferentiation *n* Gewebedifferenzierung *f*.

histogenesis *n* Gewebeentstehung *f*, Histogenese *f*, Histogenie *f*, Histiogenese *f*.

histogenetic *adj.* Histogenese betreffend, gewebebildend, histogenetisch.

histogenous *adj.* vom Gewebe gebildet, aus dem Gewebe stammend, histogen.

histogeny *n* s.u. *histogenesis*.

histoid *adj.* gewebsartig, -ähnlich, histoid.

histoincompatibility *n* Gewebeunverträglichkeit *f*, Histoinkompatibilität *f*.

histoincompatible *adj.* gewebsunverträglich, histoinkompatibel.

histological *adj.* Histologie betreffend, histologisch.

histology *n* **1.** Gewebelehre *f*, Histologie *f*. **2.** (mikroskopische) (Gewebs-, Organ-)Struktur *f*.

histometaplastic *adj.* Gewebsmetaplasie auslösend, histometaplastisch.

histomorphology *n* Histomorphologie *f*.

histone *n* Histon *nt*.

histone bases Hexonbasen *pl*.

histophagous *adj.* gewebsfressend, histophag.

histophysiology *n* Gewebe-, Histophysiologie *f*.

Histoplasma *n* Histoplasma *nt*.

histoplasmin *n* Histoplasmin *nt*.

historetention *n* Gewebespeicherung *f*, Speicherung *f* im Gewebe.

histotropic *adj.* mit besonderer Affinität zu Gewebe *oder* Gewebezellen, histotrop.

histozoic *adj.* im Gewebe lebend, histozoisch.

HLA system HLA-System *nt*.

H meromyosin schweres Meromyosin *nt*, H-Meromyosin *nt*.

HMG protein HMG-Protein *nt*.

HN protein s.u. *hemagglutinin neuraminidase protein*.

Hogness box TATA-Box *f*.

holandric *adj.* holandrisch.

holandric gene Y-gebundenes Gen *nt*, holandrisches Gen *nt*.

holandric inheritance holandrische Vererbung *f*.

Holmgren-Golgi canals Holmgren-Golgi-Kanälchen *pl*, (intra-)zytoplasmatische Kanälchen *pl*.

holo- *präf.* Holo-, Pan-, Voll-.

holo-ACP synthase Holo-ACP-Synthase *f*.

holocrine *adj.* holokrin.

holoendemic *adj.* holoendemisch.

holoenzyme *n* Holoenzym *nt*.

holomastigote *n* Holomastigote *f*.

holoparasite *n* Vollschmarotzer *m*, -parasit *m*, Holoparasit *m*.

holophytic *adj.* holophytisch.

holophytocrome *n* Holophytochrom *nt*.

holoprotein *n* Holoprotein *nt*.

holosaccharide *n* Holosaccharid *nt*.

holotrichous *adj.* holotrich.

holotype *n* Holostandard *m*, -typ *m*, Standardtyp *m*.

holozoic *adj.* holozoisch, phagotroph.

hom- *präf.* s.u. *homo-*.

H

homatropine hydrobromide Homatropinhydrobromid *nt.*
home(o)- *präf.* Homö(o)-, Homoio-.
homeokinesis *n* Homöokinese *f.*
homeostasis *n* Homöo-, Homoiostase *f*, Homöostasie *f*, Homöostasis *f.*
homeostatic *adj.* Homöostase betreffend, zu ihr gehörend, auf ihr beruhend, homöostatisch.
homeothermic *adj.* dauerwarm, warmblütig, homöo-, homoiotherm.
homeothermism *n* S.U. *homeothermy.*
homeothermy *n* Warmblütigkeit *f*, Homöo-, Homoiothermie *f.*
homeotypical *adj.* homöotypisch, homotypisch.
homininoxious *adj.* für den Menschen schädlich, den Menschen schädigend.
hominization *n* Menschwerdung *f*, Hominisation *f.*
homo- *präf.* **1.** gleich-, hom(o)-. **2.** (*chemisch*) Homo-.
homobiotin *n* Homobiotin *nt.*
homocarnosinase *n* Homokarnosinase *f*, -carnosinase *f.*
homocarnosine *n* Homokarnosin *nt*, -carnosin *nt.*
homocellular *adj.* homozellulär.
homocellular transport homozellulärer Transport *m.*
homocentric *adj.* einen gemeinsamen Mittelpunkt habend, homozentrisch.
homochronous *adj.* **1.** gleichzeitig, gleichlaufend, synchron (*with* mit). **2.** in derselben Generation auftretend, homochron.
homocitrate *n* Homozitrat *nt*, -citrat *nt.*
homocitrate synthase Homocitratsynthase *f.*
homocitric acid Homozitronensäure *f*, -citronensäure *f.*
homocyclic *adj.* homozyklisch.
homocyclic compound isozyklische Verbindung *f.*
homocyclic ring homozyklischer Ring *m*, homozyklische Ringstruktur *f.*
homocysteine *n* Homozystein *nt*, -cystein *nt.*
homocysteine methyltransferase Homocystein-methyltransferase *f.*
homocysteine:tetrahydrofolate methyltransferase Homocystein-tetrahydrofolat-methyltransferase *f*, 5-Methyltetrahydrofolat-homocystein-methyltransferase *f.*
homocystine *n* Homozystin *nt*, -cystin *nt.*
homodromous *adj.* in die gleiche Richtung (ablaufend), homodrom.
homoe(o)- *präf.* S.U. *home(o)-.*
homofermentation *n* Homofermentation *f.*
homogalacturonan *n* Homogalakturonan *nt.*
homogenate *n* Homogenat *nt*, Homogenisat *nt.*
homogeneity *n* Gleichartigkeit *f*, Einheitlichkeit *f*, Homogenität *f.*
homogeneous *adj.* gleichartig, einheitlich, übereinstimmend, homogen.
homogeneous fluid homogene Flüssigkeit *f*, Newtonsche Flüssigkeit *f.*
homogeneousness *n* S.U. *homogeneity.*
homogenesis *pl* Homogenese *f.*
homogenetic *adj.* Homogenese betreffend, homogenetisch.
homogenetical *adj.* S.U. *homogenetic.*
homogenic *adj.* S.U. *homozygous.*
homogenicity *n* S.U. *homogeneity.*
homogenous *adj.* **1.** S.U. *homogeneous.* **2.** S.U. *homoplastic.* **3.** S.U. *homologous.*
homogentisate *n* Homogentisat *nt.*
homogentisate 1,2-dioxygenase S.U. *homogentisic acid 1,2-dioxygenase.*
homogentisate oxidase S.U. *homogentisic acid 1,2-dioxygenase.*
homogentisic acid Homogentisinsäure *f*, 2,5-Dihydroxyphenylessigsäure *f.*
homogentisic acid 1,2-dioxygenase Homogentisinsäure(-1,2-)dioxygenase *f*, Homogentisinatoxidase *f*, Homogentisin(säure)oxygenase *f.*
homogentisic acid oxidase S.U. *homogentisic acid 1,2-dioxygenase.*
homogentisicase *n* S.U. *homogentisic acid 1,2-dioxygenase.*
homoglycan *n* S.U. *homopolysaccharide.*
homograft *n* homologes/allogenes/allogenetisches Transplantat *nt*, Homo-, Allotransplantat *nt.*
homoi(o)- *präf.* S.U. *home(o)-.*
homoiohydric plant homoiohydre Pflanze *f.*
homoiostasis *n* S.U. *homeostasis.*

homoisocitric acid Homoisozitronensäure *f*.
homolactic *adj.* homolaktisch, homofermentativ.
homolipid *n* Homolipid *nt*.
homological *adj.* s.u. *homologous*.
homologous *adj.* **1.** entsprechend, übereinstimmend, ähnlich, artgleich, homolog. **2.** homolog, allogen, allogenetisch. **3.** gleichliegend, -laufend, homolog.
homologous chromosome Autosom *nt*.
homologous interference homologe Interferenz *f*.
homologous recombination homologe/legitime Rekombination *f*.
homologous series homologe Reihe *f*.
homologous serum homologes Serum *nt*.
homologous tissue homologes Gewebe *nt*.
homologue *n* homologe Verbindung *f*.
homolysin *n* homologes Lysin *nt*, Homolysin *nt*.
homolysis *n* Homolyse *f*.
homoplastic *adj.* homoplastisch, homolog, allogen.
homoplasy *n* Homoplasie *f*.
homopolymer *n* Homopolymer *nt*.
homopolypeptide *n* Homopolypeptid *nt*.
homopolysaccharide *n* Homopolysaccharid *nt*, Homoglykan *nt*.
homoproline *n* Pipecolinsäure *f*, Homoprolin *nt*.
homoserine *n* Homoserin *nt*.
homoserine acyltransferase Homoserinacyltransferase *f*.
homoserine deaminase Cystathionin-γ-lyase *f*.
homoserine dehydratase s.u. *homoserine deaminase*.
homoserine dehydrogenase Homoserindehydrogenase *f*.
homoserine kinase Homoserinkinase *f*.
homoserine phosphate Homoserinphosphat *nt*.
homoserine phosphoric acid Homoserinphosphorsäure *f*.
homospermidine *n* Homospermidin *nt*.
homosporous *adj.* gleichsporig, iso-, homospor.

homospory *n* Homosporie *f*, Isosporie *f*.
homothallic *adj.* homothallisch.
homothallism *n* Homothallie *f*.
homotropic enzyme homotropes Enzym *nt*.
homovanillic acid Homovanillinsäure *f*.
homozygosis *n* Gleich-, Reinerbigkeit *f*, Erbgleichheit *f*, Homozygotie *f*.
homozygosity *n* s.u. *homozygosis*.
homozygote *n* Homozygot *m*, Homozygote *f*.
homozygotic *adj.* s.u. *homozygous*.
homozygous *adj.* gleich-, reinerbig, homozygot.
hookless tapeworm Rinder(finnen)-bandwurm *m*, Taenia saginata, Taeniarhynchus saginatus.
hookworm *n* **1.** Hakenwurm *m*. **2.** (europäischer) Hakenwurm *m*, Grubenwurm *m*, Ancylostoma duodenale.
hordein B B-Hordein *nt*.
hordein C C-Hordein *nt*.
hordothionine *n* Hordothionin *nt*.
Hormodendrum *n* Hormodendron *nt*.
hormonal *adj.* hormonal, hormonell, Hormon-.
hormonally-dependent *adj.* hormonabhängig.
hormonal response hormonelle/hormongesteuerte Reizantwort/Reaktion/Anpassung *f*.
hormone *n* Hormon *nt*.
hormone blocker Hormonblocker *m*, -antagonist *m*, Antihormon *nt*.
hormone breakdown Hormonabbau *m*.
hormone chemistry Chemie *f* der Hormone.
hormone-dependent *adj.* hormonabhängig.
hormone-like *adj.* hormonähnlich.
hormone preprotein s.u. *hormonogen*.
hormone receptor Hormonrezeptor *m*.
hormone-receptor complex Hormonrezeptorkomplex *m*.
hormone release Hormonausschüttung *f*, -ausscheidung *f*, -abgabe *f*.
hormone-sensitive *adj.* hormonsensitiv.
hormone-sensitive lipase hormonsensitive Lipase *f*.
hormonic *adj.* s.u. *hormonal*.

H

hormonogen *n* Prohormon *nt*, Hormonogen *nt*, Hormogen *nt*.
hormonogenesis *n* Hormonbildung *f*, Hormonogenese *f*.
hormonogenic *adj.* Hormonbildung betreffend *oder* stimulierend, hormonbildend, homonogen.
hormonopoiesis *n* s.u. *hormonogenesis*.
hormonopoietic *adj.* s.u. *hormonogenic*.
horn *n* (*chemisch*) Horn *nt*, Keratin *nt*.
hornification *n* Verhornung *f*, Verhornen *nt*, Keratinisation *f*.
horsefly *n* Pferdebremse *f*, Tabanus *m*.
horseradish peroxidase Meerrettichperoxidase *f*.
host *n* Wirt *m*, Wirtstier *nt*, -pflanze *f*, -zelle *f*. **act as a host** als Wirt dienen.
host bacterium Wirtsbakterium *nt*.
host cell Wirtszelle *f*.
host-parasite interaction Wirt-Parasit-Wechselwirkung *f*.
host-parasite relationship Wirt-Parasit-Wechselwirkung *f*.
H receptor Histaminrezeptor *m*, H-Rezeptor *m*.
H1 receptor Histamin 1-Rezeptor *m*, H1-Rezeptor *m*.
H2 receptor Histamin 2-Rezeptor *m*, H2-Rezeptor *m*.
HSP genes HSP-Gene *pl*.
human I *n* Mensch *m*. **II** *adj.* **1.** den Menschen betreffend, im Menschen vorkommend, vom Menschen stammend, human, Human-. **2.** menschlich, menschenfreundlich, menschenwürdig, human, Menschen-.
human botfly Dasselfliege *f*, Dermatobia hominis.
human chorionic gonadotropin humanes Choriongonadotropin *nt*.
human diploid cell culture humane diploide Zell(en)kultur *f*, human diploid cell culture.
humane *adj.* s.u. *human* 2.
human flea Menschenfloh *m*, Pulex irritans.
human follicle-stimulating hormone Menotropin *nt*, Menopausengonadotropin *nt*, humanes Menopausengonadotropin *nt*.
human growth hormone Wachstumshormon *nt*, Somatotropin *nt*, somatotropes Hormon *nt*.
human leucocyte antigens *Brit.*

Histokompatibilitätsantigene *pl*, Transplantationsantigene *pl*, HLA-Antigene *pl*, humane Leukozytenantigene *pl*.
human leukocyte antigens Histokompatibilitätsantigene *pl*, Transplantationsantigene *pl*, HLA-Antigene *pl*, humane Leukozytenantigene *pl*.
human louse Menschenlaus *f*, Pediculus humanus.
human menopausal gonadotropin Menotropin *nt*, Menopausengonadotropin *nt*, humanes Menopausengonadotropin *nt*.
human parasite Humanparasit *m*, Parasit *m* des Menschen.
human physiology Humanphysiologie *f*.
human T-cell lymphotropic virus humanes T-Zell-lymphotropes-Virus *nt*, humanes T-Zell-Leukämievirus *nt*.
human thyroid adenylate cyclase stimulator Thyroidea-stimulierendes Immunglobulin *nt*, thyroid-stimulating immunoglobulin, long-acting thyroid stimulator.
humectant I *n* Feuchthaltemittel *nt*, Feuchthalter *m*. **II** *adj.* **1.** feucht. **2.** an-, befeuchtend, benetzend.
humid *adj.* feucht.
humidity *n* (Luft-)Feuchtigkeit *f*, Feuchtskeitsgehalt *m*.
humor *n* (Körper-)Flüssigkeit *f*, Humor *m*.
humoral *adj.* (Körper-)Flüssigkeit(en) betreffend, humoral, Humoral-.
humulin *n* Humulen *nt*.
humulin synthase Humulensynthase *f*.
humus *n* Humus *m*.
hunger I *n* Hunger *m*, Hungergefühl *nt*. **II** *vi* Hunger haben, hungern.
hungry *adj.* hungrig. **be/feel hungry** Hunger haben, hungrig sein. **get hungry** Hunger bekommen. **go hungry** hungern.
hyal- *präf.* s.u. *hyalo-*.
hyalin *n* s.u. *hyaline* I.
hyaline I *n* Hyalin *nt*. **II** *adj.* **1.** Hyalin betreffend, Hyalin-. **2.** transparent, durchscheinend; glasartig, glasig, hyalin. **3.** amorph, nicht kristallin.
hyaline cartilage hyaliner Knorpel *m*, Hyalinknorpel *m*.
hyaline membrane hyaline Membran *f*.

hyalo- *präf.* **1.** Hyalin-. **2.** Glaskörper-. **3.** Glas-.
hyalobiuronic acid Hyalobiuronsäure *f.*
hyalocyte *n* Hyalozyt *m.*
hyalogen *n* Hyalogen *nt.*
hyaloid *adj.* transparent, glasig, glasartig, hyaloid.
hyaloid body Glaskörper *m.*
hyaloidin *n* Hyaloidin *nt.*
hyaloid membrane Glaskörpermembran *f.*
hyalomere *n* Hyalomer *nt.*
hyalomitome *n* s.u. *hyaloplasm.*
Hyalomma *n* Hyalomma *f.*
hyaloplasm *n* Grundzytoplasma *nt,* zytoplasmatische Matrix *f,* Hyaloplasma *nt.*
hyaloplasma *n* s.u. *hyaloplasm.*
hyaloplasmatic *adj.* Hyaloplasma betreffend, im Hyaloplasma, hyaloplasmatisch.
hyaloplasmic *adj.* s.u. *hyaloplasmatic.*
hyalotome *n* s.u. *hyaloplasm.*
hyalurate *n* s.u. *hyaluronate.*
hyaluronate *n* Hyaluronsäureester *m,* -salz *nt,* Hyaluronat *nt.*
hyaluronate lyase Hyaluronatlyase *f.*
hyaluronic acid Hyaluronsäure *f.*
hyaluronic lyase s.u. *hyaluronate lyase.*
hyaluronidase *n* hyaluronsäure-spaltendes Enzym *nt,* Hyaluronidase *f.*
hyaluronoglucosaminidase *n* Hyaluron(o)glukosaminidase *f.*
hyaluronoglucuronidase *n* Hyaluron(o)glucuronidase *f.*
hybrid **I** *n* Bastard *m,* Kreuzung *f,* Mischling *m,* Hybride *f.* **II** *adj.* hybrid, Bastard-, Misch-.
hybrid chromosome hybrides Chromosom *nt.*
hybridism *n* **1.** Hybridisierung *f,* Hybridisation *f.* **2.** Hybridität *f.*
hybridity *n* s.u. *hybridism* 2.
hybridization *n* **1.** Hybridisierung *f,* Hybridisation *f.* **2.** Hybridisation, Bastardisierung *f.* **3.** Hybridisierung *f,* Hybridisierungstechnik *f.*
hybridize **I** *vt* hybridisieren, bastadieren, kreuzen. **II** *vi* sich kreuzen.
hydantoic acid Hydantoinsäure *f,* Uraminessigsäure *f.*
hydantoin *n* Hydantoin *nt,* Glykolylharnstoff *m.*

hydantoinate *n* Hydantoinat *nt.*
hydatid tapeworm Blasenbandwurm *m,* Hundebandwurm *m,* Echinococcus granulosus, Taenia echinococcus.
Hydatigena *n* Taenia *f.*
hydr- *präf.* s.u. *hydro-.*
hydramine *n* Hydramin *nt.*
hydrargyrum *n* Quecksilber *nt;* (*chemisch*) Hydragyrum *nt.*
hydrase *n* s.u. *hydratase.*
hydratase *n* Hydratase *f.*
hydrate **I** *n* Hydrat *nt.* **II** *vt* hydratisieren.
hydrated *adj.* hydratisiert.
hydration *n* **1.** Wasseranlagerung *f,* Hydratbildung *f,* Hydration *f,* Hydratation *f.* **2.** Wasseraufnahme *f,* Hydratation *f,* Hydration *f.*
hydrational shell Wasserhülle *f,* Hydra(ta)tionshülle *f.*
hydrazide *n* Hydrazid *nt.*
hydric *adj.* Wasserstoff betreffend *oder* enthaltend, Wasserstoff-, Hydro-.
hydride *n* Hydrid *nt.*
hydrindan *n* Hydrindan *nt.*
hydrion *n* s.u. *hydrogen ion.*
hydro- *präf.* **1.** Wasser-, Hydr(o)-. **2.** Wasserstoff-, Hydro-.
hydroaromatic acid hydroaromatische Säure *f.*
hydrobromate *n* Hydrobromat *nt.*
hydrobromic acid Bromwasserstoffsäure *f.*
hydrobromide *n* Hydrobromid *nt.*
hydrocarbon *n* Kohlenwasserstoff *m.*
hydrocarbon chain Kohlenwasserstoffkette *f.*
hydrocarbon phase Kohlenwasserstoffphase *f.*
hydrocarbon tail s.u. *hydrocarbon chain.*
hydrochloric acid Salzsäure *f.*
hydrochloride *n* Hydrochlorid *nt.*
hydrocholesterol *n* Hydrocholesterin *nt,* -cholesterol *nt.*
hydrocinnamic acid Hydroxyzimtsäure *f.*
4-hydrocinnamic acid 4-Cumarsäure *f.*
hydrocolloid *n* Hydrokolloid *nt.*
hydrocortisone *n* Kortisol *nt,* Cortisol *nt,* Hydrocortison *nt.*
hydrocyanic acid s.u. *hydrogen cyanide.*
hydrofluoric acid Flußsäure *f.*
hydrogel *n* Hydrogel *nt.*

H

hydrogen *n* Wasserstoff *m*; (*chemisch*) Hydrogenium *nt*.
hydrogen acceptor Wasserstoffakzeptor *m*.
hydrogenase *n* Hydrogenase *f*.
hydrogenate *vt* Wasserstoff anlagern, hydrieren.
hydrogenation *n* Hydrierung *f*.
hydrogen atom Wasserstoffatom *nt*.
hydrogen bacteria Wasserstoffbakterien *pl*, -bildner *pl*.
hydrogen-binding capacity Wasserstoffbindungskapazität *f*.
hydrogen bond Wasserstoffbrückenbindung *f*.
hydrogen-bonding capacity Wasserstoffbindungskapazität *f*.
hydrogen bromide Bromwasserstoff *m*.
hydrogen chloride Chlorwasserstoff *m*.
hydrogen cyanide Cyanwasserstoff *m*; Blausäure *f*.
hydrogen dioxide s.u. *hydrogen peroxide*.
hydrogen electrode Wasserstoffelektrode *f*.
hydrogen ion Wasserstoffion *nt*.
hydrogen ion concentration Wasserstoffionenkonzentration *f*.
hydrogenize *vt* s.u. *hydrogenate*.
hydrogenlyase *n* **1.** Hydrogenlyase *f*. **2.** Hydrogenase *f*.
hydrogen nucleus Wasserstoffkern *m*.
hydrogen peroxide Wasserstoff(su)peroxid *nt*.
hydrogen sulfide Schwefelwasserstoff *m*.
hydrogen sulphide *Brit.* Schwefelwasserstoff *m*.
hydrohalogen acid Halogenwasserstoff(säure *f*) *m*.
hydrolase *n* Hydrolase *f*.
ω-hydrolase *n* ω-Hydrolase *f*.
hydro-lyase *n* Hydrolyase *f*, Hydratase *f*, Dehydratase *f*.
hydrolysate *n* Hydrolysat *nt*.
hydrolysis *n*, *pl* **-ses** Hydrolyse *f*.
hydrolytic *adj*. Hydrolyse betreffend *oder* fördernd, hydrolytisch.
hydrolytic enzyme s.u. *hydrolase*.
hydrolyzable tannin Gallotannin *nt*.
hydrolyzate *n* s.u. *hydrolysate*.
hydrolyze *vt*, *vi* hydrolisieren.
hydroperoxide *n* s.u. *hydrogen peroxide*.

hydroperoxyeicosatetraenoic acid Hydroperoxyeicosatetraensäure *f*.
13-hydroperoxylinolenic acid 13-Hydroperoxylinolensäure *f*.
hydrophil *adj*. s.u. *hydrophilic*.
hydrophile *adj*. s.u. *hydrophilic*.
hydrophilia *n* Hydrophilie *f*.
hydrophilic *adj*. wasserliebend, Wasser/Feuchtigkeit aufnehmend, Wasser anziehend, hydrophil.
hydrophobia *n* Wasserscheu *f*, Hydrophobie *f*.
hydrophobic *adj*. wasserscheu; wasserabstoßend, hydrophob.
hydrophobic bond hydrophobe Wechselwirkung/Bindung *f*.
hydrophobic interaction hydrophobe Wechselwirkung *f*.
hydrophobic phase hydrophobe Phase *f*.
hydrophobism *n* Hydrophobie *f*.
hydrophobous *adj*. s.u. *hydrophobic*.
hydroponic culture hydroponische Kultur *f*, Hydrokultur *f*, Hydroponik *f*.
hydroponics *pl* hydroponische Kultur *f*, Hydrokultur *f*, Hydroponik *f*.
hydrosol *n* Hydrosol *nt*.
hydrostabile *adj*. hydrostabil.
hydrostat *n* Hydrostat *m*.
hydrostatic *adj*. Hydrostatik betreffend, hydrostatisch.
hydrostatic pressure hydrostatischer Druck *m*.
hydrostatics *pl* Hydrostatik *f*.
hydrosulfuric acid s.u. *hydrogen sulfide*.
hydrosulphuric acid *Brit.* s.u. *hydrogen sulphide*.
hydrotropism *n* **1.** Hydrotropismus *m*. **2.** Hydrotropie *f*.
hydroxide *n* Hydroxid *nt*.
hydroxide ion Hydroxidion *nt*.
hydroxocobalamin *n* Hydroxocobalamin *nt*, Aquocobalamin *nt*, Vitamin B_{12b} *nt*.
hydroxy- *präf*. Hydroxy-.
hydroxyacetic acid Hydroxyessigsäure *f*, Glykolsäure *f*.
hydroxy acid Hydroxysäure *f*.
3-hydroxyacyl-CoA *n* 3-Hydroxyacyl-CoA *nt*.
3-hydroxyacyl-CoA dehydrogenase 3-Hydroxyacyl-CoA-dehydrogenase *f*.
3-hydroxyacyl-CoA epimerase 3-Hydroxyacyl-CoA-epimerase *f*.

hydroxyacylglutathione hydrolase Hydroxyacylglutathionhydrolase *f*, Glyoxalase II *f*.

3-hydroxyanthranilic acid 3-Hydroxyanthranilsäure *f*.

3-hydroxyanthranilic acid 3,4-dioxygenase 3-Hydroxyanthranilsäure-3,4-dioxygenase *f*.

hydroxyapatite *n* Hydroxi-, Hydroxy(l)apatit *nt*.

2-hydroxybenzamide *n* Salizylamid *nt*, Salicylamid *nt*, Salicylsäureamid *nt*, *o*-Hydroxybenzamid *nt*.

hydroxybenzene *n* Phenol *nt*, Karbolsäure *f*, Monohydroxybenzol *nt*.

2-hydroxybenzoic acid Salizylsäure *f*, Salicylsäure *f*, *o*-Hydroxybenzoesäure *f*.

β-hydroxybutyrate *n* β-Hydroxybutyrat *nt*.

α-hydroxybutyrate dehydrogenase α-Hydroxybutyratdehydrogenase *f*.

β-hydroxybutyrate dehydrogenase β-Hydroxybutyratdehydrogenase *f*, 3-Hydroxybutyratdehydrogenase *f*.

hydroxybutyric acid Hydroxybuttersäure *f*.

β-hydroxybutyric acid β-Hydroxybuttersäure *f*.

β-hydroxybutyric dehydrogenase s.u. β-*hydroxybutyrate dehydrogenase*.

hydroxycarbamide *n* s.u. *hydroxyurea*.

25-hydroxycholecalciferol *n* 25-Hydroxycholecalciferol *nt*, Calcidiol *nt*.

17-hydroxycorticosteroid *n* 17-Hydroxikortikosteroid *nt*, 17-Hydroxicorticosteroid *nt*.

17-hydroxycorticosterone *n* Kortisol *nt*, Cortisol *nt*, Hydrocortison *nt*.

18-hydroxycorticosterone *n* 18-Hydroxicorticosteron *nt*.

7-hydroxycoumarin *n* Umbelliferon *nt*.

hydroxyeicosatetraenoic acid Hydroxyeicosatetraensäure *f*.

25-hydroxyergocalciferol *n* 25-Hydroxyergocalciferol *nt*.

hydroxyestrin benzoate Estradiolbenzoat *nt*.

hydroxyethyl starch Hydroxyäthylstärke *f*.

hydroxyferulic acid Hydroxyferulasäure *f*.

3-hydroxyflavone *n* Flavonol *nt*.

γ-hydroxyglutamic acid γ-Hydroxyglutaminsäure *f*.

hydroxyheptadecatrienoic acid Hydroxyheptadecatriensäure *f*.

5-hydroxyindoleacetic acid 5-Hydroxyindolessigsäure *f*.

β-hydroxyisobutyric acid β-Hydroxyisobuttersäure *f*.

β-hydroxyisobutyric acid dehydrogenase β-Hydroxyisobuttersäuredehydrogenase *f*.

β-hydroxyisobutyryl-CoA hydrolase β-Hydroxyisobutyryl-CoA-hydrolase *f*.

2-hydroxyisoflavonone 2-Hydroxyisoflavanon *nt*.

hydroxyl *n* Hydroxyl-(Radikal *nt*).

hydroxylapatite *n* s.u. *hydroxyapatite*.

hydroxylase *n* Hydroxylase *f*.

hydroxylation *n* Hydroxylierung *f*.

ω-hydroxylation *n* ω-Hydroxylierung *f*.

hydroxylysine *n* Hydroxylysin *nt*.

4-hydroxy-3-methoxycinnamic acid Ferulasäure *f*.

hydroxymethylbilane *n* Hydroxymethylbilan *nt*.

3-hydroxy-3-methylglutaric acid 3-Hydroxy-3-methylglutarsäure *f*.

β-hydroxy-β-methylglutaryl-CoA *n* β-Hydroxy-β-methylglutaryl-CoA *nt*.

β-hydroxy-β-methylglutaryl-CoA lyase β-Hydroxy-β-methylglutaryl-CoA-lyase *f*, HMG-CoA-lyase *f*.

β-hydroxy-β-methylglutaryl-CoA reductase β-Hydroxy-β-methylglutaryl-CoA-reduktase *f*, HMG-CoA-reduktase *f*.

β-hydroxy-β-methylglutaryl-CoA synthase β-Hydroxy-β-methylglutaryl-CoA-synthase *f*, HMG-CoA-synthase *f*.

hydroxymethyltransferase *n* Hydroxymethyltransferase *f*.

5-hydroxy-1,4-naphthoquinone *n* 5-Hydroxy-1,4-naphthochinon *nt*, Juglon *nt*, Lawson *nt*.

hydroxyoestrin benzoate *Brit.* Estradiolbenzoat *nt*.

hydroxyphenylalanine *n* Tyrosin *nt*.

hydroxyphenylethylamine *n* Tyramin *nt*, Tyrosamin *nt*.

4-hydroxyphenylpyruvate *n* 4-Hydroxyphenylpyruvat *nt*, *p*-Hydroxyphenylpyruvat *nt*.

4-hydroxyphenylpyruvate dioxygenase 4-Hydroxyphenylpyruvatdioxygenase *f*, 4-Hydroxyphenylpyruvatoxidase *f*.

p-hydroxyphenylpyruvate oxidase S.U. 4-*hydroxyphenylpyruvate dioxygenase*.

4-hydroxyphenylpyruvic acid 4-Hydroxyphenylbrenztraubensäure *f*.

hydroxyproline *n* Hydroxyprolin *nt*.

hydroxyproline oxidase Hydroxyprolinoxidase *f*.

hydroxyproline-rich glycoproteids Hydroxyprolin-reiche Glykoproteide *pl*.

6-hydroxypurine *n* S.U. *hypoxanthine*.

hydroxypyruvate *n* Hydroxypyruvat *nt*.

hydroxysteroid *n* Hydroxysteroid *nt*.

hydroxysteroid dehydrogenase Hydroxysteroiddehydrogenase *f*.

3α-hydroxytropane *n* Hydroxytropan *nt*.

5-hydroxytryptamine *n* 5-Hydroxytryptamin *nt*, Serotonin *nt*.

hydroxytyramine *n* Dopamin *nt*, Hydroxytyramin *nt*.

hydroxyurea *n* Hydroxyharnstoff *m*, Hydroxyurea *nt*.

hydroxyvaline *n* Hydroxyvalin *nt*.

hygr- *präf.* S.U. *hygro-*.

hygric *adj.* Feuchtigkeit betreffend, Feuchtigkeits-, Hygro-.

hygro- *präf.* Feuchtigkeits-, Hygro-.

hygroscopic *adj.* Wasser *oder* (Luft-) Feuchtigkeit anziehend *oder* aufnehmend, hygroskopisch.

hymenium *n, pl* **-nia** Sporen-, Fruchtlager *nt*, Hymenium *nt*.

Hymenolepididae *pl* Hymenolepididae *pl*.

Hymenolepis *n* Hymenolepis *f*.

Hymenoptera *pl* Hautflügler *pl*, Hymenopteren *pl*, Hymenoptera *pl*.

L-hyoscyamine *n* L-Hyoscyamin *nt*.

hyper- *präf.* Über-, Hyper-.

hyperacid *adj.* übermäßig sauer, hyperazid, superazid.

hyperchromatic *adj.* hyperchromatisch.

hyperchromatin *n* Hyperchromatin *nt*.

hyperchromic *adj.* **1.** hyperchroma-

tisch. **2.** hyperchrom.

hyperdiploid *adj.* hyperdiploid.

hypergenesis *n* Überentwicklung *f*, Hypergenese *f*.

hypergenetic *adj.* Hypergenese betreffend, hypergenetisch, überentwickelt.

hyperoxidation *n* Hyperoxidation *f*.

hyperoxide *n* Hyperoxid *nt*, Superoxid *nt*, Peroxid *nt*.

hyperparasite *n* Über-, Sekundär-, Hyperparasit *m*.

hyperparasitic *adj.* hyperparasitisch.

hyperploid *adj.* hyperploid.

hyperploidy *n* Hyperploidie *f*.

hypertensinase *n* S.U. *angiotensinase*.

hypha *n, pl* **-phae** Pilzfaden *m*, Hyphe *f*.

hyphal *adj.* Hyphe(n) betreffend, Hyphen-.

hyphomycete *n* Fadenpilz *m*, Hyphomyzet *m*.

Hyphomycetes *pl* Fadenpilze *pl*, Hyphomyzeten *pl*, Hyphomycetes *pl*.

hypnocyst *n* Ruhezyste *f*.

hypnozoite *n* Hypnozoit *m*.

hypo- *präf.* Unter-, Hyp(o)-.

hypobaric *adj.* **1.** hypobar, Unterdruck-. **2.** (*Flüssigkeit*) von geringer Dichte, hypobar.

hypobromite *n* Hypobromit *nt*.

hypobromous acid unterbromige Säure *f*.

hypochlorite *n* Hypochlorit *nt*.

hypochlorous acid hypochlorige Säure *f*.

hypochromatic *adj.* hypochromatisch.

hypochromic *adj.* **1.** hypochrom. **2.** hypochromatisch.

Hypoderma *n* Hypoderma *f*.

hypodiploid I *n* hypodiploide Zelle *f*, hypodiploider Organismus *m*. **II** *adj.* hypodiploid.

hypo-oncotic *adj.* (*Druck*) hypoonkotisch, hyponkotisch.

hypophyseal *adj.* S.U. *hypophysial*.

hypophyseoportal circulation hypophysärer Pfortader-/Portalkreislauf *m*, hypophysäres Pfortader-/Portalsystem *nt*.

hypophyseoportal system S.U. *hypophyseoportal circulation*.

hypophysial *adj.* Hypophyse betreffend, aus der Hypophyse stammend, hypophysär, pituitär, Hypophysen-.

hypophysioportal circulation s.u.
hypophyseoportal circulation.

hypophysioportal system s.u.
hypophyseoportal circulation.

hypophysiotropic *adj.* hypophysiotrop, hypophyseotrop.

hypophysiotropic hormone hypophysiotropes Hormon *nt.*

hypophysis *n, pl* **-ses** Hirnanhangsdrüse *f,* Hypophyse *f,* Hypophysis cerebri, Glandula pituitaria.

hypoploid *adj.* hypoploid.

hypoploidy *n* Hypoploidie *f.*

hyposulfite *n* Thiosulfat *nt.*

hyposulphite *n Brit.* Thiosulfat *nt.*

hypothalamic *adj.* Hypothalamus betreffend, vom Hypothalamus stammend, unterhalb des Thalamus, hypothalamisch, Hypothalamus-.

hypothalamic-pituitary system Hypothalamus-Hypophysen-System *nt,* Hypophysenzwischenhirnsystem *nt.*

hypothalamic-posterior pituitary system Hypothalamus-Neurohypophysen-System *nt,* hypothalamisch-neurohypophysäres System *nt.*

hypothalamus *n, pl* **-mi** Hypothalamus *m.*

hypotonic *adj.* **1.** mit *oder* bei niedrigem Tonus *oder* Druck, hypoton(isch). **2.** mit geringerem osmotischem Druck, hypoton(isch).

hypotrichous *adj.* hypotrich.

hypoxanthine *n* Hypoxanthin *nt,* 6-Hydroxypurin *nt.*

hypoxanthine guanine phosphoribosyltransferase Hypoxanthin(-Guanin)-phosphoribosyltransferase *f.*

hypoxanthine oxidase Xanthinoxidase *f,* Schardinger-Enzym *nt.*

hypoxanthine phosphoribosyltransferase s.u. *hypoxanthine guanine phosphoribosyltransferase.*

hypsochrome *n* hypsochrome Gruppe *f.*

hysteresis *n* **1.** verzögerter Wirkungseintritt *m,* verzögerte Reaktion *f,* Hysterese *f,* Hysteresis *f.* **2.** magnetische Hysterese *f.* **3.** sekundäre Verfestigung *f* von Kolloiden, Hysterese *f,* Hysteresis *f.*

H zone H-Bande *f,* H-Streifen *m,* H-Zone *f,* helle Zone *f,* Hensen-Zone *f.*

H

I

I band I-Bande *f*, I-Streifen *m*, I-Zone *f*, isotrope Bande *f*.
ichthyolsulfonate *n* Ichthyolsulfonat *nt*.
ichthyolsulfonic acid Ichthyolsulfonsäure *f*.
ichthyolsulphonate *n Brit.* Ichthyolsulfonat *nt*.
ichthyolsulphonic acid *Brit.* Ichthyolsulfonsäure *f*.
ichthyophagous *adj.* fischfressend, sich von Fisch ernährend, ichthyophag.
icosahedral symmetry Ikosaeder-Symmetrie *f*.
icosahedral viruses Ikosaeder-Viren *pl*.
icosanoic acid Arachinsäure *f*, *n*-Eicosansäure *f*.
identical *adj.* identisch, gleich (*with* mit); artgleich.
identity *n, pl* **-ties** Artgleichheit *f*; Gleichheit *f*, Identität *f*, Übereinstimmung *f*.
idi(o)- *präf.* Selbst-, Eigen-, Idi(o)-.
idioblast *n* Idioblast *m*.
idiochromatin *n* Idiochromatin *nt*.
idiochromosome *n* Geschlechts-, Sexchromosom *nt*, Gonosom *nt*, Heterosom *nt*.
idioplasm *n* Erbsubstanz *f*, Erb-, Keimplasma *nt*, Idioplasma *nt*.
idiotrophic *adj.* idiotroph.
idiotype *n* Idiotyp *m*, Idiotypus *m*, Genotyp *m*, -typus *m*.
idiotypic *adj.* Idiotype(n) betreffend, idiotypisch, Idiotypen-.
idiotypy *n* Idiotypie *f*.
I disc *Brit.* s.u. **I** *band*.

I disk s.u. **I** *band*.
L-iditol dehydrogenase L-Iditoldehydrogenase *f*, Iditdehydrogenase *f*, Sorbitdehydrogenase *f*.
iduronate-2-sulfatase *n* Iduronat-2-sulfatase *f*, Iduronatsulfat-sulfatase *f*.
iduronate-2-sulphatase *n Brit.* Iduronat-2-sulfatase *f*, Iduronatsulfat-sulfatase *f*.
iduronic acid Iduronsäure *f*.
iduronic sulfatase s.u. *iduronate-2-sulfatase*.
iduronic sulphatase *Brit.* s.u. *iduronate-2-sulphatase*.
α-L-iduronidase *n* α-L-Iduronidase *f*.
I form I-Form *f*.
ifosfamide *n* Ifosfamid *nt*.
IgA₁ protease IgA$_1$-Protease *f*.
illegitimate recombination illegitime/nichthomologe Rekombination *f*.
imago *n, pl* **-goes, imagines** Vollinsekt *nt*, Imago *f*.
imidazole *n* Imidazol *nt*.
imidazole acetol phosphate Imidazolacetolphosphat *nt*.
imidazole glycerol phosphate Imidazolglyzerinphosphat *nt*.
imidazole glycerol phosphate dehydratase Imidazolgylzerinphosphat-dehydratase *f*.
imide *n* Imid *nt*.
imido- *präf.* Imido-.
imidodipeptidase *n* Prolidase *f*, Prolindipeptidase *f*.
imino- *präf.* Imino-.
imino acid Iminosäure *f*.
α-iminoglutarate *n* α-Iminoglutarat *nt*.
α-iminoglutaric acid α-Iminoglutar-

säure *f.*
immobile *adj.* unbeweglich, immobil; bewegungslos; starr, fest.
immun- *präf.* S.U. *immuno-.*
immune *adj.* Immunsystem *oder* Immunantwort betreffend, immun (*against, to* gegen); Immun(o)-.
immune adherence factor Immunadhärenzfaktor *m.*
immune body Antikörper *m.*
immune complex Immunkomplex *m,* Antigen-Antikörper-Komplex *m.*
immune globulin Immunglobulin *nt.*
immune globulin chain Immunglobulinkette *f.*
immune reaction S.U. *immune response.*
immune response Immunantwort *f,* -reaktion *f,* immunologische Reaktion *f.*
  cellular immune response zelluläre Immunantwort.
  delayed immune response Immunreaktion vom verzögerten Typ.
  humoral immune response humorale Immunantwort.
  immediate immune response Immunreaktion vom Soforttyp.
  primary immune response Primärantwort, -reaktion.
  secondary immune response Sekundärantwort, -reaktion.
immune system Immunsystem *nt.*
immunity *n* Immunität *f,* Unempfänglichkeit *f* (*from, against* gegen).
immunization *n* Immunisierung *f,* Immunisation *f.*
immunize *vt* immunisieren, immun machen (*against* gegen).
immuno- *präf.* Immun-, Immuno-.
immunobiology *n* Immunbiologie *f.*
immunochemical *adj.* Immun(o)chemie betreffend, immunochemisch.
immunochemistry *n* Immun(o)chemie *f.*
immunocompetence *n* Immunkompetenz *f.*
immunocompetent *adj.* immunologisch kompetent, immunkompetent.
immunocompetent cell Immunozyt *m,* immunkompetente Zelle *f.*
immunocytochemistry *n* Immunzytochemie *f.*
immunogen *n* Immunogen *nt.*
immunogenetic *adj.* Immungenetik betreffend, immungenetisch.

immunogenetics *pl* Immungenetik *f.*
immunogenic *adj.* Immunität hervorrufend, eine Immunantwort auslösend, immunogen.
immunogenicity *n* Immunogenität *f.*
immunoglobulin *n* Immunglobulin *nt.*
immunoglobulin A Immunglobulin A *nt.*
immunoglobulin D Immunglobulin D *nt.*
immunoglobulin E Immunglobulin E *nt.*
immunoglobulin G Immunglobulin G *nt.*
immunoglobulin M Immunglobulin M *nt.*
immunohistochemical *adj.* Immunhistochemie betreffend, immunhistochemisch.
immunohistochemistry *n* Immunhistochemie *f.*
immunoincompetence *n* Immuninkompetenz *f.*
immunoincompetent *adj.* immunologisch inkompetent, immuninkompetent.
immunologic *adj.* S.U. *immunological.*
immunological *adj.* Immunologie betreffend, immunologisch, Immun(o)-.
immunologically competent S.U. *immunocompetent.*
immunoreaction *n* S.U. *immune response.*
immunoreactive *adj.* eine Immunreaktion zeigend *oder* gebend, immun(o)reaktiv.
IMP cyclohydrolase IMP-Cyclohydrolase *f,* Inosinsäurecyclohydrolase *f.*
IMP dehydrogenase IMP-Dehydrogenase *f,* Inosinsäuredehydrogenase *f.*
imperfect fungi unvollständige Pilze *pl,* Fungi imperfecti, Deuteromyzeten *pl,* Deuteromycetes *pl,* Deuteromycotina *pl.*
imperfect stage ungeschlechtliche/vegetative Phase *f.*
imperfect yeast unechte/imperfekte Hefe *f.*
impregnation *n* **1.** Befruchtung *f,* Imprägnation *f;* Schwängerung *f.* **2.** Sättigen *nt,* Sättigung *f,* Imprägnierung *f;* gesättigter Zustand *m;* Durchtränkung *f.*
impulse *n* **1.** Stoß *m,* Antrieb *m.* **2.**

Impuls *m*; (Strom-, Spannungs-)Stoß *m*. **3.** (Nerven-)Impuls *m*, (An-)Reiz *m*.

IMViC character IMViC-Eigenschaften *pl*.

inacidity *n* Anazidität *f*.

inactivate *vt* unwirksam machen, inaktivieren.

inactivation *n* Inaktivieren *nt*, Inaktivierung *f*.

inactive *adj*. **1.** untätig, nicht aktiv, inaktiv. **2.** unwirksam, inaktiv; ohne optische Aktivität; nicht radioaktiv.

inactivity *n* Unwirksamkeit *f*, Inaktivität *f*.

inassimilable *adj*. nicht assimilierbar.

inborn *adj*. angeboren, bei der Geburt vorhanden.

inbreeding *n* Inzucht *f*.

incidental parasite Zufallsparasit *m*.

incisure *n* Einschnitt *m*, Einbuchtung *f*, Inzisur *f*.

inclusion body Einschluss-, Elementarkörperchen *nt*.

incompatibility *n* Unvereinbarkeit *f*, Unverträglichkeit *f*, Gegensätzlichkeit *f*, Inkompatibilität *f*.

incompatible *adj*. unvereinbar, unverträglich, nicht zusammenpassend, inkompatibel (*with* mit).

incompatibleness *n* s.u. *incompatibility*.

incomplete *adj*. **1.** unvollständig, unvollkommen, unvollzählig, inkomplett. **2.** unfertig.

incomplete dominance unvollständige Dominanz *f*, Semidominanz *f*.

inconstant *adj*. unbeständig, veränderlich, inkonstant; variabel.

increase **I** *n* **1.** Vergrößerung *f*, Vermehrung *f*, Verstärkung *f*, Zunahme *f*, Zuwachs *m*, Wachstum *nt*. **2.** Anwachsen *nt*, Wachsen *nt*, Steigen *nt*, Steigerung *f*, Erhöhung *f*. **II** *vt* vergrößern, verstärken, vermehren, erhöhen, steigern. **III** *vi* zunehmen, größer werden, wachsen, anwachsen, steigern, ansteigen, sich vergrößern, sich vermehren, sich erhöhen, sich verstärken, sich steigern.

increased metabolism erhöhter/gesteigerter Stoffwechsel *m*, Hypermetabolismus *m*.

increment *n* Zuwachs *m*, Zunahme *f*, Inkrement *nt*.

incremental *adj*. Inkrement betref-

fend, inkremental, Zuwachs-.

incretion *n* **1.** innere Sekretion *f*, Inkretion *f*. **2.** Inkret *nt*.

incretory *adj*. innere Sekretion betreffend, inkretorisch, innersekretorisch; endokrin.

incretory gland Drüse *f* mit innerer Sekretion, endokrine Drüse *f*.

incubation *n* (Be-, Aus-)Brüten *nt*, Inkubation *f*.

incubator *n* Brutschrank *m*, Inkubator *m*.

independent form I-Form *f*.

indeterminate *adj*. nicht-determiniert.

index *n*, *pl* **-dexes, -dices** **1.** Index *m*, Messziffer *f*, Mess-, Vergleichszahl *f*. **2.** (Uhr-)Zeiger *m*; (*Waage*) Zunge *f*.

index of refraction Brechungs-, Refraktionsindex.

indicator *n* **1.** Zeigefinger *m*, Index *m*, Digitus secundus. **2.** Indikator *m*. **3.** (An-)Zeiger *m*, Zähler *m*, Messer *m*, Mess-, Anzeigegerät *nt*.

indicator-dilution curve Indikator-, Farbstoffverdünnungskurve *f*.

indicator-dilution method Farbstoff-, Indikatorverdünnungsmethode *f*, -technik *f*.

indicator dye Farbindikator *m*.

indifferent *adj*. **1.** neutral, unbestimmt, indifferent. **2.** (*Zelle*) nicht differenziert *oder* spezialisiert.

indifferent streptococci nicht-hämolysierende/gamma-hämolytische Streptokokken *pl*.

indigene *n* **1.** Eingeborene(r *m*) *f*. **2.** einheimisches Tier *nt*; einheimische Pflanze *f*.

indigo blue Indigoblau *nt*.

indirect *adj*. mittelbar, auf Umwegen, nicht gerade *oder* direkt, indirekt.

indirect bilirubin freies/indirektes/unkonjugiertes Bilirubin *nt*.

indirect oxidase Peroxidase *f*.

indirect repeats repetitive Sequenzinversionen *pl*.

individual **I** *n* **1.** Einzelmensch *m*, -wesen *nt*, -person *f*, Individuum *nt*, Einzelne(r *m*) *f*. **2.** Einzelorganismus *m*, -wesen *nt*. **II** *adj*. **3.** einzeln, individuell, Einzel-, Individual-. **4.** persönlich, eigentümlich, eigenwillig, charakteristisch, individuell.

indole *n* Indol *nt*, 2,3-Benzopyrrol *nt*.

indoleacetic acid Indolyl-, Indolessigsäure *f*.

indole-3-acetic acid Indol-3-essigsäure *f*, β-Indolylessigsäure *f*, Auxin *nt*.

indoleacetonitrile *n* Indol-3-acetonitril *nt*.

indole alkaloid Indolalkaloid *nt*.

indole-3-glycerol-phosphate *n* Indol-3-glycerinphosphat *nt*.

indole-3-glycerol-phosphate synthase Indol-3-glycerinphosphat-synthase *f*.

indophenol *n* Indophenol *nt*.

indophenolase *n* Indophenoloxidase *f*, Zytochromoxidase *f*, Cytochromoxidase *f*.

indophenol oxidase s.u. *indophenolase*.

indoxyl-sulfate *n* Indoxylsulfat *nt*.

indoxyl-sulphate *n Brit*. Indoxylsulfat *nt*.

induce *vt* erzeugen, induzieren.

induced *adj*. 1. auf Induktion beruhend, induziert. 2. (*physikal*.) sekundär, induziert, Induktions-.

induced defence induzierte Abwehr *f*.

induced enzyme induzierbares Enzym *nt*.

inducible *adj*. induzierbar.

inducible enzyme s.u. *induced enzyme*.

inductance *n* 1. Induktion *f*, Induktivität *f*. 2. Induktanz *f*, induktiver Widerstand *m*.

induction *n* (*Genetik*) Induktion *f*; (*biochemisch*) (Enzym-)Induktion *f*.

induction period Induktionsphase *f*.

inductor *n* Induktor *m*, Reaktionsbeschleuniger *m*.

inert *adj*. untätig, (reaktions-)träge, inert.

inert gas Edelgas *nt*.

inertia *n* 1. Trägheit *f*, Langsamkeit *f*, Schwäche *f*, Inertia *f*, Inertie *f*. 2. (Massen-)Trägheit *f*; Reaktionsträgheit *f*.

infectious agent infektiöses Agens *nt*, infektiöse Einheit *f*.

influenza bacillus Pfeiffer-(Influenza-)Bazillus *m*, Haemophilus influenzae, Bacterium influenzae.

Influenzavirus *n* Influenzavirus *nt*.

informational macromolecule informatives/informationstragendes Makromolekül *nt*.

informosome *n* Informosom *nt*.

infra- *präf*. Infra-, Sub-.

infrared I *n* 1. Ultra-, Infrarot *nt*. 2. Infrarot-, Ultrarotlicht *nt*, IR-Licht *nt*, UR-Licht *nt*. II *adj*. ultra-, infrarot.

infrared lamp Infrarotlicht, -lampe *f*, -strahler *m*.

infrared light Infrarot-, Ultrarotlicht *nt*, IR-Licht *nt*, UR-Licht *nt*.

infrared rays Infrarotstrahlen *pl*.

infrared waves Infrarotwellen *pl*.

infrastructure *n* 1. Feinstruktur *f*, Infrastruktur *f*. 2. Infrastruktur *f*.

Infusoria *pl* Aufguß-, Wimpertierchen *pl*, Infusorien *pl*, Wimperinfusorien *pl*, Ciliata *pl*.

inhalant I *n* Inhalat *nt*. II *adj*. einatmend, Inhalations-.

inhalation *n* Einatmung *f*, Einatmen *nt*, Inhalation.

inhalational *adj*. inhalativ, Inhalations-.

inhale *vt*, *vi* einatmen, inhalieren.

inherent *adj*. innewohnend, eigen (*in*); intrinsisch; angeboren.

inherent immunity angeborene Immunität *f*.

inherit I *vt* (er-)erben (*from* von). II *vi* erben.

inheritable *adj*. vererbbar, erblich, Erb-.

inheritance *n* 1. Vererbung *f*. by inheritance erblich, durch Vererbung. 2. Erbgut *nt*.

inherited *adj*. ver-, ererbt, Erb-.

inherited immunity angeborene Immunität *f*.

inhibin *n* Inhibin *nt*.

inhibit *vt* hemmen, (ver-)hindern, inhibieren.

inhibiting factor Inhibiting-Faktor *m*.

inhibiting hormone Inhibiting-Hormon *nt*.

inhibition *n* Hemmung *f*, Inhibition *f*.

inhibition zone Hemmhof *m*, -zone *f*.

inhibitive *adj*. s.u. *inhibitory*.

inhibitor *n* Hemmstoff *m*, Hemmer *m*, Inhibitor *m*.

inhibitor constant Inhibitorkonstante *f*.

inhibitory *adj*. hemmend, hindernd, inhibitorisch, Hemmungs-.

inhibitory synapse inhibitorische/hemmende Synapse *f*.

inhibitory transmitter hemmender/inhibitorischer Transmitter *m*.

initial *adj*. anfänglich, erste(r, s), initial, Anfangs-, Ausgangs-, Initial-.

initial temperature Ausgangstemperatur *f*.

initial velocity Ausgangs-, Initialgeschwindigkeit *f*.

initiate *vt* anfangen, beginnen, einleiten, in die Wege leiten, initiieren.

initiation *n* Einleitung *f*; Anfang *m*, Beginn *m*, Initiierung *f*, Initiation *f*.

initiation codon Initial-, Initiations-, Starterkodon *nt*.

initiation complex Initial-, Initiations-, Starterkomplex *m*.

initiation factor Initial-, Initiationsfaktor *m*.

initiator *n* Initiator *m*.

initiator protein Initiator-, Starterprotein *nt*.

initiator tRNA Initiator-tRNA *f*, Starter-tRNA *f*.

innate *adj*. **1.** angeboren (*in*); bei der Geburt vorhanden; kongenital; hereditär. **2.** innewohnend, eigen (*in*).

innate immunity angeborene Immunität *f*.

inner *adj*. **1.** innere(r, s), inwendig, Innen-, Endo-. **2.** intramolekular.

innervate *vt* **1.** mit (Nerven-)Reizen versorgen, innervieren. **2.** (durch) Nervenreize anregen, stimulieren, innervieren.

innervation *n* nervale Versorgung *f*, Versorgung *f* mit Nerven(reizen), Innervation *f*.

inorganic *adj*. **1.** anorganisch. **2.** unorganisch.

inorganic acid anorganische Säure *f*, Mineralsäure *f*.

inorganic chemistry anorganische Chemie *f*.

inorganic phosphate anorganisches Phosphat *nt*.

inorganic pyrophosphatase anorganische Pyrophosphatase *f*.

inose *n* s.u. *inositol*.

inosinate *n* Inosinat *nt*.

inosine *n* Inosin *nt*.

inosine monophosphate Inosinmonophosphat *nt*, Inosinsäure *f*.

inosine phosphorylase Purinnukleosidphosphorylase *f*.

inosine triphosphate Inosintriphosphat *nt*.

inosinic acid s.u. *inosine monophosphate*.

inosinic acid cyclohydrolase s.u. *IMP cyclohydrolase*.

inosinic acid dehydrogenase s.u. *IMP dehydrogenase*.

inosite *n* s.u. *inositol*.

inositol *n* **1.** Inosit *nt*, Inositol *nt*. **2.** meso-Inosit *m*, meso-Inositol *nt*, myo-Inosit *m*, myo-Inositol *nt*.

inositol niacinate Inositolnicotinat *nt*.

inositol triphosphate Inosittriphosphat *nt*, Phosphoinositol *nt*.

inquiline *n* Einmieter *m*, Raumparasit *m*, Inquilin *m*.

insalivate *vt* (*Nahrung*) einspeicheln, mit Speichel versetzen *oder* vermischen.

insalivation *n* (*Nahrung*) Durchmischung *f* mit Speichel, Insalivation *f*.

insect *n* Kerbtier *nt*, Insekt *nt*.

Insecta *pl* Kerbtiere *pl*, Kerfe *pl*, Insekten *pl*, Insecta *pl*, Hexapoden *pl*, Hexapoda *pl*.

insect bite Insektenstich *m*.

insect host Wirtsinsekt *nt*.

insecticide *n* Insektenbekämpfungs-, Insektenvertilgungsmittel *nt*, Insektizid *nt*.

Insectivora *pl* Insektenfresser *pl*, Insektivoren *pl*, Insectivora *pl*.

insectivore *n* Insektenfresser *m*, Insektivore *m*.

insectivorous *adj*. insektenfressend, insektivor, entomophag.

insectology *n* Insektenkunde *f*, Entomologie *f*.

insect vector Vektorinsekt *nt*.

insemination *n* Befruchtung *f*, Insemination *f*.

insensitive *adj*. unempfindlich (*to* gegen).

insensitive to light lichtunempfindlich.

insensitive to radiation strahlenunempfindlich.

insertion *n* Einfügung *f*, Insertion *f*.

insertion pore Insertionspore *f*.

insertion sequence Insertionssequenz *f*.

insoluble *adj*. un(auf)löslich.

insoluble in water wasserunlöslich, unlöslich in Wasser.

inspirate *n* eingeatmetes Gas *nt*, eingeatmete Luft *f*, Inspirat *nt*; Inhalat *nt*.

inspiration *n* Einatmung *f*, Inspiration *f*.

inspiratory *n* Inspirations betreffend, inspiratorisch, Einatem-, Einatmungs-, Inspirations-.

inspire *vt*, *vi* einatmen; inhalieren.
inspired *adj.* eingeatmet; inspiriert.
inspired air s.u. *inspirate*.
insulant *n* Isolierstoff *m*, -material *nt*.
insulating *adj.* isolierend, Isolier-.
insulation *n* **1.** Isolierung *f*, Isolation *f*. **2.** Isoliermaterial *nt*, -stoff *m*.
insulin *n* Insulin *nt*; Inselhormon *nt*.
insulinase *n* Insulinase *f*.
insulin-like activity s.u. *insulin-like growth factors*.
insulin-like growth factor I Somatomedin C *nt*.
insulin-like growth factors insulinähnliche Wachstumsfaktoren *pl*, insulinähnliche Aktivität *f*.
insulin receptor Insulinrezeptor *m*.
integral protein integrales (Membran-)Protein *nt*.
integration *n* (*Genetik*) Coadaptation *f*, Integration *f*.
integrator gene Integratorgen *nt*.
intemperate *adj.* nichttemperent.
intemperate bacteriophage nichttemperenter/lytischer/virulenter Bakteriophage *m*.
inter- *präf.* Zwischen-, Inter-; Gegen-, Wechsel-.
intercellular *adj.* zwischen Zellen, im Interzellularraum, Zellen verbindend, interzellulär, -zellular, Interzellular-.
intercellular cleft Interzellulärspalt *m*.
intercellular space Interzellularraum *m*.
intercellular substance Zwischenzell-, Interzellular-, Grund-, Kittsubstanz *f*.
intercistronic *adj.* intercistronisch.
interconversion *n* Interkonversion *f*.
interface *n* Grenz-, Trennungsfläche *f*.
interference *n* Interferenz *f*; Virusinterferenz *f*.
interferon *n* Interferon *nt*.
interferon-α *n* Leukozyteninterferon *nt*, α-Interferon *nt*.
interferon-β *n* Fibroblasteninterferon *nt*, β-Interferon *nt*.
interferon-γ *n* Immuninterferon *nt*, γ-Interferon *nt*.
intergenic spacer intergener Spacer *m*.
interglobular *adj.* interglobulär, -globular.
interkinesis *n* Interkinese *f*.
interleukin *n* Interleukin *nt*.
intermediary **I** *n* Zwischenform *f*,

-stadium *nt*. **II** *adj.* s.u. *intermediate* II.
intermediary metabolism Zwischenstoffwechsel *m*, Intermediärstoffwechsel *m*, -metabolismus *m*.
intermediate **I** *n* Zwischenprodukt *nt*, Intermediärsubstanz *f*. **II** *adj.* **1.** dazwischenliegend, intermediär, Zwischen-, Mittel-, Intermediär-. **2.** verbindend, vermittelnd, Verbindungs-, Zwischen-.
intermediate-density lipoprotein Lipoprotein *nt* mit mittlerer Dichte.
intermediate disc *Brit.* Z-Linie *f*, Z-Streifen *m*, Zwischenscheibe *f*, Telophragma *nt*.
intermediate disk Z-Linie *f*, Z-Streifen *m*, Zwischenscheibe *f*, Telophragma *nt*.
intermediate host Zwischenwirt *m*.
intermediate lobe inhibiting factor Melanotropin-inhibiting-Faktor *m*, MSH-inhibiting-Faktor *m*.
intermediate product Zwischenprodukt *nt*.
intermedin *n* Melanotropin *nt*, melanotropes Hormon *nt*, melanozytenstimulierendes Hormon *nt*.
intermitotic *adj.* zwischen zwei Mitosen, intermitotisch, Intermitose-.
intermittent parasite vorübergehender Parasit *m*.
intermolecular *adj.* zwischen Molekülen, intermolekular.
internal clock biologische Uhr *f*, innere Uhr *f*.
internally compensated isomer intern kompensiertes Isomer *nt*, meso-Form *f*.
internally-transcribed spacer intern transkribierter Spacer *m*.
internal parasite Binnen-, Innenschmarotzer *m*, Endo-, Entoparasit *m*, Endosit *m*.
internal phase disperse/innere Phase *f*, Dispersum *nt*.
internal recombinations interne Rekombinationen *pl*.
internal respiration innere Atmung *f*, Zell-, Gewebeatmung *f*.
International System of Units internationales Einheitensystem *nt*, Système international d'Unites, SI-System *nt*.
international unit internationale Einheit *f*, international unit.

international unit of enzyme activity internationale Einheit der Enzymaktivität, Enzymeinheit.

internuclear adj. zwischen (Zell-)Kernen, internukleär, -nuklear.

interphase n Interphase f.

interphase cell Interphasenzelle f.

interphase nucleus Interphase-, Ruhe-, Arbeitskern m.

interspace I n Zwischenraum m. II vt (Zwischen-)Raum lassen zwischen.

interspatial adj. Zwischenraum-.

interstice n, pl **-stices 1.** (schmale) Lücke oder Spalte f; Zwischenraum m. **2.** (Gewebs-)Zwischenraum m, Interstitium nt.

interstitial adj. im Interstitium, interstitiell, Interstitial-.

interstitial cells 1. Leydig-(Zwischen-)Zellen pl, Interstitialzellen pl, interstitielle Drüsen pl. **2.** (Leber) interstitielle Fettspeicherzellen pl. **3.** Interstitialzellen pl des Corpus pineale. **4.** interstitielle Eierstockzellen pl, -drüsen pl.

interstitial cell stimulating hormone luteinisierendes Hormon nt, Luteinisierungshormon nt, Interstitialzellen-stimulierendes Hormon nt.

interstitial fluid interstitielle Flüssigkeit f.

interstitial growth interstitielles Wachstum nt.

interstitial space (Gewebs-)Zwischenraum m, Interstitium nt.

interstitial substance Grund-, Kitt-, Interzellular-, Zwischenzellsubstanz f.

interstitial tissue Zwischenzell-, Interstitialgewebe nt.

interstitium n **1.** (Gewebs-)Zwischenraum m, Interstitium nt. **2.** s.u. interstitial tissue.

intestinal adj. Darm/Intestinum betreffend, intestinal, Darm-, Eingeweide-, Intestinal-.

intestinal digestion Darmverdauung f, intestinale Verdauung f.

intestinal flora Darmflora f.

intestinal glucagon Enteroglukagon nt, intestinales Glukagon nt.

intestinal parasite Darmparasit m.

intestinal phase (Verdauung) intestinale Phase f.

intestine n Darm mt; **intestines** pl Eingeweide pl, Gedärme pl.

intra- präf. inner-, intra-.

intra-atomic adj. innerhalb eines Atoms, intraatomar.

intracellular adj. innerhalb einer Zelle, intrazellulär, intrazellular.

intracellular enzyme Endoenzym nt, intrazelluläres Enzym nt.

intracellular fluid intrazelluläre Flüssigkeit f, Intrazellularflüssigkeit f.

intracellular messenger intrazelluläre Botensubstanz f, intrazellulärer Bote m.

intracellular space intrazellulärer Raum m, Intrazellularraum m.

intracellular transport intrazellulärer Transport m.

intracellular water intrazelluläres Wasser nt.

intracytoplasmic adj. innerhalb des Zytoplasmas, intrazytoplasmatisch.

intracytoplasmic canals Holmgren-Golgi-Kanälchen pl, (intra-)zytoplasmatische Kanälchen pl.

intraembryonic adj. innerhalb des Embryos, intraembryonal.

intraerythrocytic adj. innerhalb eines Erythrozyten, intraerythrozytär.

intraglobular adj. intraglobulär, intraglobular.

intrahepatic adj. innerhalb der Leber liegend oder ablaufend, intrahepatisch.

intraintestinal adj. im Darm, intraintestinal.

intramedullary adj. **1.** im Rückenmark, intramedullär. **2.** im Knochenmark, intramedullär.

intramembranous adj. innerhalb einer Membran, intramembranös.

intramitochondrial adj. intramitochondrial.

intramolecular adj. innerhalb eines Moleküls, inner-, intramolekular.

intranuclear adj. im (Zell-)Kern, intranukleär.

intrathylakoid space Intrathylakoidraum m, Loculus m.

intravascular adj. innerhalb eines Gefäßes, in ein Gefäß, intravasal, intravaskulär.

intravenous adj. innerhalb der Vene, in eine Vene hinein, intravenös.

intravital adj. während des Lebens, in lebendem Zustand, intravital, Intravital-.

intra vitam während des Lebens, intra

vitam, intravital.

intrinsic *adj.* innere(r, s), von innen kommend *oder* wirkend, innewohnend, innerhalb, endogen, intrinsisch.

intrinsical *adj.* s.u. *intrinsic.*

intrinsic factor Intrinsic-Faktor *m*, intrinsic factor (*m*).

intrinsic pathway intrinsic-System *nt.*

intrinsic protein integrales (Membran-)Protein *nt.*

intrinsic system s.u. *intrinsic pathway.*

intro- *präf.* Intro-.

intron *n* Intron *nt.*

inulase *n* Inulase *f*, Inulinase *f.*

inulin *n* Inulin *nt.*

inulinase *n* s.u. *inulase.*

inulin type Inulin-Typ *m.*

invasion factor Hyaluronidase *f.*

inversion *n* **1.** Umkehrung *f*, Inversion *f.* **2.** (Chromosomen-)Inversion *f.*

inversion of chromosome Chromosomeninversion.

invertase *n* Invertase *f*, β-Fruktofuranosidase *f.*

Invertebrata *pl* Wirbellose *pl*, Invertebraten *pl.*

invertebrate I *n* wirbelloses Tier *nt*, Wirbelloser *m*, Invertebrat *m.* **II** *adj.* wirbellos.

inverted repeats repetitive Sequenzinversionen *pl.*

invertose *n* Invertzucker *m.*

invert sugar s.u. *invertose.*

in vitro im (Reagenz-)Glas, außerhalb des Organismus, in vitro.

in vivo im lebendigen Organismus, in vivo, intravital.

iobenzamic acid Iobenzaminsäure *f.*

iocarmic acid Iocarminsäure *f.*

iocetamic acid Iocetaminsäure *f.*

iodamide *n* Iodamid *nt.*

Iodamoeba *n* Iodamoeba *f*, Jodamoeba *f.*

iodate *n* Iodat *nt*, Jodat *nt.*

iodic *adj.* jodhaltig, Jod-, Iod-.

iodic acid Iod-, Jodsäure *f.*

iodide *n* Iodid *nt*, Jodid *nt.*

iodide peroxidase Iodid-, Jodidperoxidase *f*, Jodinase *f.*

iodinase *n* s.u. *iodide peroxidase.*

iodine *n* Jod *nt*, Iod *nt.*

iodine number Jodzahl *f.*

iodoacetate *n* Jod-, Iodacetat *nt.*

iodoacetic acid Jod-, Iodessigsäure *f.*

iodogorgoic acid (3,5-)Dijodtyrosin *nt.*

iodopanoic acid s.u. *iopanoic acid.*

iodothyroglobulin *n* Thyreoglobulin *nt.*

iodotyrosine dehalogenase s.u. *iodotyrosine deiododinase.*

iodotyrosine deiododinase Jodtyrosindejododinase *f.*

iodous *adj.* jodhaltig, jodähnlich, Jod-.

iodoxamic acid Iodoxaminsäure *f.*

ioglicic acid Ioglicinsäure *f.*

ioglycamic acid Ioglycaminsäure *f.*

ion *n* Ion *nt.*

ion channel Ionenkanal *m.*

ion concentration Ionenkonzentration *f.*

ion exchange Ionenaustausch *m.*

ion-exchange chromatography Ionenaustausch(er)chromatographie *f.*

ionic *adj.* Ion(en) betreffend, ionisch, Ionen-.

ionic bond Ionenbindung *f*, elektrovalente/heteropolare/ionogene Bindung *f.*

ionic migration Ionenwanderung *f.*

ionization *n* Ionisation *f*, Ionisierung *f.*

ionization product Ionisationsprodukt *nt.*

ionization state Ionisierungs-, Ionisationszustand *m.*

ionized atom ionisiertes Atom *nt*, Ion *nt.*

ionizing radiation ionisierende Strahlung *f.*

ion product Ionenprodukt *nt.*

iopanoic acid Iopansäure *f.*

IPD biosynthesis IPD-Biosynthese *f.*

iridium *n* Iridium *nt.*

Iridoviridae *pl* Iridoviridae *pl.*

Iridovirus *n* Iridovirus *nt.*

iron I *n* Eisen *nt*, (*chemisch*) Ferrum *nt.* **II** *adj.* eisern, Eisen-; eisenfarbig.

iron-binding capacity Eisenbindungskapazität *f.*

iron fumarate Eisen-II-fumarat *nt*, Ferrofumarat *nt.*

iron haematoxylin *Brit.* Eisen-Hämatoxylin *nt.*

iron haematoxylin stain *Brit.* Eisen-Hämatoxylin-Färbung *f.*

iron hematoxylin Eisen-Hämatoxylin *nt.*

iron hematoxylin stain Eisen-Hämatoxylin-Färbung *f.*

iron hydroxide Eisen-III-hydroxid *nt.*

iron protein Fe-Protein *nt*, Eisen-, Ferroprotein *nt*, eisenhaltiges Protein *nt.*

iron salt Eisensalz *nt.*
iron sulfate Eisen-II-sulfat *nt,* Ferrosulfat *nt.*
iron-sulfur center Eisen-Schwefel-Zentrum *nt.*
iron-sulfur protein Eisen-Schwefel-Protein *nt.*
iron sulphate *Brit.* Eisen-II-sulfat *nt,* Ferrosulfat *nt.*
iron-sulphur centre *Brit.* Eisen-Schwefel-Zentrum *nt.*
iron-sulphur protein *Brit.* Eisen-Schwefel-Protein *nt.*
irradiated ergosterol Ergocalciferol *nt,* Vitamin D$_2$ *nt.*
irreversibility *n* **1.** irreversible Beschaffenheit *f,* Irreversibilität *f.* **2.** Unwiderruflichkeit *f,* Unabänderlichkeit *f.*
irreversible *adj.* **1.** nicht umkehrbar, nur in einer Richtung verlaufend, irreversibel. **2.** unwiderruflich, unabänderlich, nicht rückgängig zu machen.
irreversible colloid instabiles/irreversibles Kolloid *nt.*
island *n* Insel *f,* isolierter Zellhaufen *oder* Gewebeverband *m.*
islands of Langerhans Langerhans-Inseln *pl,* endokrines Pankreas *nt,* Inselorgan *nt,* Pankreasinseln *pl.*
islet *n* s.u. *island.*
islets of Langerhans s.u. *islands of Langerhans.*
islet cells Inselzellen *pl,* Zellen *pl* der Langerhans-Inseln.
islet tissue s.u. *islands of Langerhans.*
iso- *präf.* **1.** is(o)-, Is(o)-. **2.** (*chemisch*) iso-.
isoamyl nitrite Amylnitrit *nt.*
isobar *n* **1.** (*chemisch*) Isobar *nt.* **2.** (*physikal.*) Isobare *f.*
isobaric *adj.* isobar.
isobutanol *n* Isobutanol *m,* Isobutylalkohol *m.*
isobutyl alcohol s.u. *isobutanol.*
isobutyric acid Isobuttersäure *f.*
isocaloric *adj.* mit der selben Kalorienmenge, isokalorisch.
isocellular *adj.* aus gleichartigen Zellen bestehend, isozellulär.
isochromatic *adj.* isochrom, isochromatisch, farbtonrichtig, gleichfarbig; gleichmäßig gefärbt.
isochromatophil *adj.* isochromatophil.
isochromosome *n* Isochromosom *nt.*
isocitrase *n* s.u. *isocitrate lyase.*
isocitratase *n* s.u. *isocitrate lyase.*
isocitrate *n* Isocitrat *nt,* Isozitrat *nt.*
isocitrate dehydrogenase Isozitrat-, Isocitratdehydrogenase *f.*
NADP-specific isocitrate dehydrogenase s.u. *isocitrate dehydrogenase (NADP$^+$).*
NAD-specific isocitrate dehydrogenase s.u. *isocitrate dehydrogenase (NAD$^+$).*
isocitrate dehydrogenase (NAD$^+$) NAD-spezifische Isocitratdehydrogenase *f.*
isocitrate dehydrogenase (NADP$^+$) NADP-spezifische Isocitratdehydrogenase *f.*
isocitrate lyase Isozitrat-, Isocitratlyase *f.*
isocitric acid Isocitronen-, Isozitronensäure *f.*
isocitric acid dehydrogenase s.u. *isocitrate dehydrogenase.*
isocitritase *n* s.u. *isocitrate lyase.*
isocyanic acid Isocyansäure *f.*
isocyanide *n* Isocyanid *nt,* Isonitril *nt.*
isocyclic *adj.* iso-, homozyklisch.
isocyclic compound isozyklische Verbindung *f.*
isodityrosine *n* Isodityrosin *nt.*
isodulcite *n* Isodulcit *nt,* Rhamnose *f.*
isodynamic *adj.* isodynamisch.
isodynamic effect isodynamischer Effekt *m,* Isodynamie *f.*
isoelectric *adj.* isoelektrisch.
isoelectric point isoelektrischer Punkt *m.*
isoenergetic *adj.* mit gleicher Energie, isoenergetisch.
isoenzyme *n* Isozym *nt,* Isoenzym *nt.*
isoflavone *n* Isoflavon *nt.*
isoflavone synthase Isoflavonsynthase *f.*
isoflavonol *n* Isoflavonol *nt.*
isoflurophate *n* Diisopropylfluorphosphat *nt,* Fluostigmin *nt.*
isogeneic *adj.* isogen(etisch), syngen(etisch).
isogenic *adj.* s.u. *isogeneic.*
isogenomatic *adj.* isogenomatisch.
isogenomic *adj.* s.u. *isogenomatic.*
isoglutamic acid Isoglutaminsäure *f.*
isoglutamine *n* Isoglutamin *nt.*
isohydria *n* Isohydrie *f.*

isohydric adj. isohydrisch.
isoionic adj. isoionisch.
isoionic point isoionischer Punkt m.
isolate I n Isolat nt. **II** vt absondern, isolieren (from von).
isolated adj. isoliert.
isolation n **1.** Abtrennen nt, Isolieren nt; Abtrennung f, Isolation f. **2.** Absonderung f, Getrennthaltung f, Isolierung f, Isolation f.
isoleucine n Isoleucin nt.
isologous adj. genetisch-identisch, artgleich, isolog, homolog; syngen(etisch), isogen(etisch).
isolysin n Isolysin nt.
isolysis n Isolyse f.
isolytic adj. Isolyse betreffend, isolytisch.
isomaltase n α-Dextrinase f, Oligo-1,6-α-glukosidase f.
isomaltose n Isomaltose f, Dextrinose f.
isomer n Isomer nt.
isomerase n Isomerase f.
isomeric adj. Isomerie betreffend oder zeigend, isomer.
isomeride n s.u. isomer.
isomerism n Isomerie f.
isomerization n Isomerenbildung f, Isomerisation f.
isomorphic adj. s.u. isomorphous.
isomorphism n Gleichgestaltigkeit f, Isomorphie f, Isomorphismus m.
isomorphous adj. gleichgestaltig, von gleicher Form und Gestalt, isomorph.
isoncotic adj. s.u. iso-oncotic.
isonicotinic acid Isonikotinsäure f, Isonicotinsäure f.
iso-oncotic adj. iso(o)nkotisch.
iso-osmotic adj. iso(o)smotisch.
isoparorchis n Isoparorchis m.
isopentenyl diphosphate Isopentenyldiphosphat nt.
isopentenyl-diphosphate δ-isomerase s.u. isopentenyl pyrophosphate isomerase.
isopentenyl pyrophosphate Isopentenylpyrophosphat nt, aktives Isopren nt.
isopentenyl pyrophosphate isomerase Isopentenylpyrophosphatisomerase f.
3-isopentenyl pyrophosphoric acid 3-Isopentenylpyrophosphorsäure f.

isopiperitenon n Isopiperitenon nt.
isoprene n Isopren nt, 2-Methyl-1,3-butadien nt.
isoprenoid n Isoprenoid nt.
isoprenol n Isoprenol nt, Isoprenoidalkohol m.
isoprenyltransferase n Isoprenyltransferase f.
isopropamide iodide Isopropamidjodid nt.
isopropanol n Isopropanol nt, Isopropylalkohol m.
isopropyl alcohol s.u. isopropanol.
isopropyl-aminacetic acid Valin nt, α-Aminoisovaleriansäure f.
isopropyl malate Isopropylmalat nt.
2-isopropyl malate n 2-Isopropylmalat nt.
α-isopropyl malate dehydratase α-Isopropylmalatdehydratase f.
α-isopropyl malate dehydrogenase α-Isopropylmalatdehydrogenase f.
3-isopropyl malate dehydrogenase/decarboxylase 3-Isopropylmalat-dehydrogenase/decarboxylase f.
isopropyl malate isomerase Isopropylmalatisomerase f.
2-isopropyl malate synthase 2-Isopropylmalatsynthase f.
α-isopropyl malate synthase α-Isopropylmalatsynthase f.
isopropyl malic acid Isopropyläpfelsäure f.
isopropyl meprobamate Carisoprodol nt.
isopropyl thiogalactoside Isopropylthiogalaktosid nt.
isoquinoline alkaloids Benzylisochinolinalkaloide pl, Isochinolinalkaloide pl.
isorrhea n Flüssigkeitshomöostase f, Isorrhoe f.
isorrhoea n Brit. Flüssigkeitshomöostase f, Isorrhoe f.
isoserine n Isoserin nt.
isospora pl Isospora pl.
isospore n Isospore f.
isotherm n Isotherme f.
isothermal adj. bei konstanter Temperatur verlaufend, gleichwarm, isotherm.
isothermic adj. s.u. isothermal.
isothiocyanate n Isothiocyanat nt.
isothiocyanic acid Isothiozyansäure f.
isotone n Isoton nt.

isotonia *n* Isotonie *f.*
isotonic *adj.* isoton(isch).
isotonicity *n* Isotonie *f,* Isotonizität *f.*
isotope *n* Isotop *nt.*
isotopic *adj.* Isotop betreffend, isotop, Isotopen-.
isotopic number Isotopenzahl *f.*
isotopy *n* Isotopie *f.*
isotron *n* Isotron *nt.*
isotropic *adj.* **1.** einfachbrechend, isotrop. **2.** Isotropie betreffend, isotrop.
isotropic band I-Bande *f,* I-Streifen *m,* I-Zone *f,* isotrope Bande *f.*
isotropic disc *Brit.* s.u. *isotropic band.*
isotropic disk s.u. *isotropic band.*
isotropous *adj.* s.u. *isotropic.*
isotropy *n* Isotropie *f.*
isotype *n* Isotyp *m.*
isotypic *adj.* Isotypie *oder* Isotypen betreffend, isotypisch.
isotypic variation isotypische Variation *f.*

isovaleric acid Isovaleriansäure *f.*
isovaleric acid-CoA dehydrogenase s.u. *isovaleryl-CoA dehydrogenase.*
isovaleryl-CoA dehydrogenase Isovaleryl-CoA-dehydrogenase *f.*
isovincoside *n* Isovincosid *nt.*
isovolumetric *adj.* s.u. *isovolumic.*
isovolumia *n* Volumenkonstanz *f,* Isovolämie *f.*
isovolumic *adj.* bei *oder* mit konstantem Volumen, isovolumetrisch, isochor.
isozyme *n* Iso(en)zym *nt.*
itch mite Krätzmilbe *f,* Sarcoptes/ Acarus scabiei.
I-transferase *n* Jodtransferase *f.*
Ixodes *n* Ixodes *m.*
Ixodidae *pl* Schild-, Haftzecken *pl,* Holzböcke *pl,* Ixodidae *pl.*
Ixodides *pl* Zecken *pl,* Ixodides *pl.*
Ixodiphagus *n* Ixodiphagus *m.*
Ixodoidea *pl* Ixodoidea *pl.*

J

Jacob-Monod hypothesis Jacob-Monod-Hypothese *f*, -Modell *nt*.
Jacob-Monod model Jacob-Monod-Hypothese *f*, -Modell *nt*.
J chain J-Kette *f*.
J disc *Brit.* I-Bande *f*, I-Streifen *m*, I-Zone *f*, isotrope Bande *f*.
J disk I-Bande *f*, I-Streifen *m*, I-Zone *f*, isotrope Bande *f*.
jigger *n* Sandfloh *m*, Tunga/Dermatophilus penetrans.
Johne bacillus Johne-Bazillus *m*, Mycobacterium paratuberculosis.
joining chain J-Kette *f*.

joint *n* **I** *n* Gelenk *nt*. **II** *adj.* gemeinsam, gemeinschaftlich, Gemeinschafts-; vereint. **III** *vt* verbinden, zusammenfügen.
joule *n* Joule *nt*.
jugate *adj.* paarig, gepaart.
juice *n* Saft *m*; **juices** *pl* (Körper-)Säfte *pl*.
juvenile hormone Juvenilhormon *nt*.
juxta- *präf.* nahe bei, in der Nähe von, juxta-.
juxtamedullary *adj.* in Marknähe, marknah, juxtamedullär.

K

kalium *n* Kalium *nt*.
kallidin *n* Kallidin *nt*, Lysyl-Bradykinin *nt*.
kallidin I Bradykinin *nt*.
kallidin II s.u. *kallidin*.
kallikrein *n* Kallikrein *nt*.
kallikrein-kinin system Kallikrein-
Kinin-System *nt*.
kallikreinogen *n* Kallikreinogen *nt*,
Präkallikrein *nt*, Fletscher-Faktor *m*.
kallikrein system s.u. *kallikrein-
kinin system*.
kappa *n* Kappa *nt*.
kappa chain kappa-Kette *f*, κ-Kette *f*.
kary- *präf.* s.u. *karyo-*.
karyo- *präf.* Kern-, Zellkern-, Kary(o)-,
Nukle(o)-, Nucle(o)-.
karyochylema *n* s.u. *karyolymph*.
karyoclasis *n* s.u. *karyoklasis*.
karyoclastic *adj.* s.u. *karyoklastic*.
karyocyte *n* kernhaltige Zelle *f*,
Karyozyt *m*.
karyogamic *adj.* Karyogamie betreffend, karyogam.
karyogamy *n* Karyogamie *f*.
karyogenesis *n* Zellkernentwicklung
f, Karyogenese *f*.
karyogenic *adj.* Karyogenese betreffend, den Zellkern bildend, karyogen.
karyogram *n* Karyogramm *nt*, Idio-
gramm *nt*.
karyokinesis *n* 1. mitotische Kernteilung *f*, Karyokinese *f*. 2. Mitose *f*.
karyokinetic *adj.* Karyokinese betreffend, karyokinetisch; mitotisch.
karyoklasis *n* Kernzerbrechlichkeit *f*,
Kernauflösung *f*, Karyoklasie *f*.
karyoklastic *adj.* 1. Karyoklasie betreffend, karyoklastisch. 2. mitose-

hemmend.
karyolymph *n* Kernsaft *m*, Karyolymphe *f*.
karyolysis *n* (Zell-)Kernauflösung *f*,
Karyolyse *f*.
karyolytic *adj.* Karyolyse betreffend
oder auslösend, karyolytisch.
karyomegaly *n* Kernvergrößerung *f*,
Karyomegalie *f*.
karyomere *n* Karyomer *nt*, Karyo-
merit *m*.
karyomerite *n* s.u. *karyomere*.
karyometry *n* Zellkernmessung *f*,
Karyometrie *f*.
karyomitosis *n* mitotische Kernteilung *f*, Karyomitose *f*.
karyomitotic *adj.* Karyomitose betreffend, karyomitotisch.
karyon *n* Zellkern *m*, Nukleus *m*,
Nucleus *m*, Karyon *nt*.
karyophage *n* Karyophage *m*.
karyoplasm *n* (Zell-)Kernprotoplas-
ma *nt*, Karyoplasma *nt*, Nukleoplasma *nt*.
karyoplasmatic *adj.* s.u. *karyoplasmic*.
karyoplasmic *adj.* Karyoplasma betreffend, karyo-, nukleoplasmatisch.
karyoplasmic ratio Kern-Zytoplasma-Relation *f*.
karyoplast *n* s.u. *karyon*.
karyopyknosis *n* Kernschrumpfung
f, Kernverdichtung *f*, (Kern-)Pyknose
f, Karyopyknose *f*.
karyopyknotic *adj.* Karyopyknose
betreffend *oder* auslösend, von Karyopyknose gekennzeichnet, karyo-
pyknotisch.
karyorrhectic *adj.* Karyorrhexis be-

treffend, karyorrhektisch.

karyorrhexis *n, pl* **-rhexes** (Zell-) Kernzerfall *m*, Karyo(r)rhexis *f*.

karyosome *n* Karyosom *nt*.

karyostasis *n* Kernruhe *f*; Interphase *f*.

karyotheca *n* Kernmembran *f*, Karyothek *f*.

karyotin *n* Chromatin *nt*.

karyotype *n* Karyotyp *m*.

karyotypic *adj*. Karyotyp(en) betreffend, Karyotypen-.

karyotyping *n* Chromosomenanalyse *f*.

karyozoic *adj*. karyozoisch.

katadidymus *n* Katadidymus *m*.

katal *n* Katal *nt*.

kation *n* Kation *nt*.

K cells 1. K-Zellen *pl*, Killerzellen *pl*. **2.** zytotoxische T-Lymphozyten *oder* T-Zellen *pl*.

K channel Kaliumkanal *m*, K⁺-Kanal *m*.

kelvin *n* Kelvin *nt*.

Kelvin scale Kelvin-Skala *f*.

Kelvin thermometer Kelvin-Thermometer *nt*.

K enzyme K-Enzym *nt*.

kephalin *n* Kephalin *nt*, Cephalin *nt*.

kerasin *n* Kerasin *nt*.

kerat- *präf.* S.U. *kerato-*.

keratan sulfate Keratansulfat *nt*.

keratan sulphate *Brit.* Keratansulfat *nt*.

keratic *adj*. **1.** Keratin betreffend, Keratin-. **2.** hornartig, Horn-.

keratin *n* Hornstoff *m*, Keratin *nt*.

keratinase *n* Keratinase *f*.

keratinization *n* Verhornung *f*, Keratinisation *f*.

keratinize *vi* verhornen, hornig werden.

keratinous *adj*. hornig, verhornt, aus Horn, Horn-.

kerato- *präf.* Hornhaut-, Kerato-, Korneal-.

keratocyte *n* Keratozyt *m*.

keratogenesis *n* Hornbildung *f*, Keratogenese *f*, Keratinisation *f*.

keratogenetic *adj*. Keratogenese betreffend, keratogenetisch.

keratogenous *adj*. Hornbildung *oder* Verhornung fördernd, keratogen.

keratohyalin *n* Keratohyalin *nt*, Eleidinkörnchen *nt*.

keratohyaline I *n* S.U. *keratohyalin*. **II** *adj*. keratohyalin.

keratohyalin granules S.U. *kerato-*

hyalin.

keratoid *adj*. **1.** hornartig, keratoid. **2.** Hornhaut(gewebe) ähnlich, keratoid.

keratosulfate *n* S.U. *keratan sulfate*.

keratosulphate *n* *Brit.* S.U. *keratan sulphate*.

keroid *adj*. S.U. *keratoid*.

kerosine *n* Kerosin *nt*.

kestose *n* 6-Kestose *f*.

1-kestose *n* 1-Kestose *f*.

6-kestose *n* 6-Kestose *f*.

ketal *n* Ketal *nt*.

ketal bond Ketalbindung *f*.

ketal linkage Ketalbindung *f*.

keto- *präf.* Keto(n)-.

keto acid Keto(n)säure *f*.

3-keto acid-CoA transferase 3-Ketosäure-CoA-transferasae *f*.

keto acid decarboxylase S.U. α-*keto acid dehydrogenase, branched-chain*.

α-keto acid dehydrogenase α-Ketosäuredehydrogenase *f*.

branched-chain α-keto acid dehydrogenase verzweigtkettige (α-)Ketosäuredehydrogenase/Ketosäuredecarboxylase *f*.

β-ketoacyl-ACP reductase β-Ketoacyl-ACP-reduktase *f*.

β-ketoacyl-ACP synthase β-Ketoacyl-ACP-synthase *f*.

3-ketoacyl-CoA thiolase Acetyl-CoA-acyltransferase *f*.

α-ketoadipic acid α-Ketoadipinsäure *f*.

α-keto-ε-amino caproic acid α-Keto-ε-aminocapronsäure *f*.

α-ketobutyric acid α-Ketobuttersäure *f*.

β-ketobutyric acid Azetessigsäure *f*, β-Ketobuttersäure *f*.

2-keto-3-deoxy-octanic acid 2-Keto-3-desoxyoctansäure *f*.

keto-enol tautomerism Keto-Enol-Tautomerie *f*.

keto form Ketoform *f*.

ketogenesis *n* Keto(n)körperbildung *f*, Ketogenese *f*.

ketogenetic *adj*. S.U. *ketogenic*.

ketogenic *adj*. Keton(körper) bildend, ketogen, ketoplastisch.

ketogenic hormone lipolytisches Hormon *nt*.

α-ketoglutarate *n* α-Ketoglutarat *nt*.

α-ketoglutarate dehydrogenase α-Ketoglutaratdehydrogenase *f*.

K

α-ketoglutarate-malate carrier α-Ketoglutarat-Malat-Carrier *m*.

α-ketoglutarate pathway α-Ketoglutaratweg *m*.

ketoglutarate reductase (lysine) Saccharopindehydrogenase (NADP⁺, L-Lysin-bildend) *f*.

α-ketoglutaric acid α-Ketoglutarsäure *f*.

ketohexokinase *n* Keto(hexo)kinase *f*, Fructokinase *f*.

α-ketoisocaproate *n* α-Ketoisocaproat *nt*.

α-ketoisocaproic acid α-Ketoisocapronsäure *f*.

α-ketoisocaproic acid dehydrogenase α-Ketoisocapronsäuredehydrogenase *f*.

α-ketoisovalerate *n* α-Ketoisovalerat *nt*.

α-ketoisovalerate dehydrogenase α-Ketoisovaleratdehydrogenase *f*.

α-ketoisovaleric acid α-Ketoisovaleriansäure *f*.

α-ketoisovaleric acid dehydrogenase α-Ketoisovaleriansäuredehydrogenase *f*.

ketol *n* Ketol *nt*.

ketol-isomerase *n* Ketolisomerase *f*.

2-keto 4-methylthiobutyrate 2-Keto-4-methylthiobutyrat *nt*.

α-keto-β-methylvalerate *n* α-Keto-β-methylvalerat *nt*.

α-keto-β-methylvaleric acid α-Keto-β-methylvaleriansäure *f*.

ketone *n* Keton *nt*.

ketone bodies Keto(n)körper *pl*.

ketonic *adj*. Keton(e) betreffend, Keton-, Keto-.

ketonization *n* Umwandlung *f* in ein Keton.

ketoplasia *n* Keto(n)körperbildung *f*.

ketoplastic *adj*. s.u. *ketogenic*.

α-ketopropionic acid Brenztraubensäure *f*, Acetylameisensäure *f*, α-Ketopropionsäure *f*.

β-keto-reductase *n* 3-Hydroxyacyl-CoA-dehydrogenase *f*.

ketose *n* Keto(n)zucker *m*, Ketose *f*.

17-ketosteroid *n* 17-Ketosteroid *nt*, 17-Oxosteroid *nt*.

ketosuccinic acid Oxalessigsäure *f*.

keto sugar acid Ketozuckersäure *f*.

3-ketothiolase *n* Acetyl-CoA-acyltransferase *f*.

ketotransferase *n* Transketolase *f*.

kidney *n* Niere *f*; Ren *m*, Nephros *m*.

killer cells 1. Killer-Zellen *pl*, K-Zellen *pl*. **2.** zytotoxische T-Zellen *pl*, zytotoxische T-Lymphozyten *pl*.

kilo- *präf*. Kilo-.

kilobase *n* Kilobase *f*.

kilobase pairs Kilobasenpaare *pl*.

kilocalorie *n* (große) Kalorie *f*, Kilokalorie *f*.

kilo electron volt Kiloelektronenvolt *nt*.

kilogram *n* Kilogramm *nt*.

kilohertz *n* Kilohertz *nt*.

kiloliter *n* Kiloliter *m/nt*.

kilolitre *n Brit*. Kiloliter *m/nt*.

kilovolt *n* Kilovolt *nt*.

kilowatt *n* Kilowatt *nt*.

kilowatt-hour *n* Kilowattstunde *f*.

kin- *präf*. s.u. *kino-*.

kinase *n* Kinase *f*.

kine- *präf*. s.u. *kino-*.

kinematic *adj*. Kinematik betreffend, auf ihr beruhend, kinematisch.

kinematic viscosity kinematische Viskosität *f*.

kinetic *adj*. Kinetik *oder* Bewegung betreffend *oder* fördernd *oder* verursachend, kinetisch, Bewegungs-.

kinetic energy Bewegungsenergie *f*, kinetische Energie *f*.

kinetic labyrinth kinetisches Labyrinth *nt*, Bogengangsapparat *m*.

kinetics *pl* Kinetik *f*.

kinetin *n* Kinetin *nt*.

kinetoplasm *n* Kinetoplasma *nt*.

kinetoplast *n* Kinetoplast *m*, Kinetonukleus *m*, Blepharoplast *m*.

Kinetoplastida *pl* Kinetoplastida *pl*.

kinetosome *n* Basalkörperchen *nt*, -körnchen *nt*, Kinetosom *nt*.

Kingella *n* Kingella *f*.

kinin *n* Kinin *nt*.

kininase *n* Kininase *f*.

kininase I Carboxypeptidase N *f*.

kininase II Angiotensin-Converting-Enzym *nt*.

kininogen *n* Kininogen *nt*.

kinin system s.u. *kallikrein-kinin system*.

kino- *präf*. Bewegungs-, Kine-, Kinet(o)-, Kin(o)-.

kinocentrum *n* Kinozentrum *nt*, Zentrosom *nt*.

kinocilium *n*, *pl* **-cilia** (Kino-)Zilie *f*, Flimmerhaar *m*.

kinomere *n* Zentromer *nt*.

kinoplasm *n* s.u. *kinetoplasm.*
kinoplasmic *adj.* Kinetoplasma betreffend, kinetoplasmatisch.
kinosphere *n* Aster *f*, Astrosphäre *f*.
kissing bugs Raubwanzen *pl*, Reduviiden *pl*, Reduviidae *pl*.
Klebsiella *n* Klebsiella *f*.
Klebsiella pneumoniae Friedländer-Bakterium *nt*, -Bazillus *m*, Klebsiella pneumoniae, Bacterium pneumoniae Friedländer.
Klebs-Löffler bacillus Diphtheriebazillus *m*, -bakterium *nt*, (Klebs-)Löffler-Bazillus *m*, Corynebacterium/Bacterium diphtheriae.
Knemidokoptes *pl* Knemidokoptes *pl*.
Koch's bacillus 1. Tuberkelbazillus *m*, -bakterium *nt*, Tuberkulosebazillus *m*, -bakterium *nt*, TB-Bazillus *m*, TB-Erreger *m*, Mycobacterium tuberculosis, Mycobacterium tuberculosis var. hominis. **2.** Komma-Bazillus *m*, Vibrio cholerae/comma.
Koch's law s.u. *Koch's postulates.*
Koch's postulates Koch-Regeln *pl*, -Postulate *pl*.
kojic acid Kojisäure *f*.
kreatin *n* Kreatin *nt*, Creatin *nt*, α-Methylguanidinoessigsäure *f*.
Krebs cycle 1. Krebs-Zyklus *m*, Zitronensäure-, Citratzyklus *m*, Tricarbonsäurezyklus *m*. **2.** s.u. *Krebs-Henseleit cycle.*
Krebs-Henseleit cycle Harnstoff-, Ornithinzyklus *m*, Krebs-Henseleit-Zyklus *m*.
Krebs ornithine cycle s.u. *Krebs-Henseleit cycle.*
Krebs urea cycle s.u. *Krebs-Henseleit cycle.*
kresol *n* Kresol *nt*.
Krogh's diffusion coefficient Krogh-Diffusionskoeffizient *m*.
Kupffer's cells (von) Kupffer-(Stern-) Zellen *pl*.
Kurthia *n* Kurthia *f*, Proteus zenkeri.
kynurenic acid Kynurensäure *f*.
kynurenin *n* s.u. *kynurenine.*
kynureninase *n* Kynureninase *f*.
kynurenine *n* Kynurenin *nt*.
kynurenine-3-hydroxylase *n* s.u. *kynurenine-3-monooxygenase.*
kynurenine-3-monooxygenase *n* Kynurenin-3-monooxygenase *f*.
kyt(o)- *präf.* Zell-, Zyt(o)-, Cyt(o).

L

labile *adj.* labil, unbeständig; zersetzlich.

labile factor Proakzelerin *nt*, Proaccelerin *nt*, Acceleratorglobulin *nt*, labiler Faktor *m*, Faktor V *m*.

laboratory medium Labornährboden *m*, -medium *nt*.

lacmus *n* Lackmus *nt*.

lact- *präf.* s.u. *lacto-*.

lactam *n* Laktam *nt*, Lactam *nt*, Laktonamin *nt*.

β-lactam antibiotic β-Lactam-Antibiotikum *nt*.

β-lactamase *n* β-Laktamase *f*, β-Lactamase *f*, beta-Laktamase *f*, beta-Lactamase *f*.

β-lactamase-resistant *adj.* β-Lactamase-fest, β-Lactamase-resistent.

β-lactamase-resistant penicillin β-Lactamase-festes Penicillin *nt*.

β-lactam drug s.u. *β-lactam antibiotic*.

lactam form Lactamform *f*.

lactamide *n* Laktamid *nt*, Lactamid *nt*.

lactase *n* Laktase *f*, Lactase *f*, β-Galaktosidase *f*.

lactate I *n* Laktat *nt*, Lactat *nt*. **II** *vi* Milch absondern, laktieren.

lactate dehydrogenase Laktatdehydrogenase *f*.

lactation *n* Milchsekretion *f*, Laktation *f*.

lactational *adj.* Laktation betreffend, Laktations-.

lactation hormone Prolaktin *nt*, Prolactin *nt*, laktogenes Hormon *nt*.

lacteal I *n* (*Darm*) Lymphkapillare *f*. **II** *adj.* Milch betreffend *oder* produzierend, milchig, Lakt(o)-, Lact(o)-, Milch-.

lacteal sinuses Milchsäckchen *pl*.

lacteous *adj.* s.u. *lacteal* II.

lactic *adj.* Milch betreffend, Milch-, Lakt(o)-, Lact(o)-, Galakt(o)-, Galact(o)-.

lactic acid Milchsäure *f*, α-Hydroxypropionsäure *f*.

lactic acid bacteria milchsäurebildende Bakterien *pl*.

lactic acid dehydrogenase s.u. *lactate dehydrogenase*.

lactic acid fermentation Milchsäuregärung *f*.

lactic acid-forming bacteria s.u. *lactic acid bacteria*.

lactic streptococci N-Streptokokken *pl*, Streptokokken *pl* der Gruppe N.

lactiferous *adj.* Milch produzierend *oder* (ab-)leitend *oder* führend.

lactiferous ducts Milchgänge *pl*.

lactiferous gland Brustdrüse *f*.

lactiferous sinuses s.u. *lacteal sinuses*.

lactiferous tubules s.u. *lactiferous ducts*.

lactifugal *adj.* s.u. *lactifuge* II.

lactifuge I *n* Lakti-, Lactifugum *nt*. **II** *adj.* die Milchsekretion hemmend, milchvermindernd, milchhemmend.

lactim *n* Laktim *nt*, Lactim *nt*, Laktonimin *nt*.

lactinated *adj.* Milchzucker/Laktose enthaltend, mit Laktose zubereitet.

lacto- *präf.* Milch-, Lakt(o)-, Lact(o)-. Galakt(o)-, Galact(o)-.

Lactobacillaceae *pl* Milchsäurebakterien *pl*, Lactobacillaceae *pl*.

Lactobacillus *n*, *pl* **-cilli** Milchsäure-

stäbchen *nt*, Lakto-, Lactobacillus *m*.
Lactobacillus bifidus Bifidus-Bakterium *nt*, Lactobacillus bifidus, Bifidobacterium bifidum.
Lactobacillus casei factor Folsäure *f*, Pteroylglutaminsäure *f*, Vitamin Bc *nt*.
lactochrome *n* Ribo-, Laktoflavin *nt*, Vitamin B$_2$ *nt*.
lactoflavin *n* Ribo-, Laktoflavin *nt*, Vitamin B$_2$ *nt*.
lactogen *n* Prolaktin *nt*, Prolactin *nt*, laktogenes Hormon *nt*.
lactogenesis *n* Milchbildung *f*, Laktogenese *f*.
lactogenic *adj*. Laktogenese betreffend *oder* fördernd, laktogen.
lactogenic factor Prolaktin *nt*, Prolactin *nt*, laktogenes Hormon *nt*.
lactogenic hormone Prolaktin *nt*, Prolactin *nt*, laktogenes Hormon *nt*.
lactoglobulin *n* Lakto-, Lactoglobulin *nt*.
lactonase *n* Laktonase *f*, Lactonase *f*.
lactone *n* Lakton *nt*, Lacton *nt*.
lactoprotein *n* Milcheiweiß *nt*, Lakto-, Lactoprotein *nt*.
lactose *n* Milchzucker *m*, Laktose *f*, Lactose *f*, Laktobiose *f*.
lactose intolerance Laktoseintoleranz *f*, -malabsorption *f*.
lactose-litmus agar Laktose-Lackmus-Agar *m/nt*.
lactose synthase Laktosesynthase *f*, -synthetase *f*.
lactoside *n* Laktosid *nt*, Lactosid *nt*.
lactosyl-N-acylsphingosine *n* Lactosyl-*N*-acylsphingosin *nt*, Lactosylceramid *nt*.
lactosyl ceramidase Lactosylceramidase *f*.
lactosyl ceramidase I Galaktosylceramidase *f*, Galaktocerebrosid-β-galaktosidase *f*.
lactosyl ceramidase II β-Galaktosidase *f*, Laktase *f*.
lactosylceramide *n* s.u. *lactosyl-N-acylsphingosine*.
lactosylceramide galactosyl hydrolase s.u. *lactosyl ceramidase*.
lactosyl cerebrosidase Lactosylcerebrosidase *f*.
lactotrope *n* s.u. *lactotroph*.
lactotroph *n* Prolaktin-Zelle *f*, mammotrope Zelle *f*.
lactotrophin *n* Prolaktin *nt*, Prolactin *nt*, laktogenes Hormon *nt*.
lactotropic *adj*. laktotrop.
lactoylglutathione lyase Lactoylglutathionlyase *f*, Glyoxalase I *f*.
laevan type *Brit*. Lävan-Typ *m*, Phlein-Typ *m*.
laevo- *präf*. *Brit*. Links-, Läv(o)-, Lev(o)-.
laevogyral *adj*. *Brit*. s.u. *levorotatory*.
laevogyration *n* *Brit*. s.u. *levorotation*.
laevogyrous *adj*. *Brit*. s.u. *levorotatory*.
laevorotary *adj*. *Brit*. s.u. *levorotatory*.
laevorotation *n* *Brit*. Linksdrehung *f*, Lävorotation *f*.
laevorotatory *adj*. *Brit*. linksdrehend, lävorotatorisch.
laevulose *n* *Brit*. Fruchtzucker *m*, Fruktose *f*, Fructose *f*, Lävulose *f*.
lag period lag-Phase *f*, Lagphase *f*, Latenzphase *f*.
lag phase lag-Phase *f*, Lagphase *f*, Latenzphase *f*.
LAK cell lymphokin-aktivierte Killerzelle *f*, LAK-Zelle *f*.
Laki-Lorand factor Faktor XIII *m*, fibrinstabilisierender Faktor *m*, Laki-Lorand-Faktor *m*.
lambda chain lambda-Kette *f*, λ-Kette *f*.
Lamblia *n* Lamblia *f*, Giardia *f*.
lampbrush chromosome Lampenbürstenchromosom *nt*.
lanatoside *n* Lanatosid *nt*.
Lancefield classification Lancefield-Einteilung *f*, -Klassifikation *f*.
lancet fluke kleiner Leberegel *m*, Lanzettegel *m*, Dicrocoelium dendriticum/lanceolatum.
Lansing virus Lansing-Stamm *m*, -Virus *nt*, Poliovirus Typ II *nt*.
lanthanides *pl* seltene Erden *pl*, Lanthaniden *pl*.
lapinization *n* Lapinisation *f*.
lapinized *adj*. lapinisiert.
large bowel Dickdarm *m*.
large calorie große Kalorie *f*, Kilokalorie *f*.
large intestine s.u. *large bowel*.
larva *n*, *pl* **-vae** Larve *f*, Larva *f*.
larval form Larvenform *f*.
larval stage Larvenstadium *nt*.
larvicide *n* Larvenvertilgungsmittel *nt*, Larvizid *nt*.

L

larvivorous *adj.* larvenfressend.
laser microscope Laser-Scan-Mikroskop *nt.*
Lassa virus Lassavirus *nt.*
latency *n* Latenz *f,* Latenzzeit *f.*
latency period S.U. *latency phase.*
latency phase Latenzzeit *f,* Inkubationszeit *f.*
latency stage Latenzperiode *f.*
latent *adj.* verborgen, inapparent, unsichtbar, versteckt, latent.
latent heat latente Wärme *f.*
latent heat of evaporation Verdampfungswärme.
latent heat of fusion Fusionswärme.
latent heat of sublimation Sublimierungswärme.
latent heat of vaporization S.U. *latent heat of evaporation.*
latent period 1. Latenzzeit *f,* Inkubationszeit *f.* **2.** Latenz *f,* Latenzzeit *f.*
latent reflex latenter Reflex *m.*
late protein *(Virus)* Spätprotein *nt.*
lateral chain Seitenkette *f.*
Latrodectus *n* Latrodectus *f.*
law *n* Gesetz *nt,* Gesetzmäßigkeit *f,* Prinzip *nt,* (Grund-, Lehr-)Satz *m,* Regel *f.*
law of conservation of energy Gesetz/Satz von der Erhaltung der Energie.
law of conservation of matter Gesetz/Satz von der Erhaltung der Materie.
law of contrary innervation Meltzer-Regel, -Gesetz.
law of definite proportions Gesetz der konstanten Proportionen, Proust-Gesetz.
law of gravitation Newton-Gravitationsgesetz.
law of independent assortement Rekombinations-, Unabhängigkeitsgesetz.
law of inertia Trägheitsgesetz.
law of mass action Massenwirkungsgesetz.
law of multiple proportions Gesetz der multiplen Proportionen.
law of nature Naturgesetz.
law of reciprocal proportions Gesetz der multiplen Proportionen.
law of refraction Brechungsgesetz.
law of segregation Spaltungsgesetz.
lawsone *n* Lawson *nt.*
layer I *n* Schicht *f,* Lage *f,* Blatt *nt;*

Lamina *f,* Stratum *nt.* **in layers** schicht-, lagenweise. **II** *vt* schichtweise legen, schichten.
L cells L-Zellen *pl.*
L chain L-Kette *f,* leichte Kette *f.*
leaching *n* Auslaugen *nt,* Auslaugung *f.*
lead *n* Blei *nt; (chemisch)* Plumbum *nt.*
lead acetate Bleiazetat *nt.*
lead chloride Bleichlorid *nt.*
lead chromate Bleichromat *nt,* Chromgelb *nt.*
lead content Bleigehalt *m.*
leader peptide Signalpeptid *nt,* Transferpeptid *nt.*
leading *adj.* leitend, führend, erste(r, s), Haupt-, Leit-, Führungs-.
leading strand Hauptstrang *m,* leading strand.
leading substrate erstes/führendes Substrat *nt.*
lead soap Bleiseife *f.*
lead tetroxide Bleitetroxid *nt,* Bleimennige *f,* rotes Bleioxid *nt.*
leaf cell Blattzelle *f.*
LEA protein LEA-Protein *nt.*
learned reflex erlernter Reflex *m.*
lecithal *adj.* lezithal.
lecithalbumin *n* Lezith-, Lecithalbumin *nt.*
lecithin *n* Lezithin *nt,* Lecithin *nt,* Phosphatidylcholin *nt.*
lecithin acyltransferase S.U. *lecithin-cholesterol acyltransferase.*
lecithinase *n* Lezithinase *f,* Lecithinase *f,* Phospholipase *f.*
lecithinase A Phospholipase A_1 *f,* Phospholipase A_2 *f,* Lecithinase A *f.*
lecithinase B Lysophospholipase *f,* Lecithinase B *f,* Phospholipase B *f.*
lecithinase C Phospholipase C *f,* Lecithinase C *f,* Lipophosphodiesterase I *f.*
lecithinase D Phospholipase D *f,* Lecithinase D *f.*
lecithin-cholesterol acyltransferase Lecithin-Cholesterin-Acyltransferase *f.*
lecithoprotein *n* Lecithoprotein *nt.*
lectin *n* Lektin *nt,* Lectin *nt.*
leghaemoglobins *pl Brit.* Leghämoglobine *pl.*
leghemoglobins *pl* Leghämoglobine *pl.*
legionella *n, pl* **-lae** Legionelle *f,* Legionella *f.*
Legionellaceae *pl* Legionellaceae *pl.*

legitimate recombination legitime/homologe Rekombination *f*.

legume *n* **1.** Hülse *f*, Legumen *nt*. **2.** Hülsenfrucht *f*, Leguminose *f*.

leip(o)- *präf.* s.u. *lipo-*.

leishmania *n* Leishmanie *f*, Leishmania *f*.

lentivirus *n* Lentivirus *nt*.

Leon virus Leon-Stamm *m*, -Virus *nt*, Poliovirus Typ III *nt*.

lepra bacillus Hansen-Bazillus *m*, Mycobacterium leprae.

leptomonad I *n* s.u. *leptomonas*. **II** *adj.* Leptomonas betreffend, Leptomonaden-, Leptomonas-.

Leptomonas *n* Leptomonas *f*.

leptomonas *n* **1.** Leptomonade *f*, Leptomonas *f*. **2.** Leptomonas-Form *f*.

leptospira *n*, *pl* **-rae** Leptospire *f*, Leptospira *f*.

Leptospiraceae *pl* Leptospiraceae *pl*.

leptothrix *n* Leptothrix *f*.

Leptotrichia *n* Leptotrichia *f*.

Leptotrombidium *n* Leptotrombidium *nt*.

lethal I *n* **1.** s.u. *lethal gene*. **2.** letale Substanz *f*. **II** *adj.* tödlich, letal, Todes-, Letal-.

lethal factor s.u. *lethal gene*.

lethal gene Letalfaktor *m*, Letalgen *nt*.

lethality *n* Letalität *f*.

lethal mutant letale Mutante *f*, Letalmutante *f*.

lethal mutation s.u. *lethal gene*.

lethal synthesis Letalsynthese *f*.

leuc- *präf.* s.u. *leuko-*.

leucine *n* Leuzin *nt*, α-Aminoisocapronsäure *f*, Leucin *nt*.

leucine aminopeptidase Leucinaminopeptidase *f*, Leucinarylamidase *f*.

leucine aminotransferase Leucinaminotransferase *f*, Leucintransaminase *f*.

leucine arylamidase s.u. *leucine aminopeptidase*.

leucine enkephalin Leu-Enkephalin *nt*, Leucin-Enkephalin *nt*.

leucine transaminase s.u. *leucine aminotransferase*.

leucine zipper Leucin-Zipper-Struktur *f*.

leuco- *präf. Brit.* Leuk(o)-, Leuc(o)-.

leucoanthocyanidin *n Brit.* Leucoanthocyanidin *nt*.

leucoblast *n Brit.* Leukoblast *m*.

leucocidin *n Brit.* Leukozidin *nt*, Leukocidin *nt*.

leucocrit *n Brit.* Leukokrit *m*.

leucocyanidin *n Brit.* Leucocyanidin *nt*.

leucocytal *adj. Brit.* s.u. *leucocytic*.

leucocytaxis *n Brit.* s.u. *leucotaxis*.

leucocyte *n Brit.* weiße Blutzelle *f*, weißes Blutkörperchen *nt*, Leukozyt *m*.

leucocyte alkaline phosphatase *Brit.* alkalische Leukozytenphosphatase.

leucocyte antigens *Brit.* Leukozytenantigene *pl*.

leucocyte count *Brit.* Leukozytenzahl *f*.

leucocyte cream *Brit.* Leukozytenmanschette *f*.

leucocyte diapedesis *Brit.* Leukozytendiapedese *f*.

leucocyte inhibitory factor *m Brit.* Leukozytenmigration-inhibierender Faktor.

leucocyte interferon *Brit.* α-Interferon *nt*.

leucocyte number *Brit.* Leukozytenzahl *f*.

leucocyte progenitor *Brit.* Leukozytenvorläufer(zelle *f*) *m*.

leucocytic *adj. Brit.* Leukozyten betreffend, leukozytär, Leukozyten-, Leukozyto-.

leucocytic diapedesis *Brit.* Leukopedese *f*, Leukozyten-, Leukodiapedese *f*.

leucocytogenesis *n Brit.* Leukozytenbildung *f*, Leukozytogenese *f*.

leucocytoid *adj. Brit.* leukozytenartig, -ähnlich, -förmig, leukozytoid.

leucocytotaxis *n Brit.* s.u. *leukotaxis*.

leucocytotropic *adj. Brit.* mit besonderer Affinität für Leukozyten, leukozytotrop.

leucodelphinidin *n Brit.* Leucodelphinidin *nt*.

leucokinesis *n Brit.* Leukokinese *f*.

leucokinetic *adj. Brit.* Leukokinese betreffend, leukokinetisch.

leucokinin *n Brit.* Leukokinin *nt*.

leucopedesis *n Brit.* Leukopedese *f*, Leukozytendiapedese *f*, Leukodiapedese *f*.

leucopelargonidin *n Brit.* Leucopelargonidin *nt*.

leucophyl *n Brit.* Leukophyl *nt*.

leucophyll *n Brit.* Leukophyl *nt.*
leucoplast *n Brit.* Leukoplast *m.*
leucopoiesis *n Brit.* Leukozytenbildung *f,* Leukopoese *f,* Leukozytopoese *f.*
leucopoietic *adj. Brit.* Leukopoese betreffend, leukopoetisch, leukozytopoetisch.
leucoprotease *n Brit.* Leukoprotease *f.*
leucotaxine *n Brit.* Leukotaxin *nt.*
leucotaxis *n Brit.* Leukotaxis *f,* Leukozytotaxis *f.*
Leucothrix *n* Leucothrix *f.*
Leucotrichaceae *pl* Leucotrichaceae *pl.*
leucovorin *n* Folinsäure *f,* N^{10}-Formyl-Tetrahydrofolsäure *f,* Leukovorin *nt,* Leucovorin *nt,* Citrovorum-Faktor *m.*
leu-enkephalin *n* s.u. *leucine enkephalin.*
leuk- *präf.* s.u. *leuko-.*
leukin *n* Leukin *nt.*
leuko- *präf.* Leuk(o)-, Leuc(o)-.
leukoanthocyanidin *n* Leucoanthocyanidin *nt.*
leukoblast *n* Leukoblast *m.*
leukocidin *n* Leukozidin *nt,* Leukocidin *nt.*
leukocrit *n* Leukokrit *m.*
leukocyanidin *n* Leucocyanidin *nt.*
leukocytal *adj.* s.u. *leukocytic.*
leukocytaxis *n* s.u. *leukotaxis.*
leukocyte *n* weiße Blutzelle *f,* weißes Blutkörperchen *nt,* Leukozyt *m.*
leukocyte alkaline phosphatase alkalische Leukozytenphosphatase *f.*
leukocyte antigens Leukozytenantigene *pl.*
human leukocyte antigens Histokompatibilitätsantigene *pl,* Transplantationsantigene *pl,* humane Leukozytenantigene *pl,* HLA-Antigene *pl.*
leukocyte count Leukozytenzahl *f.*
leukocyte cream Leukozytenmanschette *f.*
leukocyte diapedesis Leukozytendiapedese *f.*
leukocyte inhibitory factor Leukozytenmigration-inhibierender Faktor *m.*
leukocyte interferon α-Interferon *nt.*
leukocyte number Leukozytenzahl *f.*
leukocyte progenitor Leukozytenvorläufer(zelle *f*) *m.*
leukocytic *adj.* Leukozyten betreffend, leukozytär, Leukozyten-, Leu-

kozyto-.
leukocytic diapedesis Leukopedese *f,* Leukozyten-, Leukodiapedese *f.*
leukocytogenesis *n* Leukozytenbildung *f,* Leukozytogenese *f.*
leukocytoid *adj.* leukozytenartig, -ähnlich, -förmig, leukozytoid.
leukocytotaxis *n* s.u. *leukotaxis.*
leukocytotropic *adj.* mit besonderer Affinität für Leukozyten, leukozytotrop.
leukodelphinidin *n* Leucodelphinidin *nt.*
leukokinesis *n* Leukokinese *f.*
leukokinetic *adj.* Leukokinese betreffend, leukokinetisch.
leukokinin *n* Leukokinin *nt.*
leukopedesis *n* Leukopedese *f,* Leukozytendiapedese *f,* Leukodiapedese *f.*
leukopelargonidin *n* Leucopelargonidin *nt.*
leukophyl *n* Leukophyl *nt.*
leukophyll *n* Leukophyl *nt.*
leukoplast *n* Leukoplast *m.*
leukopoiesis *n* Leukozytenbildung *f,* Leukopoese *f,* Leukozytopoese *f.*
leukopoietic *adj.* Leukopoese betreffend, leukopoetisch, leukozytopoetisch.
leukoprotease *n* Leukoprotease *f.*
leukotaxine *n* Leukotaxin *nt.*
leukotaxis *n* Leukotaxis *f,* Leukozytotaxis *f.*
lev- *präf.* s.u. *levo-.*
levan *n* Fructan *nt,* Levan *nt,* Poly-D-Fruktose *f.*
levan type Lävan-Typ *m,* Phlein-Typ *m.*
levo- *präf.* Links-, Läv(o)-, Lev(o)-.
levogyral *adj.* s.u. *levorotatory.*
levogyration *n* s.u. *levorotation.*
levogyrous *adj.* s.u. *levorotatory.*
levorotary *adj.* s.u. *levorotatory.*
levorotation *n* Linksdrehung *f,* Lävorotation *f.*
levorotatory *adj.* linksdrehend, lävorotatorisch.
levulan *n* Fruktosan *nt,* Fructosan *nt,* Levulan *nt.*
levulose *n* Fruchtzucker *m,* Fruktose *f,* Fructose *f,* Lävulose *f.*
Lewis acid Lewis-Säure *f.*
Lewis base Lewis-Base *f.*
Leydig's cells Leydig-Zellen *pl,* Leydig-Zwischenzellen *pl,* Interstitialzellen *pl,* interstitielle Drüsen *pl.*
L-form *n* L-Form *f,* L-Phase *f,* L-

Organismus *m.*
LHC IIa complex LHC IIa-Komplex *m.*
LHC II apoprotein LHC II-Apoprotein *nt.*
LHC IIb complex LHC IIb-Komplex *m.*
LHC IIc complex LHC IIc-Komplex *m.*
LHC IIc' complex LHC IIc'-Komplex *m.*
LHC II complex LHC II-Komplex *m.*
LHC IId complex LHC IId-Komplex *m.*
LHC IIe complex LHC IIe-Komplex *m.*
LHC II kinase LHC II-Kinase *f.*
LHC II monomer LHC II-Monomer *nt.*
LHC II trimer LHC II-Trimer *nt.*
lichen *n* Flechte *f.*
lien *n* Milz *f*; Splen *m*, Lien *m.*
lienal *adj.* Milz/Splen betreffend, lienal, splenisch, Milz-, Lienal-, Splen(o)-.
lienomedullary *adj.* Milz/Splen und Knochenmark betreffend, splenomedullär.
lienopancreatic *adj.* Milz/Splen und Bauchspeicheldrüse/Pankreas betreffend, lieno-, splenopankreatisch.
life *n, pl* **lives 1.** Leben *nt.* **2.** Lebensdauer *f*, -zeit *f*, Leben *nt.*
life cycle Lebenszyklus *m*, Lebens-, Entwicklungsphase *f.*
life science Biowissenschaft *f.*
ligand *n* Ligand *m.*
ligand specifity Ligandenspezifität *f.*
ligase *n* Ligase *f*, Synthetase *f.*
light¹ (*v* **lighted; lit**) **I** *n* Licht *nt*, Helligkeit *f*; Beleuchtung *f*, Licht-(quelle *f*) *nt*; (Tages-)Licht *nt.* **II** *adj.* hell, licht.
light² *adj.* leicht.
light activation Lichtaktivierung *f.*
light chain leichte Kette *f*, Leichtkette *f*, L-Kette *f.*
light diaphragm Leuchtfeldblende *f.*
light enzyme Lichtenzym *f.*
light harvesting complex Lichtsammlersystem *nt.*
light inhibition Lichthemmung *f*, Photoinhibition *f.*
light meromyosin leichtes Meromyosin *nt*, L-Meromyosin *nt.*
light metal Leichtmetall *nt.*
light microscope Lichtmikroskop *nt.*
light phase of photosynthesis Lichtreaktionen *f.*
light quantum Licht-, Strahlungsquant *nt*; Photon *nt*, Quant *nt.*
light reactions of photosynthesis Lichtreaktionen *f.*

1. light reaction 1. Lichtreaktion *f.*
2. light reaction 2. Lichtreaktion *f.*
light receptor Lichtrezeptor *m.*
light-responsive elements lichtresponsive Elemente *pl.*
light-sensitive *adj.* lichtempfindlich.
light sensitivity Lichtempfindlichkeit *f.*
light waves Lichtwellen *pl.*
lignan *n* Lignan *nt.*
lignoceric acid Lignocerinsäure *f*, *n*-Tetracosansäure *f.*
lime *n* **1.** Kalziumoxid *nt*, Calciumoxid *nt*, gebrannter Kalk *m.* **2.** Limone *f*, Limonelle *f.*
limewater *n* **1.** kalkhaltiges Wasser *nt.* **2.** Kalkmilch *f*, -lösung *f.*
limit **I** *n* Grenze *f*; Begrenzung *f*, Beschränkung *f*, Limit *nt*; Grenzlinie *f*, Grenze *f*; (*mathemat.*) Grenzwert *m.* **II** *vt* begrenzen, ein-, beschränken (*to* auf); limitieren.
limit dextrin Grenzdextrin *nt.*
limit dextrinase α-Dextrinase *f*, Oligo-1,6-α-Glukosidase *f.*
limiting factor Begrenzungsfaktor *m*, limitierender Faktor *m.*
Limnatis *n* Limnatis *f.*
limonene *n* Limonen *nt.*
limonene 6-hydroxylase Limonen-6-hydroxylase *f.*
limonene synthase Limonensynthase *f.*
line *n* Linie *f*, Grenzlinie *f*, Linea *f*; (Abstammungs-)Linie *f*, Geschlecht *nt.*
lineal measure Längenmaß *nt.*
linear *adj.* **1.** geradlinig, linear, Linear-; Längen-. **2.** linienförmig, Strich-, Linien-.
linear acceleration Linearbeschleunigung *f.*
linear measure s.u. *lineal measure.*
linear movement Linearbewegung *f.*
line spectrum Linienspektrum *nt.*
Linguatula *n* Zungenwurm *m*, Linguatula *f.*
Linguatulidae *pl* Linguatulidae *pl.*
linkage *n* **1.** Bindung *f* (*to* an). **2.** Verkettung *f*, Verbindung *f*, Verknüpfung *f.* **3.** Kopplung *f.*
linker *n* Linker *m/nt.*
linker polypeptide Linker-Polypeptid *nt.*
Linognathus *n* Linognathus *m.*
linoleate *n* Linoleat *nt.*
linoleic acid Linolsäure *f*, Leinölsäure *f.*

L

linolenic acid Linolensäure *f.*
linolic acid s.u. *linoleic acid.*
linoyl-phosphatidylcholine desaturase Linoyl-phosphatidylcholindesaturase *f.*
linseed *n* Leinsamen *m.*
Linstowiidae *pl* Linstowiidae *pl.*
lip- *präf.* s.u. *lipo-.*
liparoid *adj.* fettig, fettartig, lipoid.
lipase *n* **1.** Lipase *f.* **2.** Triacylglycerinlipase *f,* Triglyceridlipase *f.*
lipasic *adj.* **1.** Lipase betreffend, Lipase-. **2.** s.u. *lipolytic.*
lipid *n* Lipid *nt.*
lipidase *n* s.u. *lipase* 1.
lipid body Lipidkörper *m,* Oleosom *nt.*
lipid digestion Fettverdauung *f,* -digestion *f.*
lipide *n* s.u. *lipid.*
lipid hormone Lipidhormon *nt.*
lipidic *adj.* Lipid(e) betreffend *oder* enthaltend, Lipid-, Lipo-.
lipid membrane Lipidmembran *nt.*
lipid metabolism Lipidstoffwechsel *m,* -metabolismus *m.*
lipidol *n* Fett-, Lipidalkohol *m.*
lipidolysis *n* Lipidspaltung *f,* Lipidolyse *f.*
lipidolytic *adj.* Lipidolyse betreffend *oder* verursachend, lipidolytisch.
lipid polymer Lipidpolymer *nt.*
lipid-soluble *adj.* lipidlöslich.
lipid transfer protein Lipidtransferprotein *nt.*
lipin *n* s.u. *lipid.*
lipo- *präf.* Fett-, Lip(o)-.
lipoamide *n* Lip(o)amid *nt.*
lipoamide dehydrogenase Lip(o)-amiddehydrogenase *f,* Dihydrolipoyldehydrogenase *f.*
lipoamino acid Lipoaminsäure *f, O*-Aminoacylphosphatidylglycin *nt.*
lipoate acetyltransferase Lipoatacetyltransferase *f,* Dihydrolipoyltransacetylase *f.*
lipoblast *n* Lipoblast *m.*
lipocatabolic *adj.* Fettabbau betreffend *oder* fördernd, lipokatabol(isch).
lipocere *n* Fettwachs *nt,* Leichenwachs *nt,* Adipocire *f.*
lipochrome *n* Lipochrom *nt,* Lipoidpigment *nt.*
lipochrome pigment s.u. *lipochrome.*
lipochromogen *n* Lipochromogen *nt.*
lipoclasis *n* s.u. *lipolysis.*

lipoclastic *adj.* s.u. *lipolytic.*
lipocyte *n* **1.** Fett(gewebs)zelle *f,* Lipozyt *m,* Adipozyt *m.* **2.** (*Leber*) Fettspeicherzelle *f.*
lipodieresis *n* s.u. *lipolysis.*
lipodieretic *adj.* s.u. *lipolytic.*
lipoferous *adj.* fettleitend, -transportierend.
lipofuscin *n* **1.** Abnutzungspigment *nt,* Lipofuszin *nt.* **2.** s.u. *lipochrome.*
lipogenesis *n* Fett(bio)synthese *f,* Lipogenese *f.*
lipogenetic *adj.* s.u. *lipogenic.*
lipogenic *adj.* fettbildend *oder* -produzierend, lipogen.
lipogenous *adj.* Fettleibigkeit verursachend.
lipohyalin *n* Lipohyalin *nt.*
lipoic acid Liponsäure *f,* Thiooctansäure *f.*
lipoid I *n* **1.** Lipoid *nt.* **2.** s.u. *lipid.* **II** *adj.* fettartig, -ähnlich, lipoid.
lipoidal *adj.* s.u. *lipoid* II.
lipoidic *adj.* s.u. *lipoid* II.
lipoidolytic *adj.* s.u. *lipidolytic.*
lipolysis *n* Fettspaltung *f,* -abbau *m,* Lipolyse *f.*
lipolytic *adj.* Lipolyse betreffend *oder* verursachend, lipolytisch.
lipometabolic *adj.* Fettstoffwechsel betreffend, lipometabolisch.
lipometabolism *n* Fettstoffwechsel *m,* -metabolismus *m.*
lipomicron *n* Lipomikron *nt,* Chylomikron *nt.*
liponucleoprotein *n* Liponukleoprotein *nt.*
lipopectic *adj.* Lipopexie betreffend, lipopektisch.
lipopeptid *n* Lipopeptid *nt.*
lipopexia *n* Fettspeicherung *f,* -einlagerung *f,* Lipopexie *f.*
lipopexic *adj.* s.u. *lipopectic.*
lipophage *n* Lipophage *m.*
lipophagia *n* s.u. *lipophagy.*
lipophagic *adj.* Lipophagie betreffend, lipophagisch.
lipophagy *n* Lipophagie *f.*
lipophil *n* lipophile Substanz *f.*
lipophile *adj.* s.u. *lipophilic.*
lipophilia *n* Fettlöslichkeit *f,* Lipophilie *f.*
lipophilic *adj.* Lipohilie betreffend, lipophil.
lipopolysaccharide *n* Lipopolysaccharid *nt.*

lipoprotein *n* Lipoprotein *nt.*
α-lipoprotein *n* Lipoprotein *nt* mit hoher Dichte, α-Lipoprotein *nt.*
β-lipoprotein *n* Lipoprotein *nt* mit geringer Dichte, β-Lipoprotein *nt.*
lipoprotein lipase Lipoproteinlipase *f.*
lipoprotein-X *n* Lipoprotein X *nt.*
lipositol *n* Inosit *nt,* Inositol *nt.*
liposoluble *adj.* fettlöslich.
liposome *n* Liposom *nt.*
lipoteichoic acid Lipoteichonsäure *f.*
lipotrophic *adj.* Lipotrophie betreffend, lipotroph(isch).
lipotrophy *n* Lipotrophie *f.*
lipotropic *adj.* mit besonderer Affinität zu Fett, lipotrop.
β-lipotropin *n* β-Lipotropin *nt.*
lipotropism *n* Lipotropie *f.*
lipotropy *n* s.u. *lipotropism.*
lipoxidase *n* s.u. *lipoxygenase.*
lipoxygenase *n* Lipoxygenase *f.*
lipoxygenase pathway Lipoxygenaseweg *m.*
lipoyl transacetylase s.u. *lipoate acetyltransferase.*
liquefaction *n* Verflüssigung *f,* Liquefaktion *f;* Schmelzung *f.*
liquefactive *adj.* verflüssigend.
liquefy I *vt* verflüssigen, liqueszieren; schmelzen. II *vi* sich verflüssigen, liqueszieren; schmelzen.
liquesce *vt, vi* s.u. *liquefy.*
liquescent *adj.* sich verflüssigend; schmelzend.
liquid I *n* Flüssigkeit *f.* II *adj.* 1. flüssig, liquid(e), Flüssigkeits-. 2. klar, wässrig, durchsichtig, transparent.
liquid air flüssige Luft *f.*
liquid body flüssiger Körper *m.*
liquid chromatography Flüssigkeitschromatographie *f.*
    high-performance liquid chromatography (Hoch-)Druckflüssigkeitschromatographie *f.*
    high-pressure liquid chromatography s.u. *high-performance liquid chromatography.*
liquid crystal Flüssigkristall *m,* flüssiger Kristall *m.*
liquid-in-glass thermometer Flüssigkeitsthermometer *nt.*
liquidity *n* 1. flüssiger Zustand *m.* 2. Klarheit *f,* Transparenz *f.*
liquid-liquid chromatography Flüssigkeits-Flüssigkeitschromatographie *f,* Verteilungschromatogra-

phie *f.*
liquid oxygen flüssiger Sauerstoff *m,* Flüssigsauerstoff *m.*
liquid phase flüssige Phase *f.*
liquid water flüssiges Wasser *nt,* Wasser *nt* in flüssigem Zustand.
liquor *n* 1. Flüssigkeit *f.* 2. seröse Körperflüssigkeit *f,* Liquor *m.*
Lissencephala *pl* Lissencephala *pl.*
lissencephalic *adj.* Lissencephala-
Listeria *n* Listeria *f.*
liter *n* Liter *nt/m.*
lith- *präf.* s.u. *litho-.*
lithic *adj.* Lithium betreffend.
lithic acid Harnsäure *f.*
lithium *n* Lithium *nt.*
lithium borohydride Lithiumborhydrid *nt.*
litho- *präf.* Stein-, Lith(o)-.
lithocholate *n* Lithocholat *nt.*
lithocholic acid Lithocholsäure *f.*
lithocholylglycine *n* Glycinlithocholat *nt.*
lithocholyltaurine *n* Taurinlithocholat *nt.*
lithotroph *adj.* lithotroph.
litmus *n* Lackmus *nt.*
litmus paper Lackmuspapier *nt.*
litre *n* Brit. Liter *nt/m.*
liver *n* Leber *f;* (*anatom.*) Hepar *nt.*
liver cell Leber(epithel)zelle *f,* (Leber-)Parenchymzelle *f,* Hepatozyt *m.*
liver Lactobacillus casei factor Folsäure *f,* Pteroylglutaminsäure *f,* Vitamin Bc *nt.*
lixiviation *n* Auslaugen *nt,* Auslaugung *f.*
lixivium *n* Lauge *f.*
LLD factor Zyano-, Cyanocobalamin *nt,* Vitamin B_{12} *nt.*
L-meromyosin *n* leichtes Meromyosin *nt,* L-Meromyosin *nt.*
Loa *n* Loa *f.*
    Loa loa Wanderfilarie *f,* Taglarvenfilarie *f,* Augenwurm *m,* Loa loa.
lock-and-key model Schlüssel-Schloß-Modell *nt.*
lock-and-key relationship Schlüssel-Schloß-Beziehung *f.*
locomotion *n* Bewegung *f,* Fortbewegung(sfähigkeit *f) f,* Ortsveränderung *f,* Lokomotion *f.*
locomotive *adj.* fortbewegungsfähig, lokomotorisch, Fortbewegungs-.
locomotor *adj.* Bewegung/Fortbewegung betreffend, (fort-)bewe-

L

gend, lokomotorisch.

loculate *adj.* gekammert.

locus *n, pl* **-ca, -ci** (*Genetik*) Genlocus *m*, -ort *m*.

Löffler's alkaline methylene blue Löffler-Methylenblau *nt*.

Löffler's alkaline methylene blue stain (alkalische) Löffler-Methylenblaufärbung *f*.

logarithmic period log-Phase *f*, exponentielle Phase *f*.

logarithmic phase log-Phase *f*, exponentielle Phase *f*.

log period log-Phase *f*, exponentielle Phase *f*.

log phase log-Phase *f*, exponentielle Phase *f*.

long-acting thyroid stimulator Thyroidea-stimulierendes Immunglobulin *nt*, thyroid-stimulating immunoglobulin *nt*, long-acting thyroid stimulator *nt*.

long-chain *adj.* langkettig.

longitudinal system (*Muskel*) Longitudinalsystem *nt*, L-System *nt*.

long terminal repeat LTR-Sequenz *f*.

loop **I** *n* Schlinge *f*, Schleife *f*, Schlaufe *f*; Öse *f*. **II** *vt* schlingen (*round* um). **III** *vi* sich schlingen (*round* um); eine Schleife machen, eine Schlinge bilden.

loop stem Haarnadel *f*.

lophotrichate *adj.* s.u. *lophotrichous*.

lophotrichous *adj.* lophotrich.

Loschmidt's number Loschmidt-Zahl *f*.

louping ill virus louping-ill-Virus *nt*.

louse *n, pl* **lice** Laus *f*.

low **I** *n* Tief *nt*, Tiefpunkt *m*, -stand *m*. **II** *adj.* **1.** tief, niedrig, tief gelegen. **2.** (*Temperatur*) tief.

low-calorie *adj.* kalorienarm.

low-density lipoprotein Lipoprotein *nt* mit geringer Dichte, β-Lipoprotein *nt*.

low-density lipoprotein receptor LDL-Rezeptor *m*.

low-energy compound energiearme Verbindung *f*.

lower protist niederer Protist *m*, Prokaryo(n)t *m*.

low-molecular-weight *adj.* niedermolekular.

low-molecular-weight kininogen niedermolekulares Kininogen *nt*.

low pressure Niederdruck *m*.

L-phase variant L-Form *f*, L-Phase *f*, L-Organismus *m*.

L system (*Muskel*) Longitudinalsystem *nt*, L-System *nt*.

lucidine *n* Lucidin *nt*.

luciferase *n* Luciferase *f*.

Lucilia *pl* Schmeißfliegen *pl*, Lucilia *pl*.

luliberin *n* s.u. *luteinizing hormone releasing hormone*.

luliberinergic *adj.* s.u. *lutiliberinergic*.

lumbricoid **I** *n* Spulwurm *m*, Ascaris lumbricoides. **II** *adj.* wurmförmig, -artig.

Lumbricus *n* Lumbricus *m*.

lumen *n, pl* **-mina** **1.** Lichtung *f*, Hohlraum *m*, Lumen *nt*. **2.** (*physikal.*) Lumen *nt*.

luminosity *n* Leuchten *nt*; Leuchtkraft *f*; (*physikal.*) Lichtstärke *f*, Helligkeit *f*.

luminous *adj.* strahlend, leuchtend, Leucht-; *figur.* glänzend.

luminous energy Leuchtkraft *f*; Licht-, Strahlungsenergie *f*.

lung *n* Lunge *f*, Lungenflügel *m*.

lupeose *n* Stachyose *f*.

lupinine *n* Lupinin *nt*.

luteal *adj.* Corpus luteum betreffend, luteal, Luteal-.

luteal cells Corpus-luteum-Zellen *pl*.

luteal phase gestagene Phase *f*, Sekretions-, Lutealphase *f*.

lutein *n* Lutein *nt*.

lutein cells s.u. *luteal cells*.

luteinic *adj.* **1.** s.u. *luteal*. **2.** Lutein betreffend, Lutein-. **3.** Luteinisation betreffend, luteinisierend.

luteinization *n* Luteinisation *f*, Luteinisierung *f*.

luteinizing hormone luteinisierendes Hormon *nt*, Luteinisierungshormon *nt*, Interstitialzellen-stimulierendes Hormon *nt*, interstitial cell stimulating hormone *nt*.

luteinizing hormone releasing factor s.u. *luteinizing hormone releasing hormone*.

luteinizing hormone releasing hormone Luliberin *nt*, Lutiliberin *nt*, LH-releasing-Faktor *m*, LH-releasing-Hormon *nt*.

luteinizing principle s.u. *luteinizing hormone*.

luteohormone *n* Gelbkörperhormon *nt*, Progesteron *nt*, Corpus-luteum-

Hormon *nt*.

luteolin *n* Luteolin *nt*.

luteotrophic *adj*. s.u. *luteotropic*.

luteotropic *adj*. luteotrop.

luteotropic hormone s.u. *luteotropin*.

luteotropic lactogenic hormone Prolaktin *nt*, Prolactin *nt*, laktogenes Hormon *nt*.

luteotropin *n* Luteotropin *nt*, luteotropes Hormon *nt*.

lutiliberin *n* s.u. *luteinizing hormone releasing hormone*.

lutiliberinergic *adj*. lu(ti)liberinerg.

lux *n*, *pl* **luces** Lux *nt*.

lyase *n* Lyase *f*, Synthase *f*.

lycopene *n* Lycopin *nt*.

lye **I** *n* Lauge *f*. **II** *vt* mit Lauge behandeln, ablaugen.

lymph *n* **1.** Lymphe *f*, Lymphflüssigkeit *f*. **2.** lymphähnliche Flüssigkeit *f*.

lymphaden *n* s.u. *lymph node*.

lymphadenoid *adj*. lymphadenoid.

lymphangion *n* s.u. *lymphatic vessel*.

lymphatic **I** *n* **1.** Lymphgefäß *nt*. **2.** **lymphatics** *pl* Lymphgefäße *pl*, Lymphsystem *nt*. **II** *adj*. lymphatisch, Lymph(o)-.

lymphatics *pl* s.u. *lymphatic* 2.

lymphatic system lymphatisches System *nt*, Lymphsystem *nt*.

lymphatic tissue lymphatisches Gewebe *nt*.

lymphatic trunks Lymphstämme *pl*, Hauptlymphgefäße *pl*.

lymphatic vessel Lymphgefäß *nt*.

lymph cell s.u. *lymphocyte*.

lymph circulation Lymphkreislauf *m*, -zirkulation *f*.

lymph gland s.u. *lymph node*.

lymph node Lymphknoten *m*, Lymphdrüse *f*.

lymph node permeability factor Lymphknotenpermeabilitätsfaktor *m*.

lymphoblast *n* Lymphoblast *m*, Lymphozytoblast *m*.

lymphoblastic *adj*. lymphoblastisch.

lymphocapillary *adj*. Lymphkapillare(n) betreffend, lymphokapillär.

lymphocyte *n* Lymphzelle *f*, Lymphozyt *m*, -cyt *m*.

lymphocyte blastogenic factor s.u. *lymphocyte mitogenic factor*.

lymphocyte culture Lymphozyten-

kultur *f*.

lymphocyte mitogenic factor Lymphozytenmitogen *nt*, Lymphozytentransformationsfaktor *m*.

lymphocyte recirculation Lymphozytenrezirkulation *f*.

lymphocyte transforming factor s.u. *lymphocyte mitogenic factor*.

lymphocytic *adj*. Lymphozyten betreffend, lymphozytär, Lymphozyten-.

lymphocytoblast *n* s.u. *lymphoblast*.

lymphocytopoiesis *n* s.u. *lymphopoiesis* 2.

lymphocytopoietic *adj*. s.u. *lymphopoietic*.

lymphodiapedesis *n* Lympho-(zyten)diapedese *f*.

lymphogenesis *n* Lymphbildung *f*, Lymphogenese *f*.

lymphogenic *adj*. s.u. *lymphogenous*.

lymphogenous *adj*. lymphogen.

lymphohaematogenous *adj*. *Brit*. lymphohämatogen.

lymphohematogenous *adj*. lymphohämatogen.

lymphohistiocytic *adj*. lympho-histiozytär.

lymphohistioplasmacytic *adj*. lympho-histio-plasmazytär.

lymphoid *adj*. lymphartig, lymphatisch, lymphozytenähnlich, lymphoid, Lymph-.

lymphoid cell 1. Lymphoidzelle *f*. **2.** Lymphozyt *m*.

lymphoid leucocyte *Brit*. agranulärer/lymphoider Leukozyt *m*, Agranulozyt *m*.

lymphoid leukocyte agranulärer/lymphoider Leukozyt *m*, Agranulozyt *m*.

lymphoidocyte *n* Lymphoidzelle *f*.

lymphoid tissue lymphatisches Gewebe *nt*.

gut-associated lymphoid tissue darmassoziiertes lymphatisches System *nt*, gut-associated lymphoid tissue *nt*.

lymphokine *n* Lymphokin *nt*.

lymphokine-activated killer cell lymphokin-aktivierte Killerzelle *f*, LAK-Zelle *f*.

lymphokinesis *n* Lymphzirkulation *f*.

lymphoplasmacellular *adj*. lymphoplasmazellulär.

lymphopoiesis *n* **1.** Lymphbildung *f*. **2.** Lymphozytenbildung *f*, Lymphopo(i)ese *f*, Lymphozytopo(i)ese *f*.

L

lymphopoietic *adj.* Lymphozyto-po(i)ese betreffend *oder* stimulierend, lympho(zyto)poetisch.
lymphotaxis *n* Lymphotaxis *f.*
lymphous *adj.* Lymphe betreffend, lymphhaltig, Lymph-.
lymph-vascular *adj.* Lymphgefäße betreffend, lympho-vaskulär.
lymph vessel Lymphgefäß *nt.*
lyo- *präf.* Lyo-.
lyogel *n* Lyogel *nt.*
Lyon hypothesis Lyon-Hypothese *f.*
lyonization *n* Lyonisierung *f.*
lyonized *adj.* lyonisiert.
lyophil *n* lyophile Substanz *f.*
lyophilic *adj.* lyophil.
lyophobe *n* lyophobe Substanz *f.*
lyophobic *adj.* lyophob.
lyosol *n* Lyosol *nt.*
lyosorption *n* Lyosorption *f.*
lyotropic *adj.* lyotrop.
lys- *präf.* s.u. *lyso-.*
lysate *n* Lyseprodukt *nt,* Lysat *nt.*
lyse I *vt* etwas auflösen. II *vi* sich auf-lösen.
lysergamide *n* s.u. *lysergic acid amide.*
lysergic acid Lysergsäure *f.*
lysergic acid amide Lysergsäure-amid *nt,* Lysergamid *nt.*
lysergic acid diethylamide Lyserg-säurediäthylamid *nt,* Lysergid *nt.*
lysergide *n* s.u. *lysergic acid diethyla-mide.*
lysin *n* Lysin *nt.*
lysine *n* Lysin *nt.*
lysine dehydrogenase Lysindehyd-rogenase *f.*
lysine enzyme Lysinenzym *nt.*
lysine ketoglutarate reductase Saccharopindehydrogenase *f* (lysin-bildend).
L-lysine:NAD oxidoreductase s.u. *lysine dehydrogenase.*
lysinogen *n* Lysinogen *nt.*
lysinogenic *adj.* lysinogen.
lyso- *präf.* Lys(o)-.

lysocephalin *n* Lysokephalin *nt,* -cephalin *nt.*
lysogenic *adj.* 1. lysinbildend, Lyse verursachend, lysogen. 2. Lysogenie betreffend, lysogen.
lysogenic bacterium lysogenes Bakterium *nt.*
lysogenic conversion lysogene Konversion *f,* Phagenkonversion *f.*
lysogenization *n* Lysogenisation *f.*
lysogeny *n* Lysogenie *f.*
lysokinase *n* Lysokinase *f.*
lysolecithin *n* Lysolezithin *nt,* Lyso-lecithin *nt,* Lysophosphatidylcholin *nt.*
lysophosphatide *n* Lysophosphatid *nt.*
lysophosphatidic acid Lysophos-phatidsäure *f.*
lysophosphatidyl acyltransferase *n* Lysophosphatidyl-acyltransferase *f.*
lysophosphoglyceride *n* Lysophos-phoglyzerid *nt.*
lysophospholipase *n* Lysophospho-lipase *f,* Lecithinase B *f,* Phospho-lipase B *f.*
lysosomal α-glucosidase Glukan-1,4-α-Glukosidase *f,* lysosomale α-Glukosidase *f.*
lysosome *n* Lysosom *nt.*
lysosome membrane Lysosomen-membran *f.*
lysotype *n* Lysotyp *m,* Phagovar *m.*
lysozyme *n* Lysozym *nt.*
lysozymuria *n* Lysozymausscheidung *f* im Harn, Lysozymurie *f.*
Lyssavirus *n* Lyssavirus *nt.*
lysyl *n* Lysyl-(Radikal *nt*).
lysyl-bradykinin *n* Kallidin *nt,* Lysyl-Bradykinin *nt.*
lysyl oxidase Lysyloxidase *f.*
lytic *adj.* 1. Lyse betreffend, Lyse-. 2. Lysin betreffend, Lysin-. 3. eine Lyse auslösend, lytisch.
lytic bacteriophage nichttemperen-ter/lytischer/virulenter Bakteriophage *m.*
lyze *vt, vi* s.u. *lyse.*

M

macro- *präf.* Makr(o)-, Macr(o)-.
macroaggregate *n* Makroaggregat *nt*.
macroaggregated albumin Makroalbuminaggregat *nt*.
macroaleuriospore *n* Makroaleurospore *f*.
macroamylase *n* Makroamylase *f*.
macroanalysis *n* Makroanalyse *f*.
macrobacterium *n* Makro-, Megabakterium *nt*.
macrocellular *adj.* großzellig, makrozellulär.
macrochemical *adj.* Makrochemie betreffend, makrochemisch.
macrochemistry *n* Makrochemie *f*.
macrochylomicron *n* Makrochylomikron *nt*.
macroconidium *n, pl* **-dia** Makrokonidie *f*, -konidium *nt*.
macrocyst *n* Makrozyste *f*.
macrocyte *n* Makrozyt *m*.
macrocytic *adj.* Makrozyt betreffend, makrozytisch, Makrozyten-.
macroelement *n* Makroelement *nt*.
α₂-macroglobulin *n* α_2-Makroglobulin *nt*.
macrolecithal *adj.* makrolezithal.
macromethod *n* Makromethode *f*.
macromolecular *adj.* hoch-, makromolekular.
macromolecule *n* Riesen-, Makromolekül *nt*.
macroparasite *n* Makroparasit *m*.
macrophage *n* Makrophag(e) *m*.
macrophage-activating factor Makrophagenaktivierungsfaktor *m*.
macrophage chemotactic factor Makrophagen-chemotaktischer Faktor *m*.

macrophage cytotoxicity-inducing factor macrophage cytotoxicity-inducing factor.
macrophage deactivating factor macrophage deactivating factor.
macrophage disappearance factor macrophage disappearance factor.
macrophage growth factor Makrophagenwachstumsfaktor *m*.
macrophage Ia recruting factor macrophage Ia recruting factor.
macrophage inhibitory factor s.u. *migration inhibiting factor*.
macrophage slowing factor macrophage slowing factor.
macrophage spreading inhibitory factor macrophage spreading inhibitory factor.
macrophage system Makrophagensystem *nt*.
macrophagocyte *n* s.u. *macrophage*.
macroprotein *n* Makroprotein *nt*.
macroscopic *adj.* mit bloßem Auge sichtbar, makroskopisch.
macrosporangium *n* Makro-, Megasporangium *nt*.
macrospore *n* Makro-, Megaspore *f*, Gynospore *f*.
Madurella *n* Madurella *f*.
maggot *n* Made *f*, Larve *f*.
magnesia *n* Magnesia *nt*, Magnesiumoxid *nt*.
magnesia alba s.u. *magnesium carbonate*.
magnesium *n* Magnesium *nt*.
magnesium ammonium phosphate Magnesium-Ammoniumphosphat *nt*, Tripelphosphat *nt*.
magnesium carbonate Magnesium-

karbonat *nt.*

magnesium chelatase Magnesium-chelatase *f*, Mg-Chelatase *f*.

magnesium chloride Magnesium-chlorid *nt.*

magnesium hydroxide Magnesium-hydroxid *nt.*

magnesium oxide s.u. *magnesia.*

magnesium peroxide Magnesium-peroxid *nt*, -superoxid *nt*, -perhydrol *nt.*

magnesium phosphate Magnesi-umphosphat *nt.*

magnesium sulfate Magnesium-sulfat *nt*, Bittersalz *nt.*

magnesium sulphate *Brit.* Magne-siumsulfat *nt*, Bittersalz *nt.*

magnesium trisilicate Magnesium-trisilikat *nt.*

magnet *n* Magnet *m.*

magnetic *adj.* Magnet *oder* Magnetis-mus betreffend, magnetisch, Magnet-.

magnetic field magnetisches Feld *nt*, Magnetfeld *nt.*

magnification *n* (*elektrisch*) Verstär-kung *f*; (*physikal.*) Vergrößerung(s-stärke *f*) *f*.

magnifier *n* **1.** Vergrößerungsglas *nt*, Lupe *f*. **2.** (*elektrisch*) Verstärker *m.*

magnify *vt* **1.** vergrößern. **2.** verstärken.

magnifying glass s.u. *magnifier* 1.

magnifying loupe s.u. *magnifier* 1.

magnocellular *adj.* großzellig, mag-nozellular, -zellulär.

maintenance heat Erhaltungswärme *f*.

maintenance level of metabolism Erhaltungsumsatz *m.*

major *adj.* Haupt-; größere(r, s); be-deutend, wichtig.

major alkaloid Hauptalkaloid *nt.*

major gene Majorgen *nt.*

major histocompatibility antigens **1.** Histokompatibilitätsantigene *pl*, Transplantationsantigene *pl*, HLA-Antigene *pl*, humane Leukozyten-antigene *pl*. **2.** MHC-Antigene *pl*.

major histocompatibility complex **1.** Haupthistokompatibilitätskomplex *m*, major Histokompatibilitäts-komplex *m*. **2.** Histokompatibilitäts-antigene *pl*, Transplantationsantigene *pl*, HLA-Antigene *pl*, humane Leuko-zytenantigene *pl*.

major periodicity Hauptperiodizität *f*.

malachite green Malachitgrün *nt.*

malaria parasite Malariaerreger *m*,

-plasmodium *nt*, Plasmodium *nt.*

Malassezia *n* Malassezia *f*; Pityro-sporon *nt.*

malate *n* Malat *nt.*

malate-aspartate shuttle Malat-Aspartat-Shuttle *m.*

malate dehydrogenase Malatdehy-drogenase (NAD⁺) *f*.

malate dehydrogenase (NADP⁺) Malatdehydrogenase (NADP⁺) *f*, Malatenzym *nt.*

malate-NAD dehydrogenase s.u. *malate dehydrogenase.*

malate-NADPH dehydrogenase s.u. *malate dehydrogenase (NADP⁺).*

malate synthase Malatsynthase *f*.

male **I** *n* Mann *m.* **II** *adj.* männlich, Männer-.

maleate *n* Maleat *nt*, Maleinat *nt.*

maleic acid Maleinsäure *f*.

maleylacetoacetate *n* Maleylaceto-acetat *nt.*

maleylacetoacetate isomerase Maleylacetoacetatisomerase *f*.

4-maleylacetoacetic acid 4-Maleyl-acetessigsäure *f*.

maleylacetoacetic acid isomerase s.u. *maleylacetoacetate isomerase.*

malic acid Äpfel-, Apfelsäure *f*.

malic acid dehydrogenase s.u. *malate dehydrogenase.*

malic enzyme s.u. *malate dehydro-genase (NADP⁺).*

malign *adj.* s.u. *malignant.*

malignancy *n, pl* **-cies 1.** Malignität *f*. **2.** bösartige Geschwulst *f*, Malig-nom *nt.*

malignancy-associated *adj.* malig-nom-assoziiert.

malignant *adj.* bösartig, maligne.

malignity *n* s.u. *malignancy.*

Malleomyces *n* Malleomyces *m*, Actinobacillus *m.*

malonate *n* Malonat *nt.*

malonic acid Malonsäure *f*.

malonyl *n* Malonyl-(Radikal *nt*).

malonyl-CoA *n* s.u. *malonyl coen-zyme A.*

malonyl coenzyme A Malonyl-Coenzym A *nt*, Malonyl-CoA *nt.*

maltase *n* Maltase *f*, α-D-Glucosidase *f*.

maltobiose *n* s.u. *maltose.*

maltose *n* Malzzucker *m*, Maltose *f*.

maltose phosphorylase Maltose-phosphorylase *f*.

maltoside *n* Maltosid *nt.*

M

mamma *n, pl* **-mae** (weibliche) Brust *f*, Brustdrüse *f*, Mamma *f*.

mammalian **I** *n* Säugetier *nt*, Säuger *m*. **II** *adj.* Säugetier-.

mammary *adj.* Brust/Mamma *oder* Milchdrüse betreffend, Mamma-, Brust(warzen)-, Milch(drüsen)-.

mammary gland Brustdrüse *f*.

mammo- *präf.* Brust-, Brustdrüsen-, Mamm(o)-, Mast(o)-.

mammogenic hormone mammogenes Hormon *nt*.

mammotroph *n* (*Adenohypophyse*) Prolaktin-Zelle *f*, mammotrope Zelle *f*.

mammotrophic *adj.* s.u. *mammotropic*.

mammotropic *adj.* auf die Brustdrüse wirkend, mammotrop.

mandelate *n* Mandelat *nt*.

mandelic acid Mandelsäure *f*.

manganese *n* Mangan *nt*.

manganic acid Mangansäure *f*.

Mannich reaction Mannich-Kondensation *f*.

mannite *n* s.u. *mannitol*.

mannitol *n* Mannit *nt*, Mannitol *nt*.

mannose *n* Mannose *f*.

mannose-1-phosphate *n* Mannose-1-Phosphat *nt*.

mannose-6-phosphate *n* Mannose-6-Phosphat *nt*.

mannose-6-phosphate isomerase Mannose-6-phosphatisomerase *f*, Mannosephosphatisomerase *f*.

α-mannosidase *n* α-Mannosidase *f*.

mannoside *n* Mannosid *nt*.

D-mannuronic acid D-Mannuronsäure *f*.

Manson's blood fluke Schistosoma mansoni.

Mansonella *n* Mansonella *f*.

Mansonia *n* Mansonia *f*.

margin *n* **1.** Rand *m*, Saum *m*, Kante *f*. **2.** Grenze *f*.

Mariotte's law Boyle-Mariotte-Gesetz *nt*.

marrow *n* Mark *nt*, Medulla *f*; Knochenmark *nt*.

marrow cavity Markhöhle *f*.

marrow cell Knochenmark(s)zelle *f*.

marrow space s.u. *marrow cavity*.

masculine **I** *n* Mann *m*. **II** *adj.* **1.** Mann betreffend, männlich, Männer-. **2.** männlich, mannhaft, maskulin.

masculinity *n* Männlichkeit *f*, Mannhaftigkeit *f*.

mass **I** *n* Stoff *m*, Substanz *f*; Masse *f*; (*physikal.*) Masse *f*; (*mathemat.*) Volumen *nt*, Inhalt *m*. **II** *adj.* Massen-. **III** *vt* (an-)häufen, (-)sammeln, zusammenballen, -ziehen. **IV** *vi* sich (an-)häufen, sich (an-)sammeln, sich zusammenballen.

mass-action constant Massenwirkungskonstante *f*.

mast cell Mastzelle *f*, Mastozyt *m*.

mast cell growth factor Interleukin-3 *nt*.

master circle Hauptgenom *nt*, Hauptring *m*, Master-Ring *m*.

Mastigophora *pl* Geißelinfusorien *pl*, -tierchen *pl*, Flagellaten *pl*, Flagellata *pl*, Mastigophoren *pl*, Mastigophora *pl*.

mastigophoran *n* Geißeltierchen *nt*, Flagellat *m*.

material **I** *n* Material *nt*, (Roh-, Grund-)Stoff *m*, (Roh-, Grund-)Substanz *f*. **II** *adj.* materiell, physisch, körperlich; stofflich, Material-.

maternal *adj.* **1.** Mutter/Mater betreffend, mütterlich, maternal, Mutter-. **2.** mütterlicherseits.

mating *n* Paarung *f*.

matrical *adj.* Matrix betreffend, Matrix-.

matrilineal *adj.* durch die mütterliche Linie vererbt.

matrix *n, pl* **matrixes, matrices 1.** Nähr-, Grundsubstanz *f*, Matrix *f*; Mutterboden *m*; Grund-, Ausgangsgewebe *nt*, Matrix *f*. **2.** Vorlage *f*, Modell *nt*, Matrize *f*.

matrix cell Matrixzelle *f*.

matrix protein Matrixprotein *nt*.

matrix space Matrixraum *m*.

matroclinous *adj.* matroklin.

matrocliny *n* Matroklinie *f*.

matter *n* Material *nt*, Substanz *f*, Stoff *m*, Materie *f*.

maturate *vt* reifen.

maturation *n* **1.** (Heran-)Reifen *nt*, Reifung *f*; Maturation *f*. **2.** (Zell-)Reifung *f*.

maturation division 1. Reifeteilung *f*. **2.** Reduktion(steilung *f*) *f*, Meiose *f*.

maturation factor Zyano-, Cyanocobalamin *nt*, Vitamin B_{12} *nt*.

maturation phase Reifungsphase *f*, -periode *f*.

maturation process Reifungs-, Maturationsprozess *m*.

M

mature I *adj.* reif, (aus-)gereift, vollentwickelt, ausgewachsen. **II** *vt* (aus-) reifen lassen; reif werden lassen; reifer machen. **III** *vi* (aus-)reifen, reif werden; heranreifen.

mature bacteriophage reifer Phage *m*.

M colony M-Kolonie *f*, M-Form *f*, mukoide Form *f*.

mean I *n* Mitte *f*, Mittel *nt*, Durchschnitt *m*; Mittel(wert *m*) *nt*. **II** *adj.* mittel, durchschnittlich, mittlere(r, s), Durchschnitts-, Mittel-.

mean cell haemoglobin *Brit.* S.U. *mean corpuscular haemoglobin*.

mean cell hemoglobin S.U. *mean corpuscular hemoglobin*.

mean corpuscular haemoglobin *m Brit.* Färbekoeffizient, mean corpuscular hemoglobin *nt*.

mean corpuscular haemoglobin concentration *f Brit.* Sättigungsindex *m*, mittlere Hämoglobinkonzentrationder Erythrozyten, mean corpuscular hemoglobin concentration *nt*.

mean corpuscular hemoglobin Färbekoeffizient *m*, mean corpuscular hemoglobin *nt*.

mean corpuscular hemoglobin concentration Sättigungsindex *m*, mittlere Hämoglobinkonzentration *f* der Erythrozyten, mean corpuscular hemoglobin concentration *nt*.

mean corpuscular volume mittleres Erythrozyten(einzel)volumen *nt*, mean corpuscular volume *nt*.

measly *adj.* finnenhaltig, finnig.

measure I *n* **1.** Maß(einheit *f*) *nt*. **2.** Messgerät *nt*, Maß *nt*, Maßstab *m*, Messbecher *m*. **II** *vt* (ab-, ver-, aus-) messen, Maß nehmen.

measure of capacity Hohlmaß.

measure of length Längenmaß.

measurement *n* **1.** Messen *nt*, (Ver-)Messung *f*. **2.** Maß *nt*.

measurement electrode Messelektrode *f*.

measurement method Messmethode *f*, -technik *f*.

measuring I *n* Messen *nt*, (Ver-)Messung *f*. **II** *adj.* Mess-.

measuring glass Messglas *nt*, -zylinder *m*, Mensur *f*.

measuring range Messbereich *m*.

meconate *n* Mekonat *nt*.

meconic acid Mekonsäure *f*.

medial cisterna medial-Zisterne *f*.

mediated transport vermittelter/erleichterter Transport *m*.

mediator *n* Mediator *m*, Mediatorsubstanz *f*.

Medina worm Medina-, Guineawurm *m*, Dracunculus medinensis, Filaria medinensis.

medium I *n*, *pl* -diums, -dia **1.** Medium *nt*, (Hilf-)Mittel *nt*; (*chemisch*, *physikal.*) Medium *nt*, Träger *m*. **2.** Durchschnitt *m*, Mittel *nt*. **II** *adj.* mittelmäßig, mittlere(r, s), Mittel-, Durchschnitts-.

medium-chain triglyceride mittelkettiges Triglyzerid *nt*.

medulla *n*, *pl* -las, -lae Mark *nt*, markartige Substanz *f*, Medulla *f*; Knochenmark *nt*.

medulla of bone Knochenmark.

medulla of suprarenal gland Nebennierenmark.

medullary *adj.* markähnlich *oder* -haltig, markig, medullar, medullär, Mark-, Knochenmark-.

medullary cavity Markraum *m*, -höhle *f*.

medullary haemopoiesis *Brit.* medulläre/myelopoetische Blutbildung *f*.

medullary hemopoiesis medulläre/-myelopoetische Blutbildung *f*.

medullary space S.U. *medullary cavity*.

medullo- *präf.* Mark-, Medullo-, Medullar-; Myel(o)-.

medulloadrenal *adj.* Nebennierenmark betreffend, Nebennierenmark-, NNM-.

meg(a)- *präf.* Groß-, Meg(a)-.

megabacterium *n* Makro-, Megabakterium *nt*.

megahertz *n* Megahertz *nt*.

megalecithal *adj.* makrolezithal.

megalo- *präf.* Groß-, Mega-, Megal(o)-; Makr(o)-.

megalocyte *n* Megalozyt *m*.

megavolt *n* Megavolt *nt*.

megohm *n* Megaohm *nt*, Megohm *nt*.

meiosis *n* Reduktion(steilung *f*) *f*, Meiose *f*.

meiotic *adj.* Meiose betreffend, meiotisch.

meiotic division S.U. *meiosis*.

melanin *n* Melanin *nt*.

melano- *präf.* Schwarz-, Melan(o)-.

melanocyte *n* Melanozyt *m*.

melanocyte stimulating hormone Melanotropin *nt*, melanotropes Hormon *nt*, melanozytenstimulierendes Hormon *nt*.

melanocyte stimulating hormone inhibiting factor Melanotropin-inhibiting-Faktor *m*, MSH-inhibiting-Faktor *m*.

melanocyte stimulating hormone releasing factor Melanoliberin *nt*, Melanotropin-releasing-Faktor *m*, MSH-releasing-Faktor *m*.

melanocytic *adj.* Melanozyt(en) betreffend, melanozytär, -zytisch.

melanogen *n* Melanogen *nt*.

melanogenesis *n* Melaninbildung *f*, Melanogenese *f*.

melanogenic *adj.* melaninbildend.

melanoid I *n* Melanoid *nt*. II *adj.* melaninartig, melanoid.

melanophore stimulating hormone S.U. *melanocyte stimulating hormone*.

melanotic *adj.* Melanin betreffend, melaninhaltig, melanotisch.

melanotroph *n* MSH-bildende Zelle *f*.

melanotropic *adj.* melanotrop.

melibiase *n* α-D-Galaktosidase *f*.

melibiose *n* Melibiose *f*.

melting point Schmelzpunkt *m*.

membranate *adj.* membranartig, membranös.

membrane *n* Häutchen *nt*, Membran(e) *f*.

membrane attack complex (*Komplement*) terminaler Komplex *m*, C5b-9-Komplex *m*, Membranangriffskomplex *m*.

membrane attack complex inhibitor S-Protein *nt*, Vitronektin *nt*.

membrane-bound *adj.* membrangebunden, -ständig.

membrane-bound immunoglobulin membrangebundenes Immunglobulin *nt*.

membrane channel Membrankanal *m*, -tunnel *m*.

membrane charge Membranladung *f*.

membrane component Membrankomponente *f*.

membrane current Membranstrom *m*.

membrane lipid Membranlipid *nt*.

membranelle *n* Membranelle *f*.

membrane potential Membran-potential *nt*.

membrane protein Membranprotein *nt*.

extrinsic membrane protein äußeres/peripheres Membranprotein.

integral/intrinsic membrane protein intrinsisches/integrales Membranprotein.

major outer membrane protein major outer membrane protein.

outer membrane protein äußeres Membranprotein, outer membrane protein.

peripheral membrane protein S.U. *extrinsic membrane protein*.

membrane pump Membranpumpe *f*.

membrane resistance Membranwiderstand *m*.

membrane system Membransystem *nt*.

membrane teichoic acid Lipoteichonsäure *f*.

membrane transport system Membrantransportsystem *nt*.

membranous *adj.* Membran betreffend, häutig, membranartig, membranös, Membran-.

memory cell Gedächtniszelle *f*, memory-cell.

menadiol *n* Menadiol *nt*, Vitamin K$_4$ *nt*.

menadione *n* Menadion *nt*, Vitamin K$_3$ *nt*.

menaphthone *n* S.U. *menadione*.

menaquinone *n* Menachinon *nt*, Vitamin K$_2$ *nt*.

menarcheal *adj.* Menarche betreffend.

Mendel laws Mendel-Gesetze *pl*, -Regeln *pl*.

mendelian genetics Mendel-Genetik *f*.

mendelian theory S.U. *Mendel laws*.

mendelian laws S.U. *Mendel laws*.

menotropin *n* Menotropin *nt*, Menopausengonadotropin *nt*, humanes Menopausengonadotropin *nt*.

menstrual *adj.* Menstruation betreffend, menstrual, Menstruations-, Regel-.

menstruation *n* Monatsblutung *f*, Periode *f*, Regel *f*, Menses *pl*, Menstruation *f*.

menstruum *n*, *pl* **-struums**, **-strua** Lösungsmittel *nt*.

p-mentha-1,8-diene Limonen *nt*.

M

p-menthadienone reductase *p*-Menthadienonreduktase *f*, Menthenoldehydrogenase *f*.

menthenone isomerase Menthenonisomerase *f*.

mentholated *adj.* Menthol enthaltend, mit Menthol behandelt.

menthol dehydrogenase *p*-Menthadienonreduktase *f*, Menthenoldehydrogenase *f*.

M enzyme M-Enzym *nt*.

meprobamate *n* Meprobamat *nt*.

mercaptan *n* Merkaptan *nt*, -captan *nt*.

mercaptide *n* Merkaptid *nt*, -captid *nt*.

mercaptol *n* Mercaptol *nt*.

3-mercaptopyruvate sulfur-transferase 3-Mercaptopyruvatsulfurtransferase *f*.

3-mercaptopyruvate sulphurtransferase *Brit.* 3-Mercaptopyruvatsulfurtransferase *f*.

mercaptopyruvic acid Mercaptobrenztraubensäure *f*.

mercurial I *n* Quecksilberzubereitung *f*, -präparat *nt*. **II** *adj.* Quecksilber betreffend, Quecksilber-; quecksilberhaltig, -artig.

mercuriate *n* s.u. *mercurate* I.

mercuric *adj.* zweiwertiges Quecksilber betreffend *oder* enthaltend, Merkuri-, Mercuri-, Quecksilber-II-.

mercuric chloride s.u. *mercury bichloride*.

mercurous *adj.* Merkuro-, Mercuro-, Quecksilber-I-.

mercurous chloride Kalomel *nt*, Calomel *nt*, Quecksilber-I-Chlorid *nt*.

mercury *n* **1.** Quecksilber *nt*, *(chemisch)* Hydrargyrum *nt*. **2.** Quecksilber(säule *f*) *nt*. **3.** s.u. *mercurial* I.

mercury bichloride Sublimat *nt*, Quecksilber-II-chlorid *nt*.

mercury manometer Quecksilbermanometer *nt*.

mercury perchloride s.u. *mercury bichloride*.

meristem *n* Meristem *nt*, Bildungsgewebe *nt*.

meroblastic *adj.* meroblastisch.

merocrine *adj.* merokrin.

merocyte *n* Merozyte *f*.

merogenesis *n* Merogenese *f*.

meront *n* Meront *m*.

merozoite *n* Merozoit *m*.

merozygote *n* Merozygote *f*.

Merrifield technique Merrifield-Technik *f*.

mesenchyma *n* Mesenchym *nt*, embryonales Bindegewebe *nt*.

mesenchymal *adj.* Mesenchym betreffend, aus Mesenchym enstehend, mesenchymal, Mesenchym-.

meso- *präf.* Mes(o)-.

meso form meso-Form *f*.

mesolecithal *adj.* mesolezithal.

mesomeric radical mesomeres Radikal *nt*.

meson *n* Meson *nt*.

mesophile I *n* mesophiler Organismus *m*. **II** *adj.* s.u. *mesophilic*.

mesophilic *adj.* mesophil.

mesophilic bacterium mesophiles Bakterium *nt*.

mesophyll *n* Mesophyll *nt*.

mesophyll cells Mesophyllzellen *pl*.

mesosome *n* Mesosom *nt*.

messenger I *n* Bote *m*. **II** *adj.* Boten-.

messenger RNA Boten-, Matrizen-, Messenger-RNA *f*, Boten-, Messenger-, Matrizen-RNS *f*.

messenger substance Botensubstanz *f*, -stoff *m*.

mesylate *n* Methansulfonat *nt*.

metabiosis *n* Metabiose *f*.

metabolic *adj.* **1.** Stoffwechsel/Metabolismus betreffend, stoffwechselbedingt, metabolisch, Stoffwechsel-. **2.** veränderlich, sich verwandelnd.

metabolic activity s.u. *metabolism*.

metabolic adaptation metabolische Anpassung/Adaptation *f*.

metabolic block Stoffwechselblock *m*.

metabolic chemistry physiologische Chemie *f*, Biochemie *f*.

metabolic degradation Stoffwechseldegradation *f*, metabolische Degradation *f*.

metabolic energy Stoffwechselenergie *f*, metabolische Energie *f*.

metabolic hormone Stoffwechselhormon *nt*.

metabolic pathway Stoffwechselweg *m*.

metabolic product Stoffwechselprodukt *nt*.

metabolic rate Stoffwechselumsatz *m*.

basal metabolic rate Basal-, Grundumsatz, basal metabolic rate *nt*.

leisure metabolic rate Freizeitumsatz.

metabolic rate at rest Ruheumsatz.

working metabolic rate Arbeitsumsatz.

metabolic regulation Stoffwechselkontrolle *f*, -regulation *f*.

metabolic response Stoffwechselreaktion *f*, metabolische Reizantwort/Reaktion *f*.

metabolic turnover Stoffwechselumsatz *m*.

metabolic water Verbrennungswasser *nt*.

metabolism *n* Stoffwechsel *m*, Metabolismus *m*.

metabolite *n* Stoffwechsel(zwischen)-produkt *nt*, Metabolit *m*.

metabolite regulation Metabolitregulation *f*.

metabolite transport Metabolitentransport *m*.

metabolizable *adj*. im Stoffwechsel abbaubar, metabolisierbar.

metabolize *vt*, *vi* verstoffwechseln, umwandeln, metabolisieren.

metacentric *adj*. metazentrisch.

metacentric chromosome metazentrisches Chromosom *nt*.

metacercaria *n, pl* **-riae** Metazerkarie *f*.

metachromasia *n* Metachromasie *f*.

metachromatic *adj*. metachromatisch.

metachromatin *n* Metachromatin *nt*.

metachromatism *n* s.u. *metachromasia*.

metachromic *adj*. s.u. *metachromatic*.

metachromophil *adj*. s.u. *metachromatic*.

metachromophile *adj*. s.u. *metachromatic*.

metachromosome *n* Metachromosom *nt*.

metacresol *n* *m*-Kresol *nt*, meta-Kresol *nt*.

metacryptozoite *n* Metakryptozoit *m*.

metagenesis *n* Ammenzeugung *f*, Metagenese *f*, -genesis *f*.

Metagonimus *n* Metagonimus *m*.

metal **I** *n* Metall *nt*. **II** *adj*. aus Metall, metallen, Metall-.

metalbumin *n* Metalbumin *nt*, Pseudomuzin *nt*.

metal complexing agent Chelatbildner *m*.

metaldehyde *n* Metaldehyd *m*.

metallic *adj*. Metall betreffend, aus Metall bestehend, Metall enthaltend, metallisch, metallen, Metall(o)-.

metallic oxide Metalloxyd *nt*.

metallocyanide *n* Metall(o)cyanid *nt*.

metalloenzyme *n* Metall(o)enzym *nt*.

metalloflavoprotein *n* Metall(o)flavoprotein *nt*.

metalloid **I** *n* Nicht-, Halbmetall *nt*, Metalloid *nt*. **II** *adj*. metallähnlich, metalloid(isch).

metalloidal *adj*. s.u. *metalloid* II.

metalloprotein *n* Metall(o)protein *nt*.

metallothionein *n* Metallothionein *nt*.

metamere *n* Metamer *nt*.

metameric *adj*. Metamerie betreffend, durch Metamerie gekennzeichnet, metamer(isch).

metamerism *n* Metamerie *f*.

metamyelocyte *n* jugendlicher Granulozyt *m*, Metamyelozyt *m*; Jugendlicher *m*.

metanucleus *n* Metanukleus *m*.

metaphase *n* Metaphase *f*.

metaphase plate Äquatorialplatte *f*.

metaphase spindle Metaphasenspindel *f*.

metaphosphoric acid Metaphosphorsäure *f*.

metaphyseal *adj*. Metaphyse betreffend, metaphysär, Metaphysen-.

metaphysial *adj*. s.u. *metaphyseal*.

metaphysis *n, pl* **-ses** Knochenwachstumszone *f*, Metaphyse *f*, Metaphysis *f*.

metaplasia *n* Metaplasie *f*.

metaplasm *n* Metaplasma *nt*.

metaplastic *adj*. **1.** Metaplasie betreffend, durch Metaplasie gekennzeichnet, metaplastisch. **2.** Metaplasma betreffend, aus Metaplasma bestehend, metaplasmatisch.

metastable *adj*. metastabil.

Metastrongylidae *pl* Metastrongylidae *pl*.

Metastrongylus *n* Metastrongylus *m*.

Metazoa *pl* Mehr-, Vielzeller *pl*, Metazoen *pl*.

metazoal *adj*. s.u. *metazoan* II.

metazoan **I** *n* s.u. *metazoon*. **II** *adj*. vielzellig, metazoisch.

metazoic *adj*. s.u. *metazoan* II.

metazoon *n, pl* **-zoa** Mehr-, Vielzeller *m*, Metazoon *nt*.

met-enkephalin *n* Met-Enkephalin *nt*, Methionin-Enkephalin *nt*.

meter **I** *n* **1.** Meter *nt/m*. **2.** Meter *nt*,

M

Messer *m*, Zähler *m*, Messinstrument *nt*. **II** *vt* messen.
meter-candle *n* Lux *nt*.
methacrylate *n* Methacrylat *nt*.
methacrylic acid Methacrylsäure *f*.
methaeme *n Brit*. Hämatin *nt*, Hydroxyhämin *nt*.
methaemoglobin *n Brit*. Methämoglobin *nt*, Hämiglobin *nt*.
methaemoglobin reductase (NADPH) *Brit*. Methämoglobinreduktase (NADPH) *f*.
methane *n* Sumpf-, Grubengas *nt*, Methan *nt*.
methane-producing bacteria s.u. *methanogenic bacteria*.
methanesulfonate *n* Methansulfonat *nt*.
methanesulfonic acid Methansulfonsäure *f*.
methanesulphonate *n Brit*. Methansulfonat *nt*.
methanesulphonic acid *Brit*. Methansulfonsäure *f*.
methanogenic bacteria methanbildende Bakterien *pl*, Methanbildner *pl*.
methanol *n* Methanol *nt*, Methylalkohol *m*.
metheme *n* Hämatin *nt*, Hydroxyhämin *nt*.
methemoglobin *n* Methämoglobin *nt*, Hämiglobin *nt*.
methemoglobin reductase (NADPH) Methämoglobinreduktase (NADPH) *f*.
methenamine *n* Methenamin *nt*, Hexamin *nt*, Hexamethylentetramin *nt*.
methene bridge Methinbrücke *f*.
methionine *n* Methionin *nt*.
methionine adenosyltransferase Methioninadenosyltransferase *f*.
methionine aminopeptidase Methioninaminopeptidase *f*.
methionine enkephalin s.u. *met-enkephalin*.
methionine synthase s.u. *5-methyltetrahydrofolate-homocysteine methyltransferase*.
methionyl *n* Methionyl-(Radikal *nt*).
methionyl-tRNA synthetase Methionyl-tRNA-synthetase *f*.
methodic *adj*. methodisch, planmäßig, systematisch, durchdacht.
methodical *adj*. s.u. *methodic*.
methotrexate *n* Methotrexat *nt*.
methoxychlor *n* Methoxychlor *nt*.

methyl *n* Methyl-(Radikal *nt*).
α-methylacetoacetyl CoA-β-ketothiolase Acetyl-CoA-Acetyltransferase *f*, (Acetoacetyl-)Thiolase *f*.
methyl alcohol s.u. *methanol*.
methyl aldehyde Formaldehyd *m*, Ameisensäurealdehyd *m*, Methanal *nt*.
methylamine *n* Methylamin *nt*.
methylate **I** *n* Methylat *nt*. **II** *vt* **1.** methylieren. **2.** denaturieren.
methylated *adj*. **1.** methyliert. **2.** denaturiert, vergällt.
methylated alcohol vergällter/denaturierter Alkohol *m*.
methylation *n* Methylierung *f*.
methyl benzene Toluol *nt*, Methylbenzol *nt*.
methylbenzethonium chloride Methylbenzethoniumchlorid *nt*.
methylbenzol *n* s.u. *methyl benzene*.
methyl blue Methylblau *nt*.
methyl cellulose Methylcellulose *f*.
methyl chloride Methylchlorid *nt*, (Mono-)Chlormethan *nt*.
methylcobalamine *n* Methylcobalamin *nt*.
β-methylcrotonoyl-CoA carboxylase β-Methylcrotonoyl-CoA-carboxylase *f*.
methyl cyanide Acetonitril *nt*.
methylcytosine *n* Methylcytosin *nt*.
methylene *n* Methylen *nt*, Methen *nt*.
methylene blue Methylenblau *nt*, Tetramethylthioninchlorid *nt*.
methylene chloride Methylenchlorid *nt*, Dichlormethan *nt*.
methylene dichloride Methylenchlorid *nt*, Dichlormethan *nt*.
methylene-dioxy brigde Methylendioxy-Brücke *f*.
5,10-methylenetetrahydrofolate *n* 5,10-Methylentetrahydrofolat *nt*.
5,10-methylenetetrahydrofolate reductase (FADH2) 5,10-Methylentetrahydrofolatreduktase (FADH2) *f*.
5,10-methylenetetrahydrofolic acid 5,10-Methylentetrahydrofolsäure *f*.
methylglycine *n* Sarkosin *nt*, Methylglykokoll *nt*, -glycin *nt*.
methyl glycoside Methylglykosid *nt*.
methylglyoxalase *n* Lactoylglutathionlyase *f*, Glyoxalase I *f*.
methylguanidine *n* Methylguanidin *nt*.
N-methyl-guanidinoacetic acid Kreatin *nt*, Creatin *nt*, α-Methyl-

M

guanidinoessigsäure *f.*
methylguanine *n* Methylguanin *nt.*
methyl hydride s.u. *methane.*
methylic *adj.* Methyl-.
methyl iodide Methyliodid *nt,* -jodid *nt.*
methylmalonic acid Methylmalon-säure *f.*
methylmalonyl-CoA epimerase Methylmalonyl-CoA-epimerase *f,* Methylmalonyl-CoA-racemase *f.*
methylmalonyl-CoA mutase Methylmalonyl-CoA-mutase *f.*
methylmalonyl-CoA racemase s.u. *methylmalonyl-CoA epimerase.*
methylmercaptan *n* Methylmercaptan *nt.*
methyl methacrylate Methylmethacrylat *nt.*
methyl orange Methylorange *nt,* Helianthin *nt.*
methylphenidate *n* Methylphenidat *nt.*
N-methylputrescine *n* N-Methylputrescin *nt.*
methyl red Methylrot *nt.*
methylrosaniline chloride Kristallviolett *nt,* Methylrosaliniumchlorid *nt.*
methyltetrahydrofolate *n* Methyltetrahydrofolat *nt.*
5-methyltetrahydrofolate-homocysteine methyltransferase 5-Methyltetrahydrofolat-homocysteinmethyltransferase *f,* Homocystein-Tetrahydrofolatmethyltransferase *f.*
methyltetrahydrofolic acid Methyltetrahydrofolsäure *f.*
5'-methylthioadenosine *n* 5'-Methylthioadenosin *nt.*
methylthionine chloride s.u. *methylene blue.*
5'-methylthioribose *n* 5'-Methylthioribose *f.*
5'-methylthioribose 1-phosphate 5'-Methylthioribose-1-phosphat *nt.*
methyltransferase *n* Methyltransferase *f,* Transmethylase *f.*
4'-O-methyltransferase *n* 4'-O-Methyltransferase *f.*
9'-O-methyltransferase *n* 9'-O-Methyltransferase *f.*
5-methyluracil *n* Thymin *nt,* 5-Methyluracil *nt.*
methyluracil *n* Methyluracil *nt.*
methyl violet Methylviolett *nt.*
metmyoglobin *n* Metmyoglobin *nt.*
metoxenous *adj.* wirtswechselnd,

heterözisch.
metoxeny *n* Wirtswechsel *m.*
metre *n Brit.* Meter *nt/m.*
metre-candle *n Brit.* Lux *nt.*
metric *adj.* metrisch, Maß-, Meter-.
mevalonate *n* Mevalonat *nt.*
mevalonate kinase Mevalonatkinase *f.*
mevalonic acid Mevalonsäure *f.*
Mg-ATP complex Mg-ATP-Komplex *m.*
Mg chelatase Magnesiumchelatase *f,* Mg-Chelatase *f.*
MHC protein MHC-Protein *nt.*
micellar *adj.* mizellenartig, Mizellen-.
micelle *n* Mizelle *f,* Micelle *f.*
Michaelis constant Michaelis-Konstante *f,* Michaelis-Menten-Konstante *f.*
Michaelis-Menten constant s.u. *Michaelis constant.*
Michaelis-Menten equation Michaelis-Menten-Gleichung *f.*
Michael reaction Michael-Reaktion *f.*
micro- *präf.* Mikr(o)-, Micr(o)-.
microaerobion *n* s.u. *microaerophile* I.
microaerophile I *n* mikroaerophiler Organismus *m.* II *adj.* mikroaerophil.
microaggregate *n* Mikroaggregat *nt.*
microanalysis *n, pl* **-ses** Mikroanalyse *f.*
microanalytic *adj.* Mikroanalyse betreffend, mikroanalytisch.
Microbacterium *n* Microbacterium *nt.*
microbacterium *n, pl* **-ria 1.** Mikrobakterium *nt,* Microbacterium *nt.* **2.** Mikroorganismus *m.*
microbe *n* Mikrobe *f,* Mikroorganismus *m,* Mikrobion *nt.*
microbial *adj.* Mikrobe(n) betreffend, mikrobisch, mikrobiell, Mikroben-.
microbial genetics Mikrobengenetik *f.*
microbial physiology Mikrobenphysiologie *f.*
microbian I *n* s.u. *microbe.* II *adj.* s.u. *microbial.*
microbic *adj.* s.u. *microbial.*
microbicide *n* mikrobizides Mittel *nt,* Mikrobizid *nt;* Antibiotikum *nt.*
microbioassay *n* Mikrobioassay *m.*
microbiologic *adj.* mikrobiologisch.
microbiological *adj.* s.u. *microbiologic.*
microbiologist *n* Mikrobiologe *m,* -biologin *f.*

M

microbiology *n* Mikrobiologie *f.*
microbiotic *adj.* **1.** kurzlebig. **2.** S.U.
microbial.
microbody *n* Peroxisom *nt*, Microbody *m.*
microcentrum *n* Mikrozentrum *nt*, Zentrosphäre *f.*
microchemical *adj.* Mikrochemie betreffend, mikrochemisch.
microchemistry *n* Mikrochemie *f.*
microclimate *n* Mikroklima *nt.*
Micrococcaceae *pl* Micrococcaceae *pl.*
Micrococcus *n* Micrococcus *m.*
micrococcus *n*, *pl* **-cocci** Mikrokokke *f*, Mikrokokkus *m*, Micrococcus *m.*
microcolony *n* Mikrokolonie *f.*
microconidium *n*, *pl* **-dia** Mikrokonidium *nt.*
microelement *n* Mikrolement *nt.*
microfibril *n* Mikrofibrille *f.*
microfilament *n* Mikrofilament *nt.*
microfilaria *n*, *pl* **-lariae** Mikrofilarie *f*, Microfilaria *f.*
microgamete *n* Mikrogamet *m*, Androgamet *m.*
microgamont *n* Mikrogametozyt *m*, Mikrogamont *m.*
microgamy *n* Mikrogamie *f.*
β₂-microglobulin *n* β₂-Mikroglobulin *nt*, beta₂-Mikroglobulin *nt.*
microgram *n* Mikrogramm *nt.*
microlecithal *adj.* mikrolezithal.
microliter *n* Mikroliter *m.*
microlitre *n m Brit.* Mikroliter.
micrometer *n* **1.** Mikrometer *m/nt.* **2.** (*Gerät*) Mikrometer *nt.*
micrometre *n Brit.* Mikrometer *m/nt.*
micrometric *adj.* mikrometrisch.
Micromonospora *n* Micromonospora *f.*
Micromonosporaceae *pl* Micromonosporaceae *pl.*
micronucleus *n*, *pl* **-cleuses, -clei** **1.** Kernkörperchen *nt*, Nukleolus *m*, Nucleolus *m.* **2.** Mikronukleus *m*, Kleinkern *m* der Ziliaten.
microparasite *n* Mikroparasit *m.*
micropore *n* Keimmund *m*, Mikropyle *f.*
microscope I *n* Mikroskop *nt.* **II** *vt* **1.** mikroskopisch untersuchen. **2.** vergrößern.
microscope stage Objektivtisch *m.*
microscopic *adj.* **1.** winzig klein, mit

bloßem Auge nicht sichtbar, mikroskopisch. **2.** Mikroskop(ie) betreffend, mittels Mikroskop(ie), mikroskopisch, Mikroskop-.
microscopical *adj.* S.U. *microscopic.*
microscopic slide S.U. *microslide.*
microscopic structure Feinstruktur *f*, -aufbau *m*, -anatomie *f.*
microscopy *n* Mikroskopie *f*, Untersuchung *f* mittels Mikroskop.
microsecond *n* Mikrosekunde *f.*
microslide *n* Objektträger *m.*
microsomal *adj.* Mikrosome(n) betreffend, von Mikrosomen stammend, mikrosomal.
microsome *n* Mikrosom *nt.*
microsphere *n* **1.** Zentrosom *nt*, Zentriol *nt*, Zentralkörperchen *nt.* **2.** Mikrozentrum *nt*, Zentrosphäre *f.*
microsporangium *n* Mikrosporangium *nt.*
microspore *n* Mikrospore *f*, Androspore *f.*
Microsporum *n* Microsporon *nt*, Microsporum *nt.*
microzoa *pl*, *sing* **-zoon** Mikrozoen *pl.*
miction *n* Harnen *nt*, Harnlassen *nt*, Blasenentleerung *f*, Urinieren *nt*, Miktion *f.*
micturate *vi* harnen, Harn lassen, urinieren.
micturition *n* S.U. *miction.*
middle-repetitive sequence mittelrepetitive Sequenz *f.*
Miescher's tubes Rainey-Körperchen *pl*, Miescherschläuche *pl.*
Miescher's tubules Rainey-Körperchen *pl*, Miescherschläuche *pl.*
migrate *vi* wandern, migrieren; ziehen.
migration of leukocytes Leukozytenmigration, (Leukozyten-)Diapedese *f.*
migration inhibiting factor Migrationsinhibitionsfaktor *m.*
migratory *adj.* wandernd, migratorisch, Zug-, Wander-.
migratory cell **1.** amöboid-bewegliche Zelle *f.* **2.** Wanderzelle *f.*
milieu *n*, *pl* **-lieus** Milieu *nt*, Umgebung *f.*
milk *n* Milch *f.*
milk of lime Kalkmilch.
milk of sulfur Schwefelmilch.
milk factor Mäuse-Mamma-Tumorvirus *nt.*
milk plasma Milchplasma *nt.*

milk sugar Milchzucker *m*, Laktose *f*, Lactose *f*, Laktobiose *f*.
milky *adj.* **1.** milchig, milchartig, Milch-. **2.** milchweiß.
milliampere *n* Milliampere *nt*.
millibar *n* Millibar *nt*.
milliequivalent *n* Milliäquivalent *nt*.
milligram *n* Milligramm *nt*.
milliliter *n* Milliliter *nt/m*.
millilitre *n Brit.* Milliliter *nt/m*.
millimeter *n* Millimeter *nt/m*.
millimetre *n Brit.* Millimeter *nt/m*.
millimolar *adj.* millimolar.
millimole *n* Millimol *nt*.
milliosmol *n* Milliosmol *nt*.
milliosmole *n* Milliosmol *nt*.
millisecond *n* Millisekunde *f*.
millivolt *n* Millivolt *nt*.
mimesis *n* Mimese *f*.
mimicry *n* Mimikry *f*.
mineral **I** *n* Mineral *nt*. **II** *adj.* **1.** Mineral(ien) betreffend *oder* enthaltend, mineralisch, Mineral-. **2.** anorganisch, mineralisch.
mineral acid Mineralsäure *f*, anorganische Säure *f*.
mineral chemistry anorganische Chemie *f*.
mineralization *n* Mineralisation *f*.
mineralize *vt* mineralisieren, in ein Mineral umwandeln; Mineralstoffe einlagern.
mineralocoid *n* s.u. *mineralocorticoid*.
mineralocorticoid *n* Mineralokortikoid *nt*, -corticoid *nt*.
mineralocorticoid system Mineralokortikoidsystem *nt*.
mineral salt Mineralsalz *nt*, Mineral *nt*.
mineral water Mineralwasser *nt*.
minimal initiation complex Minimal-Initiationskomplex *m*.
minimum **I** *n*, *pl* **-mums, -ma** Minimum *nt*, Mindestmaß *nt*, -betrag *m*, -wert *m*. **at a minimum** auf dem Tiefststand. **II** *adj.* minimal, mindeste(r, s), kleinste(r, s), geringste(r, s), Minimal-, Mindest-.
minimum free-energy form Form/ Konformation *f* mit minimaler freier Energie.
minor *adj.* **1.** kleiner, geringer, weniger bedeutend; minor. **2.** Unter-, Neben-, Hilfs-.
minor alkaloid Nebenalkaloid *nt*.
minor base seltene Base *f*.

minor chain schwere Kette *f*, H-Kette *f*.
minor nucleoside seltenes Nukleosid *nt*.
minor periodicity Neben-, Unterperiodizität *f*.
minus *adj.* negativ, minus, unter null, Minus-.
miolecithal *adj.* miolezithal.
miopapovavirus *n* Polyomavirus *nt*, Miopapovavirus *nt*.
miracidium *n*, *pl* **-dia** Mirazidium *nt*, -cidium *nt*, -zidie *f*.
miscegenation *n* Rassenmischung *f*.
mite *n* Milbe *f*.
miticide *n* milbentötendes Mittel *nt*, Mitizid *nt*.
mitigated *adj.* abgeschwächt, gemildert, mitigiert.
mitochondrial *adj.* Mitochondrien betreffend, von Mitochondrien stammend, mitochondrial, Mitochondrien-.
mitochondrial chromosome Mitochondrienchromosom *nt*.
mitochondrial DNA mitochondriale DNS *f*, mitochondriale DNA *f*, Mitochondrien-DNA *f*.
mitochondrial genome Mitochondriengenom *nt*.
mitochondrial inner membrane innere Mitochondrienmembran *f*.
mitochondrial lumen Matrixraum *m*.
mitochondrial matrix Mitochondrienmatrix *f*.
mitochondrial membrane Mitochondrienmembran *f*.
mitochondrial outer membrane äußere Mitochondrienmembran *f*.
mitochondrial processing peptidase mitochondriale prozessierende Peptidase *f*.
mitochondrial ribosome mitochondriales Ribosom *nt*.
mitochondrion *n*, *pl* **-dria** Mitochondrie *f*, -chondrion *nt*, -chondrium *nt*, Chondriosom *nt*.
mitogen *n* Mitogen *nt*.
mitogenesis *n* Mitogenese *f*.
mitogenetic *adj.* Mitogenese betreffend *oder* induzierend, mitogenetisch.
mitogenic *adj.* mitoseauslösend, -stimulierend, mitogen.
mitogenic factor Lymphozytenmitogen *nt*, Lymphozytentransformationsfaktor *m*.
mitoschisis *n* s.u. *mitosis*.

M

mitosis *n, pl* **-ses** Mitose *f*, mitotische Zellteilung *f*, indirekte Kernteilung *f*; Karyokinese *f*.
mitosome *n* Mitosom *nt*.
mitotic *adj.* Mitose betreffend, mitotisch, Mitose(n)-.
mitotic index Mitoseindex *m*.
mitotic period M-Phase *f*.
mitotic rate Mitoserate *f*.
mitotic spindle Kern-, Mitosespindel *f*.
mixed-function oxygenase mischfunktionelle Oxygenase *f*.
mixture *n* **1.** Mischung *f*, Gemisch *nt* (*of* ... *and* aus ... und). **2.** Mixtur *f*, Mixtura *f*. **3.** Kreuzung *f*.
Miyagawanella *n* Chlamydie *f*, Chlamydia *f*, PLT-Gruppe *f*, Bedsonia *f*, Miyagawanella *f*.
M-line protein M-Linien-Protein *nt*.
mobile *adj.* **1.** beweglich, mobil. **2.** (*chemisch*) leicht-, dünnflüssig.
mobility *n* **1.** Beweglichkeit *f*, Bewegungsfähigkeit *f*, Mobilität *f*. **2.** (*chemisch*) Leichtflüssigkeit *f*.
moderator *n* Moderator *m*.
modification *n* Modifikation *f*.
modification enzyme Modifikationsenzym *nt*.
modification methylase Modifikationsmethylase *f*.
modulator *n* Modulator *m*.
modulatory *adj.* modulatorisch, Modulations-.
MoFe protein MoFe-Protein *nt*, Molybdän-Eisen-Protein *nt*.
moist *adj.* feucht.
molal *adj.* molal.
molality *n* Molalität *f*.
molar *adj.* molar, Mol(ar)-.
molar activity molare/molekulare Aktivität *f*, Wechselzahl *f*.
molar concentration molare Konzentration *f*.
molarity *n* Molarität *f*.
molar number Molzahl *f*.
molar ratio molares Verhältnis *f*.
molar weight Mol(ar)gewicht *nt*.
mole Grammmolekül *nt*, Grammmol *nt*, Mol *nt*, Grammmolekulargewicht *nt*.
molecular *adj.* Molekül betreffend, molekular, Molekular-.
molecular biology Molekularbiologie *f*.
molecular-exclusion chromatography molekulare Ausschlußchromatographie *f*, Molekularsiebfiltration *f*,

Molekularsiebchromatographie *f*.
molecular formula Summenformel *f*.
molecular genetics Molekulargenetik *f*, molekulare Genetik *f*.
molecular mass Molekülmasse *f*.
actual molecular mass aktuelle Molekülmasse.
apparent molecular mass apparente Molekülmasse.
molecular nitrogen Dinitrogen *nt*.
molecular nitrogen molekularer Stickstoff *m*.
molecular oxygen molekularer Sauerstoff *m*.
molecular sieve Molekularsieb *nt*.
molecular-sieve chromatography s.u. *molecular-exclusion chromatography*.
molecular weight Molekulargewicht *nt*.
actual molecular mass aktuelle Molekülmasse *f*.
apparent molecular weight apparente Molekülmasse *f*.
molecule *n* Molekül *nt*, Molekel *f/nt*.
Mollicutes *pl* Mollicutes *pl*.
Mollusca *pl* Weichtiere *pl*, Mollusken *pl*, Mollusca *pl*.
molluscacide *n* Molluskizid *nt*.
molluscicide *adj.* molluskizid.
molybdate *n* Molybdat *nt*.
molybdenum-iron protein MoFe-Protein *nt*, Molybdän-Eisen-Protein *nt*.
molybdopterin *n* Molybdän-Faktor *m*, Molybdopterin *nt*, Monocrotalin *nt*.
monacid *n, adj.* s.u. *monoacid*.
monacidic *adj.* s.u. *monoacid* II.
monad *n* **1.** Einzeller *m*, Monade *f*. **2.** einwertiges Element *oder* Atom *oder* Radikal *nt*. **3.** (*GENETIK*) Monade *f*.
monamide *n* s.u. *monoamide*.
monamine *n* s.u. *monoamine*.
monaminergic *adj.* s.u. *monoaminergic*.
monavalent *adj.* s.u. *monovalent*.
Monera *pl* niedere Protisten *pl*, Moneren *pl*, Monera *pl*.
monestrous *adj.* monoöstrisch.
Monilia *n* **1.** Monilia *f*. **2.** Candida *f*, Monilia *f*, Oidium *nt*.
Moniliaceae *pl* Moniliaceae *pl*.
Moniliales *pl* Moniliales *pl*.
Moniliformis *n* Moniliformis *m*.
monkey kidney cell culture Affennierenzellkultur.
mono- *präf.* Einfach-, Mon(o)-.

monoacid I *n* einbasische/einwertige Säure *f.* II *adj.* einbasisch.

monoacylglycerol *n* Monoacylglycerin *nt*, Monoglycerid *nt.*

monoamide *n* Monoamid *nt.*

monoamine *n* Monoamin *nt.*

monoamine oxidase Monoamin(o)-oxidase *f.*

monoamine oxidase inhibitor MAO-Hemmer *m*, Monoamin(o)oxidase-Hemmer *m.*

monoaminergic *adj.* monoaminerg.

monoaminergic system monoaminerges System *nt.*

monoaminodiphosphatide *n* Monoaminodiphosphatid *nt.*

monoaminomonophosphatide *n* Monoaminomonophosphatid *nt.*

monoatomic *adj.* **1.** einatomig. **2.** einbasisch. **3.** s.u. *monovalent.*

monobasic *adj.* einbasisch, -basig.

monobasic acid s.u. *monoacid* I.

monobasic phosphate primäres Phosphat *nt.*

monocellular *adj.* einzellig, mono-, unizellulär.

monochloride *n* Monochlorid *nt.*

monochorial *adj.* monochorial.

monochromatic *adj.* einfarbig, monochrom, monochromatisch.

monochromatic light monochromatisches Licht *nt.*

monoclonal *adj.* von einer Zelle *oder* einem Zellklon abstammend, monoklonal.

monoclonal immunoglobulin monoklonales Immunglobulin *nt.*

monoclonal protein monoklonaler Antikörper *m.*

monocular *adj.* (*Mikroskop*) monokular.

monocyclic *adj.* monozyklisch.

monocyte *n* mononukleärer Phagozyt *m*, Monozyt *m.*

monocytic *adj.* Monozyt(en) betreffend, monozytär, Monozyten-.

monocytoid *adj.* monozytenartig, -förmig, monozytoid.

monocytopoiesis *n* Monozytenbildung *f*, Monozytopo(i)ese *f.*

monoecious *adj.* einhäusig, monözisch.

monoenoic *adj.* einfachungesättigt, Monoen-.

monoestrous *adj. Brit.* monoöstrisch.

monofactorial *adj.* mono-, unifak-toriell.

monofactorial inheritance monofaktorielle Vererbung *f.*

monofilm *n* monomolekulare Schicht *f.*

monofructosyl saccharose Monofructosylsaccharose *f.*

monogalactosyl diacylglycerol Monogalaktosyldiacylglycerin *nt.*

monogenesis *n* Monogenese *f*, Monogenie *f.*

monogenetic *adj.* monogenetisch.

monogenic *adj.* nur ein Gen betreffend, durch ein Gen bedingt, monogen.

monoglyceride *n* s.u. *monoacylglycerol.*

monohybrid I *n* Monohybride *f.* II *adj.* monohybrid.

monohydrate *n* Monohydrat *nt.*

monohydrated *adj.* monohydriert.

monohydric *adj.* einwertig.

monohydric alcohol einwertiger Alkohol *m.*

monoiodotyrosine *n* Monojodtyrosin *nt*, -iodtyrosin *nt.*

monokaryon *n* Monokaryon *nt.*

monolayer I *n* monomolekulare Schicht *f*, Monolayer *m.* II *adj.* einlagig, -schichtig.

monomer *n* Monomer(e) *nt.*

monomeric *adj.* monomer.

mononuclear I *n* einkernige Zelle *f.* II *adj.* nur einen Kern besitzend, mononukleär.

mononuclear phagocyte s.u. *macrophage.*

mononuclear phagocytic system mononukleäres Phagozytensystem *nt.*

mononucleate *adj.* s.u. *mononuclear.*

mononucleotide *n* Mononukleotid *nt*, -nucleotid *nt.*

monooxygenase *n* Mon(o)oxygenase *f.*

monophagia *n* Monophagie *f.*

monophagism *n* Monophagie *f.*

monophagous *adj.* monophag.

monophenol monooxygenase Monophenolmonooxygenase *f*, Monophenyloxidase *f.*

monophenyl oxidase s.u. *monophenol monooxygenase.*

monophosphate *n* Monophosphat *nt.*

monophyletic *adj.* monophyletisch.

monosaccharide *n* Einfachzucker *m*, Monosaccharid *nt.*

monosaccharose *n* s.u. *monosac-*

M

charide.

monose *n* s.u. *monosaccharide.*

monosodium glutamate Natriumglutamat *nt.*

monosodium urate Natriumurat *nt.*

Monosporium *n* Monosporium *nt.*

monosubstituted *adj.* einfach substituiert.

monoterpene alkaloids Monoterpenalkaloide *pl.*

monoterpene hydroxylase Geraniol-10-hydroxylase *f,* Monoterpenhydroxylase *f.*

monoterpene-indole alkaloids Monoterpenindolalkaloide *pl.*

Monotremata *pl* Kloakentiere *pl,* Monotremen *pl,* Monotremata *pl.*

monotrichate *adj.* s.u. *monotrichous.*

monotrichous *adj.* monotrich.

monounsaturated *adj.* einfach ungesättigt.

monovalence *n* Einwertigkeit *f.*

monovalent *adj.* mit nur einer Valenz, einwertig, mono-, univalent.

monoxide *n* Monoxid *nt.*

monoxygenase *n* s.u. *monooxygenase.*

Moraxella *n* Moraxella *f.*

   Moraxella lacunata Diplobakterium Morax-Axenfeld *nt,* Moraxella lacunata.

Morbillivirus *n* Morbillivirus *nt.*

Morganella *n* Morganella *f.*

morphallaxis *n* Morphallaxis *f,* Morpholaxis *f.*

morphine alkaloids Morphinalkaloide *pl.*

morpho- *präf.* Form-, Gestalt-, Morph(o)-.

morpio *n* Filzlaus *f,* Phthirus pubis/-inguinalis.

moruloid fat braunes Fettgewebe *nt.*

mosaic structure Mosaikstruktur *f,* zusammengesetzte Struktur *f.*

mosquito *n, pl* **-toes, -tos** Stechmücke *f,* Moskito *m.*

motor end-plate motorische Endplatte *f.*

mount I *n* (*Mikroskop*) Objektträger *m.* II *vt* **1.** (*Präparat*) fixieren. **2.** montieren.

mountant *n* (*Mikroskop*) Fixiermittel *nt,* Fixativ *nt.*

mounting *n* (*Präparat*) Fixieren *nt,* Fixierung *f,* Fixation *f.*

mounting medium s.u. *mountant.*

mouse *n, pl* **mice** Maus *f.*

mouse antialopecia factor Inosit *nt,* Inositol *nt.*

mouth *n* Mund *m.*

M period M-Phase *f.*

M protein 1. monoklonaler Antikörper *m.* **2.** M-Protein *nt.*

MSH inhibiting factor s.u. *melanocyte stimulating hormone inhibiting factor.*

mt-protein *n* mt-Protein *nt.*

muc- *präf.* s.u. *muco-.*

muci- *präf.* Schleim-, Muzi-, Muci-, Muko-, Muco-, Myxo-.

mucid *adj.* s.u. *mucilaginous.*

muciferous *adj.* s.u. *muciparous.*

muciform *adj.* s.u. *mucoid* II.

mucigenous *adj.* s.u. *muciparous.*

mucilaginous *adj.* schleimig, klebrig, muzilaginös.

mucin *n* Muzin *nt,* Mukoid *nt.*

mucinase *n* Muzinase *f,* Mucinase *f,* Mukopolysaccharidase *f.*

mucinogen *n* Muzinogen *nt,* Mucinogen *nt.*

mucinoid *adj.* **1.** muzinartig. **2.** s.u. *mucoid* II.

mucinous *adj.* **1.** Muzin betreffend, muzinartig, -ähnlich, muzinös. **2.** s.u. *mucoid* II.

muciparous *adj.* schleimbildend, -produzierend, -sezernierend, muciparus.

muco- *präf.* **1.** Schleim-, Muzi-, Muci-, Muko-, Muco-, Myxo-. **2.** Schleimhaut-, Mukosa-.

mucoglobulin *n* Mukoglobulin *nt.*

mucoid I *n* Mukoid *nt,* Mucoid *nt.* II *adj.* schleimähnlich, -artig, schleimig, mukoid, mukös.

mucoid colony M-Kolonie *f,* M-Form *f,* mukoide Form *f.*

mucoid gland mukoide Drüse *f.*

mucoitin sulfate Mukoitinsulfat *nt.*

mucoitinsulfuric acid Mukoitinschwefelsäure *f.*

mucoitin sulphate *Brit.* Mukoitinsulfat *nt.*

mucoitinsulphuric acid *Brit.* Mukoitinschwefelsäure *f.*

mucolipid *n* Muko-, Mucolipid *nt.*

mucopeptide *n* Muko-, Mucopeptid *nt*; Peptidoglykan *nt,* Murein*nt.*

mucopolysaccharidase *n* s.u. *mucinase.*

mucopolysaccharide *n* Muko-,

Mucopolysaccharid *nt*, Glykosamino-glykan *nt*.

mucoprotein *n* Mukoprotein *nt*, -proteid *nt*, Mucoprotein *nt*, -proteid *nt*.

Mucor *n* Köpfchenschimmel *m*, Mucor *m*.

Mucoraceae *pl* Mucoraceae *pl*.

mucoraceous *adj*. Mucorales-

Mucorales *pl* Mucorales *pl*.

mucosa *n*, *pl* **-sae** Schleimhaut *f*, Mukosa *f*.

mucosal *adj*. Schleimhaut/Mukosa betreffend, Schleimhaut-, Mukosa-.

mucosal barrier Schleimhautbarriere *f*.
gastric mucosal barrier Magen-schleimhautbarriere.

mucous *adj*. **1.** Schleim/Mucus betreffend, schleimartig, mukoid, mukös, Schleim-. **2.** schleimbedeckt, schleimig. **3.** schleimbildend, -haltig, mukös.

mucous cell muköse/schleimsezer-nierende Zelle *f*.

mucous gland schleimbildende/mu-köse/muzinöse Drüse *f*, Schleimdrüse *f*.

mucous membrane barrier Schleim-hautbarriere *f*.

mucous-producing *adj*. schleimbil-dend.

mucous-secretory cell S.U. *mucous cell*.

mucus *n* Schleim *m*, Mukus *m*, Mucus *m*.

mulberry fat braunes Fettgewebe *nt*.

müllerian duct-inhibiting factor S.U. *müllerian inhibiting substance*.

müllerian inhibiting substance Anti-Müller-Hormon *nt*.

müllerian regression factor S.U. *müllerian inhibiting substance*.

multi- *präf*. Viel-, Vielfach-, Multi-.

multicellular *adj*. mehr-, vielzellig, multizellular, -zellulär.

multicellularity *n* Vielzelligkeit *f*.

Multiceps *n* Multiceps *m*.

multicolored *adj*. mehrfarbig, Mehr-farben-.

multicoloured *adj*. *Brit*. mehrfarbig, Mehrfarben-.

multienzyme complex Multienzym-komplex *m*.

multienzyme system Multienzym-system *nt*.
dissociated multienzyme system lösliches/dissoziiertes Multienzym-

system.
soluble multienzyme system lös-liches/dissoziiertes Multienzymsys-tem.

multifactorial *adj*. **1.** aus mehreren Faktoren bestehend, multifaktoriell. **2.** durch eine Vielzahl von Faktoren bedingt, multifaktoriell.

multifactorial inheritance multifak-torielle Vererbung *f*.

multinuclear *adj*. mehr-, vielkernig, multinukleär, -nuklear.

multinucleate *adj*. S.U. *multinuclear*.

multiphase *adj*. mehrphasig.

multiphasic *adj*. S.U. *multiphase*.

multiple I *n* Vielfache *nt*. II *adj*. **1.** viel-, mehrfach, vielfältig, mehrere, viele, multipel, multiple, multiplex, vielfach-. **2.** vielseitig.

multiple alleles multiple Allele *pl*.

multiple feedback multiple Rück-kopplung *f*.

multivalence *n* Mehr-, Vielwertigkeit *f*, Multivalenz *f*.

multivalent *adj*. **1.** mehrwertig, multi-valent. **2.** multi-, polyvalent.

muramic acid Muraminsäure *f*.

muramidase *n* Lysozym *nt*.

murexide *n* Murexid *nt*.

Mus *n* Maus *f*, Mus *m*.
Mus musculus Hausmaus, Mus musculus.
Mus rattus Hausratte *f*, Mus rattus.

Musca *n* Fliege *f*, Musca *f*.
Musca domestica Haus-, Stuben-fliege *f*, Musca domestica.

muscarine *n* Muskarin *nt*, Muscarin *nt*.

muscarinic *adj*. muskarinartig.

Muscidae *pl* Muscidae *pl*.

muscle *n* Muskel *m*, Muskelgewebe *nt*.

muscle adenylate deaminase S.U. *myoadenylate deaminase*.

muscle cell Muskelzelle *f*.

muscle fiber Muskelzelle *f*, (einzelne) Muskelfaser *f*.
red muscle fiber rote Muskelfaser.
white muscle fiber weiße Muskel-faser.

muscle fibre *Brit*. Muskelzelle *f*, (ein-zelne) Muskelfaser *f*.
red muscle fibre rote Muskelfaser.
white muscle fibre weiße Muskel-faser.

muscle glycogen Muskelglykogen *nt*.

muscle haemoglobin *Brit*. S.U. *myo-globin*.

M

muscle heat Muskelwärme *f.*
muscle hemoglobin s.u. *myoglobin.*
muscle metabolism Muskelstoffwechsel *m,* -metabolismus *m.*
muscle perfusion Muskeldurchblutung *f,* -perfusion *f.*
muscle phosphorylase Muskelphosphorylase *f.*
muscle physiology Muskelphysiologie *f.*
muscle plate Myotom *nt.*
muscle tissue Muskelgewebe *nt.*
muscular *adj.* Muskel(n) betreffend, muskulär, Muskel-.
muscular tissue Muskelgewebe *nt.*
mutability *n* Mutationsfähigkeit *f,* Mutabilität *f.*
mutable *adj.* mutationsfähig, mutabel.
mutagen *n* Mutagen *nt,* mutagenes Agens *nt.*
mutagenesis *n* Mutagenese *f.*
mutagenic *adj.* Mutation verursachend, mutagen.
mutagenicity *n* Mutationsfähigkeit *f,* Mutagenität *f.*
mutant I *n* Mutante *f.* **II** *adj.* durch Mutation entstanden, mutiert, mutant.
mutant gene mutiertes Gen *nt.*
mutarotase *n* Aldose-1-epimerase *f,* Mutarotase *f.*
mutarotation *n* Mutarotation *f.*
mutase *n* Mutase *f.*
mutate I *vt* verändern; zu einer Mutation führen. **II** *vi* sich (ver-)ändern; mutieren (*to* zu).
mutation *n* (Ver-)Änderung *f,* Umwandlung *f;* Erbänderung *f,* Mutation *f.*
mutation of energy Energieumformung *f.*
mutational *adj.* Mutation betreffend, Mutations-; Änderungs-.
mutation rate Mutationsrate *f.*
mutualism *n* Mutualismus *m.*
mycelial *adj.* Myzel betreffend, Myzel-.
mycelial fungi Fadenpilze *pl,* Hyphomyzeten *pl,* Hyphomycetes *pl.*
mycelioid *adj.* myzelähnlich, -artig.
mycelium *n, pl* **-lia** Pilzgeflecht *nt,* Myzel *nt,* Myzelium *nt.*
mycetes *pl* Pilze *f,* Fungi *f,* Myzeten *pl,* Mycota *pl.*
mycobacteria *pl* s.u. *mycobacterium.*
Mycobacteriaceae *pl* Mycobacteriaceae *pl.*
mycobacterial adjuvant komplettes

Freund-Adjuvans *nt.*
mycobacteriosis *n* Mykobakteriose *f.*
Mycobacterium *n* Mycobacterium *nt.*
Mycobacterium leprae Hansen-Bazillus *m,* Leprabazillus *m,* -bakterium *nt,* Mycobacterium leprae.
Mycobacterium paratuberculosis Johne-Bazillus *m,* Mycobacterium paratuberculosis.
Mycobacterium tuberculosis Tuberkel-, Tuberkulosebazillus *m,* -bakterium *nt,* TB-Bazillus *m,* TB-Erreger *m,* Mycobacterium tuberculosis, Mycobacterium tuberculosis var. hominis.
mycobacterium *n, pl* **-ria** Mykobakterium *nt,* Mycobacterium *nt.*
mycobacteria other than tubercle bacilli atypische/nicht-tuberkulöse Mykobakterien *pl.*
group I mycobacteria photochromogene Mykobakterien *pl,* Mykobakterien *pl* der Runyon-Gruppe I.
group II mycobacteria skotochromogene Mykobakterien *pl,* Mykobakterien *pl* der Runyon-Gruppe II.
group III mycobacteria nicht-chromogene Mykobakterien *pl,* Mykobakterien *pl* der Runyon-Gruppe III.
group IV mycobacteria schnellwachsende (atypische) Mykobakterien *pl,* Mykobakterien *pl* der Runyon-Gruppe IV.
rapidly growing mycobacteria schnellwachsende (atypische) Mykobakterien *pl,* Mykobakterien *pl* der Runyon-Gruppe IV.
mycobactin *n* Mykobaktin *nt,* Mycobactin *nt.*
mycoderma *n* Mycoderma *nt.*
mycolic acid Mykol-, Mycolsäure *f.*
mycophage *n* Pilz-, Mykophage *m.*
Mycophyta *pl* Pilze *pl,* Fungi *pl,* Myzeten *pl,* Mycetes *pl,* Mycophyta *pl,* Mycota *pl.*
mycoplasma *n, pl* **-mas, -mata** Mykoplasma *nt,* Mycoplasma *nt.*
Mycoplasmatales *pl* Mycoplasmatales *pl.*
mycose *n* Trehalose *f,* Mykose *f.*
mycoside *n* Mykosid *nt.*
myelin *n* Myelin *nt.*
myelination *n* s.u. *myelogenesis.*
myelinic *adj.* Myelin betreffend, Myelin-.
myelinization *n* s.u. *myelogenesis.*

myelinogenesis n s.u. *myelogenesis.*
myelinogenetic adj. **1.** myelinbildend, myelinogen. **2.** myelinisierend.
myelinogeny n s.u. *myelogenesis.*
myelin sheath Mark-, Myelinscheide f.
myelo- präf. Mark-, Rückenmark(s)-, Knochenmark(s)-, Myel(o)-.
myeloblast n Myeloblast m.
myelocyte n Myelozyt m.
myelocytic adj. Myelozyt(en) betreffend, Myelozyten-.
myelogenesis n Markscheidenbildung f, Markreifung f, Myelinisation f, Myel(in)ogenese f.
myelogenic adj. s.u. *myelogenous.*
myelogenous adj. im Knochenmark entstanden, aus dem Knochenmark stammend, myelogen, osteomyelogen.
myelogeny n s.u. *myelogenesis.*
myeloid adj. markartig, myeloid.
myeloidin n Myeloidin nt.
myeloid tissue rotes Knochenmark nt.
myeloperoxidase n Myeloperoxidase f.
myelophage n Myelophage m.
myelopoiesis n Myelopoese f.
myelopoietic haemopoiesis Brit. medulläre/myelopoetische Blutbildung f.
myelopoietic hemopoiesis medulläre/myelopoetische Blutbildung f.
mykol n s.u. *mycolic acid.*
myo- präf. Muskel-, My(o)-.
myoadenylate deaminase Myoadenylatdesaminase f, Muskeladenylatdesaminase f.
myoalbumin n Myoalbumin nt.
myocardial depressant factor Myocardial-Depressant-Faktor m.
myochrome n Myochrom nt.
myocyte n Muskelzelle f, Myozyt m.

myoepithelioid cell (myo-)epitheloide Zelle f.
myoglobin n Myoglobin nt.
myoglobulin n Myoglobulin nt.
myoid adj. muskel(zellen)ähnlich, myoid.
myokinase n Adenylatkinase f, Myokinase f, AMP-Kinase f, A-Kinase f.
myokinin n Myokinin nt.
myon n Myon nt.
myoplasm n Myoplasma nt.
myoprotein n Muskel-, Myoprotein nt.
myoserum n Muskelsaft m, -serum nt.
myosin n Myosin nt.
myosin adenosine triphosphatase reaction Myosin-ATPase-Reaktion f.
myosin ATPase Myosin-ATPase f.
myosin ATPase reaction Myosin-ATPase-Reaktion f.
myosin filament Myosinfilament nt.
myosin head Myosinköpfchen nt.
myosinogen n Myogen nt.
Myriapoda pl Vielfüßler pl, Myriapoden pl, Myriopoden pl.
myristate n Myristat nt.
myristic acid Myristinsäure f.
myrosinase n Myrosinase f, Thioglykosidase f.
myx- präf. s.u. *myxo-.*
myxameba n Myxamöbe f.
myxamoeba n Brit. Myxamöbe f.
myxo- präf. Schleim-, Myx(o)-, Muk(o)-, Muc(o)-, Muz(i)-, Muc(i)-.
myxobacteria pl Schleimbakterien pl, Myxobakterien pl.
myxocyte n Schleimzelle f, Myxozyt f.
Myxomycetes pl Schleimpilze pl, Myxomyzeten pl, Myxomycetes pl, Myxophyta pl, Myxomykota pl.
myxopoiesis n Schleimbildung f.
myxovirus n Myxovirus nt.

M

N

Na channel Natriumkanal *m*, Na⁺-Kanal *m*.

NAD:dihydroliponamide-dehydrogenase *n* NAD:dihydroliponamiddehydrogenase *f*.

NADH cytochrome b₅-reductase Cytochrom b₅-Reduktase *f*.

NADH dehydrogenase NADH-Dehydrogenase *f*.

NADH dehydrogenase (ubiquinone) NADH-Ubichinon-reduktase *f*.

NADH-ferredoxin reductase NADH-Ferredoxin-reduktase *f*.

NADH-methaemoglobin reductase *Brit.* NADH-abhängige Methämoglobinreduktase *f*, NADH-Methämoglobinreduktase *f*.

NADH-methemoglobin reductase NADH-abhängige Methämoglobinreduktase *f*, NADH-Methämoglobinreduktase *f*.

NADH oxidase NADH-Oxidase *f*.

NADH shuttle NADH-Shuttle *m*.

NAD-linked dehydrogenase NAD-abhängige Dehydrogenase *f*.

NADPH-cytochrome reductase NADPH-Cytochromreduktase *f*, Cytochrom-P₄₅₀-Reduktase *f*.

NADPH-ferrihaemoprotein reductase *Brit.* s.u. *NADPH-cytochrome reductase*.

NADPH-ferrihemoprotein reductase s.u. *NADPH-cytochrome reductase*.

NADPH-methaemoglobin reductase *Brit.* Methämoglobinreduktase (NADPH) *f*, NADPH-abhängige Methämoglobinreduktase *f*.

NADPH-methemoglobin reductase Methämoglobinreduktase (NADPH) *f*, NADPH-abhängige Methämoglobinreduktase *f*.

NADPH oxidase NADPH-Oxidase *f*.

NAD(P)⁺-transhydrogenase NAD(P)⁺-Transhydrogenase *f*, Pyridinnucleotidtranshydrogenase *f*.

nagana *n* Nagana *f*.

Na⁺ gate Natriumschleuse *f*.

Na⁺-glucose cotransporter Na⁺-Glucose-Cotransporter *m*.

Na⁺-K⁺-ATPase Natrium-Kalium-ATPase *f*, Na⁺-K⁺-ATPase *f*.

naked virus nacktes Virus *nt*.

Na⁺-K⁺-pump Natrium-Kalium-Pumpe *f*, Na⁺-K⁺-Pumpe *f*.

Nannizzia *n* Nannizzia *f*.

nano- *präf.* Nano-.

nanometer *n* Nanometer *nt/m*.

nanometre *n Brit.* Nanometer *nt/m*.

naphtha *n* Naphtha *nt*.

2-naphthalene sulfonate 2-Naphthalinsulfonat *nt*, β-Naphthalinsulfonat *nt*.

2-naphthalene sulfonic acid 2-Naphthalinsulfonsäure *f*, β-Naphthalinsulfonsäure *f*.

2-naphthalene sulphonate *Brit.* 2-Naphthalinsulfonat *nt*, β-Naphthalinsulfonat *nt*.

2-naphthalene sulphonic acid *Brit.* 2-Naphthalinsulfonsäure *f*, β-Naphthalinsulfonsäure *f*.

naphthoquinone *n* Naphthochinon *nt*.

naphthoquinone ring Naphthochinonring *nt*.

1,4-naphtoquinone *n* 1,4-Naphthochinon *nt*.

Na⁺ pump Natriumpumpe *f*.

naringenin n Naringenin nt.
naringenin-chalcone n Naringenin-Chalkon nt.
naringin n Naringenin-7-β-neohesperidosid nt, Naringin nt.
nascent adj. entstehend, freiwerdend, naszierend.
nascent condition s.u. nascent state.
nascent state Status nascendi.
native I n 1. Eingeborene(r m) f, Ureinwohner(in f) m. 2. einheimische Pflanze f; einheimisches Tier nt. II adj. 3. natürlich, unverändert, nativ, Nativ-. 4. angeboren (to s.o. jdm.). 5. eingeboren, Eingeborenen-. 6. (ein-) heimisch; Mutter-, Heimat-; gebürtig. 7. ursprünglich, eigentlich.
native conformation native Konformation f.
native form native Form f.
native protein natives Protein nt.
natrium n Natrium nt.
natriuresis n Natriurese f, Natriurie f.
natriuretic adj. Natriurese betreffend oder fördernd, natriuretisch.
natron n 1. Natriumkarbonat nt, Soda f/nt. 2. Natriumbikarbonat nt, doppeltkohlensaures Natron nt. 3. Natriumhydroxid nt, kaustisches Natron nt.
natrum n s.u. natrium.
natruresis n s.u. natriuresis.
natruretic n, adj. s.u. natriuretic.
natural adj. 1. Natur betreffend, natürlich, naturgegeben, Natur-. 2. angeboren, natürlich (to).
natural immunity natürliche Immunität f.
natural killer cells NK-Zellen pl, natürliche Killerzellen pl, Natural-Killer-Zellen pl.
natural science Naturwissenschaft(en pl) f.
nature n Natur f, Schöpfung f; (Objekt) Beschaffenheit f. **by nature** von Natur aus.
NDP kinase s.u. nucleoside diphosphate kinase.
NDP sugar s.u. nucleoside diphosphate sugar.
Necator n Necator m.
necrobiotic adj. Nekrobiose betreffend, von ihr gekennzeichnet, nekrobiotisch.
necrophagous adj. 1. aasfressend, nekrophag. 2. s.u. necrophilous.

necrophilous adj. mit besonderer Affinität zu nekrotischem Gewebe, nekrophil.
negative I n 1. Negativfaktor m, Negativum nt. 2. Minuszeichen nt; negative Zahl f. 3. Negativ nt. 4. negativer Pol m. II adj. negativ, erfolg-, ergebnislos; ohne Befund; fehlend, nicht vorhanden.
negative charge negative Ladung f.
negative electrode Kathode f.
negative modulator hemmender/negativer Modulator m.
negative-sense RNA Minus-Strang-RNA f.
negative-sense RNA viruses Minus-Strang-RNA-Viren pl.
negative-strand RNA s.u. negative-sense RNA.
Neisseria n Neisseria f.
Neisseria gonorrhoeae Gonokokkus m, Gonococcus m, Neisseria gonorrhoeae.
Neisseria meningitidis Meningokokkus m, Neisseria meningitidis.
Neisseriaceae pl Neisseriaceae pl.
nemathelminth n Schlauch-, Rundwurm m, Aschelminth m, Nemathelminth m.
Nemathelminthes pl Schlauch-, Rundwürmer pl, Nemathelminthes pl, Aschelminthes pl.
nemato- präf. Rundwurm-, Nemato-.
nematocyst n Nesselkapsel f, Nematozyste f, Knide f.
Nematoda pl Faden-, Rundwürmer pl, Nematoden pl, Nematodes pl.
nematode n Rund-, Fadenwurm m, Nematode f.
Nematomorpha pl Saitenwürmer pl, Nematomorpha pl.
Nemertea pl Schnurwürmer pl.
nemertean I n Schnurwurm m. II adj. Schnurwürmer-.
neo- präf. Neu-, Jung-, Ne(o)-.
neohesperidose n Neohesperidose f.
neohesperidoside n Neohesperidosid nt.
neokestose n neo-Kestose f.
neomenthol n Neomenthol nt.
neon n Neon nt.
neotype n Neostandard m.
nephro- präf. Niere(n)-, Reno-, Nephr(o)-.
nephrocelom n Nephrozöl nt.
nephrogenous adj. aus der Niere

N

stammend, durch die Niere bedingt, nephrogen, renal.

neringenin-7-rhamnoglucoside *n* Naringenin-7-β-neohesperidosid *nt*, Naringin *nt*.

nerve *n* Nerv *m*.

nerve cell Nervenzelle *f*, Neuron *nt*.

nerve center Nervenzentrum *nt*.

nerve centre *Brit.* Nervenzentrum *nt*.

nerve fibril Achsenzylinder *m*, Axon *nt*, Neuraxon *nt*.

nerve growth factor Nervenwachstumsfaktor *m*.

nervonic acid Nervonsäure *f*.

nervous *adj*. **1.** Nerv/Nervus betreffend, nerval, nervös (bedingt), neural, nervlich, Nerven-. **2.** nervös, aufgeregt; überempfindlich.

nervous system Nervensystem *nt*.

autonomic nervous system autonomes/vegetatives Nervensystem.

central nervous system Zentralnervensystem, Gehirn und Rückenmark.

enteric nervous system Darmnervensystem.

exteroceptive nervous system extero(re)zeptives System.

interoceptive nervous system intero(re)zeptives System.

involuntary nervous system S.U. *autonomic nervous system*.

parasympathetic nervous system Parasympathikus *m*, parasympathisches System.

peripheral nervous system peripheres Nervensystem.

proprioceptive nervous system proprio(re)zeptives System.

somatic nervous system somatisches Nervensystem.

sympathetic nervous system 1. S.U. *autonomic nervous system* **2.** Sympathikus *m*, sympathisches System.

vegetative/visceral nervous system S.U. *autonomic nervous system*.

nervous tissue Nervengewebe *nt*.

nettle *n* Nessel *f*.

Neuberg ester Fructose-6-phosphat *nt*, Neuberg-Ester *m*.

neuraminic acid Neuraminsäure *f*.

neuraminidase *n* Neuraminidase *f*, Sialidase *f*.

neurine *n* Neurin *nt*.

neuro- *präf*. Nerven-, Neur(o)-.

neurobiology *n* Neurobiologie *f*.

neurochemical *adj*. Neurochemie betreffend, neurochemisch.

neurochemical transmission neurochemische Erregungsübertragung *f*.

neurochemistry *n* Neurochemie *f*.

neurocrine *adj*. S.U. *neuroendocrine*.

neurocyte *n* Nervenzelle *f*, Neurozyt *m*, Neuron *nt*.

neuroeffector *n* Neuroeffektor *m*.

neuroendocrine *adj*. neuroendokrines System betreffend, neuroendokrin, neurokrin.

neuroendocrine cell neuroendokrine Zelle *f*.

neuroendocrine response neuroendokrine Antwort/Reaktion *f*.

neuroendocrine system neuroendokrines System *nt*, Neuroendokrinium *nt*.

neuroendocrinology *n* Neuroendokrinologie *f*.

neurogenous *adj*. im Nervensystem entstehend, vom Nervensystem stammend, neurogen.

neurohormonal *adj*. neurohormonal.

neurohormone *n* Neurohormon *nt*.

neurohumoral *adj*. neurohumoral.

neurohumoral transmission S.U. *neurochemical transmission*.

neurohypophyseal *adj*. Neurohypophyse betreffend, neurohypophysär, Neurohypophysen-.

neurohypophysial *adj*. S.U. *neurohypophyseal*.

neurohypophysial hormone Neurohypophysenhormon *nt*, Hormon *nt* der Neurophypophyse, (Hypophysen-)Hinterlappenhormon *nt*, HHL-Hormon *nt*.

neurohypophysis *n* Neurohypophyse *f*, Hypophysenhinterlappen *m*.

neurokeratin *n* Neurokeratin *nt*.

neuron *n* Nervenzelle *f*, Neuron *nt*.

neuropeptide *n* Neuropeptid *nt*.

neurophysiologic *adj*. Neurophysiologie betreffend, neurophysiologisch.

neurophysiology *n* Neurophysiologie *f*.

neuroplasm *n* Neuroplasma *nt*.

neuroplasmic *adj*. Neuroplasma betreffend, neuroplasmatisch.

neurosecretion *n* **1.** Neurosekretion *f*. **2.** Neurosekret *nt*.

neurosecretory *adj*. Neurosekretion betreffend, neurosekretorisch.

Neurospora *n* Brotschimmel *m*, Neurospora *f*.

neurotransmitter *n* Neurotransmitter *m*.

neurotrophic *adj.* Neurotrophie betreffend, neurotroph(isch).

neurotrophy *n* Neurotrophie *f*.

neurotropic *adj.* auf Nerven(gewebe) wirkend, mit besonderer Affinität zu Nerven(gewebe), neurotrop.

neurotropism *n* Neurotropie *f*.

neurotropy *n* S.U. *neurotropism*.

neurovegetative *adj.* das vegetative Nervensystem betreffend, neurovegetativ.

neurovirus *n* Neurovirus *nt*.

neurovisceral *adj.* Nervensystem und Eingeweide betreffend, neuroviszeral.

neutral *adj.* neutral; unbestimmt, indifferent (*to* gegenüber).

neutral fat Neutralfett *nt*.

neutralization *n* Neutralisierung *f*, Neutralisation *f*, Ausgleich *m*, Aufhebung *f*.

neutralize *vt* ausgleichen, aufheben, neutralisieren.

neutral range Indifferenzbereich *m*.

neutral reaction neutrale Reaktion *f*.

neutral salt Neutralsalz *nt*.

neutron *n* Neutron *nt*.

neutron number Neutronenzahl *f*.

neutrophil I *n* neutrophiler/polymorphkerniger Granulozyt *m*, neutrophiler Leukozyt *m*; Neutrophiler *m*. **II** *adj.* neutrophil.

neutrophil chemotactic factor Neutrophilen-chemotaktischer Faktor *m*.

neutrophile *n, adj.* S.U. *neutrophil*.

neutrophilic *adj.* S.U. *neutrophil* II.

neutrophilic leucocyte *Brit.* S.U. *neutrophil* I.

neutrophilic leukocyte S.U. *neutrophil* I.

newton *n* Newton *nt*.

Newtonian constant of gravitation Gravitationskonstante *f*.

Newtonian fluid Newton-Flüssigkeit *f*, homogene Flüssigkeit *f*.

Newtonian force Newton-Kraft *f*.

NH₄⁺ assimilation NH_4^+-Assimilation *f*.

NH₂-terminal *adj.* N-terminal, aminoterminal.

niacin *n* Niacin *nt*, Nikotin-, Nicotinsäure *f*.

niacinamide *n* S.U. *nicotinamide*.

nickel *n* Nickel *nt*.

niclosamide *n* Niclosamid *nt*.

nicotinamide *n* Nicotin(säure)amid *nt*.

nicotinamide-adenine dinucleotide Nicotinamid-adenin-dinucleotid *nt*, Diphosphopyridinnucleotid *nt*, Cohydrase I *f*, Coenzym I *nt*.

nicotinamide-adenine dinucleotide phosphate Nicotinamid-adenin-dinucleotid-phosphat *nt*, Triphosphopyridinnucleotid *nt*, Cohydrase II *f*, Coenzym II *nt*.

nicotinamide mononucleotide Nicotinamid-mononucleotid *nt*.

nicotine *n* Nikotin *nt*, Nicotin *nt*.

nicotine synthase Nicotinsynthase *f*.

nicotinic *adj.* nikotinartig, -haltig, nikotinerg, Nikotin-.

nicotinic acid S.U. *niacin*.

nicotinic acid mononucleotide Nicotinsäuremononucleotid *nt*.

nightshade *n* Nachtschattengewächs *nt*, Solanum *nt*.

night vision skotopes Sehen *nt*, Dämmerungs-, Nachtsehen *nt*, Skotop(s)ie *f*.

Nissl bodies Nissl-Schollen *pl*, -Substanz *f*, -Granula *pl*, Tigroidschollen *pl*.

Nissl granules S.U. *Nissl bodies*.

Nissl substance S.U. *Nissl bodies*.

nitavirus *n* Nitavirus *nt*.

nitratase *n* S.U. *nitrate reductase*.

nitrate *n* Nitrat *nt*.

nitrate carrier Nitratcarrier *m*, Nitrattransporter *m*.

nitrate reductase Nitratreduktase *f*.

nitrate reduction Nitratreduktion *f*.
   assimilatory nitrate reduction assimilatorische Nitratreduktion.
   dissimilatory nitrate reduction dissimilatorische Nitratreduktion.

nitrate respiration Nitratatmung *f*.

nitrate transporter Nitratcarrier *m*, Nitrattransporter *m*.

nitration *n* Nitrierung *f*.

nitric acid Salpetersäure *f*.
   fuming nitric acid rauchende Salpetersäure.

nitric oxide S.U. *nitrogen monoxide*.

nitride *n* Nitrid *nt*.

nitrification *n* Nitrifizierung *f*.

nitrifier *n* nitrifizierender Mikroorganismus *m*.

nitrifying *adj.* nitrifizierend.

nitrifying bacteria nitrifizierende Bakterien *pl*.

nitrilase *n* Nitrilase *f*.

nitrite n Nitrit nt.
nitrite reductase Nitritreduktase f.
nitrite reduction Nitritreduktion f.
nitro- präf. Nitro-.
nitrobenzene n Nitrobenzol nt.
nitroblue tetrazolium Nitroblau-Tetrazolium nt.
nitrogen n Stickstoff m, Nitrogen nt; Nitrogenium nt.
nitrogenase n Nitrogenase f.
nitrogenase system Nitrogenase-system nt.
nitrogen balance Stickstoffbilanz f.
nitrogen cycle Stickstoffkreislauf m, -zyklus m.
   photorespiratory nitrogen cycle photorespiratorischer Stickstoff-zyklus.
nitrogen dioxide Stickstoffdioxid nt.
nitrogen equilibrium Stickstoff-bilanz f.
nitrogen fixation Stickstofffixierung f.
   nonsymbiotic nitrogen fixation nicht-symbiontische Stickstofffixierung.
   symbiotic nitrogen fixation sym-biontische Stickstofffixierung.
nitrogen-fixing adj. stickstoffbin-dend, -fixierend.
nitrogen-fixing bacteria stickstoff-bindende Bakterien pl.
nitrogen monoxide Stickoxid nt, Stickstoffmonoxid nt.
nitrogenous adj. stickstoffhaltig.
nitrogenous base stickstoffhaltige Base f.
nitrogenous equilibrium s.u. nitro-gen equilibrium.
nitrohydrochloric acid Königs-wasser nt.
p-nitrophenyl acetate p-Nitrophe-nylacetat nt.
nitroprusside n Nitroprussid nt.
nitroso- präf. Nitroso-.
nitrosugars pl Nitrozucker pl, -körper pl.
nitrous adj. nitros, salpetrig, Salpeter-.
nitrous acid salpetrige Säure f.
nitrous gases nitrose Gase pl.
nitrous oxide Lachgas nt, Distick-stoffmonoxid nt.
nitroxanthic acid Pikrinsäure f, Trinitrophenol nt.
NK cells s.u. natural killer cells.
NMP kinase s.u. nucleoside mono-phosphate kinase.
noble gas Edelgas nt.

Nocardia n Nocardia f.
Nocardiaceae pl Nocardiaceae pl.
nocturnal adj. während der Nacht, nächtlich, Nacht-.
node n Knoten m, Knötchen nt, knoti-ge Struktur f.
nodulin n Nodulin nt.
non- präf. Un-, Nicht-, Non-.
nonapeptide n Nonapeptid nt.
nonaromatic adj. nicht-aromatisch.
noncellular adj. nicht-zellulär.
3'-noncoding sequence 3'-Nicht-codierungssequenz f.
5'-noncoding sequence 5'-Nicht-codierungssequenz f.
noncompetitive inhibition nicht-kompetitive Hemmung f.
noncovalent adj. nicht-kovalent.
noncovalent interaction nicht-kovalente Wechselwirkung f.
non-extensin n Nicht-Extensin nt.
nonfissionable adj. nicht spaltbar.
nonflammable adj. nicht-entflamm-bar, nicht-brennbar.
nongenetic interactions (Virus) nicht-genetische Wechselwirkungen pl.
nonhaemolytic adj. Brit. γ-hämo-lytisch, gamma-hämolytisch, nicht-hämolytisch, nicht-hämolysierend.
nonhemolytic adj. γ-hämolytisch, gamma-hämolytisch, nicht-hämo-lytisch, nicht-hämolysierend.
nonhistone protein Nicht-Histon-Protein nt.
nonhomologous recombination illegitime/nicht-homologe Rekom-bination f.
noninflammable adj. nicht ent-flammbar, nicht brennbar.
noninformational biomolecule nicht-informatives Biomolekül nt.
nonlipid-containing viruses nicht-lipidhaltige Viren pl.
nonliving adj. unbelebt.
nonmediated transport nicht-vermit-telter/nicht-katalysierter Transport m.
nonmetal n Nichtmetall nt.
nonmetallic adj. nichtmetallisch.
non-Newtonian fluid heterogene Flüssigkeit f, nicht-Newton-Flüssig-keit f.
non-nucleated adj. kernlos, ohne Kern, anukleär.
nonorganic adj. **1.** anorganisch. **2.** unorganisch.

nonoxidative decarboxylation nicht-oxidative Decarboxylierung *f*.

nonpermissive *adj*. nicht-permissiv.

nonpermissive conditions nicht-permissive Bedingungen *pl*.

nonphotochromogens *pl* nichtchromogene Mykobakterien *pl*, Mykobakterien *pl* der Runyon-Gruppe III.

nonphotosynthetic *adj*. nicht-photosynthetisch aktiv.

nonpolar *adj*. nichtpolar, unpolar; apolar.

nonpolar compound apolare Verbindung *f*.

nonprotein nitrogen Reststickstoff *m*, Rest-N *m/nt*, nicht-proteingebundener Stickstoff *m*.

nonregulatory enzyme nicht-regulatorisches Enzym *nt*.

nonrepetitive *adj*. nichtrepetitiv.

nonrespiratory *adj*. metabolisch, stoffwechselbedingt.

nonsaponifiable *adj*. nicht-verseifbar.

nonsense codon Abbruchs-, Kettenabbruchs-, Terminationskodon *nt*.

nonseptate *adj*. ohne Septum, nichtseptiert, unseptiert.

nonsexual generation ungeschlechtliche/vegetative Fortpflanzung *f*.

nonspecific cholinesterase unspezifische/unechte Cholinesterase *f*, Pseudocholinesterase *f*, Typ II-Cholinesterase *f*, β-Cholinesterase *f*, Butyrylcholinesterase *f*.

nonsuppressible insulin-like activity insulinähnliche Wachstumsfaktoren *pl*, insulinähnliche Aktivität *f*.

nontranscribed spacer nichttranskribierter Spacer *m*.

nontranscribing strand codogener Strang *m*, Sinnstrang *m*.

nontuberculous mycobacteria atypische/nicht-tuberkulöse Mykobakterien *pl*.

nonvalent *adj*. nullwertig.

nonvital *adj*. nicht von vitaler Bedeutung, nicht-vital.

nonvolatile acid nichtflüchtige Säure *f*.

nor- *präf*. Nor-.

noradrenalin *n* s.u. *norepinephrine*.

noradrenergic *adj*. noradrenerg.

norepinephrine *n* Noradrenalin *nt*, Norepinephrin *nt*, Arterenol *nt*, Levarterenol *nt*.

norm *n* **1.** Norm *f*, Richtschnur *f*, Regel *f*; Normwert *m*. **2.** (Durchschnitts-) Leistung *f*.

normal **I** *n* **1.** Normalwert *m*, Durchschnitt *m*. **2.** Senkrechte *f*, Normale *f*. **II** *adj*. **3.** normal, üblich, gewöhnlich, Normal-. **4.** (*chemisch*) normal.

normality *n* Normalität *f*, normaler Zustand *m*. **return to normality** sich (wieder) normalisieren.

normal range Normalbereich *m*.

normal solution Normal-, Standard-, Bezugs-, Vergleichslösung *f*.

normal value Normalwert *m*.

normo- *präf*. Normal-, Norm(o)-.

Noscapin *n* Narcotin *nt*, Noscapin *nt*.

nosoparasite *n* Nosoparasit *m*.

nosophyte *n* Nosophyt *m*.

Nosopsyllus *n* Nosopsyllus *m*.

Nosopsyllus fasciatus Rattenfloh *m*, Nosopsyllus fasciatus.

notch **I** *n* Kerbe *f*, Scharte *f*, Einschnitt *m*, Fissur *f*, Inzisur *f*. **II** *vt* (ein-)kerben, (ein-)schneiden.

N-terminal *adj*. aminoterminal, N-terminal.

N terminus Aminoterminus *m*.

nucle- *präf*. s.u. *nucleo-*.

nuclear *adj*. **1.** (Zell-)Kern *oder* Nukleus betreffend, nukleär, nuklear, Zellkern-, Kern-. **2.** Atomkern betreffend, nuklear, (Atom-)Kern-, Nuklear-.

nuclear chemistry Kernchemie *f*.

nuclear DNA Kern-DNA, Kern-DNS *f*.

nuclear electron Kernelektron *nt*.

nuclear envelope s.u. *nuclear membrane*.

nuclear genome Kerngenom *nt*.

nuclear hyaloplasma Kernsaft *m*, Karyolymphe *f*.

nuclear membrane Kernmembran *f*, -wand *f*, -hülle *f*.

nuclear particle Kernteilchen *nt*.

nuclear polymerism Kernpolymerie *f*.

nuclear pore Kernpore *f*.

nuclear receptor nukleärer Rezeptor *m*.

nuclear RNA Kern-RNA *f*, Kern-RNS *f*.

nuclear sex Kerngeschlecht *nt*.

nuclear spindle Kern-, Mitosespindel *f*.

nuclear stain Kernfärbung *f*.

nuclear zone Kernäquivalent *nt*.

nuclease *n* Nuklease *f*, Nuclease *f*.

nucleated *adj*. kernhaltig.

nucleated cell kernhaltige Zelle *f*.

N

nucleic acid Nuklein-, Nucleinsäure *f.*
nucleic acid core Nukleinsäure-haltiger Innenkörper/Kern *m,* Core *m.*
nucleic base Purinbase *f.*
nucleide *n* Nukleid *nt.*
nuclein *n* Nuklein *nt.*
nuclein base Purinbase *f.*
nucleinic acid S.U. *nucleic acid.*
nucleo- *präf.* Kern-, Nukle(o)-, Nucle(o)-.
nucleocapsid *n* Nukleokapsid *nt.*
nucleochylema *n* Kernsaft *m,* Karyolymphe *f.*
nucleochyme *n* Kernsaft *m,* Karyolymphe *f.*
nucleocytoplasmic ratio Kern-Zytoplasma-Relation *f.*
nucleoglucoprotein *n* Nukleoglukoprotein *nt.*
nucleohistone *n* Nukleo-, Nucleohiston *nt.*
nucleoid I *n* Nukleoid *nt,* Nucleoid *nt.* II *adj.* kernartig, -ähnlich, nukleoid.
nucleokeratin *n* Nukleo-, Nucleokeratin *nt.*
nucleolar *adj.* Nukleolus betreffend, Nukleolen-, Nukleolus-.
nucleolus *n, pl* -li Kernkörperchen *nt,* Nukleolus *m,* Nucleolus *m.*
nucleolus organizer region Nucleolus-Organisator-Region *f.*
nucleolymph *n* Kernsaft *m,* Karyolymphe *f.*
nucleonic *adj.* Kern/Nukleus betreffend, Kern-.
nucleophile *n* nukleophile Substanz *f.*
nucleophilic *adj.* nukleophil.
nucleophosphatase *n* S.U. *5'-nucleotidase.*
nucleoplasm *n* (Zell-)Kernprotoplasma *nt,* Karyo-, Nukleoplasma *nt.*
nucleoprotein *n* Nukleo-, Nucleoprotein *nt.*
nucleosidase *n* Nukleo-, Nucleosidase *f.*
nucleoside *n* Nukleosid *nt,* Nucleosid *nt.*
nucleoside analogues Nukleosidanaloga *pl.*
nucleoside diphosphate *n* Nucleosid(-5-)diphosphat *nt.*
nucleoside-5'-diphosphate *n* Nucleosid(-5-)diphosphat *nt.*
nucleoside diphosphate kinase Nucleosiddiphosphatkinase *f,* NDP-Kinase *f.*

nucleoside diphosphate sugar Nucleosiddiphosphatzucker *m,* NDP-Zucker *m.*
nucleoside kinase Nukleosidkinase *f.*
nucleoside monophosphate *n* Nucleosid(-5-)monophosphat *nt.*
nucleoside-5'-monophosphate *n* Nucleosid(-5-)monophosphat *nt.*
nucleoside monophosphate kinase Nucleosidmonophosphatkinase *f,* NMP-Kinase *f.*
nucleoside pair Basenpaar *nt.*
nucleoside phosphorylase Nucleosidphosphorylase *f.*
nucleoside triphosphate *n* Nucleosid(-5-)triphosphat *nt.*
nucleoside-5'-triphosphate *n* Nucleosid(-5-)triphosphat *nt.*
nucleosome *n* Nukleosom *nt.*
nucleotidase *n* Nukleo-, Nucleotidase *f.*
3'-nucleotidase *n* 3'-Nukleotidase *f,* 3'-Nucleotidase *f.*
5'-nucleotidase *n* 5'-Nukleotidase *f,* 5'-Nucleotidase *f.*
nucleotide *n* Nukleotid *nt,* Nucleotid *nt.*
nucleotide coenzyme Nukleotidcoenzym *nt.*
nucleotide cyclase Nukleotid(yl)-zyklase *f,* -cyclase *f.*
nucleotide pair Basenpaar *nt.*
nucleotide polymerase Nukleotidpolymerase *f.*
nucleotide sequence Nukleotidsequenz *f.*
nucleotidyl *n* Nukleotidyl-(Rest *m*).
nucleotidyl cyclase S.U. *nucleotide cyclase.*
nucleotidyltransferase *n* Nukleotidyltransferase *f.*
nucleus *n, pl* -cleuses, -clei 1. (Zell-)Kern *m,* Nukleus *m,* Nucleus *m;* (Atom-)Kern *m.* 2. (*ZNS*) Kern *m,* Kerngebiet *nt,* Nucleus *m.*
nuclide *n* Nuklid *nt.*
null hypothesis Nullhypothese *f.*
numerical *adj.* numerisch, Zahlen-.
nutrient I *n* Nährstoff *m.* II *adj.* 1. nahrhaft; (er-)nährend, mit Nährstoffen versorgend. 2. Ernährungs-, Nähr-.
nutrient base Nährsubstrat *nt.*
nutrient circulation Nährstoffkreislauf *m.*
nutrient consumption Nährstoffverbrauch *m.*

nutrient molecule Nährstoffmolekül *nt*.

nutrient needs Nährstoffbedarf *m*.

nutrient requirement Nährstoffbedarf *m*.

nutriment *n* Nahrung *f*, Nährstoff *m*, Nahrungsmittel *nt*, Nutriment *nt*.

nutrition *n* **1.** Ernährung *f*, Nutrition *f*. **2.** S.U. *nutriment*. **3.** Nahrungsaufnahme *f*, Ernähren *nt*.

nutritional *adj.* Ernährungs-, Nähr-.

nutritional factor S.U. *nutritive factor*.

nutritional state Ernährungszustand *m*, -lage *f*.

nutritive **I** *n* Nahrung *f*, Diätetikum *nt*. **II** *adj.* **1.** nahrhaft, nährend, nutritiv. **2.** ernährend, Nähr-, Ernährungs-.

nutritive factor Ernährungs-, Nahrungsfaktor *m*.

nutritive plasma Trophoplasma *nt*, Nährplasma *nt*.

nutritive requirement Nährstoffbedarf *m*.

nutritive substrate Nährsubstrat *nt*.

nutritive tissue Nährgewebe *nt*.

nutritive value Nährwert *m*.

nymph *n* Nymphe *f*, Nympha *f*.

N

O

O antigen 1. O-Antigen *nt*, Körper-antigen *nt*. **2.** Antigen O *nt*.

object glass S.U. *objective* I.

objective I *n* Objektiv(linse *f*) *nt*. **II** *adj.* sachlich, unpersönlich, objektiv.

objective lens S.U. *objective* I.

object lens S.U. *objective* I.

object plate (*Mikroskop*) Objekt-träger *m*, -glas *nt*, Deckglas *nt*.

object slide S.U. *object plate*.

obligate *adj.* unerlässlich, unbedingt, obligat, Zwangs-.

obligate aerobe obligater Aerobier *m*.

obligate anaerobe obligater Anaero-bier *m*.

obligatory *adj.* obligatorisch, ver-pflichtend (*on, upon* für); Zwangs-, Pflicht-.

obligatory parasite obligater Parasit *m*.

occlusion compound Klathrat *nt*.

ocellus *n, pl* **-li 1.** Punkt-, Neben-, Stirnauge *nt*, Ozelle *f*. **2.** Facette *f*. **3.** Augenfleck *m*.

O colony (*Kolonie*) O-Form *f*.

octadecanoate *n* Stearat *nt*.

octadecanoic acid Stearinsäure *f*, *n*-Octadecansäure *f*.

octanoic acid Caprylsäure *f*, Oktan-säure *f*.

octapeptide *n* Oktapeptid *nt*.

octavalent *adj.* achtwertig, oktavalent.

octet *n* Oktett *nt*.

octette *n* Oktett *nt*.

octose *n* Oktose *f*, Octose *f*, C_8-Zucker *m*.

odor *n* Geruch *m*, Odor *m*.

oesophag- *präf. Brit.* S.U. *esophago-*.

oesophageal *adj. Brit.* Speiseröhre/

Ösophagus betreffend, ösophageal, oesophageal, ösophagisch, Speise-röhren-, Ösophag(o)-, Ösophagus-.

oesophago- *präf. Brit.* Speiseröhren-, Ösophag(o)-, Oesophag(o)-, Ösopha-gus-.

Oesophagostomum *n* Oesophago-stomum *nt*.

oesophagus *n, pl* **-gi** *Brit.* Speise-röhre *f*, Ösophagus *m*, Oesophagus *m*.

oestetrol *n Brit.* Östetrol *nt*, Estetrol *nt*.

oestradiol *n Brit.* Estradiol *nt*, Östra-diol *nt*.

oestradiol benzoate *Brit.* Estradiol-, Östradiolbenzoat *nt*.

oestradiol dipropionate *Brit.* Estra-diol-, Östradioldipropionat *nt*.

oestradiol-6β-hydroxylase *n Brit.* S.U. *estradiol*-6β-*monooxygenase*.

oestradiol-6β-monooxygenase *n Brit.* Estradiol-6β-monooxygenase *f*, Östradiol-6β-monooxygenase *f*.

oestradiol ondecylate *Brit.* Estra-diol-, Östradiolondecylat *nt*.

oestradiol valerate *Brit.* Estradiol-, Östradiolvalerat *nt*.

oestrane *n Brit.* Östran *nt*, Estran *nt*.

oestrapentaene *n Brit.* Estrapen-taen(-Ring *m*) *nt*.

oestratetraene *n Brit.* Estratetraen (-Ring *m*) *nt*.

oestratriene *n Brit.* Estratrien(-Ring *m*) *nt*.

Oestridae *pl* Oestridae *pl*.

oestriol *n Brit.* Estriol *nt*, Östriol *nt*.

oestrogen *n Brit.* Estrogen *nt*, Östro-gen *nt*.

oestrogenic *adj. Brit.* Östrogen be-treffend, östrogenartig (wirkend), östrogen.

oestrogenic hormones *Brit.* östrogene Hormone *pl.*

oestrogenous *adj. Brit.* s.u. *estrogenic.*

oestrogen-receptor protein *Brit.* Östrogenrezeptorprotein *nt.*

oestrone *n* Estron *nt,* Östron *nt,* Follikulin *nt,* Folliculin *nt.*

oestrous *adj.* Östrus betreffend, Östral-, Östrus-.

Oestrus *n* Oestrus *m.*

oestrus *n* Brunst *f,* Östrus *m.*

ohm *n* Ohm *nt.*

ohmage *n* Ohmzahl *f.*

oidium *n* Oidium *nt.*

oil I *n* Öl *nt,* Oleum *nt.* **II** *vt* (ein-)ölen, einfetten, schmieren.

oil-based *adj.* auf Ölbasis.

oil immersion Ölimmersion *f.*

oil-immersion lens Ölimmersionsobjektiv *nt.*

oil-immersion objective s.u. *oil-immersion lens.*

oil phase Ölphase *f.*

olamine *n* Äthanol-, Ethanolamin *nt,* Colamin *nt,* Monoethanolamin *nt.*

ole- *präf.* s.u. *oleo-.*

oleaginous *adj.* ölhaltig, -artig, ölig, Öl-.

L-Oleandrose *n* L-Oleandrose *f.*

oleate *n* Oleat *nt.*

olefine *n* Olefin *nt,* Alken *nt.*

oleic acid Ölsäure *f.*

olein *n* Olein *nt,* Triolen *nt.*

oleo- *präf.* Ole(o)-, Öl-.

oleopalmitate *n* Oleopalmitat *nt.*

oleoresin *n* Oleoresin *nt.*

oleosin *n* Oleosin *nt.*

oleosome *n* Lipidkörper *m,* Oleosom *nt.*

oleostearate *n* Oleostearat *nt.*

oleum *n, pl* **olea** Öl *nt,* Oleum *nt.*

oleyl-phosphatidylcholine desaturase Oleyl-phosphatidylcholin-desaturase *f.*

olfaction *n* **1.** Riechen *nt.* **2.** Geruchssinn *m.*

olfactory *adj.* Geruchssinn betreffend, olfaktorisch, Riech-, Geruchs-.

oligo- *präf.* Klein-, Olig(o)-.

oligodynamia *n* Oligodynamie *f.*

oligodynamic *adj.* oligodynamisch.

oligogene *n* Oligogen *nt,* Hauptgen *nt.*

oligogenic *adj.* oligogen.

oligoglia *n* Oligodendroglia *f.*

oligo-1,6-α-glucosidase *n* α-Dextrinase *f,* Oligo-1,6-α-glukosidase *f.*

oligolecithal *adj.* dotterarm, oligolezithal.

oligomer *n* Oligomer *nt.*

oligomeric *adj.* oligomer.

oligomeric protein oligomeres Protein *nt.*

oligomorphic *adj.* oligomorph.

oligomycin-sensitivity-conferring factor oligomycinempfindlichkeitsübertragender Faktor *m.*

oligonucleotide *n* Oligonukleotid *nt.*

oligopeptide *n* Oligopeptid *nt.*

oligosaccharide *n* Oligosaccharid *nt.*

O-locus *n* s.u. *operator locus.*

omasum *n* Blättermagen *m,* Psalter *m.*

omega oxidation ω-Oxidation *f,* omega-Oxidation *f.*

ommochrome *n* Ommochrom *nt.*

omnivore *n* Allesfresser *m,* Omnivore *m,* Pantophage *m.*

omnivorous *adj.* allesfressend, omnivor, pantophag.

Onchocerca *n* Onchocerca *m.*
　Onchocerca volvulus Knäuelfilarie *f,* Onchocerca volvulus.

oncodnavirus *n* Oncodnavirus *nt.*

oncofetal antigen onkofötales/onkofetales Antigen *nt.*

oncogenic viruses onkogene Viren *pl.*

oncornavirus *n* Oncornavirus *nt.*

oncotic *adj.* Schwellung *oder* Geschwulst betreffend, onkotisch.

oncotic pressure kolloidosmotischer/onkotischer Druck *m.*

Oncovirinae *pl* Oncoviren *pl,* Oncovirinae *pl.*

oncovirus *n* Onko-, Oncovirus *nt.*

one gene-one enzyme hypothesis Ein Gen-ein Enzym-Hypothese *f,* Ein Gen-ein(e) Polypeptid(kette)-Hypothese *f.*

one gene-one polypeptide chain hypothesis s.u. *one gene-one enzyme hypothesis.*

one gene-one polypeptide hypothesis s.u. *one gene-one enzyme hypothesis.*

one-substrate reaction Ein-Substrat-Reaktion *f.*

onium ion Oniumion *nt.*

oocyte *n* Eizelle *f,* Oozyt(e *f*) *m,* Ovozyt *m,* Ovocytus *m.*

oogenesis *n* Eireifung *f,* Oogenie *f,* Ovo-, Oogenese *f.*

oogenetic *adj.* Eireifung/Oogenese betreffend, oogenetisch.

oogenic *adj.* s.u. *oogenetic.*

oogenous *adj.* s.u. *oogenetic.*

ookinete *n* Ookinet *m.*

Oomycetes *pl* Oomyzeten *pl,* Oomycetes *pl.*

Oospora *n* Oospora *f.*

ootid *n* Reifei *nt,* Ootide *f.*

ootype *n* Ootyp(us *m*) *m.*

oozooid *n* Oozoid *nt.*

O₂ partial pressure s.u. *oxygen partial pressure.*

open chain offene Kette *f;* offene Form *f.*

open-chain compound s.u. *open chain.*

open form offene/gestreckte Form *f.*

open system offenes System *nt,* steady-state-System *nt.*

operator gene s.u. *operator locus.*

operator locus Operatorgen *nt,* O-Gen *nt.*

operon *n* Operon *nt.*

operon model Operonmodell *nt.*

Opisthorchiidae *pl* Opisthorchiidae *pl.*

Opisthorchis *n* Opisthorchis *m.*

opium alkaloids Opiumalkaloide *pl.*

opsin *n* Opsin *nt.*

opsogen *n* Opsinogen *nt,* Opsogen *nt.*

opsonic *adj.* Opsonin(e) betreffend, opsonisch.

opsonin *n* Opsonin *nt.*

opsonization *n* Opsonisierung *f.*

optic I *n* **1.** Auge *nt.* **2.** Optik *f,* optisches System *nt;* Objektiv *nt.* II *adj.* Auge betreffend, zum Auge gehörend, Sehen betreffend, visuell, okulär, okular, Gesichts-, Augen-, Seh-.

optical *adj.* **1.** Optik betreffend, optisch. **2.** s.u. *optic* II.

optical activity optische Aktivität *f.*

optical isomer optisches Isomer *nt.*

optical isomerism optische Isomerie *f,* Spiegelbildisomerie *f,* Enantiomerie *f.*

optical properties optische Eigenschaften *pl.*

optical rotation optische Drehung *f.*

optical specifity optische Spezifität *f.*

optics *pl* Optik *f,* Lehre *f* vom Licht.

optimum I *n, pl* **-ma** das Beste, Höchstmaß *nt,* Optimum *nt.* II *adj.* bestmöglich, optimal, Best-.

optimum pH pH-Optimum *nt.*

optimum temperature Temperatur-optimum *nt.*

orbital *n* Orbital *nt,* Bahn *f.*

orbital steering Orbitalausrichtung *f.*

Orbivirus *n* Orbivirus *nt.*

orcin *n* s.u. *orcinol.*

orcinol *n* Orcinol *nt.*

order *n* Ordnung *f,* Ordo *m.*

O₂-response *n* O₂-Antwort *f.*

orf virus Orfvirus *nt.*

organ *n* Organ *nt,* Organum *nt,* Organon *nt.*

organ of balance Gleichgewichtsorgan.

organ of equilibrium Gleichgewichtsorgan.

organ of hearing (Ge-)Hörorgan.

organ of hearing and balance Gehör- und Gleichgewichtsorgan.

organ of hearing and equilibrium s.u. *organ of hearing and balance.*

organ of sight s.u. *organ of vision.*

organ of vision Sehorgan.

organ- *präf.* s.u. *organo-.*

organelle *n* (Zell-)Organelle *f,* Organell *nt.*

organic I *n* organische Substanz *f.* II *adj.* **1.** Organ(e) *oder* Organismus betreffend, organisch. **2.** *(chemisch)* organisch. **3.** biodynamisch, organisch.

organic acid organische Säure *f.*

organic analysis Elementaranalyse *f.*

organic chemistry organische Chemie *f.*

organic compound organische Verbindung/Komponente *f.*

organism *n* Organismus *m.*

organo- *präf.* Organ(o)-.

organochlorine *n* organische Chlorverbindung *f.*

organogel *n* Organogel *nt.*

organogenesis *n* Organentwicklung *f,* Organogenese *f.*

organogenetic *adj.* Organogenese betreffend, organogenetisch.

organogenic *adj.* von einem Organ stammend *oder* ausgehend, organogen.

organogeny *n* s.u. *organogenesis.*

organoid I *n* s.u. *organelle.* II *adj.* organähnlich, -artig, organoid.

organophosphate *n* Organophosphat *nt.*

organophosphorus *n* organische Phosphorverbindung *f.*

organosol *n* Organosol *nt.*

organotrophic *adj.* organotroph, organotrophisch.

organotropic *adj.* organotrop.
organotropism *n* Organotropie *f.*
organotropy *n* S.U. *organotropism.*
organ specifity Organspezifität *f.*
ornithine *n* Ornithin *nt.*
ornithine aminotransferase Ornithinaminotransferase *f,* -transaminase *f,* Ornithinketosäureaminotransferase *f.*
ornithine carbamoyltransferase Ornithincarbamyltransferase *f,* Ornithintranscarbamylase *f.*
ornithine cycle Harnstoff-, Ornithinzyklus *m,* Krebs-Henseleit-Zyklus *m.*
ornithine decarboxylase Ornithindecarboxylase *f.*
ornithine-keto-acid aminotransferase S.U. *ornithine aminotransferase.*
ornithine-oxo-acid aminotransferase S.U. *ornithine aminotransferase.*
ornithine transaminase S.U. *ornithine aminotransferase.*
ornithine transcarbamoylase S.U. *ornithine carbamoyltransferase.*
Ornithodoros *n* Ornithodorus *m.*
oro- *präf.* Mund-, Oro-.
orosomucoid *n* (Plasma-)Orosomukoid *nt,* saures α_1-Glykoprotein *nt.*
orotate *n* Orotat *nt.*
orotate dehydrogenase Orotsäuredehydrogenase *f.*
orotate phosphoribosyltransferase Orotsäurephosphoribosyltransferase *f.*
orotic acid Orotsäure *f,* 6-Carboxyuracil *nt.*
orotidine-5'-phosphate *n* Orotidin-5-Phosphat *nt,* Orotidinmonophosphat *nt,* Orotidylsäure *f.*
orotidine-5'-phosphate decarboxylase S.U. *orotidylic acid decarboxylase.*
orotidine-5'-phosphate pyrophosphorylase S.U. *orotate phosphoribosyltransferase.*
orotidylate decarboxylase S.U. *orotidylic acid decarboxylase.*
orotidylic acid S.U. *orotidine-5'-phosphate.*
orotidylic acid decarboxylase Orotidylsäuredecarboxylase *f.*
O-R system Redoxsystem *nt.*
ortho- *präf.* ortho-.
orthoacid *n* Orthosäure *f.*
orthochromatic *adj.* orthochromatisch.

orthochromophil *adj.* S.U. *orthochromatic.*
orthochromophile *adj.* S.U. *orthochromatic.*
orthocresol *n* *o*-Kresol *nt,* ortho-Kresol *nt.*
orthodromic *adj.* in normaler Richtung, orthodrom.
orthogenics *pl* Erbhygiene *f,* Eugenik *f,* Eugenetik *f.*
orthograde *adj.* orthograd.
orthomyxovirus *n* Orthomyxovirus *nt.*
orthophosphate *n* (Ortho-)Phosphat *nt.*
orthophosphate cleavage Orthophosphatspaltung *f.*
orthophosphoric acid (Ortho-)Phosphorsäure *f.*
orthopoxvirus *n* Orthopoxvirus *nt.*
Orthoptera *pl* Orthoptera *pl,* Orthopteren *pl.*
oscillate I *vt* in Schwingungen versetzen. **II** *vi* schwingen, schwanken, pendeln, oszillieren.
oscillation *n* Schwingung *f,* Schwankung *f,* Oszillation *f.*
oscillation energy Schwingungsenergie *f.*
oscillo- *präf.* Oszillo-, Oszillations-.
osm- *präf.* S.U. *osmo-.*
osmate *n* Osmat *nt.*
osmatic *adj.* olfaktorisch, Riech-, Geruchs-.
osmesis *n* Riechen *nt.*
osmic *adj.* osmiumhaltig, Osmium-.
osmic acid 1. Osmiumsäure *f.* 2. Osmiumtetroxid *nt.*
osmification *n* Behandlung *f* mit Osmium(verbindungen).
osmiophilic *adj.* osmiophil.
osmium *n* Osmium *nt.*
osmium tetroxide Osmiumtetroxid *nt.*
osmo- *präf.* 1. Geruch(s)-, Osm(o)-. 2. *(physiolog.)* Osm(o)-.
osmoceptor *n* S.U. *osmoreceptor.*
osmol *n* S.U. *osmole.*
osmolal *adj.* osmolal.
osmolality *n* Osmolalität *f.*
osmolar *adj.* osmolar.
osmolarity *n* Osmolarität *f.*
osmole *n* Osmol *nt.*
osmoreceptive sensor S.U. *osmoreceptor.*
osmoreceptor *n* 1. Osmorezeptor *m.* 2. Geruchs-, Osmorezeptor *m.*
osmoregulation *n* Osmoregulation *f.*

osmoregulatory *adj.* osmoregulatorisch.

osmosis *n* Osmose *f.*

osmotic *adj.* Osmose betreffend, osmotisch, Osm(o)-.

osmotic diuresis osmotische Diurese *f,* Molekulardiurese *f.*

osmotic gradient osmotischer Gradient *m,* osmotisches Gefälle *nt.*

osmotic pressure osmotischer Druck *m.*

colloid osmotic pressure kolloidosmotischer/onkotischer Druck.

crystalloid osmotic pressure kristalloidosmotischer Druck.

effective osmotic pressure effektiver osmotischer Druck.

total osmotic pressure totaler osmotischer Druck.

osmotic work osmotische Arbeit *f.*

osphresi(o)- *präf. Geruchs-, Osphresi(o)-, Osm(o)-, Olfakt(o)-.

osseoalbumoid *n* Osseoalbumoid *nt.*

osseomucin *n* Osseomuzin *nt,* -mucin *nt.*

osseomucoid *n* Osseomukoid *nt.*

osseous *adj.* Knochen betreffend, aus Knochen, knöchern, ossär, ossal, Knochen-.

osseous cell S.U. *osteocyte.*

ossiferous *adj.* knochenbildend.

ossific *adj.* knochenbildend; sich in Knochen umwandelnd.

ossification *n* Knochenbildung *f,* -entwicklung *f,* Ossifikation *f,* Osteogenese *f.*

ossification center Verknöcherungs-, Knochenkern *m.*

ossification centre *Brit.* Verknöcherungs-, Knochenkern *m.*

ossification point S.U. *ossification center.*

ossiform *adj.* knochenähnlich, -artig, osteoid.

ossify *vt, vi* verknöchern, ossifizieren.

ossifying *adj.* verknöchernd, ossifizierend.

oste- *präf. S.U. *osteo-.*

osteal *adj.* S.U. *osseous.*

ostealbumoid *n* S.U. *osseoalbumoid.*

ostein *n* Kollagen *nt.*

osteine *n* S.U. *ostein.*

osteo- *präf. Knochen-, Osteo-.

osteoalbuminoid *n* S.U. *osseoalbumoid.*

osteoblast *n* Osteoblast *m,* Osteoplast *m.*

osteoblastic *adj.* 1. Osteoblasten betreffend, aus Osteoblasten bestehend, osteoblastisch. 2. osteoplastisch.

osteoclast *n* Knochenfresszelle *f,* Osteoklast *m.*

osteoclast activating factor Osteoklasten-aktivierender Faktor *m.*

osteoclastic *adj.* Osteoklast(en) betreffend, osteoklastisch.

osteocyte *n* Osteozyt *m,* Osteocytus *m.*

osteogenesis *n* Knochenbildung *f,* -entwicklung *f,* -synthese *f,* Osteogenese *f,* Osteogenesis *f.*

osteogenetic *adj.* Knochenbildung/Osteogenese betreffend, knochenbildend, osteogenetisch.

osteogenic *adj.* S.U. *osteogenetic.*

osteogenous *adj.* S.U. *osteogenetic.*

osteogeny *n* S.U. *osteogenesis.*

osteoid I *n* Osteoid *nt.* II *adj.* knochenähnlich, -artig, osteoid.

osteoid tissue S.U. *osteoid* I.

osteophage *n* Osteoklast *m,* Osteophage *m.*

osteoplast *n* S.U. *osteoblast.*

Otobius *n* Otobius *m.*

Otocentor *n* Anocentor *m.*

ounce *n* Unze *f.*

ovalbumin *n* Ovalbumin *nt.*

ovarian *adj.* Eierstock/Ovarium betreffend, ovarial, ovariell, Eierstock-, Ovarial-.

ovarian hormone Eierstockhormon *nt.*

ovary *n, pl* **-ries** weibliche Geschlechts-/Keimdrüse *f,* Eierstock *m,* Ovar *nt.*

ovicide *n* Ovizid *nt.*

ovoglobulin *n* Ovoglobulin *nt.*

ovomucin *n* Ovomuzin *nt,* -mucin *nt.*

ovomucoid *n* Ovomukoid *nt.*

ovoplasm *n* Ovo-, Ooplasma *nt.*

ovular *adj.* ovulär, Ovular-.

ovulary *adj.* S.U. *ovular.*

ovulation *n* Ei-, Follikelsprung *m,* Ovulation *f.*

ovulatory *adj.* Ovulation betreffend, ovulatorisch, Ovulations-.

ovule *n* kleines Ei *nt,* Ovulum *nt.*

oxacid *n* Oxo-, Oxysäure *f.*

oxalaldehyde *n* Oxalaldehyd *m,* Glyoxal *nt.*

oxalate *n* Oxalat *nt.*

oxalated *adj.* mit Oxalat versetzt *oder* behandelt.

oxalate plasma Oxalatplasma *nt.*
oxalic acid Oxal-, Kleesäure *f.*
oxaloacetate *n* Oxalacetat *nt.*
oxaloacetate pathway Oxalacetatweg *m.*
oxaloacetate transacetase Zitratsynthase *f.*
oxaloacetic acid Oxalessigsäure *f.*
oxaloglutaric acid Oxalglutarsäure *f.*
oxalosuccinate *n* Oxalsuccinat *nt,* -sukzinat *nt.*
oxalosuccinic acid Oxalbernsteinsäure *f.*
oxalourea *n* S.U. *oxalosuccinic acid.*
oxamide *n* Oxamid *nt.*
oxatomide *n* Oxatomid *nt.*
oxidant *n* Oxidationsmittel *nt,* Oxidans *nt.*
oxidase *n* Oxidase *f.*
oxidase-negative *adj.* oxidasenegativ.
oxidase-positive *adj.* oxidasepositiv.
oxidase reaction Oxidasereaktion *f,* -test *m.*
oxidate *vt, vi* S.U. *oxidize.*
oxidation *n* Oxidation *f,* Oxidieren *nt.*
oxidation number Oxidationszahl *f.*
oxidation-reduction *n* Oxidation-Reduktion *f,* Oxidations-Reduktions-Reaktion *f,* Redox-Reaktion *f.*
oxidation-reduction enzyme Redoxenzym *nt.*
oxidation-reduction potential Redoxpotential *nt.*
  midpoint/standard oxidation-reduction potential Normalpotential.
oxidation-reduction reaction S.U. *oxidation-reduction.*
oxidation-reduction system Redoxsystem *nt.*
oxidation state Oxidationszahl *f.*
oxidative *adj.* Oxidation betreffend, mittels Oxidation, oxidativ, oxidierend.
oxidative deamination oxidative Desaminierung *f.*
oxidative decarboxylation oxidative Decarboxylierung *f.*
oxidative degradation oxidativer Abbau *m.*
oxidative pentose phosphate pathway oxidativer Pentosephosphatzyklus *m,* Warburg-Dickens-Horecker-Weg *m.*
oxidative phosphorylation oxidative Phosphorylierung *f,* Atmungs

kettenphosphorylierung *f.*
oxide *n* Oxid *nt.*
oxidizable *adj.* oxidierbar.
oxidize *vt, vi* oxidieren.
oxidized *adj.* oxidiert.
oxidized glutathione oxidiertes Glutathion *nt.*
oxidizer *n* S.U. *oxidant.*
oxidizing agent S.U. *oxidant.*
oxidoreductase *n* Oxidoreduktase *f.*
oxidoreduction *n* Oxidation-Reduktion *f,* Oxidations-Reduktions-Reaktion *f,* Redox-Reaktion *f.*
oxo- *präf.* Oxo-, Keto-, Oxy-.
oxo acid S.U. *oxacid.*
oxocarboxylic acid Oxocarbonsäure *f.*
oxoglutarate dehydrogenase α-Ketoglutaratdehydrogenase *f.*
2-oxoglutaric acid α-Ketoglutarsäure *f.*
2-oxoisocapronate *n* 2-Oxoisocapronat *nt.*
2-oxoisovalerate dehydrogenase (lipoamide) α-Ketoisovaleratdehydrogenase *f.*
5-oxoprolinase *n* 5-Oxoprolinase *f.*
5-oxoproline *n* 5-Oxoprolin *nt,* Pyroglutaminsäure *f.*
oxosparteine *n* Oxospartein *nt.*
oxosparteine synthase Oxosparteinsynthase *f.*
oxy- *präf.* Sauerstoff-, Oxy-, Oxi-.
oxyacid *n* S.U. *oxacid.*
oxybenzene *n* Phenol *nt,* Karbolsäure *f,* Monohydroxybenzol *nt.*
oxychromatin *n* Oxychromatin *nt.*
oxydase *n* S.U. *oxidase.*
oxydoreductase *n* S.U. *oxidoreductase.*
oxyester bond Oxyester-, Sauerstoffesterbindung *f.*
oxygen *n* Sauerstoff *m;* Oxygen *nt,* Oxygenium *nt.*
oxygen acceptor Sauerstoffakzeptor *m.*
oxygenase *n* Oxygenase *f,* Oxigenase *f.*
oxygenate *vt* oxygenieren.
oxygenated blood arterielles/sauerstoffreiches Blut *nt,* Arterienblut *nt.*
oxygenated haemoglobin *Brit.* S.U. *oxyhaemoglobin.*
oxygenated hemoglobin S.U. *oxyhemoglobin.*
oxygenation *n* Oxygenisation *f,* Oxygenation *f,* Oxygenieren *nt,* Oxygenierung *f.*

oxygen capacity Sauerstoffbindungskapazität *f*.

oxygen consumption Sauerstoffverbrauch *m*.

basal/resting oxygen consumption
Ruhesauerstoffverbrauch, Sauerstoffverbrauch in Ruhe.

oxygen consumption index Sauerstoffverbrauchsindex *m*.

oxygen cycle Sauerstoffkreislauf *m*.

oxygen debt Sauerstoffschuld *f*.

oxygen dissociation curve Sauerstoffdissoziationskurve *f*, Sauerstoffbindungskurve *f*.

oxygen electrode Sauerstoffelektrode *f*.

**oxygen-haemoglobin dissocia-
tion curve** *Brit*. S.U. *oxygen dissociation curve*.

**oxygen-hemoglobin dissociation
curve** S.U. *oxygen dissociation curve*.

oxygen partial pressure Sauerstoffpartialdruck *m*, O_2-Partialdruck *m*.

oxygen saturation Sauerstoffsättigung *f*.

oxygen tension Sauerstoffspannung *f*.

oxygen transferase Sauerstofftransferase *f*, Dioxygenase *f*.

oxygen utilization Sauerstoffausnutzung *f*, -utilisation *f*.

oxygen utilization coefficient
Sauerstoffausnutzungskoeffizient *m*,
Sauerstoffutilisationskoeffizient *m*.

oxyhaeme *n* *Brit*. Hämatin *nt*,
Oxyhämin *nt*.

oxyhaemoglobin *n* *Brit*. oxygeniertes
Hämoglobin *nt*, Oxyhämoglobin *nt*.

**oxyhaemoglobin dissociation
curve** *Brit*. S.U. *oxygen dissociation
curve*.

oxyheme *n* Hämatin *nt*, Oxyhämin *nt*.

oxyhemoglobin *n* oxygeniertes Hämoglobin *nt*, Oxyhämoglobin *nt*.

**oxyhemoglobin dissociation
curve** S.U. *oxygen dissociation curve*.

oxynervon *n* Oxynervonsäure *f*.

oxyneurine *n* Betain *nt*, Trimethylglykokoll *nt*, Glykokollbetain *nt*.

oxyphenylaminopropionic acid
Tyrosin *nt*.

oxyphil **I** *n* oxyphile Zelle *f*. **II** *adj*.
oxy-, azidophil.

oxyphile *n*, *adj*. S.U. *oxyphil*.

oxyphil granules azidophile Granula
pl.

oxyphilic *adj*. S.U. *oxyphil* II.

oxyphilous *adj*. S.U. *oxyphil* II.

oxyuricide *n* Oxyurizid *nt*.

oxyurid *n* Oxyurid *m*.

Oxyuridae *pl* Madenwürmer *pl*,
Oxyuridae *pl*.

Oxyuris *n* Oxyuris *f*.

Oxyuris vermicularis Madenwurm
m, Enterobius/Oxyuris vermicularis.

oxyuroid *n* Oxyurid *m*.

Oxyuroidea *pl* Oxyuroidea *pl*.

ozone *n* Ozon *nt*.

ozonide *n* Ozonid *nt*.

ozonization *n* Ozonisierung *f*.

P

pacemaker step geschwindigkeits-
bestimmender Schritt *m*.
Paecilomyces *n* Paecilomyces *m*.
paeonidin *n Brit*. Paeonidin *nt*.
pairing *n* Paarung *f*.
palatin *n* Palatin *nt*.
palmate *adj*. handförmig.
palmated *adj*. s.u. *palmate*.
palmitate *n* Palmitat *nt*.
palmitic acid Palmitinsäure *f*, *n*-
Hexadecansäure *f*.
palmitin *n* Palmitin *nt*.
palmitoleic acid Palmitoleinsäure *f*.
palmitoleyl *n* Palmitoleyl-(Radikal
nt).
palmitoyl *n* Palmityl-(Radikal *nt*).
palmityl *n* Palmityl-(Radikal *nt*).
pan- *präf*. Ganz-, Pan-.
pancreas *n*, *pl* **-creata** Bauchspei-
cheldrüse *f*, Pankreas *nt*, Pancreas *nt*.
pancreatic *adj*. Bauchspeicheldrüse/-
Pancreas betreffend, aus dem Pancreas stammend, pankreatisch,
Bauchspeicheldrüsen-, Pankreas-.
pancreatic dornase Pankreasdornase *f*.
pancreatic hormones Pankreashormone *pl*.
pancreatic islands Pankreasinseln
pl, Langerhans-Inseln *pl*, Inselorgan
nt, endokrines Pankreas *nt*.
pancreatic islets Pankreasinseln *pl*,
Langerhans-Inseln *pl*, Inselorgan *nt*,
endokrines Pankreas *nt*.
pancreatic juice Pankreassaft *m*,
-speichel *m*.
pancreatic lipase Pankreaslipase *f*.
pancreatic oncofetal antigen pankreatisches onkofetales Antigen *nt*.

pancreatic polypeptide pankreatisches Polypeptid *nt*.
pancreatic polypeptide cells
(*Pankreas*) F-Zellen *pl*.
pancreatic proteases Pankreasproteasen *pl*.
pancreatic ribonuclease alkalische
Ribonuklease *f*, Pankreasribonuclease
f.
pancreatic secretion Pankreassekret
nt.
pancreatogenic *adj*. s.u. *pancreatogenous*.
pancreatogenous *adj*. vom
Pankreas ausgehend, pankreatogen.
pancreatotropic *adj*. mit besonderer
Affinität zum Pankreas, pankreatotrop, pankreotrop.
pancreatropic *adj*. s.u. *pancreatotropic*.
pancreotropic *adj*. s.u. *pancreatotropic*.
pancreozymin *n* Pankreozymin *nt*,
Cholezystokinin *nt*.
Paneth's cells Paneth-(Körner-)Zel-
len *pl*, Davidoff-Zellen *pl*.
Paneth's granular cells s.u.
Paneth's cells.
panmixis *n* Panmixie *f*, Panmixis *f*.
Panstrongylus *n* Panstrongylus *m*.
panthenol *n* Panthenol *nt*, Pantothenol *nt*.
panto- *präf*. All-, Pant(o)-.
pantoic acid Pantoinsäure *f*.
pantothen *n* s.u. *pantothenic acid*.
pantothenate *n* Pantothenat *nt*.
pantothenate kinase Pantothenatkinase *f*.
pantothenic acid Pantothensäure *f*,

Vitamin B₃ *nt.*
pantothenol *n* s.u. *panthenol.*
pantoyltaurine *n* Pantoyltaurin *nt,*
Thiopansäure *f.*
Papaver *n* Papaver *nt.*
Papaver somniferum Schlafmohn *m,*
Papaver somniferum.
papaver alkaloids Papaveralkaloide
pl.
paper chromatography Papierchromatographie *f.*
Papillomavirus *n* Papillomavirus *nt.*
Papovaviridae *pl* Papovaviren *pl,*
Papovaviridae *pl.*
papovavirus *n* Papovavirus *nt.*
PAPS sulfotransferase PAPS-Sulfotransferase *f.*
PAPS sulphotransferase *Brit.*
PAPS-Sulfotransferase *f.*
para- *präf.* para-, Para-.
para-aminobenzoic acid *p*-Amino-
benzoesäure *f,* para-Aminobenzoesäure *f,* Paraaminobenzoesäure *f.*
para-aminohippuric acid *p*-Amino-
hippursäure *f,* para-Aminohippursäu-
re *f,* Paraaminohippursäure *f.*
para-aminosalicylic acid *p*-Amino-
salizylsäure *f,* Paraaminosalizylsäure *f.*
parabanic acid Parabansäure *f.*
parabion *n* s.u. *parabiont.*
parabiont *n* Parabio(n)t *m.*
paracasein *n* Parakasein *nt,* -casein *nt.*
paracellular *adj.* parazellulär.
paracellular transport parazellulärer Transport *m.*
parachromatin *n* Parachromatin *nt.*
paracortex *n* (*Lymphknoten*) thymusabhängiges Areal *nt,* T-Areal *nt,* thy-
musabhängige/parakortikale Zone *f.*
paracortical *adj.* parakortikal.
paracortical zone parakortikale
Zone *f.*
paracrine *adj.* parakrin *nt.*
paracrine secretion parakrine
Sekretion *f;* parakrines Sekret *nt.*
paracrystals *pl* Parakristalle *pl.*
paraffin I *n* 1. Paraffin *nt,* Paraffinum
nt. 2. Alkan *nt.* II *vt* mit Paraffin
behandeln, paraffinieren.
paraffin compound aliphatische Verbindung *f.*
paraffine *n* s.u. *paraffin* I.
paraformaldehyde *n* Paraformaldehyd *m,* Paraform *nt.*
Paragonimus *n* Paragonimus *m.*
Paragordius *n* Paragordius *m.*

parahormone *n* Parahormon *nt.*
parainfluenza virus Parainfluenza-
virus *nt.*
paraldehyde *n* Paraldehyd *m.*
paralytic phase Lähmungsstadium
nt, paralytisches Stadium *nt.*
paralyzer *n* Hemmstoff *m,* Hemmer *m,*
Inhibitor *m.*
Paramecium *n* Pantoffeltierchen *nt,*
Paramecium *nt.*
Paramoeba *n* Entamoeba *f.*
Paramphistomum *n* Paramphistomum *nt.*
paramyelin *n* Paramyelin *nt.*
paramyosin *n* Paramyosin *nt,* Tropomyosin A *nt.*
paramyosinogen *n* Paramyosinogen
nt.
paramyosin strand Paramyosinstrang *m.*
Paramyxoviridae *pl* Paramyxoviren
pl, Paramyxoviridae *pl.*
paramyxovirus *n* Paramyxovirus *nt.*
paranuclear *adj.* um einen Kern
herum, paranukleär.
paranuclear body Zentroplasma *nt,*
Zentrosphäre *f.*
paranucleolus *n* Paranukleolus *m.*
paraplasm *n* 1. Hyaloplasma *nt,*
Grundzytoplasma *nt,* zytoplasmatische Matrix *f.* 2. Paraplasma *nt,*
Alloplasma *nt.*
paraplasmatic *adj.* s.u. *paraplasmic.*
paraplasmic *adj.* Paraplasma betreffend, im Paraplasma, paraplasma-
tisch.
Parapoxvirus *n* Parapoxvirus *nt.*
paraprotein *n* Paraprotein *nt.*
parasexual *adj.* parasexuell.
parasexuality *n* Parasexualität *f.*
parasite *n* Schmarotzer *m,* Parasit *m.*
parasitic bacterium parasitäres Bakterium *nt.*
parasiticide *n* parasiten(ab)tötendes
Mittel *nt,* Parasitizid *nt.*
parasitic worms parasitische
Würmer *pl,* Helminthen *pl,* Helmin-
thes *pl.*
parasympathetic *adj.* parasympathisches Nervensystem betreffend,
parasympathisch.
parasynapsis *n* Parasynapsis *f,* Para-
syndesis *f.*
paratenic host Hilfs-, Transport-,
Wartewirt *m,* paratenischer Wirt *m.*
paratenon *n* Paratenon *nt,* Para-

tendineum *nt.*

parathormone *n* s.u. *parathyroid hormone.*

parathyrin *n* s.u. *parathyroid hormone.*

parathyroid I *n* Nebenschilddrüse *f,* Epithelkörperchen *nt,* Parathyr(e)oidea *f.* **II** *adj.* neben der Schilddrüse, parathyr(e)oidal.

parathyroidal *adj.* Nebenschilddrüse betreffend, parathyr(e)oid, parathyr(e)oidal.

parathyroid gland s.u. *parathyroid* I.

parathyroid hormone Parathormon *nt,* Parathyrin *nt.*

paratype *n* Paratyp *m,* -typus *m.*

parazoon *n* tierischer Parasit *m,* Parazoon *nt.*

parenchyma *n* Parenchym *nt.*

parenchymal *adj.* Parenchym betreffend, parenchymatös, Parenchym-.

parenchymatous *adj.* s.u. *parenchymal.*

parenchymatous tissue s.u. *parenchyma.*

parent I *n* parents *pl* Eltern *pl.* **II** *adj.* Stamm-, Mutter; ursprünglich, Ur-.

parentage *n* Herkunft *f,* Abstammung *f.*

parental *adj.* elterlich, Eltern-.

parental generation Elterngeneration *f.*

parent cell Mutterzelle *f.*

parent strand Elternstrang *m.*

parotic *adj.* s.u. *parotid* II.

parotid I *n* Ohrspeicheldrüse *f,* Parotis *f.* **II** *adj.* Parotis-, Ohrspeicheldrüsen-.

part *n* (An-, Bestand-)Teil *m,* (Bau-, Einzel-)Teil *m,* Abschnitt *m,* Stück *nt.*

parthenocarpy *n* Parthenokarpie *f.*

parthenogenesis *n* Jungfernzeugung *f,* Parthenogenese *f.*

partial *adj.* teilweise, partiell, Teil-, Partial-.

partial deletion partielle Deletion *f.*

partial dominance Semidominanz *f,* unvollständige Dominanz *f.*

partial pressure Partialdruck *m.*

  carbon dioxide partial pressure Kohlendioxidpartialdruck, CO_2-Partialdruck.

  CO_2 **partial pressure** s.u. *carbon dioxide partial pressure.*

  O_2 **partial pressure** s.u. *oxygen partial pressure.*

  oxygen partial pressure Sauerstoffpartialdruck, O_2-Partialdruck.

  water-vapor partial pressure Wasserdampfpartialdruck.

partial thromboplastin time partielle Thromboplastinzeit *f.*

particle *n* Teilchen *nt,* Körperchen *nt,* Partikel *nt.*

α **particle** α-Teilchen *nt,* alpha-Teilchen *nt.*

β **particle** β-Teilchen *nt,* beta-Teilchen *nt.*

particulate *adj.* aus Teilchen/Partikeln bestehend, Teilchen-, Partikel-, Korpuskel-.

particulate radiation Teilchen-, Korpuskel-, Korpuskularstrahlung *f,* korpuskuläre/materielle Strahlung *f.*

partition I *n* (Auf-, Zer-, Ver-)Teilung *f,* Trennung *f.* **II** *vt* (auf-, zer-, ver-)teilen, spalten, (ab-)trennen.

partition chromatography Verteilungschromatographie *f.*

partition coefficient Verteilungskoeffizient *m.*

Parvoviridae *pl* Parvoviren *pl,* Parvoviridae *pl.*

Parvovirus *n* Parvovirus *nt.*

Pascal's law Pascal-Gesetz *nt.*

PAS-reaction *n* s.u. *periodic acid-Schiff reaction.*

passive *adj.* passiv, nicht aktiv; (*chemisch*) träge, passiv.

passive diffusion passive Diffusion *f.*

passive movement passive Bewegung *f.*

passive transport passiver Transport *m.*

Pasteurella *n* Pasteurella *f.*

Pasteurellaceae *pl* Pasteurellaceae *pl.*

Pasteurella pestis Pestbakterium *nt,* Yersinia/Pasteurella pestis.

paternal *adj.* väterlich, väterlicherseits.

paternity *n* Vaterschaft *f.*

path *n, pl* **paths** Bahn *f,* Weg *m;* Leitung *f.*

  path of conduction Leitungsbahn.

  path of current Stromweg.

  path of discharge Entladungsstrecke *f.*

  path of electrons Elektronenbahn.

pathobiology *n* Pathobiologie *f.*

pathogenesis-related proteins PR-Proteine *pl,* Pathogenese-relevante Proteine *pl.*

pathogenic bacteria pathogene/krankheitserregende Bakterien *pl.*

pathway *n* s.u. *path.*

patrilineal adj. patrilineal, patrilinear.
patroclinous adj. patroklin.
patrogenesis n Androgenese f.
Pauling-Corey helix α-Helix f.
P 700-chlorophyll a protein P-700-Chlorophyll a-Protein nt.
pectic acid Galakturon-, Galacturonsäure f.
pectinase n Pektinase f.
pectinesterase n Pektinmethylesterase f.
pectin methoxylase Pektinmethylesterase f.
pectin methylesterase Pektinmethylesterase f.
Pediculidae pl Menschenläuse pl, Pediculidae pl.
Pediculus n Pediculus m.
Pediculus humanus Menschenlaus f, Pediculus humanus.
Pediculus humanus capitis Kopflaus f, Pediculus (humanus) capitis.
Pediculus humanus corporis Kleider-, Körperlaus f, Pediculus (humanus) corporis, Pediculus humanus vestimentorum, Pediculus vestimenti.
pelargonidin n Pelargonidin nt.
pellagramin n Niacin nt, Nikotin-, Nicotinsäure f.
pellis n Cuticula f.
penicillic acid Penizillin-, Penicillinsäure f.
penicillin amide-β-lactamhydrolase S.U. penicillinase.
penicillinase n Penizillinase f, Penicillinase f, Penicillin-Beta-Lactamase f.
penicillinase-producing Neisseria gonorrhoeae Penicillinase-produzierende Neisseria gonorrhoeae f.
penicillinase-resistent adj. penicillinasefest.
penicillin-binding protein penicillinbindendes Protein nt.
Penicillium n Pinselschimmel m, Penicillium nt.
Penicillium glaucum grüner Pinselschimmel, Penicillium glaucum.
penicilloic acid Penizilloin-, Penicilloinsäure f.
pentabasic adj. fünfbasisch.
pentacyclic adj. pentazyklisch.
pentad n fünfwertiges Element oder Radikal nt.
pentaene n Pentaen nt.
pentahydroxyflavanone n Pentahydroxyflavanon nt.

pentamethyl violet Gentianaviolett nt.
pentanoic acid Valeriansäure f.
pentapeptide n Pentapeptid nt.
pentasaccharide n Pentasaccharid nt.
Pentastoma n Pentastomum nt.
Pentastomida pl Zungenwürmer pl, Pentastomida pl, Linguatulida pl, Pentastomiden pl.
pentatomic adj. 1. aus fünf Atomen bestehend, fünfatomig. 2. S.U. pentabasic.
Pentatrichomonas n Pentatrichomonas f.
pentavalent adj. fünfwertig, pentavalent.
pentene n Penten nt, Amylen nt.
pentone n Penton nt.
pentose n Pentose f, C_5-Zucker m.
pentose nucleic acid Ribonukleinsäure f.
pentose phosphate pathway Pentosephosphatzyklus m, Phosphogluconatweg m.
pentose shunt S.U. pentose phosphate pathway.
pentoside n Pentosid nt.
pentoxide n Pentoxid nt.
peonidin n Paeonidin nt.
PEP carboxylase PEP-Carboxylase f, Phosphoenolpyruvatcarboxylase f.
peplomer n Peplomer nt.
peplos n Peplos nt.
pepsase n S.U. pepsin.
pepsic adj. S.U. peptic.
pepsin n Pepsin nt.
pepsin C Pepsin C nt, Gastrizin nt.
pepsinogen n Pepsinogen nt.
peptic adj. verdauungsfördernd, -anregend, peptisch, Verdauungs-.
peptic cells (Magen) Hauptzellen pl.
peptic digestion Magenverdauung f, peptische Verdauung f.
peptid n S.U. peptide.
peptidase n Peptidase f, Peptidhydrolase f.
peptide n Peptid nt.
peptide alkaloid Peptidalkaloid nt.
peptide antibiotic Peptidantibiotikum nt.
peptide bond Peptidbindung f.
peptide chain Peptidkette f.
peptide hormone Peptidhormon nt.
peptide hydrolase S.U. peptidase.
peptide map Peptidmuster nt, peptide map.
peptidergic adj. peptiderg.

peptide transmitter Peptidtransmitter *m.*

peptidoglycan *n* Peptidoglykan *nt*, Murein *nt*, Mukopeptid *nt.*

peptidyl site P-Bindungsstelle *f*, Peptidyl(bindungs)stelle *f.*

peptidyl transferase Peptidyltransferase *f.*

peptidyl-tRNA *n* Peptidyl-tRNA *f*, Peptidyl-tRNS *f.*

peptization *n* Peptisation *f.*

Peptococcaceae *pl* Peptococcaceae *pl.*

Peptococcus *n* Peptococcus *m.*

peptogenic *adj.* **1.** pepsinbildend, peptogen. **2.** peptonbildend, peptogen. **3.** die Verdauung fördernd.

peptogenous *adj.* s.u. *peptogenic.*

peptone *n* Pepton *nt.*

peptone water Peptonwasser *nt.*

peptonic *adj.* Pepton betreffend, Pepton-.

Peptostreptococcus *n* Peptostreptococcus *m.*

peracetate *n* Peroxyacetat *nt.*

peracetic acid Peroxiessigsäure *f.*

peracid *n* Peroxisäure *f*, Persäure *f.*

percent I *n* Prozent *nt.* II *adj.* -prozentig.

percentage *n* **1.** Prozentsatz *m.* **2.** (An-)Teil *m*, Gehalt *nt* (*of* an); Rate *f.* **3.** Prozentgehalt *m.*

perchlorate *n* Perchlorat *nt.*

perchloric acid Perchlorsäure *f.*

perchloride *n* Perchlorid *nt.*

perchlormethane *n* Tetrachlorkohlenstoff *m*, Kohlenstofftetrachlorid *nt.*

perchloroethylene *n* Tetrachloräthylen *nt*, -ethylen *nt*, Perchloräthylen *nt*, Äthylentetrachlorid *nt.*

percolate I *n* Filtrat *nt*, Perkolat *nt.* II *vt* filtern, filtrieren, perkolieren. III *vi* **1.** durchsickern, -laufen, versickern. **2.** gefiltert werden.

percolation *n* Filtration *f*, Perkolation *f*; Perkolieren *nt.*

perfect stage geschlechtliche/generative Phase *f.*

perfect state perfektes Stadium *nt.*

perfect yeast echte/perfekte Hefe *f.*

performic acid Perameisensäure *f.*

perfusate *n* Perfusionsflüssigkeit *f*, Perfusat *nt.*

perfuse *vt* durchspülen, -strömen, perfundieren.

perfusion *n* **1.** Durchspülung *f*, -strö-

mung *f*, Durchblutung *f*, Perfusion *f.* **2.** Perfusionsflüssigkeit *f.*

pericellular *adj.* um eine Zelle herum, perizellulär.

peridium *n*, *pl* **-dia** Peridie *f*, Peridium *nt.*

perimitochondrial space Intermembranraum *m*, perimitochondrialer Raum *m.*

perinuclear *adj.* um einen Kern/Nukleus herum, perinuklear, perinukleär.

perinuclear cistern perinukleäre Zisterne *f*, perinukleärer Spaltraum *m*, Cisterna caryothecae/nucleolemmae.

period *n* Periode *f*, Zyklus *m*; Zeitspanne *f*, -dauer *f*, -raum *m.*

periodate *n* Perjodat *nt*, Periodat *nt.*

periodic *adj.* **1.** periodisch, regelmäßig (wiederkehrend), phasenhaft (ablaufend), zyklisch; in Schüben verlaufend. **2.** aus Perjodsäure bestehend *oder* abstammend, perjodsauer.

periodic acid Perjod-, Periodsäure *f.*

periodic acid-Schiff reaction PAS-Reaktion *f*, PAS-Schiff-Reaktion *f.*

periodic acid-Schiff stain PAS-Färbung *f.*

periodicity *n* **1.** regelmäßige Wiederkehr *f*, Periodizität *f*, Periodik *f.* **2.** elektrische Frequenz *f.*

periodicity analysis Periodizitätsanalyse *f.*

periodic law Mendelejew-Regel *f*, Periodenregel *f.*

periodic parasite periodischer Parasit *m.*

periodic system Periodensystem *nt* (der Elemente).

periodic table Atomtafel *f*; Periodensystem *nt* der Elemente.

periplasm *n* Periplasma *nt.*

periplasmic *adj.* periplasmatisch.

periplasmic protein periplasmatisches Protein *nt.*

periplasmic space periplasmatischer Raum *m.*

peristalsis *n*, *pl* **-ses** Peristaltik *f.*

peristaltic *adj.* Peristaltik betreffend, peristaltisch.

peristome *n* Peristom *nt*, Peristomfeld *nt*, -scheibe *f*, Mundfeld *nt*, -scheibe *f.*

peristomial *adj.* Peristom betreffend, Peristom-.

perithecium *n* Perithezium *nt*, -thecium *nt.*

P

peritrichate *adj.* S.U. *peritrichous.*
peritrichous *adj.* peritrich.
permanent parasite stationärer Parasit *m.*
permanganate *n* Permanganat *nt.*
permanganic acid Permangansäure *f.*
permeability *n* Durchlässigkeit *f*, Durchdringlichkeit *f*, Permeabilität *f.*
permeability barrier Permeabilitätsbarriere *f*, -schranke *f.*
permeable *adj.* durchlässig, durchdringbar, permeabel (*to* für).
permeance *n* 1. S.U. *permeation.* 2. magnetischer Leitwert *m.*
permeant *adj.* durchdringend.
permease *n* Permease *f*, Permeasesystem *nt.*
permeate I *n* Permeat *nt.* II *vt* (hin-)durchdringen, permeieren, penetrieren. III *vi* (durch-)sickern (*through* durch); (ein-)dringen (*into* in); sich verbreiten (*among* unter).
permeation *n* Ein-, Durchdringen *nt*, Permeieren *nt*, Permeation *f*, Penetration *f.*
permissive conditions permissive Bedingungen *pl.*
permselectivity *n* Permselektivität *f.*
perosmic anhydride Osmiumtetroxid *nt.*
peroxidase *n* Peroxidase *f.*
peroxidase reaction Peroxidasereaktion *f.*
peroxidase stain Peroxidasefärbung *f.*
peroxide *n* Peroxid *nt.*
peroxidize *vt, vi* peroxidieren.
peroxisome *n* Peroxisom *nt*, Microbody *m.*
peroxy- *präf.* Peroxi-, Peroxy-.
peroxyacetic acid Peroxiessigsäure *f.*
persistent *adj.* anhaltend, dauernd, ausdauernd, persistierend.
persister *n* Persister *m.*
perspective formula perspektivische Formel *f.*
persulfate *n* Persulfat *nt.*
persulfide *n* Persulfid *nt.*
persulphate *n* Brit. Persulfat *nt.*
persulphide *n* Brit. Persulfid *nt.*
pesticide *n* Schädingsbekämpfungsmittel *nt*, Pestizid *nt*, Biozid *nt.*
petroselinic acid Petroselinsäure *f.*
petroselinoyl-ACP *n* Petroselinoyl-ACP *nt.*
petroselinoyl-ACP hydrolase Petroselinoyl-ACP-Hydrolase *f.*

petroselinoyl-ACP thioesterase Petroselinoyl-ACP-Thioesterase *f.*
petunidin *n* Petunidin *nt.*
pexic *adj.* einlagernd, fixierend.
Pfeifferella *n* Pfeifferella *f.*
Pfeiffer's bacillus Pfeiffer-(Influenza-)Bazillus *m*, Haemophilus influenzae, Bacterium influenzae.
phaeophorbide *n* Brit. Pheophorbid *nt.*
phaeophytine *n* Brit. Pheophytin *nt.*
phaeophytine a Brit. Pheophytin a *nt.*
phage coat Phagenhülle *f.*
phage infection Phageninfektion *f.*
phage typing Lysotypie *f.*
phago- *präf.* Fress-, Phage(n)-, Phag(o)-.
phagocytable *adj.* durch Phagozytose aufnehmbar *oder* abbaubar, phagozytierbar.
phagocyte *n* Fresszelle *f*, Phagozyt *m*, Phagocyt *m.*
phagocytic *adj.* Phagozyt *oder* Phagozytose betreffend, phagozytär, phagozytisch, Phagozyt-.
phagocytize *vt* durch Phagozytose abbauen, durch/mittels Phagozytose aufnehmen, phagozytieren.
phagocytolysis *n* Phago(zyto)lyse *f.*
phagocytose *vt* S.U. *phagocytize.*
phagocytotic *adj.* Phagozytose betreffend, phagozytisch.
phagocytotic vesicle Phagosom *nt.*
phagolysis *n, pl* **-ses** Phago(zyto)-lyse *f.*
phagolysosome *n* Phagolysosom *nt.*
phagosome *n* Phagosom *nt.*
phagovar *n* Lysotyp *m*, Phagovar *m.*
phase I *n* Phase *f*, Abschnitt *m*; (Entwicklungs-)Stufe *f*, Stadium *nt.* **out of phase** phasenverschoben. **in phase** phasengleich, in Phase. II *vt* in Phase bringen.
phases of mitosis Mitosephasen *pl.*
phaseolin *n* Phaseolin *nt*, Phaseollin *nt.*
phaseollin *n* Phaseolin *nt*, Phaseollin *nt.*
phasic *adj.* phasisch, Phasen-.
Ph¹ chromosome S.U. *Philadelphia chromosome.*
pH-dependence *n* pH-Abhängigkeit *f*, pH-Wert-Abhängigkeit *f.*
phenic acid S.U. *phenol* 1.
pheno- *präf.* 1. Phen(o)-. 2. Phän(o)-.
phenol *n* 1. Phenol *nt*, Karbolsäure *f*, Monohydroxybenzol *nt.* 2. **phenols** *pl*

Phenole *pl.*
phenolase *n* Phenoloxidase *f*, Phenolase *f*.
phenolcarboxylic acid Phenolcarbonsäure *f*.
phenol glucuronoside Phenolglucuronosid *nt*.
phenolic *adj.* Phenol betreffend *oder* enthaltend, phenolisch, Phenol-.
phenolphthalein *n* Phenolphthalein *nt*.
phenol sulfatase Arylsulfatase *f*.
phenolsulfonephthalein *n* Phenolrot *nt*, Phenolsulfo(n)phthalein *nt*.
phenol sulphatase *Brit.* Arylsulfatase *f*.
phenolsulphonephthalein *n Brit.* Phenolrot *nt*, Phenolsulfo(n)phthalein *nt*.
phenotype *n* (äußeres) Erscheinungsbild *nt*, Phänotyp *m*, -typus *m*.
phenotypic *adj.* Phänotyp betreffend, phänotypisch.
phenotypic adaptation phänotypische Adaptation *f*.
phenotypic masking Transkapsidation *f*.
phenotypic reversion phänotypische Rückmutation/Reversion *f*.
phenotypic variation phänotypische Variation *f*.
phenoxy- *präf.* Phenoxy-.
phenyl *n* Phenyl-(Radikal *nt*), Benzolrest *m*.
phenylacetic acid Phenylessigsäure *f*.
phenylalanine *n* Phenylalanin *nt*.
phenylalanine ammonia-lyase Phenylalanin-ammonium-lyase *f*.
phenylalanine-4-hydroxylase *n* Phenylalanin-4-hydroxylase *f*, Phenylalanin-4-monooxygenase *f*, Phenylalaninase *f*.
phenylalanine-4-monooxygenase *n* s.u. *phenylalanine-4-hydroxylase.*
phenylalanyl *n* Phenylalanyl-(Radikal *nt*).
2-phenylchroman *n* Flavan *nt*.
phenylethanolamine-N-methyltransferase *n* Phenyläthanolamin-*N*-methyltransferase *f*.
phenylethylisoquinoline alkaloids Phenylethylisochinolinalkaloide *pl.*
phenylglycolic acid Mandelsäure *f*.
phenylic *adj.* phenylisch, Phenyl-.
phenylic acid s.u. *phenol* 1.
phenylic alcohol s.u. *phenol* 1.

phenylisothiocyanate *n* Phenylisothiocyanat *nt*, Edman-Reagenz *nt*.
phenyllactic acid Phenylmilchsäure *f*.
phenylmethanol *n* Benzylalkohol *m*, Phenylcarbinol *nt*.
phenylpropane derivative Phenylpropanderivat *nt*.
phenylpropanoid *n* Phenylpropanderivat *nt*.
phenylpyruvate *n* Phenylpyruvat *nt*.
phenylpyruvic acid Phenylbrenztraubensäure *f*.
phenylthiocarbamoyl peptide PTC-Peptid *nt*, Phenylthiocarbamid-Peptid *nt*.
pheochrome *adj.* chromaffin, phäochrom.
pheochrome body Paraganglion *nt*.
pheochrome cells phäochrome/chromaffine Zellen *pl.*
pheochromoblast *n* Phäochromoblast *m*.
pheochromocytes *pl* s.u. *pheochrome cells.*
pheomelanin *n* Phäomelanin *nt*.
pheophorbide *n* Pheophorbid *nt*.
pheophytine *n* Pheophytin *nt*.
pheophytine a Pheophytin a *nt*.
pheromone *n* Pheromon *nt*.
phialide *n* Phialide *f*.
phialophore *n* Phialophore *f*.
phialospore *n* Phialospore *f*.
Philadelphia chromosome Philadelphia-Chromosom *nt*.
Phlebotomus *n* Phlebotomus *m*.
phlebovirus *n* Phlebovirus *nt*.
phloem *n* Phloem *nt*.
phoresis *n* 1. Elektrophorese *f*. 2. Phoresie *f*.
phoresy *n* Phoresie *f*.
phosgene *n* Phosgen *nt*.
phosphagen *n* 1. Phosphatbildner *m*, Phosphagen *nt*. 2. s.u. *phosphocreatine.*
phosphagenic *adj.* phosphatbildend.
phosphatase *n* Phosphatase *f*.
phosphate *n* Phosphat *nt*.
phosphate acyltransferase Phosphatacyltransferase *f*.
phosphate-ATP-exchange *n* Phosphat-ATP-Austausch *m*.
phosphate balance Phosphathaushalt *m*.
phosphate binder phosphatbindende Substanz *f*, Phosphatbinder *m*.
phosphate bond Phosphatbindung *f*.

high-energy phosphate bond energiereiche Phosphatbindung.

phosphate-bond energy Phosphatbindungsenergie f, Energie f der Phosphatbindung, phosphatgebundene Energie f.

phosphate buffer Phosphatpuffer m.

phosphate buffer system Phosphatpuffer(system nt) m.

phosphate carrier Phosphatcarrier m.

phosphated *adj.* phosphathaltig, phosphatisch.

phosphate donor Phosphatdonor m.

phosphate ester Phosphatester m.

phosphate group Phosphatgruppe f.

phosphate-group transfer potential Phosphatgruppenübertragungspotential nt.

phosphate translocator Phosphat-Translokator m.

phosphate-water-exchange n Phosphat-Wasser-Austausch m.

phosphatic *adj.* Phosphat betreffend, phosphathaltig, Phosphat-.

phosphatidase n Phosphatidase f, Phospholipase $A_2 f$.

phosphatidate phosphatase Phosphatidsäurephosphatase f.

phosphatide n **1.** s.u. *phospholipid* 1. **2.** s.u. *phosphoglyceride*.

phosphatidic acid Phosphatidsäure f.

phosphatidolipase n s.u. *phosphatidase*.

phosphatidylcholine n Phosphatidylcholin nt, Cholinphosphoglycerid nt, Lecithin nt.

phosphatidylcholine-cholesterol acyltransferase s.u. *phosphatidylcholine-sterol acyltransferase*.

phosphatidylcholine-sterol acyltransferase Phosphatidylcholin-Cholesterin-Acyltransferase f, Lecithin-Cholesterin-Acyltransferfase f.

phosphatidylethanolamine n Phosphatidyläthanolamin nt, Äthanolaminphosphoglycerid nt.

phosphatidylglycerol n Phosphatidylglycerin nt.

phosphatidylinosine diphosphate Phosphatidylinosindiphosphat nt.

phosphatidylinositol n Phosphatidylinosit(ol) nt.

phosphatidylinositol diphosphate s.u. *phosphatidylinosine diphosphate*.

phosphatidylserine n Phosphatidyl-

serin nt.

phosphatidyl sugar Glykophosphoglycerid nt.

phosphide n Phosphid nt.

phosphine n Phosphin nt, Phosphorwasserstoff m.

phosphite n Phosphit nt.

phosphoamidase n Phosphoamidase f.

phosphoamide bond Phosphoamidbindung f.

phosphocholine n Phosphocholin nt.

phosphocholine cytidylyltransferase Phosphocholincytidyl(yl)transferase f.

phosphocholine transferase Phosphocholintransferase f.

phosphocreatine n Phosphokreatin nt, Kreatin-, Creatinphosphat nt.

phosphodiesterase n Phosphodiesterase f.

phosphodiester bridge Phosphodiesterbrücke f.

phosphoenolpyruvate n Phosphoenolpyruvat nt.

phosphoenolpyruvate carboxykinase (GTP) Phosphoenolpyruvatcarboxykinase (GTP) f, Phosphopyruvatcarboxykinase f.

phosphoenolpyruvate carboxylase PEP-Carboxylase f, Phosphoenolpyruvatcarboxylase f.

phosphoenolpyruvic acid Phosphoenolbrenztraubensäure f.

phosphoenzyme n Phosphoenzym nt.

phosphoethanolamine n Phosphoäthanolamin nt.

phosphoethanolamine cytidylyltransferase Phosphoäthanolamincytidyl(yl)transferase f.

phosphoethanolamine transferase Phosphoäthanolamintransferase f.

phosphofructoaldolase n Fructosediphosphataldolase f, -bisphosphataldolase f, Aldolase f.

6-phosphofructokinase n (6-)Phosphofruktokinase f.

phosphoglobulin n Phosphoglobulin nt.

phosphoglucokinase n Phosphoglukokinase f, -glucokinase f.

phosphoglucomutase n Phosphoglukomutase f, -glucomutase f.

6-phosphogluconate n 6-Phosphogluconat nt.

6-phosphogluconate dehydro-

genase 6-Phosphogluconatdehydrogenase *f.*

phosphogluconate pathway S.U. *pentose phosphate pathway.*

6-phosphogluconolactone *n* 6-Phosphogluconolacton *nt.*

phosphoglucoprotein *n* Phosphoglykoprotein *nt.*

phosphoglucose isomerase Glukose(-6-)phosphatisomerase *f*, Phosphohexoseisomerase *f*, Phosphoglucoseisomerase *f.*

3-phosphoglyceraldehyde *n* Glyzerinaldehyd-3-phosphat *nt*, 3-Phosphoglyzerinaldehyd *m.*

3-phosphoglyceraldehyde dehydrogenase Glyzerinaldehyd(-3-)dehydrogenase *f*, 3-Phosphoglyzerinaldehyddehydrogenase *f.*

phosphoglycerate *n* Phosphoglycerat *nt.*

phosphoglycerate dehydrogenase Phosphoglyceratdehydrogenase *f.*

phosphoglycerate kinase Phosphoglyceratkinase *f.*

phosphoglycerate mutase Phosphoglyceratmutase *f*, Phosphoglyceromutase *f*, Phosphoglyceratphosphomutase *f.*

phosphoglyceric acid Phosphoglycerinsäure *f.*

phosphoglyceride *n* Phosphoglycerid *nt*, Glycerophosphatid *nt*, Phospholipid *nt*, Phosphatid *nt.*

phosphoglyceromutase *n* S.U. *phosphoglycerate mutase.*

3-phosphoglyceroyl phosphate Negelein-Ester *m* 1,3-Diphosphoglycerat *nt*, 3-Phosphoglyceroylphosphat *nt.*

phospho-glycogen synthase Phosphoglykogensynthase *f.*

phosphoglycolate *n* Phosphoglykolat *nt.*

phosphoglycolic acid Phosphoglykolsäure *f.*

phosphoguanidine *n* Phosphoguanidin *nt*, Guanidinphosphat *nt.*

phosphohexoisomerase *n* Glukose(-6-)phosphatisomerase *f*, Phosphohexoseisomerase *f*, Phosphoglucoseisomerase *f.*

phosphohexokinase *n* S.U. 6-*phosphofructokinase.*

3-phosphohydroxypyruvic acid 3-Phosphohydroxybrenztraubensäure *f.*

phosphoinositol *n* Phosphoinositol *nt*, Inosittriphosphat *nt.*

phosphoketolase *n* Phosphoketolase *f.*

phospholipase *n* Phospholipase *f*, Lezithinase *f*, Lecithinase *f.*

phospholipase A₁ Phospholipase A₁ *f*, Lecithinase A *f.*

phospholipase B Lysophospholipase *f*, Phospholipase B *f*, Lecithinase B *f.*

phospholipase C Phospholipase C *f*, Lecithinase C *f*, Lipophosphodiesterase I *f.*

phospholipase D Phospholipase D *f*, Lecithinase D *f.*

phospholipid *n* **1.** Phospholipid *nt*; Phosphatid *nt.* **2.** S.U. *phosphoglyceride.*

phospholipin *n* **1.** Phospholipid *nt*, Phosphatid *nt.* **2.** S.U. *phosphoglyceride.*

phospholipoprotein *n* Phospholipoprotein *nt.*

phosphomannose isomerase Mannose-6-phosphatisomerase *f*, Mannosephosphatisomerase *f.*

phosphomevalonate *n* Phosphomevalonat *nt.*

phosphomevalonate kinase Phosphomevalonatkinase *f.*

phosphomevalonic acid Phosphomevalonsäure *f.*

phosphomonoesterase *n* **1.** alkalische Phosphatase *f.* **2.** saure Phosphatase *f.*

phosphomutase *n* Phosphomutase *f.*

N-(phosphonomethyl)glycine *n* Glyphosat *nt.*

phosphonuclease *n* Nukleo-, Nucleotidase *f.*

phospho-phosphorylase kinase Phospho-Phosphorylasekinase *f.*

phosphoprotein *n* Phosphoprotein *nt.*

phosphoprotein phosphatase Phosphoproteinphosphatase *f.*

phosphopyruvate carboxykinase S.U. *phosphoenolpyruvate carboxykinase (GTP).*

phosphopyruvate carboxylase S.U. *phosphoenolpyruvate carboxykinase (GTP).*

phosphorated *adj.* phosphorhaltig.

phosphorescence *n* Phosphoreszenz *f.*

phosphorescent *adj.* Phosphoreszenz betreffend *oder* zeigend, phosphoreszierend.

phosphoriboisomerase *n* Ribosephosphatisomerase *f*, Phosphoriboisomerase *f*.

5-phosphoribosylamine *n* 5-Phosphoribosylamin *nt*.

phosphoribosyl-AMP-cyclohydrolase *n* Phosphoribosyl-AMP-cyclohydrolase *f*.

5-phosphoribosyl 1-diphosphate 5-Phosphoribosyl-1-diphosphat *nt*.

5-phosphoribosyl 1-glycinamine Glycinamidribonucleotid *nt*, 5-Phosphoribosyl-1-glycinamid *nt*.

phosphoribosylpyrophosphate *n* Phosphoribosylpyrophosphat *nt*.

phosphoribosylpyrophosphate synthetase Ribosephosphatpyrophosphokinase *f*, Phosphoribosylpyrophosphatsynthetase *f*.

phosphoribosyltransferase *n* Phosphoribosyltransferase *f*.

phosphoribulokinase *n* Phosphoribulokinase *f*.

phosphoric acid Phosphorsäure *f*, Orthophosphorsäure *f*.
glacial phosphoric acid Metaphosphorsäure.

phosphoroclastic cleavage s.u. *phosphorolysis*.

phosphorolysis *n* Phosphorolyse *f*.

phosphorous *adj*. Phosphor betreffend *oder* enthaltend, phosphorhaltig.

phosphorous acid phosphorige Säure *f*.

phosphorus *n* Phosphor *m*.

phosphoryl *n* Phosphoryl-(Radikal *nt*).

phosphorylase *n* 1. Phosphorylase *f*. 2. Glykogen-, Stärkephosphorylase *f*.

phosphorylase B kinase Phosphorylasekinase *f*.

phosphorylase kinase Phosphorylasekinase *f*.

phosphorylase kinase kinase Phosphorylasekinase-kinase *f*, Proteinkinase *f*.

phosphorylase phosphatase Phosphorylasephosphatase *f*.

phosphorylase reaction Phosphorylase-Reaktion *f*.

phosphorylase rupturing enzyme Phosphorylasephosphatase *f*.

phosphorylated thiamin Thiaminpyrophosphat *nt*.

phosphoserine phosphatase Phos-

phoserinphosphatase *f*.

phosphoserine transaminase Phosphoserintransaminase *f*.

phosphosugar *n* Phosphatzucker *m*.

phosphotransferase *n* Phosphotransferase *f*.

phosphotransferase system Phosphotransferasesystem *nt*.

phot- *präf*. s.u. *photo-*.

photic *adj*. Licht betreffend, Licht-, Phot(o)-.

photo- *präf*. Licht-, Phot(o)-.

photoactive *adj*. photoaktiv.

photoautotroph *n* photoautotropher Organismus *m*, Photoautotroph *m*.

photoautotrophic *adj*. photoautotroph.

photoautotrophic bacterium photoautotrophes Bakterium *nt*.

photobacteria *pl* Photobakterien *pl*.

Photobacterium *n* Photobacterium *nt*.

photobiologic *adj*. photobiologisch.

photobiological *adj*. s.u. *photobiologic*.

photobiology *n* Photobiologie *f*.

photoceptor *n* s.u. *photoreceptor*.

photochemical *adj*. Photochemie betreffend, photochemisch.

photochemical breakdown photochemische Spaltung *f*.

photochemical reaction photochemische Reaktion *f*.

photochemical spectrum photochemisches Spektrum *nt*.

photochemistry *n* Photochemie *f*.

photochromogenic *adj*. photochromogen.

photochromogens *pl* 1. photochromogene Mykobakterien *pl*, Mykobakterien *pl* der Runyon-Gruppe I. 2. photochromogene Mikroorganismen *pl*.

photoelectric *adj*. photoelektrisch.

photoelectrical *adj*. s.u. *photoelectric*.

photoelectrical effect photoelektrischer/lichtelektrischer Effekt *m*, Photoeffekt *m*.

photoelectricity *n* Photoelektrizität *f*.

photogen *n* photogener Mikroorganismus *m*.

photogenic *adj*. 1. durch Licht verursacht, photogen. 2. Licht ausstrahlend, photogen, Leucht-.

photoheterotroph *n* photoheterotropher Organismus *m*.

photoheterotrophic *adj.* photohete-rotroph.

photoheterotrophic bacterium photoheterotrophes Bakterium *nt.*

photoinactivation *n* Photoinaktivierung *f.*

photoinhibition *n* Lichthemmung *f*, Photoinhibition *f.*

photokinesis *n* Photokinese *f.*

photokinetic *adj.* Photokinese betreffend, photokinetisch.

photolithotroph *n* photolithotropher Organismus *m*, Photolithotroph *m.*

photolithotrophic *adj.* photolithotroph.

photolysis *n* Photolyse *f.*

photon *n* Photon *nt*, Licht-, Strahlungsquant *nt*, Quant *nt.*

photoorganotroph *n* photoorganotropher Organismus *m*, Photoorganotroph *m.*

photoorganotrophic *adj.* photoorganotroph.

photooxidative *adj.* photooxidativ.

photophilic *adj.* photophil.

photophosphorylation *n* photosynthetische Phosphorylierung *f*, Photophosphorylierung *f.*

photopia *n* s.u. *photopic vision.*

photopic *adj.* photopisch.

photopic vision Tages(licht)sehen *nt*, photopisches Sehen *nt.*

photoreaction *n* Photoreaktion *f*, photochemische Reaktion *f.*

photoreactivation *n* Photoreaktivierung *f.*

photoreception *n* Photorezeption *f.*

photoreceptive *adj.* photorezeptiv.

photoreceptor *n* Photorezeptor *m.*

photoreceptor cell Photorezeptor-, Sehzelle *f.*

photorespiration *n* Lichtatmung *f*, Photorespiration *f.*

photorespiratory *adj.* photorespiratorisch.

photoreversal *n* s.u. *photoreactivation.*

photosensitive *adj.* lichtempfindlich.

photosensitivity *n* Lichtempfindlichkeit *f.*

photosensory *adj.* photo-, lichtsensibel.

photostable *adj.* lichtstabil.

photosynthesis *n* Photosynthese *f.*

photosynthetic *adj.* Photosynthese betreffend, mittels Photosynthese, photosynthetisch, Photosynthese(n)-.

photosynthetic bacteria photosynthetisch-aktive Bakterien *pl*, Photobakterien *pl.*

photosynthetic cell photosynthetisch-aktive Zelle *f.*

photosynthetic phosphorylation s.u. *photophosphorylation.*

photosynthetic pigment Photosynthesepigment *nt.*

photosynthetic unit photosynthetische Einheit *f.*

photosystem *n* Photosystem *nt.*

photosystem I Photosystem I *nt.*

photosystem II Photosystem II *nt.*

phototaxis *n* Photo-, Heliotaxis *f.*

phototroph *n* phototropher Organismus *m*, Phototroph *m.*

phototrophic *adj.* phototroph.

phototrophic bacteria Photobakterien *pl.*

phototropic *adj.* Phototropismus betreffend, phototrop(isch); heliotrop(isch).

phototropism *n* Phototropismus *m*, Heliotropismus *m.*

phragmoplast *n* Phragmoplast *m.*

phrenosinic acid Cerebronsäure *f.*

pH response pH-Antwort *f.*

pH scale pH-Skala *f.*

phthalate *n* Phthalat *nt.*

phthalic acid Phthalsäure *f.*

phthioic acid Phthionsäure *f.*

Phthirus *n* Phthirus *m.*

Phthirus pubis Filzlaus *f*, Phthirus/Pediculus pubis.

phycobilin *n* Phykobilin *nt*, Phycobilin *nt.*

phycobilin lyase Phycobilinlyase *f.*

phycobilin pigment Phycobilinpigment *nt.*

phycobilin proteid Phycobiliproteid *nt.*

phycobilisome *n* Phycobilisom *nt.*

phycocyanin *n* Phykozyanin *nt*, Phycocyanin *nt.*

phycocyanobilin *n* Phycocyanobilin *nt.*

phycocyanogen *n* Phykozyanogen *nt*, Phycocyanogen *nt.*

phycoerythrin *n* Phyko-, Phycoerythrin *nt.*

phycoerythrobilin *n* Phycoerythrobilin *nt*, Erythrobilin *nt.*

phycoerythrocyanin *n* Phycoerythrocyanin *nt.*

P

Phycomycetes *pl* niedere Pilze *pl*, Algenpilze *pl*, Phykomyzeten *pl*, Phycomycetes *pl*.
phycomycetous *adj.* Phykomyzeten betreffend, Phykomyzeten-.
phyla *pl* s.u. *phylum*.
phyletic *adj.* Phylum *oder* Phylogenese betreffend, phyletisch.
phyllode *adj.* blattförmig, -ähnlich.
phylloquinone *n* s.u. *phytonadione*.
phylum *n*, *pl* **-la** Stamm *m*, Phylum *nt*.
Physaloptera *pl* Darmfadenwürmer *pl*, Physaloptera *pl*.
physical *adj.* **1.** Körper betreffend, physisch, körperlich, Körper-, Physio-. **2.** Physik betreffend, physikalisch; naturwissenschaftlich.
physical chemistry physikalische Chemie *f*, Physikochemie *f*.
physical mutagen physikalisches Mutagen *nt*.
physical science Naturwissenschaft(en *pl*) *f*.
physical work körperliche/physische Arbeit *f*.
physicochemical *adj.* physikalische Chemie betreffend, physikochemisch.
physics *pl* Physik *f*.
physiochemical *adj.* Biochemie betreffend, biochemisch.
physiochemistry *n* physiologische Chemie *f*, Biochemie *f*.
physiologic *adj.* **1.** normal, natürlich, physiologisch. **2.** Physiologie betreffend, physiologisch.
physiological *adj.* s.u. *physiologic*.
physiological buffer physiologischer Puffer *m*.
physiological chemistry physiologische Chemie *f*, Biochemie *f*.
physiology *n* Physiologie *f*.
phyt- *präf.* s.u. *phyto-*.
phytagglutinin *n* Phytagglutinin *nt*.
phytin *n* Phytin *nt*.
phytanic acid Phytansäure *f*.
phytanic acid α-hydroxylase Phytansäureoxidase *f*, Phytansäure-α-hydroxylase *f*.
phytase *n* Phytase *f*.
phytic acid Phytinsäure *f*.
phyto- *präf.* Pflanzen-, Phyt(o)-.
phytoalexin *n* Phytoalexin *nt*.
phytochelatin *n* Phytochelatin *nt*.
phytochemistry *n* Phytochemie *f*.
phytochrome *n* Phytochrom *nt*.
phytochromobilin *n* Phytochromo-

bilin *nt*.
phytoene desaturase Phytoendesaturase *f*.
phytoene synthase Phytoensynthase *f*.
phytohormone *n* Pflanzenhormon *nt*, Phytohormon *nt*.
phytoid *adj.* pflanzenähnlich, -artig, phytoid.
phytol *n* Phytol *nt*.
Phytomastigophorea *pl* Phytomastigophorea *pl*.
phytonadione *n* Phyto(me)nadion *nt*, Vitamin K_1 *nt*.
phytoparasite *n* pflanzlicher Parasit *m*, Phytoparasit *m*.
phytophagous *adj.* pflanzenfressend, phytophag; vegetarisch.
phytoplankton *n* Phytoplankton *nt*.
phytosphingosine *n* Phytosphingosin *nt*, 4-Hydroxysphinganin *nt*.
phytosterin *n* s.u. *phytosterol*.
phytosterol *n* Phytosterol *nt*, -sterin *nt*.
phytyl diphosphate Phytyldiphosphat *nt*.
2-phytyl-1,4-naphthoquinol *n* 2-Phytyl-1,4-naphthochinol *nt*.
phytyl transferase Phytyltransferase *f*.
picolinic acid Picolinsäure *f*.
Picornaviridae *pl* Picornaviren *pl*, Picornaviridae *pl*.
picornavirus *n* Picornavirus *nt*.
picrate *n* Pikrat *nt*.
picric acid Pikrinsäure *f*, Trinitrophenol *nt*.
Piedraia *n* Piedraia *f*.
Piedraiaceae *pl* Piedraiaceae *pl*.
pigment I *n* Farbe *f*, Farbstoff *m*, farbgebende Substanz *f*, Pigment *nt*. **II** *vt* pigmentieren, färben. **III** *vi* sich pigmentieren, sich färben.
pigment 680 Pigment 680 *nt*.
pigment 700 Pigment 700 *nt*.
pigmental *adj.* s.u. *pigmentary*.
pigmentary *adj.* Pigment betreffend, pigmentär, Pigment-.
pigmentation *n* Färbung *f*, Pigmentierung *f*, Pigmentation *f*.
pigment cell pigmenthaltige Zelle *f*.
pigmented *adj.* pigmentiert, pigmenthaltig.
pigment granules Pigmentgranula *pl*.
pigmentogenesis *n* Pigmentbildung *f*.
pigment-protein complex Pigment-Protein-Komplex *m*.
piliate *adj.* pilitragend.

pilin *n* Pilusprotein *nt.*
pilin protein S.U. *pilin.*
pimelic acid Pimelinsäure *f.*
pimelo- *präf.* Fett-, Pimel(o)-, Lip(o)-.
pineal I *n* Zirbel-, Pinealdrüse *f,* Pinea *f,* Epiphyse *f.* II *adj.* Zirbeldrüse betreffend, pineal, Pineal(o)-.
pineal body S.U. *pineal* I.
ping-pong mechanism doppelte Verdrängungsreaktion *f,* Ping-Pong-Mechanismus *m,* -Reaktion *f.*
ping-pong reaction doppelte Verdrängungsreaktion *f,* Ping-Pong-Mechanismus *m,* -Reaktion *f.*
pinocytic *adj.* S.U. *pinocytotic.*
pinocytic vesicle S.U. *pinosome.*
pinocytotic *adj.* Pinozytose betreffend, pinozytotisch, Pinozytose-.
pinocytotic vesicle S.U. *pinosome.*
pinosome *n* Pinozytosebläschen *nt,* pinozytäres Bläschen *nt.*
pinworm *n* Madenwurm *m,* Enterobius vermicularis, Oxyuris vermicularis.
pio- *präf.* Fett-, Lip(o)-.
Piophila *n* Piophila *f.*
pipecolic acid Pipecolinsäure *f,* Homoprolin *nt.*
pipecolinic acid S.U. *pipecolic acid.*
pistil *n* **1.** Stempel *m,* Pistill(um) *nt.* **2.** Pistill *nt.*
pitch *n* **1.** Tonhöhe *f.* **2.** Ganghöhe *f.* **3.** Teer *m,* Pech *nt,* Pix *f.*
pith *n* Mark *nt.*
pituitary I *n* Hirnanhangdrüse *f,* Hypophyse *f,* Pituitaria *f.* II *adj.* Hypophyse betreffend, hypophysär, pituitär, Hypophysen-.
pituitary-adrenocortical system Hypophysen-Nebennierenrinden-system *nt.*
pituitary body S.U. *pituitary* I.
pituitary gland S.U. *pituitary* I.
pituitary hormone Hypophysenhormon *nt.*
anterior pituitary hormone Hormon *nt* der Adenohypophyse, (Hypophysen-)Vorderlappenhormon *nt,* HVL-Hormon *nt.*
posterior pituitary hormones (Hypophysen-)Hinterlappenhormone *pl,* HHL-Hormone *pl,* Neurohypophysenhormone *pl.*
pituitary portal system hypophysärer Pfortader-/Portalkreislauf *m,* hypophysäres Pfortader-/Portalsystem *nt.*

pivalate *n* Trimethylacetat *nt.*
pivalic acid Trimethylessigsäure *f.*
placenta *n, pl* **-tas, -tae** Mutterkuchen *m,* Plazenta *f,* Placenta *f,* Nachgeburt *f.*
placental *adj.* Plazenta betreffend, plazental, plazentar, Plazenta-.
placental growth hormone humanes Plazenta-Laktogen *nt,* Chorionsomatotropin *nt.*
placental hormones Plazentahormone *pl.*
Placentalia *pl* Plazentatiere *pl,* Plazentalier *pl,* Placentalia *f.*
placenta protein S.U. *placental growth hormone.*
placentary *adj.* S.U. *placental.*
Planck's constant Planck-Wirkungsquantum *nt.*
Planck's quantum S.U. *Planck's constant.*
Planck's theory Planck-Quantentheorie *f.*
planospore *n* Schwärmspore *f,* -zelle *f,* Schwärmer *m,* Plano-, Zoospore *f.*
plant *n* Pflanze *f.*
plant cell pflanzliche Zelle *f,* Pflanzenzelle *f.*
plant cytochrome pflanzliches Cytochrom *nt,* Pflanzencytochrom *nt.*
plant hormone Pflanzenhormon *nt,* Phytohormon *nt.*
plant mitochondria Pflanzenmitochondrien *pl.*
plant parasite pflanzlicher Parasit *m,* Phytoparasit *m.*
plant pigment Pflanzenpigment *nt.*
plant toxin Pflanzentoxin *nt,* Phytotoxin *nt.*
plant viruses Pflanzenviren *pl.*
plaque assay Plaque-Test *m.*
plaque-forming cells plaque-bildende Zellen *pl.*
plaque-forming unit plaque-bildende Einheit *f.*
plasm *n* S.U. *plasma.*
plasm- *präf.* S.U. *plasmo-.*
plasma *n* **1.** Blutplasma *nt,* Plasma *nt.* **2.** Zell-, Zytoplasma *nt.* **3.** zellfreie Lymphe *f.* **4.** (*physikal.*) Plasma *nt.*
plasma- *präf.* S.U. *plasmo-.*
plasma bicarbonate Plasmabikarbonat *nt.*
plasma cell Plasmazelle *f,* Plasmozyt *m.*
plasmacellular *adj.* Plasmazelle(n)

betreffend, plasmazellulär, plasmozytisch.
plasmacyte *n* s.u. *plasma cell.*
plasmacytic *adj.* s.u. *plasmacellular.*
plasmacytoid *adj.* plasmozytoid.
plasmagene *n* Plasmagen *nt*, Plasmafaktor *m*.
plasma globulines Plasmaglobuline *pl*.
plasma labile factor Proakzelerin *nt*, Proaccelerin *nt*, Acceleratorglobulin *nt*, labiler Faktor *m*, Faktor V *m*.
plasmalemma *n* Zellmembran *f*, -wand *f*, Plasmalemm *nt*.
plasmalemmal *adj.* Plasmalemm betreffend, aus Plasmalemm bestehend.
plasma lipoproteins Plasmalipoproteine *pl*.
plasmalogen *n* Plasmalogen *nt*, Acetalphosphatid *nt*.
plasma membrane s.u. *plasmalemma.*
plasma orosomucoid (Plasma-)Orosomucoid *nt*, saures α_1-Glykoprotein *nt*.
plasma osmolality Plasmaosmolalität *f*.
plasma protein Plasmaprotein *nt*.
plasma thromboplastin antecedent Faktor XI *m*, Plasmathromboplastinantecedent *m*, antihämophiler Faktor C *m*, Rosenthal-Faktor *m*.
plasma thromboplastin component Faktor IX *m*, Christmas-Faktor *m*, Autothrombin II *nt*.
plasma thromboplastin factor antihämophiles Globulin *nt*, Antihämophiliefaktor *m*, Faktor VIII *m*.
plasma thromboplastin factor B s.u. *plasma thromboplastin component.*
plasmatic *adj.* Plasma betreffend, im Plasma, plasmatisch, Plasma-.
plasma volume Plasmavolumen *nt*.
plasmic *adj.* s.u. *plasmatic.*
plasmid *n* Plasmid *nt*.
plasmin *n* Plasmin *nt*, Fibrinolysin *nt*.
α_2**-plasmin inhibitor** α_2-Plasmininhibitor *m*.
plasminogen *n* Plasminogen *nt*, Profibrinolysin *nt*.
plasminogen activator Plasminaktivator *m*, Urokinase *f*.
plasminogen proactivator Plasminogenproaktivator *m*.
plasmin prothrombin conversion

factor Proakzelerin *nt*, Proaccelerin *nt*, Acceleratorglobulin *nt*, labiler Faktor *m*, Faktor V *m*.
plasmo- *präf.* Plasma-, Plasm(o)-.
plasmocyte *n* s.u. *plasma cell.*
plasmodesm *n* Plasmabrücke *f*, Plasmodesma *nt*.
plasmodicide *n* Plasmodizid *nt*.
Plasmodium *n*, *pl* **-dia** Plasmodium *nt*.
plasmodium *n*, *pl* **-dia** 1. Plasmodium *nt*, vielkernige Zytoplasmamasse *f*. 2. Plasmodium *nt*.
plasmogen *n* s.u. *protoplasm.*
plasmokinin *n* antihämophiles Globulin *nt*, Antihämophiliefaktor *m*, Faktor VIII *m*.
plasmonucleic acid Ribonukleinsäure *f*.
plasmosome *n* 1. Kernkörperchen *nt*, Nukleolus *m*, Nucleolus *m*. 2. Mitochondrie *f*, -chondrion *nt*, -chondrium *nt*, Chondriosom *nt*.
plasmotomy *n* Plasmotomie *f*.
plasmozyme *n* s.u. *prothrombin.*
plasticizer *n* Weichmacher *m*, Plastifikator *m*.
plastid *n* Plastid *nt*.
plastid compartment plastidäres Kompartiment *nt*.
plastid DNA Plastiden-DNA *f*.
plastid genes plastidäre Gene *f*.
plastid genome Plastiden-Genom *nt*.
plastid RNA-polymerase plastidäre RNA-Polymerase *f*.
plastocyanin *n* Plastocyanin *nt*.
plastocyanin-ferredoxine reductase Plastocyanin-Ferredoxin-Reduktase *f*.
plastoglobuli *pl* Plastoglobuli *pl*.
plastoquinol 9 Plastochinol-9 *nt*.
plastoquinol *n* Plastochinol *nt*, Plastohydrochinon *nt*.
plastoquinol/plastocyanin reductase Plastochinol/Plastocyanin-Reduktase *f*, Rieske-Protein *nt*.
plastoquinone 9 Plastochinon-9 *nt*.
plastoquinone Q_A Plastochinon Q_A *nt*.
plastoquinone Q_B Plastochinon Q_B *nt*.
plastosemiquinone *n* Plastosemichinon *nt*.
plate *n* (Glas-, Metall-)Platte *f*; Platte *f*.
platelet *n* 1. Plättchen *nt*. 2. (Blut-)Plättchen *nt*, Thrombozyt *m*.
platelet activating factor Plättchenaktivierender Faktor *m*.
platelet adhesion Plättchen-, Throm-

bozytenadhäsion *f.*

platelet agglutination Plättchen-, Thrombozytenagglutination *f.*

platelet agglutinin Plättchen-, Thrombozytenagglutinin *nt.*

platelet aggregate Plättchen-, Thrombozytenaggregat *nt.*

platelet aggregating factor s.u. *platelet activating factor.*

platelet aggregation Plättchen-, Thrombozytenaggregation *f.*

platelet aggregometry Bestimmung *f* der Plättchenaggregation.

platelet cofactor antihämophiles Globulin *nt,* Antihämophiliefaktor *m,* Faktor VIII *m.*

platelet cofactor I antihämophiles Globulin *nt,* Antihämophiliefaktor *m,* Faktor VIII *m.*

platelet cofactor II Faktor IX *m,* Christmas-Faktor *m,* Autothrombin II *nt.*

platelet count Thrombozytenzahl *f.*

platelet-derived growth factor Thrombozytenwachstumsfaktor *m,* Plättchenwachstumsfaktor *m.*

platelet drop Plättchensturz *m.*

platelet factor Plättchenfaktor *m.*

platelet factor 4 Plättchenfaktor 4 *m,* Antiheparin *nt.*

platelet inhibitor Plättchenaggregationshemmer *m.*

plateletpheresis *n* Thrombo(zyto)-pherese *f.*

platelet tissue factor Thrombokinase *f,* -plastin *nt,* Prothrombinaktivator *m.*

platinum *n* Platin *nt.*

platinum electrode Platinelektrode *f.*

platyhelminth *n* Plattwurm *m,* Plathelminth *m.*

Platyhelminthes *pl* Plattwürmer *pl,* Plathelminthes *pl.*

pleated sheet Faltblatt *nt,* Faltblattstruktur *f.*

β-pleated sheet s.u. *pleated sheet.*

pleated sheets arrangement s.u. *pleated sheet.*

pleated sheets conformation s.u. *pleated sheet.*

pleated sheets structure s.u. *pleated sheet.*

plectridium *n* Plectridium-Form *f.*

pleo- *präf.* Viel-, Mehr-, Pleo-, Pleio-, Poly-.

pleochromatic *adj.* pleochrom, pleiochrom.

pleochromatism *n* Pleochroismus *m.*

pleokaryocyte *n* Pleo-, Polykaryozyt *m.*

pleomorphic *adj.* mehrgestaltig, pleomorph, polymorph.

pleomorphism *n* Mehrgestaltigkeit *f,* Pleo-, Polymorphismus *m.*

pleomorphous *adj.* s.u. *pleomorphic.*

plerocercoid *n* Vollfinne *f,* Plerozerkoid *nt.*

Plesiomonas *n* Plesiomonas *f.*

plumbum *n* Plumbum *nt,* Blei *nt.*

pluri- *präf.* Viel-, Pluri-, Multi-, Poly-.

plurinuclear *adj.* mehrkernig, vielkernig, multinukleär, multinuklear.

pluripolar *adj.* multiplora, pluripolar.

pluripotent *adj.* pluripotent; omnipotent.

pluripotent cell omnipotente/pluripotente Zelle *f.*

pluripotential *adj.* s.u. *pluripotent.*

pluripotentiality *n* Pluripotenz *f.*

plus strand codogener Strang *m,* Sinnstrang *m.*

plutonium *n* Plutonium *nt.*

pneumococcal polysaccharide Pneumokokkenpolysaccharid *nt.*

Pneumocystis *n* Pneumocystis *f.*

Pneumovirus *n* Pneumovirus *nt.*

poikilohydric plant poikilohydre Pflanze *f.*

poikilosmotic *adj.* poikilosmotisch.

poikilotherm *n* wechselwarmes/poikilothermes Lebewesen *nt,* Wechselblüter *m.*

poikilothermic *adj.* wechselwarm, poikilotherm.

pol I DNA-abhängige DNA-Polymerase *f,* DNS-abhängige DNS-Polymerase *f,* DNS-Nukleotidyltransferase *f,* DNS-Polymerase I *f,* Kornberg-Enzym *nt.*

pol II RNS-abhängige DNS-Polymerase *f,* RNA-abhängige DNA-Polymerase *f,* reverse Transkriptase *f.*

polar *adj.* Pol betreffend, polar, Pol-, Polar-.

polar compound polare Verbindung *f.*

polarized light polarisiertes Licht *nt.*

polarizer *n* Polarisator *m.*

polar lipid polares/amphipatisches Lipid *nt.*

polar molecule polares Molekül *nt.*

pole *n* Pol *m.*

poliovirus *n* Poliomyelitis-Virus *nt,*

Polio-Virus *nt.*
poly- *präf.* Viel-, Poly-.
polyacrylamide *n* Polyacrylamid *nt.*
polyadenylate *n* Polyadenylat *nt.*
polyadenylate nucleotidyltransferase s.u. *polynucleotide adenylyltransferase.*
polyadenylate tail Poly-A-Schwanz *m.*
polyamide *n* Polyamid *nt.*
polyamine *n* Polyamin *nt.*
polyamino acid Polyaminosäure *f.*
poly A tail Poly-A-Schwanz *m.*
poly(A) tail Poly-A-Schwanz *m.*
polyatomic *n* aus mehreren Atomen bestehend.
polyauxotrophic *adj.* polyauxotroph.
polycellular *adj.* aus vielen Zellen bestehend, poly-, multizellulär.
polycentric *adj.* polyzentrisch.
polycentric chromosome polyzentrisches Chromosom *nt.*
polychlorinated biphenyl polychloriertes Biphenyl *nt.*
polychromatic *adj.* vielfarbig, bunt, polychromatisch.
polychromatocyte *n* polychromatische Zelle *f.*
polychromatophil I *n* polychromatische Zelle *f.* **II** *adj.* s.u. *polychromatic.*
polychromatophile *n, adj.* s.u. *polychromatophil.*
polychromatophilic *adj.* s.u. *polychromatophil* II.
polychromic *adj.* vielfarbig, bunt, polychrom.
polychromophil *n, adj.* s.u. *polychromatophil.*
polyclonal *adj.* polyklonal.
polycyclic *adj.* polyzyklisch.
polydeoxyribonucleotide *n* Polydesoxyribonukleotid *nt.*
polydeoxyribonucleotide ligase s.u. *polydeoxyribonucleotide synthase (ATP).*
polydeoxyribonucleotide synthase (ATP) DNA-Ligase *f,* DNS-Ligase *f,* Polydesoxyribonukleotidsynthase (ATP) *f,* Polynukleotidligase *f.*
polydimensional *adj.* mehrdimensional.
polyendocrine *adj.* polyendokrin.
polyene *n* Polyen *nt.*
polyene antibiotic Polyenantibiotikum *nt.*

polyenoic *adj.* mehrfach ungesättigt.
polyester *n* Polyester *m.*
polyestradiol phosphate Polyestradiolphosphat *nt.*
polyfructose *n* Fruktosan *nt,* Fructosan *nt,* Levulan *nt.*
polygalacturonase *n* Pektinase *f.*
polygalacturonic acid Polygalakturonsäure *f.*
polygene *n* Polygen *nt.*
polygenia *n* Polygenie *f.*
polygenic *adj.* Polygenie betreffend, polygen(isch).
polygenic inheritance polygene Vererbung *f.*
polygeny *n* s.u. *polygenia.*
polyglycolic acid Polyglykolsäure *f.*
polyhexose *n* Polyhexose *f.*
polyhydroxy acetal Polyhydroxyacetal *nt.*
polyhydroxy aldehyde Polyhydroxyaldehyd *m.*
polyhydroxy ketal Polyhydroxyketal *nt.*
polyhydroxy ketone Polyhydroxyketon *nt.*
polyionic *adj.* viel-, mehrionisch.
Polymastigida *pl* mehrgeißelige Flagellaten *pl,* Polymastigida *pl.*
polymastigote *n* Polymastigote *f.*
polymer *n* Polymer(e) *nt.*
polymerase *n* Polymerase *f.*
polymeric *adj.* polymer.
polymerism *n* Polymerisieren *nt,* Polymerisierung *f.*
polymerization *n* Polymerisation *f.*
polymetaphosphate *n* Poly(meta)phosphat *nt.*
polymethyl methacrylate Polymethylmethacrylat *nt.*
polymorph *n* polymorpher Körper *m.*
polymorphic *adj.* vielgestaltig, multi-, pleo-, polymorph.
polymorphonuclear I *n* s.u. *polymorphonuclear leukocyte.* **II** *adj.* polymorphkernig.
polymorphonuclear granulocyte s.u. *polymorphonuclear leukocyte.*
polymorphonuclear leucocyte *m Brit.* polymorphkerniger neutrophiler Granulozyt, neutrophiler Leukozyt *m,* Neutrophiler *m.*
polymorphonuclear leukocyte polymorphkerniger neutrophiler Granulozyt *m,* neutrophiler Leukozyt *m,* Neutrophiler *m.*

polymorphous *adj.* s.u. *polymorphic.*
polynuclear *adj.* vielkernig, polynukleär.
polynuclear leucocyte *Brit.* **1.** Granulozyt *m*, granulärer Leukozyt *m*. **2.** s.u. *polymorphonuclear leucocyte.*
polynuclear leukocyte 1. Granulozyt *m*, granulärer Leukozyt *m*. **2.** s.u. *polymorphonuclear leukocyte.*
polynucleate *adj.* s.u. *polynuclear.*
polynucleated *adj.* s.u. *polynuclear.*
polynucleotidase *n* s.u. *polynucleotide phosphatase.*
polynucleotide *n* Polynukleotid *nt*, -nucleotid *nt.*
polynucleotide adenylyltransferase Polynukleotidadenyl(yl)transferase *f.*
polynucleotide chain Polynukleotidkette *f.*
polynucleotide ligase s.u. *polydeoxyribonucleotide synthase (ATP).*
polynucleotide phosphatase Polynukleotidphosphatase *f.*
polynucleotide phosphorylase s.u. *polyribonucleotide nucleotidyltransferase.*
polyoestradiol phosphate *Brit.* Polyestradiolphosphat *nt.*
Polyomavirus *n* Polyomavirus *nt*, Miopapovavirus *nt.*
polypeptidase *n* s.u. *peptidase.*
polypeptide *n* Polypeptid *nt.*
polypeptide chain Polypeptidkette *f.*
polypeptide fraction Polypeptidfraktion *f.*
polypeptide hormone s.u. *proteohormone.*
polypeptide PS II-I Polypeptid PS II-I *nt.*
polyphase *adj.* mehr-, viel-, verschiedenphasig, Mehrphasen-.
polyphenoloxidase *n* *o*-Diphenoloxidase *f*, Catecholoxidase *f*, Polyphenoloxidase *f.*
polyphosphate *n* Polyphosphat *nt.*
polyphosphoric acid Polyphosphorsäure *f.*
polyphyletic *adj.* polyphyletisch.
polyplastic *adj.* polyplastisch.
polyploid I *n* polyploide Zelle *f*, polyploider Organismus *m*. **II** *adj.* polyploid.
polyploidy *n* Polyploidie *f*, Polyploidisierung *f.*
Polyporus *n* Polyporus *m.*

polyprenyl diphosphate Polyprenyldiphosphat *nt.*
polyprenyl quinone Polyprenylchinon *nt.*
polyribonucleotide *n* Polyribonukleotid *nt.*
polyribonucleotide nucleotidyltransferase Polynukleotidphosphorylase *f*, Polyribonukleotidnukleotidyltransferase *f.*
polyribonucleotide strand Polyribonukleotidstrang *m.*
polyribosome *n* Poly(ribo)som *nt*, Ergosom *nt.*
polysaccharide *n* Polysaccharid *nt*, hochmolekulares Kohlenhydrat *nt.*
polysaccharose *n* s.u. *polysaccharide.*
polysome *n* s.u. *polyribosome.*
polysomic *adj.* polysom.
polytene *n* Polytän *nt.*
polytene chromosome Riesenchromosom *nt.*
polyteny *n* Polytänie *f.*
polyubiquitin *n* Polyubiquitin *nt.*
polyunsaturated *adj.* s.u. *polyenoic.*
polyunsaturated fat Lipid *nt* mit mehrfach ungesättigten Fettsäuren.
polyvalence *n* Mehr-, Vielwertigkeit *f*, Polyvalenz *f.*
polyvalent *adj.* mehr-, vielwertig, multi-, polyvalent.
polyvinyl chloride *n* Polyvinylchlorid *nt.*
poppy alkaloids Papaveralkaloide *pl.*
pore-forming protein s.u. *porin.*
pore protein s.u. *porin.*
porin *n* porenbildendes Protein *nt*, Porin *nt.*
pork tapeworm Schweine(finnen)bandwurm *m*, Taenia solium.
pork worm Trichine *f*, Trichina/Trichinella spiralis.
Porocephalida *pl* Porocephalida *pl.*
Porocephalidae *pl* Porocephalidae *pl.*
Porocephalus *n* Porocephalus *m.*
porphin *n* Porphin *nt.*
porphobilinogen *n* Porphobilinogen *nt.*
porphobilinogen deaminase Porphobilinogendesaminase *f.*
porphobilinogen synthase Porphobilinogensynthase *f.*
porphyrin *n* Porphyrin *nt.*
porphyrinogen *n* Porphyrinogen *nt.*
porphyrin ring Porphyrinring *m.*

P

portal circulation Pfortader-, Portalkreislauf *m*, Pfortader-, Portalsystem *nt*.

portal system s.u. *portal circulation*.

pituitary portal system hypophysärer Pfortader-/Portalkreislauf *m*, hypophysäres Pfortader-/Portalsystem *nt*.

portal vein (of liver) Pfortader *f*, Porta *f*.

porter *n* Translokator *m*.

positive *adj*. positiv.

positive charge positive Ladung *f*.

positive electrode Anode *f*, positive Elektrode *f*, positiver Pol *m*.

positive electron s.u. *positron*.

positive feedback Mitkopplung *f*, positive Rückkopplung *f*.

positive modulator positiver/fördernder/stimulierender Modulator *m*.

positive pole 1. Pluspol *m*. **2.** Anode *f*, positive Elektrode *f*, positiver Pol *m*.

positron *n* Antielektron *nt*, positives Elektron *nt*, Positron *nt*.

postabsorptive *adj*. postabsorptiv, -resorptiv.

postmeiotic *adj*. postmeiotisch.

postmeiotic phase postmeiotische Phase *f*.

postmenopausal *adj*. nach der Menopause, postmenopausal, Postmenopausen-.

postmenstrual *adj*. nach der Menstruation, postmenstruell, postmenstrual.

postmenstruum *n*, *pl* **-struums**, **-strua** Postmenstrualphase *f*, -stadium *nt*, Postmenstruum *nt*.

postmiotic *adj*. s.u. *postmeiotic*.

postmitotic *adj*. nach der Mitose, postmitotisch.

postprandial *adj*. nach der Mahlzeit/Nahrungsaufnahme, postprandial.

postreduction phase s.u. *postmeiotic phase*.

postsynaptic *adj*. hinter einer Synapse, postsynaptisch.

postsynaptic membrane postsynaptische Membran *f*.

posttranscriptional *adj*. posttranskriptional.

posttranscriptional processing posttranskriptionales Processing *nt*, posttranskriptionaler Reifungsprozess *m*.

posttranslational *adj*. posttranslational.

posttranslational modification posttranslationale Modifizierung *f*.

potable water Trinkwasser *nt*.

potash *n* Pottasche *f*, Kaliumkarbonat *nt*.

potassic *adj*. kaliumhaltig, Kalium-, Kali-.

potassium *n* Kalium *nt*.

potassium balance Kaliumhaushalt *m*.

potassium carbonate s.u. *potash*.

potassium channel Kalium-Kanal *m*, K^+-Kanal *m*.

potassium chloride Kaliumchlorid *nt*.

potassium cyanide Kaliumcyanid *nt*, Zyankali *nt*, Cyankali *nt*.

potassium ferricyanide Kaliumferricyanid *nt*.

potassium gymnemate Kaliumgymnemat *nt*.

potassium iodide Kaliumjodid *nt*, -iodid *nt*.

potassium oxalate Kaliumoxalat *nt*.

potassium permanganate Kaliumpermanganat *nt*.

potassium tellurite Kaliumtellurit *nt*.

potassium thiocyanate Kaliumthiocyanat *nt*.

potential I *n* Potential *nt*; (*elektrisch*) Spannung *f*. **II** *adj*. potentiell, Potential-.

potential energy potentielle Energie *f*.

pound *n* (*Gewicht*) Pfund *nt*.

power *n* **1.** Kraft *f*, Stärke *f*, Energie *f*. **2.** (*mathemat.*) Potenz *f*. **3.** Vergrößerung(skraft *f*) *f*, (Brenn-)Stärke *f*.

Poxviridae *pl* Pockenviren *pl*, Poxviridae *pl*.

poxvirus *n* Pockenvirus *nt*, Poxvirus *nt*.

P.-P. factor Niacin *nt*, Nikotin-, Nicotinsäure *f*.

prallel texture Paralleltextur *f*.

prandial *adj*. Essen *oder* Mahlzeit betreffend, Essens-, Tisch-.

praseodymium *n* Praseodym *nt*.

PRAS medium PRAS-Medium *nt*.

pre- *präf*. (*zeitlich, räumlich*) Vor-, Prä-.

prealbumin *n* Präalbumin *nt*.

prebeta-lipoprotein *n* Lipoprotein *nt* mit sehr geringer Dichte, prä-β-Lipoprotein *nt*.

prebiotic *adj*. präbiotisch.

prebiotic evolution präbiotische Evolution *f*.

precipitant *n* Fällmittel *nt*, (Aus-) Fällungsagens *nt*.

precipitate I *n* Präzipitat *nt*, Niederschlag *m*, Kondensat *nt*. **II** *vt* (aus-) fällen, niederschlagen, präzipitieren. **III** *vi* ausfällen, sich niederschlagen.

precipitation *n* (Aus-)Fällung *f*, Ausflockung *f*, Präzipitation *f*; Ausfällen *nt*, Präzipitieren *nt*.

precipitative *adj*. ausfällend, präzipitierend.

precipitin *n* Präzipitin *nt*.

precollagenous *adj*. präkollagenös.

precursor *n* Vorläufer *m*, Vorstufe *f*, Präkursor *m*.

precursor protein Vorstufenprotein *nt*.

predigest *vt* vorverdauen.

predigestion *n* Vorverdauung *f*.

prehepatic *adj*. vor der Leber, prähepatisch, antehepatisch.

Preisz-Nocard bacillus Preisz-Nocard-Bazillus *m*, Corynebacterium pseudotuberculosis.

prekallikrein *n* Präkallikrein *nt*, Fletscher-Faktor *m*.

prelarval stage Prälarvenstadium *nt*.

premeiotic phase prämeiotische Phase *f*.

premenopausal *adj*. vor der Menopause, prämenopausal, präklimakterisch.

premenstrual *adj*. vor der Menstruation, prämenstruell, prämenstrual.

premenstruum *n*, *pl* **-struums**, **-strua** Prämenstrualstadium *nt*, -phase *f*, Prämenstruum *nt*.

pre-messenger RNA Prä-messenger-RNA *f*.

premitotic *adj*. vor der Mitose (ablaufend), prämitotisch.

prenatal *adj*. vor der Geburt, vorgeburtlich, pränatal.

prenatal haemopoiesis *Brit*. pränatale Blutbildung/Hämopoese *f*.

prenatal hemopoiesis pränatale Blutbildung/Hämopoese *f*.

prenatal life Pränatalperiode *f*.

prenyl quinone Prenylchinon *nt*.

PR enzyme Phosphorylasephosphatase *f*.

preparation *n* (mikroskopisches) Präparat *nt*.

preparation phase Vorbereitungsphase *f*.

preparatory pathway vorbereitender Stoffwechselweg *m*.

prephenate *n* Prephenat *nt*.

prephenate dehydratase Prephensäuredehydratase *f*.

prephenate dehydrogenase Prephensäuredehydrogenase *f*.

prephenic acid Prephensäure *f*.

preprandial *adj*. vor der Mahlzeit/Nahrungsaufnahme, präprandial.

preprohormone *n* Präprohormon *nt*.

preprophage *n* Präprophage *m*.

preproprotein *n* Präproprotein *nt*.

preprotein *n* Präprotein *nt*.

prereduction phase s.u. *premeiotic phase*.

presequence *n* Präsequenz *f*.

prespermatid *n* sekundärer Spermatozyt *m*, Präspermatide *f*.

presqualene pyrophosphate Präsqualenpyrophosphat *nt*.

presqualene synthase Präsqualensynthase *f*.

pressure *n* 1. Druck *m*. **under pressure** unter Druck. 2. Drücken *nt*, Pressen *nt*, Druck *m*. **apply pressure** drücken *oder* Druck ausüben.

presynaptic *adj*. vor einer Synapse, präsynaptisch.

presynaptic membrane präsynaptische Membran *f*.

pretyrosine *n* Arogenat *nt*.

primary *adj*. 1. erste(r, s), ursprünglich, Ur-, Erst-, Anfangs-. 2. (*chemisch*) primär, Primär-.

primary acceptor Primärakzeptor *m*.

primary alcohol primärer Alkohol *m*.

primary amine primäres Amin *nt*.

primary assimilation Chylusbildung *f*, primäre Fettassimilation *f*.

primary carotinoid Primärcarotinoid *nt*.

primary host Endwirt *m*.

primary metabolism Primärstoffwechsel *m*.

primary oxidase Oxi-, Oxygenase *f*.

primary phosphate primäres Phosphat *nt*.

primary pigments primäre Photosynthesepigmente *pl*, primäre Pigmente *pl*.

primary structure Primärstruktur *f*.

primary transcript Primärtranskript *nt*.

primate *n* Primat *m*.

Primates *pl* Herrentiere *pl*, Primaten *pl*.

primer *n* Primer *m*, Starter *m*.

primitive *adj*. erste(r, s), ursprünglich,

P

primitiv, Ur-, Primitiv-.

primordial biomolecule ursprüngliches Biomolekül *nt*, Urbiomolekül *nt*.

principle *n* 1. Prinzip *nt*, (Grund-)Satz *m*, Lehre *f*; Gesetz *nt*, Gesetzmäßigkeit *f*. **in/on principle** in/aus Prinzip. 2. (*chemisch*) Wirkstoff *m*, wirksamer Bestandteil *m*; Grundbestandteil *m*.

prion *n* Prion *nt*.

prism *n* Prisma *nt*.

prismatic *adj*. durch ein Prisma verursacht, prismenförmig, prismatisch, Prismen-.

prismatic spectrum Prismaspektrum *nt*.

prism spectrum Prismenspektrum *nt*.

proaccelerin *n* Proakzelerin *nt*, Proaccelerin *nt*, Acceleratorglobulin *nt*, labiler Faktor *m*, Faktor V *m*.

proactivator *n* Proaktivator *m*.

proactive inhibition proaktive Hemmung *f*.

probability *n* Wahrscheinlichkeit *f*. **in all probability** aller Wahrscheinlichkeit nach, höchstwahrscheinlich.

probability curve Kurve *f* der Wahrscheinlichkeitsverteilung.

probability distribution Wahrscheinlichkeitsverteilung *f*.

probacteriophage *n* Prophage *m*.

procapsid *n* Prokapsid *nt*, Procapsid *nt*.

procarboxypeptidase *n* Procarboxypeptidase *f*.

Procaryotae *pl* Prokaryo(n)ten *pl*, Procaryotae *pl*.

procaryote *n* S.U. *prokaryote*.

procaryotic *adj*. S.U. *prokaryotic*.

procentriole *n* Prozentriole *f*.

procercoid *n* Prozerkoid *nt*.

process I *n*, *pl* **-esses** Prozess *m*, Verfahren *nt*; Vorgang *m*, Verlauf *m*. II *vt* be-, verarbeiten, behandeln, einem Verfahren unterwerfen.

prochiral *adj*. prochiral.

prochirality *n* Prochiralität *f*.

prochiral molecule prochirales Molekül *nt*.

prochromosome *n* Prochromosom *nt*.

prochymosin *n* Prochymosin *nt*, Prorennin *nt*.

procollagen *n* Prokollagen *nt*.

procollagenase *n* Prokollagenase *f*.

procollagen filament Prokollagenfilament *nt*.

procollagen peptidase Prokollagen-

peptidase *f*, -protease *f*.

procollagen-proline,2-oxoglutarate 4-dioxygenase Prolinhydroxylase *f*, Prolylhydroxylase *f*.

procollagen protease S.U. *procollagen peptidase*.

procollagen N-proteinase S.U. *procollagen peptidase*.

proconvertin *n* Prokonvertin *nt*, -convertin *nt*, Faktor VII *m*, Autothrombin I *nt*, Serum-Prothrombin-Conversion-Accelerator *m*, stabiler Faktor *m*.

product *n* Produkt *nt*.

proelastin *n* Proelastin *nt*.

proenzyme *n* Enzymvorstufe *f*, Proenzym *nt*, Zymogen *nt*.

proferment *n* S.U. *proenzyme*.

profibrinolysin *n* Plasminogen *nt*, Profibrinolysin *nt*.

proflavine *n* Proflavin *nt*, Diaminoacridin *nt*.

progamic *adj*. vor der Befruchtung, progam.

progenitor *n* 1. Vorläufer *m*; Vorfahr *m*. 2. Vorläuferzelle *f*.

progestational *adj*. Lutealphase betreffend.

progestational hormone S.U. *progesterone*.

progesterone *n* Gelbkörperhormon *nt*, Progesteron *nt*, Corpus-luteum-Hormon *nt*.

progesterone receptor Progesteronrezeptor *m*.

progestogen *n* Progestagen *nt*, Progestogen *nt*.

proglottid *n* Bandwurmglied *nt*, Proglottid *m*.

proglucagon *n* Proglukagon *nt*.

proglumide *n* Proglumid *nt*.

prohormone *n* Prohormon *nt*.

projection formula Projektionsformel *f*.

prokallikrein *n* S.U. *prekallikrein*.

prokaryote *n* Prokaryo(n)t *m*.

prokaryotic *adj*. Prokaryo(n)ten betreffend, prokaryontisch, prokaryotisch.

prokaryotic cell prokaryo(n)tische Zelle *f*.

prokaryotic protist niederer Protist *m*, Prokaryo(n)t *m*.

prolactin *n* Prolaktin *nt*, Prolactin *nt*, laktogenes Hormon *nt*.

prolactin cell (*Adenohypophyse*) Prolaktin-Zelle *f*, mammotrope Zelle *f*.

prolactin inhibiting factor Prolactin-inhibiting-Faktor *m*, Prolactin-inhibiting-Hormon *nt*.

prolactin inhibiting hormone S.U. *prolactin inhibiting factor.*

prolactin releasing factor Prolactin-releasing-Faktor *m*, Prolactin-releasing-Hormon *nt*.

prolactin releasing hormone S.U. *prolactin releasing factor.*

prolamellar body Prolamellarkörper *m*.

prolamin *n* Prolamin *nt*.

prolidase *n* S.U. *proline dipeptidase.*

prolinase *n* S.U. *prolyl dipeptidase.*

proline *n* Prolin *nt*.

proline dehydrogenase Prolindehydrogenase *f*, Prolin(-5-)oxidase *f*.

proline dipeptidase Prolidase *f*, Prolindipeptidase *f*.

proline hydxroxylase S.U. *prolyl hydroxylase.*

proline-4-monooxygenase *n* Prolin-4-monooxygenase *f*.

proline(-5-)oxidase *n* S.U. *proline dehydrogenase.*

proline-rich protein Prolin-reiches Protein *nt*.

prolyl dipeptidase Prolinase *f*, Prolyldipeptidase *f*.

prolyl hydroxylase Prolinhydroxylase *f*, Prolylhydroxylase *f*.

promastigote *n* promastigote Form *f*, Leptomonas-Form *f*.

prometaphase *n* Prometaphase *f*.

promoter *n* Promotor *m*, Aktivator *m*.

pronase *n* Pronase *f*.

proopiomelanocortin *n* Proopiomelanocortin *nt*.

proopiomelanocortin cells Proopiomelanocortinzellen *pl*, POMC-Zellen *pl*.

propagative body Brutkörper *m*.

propanoic acid S.U. *propionic acid.*

properdin *n* Properdin *nt*.

properdin pathway Properdin-System *nt*, alternativer Weg *m* der Komplementaktivierung.

properdin system Properdin-System *nt*, alternativer Weg *m* der Komplementaktivierung.

proper fungi echte Pilze *pl*, Eumyzeten *pl*, Eumycetes *pl*, Eumycophyta *pl*.

prophage *n* Prophage *m*.

prophase *n* Prophase *f*.

prophase banding hochauflösendes Banding *nt*.

propionate *n* Propionat *nt*.

propionate carboxylase S.U. *propionyl-CoA carboxylase.*

Propionibacteriaceae *pl* Propionibacteriaceae *pl*.

Propionibacterium *n* Propionibacterium *nt*.

propionic acid Propionsäure *f*, Propansäure *f*.

propionyl *n* Propionyl-(Radikal *nt*).

propionyl-CoA carboxylase Propionyl-CoA-carboxylase *f*.

proplasmin *n* S.U. *plasminogen.*

proplast *n* Proplast *m*.

proplastid *n* Proplastid *m*, Proplastide *f*.

proporphyrinogen oxidase S.U. *protoporphyrinogen oxidase.*

proportionality constant Proportionalitätskonstante *f*.

proprotein *n* Proprotein *nt*.

prosecretin *n* Prosekretin *nt*.

prostacyclin *n* Prostazyklin *nt*, -cyclin *nt*, Prostaglandin I_2 *nt*.

prostacyclin synthetase Prostazyklinsynthetase *f*.

prostaglandin *n* Prostaglandin *nt*.

prostaglandin D_2 Prostaglandin D_2 *nt*.

prostaglandin E_1 Prostaglandin E_1 *nt*, Alprostadil *nt*.

prostaglandin E_2 Prostaglandin E_2 *nt*, Dinoproston *nt*.

prostaglandin endoperoxide synthase Prostaglandinsynthase *f*, Prostaglandinendoperoxidsynthase *f*.

prostaglandin F_2α Prostaglandin $F_2\alpha$ *nt*, Dinoprost *nt*.

prostaglandin H_2 Prostaglandin H_2 *nt*.

prostaglandin I_2 S.U. *prostacyclin.*

prostaglandin synthase S.U. *prostaglandin endoperoxide synthase.*

prostanoic acid Prostansäure *f*.

prosthetic group prosthetische Gruppe *f*.

protaminase *n* Carboxypeptidase B *f*.

protamine *n* Protamin *nt*.

protamine chloride Protaminchlorid *nt*.

protamine sulfate Protaminsulfat *nt*.

protamine sulphate *Brit.* Protaminsulfat *nt*.

protandrous *adj.* vormännlich, protandrisch, proterandrisch.

protandry *n* Vormännlichkeit *f*, Protandrie *f*, Proterandrie *f*.

P

prote- *präf.* s.u. *proteo-*.
protease *n* s.u. *proteinase*.
proteasome *n* Proteasom *nt*.
protect I *vt* (be-)schützen (*from* vor; *against* gegen); (ab-)sichern. II *vi* schützen (*against* vor).
protecting reagent Schutz-, Blockierungsreagenz *nt*.
protective *adj.* **1.** (be-)schützend, Schutz-. **2.** beschützerisch (*towards* gegenüber).
protective protein Schutzprotein *nt*.
proteid *n* s.u. *protein* I.
proteidic *adj.* Protein(e) betreffend, Protein-.
protein I *n* Eiweiß *nt*, Protein *nt*. II *adj.* eiweiß-, proteinartig, eiweiß-, proteinhaltig, Protein-, Eiweiß-.
protein II Azoferredoxin *nt*, Dinitrogenase-reduktase *f*.
protein A Protein A *nt*.
proteinaceous *adj.* Protein betreffend, proteinartig, Protein-, Eiweiß-.
proteinase *n* Proteinase *f*, Protease *f*.
proteinase inhibitor Proteinaseinhibitor *m*.
proteinate buffer Protein(at)puffer *m*, Protein(at)puffersystem *nt*.
proteinate buffer system Protein(at)puffer *m*, Protein(at)puffersystem *nt*.
protein balance Proteinbilanz *f*, -haushalt *m*, Eiweißbilanz *f*, -haushalt *m*.
protein biosynthesis Proteinbiosynthese *f*.
protein breakdown Eiweißabbau *m*.
protein buffer Protein(at)puffer *m*, Protein(at)puffersystem *nt*.
protein buffer system Protein(at)puffer *m*, Protein(at)puffersystem *nt*.
protein C Protein C *nt*.
protein coat Proteinhülle *f*.
protein fraction Protein-, Eiweißfraktion *f*.
protein-glutamine γ-glutamyltransferase Faktor XIIIa *m*.
protein hormone Proteinhormon *nt*.
proteinic *adj.* Protein betreffend, Eiweiß-, Protein-.
protein kinase Phosphorylasekinasekinase *f*, Proteinkinase *f*.
protein malabsorption Eiweiß-, Proteinmalabsorption *f*.
protein matrix Protein-, Eiweißmatrix *f*.
protein metabolism s.u. *proteometa-*

bolism.
proteinochrome *n* Proteinochrom *nt*.
proteinogenous *adj.* von Proteinen abstammend, aus Proteinen gebildet, proteinogen.
proteinoid *n* Proteinoid *nt*.
protein-polysaccharide *n* Proteinpolysaccharid *nt*.
protein-shell *n* Proteinhülle *f*.
protein structure Proteinstruktur *f*.
protein synthesis Protein-, Eiweißsynthese *f*.
protein synthesis inhibitor Proteinsynthesehemmer *m*.
proteo- *präf.* Eiweiß-, Protein-, Prote(o)-.
proteoclastic *adj.* eiweißspaltend, proteoklastisch.
proteoglycan *n* Proteoglykan *nt*.
proteohormone *n* Proteo-, Polypeptidhormon *nt*.
proteolipid *n* Proteolipid *nt*.
proteolipin *n* s.u. *proteolipid*.
proteolysis *n* Protein-, Eiweißspaltung *f*, Proteolyse *f*.
proteolytic I *n* proteolytisches Enzym *nt*; Proteinase *f*, Protease *f*. II *adj.* Proteolyse betreffend, eiweißspaltend, proteolytisch.
proteolytic enzyme proteolytisches Enzym *nt*; Proteinase *f*, Protease *f*.
proteometabolic *adj.* Eiweißstoffwechsel betreffend.
proteometabolism *n* Proteinstoffwechsel *m*, -metabolismus *m*, Eiweißstoffwechsel *m*, -metabolismus *m*.
proteopectic *adj.* s.u. *proteopexic*.
proteopepsis *n* Eiweißverdauung *f*.
proteopeptic *adj.* eiweißverdauend, proteopeptisch.
proteopexic *adj.* eiweißeinlagernd, -fixierend.
proteopexy *n* Fixierung/Einlagerung *f* von Eiweiß.
proteose *n* Proteose *f*.
Proteus *n* Proteus *m*.
prothrombin *n* Prothrombin *nt*, Faktor II *m*.
prothrombin activator Thrombokinase *f*, -plastin *nt*, Prothrombinaktivator *m*.
prothrombinase *n* s.u. *prothrombin activator*.
prothrombinase complex Prothrombinasekomplex *m*.
prothrombin conversion factor

Prokonvertin *nt*, -convertin *nt*, Faktor VII *m*, Autothrombin I *nt*, Serum-Prothrombin-Conversion-Accelerator *m*, stabiler Faktor *m*.

prothrombin converting factor s.u. *prothrombin conversion factor*.

prothrombinopenia *n* Faktor-II-Mangel *m*, Hypoprothrombinämie *f*.

prothrombin time Thromboplastinzeit *f*, Quickwert *m*, -zeit *f*, Quick *m*, Prothrombinzeit *f*.

prothrombokinase *n* s.u. *prothrombin conversion factor*.

protide *n* s.u. *protein* I.

protist *n* Einzeller *m*, Protist *m*.

Protista *pl* Einzeller *pl*, Protisten *pl*, Protista *pl*.

proto- *präf.* Erst-, Ur-, Prot(o)-.

protochlorophyll *n* Protochlorophyll *nt*.

protochlorophyllide *n* Mg-3-vinyl-phytoporphyrin-13^2-methylcarboxylat *nt*, Protochlorophyllid *nt*.

protochlorophyllide oxidoreductase Protochlorophyllid-oxidoreduktase *f*.

protogene *n* Urgen *nt*, Protogen *nt*.

protogynous *adj.* vorweiblich, protogyn, proterogyn.

protogyny *n* Vorweiblichkeit *f*, Protogynie *f*, Proterogynie *f*.

protohaeme *n Brit.* Protohäm *nt*, Häm *nt*.

protoheme *n* Protohäm *nt*, Häm *nt*.

Protomastigida *pl* Kinetoplastida *pl*.

protomer *n* Protomer *nt*.

Protomonadina *pl* Kinetoplastida *pl*.

proton *n* Proton *nt*.

proton acceptor Protonenakzeptor *m*.

proton affinity Protonenaffinität *f*.

protonated *adj.* protoniert.

protonation *n* Protonierung *f*.

proton channel Protonenkanal *m*.

proton donor Protonendonor *m*, -spender *m*.

proton gradient *n* Protonengradient *m*. **transmembrane proton gradient** transmembraner Protonengradient.

proton-motive force protonentreibende Kraft *m*.

proton-motive gradient protonentreibender Gradient *m*.

proton-motive Q cycle Q-Zyklus *m*.

proton pore Protonenkanal *m*.

proton transfer Protonenübertragung *f*.

proton-yielding *adj.* protonenliefernd.

protoplasm *n* Protoplasma *nt*.

protoplasmal *adj.* s.u. *protoplasmic*.

protoplasmatic *adj.* s.u. *protoplasmic*.

protoplasmic *adj.* Protoplasma betreffend *oder* enthaltend, aus Protoplasma bestehend, protoplasmatisch, Protoplasm(a)-.

protoplast *n* Protoplast *m*.

protoporphyrin *n* Protoporphyrin *nt*.

protoporphyrinogen oxidase Protoporphyrinogenoxidase *f*.

Protostomia *pl* Erst-, Alt-, Urmünder *pl*, Protostomier *pl*.

prototrophic *adj.* prototroph.

prototype *n* Urform *f*, Urtyp *m*, Prototyp *m*.

protoveratrine *n* Protoveratrin *nt*.

Protozoa *pl* Urtierchen *pl*, tierische Einzeller *pl*, Protozoen *pl*, Protozoa *pl*.

protozoal *adj.* Protozoen betreffend, Protozoen-.

protozoan I *n* s.u. *protozoon*. II *adj.* s.u. *protozoal*.

protozoon *n, pl* **-zoa** Urtierchen *nt*, Protozoon *nt*.

protrypsin *n* Trypsinogen *nt*.

Providencia *n* Providencia *f*.

provirus *n* Provirus *nt*.

provitamin *n* Provitamin *nt*.

proximal convolution (*Niere*) proximales Konvolut *nt*.

proximal tubule Hauptstück *nt*, proximaler Tubulus *m*.

PR proteins PR-Proteine *pl*, Pathogenese-relevante Proteine *pl*.

Prussian blue Berliner-Blau *nt*, Ferriferrocyanid *nt*.

Prussian blue reaction Berliner-Blau-Reaktion *f*, Ferriferrocyanid-Reaktion.

prussiate *n* Zyanid *nt*, Cyanid *nt*.

prussic acid Blausäure *f*, Zyan-, Cyanwasserstoff *m*.

P/Q quotient P/O-Quotient *m*, P/O-Quotient *m*.

pseudo- *präf.* Falsch-, Schein-, Pseud(o)-.

pseudoalleles *pl* Pseudoallele *pl*.

pseudoallelic *adj.* Pseudoallele betreffend, pseudoallel.

pseudoallelism *n* Pseudoallelie *f*.

pseudocholinesterase *n* unspezifische/unechte Cholinesterase *f*, Pseudocholinesterase *f*, Typ II-Cholin-

P

esterase *f*, β-Cholinesterase *f*, Butyrylcholinesterase *f*.
pseudodominant *adj.* quasidominant.
pseudohereditary *adj.* pseudohereditär.
pseudohyphae *pl* Pseudohyphen *pl.*
pseudoalakaloids *pl* Pseudoalkaloide *pl.*
Pseudomonadaceae *pl* Pseudomonadaceae *pl.*
Pseudomonas *n* Pseudomonas *f.*
Pseudomonas aeruginosa Pseudomonas aeruginosa, Pyozyaneus *m.*
pseudomucin *n* Pseudomuzin *nt*, -mucin *nt*, Metalbumin *nt.*
pseudomucinous *adj.* pseudomuzinös.
pseudomycelium *n* Pseudomyzel *nt.*
pseudoparasite *n* Pseudoparasit *m.*
pseudoreduction *n* Pseudoreduktion *f.*
pseudotype *n* (*Virus*) Pseudotyp *m.*
pseudouridine *n* Pseudouridin *nt.*
pseudouridylic acid Pseudouridylsäure *f.*
pseudovirion *n* Pseudovirion *nt.*
pseudovitamin B$_{12}$ Pseudovitamin B$_{12}$ *nt.*
psilocin *n* Psilocin *nt.*
P site s.u. *peptidyl site.*
Psychodidae *pl* Schmetterlingsmücken *pl*, Psychodidae *pl.*
psychr(o)- *präf.* Kälte-, Psychro-, Kry(o)-.
psychrophilic bacteria kälteliebende/psychrophile Bakterien *pl.*
psylobicin *n* Psylocybin *nt.*
PTA factor s.u. *plasma thromboplastin antecedent.*
PTC factor s.u. *plasma thromboplastin component.*
Pt electrode Platinelektrode *f.*
pteroic acid Pteroinsäure *f.*
pteropterin *n* s.u. *pteroyltriglutamic acid.*
pteroylglutamate *n* Folinat *nt.*
pteroylglutamic acid Folsäure *f*, Pteroylglutaminsäure *f*, Vitamin Bc *nt.*
pteroyltriglutamic acid Pteroyltriglutaminsäure *f.*
ptyalin *n* Ptyalin *nt*, Speicheldiastase *f.*
ptyalo- *präf.* Speichel-, Ptyal(o)-, Sial(o)-.
pubarche *n* Pubarche *f.*

puberal *adj.* Pubertät betreffend, pubertär, puberal, pubertierend, Pubertäts-.
pubertal *adj.* s.u. *puberal.*
puberty *n* Geschlechtsreife *f*, Pubertät *f*, Pubertas *f.*
pubescence *n* Geschlechtsreifung *f*, Pubeszenz *f.*
pubescent *adj.* heranwachsend, pubeszent.
Pulex *n* Pulex *m*; Floh *m.*
Pulex cheopis Pestfloh *m*, Xenopsylla cheopis.
Pulex irritans Menschenfloh *m*, Pulex irritans.
pulicicide *n* s.u. *pulicide.*
Pulicidae *pl* Pulicidae *pl.*
pulicide *n* Pulizid *nt.*
pulmonal *adj.* s.u. *pulmonary.*
pulmonary *adj.* Lunge/Pulmo betreffend, pulmonal, Lungen-, Pulmonal-, Pulmo-.
pulp *n* (*Organ*) Mark *nt*, Parenchym *nt*, Pulpa *f.*
pulpal *adj.* Mark/Pulpa betreffend, Pulpa-, Mark-.
pump I *n* Pumpe *f.* **II** *vt, vi* pumpen.
pump-and-leak mechanism Pump-und-Leck-Mechanismus *m.*
pump current Pumpstrom *m.*
pupa *n, pl* -pas, -pae Puppe *f*, Pupa *f.*
pupal *adj.* Puppen-.
pure *adj.* rein, unvermischt, pur.
purification *n* Reinigung *f*; Klärung *f.*
purified placental protein humanes Plazenta-Laktogen *nt*, Chorionsomatotropin *nt.*
purified protein derivative tuberculin gereinigtes Tuberkulin *nt*, PPD-Tuberkulin *nt.*
purine *n* Purin *nt.*
purine alkaloids Purinalkaloide *pl.*
purine base Purinbase *f.*
purine body s.u. *purine base.*
purine degradation Purinabbau *m.*
purine derivative Purinderivat *nt.*
purine-nucleoside phosphorylase Purinnukleosidphosphorylase *f.*
purine-5'-nucleotidase *n* 5-Nukleotidase *f*, 5-Nucleotidase *f.*
purine nucleotide cycle Purinnukleotidzyklus *m.*
purine ribonucleotide Purinribonukleotid *nt.*
purothionin *n* Purothionin *nt.*
purple bacteria Purpurbakterien *pl.*

purpurin *n* Uroerythrin *nt*.
purpurincarboxylic acid Purpurin-carboxylsäure *f*.
putamen *n, pl* **-tamina** Schale *f*, Hülse *f*, Putamen *nt*.
putrefactive bacterium Fäulnisbak-terium *nt*, -bakterie *f*, -erreger *m*.
putrescin *n* Putrescin *nt*.
putrescin N-methyltransferase Putrescin-*N*-methyltransferase *f*.
pyknosis *n* (Kern-)Verdichtung *f*, Ver-dickung *f*, Pyknose *f*, Karyo-, Kernpyknose *f*.
pyknotic *adj*. Pyknose betreffend, ver-dichtet, pyknotisch.
pyogenic bacteria pyogene/eiterbil-dende Bakterien *pl*.
pyracin *n* Pyrazin *nt*.
pyran *n* Pyran *nt*.
pyranose *n* Pyranose *f*.
pyranose form Pyranoseform *f*.
pyranose ring Pyranosering *m*.
pyran ring Pyranring *m*.
pyrazinamide *n* Pyrazinamid *nt*.
pyridine *n* Pyridin *nt*.
4-pyridine carboxylic acid hydra-zide Isoniazid *nt*, Isonicotinsäu-rehydrazid *nt*, Pyridin-4-carbonsäu-rehydrazid *nt*.
pyridine coenzyme Pyridincoenzym *nt*.
pyridine-linked dehydrogenase pyridinabhängige Dehydrogenase *f*.
pyridine nucleotide Pyridinnuk-leotid *nt*.
pyridine nucleotide dehydrogen-ase Pyridinnukleotiddehydrogenase *f*.
pyridine nucleotide reductase Pyridinnukleotidreduktase *f*.
photosynthetic pyridine nucleotide reductase photosynthetische Pyridin-nukleotidreduktase.
pyridine nucleotide transhydro-genase Pyridinnukleotidtranshydro-genase *f*, NAD(P)$^+$-Transhydro-genase *f*.
pyridine ring Pyridinring *m*.
pyridostigmine bromide Pyrido-stigminbromid *nt*.
pyridoxal *n* Pyridoxal *nt*.
pyridoxal phosphate Codecarboxy-lase *f*, Pyridoxalphosphat *nt*.
pyridoxamine *n* Pyridoxamin *nt*.
pyridoxamine phosphate Pyridoxa-minphosphat *nt*.
pyridoxic acid Pyridoxinsäure *f*.

pyridoxine *n* Pyridoxin *nt*, Vitamin B$_6$ *nt*.
pyridoxine coenzyme Pyridoxinco-enzym *nt*.
pyrimidine *n* Pyrimidin *nt*.
pyrimidine antagonist Pyrimidin-antagonist.
pyrimidine base Pyrimidinbase *f*.
pyrimidine degradation Pyrimidin-abbau *m*.
pyrimidine derivative Pyrimidin-derivat *nt*.
pyrimidine nucleotide Pyrimidin-nukleotid *nt*.
pyro- *präf*. Pyro-.
pyroborate *n* Tetraborat *nt*.
pyroboric acid Tetraborsäure *f*.
pyrocatechin *n* s.u. *pyrocatechol*.
pyrocatechol *n* Brenzkatechin *nt*, -catechin *nt*.
pyrogallic acid s.u. *pyrogallol*.
pyrogallol *n* Pyrogallol *nt*, 1,2,3,-Trihydroxybenzol *nt*.
pyroglobulin *n* Pyroglobulin *nt*.
pyroglutamase *n* 5-Oxoprolinase *f*.
pyroglutamate *n* 5-Oxoprolin *nt*, Pyroglutaminsäure *f*.
pyroglutamate hydrolase s.u. *pyro-glutamase*.
pyroglutamic acid s.u. *pyroglu-tamate*.
pyrolysis *n* Pyrolyse *f*.
pyronin *n* Pyronin *nt*.
pyrophosphatase *n* Pyrophospha-tase *f*.
pyrophosphate *n* Pyrophosphat *nt*.
pyrophosphate bond Pyrophosphat-bindung *f*.
pyrophosphate ribose-P-synthe-tase Ribosephosphatpyrophospho-kinase *f*, Phosphoribosylpyrophos-phatsynthetase *f*.
pyrophosphokinase *n* Diphospho-transferase *f*, Pyrophosphokinase *f*, -transferase *f*.
pyrophosphomevalonate *n* Pyro-phosphomevalonat *nt*.
pyrophosphomevalonate decar-boxylase Pyrophosphomevalonat-decarboxylase *f*.
5-pyrophosphomevalonic acid 5-Pyrophosphomevalonsäure *f*.
pyrophosphoric acid Pyrophos-phorsäure *f*.
pyrophosphorylase *n* Pyrophospho-rylase *f*, Glykosyl-1-phosphatnuk-

P

leotidyltransferase *f.*
pyrophosphotransferase *n* S.U.
pyrophosphokinase.
pyrrole *n* Pyrrol *nt.*
pyrrole ring Pyrrolring *m.*
pyrrolicidine *n* Pyrrolizidin *nt.*
pyrrolicidine alkaloids Pyrrolizidin-alkaloide *pl.*
pyrrolidine *n* Pyrrolidin *nt.*
pyrroline *n* Pyrrolin *nt.*
Δ^1-pyrroline-5-carboxylate *n* Δ^1-Pyrrolin-5-carboxylat *nt.*
Δ^1-pyrroline-5-carboxylate dehydrogenase Δ^1-Pyrrolin-5-carboxylat-dehydrogenase *f.*
pyrroline-5-carboxylate reductase Pyrrolin-5-carboxylat-reduktase *f.*
pyrroline-2-carboxylic acid reductase Pyrrolin-2-carbonsäurereduktase *f.*
pyruvate *n* Pyruvat *nt.*
pyruvate breakdown Pyruvatabbau *m.*
pyruvate carboxylase Pyruvatcarboxylase *f.*
pyruvate decarboxylase Pyruvatdecarboxylase *f.*

pyruvate dehydrogenase Pyruvat-dehydrogenase *f.*
pyruvate dehydrogenase complex Pyruvatdehydrogenasekomplex *m.*
pyruvate dehydrogenase kinase Pyruvatdehydrogenasekinase *f.*
pyruvate dehydrogenase lipoamide Pyruvatdehydrogenase (Lipoamid) *f.*
pyruvate dehydrogenase phosphatase Pyruvatdehydrogenasephosphatase *f.*
pyruvate family Pyruvat-Familie *f.*
pyruvate-ferredoxine oxidoreductase Pyruvat-Ferredoxin-oxidoreduktase *f.*
pyruvate kinase Pyruvatkinase *f.*
pyruvate,orthophosphate dikinase Pyruvat,Orthophosphat-Dikinase *f.*
pyruvate,orthophosphate kinase Pyruvat,Orthophosphat-Kinase *f.*
pyruvate oxidation factor Liponsäure *f*, Thiooctansäure *f.*
pyruvic acid Brenztraubensäure *f*, Acetylameisensäure *f*, α-Ketopropionsäure *f.*

P

Q

Q band (*Chromosom*) Q-Bande *f*.
Q cycle Q-Zyklus *m*.
Q disc *Brit.* A-Band *nt*, A-Streifen *m*, A-Zone *f*, anisotrope Bande *f*.
Q disk A-Band *nt*, A-Streifen *m*, A-Zone *f*, anisotrope Bande *f*.
Q enzyme Q-Enzym *nt*, Verzweigungsenzym *nt*.
quadribasic *adj.* vierbasisch.
quadridentate *adj.* vierzähnig.
quadrinucleate *adj.* vierkernig.
quadripartite *adj.* viergeteilt.
quadrivalence *n* Vierwertigkeit *f*.
quadrivalent *adj.* vierwertig, tetravalent.
qualitative analysis qualitative Analyse/Bestimmung *f*.
quantal *adj.* Quant betreffend, Quanten-.
quantity *n* Menge *f*, Größe *f*, Quantität *f*; Quantum *nt*.
  quantity of electric charge Elektrizitätsmenge.
  quantity of heat Wärmemenge.
quantum *n*, *pl* **-ta 1.** (bestimmte) Menge *f*, Quantum *nt*. **2.** Licht-, Strahlungsquant *nt*; Photon *nt*, Quant *nt*.
quantum constant Planck-Wirkungsquantum *nt*.
quartile *n* Viertelswert *m*, Quartil *nt*.
quartz *n* Quarz *m*.
quasidominant *adj.* quasidominant.
quasidominant inheritance quasidominante Vererbung *f*.

quaternary *adj.* vier Elemente *oder* Gruppen enthaltend, quaternär, Quartär-.
quaternary compound quartäre/quaternäre Verbindung *f*.
quaternary structure Quartärstruktur *f*.
quercetin *n* Quercetin *nt*.
Quetelet index Körpermasseindex *m*, Quetelet-Index *m*, body mass index.
Quick's method s.u. *Quick test*.
Quick test Thromboplastinzeit *f*, Quickwert *m*, Quick *m*, Prothrombinzeit *f*.
Quick value s.u. *Quick test*.
quicksilver *n* Quecksilber *nt*; (*chemisch*) Hydrargyrum *nt*.
quiescent state Ruhezustand *m*.
quinacrine *n* Quinacrin *nt*, Chinacrin *nt*.
quinacrine banding Quinacrinbanding *nt*, Q-Banding *nt*.
quinate *n* Chinat *nt*.
quinic acid Chinasäure *f*.
quinidine *n* Chinidin *nt*, Quinidine *nt*.
quinolinic acid Chinolinsäure *f*.
quinolizidine *n* Chinolizidin *nt*.
quinolizidine alkaloids Chinolizidinalkaloide *pl*, Lupinenalkaloide *pl*.
quinolizidines *pl* Chinolizidinalkaloide *pl*, Lupinenalkaloide *pl*.
quinolone *n* Chinolon *nt*, Quinolon *nt*, Chinolon-Antibiotikum *nt*.
quinquevalent *adj.* fünfwertig.
quotient *n* Quotient *m*.

R

rabies virus Tollwut-, Rabies-, Lyssavirus *nt.*
race *n* Rasse *f;* Gattung *f,* Unterart *f.*
racemase *n* Razemase *f,* Racemase *f.*
racemate *n* Razemat *nt,* Racemat *nt.*
raceme *n* **1.** Traube *f.* **2.** s.u. *racemate.*
racemic *adj.* razemisch, racemisch.
racemic form s.u. *racemate.*
racemization *n* Razemisierung *f,* Racemisierung *f* Racemisierungsreaktion *f.*
racemize *vt* razemisieren, racemisieren.
racemose *adj.* traubenförmig, Trauben-.
racial *adj.* Rasse betreffend, rassisch, Rassen-.
radial *adj.* Radius betreffend, radial, strahlenförmig, strahlig, Strahlen-, Radial-.
radial symmetry Radiärsymmetrie *f.*
radiant I *n* Strahl *m,* Strahlungspunkt *m.* II *adj.* (aus-)strahlend, aussendend, Strahlungs-.
radiate I *adj.* strahlen-, sternförmig, radial, Radial-, Strahl(en)-. II *vt* ab-, ausstrahlen. III *vi* **1.** ausstrahlen (*from* von); ausgestrahlt werden; Strahlen aussenden, strahlen. **2.** strahlen- *oder* sternförmig ausgehen (*from* von).
radiation *n* Strahlung *f,* Radiation *f.*
contaminated with radiation strahlenverseucht.
radiational *adj.* Strahlung betreffend, Strahlungs-.
radiation biology s.u. *radiobiology.*
radiation chemistry Strahlenchemie *f.*

radiative *adj.* s.u. *radiatory.*
radiatory *adj.* ab-, ausstrahlend, Strahlungs-.
radical I *n* (*chemisch*) Radikal *nt;* (*mathemat.*) Wurzel *f.* II *adj.* (*mathemat.*) Wurzel-; (*chemisch*) Radikal-.
radical chain Radikalkette *f.*
radical chain reaction Radikalkette *f.*
radicle *n* Radikal *nt.*
radicular *adj.* (*chemisch*) Radikal betreffend.
radio- *präf.* **1.** Strahl(en)-, Strahlungs-, Radio-. **2.** Radioaktivität betreffend, Radium-, Radio-.
radioaction *n* s.u. *radioactivity.*
radioactive *adj.* Radioaktivität betreffend *oder* aufweisend, radioaktiv.
radioactive atom radioaktives Atom *nt.*
radioactive carbon s.u. *radiocarbon.*
radioactive decay radioaktiver Zerfall *m.*
radioactive isotope s.u. *radioisotope.*
radioactive nuclide s.u. *radionuclide.*
radioactive tracer radioaktiver Marker *m,* Tracer *m.*
radioactivity *n* Radioaktivität *f.*
radiobiologic *adj.* strahlen-, radiobiologisch.
radiobiological *adj.* s.u. *radiobiologic.*
radiobiology *n* Strahlen-, Strahlungsbiologie *f,* Radiobiologie *f,* Strahlenforschung *f.*
radiocarbon *n* Radiokohlenstoff *m,* Radiokarbon *nt.*
radiochemical *adj.* Radio-/Strahlen-

chemie betreffend, radio-, strahlen-chemisch.

radiochemistry *n* Radio-, Strahlen-chemie *f*.

radioelement *n* Radioelement *nt*.

radiogenic *adj.* von radioaktiver Herkunft, radiogen.

radioiodinated serum albumin Radioiod-Serumalbumin *nt*.

radioisotope *n* radioaktives Isotop *nt*, Radioisotop *nt*.

radiolysis *n* Radiolyse *f*.

radionuclide *n* radioaktives Nuklid *nt*, Radionuklid *nt*.

radiosensibility *n* Strahlenempfind-lichkeit *f*.

radiosensitive *adj.* strahlenempfind-lich.

radiosensitiveness *n* s.u. *radiosen-sibility*.

radiosensitivity *n* s.u. *radiosensibi-lity*.

radio spectrum Strahlenspektrum *nt*.

radiotracer *n* radioaktiver Tracer *m*, Radiotracer *m*.

radium *n* Radium *nt*.

radius *n*, *pl* **-diuses, -dii** Radius *m*.

radix *n*, *pl* **radices** Wurzel *f*, Radix *f*.

radon *n* Radon *nt*.

Raillietina *n* Raillietina *f*.

Rainey's corpuscles Rainey-Kör-perchen *pl*, Miescherschläuche *pl*.

Rainey's tubes Rainey-Körperchen *pl*, Miescherschläuche *pl*.

Rainey's tubules Rainey-Körperchen *pl*, Miescherschläuche *pl*.

Ramachandran plot Ramachandran-Auftragung *f*, -Darstellung *f*, -Dia-gramm *nt*.

random mating Panmixie *f*, Panmixis *f*.

random mating equilibrium Hardy-Weinberg-Gesetz *nt*.

range *n* **1.**(Aktions-)Radius *m*; Reich-weite *f*; (Mess-, Skalen-)Bereich *m*. **2.** Toleranz-, Streuungsbreite *f*, Bereich *m*.

range of normal Normalbereich.

rapid *adj.* schnell, rasch, rapide, Schnell-.

rare *adj.* selten, rar.

rare base seltene Base *f*.

rare earths seltene Erden *pl*.

rare gas Edelgas *nt*.

rare mutant seltene Mutante *f*.

rate *n* Quote *f*, Rate *f*; Geschwindigkeit *f*,

Tempo *nt*. **at the rate of** im Verhältnis von.

rate of change Änderungsgeschwin-digkeit.

rate of consumption Verbrauch(sge-schwindigkeit *f*) *m*.

rate of flow Durchflussgeschwin-digkeit, -menge *f*, Fluss *m*.

rate of formation Bildungsgeschwin-digkeit.

rate of respiratory metabolism respiratorische Stoffwechselrate.

rate-determining step s.u. *rate-limi-ting step*.

rate-limiting *adj.* geschwindigkeits-bestimmend, -begrenzend.

rate-limiting step geschwindigkeits-bestimmender *oder* -begrenzender Schritt *m*.

rate-zonal centrifugation Zonen-zentrifugation *f*.

rat flea Rattenfloh *m*.

ratio *n*, *pl* **-tios** Verhältnis *nt*; Ver-hältniszahl *f*; Quotient *m*. **in inverse ratio** umgekehrt proportional.

rational formula Strukturformel *f*.

rational scale Rationalskala *f*.

ratizide *n* Ratizid *nt*.

Rauwolfia *n* Rauwolfia *f*.

ray **I** *n* Strahl *m*; Lichtstrahl *m*. **II** *vt* ausstrahlen. **III** *vi* Strahlen aussen-den, strahlen; sich strahlenförmig aus-breiten.

R bacteria R-Form *f*, R-Stamm *m*.

R-band *n* (*Chromosom*) R-Bande *f*.

R colony (*Kolonie*) R-Form *f*.

reabsorb *vt* s.u. *resorb*.

reabsorption *n* **1.** Reabsorption *f*. **2.** s.u. *resorption*.

reabsorption pressure Re(ab)sorp-tionsdruck *m*.

react *vi* reagieren, eine Reaktion be-wirken.

reaction *n* Reaktion *f*.

reaction center Reaktionszentrum *nt*.

reaction centre *Brit.* Reaktionszen-trum *nt*.

reaction kinetics Reaktionskinetik *f*.

reaction mechanism Reaktions-mechanismus *m*.

reaction order Reaktionsordnung *f*.

reaction pathway Reaktionsweg *m*.

reaction rate Reaktionsgeschwin-digkeit *f*, -rate *f*, Umsatzgeschwin-digkeit *f*, -rate *f*.

specific reaction rate s.u. *reaction*

R

rate constant.

reaction rate constant Reaktionsgeschwindigkeitskonstante *f.*

reaction time Reaktionszeit *f.*

reaction velocity Reaktionsgeschwindigkeit *f.*

reactivation *n* Reaktivierung *f*, Reaktivieren *nt.*

reactive *adj.* reaktiv, Reaktions-.

reactivity *n* Reaktivität *f.*

reactor *n* (*physikal.*) (Kern-)Reaktor *m*; (*chemisch*) Reaktionsgefäß *nt*; Reaktionsmittel *nt.*

reading frame Leserahmen *m.*

open reading frame offener Leserahmen.

unidentified reading frame nichtidentifizierter Leserahmen.

reagent *n* Reagenz *nt*, Reagens *nt.*

reagin *n* Reagin *nt*, IgE-Antikörper *m.*

reassortant *n* (*Virus*) Reassortante *f.*

reassortment *n* (*Virus*) Reassortment *nt.*

receptive *adj.* Rezeptor(en) *oder* Rezeption betreffend, rezeptiv, sensorisch, Rezeptoren-, Reiz-, Sinnes-.

receptor *n* Rezeptor *m.*

receptor-mediated *adj.* rezeptorgesteuert, rezeptor-vermittelt.

receptor membrane Rezeptormembran *f.*

receptor molecule Rezeptormolekül *nt.*

receptor potential Rezeptorpotential *nt.*

receptor protein Rezeptorprotein *nt.*

receptor site Rezeptorstelle *f.*

receptor specifity Rezeptorspezifität *f.*

recessive *adj.* rezessiv.

recessive gene rezessives Gen *nt.*

recessive inheritance rezessive Vererbung *f.*

recessiveness *n* Rezessivität *f.*

recognition site Erkennungsstelle *f.*

recombinant I *n* Rekombinante *f.* II *adj.* rekombinant.

recombination *n* Rekombination *f.*

rectification *n* (*chemisch*) Rektifikation *f*; (*physikal.*) Gleichrichtung *f.*

rectifier *n* (*chemisch*) Rektifizierapparat *m*; (*physikal.*) Gleichrichter *m.*

red algae Rhodophyceae *pl*, Rotalgen *pl.*

red blood cells rote Blutzellen *pl*, -körperchen *pl*, Erythrozyten *pl.*

red blood corpuscles S.U. *red blood cells.*

red blood count Erythrozytenzahl *f.*

red cell count Erythrozytenzahl *f.*

red cell mass Erythrozytenmasse *f.*

red cells S.U. *red blood cells.*

red cell volume totales Erythrozytenvolumen *nt.*

red corpuscles S.U. *red blood cells.*

red-drop phenomenon Red-drop-Phänomen *nt.*

redia *n*, *pl* **-diae** Redia *f*, Redie *f*, Stablarve *f.*

red marrow rotes blutbildendes Knochenmark *nt.*

red muscle rote Muskelfaser *f*, rotes Muskelgewebe *nt.*

redox *n* Oxidation-Reduktion *f*, Redox(-Reaktion *f*).

redox couple Redoxpaar *nt.*

redox enzyme Redoxenzym *nt*, Oxidoreduktase *f.*

flavin-linked redox enzyme flavinabhängiges Redoxenzym.

redox pair Redoxpaar *nt.*

conjugate redox pair konjugiertes Redoxpaar.

redox potential Redoxpotential *nt.*

midpoint/standard redox potential Normalpotential.

redox reaction Oxidations-Reduktionsreaktion *f*, Redoxreaktion *f.*

redox system Redoxsystem *nt.*

reduced glutathione reduziertes Glutathion *nt.*

reduced haemoglobin *Brit.* reduziertes/desoxygeniertes Hämoglobin *nt*, Desoxyhämoglobin *nt.*

reduced hemoglobin reduziertes/desoxygeniertes Hämoglobin *nt*, Desoxyhämoglobin *nt.*

reducible *adj.* reduzibel, reduzierbar.

reducing agent S.U. *reductant.*

reducing equivalent Reduktionsäquivalent *nt.*

reducing sugar reduzierender Zucker *m.*

reductant *n* Reduktionsmittel *nt*, Reduktor *m.*

reductase *n* Reduktase *f.*

5α-reductase *n* 5α-Reduktase *f.*

reduction *n* Reduktion *f.*

reduction cell division 1. Reduktion(steilung *f*) *f*, Meiose *f.* **2.** erste Reifeteilung *f.*

reduction division 1. Reduk-

tion(steilung *f*) *f*, Meiose *f*. **2.** erste
Reifeteilung *f*.
reductive I *n* Reduktionsmittel *nt*. **II**
adj. Reduktion bewirkend, redu-
zierend, vermindernd (*of*); reduktiv.
redundancy *n* Redundanz *f*.
redundant genes redundante Gene *pl*.
reduplication *n* Verdopp(e)lung *f*,
Wiederholung *f*, Reduplikation *f*.
reduviid *n* Raubwanze *f*.
Reduviidae *pl* Raubwanzen *pl*,
Reduviiden *pl*, Reduviidae *pl*.
reference cell Referenz-, Bezugszelle
f.
reference electrode Referenz-,
Bezugselektrode *f*.
reference potential Referenz-,
Bezugspotential *nt*.
reference state Referenz-, Standardzustand *m*.
reference value Referenz-, Bezugswert *m*.
refined *adj*. raffiniert, Fein-.
refraction *n* (*Licht, Wellen*) Brechung
f, Refraktion *f*.
refractive *adj*. Refraktion betreffend,
brechend, refraktiv, Brech(ungs)-,
Refraktions-.
refractive index Brechungs-, Refraktionsindex *m*.
refractive power S.U. *refractivity*.
refractivity *n* Brech(ungs)kraft *f*, -ver-
mögen *nt*, Refraktionskraft *f*, -ver-
mögen *nt*.
refractor *n* brechendes Medium *nt*,
Refraktor *m*.
refractoriness *n* (*physiolog.*) (Reiz-)
Unempfindlichkeit *f* (*to* für); Refraktärität *f*; (*chemisch*) Hitzebeständigkeit *f*, Feuerfestigkeit *f*.
refractory *adj*. (reiz-)unempfindlich,
refraktär.
refractory period Refraktärphase *f*,
-stadium *nt*, -periode *f*.
regulation *n* Regelung *f*, Einstellung *f*,
Steuerung *f*, Regulierung *f*.
regulator gene Regulatorgen *nt*.
regulatory *adj*. regulatorisch, Regula-
tions-, Regulator-, Steuer-, Aus-
führungs-, Durchführungs-.
regulatory circuit Regelkreis *m*.
regulatory DNA spacer-DNA *f*,
Regulator-DNA *f*.
regulatory enzyme regulatorisches
Enzym *nt*, Regulatorenzym *nt*.
regulatory gene Regulatorgen *nt*.

regulatory hormone Steuer-, Regulationshormon *nt*.
related *adj*. **1.** verwandt (*to, with* mit);
Verwandten-. **2.** verbunden, verknüpft
(*to* mit).
relative I *n* **1.** Verwandte(r *m*) *f*. **2.**
(verwandtes) Derivat *nt*. **II** *adj*. **3.**
vergleichsweise, ziemlich, verhält-
nismäßig, relativ, Verhältnis-. **4.**
bezüglich, (sich) beziehend (*to* auf);
Bezugs-.
relative leucocytosis *Brit*. relative
Leukozytose *f*.
relative leukocytosis relative Leukozytose *f*.
relaxed control entspannte Kontrolle *f*.
release I *n* Ausschüttung *f*, Abgabe *f*;
Freisetzung *f*, Freigabe *f*; Auslösung *f*.
II *vt* ausschütten, abgeben; freigeben,
-setzen; auslösen.
releasing factor Releasingfaktor *m*,
Releasinghormon *nt*.
releasing hormone S.U. *releasing
factor*.
renal *adj*. Niere/Ren betreffend, renal,
Nephr(o)-, Nieren-, Reno-.
renal plasma flow renaler Plasma-
fluss *m*, Nierenplasmafluss *m*.
renal threshold Nierenschwelle *f*,
renale Schwelle *f*.
renaturation *n* Renaturierung *f*.
renin *n* Renin *nt*.
**renin-angiotensin-aldosterone
system** Renin-Angiotensin-Aldosteron-System *nt*.
renin-angiotensin system Renin-
Angiotensin-System *nt*.
rennin *n* Labferment *nt*, Rennin *nt*,
Chymosin *nt*.
Reoviridae *pl* Reoviridae *pl*.
Reovirus *n* Reovirus *nt*.
reoxidation *n* Reoxidation *f*.
reoxidize *vt*, *vi* reoxidieren.
repetitive sequence repetitive Sequenz *f*.
rephosphorylation *n* Rephosphorylierung *f*.
replicase *n* Replikase *f*, Replicase *f*.
replicate I *vt* verdoppeln, kopieren,
wiederholen; replizieren. **II** *vi* replizieren, sich verdoppeln.
replicated *adj*. S.U. *replicate* II.
replication *n* Replikation *f*, Auto-
duplikation *f*.
replication process Replikationsprozess *m*.

R

replication unit s.u. *replicon.*
replicative *adj.* Replikation betreffend, replikativ, Replikations-.
replicative cycle Replikations-, Vermehrungszyklus *m.*
replicative form Replikationsform *f.*
replicon *n* Replikationseinheit *f,* Replikon *nt,* Replicon *nt.*
repolarization *n* Repolarisation *f.*
repolarization phase Repolarisationsphase *f.*
repress *vt* eindämmen, hemmen, unterdrücken, beschränken, reprimieren.
repression *n* Unterdrückung *f,* Hemmung *f,* Eindämmung *f;* Repression *f;* (Gen-)Repression *f.*
repressor *n* Repressor *m.*
repressor gene Regulatorgen *nt.*
repressor molecule Repressormolekül *nt.*
reproduce *vi* sich vermehren, sich fortpflanzen.
reproduction *n* **1.** Fortpflanzung *f,* Vermehrung *f,* Reproduktion *f.* **2.** Replikation *f,* Duplikation *f,* Reproduktion *f;* Vervielfältigung *f;* Kopie *f.*
reproductive *adj.* Fortpflanzung betreffend, reproduzierend, (sich) fortpflanzend, (sich) vermehrend, Fortpflanzungs-, Reproduktions-; Regenerations-.
reproductive behaviour *Brit.* reproduktives Verhalten *nt.*
reproductive behavior reproduktives Verhalten *nt.*
reproductive organs Geschlechts-, Genitalorgane *pl,* Genitalien *pl,* Genitale *pl,* Organa genitalia.
reptilase *n* Reptilase *f.*
reptilase clotting time Reptilase-Zeit *f.*
reptilase test Reptilase-Test *m.*
reptile *n* Reptil *nt.*
Reptilia *pl* Kriechtiere *pl,* Reptilien *pl.*
research **I** *n* **1.** Forschung *f;* Forschungsarbeit *f,* (wissenschaftliche) Untersuchung *f (into, on* über). **2.** (genaue) Untersuchung *f,* Nachforschung *f (after, for* nach). **II** *adj.* Forschungs-. **III** *vt* erforschen, untersuchen. **IV** *vi* forschen, Forschung(en) betreiben *(on* über).
reserve carbohydrate Speicher-, Reservekohlenhydrat *nt.*
reserve food Nährstoffvorrat *m.*

reserve starch Reservestärke *f.*
reservoir *n* Behälter *m,* Reservoir *nt;* Vorrat *m,* Bestand *m,* Reservoir *nt (of* an); Speicher *m;* Parasitenreservoir *nt.*
reservoir host Parasitenreservoir *nt.*
resident flora Residentflora *f.*
residual product Nebenprodukt *nt.*
residue *n* Rest *m,* Überbleibsel *nt,* Rückstand *m,* Residuum *nt.*
resilin *n* Resilin *nt.*
resin *n* **1.** Harz *nt,* Resina *f.* **2.** Ionenaustauscher(harz *nt*) *m,* Resin *nt.*
resinous *adj.* harzig, Harz-.
resistance *n* **1.** Widerstand *m (to* gegen). **2.** Widerstandskraft *f,* -fähigkeit *f,* Abwehr(kraft *f*) *f (to* gegen); Resistenz *f.*
resistance to flow Fließ-, Strömungswiderstand.
resistance to heat Hitzebeständigkeit.
resistance to stretch Dehnungswiderstand.
resistance factor Resistenzplasmid *nt,* -faktor *m,* R-Plasmid *nt,* R-Faktor *m.*
resistance thermometer Widerstandsthermometer *nt.*
resistance transfer factor Resistenztransferfaktor *m.*
resistance vessel Widerstandsgefäß *nt.*
resolution *n* **1.** Auflösung(svermögen *nt*) *f,* Resolution *f.* **2.** *(chemisch)* Auflösung *f,* Zerlegung *(into* in).
resonance *n* Mitschwingen *nt,* Nach-, Widerhall *m,* Resonanz *f.*
resonance energy Resonanzenergie *f.*
resonance frequency Resonanzfrequenz *f.*
resorb *vt* aufnehmen, (wieder) aufsaugen, re(ab)sorbieren.
resorbence *n* s.u. *resorption.*
resorbent *adj.* ein-, aufsaugend, aufnehmend, resorbierend.
resorption *n* Resorption *f,* Reabsorption *f.*
resorption lacunae Howship-Lakunen *pl.*
resorption tissue Resorptionsgewebe *nt.*
respiration *n* **1.** Lungenatmung *f,* (äußere) Atmung *f,* Atmen *nt,* Respiration *f.* **2.** (innere) Atmung *f,* Zell-, Gewebeatmung *f.*
respiration rate Atemfrequenz *f.*
respiratory *adj.* Atmung/Respiration

betreffend, respiratorisch, Atmungs-, Atem-, Respirations-.

respiratory air Atemluft *f.*

respiratory chain Atmungskette *f.*

respiratory-chain phosphorylation Atmungskettenphosphorylierung *f*, oxidative Phosphorylierung *f.*

respiratory coefficient s.u. *respiratory quotient.*

respiratory drive Atem-, Atmungsantrieb *m.*

respiratory enzyme Cytochrom a₃ *nt*, Cytochrom(c)oxidase *f*, Warburg-Atmungsferment *nt*, Ferrocytochrom c-Sauerstoff-Oxidoreduktase *f.*

respiratory exchange respiratorischer Gasaustausch *m.*

respiratory exchange ratio s.u. *respiratory quotient.*

respiratory gases Atemgase *pl.*

respiratory metabolism Atmungsstoffwechsel *m*, respiratorischer Stoffwechsel *m.*

respiratory pigment Atmungspigment *nt.*

respiratory quotient respiratorischer Austauschquotient *m*; respiratorischer Quotient *m.*

respiratory substrate Atmungs-(ketten)substrat *nt.*

respire *vt, vi* (ein-)atmen, respirieren.

response *n* **1.** Antwort *f* (*to* auf). **in response to** als Antwort auf. **2.** Reaktion *f*, Reizantwort *f*, Response *f*, Antwort *f* (*to* auf); Ansprechen *nt*, Reagieren *nt* (*to* auf).

response cycle Reaktionszyklus *m.*

resting *adj.* ruhend, inaktiv, Ruhe-.

resting phase s.u. *resting stage.*

resting stage Ruhestadium *nt.*

rest nitrogen Reststickstoff *m*, nichtproteingebundener Stickstoff *m.*

restriction *n* Restriktion *f.*

restriction endonuclease Restriktionsendonuklease *f.*

restriction enzyme s.u. *restrictive enzyme.*

restriction fragment Restriktionsfragment *nt.*

restrictive *adj.* ein-, beschränkend, begrenzend, restriktiv, Restriktions-.

restrictive enzyme 1. Restriktionsenzym *nt.* **2.** Restriktionsendonuklease *f.*

result I *n* **1.** Ergebnis *nt*, Resultat *nt*; **results** *pl* (*Test*) Werte *pl.* **without**

results ergebnislos, negativ. **2.** Erfolg *m*, (gutes) Ergebnis *nt.* **3.** Nach-, Auswirkung *f*, Folge *f.* **as a result** folglich. **II** *vi* sich ergeben, resultieren (*from* aus).

reticulin *n* Retikulin *nt*, Reticulin *nt.*

(R)-reticulin *n* (R)-Reticulin *nt.*

(S)-reticulin *n* (S)-Reticulin *nt.*

reticulocyte *n* Retikulozyt *m.*

reticuloendothelial *adj.* retikuloendotheliales Gewebe *oder* System betreffend, retikuloendothelial.

reticuloendothelial cell Zelle *f* des retikuloendothelialen Systems.

reticuloendothelial system retikuloendotheliales System *nt*, retikulohistiozytäres System *nt.*

reticuloendothelial tissue retikuloendotheliales Gewebe *nt.*

reticuloendothelium *n* retikuloendotheliales Gewebe *nt.*

reticulohistiocytic *adj.* retikulohistiozytär.

reticulohistiocytic system s.u. *reticuloendothelial system.*

reticuloid I *n* Retikuloid *nt.* II *adj.* Retikulose-ähnlich, retikuloid.

retinal *n* Retinal *nt*, Vitamin A₁-Aldehyd *nt.*

retinal₂ *n* Dehydroretinal *nt*, Retinal₂ *nt.*

retinal cones (*Auge*) Zapfen(zellen *pl*) *pl.*

retinal isomerase Retinalisomerase *f.*

retinal receptor Netzhautrezeptor *m.*

retinal reductase Retinalreduktase *f.*

retinal rods (*Auge*) Stäbchen(zellen *pl*) *pl.*

retinoic acid Retinsäure *f*, Vitamin A₁-Säure *f*, Tretinoin *nt.*

retinoid I *n* Retinoid *nt.* II *adj.* harzartig, Harz-.

retinol *n* Retinol *nt*, Vitamin A₁ *nt*, Vitamin-A-Alkohol *m.*

retinol₂ *n* (3-)Dehydroretinol *nt*, Vitamin A₂ *nt.*

retort *n* Retorte *f.*

Retortamonadida *pl* Retortamonadida *pl.*

Retortamonas *n* Retortamonas *f.*

retothel *adj.* s.u. *reticuloendothelial.*

retothelial *adj.* Retothel betreffend, retothelial, Retothel-.

retothelium *n* Retothel *nt.*

retract I *vt* zurück-, zusammen-, ein-

R

ziehen, kontrahieren. **II** *vi* sich zurück- *oder* zusammenziehen, kontrahieren.

retractability *n* Retraktionsfähigkeit *f.*

retractable *adj.* zurück-, einziehbar, retraktionsfähig, retraktil.

retractibility *n* s.u. *retractability.*

retractible *adj.* s.u. *retractable.*

retractile *adj.* s.u. *retractable.*

retractility *n* s.u. *retractability.*

retro- *präf.* Zurück-, Retro-, Rück-, Rückwärts-.

retroactive *adj.* (zu-)rückwirkend, umgekehrt wirkend, retroaktiv.

retroactive inhibition retroaktive Hemmung *f.*

retrograde I *adj.* rückläufig, -gängig, von hinten her, retrograd, Rückwärts-; rückwirkend, zeitlich/örtlich zurükkliegend. **II** *vi* entarten, degenerieren.

retrograde transport retrograder Transport *m.*

retroinhibition *n* Endprodukt-, Rückkopplungshemmung *f*, Feedback-Hemmung *f.*

Retroviridae *pl* Retroviren *pl*, Retroviridae *pl.*

retrovirus *n* Retrovirus *nt.*

reverse I *n* Gegenteil *nt*, das Umgekehrte. **II** *adj.* **1.** umgekehrt, verkehrt, entgegengesetzt (*to*). **2.** rückwärts, rückläufig, Rückwärts-.

reverse banding R-Banding *nt.*

reverse transcriptase s.u. *RNA-directed DNA polymerase.*

reverse transcription reverse Transkription *f.*

reversibility *n* Umkehrbarkeit *f*, Reversibilität *f.*

reversible *adj.* umkehrbar, reversibel; heilbar, reversibel.

reversible colloid stabiles Kolloid *nt.*

reversible inhibition reversible Hemmung *f.*

reversible phosphorylation reversible Phosphorylierung *f.*

reversible reaction reversible/ umkehrbare Reaktion *f.*

reversion *n* Umkehrung *f*, Umkehr *f* (*to* zu); Reversion *f.*

revertant *n* Revertante *f.*

R factor Resistenzplasmid *nt*, -faktor *m*, R-Plasmid *nt*, R-Faktor *m.*

Rhabditoidea *pl* Rhabditoidea *pl.*

Rhabdomonadina *pl* Rhabdomonadina *pl.*

Rhabdomonas *n* Rhabdomonas *f.*

Rhabdoviridae *pl* Rhabdoviridae *pl*, Rhabdoviren *pl.*

rhabdovirus *n* Rhabdovirus *nt.*

rhamnogalacturonan *n* Rhamnogalakturonan *nt.*

rhamnose *n* Isodulcit *nt*, (L-)Rhamnose *f*, 6-Desoxy-L-mannose *f.*

rhamnoside *n* Rhamnosid *nt.*

rhesus factor Rhesusfaktor *m.*

rhesus monkey Rhesusaffe *m.*

rhesus system Rhesussystem *nt*, Rh-System *nt.*

Rh factor s.u. *rhesus factor.*

Rh incompatibility Rhesus-Blutgruppenunverträglichkeit *f*, Rhesus-Inkompatibilität *f*, Rh-Inkompatibilität *f.*

Rhinoestrus *n* Rhinoestrus *f.*

rhinovirus *n* Rhinovirus *nt.*

Rhipicentor *n* Rhipicentor *m.*

Rhipicephalus *n* Rhipicephalus *m.*

Rhizobiaceae *pl* Rhizobiaceae *pl.*

Rhizobium *n* Rhizobium *nt.*

Rhizoglyphus *n* Rhizoglyphus *m.*

rhizome *n* Wurzelstock *m*, Rhizoma *nt.*

Rhizopoda *pl* Wurzelfüßler *pl*, Rhizopoden *pl*, Rhizopoda *pl.*

Rhizopus *n* Wurzelkopfschimmel *m*, Rhizopus *m.*

rhodanate *n* Rhodanat *nt*, Thiozyanat *nt.*

rhodanic acid Thiozyansäure *f.*

Rhodophyceae *pl* Rhodophyceae *pl*, Rotalgen *pl.*

rhodopsin *n* Sehpurpur *nt*, Rhodopsin *nt.*

rhodopsin-retinin cycle Rhodopsin-Retinin-Zyklus *m.*

Rh system s.u. *rhesus system.*

ribitol teichoic acid Ribitolteichonsäure *f.*

riboflavin *n* Ribo-, Laktoflavin *nt*, Vitamin B_2 *nt.*

riboflavin kinase Riboflavinkinase *f.*

riboflavin-5'-phosphate *n* Flavinmononukleotid *nt*, Riboflavin(-5-)-phosphat *nt.*

ribonuclease *n* Ribonuklease *f*, -nuclease *f.*

ribonuclease I alkalische Ribonuklease *f*, Pankreasribonuklease *f.*

ribonucleic acid Ribonukleinsäure *f.*

  activator ribonucleic acid Aktivator-RNA *f*, Aktivator-RNS *f.*

  double-stranded ribonucleic acid

R

Doppelstrang-RNA *f*, Doppelstrang-RNS *f*.

heterogenous nuclear ribonucleic acid heterogene Kern-RNA *f*, heterogene Kern-RNS *f*.

informational ribonucleic acid s.u. *messenger ribonucleic acid.*

initiator t ribonucleic acid Initiator-tRNA *f*, Starter-tRNA *f*.

messenger ribonucleic acid Boten-RNA *f*, Matrizen-RNA *f*, Boten-RNS *f*, Matrizen-RNS *f*.

nuclear ribonucleic acid Kern-RNA *f*, Kern-RNS *f*.

priming ribonucleic acid Starter-RNA *f*, Starter-RNS *f*, priming-RNA.

ribosomal ribonucleic acid ribosomale RNA *f*, ribosomale RNS *f*, Ribosomen-RNA *f*, Ribosomen-RNS *f*.

small nuclear ribonucleic acid kleine nucleäre RNA.

soluble ribonucleic acid s.u. *transfer ribonucleic acid.*

template ribonucleic acid s.u. *messenger ribonucleic acid.*

transfer ribonucleic acid Transfer-RNA *f*, Transfer-RNS *f*.

viral ribonucleic acid Virus-RNA *f*, Virus-RNS *f*, virale RNA *f*, virale RNS *f*.

ribonucleoprotein *n* Ribonukleoprotein *nt*.

ribonucleoprotein particles Ribonucleoproteinpartikel *pl*.

small nuclear ribonucleoprotein particles kleine nucleäre Ribonucleoproteinpartikel.

ribonucleoside *n* Ribonukleosid *nt*, -nucleosid *nt*.

ribonucleoside 2',3'-cyclic phosphate zyklisches Ribonukleosid-2',3'-phosphat *nt*.

ribonucleoside diphosphate reductase Ribonukleosiddiphosphatreduktase *f*, RDP-Reduktase *f*, Ribonukleotidreduktase *f*.

ribonucleoside monophosphate Ribonukleosidmonophosphat *nt*.

ribonucleoside-2'-phosphate *n* Ribonukleosid-2-phosphat *nt*.

ribonucleoside-3'-phosphate *n* Ribonukleosid-3-phosphat *nt*.

ribonucleotide *n* Ribonukleotid *nt*, -nucleotid *nt*.

ribonucleotide reductase s.u. *ribonucleoside diphosphate reductase.*

ribose *n* Ribose *f*.

ribose nucleic acid s.u. *ribonucleic acid.*

ribose-5-phosphate *n* Ribose-5-phosphat *nt*.

ribose-5-phosphate isomerase Ribosephosphatisomerase *f*, Phosphoriboisomerase *f*.

ribose-phosphate pyrophosphokinase Ribosephosphatpyrophosphokinase *f*, Phosphoribosylpyrophosphatsynthetase *f*.

ribosomal *adj*. Ribosom(en) betreffend, ribosomal, Ribosomen-.

ribosomal apparatus Ribosomenapparat *m*, ribosomaler Apparat *m*.

ribosomal RNA ribosomale RNA *f*, ribosomale RNS *f*, Ribosomen-RNA *f*, Ribosomen-RNS *f*.

ribosome *n* Ribosom *nt*, Palade-Granula *pl*.

ribosyl *n* Ribosyl(-Radikal) *nt*.

ribothymidylic acid Ribothymidylsäure *f*.

ribulose *n* Ribulose *f*.

D-ribulose 1,5-bisphosphate D-Ribulose-1,5-bisphosphat *nt*.

ribulose-bisphosphate carboxylase Ribulosebisphosphat-Carboxylase *f*, Rubisco *nt*.

ribulose diphosphate carboxydismutase Ribulosediphosphatcarboxydismutase *f*.

ribulose diphosphate carboxylase Ribulosediphosphatcarboxylase *f*.

ribulose-5-phosphate *n* Ribulose-5-phosphat *nt*.

ribulose-phosphate 3-epimerase Ribulosephosphat-3-epimerase *f*.

rich *adj*. *(chemisch)* schwer, fett, reich.

ricin *n* Rizin *nt*, Ricin *nt*.

ricinoleic acid Rizinolsäure *f*.

rickettsia *n*, *pl* **-siae** Rickettsie *f*, Rickettsia *f*.

Rickettsiaceae *pl* Rickettsiaceae *pl*.

Rickettsiae *pl* Rickettsieae *pl*.

Rickettsiales *pl* Rickettsiales *pl*.

Rickettsieae *pl* Rickettsieae *pl*.

Rieske protein Rieske-Protein *nt*.

rigid bacteria Bakterien *pl* mit starrer Zellwand.

ring *n* Ring *m*, Kreis *m*; geschlossene *oder* kontinuierliche Kette *f*.

ring chromosome Ringchromosom *nt*.

ring compound Ringverbindung *f*.

R

risk factor Risikofaktor *m*.
RNA-containing virus RNA-Virus *nt*.
RNA-directed DNA polymerase RNS-abhängige DNS-Polymerase *f*, RNA-abhängige DNA-Polymerase *f*, reverse Transkriptase *f*.
RNA-directed RNA polymerase RNS-abhängige RNS-Polymerase *f*, RNA-abhängige RNA-Polymerase *f*.
RNA nucleotidyltransferase DNA-abhängige RNA-Polymerase *f*, DNS-abhängige RNS-Polymerase *f*, Transkriptase *f*.
RNA polymerase RNA-Polymerase *f*, RNS-Polymerase *f*.
RNA primer RNA-primer *m*, RNA-Starterstrang *m*.
RNA replicase s.u. *RNA-directed RNA polymerase*.
RNA virus RNA-Virus *nt*.
robertsonian translocation Robertson-Translokation *f*.
Robison ester Glukose-6-phosphat *nt*, Robison-Ester *m*.
Robison ester dehydrogenase Glukose-6-phosphatdehydrogenase *f*.
roboviruses *pl* durch Nager/Rodentia übertragene Viren *pl*, rodent-borne viruses *pl*.
Rochalimaea *n* Rochalimaea *f*.
Rocky Mountain spotted fever Felsengebirgsfleckfieber *nt*, amerikanisches Zeckenbißfieber *nt*, Rocky Mountain spotted fever *nt*.
rod *n* 1. Zapfen *m*; Stab *m*, Stange *f*. 2. rods *pl* (*Auge*) Stäbchen(zellen *pl*) *pl*.
rod bacterium s.u. *rod-shaped bacterium*.
rod cells (*Auge*) Stäbchen(zellen *pl*) *pl*.
rodent-borne viruses durch Nager/Rodentia übertragene Viren *pl*, rodent-borne viruses *pl*.
Rodentia *pl* Nager *pl*, Nagetiere *pl*, Rodentia *pl*.
rodenticide I *n* Rodentizid *nt*. II *adj*. rodentizid.
rod-shaped bacterium stäbchenförmiges Bakterium *nt*, Stäbchen *nt*.
rod vision Dämmerungs-, Nachtsehen

nt, skotopes Sehen *nt*, Skotop(s)ie *f*.
root cell Wurzelzelle *f*.
rosette complex Rosettenkomplex *m*.
rostellum *n, pl* **-la** Rostellum *nt*.
rotational isomerism Rotationsisomerie *f*.
rotatory dispersion, optical optische Rotationsdispersion *f*.
Rotavirus *n* Rotavirus *nt*.
rough bacteria R-Form *f*, R-Stamm *m*.
rough colony (*Kolonie*) R-Form *f*.
rough strain s.u. *rough bacteria*.
roundworm *n* Rund-, Fadenwurm *m*, Nematode *f*.
R protein R-Protein *nt*.
RS system Cahn-Ingold-Prelog-System *nt*, RS-System *nt*.
R strain R-Form *f*, R-Stamm *m*.
RS virus RS-Virus *nt*, Respiratory-syncitial-Virus *nt*.
R-type *n* (*Kolonie*) R-Form *f*.
rubella virus Rötelnvirus *nt*.
Rubisco *n* Ribulosebisphosphat-Carboxylase *f*, Rubisco *nt*.
Rubisco activase Rubisco-Activase *f*.
Rubisco-coding genes Rubisco-codierende Gene *pl*.
Rubivirus *n* Rubivirus *nt*.
rumen *n, pl* **-mens, -mina** Pansen *m*.
ruminant *n* Wiederkäuer *m*.
rumination *n* Wiederkäuen *nt*, Rumination *f*.
Runyon classification Runyon-Einteilung *f*, -Klassifikation *f*.
Runyon group Runyon-Gruppe *f*.
Runyon group I photochromogene Mykobakterien *pl*, Mykobakterien *pl* der Runyon-Gruppe I.
Runyon group II skotochromogene Mykobakterien *pl*, Mykobakterien *pl* der Runyon-Gruppe II.
Runyon group III nicht-chromogene Mykobakterien *pl*, Mykobakterien *pl* der Runyon-Gruppe III.
Runyon group IV schnellwachsende (atypische) Mykobakterien *pl*, Mykobakterien *pl* der Runyon-Gruppe IV.
rut *n* Brunft *f*; Brunst *f*; Brunft-, Brunstzeit *f*.

R

S

Sabouraudia *n* Trichophyton *nt*.
Sabouraudites *n* Microsporon *nt*, Microsporum *nt*.
sacchar- *präf.* S.U. *saccharo-*.
saccharase *n* Saccharase *f*, β-Fructofuranosidase *f*.
saccharate *n* Sa(c)charat *nt*.
saccharated *adj.* zucker-, sa(c)charosehaltig.
saccharic acid Aldar-, Zuckersäure *f*.
saccharide *n* Kohlenhydrat *nt*, Saccharid *nt*.
saccharification *n* Umwandlung *f* in einen Zucker.
saccharine *adj.* süß, zuck(e)rig, Zucker-.
saccharo- *präf.* Sa(c)char(o)-, Zucker-.
saccharobiose *n* Sa(c)charobiose *f*.
saccharolytic *adj.* Zucker spaltend, sa(c)charolytisch.
saccharometabolic *adj.* Zuckerstoffwechsel betreffend.
saccharometabolism *n* Zuckerstoffwechsel *m*, -metabolismus *m*.
Saccharomyces *n* Saccharomyces *m*.
Saccharomyces cerevisiae Back-, Bierhefe *f*, Saccharomyces cerevisiae.
Saccharomycetaceae *pl* Saccharomycetaceae *pl*.
saccharopine *n* Saccharopin *nt*.
saccharopine dehydrogenase Saccharopindehydrogenase *f*.
saccharopine dehydrogenase (NAD⁺, L-glutamate forming) Saccharopindehydrogenase (NAD⁺, L-Glutamat-bildend) *f*.
saccharopine dehydrogenase (NADP⁺, L-lysine forming) Saccharopindehydrogenase (NADP⁺, L-Lysin-bildend) *f*.
saccharose *n* Rüben-, Rohrzucker *m*, Saccharose *f*.
sac fungi Schlauchpilze *pl*, Askomyzeten *pl*, Ascomycetes *pl*, Ascomycotina *pl*.
salicyl aldoxime Salicylaldoxim *nt*.
salicylamide *n* Salizylamid *nt*, Salicylamid *nt*, Salicylsäureamid *nt*, *o*-Hydroxybenzamid *nt*.
salicylic acid Salizylsäure *f*, Salicylsäure *f*, *o*-Hydroxybenzoesäure *f*.
salifiable *adj.* salzbildend.
saline I *n* Salzlösung *f*; physiologische Kochsalzlösung *f*. II *adj.* salzig, salzhaltig, -artig, salinisch, Salz-.
saliva *n* Speichel(flüssigkeit *f*) *m*, Saliva *f*.
salivary *adj.* 1. Speichel/Saliva betreffend, Speichel-, Sial(o)-. 2. Speichel produzierend.
salivary glands Speicheldrüsen *pl*.
salivatory *adj.* die Speichelsekretion betreffend *oder* fördernd.
salmiac *n* Ammoniumchlorid *nt*, Salmiak *nt*.
Salmonella *n* Salmonella *f*.
Salmonella enteritidis Gärtner-Bazillus *m*, Salmonella enteritidis.
Salmonella typhi Typhusbazillus *m*, -bacillus *m*, Salmonella typhi.
salt I *n* 1. Salz *nt*. 2. Koch-, Tafelsalz *nt*, Natriumchlorid *nt*. II *adj.* salzig, Salz-.
salt cake (technisches) Natriumsulfat *nt*.
salting-in *n* Einsalzen *nt*.
salting-out *n* Aussalzen *nt*.
saltpeter *n* Salpeter *m*, Kaliumnitrat *nt*.

salt solution 1. Salzlösung *f.* **2.** Kochsalzlösung *f.*
normal/physiologic salt solution physiologische Kochsalzlösung.
sample I *n* Probe *f.* **II** *adj.* Muster-, Probe-.
sand bath Sandbad *nt.*
Sanger reaction Sanger-Reaktion *f.*
Sanger reagent (2,4-)Dinitrofluorbenzol *nt*, Sanger-Reagenz *nt.*
sangui- *präf.* Blut-, Sangui-, Häma-, Hämat(o)-, Häm(o)-.
sanguiferous *adj.* bluthaltig, -führend, blutig.
sanguification *n* Blutbildung *f*, Hämatopo(i)ese *f*, Hämopo(i)ese *f.*
sanguinarine *n* Sanguinarin *nt.*
sanguineous *adj.* Blut betreffend, blutig, Blut-.
sanguinous *adj.* s.u. *sanguineous.*
sanguis *n* Blut *nt*, Sanguis *m.*
sanguivorous *adj.* blutsaugend, -fressend.
sap *n* Gewebe-, Zell-, Pflanzensaft *m.*
saponifiable *adj.* verseifbar.
saponifiable lipid verseifbares/kompliziertes Lipid *nt.*
saponification *n* Verseifung *f*, Saponifikation *f.*
saponifier *n* Verseifungsmittel *nt.*
saprobe *n* s.u. *saprobiont.*
saprobic *adj.* Saprobiont betreffend, saprobisch.
saprobiont *n* Fäulnisbewohner *m*, Saprobiont *m*, Saprobie *f.*
saprogenic *adj.* fäulniserregend, saprogen, Fäulnis-.
saprophile *adj.* fäulnisliebend, saprophil.
saprophyte *n* Moder-, Fäulnispflanze *f*, Saprophyt *m.*
saprophytic *adj.* saprophytisch, saprophytär, Saprophyten-.
saprophytic bacterium saprophytäres Bakterium *nt.*
sarcina *n* Sarcine *f*, Sarcina *f.*
sarco- *präf.* Fleisch-, Sark(o)-, Sarc(o)-.
sarcoblast *n* Sarkoblast *m.*
Sarcocystis *n* Sarcocystis *f.*
Sarcodina *pl* Sarcodina *pl.*
sarcogenic *adj.* sarkogen.
sarcoglia *n* Sarkoglia *f*, Sarcoglia *f.*
sarcolemma *n* Plasmalemm *nt* der Muskelfaser, Sarkolemm *nt.*
sarcolemmal *adj.* Sarkolemm betreffend, sarkolemmal, Sarkolemm-.

sarcolemmic *adj.* s.u. *sarcolemmal.*
sarcolemmous *adj.* s.u. *sarcolemmal.*
Sarcomastigophora *pl* Sarcomastigophora *pl.*
Sarcophaga *n* Fleischfliege *f*, Sarcophaga *f.*
Sarcophagidae *pl* Fleischfliegen *pl*, Sarcophagidae *pl*, Sarcophaginae *pl.*
sarcophagous *adj.* fleischfressend, sarkophag.
sarcoplasm *n* Protoplasma *nt* der Muskelzelle, Sarkoplasma *nt.*
sarcoplasmic *adj.* Sarkoplasma betreffend, aus Sarkoplasma bestehend, sarkoplasmatisch, Sarkoplasma-.
sarcoplasmic membrane Sarkoplasmamembran *f.*
sarcoplasmic reticulum sarkoplasmatisches Retikulum *nt.*
sarcoplast *n* interstitielle Muskelzelle *f*, Sarkoplast *m.*
Sarcopsylla *n* Sarcopsylla *f*, Tunga *f.*
Sarcoptes *n* Sarcoptes *f.*
Sarcoptes scabiei Krätzmilbe *f*, Sarcoptes/Acarus scabiei.
sarcosine *n* Sarkosin *nt*, Methylglykokoll *nt*, -glycin *nt.*
sarcosine dehydrogenase Sarkosindehydrogenase *f.*
sarcosome *n* Sarkosom *nt.*
sarcosporidian cysts Rainey-Körperchen *pl*, Miescher-Schläuche *pl.*
sarcotubules *pl* Sarkotubuli *pl.*
SAT-chromosome *n* s.u. *satellite chromosome.*
satellite *n* Satellit *m.*
satellite chromosome Satelliten-, Trabantenchromosom *nt.*
satellite colony Satellitenkolonie *f.*
satellite DNA Satelliten-DNA *f*, Satelliten-DNS *f.*
satellite phenomenon Ammenphänomen *nt*, -wachstum *nt*, Satellitenphänomen *nt*, -wachstum *nt.*
satellite virus Satellitenvirus *nt.*
saturant I *n* sättigendes Mittel *nt.* **II** *adj.* (ab-)sättigend.
saturate I *n* s.u. *saturated fat.* **II** *adj.* s.u. *saturated.* **III** *vt* (ab-)sättigen, saturieren.
saturated *adj.* **1.** (ab-)gesättigt, saturiert. **2.** durchtränkt.
saturated compound gesättigte Verbindung *f.*
saturated fat Fett *nt* aus gesättigten

S

Fettsäuren.

saturated hydrocarbon gesättigter Kohlenwasserstoff *m.*

saturated lipid Lipid *nt* aus gesättigten Fettsäuren.

saturated solution gesättigte Lösung *f.*

saturation *n* **1.** (Ab-, Auf-)Sättigung *f,* Saturation *f.* **2.** (Ab-, Auf-)Sättigen *nt,* Saturieren *nt.*

saturation curve Sättigungskurve *f.*

saturnine *adj.* Blei-.

S bacteria S-Form *f,* S-Stamm *m.*

scale I *n* **1.** (*mathemat.*) Skala *f,* Grad-, Maßeinteilung *f;* (Stufen-)Leiter *f,* Staffelung *f.* **2.** Maßstab *m;* Größenordnung *f,* Umfang *m.* **on a large scale** in großem Umfang/Stil. **3.** Waagschale *f;* (**a pair of**) **scales** *pl* Waage *f.* **II** *vt* **4.** (ab-)wiegen. **5.** mit einer Skala versehen; einstufen. **III** *vi* auf einer Skala klettern *oder* steigen.

scent *n* **1.** Geruch *m;* Duft *m.* **2.** Geruchsinn *m.*

scent molecule Duft(stoff)molekül *nt.*

Schardinger's enzyme Schardinger-Enzym *nt,* Xanthinoxidase *f.*

Schardinger reaction Schardinger-Reaktion *f.*

Schiff's base Schiff-Base *f.*

Schiff's biliary cycle (*Gallensäuren*) enterohepatischer Kreislauf *m.*

Schiff's reagent Schiff-Reagenz *nt.*

Schistosoma *n* Pärchenegel *m,* Schistosoma *nt,* Bilharzia *f.*

Schistosoma haematobium Blasenpärchenegel, Schistosoma haematobium.

Schistosoma intercalatum Darmpärchenegel, Schistosoma intercalatum.

Schistosoma japonicum japanischer Pärchenegel, Schistosoma japonicum.

schistosomacide *n* s.u. *schistosomicide.*

schistosome *n* Pärchenegel *m,* Schistosoma *nt,* Bilharzia *f.*

schistosomicide *n* Schistosomenmittel *nt,* Schistosomizid *nt.*

schizogenic cycle (*Protozoen*) asexueller/schizogamer Vermehrungszyklus *m.*

schizogony *n* Zerfallsteilung *f,* Schizogonie *f.*

schizomycete *n* Spaltpilz *m,* Schizomyzet *m.*

Schizomycetes *pl* Spaltpilze *pl,* Schizomyzeten *pl,* Schizomycetes *pl.*

schizont *n* Schizont *m.*

schizophyte *n* Spaltpflanze *f,* Schizophyt *m.*

schizozoite *n* Schizozoit *m,* Merozoit *m.*

science *n* Wissenschaft *f;* Naturwissenschaft *f.*

scientific *adj.* **1.** (natur-)wissenschaftlich. **2.** systematisch, exakt.

scientist *n* Wissenschaftler(in *f*) *m,* Forscher(in *f*) *m.*

scillabiose *n* Scillabiose *f.*

scleroprotein *n* Gerüsteiweiß *nt,* Skleroprotein *nt.*

sclerotin *n* Sklerotin *nt.*

Sclerotinia *n* Sclerotinia *f.*

Sclerotiniaceae *pl* Sclerotiniaceae *pl.*

sclerotium *n, pl* **-tia** Dauermyzel *nt,* Sklerotium *nt,* Sclerotium *nt.*

scleciform *adj.* scolex-artig, -ähnlich.

scolex *n, pl* **scoleces, scolices** Bandwurmkopf *m,* Skolex *m,* Scolex *m.*

S colony (*Kolonie*) S-Form *f.*

scopolamine *n* Scopolamin *nt.*

Scopulariopsis *n* Scopulariopsis *f.*

scot(o)- *präf.* Dunkel-, Skot(o)-.

scotochromogenic *adj.* skotochromogen.

scotochromogens *pl* **1.** skotochromogene Mykobakterien *pl,* Mykobakterien *pl* der Runyon-Gruppe II. **2.** skotochromogene Mikroorganismen *pl.*

scotopia *n* Dämmerungs-, Nachtsehen *nt,* skotopes Sehen *nt,* Skotop(s)ie *f.*

scotopic *adj.* Skotop(s)ie betreffend, Dunkel-.

scotopic vision s.u. *scotopia.*

scotopsin *n* Skotopsin *nt,* Scotopsin *nt.*

scrub tick Ixodes holocyclus.

seatworm *n* Madenwurm *m,* Enterobius vermicularis, Oxyuris vermicularis.

sea water Salz-, See-, Meerwasser *nt.*

sebaceous *adj.* **1.** talgartig, talgig, Talg-. **2.** talgbildend, -absondernd.

sebi- *präf.* s.u. *sebo-.*

sebo- *präf.* Talg-, Seb(o)-.

sebum *n* (Haut-)Talg *m,* Sebum *nt.*

secondary *adj.* zweitrangig, -klassig, sekundär; neben-, untergeordnet, begleitend, Nach-, Neben-, Sekundär-.

secondary alcohol sekundärer Alko-

S

hol *m*.
secondary buffering Hamburger-Phänomen *nt*, Chloridverschiebung *f*.
secondary carotinoid Sekundärcarotinoid *nt*.
secondary host Zwischenwirt *m*.
secondary lysosome Sekundärlysosom *nt*.
secondary metabolism Sekundärstoffwechsel *m*.
secondary phosphate sekundäres Phosphat *nt*.
secondary structure Sekundärstruktur *f*.
second messenger sekundäre Botensubstanz *f*.
second-order reaction Reaktion *f* zweiter Ordnung.
second substrate zweites Substrat *nt*, Folgesubstrat *nt*.
secretin *n* Sekretin *nt*.
secretion *n* **1.** Absondern *nt*, Sezernieren *nt*. **2.** Absonderung *f*, Sekretion *f*. **3.** Absonderung *f*, Sekret *nt*, Secretum *nt*.
secretive *adj*. s.u. *secretory*.
secretomotor *adj*. die Sekretion stimulierend, sekretomotorisch.
secretomotory *adj*. s.u. *secretomotor*.
secretor *n* Sekretor *m*, Ausscheider *m*.
secretory *adj*. Sekret *oder* Sekretion betreffend, sekretorisch, Sekret-, Sekretions-.
secretory cell sezernierende Zelle *f*, Drüsenzelle *f*.
secretory granules Sekretgranula *pl*.
sediment *n* Niederschlag *m*, (Boden-)Satz *m*, Sediment *nt*.
sedimental *adj*. s.u. *sedimentary*.
sedimentary *adj*. sedimentär, Sediment-.
sedimentation *n* Ablagerung *f*, Sedimentbildung *f*, Sedimentation *f*, Sedimentieren *nt*.
sedimentation coefficient Sedimentationskoeffizient *m*.
sedimentation constant s.u. *sedimentation coefficient*.
sedimentation equilibrium Sedimentationsgleichgewicht *nt*.
sedimentation time Blutkörperchensenkung *f*, Blutkörperchensenkungsgeschwindigkeit *f*, Blutsenkung *f*.
sedimentation velocity Sedimenta-

tionsgeschwindigkeit *f*.
sedoheptulose 1,7-bisphosphate Sedoheptulose-1,7-bisphosphat *nt*.
sedoheptulose-1,7-diphosphate *n* Sedoheptulose-1,7-diphosphat *nt*.
sedoheptulose-7-phosphate *n* Sedoheptulose-7-phosphat *nt*.
seed protein Samenprotein *nt*.
segment **I** *n* Teil *m*, Abschnitt *m*, Segment *nt*. **II** *vt* in Segmente teilen, segmentieren.
segmental *adj*. segmental, segmentär, segmentar, Segment-.
segmental innervation segmentale/segmentäre Innervation *f*.
segmentary *adj*. s.u. *segmental*.
selecting mechanism Selektions-, Auslesemechanismus *m*.
selection *n* Auslese *f*, Selektion *f*.
selection pressure Selektionsdruck *m*.
selective *adj*. auswählend, abgetrennt, selektiv, Selektions-.
selective factor Selektions-, Auslesefaktor *m*.
selective inhibition kompetitive Hemmung *f*.
selectivity *n* Selektivität *f*.
self-assembly process Spontanaggregationsprozess *m*.
self-splicing *n* Selbstspleißen *nt*.
semen *n*, *pl* -**mens**, **semina** Samen *m*, Sperma *nt*, Semen *m*.
semi- *präf*. Halb-, Semi-.
semiarid *adj*. semiarid.
semiautonomy *n* Semiautonomie *f*.
semiconservative replication semikonservative Replikation *f*.
semidominance *n* Semidominanz *f*, unvollständige Dominanz *f*.
semifluid **I** *n* halb-/zähflüssige Substanz *f*. **II** *adj*. halb-, zähflüssig.
semiliquid *n*, *adj*. s.u. *semifluid*.
semilunar *adj*. halbmondförmig, semilunar.
seminal *adj*. Samen *oder* Samenflüssigkeit betreffend, spermatisch, Samen-, Sperma-.
seminal fluid Samenflüssigkeit *f*, Sperma *nt*.
semination *n* Befruchtung *f*, Insemination *f*.
semiparasite *n* Halb-, Hemiparasit *m*, Halbschmarotzer *m*.
semipermeability *n* Semipermeabilität *f*.

S

semipermeable *adj.* halbdurchlässig, semipermeabel.

semipermeable membrane semipermeable Membran *f.*

semisynthetic *adj.* halb-, semisynthetisch.

semitransparent *adj.* halbdurchsichtig, halbtransparent.

sennoside *n* Sennosid *nt.*

sense I *n* Sinn *m*, Sinnesorgan *nt.* II *vt* fühlen, spüren, empfinden; ahnen.

sense of smell Geruchsinn.

sense of taste Geschmack *m*, Geschmackssinn, -empfindung.

sense cell Sinneszelle *f.*

gustatory **sense cells** *pl* Geschmackssinneszellen *pl*, Schmeckzellen *pl.*

sense center Sinneszentrum *nt.*

sense centre *Brit.* Sinneszentrum *nt.*

sense DNA codogener Strang *m*, Sinnstrang *m.*

sense organs Sinnesorgane *pl.*

sense perception Sinneswahrnehmung *f.*

sense strand codogener Strang *m*, Sinnstrang *m.*

sensitive *adj.* sensitiv, (über-)empfindlich (*to* gegen); lichtempfindlich (*to*); (*physiolog.*) sensorisch, Sinnes-.

sensitivity *n* (*chemisch, physikal.*) Empfindlichkeit *f* (*to*); Lichtempfindlichkeit *f*, Sensibilität *f.*

sensor *n* **1.** sensorischer/sinnesphysiologischer Rezeptor *m*, Sensor *m.* **2.** (Mess-)Fühler *m*, Sensor *m.*

sensory *adj.* **1.** mit den Sinnesorganen/Sinnen wahrnehmend, sensorisch, sensoriell, Sinnes-. **2.** (*Nerv*) sensibel.

sensory cell sensible Zelle *f*, Sinneszelle *f.*

sensory organs Sinnesorgane *pl.*

sensory physiology Sinnesphysiologie *f*, Physiologie *f* der Sinnesorgane.

sensory stimulus Sinnesreiz *m.*

sensory system sensorisches System *nt*, Sinnessystem *nt.*

separation *n* Trennung *f*, (Ab-)Scheidung *f*, Spaltung *f*; Separation *f.*

septate hypha septierte Hyphe *f.*

septavalent *adj.* s.u. *septivalent.*

septivalent *adj.* siebenwertig.

sequence *n* Reihe *f*, Folge *f*, Aufeinander-, Reihenfolge *f*, Sequenz *f.*

sequence analysis Sequenzanalyse *f.*

sequence elements, cis-active Boxen *pl*, cis-aktive Sequenzelemente *pl.*

sequence homology Sequenzhomologie *f.*

sequencing *n* Sequenzierung *f.*

sequential *adj.* Sequenz betreffend, (aufeinander-)folgend, (nach-)folgend (*to, upon* auf); sequentiell, Sequenz-.

sequential analysis Sequenzanalyse *f.*

sequential degradation sequentieller/schrittweiser Abbau *m.*

sequential model Sequenzmodell *nt.*

sequestered antigens sequestrierte Antigene *pl.*

seral *adj.* Sukzessionsserie betreffend, Serien-.

seralbumin *n* Serumalbumin *nt.*

sere *n* Sukzessionsserie *f*, -folge *f*, Serie *f.*

serial I *n* (Veröffentlichungs-)Reihe *f*, Serie *f.* II *adj.* Serien-, Reihen-.

serial dilution Reihen-, Serienverdünnung *f.*

series *n*, *pl* **-ries** Serie *f*, Reihe *f*, Folge *f*; homologe Reihe *f.*

series of experiments Versuchsreihe.

serine *n* Serin *nt.*

serine acetyltransferase Serinacetyltransferase *f.*

serine carboxypeptidase Serincarboxipeptidase *f.*

serine dehydratase Serindehydratase *f.*

serine enzyme Serinenzym *nt.*

serine family Serin-Familie *f.*

serine glyoxylate aminotransferase Serin-Glyoxylat-Aminotransferase *f.*

serine hydroxymethyl transferase Serinhydroxymethyltransferase *f.*

serine protease Serinprotease *f.*

serine protease inhibitor Serinproteaseinhibitor *m.*

serine proteinase Serinproteinase *f.*

serine-pyruvate-aminotransferase Serin-Pyruvat-Aminotransferase *f.*

sero- *präf.* Serum-, Sero-.

seroalbuminous *adj.* seroalbuminös.

serofibrinous *adj.* serös-fibrinös, serofibrinös.

serofibrous *adj.* serofibrös.

serofluid *n* seröse Flüssigkeit *f.*

seroglobulin *n* Seroglobulin *nt.*

serogroup *n* Serogruppe *f.*

seromucous *adj.* gemischt serös und

S

mukös, mukoserös, seromukös.
seromucus *n* seromuköses Sekret *nt*.
serotonergic *adj*. s.u. *serotoninergic*.
serotonin *n* Serotonin *nt*, 5-Hydroxytryptamin *nt*.
serotoninergic *adj*. seroton(in)erg.
serous *adj*. serumhaltig, serös, Sero-, Serum-.
serovar *n* Serotyp *m*, Serovar *m*.
serozyme *n* Prothrombin *nt*, Faktor II *m*.
serpentine *n* Serpentin *nt*.
serpent worm Medina-, Guineawurm *m*, Dracunculus medinensis, Filaria medinensis.
Serratia *n* Serratia *f*.
serum *n, pl* **-rums, -ra 1**. Serum *nt*. **2**. (Blut-)Serum *nt*.
serumal *adj*. Serum betreffend, aus Serum gewonnen, Serum-.
serum albumin Serumalbumin *nt*.
serum cholinesterase unspezifische/unechte Cholinesterase *f*, Pseudocholinesterase *f*, Typ II-Cholinesterase *f*, β-Cholinesterase *f*, Butyrylcholinesterase *f*.
serum-fast *adj*. serum-fest.
serum glutamic oxaloacetic transaminase Aspartataminotransferase *f*, Aspartattransaminase *f*, Glutamatoxalacetattransaminase *f*.
serum glutamic pyruvate transaminase Alaninaminotransferase *f*, Alanintransaminase *f*, Glutamatpyruvattransaminase *f*.
serum proteins Serumproteine *pl*.
serum prothrombin conversion accelerator Prokonvertin *nt*, -convertin *nt*, Faktor VII *m*, Autothrombin I *nt*, Serum-Prothrombin-Conversion-Accelerator *m*, stabiler Faktor *m*.
sesquioxide *n* Sesquioxid *nt*.
sesquisulfate *n* Sesquisulfat *nt*.
sesquisulfide *n* Sesquisulfid *nt*.
sesquisulphate *n Brit*. Sesquisulfat *nt*.
sesquisulphide *n Brit*. Sesquisulfid *nt*.
sesquiterpene alkaloids Sesquiterpenalkaloide *pl*.
sessile *adj*. festsitzend, breit aufsitzend, sessil.
sex I *n* **1**. Geschlecht *nt*. **2**. Geschlechtstrieb *m*, Sexualität *f*. **3**. Sex *m*, Gechlechtsverkehr *m*, Koitus *m*. **4**. Geschlecht *nt*, Geschlechtsteile *pl*. **II** *adj*. Sex-, Sexual-.
sexavalent *adj*. sechswertig, hexa-

valent.
sex chromatin Barr-Körper *m*, Sex-, Geschlechtschromatin *nt*.
sex chromosome Sex-, Hetero-, Geschlechtschromosom *nt*, Genosom *nt*, Heterosom *nt*, Allosom *nt*.
sex cycle 1. Monats-, Genital-, Sexual-, Menstruationszyklus *m*. **2**. sexueller Vermehrungszyklus *m*.
sexdigitate *adj*. sechsfingrig, sechszehig.
sexduction *n* Sexduktion *f*, F-Duktion *f*.
sex factor Fertilitätsfaktor *m*, F-Faktor *m*.
sex hormone Geschlechts-, Sexualhormon *nt*.
sex-hormone-binding globulin Sexualhormon-bindendes Globulin *nt*.
sexivalent *adj*. s.u. *sexavalent*.
sex-linked *adj*. geschlechtsgebunden.
sex-linked heredity s.u. *sex-linked inheritance*.
sex-linked inheritance geschlechtsgebundene/gonosomale Vererbung *f*.
sex pili Konjugationspili *pl*.
sexual *adj*. sexuell, geschlechtlich, Sexual-, Geschlechts-.
sheath protein Hüllprotein *nt*.
β-sheet *n* Faltblattstruktur *f*, Faltblatt *nt*.
Shigella *n* Shigella *f*.
   Shigella dysenteriae Shigella dysenteriae.
   Shigella sonnei Kruse-Sonne-Ruhrbakterium *nt*, E-Ruhrbakterium *nt*, Shigella sonnei.
shigella *n, pl* **-las, -lae** Shigelle *f*, Shigella *f*.
shikimate *n* Shikimat *nt*.
shikimate 5-dehydrogenase Shikimatdehydrogenase *f*.
shikimate family Shikimat-Familie *f*.
shikimate kinase Shikimatkinase *f*.
shikimate pathway Shikimat-Weg *m*, Shikiminsäure-Weg *m*.
shikimic acid Shikiminsäure *f*.
Shine-Dalgarno sequence Shine-Dalgarno-Sequenz *f*.
shortwave *n* Kurzwelle *f*.
short-wave *adj*. kurzwellig, Kurzwellen-.
shuttle *n* Shuttle *m*.
shuttle system Shuttle-System *nt*.
sial- *präf*. s.u. *sialo-*.
sialate *n* Sialat *nt*.

sialic *adj.* **1.** Speichel betreffend, Speichel-, Sial(o)-, Ptyal(o)-. **2.** Sialinsäure betreffend.

sialic acid Sialinsäure *f*, *N*-Acylneuraminsäure *f*.

sialidase *n* Sialidase *f*, Neuraminidase *f*.

sialine *adj.* S.U. *salivary*.

sialo- *präf.* Speichel-, Sial(o)-, Ptyal(o)-.

sialogenous *adj.* speichelbildend, sialogen.

sialomucin *n* Sialomuzin *nt*, -mucin *nt*.

sialoprotein *n* Sialoprotein *nt*.

sialyloligosaccharide *n* Sialyloligosaccharid *nt*.

sialyltransferase *n* Sialyltransferase *f*.

side chain Seitenkette *f*.
  apolar side chain nicht-polare Seitenkette.
  nonpolar side chain nicht-polare Seitenkette.
  polar side chain polare Seitenkette.

side chain theory Ehrlich-Seitenkettentheorie *f*.

sidero- *präf.* Eisen-, Sider(o)-.

siderophage *n* Siderophore *f*.

siderophil *adj.* eisenliebend, siderophil.

siderophilin *n* Transferrin *nt*, Siderophilin *nt*.

siderophilous *adj.* S.U. *siderophil*.

siderophore *n* Siderophore *f*.

siderous *adj.* eisenhaltig, Eisen-.

siemens *n* Siemens *nt*.

sievert *n* Sievert *nt*.

signal peptidase signalprozessierende Peptidase *f*, Signalpeptidase *f*.

signal peptide Signalpeptid *nt*, Transferpeptid *nt*.

signal recognition particle Signalerkennungspartikel *nt*.

signal sequence Signalsequenz *f*.

silencer *n* Silencer *m*.

silent mutation stille Mutation *f*.

silica *n* Siliziumdioxid *nt*.

silica gel Kieselgel *nt*.

silicate *n* Silikat *nt*, Silicat *nt*.

silicic acid Kieselsäure *f*.

silicic anhydride S.U. *silica*.

silicon *n* Silizium *nt*, Silicium *nt*.

silicon dioxide Siliziumdioxid *nt*.

silicone *n* Silikon *nt*.

silver I *n* Silber *nt*, *(chemisch)* Argentum *nt*. **II** *adj.* silbern, Silber-.

silver nitrate Silbernitrat *nt*.

silver oxide Silberoxid *nt*.

simple lipid Homolipid *nt*.

simple protein globuläres Eiweiß/Protein *nt*.

simple sugar Einfachzucker *m*, Monosaccharid *nt*.

Simuliidae *pl* Kriebelmücken *pl*, Simuliidae *pl*.

single *adj.* einzige(r, s), einzel(n), einfach, Einzel-, Einfach-; ledig.

single bond Einfachbindung *f*.

single-bond character Einfachbindungscharakter *m*.

single-chain *adj.* einkettig.

single copy region Einzelkopieregion *f*.
  large single copy region große Einzelkopieregion.
  small single copy region kleine Einzelkopieregion.

single-copy sequence Einzelkopiesequenz *f*.

single-displacement einfache Verdrängung(sreaktion *f*) *f*.
  ordered single-displacement geordnete Verdrängungsreaktion.
  random single-displacement zufällige Verdrängungsreaktion.

single-displacement reaction einfache Verdrängung(sreaktion *f*) *f*.
  ordered single-displacement reaction geordnete Verdrängungsreaktion.
  random single-displacement reaction zufällige Verdrängungsreaktion.

single-nephron filtration rate Einzelnephronfiltrat *nt*.

single-phase *adj.* einphasig, Einphasen-.

single-point mutation Punktmutation *f*.

single-strand *adj.* S.U. *single-stranded*.

single-stranded *adj.* einstrangig, Einzelstrang-.

single-stranded break Einzelstrangbruch *m*.

single-stranded DNA Einzelstrang-DNA *f*.

single-stranded RNA Einzelstrang-RNA *f*.

sinigrin *n* Glucosinolat *nt*, Sinigrin *nt*.

sinkaline *n* Cholin *nt*, Bilineurin *nt*, Sinkalin *nt*.

sirohaem *n* *Brit.* Sirohäm *nt*.

siroheme *n* Sirohäm *nt*.

SI system internationales Einheitensystem *nt*, Système International d'Unites, SI-System *nt*.

sito- *präf.* Nahrungs-, Sit(i)o-.
sitosterol *n* Sitosterin *nt.*
SI unit SI-Einheit *f.*
sliding-filament hypothesis (*Muskel*) Gleit-Theorie *f*, Gleit-Filamenttheorie *f.*
sliding-filament theory s.u. *sliding-filament hypothesis.*
slime fungi Schleimpilze *pl*, Myxomyzeten *pl.*
slow virus Slow-Virus *nt.*
slurry *n* Aufschwemmung *f.*
small bowel Dünndarm *m*, Intestinum tenue.
small calorie kleine Kalorie *f*, Grammkalorie *f*, (Standard-)Kalorie *f.*
small intestine Dünndarm *m*, Intestinum tenue.
smell (*v* smelled; smelt) **I** *n* **1.** Geruchsinn *m.* **2.** Geruch *m*; Duft *m*; Gestank *m.* **3.** Riechen *nt.* **II** *vt* riechen an. **III** *vi* riechen (*at* an); duften; riechen (*of* nach).
smooth bacteria S-Form *f*, S-Stamm *m.*
smooth colony (*Kultur*) S-Form *f.*
smooth muscle glatter unwillkürlicher Muskel *m*, glattes unwillkürliches Muskelgewebe *nt.*
smooth muscle cell glatte Muskelzelle *f.*
smooth reticulum glattes/agranuläres endoplasmatisches Retikulum.
smooth-rough variation S-R-Formenwechsel *m.*
smooth strain S-Form *f*, S-Stamm *m.*
soda *n* **1.** Soda *f*, Natriumkarbonat *nt.* **2.** Natriumbikarbonat *nt.* **3.** Ätznatron *nt*, kaustische Soda, Natriumhydroxid *nt.*
sodium *n* Natrium *nt.*
sodium acetate Natriumacetat *nt.*
sodium ascorbate Natriumaskorbat *nt.*
sodium azide Natriumazid *nt.*
sodium balance Natriumhaushalt *m*, -bilanz *f.*
sodium benzoate Natriumbenzoat *nt.*
sodium bicarbonate doppeltkohlensaures Natron *nt*, Natriumbikarbonat *nt*, Natriumhydrogencarbonat *nt.*
sodium biphosphate Natriumbiphosphat *nt.*
sodium borate Borax *nt*, Natriumtetraborat *nt.*
sodium channel Natriumkanal *m*,

Na$^+$-Kanal *m.*
sodium chloride Kochsalz *nt*, Natriumclorid *nt.*
sodium chloride solution Kochsalzlösung *f.*
isotonic sodium chloride solution isotone Kochsalzlösung.
physiologic sodium chloride solution physiologische Kochsalzlösung.
sodium citrate Natriumcitrat *nt.*
sodium dodecyl sulfate Natriumlaurylsulfat *nt.*
sodium dodecyl sulphate *Brit.* Natriumlaurylsulfat *nt.*
sodium fluoride Natriumfluorid *nt.*
sodium gate Natriumschleuse *f.*
sodium glutamate Natriumglutamat *nt.*
sodium hydrate s.u. *sodium hydroxide.*
sodium hydroxide Natriumhydroxid *nt.*
sodium hypochlorite Natriumhypochlorit *nt.*
sodium hypochlorite solution Natriumhypochloritlösung *f.*
diluted sodium hypochlorite solution verdünnte Natriumhypochloritlösung.
sodium hypoiodite Natriumhypojodit *nt.*
sodium iodide Natriumjodid *nt*, -iodid *nt.*
sodium ion Natrium-Ion *nt.*
sodium monofluorophosphate Natriummonofluorphosphat *nt.*
sodium nitrate Natriumnitrat *nt*, Chile-Salpeter *nt.*
sodium nitroferricyanide s.u. *sodium nitroprusside.*
sodium nitroprusside Nitroprussidnatrium *nt*, Dinatriumpentacyanonitrosylferrat *nt.*
sodium oleate Natriumoleat *nt.*
sodium oxalate Natriumoxalat *nt.*
sodium phosphate Natriumphosphat *nt.*
sodium-potassium adenosinetriphosphatase s.u. *sodium-potassium-ATPase.*
sodium-potassium-ATPase Natrium-Kalium-ATPase *f*, Na$^+$-K$^+$-ATPase *f.*
sodium-potassium pump Natrium-Kalium-Pumpe *f*, Na$^+$-K$^+$-Pumpe *f.*
sodium pump Natriumpumpe *f*, Na$^+$-

Pumpe *f.*

sodium silicate Wasserglas *nt*, wasserlösliche Alkalisilikate *pl.*

sodium stearate Natriumstearat *nt.*

sodium sulfate Natriumsulfat *nt*, Glaubersalz *nt.*

sodium sulphate *Brit.* Natriumsulfat *nt*, Glaubersalz *nt.*

sodium thiosulfate Natriumthiosulfat *nt.*

sodium thiosulphate *Brit.* Natriumthiosulfat *nt.*

sodium urate Natriumurat *nt.*

soft *adj.* (*Wasser*) enthärtet; (*Metall*) ungehärtet.

softener *n* Weichmacher; (Wasser-) Enthärter *m*; Enthärtungsmittel *nt*, Enthärter *m.*

soft water weiches Wasser *nt.*

sol *n* Sol *nt.*

Solanum *n* Solanum *nt.*

solar *adj.* solar, Sonnen-.

solar spectrum Sonnenlichtspektrum *nt*, Spektrum *nt* des Sonnenlichtes.

solid *adj.* fest, hart, kompakt; dicht.

solid body Festkörper *m.*

solid phase feste Phase *f.*

solid state fester (Aggregat-)Zustand *m.*

solitary tapeworm Schweine(finnen)bandwurm *m*, Taenia solium.

solubility *n* Löslichkeit *f*, Solubilität *f.*

solubility coefficient Bunsen-Löslichkeitskoeffizient *m.*

solubility product Löslichkeitsprodukt *nt.*

soluble *adj.* löslich, (auf-)lösbar, solubel.

soluble-RNA *n* Transfer-RNS *f*, Transfer-RNA *f.*

solution *n* 1. Lösung *f*, Solution *f.* 2. Auflösen *nt.* 3. (Auf-)Lösung *f* (*to*, *of*).

solvable *adj.* s.u. *soluble.*

solvate *n* Solvat *nt.*

solvation *n* Solvatation *f*, Solvation *f.*

solvent I *n* Lösungsmittel *nt*, Solvens *nt.* II *adj.* (auf-)lösend.

solvent fractionation Fraktionierung *f* durch Lösungsmittel, Aussüßen *nt.*

solvent property Lösungseigenschaft *f.*

soma *n*, *pl* -mas, -mata 1. Körper *m*, Soma *nt.* 2. Zellkörper *m*, Soma *nt.*

somal *adj.* s.u. *somatic.*

somat- *präf.* s.u. *somato-.*

somatic *adj.* Körper/Soma betreffend, zum Körper behörend, somatisch, körperlich, Soma(to)-.

somatic cell Körperzelle *f*, somatische Zelle *f.*

somato- *präf.* Körper-, Somat(o)-.

somatomammotropine *n* 1. Somatomammotropin *nt.* 2. humanes Plazenta-Laktogen *nt*, Chorionsomatotropin *nt.*

somatomedin *n* Somatomedin *nt*, sulfation factor (*m*).

somatostatin *n* Somatostatin *nt*, growth hormone release inhibiting hormone *nt*, somatotropin inhibiting hormone *nt.*

somatotrope *n* s.u. *somatotroph cell.*

somatotroph *n* s.u. *somatotroph cell.*

somatotroph cell (*Adenohypophyse*) somatotrophe Zelle *f.*

somatotrophic *adj.* s.u. *somatotropic.*

somatotrophin *n* s.u. *somatotropin.*

somatotropic *adj.* somatotrop.

somatotropic cell s.u. *somatotroph cell.*

somatotropic hormone s.u. *somatotropin.*

somatotropin *n* Somatotropin *nt*, somatotropes Hormon *nt*, Wachstumshormon *nt.*

somatotropin inhibiting factor s.u. *somatostatin.*

somatotropin release inhibiting factor s.u. *somatostatin.*

somatotropin releasing factor Somatoliberin *nt*, Somatotropin-releasing-Faktor *m*, growth hormone releasing factor, growth hormone releasing hormone.

somatotropin releasing hormone s.u. *somatotropin releasing factor.*

somatovisceral *adj.* somatoviszeral.

somatropin *n* s.u. *somatotropin.*

somite *n* Ursegment *nt*, Somit *m.*

sonic *adj.* Schall-.

sonic wave Schallwelle *f.*

sophorose *n* Sophorose *f.*

sorb *vt* ab-, adsorbieren.

sorbefacient I *n* absorptionsförderndes Mittel *nt.* II *adj.* absorptionsfördernd, absorbierend.

sorbent *n* Sorptionsmittel *nt*, Sorbens *nt.*

sorbic acid 2,4-Hexadiensäure *f*, Sorbinsäure *f.*

S

sorbin *n* S.U. *sorbose.*
sorbite *n* S.U. *sorbitol.*
sorbitol *n* Sorbit *nt,* Sorbitol *nt,* Glucit *nt,* Glucitol *nt.*
sorbitol dehydrogenase L-Iditoldehydrogenase *f,* Iditdehydrogenase *f,* Sorbitdehydrogenase *f.*
sorbose *n* Sorbose *f.*
sorption *n* (Ab-, Re-)Sorption *f.*
sorus *n, pl* **-ri** Sporenhäufchen *nt,* Sorus *m.*
space **I** *n* Raum *m,* Platz *m;* Zwischenraum *m,* Abstand *m,* Lücke *f,* Spalt *m;* Zeitraum *m.* **II** *vt* räumlich *oder* zeitlich einteilen; in Abständen verteilen.
space-filling model Raummodell *nt,* Kalottenmodell *nt.*
spacer *n* Zwischenstück *nt,* Spacer *m.*
spacer DNA Spacer-DNA *f,* Regulator-DNA *f.*
spatial *adj.* räumlich, Raum-.
spatial arrangement räumliche Anordnung/Formation *f.*
spatial dimension Raumdimension *f.*
spatial formula Raumformel *f,* stereochemische Formel *f.*
spatial isomerism S.U. *stereoisomerism.*
speciation *n* Artbildung *f,* -entstehung *f,* Speziation *f.*
species *n, pl* **-cies** Art *f,* Spezies *f,* Species *f;* Gattung *f.*
species-specific *adj.* spezies-, artspezifisch.
species specificity Art-, Speziesspezifität *f.*
specific *adj.* **1.** Spezies betreffend, artspezifisch, Arten-. **2.** spezifisch (wirkend), gezielt. **3.** (*physikal.*) spezifisch.
specific activity spezifische Aktivität *f.*
specific cholinesterase Azetyl-, Acetylcholinesterase *f,* echte Cholinesterase *f.*
specific dynamic action spezifischdynamische Wirkung *f.*
specific dynamic effect S.U. *specific dynamic action.*
specific gravity spezifisches Gewicht *nt.*
specific heat spezifische Wärme *f.*
specific macrophage arming factor specific macrophage arming factor.
specific rotation spezifische Dre-

hung *f.*
specific weight spezifisches Gewicht *nt,* Wichte *f.*
specimen *n* (Gewebs-, Blut-, Urin-) Probe *f,* Untersuchungsmaterial *nt.*
spectral *adj.* Spektrum betreffend, spektral, Spektral-, Spektro-.
spectral analysis Spektralanalyse *f,* spektroskopische Analyse *f.*
spectral color Spektralfarbe *f.*
spectral colour *Brit.* Spektralfarbe *f.*
spectral line Spektrallinie *f.*
spectrin *n* Spektrin *nt,* Spectrin *nt.*
spectrometer *n* **1.** Spektralapparat *m,* Spektrometer *nt.* **2.** Spektroskop *nt.*
spectrometric *adj.* spektrometrisch.
spectrometry *n* Spektrometrie *f.*
spectrophotometer *n* Spektro-, Spektralphotometer *nt.*
spectrophotometry *n* Spektrophotometrie *f.*
spectroscope *n* Spektroskop *nt.*
spectroscopic *adj.* Spektroskop *oder* Spektroskopie betreffend, spektroskopisch, spektralanalytisch.
spectroscopy *n* Spektroskopie *f.*
spectrum *n, pl* **-trums, -tra** Spektrum *nt.*
S-peptide *n* S-Peptid *nt.*
S period S-Phase *f.*
sperm *n, pl* **sperm, sperms 1.** Samen(flüssigkeit *f*) *m,* Sperma *nt,* Semen *m.* **2.** S.U. *spermatozoon.*
sperm- *präf.* S.U. *spermato-.*
sperma *n* S.U. *sperm* 1.
spermat- *präf.* S.U. *spermato-.*
spermatic *adj.* Samen/Sperma betreffend, seminal, spermatisch, Samen-, Sperma-.
spermatic fluid Samenflüssigkeit *f.*
spermatid *n* Spermatide *f,* Spermide *f,* Spermatidium *nt.*
spermatin *n* Spermatin *nt.*
spermato- *präf.* Samen-, Sperma-, Spermato-, Spermio-.
spermatocidal *adj.* S.U. *spermicidal.*
spermatocide *n* S.U. *spermicide.*
spermatocytal *adj.* Spermatozyt(en) betreffend, spermatozytisch, Spermatozyten-.
spermatocyte *n* Samenmutterzelle *f,* Spermatozyt *m.*
spermatocytogenesis *n* Spermatozytogenese *f.*
spermatogenesis *n* Samen(zell)bildung *f,* Spermatogenese *f.*

spermatogenetic *adj.* s.u. *spermatogenic.*

spermatogenic *adj.* Samen/Sperma *oder* Spermien produzierend, spermatogen.

spermatogenous *adj.* s.u. *spermatogenic.*

spermatogeny *n* s.u. *spermatogenesis.*

spermatogone *n* s.u. *spermatogonium.*

spermatogonial *adj.* **1.** Spermatogonium betreffend, Spermatogonien-. **2.** s.u. *spermatogenic.*

spermatogonium *n, pl* **-nia** Ursamenzelle *f,* Spermatogonie *f,* Spermatogonium *nt.*

spermatopoietic *adj.* Spermabildung *oder* -sekretion fördernd, spermatopo(i)etisch.

spermatozoal *adj.* Spermatozoen betreffend, Spermatozoen-.

spermatozoid *n* s.u. *spermatozoon.*

spermatozoon *n, pl* **-zoa** männliche Keimzelle *f,* Spermium *nt,* Spermie *f,* Samenfaden *m,* Spermatozoon *nt.*

sperm cell s.u. *spermatozoon.*

sperm count Spermatozoenzahl *f,* Spermienzahl *f.*

spermicidal *adj.* spermienabtötend, spermizid.

spermicide *n* spermizides Mittel *nt,* Spermizid *nt.*

spermid *n* s.u. *spermatid.*

spermidine *n* Spermidin *nt.*

spermine *n* Spermin *nt.*

spermiocyte *n* primäre Spermatogonie *f,* primäres Spermatogonium *nt,* Spermiozyt *m.*

spermiogenesis *n* Spermio(histo)-genese *f.*

spermiogenetic *adj.* Spermiogenese betreffend *oder* anregend, spermiogenetisch.

spermiogonium *n, pl* **-nia** s.u. *spermatogonium.*

spermium *n, pl* **-mia** s.u. *spermatozoon.*

spermo- *präf.* s.u. *spermato-.*

spermoblast *n* s.u. *spermatid.*

spermolysin *n* Spermatolysin *nt.*

spermoplasm *n* Spermatidenplasma *nt.*

spermospore *n* s.u. *spermatogonium.*

Sphaeriales *pl* Sphaeriales *pl.*

S phase S-Phase *f.*

spheric *adj.* kugelförmig, kugelig, (kugel-)rund, sphärisch, Kugel-.

sphero- *präf.* Kugel-, Sphär(o)-.

spheroplast *n* Sphäroplast *m.*

spherosome *n* Lipidkörper *m,* Oleosom *nt.*

spherule *n* **1.** Sphärule *f.* **2.** Sphaerule *f.*

spherulin *n* Sphaerulin *nt.*

sphinganine *n* Sphinganin *nt,* Dihydrosphingosin *nt.*

4-sphingenine *n* s.u. *sphingosine.*

sphingogalactoside *n* Sphingogalaktosid *nt.*

sphingoglycolipid *n* Sphingoglykolipid *nt.*

sphingolipid *n* Sphingolipid *nt.*

sphingomyelin *n* Sphingomyelin *nt.*

sphingomyelinase *n* Spingomyelinase *f,* Spingomyelinphosphodiesterase *f.*

sphingomyelin phosphodiesterase s.u. *sphingomyelinase.*

sphingophospholipid *n* Sphingophospholipid *nt.*

sphingosine *n* Sphingosin *nt,* 4-Sphingenin *nt.*

sphingosine acyltransferase Sphingosinacyltransferase *f.*

spikes *pl* (*Virus*) Spitzen *pl,* Spikes *pl.*

spin *n* Drehimpuls *m,* Spin *m.*

spirilloxanthin *n* Spirilloxanthin *nt.*

spirillum *n, pl* **-la** Spirillum *nt.*

spirit *n* **1.** Spiritus *m,* Destillat *nt.* **2.** Äthylalkohol *m,* Äthanol *nt,* Ethanol *nt,* Spiritus (aethylicus) *m.*

spirit of turpentine Terpentinöl *nt.*

spirituous *adj.* alkoholhaltig, alkoholisch.

Spirochaeta *n* Spirochaeta *f.*

Spirochaetaceae *pl* Spirochaetaceae *pl.*

Spirochaetales *pl* Spirochaetales *pl.*

spirochaete *n Brit.* **1.** Spirochäte *f.* **2.** schraubenförmiges Bakterium *nt.*

spirochete *n* **1.** Spirochäte *f.* **2.** schraubenförmiges Bakterium *nt.*

Spirometra *n* Spirometra *nt.*

spirostan *n* Spirostan *nt.*

splanchn- *präf.* s.u. *splanchno-.*

splanchnic *adj.* Eingeweide/Viszera betreffend, Splanchno-, Eingeweide-.

splanchno- *präf.* Splanchn(o)-, Eingeweide-.

spleen *n* Milz *f;* Splen *m,* Lien *m.*

splenic *adj.* Milz/Splen betreffend, lienal, splenisch, Lienal-, Milz-,

Splen(o)-.
spliceosome *n* Spleißosom *nt.*
splicing *n* Splicing *nt*, Spleißen *nt.*
spontaneous *adj.* von selbst (entstanden), von innen heraus (kommend), spontan, selbsttätig, unwillkürlich, Spontan-.
spontaneous mutation Spontanmutation *f.*
sporangial *adj.* Sporangium betreffend, Sporangien-, Sporangio-.
sporangiole *n* Sporangiole *f.*
sporangiolum *n, pl* -la Sporangiole *f.*
sporangiophore *n* Sporangienträger *m.*
sporangiospore *n* Sporangienspore *f*, Sporangiospore *f.*
sporangium *n, pl* -gia Sporen-, Fruchtbehälter *m*, Sporangium *nt.*
spore *n* Spore *f*, Spora *f.*
spore capsule Sporenkapsel *f.*
spore case s.u. *sporangium.*
spore cortex Sporenrinde *f.*
spore-forming anaerobe sporenbildender Anaerobier *m.*
spore-forming bacilli Sporenbildner *pl.*
sporeless *adj.* nicht-sporenbildend, sporenlos.
spore wall Sporenwand *f.*
sporicide *n* sporizides Mittel *nt*, Sporizid *nt.*
sporidium *n, pl* -dia Sporidie *f.*
sporiferous *adj.* sporentragend.
sporiparous *adj.* sporenbildend.
sporocarp *n* Sporenfrucht *f*, Sporokarp *nt.*
sporoderm *n* Sporoderm *nt.*
sporogenesis *n* Sporenbildung *f*, Sporogenese *f*, Sporogenie *f.*
sporogenic *adj.* sporenbildend, sporogen.
sporogenic cycle (*Protozoen*) sexueller/sporogoner Vermehrungszyklus *m.*
sporophore *n* Sporenträger *m*, Sporophor *nt.*
sporophyte *n* Sporophyt *m.*
sporoplasm *n* Sporen-, Sporoplasma *nt.*
Sporothrix *n* Sporothrix *f.*
Sporotrichum *n* Sporotrichum *nt*, Sporotrichon *nt.*
Sporozoa *pl* Sporentierchen *pl*, Sporozoen *pl*, Sporozoa *pl.*
sporozoan I *n* s.u. *sporozoon.* II *adj.*

Sporozoen betreffend, Sporozoen-.
sporozoite *n* Sporozoit *m.*
sporozoon *n, pl* -zoa Sporozoon *nt.*
spreading factor Hyaluronidase *f.*
S-protein *n* S-Protein *nt*, Vitronektin *nt.*
Spumavirinae *pl* Spumaviren *pl*, Spumavirinae *pl.*
Spumavirus *n* Spumavirus *nt.*
sputum *n, pl* -ta Auswurf *m*, Sputum *nt*, Expektoration *f.*
squalene *n* Squalen *nt.*
squalene-2,3-epoxide *n* Squalen-2,3-epoxid *nt.*
squalene epoxide lanosterol-cyclase Squalenepoxid-Lanosterincyclase *f.*
squalene monooxygenase Squalenmonooxigenase *f.*
squalene synthase Squalensynthase *f.*
S-reticulin *n* S-Reticulin *nt.*
S-R variation S-R-Formenwechsel *m.*
stabile *adj.* s.u. *stable.*
stabile factor Prokonvertin *nt*, -convertin *nt*, Faktor VII *m*, Autothrombin I *nt*, Serum-Prothrombin-Conversion-Accelerator *m*, stabiler Faktor *m.*
stabilizer *n* Stabilisator *m.*
stable *adj.* stabil, beständig, unveränderlich, konstant, gleichbleibend; sicher; dauerhaft, fest; widerstandsfähig. **stable in water** wasserbeständig.
stable colloid stabiles Kolloid *nt.*
stable equilibrium stabiles Gleichgewicht *nt.*
stable isotope stabiles Isotop *nt.*
stachyose *n* Stachyose *f.*
stacked form geschlossene Form *f.*
stacking interactions Stapelungskräfte *pl*, -wechselwirkungen *pl.*
stage *n* 1. Stadium *nt*, Phase *f*, Stufe *f*, Grad *m*; Abschnitt *m.* **by/in stages** schritt-, stufenweise. 2. (*Mikroskop*) Objekttisch *m.*
stage of development Entwicklungsstufe.
staggered conformation gestaffelte Konformation *f.*
stain I *n* 1. Mal *nt*, Fleck *m.* 2. Farbe *f*, Farbstoff *m*, Färbemittel *nt.* 3. Färbung *f.* II *vt* (an-)färben. III *vi* sich (an-, ver-)färben; Flecken bekommen.
staining *n* Färben *nt*, Färbung *f.*
staircase phenomenon Treppenphänomen *nt.*

S

standard I *n* **1.** Standard *m*, Norm *f*; Maßstab *m*; Richtlinie *f*. **2.** Richt-, Normalmaß *nt*, Standard(wert *m*) *m*. **3.** (*labor.*) Standardlösung *f*. **II** *adj*. Norm-, Standard-; normal, Normal-; Routine-; Einheits-.

standard bicarbonate Standardbikarbonat *nt*.

standard calorie s.u. *small calorie*.

standard candle Candela *f*.

standard conditions Standardbedingungen *pl*.

standard deviation Standardabweichung *f*, Streuung *f*, mittlere (quadratische) Abweichung *f*.

standard error of median Standardabweichung *f* des Mittelwertes, Standardfehler *m*.

standardization *n* **1.** Normung *f*, Vereinheitlichung *f*, Standardisierung *f*. **2.** Standardisierung *f*, Titrierung *f*. **3.** Eichung *f*.

standardize *vt* **1.** normen, vereinheitlichen, standardisieren. **2.** standardisieren, titrieren. **3.** eichen.

standardized solution s.u. *standard solution*.

standard pressure Standarddruck *m*.

standard solution Normal-, Standard-, Bezugs-, Vergleichslösung *f*.

standard state Standardzustand *m*.

standard temperature Standardtemperatur *f*.

standard weight Normalgewicht *nt*; Gewichtseinheit *f*.

stannate *n* Stannat *nt*.

stannic *adj*. vierwertiges Zinn enthaltend, Zinn-IV-.

stannic acid Zinnsäure *f*.

stannous *adj*. zweiwertiges Zinn enthaltend, Zinn-II-.

stannum *n* Zinn *nt*, Stannum *nt*.

Staphylococcus *n* Staphylococcus *m*.

staphylococcus *n*, *pl* **-cocci** Traubenkokkus *m*, Staphylokokkus *m*, Staphylococcus *m*.

staphylokinase *n* Staphylokinase *f*.

starch I *n* Stärke *f*; Stärkemehl *nt*; Amylum *nt*. **II** *vt* stärken, mit Stärke behandeln.

starch biosynthesis Stärkebiosynthese *f*.

starch breakdown Stärkeabbau *m*.

starch phosphorylase Stärke-, Glykogenphosphorylase *f*.

starch synthase Stärkesynthase *f*,

-synthetase *f*.

granule-bound starch synthase granulumgebundene Stärkesynthase.

starch synthetase Stärkesynthase *f*, -synthetase *f*.

Starling's hypothesis of capillary equilibrium Starling-(Reabsorptions-)Theorie *f*.

starter DNA Starter-DNA *f*, Starter-DNS *f*.

state *n* Zustand *m*. **in a solid/liquid state** im festen/flüssigen Zustand.

state of aggregation Aggregatzustand.

state of equilibrium Gleichgewichtszustand.

state of minimum free energy Zustand minimaler freier Energie.

state 3 respiration aktive Atmung *f*, Atmungszustand 3 *m*.

state 4 respiration Atmungszustand 4 *m*.

stationary phase stationäre Phase *f*.

steady *adj*. **1.** unveränderlich, gleichmäßig, -bleibend, stet(ig), beständig. **2.** (stand-)fest, stabil.

steady potential Gleichspannungs-, Bestandspotential *nt*.

steady state Fließgleichgewicht *nt*, dynamisches Gleichgewicht *nt*.

steady state concentration Steadystate-Konzentration *f*.

steady state system offenes System *nt*, Steady-state-System *nt*.

steam I *n* (Wasser-)Dampf *m*. **II** *vt* dämpfen, dünsten; (*Gas*) ausströmen. **III** *vi* dampfen; verdampfen.

steapsin *n* Steapsin *nt*, Triacylglycerinlipase *f*.

stear- *präf*. s.u. *stearo-*.

stearate *n* Stearat *nt*.

stearic acid Stearinsäure *f*, *n*-Octadecansäure *f*.

stearin *n* Stearin *nt*.

stearo- *präf*. Fett-, Stear(o)-, Steat(o)-, Lip(o)-.

stearoyl-CoA desaturase Acyl-CoA-desaturase *f*.

steato- *präf*. s.u. *stearo-*.

steatogenous *adj*. fettbildend *oder* -produzierend, lipogen.

Stegomyia *n* Stegomyia *f*.

stenoxenous *adj*. stenoxen.

stenoxenous parasite stenoxener Parasit *m*.

sterc(o)- *präf*. Kot-, Sterk(o)-,

S

Sterc(o)-, Fäkal-, Sterkoral-.
stercobilin *n* Sterko-, Stercobilin *nt*.
stercobilinogen *n* Sterko-, Stercobilinogen *nt*.
stercoraceous *adj.* S.U. *stercoral*.
stercoral *adj.* Stuhl betreffend, kotig, kotartig, fäkal, sterkoral, Sterkoral-, Fäkal-, Kot-.
stercorin *n* Koprostanol *nt*, -sterin *nt*.
stercorous *adj.* S.U. *stercoral*.
stercus *n* Kot *m*, Stercus *nt*.
stereo- *präf.* **1.** starr, fest, stereo-. **2.** räumlich, körperlich, Raum-, Körper-, Stereo-.
stereochemical *adj.* Stereochemie betreffend, stereochemisch.
stereochemical formula Raumformel *f*, stereochemische Formel *f*.
stereochemical isomerism S.U. *stereoisomerism*.
stereochemistry *n* Stereochemie *f*.
stereoisomer *n* Stereoisomer *nt*.
stereoisomeric *adj.* Stereoisomerie betreffend *oder* besitzend, stereoisomer(isch).
stereoisomerism *n* Raum-, Stereoisomerie *f*.
stereoisomerization *n* Stereoisomerisation *f*.
stereospecific *adj.* stereospezifisch.
stereospecificity *n* Stereospezifität *f*.
stereospecific numbering stereospezifische Numerierung *f*.
stereotaxis *n* Stereotaxis *f*.
steric *adj.* räumlich, sterisch.
sterigma *n, pl* **-mas, -mata** Sterigma *nt*.
sterile water keimfreies/sterilisiertes Wasser *nt*.
steroid *n* Steroid *nt*.
steroid alkaloid Steroidalkaloid *nt*.
steroid hormone Steroidhormon *nt*.
steroid 11β-monooxygenase Steroid-11β-monooxygenase *f*, 11β-Hydroxylase *f*.
steroid 17α-monooxygenase Steroid-17α-monooxygenase *f*, 17α-Hydroxylase *f*.
steroid 21-monooxygenase Steroid-21-monooxygenase *f*, 21-Hydroxylase *f*.
steroid nucleus Steroidkern *m*.
steroidogenesis *n* Steroid(bio)synthese *f*.
steroidogenic *adj.* Steroide bildend, steroidogen.

steroid receptor Steroidrezeptor *m*.
steroid 5α-reductase Steroid-5α-reduktase *f*, 5α-Reduktase *f*.
steroid saponin Steroidsaponin *nt*.
steroid sulfatase S.U. *steryl sulfatase*.
steroid sulphatase *Brit.* S.U. *steryl sulphatase*.
sterol *n* Sterin *nt*, Sterol *nt*.
sterol carrier protein Sterin-Carrier-Protein *nt*.
steryl sulfatase Sterylsulfatase *f*.
steryl sulphatase *Brit.* Sterylsulfatase *f*.
stibiated *adj.* antimonhaltig.
stibium *n* Antimon *nt*, Stibium *nt*.
stibogluconate sodium Natrium-Stibogluconat *nt*.
stilbene synthase Stilbensynthase *f*.
stimulation *n* Reiz *m*, Reizung *f*, Stimulation *f*.
stimulatory modulator fördernder/stimulierender/positiver Modulator *m*.
stimulus *n, pl* **-li** Reiz *m*, Stimulus *m*.
stimulus transformation Reizumwandlung *f*, -transformation *f*.
stimulus transport Reizweiterleitung *f*, -transport *m*.
stoichiometric *adj.* Stöchiometrie betreffend, stöchiometrisch.
stoichiometry *n* Stöchiometrie *f*.
stomach *n* Magen *m*; Gaster *f*, Ventriculus *m*.
stomachic *adj.* Magen betreffend, gastrisch, Magen-, Gastro-.
Stomoxys *n* Stomoxys *f*.
stool *n* Kot *m*, Fäkalien *pl*, Faeces *pl*.
stop-transfer sequence Stopp-Transfersequenz *f*.
storage *n* **1.** Lagern *nt*, Speichern *nt*, (Ein-)Lagerung *f*, Speicherung *f*. **2.** Depot *nt*, Speicher *m*.
storage carbohydrate Speicher-, Reservekohlenhydrat *nt*.
storage fat Speicher-, Depotfett *nt*.
storage form Speicherform *f*.
storage gland Speicherdrüse *f*.
storage granule Speicherkörnchen *nt*.
storage lipid Depot-, Speicherlipid *nt*.
storage protein Speicherprotein *nt*.
vegetative storage proteins VSP-Proteine *pl*.
STPD conditions STPD-Bedingungen *pl*.
strain *n* **1.** Rasse *f*, Art *f*; Stamm *m*. **2.** (Erb-)Anlage *f*, Veranlagung *f*;

Charakterzug *m*, Merkmal *nt*.

stratographic analysis Chromatographie *f*.

strength *n* Kraft *f*, Stärke *f*; (Strom-) Stärke *f*; (Säure-)Stärke *f*; (*Lösung*) Konzentration *f*.

Streptobacillus *n* Streptobacillus *m*.

streptobiosamine *n* Streptobiosamin *nt*.

Streptococcaceae *pl* Streptococcaceae *pl*.

streptococcal deoxyribonuclease s.u. *streptodornase*.

Streptococcus *n* Streptococcus *m*.

Streptococcus lacticus Milchsäurebazillus *m*, Streptococcus/Bacillus lactis.

Streptococcus lactis Milchsäurebazillus *m*, Streptococcus/Bacillus lactis.

Streptococcus pneumoniae Fränkel-Pneumokokkus *m*, Pneumokokkus *m*, Pneumococcus *m*, Streptococcus/Diplococcus pneumoniae.

Streptococcus pyogenes Streptococcus pyogenes/haemolyticus/erysipelatis, A-Streptokokken *pl*, Streptokokken *pl* der Gruppe A.

Streptococcus viridans Streptococcus viridans, vergrünende/viridans Streptokokken *pl*.

streptococcus *n, pl* **-ci** Streptokokke *f*, Streptokokkus *m*, Streptococcus *m*.

group A streptococci A-Streptokokken *pl*, Streptokokken *pl* der Gruppe A, Streptococcus pyogenes/haemolyticus/erysipelatis.

group N streptococci N-Streptokokken *pl*, Streptokokken *pl* der Gruppe N.

nonenterococcal group D streptococci Nichtenterokokken *pl* der Gruppe D.

streptodornase *n* Streptodornase *f*, Streptokokken-Desoxyribonuclease *f*.

streptodornase-streptokinase *n* s.u. *streptokinase-streptodornase*.

streptokinase *n* Streptokinase *f*.

streptokinase-streptodornase *n* Streptokinase-Streptodornase *f*.

Streptomyces *n* Streptomyces *m*.

Streptomycetaceae *pl* Streptomycetaceae *pl*.

streptomycete *n* Streptomyzet *m*.

Streptosporangium *n* Streptosporangium *nt*.

Streptothrix *n* Streptothrix *f*.

stress hormone Stresshormon *nt*.

striated *adj*. gestreift, streifig, streifenförmig, striär.

striated muscle quergestreifter unwillkürlicher Muskel *m*, quergestreifte unwillkürliche Muskulatur *f*.

strict aerobe obligater Aerobier *m*.

strict anaerobe obligater Anaerobier *m*.

strobila *n, pl* **-lae** Strobila *f*.

Strobilocercus *n* Strobilocercus *m*.

stroma-signal sequence Stroma-Signal-Sequenz *f*.

stroma thylakoid Stromathylakoid *nt*.

strongylid I *n* s.u. *strongylus*. II *adj*. Strongylidae-

Strongylidae *pl* Strongylidae *pl*.

Strongyloidea *pl* Strongyloidea *pl*.

Strongyloides *n* Fadenwurm *m*, Strongyloides *m*.

Strongyloides stercoralis Zwergfadenwurm *m*, Kotälchen *nt*, Strongyloides stercoralis, Anguillula stercoralis.

strongylus *n* Palisadenwurm *m*, Strongylus *m*.

strontium *n* Strontium *nt*.

strophantin *n* Strophantin *nt*.

structural *adj*. Struktur betreffend, strukturell, baulich, Bau-, Struktur-; morphologisch, Form-.

structural fat Struktur-, Baufett *nt*.

structural formula Strukturformel *f*.

structural gene Strukturgen *nt*.

structural isomerism Konstitutions-, Strukturisomerie *f*.

structural metabolism Struktur-, Baustoffwechsel *m*.

structural protein Strukturprotein *nt*.

structure I *n* Struktur *f*, (Auf-)Bau *m*, Gefüge *nt*. II *vt* strukturieren, aufbauen, gliedern.

struvite *n* Tripelphosphat *nt*, Magnesium-Ammonium-phosphat *nt*.

strychnan alkaloids Strychnanalkaloide *pl*.

Stuart factor s.u. *Stuart-Prower factor*.

Stuart-Prower factor Faktor X *m*, Stuart-Prower-Faktor *m*, Autothrombin III *nt*.

S-type *n* (*Kolonie*) S-Form *f*.

sub- *präf*. Unter-, Sub-; Infra-.

subacetate *n* basisches Acetat *nt*.

subacid *adj*. schwach sauer, subazid.

subcarbonate *n* basisches Karbonat *nt*.

subclass *n* Unterklasse *f*.

subculture n 1. Unter-, Nach-, Subkultur f, Abimpfung f. 2. Abimpfen nt.
suberin n Suberin nt.
subfamily n Unterfamilie f.
subgenus n, pl **-genera, -genuses** Untergattung f.
subkingdom n Unterreich nt.
sublimate I n Sublimat nt. II adj. sublimiert. III vt sublimieren.
sublimation n Sublimation f, Sublimierung f.
sublime I vt sublimieren. II vi 1. sublimieren. 2. sich verflüchtigen.
sublingual saliva Sublingualisspeichel m.
submaxillary mucin submaxilläres Muzin nt.
submaxillary mucoprotein submaxilläres Mukoprotein nt.
submaxillary saliva Submandibularisspeichel m.
submetacentric adj. submetazentrisch.
submetacentric chromosome submetazentrisches Chromosom nt.
submicroscopic adj. nicht mit dem (Licht-)Mikroskop sichtbar, submikroskopisch.
submitochondrial adj. submitochondrial.
submolecular adj. submolekular.
suboptimal adj. unteroptimal, suboptimal.
suborder n Unterordnung f.
subphylum n, pl **-la** Unterstamm m.
subspecies n, pl **-cies** Unterart f, Subspezies f.
substance n Substanz f, Stoff m, Materie f, Masse f.
substance concentration molare Konzentration f.
substance P Substanz P f.
substituent n Substituent m.
substitute I n Ersatz m, Ersatzstoff m, -mittel nt, Surrogat nt. II adj. Ersatz-. III vt substituieren. IV vi als Ersatz dienen (for für).
substituted adj. ersatzweise, Ersatz-; substituiert.
substitution n Substitution f.
substitution product Substitutionsprodukt nt.
substrate n Substrat nt.
substrate concentration Substratkonzentration f.
substrate constant Substratkonstan-

te f.
substrate induction Substratinduktion f.
substrate-level phosphorylation Substratkettenphosphorilierung f.
substrate saturation Substratsättigung f.
substrate specificity Substratspezifität f.
substratum n, pl **-tums, -ta** Nähr-, Keimboden nt, Substrat nt.
substructure n Substruktur f.
subtilization n 1. Verfeinerung f. 2. Verflüchtigung f.
subtribe n Unterstamm m, -klasse f.
subunit n Untereinheit f.
subunit model Untereinheitenmodell nt, globuläres Modell nt.
successional series Sukzessionsserie f, -folge f, Serie f.
succinate n Succinat nt.
succinate-CoA ligase S.U. succinyl-CoA synthetase.
succinate dehydrogenase Succinatdehydrogenase f.
succinate-glycine cycle Succinat-Glycin-Zyklus m.
succinate reductase (ubiquinone) Succinat-ubichinon-reduktase f.
succinic acid Bernsteinsäure f.
succinyl n Succinyl-(Radikal nt).
o-succinyl benzoate o-Succinylbenzoat nt.
succinylcholine chloride Succinylcholinchlorid nt, Suxamethoniumchlorid nt.
succinyl-CoA n Succinyl-CoA nt, succinylcoenzyme A nt.
succinyl-CoA synthetase Succinyl-CoA-synthetase f.
succinylcoenzyme A Succinyl-CoA nt, succinylcoenzyme A nt.
succinyl phosphate Succinylphosphat nt.
sucralfate n Sucralfat nt.
sucrase n S.U. sucrose α-glucosidase.
sucrose n Rüben-, Rohrzucker m, Saccharose f.
sucrose α-D-glucohydrolase S.U. sucrose α-glucosidase.
sucrose α-glucosidase Sucrase f, Saccharose-α-glucosidase f.
sucrose biosynthesis Saccharosebiosynthese f.
sucrose carrier Saccharose-Transporter m, Saccharosecarrier m.

S

sucrose-6'-phosphate *n* Saccharose-6-phosphat *nt.*

sucrose phosphate synthase Saccharosephosphatsynthase *f.*

sucrose phosphorylase Saccharosephosphorylase *f.*

sucrose-sucrose fructosyltransferase Saccharose-saccharose-fructosyl-transferase *f.*

sucrose synthase Saccharosesynthase *f.*

sucrose synthesis Saccharosesynthese *f.*

sucrose transporter Saccharose-Transporter *m,* Saccharosecarrier *m.*

sudor *n* Schweiß *m,* Sudor *m.*

sudoresis *n* Schweißsekretion *f,* Schwitzen *nt,* Diaphorese *f.*

sudoriferous *adj.* 1. schweißbildend. 2. schweiß(ab)leitend, Schweiß-.

sudoriparous *adj.* schweißbildend.

sugar *n* Zucker *m.*

sugar acid Zuckersäure *f.*

sugar alcohol Zuckeralkohol *m.*

sugar breakdown Zuckerabbau *m.*

sugar phosphate Zuckerphosphat *nt.*

sugar transport Zuckertransport *m.*

sugar transporter Zucker-Transporter *m.*

sulf- *präf.* s.u. *sulfo-.*

sulfacid *n* Thiosäure *f.*

sulfamide *n* Sulfamid-Gruppe *f.*

sulfanilate *n* Sulfanilat *nt.*

sulfanilic acid Sulfanilsäure *f,* p-Aminobenzolsulfonsäure *f.*

sulfatase *n* Sulfatase *f.*

sulfate *n* Sulfat *nt.*

sulfate-binding protein sulfatbindendes Protein *nt.*

sulfate permease Sulfatpermease *f.*

sulfate reduction Sulfatreduktion *f.*
  assimilatory sulfate reduction assimilatorische Sulfatreduktion.

sulfatidase *n* Arylsulfatase *f.*

sulfatide *n* Sulfatid *nt.*

sulfation factor s.u. *somatomedin.*

sulfhydric acid Schwefelwasserstoff *m.*

sulfide *n* Sulfid *nt.*

sulfinic acid Sulfinsäure *f.*

sulfite *n* Sulfit *nt.*

sulfite oxidase Sulfitoxidase *f.*

sulfite reductase Sulfitreduktase *f.*

sulfo- *präf.* Schwefel-, Sulfon-, Sulf(o)-.

sulfoacid *n* s.u. *sulfonic acid.*

sulfocyanate *n* Thiocyanat *nt.*

sulfocyanic acid Thiocyansäure *f,* Rhodanwasserstoffsäure *f.*

sulfoiduronate sulfatase Iduronatsulfatsulfatase *f.*

sulfolipid *n* Sulfolipid *nt.*

sulfolysis *n* Sulfolyse *f.*

sulfomucin *n* Sulfomuzin *nt,* -mucin *nt.*

sulfonamide *n* Sulfonamid *nt.*

sulfonate I *n* Sulfonat *nt.* **II** *vt* sulfonieren, sulfurieren.

sulfonated *adj.* sulfoniert, sulfuriert.

sulfonic acid Sulfonsäure *f.*

sulfosalicylic acid Sulfosalizylsäure *f.*

sulfotransferase *n* Sulfotransferase *f.*

sulfoxide *n* Sulfoxid *nt.*

sulfur *n* Schwefel *m,* Sulfur *nt.*

sulfur assimilation Schwefelassimilation *f.*

sulfurated *adj.* schwefelhaltig.

sulfur bacteria Schwefelbakterien *pl.*

sulfur dioxide Schwefeldioxid *nt.*

sulfuric acid Schwefelsäure *f.*

sulfurous acid schweflige Säure *f.*

sulfurous anhydride s.u. *sulfur dioxide.*

sulfurous oxide s.u. *sulfur dioxide.*

sulfuryl *n* Sulfuryl-Radikal *nt.*

sulph- *präf. Brit.* s.u. *sulpho-.*

sulphacid *n Brit.* Thiosäure *f.*

sulphamide *n Brit.* Sulfamid-Gruppe *f.*

sulphanilate *n Brit.* Sulfanilat *nt.*

sulphanilic acid *Brit.* Sulfanilsäure *f,* p-Aminobenzolsulfonsäure *f.*

sulphatase *n Brit.* Sulfatase *f.*

sulphate *n Brit.* Sulfat *nt.*

sulphate-binding protein *Brit.* sulfatbindendes Protein *nt.*

sulphate permease *Brit.* Sulfatpermease *f.*

sulphate reduction *Brit.* Sulfatreduktion *f.*
  assimilatory sulphate reduction assimilatorische Sulfatreduktion.

sulphatidase *n Brit.* Arylsulfatase *f.*

sulphatide *n Brit.* Sulfatid *nt.*

sulphation factor *Brit.* s.u. *somatomedin.*

sulphhydric acid *Brit.* Schwefelwasserstoff *m.*

sulphide *n Brit.* Sulfid *nt.*

sulphinic acid *Brit.* Sulfinsäure *f.*

sulphite *n Brit.* Sulfit *nt.*

sulphite oxidase *Brit.* Sulfitoxidase *f.*

sulphite reductase *Brit.* Sulfitreduktase *f.*

S

sulpho- *präf. Brit.* Schwefel-, Sulfon-, Sulf(o)-.

sulph(o)- *präf.* S.U. *sulfo-*.

sulphoacid *n Brit.* S.U. *sulphonic acid.*

sulphocyanate *n Brit.* Thiocyanat *nt.*

sulphocyanic acid *Brit.* Thiocyansäure *f,* Rhodanwasserstoffsäure *f.*

sulphoiduronate sulphatase *Brit.* Iduronatsulfatsulfatase *f.*

sulpholipid *n Brit.* Sulfolipid *nt.*

sulpholysis *n Brit.* Sulfolyse *f.*

sulphomucin *n Brit.* Sulfomuzin *nt,* -mucin *nt.*

sulphonamide *n Brit.* Sulfonamid *nt.*

sulphonate *Brit.* **I** *n* Sulfonat *nt.* **II** *vt* sulfonieren, sulfurieren.

sulphonated *adj. Brit.* sulfoniert, sulfuriert.

sulphonic acid *Brit.* Sulfonsäure *f.*

sulphosalicylic acid *Brit.* Sulfosalizylsäure *f.*

sulphotransferase *n Brit.* Sulfotransferase *f.*

sulphoxide *n Brit.* Sulfoxid *nt.*

sulphur *n Brit.* Schwefel *m,* Sulfur *nt.*

sulphur assimilation *Brit.* Schwefelassimilation *f.*

sulphurated *adj. Brit.* schwefelhaltig.

sulphur bacteria *Brit.* Schwefelbakterien *pl.*

sulphur dioxide *Brit.* Schwefeldioxid *nt.*

sulphuric acid *Brit.* Schwefelsäure *f.*

sulphurous acid *Brit.* schweflige Säure *f.*

sulphurous anhydride *Brit.* S.U. *sulphur dioxide.*

sulphurous oxide *Brit.* S.U. *sulphur dioxide.*

sulphuryl *n Brit.* Sulfuryl-Radikal *nt.*

super- *präf.* Über-, Super-, Hyper-.

superacid *adj.* übermäßig sauer, hyperazid.

supercarbonate *n* Bikarbonat *nt,* Bicarbonat *nt,* Hydrogencarbonat *nt.*

superclass *n* Überklasse *f.*

supercoil *n* Superschraube *f,* Supercoil *f.*

supercoiling *n* Supercoiling *nt.*

superfamily *n* Überfamilie *f.*

superorder *n* Überordnung *f.*

superoxide *n* Super-, Hyper-, Peroxid *nt.*

superoxide dismutase Hyperoxiddismutase *f,* Superoxiddismutase *f,* Hämocuprein *nt,* Erythrocuprein *nt.*

superoxide radical Hyperoxidradikal *nt.*

superparasite *n* **1.** Superparasit *m.* **2.** Über-, Sekundär-, Hyperparasit *m.*

superphosphate *n* Superphosphat *nt.*

supersaturation *n* Übersättigung *f.*

supervoltage *n* Hochspannung *f.*

suppressant **I** *n* Hemmer *m,* Suppressor *m.* **II** *adj.* hemmend.

suppression *n* **1.** Unterdrückung *f,* Hemmung *f,* Suppression *f.* **2.** S.U. *suppression mutation.*

suppression mutation Suppressions-, Suppressormutation *f,* kompensierende Mutation *f.*

suppressor *n* Hemmer *m,* Suppressor *m.*

suppressor cells (T-)Suppressor-Zellen *pl.*

suppressor gene Suppressorgen *nt.*

supra- *präf.* Über-, Ober-, Supra-.

supramolecular assembly supramolekulare Anordnung *f.*

suprarenal **I** *n* Nebenniere *f.* **II** *adj.* oberhalb der Niere/Ren, suprarenal.

suprarenal gland Nebenniere *f.*

suprarenal marrow Nebennierenmark *nt,* Medulla.

suprarenal medulla S.U. *suprarenal marrow.*

suprathreshold *adj.* überschwellig.

surface **I** *n* Oberfläche *f,* Außenfläche *f,* Außenseite *f.* **II** *adj.* Oberflächen-.

surface tension Oberflächenspannung *f.*

surface topography Oberflächentopographie *f.*

surfactant *n* **1.** oberflächenaktive/-grenzflächenaktive Substanz *f,* Detergens *nt.* **2.** (*Lunge*) Surfactant *nt,* Surfactant-Faktor *m,* Antiatelektasefaktor *m.*

surfactant factor S.U. *surfactant* 2.

surrogate *n* Ersatz(stoff *m*) *m,* Surrogat *nt* (*of, for* für).

suspending medium Suspensionsmedium *nt.*

suspensible *adj.* suspendierbar.

suspension *n* Aufschwemmung *f,* Suspension *f.*

suspension colloid Suspensionskolloid *nt,* Suspensoid *nt.*

suxamethonium chloride Suxamethoniumchlorid *nt,* Succinylcholinchlorid *nt.*

Svedberg unit Svedberg-Einheit *f.*
swarmer *n* Schwärmspore *f*, -zelle *f*,
Schwärmer *m*, Plano-, Zoospore *f.*
swarming *n* (Aus-)Schwärmen *nt.*
sweat (*v* **sweated; sweated**) **I** *n* **1.**
Schweiß *m*, Sudor *m.* **2.** Schwitzen *nt*,
Schweißausbruch *m*, Perspiration *f.* **II**
vt (aus-)schwitzen. **III** *vi* schwitzen.
sweat glands Schweißdrüsen *pl.*
sweating I *n* Schwitzen *nt*; Schweißsekretion *f*, -absonderung *f*, Perspiration *f.* **II** *adj.* schwitzend, Schwitz-.
Swiss tapeworm (breiter) Fischbandwurm *m*, Grubenkopfbandwurm *m*,
Diphyllobothrium latum, Bothriocephalus latus.
symbion *n* s.u. *symbiont.*
symbionic *adj.* Symbiose betreffend,
symbiotisch, symbiontisch.
symbiont *n* Symbiont *m.*
symbiosis *n*, *pl* **-ses** Symbiose *f.*
symbiote *n* s.u. *symbiont.*
symbiotic *adj.* s.u. *symbionic.*
symmetry model Symmetriemodell
nt.
sympathetic *adj.* sympathisch, Sym-
pathiko-, Sympathikus-.
sympathetico- *präf.* s.u. *sympatho-.*
sympathico- *präf.* s.u. *sympatho-.*
sympatho- *präf.* Sympathikus-, Sym-
pathik(o)-, Sympath(o)-.
symport *n* gekoppelter Transport *m*,
Cotransport *m*, Symport *m.*
symport system Symport-, Cotransportsystem *nt.*
synapse I *n*, *pl* **-apses** Synapse *f.* **II**
vi eine Synapse bilden.
synapsis *n*, *pl* **-ses** Chromosomenpaarung *f*, Synapsis *f.*
synaptic *adj.* Synapse betreffend, synaptisch, Synapsen-.
synaptical *adj.* s.u. *synaptic.*
synaptic bulb Synapsenkolben *m.*
synaptic cleft synaptischer Spalt *m*,
Synapsenspalt *m.*
synaptic complex Synapsenkomplex
m.
synaptic conduction synaptische
Erregungsleitung/Erregungsübertra-
gung *f.*
synaptic gap synaptischer Spalt *m*,
Synapsenspalt *m.*
synaptic inhibition synaptische
Hemmung *f.*
synaptic phase s.u. *synapsis.*
synaptic potential synaptisches

Potential *nt.*
synaptic transmission synaptische
Erregungsübertragung *f.*
synaptic transmitter synaptischer
Transmitter *m*, synaptische Überträgersubstanz *f.*
synaptic vesicle synaptisches Vesikel *nt.*
synergetic *adj.* zusammenwirkend,
synergetisch.
synergic *adj.* s.u. *synergetic.*
synergism *n* Synergismus *m.*
synergistic *adj.* Synergismus betreffend, auf Synergismus beruhend, zusammenwirkend, synergistisch.
synergy *n* Zusammenwirken *nt*, Zu-
sammenspiel *nt*, Synergie *f.*
Syngamidae *pl* Syngamidae *pl.*
Syngamus *n* Syngamus *m.*
syngeneic *adj.* syngen, syngenetisch,
isogen, isogenetisch, isolog.
syngenesis *n* Syngenese *f.*
syngenetic *adj.* **1.** Syngenese betreffend, syngenetisch. **2.** s.u. *syngeneic.*
synonym codon synonymer Codon
m, synonymer Kodon *m.*
synthase *n* Synthase *f.*
synthesis *n*, *pl* **-ses** Synthese *f.*
synthesis inhibitor Synthesehemmer *m*, -hemmstoff *m.*
synthesis period Synthesephase *f*, S-
Phase *f.*
synthesis phase Synthesephase *f.*
synthesize *vt* synthetisch herstellen,
synthetisieren.
synthetase *n* Ligase *f*, Synthetase *f.*
synthetic I *n* Kunststoff *m.* **II** *adj.* **1.**
Synthese betreffend, synthetisch. **2.**
künstlich, artifiziell, synthetisch,
Kunst-.
syntrophism *n* Syntrophismus *m.*
system *n* **1.** System *nt*; Aufbau *m*,
Gefüge *nt*; Einheit *f*; Anordnung *f.* **2.**
(Organ-)System *nt.*
system of macrophages retikuloendotheliales System, retikulohistiozytäres System.
system of transverse tubules transversales Röhrensystem, System der
transversalen Tubuli, T-System.
systematic *adj.* systematisch, methodisch; plan-, zweckmäßig, -voll.
systemic *adj.* systemisch, generali-
siert, System-.
systemin *n* Systemin *nt.*

S

T

tabanid *n* Bremse *f*, Tabanide *f*.
Tabanidae *pl* Bremsen *pl*, Tabaniden *pl*, Tabanidae *pl*.
Tabanus *n* Tabanus *m*.
tacticity *n* Taktizität *f*.
Taenia *n* Taenia *f*.
  Taenia lata (breiter) Fischbandwurm *m*, Grubenkopfbandwurm *m*, Diphyllobothrium latum, Bothriocephalus latus.
  Taenia saginata Rinder(finnen)-bandwurm *m*, Taenia saginata, Taeniarhynchus saginatus.
  Taenia solium Schweine(finnen)-bandwurm *m*, Taenia solium.
taeniacide I *n* Bandwurmmittel *nt*, Taenizid *nt*, Taenicidum *nt*. II *adj*. taenizid, taenia(ab)tötend.
taenial *adj*. Taenia-
Taeniidae *pl* Taeniidae *pl*.
tagged atom radioaktives/radioaktivmarkiertes Atom *nt*, radioaktives Markeratom *nt*.
tail *n* Schwanz *m*.
talc *n* Talkum *nt*, Talcum *nt*.
tandem enzyme Tandemenzym *nt*.
tannase *n* Tannase *f*.
tannate *n* Tannat *nt*.
tannic acid s.u. *tannin*.
tannin *n* Gerbsäure *f*, Tannin *nt*, Acidus tannicum.
tannin acyl-hydrolase s.u. *tannase*.
T antigen 1. T-Antigen *nt*. 2. Tumorantigen *nt*, T-Antigen *nt*.
tapeworm *n* 1. Bandwurm *m*. 2. tape worms *pl* Bandwürmer *pl*, Zestoden *pl*, Cestoda *pl*, Cestodes *pl*.
tartaric acid Wein(stein)säure *f*.
tartrate *n* Tartrat *nt*.

tastant *n* Geschmacks-, Schmeckstoff *m*.
taste I *n* Geschmack *m*; Geschmackssinn *m*, Schmecken *nt*. II *vi* schmecken.
taste bud Geschmacksknospe *f*.
taste bulb s.u. *taste bud*.
taste cells Geschmackssinneszellen *pl*, Schmeckzellen *pl*.
taste center Geschmackszentrum *nt*.
taste centre *Brit.* Geschmackszentrum *nt*.
taste corpuscle s.u. *taste bud*.
taste fibers Geschmacksfasern *pl*.
taste fibres *Brit.* Geschmacksfasern *pl*.
taste hairs Geschmacksstiftchen *pl*.
taste impulse Geschmacksreiz *m*.
taste pore Geschmackspore *f*, Porus gustatorius.
taste quality Geschmacksqualität *f*.
taste receptor Geschmacksrezeptor *m*.
taste stimulus Schmeckreiz *m*.
taste substance Schmeckstoff *m*.
TATA-binding protein TATA-bindender Transkriptionsfaktor *m*.
TATA box TATA-Box *f*.
taurine *n* Taurin *nt*, Äthanolaminsulfonsäure *f*, Aminoäthylsulfonsäure *f*.
taurochenodeoxycholate *n* Taurochenodesoxycholat *nt*.
taurochenodeoxycholic acid Taurochenodesoxycholsäure *f*.
taurocholate *n* Taurocholat *nt*.
taurocholic acid Taurocholsäure *f*.
tautomer *n* Tautomer *nt*.
tautomerase *n* Tautomerase *f*.
tautomeric *adj*. tautomer.
tautomerism *n* Tautomerie *f*.

taximetrics *pl* numerische Taxonomie *f*.

T-band *n* (*Chromosom*) T-Bande *f*.

T cell T-Zelle *f*, T-Lymphozyt *m*.

cytotoxic T cell zytotoxische T-Zelle.

T cell-mediated immunity zellvermittelte/zelluläre Immunität *f*.

T-cell system T-Zell(en)-System *nt*.

technetium polyphosphate Technetiumphosphat *nt*.

T effector cell T-Effektorzelle *f*.

Teichmann's crystals Chlorhämin-(kristalle *pl*) *nt*, Chlorhämatin *nt*, Hämin(kristalle *pl*) *nt*, Teichmann-Kristalle *pl*, salzsaures Hämin *nt*.

teichoic acids Teichonsäuren *pl*, Teichoinsäuren *pl*.

teichoic acid synthase Teichonsäuresynthase *f*.

teichuronic acid Teichuronsäure *f*.

telluric *adj*. **1.** Erde betreffend, tellurisch, Erd-. **2.** tellurhaltig, tellurig, tellurisch, Tellur-.

tellurite *n* Tellurit *nt*.

telophase *n* Telophase *f*.

telophragma *n* Z-Linie *f*, Z-Streifen *m*, Zwischenscheibe *f*, Telophragma *nt*.

Telosporea *pl* Sporentierchen *pl*, Sporozoen *pl*, Sporozoa *pl*.

telson *n* Telson *nt*.

temperate *adj*. gemäßigt, temperent.

temperate bacteriophage temperenter/gemäßigter Bakteriophage *m*.

temperature *n* **1.** Temperatur *f*. **2.** Körpertemperatur *f*, -wärme *f*.

temperature coefficient Temperaturkoeffizient *m*.

temperature-dependent *adj*. temperaturabhängig.

temperature gradient Temperaturgefälle *nt*, -gradient *m*.

temperature scale Temperaturskala *f*.

template *n* Schablone *f*; Matrize *f*; Vorlage *f*, Muster *nt*, Modell *nt*.

template-primer *n* Template-primer (*m*).

template-specific *adj*. matrizenspezifisch.

template specificity Matrizenspezifität *f*.

template strand Matrizenstrang *m*.

template system Matrize *f*, Matrizensystem *nt*.

temporary *adj*. **1.** vorübergehend, vorläufig, zeitweilig, temporär. **2.** provisorisch, Hilfs-, Aushilfs-.

temporary hardness transitorische (Wasser-)Härte *f*, Carbonathärte *f*.

temporary parasite temporärer Parasit *m*.

tenacity *n* Zähigkeit *f*, Zug-, Reißfestigkeit *f*, Tenazität *f*.

tensibility *n* Dehnbarkeit *f*.

tensible *adj*. dehn-, spannbar.

tensile *adj*. dehn-, streckbar, Dehnungs-, Spannungs-, Zug-.

tensile strength Zug-, Dehnfestigkeit *f*.

tensile stress Zugbeanspruchung *f*, -belastung *f*, Dehnbeanspruchung *f*, -belastung *f*.

tension *n* **1.** Tension *f*, Spannung *f*; Dehnung *f*, Zug *m*; Druck *m*; (Muskel-)Anspannung *f*. **2.** (elektrische) Spannung *f*. **3.** (*Gas*) Partialdruck *m*, Spannung *f*.

tension-time index Tension-Time-Index *m*.

terchloride *n* Trichlorid *nt*.

terminal I *n* Ende *nt*, Endstück *nt*, -glied *nt*, Spitze *f*. **II** *adj*. endständig, End-; abschließend, begrenzend, terminal, Grenz-.

terminal addition enzyme DNS-Nukleotidylexotransferase *f*, DNA-Nukleotidylexotransferase *f*, terminale Desoxynukleotidyltransferase *f*.

terminal deoxynucleotidyl transferase s.u. *terminal addition enzyme*.

terminal deoxyribonucleotidyl transferase s.u. *terminal addition enzyme*.

terminal repetition terminale Repetition *f*.

termination codon Kettenabbruch-, Abbruch-, Terminationskodon *nt*.

termination signal Abbruch-, Terminationssignal *nt*.

termolecular *adj*. trimolekular.

ternary *adj*. **1.** dreifach, dreigliedrig, ternär. **2.** s.u. *tertiary*.

ternary complex ternärer/zentraler Komplex *m*.

ternary compound ternäre Verbindung *f*.

ternitrate *n* Trinitrat *nt*.

teroxide *n* Trioxid *nt*.

terpene *n* Terpen *nt*.

terpene alkaloids Terpenalkaloide *pl*.

terpenoid *adj*. terpenoid.

terpenoid alcohol Terpenalkohol *m*.

tersulfide *n* Trisulfid *nt*.

T

tersulphide *n Brit.* Trisulfid *nt.*
tertiary *adj.* dritten Grades, drittgradig, an dritter Stelle, tertiär, Tertiär-.
tertiary cortex (*Lymphknoten*) thymusabhängiges Areal *nt*, T-Areal *nt*, thymusabhängige/parakortikale Zone *f.*
tertiary phosphate tertiäres Phosphat *nt.*
tertiary structure Tertiärstruktur *f.*
tesla *n* Tesla *nt.*
test I *n* 1. Test *m*, Probe *f*, Versuch *m*. 2. Prüfung *f*, (Stich-)Probe *f*, Kontrolle *f*; (*labor.*) Analyse *f*, Nachweis *m*, Untersuchung *f*, Test *m*, Probe *f*, Reaktion *f*. II *vt* prüfen, untersuchen, einer Prüfung unterziehen; (*labor.*) analysieren, testen (*for* auf). III *vi* einen Test machen, untersuchen (*for* auf).
testicle *n* s.u. *testis.*
testicular *adj.* Hoden/Testis betreffend, testikulär, Hoden-.
testicular hormone s.u. *testosterone.*
testis *n, pl* **-tes** männliche Keimdrüse *f*, Hoden *m*, Testikel *m*, Testis *m*, Orchis *m.*
testis cords Hodenstränge *pl.*
testis hormone s.u. *testosterone.*
testosterone *n* Testosteron *nt.*
testosterone-estradiol-binding globulin testosteronbindendes Globulin *nt.*
testosterone-oestradiol-binding globulin *Brit.* testosteronbindendes Globulin *nt.*
test tube Reagenzglas *nt*, -röhrchen *nt.*
tetanolysin *n* Tetanolysin *nt.*
tetanospasmin *n* Tetanospasmin *nt.*
tetanus *n* Wundstarrkrampf *m*, Tetanus *m.*
tetanus immune globulin Tetanusimmunglobulin *nt.*
tetra- *präf.* Tetr(a)-, Vier-.
tetraacetate *n* Tetraazetat *nt.*
tetrabasic *adj.* vierbasisch.
tetraboric acid Tetraborsäure *f.*
tetrachloride *n* Tetrachlorid *nt.*
tetracosactide *n* Tetracosactid *nt.*
tetracosactin *n* s.u. *tetracosactide.*
tetracosanoic acid Lignocerinsäure *f*, *n*-Tetracosansäure *f.*
tetracycline *n* Tetracyclin *nt.*
tetrad *n* 1. (*Genetik*) Tetrade *f*. 2. (*chemisch*) vierwertiges Element *nt.*
tetradecanoic acid Myristinsäure *f.*

tetraene *n* Tetraen *nt.*
tetraethylammonium chloride Tetraäthylammoniumchlorid *nt*, Tetraethylammoniumchlorid *nt.*
tetraethyl pyrophosphate Tetraäthylpyrophosphat *nt*, Tetraethylpyrophosphat *nt.*
tetrahexoside *n* Tetrahexosid *nt.*
tetrahydroberberine *n* Canadin *nt.*
tetrahydrobiopterin *n* Tetrahydrobiopterin *nt.*
tetrahydrofolate *n* Tetrahydrofolat *nt.*
tetrahydrofolate dehydrogenase Dihydrofolatreduktase *f.*
tetrahydrofolic acid Tetrahydrofolsäure *f.*
tetrahydrogeraniol *n* Tetrahydrogeraniol *nt.*
1,2,3,4-tetrahydroisoquinolin *n* 1,2,3,4-Tetrahydroisochinolin *nt.*
tetrahydroprotoberberine oxidase Tetrahydroprotoberberinoxidase *f.*
tetraiodothyronine *n* s.u. *thyroxine.*
tetramastigote *n* Tetramastigote *f.*
tetramer *n* Tetramer *nt.*
tetrameric *adj.* tetramer.
tetranucleotide *n* Tetranukleotid *nt.*
tetrapeptide *n* Tetrapeptid *nt.*
tetraploid *adj.* tetraploid.
tetraploidy *n* Tetraploidie *f.*
tetrasaccharide *n* Tetrasaccharid *nt.*
tetrasomic *adj.* Tetrasomie betreffend, durch Tetrasomie gekennzeichnet, tetrasom.
tetraspore *n* Tetraspore *f.*
tetraterpene *n* Tetraterpen *nt.*
tetratomic *adj.* vieratomig, aus vier Atomen bestehend.
tetravalent *adj.* vierwertig, tetravalent.
tetrose *n* Tetrose *f*, C_4-Zucker *m.*
tetroxide *n* Tetroxid *nt.*
textiform *adj.* gewebe-, netzartig.
thalamic *adj.* Thalamus betreffend, thalamisch, Thalamus-, Thalam(o)-.
thalamus *n, pl* **-mi** Thalamus *m.*
thallium *n* Thallium *nt.*
thallium acetate Thalliumazetat *nt.*
thallo- *präf.* 1. Thall(o)-, Thallus-. 2. Thallium-, Thall(o)-.
Thallobacteria *pl* Thallobacteria *pl.*
thalloid *adj.* thallös.
Thallophyta *pl* Thallophyta *pl.*
thallophyte *n* Thallophyt *m.*
thallose *adj.* thallös.
thallospore *n* Thallospore *f.*
thallus *n, pl* **-li** Thallus *m.*

thanatophidia *n* Giftschlangen *pl*.
Theileria *n* Theileria *f*.
Thelazia *n* Thelazia *f*.
T helper cell T-Helferzelle *f*.
T helper/inductor cell T-Helfer/Induktor-Zelle *f*.
thelygenic *adj*. thelygen.
theoretical *adj*. theoretisch.
theory *n* Theorie *f*, Lehre *f*, Hypothese *f*.
theory of evolution Evolutionstheorie.
therm- *präf*. s.u. *thermo-*.
thermal *adj*. thermal, thermisch, Wärme-, Thermal-, Thermo-.
thermal analysis thermische Analyse *f*, Thermoanalyse *f*.
thermal balance Wärmehaushalt *m*.
thermal capacity Hitzekapazität *f*.
thermal diffusion Thermodiffusion *f*.
thermal energy Wärmeenergie *f*, thermische Energie *f*.
thermal sense Temperatursinn *m*, Thermorezeption *f*.
thermal stimulus thermischer Reiz *m*.
thermal unit Wärmeeinheit *f*.
thermic *adj*. Hitze *oder* Wärme betreffend, thermisch, Hitze-, Wärme-, Therm(o)-.
thermic sense Temperatursinn *m*, Thermorezeption *f*.
thermo- *präf*. Hitze-, Wärme-, Therm(o)-.
Thermoactinomyces *n* Thermoactinomyces *m*.
thermochemistry *n* Thermochemie *f*.
thermodiffusion *n* Thermodiffusion *f*.
thermodynamic *adj*. thermodynamisch.
thermodynamics *pl* Thermodynamik *f*.
thermoelectric *adj*. thermoelektrisch.
thermoelectricity *n* Thermoelektrizität *f*.
thermogenesis *n* Wärmebildung *f*, Thermogenese *f*.
thermogenetic *adj*. Thermogenese betreffend, thermogenetisch.
thermogenic *adj*. wärmebildend, thermogen.
thermogenin *n* Thermogenin *nt*.
thermogenous *adj*. durch Wärme *oder* Hitze verursacht, thermogen.
thermolabile *adj*. hitze-, wärmeunbeständig, wärmeempfindlich, thermolabil.
thermolability *n* Wärme-, Hitzeun-

beständigkeit *f*, Thermolabilität *f*.
thermolysis *n* **1.** thermische Dissoziation *f*, Thermolyse *f*. **2.** Abgabe *f* von Körperwärme.
thermolytic *adj*. Thermolyse betreffend, thermolytisch.
thermometer *n* Thermometer *nt*.
thermophilic *adj*. wärmeliebend, thermophil.
thermophilic bacteria thermophile Bakterien *pl*.
thermoreception *n* Temperatursinn *m*, Thermorezeption *f*.
thermoreceptor *n* Thermorezeptor *m*.
thermoregulation *n* Wärme-, Temperaturregelung *f*, Thermoregulation *f*.
thermoregulator I *n* Thermostat *nt*. II *adj*. s.u. *thermoregulatory*.
thermoregulatory *adj*. thermoregulatorisch.
thermoresistance *n* Wärme-, Hitzebeständigkeit *f*, Thermoresistenz *f*.
thermoresistant *adj*. resistent gegen Wärme/Hitze, hitze-, wärmebeständig, thermoresistent.
thermosensitivity *n* Temperaturempfindlichkeit *f*, Thermosensibilität *f*.
thermosensor *n* Thermosensor *m*.
thermostability *n* Wärme-, Hitzebeständigkeit *f*, Thermostabilität *f*.
thermostable *adj*. wärme-, hitzebeständig, thermostabil.
thermostat *n* Temperaturregler *m*, Thermostat *m*.
thermostatic *adj*. thermostatisch.
thermotolerant *adj*. thermotolerant.
thi- *präf*. s.u. *thio-*.
thiamin *n* s.u. *thiamine*.
thiaminase *n* Thiaminase *f*.
thiamine *n* Thiamin *nt*, Vitamin B_1 *nt*.
thiamine diphosphate s.u. *thiamine pyrophosphate*.
thiamine pyrophosphate Thiaminpyrophosphat *nt*.
thiazole *n* Thiazol *nt*.
thiazole ring Thiazolring *m*.
thiazolidine ring Thiazolidinring *m*.
thickener *n* Verdickungsmittel *nt*; Verdicker *m*.
thin disc *Brit*. Z-Linie *f*, Z-Streifen *m*, Zwischenscheibe *f*, Telophragma *nt*.
thin disk Z-Linie *f*, Z-Streifen *m*, Zwischenscheibe *f*, Telophragma *nt*.
thin-layer chromatography Dünnschichtchromatographie *f*.
thio- *präf*. Thi(o)-, Schwefel-.

T

thio-acid n Thiosäure f.

thioalcohol n Merkaptan nt, Mercaptan nt, Thioalkohol m.

thioamide n Thioamid nt.

thioarsenite n Thioarsenit nt.

thiobarbiturate n Thiobarbiturat nt.

thioclastic adj. thioklastisch.

thioclastic cleavage thioklastische Spaltung f.

thioctic acid Liponsäure f, Thiooctansäure f.

thiocyanate n 1. Thiozyanat nt, -cyanat nt, Rhodanid nt. 2. Thiozyansäureester m, Thiozyanat nt.

thiocyanic acid Thiozyansäure f, -cyansäure f, Rhodanwasserstoffsäure f.

thiocyanide n Thiozyanid nt.

thioester n Thioester m.

thioester bond Thioesterbindung f.

thioether bridge Thioätherbrücke f.

thioflavine n Thioflavin nt.

thiogalactoside n Thiogalaktosid nt, -galactosid nt.

β-thiogalactoside acetyltransferase (β-)Thiogalaktosidacetyltransferase f.

thioglucose n Thioglucose f.

thioglucosidase n Myrosinase f, Thioglykosidase f.

thioglycolate n Thioglykolat nt.

thiohemiacetal bond Thiohalbacetalbindung f.

thiokinase n Thiokinase f.

thiol n Thiol nt, Merkaptan nt, Thioalkohol m.

thiolase n Thiolase f; Acetyl-CoA-Acetyltransferase f, Acetoacetyl-Thiolase f.

thionin n Thionin nt, Lauth-Violett nt.

thiopanic acid Thiopansäure f, Pantoyltaurin nt.

thiopexy n Schwefelbindung f, -fixierung f.

thioredoxin n Thioredoxin nt.

thioredoxin reductase Thioredoxinreduktase f.

thioreduxin reductase Thioxinreduktase f.

thiosemicarbazide n Thiosemikarbamid nt, -carbamid nt.

thiosulfate n Thiosulfat nt.

thiosulfonate reductase Thiosulfonatreduktase f.

thiosulfuric acid Thioschwefelsäure f.

thiosulphate n Brit. Thiosulfat nt.

thiosulphonate reductase Brit. Thiosulfonatreduktase f.

thiosulphuric acid Brit. Thioschwefelsäure f.

third-order reaction Reaktion f dritter Ordnung.

third space dritter/transzellulärer Raum m.

thirst I n Durst m, Durstempfindung f. II vi Durst haben, durstig sein, dürsten.

thirsty adj. durstig.

thixolabile adj. thixolabil.

thixotropic adj. Thixotropie betreffend, thixotrop.

thixotropy n Thixotropie f.

Thoma-Zeiss counting cell s.u. Thoma-Zeiss counting chamber.

Thoma-Zeiss counting chamber Abbé-Zählkammer f, Thoma-Zeiss-Kammer f.

Thoma-Zeiss hemocytometer s.u. Thoma-Zeiss counting chamber.

threadworm n 1. Fadenwurm m, Strongyloides m. 2. Madenwurm m, Enterobius/Oxyuris vermicularis.

threonine n Threonin nt, α-Amino-β-hydroxybuttersäure f.

threonine dehydratase Threoninedehydratase f.

threonine-hydroxyproline-rich glycoproteid Threonin-Hydroxyprolin-reiches Glykoproteid nt.

threonine-rich protein Threoninreiches Protein nt.

threshold I n Grenze f, Schwelle f, Limen nt. II adj. Schwellen-.

threshold body s.u. threshold substance.

threshold concentration Schwellenkonzentration f.

threshold depolarization Schwellendepolarisation f.

threshold potential Schwellenpotential nt.

threshold substance Schwellensubstanz f.

thromb- präf. s.u. thrombo-.

thrombase n s.u. thrombin.

thrombin n Thrombin nt, Faktor IIa m.

thrombin clotting time s.u. thrombin time.

thrombinogen n s.u. thrombin.

thrombinogenesis n Thrombinbildung f.

thrombin time (Plasma-)Thrombinzeit f, Antithrombinzeit f.

thrombo- *präf.* Plättchen-, Thrombus-, Thromb(o)-.

thromboblast *n* Knochenmarksriesenzelle *f*, Megakaryozyt *m*.

thrombocyte *n* (Blut-)Plättchen *nt*, Thrombozyt *m*, -cyt *m*.

thrombocyte aggregation Thrombozytenaggregation *f*.

thrombocytic *adj.* thrombozytär, Thrombozyten-.

thrombocytin *n* Serotonin *nt*, 5-Hydroxytryptamin *nt*.

thrombocytopoiesis *n* Thrombozytenbildung *f*, Thrombo(zyto)poese *f*.

thrombocytopoietic *adj.* Thrombozytenbildung betreffend *oder* stimulierend, thrombo(zyto)poetisch.

thrombogen *n* Prothrombin *nt*, Faktor II *m*.

thrombogene *n* Proakzelerin *nt*, Proaccelerin *nt*, Acceleratorglobulin *nt*, labiler Faktor *m*, Faktor V *m*.

β-thromboglobulin *n* β-Thromboglobulin *nt*.

thrombokinase *n* Thrombokinase *f*, -plastin *nt*, Prothrombinaktivator *m*.

thromboplastic plasma component antihämophiles Globulin *nt*, Antihämophiliefaktor *m*, Faktor VIII *m*.

thromboplastid *n* s.u. *thrombocyte*.

thromboplastin *n* s.u. *thrombokinase*.

thromboplastinogen *n* s.u. *thromboplastic plasma component*.

thromboplastin time test Thromboplastinzeit *f*, Quickwert *m*, Quick *m*, Prothrombinzeit *f*.

thrombopoiesis *n* s.u. *thrombocytopoiesis*.

thrombopoietin *n* Thrombopo(i)etin *nt*.

thrombosthenin *n* Thrombosthenin *nt*.

thrombotonin *n* Serotonin *nt*, 5-Hydroxytryptamin *nt*.

thromboxane *n* Thromboxan *nt*.

thromboxane synthetase Thromboxansynthetase *f*.

thrombozyme *n* s.u. *thrombokinase*.

thrush fungus Candida albicans.

thylakoid *n* Thylakoid(e *f*) *nt*.

thylakoid membrane Thylakoidmembran *f*.

thylakoid-transfer signal Thylakoid-Transfersignal *nt*.

thymic *adj.* Thymus betreffend, Thym(o)-, Thymus-.

thymic cortex Thymusrinde *f*, Cortex thymi.

thymic factor, humoral s.u. *thymic humoral factor*.

thymic humoral factor humoraler Thymusfaktor *m*.

thymic lymphocyte s.u. *T-lymphocyte*.

thymic lymphopoietic factor s.u. *thymopoietin*.

thymidine *n* 1. Thymidin *nt*. 2. Desoxythymidin *nt*.

thymidine kinase Thymidinkinase *f*.

thymidine monophosphate Thymidinmonophosphat *nt*, Thymidylsäure *f*.

thymidylate *n* Thymidylat *nt*.

thymidylate synthase Thymidylatsynthase *f*.

thymidylic acid s.u. *thymidine monophosphate*.

thymin *n* s.u. *thymopoietin*.

thymine *n* Thymin *nt*, 5-Methyluracil *nt*.

thymo- *präf.* Thymus-, Thym(o)-.

thymocyte *n* Thymozyt *m*.

thymol *n* Thymol *nt*.

thymolphthalein *n* Thymolphthalein *nt*.

thymopoietin *n* Thymopo(i)etin *nt*, Thymin *nt*.

thymosin *n* Thymosin *nt*.

thymus *n, pl* **-muses, -mi** Thymus *m*.

thymus-dependent *adj.* thymusabhängig.

thymus-dependent area (*Lymphknoten*) thymusabhängiges Areal *nt*, T-Areal *nt*, thymusabhängige/parakortikale Zone *f*.

thymus-dependent lymphocyte thymusabhängiger Lymphozyt *m*, T-Lymphozyt *m*.

thymus gland s.u. *thymus*.

thymus-independent *adj.* thymusunabhängig.

thymus-independent lymphocyte B-Lymphozyt *m*, B-Lymphocyt *m*, B-Zelle *f*.

thyre(o)- *präf.* s.u. *thyro-*.

thyro- *präf.* Schilddrüsen-, Thyre(o)-, Thyr(o)-.

thyrocalcitonin *n* (Thyreo-)Calcitonin *nt*, Kalzitonin *nt*.

thyrocolloid *n* Schilddrüsenkolloid *nt*.

thyrogenous *adj.* von der Schilddrüse ausgehend, durch Schilddrüsenhor-

T

mone verursacht, thyreogen.

thyroglobulin *n* Thyreoglobulin *nt.*

thyroid I *n* Schilddrüse *f*, Thyr(e)oidea *f*. **II** *adj.* Schilddrüsen-, Thyro-.

thyroid-binding inhibitory immunoglobulin s.u. *thyroid-stimulating immunoglobulin.*

thyroid colloid Schilddrüsenkolloid *nt.*

thyroidea *n* s.u. *thyroid I.*

thyroid follicles Schilddrüsenfollikel *pl*, Speicherfollikel *pl.*

thyroid gland s.u. *thyroid I.*

thyroid hormone Schilddrüsenhormon *nt.*

thyroid peroxidase Jodidperoxidase *f*, Jodinase *f.*

thyroid-stimulating hormone s.u. *thyrotropin.*

thyroid-stimulating hormone releasing factor s.u. *thyroliberin.*

thyroid-stimulating immunoglobulin Thyroidea-stimulierendes Immunglobulin *nt*, thyroid-stimulating immunoglobulin *nt.*

thyroid tissue Schilddrüsengewebe *nt.*

thyroliberin *n* Thyroliberin *nt*, Thyreotropin-releasing-Faktor *m*, Thyreotropin-releasing-Hormon *nt.*

thyronine *n* Thyronin *nt.*

thyroprotein *n* s.u. *thyroglobulin.*

thyrotrophic *adj.* s.u. *thyrotropic.*

thyrotrophin *n* s.u. *thyrotropin.*

thyrotropic *adj.* Schilddrüse(nfunktion) beeinflussend, thyr(e)otrop.

thyrotropic hormone s.u. *thyrotropin.*

thyrotropin *n* Thyr(e)otropin *nt*, thyreotropes Hormon *nt.*

thyrotropin releasing factor s.u. *thyroliberin.*

thyrotropin releasing hormone s.u. *thyroliberin.*

thyroxine *n* Thyroxin *nt*, Tetrajodthyronin *nt.*

thyroxine-binding globulin thyroxinbindendes (α-)Globulin *nt.*

thyroxine-binding prealbumin thyroxinbindendes Präalbumin *nt.*

thyroxine-binding protein s.u. *thyroxine-binding globulin.*

tick *n* Zecke *f.*

tick-borne viruses durch Zecken übertragene Viren.

tigroid *adj.* gefleckt, tigroid.

tigroid bodies Nissl-Schollen *pl*, -Substanz *f*, -Granula *pl*, Tigroidschollen *pl.*

tigroid substance s.u. *tigroid bodies.*

tin I *n* Zinn *nt*, (*chemisch*) Stannum *nt.* **II** *adj.* zinnern, Zinn-.

T inductor cell T-Induktorzelle *f.*

tint I *n* Farbe *f*; Farbton *m*, Tönung *f*. **II** *vt* (leicht) färben.

tissue *n* Gewebe *nt.*

tissue of origin Herkunfts-, Ausgangsgewebe.

tissue cell Gewebe-, Gewebszelle *f.*

tissue-degrading enzyme gewebsschädigendes Enzym *nt.*

tissue dextrin Glykogen *nt*, tierische Stärke *f.*

tissue dispersion Gewebesuspension *f.*

tissue factor s.u. *tissue thromboplastin.*

tissue fluid Gewebsflüssigkeit *f*, interstitielle Flüssigkeit *f.*

tissue hormone Gewebshormon *nt.*

tissue macrophage Gewebsmakrophag *m*, Histiozyt *m.*

tissue oxidation Gewebsoxidation *f.*

tissue perfusion Gewebedurchblutung *f*, -perfusion *f*, Gewebsdurchblutung *f*, -perfusion *f.*

tissue plasminogen activator Gewebsplasminogenaktivator *m.*

tissue respiration innere Atmung *f*, Zell-, Gewebeatmung *f.*

tissue-specific *adj.* gewebespezifisch; organspezifisch.

tissue thromboplastin Gewebsfaktor *m*, -thromboplastin *nt*, Faktor III *m.*

titer *n* Titer *m.*

titratable *adj.* titrierbar.

titratable acid titrierbare Säure *f.*

titration *n* Titration *f*, Titrierung *f.*

titre *n* s.u. *titer.*

titrimetry *n* Maßanalyse *f*, Titrimetrie *f.*

T killer cells T-Killerzellen *pl.*

T-lymphocyte *n* T-Zelle *f*, T-Lymphozyt *m*, T-Lymphocyt *m.*

T lymphokine cell T-Lymphokinzelle *f.*

T memory cell T-Gedächtniszelle *f.*

T-mycoplasma *n* Ureaplasma *nt.*

tobacco alkaloids Nicotianaalkaloide *pl*, Tabakalkaloide *pl.*

tobacco mosaic virus Tabakmosaikvirus *nt.*

Togaviridae *pl* Togaviren *pl*, Togaviridae *pl.*

togavirus *n* Togavirus *nt.*

tolonium chloride Toluidinblau O *nt*, Toloniumchlorid *nt*.

toluidine *n* Toluidin *nt*.

toluidine blue Toluidinblau *nt*.

tomatidin *n* Tomatidin *nt*.

tomo- *präf.* Schicht-, Tom(o)-.

tongue worm Zungenwurm *m*, Pentastomid *m*.

tonoplast *n* Vakuolenmembran *f*.

tonoplast-intrinsic protein Tonoplasten-intrinsisches Protein *nt*.

topochemistry *n* Topochemie *f*.

topogenic sequence topogene Sequenz *f*.

topoisomerase *n* Topoisomerase *f*.

torr *n* Torr *nt*.

torrefaction *n* Rösten *nt*, Darren *nt*.

Torula *n* Kryptokokkus *m*, Cryptococcus *m*.

Torulopsis *n* Torulopsis *f*.

total I *n* Gesamtmenge *f*. II *adj.* ganz, gesamt, total, völlig, absolut, total, Gesamt-, Total-.

total blood volume totales Blutvolumen *nt*.

total body surface area Gesamtkörperoberfläche *f*.

total body volume Gesamtkörpervolumen *nt*.

total body water Gesamtkörperwasser *nt*.

Toxascaris *n* Toxascaris *f*.

Toxicodendron *n* Toxicodendron *nt*.

toxicogenic bacterium s.u. *toxigenic bacterium.*

toxigenic bacterium toxinbildendes Bakterium *nt*, Toxinbildner *m*.

Toxocara *n* Toxocara *f*.

    Toxocara canis Hundespulwurm *m*, Toxocara canis.

    Toxocara cati Katzenspulwurm *m*, Toxocara cati/mystax.

Toxoplasma *n* Toxoplasma *nt*.

tp-ATPase tp-ATPase *f*, V-ATPase *f*.

trace element Mikrolement *nt*, Spurenelement *nt*.

tracer *n* (Radio-, Isotopen-)Indikator *m*, radioaktiver Markierungsstoff *m*, Leitisotop *nt*, Tracer *m*.

trace substance Spurensubstanz *f*.

trans- *präf.* trans-.

transacetylase *n* Transacetylase *f*, Acyltransferase *f*.

transacetylation *n* Transacetylierung *f*.

trans-active factors trans-aktive Faktoren *pl*, Transkriptionsfaktoren *pl*.

transacylase *n* Acyltransferase *f*, Transacylase *f*.

transaldolase *n* Transaldolase *f*.

transaminase *n* Aminotransferase *f*, Transaminase *f*.

transamination *n* Transaminierung *f*.

transcapsidation *n* Transkapsidation *f*.

transcarbamoylase *n* Carbam(o)yltransferase *f*.

transcarboxylase *n* Carboxyltransferase *f*, Transcarboxylase *f*.

transcellular *adj.* transzellulär.

transcellular fluid transzelluläre Flüssigkeit *f*.

transcellular transport transzellulärer Transport *m*.

trans cisterna trans-Zisterne *f*.

transcobalamin *n* Transcobalamin *nt*, Vitamin-B_{12}-bindendes Globulin *nt*.

trans configuration trans-Konfiguration *f*.

transcortin *n* Transkortin *nt*, -cortin *nt*, Cortisol-bindendes Globulin *nt*.

transcriptase *n* Transkriptase *f*, DNA-abhängige RNApolymerase *f*.

transcript editing Transkripteditierung *f*.

transcription *n* Transkription *f*.

transcriptional *adj.* Transkription betreffend, Transkriptions-.

transcriptional control Transkriptionskontrolle *f*.

transcription factors trans-aktive Faktoren *pl*, Transkriptionsfaktoren *pl*.

transcription fork Transkriptionsgabel *f*.

transcription initiation Transkriptionsinitiation *f*.

transcription initiation factor Transkriptions-Initiationsfaktor *m*.

transcription termination factor Transkriptions-Terminationsfaktor *m*.

transducer *n* (Um-)Wandler *m*, Umformer *m*, Transducer *m*; Transformator *m*.

transducible gene transduzierbares Gen *nt*.

transducing phage transduzierender Phage *m*.

transduction *n* 1. (*Genetik*) Transduktion *f*. 2. (*physiolog.*) Transformation *f*.

transduction process Transduktionsprozeß *m*.

transfection *n* Transfektion *f*.

transfer I *n* Übertragung *f*, Verlagerung *f*, Transfer *m* (*to* auf). II *vt* übertragen, verlagern, transferieren (*to* auf).

transferase *n* Transferase *f*.

transfer factor Transferfaktor *m*.

transfer peptid sequence Transferpeptidsequenz *f*.

transfer potential Übertragungspotential *nt*.

transferrin *n* Transferrin *nt*, Siderophilin *nt*.

transferring enzyme s.u. *transferase*.

transfer-RNA *n* Transfer-RNS *f*, Transfer-RNA *f*.

initiator transfer-RNA InitiatortRNA, Starter-tRNA.

transformation *n* Umwandlung *f*, Umbildung *f*, Umgestaltung *f*, Umformung *f*, Umsetzung *f*, Transformation *f*.

transfructosylase *n* Fruktosyltransferase *f*.

transgenic *adj.* transgen.

transglucosylase *n* Glykosyltransferase *f*.

transglutaminase *n* Transglutaminase *f*.

transglycosylase *n* s.u. *transglucosylase*.

trans-Golgi network trans-Golgi-Netzwerk *nt*.

transhydrogenase *n* Transhydrogenase *f*.

transient flora Transientflora *f*.

transition *n* Transition *f*.

transitional *adj.* vorübergehend, Übergangs-, Überleitungs-, Zwischen-.

transitionary *adj.* s.u. *transitional*.

transketolase *n* Transketolase *f*.

translation *n* Translation *f*.

translational *adj.* Übersetzungs-, Translations-.

translocase *n* Translokase *f*.

translocation *n* Translokation *f*.

translocator *n* Translokator *m*.

transmembrane helix transmembrane Helix.

transmethylase *n* Methyltransferase *f*, Transmethylase *f*.

transmethylation *n* Transmethylierung *f*.

transmission *n* 1. (*Genetik*) Übertragung *f*, Transmission *f*. 2. (*physikal.*) Durchstrahlung *f*, Durchgang *m*, Durchlässigkeit *f*, Transmission *f*. 3. (*physiolog.*) Über-, Weiterleitung *f*, Fortpflanzung *f*; (*physikal.*) Übertragung *f*, Transmisssion *f*.

transmit *vt* (*Reflexe*) fortleiten; (*Wärme*) fort-, weiterleiten; (*Schall*) fortpflanzen; (*Kraft*) übertragen.

transmittance *n* (Licht-)Durchlässigkeit *f*, Transmission *f*.

transmitter *n* Überträgersubstanz *f*, Transmitter *m*.

transmitter substance Transmittersubstanz *f*.

transmutable *adj.* umwandelbar.

transmutation *n* Umbildung *f*, Umwandlung *f*, Transmutation *f*.

transpeptidase *n* Transpeptidase *f*.

transpeptidation enzyme Transpeptidase *f*.

transphosphorylase *n* 1. Phosphotransferase *f*. 2. Phosphorylase *f*.

transphosphorylation *n* Transphosphorylierung *f*.

transport I *n* Transport *m*, Beförderung *f*. II *vt* transportieren, befördern.

transportability *n* Transportfähigkeit *f*.

transportable *adj.* transportfähig, transportierbar.

transport host Hilfs-, Transport-, Wartewirt *m*, paratenischer Wirt *m*.

transport lipoprotein Transportlipoprotein *nt*.

transport maximum Transportmaximum *nt*.

transport metabolite Transportmetabolit *m*.

transport potential Transportpotential *nt*.

transport protein Transportprotein *nt*.

transport system Transportsystem *nt*.

membrane transport system Membrantransportsystem.

transport vesicle Transportvesikel *nt*.

transport work Transportarbeit *f*.

transposition *n* 1. (*Genetik*) Umstellung *f*, Transposition *f*. 2. (*chemisch*) Umlagerung *f*, Transposition *f*.

transsuccinylase *n* Dihydrolipoylsuccinyltransferase *f*.

transudate *n* Transsudat *nt*.

trapping reaction Fallenreaktion *f*, Trapping-Reaktion *f*.

tree *n* Baum *m*.

trehalose-6,6'-dimycolate *n* Cordfaktor *m*, Trehalose-6,6'-dimykolat *nt*.

Trematoda *pl* Saugwürmer *pl*, Trematoden *pl*, Trematoda *pl*, Trematodes *pl*.
trematode *n* Saugwurm *m*, Trematode *f*.
treponema *n*, *pl* **-mas, -mata** Treponeme *f*, Treponema *nt*.
Treponema *n* Treponema *nt*.
Treponema pallidum Syphilisspirochäte *f*, Treponema pallidum, Spirochaeta pallida.
Treponema pertenue Frambösie-Spirochäte *f*, Treponema pertenue, Treponema pallidum subspecies pertenue, Spirochaeta pertenuis.
tretinoin *n* Retinsäure *f*, Vitamin A_1-Säure *f*, Tretinoin *nt*.
tri- *präf.* Drei-, Tri-.
triacetate *n* Triazetat *nt*, -acetat *nt*.
triacylglycerol *n* Triacylglycerin *nt*, Triglycerid *nt*.
triacylglycerol lipase Triacylglycerinlipase *f*, Triglyceridlipase *f*.
triad *n* dreiwertiges Element *nt*, Triade *f*.
Triatoma *n* Triatoma *f*.
triatomic *adj.* dreiatomig, aus drei Atomen bestehend, triatomar.
tribal *adj.* **1.** Tribus-. **2.** Stammes-.
tribasic *adj.* drei-, tribasisch.
tribasic acid dreibasische Säure *f*.
tribasic phosphate tertiäres Phosphat *nt*.
tribe *n* **1.** Tribus *f*, Klasse *f*. **2.** Stamm *m*.
tribromide *n* Tribromid *nt*.
tributyrinase *n* s.u. *triacylglycerol lipase*.
tricarboxylate carrier Tricarboxylatcarrier *m*.
tricarboxylic acid cycle Zitronensäurezyklus *m*, Citratzyklus *m*, Tricarbonsäurezyklus *m*, Krebs-Zyklus *m*.
Trichiida *pl* Trichiida *pl*.
trichina *n*, *pl* **-nae** Trichine *f*, Trichinella *f*.
Trichinella *n* Trichinella *f*.
Trichinella spiralis Trichine *f*, Trichinella spiralis.
trichloride *n* Trichlorid *nt*.
trichloroacetic acid Trichloressigsäure *f*.
2,4,5-trichlorophenoxyacetic acid Trichlorphenoxyessigsäure *f*.
Trichobacteria *pl* Trichobakterien *pl*, Trichobacteria *pl*.
Trichodectes *n* Trichodectes *m*.
Trichoderma *n* Trichoderma *f*.
trichome *n* Pflanzenhaar *nt*, Trichom *nt*.

trichomonacidal *adj.* trichomonaden(ab)tötend, trichomonazid, trichomonadizid.
trichomonacide *n* Trichomonazid *nt*, -monadizid *nt*.
trichomonad *n* Trichomonade *f*, Trichomonas *f*.
Trichomonadida *pl* Trichomonadida *pl*.
Trichomonas *n* Trichomonas *f*.
Trichomycetes *pl* Trichomyzeten *pl*, -mycetes *pl*.
Trichophyton *n* Trichophyton *nt*.
Trichosoma *n* Capillaria *f*.
Trichosporon *n* Trichosporon *nt*.
Trichostrongylidae *pl* Trichostrongylidae *pl*.
Trichostrongylus *n* Trichostrongylus *m*.
Trichuris *n* Trichuris *f*.
Trichuris trichiura Peitschenwurm *m*, Trichuris trichiura, Trichocephalus dispar.
Trichuroidea *pl* Trichuroidea *pl*.
tricyclic *adj.* trizyklisch.
triethylenethiophosphoramide *n* Triäthylenthiophosphorsäuretriamid *nt*.
triglyceride *n* s.u. *triacylglycerol*.
trihexoside *n* Trihexosid *nt*.
trihexosylceramide *n* Trihexosylceramid *nt*.
trihexosylceramide galactosylhydrolase Ceramidtrihexosidase *f*, α-(D)-Galaktosidase A *f*.
trihybrid *adj.* trihybrid.
trihybridism *n* Trihybridie *f*.
trihydrate *n* s.u. *trihydroxide*.
trihydroxide *n* Trihydroxid *nt*.
trihydroxycoprostane *n* Trihydroxykoprostan *nt*.
trihydroxycoprostanoic acid Trihydroxykoprostansäure *f*.
trihydroxyesterin *n* Östriol *nt*, Estriol *nt*.
4',5,7-trihydroxyflavanone *n* Naringenin *nt*.
4,5,7-trihydroxyisoflavone *n* Genistein *nt*, Daidzein *nt*, 4,5,7-Trihydroxyisoflavon *nt*.
9,10,18-trihydroxystearic acid 9,10,18-Trihydroxystearinsäure *f*.
triiodide *n* Trijodid *nt*, Triiodid *nt*.
triiodomethane *n* Jodoform *nt*.
triiodothyronine *n* Trijodthyronin *nt*, Triiodthyronin *nt*.

T

triketohydrindene hydrate Ninhydrin *nt*, Triketohydrindenhydrat *nt*.

trimer *n* Trimer *nt*.

trimeric *adj*. trimer.

trimethylacetic acid Trimethylessigsäure *f*.

trimethylamine oxide Trimethylaminoxid *nt*.

trimethylxanthine *n* Koffein *nt*, Coffein *nt*, Methyltheobromin *nt*, 1,3,7-Trimethylxanthin *nt*.

trinegative *adj*. dreifach negativ.

trinitrate *n* Trinitrat *nt*.

trinitrocresol *n* Trinitrokresol *nt*.

trinitrophenol *n* Pikrinsäure *f*, Trinitrophenol *nt*.

trinucleate *adj*. dreikernig, drei Kerne besitzend.

trinucleotide *n* Trinukleotid *nt*.

triolein *n* Triolein *nt*, Trioleylglycerin *nt*.

trioleoylglycerol *n* s.u. *triolein*.

triose *n* Triose *f*, C₃-Zucker *m*.

triosephosphate *n* Triosephosphat *nt*.

triosephosphate dehydrogenase Glyzerinaldehyd(-3-)dehydrogenase *f*, 3-Phosphoglyzerinaldehyddehydrogenase *f*.

triosephosphate isomerase Triosephosphatisomerase *f*.

triosephosphate-phosphate translocator Triosephosphat-Phosphat-Translokator *m*.

trioxide *n* Trioxid *nt*.

tripalmitin *n* Tripalmitin *nt*, Tripalmitylglycerin *nt*.

tripalmitoylglycerol *n* s.u. *tripalmitin*.

tripeptide *n* Tripeptid *nt*.

triphenyltetrazolium chloride Triphenyltetrazoliumchlorid *nt*.

triphosphate *n* Triphosphat *nt*.

triphosphopyridine nucleotide Nicotinamid-adenin-dinucleotidphosphat *nt*, Triphosphopyridinnucleotid, Cohydrase II *f*, Coenzym II *nt*.

triple *adj*. dreifach, -malig, drei-, tripel, Drei-, Tripel-.

triple bond Dreifachbindung *f*.

triple phosphate Tripelphosphat *nt*.

triple salt Tripelsalz *nt*.

triploid *adj*. triploid.

triploidy *n* Triploidie *f*.

tripositive *adj*. dreifach positiv.

trisaccharide *n* Dreifachzucker *m*, Trisaccharid *nt*.

trisnitrate *n* Trinitrat *nt*.

trisomic *adj*. Trisomie betreffend, von Trisomie betroffen, trisom.

trisomy *n* Trisomie *f*.

tristearin *n* Tristearin *nt*, Tristearylglycerin *nt*.

trisubstituted *adj*. dreifach substituiert.

trisulfate *n* Trisulfat *nt*.

trisulfide *n* Trisulfid *nt*.

trisulphate *n Brit*. Trisulfat *nt*.

trisulphide *n Brit*. Trisulfid *nt*.

triterpene alkaloids Triterpenalkaloide *pl*.

triterpene saponin Triterpensaponin *nt*.

tritiated water s.u. *tritium-labeled water*.

tritin *n* Tritin *nt*.

tritium *n* Tritium *nt*.

tritium-labeled water tritiummarkiertes Wasser *nt*.

trivalence *n* Dreiwertigkeit *f*.

trivalent *adj*. dreiwertig, trivalent.

trivalent chromosome trivalentes Chromosom *nt*.

Troglotrema *n* Troglotrema *nt*.

trolamine *n* Triäthanolamin *nt*, Triethanolamin *nt*.

Trombicula *n* Trombicula *f*.

tromethamine *n* Tromethanol *nt*, TRIS(-Puffer *m*) *nt*.

tropaic acid Tropasäure *f*.

tropane alkaloids Tropanalkaloide *pl*.

3α-tropanol *n* Hydroxytropan *nt*.

tropate *n* Tropat *nt*.

tropeic acid s.u. *tropaic acid*.

troph- *präf*. s.u. *tropho-*.

trophic *adj*. Nahrung/Ernährung betreffend, trophisch.

tropho- *präf*. Ernährungs-, Nahrungs-, Troph(o)-, Nährstoff-.

trophoblast *n* Trophoblast *m*.

trophoblastic *adj*. Trophoblast betreffend, Trophoblasten-.

trophocyte *n* Nährzelle *f*, Trophozyt *m*.

trophodynamics *pl* Ernährungs-, Trophodynamik *f*.

trophoplasm *n* Trophoplasma *nt*, Nährplasma *nt*.

trophozoite *n* Trophozoit *m*.

tropic acid Tropasäure *f*.

tropicamide *n* Tropicamid *nt*.

tropic hormone tropes Hormon *nt*.

tropine *n* Hydroxytropan *nt*, Tropin *nt*.

tropine mandelate Homatropin *nt*.

tropine tropate Atropin *nt.*
tropocollagen *n* Tropokollagen *nt.*
tropoelastin *n* Tropoelastin *nt.*
tropomyosin *n* Tropomyosin *nt.*
troponin *n* Troponin *nt.*
troponin A calciumbindende Untereinheit *f*, Troponin A *nt.*
true cholinesterase Acetylcholinesterase *f*, echte Cholinesterase *f.*
Trypanosoma *n* Trypanosoma *nt.*
Trypanosomatidae *pl* Trypanosomatidae *pl.*
trypanosome *n* Trypanosome *f*, Trypanosoma *nt.*
trypomastigote *n* trypomastigote Form *f*, Trypanosomenform *f.*
trypsin *n* Trypsin *nt.*
trypsin inhibitor Trypsininhibitor *m.*
trypsinogen *n* Trypsinogen *nt.*
tryptamine *n* Tryptamin *nt.*
tryptic *adj.* (tryptische) Verdauung betreffend, tryptisch.
tryptic digestion tryptische Andauung/Verdauung/Spaltung *f.*
tryptophan *n* Tryptophan *nt.*
tryptophanase *n* Tryptophanpyrrolase *f*, Tryptophan-2,3-dioxigenase *f.*
tryptophan-2,3-dioxygenase *n* s.u. *tryptophanase.*
tryptophane *n* s.u. *tryptophan.*
tryptophan oxygenase Tryptophanoxigenase *f.*
tryptophan pyrrolase s.u. *tryptophanase.*
tryptophan synthase Tryptophansynthase *f.*
T-strain mycoplasma Ureaplasma urealyticum.
T substance T-Substanz *f.*
T suppressor cell T-Suppressorzelle *f.*
T-system *n* T-System *nt*, transversales Röhrensystem *nt*, System *nt* der transversalen Tubuli.
T tubule Transversaltubulus *m*, T-Tubulus *m.*
tubercle bacillus Tuberkelbazillus *m*, -bakterium *nt*, Tuberkulosebazillus *m*, -bakterium *nt*, TB-Bazillus *m*, TB-Erreger *m*, Mycobacterium tuberculosis, Mycobacterium tuberculosis var. hominis.
tuberculoprotein *n* Tuberkuloprotein *nt.*
tuberculostearic acid Tuberculostearinsäure *f.*

tubocurare *n* Tubocurare *nt.*
tubule *n* Röhrchen *nt*, Kanälchen *nt*, Tubulus *m.*
tubule type mitochondrion Mitochondrium *nt* vom Tubulustyp.
tubulin *n* Tubulin *nt.*
tumor *n* Geschwulst *f*, Neubildung *f*, Gewächs *nt*, Neoplasma *nt*, Tumor *m.*
tumor-associated antigen tumorassoziiertes Antigen *nt.*
tumor biology Tumorbiologie *f.*
tumor-inducing viruses onkogene Viren *pl.*
tumor necrosis factor Tumor-Nekrose-Faktor *m*, Cachectin *nt.*
tumor viruses Tumorviren *pl*, onkogene Viren *pl.*
tumour *n Brit.* Geschwulst *f*, Neubildung *f*, Gewächs *nt*, Neoplasma *nt*, Tumor *m.*
tumour-associated antigen *Brit.* tumorassoziiertes Antigen *nt.*
tumour biology *Brit.* Tumorbiologie *f.*
tumour-inducing viruses *Brit.* onkogene Viren *pl.*
tumour necrosis factor *m Brit.* Tumor-Nekrose-Faktor, Cachectin *nt.*
tumour viruses *Brit.* Tumorviren *pl*, onkogene Viren *pl.*
Tunga *n* Tunga *f.*
turbid *adj.* (*Flüssigkeit*) wolkig; undurchsichtig, milchig, unklar, trüb(e).
turbidity *n* (*Lösung*) Trübung *f*, Trübheit *f.*
turnover dynamics Umsetzungsdynamik *f.*
two-component hypothesis Zweikomponentenhypothese *f.*
two-dimensional chromatography zweidimensionale Chromatographie *f.*
two gene-one polypeptide chain hypothesis Zwei Gene-eine Polypeptidkettenhypothese *f.*
two-layer film Doppelschicht *f*, -film *m.*
two-substrate reaction Zwei-Substrat-Reaktion *f.*
Tyndall effect Tyndall-Effekt *m.*
Tyndall phenomenon Tyndall-Effekt *m.*
type I *n* Typ *m*, Typus *m.* **II** *vt* (*Gentyp*) bestimmen.
typhoid bacillus Typhusbakterium *nt*, Salmonella typhi.
typhoid bacterium s.u. *typhoid bacillus.*

T

tyramine *n* Tyramin *nt*, Tyrosamin *nt*.
tyramine oxidase Monoamin(o)oxidase *f*.
tyro- *präf*. Käse-, Tyr(o)-.
Tyrophagus *n* Tyrophagus *m*.
tyrosamine *n* s.u. *tyramine*.
tyrosinase *n* Tyrosinase *f*.
tyrosine *n* Tyrosin *nt*.

tyrosine aminotransferase Tyrosinaminotransferase *f*, Tyrosintransaminase *f*.
tyrosine-ammonia lyase Tyrosinammonium-lyase *f*.
tyrosine transaminase s.u. *tyrosine aminotransferase*.

U

ubiquinol *n* Ubihydrochinon *nt*.
ubiquinol-cytochrome c reductase Ubi(hydro)chinon-Cytochrom-c-reduktase *f*.
ubiquinol dehydrogenase S.U. *ubiquinol-cytochrome c reductase*.
ubiquinone *n* Ubichinon *nt*.
ubiquinone reductase NADH-Ubichinon-reduktase *f*.
ubiquitin *n* Ubiquitin *nt*.
ubiquitin-activating enzyme Ubiquitin-aktivierendes Enzym *nt*.
ubiquitin-conjugating enzyme Ubiquitin-konjugierendes Enzym *nt*.
ubiquitin-protein ligase Ubiquitin-konjugierendes Enzym *nt*.
udder *n* Euter *nt/m*.
UDPbilirubin glucuronosyltransferase Glukuronyltransferase *f*.
UDPgalactose *n* Uridindiphosphat-D-Galaktose *f*, UDP-Galaktose *f*, aktive Galaktose *f*.
UDPgalactose-4-epimerase *n* S.U. *UDPglucose-4-epimerase*.
UDPglucose *n* Uridindiphosphat-D-Glukose *f*, UDP-Glukose *f*, aktive Glukose *f*.
UDPglucose dehydrogenase Uridindiphosphatglukose-dehydrogenase *f*, UDPG-dehydrogenase *f*.
UDPglucose-4-epimerase *n* UDP-Glukose-4-epimerase *f*, UDP-Galactose-4-epimerase *f*, Galaktowaldenase *f*.
UDPglucose-hexose-1-phosphate uridylyltransferase UDPglukose-hexose-1-phosphaturidylyltransferase *f*, UDPglukose-galaktose-1-phosphaturidylyltransferase *f*, Galaktose-1-phosphat-uridyltransferase *f*.
UDPglucose pyrophosphorylase S.U. *UDPglucose-hexose-1-phosphate uridylyltransferase*.
UDPglucuronate *n* UDP-glucuronat *nt*.
UDPglucuronate-bilirubin-glucuronosyltransferase *n* Glukuronyltransferase *f*.
UDP-D-glucuronic acid Uridindiphosphatglucuronsäure *f*, UDP-D-Glucuronsäure *f*, aktive Glucuronsäure *f*.
UDPglucuronyl transferase Glukuronyltransferase *f*.
ultra- *präf.* jenseits (von), (dar-)über ... hinaus, äußerst, ultra-.
ultracentrifugation *n* Ultrazentrifugation *f*.
ultracentrifuge *n* Ultrazentrifuge *f*.
ultrafiltrate *n* Ultrafiltrat *nt*.
ultramicrochemistry *n* Ultramikrochemie *f*.
ultramicroscope *n* Ultramikroskop *nt*.
ultramicroscopic *adj.* **1.** Ultramikroskop betreffend, ultramikroskopisch. **2.** (*Größe*) ultramikroskopisch, submikroskopisch, ultravisibel.
ultrared I *n* Ultrarot *nt*, Infrarot *nt*, Ultrarot-, Infrarotlicht *nt*, IR-Licht *nt*, UR-Licht *nt*. **II** *adj.* infrarot, ultrarot.
ultrashort *adj.* Ultrakurz-.
ultrasonic *adj.* Ultraschall-, Ultrasono-.
ultrasonic microscope Ultraschallmikroskop *nt*.
ultrasound *n* Ultraschall *m*, Ultraschallstrahlen *pl*, -wellen *pl*.

ultrastructural *adj.* ultra-, feinstrukturell.

ultrastructure *n* Fein-, Ultrastruktur *f*.

ultraviolet I *n* Ultraviolett *nt*, Ultraviolettlicht *nt*, -strahlung *f*, UV-Licht *nt*, -Strahlung *f*. **II** *adj.* ultraviolett, Ultraviolett-, UV-.

ultraviolet lamp Ultraviolettlampe *f*, UV-Lampe *f*.

ultraviolet light s.u. *ultraviolet* I.

ultraviolet microscope Ultraviolettmikroskop *nt*, UV-Mikroskop *nt*.

ultraviolet radiation Ultraviolettstrahlung *f*, UV-Strahlung *f*.

umbel *n* Dolde *f*.

umbellated *adj.* doldenblütig, -tragend, Dolden-.

umbelliferone *n* Umbelliferon *nt*.

unadulterated *adj.* rein, pur, echt, unverfälscht, unverdünnt.

unarmed tapeworm Rinder(finnen)bandwurm *m*, Taenia saginata, Taeniarhynchus saginatus.

unassimilated *adj.* nicht assimiliert.

unbranched *adj.* unverzweigt.

Uncinaria *n* Uncinaria *f*.

uncoating *n* (*Virus*) Uncoating *nt*.

uncompensated *adj.* nicht kompensiert.

uncompetitive inhibition unkompetitive Hemmung *f*.

unconjugated bilirubin freies/indirektes/unkonjugiertes Bilirubin *nt*.

uncontaminated *adj.* nicht verunreinigt *oder* verseucht *oder* infiziert *oder* vergiftet.

uncoupler *n* Entkoppler *m*, entkoppelnde Substanz *f*.

uncoupling *n* Entkopplung *f*.

undecaprenol *n* Undecaprenol *nt*, Bactoprenol *nt*.

undecaprenyl phosphate Undecaprenylphosphat *nt*.

undecenoic acid s.u. *undecylenic acid*.

undecylenic acid 10-Undecensäure *f*, Undecylensäure *f*.

undiluted *adj.* unverdünnt; rein, pur.

undissolved *adj.* nicht (auf-)gelöst, ungelöst.

unesterified *adj.* unverestert.

uni- *präf.* Ein-, Uni-, Mon(o)-.

unicellular *adj.* einzellig, unizellular, -zellulär.

unidirectional *adj.* nur in eine Richtung, unidirektional.

unidirectional replication unidirektionale Replikation *f*.

uniflagellate *adj.* eingeißelig; monotrich.

uninuclear *adj.* einkernig, mononukleär.

uninucleated *adj.* s.u. *uninuclear*.

unipolar *adj.* einpolig, unipolar, Einpol-, Unipolar-; monopolar.

uniport *n* Uniport *m*, Uniportsystem *nt*.

uniport system s.u. *uniport*.

unique sequence Einzelkopiesequenz *f*.

unit *n* (Grund-, Maß-)Einheit *f*.
  unit of force Krafteinheit.
  unit of heat Wärmeeinheit.
  unit of measure Maßeinheit.
  unit of power Leistungseinheit.
  unit of time Zeiteinheit.

unit area Flächeneinheit *f*.

unit force Krafteinheit *f*.

unit membrane Einheits-, Elementarmembran *f*.

unit-membrane hypothesis Einheitsmembranhypothese *f*, Unit-membrane-Hypothese *f*.

unit time Zeiteinheit *f*.

unit volume Volumeneinheit *f*.

univalence *n* Einwertigkeit *f*, Univalenz *f*.

univalent *adj.* einwertig, uni-, monovalent.

unorganized *adj.* nicht von organischen Lebewesen abstammend, unorganisch, anorganisch.

unrefined *adj.* nicht raffiniert, roh, Roh-; ungereinigt.

unsaturated *adj.* ungesättigt.

unsaturated bond ungesättigte Bindung *f*.

unsaturated compound ungesättigte Verbindung *f*.

unsaturated fat Fett *nt* mit ungesättigten Fettsäuren.

unsaturated hydrocarbon ungesättigter Kohlenwasserstoff *m*.

unsaturated lipid Lipid *nt* mit ungesättigten Fettsäuren.

unsolvable *adj.* unauflöslich.

unspecific *adj.* unspezifisch, nicht spezifisch.

unspecific cholinesterase unspezifische/unechte Cholinesterase *f*, Pseudocholinesterase *f*, Typ II-Cholinesterase *f*, β-Cholinesterase *f*,

Butyrylcholinesterase *f*.

unspecific monooxygenase Aryl-4-hydroxylase *f*, unspezifische Monooxygenase *f*.

unstable *adj.* instabil.

unstable colloid instabiles/irreversibles Kolloid *nt*.

unstrained *adj.* ungefiltert, unfiltriert.

unstriated *adj.* nicht gestreift.

uptake *n* Aufname *f*, Aufnehmen *nt*.

uracil *n* Uracil *nt*.

uraminoacetic acid Hydantoinsäure *f*, Uraminessigsäure *f*.

urate *n* Urat *nt*.

urate oxidase Uratoxidase *f*, Urikase *f*, Uricase *f*.

urate salts Uratsalze *pl*, Urate *pl*.

uratic *adj.* Urat betreffend, uratisch, Urat-.

urea *n* Harnstoff *m*, Karbamid *nt*, Carbamid *nt*, Urea *f*.

urea clearence Harnstoffclearence *f*.

urea cycle Harnstoff-, Ornithinzyklus *m*, Krebs-Henseleit-Zyklus *m*.

ureal *adj.* Harnstoff-.

urea nitrogen Harnstoffstickstoff *m*.

Ureaplasma *n* Ureaplasma *nt*.

ureapoiesis *n* Harnstoffbildung *f*.

urease *n* Urease *f*.

urease-negative *adj.* ureasenegativ.

urease-positive *adj.* ureasepositiv.

urea synthesis Harnstoffsynthese *f*.

ureide *n* Ureid *nt*.

β-ureidopropionase *n* β-Ureidopropionase *f*.

β-ureidopropionic acid β-Ureidopropionsäure *f*.

ureo- *präf.* Harn(stoff)-, Urea-, Ure(o)-, Uro-.

uresis *n* 1. Harnen *nt*, Urese *f*. 2. s.u. *urination*.

uretal *adj.* s.u. *ureteric*.

ureter *n* Harnleiter *m*, Ureter *m*.

ureteral *adj.* s.u. *ureteric*.

ureteric *adj.* Harnleiter/Ureter betreffend, ureterisch, Harnleiter-, Ureter(o)-.

urethra *n*, *pl* **-thras, -thrae** Harnröhre *f*, Urethra *f*.

urethral *adj.* Harnröhre/Urethra betreffend, urethral, Harnröhren-, Urethra(l)-, Urethr(o)-.

uric *adj.* Urin betreffend, Urin-, Harn-.

uric- *präf.* s.u. *urico-*.

uric acid Harnsäure *f*.

uric acid depot Harnsäureablagerung

f, -depot *nt*.

uric acid diathesis Gichtdiathese *f*, harnsaure/uratische Diathese *f*, Diathesis urica.

uric acid infarct Harnsäureinfarkt *m*.

uricase *n* s.u. *urate oxidase*.

urico- *präf.* Harnsäure-, Urik(o)-, Harn-, Urin-, Uro-, Uri-.

urico-oxidase *n* s.u. *urate oxidase*.

uricopoiesis *n* Harnsäurebildung *f*, Urikopo(i)ese *f*.

uridine *n* Uridin *nt*.

uridine diphosphate *n* Uridin(-5-)diphosphat *nt*.

uridine-5'-diphosphate *n* Uridin(-5-)diphosphat *nt*.

uridine diphosphate D-galactose s.u. *UDPgalactose*.

uridine diphosphate glucose s.u. *UDPglucose*.

uridine diphosphogalactose-4-epimerase s.u. *UDPglucose-4-epimerase*.

uridine diphosphoglucuronate s.u. *UDPglucuronate*.

uridine monophosphate Uridinmonophosphat *nt*, Uridylsäure *f*.

uridine triphosphate *n* Uridin(-5-)-triphosphat *nt*.

uridine-5'-triphosphate *n* Uridin(-5-)triphosphat *nt*.

uridylate *n* Uridylat *nt*.

uridylic acid s.u. *uridine monophosphate*.

uridylyl transferase Uridyl(yl)transferase *f*.

urinary *adj.* Harn(organe) betreffend, Harn produzierend *oder* ausscheidend, Harn-, Urin-.

urinary bladder Harnblase *f*, Blase *f*.

urinate *vi* die (Harn-)Blase entleeren, Harn *oder* Wasser lassen, harnen, urinieren.

urination *n* Harn-, Wasserlassen *nt*, Urinieren *nt*, Blasenentleerung *f*, Miktion *f*.

urine *n* Harn *m*, Urin *m*, Urina *f*.

uriniferous *adj.* harnführend, urinifer.

uriniparous *adj.* harnproduzierend, -bildend, -ausscheidend.

urinogenital *adj.* s.u. *urogenital*.

urinogenous *adj.* aus dem Harn stammend, urinogen.

urinophilous *adj.* mit besonderer Affinität zu Harn, urinophil.

urinous *adj.* Urin betreffend, harnartig, urinös, Harn-.

urobenzoic acid Hippursäure *f*, Benzoylglykokoll *nt*.

urobilin *n* Urobilin *nt*.

urobilinogen *n* Urobilinogen *nt*.

urobilinoid *adj*. urobilinartig, urobilinoid.

urocanase *n* S.U. *urocanate hydratase*.

urocanate *n* Urocanat *nt*.

urocanate hydratase Urocanase *f*, Urocanathydratase *f*.

urocanic acid Urocan(in)säure *f*.

urocanic acid hydratase S.U. *urocanate hydratase*.

urochrome *n* Urochrom *nt*.

urochromogen *n* Urochromogen *nt*.

urocyanin *n* Urozyanin *nt*.

urocyanogen *n* Urozyanogen *nt*.

urogenital *adj*. Harn- und Geschlechtsorgane betreffend, urogenital, Urogenital-.

urogenital tract Urogenitalsystem *nt*, -trakt *m*, Harn- und Geschlechtsorgane *pl*.

urokinase *n* Urokinase *f*.

urokinetic *adj*. urokinetisch.

uronic acid Uronsäure *f*.

urophanic *adj*. urophan.

uropoiesis *n* Harnbereitung *f*, -produktion *f*, -bildung *f*, Uropoese *f*.

uropoietic *adj*. Harnbildung/Uropoese betreffend, uropoetisch.

uroporphyrin *n* Uroporphyrin *nt*.

uroporphyrinogen *n* Uroporphyrinogen *nt*.

uroporphyrinogen decarboxylase Uroporphyrinogendecarboxylase *f*.

uroporphyrinogen I synthase Porphobilinogendesaminase *f*.

uroporphyrinogen III synthase Uroporphyrinogen III-synthase *f*.

urorubin *n* Urorubin *nt*.

urorubinogen *n* Urorubinogen *nt*.

ursodeoxycholate *n* Ursodesoxycholat *nt*.

ursodeoxycholic acid Ursodesoxycholsäure *f*.

usnein *n* S.U. *usnic acid*.

usnic acid Usninsäure *f*.

Ustilaginales *pl* Ustilaginales *pl*.

Ustilago *n* Ustilago *f*.

UTP-galactose-1-phosphate uridylyltransferase UTP-Galaktose-1-phosphaturidylyltransferase *f*.

UTP-glucose-1-phosphate uridylyltransferase UTP-Glukose-1-phosphaturidylyltransferase *f*.

V

vaccenic acid Vaccensäure *f*.
vaccinia growth factor Vaccinia-Wachstumsfaktor *m*.
vacuolar *adj.* vakuolenartig, vakuolär, Hohl-, Vakuolen-.
vacuolate *adj.* s.u. *vacuolated.*
vacuolated *adj.* mit Vakuolen durchsetzt, vakuolenhaltig, vakuolär, vakuolisiert.
vacuolated cell vakuolenhaltige/vakuoläre Zelle *f*.
vacuolation *n* Vakuolenbildung *f*, Vakuolisierung *f*.
vacuole *n* Vakuole *f*, Vakuolenhöhle *f*, -raum *m*.
vacuum I *n, pl* **-s, -ua** (luft-)leerer Raum *m*, Vakuum *nt*. II *adj*. Vakuum-.
vagal *adj.* Vagusnerv betreffend, vagal, Vagus-, Vago-.
vagal phase (*Verdauung*) vagale/zephale Phase *f*.
valence *n* Wertigkeit *f*, Valenz *f*.
valence change Valenzwechsel *m*.
valerate *n* Valerat *nt*, Valerianat *nt*.
valerianate *n* s.u. *valerate.*
valerianic acid s.u. *valeric acid.*
valeric acid Valeriansäure *f*.
validity *n* Gültigkeit *f*, Validität *f*.
valine *n* Valin *nt*, α-Aminoisovaleriansäure *f*.
valine transaminase Valintransaminase *f*.
valproate *n* Valproat *nt*.
value *n* Gehalt *m*, Grad *m*; (Zahlen-)Wert *m*.
vanadate *n* Vanadat *nt*.
vanadic acid Vanadinsäure *f*.
vanillic acid Vanillinsäure *f*.
vanillylmandelic acid Vanillinman-

delsäure *f*.
vapor *n* **1.** Dampf *m*, Dunst *m*, Nebel *m*; Vapor *m*. **2.** Gas(gemisch *nt*) *nt*.
vapor pressure Dampfdruck *m*.
vapor tension s.u. *vapor pressure.*
vapour *n Brit.* **1.** Dampf *m*, Dunst *m*, Nebel *m*; Vapor *m*. **2.** Gas(gemisch *nt*) *nt*.
vapour pressure *Brit.* Dampfdruck *m*.
vapour tension *Brit.* s.u. *vapor pressure.*
variable region variable Region *f*, V-Region *f*.
variate *n* (Zufalls-)Variable *f*.
variation *n* Variation *f*, Variante *f*.
varicella-zoster immune globulin Varicella-Zoster-Immunglobulin *nt*.
varicella-zoster virus Varicella-Zoster-Virus *nt*.
variety *n, pl* **-ties** Varietät *f*, Varietas *f*, Typ *m*, Stamm *m*, Rasse *f*, Variante *f*, Spielart *f*.
vasal *adj.* Gefäß betreffend, Gefäß-, Vas(o)-.
vascular *adj.* (Blut-)Gefäß(e) betreffend, vaskulär, vaskular, Gefäß-, Vaskulo-, Vaso-.
vasculo- *präf.* Blutgefäß-, Gefäß-, Angi(o)-, Vas(o)-, Vaskulo-.
vaso- *präf.* Gefäß-, Vas(o)-, Vaskulo-; Samenleiter-, Vas(o)-.
vasoactive *adj.* den Gefäßtonus beeinflussend, vasoaktiv.
vasoactive amine vasoaktives Amin *nt*.
vasoactive intestinal peptide vasoaktives intestinales Peptid/Polypeptid *nt*.
vasoactive intestinal polypeptide

s.u. *vasoactive intestinal peptide.*

vasoconstrictive *adj.* Vasokonstriktion betreffend, vasokonstriktorisch.

vasoconstrictor I *n* Vasokonstriktor *m.* II *adj.* vasokonstriktorisch.

vasodilatation *n* s.u. *vasodilation.*

vasodilation *n* Gefäßerweiterung *f,* Vasodilatation *f.*

vasodilative *adj.* Vasodilatation betreffend *oder* hervorrufend, gefäßerweiternd, vasodilatatorisch.

vasodilator I *n* Vasodilatator *m,* Vasodilatans *nt.* II *adj.* gefäßerweiternd, vasodilatatorisch.

vasomotor I *n* Vasomotor *m.* II *adj.* vasomotorisch.

vasomotory *adj.* vasomotorisch.

vasopressin *n* Vasopressin *nt,* Antidiuretin *nt,* antidiuretisches Hormon *nt.*

vasopressinergic *adj.* vasopressinerg.

vasopressin system Vasopressinsystem *nt,* Adiuretinsystem *nt,* ADH-System *nt.*

vasosensory *adj.* vasosensorisch.

V-ATPase *n* tp-ATPase *f,* V-ATPase *f.*

vector *n* Vektor *m;* (Über-)Träger *m,* Vektor *m;* Carrier *m.*

vegetation *n* Pflanzenwachstum *nt,* Pflanzenwelt *f,* Vegetation *f.*

vegetative *adj.* unwillkürlich, autonom, vegetativ.

vegetative mycelium Vegetationskörper *m.*

vehicle *n* Vehikel *nt,* Träger *m;* Transportprotein *nt.*

vein *n* (Blut-)Ader *f,* Blutgefäß *nt,* Vene *f.*

velocity *n, pl* **-ties** Geschwindigkeit *f.*

venous *adj.* Venen *oder* venöses System betreffend, venös, Adern-, Venen-, Veno-.

venous blood venöses/sauerstoffarmes Blut *nt.*

verbascose *n* Verbascose *f.*

verdihaemoglobin *n Brit.* Verdiglobin *nt.*

verdihemoglobin *n* Verdiglobin *nt.*

verdine *n* Biliverdin *nt.*

verdoglobin *n* Verdoglobin *nt.*

verdohaemoglobin *n Brit.* Choleglobin *nt,* Verdohämoglobin *nt.*

verdohemoglobin *n* Choleglobin *nt,* Verdohämoglobin *nt.*

verdoperoxidase *n* Myeloperoxidase *f.*

vermicide *n* Vermizid *nt,* Vermicidum *nt.*

vermicule *n* 1. Ookinet *m.* 2. Merozoit *m.*

vermin *n* tierischer Ektoparasit *m.*

vermis *n, pl* **-mes** Wurm *m,* Vermis *m.*

Vertebrata *pl* Wirbeltiere *pl,* Vertebraten *pl,* Vertebrata *pl.*

vertebrate I *n* Wirbeltier *nt,* Vertebrat *m.* II *adj.* zu den Vertebraten gehörig.

very low-density lipoprotein Lipoprotein *nt* mit sehr geringer Dichte, prä-β-Lipoprotein *nt.*

vesical *adj.* Blase betreffend, vesikal, Vesiko-, Blasen-.

vesico- *präf.* Blasen-, Vesik(o)-.

vessel *n* Gefäß *nt;* Ader *f.*

vibrio *n, pl* **-rios** Vibrio *m.*

Vibrio *n* Vibrio *m.*

  Vibrio cholerae Komma-Bazillus *m,* Vibrio cholerae/comma.

  Vibrio cholerae biotype eltor Vibrio El-tor, Vibrio cholerae biovar eltor.

Vibrionaceae *pl* Vibrionaceae *pl.*

vicilin *n* Vicilin *nt.*

Vinca *n* Vinca *f.*

vinca alkaloids Vinca-rosea-Alkaloide *pl.*

vindoline *n* Vindolin *nt.*

vinegar *n* 1. Essig *m,* Acetum *nt.* 2. Essig(säure)lösung *f.*

vinegar bacteria Essig(säure)bakterien *pl,* Acetobacter *m.*

vinyl *n* Vinyl-(Radikal *nt*).

vinyl acetate Vinylacetat *nt.*

vinyl chloride Vinylchlorid *nt.*

vinyl reductase Vinylreduktase *f.*

viper *n* 1. Viper *f,* Otter *f,* Natter *f.* 2. Giftschlange *f.*

Vipera *f* Vipera *f.*

Viperidae *pl* Viperidae *pl.*

viperine I *n* echte Otter *f.* II *adj.* vipernartig, Vipern-.

viral *adj.* Virus betreffend, durch Viren verursacht, viral, Virus-.

viral deoxyribonuclease virale Desoxyribonuklease *f,* virale DNase *f.*

viral lysozyme virales Lysozym *nt.*

viral protein Virusprotein *nt.*

virgin-born *adj.* parthenogenetisch.

viricide *n* s.u. *virucide.*

viridans streptococci vergrünende Streptokokken *pl,* Viridans-Streptokokken *pl,* Streptococcus viridans.

viroid *n* nacktes Minivirus *nt,* Viroid *nt.*

virucide *n* Viruzid *nt.*

virulence-associated protein s.u.

volatile

virulence-associated surface protein.
virulence-associated surface protein virulenz-assoziiertes Oberflächenprotein *nt.*
virulence factor Virulenzfaktor *m.*
virulent bacteriophage nichttemperenter/lytischer/virulenter Bakteriophage *m.*
virulent phage s.u. *virulent bacteriophage.*
virus *n, pl* **-ruses** Virus *nt.*
virus-encoded growth factor viruscodierter Wachstumsfaktor *m.*
viscer- *präf.* s.u. *viscero-.*
viscera *pl, sing* **viscus** Eingeweide *pl,* Viszera *pl,* Viscera *pl.*
visceral *adj.* Eingeweide/Viscera betreffend, viszeral, Eingeweide-, Viszeral-, Viszero-.
viscero- *präf.* Eingeweide-, Viszer(o)-, Viszeral-.
viscid *adj.* s.u. *viscous.*
viscose I *n* Viskose *f;* Viskose-, Zellstoffseide *f.* II *adj.* s.u. *viscous.*
viscosity *n* Zähigkeit *f,* innere Reibung *f,* Viskosität *f.*
viscotoxin *n* Viscotoxin *nt.*
viscous *adj.* zäh, zähflüssig, -fließend, viskös, viskos.
viscus *sing* s.u. *viscera.*
visible *adj.* sichtbar; Sicht-.
visible spectrum (*Licht*) sichtbares Spektrum *nt,* Spektrum *nt* des sichtbaren Lichtes.
visna viruses Visna-Viren *pl.*
visual *adj.* Sehen betreffend, visuell, Seh-, Gesichts-; sichtbar, Sicht-.
visual cell Photorezeptor-, Sehzelle *f.*
visual center Sehzentrum *nt.*
visual centre *Brit.* Sehzentrum *nt.*
visual cone Sehkegel *m.*
visual cycle Sehzyklus *m,* -vorgang *m.*
visual light sichtbares Licht *nt.*
visual physiology Sehphysiologie *f,* Physiologie *f* des Sehens.
visual pigment Sehfarbstoff *m,* -pigment *nt.*
visual purple Sehpurpur *m,* Rhodopsin *nt.*
visual white Sehweiß *nt,* Leukopsin *nt.*
visual yellow Sehgelb *nt,* Xanthopsin *nt,* all-trans Retinal *nt.*
vitagonist *n* Vitaminantagonist *m.*
vital I **vitals** *pl* lebenswichtige Organe *pl;* Vitalfunktionen *pl.* II *adj.* vital, (lebens-)wichtig (*to* für); wesentlich,

grundlegend, Lebens-, Vital-.
vitalism *n* Vitalismus *m.*
vitamin *n* Vitamin *nt.*
vitamin A 1. Vitamin A *nt.* 2. s.u. *vitamin A_1.*
vitamin A_1 Retinol *nt,* Vitamin A_1 *nt,* Vitamin A-Alkohol *m.*
vitamin A_2 (3-)Dehydroretinol *nt,* Vitamin A_2 *nt.*
vitamin A acid Retinsäure *f,* Vitamin A_1-Säure *f,* Tretinoin *nt.*
vitamin B_1 Thiamin *nt,* Vitamin B_1 *nt.*
vitamin B_{12} Zyano-, Cyanocobalamin *nt,* Vitamin B_{12} *nt.*
vitamin B_2 Ribo-, Lactoflavin *nt,* Vitamin B_2 *nt.*
vitamin B_6 Vitamin B_6 *nt.*
Vitamin B_{12b} Hydroxocobalamin *nt,* Aquocobalamin *nt,* Vitamin B_{12b} *nt.*
vitamin B_{12}-binding globulin Transcobalamin *nt,* Vitamin-B_{12}-bindendes Globulin *nt.*
vitamin Bc s.u. *folic acid.*
vitamin B complex Vitamin B-Komplex *m.*
vitamin C Askorbin-, Ascorbinsäure *f,* Vitamin C *nt.*
vitamin D Calciferol *nt,* Vitamin D *nt.*
vitamin D_2 Ergocalciferol *nt,* Vitamin D_2 *nt.*
vitamin D_3 Cholecalciferol *nt,* Vitamin D_3 *nt.*
vitamin D_4 Dihydrocalciferol *nt,* Vitamin D_4 *nt.*
vitamin E α-Tocopherol *nt,* Vitamin E *nt.*
vitamin G s.u. *vitamin B_2.*
vitamin H Biotin *nt,* Vitamin H *nt.*
vitamin K Phyllochinone *pl,* Vitamin K *nt.*
vitamin K_1 Phytomenadion *nt,* Vitamin K_1 *nt.*
vitamin K_2 Menachinon *nt,* Vitamin K_2 *nt.*
vitamin K_3 Menadion *nt,* Vitamin K_3 *nt.*
vitamin M s.u. *folic acid.*
vitaminogenic *adj.* durch ein Vitamin hervorgerufen, durch Vitamine verursacht, vitaminogen.
viviparity *n* Lebendgebären *nt,* Viviparie *f.*
viviparous *adj.* lebendgebärend, vivipar.
volatile *adj.* (leicht) flüchtig, verdunstend, verdampfend, ätherisch,

volatil. **make volatile** verflüchtigen.
volatile oil ätherisches Öl *nt.*
volt *n* Volt *nt.*
voltage *n* elektrische Spannung *f* (*in* Volt).
voltammeter *n* Voltamperemeter *nt.*
voltampere *n* Voltampere *nt.*
voltmeter *n* Spannungsmesser *m,* Voltmeter *nt.*
volume *n* (Raum-)Inhalt *m,* Gesamtmenge *f,* Volumen *nt.*
voluminal *adj.* Volumen-, Umfangs-.
voluntary *adj.* **1.** freiwillig, aus eige-
nem Antrieb, frei, spontan. **2.** willkürlich, willentlich.
voluntary muscles willkürliche quergestreifte Muskulatur *f.*
von Kupffer's cells (von) Kupffer-(Stern-)Zellen *pl.*
von Willebrand factor von Willebrand-Faktor *m,* Faktor VIII assoziertes-Antigen *nt.*
V region S.U. *variable region.*
vulnerable period vulnerable Periode *f.*

W

wall-defective microbial form L-Form *f*, L-Phase *f*, L-Organismus *m*.
wandering cell 1. Wanderzelle *f*. **2.** amöboid-bewegliche Zelle *f*.
resting wandering cell ruhende Wanderzelle; Histiozyt *m*.
Warburg's coenzyme Nicotinamidadenin-dinucleotid-phosphat *nt*, Triphosphopyridinnucleotid, Cohydrase II *f*, Coenzym II *nt*.
Warburg's hypothesis Warburg-Hypothese *f*.
Warburg-Dickens-Horecker pathway oxidativer Pentosephosphatzyklus *m*, Warburg-Dickens-Horecker-Weg *m*.
Warburg-Dickens pathway oxidativer Pentosephosphatzyklus *m*, Warburg-Dickens-Horecker-Weg *m*.
Warburg-Lipmann-Dickens shunt Pentosephosphatzyklus *m*, Phosphogluconatweg *m*.
warm-blooded *adj.* warmblütig.
washing soda Soda *f*, Natriumkarbonat *nt*.
waste materials Abfall *m*, Abfallmaterial *nt*, -stoffe *pl*.
water *n* **1.** Wasser *nt*. **2.** Wasserlösung *f*. **3.** Wasser *nt*, Sekret *nt*.
water of metabolism Oxidations-, Verbrennungswasser.
water of oxidation Oxidations-, Verbrennungswasser.
water balance Wasserhaushalt *m*, -bilanz *f*.
water content Wassergehalt *m*.
water diuresis Wasserdiurese *f*.
water excretion Wasserausscheidung *f*.
water gas Wassergas *nt*.

water glass Wasserglas *nt*, wasserlösliche Alkalisilikate *pl*.
water-insoluble *adj.* wasserunlöslich, unlöslich in Wasser.
water loss Wasserabgabe *f*, -verlust *m*.
water-miscible *adj.* mit Wasser mischbar.
water permeability Wasserdurchlässigkeit *f*.
water-repellent *adj.* wasserabstoßend.
water-soluble *adj.* wasserlöslich, löslich in Wasser.
water-soluble vitamin wasserlösliches Vitamin *nt*.
water store Wasserspeicher *m*.
water vapor Wasserdampf *m*.
water-vapor partial pressure Wasserdampfpartialdruck *m*.
water-vapor saturation Wasserdampfsättigung *f*.
water vapour *Brit.* Wasserdampf *m*.
water-vapour partial pressure *Brit.* Wasserdampfpartialdruck *m*.
water-vapour saturation *Brit.* Wasserdampfsättigung *f*.
watery *adj.* Wasser enthaltend, wäßrig, wässerig, wasserähnlich.
Watson-Crick helix Watson-Crick-Modell *nt*, Doppelhelix *f*.
Watson-Crick model Watson-Crick-Modell *nt*, Doppelhelix *f*.
watt *n* Watt *nt*.
wattage *n* Wattleistung *f*.
watt-hour *n* Wattstunde *f*.
wattmeter *n* Leistungsmesser *m*, Wattmeter *nt*.
watt-second *n* Wattsekunde *f*.
wave *n* Welle *f*.

wavelength *n* Wellenlänge *f.*
wax I *n* (Bienen-, Pflanzen-)Wachs *nt*, Cera *f.* **II** *adj.* wächsern, Wachs-.
wear and tear pigment 1. Abnutzungspigment *nt*, Lipofuszin *nt.* **2. wear and tear pigments** *pl* Lipochrome *pl.*
Weeks' bacillus Koch-Weeks-Bazillus *m*, Haemophilus aegypti(c)us/conjunctivitidis.
weight *n* **1.** Gewicht *nt*, Last *f*; Gewichtseinheit *f.* **2.** (Körper-)Gewicht *nt.* **3.** Schwere *f*, (Massen-)Anziehungskraft *f.*
weight density spezifisches Gewicht *nt.*
weight per volume Gewicht *nt* pro Volumeneinheit, spezifisches Gewicht *nt.*
wetting agent Netzmittel *nt.*
white I *n* (*Farbe*) Weiß *nt*; (*Rasse*) Weiße(r *m*) *f.* **II** *adj.* weiß, Weiß-; hell(farbig), licht; blass, bleich.
white of egg Eiweiß *nt.*
white blood cell weiße Blutzelle *f*, weißes Blutkörperchen *nt*, Leukozyt *m.*
white blood count S.U. *white cell count.*
white cell S.U. *white blood cell.*
white cell count Leukozytenzahl *f.*
differential white cell count Differentialblutbild *nt*, weißes Blut-

bild *nt.*
white fat weißes Fett(gewebe *nt*) *nt.*
white muscle weißes Muskelgewebe *nt*, weiße Muskelfaser *f.*
white phosphorus weißer/gelber/gewöhnlicher Phosphor *m.*
Widal's reaction Widal-Reaktion *f*, -Test *m*, Gruber-Widal-Reaktion *f*, -Test *m.*
Widal's serum test S.U. *Widal's reaction.*
Widal's test S.U. *Widal's reaction.*
wild-type virus Wildtypvirus *nt.*
Wills' factor Folsäure *f*, Pteroylglutaminsäure *f*, Vitamin Bc *nt.*
wobble base Wackel-, Wobble-Base *f.*
Wohlfahrtia *n* Wohlfahrtia *f.*
woman *n*, *pl* **women** Frau *f.*
wool I *n* Wolle *f*; Baumwolle *f*; Pflanzenwolle *f.* **II** *adj.* wollen, Woll-.
work I *n* Arbeit *f*, Beschäftigung *f*, Tätigkeit *f*; Aufgabe *f*; Leistung *f*; (*physikal.*) Arbeit *f.* **II** *vi* arbeiten (*at*, *on* an); sich beschäftigen (*at*, *on* mit).
working I *n* Tätigkeit *f*, Funktion *f*, Arbeit *f*; Wirken *nt*, Tun *nt*, Arbeiten *nt.* **II** *adj.* arbeitend, funktionierend, Arbeits-; berufstätig.
working cell Interphasenzelle *f.*
working metabolic rate Arbeitsumsatz *m.*
worm *n* Wurm *m*; Made *f*; Raupe *f.*
Wuchereria *n* Wuchereria *f.*

W

X

xanth- *präf.* s.u. *xantho-.*
xanthic *adj.* **1.** gelb. **2.** Xanthin betreffend, Xanthin-.
xanthine *n* 2,6-Dihydroxypurin *nt*, Xanthin *nt*.
xanthine base Purinbase *f*.
xanthine body s.u. *xanthine base.*
xanthine oxidase Xanthinoxidase *f*, Schardinger-Enzym *nt*.
xanthine oxidase inhibitor Xanthinoxidasehemmer *m*.
xantho- *präf.* Gelb-, Xanth(o)-.
xanthochromatic *adj.* s.u. *xanthochromic.*
xanthochromic *adj.* gelb, xanthochrom.
Xanthomonas *n* Xanthomonas *f*.
xanthophyll *n* Xanthophyll *nt*.
xanthoproteic reaction Xanthoprotein-Reaktion *f*.
xanthoprotein *n* Xanthoprotein *nt*.
xanthopsin *n* Sehgelb *nt*, Xanthopsin *nt*, all-trans Retinal *nt*.
xanthosine *n* Xanthosin *nt*.
xanthosine monophosphate Xanthosinmonophosphat *nt*, Xanthylsäure *f*.
xanthurenic acid Xanthurensäure *f*.
xanthylic acid s.u. *xanthosine monophosphate.*
X chromosome X-Chromosom *nt*.
xen(o)- *präf.* Fremd-, Xen(o)-.
xenoantigen *n* Xenoantigen *nt*.
xenobiotic *n* Xenobiotikum *nt*.
xenogeneic *adj.* xenogen, xenogenetisch; heterogen.
xenogenesis *n* Xenogenese *f*; Heterogenese *f*.

xenogenic *adj.* **1.** s.u. *xenogeneic.* **2.** s.u. *xenogenous.*
xenogenous *adj.* durch einen Fremdkörper hervorgerufen, von außen stammend, xenogen; exogen.
xenon *n* Xenon *nt*.
xenoparasite *n* Xenoparasit *m*.
Xenopsylla *n* Xenopsylla *f*.
  Xenopsylla cheopis Pestfloh *m*, Xenopsylla cheopis.
xenotropic virus xenotropes Virus *nt*.
xero- *präf.* Trocken-, Xer(o)-.
X-linked *adj.* X-gebunden.
X-linked gene X-gebundenes Gen *nt*.
X-linked heredity geschlechtsgebundene Vererbung *f*.
x-ray I *n* **1.** Röntgenstrahl *m*. **2.** Röntgenaufnahme *f*, -bild *nt*. **II** *adj.* Röntgen-. **III** *vt* röntgen.
x-ray spectrum Röntgenspektrum *nt*.
xyl- *präf.* s.u. *xylo-.*
xylem *n* Xylem *nt*.
xylitol *n* Xylit *nt*, Xylitol *nt*.
xylitol dehydrogenase s.u. *xylulose reductase.*
xylo- *präf.* Holz-, Xyl(o)-.
xyloglucanase *n* Xyloglucanase *f*.
D-xylo-D-glucan *n* D-Xylo-D-Glucan *nt*.
xyloketose *n* s.u. *xylulose.*
α-D-xylosidase *n* α-D-Xylosidase *f*.
xylosyl transferase Xylosyltransferase *f*.
xylulose *n* Xylulose *f*.
xylulose-5-phosphate *n* Xylulose-5-Phosphat *nt*.
xylulose reductase Xylulosereduktase *f*.

Y

Y chromosome Y-Chromosom *nt*.
yeast *n* Hefe *f*, Sproßpilz *m*.
yeast eluate factor Pyridoxin *nt*, Vitamin B$_6$ *nt*.
yeast filtrate factor Pantothensäure *f*, Vitamin B$_3$ *nt*.
yeast fungus Hefe-, Sproßpilz *m*, Blastomyzet *m*.
yellow I *n* 1. (*Farbe*) Gelb *nt*. 2. Eigelb *nt*. II *adj.* gelb.
yellow-fever mosquito Aedes aegypti.
yellow fever virus Gelbfiebervirus *nt*.
Yersinia *n* Yersinia *f*.

Yersinia pestis Pestbakterium *nt*, Yersinia/Pasteurella pestis.
ying-yang hypothesis Yang-Zyklus *m*, Yin-yang-Hypothese *f*.
Y-linked gene Y-gebundenes Gen *nt*, holandrisches Gen *nt*.
Y-linked inheritance Y-gebundene/-holandrische Vererbung *f*.
yolk *n* (Ei-)Dotter *m*, Eigelb *nt*, Vitellus *m*.
yolk granules Dottergranula *pl*.
young form jugendlicher Granulozyt *m*, Metamyelozyt *m*; Jugendlicher *m*.

Z

Z band Z-Linie *f*, Z-Streifen *m*, Zwischenscheibe *f*, Telophragma *nt*.
Z chromosome Z-Chromosom *nt*.
Z disc *Brit.* s.u. *Z band.*
Z disk s.u. *Z band.*
zeatin *n* Zeatin *nt*.
zero-order reaction Reaktion *f* nullter Ordnung.
zinc *n* Zink *nt*, (*chemisch*) Zincum *nt*.
zinc acetate Zinkazetat *nt*.
zinc chloride Zinkchlorid *nt*.
zinc oxide Zinkoxid *nt*.
Z line s.u. *Z band.*
zonal *adj.* s.u. *zonary.*
zonal centrifugation Dichtegradienten-, Zonenzentrifugation *f*.
zonary *adj.* zonen-, gürtelförmig, Zonen-, Zonular-.
zone electrophoresis Zonenelektrophorese *f*.
zoo- *präf.* Tier-, Zo(o)-.
zoo-agglutinin *n* Zooagglutinin *nt*.
zoobiology *n* Zoobiologie *f*.
zoochemistry *n* Zoochemie *f*.
zooflagellate *n* Zooflagellat *m*.
zoogenous *adj.* lebendgebärend, vivipar.
zoogony *n* Lebendgebären *nt*, Viviparie *f*.
Zoomastigophorea *pl* Zoomastigophorea *pl*.
zoonomy *n* s.u. *zoobiology.*

zooparasite *n* tierischer Parasit *m*, Zooparasit *m*.
zoophyte *n* Pflanzentier *nt*, Zoophyt *m*.
zoosterol *n* Zoosterol *nt*.
Zygomycetes *pl* Zygomyceten *pl*, -mycetes *pl*, -mycetales *pl*.
zygosis *n* Zygose *f*, Zygosis *f*.
zygotoblast *n* Sporozoit *m*.
zym- *präf.* s.u. *zymo-.*
zymase *n* Zymase *f*.
zyme *n* Enzym *nt*.
zymin *n* Enzym *nt*.
zymo- *präf.* Enzym-, Zym(o)-.
zymochemistry *n* Chemie *f* der Gärung, Zymochemie *f*.
zymogen *n* Enzymvorstufe *f*, Zymogen *nt*, Enzymogen *nt*, Proenzym *nt*.
zymogen granules Zymogengranula *pl*, -körnchen *pl*.
zymogenic *adj.* Gärung betreffend *oder* auslösend, zymogen, Gärungs-.
zymogenic cells (*Magen*) Hauptzellen *pl*.
zymogenous *adj.* s.u. *zymogenic.*
zymogic *adj.* s.u. *zymogenic.*
zymogram *n* Zymogramm *nt*.
zymoid **I** *n* Zymoid *nt*. **II** *adj.* enzymartig, zymoid.
Zymomonas *n* Zymomonas *f*.
Zymonema *n* Zymonema *f*.
zymosan *n* Zymosan *nt*.
zymosterol *n* Zymosterin *nt*.

Appendix

Anhang

page/Seite

Weights and Measures   Maße und Gewichte

I. Linear Measures   I. Längenmaße

1. American Linear Measure   **1. Amerikanische Längenmaße**

1 yard = 3 feet = 0,9144 m = 91,44 cm
1 foot = 12 inches = 0,3048 m = 30,48 cm
1 inch = 2,54 cm = 25,4 mm

2. German Linear Measure   **2. Deutsche Längenmaße**

1 m = 100 cm = 1.0936 yards = 3.2808 feet
1 cm = 10 mm = 0.3937 inch

3. Conversion Table   **3. Umrechnungstabelle**

centimeters	to	inches	0.394
		feet	0.0328
		millimeters	10
		meters	0.01
meters	to	millimeter	1000
		centimeters	100
		inches	39.37
		feet	3.281
		yards	1.093
inches	to	centimeters	2.54
		meters	0.0254
		feet	0.0833
		yards	0.0278
yards	to	inches	36
		feet	3
		centimeters	91.44
		meters	0.914

II. Measures of Capacity II. Hohlmaße

1. American Liquid Measures 1. Amerikanische Flüssigkeitsmaße

1 quart = 2 pints = 0,9464 l = 946.4 ml
1 pint = 4 gills = 0,4732 l = 473.2 ml
1 cup = 8 fluid ounces = 236.ml
1 fluid ounce = 29.6 ml

2. British Liquid Measures 2. Britische Flüssigkeitsmaße

1 quart = 2 pints = 1,136 l = 1136 ml
1 pint = 4 gills = 20 fluid ounces = 0,568 l = 568 ml
1 fluid ounce = 28,4 ml

3. German Measures of Capacity 3. Deutsche Hohlmaße

1 l = 10 dl = 2.113 pints (US) = 1.76 pints (British)
1 dl = 10 cl = 100 ml = 3.38 fluid ounces (US) = 3.52 fluid ounces (Brit.)
1 cl = 10 ml = 0.338 fluid ounce (US) = 0.352 fluid ounce (Brit.)

III. Weights III. Gewichte

1. American Avoirdupois Weight 1. Amerikanische Handelsgewichte

1 pound = 16 ounces = 453,59 g
1 ounce = 16 drams = 28,35 g
1 dram = 1,772 g

2. German Weight 2. Deutsche Handelsgewichte

1 kg = 1000 g = 2.205 pounds
100 g = 3.5273 ounces
1 g = 0.564 dram

Conversion Tables for Temperatures

Umrechnungstabellen für Temperaturen

Degrees Fahrenheit
into Degrees Celsius

Grad Fahrenheit
in Grad Celsius

Degrees Celsius
into Degrees Fahrenheit

Grad Celsius
in Grad Fahrenheit

Fahrenheit	Celsius	Celsius	Fahrenheit
110	43,3	50	122,0
109	42,8	45	113.0
108	42,2	44	111.2
107	41,7	43	109.4
106	41,1	42	107.6
105	40,6	41	105.8
104	40,0	40	104.0
103	39,4	39	102.2
102	38,9	38	100.4
101	38,3	37	98.6
100	37,8	36	96.8
99	37,2	35	95.0
98	36,7	34	93.2
97	36,1	33	91.4
96	35,6	32	89.6
95	35,0	31	87.8
94	34,4	30	86.0
93	33,9	29	84.2
92	33,3	28	82.4
91	32,8	27	80.6
90	33,2	26	78.8
85	29,4	25	77
80	26,7	20	68
70	21,1	15	59
60	15,6	10	50
50	10,0	5	41
40	4,4	0	32
32	0	- 5	23
20	- 6,7	- 10	14
10	- 12,2	- 15	5
0	- 17,8	- 20	- 4

Abbreviations
Abkürzungen

A 1. absorbance (engl.) **2.** Adenin (ger.) **3.** adenine (engl.) **4.** Adenosin (ger.) **5.** adenosine (engl.) **6.** Ampere (ger.) **7.** ampere (engl.) **8.** Angström (ger.) **9.** Angström unit (engl.) **10.** Massenzahl (ger.)

a 1. ampere (engl.) **2.** specific absorption coefficient (engl.) **3.** spezifischer Extinktionskoeffizient (ger.)

Å 1. Angström (ger.) **2.** Angström-Einheit (ger.) **3.** Angström unit (engl.)

α 1. Bunsen coefficient (engl.) **2.** Bunsen-Löslichkeitskoeffizient (ger.)

AA amino acid (engl.)

AAF acetylaminofluorene (engl.)

AAT Aspartataminotransferase (ger.)

AAV adeno-associated virus (engl.)

Ab antibody (engl.)

ABG arterial blood gases (engl.)

ABP androgen binding protein (engl.)

AC 1. Adenylatcyclase (ger.) **2.** adenylate cyclase (engl.) **3.** alternating current (engl.)

Ac Actinium (ger.)

A.C. alternating current (engl.)

ACA ε-aminocaproic acid (engl.)

AcCoA Acetylcoenzym A (ger.)

ACE 1. Angiotensin-Converting-Enzym (ger.) **2.** angiotensin converting enzyme (engl.)

AcG 1. Acceleratorglobulin (ger.) **2.** accelerator globulin (engl.)

ACh 1. Acetylcholin (ger.) **2.** acetylcholine (engl.)

AChE 1. Acetylcholinesterase (ger.) **2.** acetylcholinesterase (engl.)

AcNeu *N*-acetylneuraminic acid (engl.)

ACP 1. acid phosphatase (engl.) **2.** Acyl-Carrier-Protein (ger.) **3.** acyl carrier protein (engl.)

7-ACS 1. 7-amino-cephalosporanic acid (engl.) **2.** 7-Amino-cephalosporansäure (ger.)

ACTH 1. adreno-corticotropes Hormon (ger.) **2.** adrenocorticotropic hormone (engl.)

ACTH-RF adrenocorticotropic hormone releasing factor (engl.)

AD 1. alcohol dehydrogenase (engl.) **2.** Alkoholdehydrogenase (ger.)

ADA 1. Adenosindesaminase (ger.) **2.** adenosine deaminase (engl.)

Ade 1. Adenin (ger.) **2.** adenine (engl.)

ADH 1. alcohol dehydrogenase (engl.) **2.** Alkoholdehydrogenase (ger.) **3.** antidiuretic hormone (engl.) **4.** antidiuretisches Hormon (ger.)

ADP 1. Adenosindiphosphat (ger.) **2.** Adenosin-5'-diphosphat (ger.) **3.** adenosine diphosphate (engl.) **4.** adenosine-5'-diphosphate (engl.)

ADTE Äthylendiamintetraessigsäure (ger.)

AE 1. Angström (ger.) **2.** Angström-Einheit (ger.)

AeDTE Äthylendiamintetraessigsäure (ger.)

AFP 1. alpha-fetoprotein (engl.) **2.** α_1-Fetoprotein (ger.)

Ag 1. antigen (engl.) **2.** Argentum (ger.) **3.** argentum (engl.)

AGEPC acetyl glyceryl ether phosphoryl choline (engl.)

AHD antihyaluronidase (engl.)

AHF 1. Antihämophiliefaktor (ger.) **2.** antihemophilic factor (engl.)

AHG 1. antihämophiles Globulin (ger.) **2.** antihemophilic globulin (engl.)

Ak Antikörper (ger.)
Al 1. Aluminium (ger.) **2.** aluminum (engl.) **3.** aluminum (engl.)
ALA δ-aminolevulinic acid (engl.)
Ala 1. Alanin (ger.) **2.** alanine (engl.)
ALAT Alaninaminotransferase (ger.)
ALD Aldolase (ger.)
ALDH Aldehyddehydrogenase (ger.)
ALG antilymphocyte globulin (engl.)
ALP 1. alkalische Leukozytenphosphatase (ger.) **2.** alkaline phosphatase (engl.)
ALT 1. Alaninaminotransferase (ger.) **2.** alanine aminotransferase (engl.)
ALV 1. avian leukemia virus (ger.) **2.** avian leukemia virus (engl.)
AM 1. adrenal marrow (engl.) **2.** Amperemeter (ger.)
Am Americium (ger.)
AME Atommasseneinheit (ger.)
AMH Anti-Müller-Hormon (ger.)
AMP 1. adenosine monophosphate (engl.) **2.** Adenosinmonophosphat (ger.)
amp 1. Ampere (ger.) **2.** ampere (engl.)
3',5'-AMP 1. cyclic AMP (engl.) **2.** zyklisches Adenosin-3',5'-phosphat (ger.)
amu atomic mass unit (engl.)
ANF 1. antinuclear factor (engl.) **2.** antinukleärer Faktor (ger.) **3.** atrial natriuretic factor (engl.) **4.** atrialer natriuretischer Faktor (ger.)
ANS autonomic nervous system (engl.)
AP 1. alkaline phosphatase (engl.) **2.** alkalische Phosphatase (ger.) **3.** 2-Aminopurin (ger.) **4.** 2-aminopurine (engl.)
A-5-P 1. adenosine-5'-phosphate (engl.) **2.** Adenosin-5'-phosphat (ger.)
6-APA 6-aminopenicillanic acid (engl.)
APRT 1. adenine phosphoribosyl transferase (engl.) **2.** Adeninphosphoribosyltransferase (ger.)
APRTase 1. adenine phosphoribosyl transferase (engl.) **2.** Adeninphosphoribosyltransferase (ger.)
APS 1. adenosine 5'-phosphosulfate (engl.) **2.** Adenosin-5'-phosphosulfat (ger.)
Aq. 1. Aqua (ger.) **2.** aqua (engl.)
Ar 1. Argon (ger.) **2.** argon (engl.)
Arg 1. Arginin (ger.) **2.** arginine (engl.)
ARSB arylsulfatase B (engl.)
AS 1. Aminosäure (ger.) **2.** Aminoessigsäure (ger.)

As 1. Arsen (ger.) **2.** arsenic (engl.)
ASA 1. acetylsalicylic acid (engl.) **2.** argininosuccinic acid (engl.)
ASAL 1. argininosuccinate lyase (engl.) **2.** Argininsuccinatlyase (ger.)
ASase argininosuccinate lyase (engl.)
ASAT Aspartataminotransferase (ger.)
ASL 1. argininosuccinate lyase (engl.) **2.** Argininosuccinatlyase (ger.)
Asn 1. Asparagin (ger.) **2.** asparagine (engl.)
Asp 1. Asparaginsäure (ger.) **2.** aspartic acid (engl.)
ASPAT Aspartataminotransferase (ger.)
Asp-NH$_2$ Asparagin (ger.)
AST 1. Aspartataminotransferase (ger.) **2.** aspartate aminotransferase (engl.)
At Astatin (ger.)
AT III 1. Antithrombin III (ger.) **2.** antithrombin III (engl.)
ATG antithymocyte globulin (engl.)
atm 1. Atmosphäre (ger.) **2.** atmosphere (engl.)
ATP 1. adenosine triphosphate (engl.) **2.** Adenosintriphosphat (ger.)
ATZ Antithrombinzeit (ger.)
Au 1. Aurum (ger.) **2.** aurum (engl.)
A.U. Angström unit (engl.)
av 1. arteriovenös (ger.) **2.** arteriovenous (engl.)
avD 1. arteriovenöse Differenz (ger.) **2.** arteriovenous difference (engl.)
AVP 1. arginine vasopressin (engl.) **2.** Arginin-Vasopressin (ger.)
awu atomic weight unit (engl.)
B 1. Bor (ger.) **2.** boron (engl.)
b 1. Bar (ger.) **2.** bar (engl.) **3.** Barn (ger.) **4.** barn (engl.)
β⁺ 1. Positron (ger.) **2.** positron (engl.)
Ba 1. Barium (ger.) **2.** barium (engl.)
Bact. 1. Bacterium (ger.) **2.** Bacterium (engl.)
BAO basal acid output (engl.)
BBB blood-brain barrier (engl.)
BBT basal body temperature (engl.)
BC 1. Biotincarboxylase (ger.) **2.** biotin carboxylase (engl.)
BCAA branched chain amino acid (engl.)
BCCP 1. Biotin-Carboxyl-Carrier-Protein (ger.) **2.** biotin carboxyl-carrier protein (engl.)
BCDF B-cell differentiation factors (engl.)
BCF 1. basophil chemotactic factor (engl.) **2.** Basophilen-chemotak-

tischer Faktor (ger.)

BCG 1. Bacillus Calmette-Guérin (ger.) **2.** Bacillus Calmette-Guérin (engl.)

BCGF B-cell growth factors (engl.)

BDG Bilirubindiglukuronid (ger.)

BE 1. base excess (engl.) **2.** Basenexzess (ger.)

Be 1. Beryllium (ger.) **2.** beryllium (engl.)

Bf blastogenic factor (engl.)

Bi 1. bismuth (engl.) **2.** Bismutum (ger.)

Bk Berkelium (ger.)

BMI body mass index (engl.)

BMR basal metabolic rate (engl.)

3,4-BP 1. 3,4-Benzpyren (ger.) **2.** 3,4-benzpyrene (engl.)

Br 1. Brom (ger.) **2.** bromine (engl.)

BS blood sugar (engl.)

BSA body surface area (engl.)

BSP bromsulphalein (engl.)

B.T.U. British thermal unit (engl.)

BU 5-Bromuracil (ger.)

BUN 1. blood urea nitrogen (engl.) **2.** Blutharnstoffstickstoff (ger.)

BW body weight (engl.)

C 1. calorie (engl.) **2.** capacitance (engl.) **3.** carbon (engl.) **4.** Carboneum (ger.) **5.** cathodal (engl.) **6.** cathode (engl.) **7.** centigrade (engl.) **8.** Clearance (ger.) **9.** concentration (engl.) **10.** contraction (engl.) **11.** Coulomb (ger.) **12.** coulomb (engl.) **13.** Cystein (ger.) **14.** cysteine (engl.) **15.** Cytidin (ger.) **16.** cytidine (engl.) **17.** cytosine (engl.) **18.** heat capacity (engl.) **19.** Komplement (ger.)

c 1. calorie (engl.) **2.** molar concentration (engl.) **3.** specific heat capacity (engl.)

CA 1. Carboanhydrase (ger.) **2.** carbonic anhydrase (engl.) **3.** cytosine arabinoside (engl.)

Ca 1. Calcium (ger.) **2.** calcium (engl.) **3.** cathodal (engl.) **4.** cathode (engl.)

CAH Carboanhydrase (ger.)

Cal 1. calorie (engl.) **2.** große Kalorie (ger.) **3.** Kilokalorie (ger.)

cal 1. calorie (engl.) **2.** Gramm-Kalorie (ger.) **3.** kleine Kalorie (ger.)

cAMP 1. cyclic AMP (engl.) **2.** Cyclo-AMP (ger.)

CAP 1. catabolite gene-activator protein (engl.) **2.** Catabolit-Gen-Aktivatorprotein (ger.) **3.** cyclic AMP receptor protein (engl.)

CBC complete blood count (engl.)

CBG 1. corticosteroid-binding globulin (engl.) **2.** Cortisol-bindendes Globulin (ger.) **3.** cortisol-binding globulin (engl.)

CCA chimpanzee coryza agent (engl.)

CCK cholecystokinin (engl.)

Ccr Kreatininclearance (ger.)

Cd 1. Cadmium (ger.) **2.** cadmium (engl.)

cd candela (engl.)

cDNA 1. complementary DNA (engl.) **2.** komplementäre DNA (ger.)

CDP 1. cytidine diphosphate (engl.) **2.** cytidine-5'-diphosphate (engl.)

CDPC Ctidindiphosphatcholin (ger.)

Ce Cerium (ger.)

cent. centigrade (engl.)

CF 1. chemotactic factor (engl.) **2.** Christmas factor (engl.) **3.** citrovorum factor (engl.) **4.** Citrovorum-Faktor (ger.)

Cf 1. Californium (ger.) **2.** colicinogenic factor (engl.)

CG 1. Choriongonadotropin (ger.) **2.** chorionic gonadotropin (engl.)

cg centigram (engl.)

cGMP 1. cyclic GMP (engl.) **2.** Cyclo-GMP (ger.)

ChE 1. Cholinesterase (ger.) **2.** cholinesterase (engl.)

C.I. color index (engl.)

Ci 1. Curie (ger.) **2.** curie (engl.)

CK 1. creatine kinase (engl.) **2.** Creatinkinase (ger.)

Cl 1. Chlor (ger.) **2.** chlorine (engl.)

Cm 1. Curium (ger.) **2.** curium (engl.)

CMC carboxymethylcellulose (engl.)

CMI cell-mediated immunity (engl.)

CML cell-mediated lympholysis (engl.)

CMP 1. cytidine monophosphate (engl.) **2.** Cytidinmonophosphat (ger.)

CMVIG cytomegalovirus immune globulin (engl.)

CNS central nervous system (engl.)

CO 1. carbon monoxide (engl.) **2.** Kohlenmonoxid (ger.)

Co 1. Cobalt (ger.) **2.** cobalt (engl.)

CO₂ 1. carbon dioxide (engl.) **2.** Kohlendioxid (ger.)

CoA 1. Coenzym A (ger.) **2.** coenzyme A (engl.)

CO-Hb 1. Carboxyhämoglobin (ger.) **2.** carboxyhemoglobin (engl.)

COMC carboxymethylcellulose (engl.)

CP Creatinphosphat (ger.)

C3PA C3 proactivator (engl.)

C3PAase C3 proactivator convertase

(engl.)

CPD citrate phosphate dextrose (engl.)

CPK 1. creatine phosphokinase (engl.) **2.** Creatinphosphokinase (ger.)

CPPD 1. Calciumpyrophosphatdihydrat (ger.) **2.** calcium pyrophosphate dihydrate (engl.)

Cr 1. Chrom (ger.) **2.** chromium (engl.) **3.** creatine (engl.) **4.** creatinine (engl.)

CRF 1. corticotropin releasing factor (engl.) **2.** Corticotropin-relasing-Faktor (ger.)

CRH 1. Corticotropin-releasing-Hormon (ger.) **2.** corticotropin releasing hormone (engl.)

CRP 1. C-reactive protein (engl.) **2.** C-reaktives Protein (ger.) **3.** cross-reactive protein (engl.) **4.** cyclic AMP receptor protein (engl.) **5.** Cyclo-AMP-Rezeptorprotein (ger.)

Cs 1. Caesium (ger.) **2.** cesium (engl.)

CSF 1. cerebrospinal fluid (engl.) **2.** colony-stimulating factor (engl.)

CT 1. Carboxyltransferase (ger.) **2.** carboxyltransferase (engl.)

CTL cytotoxic T-lymphocyte (engl.)

CTP 1. cytidine triphosphate (engl.) **2.** cytidine-5'-triphosphate (engl.) **3.** Cytidintriphosphat (ger.) **4.** Cytidin-5'-triphosphat (ger.)

Cu 1. copper (engl.) **2.** Cuprum (ger.)

CV coefficient of variation (engl.)

Cy cyanogen (engl.)

CYC cyclophosphamide (engl.)

Cys 1. Cystein (ger.) **2.** cysteine (engl.)

Cys-Cys cystine (engl.)

D 1. Deuterium (ger.) **2.** deuterium (engl.) **3.** dielectric constant (engl.) **4.** Dielektrizitätskonstante (ger.) **5.** diffusing capacity (engl.) **6.** diffusion coefficient (engl.) **7.** Diffusionskoeffizient (ger.) **8.** diopter (engl.)

δ 1. Standardabweichung (ger.) **2.** standard deviation (engl.)

dA 1. deoxyadenosine (engl.) **2.** Desoxyadenosin (ger.)

DABA *p*-Dimethylaminobenzaldehyd (ger.)

dADP 1. deoxyadenosine diphosphate (engl.) **2.** Desoxyadenosindiphosphat (ger.)

dAMP 1. deoxyadenosine monophosphate (engl.) **2.** Desoxyadenosinmonophosphat (ger.)

DANS 1. 5-dimethylamino-1-naphthalenesulfonic acid (engl.) **2.** 5-Dimethylamino-1-naphthalinsulfonsäure (ger.)

DAP diaminopimelic acid (engl.)

dATP 1. deoxyadenosine triphosphate (engl.) **2.** Desoxyadenosintriphosphat (ger.)

DC Dünnschichtchromatographie (ger.)

D.C. direct current (engl.)

dC 1. deoxycytidine (engl.) **2.** Desoxycytidin (ger.)

dCDP 1. deoxycytidine diphosphate (engl.) **2.** Desoxycytidindiphosphat (ger.)

dCMP 1. deoxycytidine monophosphate (engl.) **2.** Desoxycytidinmonophosphat (ger.)

dCTP 1. deoxycytidine triphosphate (engl.) **2.** Desoxycytidintriphosphat (ger.)

DDT Dichlordiphenyltrichloräthan (ger.)

deGDP Desoxyguanosindiphosphat (ger.)

DES Diethylstilbestrol (ger.)

DET Diethyltryptamin (ger.)

DFP 1. diisopropyl fluorophosphate (engl.) **2.** Diisopropylfluorphosphat (ger.)

DG 1. Diacylglycerin (ger.) **2.** diacylglycerin (engl.)

dG 1. deoxyguanosine (engl.) **2.** Desoxyguanosin (ger.)

dg 1. decigram (engl.) **2.** Dezigramm (ger.)

dGDP 1. deoxyguanosine diphosphate (engl.) **2.** Desoxyguanosindiphosphat (ger.)

dGMP 1. deoxyguanosine monophosphate (engl.) **2.** Desoxyguanosinmonophosphat (ger.)

dGTP 1. deoxyguanosine triphosphate (engl.) **2.** Desoxyguanosintriphosphat (ger.)

DHA docosahexaenoic acid (engl.)

DHCC 1,25-Dihydroxycholecalciferol (ger.)

DHEA Dehydroepiandrosteron (ger.)

DHEAS 1. dehydroepiandrosterone sulfate (engl.) **2.** Dehydroepiandrosteronsulfat (ger.)

DHFR 1. dihydrofolate reductase (engl.) **2.** Dihydrofolatreduktase (ger.)

DHPR 1. dihydropteridine reductase (engl.) **2.** Dihydropteridinreduktase (ger.)

DHU 1. Dihydrouridin (ger.) **2.** dihydrouridine (engl.)

1,3-DIPG 1. 1,3-Diphosphoglycerat (ger.) **2.** 1,3-diphosphoglycerate (engl.)

2,3-DIPG 1. 2,3-Diphosphoglycerat (ger.) **2.** 2,3-diphosphoglycerate (engl.)

dist. distilled (engl.)

DMAB p-Dimethylaminobenzaldehyd (ger.)

DMAC 1. Dimethylacetamid (ger.) **2.** dimethylacetamide (engl.)

DMBA 1. 7,12-Dimethylbenzanthrazen (ger.) **2.** p-Dimethylaminobenzaldehyd (ger.)

DMP 1. Dimethylphthalat (ger.) **2.** dimethyl phthalate (engl.)

DMPE 3,4-Dimethyloxyphenylessigsäure (ger.)

DMSO 1. Dimethylsulfoxid (ger.) **2.** dimethyl sulfoxide (engl.)

DNA deoxyribonucleic acid (engl.)

DNAase deoxyribonuclease (engl.)

DNAse deoxyribonuclease (engl.)

DNase deoxyribonuclease (engl.)

DNB 1. dinitrobenzene (engl.) **2.** Dinitrobenzol (ger.)

DNCB 2,4-dinitrochlorobenzene (engl.)

DNFB 2,4-dinitrofluorobenzene (engl.)

DNP 1. deoxyribonucleoprotein (engl.) **2.** dinitrophenol (engl.) **3.** Dinitrophenol (ger.)

DNS Desoxyribonukleinsäure (ger.)

D₂O 1. Deuteriumoxid (ger.) **2.** deuterium oxide (engl.)

DOC 11-deoxycorticosterone (engl.)

DOCA 1. deoxycorticosterone acetate (engl.) **2.** Desoxycorticosteronacetat (ger.)

DOPA 3,4-dihydroxyphenylalanine (engl.)

DPHR Dihydropteridinreduktase (ger.)

DPN 1. diphosphopyridine nucleotide (engl.) **2.** Diphosphopyridinnucleotid (ger.)

DPPK Dephosphophosphorylasekinase (ger.)

dRDP 1. deoxyribonucleoside diphosphate (engl.) **2.** Desoxyribonucleosiddiphosphat (ger.)

dRMP 1. deoxyribonucleoside monophosphate (engl.) **2.** Desoxyribonucleosidmonophosphat (ger.)

dRTP 1. deoxyribonucleoside triphosphate (engl.) **2.** Desoxyribonucleosidtriphosphat (ger.)

ds 1. doppelsträngig (ger.) **2.** double-stranded (engl.)

dsDNA 1. Doppelstrang-DNA (ger.) **2.** double-stranded deoxyribonucleic acid (engl.)

dsDNS Doppelstrang-DNS (ger.)

dsRNA 1. Doppelstrang-RNA (ger.) **2.** double-stranded ribonucleic acid (engl.)

dsRNS Doppelstrang-RNS (ger.)

dT 1. deoxythymidine (engl.) **2.** Desoxythymidin (ger.)

dTDP 1. deoxythymidine diphosphate (engl.) **2.** Desoxythymidindiphosphat (ger.)

dTMP 1. deoxythymidine monophosphate (engl.) **2.** Desoxythymidinmonophosphat (ger.)

dTTP 1. deoxythymidine triphosphate (engl.) **2.** Desoxythymidintriphosphat (ger.)

Dy Dysprosium (ger.)

E 1. Elastance (ger.) **2.** Extinktion (ger.) **3.** molar extinction coefficient (engl.) **4.** molarer Extinktionskoeffizient (ger.)

ε 1. Emissionskoeffizient (ger.) **2.** emissivity (engl.) **3.** extinction coefficient (engl.) **4.** Extinktionskoeffizient (ger.)

E molar absorption coefficient (engl.)

e⁺ 1. Positron (ger.) **2.** positron (engl.)

E₁ estrone (engl.)

E₂ estradiol (engl.)

E₃ estriol (engl.)

E₄ estetrol (engl.)

EACA 1. epsilon-aminocaproic acid (engl.) **2.** Epsilon-Aminocapronsäure (ger.)

EACS Epsilon-Aminocapronsäure (ger.)

EAP Epiallopregnanolon (ger.)

EBK Eisenbindungskapazität (ger.)

EBNA Epstein-Barr nuclear antigen (engl.)

EBV Epstein-Barr virus (engl.)

EC enterochromaffin (engl.)

ECF 1. eosinophil chemotactic factor (engl.) **2.** Eosinophilen-chemotaktischer Faktor (ger.) **3.** extracellular fluid (engl.) **4.** Extrazellularflüssigkeit (ger.)

ECF-A 1. eosinophil chemotactic factor of anaphylaxis (engl.) **2.** Eosinophilen-chemotaktischer Faktor der Anaphylaxie (ger.)

ECS extracellular space (engl.)

ECW extracellular water (engl.)

EDTA 1. Ethylendiamintetraessigsäure (ger.) **2.** ethylenediaminetetraacetic acid (engl.)

EE Enzymeinheit (ger.)
EF 1. elongation factor (engl.) **2.** Elongationsfaktor (ger.)
EFA essential fatty acid (engl.)
EGF epidermal growth factor (engl.)
E_h 1. Redoxpotential (ger.) **2.** redox potential (engl.)
EHEC enterohämorrhagisches Escherichia coli (ger.)
EIA 1. enzyme immunoassay (engl.) **2.** Enzymimmunoassay (ger.)
EIEC enteroinvasives Escherichia coli (ger.)
ELISA 1. enzyme-linked immunosorbent assay (engl.) **2.** Enzyme-linked-immunosorbent-Assay (ger.)
EMF erythrocyte maturation factor (engl.)
EMIT enzyme-multiplied immunoassay technique (engl.)
EMK elektromotorische Kraft (ger.)
ENO Enolase (ger.)
EP end point (engl.)
EPF Exophthalmus-produzierender Faktor (ger.)
EPP end-plate potential (engl.)
equ Grammäquivalent (ger.)
ER 1. endoplasmatisches Retikulum (ger.) **2.** endoplasmic reticulum (engl.)
ES extracellular space (engl.)
Es Einsteinium (ger.)
ESF erythropoietic stimulating factor (engl.)
ESR Elektronenspinresonanz (ger.)
ETEC enterotoxisches Escherichia coli (ger.)
ETF elektronentransportierendes Flavoprotein (ger.)
EU Energieumsatz (ger.)
Eu Europium (ger.)
eV 1. electron volt (engl.) **2.** Elektronenvolt (ger.)
EZ Extrazellularraum (ger.)
EZF Extrazellularflüssigkeit (ger.)
EZR Extrazellularraum (ger.)
EZW extrazelluläres Wasser (ger.)
F 1. Fahrenheit (ger.) **2.** Fahrenheit (engl.) **3.** farad (engl.) **4.** Faraday's constant (engl.) **5.** Fluor (ger.) **6.** fluorine (engl.)
F I 1. factor I (engl.) **2.** Faktor I (ger.)
F II 1. factor II (engl.) **2.** Faktor II (ger.)
F III 1. factor III (engl.) **2.** Faktor III (ger.)
F IV 1. factor IV (engl.) **2.** Faktor IV (ger.)

F IX 1. factor IX (engl.) **2.** Faktor IX (ger.)
F V 1. factor V (engl.) **2.** Faktor V (ger.)
F VI 1. factor VI (engl.) **2.** Faktor VI (ger.)
F VII 1. factor VII (engl.) **2.** Faktor VII (ger.)
F VIII 1. factor VIII (engl.) **2.** Faktor VIII (ger.)
F X 1. factor X (engl.) **2.** Faktor X (ger.)
F XI 1. factor XI (engl.) **2.** Faktor XI (ger.)
F XII 1. factor XII (engl.) **2.** Faktor XII (ger.)
F XIII 1. factor XIII (engl.) **2.** Faktor XIII (ger.)
F_0 oligomycin-sensitivity-conferring factor (engl.)
F_1 filial generation (engl.)
F_2 filial generation (engl.)
FA fatty acid (engl.)
Fab 1. Fab-Fragment (ger.) **2.** Fab fragment (engl.)
FABP fatty-acid binding protein (engl.)
FAD 1. flavin adenine dinucleotide (engl.) **2.** Flavinadenindinukleotid (ger.)
FADN Flavinadenindinukleotid (ger.)
FBC full blood count (engl.)
FBS Feedbacksystem (ger.)
Fc 1. Fc-Fragment (ger.) **2.** Fc fragment (engl.)
Fd 1. Fd-Fragment (ger.) **2.** Fd fragment (engl.)
FDP 1. fibrin degradation products (engl.) **2.** Fibrindegradationsprodukte (ger.) **3.** fibrinogen degradation products (engl.) **4.** Fibrinogendegradationsprodukte (ger.) **5.** fructose-1,6-diphosphate (engl.)
FDPase fructose-1,6-diphosphatase (engl.)
Fe 1. Ferrum (ger.) **2.** ferrum (engl.)
FeLV feline leukemia virus (ger.)
FeSV feline sarcoma virus (ger.)
FF 1. filtration fraction (engl.) **2.** Filtrationsfraktion (ger.)
FFA free fatty acid (engl.)
FFS freie Fettsäure (ger.)
FH_4 1. tetrahydrofolic acid (engl.) **2.** Tetrahydrofolsäure (ger.)
FID Flammenionisationsdetektor (ger.)
FIGLU 1. formiminoglutamic acid (engl.) **2.** Formiminoglutaminsäure (ger.)
FIGS Formiminoglutaminsäure (ger.)

FITC 1. fluorescein isothiocyanate (engl.) **2.** Fluoreszeinisothiocyanat (ger.)

fld. fluid (engl.)

FM Fibrinmonomer (ger.)

Fm 1. Fermium (ger.) **2.** fermium (engl.)

FMN 1. flavin mononucleotide (engl.) **2.** Flavinmononukleotid (ger.)

FP freezing point (engl.)

f.p. freezing point (engl.)

F-1-P 1. Fructose-1-phosphat (ger.) **2.** fructose-1-phosphate (engl.)

F-1,6-P 1. Fructose-1,6-diphosphat (ger.) **2.** fructose-1,6-diphosphate (engl.)

F-2,6-P 1. Fructose-2,6-diphosphat (ger.) **2.** fructose-2,6-diphosphate (engl.)

F-6-P 1. Fructose-6-phosphat (ger.) **2.** fructose-6-phosphate (engl.)

Fr Francium (ger.)

FRF follicle stimulating hormone releasing factor (engl.)

FRS ferredoxin-reducing substance (engl.)

FS Fettsäure (ger.)

FSF 1. fibrin stabilizing factor (engl.) **2.** fibrinstabilisierender Faktor (ger.)

FSH 1. follicle stimulating hormone (engl.) **2.** follikelstimulierendes Hormon (ger.)

FSH-RF follicle stimulating hormone releasing factor (engl.)

FSP 1. Fibrinogenspaltprodukte (ger.) **2.** fibrinolytic split products (engl.) **3.** Fibrinspaltprodukte (ger.)

fw freshwater (engl.)

G 1. gauss (engl.) **2.** glucose (engl.) **3.** gravitational constant (engl.) **4.** Guanin (ger.) **5.** guanine (engl.) **6.** Guanosin (ger.) **7.** guanosine (engl.)

g 1. gram (engl.) **2.** Gramm (ger.) **3.** gravity (engl.)

Ga Gallium (ger.)

GABA 1. gamma-aminobutyric acid (engl.) **2.** Gammaaminobuttersäure (ger.)

GABS Gammaaminobuttersäure (ger.)

GAG 1. glycosaminoglycan (engl.) **2.** Glykosaminglykan (ger.)

GALT gut-associated lymphoid tissue (engl.)

GAP 1. glyceraldehyde-3-phosphate (engl.) **2.** Glyzerinaldehyd-3-phosphat (ger.)

GAPD 1. glyceraldehyde-3-phosphate dehydrogenase (engl.) **2.** Glyzerinaldehyd-3-phosphatdehydrogenase (ger.)

GBG 1. glycine-rich β-glycoprotein (engl.) **2.** glycinreiches Beta-Globulin (ger.)

GBH gamma-benzene hexachloride (engl.)

GBM glomerular basement membrane (engl.)

GC 1. Gaschromatographie (ger.) **2.** gas chromatography (engl.)

gcal 1. gram calorie (engl.) **2.** Gramm-Kalorie (ger.)

Gd Gadolinium (ger.)

GDH Glutamatdehydrogenase (ger.)

GDP 1. Guanosindiphosphat (ger.) **2.** Guanosin-5'-diphosphat (ger.) **3.** guanosine diphosphate (engl.) **4.** guanosine-5'-diphosphate (engl.)

GE Gegenstromelektrophorese (ger.)

Ge Germanium (ger.)

GeV giga electron volt (engl.)

GFR glomerular filtration rate (engl.)

GG gamma globulin (engl.)

γ-GT 1. γ-Glutamyltransferase (ger.) **2.** γ-glutamyltransferase (engl.)

GGTP γ-Glutamyltranspeptidase (ger.)

GH growth hormone (engl.)

GH-IF growth hormone inhibiting factor (engl.)

GH-RF growth hormone releasing factor (engl.)

GH-RH growth hormone releasing hormone (engl.)

GH-RIF growth hormone release inhibiting factor (engl.)

GH-RIH growth hormone release inhibiting hormone (engl.)

GIF growth hormone inhibiting factor (engl.)

GIP 1. gastric inhibitory polypeptide (engl.) **2.** gastrisches inhibitorisches Polypeptid (ger.)

GLC gas-liquid chromatography (engl.)

GLDH Glutamatdehydrogenase (ger.)

Gln 1. Glutamin (ger.) **2.** glutamine (engl.)

Glu 1. glutamic acid (engl.) **2.** Glutaminsäure (ger.)

GluDH Glutamatdehydrogenase (ger.)

Gly 1. Glycin (ger.) **2.** glycine (engl.) **3.** Glyzin (ger.)

gm gram (engl.)

gmol gram molecule (engl.)

GMP 1. Guanosin-5'-monophosphat (ger.) **2.** guanosine monophosphate (engl.)

3',5'-GMP 1. cyclic GMP (engl.) **2.** zyklisches Guanosin-3',5'-Phosphat (ger.)

GMW gram-molecular weight (engl.)

GN Gram-negativ (ger.)

GnRF 1. gonadotropin releasing factor (engl.) **2.** Gonadotropin-releasing-Faktor (ger.)

GnRH 1. gonadotropin releasing hormone (engl.) **2.** Gonadotropin-releasing-Hormon (ger.)

GOD Glukoseoxidase (ger.)

GOT 1. Glutamatoxalacetattransaminase (ger.) **2.** glutamic-oxaloacetic transaminase (engl.)

GP Gram-positiv (ger.)

G-1-P 1. glucose-1-phosphate (engl.) **2.** Glukose-1-phosphat (ger.)

G-1,6-P 1. glucose-1,6-diphosphate (engl.) **2.** Glukose-1,6-diphosphat (ger.)

G-6-P 1. glucose-6-phosphate (engl.) **2.** Glukose-6-phosphat (ger.)

G-6-Pase Glucose-6-phosphatase (ger.)

GPC 1. gel-permeation chromatography (engl.) **2.** Glyzerin-3-phosphorylcholin (ger.)

GPD Glutathionperoxidase (ger.)

G-6-PDH 1. glucose-6-phosphate dehydrogenase (engl.) **2.** Glukose-6-phosphatdehydrogenase (ger.)

GPP Glukose-6-phosphatdehydrogenase (ger.)

GPT 1. Glutamatpyruvattransaminase (ger.) **2.** glutamic-pyruvic transaminase (engl.)

GRD β-Glucuronidase (ger.)

GRF growth hormone releasing factor (engl.)

GRH 1. gonadotropin releasing hormone (engl.) **2.** growth hormone releasing hormone (engl.)

GSC gas-solid chromatography (engl.)

GSDH Glutaminsäuredehydrogenase (ger.)

GSH 1. reduced glutathione (engl.) **2.** reduziertes Glutathion (ger.)

GSSG 1. oxidiertes Glutathion (ger.) **2.** oxidized glutathione (engl.)

GTP 1. guanosine triphosphate (engl.) **2.** guanosine-5'-triphosphate (engl.) **3.** Guanosintriphosphat (ger.) **4.** Guanosin-5'-triphosphat (ger.)

GU 1. genitourinary (engl.) **2.** Grundumsatz (ger.)

β-GU β-Glucuronidase (ger.)

H 1. Enthalpie (ger.) **2.** heat content (engl.) **3.** Henry (ger.) **4.** Histamin (ger.) **5.** histamine (engl.) **6.** Histidin (ger.) **7.** histidine (engl.) **8.** hydrogen (engl.) **9.** Hydrogenium (ger.)

h Planck's constant (engl.)

H⁺ 1. hydrogen ion (engl.) **2.** Wasserstoffion (ger.)

[H⁺] 1. hydrogen ion concentration (engl.) **2.** Wasserstoffionenkonzentration (ger.)

²H 1. Deuterium (ger.) **2.** deuterium (engl.) **3.** heavy hydrogen (engl.) **4.** schwerer Wasserstoff (ger.)

³H 1. Tritium (ger.) **2.** tritium (engl.)

η 1. absolute Viskosität (ger.) **2.** dynamic viscosity (engl.)

HA 1. hemagglutinin (engl.) **2.** hyaluronic acid (engl.) **3.** hydroxyapatite (engl.)

Ha Hahnium (ger.)

HAP hydroxyapatite (engl.)

Hb 1. Hämoglobin (ger.) **2.** hemoglobin (engl.)

HbA 1. Hämoglobin A (ger.) **2.** hemoglobin A (engl.)

HbA₂ 1. Hämoglobin A₂ (ger.) **2.** hemoglobin A₂ (engl.)

HBB 2-α-Hydroxybenzyl-Benzimidazol (ger.)

HbC 1. Hämoglobin C (ger.) **2.** hemoglobin C (engl.)

HbCN 1. cyanmethemoglobin (engl.) **2.** Methämoglobinzyanid (ger.)

HbD 1. Hämoglobin D (ger.) **2.** hemoglobin D (engl.)

HBDH 1. α-Hydroxybutyratdehydrogenase (ger.) **2.** α-hydroxybutyrate dehydrogenase (engl.)

HbE 1. Hämoglobin E (ger.) **2.** hemoglobin E (engl.)

HbF 1. Hämoglobin F (ger.) **2.** hemoglobin F (engl.)

HBLV humanes B-lymphotropes-Virus (ger.)

HbO₂ oxyhemoglobin (engl.)

HbS 1. Hämoglobin S (ger.) **2.** hemoglobin S (engl.)

HCG 1. human chorionic gonadotropin (engl.) **2.** humanes Choriongonadotropin (ger.)

hCG 1. human chorionic gonadotropin (engl.) **2.** humanes Choriongona-

dotropin (ger.)
HCH Hexachlorcyclohexan (ger.)
HCl 1. Chlorwasserstoff (ger.) **2.** hydrogen chloride (engl.)
HCN 1. Cyanwasserstoff (ger.) **2.** hydrogen cyanide (engl.)
HCT hematocrit (engl.)
HCV humanes Coronavirus (ger.)
HDCC human diploid cell culture (engl.)
HDL 1. high-density-Lipoprotein (ger.) **2.** high-density lipoprotein (engl.)
HE hematoxylin-eosin (engl.)
He 1. Helium (ger.) **2.** helium (engl.)
HEB hematoencephalic barrier (engl.)
HECV humanes enterisches Coronavirus (ger.)
HES 1. Hydroxyäthylstärke (ger.) **2.** hydroxyethyl starch (engl.)
HET Hydroxyeicosatetraensäure (ger.)
HETE hydroxyeicosatetraenoic acid (engl.)
HF 1. Hageman factor (engl.) **2.** high-frequency (engl.)
Hf Hafnium (ger.)
HFT high-frequency transduction (engl.)
Hg 1. Hydrargyrum (ger.) **2.** hydrargyrum (engl.)
HGH human growth hormone (engl.)
hGH human growth hormone (engl.)
HGPRT 1. hypoxanthine guanine phosphoribosyltransferase (engl.) **2.** Hypoxanthin-Guanin-phosphoribosyltransferase (ger.)
HHL Hypophysenhinterlappen (ger.)
HHT 1. hydroxyheptadecatrienoic acid (engl.) **2.** Hydroxyheptadecatriensäure (ger.)
5-HIAA 5-hydroxyindoleacetic acid (engl.)
5-HIE 5-Hydroxyindolessigsäure (ger.)
HIM hexosephosphate isomerase (engl.)
His 1. Histidin (ger.) **2.** histidine (engl.)
HIV 1. human immunodeficiency virus (ger.) **2.** human immunodeficiency virus (engl.)
HK Hexokinase (ger.)
HLA 1. human leukocyte antigens (ger.) **2.** human leukocyte antigens (engl.)
HMG 1. human menopausal gonadotropin (engl.) **2.** humanes Menopausengonadotropin (ger.)
HMG-CoA 1. β-Hydroxy-β-methylglutaryl-CoA (ger.) **2.** β-hydroxy-β-methylglutaryl-CoA (engl.)

HMP Hexosemonophosphat (ger.)
HMW high-molecular-weight (engl.)
HMWK 1. high-molecular-weight kininogen (engl.) **2.** HMW-Kininogen (ger.)
HMW-NCF high-molecular-weight neutrophil chemotactic factor (engl.)
hnRNA 1. heterogene Kern-RNA (ger.) **2.** heterogeneous nuclear RNA (engl.)
hnRNS heterogene Kern-RNS (ger.)
Ho Holmium (ger.)
HPETE 1. hydroperoxyeicosatetraenoic acid (engl.) **2.** Hydroperoxyeicosatetraensäure (ger.)
HPI hexosephosphate isomerase (engl.)
HPL humanes Plazentalaktogen (ger.)
HPLC high-pressure liquid chromatography (engl.)
HPRT 1. hypoxanthine phosphoribosyltransferase (engl.) **2.** Hypoxanthin-phosphoribosyltransferase (ger.)
HPV humanes Papillomavirus (ger.)
HSF histamine-sensitizing factor (engl.)
hsp heat-shock proteins (engl.)
HSV-I Herpes-simplex-Virus Typ I (ger.)
HSV-II Herpes-simplex-Virus Typ II (ger.)
HSV-Typ I Herpes-simplex-Virus Typ I (ger.)
HSV-Typ II Herpes-simplex-Virus Typ II (ger.)
HT Hypothalamus (ger.)
5-HT 1. 5-Hydroxytryptamin (ger.) **2.** 5-hydroxytryptamine (engl.)
HTACS human thyroid adenylate cyclase stimulator (engl.)
HTLV 1. human T-cell lymphotropic virus (engl.) **2.** humanes T-Zell-lymphotropes-Virus (ger.)
HVA homovanillic acid (engl.)
HVL Hypophysenvorderlappen (ger.)
HWZ Halbwertzeit (ger.)
Hx Hämopexin (ger.)
Hz 1. Hertz (ger.) **2.** hertz (engl.)
I 1. Inosin (ger.) **2.** inosine (engl.) **3.** Iod (ger.) **4.** iodine (engl.) **5.** Isoleucin (ger.) **6.** isoleucine (engl.)
IAA iodoacetic acid (engl.)
I.B. inclusion body (engl.)
IBC iron-binding capacity (engl.)
IC immune complex (engl.)
ICD Isocitratdehydrogenase (ger.)
ICF 1. intracellular fluid (engl.) **2.** Intrazellularflüssigkeit (ger.)

ICS intracellular space (engl.)
ICSH 1. interstitial cell stimulating hormone (ger.) **2.** interstitial cell stimulating hormone (engl.)
ICW intracellular water (engl.)
IDH 1. Isocitratdehydrogenase (ger.) **2.** Isozitratdehydrogenase (ger.)
IDL intermediate-density lipoprotein (engl.)
I.E. internationale Einheit (ger.)
IEC ion-exchange chromatography (engl.)
IES Indolessigsäure (ger.)
IF 1. inhibiting factor (engl.) **2.** Inhibitingfaktor (ger.) **3.** Initialfaktor (ger.) **4.** initiation factor (engl.) **5.** Initiationsfaktor (ger.) **6.** interstitielle Flüssigkeit (ger.)
IFN 1. Interferon (ger.) **2.** interferon (engl.)
IFN-α 1. α-Interferon (ger.) **2.** interferon-α (engl.)
IFN-β 1. β-Interferon (ger.) **2.** interferon-β (engl.)
IFN-γ 1. γ-Interferon (ger.) **2.** interferon-γ (engl.)
Ig 1. Immunglobulin (ger.) **2.** immunoglobulin (engl.)
IgA 1. Immunglobulin A (ger.) **2.** immunoglobulin A (engl.)
IgD 1. Immunglobulin D (ger.) **2.** immunoglobulin D (engl.)
IgE 1. Immunglobulin E (ger.) **2.** immunoglobulin E (engl.)
IGF insulin-like growth factors (engl.)
IGF I insulin-like growth factor I (engl.)
IgG 1. Immunglobulin G (ger.) **2.** immunoglobulin G (engl.)
IgM 1. Immunglobulin M (ger.) **2.** immunoglobulin M (engl.)
IH 1. Inhibitinghormon (ger.) **2.** inhibiting hormone (engl.)
IL 1. Interleukin (ger.) **2.** interleukin (engl.)
ILA insulin-like activity (engl.)
Ile 1. Isoleucin (ger.) **2.** isoleucine (engl.)
IMP 1. inosine monophosphate (engl.) **2.** Inosinmonophosphat (ger.)
In Indium (ger.)
Ino 1. Inosin (ger.) **2.** inosine (engl.)
Io Ionium (ger.)
IP 1. isoelectric point (engl.) **2.** isoelektrischer Punkt (ger.)
IP$_3$ 1. inositol triphosphate (engl.) **2.** Inosittriphosphat (ger.)

IPTG 1. isopropyl thiogalactoside (engl.) **2.** Isopropylthiogalaktosid (ger.)
IR 1. infrared (engl.) **2.** Infrarot (ger.) **3.** infrarot (ger.)
Ir 1. Iridium (ger.) **2.** iridium (engl.)
IS intracellular space (engl.)
ISF interstitial fluid (engl.)
ITP 1. inosine triphosphate (engl.) **2.** Inosintriphosphat (ger.)
I.U. international unit (engl.)
IZ Intrazellularraum (ger.)
IZF Intrazellularflüssigkeit (ger.)
IZR Intrazellularraum (ger.)
IZW intrazelluläres Wasser (ger.)
J 1. Jod (ger.) **2.** Joule (ger.) **3.** joule (engl.)
JH juvenile hormone (engl.)
K 1. dissociation constant (engl.) **2.** Dissoziationskonstante (ger.) **3.** encephalization factor (engl.) **4.** Kalium (ger.) **5.** kalium (engl.) **6.** Kathode (ger.) **7.** Kelvin (ger.) **8.** kelvin (engl.)
K' 1. apparent dissociation constant (engl.) **2.** apparente Dissoziationskonstante (ger.)
kat 1. Katal (ger.) **2.** katal (engl.)
Kb kilobase (engl.)
Kbp 1. kilobase pairs (engl.) **2.** Kilobasenpaare (ger.)
Kcal 1. große Kalorie (ger.) **2.** kilocalorie (engl.) **3.** Kilokalorie (ger.)
kCi Kilocurie (engl.)
KCl 1. Kaliumchlorid (ger.) **2.** potassium chloride (engl.)
KDO 1. 2-keto-3-deoxy-octanic acid (engl.) **2.** 2-Keto-3-desoxyoctansäure (ger.)
keV 1. kilo electron volt (engl.) **2.** Kiloelektronenvolt (ger.)
k$_F$ 1. filtration coefficient (engl.) **2.** Filtrationskoeffizient (ger.)
kg 1. kilogram (engl.) **2.** Kilogramm (ger.)
KH Kohlenhydrat (ger.)
kHz 1. Kilohertz (ger.) **2.** kilohertz (engl.)
K$_m$ 1. Michaelis constant (engl.) **2.** Michaelis-Konstante (ger.)
KOD kolloidosmotischer Druck (ger.)
Kr Krypton (ger.)
K$_S$ 1. substrate constant (engl.) **2.** Substratkonstante (ger.)
17-KS 1. 17-Ketosteroid (ger.) **2.** 17-ketosteroid (engl.)
kV 1. kilovolt (engl.) **2.** Kilovolt (ger.)
kW 1. kilowatt (engl.) **2.** Kilowatt (ger.)
kWh 1. kilowatt-hour (engl.) **2.** Kilo-

wattstunde (ger.)
kwhr kilowatt-hour (engl.)
L 1. Leucin (ger.) **2.** leucine (engl.) **3.** Löslichkeitsprodukt (ger.) **4.** solubility product (engl.)
I 1. Liter (ger.) **2.** liter (engl.)
La Lanthan (ger.)
LAP 1. Leucinaminopeptidase (ger.) **2.** leucine aminopeptidase (engl.) **3.** leukocyte alkaline phosphatase (engl.)
LATS long-acting thyroid stimulator (engl.)
LAV Lymphadenopathie-assoziiertes Virus (ger.)
lb pound (engl.)
LCAT 1. Lecithin-Cholesterin-Acyl-transferase (ger.) **2.** lecithin-cholesterol acyltransferase (engl.)
LDH 1. lactate dehydrogenase (engl.) **2.** Laktatdehydrogenase (ger.)
LDL 1. low-density lipoprotein (ger.) **2.** low-density lipoprotein (engl.)
Leu 1. Leucin (ger.) **2.** leucine (engl.)
LH 1. luteinisierendes Hormon (ger.) **2.** luteinizing hormone (engl.)
LH-RF 1. luteinizing hormone releasing factor (engl.) **2.** Luteinizing-hormone-releasing-Faktor (ger.)
LH-RH 1. luteinizing hormone releasing hormone (engl.) **2.** Luteinizing-hormone-releasing-Hormon (ger.)
Li 1. Lithium (ger.) **2.** lithium (engl.)
LIF 1. leukocyte inhibitory factor (engl.) **2.** Leukozytenmigration-inhibierender Faktor (ger.)
LLF 1. Laki-Lorand factor (engl.) **2.** Laki-Lorand-Faktor (ger.)
lm Lumen (ger.)
LMF lymphocyte mitogenic factor (engl.)
LMW low-molecular-weight (engl.)
LMWK low-molecular-weight kininogen (engl.)
LNPF lymph node permeability factor (engl.)
LPL 1. Lipoproteinlipase (ger.) **2.** lipoprotein lipase (engl.)
LPS 1. Lipopolysaccharid (ger.) **2.** lipopolysaccharide (engl.)
LP-X 1. Lipoprotein X (ger.) **2.** lipoprotein-X (engl.)
Lr Lawrencium (ger.)
LRF luteinizing hormone releasing factor (engl.)
LT Leukotrien (ger.)

LTF lymphocyte transforming factor (engl.)
LTH 1. luteotropes Hormon (ger.) **2.** luteotropic hormone (engl.)
LTR long terminal repeat (engl.)
Lu Lutetium (ger.)
lx Lux (ger.)
Lys 1. Lysin (ger.) **2.** lysine (engl.)
M 1. Methionin (ger.) **2.** methionine (engl.) **3.** molar (ger.) **4.** molar (engl.)
m 1. Meter (ger.) **2.** meter (engl.) **3.** molal (ger.) **4.** molal (engl.)
mA 1. Milliampere (ger.) **2.** milliampere (engl.)
MAA 1. macroaggregated albumin (engl.) **2.** Makroalbuminaggregat (ger.)
MAC membrane attack complex (engl.)
MAC INH membrane attack complex inhibitor (engl.)
MAF 1. macrophage-activating factor (engl.) **2.** Makrophagenaktivierungsfaktor (ger.)
MAO 1. monoamine oxidase (engl.) **2.** Monoaminooxidase (ger.)
MAOI monoamine oxidase inhibitor (engl.)
mäq Milliäquivalent (ger.)
Mb 1. Myoglobin (ger.) **2.** myoglobin (engl.)
mb millibar (engl.)
mbar 1. Millibar (ger.) **2.** millibar (engl.)
MCF 1. macrophage chemotactic factor (engl.) **2.** Makrophagen-chemotaktischer Faktor (ger.)
mcg microgram (engl.)
MCGF mast cell growth factor (engl.)
MCH mean corpuscular hemoglobin (engl.)
MCHC mean corpuscular hemoglobin concentration (engl.)
MCIF macrophage cytotoxicity-inducing factor (engl.)
MCT medium-chain triglyceride (engl.)
MCV mean corpuscular volume (engl.)
Md Mendelevium (ger.)
MDF 1. macrophage deactivating factor (engl.) **2.** macrophage disappearance factor (engl.) **3.** myocardial depressant factor (engl.)
MDH malate dehydrogenase (engl.)
mEq 1. Milliäquivalent (ger.) **2.** milliequivalent (engl.)
Met 1. Methionin (ger.) **2.** methionine (engl.)
Met-Hb 1. Methämoglobin (ger.) **2.** methemoglobin (engl.)

Mg 1. Magnesium (ger.) **2.** magnesium (engl.)

mg 1. Milligramm (ger.) **2.** milligram (engl.)

μg 1. microgram (engl.) **2.** Mikrogramm (ger.)

MGF macrophage growth factor (engl.)

MHC major histocompatibility complex (engl.)

mho siemens (engl.)

MHz 1. Megahertz (ger.) **2.** megahertz (engl.)

MIF 1. melanocyte stimulating hormone inhibiting factor (engl.) **2.** Melanotropin-inhibiting-Faktor (ger.) **3.** migration inhibiting factor (engl.) **4.** Migrationsinhibitionsfaktor (ger.)

mil. millilitre (engl.)

MIRF macrophage Ia recruting factor (engl.)

MIS müllerian inhibiting substance (engl.)

MIT 1. Monoiodtyrosin (ger.) **2.** monoiodotyrosine (engl.)

ml 1. Milliliter (ger.) **2.** milliliter (engl.)

μl 1. microliter (engl.) **2.** Mikroliter (ger.)

MLV murine leukemia virus (ger.)

mM 1. millimolar (ger.) **2.** millimolar (engl.)

mm 1. Millimeter (ger.) **2.** millimeter (engl.)

μm 1. micrometer (engl.) **2.** Mikrometer (ger.)

MMA methylmalonic acid (engl.)

mmol 1. Millimol (ger.) **2.** millimole (engl.)

MMTV Mäuse-Mamma-Tumorvirus (ger.)

Mn 1. Mangan (ger.) **2.** manganese (engl.)

Mo Molybdän (ger.)

mol 1. Mol (ger.) **2.** mole (engl.)

Mol. wt. molecular weight (engl.)

Momp major outer membrane protein (engl.)

mOsm 1. Milliosmol (ger.) **2.** milliosmole (engl.)

MOTT mycobacteria other than tubercle bacilli (engl.)

6-MP 6-Mercaptopurin (ger.)

m.p. melting point (engl.)

MPO 1. Myeloperoxidase (ger.) **2.** myeloperoxidase (engl.)

MPS 1. mononuclear phagocytic system (engl.) **2.** Mucopolysaccharid (ger.) **3.** mucopolysaccharide (engl.) **4.** Mukopolysaccharid (ger.)

MRF 1. melanocyte stimulating hormone releasing factor (engl.) **2.** Melanotropin-releasing-Faktor (ger.)

mRNA 1. Matrizen-RNA (ger.) **2.** Messenger-RNA (ger.) **3.** messenger RNA (engl.)

mRNS 1. Matrizen-RNS (ger.) **2.** Messenger-RNS (ger.)

ms 1. millisecond (engl.) **2.** Millisekunde (ger.)

μs 1. microsecond (engl.) **2.** Mikrosekunde (ger.)

msec millisecond (engl.)

MSF macrophage slowing factor (engl.)

MSH 1. melanocyte stimulating hormone (engl.) **2.** melanozytenstimulierendes Hormon (ger.)

MSH-IF MSH inhibiting factor (engl.)

MSH-RF 1. melanocyte stimulating hormone releasing factor (engl.) **2.** MSH-releasing-Faktor (ger.)

MSIF macrophage spreading inhibitory factor (engl.)

MSV murine sarcoma virus (ger.)

mtDNA 1. mitochondrial DNA (engl.) **2.** Mitochondrien-DNA (ger.)

mtDNS Mitochondrien-DNS (ger.)

MV 1. Megavolt (ger.) **2.** megavolt (engl.)

mV 1. Millivolt (ger.) **2.** millivolt (engl.)

mVal Milliäquivalent (ger.)

N 1. neutron number (engl.) **2.** newton (engl.) **3.** nitrogen (engl.) **4.** Nitrogenium (ger.) **5.** normal (ger.) **6.** normal (engl.)

n 1. normal (ger.) **2.** normal (engl.)

ν 1. kinematic viscosity (engl.) **2.** kinematische Viskosität (ger.)

NA 1. Neuraminidase (ger.) **2.** neuraminidase (engl.)

Na 1. Natrium (ger.) **2.** natrium (engl.)

NaCl 1. Natriumchlorid (ger.) **2.** sodium chloride (engl.)

NAD 1. Nicotinamid-adenin-dinucleotid (ger.) **2.** nicotinamide-adenine dinucleotide (engl.)

NADH reduziertes Nicotinamid-adenin-dinucleotid (ger.)

NADP 1. Nicotinamid-adenin-dinucleotid-phosphat (ger.) **2.** nicotinamide-adenine dinucleotide phosphate (engl.)

NADP⁺ oxidiertes Nicotinamid-adenin-dinucleotid-phosphat (ger.)

NADPH reduziertes Nicotinamid-adenin-dinucleotid-phosphat (ger.)
NANA N-acetylneuraminic acid (engl.)
NaOH 1. Natriumhydroxid (ger.) 2. sodium hydroxide (engl.)
Nb Niob (ger.)
NBT nitroblue tetrazolium (engl.)
NCF 1. neutrophil chemotactic factor (engl.) 2. Neutrophilen-chemotaktischer Faktor (ger.)
NDP 1. Nucleosiddiphosphat (ger.) 2. Nucleosid-5'-diphosphat (ger.) 3. nucleoside diphosphate (engl.) 4. nucleoside-5'-diphosphate (engl.)
Ne 1. neon (engl.) 2. neon (engl.)
NEFA nonesterified fatty acid (engl.)
NeuAc N-acetylneuraminic acid (engl.)
NFS nichtveresterte Fettsäure (ger.)
ng Nanogramm (ger.)
NGF 1. nerve growth factor (engl.) 2. Nervenwachstumsfaktor (ger.)
NH₃ Ammoniak (ger.)
Ni 1. Nickel (ger.) 2. nickel (engl.)
nkat Nanokatal (ger.)
nm 1. Nanometer (ger.) 2. nanometer (engl.)
NMN 1. Nicotinamid-mononucleotid (ger.) 2. nicotinamide mononucleotide (engl.)
NMP 1. nucleoside monophosphate (engl.) 2. nucleoside-5'-monophosphate (engl.) 3. Nucleosidmonophosphat (ger.) 4. Nucleosid-5'-monophosphat (ger.)
No Nobelium (ger.)
NP 1. nucleoprotein (engl.) 2. Nukleoprotein (ger.)
Np Neptunium (ger.)
NPN 1. nicht-proteingebundener Stickstoff (ger.) 2. nonprotein nitrogen (engl.)
nRNA 1. Kern-RNA (ger.) 2. nuclear RNA (engl.)
ns Nanosekunde (ger.)
nsCHE nonspecific cholinesterase (engl.)
nsec Nanosekunde (ger.)
NSILA nonsuppressible insulin-like activity (engl.)
NTP 1. nucleoside triphosphate (engl.) 2. nucleoside-5'-triphosphate (engl.) 3. Nucleosidtriphosphat (ger.) 4. Nucleosid-5'-triphosphat (ger.)
O 1. Ordnungszahl (ger.) 2. oxygen (engl.) 3. Oxygenium (ger.)
O₂ 1. molecular oxygen (engl.) 2. molekularer Sauerstoff (ger.)
O₃ 1. Ozon (ger.) 2. ozone (engl.)
OAF osteoclast activating factor (engl.)
OCT 1. Ornithincarbamyltransferase (ger.) 2. ornithine carbamoyltransferase (engl.)
ODC 1. orotidine-5'-phosphate decarboxylase (engl.) 2. orotidylic acid decarboxylase (engl.) 3. Orotidylsäuredecarboxylase (ger.)
Oe oestrogen (engl.)
OFA oncofetal antigen (engl.)
O₂-Hb Oxyhämoglobin (ger.)
17-OH-CS 1. 17-Hydroxycorticosteroid (ger.) 2. 17-hydroxycorticosteroid (engl.)
OMP Orotidinmonophosphat (ger.)
Omp outer membrane protein (engl.)
OPRT 1. orotate phosphoribosyltransferase (engl.) 2. Orotsäurephosphoribosyltransferase (ger.)
orf open reading frame (engl.)
Orn ornithine (engl.)
Os 1. Osmium (ger.) 2. osmium (engl.)
OSCF oligomycin-sensitivity-conferring factor (engl.)
osm 1. Osmol (ger.) 2. osmole (engl.)
OTC 1. ornithine transcarbamoylase (engl.) 2. Ornithintranscarbamylase (ger.)
Oxy-Hb Oxyhämoglobin (ger.)
oz. ounce (engl.)
P 1. Permeabilität (ger.) 2. permeability (engl.) 3. Phosphor (ger.) 4. phosphorus (engl.) 5. Poise (engl.) 6. probability (engl.)
Pa 1. Pascal (ger.) 2. Protactinium (ger.)
PAB 1. p-aminobenzoic acid (engl.) 2. Paraaminobenzoesäure (ger.) 3. para-aminobenzoic acid (engl.)
PABA 1. p-aminobenzoic acid (engl.) 2. Paraaminobenzoesäure (ger.) 3. para-aminobenzoic acid (engl.)
PAF 1. platelet activating factor (engl.) 2. Plättchen-aktivierender Faktor (ger.)
PAH 1. p-aminohippuric acid (engl.) 2. para-aminohippuric acid (engl.) 3. Paraaminohippursäure (ger.)
PAHA 1. p-aminohippuric acid (engl.) 2. para-aminohippuric acid (engl.)
PAS 1. para-aminosalicylic acid (engl.) 2. periodic acid-Schiff reaction (engl.)
PB barometric pressure (engl.)
Pb 1. lead (engl.) 2. Plumbum (ger.) 3. plumbum (engl.)

PBE plaque-bildende Einheit (ger.)
PBG 1. Porphobilinogen (ger.) **2.** porphobilinogen (engl.)
PBI proteingebundenes Iod (ger.)
PBP penicillin-binding protein (engl.)
PC 1. Phosphatidylcholin (ger.) **2.** phosphatidylcholine (engl.) **3.** phosphocreatine (engl.) **4.** Pyruvatcarboxylase (ger.) **5.** pyruvate carboxylase (engl.)
PCB 1. polychloriertes Biphenyl (ger.) **2.** polychlorinated biphenyl (engl.)
PCE pseudocholinesterase (engl.)
pCO$_2$ 1. carbon dioxide partial pressure (engl.) **2.** CO$_2$-Partialdruck (ger.) **3.** Kohlendioxidpartialdruck (ger.)
pct. percent (engl.)
Pd Palladium (ger.)
PDE 1. Phosphodiesterase (ger.) **2.** phosphodiesterase (engl.)
PDGF platelet-derived growth factor (engl.)
PDH 1. Pyruvatdehydrogenase (ger.) **2.** pyruvate dehydrogenase (engl.)
PDHC pyruvate dehydrogenase complex (engl.)
PE phosphatidylethanolamine (engl.)
PEP 1. Phosphoenolpyruvat (ger.) **2.** phosphoenolpyruvate (engl.)
PF$_4$ 1. platelet factor 4 (engl.) **2.** Plättchenfaktor 4 (ger.)
PFC plaque-forming cells (engl.)
PFK 6-Phosphofruktokinase (ger.)
PFU plaque-forming unit (engl.)
PG 1. Prostaglandin (ger.) **2.** prostaglandin (engl.)
pg Picogramm (ger.)
6-PGD 6-Phosphogluconatdehydrogenase (ger.)
PGD$_2$ 1. Prostaglandin D$_2$ (ger.) **2.** prostaglandin D$_2$ (engl.)
PGE$_1$ 1. Prostaglandin E$_1$ (ger.) **2.** prostaglandin E$_1$ (engl.)
PGE$_2$ 1. Prostaglandin E$_2$ (ger.) **2.** prostaglandin E$_2$ (engl.)
PGH$_2$ 1. Prostaglandin H$_2$ (ger.) **2.** prostaglandin H$_2$ (engl.)
PGI Phosphoglucoseisomerase (ger.)
PGI$_2$ 1. Prostaglandin I$_2$ (ger.) **2.** prostaglandin I$_2$ (engl.)
PGK Phosphoglyceratkinase (ger.)
PGluM Phosphoglucomutase (ger.)
PGM Phosphoglyceromutase (ger.)
Phe 1. Phenylalanin (ger.) **2.** phenylalanine (engl.)
PHI Phosphohexoseisomerase (ger.)

PI phosphatidylinositol (engl.)
PIF 1. prolactin inhibiting factor (engl.) **2.** Prolactin-inhibiting-Faktor (ger.)
PIH 1. prolactin inhibiting hormone (engl.) **2.** Prolactin-inhibiting-Hormon (ger.)
PIP phosphatidylinositol diphosphate (engl.)
PIP$_2$ 1. Phosphatidylinosindiphosphat (ger.) **2.** phosphatidylinosine diphosphate (engl.)
PITC 1. Phenylisothiocyanat (ger.) **2.** phenylisothiocyanate (engl.)
PK 1. pyruvate kinase (engl.) **2.** Pyruvatkinase (ger.)
pkat Picokatal (ger.)
PLAP Pyridoxalphosphat (ger.)
PLP Pyridoxalphosphat (ger.)
Pm Promethium (ger.)
PMMA 1. Polymethylmethacrylat (ger.) **2.** polymethyl methacrylate (engl.)
PNS peripheral nervous system (engl.)
Po Polonium (ger.)
pO$_2$ 1. O$_2$-Partialdruck (ger.) **2.** oxygen partial pressure (engl.)
POA pancreatic oncofetal antigen (engl.)
polyA 1. Polyadenylat (ger.) **2.** polyadenylate (engl.)
POMC 1. Proopiomelanocortin (ger.) **2.** proopiomelanocortin (engl.)
PP 1. pancreatic polypeptide (engl.) **2.** pankreatisches Polypeptid (ger.)
PPCF plasmin prothrombin conversion factor (engl.)
PPS protein-polysaccharide (engl.)
Pr 1. Praseodym (ger.) **2.** praseodymium (engl.)
PRF 1. prolactin releasing factor (engl.) **2.** Prolactin-releasing-Faktor (ger.)
PRH 1. prolactin releasing hormone (engl.) **2.** Prolactin-releasing-Hormon (ger.)
PRL 1. prolactin (engl.) **2.** Prolactin (ger.) **3.** Prolaktin (ger.)
Pro 1. Prolin (ger.) **2.** proline (engl.)
PRPP 1. Phosphoribosylpyrophosphat (ger.) **2.** phosphoribosylpyrophosphate (engl.)
PRT phosphoribosyltransferase (engl.)
PS 1. Phosphatidylserin (ger.) **2.** phosphatidylserine (engl.)
PSP 1. phenolsulfonephthalein (engl.) **2.** Phenolsulfophthalein (ger.)
PT prothrombin time (engl.)
Pt 1. Platin (ger.) **2.** platinum (engl.)

PTA 1. Plasmathromboplastinantecedent (ger.) **2.** plasma thromboplastin antecedent (engl.)

PTC 1. Phenylthiocarbamid (ger.) **2.** plasma thromboplastin component (engl.)

PTF plasma thromboplastin factor (engl.)

PTH 1. Parathormon (ger.) **2.** parathyroid hormone (engl.)

PTS 1. Phosphotransferasesystem (ger.) **2.** phosphotransferase system (engl.)

PTT 1. partial thromboplastin time (engl.) **2.** partielle Thromboplastinzeit (ger.)

Pu 1. Plutonium (ger.) **2.** plutonium (engl.)

PV 1. plasma volume (engl.) **2.** Polyomavirus (engl.)

PVA Polyvinylalkohol (ger.)

PVC 1. Polyvinylchlorid (ger.) **2.** polyvinyl chloride (engl.)

PZ Pankreozymin (ger.)

Q 1. quantity of electric charge (engl.) **2.** quantity of heat (engl.) **3.** Wärmemenge (ger.)

q 1. quantity of electric charge (engl.) **2.** quantity of heat (engl.)

QT Quick test (engl.)

R 1. allgemeine Gaskonstante (ger.) **2.** gas constant (engl.)

r rekombinant (ger.)

Ra 1. Radium (ger.) **2.** radium (engl.)

RAAS 1. Renin-Angiotensin-Aldosteron-System (ger.) **2.** renin-angiotensin-aldosterone system (engl.)

RAS 1. Renin-Angiotensin-System (ger.) **2.** renin-angiotensin system (engl.)

Rb Rubidium (ger.)

RBC red blood count (engl.)

RCC red cell count (engl.)

RCM red cell mass (engl.)

Re Rhenium (ger.)

R-ER 1. raues endoplasmatisches Retikulum (ger.) **2.** rough endoplasmic reticulum (engl.)

RES reticuloendothelial system (engl.)

RF 1. releasing factor (engl.) **2.** Releasingfaktor (ger.)

RH 1. Releasinghormon (ger.) **2.** releasing hormone (engl.)

Rh 1. rhesus factor (engl.) **2.** Rhesusfaktor (ger.) **3.** Rhodium (ger.)

RHS reticulohistiocytic system (engl.)

RISA radioiodinated serum albumin (engl.)

RMSF Rocky Mountain spotted fever (engl.)

Rn 1. Radon (ger.) **2.** radon (engl.)

RNA 1. ribonucleic acid (engl.) **2.** Ribonukleinsäure (ger.)

RNase 1. ribonuclease (engl.) **2.** Ribonuklease (ger.)

RNS Ribonukleinsäure (ger.)

RPF renal plasma flow (engl.)

RQ 1. respiratorischer Quotient (ger.) **2.** respiratory quotient (engl.)

rRNA 1. ribosomal RNA (engl.) **2.** ribosomale Ribonukleinsäure (ger.) **3.** Ribosomen-RNA (ger.)

RSV Rous-Sarkom-Virus (ger.)

RT reverse Transkriptase (ger.)

rT₃ reverses Trijodthyronin (ger.)

RTF resistance transfer factor (engl.)

Ru Ruthenium (ger.)

S 1. Entropie (ger.) **2.** entropy (engl.) **3.** Siemens (ger.) **4.** siemens (engl.) **5.** Standardabweichung (ger.) **6.** Sulfur (ger.) **7.** sulfur (engl.) **8.** Svedberg unit (engl.)

s 1. sedimentation coefficient (engl.) **2.** Sedimentationskoeffizient (ger.) **3.** Sekunde (ger.)

Sb 1. Stibium (ger.) **2.** stibium (engl.)

Sc Scandium (ger.)

SD streptodornase (engl.)

S.D. standard deviation (engl.)

S.D.A. specific dynamic action (engl.)

S.D.E. specific dynamic effect (engl.)

Se Selen (ger.)

SEM standard error of median (engl.)

S-ER 1. glattes endoplasmatisches Retikulum (ger.) **2.** smooth endoplasmic reticulum (engl.)

Ser 1. Serin (ger.) **2.** serine (engl.)

SGOT serum glutamic oxaloacetic transaminase (engl.)

SGPT serum glutamic pyruvate transaminase (engl.)

SHBG 1. sex-hormone-binding globulin (engl.) **2.** Sexualhormon-bindendes Globulin (ger.)

SHD Sorbitdehydrogenase (ger.)

SH-IF 1. somatotropin inhibiting factor (engl.) **2.** Somatotropin-inhibiting-Faktor (ger.)

ShW short-wave (engl.)

Si 1. Silicium (ger.) **2.** silicon (engl.)

SIF somatotropin release inhibiting factor (engl.)

SK streptokinase (engl.)

SKSD streptokinase-streptodornase

A 20

(engl.)
Sm Samarium (ger.)
SMAF specific macrophage arming factor (engl.)
Sn 1. Stannum (ger.) **2.** stannum (engl.)
sn stereospecific numbering (engl.)
SNFR single-nephron filtration rate (engl.)
SOD 1. Superoxiddismutase (ger.) **2.** superoxide dismutase (engl.)
SP saure Phosphatase (ger.)
SPCA 1. Serum-Prothrombin-Conversion-Accelerator (ger.) **2.** serum prothrombin conversion accelerator (engl.)
SR 1. sarcoplasmic reticulum (engl.) **2.** sarkoplasmatisches Retikulum (ger.)
Sr 1. Strontium (ger.) **2.** strontium (engl.)
SRF 1. somatotropin releasing factor (engl.) **2.** Somatotropin-releasing-Faktor (ger.)
SRH 1. Somatotropin-releasing-Hormon (ger.) **2.** somatotropin releasing hormone (engl.)
SR-IF 1. somatotropin release inhibiting factor (engl.) **2.** Somatotropin-release-inhibiting-Faktor (ger.)
sRNA soluble-RNA (engl.)
SRP signal recognition particle (engl.)
ss 1. Einzelstrang- (ger.) **2.** single-stranded (engl.)
ssDNA 1. Einzelstrang-DNA (ger.) **2.** single-stranded DNA (engl.)
ssRNA 1. Einzelstrang-RNA (ger.) **2.** single-stranded RNA (engl.)
STH 1. somatotropes Hormon (ger.) **2.** somatotropic hormone (engl.)
Sv 1. Sievert (ger.) **2.** sievert (engl.)
T 1. absolute Temperatur (ger.) **2.** absolute temperature (engl.) **3.** tesla (engl.) **4.** Thymidin (ger.)
t 1. Temperatur (ger.) **2.** temperature (engl.)
T½ 1. Halbwertzeit (ger.) **2.** half-time (engl.)
t½ 1. Halbwertzeit (ger.) **2.** half-time (engl.)
2,4,5-T Trichlorphenoxyessigsäure (ger.)
T$_3$ 1. triiodothyronine (engl.) **2.** Trijodthyronin (ger.) **5.** thymidine (engl.) **6.** Thymin (ger.) **7.** thymine (engl.) **8.** Tritium (ger.)
T$_4$ 1. Thyroxin (ger.) **2.** thyroxine (engl.)
Ta Tantal (ger.)
TAT 1. Tyrosinaminotransferase (ger.)

2. tyrosine aminotransferase (engl.)
Tb Terbium (ger.)
TBG thyroxine-binding globulin (engl.)
TBII thyroid-binding inhibitory immunoglobulin (engl.)
TBP thyroxine-binding protein (engl.)
TBPA 1. thyroxinbindendes Präalbumin (ger.) **2.** thyroxine-binding prealbumin (engl.)
TBSA total body surface area (engl.)
TBV 1. total blood volume (engl.) **2.** total body volume (engl.)
TBW total body water (engl.)
TC 1. Transcobalamin (ger.) **2.** transcobalamin (engl.)
Tc Technetium (ger.)
T$_c$ cytotoxic T-cell (engl.)
TCA trichloroacetic acid (engl.)
TCMI T cell-mediated immunity (engl.)
t$_D$ doubling time (engl.)
TdT terminale Desoxynukleotidyltransferase (ger.)
Te Tellur (ger.)
TEA Tetraethylammonium (ger.)
TEAC 1. tetraethylammonium chloride (engl.) **2.** Tetraethylammoniumchlorid (ger.)
TEBG testosterone-estradiol-binding globulin (engl.)
TEPA triethylenethiophosphoramide (engl.)
TEPP 1. tetraethyl pyrophosphate (engl.) **2.** Tetraethylpyrophosphat (ger.)
TF 1. transfer factor (engl.) **2.** Transferfaktor (ger.)
Th Thorium (ger.)
THAM 1. tromethamine (engl.) **2.** Tromethanol (ger.)
THF thymic humoral factor (engl.)
THO 1. tritium-labeled water (engl.) **2.** tritiummarkiertes Wasser (ger.)
Thr 1. Threonin (ger.) **2.** threonine (engl.)
TI thymus-independent (engl.)
Ti Titan (ger.)
TIG tetanus immune globulin (engl.)
TK Transketolase (ger.)
Tl 1. Thallium (ger.) **2.** thallium (engl.)
TLC thin-layer chromatography (engl.)
T$_m$ melting point (engl.)
Tm 1. Thulium (ger.) **2.** Transportmaximum (ger.) **3.** transport maximum (engl.)
TMP 1. thymidine monophosphate (engl.) **2.** Thymidinmonophosphat (ger.)

TMV tobacco mosaic virus (engl.)
Tn Thoron (ger.)
TNF tumor necrosis factor (engl.)
TNT Trinitrotoluol (ger.)
TP triosephosphate (engl.)
TPA tissue plasminogen activator (engl.)
TPC thromboplastic plasma component (engl.)
TPN 1. triphosphopyridine nucleotide (engl.) 2. Triphosphopyridinnucleotid (ger.)
TPP 1. thiamine pyrophosphate (engl.) 2. Thiaminpyrophosphat (ger.)
TRF 1. thyrotropin releasing factor (engl.) 2. Thyrotropin-releasing-Faktor (ger.)
TRH 1. Thyreotropin-releasing-Hormon (ger.) 2. thyrotropin releasing hormone (engl.)
tRNA 1. Transfer-RNA (ger.) 2. transfer-RNA (engl.)
tRNS Transfer-RNS (ger.)
Trp 1. Tryptophan (ger.) 2. tryptophan (engl.)
TSG-RF thyroid-stimulating hormone releasing factor (engl.)
TSH thyroid-stimulating hormone (engl.)
TSI 1. Thyroidea-stimulierendes Immunglobulin (ger.) 2. thyroid-stimulating immunoglobulin (engl.)
TT 1. thrombin time (engl.) 2. Thrombinzeit (ger.)
TTC triphenyltetrazolium chloride (engl.)
TTI tension-time index (engl.)
TTPA triethylenethiophosphoramide (engl.)
Tyr 1. Tyrosin (ger.) 2. tyrosine (engl.)
TZ Thrombinzeit (ger.)
U 1. Uracil (ger.) 2. uracil (engl.) 3. Uran (ger.) 4. Uridin (ger.) 5. uridine (engl.)
UCS Urocansäure (ger.)
UDP 1. Uridindiphosphat (ger.) 2. Uridin-5'-diphosphat (ger.) 3. uridine diphosphate (engl.) 4. uridine-5'-diphosphate (engl.)
UDPG UDPglucose (engl.)
UFA unesterified fatty acid (engl.)
UFS unveresterte Fettsäure (ger.)
UMP 1. uridine monophosphate (engl.) 2. Uridinmonophosphat (ger.)
UN urea nitrogen (engl.)
UR 1. ultrared (engl.) 2. Ultrarot (ger.) 3. ultrarot (ger.)
URF unidentified reading frame (engl.)
US Ultraschall (ger.)
UTP 1. uridine triphosphate (engl.) 2. uridine-5'-triphosphate (engl.) Uridintriphosphat (ger.) 4. Uridin-5'-triphosphat (ger.)
UV 1. ultraviolet (engl.) 2. Ultraviolett (ger.) 3. ultraviolett (ger.)
V 1. Vanadium (ger.) 2. Volt (ger.) 3. volt (engl.)
VA 1. Voltampere (ger.) 2. voltampere (engl.)
Val 1. Valin (ger.) 2. valine (engl.)
val gram-equivalent (engl.)
VBG venous blood gases (engl.)
VC Vinylchlorid (ger.)
VIP 1. vasoactive intestinal peptide (engl.) 2. vasoaktives intestinales Peptid (ger.) 3. vasoaktives intestinales Polypeptid (ger.)
VLDL very low-density lipoprotein (engl.)
VMA 1. Vanillinmandelsäure (ger.) 2. vanillylmandelic acid (engl.)
VMS Vanillinmandelsäure (ger.)
VP vasopressin (engl.)
vWF 1. von Willebrand factor (engl.) 2. von Willebrand-Faktor (ger.)
VZIG varicella-zoster immune globulin (engl.)
VZV varicella-zoster virus (engl.)
W 1. watt (engl.) 2. Watt (ger.) 3. Wolfram (ger.)
Ω 1. Ohm (ger.) 2. ohm (engl.)
WBC white blood cell (engl.)
WCC white cell count (engl.)
WDMF wall-defective microbial form (engl.)
Wh 1. watt-hour (engl.) 2. Wattstunde (ger.)
WR Widal's reaction (engl.)
WS water-soluble (engl.)
Ws 1. watt-second (engl.) 2. Wattsekunde (ger.)
w./v. weight per volume (engl.)
X 1. Xanthosin (ger.) 2. xanthosine (engl.)
Xe 1. Xenon (ger.) 2. xenon (engl.)
XMP 1. xanthosine monophosphate (engl.) 2. Xanthosinmonophosphat (ger.)
XO Xanthinoxidase (ger.)
Ψ pseudouridine (engl.)
Y Yttrium (ger.)
Yb Ytterbium (ger.)
Z 1. atomic number (engl.) 2. Ordnungszahl (ger.)
Zn 1. zinc (engl.) 2. Zincum (ger.)
Zr Zirkonium (ger.)